国际
科学技术前沿
报告2010

张晓林　张志强　主编

科学出版社
北京

内 容 简 介

本书从基础科学、生命科学、资源环境科学和战略高科技等四大科学领域，选择粒子物理学、国际空间站科学实验、石墨烯、转基因水稻、纤维素乙醇、再生医学、个性化医学、全球变化空间观测、山地科学、深海技术、二氧化碳捕获与封存技术、云计算、智能电网、微藻能源和纳米光电子器件等15个科技创新前沿领域、前沿学科、热点问题或技术领域，逐一对其进行国际发展态势的系统分析，全面剖析这些领域国际科技发展的整体进展状况、研发动态与发展趋势、国际竞争发展态势，提出我国开展相关领域研究的对策建议，为我国这些领域的科技创新发展的战略决策提供重要的决策依据，为有关科研机构开展这些科技领域的研究部署提供国际发展的参考背景。

本书中的前沿和热点问题，选题新颖，针对性强，资料翔实，对策建议可操作性强，适合政府科技管理部门、科研机构的管理者，科技战略及相关学科的研究人员，以及大学师生阅读。

图书在版编目(CIP)数据

国际科学技术前沿报告2010／张晓林　张志强主编．—北京：科学出版社，2010.9

ISBN 978-7-03-028824-0

Ⅰ.①国　Ⅱ.张…　②张…　Ⅲ.①科学技术－技术发展－研究报告－世界－2010　Ⅳ.①N110.1

中国版本图书馆CIP数据核字（2010）第169310号

责任编辑：郭勇斌　付　艳　卜　新／责任校对：张怡君

责任印制：赵德静／封面设计：黄华斌

编辑部电话：010-64035853

E-mail：houjunlin@mail.sciencep.com

科学出版社 出版

北京东黄城根北街16号

邮政编码：100717

http://www.sciencep.com

中国科学院印刷厂 印刷

科学出版社发行　各地新华书店经销

*

2010年10月第　一　版　开本：787×1092 1/16

2010年10月第一次印刷　印张：40　插页：9

印数：1—2 000　字数：950 000

定价：128.00元

（如有印装质量问题，我社负责调换）

《国际科学技术前沿报告 2010》研究组

组　长：张晓林　张志强

成　员：张　薇　冷伏海　刘　清

高　峰　邓　勇　徐　萍

赵亚娟　曲建升　房俊民

张　军　郑永红　张　静

前　言

2006年3月，中国科学院文献情报中心、资源环境科学信息中心、成都文献情报中心和武汉文献情报中心四个院级文献情报单位整合组建为中国科学院国家科学图书馆，设总馆、兰州分馆、成都分馆和武汉分馆。在中国科学院国家科学图书馆理事会和规划战略局的直接领导下，根据中国科学院科技创新的发展布局，发挥国家科学图书馆的全馆系统整体化优势，按照统筹规划、系统布局、分工负责、整体集成、长期积累、协同保障的原则，及时组建面向科技创新的宏观战略决策、面向中国科学院科技创新基地和学科领域创新决策的多层次战略情报研究服务体系。在中国科学院文献情报整体规划体系中，总馆负责基础科学以及交叉和重大前沿、纳米科技、空间科技、现代农业科技创新基地的战略情报研究，兰州分馆负责资源环境科学以及生态与环境、资源与海洋科技创新基地的战略情报研究，成都分馆负责部分战略高技术、信息科技、先进工业生物技术科技创新基地的战略情报研究，武汉分馆负责部分战略高技术以及先进能源、先进制造与新材料科技创新基地的战略情报研究；上海生命科学信息中心负责生命科学以及人口医药与健康科技创新基地的战略情报研究。经过整合组建以来的努力，已经形成了多层次、集成化、协同化的战略情报研究布局和决策咨询服务体系，国家科学图书馆科技战略情报研究的目标定位已经清晰，任务布局基本建立，研究团队逐步到位，研究层次逐步深化，整体优势初步形成，服务效果已经显现。

中国科学院国家科学图书馆总馆、兰州分馆、成都分馆、武汉分馆和上海生命科学信息中心等单位的战略情报研究团队围绕各自分工关注的科技创新领域的发展态势，选择相应科技创新领域的前沿热点科技问题或领域开展国际发展态势分析研究，于2007年初、2008年初、2009年初完成了各自年度的研究报告汇编，并提交中国科学院相关部门和相关研究所决策参考。在此基础上，国家科学图书馆继续部署总馆、兰州分馆、成都分馆、武汉分馆、上海生命科学信息中心、青岛生物能源与过程研究所和上海药物研究所的情报研究团队选择相应科技创新领域的前沿学科、热点问题或技术领域开展国际发展态势分析研究，完成了这些研究领域的分析研究报告，合计15篇：

总馆完成的“粒子物理学国际发展态势分析”、“国际空间站科学实验国际发展态势分析”、“转基因水稻国际发展态势分析”和“纳米光电子器件国际发展态势分析”；

兰州分馆完成的“全球变化空间观测研究国际发展态势分析”、“深海技术国际发展态势分析”、“二氧化碳捕获与封存技术国际发展态势分析”、“山地科学研究国际发展态势分析”；

成都分馆完成的“纤维素乙醇领域国际发展态势分析”和“云计算国际发展态势分析”；

武汉分馆完成的“石墨烯国际发展态势分析”和“智能电网技术国际发展态势分析”；

上海生命科学信息中心完成的“再生医学国际发展态势分析”；

青岛生物能源与过程研究所完成的“微藻能源国际发展态势分析”；

上海药物研究所完成的“个性化医学国际发展态势分析”。

现将这15篇前沿学科、热点问题或技术领域的国际发展态势分析研究报告汇编为《国际科学技术前沿报告2010》，供科技创新决策部门和科学家参考。

为了更好地服务中国科学院以及国家科技创新决策的战略情报需求，中国科学院国家科学图书馆的科技战略情报研究服务将进一步面向国家科技创新的宏观科技战略决策需求，继续加强与中国科学院各业务局、科技创新基地战略研究组的密切联系，努力加强与国家科技部门和科技战略决策研究部门的密切联系，强化科技战略情报研究服务的针对性，深化科技战略情报分析研究的层次，提升科技战略情报分析研究的决策咨询水平。衷心希望我们的工作能够得到中国科学院以及国家科技部门领导及其相关专业部门、战略研究组织、战略研究专家和有关领导的大力指导、支持和帮助。

中国科学院国家科学图书馆

2010年3月10日

目　录

1　粒子物理学国际发展态势分析

刘小平　朱相丽　李泽霞　黄龙光　李乃畅

（中国科学院国家科学图书馆总馆）

粒子物理学发展的驱动力是人类对发现基本相互作用和基本粒子真正性质的强烈渴望。21 世纪的粒子物理正处在重大发现的前夜，粒子物理学研究正面临一个崭新的时代、一个令人振奋的发现时代。未来 5 年或者 10 年，粒子物理学的新发现将决定粒子物理学未来的发展方向。在下个 10 年中能否引领潮流，取决于我们现在做出什么样的决定。为了抢占先机，欧洲各国、美国、加拿大、日本等相继制定了符合自己国情的粒子物理学发展路线图、战略与规划。中国高能物理研究在世界上占有重要的地位，但截至目前，中国还没有公布更加详细的发展规划和路线图。

本章对欧洲、美国、加拿大、日本和中国在粒子物理学领域的发展路线图、重大研究计划、重要研究机构、相关国际会议进行了调研和分析，同时对 1999 ~ 2008 年粒子物理学领域的科学论文和专利文献的数量进行了定量分析。

综合定性调研和文献计量学定量分析，建议中国应该面向世界科学前沿，结合中国国情，加强整体规划，绘制中国粒子物理学发展路线图，将最小的粒子和最大的宇宙紧密联系，共同解决微观结构、几种相互作用特性、质量的起源、宇宙的起源和演化、暗物质、暗能量等关键问题。

1.1　引言

粒子物理学又称高能物理学，是物理学的一个分支学科，研究比原子核更深层次的微观世界中物质的结构和这些物质间相互作用、相互转化的规律。随着研究的深入，粒子物理研究的内容也在深化。它是当代物理学发展的前沿之一，将改变人们对自然的基本理解。粒子物理研究挑战人类的预想，激励和推动着人类知识向着最基本的层次发展。粒子物理学以实验为基础，基于实验和理论的密切结合而发展。与此同时，其实验和理论的研究需要用到最新的技术设备，同时对技术发展提出具体要求，推动技术发展，造福人类。

自 19 世纪末发现电子到现在，人类对于物质结构的认识从原子、分子层次，原子核层次，质子、中子层次逐步深入强子内部，达到夸克和轻子的层次；了解到自然界的四种相互作用中的三种是通过相应的媒介子传递的。光子传递电磁相互作用，中间玻色子 $W^{\pm}$ 和 Z^0 传递弱相互作用，胶子传递强相互作用，而第四种相互作用是否是引力子传递引力作用的问题尚无定论。每一种粒子都有其反粒子，或者其反粒子恰好是其本身。构成原子核的质子和中子，是由上夸克（u）和下夸克（d）组合而成，称为第一代夸克，对应的第一代轻子是电子（e）和电子中微子（ν_e）。后来又发现了第二代奇异夸克（s）和粲夸克（c），对应的第二代轻子是 μ 子和 μ 中微子（ν_μ）。第三代底夸克（b）和顶夸克（t）对应的第三代轻子为 τ 子和 τ 中微子（ν_τ）。粒子物理学的研究多年来取得重大进展，探索微观世界奥秘的粒子物理学成功创建了夸克理论和标准模型，也成为获得诺贝尔物理学奖最多的学科。

粒子物理学进行的物质微观结构的研究是各学科研究的基础。物质微观研究的成果和随之而来的新技术成就，在物理、化学、材料科学、生物、医学、农业等领域都有重大应用。粒子物理学实验的深入研究，需要依靠高能量的加速器和高精度探测器。这些仪器需要采用大量的先进技术，能带来大量高技术如超导、精密机械、自动控制、计算机等的快速发展，这些技术往往会在较短时间内对整个社会的高技术发展起到很大的推动作用。

随着 2008 年欧洲核子研究中心（CERN）的大型强子对撞机（LHC）的启动，美国费米国家实验室的正负质子对撞机 Tevatron 将停止运行，世界最高能量的加速器对撞机的粒子物理研究重心在向欧洲转移，粒子物理学研究正面临一个崭新的时代。LHC 提供全新的能量领域，将物理学家们带入一个全新的领域，希望能够发现超出标准模型的新物理。

未来 5 年或者 10 年，粒子物理学的新发现将决定粒子物理学未来的发展方向，在下个 10 年中能否引领潮流取决于我们现在做出什么样的决定。为了抢占先机，世界各国都在制定符合自己国情的发展战略与规划。2006 年 7 月，CERN 委员会向全世界宣布了欧洲粒子物理学研究战略。该战略是 CERN 迈出的重要一步，它制定了一个推动欧洲引领全球不断进步的粒子物理学研究纲要。CERN 通过这项战略将确保欧洲在粒子物理学领域与其他地区的合作与领导地位。2008 年 9 月，欧洲向全世界宣布了《欧洲天体粒子物理战略》，标志着欧洲为谋求该领域的领导地位跨出了重要一步。2006 年，加拿大制定未来 10 年粒子物理学发展远景。2008 年，在美国能源部和国家科学基金会的要求下，美国粒子物理项目优化小组制定了美国未来 10 年粒子物理学发展战略规划。2009 年，英国制定了未来 20 年粒子物理学发展路线图。2009 年，日本高能加速器研究机构制定了未来 5 年发展路线图。中国国务院发布《国家中长期科学和技术发展规划纲要（2006—2020 年）》，明确指出 21 世纪物理学面临着粒子物理理论、统一所有作用力的理论、暗物质、暗能量等重大科学问题的挑战，并将探索物质深层次结构和宇宙大尺度物理学规律列为八大科学前沿问题之一，将粒子物理学研究的重要性提到了一个非常重要的位置。我国高能物理研究在世界上占有重要的地位，中国科学院高能物理研究所是全球八大高能物理研究中心之一。因此，我们选择分析粒子物理学的发展态势，对中国（含中国科学院）都有重要的战略意义。

1.2　国内外粒子物理学研究战略与计划

1.2.1　全球大型粒子物理学实验计划

粒子物理学研究分为理论物理学研究和实验粒子物理学研究。实验粒子物理学的发展可分为依赖于加速器（对撞机）的研究和不依赖加速器（对撞机）的研究。单一实验不可能解决粒子物理学的前沿问题，国际上已经设计和实施的依赖加速器的大型实验计划有大型强子对撞机计划、规划中的大型强子对撞机升级（SLHC，DLHC，TLHC）计划和国际直线对撞机计划。

1.2.1.1　大型强子对撞机计划

大型强子对撞机（large hadron collider，LHC）是一座位于瑞士日内瓦近郊的CERN的对撞型粒子加速器，用于国际高能物理学研究。LHC装置和实验受到国际科学界和社会公众的广泛关注，预期将推动物理学研究进入崭新阶段。

LHC是目前世界上能量最高、设计亮度最大的环形加速器（对撞机），深埋于地下50～150米，周长27千米的环形轨道内，轨道上有4个大型探测器（ATLAS、CMS、LHCb和ALICE)。LHC有两种运行模式：一是ATLAS、CMS、LHCb 3个探测器的工作状态，将两束质子均加速到（7+7）太电子伏（10^{12}电子伏）的极高能状态，使之对撞；二是ALICE的工作状态，加速重离子铅核，使铅核中的每个核子的能量达2.76太电子伏的能量，使之对撞，在短暂时间和十分小的空间尺度内模拟宇宙大爆炸之后不久的高温、高密状态。

LHC于2009年11月20日重新启动，实现了第一束质子束流贯穿整个对撞机。利用ATLAS、CMS、ALICE和LHCb 4个探测器进行的4项实验都在国际合作的模式下完成，这些实验将世界各地的研究机构的科学家聚集在一起，共同见证激动人心的一刻。每一项实验都有自己的物理目标，由其使用的粒子探测器的独特性决定。

建造LHC的目的就是帮助科学家回答粒子物理学中一些十分关键、却又一直悬而未决的问题，例如，寻找希格斯粒子，进行物质与反物质的细微差异、超对称理论、重现宇宙大爆炸、暗物质属性等研究，其中，任何一项发现，都将带来人类科学上的巨大进步。理论物理学家霍金称，LHC的建成运行“将开启物理学发现的新黄金时代”。

1.2.1.2　国际直线对撞机计划

拟议中的国际直线对撞机（international linear collider，ILC）将建立在LHC的发现之上，以更高的精度研究粒子物理学，揭示其丰富的内涵和新的精细层次。ILC是21世纪国际高能物理继LHC之后高能量前沿研究的最关键设备。根据最新完成的参考设计，国际直线对撞机将建造在总长约40千米的地下隧道里，由两台大型超导直线加速器组成，开始阶段分别将正负电子加速到2500亿电子伏的能量，对撞时质心系能量达到5000亿电子伏（即500吉电子伏），之后升级至1万亿电子伏（即1太电子伏）。科学家们表示，ILC将在LHC

的基础上，为粒子物理学家在 21 世纪研究质量的起源、探索暗物质和暗能量以及空间和时间的基本性质提供最关键的工具。ILC 将与 LHC 一起解开很多未解的宇宙科学之谜。

1.2.2 欧洲与粒子物理学相关的战略与计划

1.2.2.1 欧洲粒子物理学战略

欧洲在世界粒子物理学研究中发挥着关键作用。2006 年 7 月 14 日，CERN 委员会在葡萄牙首都里斯本召开一次特别会议，会议一致通过了一个欧洲粒子物理学研究战略。该战略是 CERN 迈出的重要一步，它制定了一个推动欧洲引领全球不断进步的粒子物理学的研究纲要。CERN 通过这项战略将确保欧洲在粒子物理学领域与其他地区的合作与领导地位。这项战略基于欧洲各大学、国家实验室频繁制定的国际标准和 CERN 实验室的科研实力。

欧洲粒子物理学战略致力于解决基于加速器的粒子物理学、基于非加速器粒子物理学以及新加速器和探测器研发三个方面的问题，具体内容如下：

（1）LHC 是能量前沿的装置，使欧洲在粒子物理学领域保持领先地位；LHC 是欧洲最优先发展的项目，为了能够全面开发其在物理学研究方面的潜力，必须确保初步计划完成所需的资源，从而使得装置和实验能在其最佳性能下运行。在获得的物理结果和运行经验的推动下，通过集中研发，将实现随后重要的亮度升级。为实现这个目标，装置和探测器的研发现在就要开始进行，并在 2015 年左右组织一次亮度升级。

（2）为了推动能量前沿和亮度前沿进一步发展，加强先进加速器研发计划非常重要；为未来加速器的发展集中 CLIC 技术和高性能磁铁的研究，并在研究和发展高强度中微子设施中会发挥重要作用，需要加强协调计划。

（3）在国际直线对撞机（ILC）上进行观测可补充和确定 LHC 获得的实验结果，这是最基本的需求。基于超导技术的国际直线对撞机，在 0.5 ~ 1 太电子伏的能量下，将为精密测量前沿提供一个独一无二的科学机会。进行强有力的、协调良好的欧洲研究，包括 CERN 在内，通过全球设计工作，依靠其设计和技术储备，为 2010 年左右进行的 CERN 委员会的新评估做准备。

（4）研究未来中微子设施的科学问题以及相关技术的研发，在 2012 年左右，基于可靠的信息确定最佳的中微子计划；CERN 委员会将发挥积极协调作用，促进欧洲参与全球中微子计划。

（5）一系列非常重要的非加速器实验在粒子物理和天体粒子物理的交叉领域进行，探索难以理解的物理现象。CERN 委员会将寻求与 ApPEC 合作，在共同感兴趣的领域一起发展一个协调战略。

（6）低能量下，高亮度前沿的味物理和精确测量补充了人们对粒子物理学的理解，并使得高能量前沿的结果分析更精确；这些将由国际或区域的合作引导，促进欧洲实验室和研究机构参与。

（7）粒子物理和核物理交叉领域的许多重要研究方向，需要专门的实验。CERN 委员会将寻求与欧洲核物理合作委员会（NuPECC）在共同感兴趣的领域进行合作，并保持

CERN 进行特定目标实验的能力。

（8）在标准模型的形成和验证中，在描绘未来发现的可能情景中，欧洲理论物理都曾发挥了至关重要的作用。强有力的理论研究和与实验的密切合作是粒子物理发展的关键，是充分利用实验进展的关键。即将得到的 LHC 结果将为理论发展提供新的机会，并为理论计算创造新的需求。

（9）需要持续确定和更新欧洲粒子物理战略，根据 CERN 协议第二章第二条（b），CERN 委员会承担这个责任，担当起欧洲粒子物理委员会的作用，每年至少召开一次专门会议。CERN 委员会根据专门科学机构的提议和评论来确定并修订这一战略。

（10）未来欧洲及其他地方的主要设施需要全球性合作。在确保欧洲能力的同时，通过最佳共同利用资源方式来优化粒子物理产出，怀着这样的目标，CERN 委员会为欧洲参与世界其他区域的活动制定了一个框架。

（11）通过计划项目带动，欧盟在欧洲研究区建立了粒子物理学研究的机构和组织，并加强这些组织和机构之间的沟通。

（12）非 CERN 成员国的粒子物理学家将从成员国资助的研究计划中受益，并加强这些研究计划。CERN 委员会考虑如何将非成员国纳入粒子物理学战略中。

（13）基础物理影响着科学思想和哲学思想，影响着人们对宇宙的认识。将所获得的发现与公众特别是年轻人分享，是粒子物理研究的一个组成部分。CERN 委员会将建立网络，与成员国密切合作，交流现有的活动、建议和贯彻执行情况，监测欧洲粒子物理交流和教育战略，并定期向 CERN 委员会报告。

（14）核物理和粒子物理研究的技术开发已经对社会产生持续影响，如在材料科学、生物学（如同步辐射设备）、通信与信息技术（如网络和网格计算）、卫生（如 PET 扫描器和强子疗法设备）等领域产生影响；并将进一步促进粒子物理新兴研究领域的影响。CERN 及其成员国建立一个技术转移论坛，分析技术转移项目成功的关键，为提高技术转移效率提供方案，通过业界与科学家和工程师的流动促进知识转移。

（15）粒子物理技术进步将从欧洲工业界的技术能力中受益，反过来，又促进欧洲工业界的技术能力。CERN 委员会将巩固和加强这个方面，考虑目前最好的实践，确保将来参与到工业界中，并从积累的经验中不断获益。

1.2.2.2 欧洲天体粒子物理学战略

2007 年，欧盟 ERANET 项目 ASPERA 路线图委员会提出了第一阶段的路线图《欧洲天体物理学的现状和前景》，描述了欧洲天体物理的现状和未来 10 年的前景。2008 年 9 月，欧洲向全世界宣布了《欧洲天体粒子物理学战略》，标志着欧洲在这个领域日趋国际化的探索过程中为谋求领导地位跨出了重要的一步。欧洲天体粒子物理战略重点支持以下七类项目（重要的非加速器、对撞机实验）。

1）探索暗物质的吨级探测器

ASPERA 委员会建议建设和运作一个吨级或低辐射灵敏度达到 10^{-10}Pb 的探测器，欧洲需要保持在其中发挥主导作用或者具有与其他非欧洲伙伴同等的地位。委员会建议采用 100 千克探测器，在 2010/2011 年给出不同技术的排序。委员会督促全球通力合作。

2）测定中微子质量和基本性质的吨级探测器

根据目前正在准备的双 β 衰变实验，委员会建议建设和运作一个或两个能探索反向物质（inverted-mass）区域的吨级双 β 衰变实验，欧洲在其中发挥主导作用或者具有与其他非欧洲伙伴同等的地位。是否建造的决定将在 2013 年左右揭晓。

3）研究质子衰变、中微子天体物理以及探测中微子的百万吨级探测器

地下天体粒子物理研究促进了巨型探测器的应用。委员会建议支持在全球范围内建造研究质子衰变和低能量中微子天体物理学的大型基础设施。LAGUNA 是目前正在进行的欧洲第七框架计划中的项目，它用于评估 3 种探测技术：水中切连科夫探测器，液体闪烁探测器和液氩成像探测器。该研究还将解决欧洲地下基础设施在几个潜在定址点的费用问题。在 2010 年左右决定是否建设 LAGUNA，并发布一个技术设计报告。依靠技术、选址和费用全球共享，基础设施的建设将在 2012 ~ 2015 年之间启动。

4）CTA：用来探测高能宇宙伽马射线的切连科夫望远镜阵列

10 年前，天文学诞生了一个新领域，极高能伽马天体物理学，从而使得天文仪器的波长范围扩展到最高能量辐射的另外 10 个八度。极高能伽马天体物理学的优先项目是切连科夫望远镜阵列（Cherenkov Telescope Array，CTA），CTA 由大量切连科夫望远镜组成，覆盖 10 吉电子伏至 100 太电子伏的伽马射线能量范围。委员会建议快速开展 CTA 的设计和原型建造、选址，并在 2012 年开始部署。

5）探测带电宇宙射线的探测器阵列

高能宇宙射线物理学的优先项目是皮耶奥格观测站（Pierre Auger Observatory），能收集 10^{20} 电子伏的宇宙射线。委员会鼓励各大洲的机构为建设奥格北方（Auger North）观测站共同努力，委员会建议在全球协议通过后尽快建立一个这样的大型望远镜阵列。Auger North 将在未来 10 年，揭示超高能粒子在移动 100 万光年之后变慢的原因是由于 2.7K 光子的普遍存在还是只是能量耗尽。

6）KM3NeT：放置在地中海的一个千米见方的中微子望远镜

高能中微子天体物理的优先项目是 KM3NeT。受到近年来重大技术进步的鼓舞，对 KM3NeT 的支持获得了批准。建造这样一个地中海探测器，将所需的资源集中起来，实现对大型研究基础设施的单一优化设计，2012 年开始安装。KM3NeT 的灵敏度大大超过现有的所有中微子探测器，包括 IceCube。

7）第三代地下引力波探测器

地面探测器的长期优先项目是爱因斯坦望远镜（Einstein Telescope，ET）。爱因斯坦望远镜是一个大型的地下引力波探测器。委员会建议支持爱因斯坦望远镜的研发工作，并在 LIGO/Virgo/GEO 获得第一次发现之后开始建设，这可能在 2016/2017 年。短期优先项目是对现有引力波探测器的升级，特别建议支持 Virgo 快速升级到“高级 Virgo”。

1.2.3 美国与粒子物理学相关的战略与计划

1.2.3.1 美国粒子物理学未来 10 年发展路线图

应美国能源部（DOE）高能物理办公室和国家科学基金会（NSF）的要求，美国高能

物理顾问委员会（HEPAP）改组了粒子物理项目优化小组，在2008年制定了美国粒子物理学未来10年发展路线图（图1-1）。

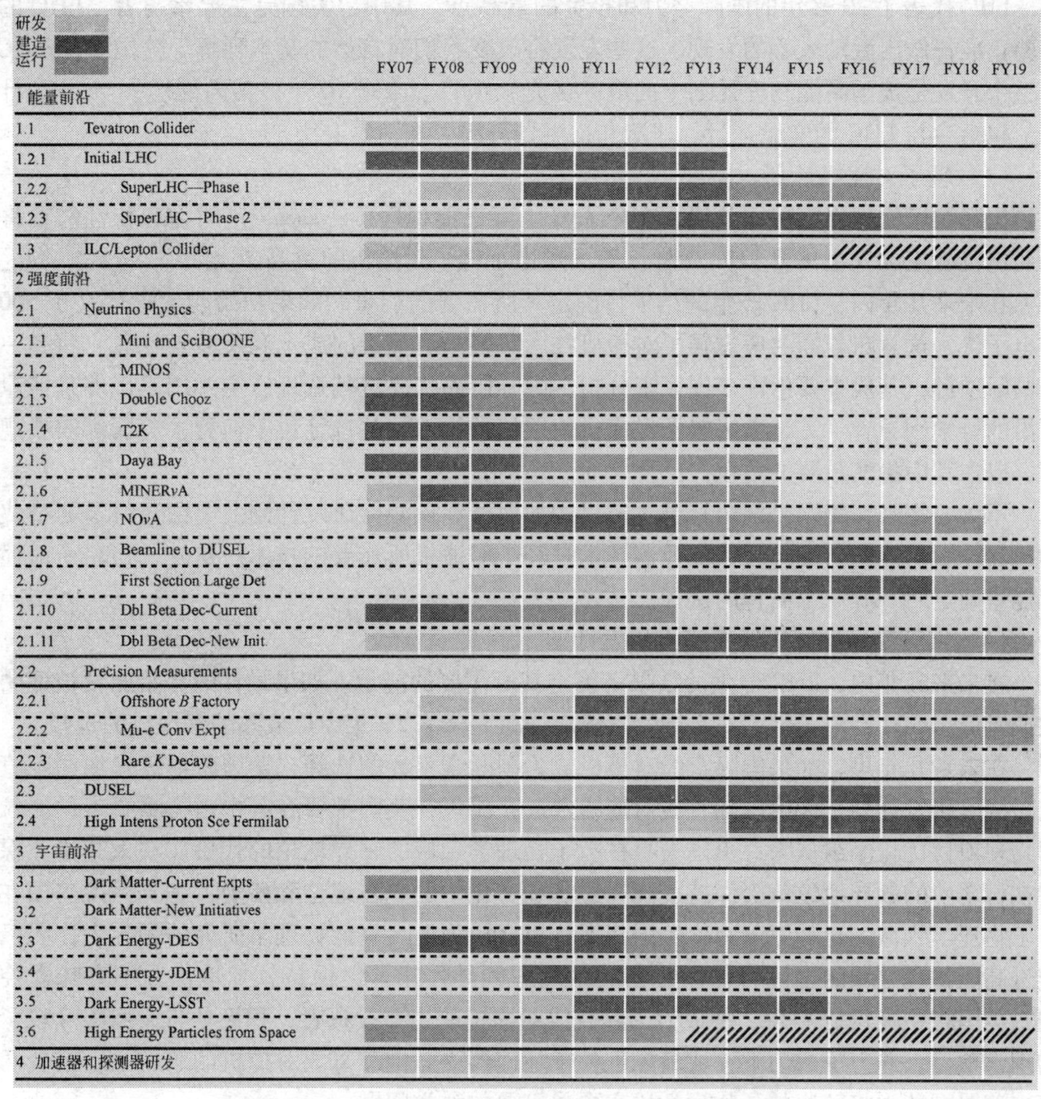

图1-1 美国粒子物理学未来10年发展路线图

未来10年，美国要成立一个强有力的综合性研究项目，研究粒子物理领域的三个前沿——能量前沿、强度前沿和宇宙前沿，确保其在世界粒子物理领域中的领导地位。

1）能量前沿

（1）继续支持Tevatron对撞机计划。

能量前沿加速器中的实验，将在粒子及其相互作用方面做出重大发现。它们将提出关于宇宙的物理性质的关键问题：粒子物质的起源、新对称性的存在、空间额外维度的存在、暗物质的性质。在LHC启动以前，费米实验室的Tevatron加速器是世界上运行的最高能量对撞机。随着LHC的启动，美国关闭了Tevatron加速器，但是美国在未来几年，将继续支持 Tevatron，继续分析 Tevatron 多年来积累的数据，利用其潜力希望发现新物理。

(2) 继续参与 LHC 计划。

LHC 代表了20多年的国际努力和投资的最高点，其中，美国是主要参与者。LHC 的实验正准备做出激动人心的发现，这些发现将改变我们对自然的基本理解。美国参与 LHC 的整个开发是美国高能物理计划中的最高优先级项目。未来10年，美国继续参与 LHC 计划，包括参与 LHC 的实验运行、建造和探测器升级、加速器升级。

(3) 轻子对撞机计划。

国际粒子物理界已达成共识，充分了解“万亿能标”（tevascale）的物理特性需要轻子对撞机，正如其也需要 LHC 一样。美国重申了轻子对撞机的重要性。

在未来几年内，LHC 产生的结果将确定其所需要的能量。如果初始能量远远高于500吉电子伏，这意味着需要考虑轻子对撞机技术。轻子对撞机的成本和尺寸意味着它将是一个国际项目，其成本要由许多国家来分担。国际协商将决定其选址，主办国需确保是能量前沿的科学领导者。无论未来轻子对撞机使用何种技术，其选址位于何处，美国都需要规划，以在其中扮演重要的角色。

不久的将来，美国将推出轻子对撞机的加速器和探测器研发计划。美国还将参与替代加速器技术的协同研发，替代加速器技术是轻子对撞机所需要的技术。这样，当轻子对撞机能量确定时，有一个明智的选择。

(4) 继续参加国际直线对撞机研发计划。

在未来几年内，LHC 产生的结果将确定其所需要的能量。如果最佳的初始能量被证明在或者低于500吉电子伏，那么国际直线对撞机是未来10年中最成熟的和现成的选择。

在未来几年里，如果国际直线对撞机成为国际学术界的选择，美国将继续参加国际直线对撞机研发计划，无论国际直线对撞机选址在哪里，美国都要在其中占据重要地位。粒子物理项目优化小组认为，美国失去在粒子物理学领域的领导地位的代价实在太高了，保持在科学中的领导地位就会保持美国在经济和文化中的中心地位和活力。为了保持美国在粒子物理学领域的全球竞争力，美国将抓住机会成为世界高能物理学研究的领导者，积极推进高能物理领域的国际合作，并在其中发挥领导作用。但保持领导地位并不意味着控制，美国将积极投资 LHC，并成为国际直线对撞机的主要投资者，积极参与大型国际粒子物理学项目，并力争成为下一代最先进粒子加速器——国际直线对撞机的东道主。结合两套加速器的能力将解决粒子物理学研究中最重要的科学问题。

2) 强度前沿

(1) 继续运行费米实验室的 MINOS 实验。MINOS 实验又称长基线中微子实验，利用费米实验室中微子主注入器寻找具有极小质量的中微子存在的证据。费米新的主注入器作为 MINOS 实验的中微子源，实验的长基线从这里开始，探测器放在735千米之外的明尼苏达州北部原苏丹铁矿里。参加 MINOS 实验的科学家们对从费米实验室出来的中微子和到达苏丹铁矿中的探测器的中微子的特性进行测量和比较。这两个探测器中中微子相互作用特点的差别提供不同类型的中微子振荡的证据，由此得出中微子质量。美国将继续运行 MINOS实验。

(2) 继续运行费米实验室的 MiniBooNE 实验。MiniBooNE 实验通过寻找中微子振荡来测量中微子质量。该实验于1998年获得批准，从2002年起，开始利用费米实验室“助推者”加速器制造的μ介子中微子采集当前的分析数据。MiniBooNE探测器被安放在距离μ介子中微子生成点500米的地方，其任务是寻找μ介子中微子产生的电子中微子。

（3）继续参与法国的Double Chooz实验、日本的K2K实验、中国大亚湾反应堆实验。美国在法国的Double Chooz实验、日本的K2K实验、中国大亚湾反应堆实验中都发挥了重要作用，未来10年，美国将继续支持这三个实验的研发和实验运行。大亚湾反应堆中微子实验是迄今为止中美两国之间最大的基础科学研究合作项目。目前该合作组包含中外35个科研单位共约190位科学家，以中美为主，欧洲也有参与。主要实验目标在于利用从核反应堆生成的反电子中微子的振荡过程来测量中微子混合的最小混合角。

（4）MINERνA实验。MINERνA实验是用费米实验室的主注入器中微子NuMI束流进行中微子散射实验，试图测量低能量下的中微子相互作用，支持中微子振荡实验。

2006年，MINERνA的第一个探测器模型研究成功，2007年，完成原型设计并开始全面建造，预计2009年开始采集实验数据。未来10年，美国将继续支持MINERνA实验的研发、建造和实验运行。

（5）NOνA微中子实验。阿尔贡国家实验室高能物理部在设计新的更大探测器——NOνA的探测器，该探测器在利用NuMI束流中起到关键作用。NOνA的探测器是MINOS远程探测器的5倍。该探测器放在明尼苏达州北部，在远离束流轴心一侧几英里的地方，那里中微子束流的能量分布更为狭窄。这就更容易找到来自费米实验室μ子中微子振荡产生的电子中微子。在阿尔贡国家实验室正在建造其中一个30 000吨PVC塑料和液体闪烁体平面样机。该探测器大约于2012年建成，2013年开始运行。

如果科学最终需要一个更强大的中微子源，建立一个多兆瓦质子源的中微子计划是走向未来中微子源研究的一个跳板，如基于介子储存环的中微子工厂。这反过来能帮助美国定位科学研究计划，发展μ子对撞机将作为美国重返能量前沿的一个长期的手段。

DUSEL是中微子计划蓝图中的关键，对暗物质、质子衰变和无中微子双β衰变的非加速器实验探索也很重要。DOE和NSF将明确定义计划的内容。

粒子物理深层地下实验室非常重要，NSF将尽快建成该设施。DOE和NSF会共同努力实现DUSEL的实验粒子物理计划。

3）宇宙前沿

虽然宇宙的95%看来似乎是由暗物质和暗能量组成，但我们对这两种组成所知甚少。了解暗物质和暗能量的性质是粒子物理的核心——研究其性质的基本组成、属性和相互作用。美国是宇宙前沿探索的领导者。暗物质搜寻实验，以地面为基础和以空间为基础的暗能量研究提供了颇具吸引力的机会。此外，空间的高能粒子和宇宙微波背景辐射研究为两个宇宙前沿研究领域提供了重要的科学机遇。作为美国粒子物理计划的一个主要部分，美国将采取以下措施：

（1）美国将支持暗物质和暗能量研究。DOE与美国国家航空航天局（NASA）合作，将支持以空间为基础的联合暗能量任务（JDEM）。

（2）DOE将与NSF合作，支持以地面为基础的大型巡天望远镜计划（LSST）。

(3) NSF 和 DOE 还将联合支持直接寻找暗物质的实验。

(4) 美国还将对其他粒子天体物理项目进行资助，成立一个粒子天体物理科学咨询小组。

4) 加速器和探测器研发

过去 60 年，加速器科学与技术的创新对粒子物理学的科学发现做出了重要贡献。加速器不仅对粒子物理学的发展，而且对其他学科的发展都有巨大的推动作用。未来 10 年，美国致力于加速器和探测器的战略技术研发。

1.2.3.2 美国能源部高能物理计划

美国能源部科学办公室下设高能物理办公室，支持现在和未来的粒子物理学实验研究和实验设备的运行。为了解决粒子物理学的核心问题，高能物理办公室支持的粒子物理学计划重点关注相互关联的能源前沿、强度前沿和宇宙前沿。能源前沿，利用高能对撞机发现新粒子，并直接探索各种基本力的体系结构；强度前沿，利用强粒子束揭示中微子的性质，并观察稀有过程以发现超越标准模型的新物理；宇宙前沿，利用地下实验与地面和空间的望远镜，揭示暗物质和暗能量的性质，并在太空使用高能粒子以探测新现象。这三个前沿形成一个相互联结的框架，提出有关自然和宇宙定律的基本问题。

高能物理办公室的高能物理计划，其战略目标是理解宇宙在最基本水平如何工作：①发现物质和能量的最基本构成，探测物质和能量之间的相互作用，探索空间和时间自身的基本性质；②为了使这些发现得以实现，高能物理计划支持基本粒子物理学的理论和实验研究，支持基本加速器科学中的理论和实验研究，并支持其他辅助技术。高能物理学计划共支持五个子计划，分别介绍如下。

1) 基于质子加速器的物理学计划

该计划重点支持 Tevatron 和 LHC 的实验研究项目和设施项目，包括设施的建造、调试、运行、维护以及升级等。2009 年重点支持的研究项目包括：①使用美国费米实验室的 Tevatron 加速器进行的研究项目。②使用费米实验室的 NuMI/MINOS 探测器进行的中微子研究项目。③中微子物理学研究的新探测器——NOνA 探测器，将使用费米实验室的 NuMI 束流直接观察和测量 μ 子中微子在数百英里的距离转变成电子中微子。④在欧洲核子研究中心的大型强子对撞机上进行的 ATLAS 和 CMS 研究项目。

2009 年重点支持的设施项目包括 Tevatron 综合运行项目、Tevatron 综合改进项目和大型强子对撞机项目：①Tevatron 综合运行项目：美国费米实验室的运行包括 Tevatron 对撞机的 D-Zero 探测器和 CDF 探测器项目以及一个中微子物理学实验项目。②大型强子对撞机项目。在美国与 CERN 签署的参与 LHC 计划的合作协议下，截至 2007 财年，美国 DOE 总共为 LHC 建造提供 4.5 亿美元的资助，另外 NSF 还为 LHC 建造共提供了 8100 万美元的资助，自 1996 年至 2007 年 DOE 和 NSF 每年为 LHC 建造提供的支持（表 1-1）。对 LHC 的支持是美国高能物理计划的最优先领域。美国提供的资助主要用于 LHC 加速器的建造、LHC 的两个探测器 ATLAS 和 CMS 的建造，用于 LHC 的软件和计算资源开发，用于在 LHC 上的实验研究、LHC 的加速器研究，等等。

表 1-1 美国 DOE 和 NSF 为 LHC 建造提供的支持 （单位：百万美元）

财 年	DOE			NSF
	LHC 加速器	LHC 探测器	合计	LHC 探测器
1996	2	4	6	
1997	6. 67	8. 33	15	
1998	14	21	35	
1999	23. 491	41. 509	65	22. 15
2000	33. 206	36. 794	70	15. 9
2001	27. 243	31. 627	58. 87	16. 37
2002	21. 303	27. 697	49	16. 86
2003	21. 31	37. 9	59. 21	9. 72
2004	29. 33	19. 47	48. 8	
2005	21. 447	11. 053	32. 5	
2006		7. 44	7. 44	
2007		3. 18	3. 18	

2）基于电子加速器的物理学计划

2009 年重点部署的研究项目包括：①斯坦福线性加速器中心的 B-工厂/BaBar 设施上的研究项目。B-工厂于 2008 财年终止运行，高能物理计划停止其运行费用的资助，但是过去 8 年积累的数据还要持续几年时间来进行分析。2009 年计划支持美国 40 多个大学、LBNL、SLAC、劳伦斯－利弗莫尔国家实验室（LLNL）和 7 个其他国家的 600 多名科学家一起进行数据分析，物理学家们以此来深入研究许多粒子衰变模式中的 CP 对称破缺问题，研究量子色动力学预测的许多重夸克态。②其他基于电子加速器的物理学项目：使用科内尔大学的电子－正电子储存环（CESR）的研究项目，使用日本的 KEK-B 电子加速器设施进行的研究项目，在升级后的北京正负电子对撞机（BEPCII）上进行的研究项目。CESR 由 NSF 负责运作，在 2008 年已经终止运行。在 2009 财年，这项工作集中在最后的数据分析上。还有一些资助支持日本 KEK-B 电子加速器上 Belle 探测器的运行、BEPCII 北京谱仪的运行以及对采集数据的分析。

3）非加速器物理学计划

2009 年重点部署的研究项目包括：①运行大天区望远镜（large area telescope，LAT），它是美国航空航天局的伽马射线大天区空间望远镜（GLAST）上面的主要仪器。LAT 的目标是观察和理解自然界最高能量的伽马射线，产生太空中极端粒子加速器的信息，包括活动星系核和伽马射线暴以及暗物质。②运行超高能辐射成像望远镜阵列系统（VERITAS），它是地基多望远镜阵列，研究能区 50 吉电子伏至 50 太电子伏的高能量伽马射线的天体物理学起源。其主要科学目标是探测和研究可以产生这些伽马射线的起源，如黑洞、中子星、活动星系核、超新星遗迹、脉冲星、银道面和 γ 射线暴。VERITAS 还将研究暗物质。③建造暗能量测量设备（DES）。研究暗能量性质的设备。DES 采用几种方法来测量暗能量对银河星系和其他天体物理对象分布的影响。DES 通过科技合作将建设三个系统，包括暗能量相机、数据管理系统和望远镜设施升级。暗能量相机在智利的托洛洛山美洲洲际天文台的布兰科 4 米望远镜上安装和运行。④参加中国的大亚湾反应堆中微子实验。⑤建造低温暗物质观测器 CDMS-25。⑥未来暗能量实验的研究与开发。

4）理论物理学研究计划

该计划重点资助基本粒子标准模型的量子场论的计算，建立基本粒子的其他模型，解释物理学模型的计算结果，建立新物理学定律，建立和开发粒子物理学实验研究理论计算需要的计算设施。理论物理学研究计划资助的研究取得了丰硕成果。例如，2008 年诺贝尔物理学奖获得者南部阳一郎（Yoichiro Nambu）在芝加哥大学退休以前的研究工作曾获得该计划的资助。早在 20 世纪 60 年代，南部阳一郎就给出了自发对称性破缺机制的数学描述。根据他的有关理论，大自然很混乱的表面下隐藏着秩序。目前，有关基本粒子物理学标准模型的所有理论中，几乎都渗入了南部阳一郎的成果。2009 年该计划重点部署的研究项目包括：①欧洲核子研究中心的大型强子对撞机（LHC）上的现象学研究。②量子色动力学研究：这是关于夸克与胶子的 SU（3）规范场相互作用的强相互作用的量子理论，属于更复杂的非阿贝尔规范场的量子理论。③新思想研究。

5）先进技术研发计划

该计划促进世界一流的粒子束物理学研究，加速器研究与开发以及粒子探测，资助高能物理学不断发展所需的技术研发。该计划支持和促进高能物理学的能源前沿、强度前沿和宇宙学前沿三个前沿领域的科学研究。2009 年重点部署的研究项目包括：①加速器科学。②射频超导技术的研究与开发。③国际直线对撞机的研究与开发。

各子计划 2004 ~ 2010 财年的资助情况见表 1-2。

表 1-2　2004 ~ 2010 财年高能物理计划各子计划的资助情况

（单位：百万美元）

计　划	2004 财年实际拨款	2005 财年实际拨款	2006 财年实际拨款	2007 财年实际拨款	2008 财年实际拨款	2009 财年实际拨款	2010 财年预算请求
基于质子加速器的物理学计划	382. 634	401. 12	375. 099	343. 633	371. 68	510. 47	442. 988
基于电子加速器的物理学计划	144. 965	143. 929	117. 033	101. 284	57. 206	32. 383	26. 42
非加速器物理学计划	47. 385	46. 934	48. 016	60. 655	75. 784	105. 316	99. 321
理论物理学研究计划	49. 433	48. 995	48. 19	59. 955	60. 032	70. 779	67. 24
先进技术研发计划	79. 327	94. 721	128. 356	186. 259	138. 143	309. 168	183. 031
高能物理计划合计	703. 744	735. 699	716. 694	751. 786	702. 845	1028. 116	819

1.2.3.3　美国国家科学基金会的粒子物理学计划

NSF 物理学部通过三个计划支持粒子物理学研究，这三个计划包括：理论物理学计划、粒子天体物理与核天体物理学计划、基本粒子物理学计划。表 1-3 给出了 2003 ~ 2009 年粒子物理学研究资助经费的整体情况。

理论物理学计划重点支持对自然界基本作用力的研究、宇宙的早期历史演化以及支持高能物理实验研究。

粒子天体物理与核天体物理学计划支持非加速器物理学实验研究。该计划从2004年开始支持粒子物理学与天体物理学的交叉研究——粒子天体物理学研究。从表1-3中可以看出，该计划对粒子天体物理学研究的资助逐年稳步上升。

表1-3 2003～2009年NSF的三个计划支持粒子物理学研究的情况

（单位：百万美元）

NSF支持粒子物理学的计划	2003年	2004年	2005年	2006年	2007年	2008年	2009年
理论物理学计划	0.18	1.97	4.42	6.49	5.06	7.58	6.47
粒子天体物理与核天体物理学计划		0.68	1.43	5.65	10.07	14.81	17.11
基本粒子物理学计划	106.74	5.34	23.32	11.18	46.24	33.13	16.32

基本粒子物理学计划重点支持基于加速器的粒子物理学研究。一是支持费米实验室的Tevatron加速器上的实验研究。2008年，Tevatron加速器停止运行，基本粒子物理计划停止支持Tevatron加速器的运行费用，但是还继续支持数据分析项目。二是支持欧洲核子研究中心的大型强子对撞机（LHC）上的实验研究。因为要求这些探测器每秒达到6亿次碰撞，所以设计LHC的探测器面临前所未有的挑战。三是支持利用费米实验室的光束、利用欧洲和日本等其他加速器的光束进行的新一代中微子实验研究，已经着手研究难以捉摸的、在实验室控制条件下的量子振荡粒子。新试验探测粒子加速器产生的高强度中微子束。粒子束穿行几百英里，穿过地面到达地下探测器所在位置，此时可以利用探测器测量中微子束的组成变化。四是支持加速器物理和探测器的进展，支持国内和国际合作研究分布式计算的新方法，如网格的发展。从表1-3中可以看出，2003年的资助经费最多，原因是2003年NSF支持科内尔大学的电子－正电子储存环（CESR）设施的建设，资助经费为9000多万美元。2007年，NSF为LHC的ATLAS实验提供2700万美元的资助。2008年，NSF为科内尔大学的CESR设施转换又提供1000多万美元的资助。

1.2.4 英国与粒子物理学相关的战略与计划

英国在粒子物理学领域的研究水平非常高，国际地位显赫。多年以来，英国物理学家有效地利用世界范围的先进加速器，集中研究该领域的核心问题，一方面参与正在进行的实验，另一方面积极参与未来几年或几十年高潜质的实验，英国物理学家在一些国际关键探测器建设上常常担当领导者。

目前英国科学与技术设施委员会（STFC）负责协调英国粒子物理计划，由英国粒子物理咨询小组（PPAP）指导粒子物理学计划，来自英国25所大学和4个国家中心的研究人员加入了该领域的计划，参与全球最重要的实验工作。

1.2.4.1 英国科学与技术设施委员会2008～2011年计划

STFC在2008～2011年计划中提出了这期间的粒子物理学科技战略，具体情况如下：①英国在粒子物理学最优先发展的项目是欧洲核子研究中心的大型强子对撞机。英国在这个项目中发挥很强的核心作用：在LHC的4个实验中，CMS和LHCb两个实验由英国负责。②英国研究团队在建设 LHC 及处理数据的先进计算基础设施中扮演着重要角色。现在英国科学家准备开发从这些装置获得的成果，英国在有限财力情况下支持英国科学家工作。③英国将停止在国际直线对撞机上的投资。不过，英国将继续投资适用于未来轻子对撞机的普通加速器的研发。

1.2.4.2 英国 2010 ~ 2030 年粒子物理学发展路线图

英国粒子物理咨询小组 2009 年发布的粒子物理路线图承载了英国科学界的期望，这些计划将回答宇宙的基本问题，战略明确提出了英国关注的 10 个重大科学问题以及解决这些重大科学挑战需要的设施，并阐述了英国未来 20 年重点制订和参与的国内外粒子物理学计划。

1）理论粒子物理学计划

英国支持世界一流的粒子物理理论长期计划，特别支持形式理论、现象学和格点理论方面的计划。

2）能量前沿物理学

（1）LHC 的 ATLAS 和 CMS 探测器及其升级。

英国从一开始就在 LHC、LHC 的 GPD 探测器，即 ATLAS 和 CMS 探测器制定了重大战略投资，使许多英国物理学家在合作中承担高级领导职务，并推动了许多重要的物理学分析。这些分析极其依赖英国 GridPP 项目提供的网格计算基础设施。英国将 ATLAS 和 CMS 探测器作为最优先项目，并进行资金支持，主要做两件事情：完成探测器的设计亮度和科学开发；探测器升级研发，提供与 LHC 升级时间表相应的更高亮度。

（2）参与美国 Tevatron 实验。

在 LHC 的 ATLAS 和 CMS 探测器收集大量数据以前，美国 Tevatron 实验（CDF 和 D0 实验）为寻找希格斯玻色子证据提供最好的前景。英国物理学家在这些实验中占据重要的领导位置，推动了英国一些最重要的物理分析的发展，尤其是希格斯玻色子的寻找。英国 STFC 参与这些实验的期限和未来成本都比较合适，因而它们物超所值。只要 Tevatron 仍是世界领先的能量前沿设施，英国就会继续利用这些科学机会。

（3）参与国际直线对撞机计划。

英国继续参与国际直线对撞机计划，确定在国际直线对撞机的加速器和探测器技术以及关键系统研发方面进行重大投资，并继续履行国际领导职责。所有英国的投资都适用于国际直线对撞机和 CLIC 设计的目标领域。确定国际直线对撞机的未来发展方向，英国继续支持加速器和聚焦探测器的研发。

（4）高能 μ 介子对撞机。

英国以现有的中微子厂和直线对撞机研发计划为基础，参与高能 μ 介子对撞机加速器和探测器的研发。加速器和探测器的专项研发是中微子工厂和直线对撞机研发计划的一部分，同时也支持 μ 介子对撞机的发展。在这个时候，不对 μ 介子对撞机有另外的重大投资。作为观察者，英国用适量的资金支持国际 μ 介子对撞机的发展。

（5）高能轻子 - 强子对撞机。

英国将在 2012 年高能轻子 - 强子对撞机的设计中发挥主导作用。英国将提供适当的资金支持，尽可能使关键人物在 LHeC 概念设计的研究中保持主导地位。

3）味物理

（1）底夸克实验（LHCb）。

英国引领 LHC 的底夸克探测器 LHCb 未来 10 年的投资并建立英国在夸克味物理的领先地位。英国 GridPP 项目提供数据分析及网格计算基础设施。英国充分利用在 LHCb 探测器亮度设计的投资，优先发展味物理学研究。

（2）LHCb 升级。

英国在准备为 LHCb 升级建立研发计划方面已处于国际领先。当前，英国的战略利益领域已进入关键的子探测器组件研发，包括：硬辐射硅像素技术；快速光子探测器；算法解读和极高触发率。英国计划参与 LHCb 探测器升级。

（3）高亮度 B 介子工厂。

英国对高亮度 B 介子工厂的设计研究给以适当的资金支持。如果设施的建造得到批准并显现英国的重大利益，英国可能进一步参与，并紧密结合其他味物理项目的研究。

（4）高精确度专门粲实验。

英国从事粲物理的研究将通过英国参与的 LHCb 来实现，不参与专门的新粲实验。

（5）高精确度专门 K 介子实验。

英国在 CERN 的 NA62 实验上进行有限投资，以微小代价获得有益的近期科学回报。除了 NA62 实验，英国投入少量资金，对未来的高精确度 K 介子实验持观望态度。

（6）高精确度专门 μ 介子实验。

建议 COMET 实验的目标是将电流限度提高 4 个数量级，这将延伸至理论领域。第二个阶段，在 FFAG 技术基础上的 PRISM，有可能在未来提高两个数量级的灵敏度。英国在这个领域并没有最新的记录，但最近英国有兴趣参与这些实验，英国将引领 FFAG 加速器技术的发展。英国在未来的高精确度 μ 介子实验中投入有限资金，如 COMET/PRISM，却提供有意义的科学回报。

4）中微子物理学

（1）继续参与日本的 T2K 实验。

在日本的 T2K 实验中，英国有很强的实力在未来日本的超级束实验（super-beam experiment）中发挥领导作用，日本超级束试验依赖 θ_{13}的值，它可能为发现轻子 CP 破缺提供路径。日本的 T2K 实验是英国中微子物理研究的最优先级项目，英国在其中积极发挥作用。

（2）继续参与美国的 MINOS 实验。

英国将提供足够的资金，使英国能在 MINOS 最后两年的实验中探索反中微子。

（3）参与未来长基线中微子实验和/或中微子工厂研发。

在过去 10 多年，英国已建立了世界一流的中微子物理学团队，这是英国参与未来长期基线实验包括 T2K 第二阶段、超级光束设施、β 粒子束或中微子工厂的基础。由于英国当前在日本的 T2K 实验中的领地地位、在中微子工厂国际设计研究中的领导地位以及建造 MICE 和 EMMA 实验，所以，英国在未来中微子计划中将发挥领导作用。英国继续参与下一代长基线中微子振荡实验，朝着这个目标继续参与世界领先的研发计划。在这一领域的任何新探测器/专用加速器研发应紧靠现有的中微子研发计划。

（4）参与无中微子双 β 衰变实验。

无中微子双 β 衰变实验解决关于中微子性质和重大发现信号观察的基本问题。一系列实验将在未来 10 年展开。英国投资参与 SNO + 和 Super-Nemo 这两个实验，并将持续参与世界一流的无中微子双 β 衰变长期研究计划。

5）非加速器实验

（1）直接探寻暗物质的实验。

英国领导两个国际计划，发展吨级大型探测器——EURECA 和 LUX-ZEPLIN，目的是获取信号在 10^{-10} 皮靶恩的灵敏度。英国参与这一实验，并在该领域持续参与世界一流的长期研究计划。

（2）电偶极矩搜索实验。

英国在电子和中子 EDM 实验方面是世界领导者，英国将充分利用其在电子和中子偶极矩搜索实验的世界领导地位。规模相对较小的 CryoEDM nEDM 实验和 YbF 束 eEDM 实验未来 5 年产生的实验灵敏度将比目前最好的实验提高 1 ~ 2 个数量级。这些实验是对直接探寻 BSM 物理的补充，有可能在下一个 10 年保持这一领域的最前沿。

（3）核衰变实验。

英国关注 100 千吨液氩探测器。这项技术也可能适合未来的长基线中微子实验。英国的核衰变实验研发将紧密结合未来长基线中微子实验计划。

图 1-2 给出了英国未来 20 年粒子物理学发展路线图。

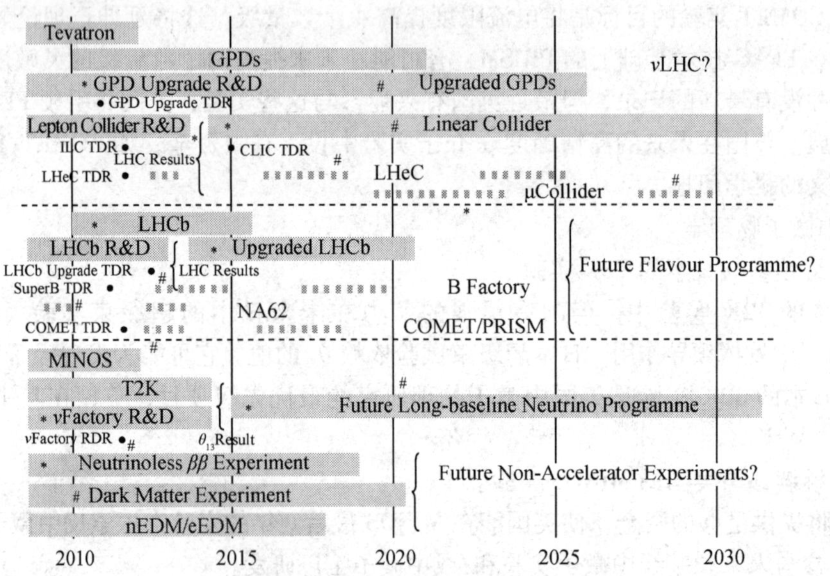

图 1-2 英国 2010 ~ 2030 年粒子物理学发展路线图

＊所在黑色条形栏表示研发阶段，#所在黑色条形栏表示施工阶段，无符号的黑色条形栏表示开发阶段，虚线表示目前尚未资助但未来有潜在科研机会的设施，? 表示可能会出现的项目或设施

1.2.5 加拿大与粒子物理学相关的战略与计划

1.2.5.1 加拿大 2006 ~ 2016 年粒子物理学发展远景

2006 年，加拿大自然科学与工程研究理事会（NSERC）长期规划编制委员会发布了《加拿大 2006 ~ 2016 年粒子物理学发展远景》报告。报告对粒子物理学存在的基本问题，加拿大的实力，加拿大对粒子物理学的支持以及未来 10 年发展远景做了详细报道。在未来 10 年，加拿大粒子物理重点研究以下 6 个最优先领域：

（1）加拿大组建的 ATLAS-Canada 研究团队，曾在欧洲核子研究中心 CERN 的大型强子对撞机 LHC 的粒子物理学探测器 ATLAS 的建造中做出了巨大贡献，以后，该团队继续参与 LHC 计划，使用 ATLAS 探测器开展粒子物理学实验研究，充分挖掘发现新的物理的潜力。

（2）扩大或者改进 TRIUMF 实验室的放射性束流设施——同位素分离与加速器（ISAC），并充分利用 ISAC 研究核物理和核天体物理学。

（3）完成 SNO 实验室的建设，并将其发展成为世界上最深的地下实验室，另外投入资金利用这个独特环境做实验。

（4）加拿大组建 T2K-Canada 团队，参与日本的 T2K 长基线中微子振荡实验计划。加拿大在 SNO 实验室进行的中微子振荡实验结果在国际上处于领先地位，但是对中微子是如何振荡的知之甚少。

（5）参与国际直线对撞机的研发，包括参与国际直线对撞机的建设时间和地点的国际讨论。据预计，大约 75% 的加拿大粒子物理学科研人员参与上面所列的 5 个项目。

（6）参与范围广泛和多样化的粒子物理学研究项目，确保加拿大的学科长期健康发展。因此，其作为一个高度优先的事情，保持多样化和范围广泛的研究工作，能让科研人员开拓新研究机遇和提出新想法。

加拿大对上述 6 个最优先资助项目的预算见表 1-4。

表 1-4 加拿大粒子物理学研究未来 10 年的预算情况 （单位：百万加元）

	2005 ~ 2006 年	2006 ~ 2007 年	2007 ~ 2008 年	2008 ~ 2009 年	2009 ~ 2010 年	2010 ~ 2011 年	2006 ~ 2011 年合计	2011 ~ 2015 年合计
资助计划								
ATLAS		0.6	0.6	0	0	0	1.3	0
ISAC		1.9	2.2	1.6	0.5	0.5	6.8	0
T2K		0.6	0.9	0.6	0	0	2.0	0
范围广泛和多样化研究		0.2	0	0	0	0	0.2	0
小计		3.4	3.7	2.2	0.5	0.5	10.3	0

续表

	2005～2006 年	2006～2007 年	2007～2008 年	2008～2009 年	2009～2010 年	2010～2011 年	2006～2011 年合计	2011～2015 年合计
新资助计划								
ATLAS				0.2	0.2	0.4	0.8	
ILC								
ISAC					0.8	0.8	1.6	8.0
SNOlab			1.5	3.5	4.0	3.7	12.7	10.0
T2K			0.3	0.5	0.6	0.6	2.0	8.5
范围广泛和多样化研究			0.2	0.1	0.8	1.2	2.3	7.5
小计	4.1		2.0	4.2	6.4	6.7	19.3	52.0
实验运行费	13.0	13.3	13.6	13.7	14.9	16.8	72.3	102.6
理论研究	3.0	3.2	3.3	3.4	3.5	3.7	17.1	25.2
基础设施	1.8	1.9	2.0	2.1	2.2	2.3	10.3	14.1
仪器设备研发	0.6	0.5	0.6	0.6	0.8	0.8	3.1	3.7
合计	22.6	22.2	25.2	26.2	28.2	30.7	132.4	197.5

1.2.5.2 NSERC 对粒子物理学的资助计划

NSERC 通过发现科学计划（discovery grants program）、研究生奖学金计划和博士后奖学金计划资助加拿大的粒子物理学研究，每年对粒子物理学的资助金额大约为 2300 万加元。发现科学计划下设“粒子物理学包”，粒子物理学包又分团体、合作计划、会议、个人、主要设施获取计划、重要资源支持计划、计划、研究工具与仪器 8 个类别，分别对粒子物理学研究所需的设备、基础设施、技术、研究经费、实验经费、出差费用、会议费用等各个方面进行资助。

1.2.5.3 加拿大创新基金会对粒子物理学的资助计划

加拿大创新基金会（CFI）是一个独立的非营利机构，支持加拿大世界一流的科研基础设施的发展。CFI 资助的基础设施对加拿大粒子物理学计划的扩展非常重要。例如，目前正在建设的 SNOLab 设施，CFI 国际合资基金提供了 3800 万加元资助。CFI 还为先进探测器发展实验室（LADD）提供资助，支持粒子物理学探测器在基础研究和医学领域的应用。ATLAS 数据分析的第一级运算中心也通过 CFI 得到资助。

CFI 还致力于支持新研究人员计划和加拿大首席科学家计划。通过这些计划，粒子物理学领域的新研究人员在国家和国际研究计划中都发展得相当成功，并利用 CFI 资助的基础设施为优势，从 NSERC 的“粒子物理学包”获取重要的运行费用的支持。

1.2.6　日本与粒子物理学相关的战略与计划

1.2.6.1　日本大强度质子加速器计划

日本大强度质子加速器计划（Japan Proton Accelerator Research Complex，J-PARC）是日本原子能研究开发机构和高能加速器研究机构共同开发、运用的加速器计划。2001 年开始着手建设，第一期工程已经在 2008 年完成，可以对外提供电子束服务。该设施位于日本茨城县东海村 JAEA 东海研究中心原子能研究所内。大强度质子加速器是一种最尖端的科学研究设备，由世界最高级的、产生大强度质子束的加速器以及利用该大强度质子束的实验设备所构成。J-PARC 的加速器由线性加速器、3 吉电子伏同步加速器和 50 吉电子伏同步加速器构成。对 3 吉电子伏质子束加以利用的是具有中子源和 μ 介子源的物质、生命科学实验设备。50 吉电子伏同步加速器发出的质子束被供应到原子核基本粒子实验设备（强子实验设备）和中微子实验设备这 2 个实验设备。预计未来还将使用对线性加速器发出的不同质子束加以利用的核转变实验设备来进行实验。由于其作为将高强度的质子撞击时产生的 2 级粒子束可用于各种基础及应用研究的多种目的的加速器引起了国内外很大的关注。

1.2.6.2　日本高能加速器研究机构 2009～2013 年路线图

高能加速器研究机构（High Energy Accelerator Research Organization，KEK）原为隶属于日本文部科学省的国家实验室，于 2004 年法人化后，隶属于日本大学共同利用机关法人，为高能物理学与加速器科学的综合研究机构。由以下四大单位所组成：基本粒子原子核研究所；物质结构科学研究所；加速器研究设施（KEK 研究活动的根基）；共同基础研究设施（研究活动的辅助设施）。2008 年 10 月 KEK 制定未来 5 年（2009～2013）的详细路线图。路线图提到 5 个与粒子物理学相关的计划。

1）运行 J-PARC，早日实现设计性能和加强质子束流强度

未来 5 年，重点改变 J-PARC 主环的质子束循环率，提高质子束流强度，而不需要大规模地改造 J-PARC 的设备。通过这种方法，将使质子束流强度从 0.36 兆瓦增加到 1.7 兆瓦，同时可以增加中微子束流和强子束流强度。

2）KEK 的 B 介子工厂升级计划

KEK 计划在前三年关闭 KEK 的 B 介子工厂，以便对 B 介子工厂的机器和检测器进行重大升级。前三年的升级计划包括：①用一个装有预燃室的束流管取代目前的束流管；②升级相互作用区域；③升级地面的光子工厂（PF）设备；④改造蟹形加速空腔；⑤升级贝尔（Belle）探测器。在后面的两年里，加强 PF 系统和相关零部件的运行，使机器的亮度达到 2×10^{35}/（厘米^2·秒）。几年后如果还要安装额外的 PF 系统，还必要继续这样的运作模式，使数据采集量一共达到 $10ab^{-1}$。后面两年的升级计划包括：①安装阻尼环；②安装额外的 PF 系统；③加强制冷设备。

完成上述的改造和替换以后，KEK 的 B 介子工厂将重新运行。在下一阶段的运行中，

逐步实施以下改造，以进一步提高亮度：①安装阻尼环，改进直线加速器的射入轨道；②改善和加强 PF 系统；③加强冷却设施的制冷能力，以处理大量增加束流产生的热量；④更换电源变电站和空调设施。经过这些额外的升级，在 5 年计划结束的时候，亮度预计将达到 2×10^{35}/（厘米^2·秒）或更高，在 5 年计划结束后的几年内，数据采集量将累积达到 10 ab^{-1}。

对 KEK 的 B 介子工厂的机器升级使得亮度大大提高以后，进行实验测量 B 介子和其他粒子的衰变，探测器系统同样面临着新的挑战。关键是要使探测器系统能够在前所未有的大束流和超高亮度所带来的极高计算环境下，以卓越的性能稳定地工作。其他所需的必要条件包括，卓越的粒子鉴别能力和重建能力，使 KEK 能够探测多个中微子束，从而能探测到在超高亮度下才可能观察到的非常罕见的现象。此外，KEK 需要能够加工和处理海量数据的数据采集和分析系统。为了满足上述要求，必须对现有的贝尔（Belle）探测器进行大幅度改造。以下技术将发挥关键作用：①精细分割探测器元件：a. 采用一种设备，如更高像素的探测器，将空间分割得更细；b. 采用高速采样电路，实现高速度的时间分辨率。②基于下一代光子传感器，安装高精度的切连科夫粒子识别仪器，以便能够探测具有皮秒级时间分辨率的单个光子。③基于超高速网络的数据采集系统，基于全尺度 PC farm 和创新网格技术，处理海量数据系统。

建造上述探测器需要的基础技术已经基本完成。来自世界各地的顶尖科学家将进行新的国际合作，预计将有 20 个国家的 600 多名科学家参与合作。

3）PF/PF-AR 运行与升级计划

KEK 将继续支持用户研究群体使用同步辐射加速器（PF 和 PF-AR）进行科学研究，将建设和更新插入元件束线，以充分利用升级后机器的性能；集中资源提高光束线和更新实验设施，以保持日本在该领域科学研究的竞争力。

4）参加欧洲核子研究中心的 LHC 实验计划

日本研究团体从一开始就承诺参与 LHC 的 ATLAS 合作计划，日本有 60 名物理学家参加，来自 15 个机构，其中就包括 KEK、东京大学和神户大学。这些团体在建设 μ 介子触发、硅探测器、超导螺线管以及物理分析方面发挥了重要作用。KEK 将在实验设施的运行和物理分析方面发挥主导作用。

5）先进加速器和探测器技术的研究与开发计划

（1）能量回收直线加速器的研究与开发计划。

5 吉电子伏的能量回收直线加速器（energy recovery linac，ERL）将成为下一代光源，它提供的束流强度和束流宽度比目前的第三代光源高三个数量级。KEK 计划建造一个封闭式的 ERL，束能量达到 60 兆电子伏，2008 年已经完成了基本的设计，研究开发计划还将启动建设超导 RF 腔和电子枪等。

未来 5 年，KEK 将开展加速器技术要素的研究开发（这是实现 ERL 的重要一环），并在东计算器大厅建造一个封闭式 ERL（能量超过 60 兆电子伏，束电流超过 10 毫安）。创新的技术要素包括：①一个超导加速腔的输入耦合器；②一个电子枪；③一个驱动激光；④一个 RF 动力源。2013 年以后，KEK 打算建造一个 5 吉电子伏的 ERL。该研究项目促进日本全国范围内的合作，参与的单位包括：日本原子能研究开发机构、固体物理研究所、

东京大学、SPring-8、分子科学研究所、国家先进工业科学与技术研究所、广岛大学等。该研究项目还包括与科内尔大学、美国阿尔贡国家实验室先进光子源的国际合作。

（2）参与国际直线对撞机的研发计划。

未来5年KEK参与国际直线对撞机的研发计划包括以下三个部分：①继续提出研究开发活动；②工程设计；③将技术转移到工业应用。ILC的新技术主要包括两类：①与超导加速有关的技术；②精确控制光束相关的技术。KEK将进行开发第一类中的超导射频测试设备，参加开发第二类的加速器测试设备。

（3）粒子探测器研发计划。

粒子加速器和探测器的创新技术在未来科学研究中将会发挥重要作用。为获得“完美的探测器”，日本将开发以下技术：①时间投影室，连同微型模式气体探测器技术和像素检测技术；②光子探测技术，用具有高时间和能量分辨率技术测量闪烁光子；③先进的低温技术，用来处理液氙或液氩；④专用集成电路（ASIC）技术，能够高速处理大通道信号；⑤非常快的软件，重建粒子四维时空的运行轨迹；⑥共性技术，在不降低观测质量的前提下，将所有这些先进技术整合到大规模的探测系统。

KEK将重点发展基于成像技术的同步辐射或下一代电子显微镜，以从事材料和生命科学中基于中子束的物质科学研究。只有成功开发新探测器技术，这些研究才可能取得进展。

1.2.6.3 日本文部科学省对粒子物理学资助情况

日本文部科学省对粒子物理学的资助主要体现在对大型设施资助方面，主要有J-PARC计划，利用J-PARC的量子线进行生命科学、原子核和基本粒子物理研究。还有促进先进研究设施的共同利用计划。表1-5给出了2008～2010年日本文部科学省对粒子物理相关的预算。

表1-5 2008～2010年日本文部科学省对粒子物理相关的预算（单位：亿日元）

计划		2008年	2009年	2010年
J-PARC计划		260	147	176
先进研究设施共同利用计划	SPring-8	491*	108	130
	J-PARC		5	28.7

资料来源：根据日本文部科学省网站整理

*含超级计算机和X射线散射器等

1.2.7 中国的研究规划与布局

中国高能物理研究已在世界上占有重要的地位，中国科学院高能物理研究所是全球八大高能物理研究中心之一。不久的未来，中国高能物理研究可能迎来一个科研成果大丰收时期。北京正负电子对撞机改造成功后，它强大的功能为此提供了可能；大亚湾中微子实验的顺利建成和西藏羊八井国际宇宙线观测站得天独厚的条件，也必然进一步推进中国高能物理的大发展。

1.2.7.1 大亚湾反应堆中微子实验项目

利用我国大亚湾核电反应堆群得天独厚的有利条件和地理优势精确测量中微子物理的关键参数预期可获得重大原始创新成果，并吸引国际间广泛的参与。该实验是由我国科学家自主提出、以我国占主导地位并在国内开展的基础研究大型国际合作项目，是实现中国基础科学研究跨越式发展的一个难得机遇。整个实验工程已于 2007 年 10 月开工建设隧道。计划 2011 年投入运行，三年后 $\sin^2 2\theta_{13}$测量精度的设计目标。

1.2.7.2 北京正负电子对撞机改造工程（BEPC II)

BEPC II 是目前我国重大科学工程中最具挑战性和创新性的项目之一。该工程项目建议书于 2003 年 3 月获得国家发展和改革委员会批准，2004 年 1 月正式开工建设。经过近 5 年的努力，2008 年 7 月，BEPCII/BESIII 完成各项建设任务，观测到正负电子对撞产生的第一批ψ（2S）事例。2009 年 5 月，对撞机的主要性能参数在 1.89 吉电子伏能量下达到 3.01×10^{32}/（厘米^2·秒）亮度，达到设计指标，是改造前的 33 倍以上，是科内尔大学 CESRc 的 4 倍以上，在粲能区居国际领先水平。BEPCII 采用最先进的双环交叉对撞技术，创造性地克服了储存环隧道狭窄、对撞区短的困难，最大限度地利用原有设施，设计对撞亮度较原来提高 30～100 倍，并实现了“一机两用”（即高能物理和同步辐射两用），使 BEPCII 在世界同类型装置中继续保持领先地位，成为国际上最先进的双环对撞机之一。

1.2.7.3 西藏羊八井国际宇宙线观测站

中国科学院高能物理研究所在西藏羊八井建立了国际宇宙线观测基地，开展宇宙线粒子物理研究。目前开展的实验观测工作主要有中日（ASγ）、中意（ARGO）两大国际合作实验项目，并取得了一批重要观测结果。羊八井宇宙线观测站已经成为一个地理条件得天独厚、典型的国际合作观测站。

1.2.7.4 参与 LHC 计划

我国科学家参与了 LHC 全部 4 个大型探测器的建造和前期物理研究。由中国科学院高能物理研究所、北京大学和中国科学技术大学专家组成的 CMS 项目中国组，完成了部分 μ 子探测器等部件制作（投入占 CMS 的 1%）；由中国科学院高能物理研究所、山东大学、南京大学和中国科学技术大学等单位专家组成的 ATLAS 项目中国组完成了 ATLAS 探测器 0.5% 的相关部件的建造。清华大学的专家参加了 LHCb 项目探测器触发和数据获取的电子学系统研制合作；华中师范大学、中国原子能科学研究院和华中科技大学的专家参加了 ALICE 项目中光子谱仪的前端电子学系统研制及其安装调试等。由我国科学家研制和生产的所有部件均达到或优于设计指标，出色完成了承担的 4 个实验装置相关部件的研制、建造与安装任务。尽管投入不多，我国作为项目参与国，已经取得了获取实验数据开展物理分析的入场券。在 LHC 的 CMS 实验中国合作组和高能所计算中心的共同努力下，CMS 实验远程运行亚洲区域中心在高能物理研究所建成，2009 年 7 月下旬启动跨区域的

运行值班准备工作和试运行，2009 年 8 月 15 日左右正式开始运行。我国参与 LHC 计划的国际合作上，为了取得良好的物理分析成绩，目前存在国家加强整体考虑、长期稳定支持的问题。

1.2.7.5 参与阿尔法磁谱仪（AMS02）计划

阿尔法磁谱仪（AMS02）是由美国麻省理工学院丁肇中教授构思建造的物理探测仪器，AMS02 重达 6700 千克，计划安装于国际空间站上的粒子物理试验设备。阿尔法磁谱仪的目的在于探测宇宙中的奇异物质，包括暗物质及反物质。AMS02 将于 2010 年 7 月 29 日早上 7 点 30 分（美国东部时间），在美国肯尼迪空间中心搭乘奋进号航天飞机的 STS-134 航班升空，送到国际空间站，开始为期 3 年的探索之旅。我国多家单位参加了研制。其中，中国科学院高能物理研究所和中国运载火箭技术研究院与法国、意大利的两个单位合作，研制了 AMS02 电磁量能器，能够测量能量高达太电子伏的电子和光子，是寻找暗物质的关键子探测器。参加 AMS02 国际合作的中国单位还包括中国科学院电工研究所、上海交通大学、东南大学、山东大学、中山大学以及台湾的“中央研究院”物理研究所、“中央大学”、中山科学研究院等。

1.3 粒子物理学研究重点方向与进展分析

1.3.1 从科学计量分析粒子物理学的变化趋势

1.3.1.1 数据来源及方法

本次分析选择 ISI 的 INSPEC 数据库作为分析数据源。利用关键词设计检索策略①，选择 1999 ~ 2008 年 10 年的数据作为分析资料，数据采集时间为 2009 年 11 月，共检索到与粒子物理研究相关的论文为 46 871 篇。利用美国 Thomson 公司开发的分析工具 TDA（Thomson Data Analyzer）进行分析。

1.3.1.2 论文数量的年度变化趋势

1999 ~ 2008 年，有关粒子物理学的论文数量相对稳定，变化不大，趋于下降。1999 ~ 2001 年论文数量呈小幅上升的趋势，到 2001 年达到峰值，表明 1999 ~ 2001 年，粒子物理研究活动相对比较活跃。2001 ~ 2005 年，文献发表的数量一直在下降，但在其后又有波动式上升的趋势（图 1-3）。这一趋势只是研究论文发表的情况，与研究活动的发展情况存在一定的时滞（滞后），因此研究活动的变化趋势要略早于论文发表的情况。

---

① CI = ("Particle physic *" or" high energy physic *" or" flavor physic *" or" Particlea strophysic *" or" Neutrino physic *" or" Higgs" or" bosons" or" fermion" or" quark" or" lepton" or" graviton" or" gluon" or" baryon" or" hadrons" or" meson" or" muon") andpy = 1999 ~ 2008

使用受控词检索是为了滤去与主题不相关的文献，增加结果的相关性

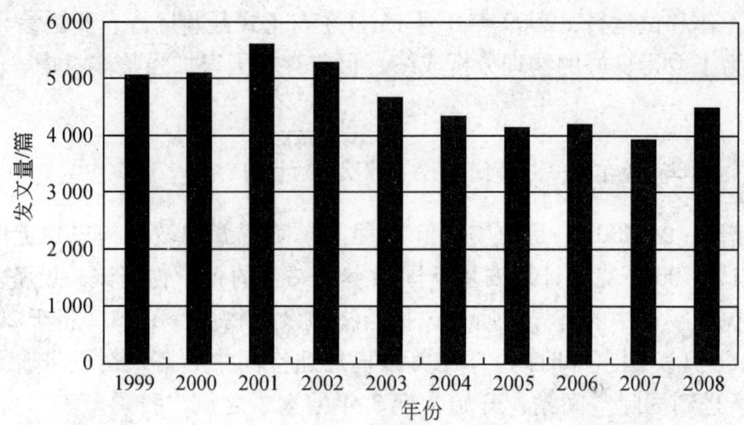

图 1-3　1999 ~ 2008 年粒子物理研究论文的年度变化趋势

1.3.1.3　论文学科分布

根据 WOS 对期刊的学科领域分类，1999 ~ 2008 年 INSPEC 收录的粒子物理学相关的论文学科分布排名前 10 的领域分别是：物理学、数学、力学、工程学、仪器仪表、计算科学、天文学和天体物理学、光谱学、化学、教育和教育研究。此外，部分论文还涉及了光学、热动力学和电化学等学科领域。但是绝大多数还是集中在物理领域，占 99.24%。数学、力学、工程学和仪器仪表也是粒子物理学研究涉及的主要领域（图 1-4）。可见目前粒子物理学的交叉研究处在理论和应用双向突破的阶段。

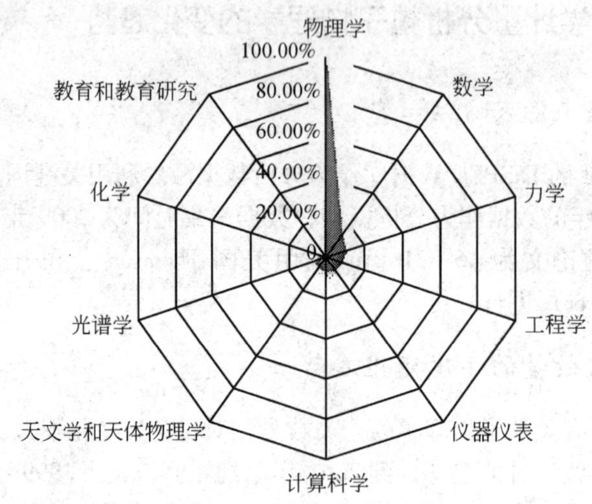

图 1-4　1999 ~ 2008 年粒子物理学研究论文的主要学科分布

1.3.1.4　主要国家发文量对比

在现有数据基础上，对不同国家的发文情况进行了分析，可以看出，论文发表数量排名前 10 的国家（Top 10 国家），发表的论文数量占发文总量的 75.6%，其他国家的发文量只占 24.4%，表明粒子物理学研究相对集中在这前 10 个国家：美国、德国、日本、意大利、俄罗斯、中国、瑞士、法国、英国和印度（图 1-5）。美国在粒子物理学研究的论

文数量占绝对优势，1999～2008 年共发表 10 689 篇文章，占世界发文总量的 22.81%。从一定程度上可以看出美国在粒子物理学研究领域的科研活动相当活跃，并且具有相当强的研究实力。德国、日本的发文量分别居第 2 位、第 3 位，分别占总发文量的 11.36% 和 8.71%。中国的发文量排第 6 位，共发表 2616 篇文章，占发文总量的 5.58%，位于意大利和俄罗斯之后。

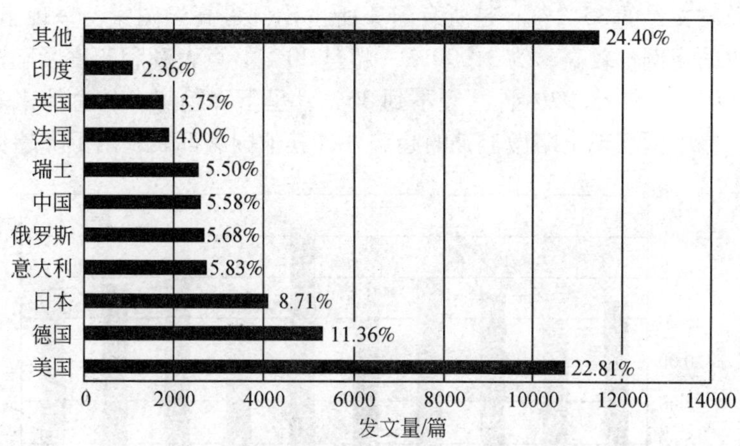

图 1-5 粒子物理学研究主要国家发文量对比

1.3.1.5 前 10 位国家发文量随时间变化的趋势

从图 1-6 可以看到一个有趣的现象，美国发表论文的年度变化趋势与整个论文的年度变化趋势相一致。可见，美国的研究产出的状况会影响该领域研究的整体表现。同时，中

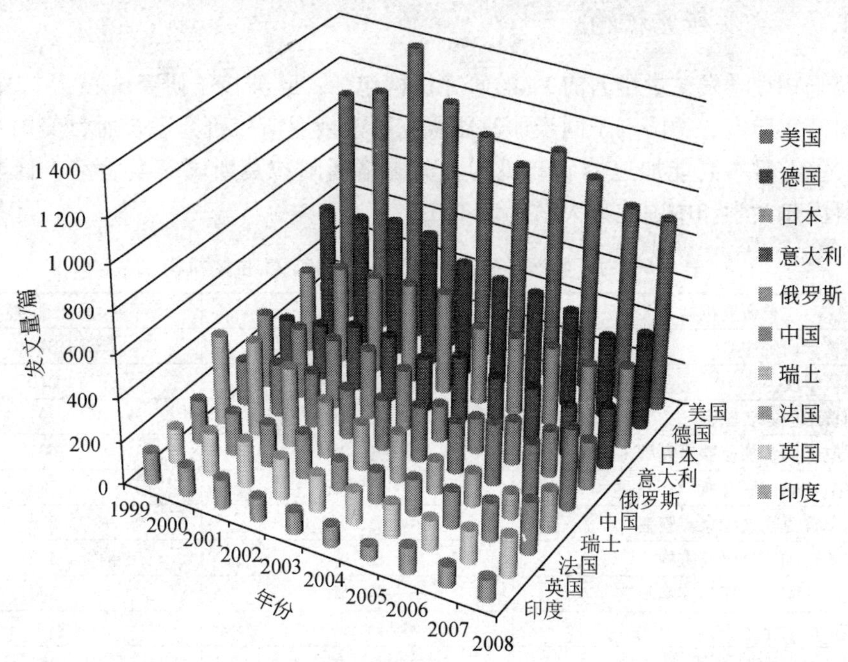

图 1-6 前 10 位国家粒子物理学发文量随时间变化的趋势

国和意大利的发文量呈明显增长的趋势。另外，法国在2006年之后，发文量呈增长趋势。其他国家在粒子物理学研究方面的产出都表现出下降趋势。

1.3.1.6 前10位国家论文近3年发文量占总发文量的比例

从前10位国家最近3年所发表的论文所占全部论文的比例（图1-7）来看，中国近3年的发文量占总发文量的35.2%，是所有国家所占比例最高的国家，呈现出增长的趋势。此外，法国所占的比例也较高，为31.99%，超过30%。意大利和印度紧随法国之后，所占比例分别为29.98%和28.97%，已经不到30%，呈下降趋势。从总体来看，粒子物理学的论文产出，除中国表现出略微上升的趋势外，其他国家都表现出下降趋势。

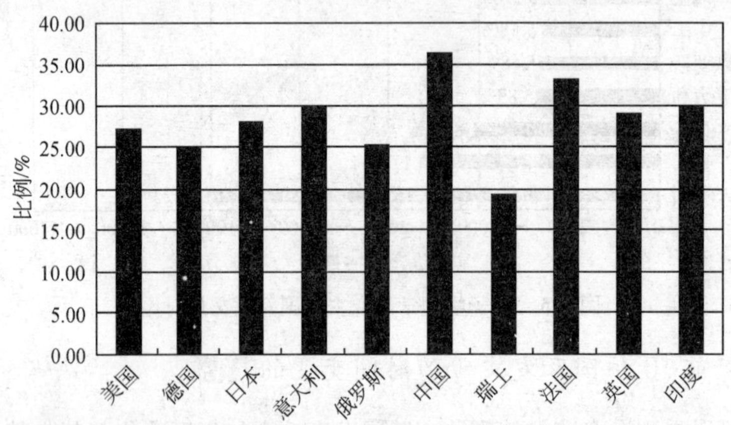

图1-7 前10位国家粒子物理学发文量近3年论文占总发文量的比例

1.3.1.7 主要研究机构

世界粒子物理学发文量排名前11的研究机构包括：欧洲核子研究中心、中国科学院、美国费米国家实验室、德国电子同步加速器研究所、俄罗斯核研究联合所、美国布鲁克黑文国家实验室、日本高能加速器研究机构、美国洛斯阿拉莫斯国家实验室、日本京都大学、美国科内尔大学和中国北京大学（表1-6）。

表1-6 粒子物理学研究论文发表排名前11位的机构

主要研究机构	国　家	发文量/篇
欧洲核子研究中心	瑞　士	1 819
中国科学院	中　国	1 210
美国费米国家实验室	美　国	797
德国电子同步加速器研究所	德　国	621
俄罗斯核研究联合所	俄罗斯	585
美国布鲁克黑文国家实验室	美　国	576
日本高能加速器研究机构	日　本	422
美国洛斯阿拉莫斯国家实验室	美　国	384
日本京都大学	日　本	306
美国科内尔大学	美　国	283
中国北京大学	中　国	255

从国家分布来看，在这11个机构中，4个是美国的，2个是日本的，2个是中国的，德国和俄罗斯各1个。中国的机构除了中国科学院以外，北京大学也以第11名的身份跻身前11名，共发表文章255篇。

1.3.1.8 中国发表相关论文的机构分析

1999~2008年，中国发表粒子物理学论文最多的前10个机构分别是：中国科学院、北京大学、清华大学、华中师范大学、河南师范大学、辽宁师范大学、山东大学、南开大学、南京大学和南京师范大学（表1-7）。中国科学院（包括中国科学技术大学）在粒子物理学的成果产出方面遥遥领先于其他机构，特别是中国科学院高能研究所和中国科技术大学表现出非常强的实力。10年来，中国科学院的粒子物理学论文数量占中国粒子物理学论文总量的46%。北京大学、清华大学分别位列第2和第3。

表1-7 中国粒子物理学发文数量排名前10位的机构

机 构	发文量/篇
中国科学院	1 210
北京大学	255
清华大学	124
华中师范大学	72
河南师范大学	63
辽宁师范大学	51
山东大学	49
南开大学	42
南京大学	37
南京师范大学	35

1.3.1.9 主要期刊分析

表1-8给出了粒子物理学研究论文发表排名前20位的期刊，排名第1位的是美国物理学会主办的期刊*Physical Review D*，它主要针对的是粒子、场、重力和宇宙理论方面的研究成果。其中，发表的粒子物理学研究论文有6124篇，占总发文量的13.1%。排名第2位和第3位的分别是荷兰主办的期刊*Physics Letters B*和*Nuclear Physics B—Proceedings Supplements*，在其上发表的论文分别占总发文量的7.8%（3657篇）和6.1%（2847篇）。这些期刊中，美国和荷兰的期刊占很大的比例，两个国家各有6种期刊。

表1-8　粒子物理学文章发表数量排名前20的期刊

期刊名称	国家	发文量/篇	比例/%
Physical Review D	美国	6 124	13. 1
Physics Letters B	荷兰	3 657	7. 8
Nuclear Physics B—Proceedings Supplements	荷兰	2 847	6. 1
AIP Conference Proceedings	美国	2 568	5. 5
Physical Review Letters	美国	2 269	4. 8
Nuclear Physics A	荷兰	1 781	3. 8
The European Physical Journal C	德国	1 501	3. 2
Physical Review C, Nuclear Physics	美国	1 353	2. 9
JHEP, Journal of High Energy Physics	意大利	1 215	2. 6
Nuclear Physics B	荷兰	1 181	2. 5
Physica B	荷兰	1 118	2. 4
Journal of Physics G: Nuclear and Particle Physics	英国	1 019	2. 2
Nuclear Instruments and Methods in Physics Research Section A, Accelerators, Spectrometers, Detectors and Associated Equipment	荷兰	840	1. 8
Acta Physica Polonica B	波兰	792	1. 7
Physical Review A, Atomic, Molecular and Optical Physics	美国	692	1. 5
Physical Review B, Condensed Matter and Materials Physics	美国	620	1. 3
International Journal of Modern Physics A	新加坡	595	1. 3
The European Physical Journal A	德国	552	1. 2
Journal of Physics: Conference Series	英国	546	1. 2
Physics of Atomic Nuclei	俄罗斯	505	1. 1

1. 3. 1. 10　主题词分析

对于主题词的分析可以大致反映一个领域的总体发展特征。鉴于此，我们分析了1999～2008年粒子物理学研究成果所涉及的主题词。这里采用了Inspec数据库中的控制词作为主题词的分析源。控制词是指来自Inspec叙词表，用来表达或描述文章的主要概念的关键词或词组。在Inspec叙词表里的控制词，它们的标点符号、拼写和专有名词都是已经被专业人员进行规范化了的。表1-9为文献中排名前20位的主题词及主题词涉及的文献数量。从主题词分布来看，10年来，粒子物理学研究主要集中在量子色动力学、标准模型和介子强子态衰变、费米系统、B介子、手征对称、夸克模型、自发对称性破缺、希格斯玻色子、夸克质量、CP破坏效应、高能物理超级计算、重离子核反应、夸克－胶子等离子体、摄动理论、晶格场论、味模型、夸克禁闭、介子质量和电磁衰变等相关问题。

表 1-9 粒子物理学研究 10 年来涉及排名前 20 的主题词

排名	主题词	论文数量/篇
1	quantum chromodynamics	10 086
2	standard model	4 328
3	meson hadronic decay	4 271
4	fermion systems	3 933
5	B mesons	3 901
6	chiral symmetries	3 463
7	quark models	3 269
8	spontaneous symmetry breaking	3 235
9	Higgs bosons	3 218
10	quark mass	3 097
11	CP invariance	3 009
12	high energy physics instrumentation computing	2 864
13	heavy ion-nucleus reactions	2 726
14	quark-gluon plasma	2 725
15	perturbation theory	2 667
16	lattice field theory	2 568
17	flavour model	2 401
18	quark confinement	2 223
19	meson mass	2 204
20	electromagnetic decays	2 189

表 1-10 列出了根据 Inspec 控制词和增加的控制词的出现频次分析得到的粒子物理学研究主题每年最受关注的主题词（Top Technology Terms）和新出现的主题词（New Technology Terms）。从最受关注的主题词来看，量子色动力学是 10 年间一直都备受关注的研究点之一。标准模型在 2005 年之前是最受关注的研究主题，但是到了 2005 年之后，费米子系统（fermion systems）和介子强子态衰变成为最受关注的主题。

从新出现的主题词来看，每年都有新的主题研究出现，而且在粒子物理研究热点中，不断出现了与计算机技术和方法相关的主题词，如在 2000 年出现了 C ++ 语言，2001 年出现了 Runge-Kutta 方法、分布式程序设计，软件的可移植性、网格生成等，2004 年又出现了 XML，2006 年出现了单片机，2008 年出现了语音视频系统，可见计算能力的提高推动了粒子物理学研究的发展，反之粒子物理学的深入研究也促进了计算机技术和方法的提高。

另外，2001 年和 2006 年是新研究点出现较多的两年，2001 年新出现的主题包括惯性约束等离子体、真空设备、核衰变理论、粒子束聚变加速器、自发发射、以加速器为基础的嬗变等。2006 年则新出现了宇宙加速，非对易场论，Andreev-反射，重费米子超导材料铟化物 CeCoIn5，并存序参量，d 波配对，Blonder-Tinkham-Klapwijk 形式化，重费米子超导体，连接阻抗等研究主题。2008 年新关注的热点包括自动控制、行星际磁场、马赫数、等离子体漂移波、等离子体静电波等研究主题。

表 1-10　1999 ~ 2008 年粒子物理学研究的最受关注主题词和新出现的主题词

年　份	最受关注的主题词（top technology terms）	新出现的主题词（new technology terms）
1999	quantum chromodynamics, standard model, spontaneous symmetry breaking	quantum chromodynamics, standard model, spontaneous symmetry breaking
2000	quantum chromodynamics, standard model, flavour model	C ++ language, energy level crossing, optical links, electron-proton scattering, minimisation
2001	quantum chromodynamics, quark models, standard model	plasma inertial confinement; vacuum apparatus; nuclear decay theory, particle beam fusion accelerators, phase transitions, Runge-Kutta methods, distributed programming, software portability, spontaneous emission, accelerator-based transmutation, mesh generation
2002	quantum chromodynamics, quark models, standard model	vacuum (elementary particles), nuclear phase transformations, deeply virtual Compton scattering
2003	quantum chromodynamics, meson hadronic decay, standard model	Kosterlitz-Thouless transition, radiofrequency spectra, heavy tau leptons
2004	quantum chromodynamics, standard model, meson hadronic decay	Doping, muon colliders; dressed states, XML, Higgs physics, alpha-particle effects, Berry phase
2005	quantum chromodynamics, fermion systems, meson hadronic decay	rotational-vibrational energy transfer, large-scale systems, pentaquarks, Corbino effect; electromagnetic wave propagation, light interference
2006	quantum chromodynamics, fermion systems, meson hadronic decay	cosmic acceleration, noncommutative field theory, Andreev-reflection, CeCoIn5; coexisting order parameters, d-wave pairing, generalised Blonder-Tinkham-Klapwijk formalism, heavy fermion superconductor, junction impedance, minimal Joule heating, multiple bands, multiple order parameters, pairing mechanism, point-contact spectroscopy, pulsed measurement techniques, single crystals, system-on-chip
2007	quantum chromodynamics, fermion systems, meson hadronic decay	muon sources, benchmark testing, infrared imaging, Newton-Raphson method, seismometers, superconducting devices
2008	quantum chromodynamics, fermion systems, meson hadronic decay	Bookkeeping, records management, audio-visual systems, automation, decomposition, interplanetary magnetic fields, Mach number, oscilloscopes, plasma drift waves, plasma electrostatic waves

1.3.1.11　小结

近 10 年来的粒子物理学研究论文数量表现出下降的趋势。特别是美国呈现出明显的下降趋势。但是中国近年来粒子物理学的研究产出表现出增长的发展趋势，论文数量在持续上升。

粒子物理学的研究论文相对集中在 10 个国家：美国、德国、日本、意大利、俄罗斯、

中国、瑞士、法国、英国和印度。这 10 个国家 1999 ~ 2008 年发表的粒子物理学论文数量占发文总量的 75.6%，其他国家的发文量只占 24.4%。

欧洲核子研究中心、中国科学院、美国费米国家实验室、德国电子同步加速器研究所、俄罗斯核研究联合所、美国布鲁克黑文国家实验室、日本高能加速器研究机构、美国洛斯阿拉莫斯国家实验室、日本京都大学、美国科内尔大学和中国北京大学这 11 个机构粒子物理学研究成果显著，发文量占总发文量的 15%。

从主题词分析来看，近 10 年来，量子色动力学、标准模型和介子强子态衰变、费米系统、B 介子、手征对称、夸克模型、自发对称性破缺、希格斯玻色子、夸克质量、CP 破坏效应、高能物理超级计算、重离子核反应、夸克 - 胶子等离子体、摄动理论、晶格场论、味模型、夸克禁闭、介子质量和电磁衰变等是大家关注的热点研究问题。

1.3.2 从专利角度分析粒子物理学的变化趋势

1.3.2.1 数据来源与分析方法

本次分析利用 ISI 的 Derwent Innovation Index（DII）专利数据库作为源数据库，按照数据的入库时间检索并下载了 1999 ~ 2008 年粒子物理学专利 2640 件专利[①]，运用 TDA 和 Aureka 分析工具，分析了 1999 ~ 2008 年粒子物理学专利数量、专利受理机构、专利权机构以及与粒子物理学的引用；比较了粒子物理学专利的产出与影响、技术演化、技术领域分布的特点。

1.3.2.2 粒子物理学领域专利总体布局分析

1）粒子物理学专利数量的年度变化

本项分析是基于专利的优先权年进行的。从图 1-8 专利的年度分析来看，1999 ~ 2006 年专利数量的变化不大，2002 年、2004 年、2005 年和 2006 年数据分别为 346、349、347 和 349 条，分别占总量的 12.5% 左右。专利的数量年度布局分布均匀与粒子物理学更多处在探索理论和实验物理阶段有关，相关的技术还在探索阶段。

2007 年和 2008 年专利数量有所降低。这种情况有可能是统计的时间比较近，数据不够完整造成，但应该予以充分的关注。

2）粒子物理学的总体研究布局

利用 Aureka 对粒子物理领域的总体布局进行了分析，得到了粒子物理学的专利分析

---

① 检索式为：TS = ((" Particle Accelerator") OR (" Linear Accelerator") OR (cyclotron) OR (" Large Hadron Collider") OR (" Compact Muon Solenoid") OR (" Super Photon Ring-8 GeV") OR (" beta particle accelerator") OR (" Alpha Magnetic Spectrometer") OR (" High Energy Accelerator") OR (Tevatron) OR (" European Synchrotron Radiation Facility") OR (" Advanced Light Source") OR (" Canadian Light Source") OR (" Dortmund Electron Test Accelerator") OR (" Electron Stretcher Accelerator") OR (" Synchrotron") OR (" Large Electron – Positron Collider") OR (Geiger counter) OR (" A Large Ion Collider Experiment") or " Higgs" or " bosons" or " fermion" or " quark" or " lepton" or " graviton" or " gluon" or " baryon" or " hadrons" or " meson" or " muon" or " Isospin" or " Particle physic * " or " high energy physic * " or " flavor physic * " or " Particle astrophysic * " or " Neutrino physic * ")。检索日期：2009 年 12 月 6 日

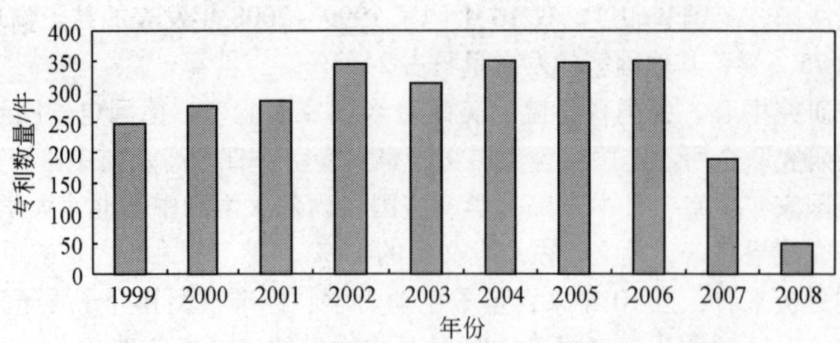

图 1-8　专利数量的年度分布

地图。图中的每个点代表一件专利，图中的文字为主题聚类（基于数据集的题名和摘要进行聚类）的结果。图中的等高线代表单位面积专利的数量，等高线越密，代表的专利数量越多，反之亦然。从彩图 1 可以看出，粒子物理学相关的专利可以根据主题聚为 20 多个类。主要涉及的研究内容有：加速器体系（线性加速器）、X 射线探测器、电子束的产生、探测方法、蛋白质分析等。

3）2004 ~ 2007 年粒子物理学专利的技术领域的变化情况

利用 TDA 分析工具，对 2004 ~ 2007 年专利的最受关注的技术领域和新出现的技术领域进行了分析（表 1-11）。

2004 年最受关注的技术领域集中在质谱、等离子体的操纵与约束、相关仪器设备；

2005 年最受关注的技术领域集中在粒子加速器、放射/超声治疗（包括磁场）医疗器械、粒子加速器（环形）；

2006 年最受关注的技术领域集中在质谱、仪器设施相关、离子反应装置、等离子体的操纵与约束；

2007 年最受关注的技术领域集中在等离子体、充气管的利用，等离子体技术、加速器技术，相关仪器设施，治疗设施。

近期的新出现领域涉及航空器、硅电子、磁场、磁层、汽车制造与装备、蛋白质组分、制冷、图像识别、通信、治疗器械等领域。

表 1-11　2004 ~ 2007 年粒子物理学专利的技术领域变化

年份	最受关注的技术领域	新的技术领域
2007	等离子体、充气管的利用，等离子体技术、加速器技术，相关仪器设备，治疗设施	航空器、硅电子、磁场、磁层的一般性和特性、汽车制造与装备
2006	质谱、相关仪器设备、离子反应装置、等离子体的操纵与约束	蛋白质组分、制冷、图像识别、通信、治疗器械
2005	粒子加速器、放射/超声治疗（包括磁场）医疗器械、粒子加速器（环形）	半导体负电阻效应、电子电路的计算模拟、电路模拟、地震勘探、逻辑电路结构设计、电路板布线、电子元件、等离子轰击设备
2004	质谱、等离子体的操纵与约束、相关仪器设备	场效应晶体管、NMR 光谱、等离子体分离、医疗器械

1.3.2.3　粒子物理学领域专利的机构布局分析

1）受理粒子物理学专利申请最多的前5个专利机构

根据对粒子物理学专利申请受理组织的统计分析，受理粒子物理学专利排第一位的机构是日本专利局，其受理的专利占专利总量的40%，第2位是美国专利局（32%），第3位是德国专利局（6%），第4位是中国专利局（5%），第5位是韩国专利局（4%）（表1-12）。

表1-12　受理粒子物理学专利申请最多的前10个专利机构组织

排　名	专利机构	专利数/件	排　名	专利机构	专利数/件
1	日本专利局（JP）	1 050	6	欧洲专利局（EP）	77
2	美国专利商标局（US）	841	7	英国专利局（GB）	73
3	德国专利局（DE）	168	8	俄罗斯专利局（RU）	67
4	中国专利局（CN）	128	9	法国专利局（FR）	62
5	韩国专利局（KR）	110	10	加拿大专利局（CA）	36

2）粒子物理学领域专利申请最多的机构分析

（1）粒子物理学专利申请前10个机构分析。

粒子物理学领域专利申请最多的前10个机构中有7家日本公司、2家美国公司和1家德国公司（表1-13）。日本日立公司申请的专利最多，居第1位；三菱电子公司居第2位；住友重工公司居第3位；东芝公司居第4位；西门子医疗解决方案美国有限公司居第5位。

表1-13　粒子物理学领域专利申请最多的前10个机构

	机构/企业	所属国家	专利数/件
1	日立公司	日　本	94
2	三菱电子公司	日　本	80
3	住友重工公司	日　本	66
4	东芝公司	日　本	60
5	西门子医疗解决方案美国有限公司	美　国	57
6	日本JSR公司	日　本	51
7	日本国立放射医学研究中心	日　本	44
8	东京电子有限公司	日　本	41
9	美国美光技术有限公司	美　国	37
10	德国布鲁克·道尔顿公司	德　国	32

（2）粒子物理学专利申请最多的前5个机构技术领域分布。

通过分析粒子物理学专利申请最多的前5个机构最受关注的技术领域分布（表1-14），申请专利最多的前5个机构的技术领域都集中在粒子加速器、放射/超声治疗（包括磁场）医疗器械这两方面。

表 1-14 粒子物理学专利申请最多的前 5 个机构的技术领域分布

排名	机构名称	最受关注的技术领域
1	日立公司	粒子加速器（环形）、放射/超声治疗（包括磁场）医疗器械、反应气相、等离子刻蚀技术
2	三菱电子公司	粒子加速器（环形）、粒子加速器、放射/超声治疗（包括磁场）医疗器械
3	住友重工公司	粒子加速器（环形）、粒子加速器、其他核技术（同位素分离）
4	东芝公司	粒子加速器（环形）、粒子加速器、粒子加速器（线性）
5	西门子医疗解决方案美国有限公司	放射/超声治疗（包括磁场）医疗器械、粒子加速器（线性）、X 射线疗法

1.3.2.4 粒子物理学领域专利涉及的技术领域分析

1）粒子物理学专利的技术焦点分布

在 1999～2008 年 2640 件专利中，有 1227 件专利标注了技术焦点，占专利总量的 46.5%，它们分布在 16 个领域，以无机化学、有机化学、聚合物、仪器与测试、生物技术为主要领域（图 1-9）。

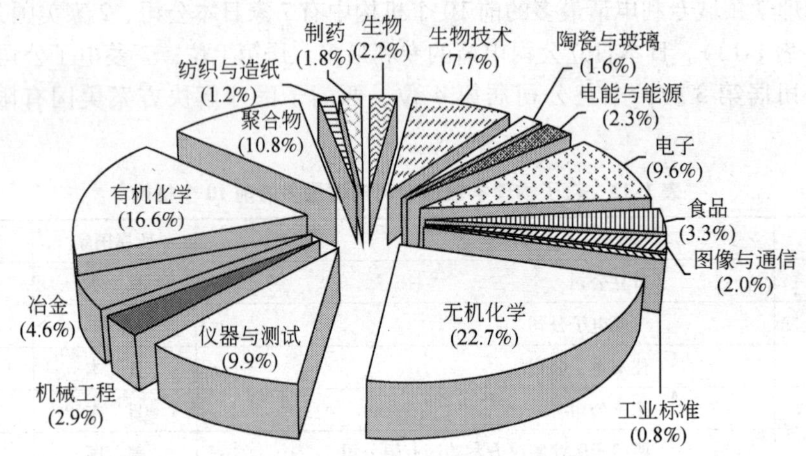

图 1-9 粒子物理学专利的技术焦点分布

2）粒子物理学的技术领域分析

一项专利可能会属于不同的技术类别，对应不同的 IPC 分类号，但其中有一个最主要的基本专利号与该专利相对应。通过对粒子物理学领域的主 IPC 分类号分析（表 1-15），可以看出该领域的专利主要所属的技术领域情况。

对前 10 个技术方向进行归纳，可以看出粒子物理学的专利主要集中在粒子的产生（气体的电离、电极发射）；粒子的测试（微粒子的辐射或者宇宙射线的测量）；与各种粒子相关的仪器（加速器、粒子分光仪）和各种粒子的应用（X 射线、γ 射线、粒子照射疗法）。

表1-15　1999~2008年粒子物理学专利申请数量最多的前10个方向

序号	IPC类	含义
1	A61N-0005/10	X射线治疗法、γ射线治疗法、粒子照射疗法
2	G01N-0027/62	通过测试气体的电离，通过测试放电，例如阴极发射
3	G01T-0001/00	X射线辐射、γ射线辐射、微粒子辐射或宇宙线辐射的测量
4	G21K-0001/00	辐射或粒子的处理装置，如聚焦、慢化
5	H01J-0049/34	动态分光仪
6	H05H-0007/00	各种加速器包含的各种装置的零部件
7	H01L-0021/02	半导体器件或其部件的制造或处理
8	H05H-0009/00	线性加速器
9	G21G-0001/00	用于以电磁辐射、微粒辐射或粒子轰击的方法转变化学元素的装置。例如，生产放射性同位素
10	H01J-0049/02	粒子分光仪或粒子分离管

1.3.3　国际会议信息反映的粒子物理学研究方向

国际会议通常比期刊信息能更快地反映科学共同体和决策层的所想和所为，在一定程度上能够反映国际关注的研究前沿与发展方向。本报告对2007~2009年召开与粒子物理学有关的国际会议信息进行收集和分析，结果表明，国际关注的粒子物理研究方向主要涉及：①味物理；②物质与反物质的不对称；③中微子物理；④暗物质、暗能量；⑤超高能宇宙射线；⑥粒子物理辐射的影响、医学物理应用等方面的研究；⑦超越标准模型的物理学；⑧与粒子物理学相关的装置发展和应用，包括LHC、对撞机、万亿电子伏加速器等；⑨高能和核物理计算。

1.4　粒子物理学研究的国际前沿与发展趋势

1.4.1　粒子物理学研究的国际前沿问题

物质微观结构的探索永远是物理学的前沿，是带动各学科发展的最重要的研究方向。综述欧洲、美国、英国、加拿大、日本等致力于解决的科学挑战问题，21世纪粒子物理学还有许多悬而未解的问题需要研究：

（1）粒子质量的起源是什么？希格斯玻色子是否存在？如果希格斯粒子存在，在哪里？如果希格斯粒子不存在，那么对称性破缺的机制是什么？是否存在额外维空间？

（2）夸克、轻子是基本组元吗？夸克、轻子只有三代吗？自然界是否存在新粒子？

（3）自然界是否存在新的物理定律？是否存在超越标准模型的新理论？

（4）什么是暗物质？

（5）什么是暗能量？

（6）能否把自然界所有的力统一为一种力？引力可能统一吗？引力量子化需要吗？可能吗？如何实现引力量子化？

(7) 为什么今天宇宙中只有物质而没有反物质？反物质到哪里去了？为什么宇宙中物质—反物质是不对称的？

(8) 中微子的质量和特性是什么？中微子能给我们什么启示？中微子在宇宙演化中的作用是什么？

(9) 宇宙是如何形成的？如果宇宙大爆炸理论是对的，那么大爆炸之前是什么？

(10) 超对称粒子是否存在？超对称理论的发展及其实验的证实。

1.4.2 粒子物理学研究的发展趋势

宇宙大尺度观测已达到130亿光年。但是我们没有看到宇宙的“边”，宇宙朝大的方向延伸是无限的！宇宙小尺度观测，已经可以看到10^{-19}厘米，也没寻到“头”，还可往小走。宇宙朝小的方向延伸也是无限的。

粒子物理学未来的发展趋势是，最微小的粒子与最大的宇宙，即微观和宏观世界的两个前沿研究逐步结合在一起，出现很多新兴交叉学科，如粒子天体物理、粒子宇宙学、中微子天体物理等。粒子物理学、天文学和宇宙学交叉发展，联手解决面临的难题，最终揭示新的物理规律。粒子物理学在2006年被美国国家高能物理顾问专家组重新定义为“物质、能量、时间和空间的科学”，非常准确，反映了学科交叉的时代特征。

未来5年、10年或者20年，粒子物理实验研究的发展趋势是用高能量前沿、强度前沿和宇宙前沿来解决上述粒子物理学面临的十大科学挑战问题（图1-10），每个领域在未来5年或者10年都有重大科学发现的机遇。

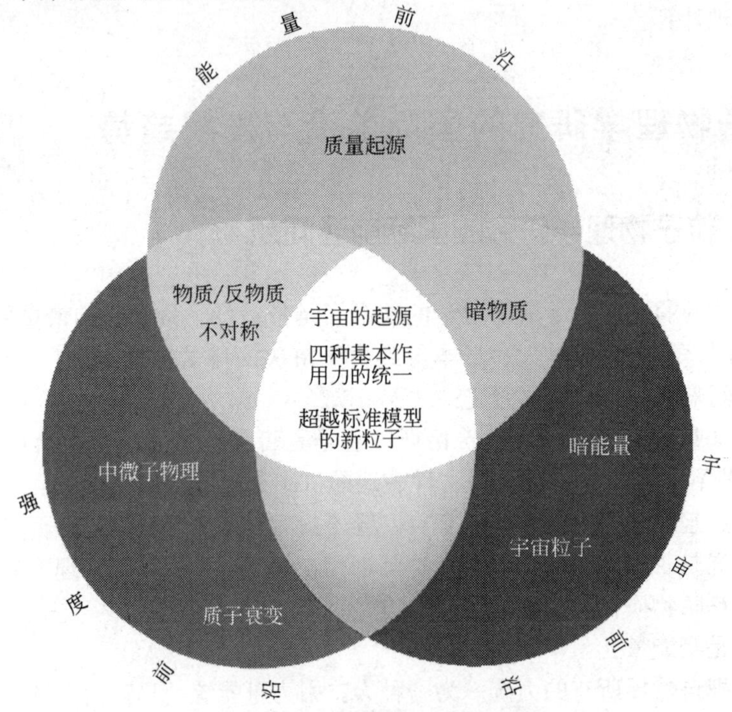

图1-10 粒子物理学研究的发展趋势

1.4.2.1 能量前沿

能量前沿加速器中的物理实验，将在粒子及其相互作用方面做出重大发现。它们将研究关于宇宙的物理性质的关键问题：粒子质量的起源是什么？新的对称性质的存在，对称性破缺的机制是什么？空间额外维度是否存在，寻找希格斯粒子和超越标准模型的新粒子，探索新物理现象。高能量前沿使用世界上能量最高的加速器：一是美国费米实验室的Tevatron对撞机，在LHC运行之前曾是世界上最高能量的对撞机，随着CERN的LHC的运行，Tevatron对撞机已经停止了运行，但是在未来几年，继续对Tevatron多年积累的数据进行处理，有可能产生许多新发现；二是CERN的LHC，能量为（7+7）太电子伏的质子-质子对撞机（1太电子伏$=10^{12}$电子伏）；三是国际高能物理学界正在努力研制的国际直线对撞机，单束能量为500吉电子伏至1太电子伏；四是未来的轻子对撞机。

1.4.2.2 强度前沿

1）中微子物理

中微子物理是当今粒子物理、天体物理与宇宙学的交叉与热点，是探索超越粒子物理标准模型的新物理的突破口之一。目前，国际中微子物理实验的前沿是精确测量中微子混合角θ_{13}，其重要性体现在θ_{13}是中微子物理中两个最基本的未知参数之一，其数值的大小对判断物理学重要理论模型具有重大意义，将决定未来中微子物理实验的发展方向。

在未建成中微子工厂前，通过增加质子加速器流强来增加中微子流强的办法进行长基线中微子振荡实验。如正在运行的日本的K2K实验，日本超级神冈探测器（Super-K）计划；美国的MiniBooNE，MINOS和SciBooNE实验研究，美国阿尔贡国家实验室正在设计新的更大探测器——NOνA探测器。

由于中微子工厂预期的流强比现有的普通加速器产生的中微子流强大100倍，因此长距离测量中微子振荡可成为比较现实的事情。从现有的技术储备及基础看，正在对中微子工厂做研究的有美国、欧洲的CERN和日本三家。

基于中微子工厂考虑的超长基线中微子振荡实验也许在时间上还太远，不确定性较大。目前国际上的新热点是利用反应堆产生的反中微子进行重要参数θ_{13}的测量。利用核反应堆产生的中微子进行实验研究包括：①法国的Double Chooz。②韩国的Reno。③我国的大亚湾反应堆实验。④美国阿尔贡国家实验室的高能物理部计划做一些新的实验，利用核反应堆产生的中微子研究电子中微子振荡，希望找到最后剩下的中微子振荡之谜，以便将来研究中微子中的CP对称破坏。

2）高精度测量

高精度测量使用高亮度加速器和高精度探测器获得高统计性的精确测量的数据，精确检验标准模型，探索超越标准模型的新现象。高精确测量的研究有两个要求：①高统计事例→高亮度加速器+高性能探测器；②小系统误差→高性能探测器。欧洲核子研究中心的LHC，日本的KEK与J-PARC，美国斯坦福直线加速器中心的B介子工厂，北京改造后的正负电子对撞机BEPCII和意大利Φ工厂都是属于这样的设施。

1.4.2.3 宇宙前沿

以地面为基础和以空间为基础的暗物质、暗能量研究提供了颇具吸引力的机会。另外，粒子天体物理以宇宙作为实验室，与加速器实验互为补充，探索物理学的基本定律。空间的高能粒子和宇宙微波背景辐射研究两个宇宙前沿领域为暗物质和暗能量研究提供了重要的科学机遇。

美国是宇宙前沿的领导者，将支持以空间为基础的联合暗能量任务（JDEM）和以地面为基础的大型巡天望远镜计划（LSST）。阿尔法磁谱仪也将于2010年7月升空，利用强磁场和精密探测器来探测宇宙空间的反物质和暗物质。

“宇宙无限大，粒子无穷小，时间无限长。”人类对时空领域的探索将永无止境，永不停息！

1.5 关于我国粒子物理学研究的建议

通过定性调研和分析欧洲、美国、英国、加拿大、日本在粒子物理学领域的发展路线图、规划、计划与预算等情况，结合对粒子物理学领域科研论文和专利成果的定量分析，提出以下几点建议，希望能够对我国粒子物理学的发展有所借鉴。

1.5.1 加强整体规划，绘制我国粒子物理学发展路线图

自2008年CERN的LHC启动运行以来，美国关闭了Tevatron加速器，世界最高能量前沿的研究从美国转移到了欧洲，世界粒子物理学研究也发生了重大变化。未来5年、10年或者20年的粒子物理学研究将有重要成果产生，甚至会影响未来粒子物理学的发展方向。从战略高度上看，CERN委员会2006年通过了一个欧洲粒子物理学研究战略，制定了一个推动欧洲引领全球不断进步的粒子物理学研究纲要。CERN通过这项战略将确保欧洲在粒子物理学领域与其他地区的合作及其领导地位。随后，美国、英国、日本也相继制定了粒子物理学发展路线图，欧洲还制定了天体粒子物理学战略，都在前瞻性地谋划未来发展。在我国2006年发布的《国家中长期科学和技术发展规划纲要（2006—2020年）》中，虽然将粒子物理理论、统一所有作用力的理论、暗物质、暗能量等作为重大科学问题，并将探索物质深层次结构和宇宙大尺度物理学规律列为八大科学前沿问题之一，但截至目前，我国还没有公布更加详细的发展规划和路线图。因此，建议加强粒子物理学领域发展的整体规划，以促进粒子物理学领域的理论和实验研究。

1.5.2 坚持自主研发与国际合作并进

无论从科学的动力，还是从高技术发展的动力，我国都应积极地推动粒子物理研究的发展。一方面，我国要积极发展国内的研究基地，如2008年改造完成后的BEPCⅡ，广东

大亚湾核反应堆，西藏羊八井国际宇宙线观测站，坚持自主研发，发展“以我国占主导地位”的国际合作。利用BEPCⅡ的基础，开展粲物理精确测量前沿的研究，争取在国际高能物理前沿，如寻找新粒子（胶子球、多夸克态、夸克胶子混杂态）；精确测量J/ψ、ψ(2S)、ψ″衰变性质；精密测量CKM矩阵元；轻强子谱和重子激发态研究；D介子物理（测量fD和fDs）；检验VDM、NRQCD、PQCD（R值精确测量）等研究中获得更多原始创新性的重大成果；利用大亚湾核电反应堆群得天独厚的有利条件和地理优势，争取在精确测量中微子物理的关键参数方面获得重大原始创新成果；充分利用西藏羊八井国际宇宙线观测站的优势位置，开展宇宙线粒子物理研究国际合作实验项目，争取出更大的成果。另一方面，我国要积极参与国际上的重大合作。粒子物理学研究依靠的大科学装置的建造费用非常昂贵，由于受经费的限制，我国不可能建造所有的研究基地，况且能量最高的大型加速器则超出了任何一个国家的能力。因此，为了争取研究机会，为了抓住发展机遇，我国需要大型国际合作。我国应该加强规划和组织，坚持“有所为，有所不为”，增加投入，重点做好LHC实验，做好阿尔法磁谱仪（AMS02）实验，并积极部署大型直线对撞机的国际合作。

1.5.3　将“小”与“大”紧密结合，解决关键问题

最小的粒子和最大的宇宙密切相关，共同解决微观结构、几种相互作用特性、质量的起源、宇宙的起源和演化、暗物质、暗能量等关键问题，我们应该在未来的发展中，着重将“小”和“大”紧密结合起来，解决21世纪粒子物理学的热点和前沿问题。

1.5.4　积极为其他学科提供先进手段和大型平台

粒子物理学从事的物质微观结构的研究是各学科研究的基础。物质微观研究的成果和每一项进展在物理、化学、材料科学、生物、医学、农业等领域都有重大应用。粒子物理学研究依靠的大科学装置往往需要采用大量的先进技术，它能带来大量的高技术，这些技术往往会在较短时间内对整个社会的高技术发展起到很大的推动作用。因此，我国的粒子物理学研究在发展自身的同时，还应该积极为其他学科提供先进手段和大型平台，带动其他学科的发展，如同步辐射装置、散裂中子源、自由电子激光等。

致谢：中国科学院高能物理研究所郑志鹏研究员、赵洪明博士、徐敏博士等对本报告的初稿进行了审阅并提出了宝贵的修改意见，特致感谢！

参考文献

Aspera. 2008. Astroparticle Physics—The European Strategy. http：//www. aspera-eu. org/images/stories/roadmap/aspera_ roadmap. pdf

Canada Foundation for Innovation. 2009-10-14. leading Edge and New Initiatives Funds Competition 2009. http：//www. innovation. ca/en/programs/funds/leading-edge-and-new-initiative-funds-competition-2009

CERN Council. 2009-10-25. The European Strategy for Particle Physics. http：//council. web. cern. ch/council/en/europeanstrategy/esbrochure. pdf

Institute of Physics. 2009-09-21. Particle physics —it matters. http://www. iop. org/activity/policy/publications/file_ 34760. pdf

Institute of Physics. 2009- 10- 12. The International Review of UK Physics and Astronomy Research. http://www. iop. org/activity/policy/projects/international_ review/

KEK. 2009-09-08. KEK's Roadmap (5Year Plan). http://www. kek. jp/intra-j/director/column/pdf/roadmap-e. pdf

Mathematical & Physical Sciences. 2009-09-15. Theoretical Physics. http://www. nsf. gov/funding/pgm _ summ. jsp? pims_ id = 5626&org = phy&from = home

Mathematical & Physical Sciences. 2009-10-20. Elementary Particle Physics (EPP). http://www. nsf. gov/funding/pgm_ summ. jsp? pims_ id = 5624&org = phy&from = home

Mathematical & Physical Sciences. 2009-09-15. Particle and Nuclear Astrophysics (PNA). http://www. nsf. gov/funding/pgm_ summ. jsp? pims_ id = 5633&org = phy&from = home

Natural Sciences and Engineering Research Council. 2009-10-12. Perspectives on Subatomic Physics in Canada 2006-2016. http://www. subatomicphysics. ca/documents/sub_ rep_ eng. pdf

Particle Physics Advisory Panel. 2009-09-25. UK Particle Physics Roadmap. http://www. scitech. ac. uk/resources/pdf/ppapreport. pdf

Particle Physics Project Prioritization Panel. 2008-05-29. US Particle Physics: Scientific Opportunities A Strategic Plan for the Next Ten Years. http://www. er. doe. gov/hep/files/pdfs/p5_ report%2006022008. pdf

Science & Technology Facilities Council. 2009-07. Delivery Plan 2008/9-2011/12. http://www. scitech. ac. uk/resources/pdf/delplan_ 07. pdf

Subatomic Physics in Canada. 2009-10-12. http://www. subatomicphysics. ca

U S Department of Energy. 2009-11-10. High Energy Physics Funding Profile by Subprogram 2008, 2009, 2010. http://www. science. doe. gov/hep/hep_ budget/index. shtml

Womersley J. 2008-07-02. Implementation of the Programmatic Review. http://www. stfc. ac. uk/resources/pdf/finalprogrevoutcome. pdf

2 国际空间站科学实验国际发展态势分析

冷伏海　王海霞　韩　淋　吕晓蓉

（中国科学院国家科学图书馆总馆）

国际空间站是一项由美国、俄罗斯、11个欧洲空间局成员国（法国、德国、意大利、英国、比利时、丹麦、荷兰、挪威、西班牙、瑞典、瑞士）、日本、加拿大和巴西（共16个国家）联合实施的载人轨道空间站工程，它的建造标志着新的空间时代的来临：将提供多学科研究设备和独一无二的实验环境（在地球上无法实现），积累长期太空环境生存技能，对未来空间研究和人类深空探测产生深远影响，并有助于研究人类在地球上的生存问题。目前利用国际空间站主要进行以下领域的研究：物理和生命科学、空间天文学、对地观测以及技术革新等。此外，商业研发、创新服务和创新商用等也将受益于空间站的开发利用。

本章调研国际空间站的结构体系，介绍了美国、欧洲和日本实验舱内的主要实验设施及其科学实验。从定量分析的角度，统计目前国际空间站所进行的科学实验数据，分析各学科领域的研究动向；同时，利用分析工具对以国际空间站为主题的论文进行计量学分析，试图从各个侧面反映目前国际空间站领域的发展态势。

2.1 国际空间站项目综述

2.1.1 国际空间站结构体系

2.1.1.1 国际空间站的国际合作情况

国际空间站是一项由美国、俄罗斯、11个欧洲空间局成员国（法国、德国、意大利、英国、比利时、丹麦、荷兰、挪威、西班牙、瑞典、瑞士）、日本、加拿大和巴西共16个国家联合实施的载人轨道空间站工程，参与研制的太空机构包括美国航空航天局（NASA）、俄罗斯航天局（RSA）、日本航天探索局（JAXA）、加拿大航天局（CSA）、欧洲空间局（ESA）以及巴西航天局（AEB）等6个机构。

16个参加国使用分布在全球的11个基地来建设和维护国际空间站，它们分别是：位于美国休斯敦的任务控制中心（MCC）、位于美国肯尼迪航天中心的航天飞机发射控制基地、位于美国亨特斯维尔的载荷运行整合中心（POIC）、位于俄罗斯莫斯科的国际空间站任务控制中心（MCC）、位于哈萨克斯坦的俄罗斯“联盟”号（Soyuz）发射控制中心、位于法国图卢兹的自动转移飞行器（ATV）控制中心、位于加拿大圣休伯特的空间运行支持中心、位于法属圭亚那的“阿丽亚娜”（Ariane）发射控制中心、位于德国上普法芬霍芬的“哥伦布”控制中心、位于日本种子岛的H-IIA发射控制中心，以及位于日本筑波的JEM/HTV控制中心。各基地的地理位置分布见图2-1。

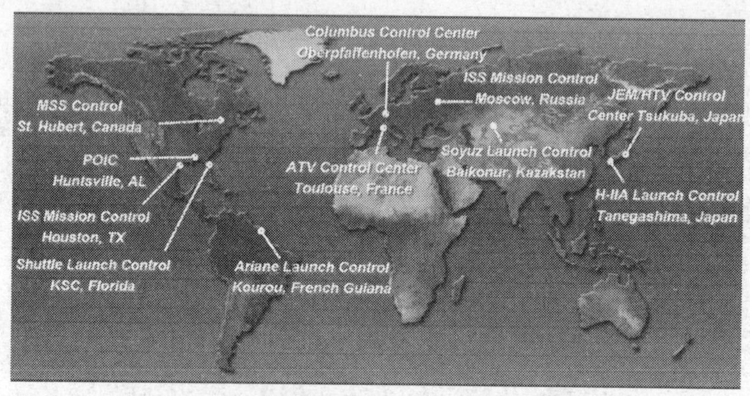

图2-1　国际空间站控制基地的分布

资料来源：Dan Jacobs. ISS International Partner Relationships. AIAA Conference，2007. 1

2.1.1.2　国际空间站目前装配情况

自1998年11月20日“曙光”号多功能货舱升空以来，国际空间站一直持续不断地得到升级，计划于2010年建造完成，主要参数见表2-1。

表2-1　国际空间站主要参数

参数	数据	
尺寸	约108.5米×72.8米（约为足球场大小）	
重量	约420吨	
功率	110千瓦（最大值）	
密封舱总体积	935立方米	
密封舱数目	实验舱（5个）	美国实验舱（“命运”号） 俄罗斯研究舱（2个） 欧洲实验舱（“哥伦布”） 日本实验舱（“希望”号）
	生活舱（1）	俄罗斯多功能货舱（“曙光”号）
暴露载荷安装位置	4个载荷安装在桁架上 10个载荷安装在“希望”号实验舱舱外暴露设施上 4个载荷安装在“哥伦布”实验舱	

续表

<table>
<tr><th>参数</th><th colspan="2">数据</th></tr>
<tr><td>常驻宇航员人数</td><td colspan="2">6 人</td></tr>
<tr><td>轨道</td><td colspan="2">圆轨道，轨道高度 330 ~ 460 千米，倾角 51.6°</td></tr>
<tr><td rowspan="2">运载</td><td>组装</td><td>航天飞机（美国）
“联盟”号和“质子”号（俄罗斯）</td></tr>
<tr><td>补给</td><td>航天飞机（美国）
“联盟”号（俄罗斯）
“阿丽亚娜 5”（欧洲）
H-IIB（日本）</td></tr>
<tr><td>数据转播卫星</td><td colspan="2">美国跟踪和数据转播卫星（TDRS）
日本补充数据转播卫星
欧洲补充数据转播卫星</td></tr>
</table>

资料来源：JAXA. The data of ISS. http：//iss. jaxa. jp/iss/doc04_ e. html. 2008-03-06

国际空间站完成装配时的外部结构如图 2-2 所示。下面简要介绍各主要实验舱段内实验设施及实验项目。

2.1.2 美国“命运”号实验舱

2.1.2.1 “命运”号实验舱简介

2001 年 2 月 7 日，美国“亚特兰蒂斯”号航天飞机将“命运”号实验舱携带升空。“命运”号实验舱由美国波音公司制造，是空间站中最昂贵的组件。它不仅是空间站上成员在接近零重力状态下执行科学研究任务的基地，也是国际空间站的指挥和控制中心。

“命运”号实验舱是国际空间站上的第一个研究舱，也是美国科学研究载荷在国际空间站的主要实验室。其前部与“和谐”号节点舱相连，后部与“团结”号节点舱相连，为研究者提供了前所未有的微重力环境。除了作为科学实验舱之外，“命运”号还是空间站机械臂的运行控制中心。

2.1.2.2 “命运”号实验舱内实验设施

“命运”号实验舱在抵达国际空间站时载有 5 个机架，可容纳电力系统和生命保障系统等。随后的任务为其装载了更多的机架和实验设施，包括人体研究设施、微重力科学手套箱和 5 个可以进行各种科学实验的机架，最终“命运”号将容纳进行人体生命科学、材料研究、对地观测和商业应用的 13 个科学载荷机架以及 11 个系统机架。

1）人体研究设施（HRF）

HRF-1 于 2001 年 3 月 8 日随“发现”号航天飞机入轨，包括肺功能测试设备、对心脏成像的超声设备，及其他类型的计算机和医学设备等，可支持大量的生命科学实验。2005 年 7 月 26 日，HRF-2 入轨，主要设备包括一个冷却的离心机、测量血压和心脏功能的器件，以及测量肺功能的肺部功能系统。

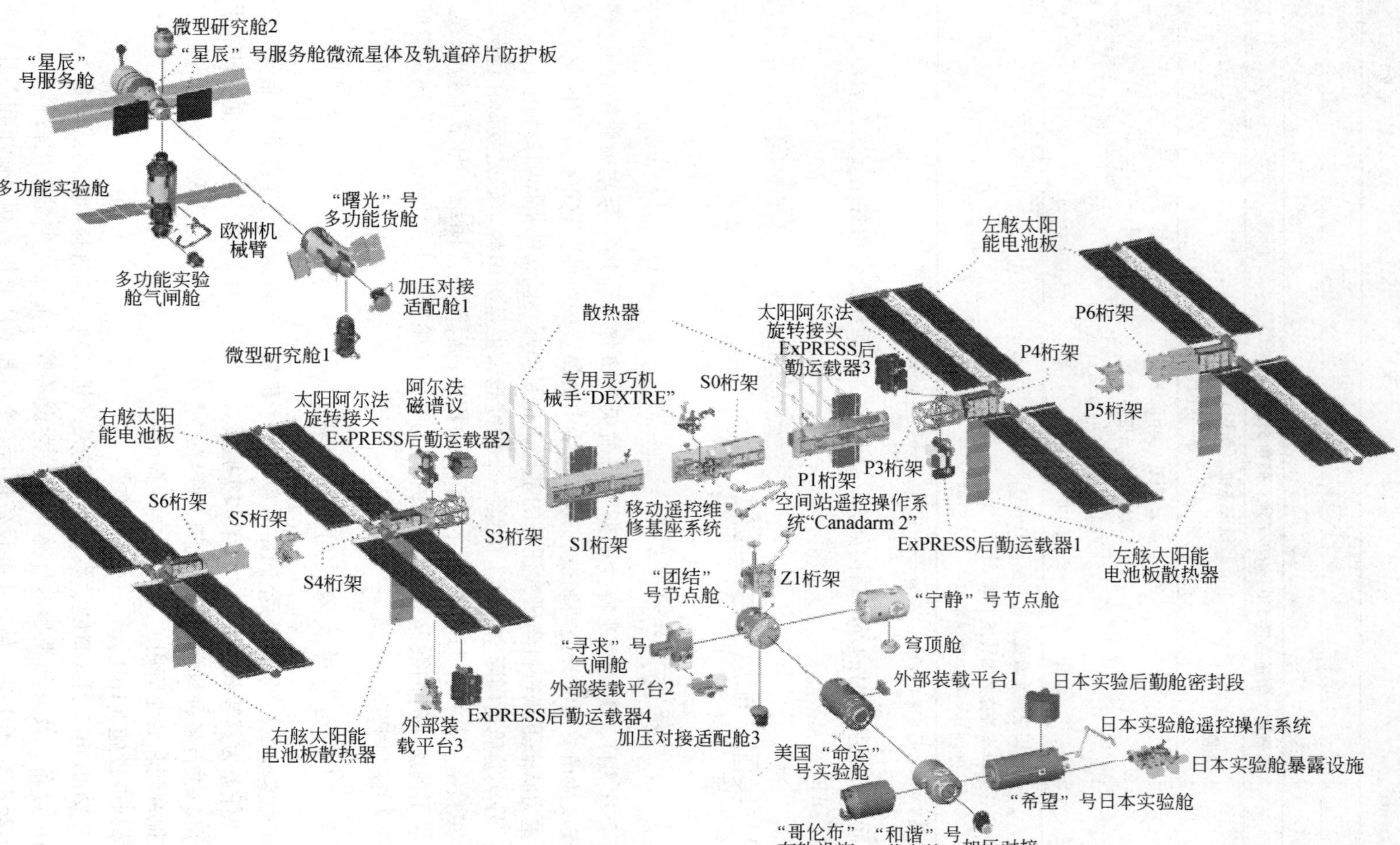

图2-2　国际空间站的构造

资料来源：NASA.ISS Configureations Booklet.http://www.nasa.gov/externalflash/ISSRG/pdfs/iss configurations.pdf.2010-03-10

2）微重力科学手套箱（MSG）

MSG 为科学和技术实验提供密封环境，它有一个大的前窗和内置手套，还具有数据存储和记录能力，以及独立的空气循环和过滤系统。

3）ExPRESS 机架

ExPRESS（Expedite the Processing of Payloads for Space Station）机架是标准多功能载荷机架，可提供结构接口、动力、数据、冷却、水和其他科学实验必需的条件。

4）－80°C 实验制冷箱（MELFI）

MELFI 能够保存血液、唾液、尿液、微生物和植物样品等生物学样品，以备样品返回地面进行分析，以此支持生命科学实验。

2.1.2.3　“命运”号实验舱内欧洲实验设施

“命运”号实验舱中安装的欧洲实验设施有：

- 材料科学实验室，安装在舱内的一个国际标准有效载荷机架（ISPR）上。该有效载荷机架内配备了主动式货架隔振系统（ARIS），以确保设备不受微重力扰动的影响。
- 欧洲模块化培养系统，安装在舱内 ExPRESS 机架上。
- 握力测力计和捏力测力计，HRF 的一部分。
- 肌肉萎缩研究和功能锻炼系统，HRF 的一部分。
- 经皮下的电子肌肉刺激仪，HRF 的一部分。

1）材料科学实验室

材料科学实验室的主要目标是支持微重力下的固体物理学、材料热物理性能测量和晶体生长等研究。

材料科学实验室由加工室及其相关的支撑子系统构成。加工室是一个不锈钢圆筒，可容纳不同的独立加热炉插件，用于样品加工。加工条件通常是真空或惰性气体（如氩气）。加工室由一个中间支架板分隔开，支架板起到实验容器的机械接口的作用。

材料科学实验室由 5 个独立的加热炉插件构成：固化炉和淬火炉（Solidification and Quenching Furnace）、低梯度炉（Low Gradient Furnace）、浮区炉（Floating Zone Furnace）、淬火模块插件（Quench Module Insert）、扩散模块插件（Diffusion Module Insert）。

2）欧洲模块化培养系统

欧洲模块化培养系统是 ESA 的重力（0.001 ~ 2g）生物学多用户子机架装置，计划在“命运”号实验舱运行两年。该系统是一个载有两个离心机的密闭孵化器，每个离心机能够容纳四个实验容器；每个转子上都安装了相关的生命保障和供水系统以及照明和观测系统。

欧洲模块化培养系统安装在一个 NASA ExPRESS 机架内，主要用途是：

- 研究植物长期生长的稳定性，包括多代繁殖研究；
- 植物的早期生长活动；
- 重力对植物成长活动的影响（如不同重力级别的阈值研究）；
- 植物方向性感知与信号传导作用；

• 昆虫或小型水生动物实验、细胞和组织培养研究。

3）握力测试计和捏力测试计

握力测试计和捏力测试计是分别用来测量一定时间内手部力量和手指对抗力量的设备，用于研究肌肉在微重力条件下的萎缩情况。

4）肌肉萎缩研究和功能锻炼系统

肌肉萎缩研究和锻炼系统用于研究微重力环境下的肌肉萎缩。该系统包括一个用户定义系统、电动机扭矩/角位置/速度传感器，以及一个由椅子和肢体适配器组成的测试者身体束缚系统。通过 HRF 上的便携式电脑实现人机交互功能，宇航员坐在装置上，在持续监测下进行各种不同锻炼。

5）经皮下电子肌肉刺激仪

经皮下电子肌肉刺激仪的主要目的是对人类神经肌肉进行研究。该设备可以提供一个单一脉冲或是一组脉冲序列，并具有两个可选的脉冲带宽。

2.1.3 俄罗斯“星辰”号服务舱

2.1.3.1 “星辰”号服务舱简介

目前，俄罗斯有“曙光”号（Zarya）多功能货舱、“星辰”号（Zvezda）服务舱、“码头”号（Pirs）对接舱以及“探索”号（Poisk）微型研究舱 MRM2 等四个舱段在轨，未来还会增加 MRM1 和多功能后勤舱（MLM）。

“星辰”号服务舱是俄罗斯对国际空间站的主要贡献，在装配阶段的早期作为生活舱使用，此外还提供生命保障系统、电力供应系统、数据处理系统、飞行控制系统和推进系统等。尽管其中部分系统后来被美国的“命运”号实验室取代，但“星辰”号仍是国际空间站俄罗斯舱段的结构和功能中心。

该舱主要用于系统部件的装载，因此只能容纳有限的有效载荷。服务舱内数量有限的通用工作区主要位于舱体直径较小的部分，即连接太阳能电池阵列处。舱体直径较大的部分也可以连接载荷，如舱外活动扶手。

2.1.3.2 “星辰”号服务舱研究设备

目前在俄罗斯舱段上选择安装两个欧洲载荷，均安装在“星辰”号服务舱外部。

1）全球传输服务（GTS）系统

GTS 安装在“星辰”号服务舱的外部—天底方向，连接在舱外活动扶手上。主要用于向地面传输高精度的时间和数据信号：

• 验证从国际空间站传向地球的报时信号的传播性能和精度；

• 评估接收信号的质量和传输速率；

• 测量多普勒变化、多径反射、传输信号的遮蔽和仰角等干扰的影响。

GTS 系统采用的发射器在两个专用频率上运行，每天分几次向地面接收站发出时长为 5 ~ 12 分钟的信号。

2）套娃

套娃是一个安装在“星辰”号服务舱外部的多用户装置。套娃模拟人体的上半部分，用于研究在不同轨道辐射场下，人体器官不同侧面的辐射剂量分布情况。套娃配备了用于测量电子辐射的主动和被动探测器（放置在模型的不同位置）。该装置安装在服务舱外部直径较小的部分上，与舱外活动扶手相连。

2.1.4 欧洲“哥伦布”实验舱

2.1.4.1 “哥伦布”实验舱简介

“哥伦布”实验舱于2008年2月由“亚特兰蒂斯”号航天飞机运载到空间站，它是ESA对国际空间站的重要贡献，也是欧洲在空间站的第一个长期研究实验室（不同于早期的短期空间实验室任务）。作为欧洲第一个永久性的空间研究设备，“哥伦布”实验舱是国际空间站研究能力的重要组成部分：拥有10个可互换式载荷机架，专门进行流体物理、材料科学和生命科学研究等。

2.1.4.2 “哥伦布”实验舱实验设施及其实验项目

“哥伦布”实验舱共携带5个密封载荷：生物学实验室、流体科学实验室、欧洲生理学模块设备、欧洲抽屉式机架和欧洲运载工具。“哥伦布”实验舱的预计生命周期是10年，在这期间，将支持微重力环境下的生命科学、流体物理等学科的科学研究。“哥伦布”实验舱可装备2500千克的实验设备以及辅助设备，其中欧洲研制的实验设备有：

1）生物学实验室

支持微生物实验、细胞及组织培养、小型植物和动物实验。

在空间进行生命科学实验的主要目的是确定微重力在各级有机体生命层面（从单细胞到复杂有机体以及人类）中所起的作用与影响。欧洲在该领域有很久的研究历史，生物学实验室继承了之前研究设备，如Biorack和Biobox的研究成果。该实验室将对地球上的生活产生诸多影响，尤其是在免疫学、骨质流失、细胞信息转导作用和修复能力方面，同时将对医学产品、药理学和生物工程学产生重要影响。

2）流体科学实验室

研究流体复杂运动，用于改进发电、推进效率以及解决环境问题。

在空间进行流体科学实验的主要目的是研究微重力条件下的流体动力学，即通常重力所掩盖的流体的动力学效应（在微重力条件下，重力驱动的对流、沉积以及层化等作用将明显降低，能够研究流体动力学效应，而这通常是被重力所掩盖的）。例如，结晶过程中扩散主导的热量和质量转移；微重力驱动的对流过程将消除材料加工过程中的有关负效应（如热处理、相变、扩散、化学反应），将对地球上的制造工业产生积极影响（制造高品质产品，如半导体）。

首批进行的流体科学实验包括：

- 二相流体自由表面的热/质转换；

• 乳剂稳定性研究；

• 微重力环境下的地质学流体研究（对于全球尺度的大气和海洋环流）；

• 研究沸腾过程中的电场；

• 研究改进包晶合金的加工处理。

3）欧洲生理学模块设备

支持人体生理学实验，研究微重力环境下的身体功能，例如，骨质流失、循环、呼吸、器官和免疫系统行为。

该实验模块建立在以前的实验模块基础上。例如，Sled、Anthrorack 和 Physiolab，NASA 建造的人体研究设备作为其补充设备。微重力环境中的人体生理学实验的主要目的在于了解人体长期处于微重力环境中的反应，增进对地球环境中的生理学问题的理解，例如，衰老过程、骨质疏松症、平衡紊乱和肌肉萎缩等。

欧洲生理学模块设备研究长期空间飞行对人体的影响，典型的研究领域包括：

• 神经系统科学；

• 心血管和呼吸系统；

• 骨骼和肌肉生理学；

• 内分泌学和新陈代谢。

欧洲生理学模块是多用户设备，安装在一个国际标准载荷机架上，由若干科学模块构成，分别是：

• 多－电极脑电图模块；

• 骨骼分析模块；

• 心血管系统实验室；

• 失重条件下的人体运动定量分析记录仪。

在第一次发射任务中，"哥伦布"实验舱携带的欧洲生理学模块设备选择了以下 3 个科学模块：

• Cardiolab——该设备研究涉及动脉血压和心率调节的不同系统行为，由法国空间研究中心（CNES）和德国航天局（DLR）研制。

• MEEMM——多电极大脑摄影图测量模块，通过测量安装在测试者上的电极电信号来研究大脑活动。

• PORTEEM——便携式脑电图模块，该仪器是一个灵活、模块化、便携式的数字记录器，用于脑电波和睡眠研究。

新的科学模块将在未来的飞行任务中搭载，主要包括功能锻炼/运动设备，例如，调速轮练习设备、便携式肺功能系统和辐射监控器等。

4）欧洲抽屉式机架

提供灵活的实验托架，可支持多学科实验研究。

科学界需要中型空间实验设备以降低研究经费，缩短研制时间。ESA 对此的解决方案是提供欧洲抽屉式机架，该机架的基本用途是支持子－机架层面的载荷操作，能够为多个学科提供灵活的实验容器和安装机架。该机架为实验模块提供 2 种标准的国际空间站装备和资源：国际子机架界面标准（ISIS）抽屉装置和锁柜装置，其中，抽屉至少 3 个，每个抽屉的载荷体积为72升；锁柜4个，每个锁柜的载荷体积为57升。这样，所搭载的载荷无需使用整个机架，从而为用户提供更多的飞行机会。欧洲抽屉式机架数据处理系统支持所有模式的载荷操作，从全自动模式到手动控制模式。

欧洲抽屉式机架的初步设计将包括一个实验模块：

• 蛋白质结晶诊断设备，是多用户材料科学仪器，用于研究空间蛋白质结晶问题，如有助于建立硅酸盐晶体生长的最佳条件，且只能在微重力环境中确定，其研究结果将有益于多种工业应用。

第二个模块将搭载在之后的飞行任务中，该模块是：

• 吸附和表面张力研究设备（FASTER），将建立乳剂稳定性与小滴界面特征之间的关联性。该研究将在工业领域具有广泛的应用，并有助于一些问题的研究，如泡沫稳定性/排水装置/流变学等。

5）外部载荷

“哥伦布”实验舱外部载荷支持空间科学、地球观测以及利用空间环境进行技术和创新科学研究：

• EuTEF——欧洲技术暴露设备，支持一系列需要暴露在空间环境下的实验研究。例如，空间原子钟系综（ACES）在空间环境下测试新一代微重力冷原子钟性能。

• SOLAR观测台——进行为期至少18个月的太阳光谱研究。例如，大气空间相互作用监测，研究雷暴过程与高层大气层、电离层和辐射带以及大气中间层和热层中的高能粒子簇射效应之间的耦合作用。

2.1.5 日本“希望”号实验舱

2.1.5.1 “希望”号实验舱简介

日本“希望”号实验舱（JEM）（又称“Kibo”），是日本第一个可载人空间设施，也是日本航天探索局在国际空间站上建造的第一个实验舱，最多可容纳4名宇航员进行在轨活动。

“希望”号实验舱的实验项目集中于医学、对地观测、材料制造、生物工程以及通信研究，JEM的实验和系统操作由空间站操作设备（SSOF）的任务控制室（位于筑波空间中心，TKSC）负责。

日本实验舱分为6个模块：

• 密封舱（PM）；
• 舱外暴露设施（EF）；
• 实验后勤舱密封段（ELM-PS）；
• 实验后勤舱暴露段（ELM-ES）；
• 日本实验舱遥控操作系统（JEM RMS）；
• 轨道间通信系统（ICS）。

搭载在“希望”号实验舱中的实验设施主要安装在密封舱和舱外暴露设施上，下面主要介绍这两个舱段中的实验设施与载荷，以及在上面所进行的实验项目。

2.1.5.2 密封舱实验设施及其实验项目

1）密封舱实验设施

密封舱是JEM的主要组成部分，也是目前国际空间站上最大的密封舱。舱内气压保持在一个大气压，并提供常温工作环境，与Kibo相关的宇航员活动大多在密封舱内进行，如实验、机器人操作、与地面语音通信等。

密封舱最多可容纳23个机架，其中10个是国际标准载荷机架（ISPR）。10个ISPR中JAXA和NASA各用5个，JAXA的ISPR中有一个是冰柜机架，其他的为储存机架；NASA的ISPR中有2个是材料科学机架、3个是生命科学机架。舱内主要设施如表2-2所示。

表2-2 密封舱内主要实验设施

设备名称	设备简介	研究领域	设备类型
梯度加热设备	用于研究晶体培养和半导体的气相培养，由材料处理单元、梯度加热控制设备、样本容器自动更换设备等器件组成	晶体培养	1×ISPR
带X射线摄像的微重力实验熔炉	用于进行浮区模式的单晶体培养实验，可用X射线摄像实时观察半导体结晶化和Marangoni对流	浮区模式的晶体培养	1×ISPR
细胞生物学实验装置	为微重力环境下对细胞、组织、小型哺乳动物、植物和微生物进行基础生命科学研究提供一个可控的环境（如温度、湿度和CO_2浓度），实验装置配有离心机	基础生命科学现象研究	1×子机架（sub-rack）
净化台	为生命科学和生物技术实验样本的处理提供一个清洁的封闭工作环境	生命科学与生物技术样本处理	1×子机架
生物学实验单元	可在净化台中进行操作，包括植物实验和细胞实验单元	植物与细胞实验	1×子机架
流体物理实验装置	主要目的是观察微重力下Marangoni对流对流体物理实验的影响	微重力环境下的流体物理实验	1×子机架
溶液/蛋白质晶体培养装置	包括溶液结晶化观察设备和蛋白质结晶化研究设备	溶液和蛋白质晶体培养	1×子机架
图像处理单元	接受来自各种实验的图像数据，将其编码压缩后传送至Kibo系统中，必要时可作为图像数据的存储设备	图像数据处理	1×子机架
-80℃实验室冰柜		低温（-80℃）样本存储	1×ISPR

资料来源：JAXA. Experiment Facilities Onboard Kibo's Pressurized Module（PM）. http：//kibo. jaxa. jp/en/experiment/pm. 2007

2）舱内实验项目

“希望”号实验舱第一阶段利用计划从2008财年开始到2010财年中期结束，总计进

行约30个实验和项目，包括科学实验、技术开发、商业利用、艺术和教育项目等。

• 科学研究领域（表2-3）。

表2-3 “希望”号实验舱第一阶段利用计划—科学研究领域

实验设备	实验项目	研究机构/研究者
流体物理实验装置	Marangoni 对流中混沌、湍流及其转变过程研究	东京理科大学 Hiroshi Kawamura
	Marangoni 对流中时空流结构	北海道大学 Yasushi Takeda
	高 Prandtl 数流体在液体桥中的振荡热毛细流动变化动态表面变形的影响实验评估	宇宙科学研究所（ISAS）/JAXA Satoshi Matsumoto /Yasuhiro Kamotani
溶液结晶化观察装置	冰晶体生长过程中的模式形成	北海道大学 Yoshinori Furukawa
	晶面蜂窝阵列生长机制研究	ISAS/JAXA Yuko Inatomi
梯度加热炉	微重力环境下同质 $In_{0.3}Ga_{0.7}$ 单晶体生长	ISAS/JAXA Kyoichi Kinoshita
细胞生物学实验装置，净化台	暴露在空间环境下的哺乳动物培养细胞 p53-regulated 基因表达	奈良医科大学 Takeo Ohnishi
	人类培养细胞 TK 突变体的 LOH 外形变化探测	理化学研究所 Fumio Yatagai
	两栖动物培养细胞的细胞分化和形态形成控制	东京大学 Makoto Asashima
	空间环境下，家蚕对长期宇宙射线的生物学反应综合评估	京都理工学院 Toshiharu Furusawa
	空间环境下线虫 RNA 干扰和蛋白质磷酸化	东北大学 Atsushi Higashitani
	边界层-介导的蛋白泛素化对骨骼肌细胞生长因子反应的下调效应	德岛大学 Takeshi Nikawa
	微重力环境下根系生长的向水性和生长素诱导基因表达	东北大学 Hideyuki Takahashi
	哺乳动物细胞在宇宙射线和微重力环境下的生物学反应	鹿儿岛大学 Hideyuki Majima
	微重力环境下高等植物的生命循环	富山大学 Seiichiro Kamisaka
	重力控制的小麦幼苗细胞壁的阿魏酸盐形成	大阪市立大学 Kazuyuki Wakabayashi

资料来源：JAXA. Current Status of Research Themes for Kibo First Phase Utilization. http：//kibo. jaxa. jp/en/experiment/theme/first. 2007

“希望”号实验舱内主要开展材料科学和生命科学领域的研究，其中材料科学实验集中在晶体培养与结构研究、晶体周围的对流现象研究；生命科学实验集中在基因和蛋白质控制生命现象的功能研究，以掌握空间环境（如微重力和宇宙射线）对生命现象的影响。

- 应用研究领域（表2-4）。

表2-4 “希望”号实验舱第一阶段利用计划—应用研究领域

实验设备	实验项目	研究机构/研究者
蛋白质结晶化研究装置	高品质蛋白结晶化研究	
细胞生物学实验装置	新材料应用研究	名古屋理工学院 Takatoshi Kinoshita
	界面动态性应用研究	东京理科大学 Masakazu Abe

资料来源：JAXA. Current Status of Research Themes for Kibo First Phase Utilization. http：//kibo. jaxa. jp/en/experiment/theme/first. 2007

- 人类空间技术发展领域（表2-5）。

研究的主要目的是为了确保宇航员的生命安全及更高效地开展空间活动。

表2-5 “希望”号实验舱第一阶段利用计划—人类空间技术发展领域

实验项目	研究机构/研究者
空间环境下用于生命科学实验的区域无源剂量计	JAXA 空间环境利用中心
高清晰度电视传输系统	JAXA 空间环境利用中心
在轨数字动态心电图技术	JAXA 载人航天技术和宇航员部
二膦酸盐治疗航天诱导骨丢失	德岛大学 Toshio Matsumoto

资料来源：JAXA. Current Status of Research Themes for Kibo First Phase Utilization. http：//kibo. jaxa. jp/en/experiment/theme/first. 2007

- 教育及文化领域（表2-6）。

吸引更多的人参与到科学、技术和空间探索研究。

表2-6 “希望”号实验舱第一阶段利用计划—教育及文化领域

实验项目	机构
宇宙	JAXA 空间环境利用中心
文化、人类学和社会科学领域的宇航员任务	东京艺术大学 筑波大学 御茶水女子大学 京都市立艺术大学

资料来源：JAXA. Current Status of Research Themes for Kibo First Phase Utilization. http：//kibo. jaxa. jp/en/experiment/theme/first. 2007

- 商业利用。

任意研究团体只要付费就可使用 Kibo，操作成本由用户承担，研究结果归属于用户。

2. 1. 5. 3 舱外暴露设施载荷

舱外暴露设施为暴露环境下的科学实验提供一个多用途平台。EF 最多可容纳 12 个载

荷，包括：EF 实验设备（表2-7）、实验后勤舱暴露段、轨道间通信系统、带货盘的货运飞船（HTV-EP）等。

表2-7　舱外暴露设施载荷

设备名称	设备简介	研究领域	设备类型
附加载荷总线	两种基本构造为盒型结构和托盘型结构，均可在不同的方向进行接口，由附加载荷远程终端、国际空间站动力/通信接口、载荷动力分配单元、加热器控制设备和实验设备的扩展结构组成	用户接口	1×附着点
激光通信演示设备	演示国际空间站与地面之间的双通道通信，使用1.5微米波长技术（Er 掺杂光放大器和激光），下行链路速率为2.5吉比特/秒，上行链路速率为1.5吉比特/秒	通信技术演示	1×附着点
空间环境数据获取装置-附加载荷（SEDA-AP）	测量空间环境中的高能粒子/宇宙尘埃/原子氧/等离子体对材料和电子器件的作用和影响	空间实验测量	1×附着点
全天 X 射线成像监测仪（MAXI）	观测银河系外的活动星系	活动星系	1×附着点
超导亚毫米波边缘发射探测器（SMILES）	通过接收亚毫米波信号来观测地球大气层	地球大气层观测	1×附着点

资料来源：JAXA. JEM Exposed Facility（EF）Payloads. http：//kibo. jaxa. jp/en/experiment/ef. 2007

• 舱外暴露设施（EF）实验（表2-8）。

在微重力、真空环境下利用舱外暴露设施（EF）进行天文学观测、对地观测、通信及其他各种科学和工程实验、材料实验。

表2-8　“希望”号实验舱第一阶段利用计划——EF 实验

实验项目	机构
全天 X-射线长期和短期变化研究（MAXI）	ISAS/JAXA 理化学研究所
空间环境数据获取设备-附加载荷（SEDA-AP）	航空航天研发理事会（ARD）/JAXA
超导亚毫米波边缘发射探测器（SMILES）	ISAS/JAXA 情报通信研究机构（NICT）

资料来源：JAXA. Current Status of Research Themes for Kibo First Phase Utilization. http：//kibo. jaxa. jp/en/experiment/theme/first. 2007

2.2　国际空间站科学研究与应用发展动向

国际空间站科学研究与应用主要涉及人体学研究、微重力生物学、微重力物理学、对地观测、空间天文学以及空间站技术研发等学科领域，各学科领域所进行实验的次数及内容可以反映该领域的重要性及其发展动向。本研究对国际空间站各次远征任务（Expedition，1-22）中已完成和列入计划的科学实验次数进行了统计，统计截止到2009年11月30日。

从统计结果可以看出（图2-3），人体学研究与微重力生物学实验在空间站实验中所占比重最高，该结论与《NASA国际空间站计划（2006）》中将人类生物医学研究作为最高优先级研究领域的目标是一致的。空间站技术研发也是国际空间站实验项目的重点研究方向，其次是微重力物理学以及对地观测领域。随着2008年欧洲“哥伦布”舱和日本JEM舱及其搭载的实验与观测设备的成功发射，空间天文学项目数在近期的空间站实验次数中有所增长。

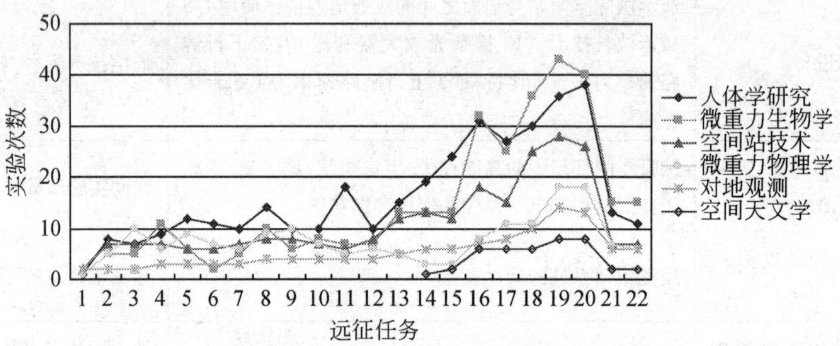

图2-3　国际空间站科学实验研究趋势

2.2.1　人体学研究

2.2.1.1　研究领域

空间站人体学研究实验项目主要涉及以下领域：宇航员行为与健康研究；人体生理医学研究，包括神经学和前庭系统、骨骼和肌肉生理学、心血管和呼吸系统、免疫系统；微重力环境与辐射问题研究。

2.2.1.2　研究动向

在空间站人体研究实验项目中，宇航员行为与健康研究是历次实验任务中的重点研究领域，实验次数远高于其他研究方向（图2-4）。早期空间站实验（Expedition 1-13）研究方向主要集中在记录和分析宇航员在空间站微重力以及隔离封闭环境中的行为和心理状态以及生理适应性，后期空间站实验任务（Expedition 14-22，尤其是Expedition 17-20）则在此基础上研究对抗和医疗措施。人体生理医学研究也是空间站实验任务中的持续研究领域，重点围绕人体骨骼和肌肉、神经系统、心血管和呼吸系统以及免疫系统进行研究，通过研究人体系统在太空失重条件下呈现出的新体征，为提出相应的应对措施以支持人类未来长期深空探测任务提供科学依据。另外，微重力环境与辐射问题对人体的影响方面的研究也在持续进行中，包括舱外活动中宇航员辐射剂量研究以及微生物在太空环境中的综合特征等。

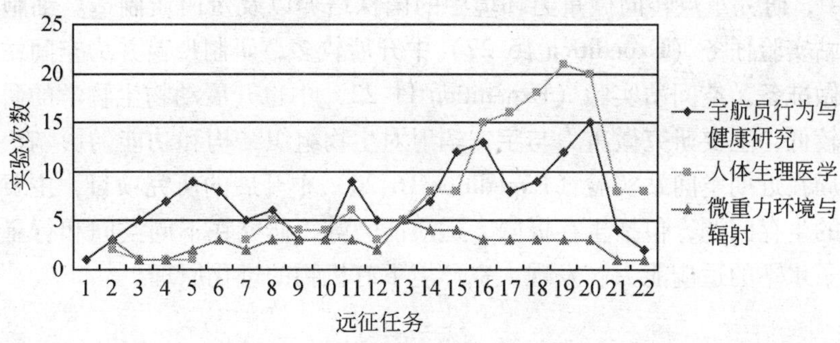

图 2-4　人体学实验研究趋势

2.2.2　微重力生物学

2.2.2.1　研究领域

微重力环境中的生物学实验研究主要包括：微生物学、植物生物学、动物生物学、生物工程学和细胞生物学、外空生物学。

2.2.2.2　研究动向

在空间站科学实验研究中，微重力环境下的生物学研究是仅次于人体学研究的重点方向。其中，微生物学和植物生物学以及生物工程学和细胞生物学成为该领域的两大研究重点（图 2-5）。微生物学的主要研究方向（Expedition 5-22）是微重力环境下菌类（细菌/病菌）的繁殖与传播、微生物药物毒性和微生物基因表达，提供空间站细菌预防和防范措施以及研制疫苗。开展植物生物学研究（Expedition 5-22）的一个重要目的是通过解决微重力环境中植物生长问题，为长期空间飞行提供高能量、低重量食物，以及可再生生命支撑系统。早期空间站生物工程学实验（Expedition 2-4）研究基于空间站上的细胞生物工程技术操作支持系统进行，研究重点是人类遗传学、人体免疫系统和疾病的病理学，并利用空间站商业化的生物过程设备研制空间环境中的抗生素产品。在近期空间站实验（Expedi-

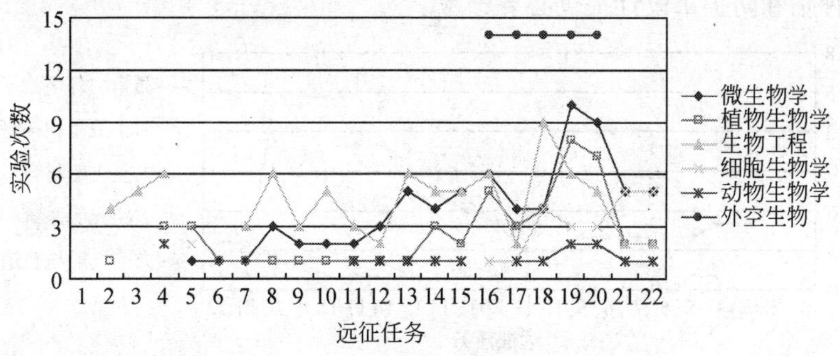

图 2-5　微重力生物学实验研究趋势

tion 7-22）中，研究重点转向微重力环境中的菌株培养以及蛋白质制造。细胞生物学研究在近期空间站实验任务（Expedition 16-22）中开展较多，研制疫苗并为空间站建成后向商业研究开放做准备。空间站实验（Expedition 11-22）中也开展动物生物学的研究，但是实验比例相对较低，主要研究微重力与宇宙辐射对生物组织结构和功能的影响。外空生物学是欧洲空间局在近期空间站实验（Expedition 16-20）中开展的研究项目，主要研究生物在空间环境中的生存问题，包括生存极限、适应能力等，研究在不同空间和行星紫外线条件下微生物分子水平的适应能力，发现太空环境下有机物的进化原理。

2.2.3 空间站技术研发

2.2.3.1 研究领域

空间站技术研发包括：空间站微重力环境特征研究、微小卫星和控制技术、太空飞船材料、太空飞船系统、太空飞船与轨道环境研究。

2.2.3.2 研究动向

空间站微重力环境特征研究一直是空间站技术研发的重点领域，平均实验次数是其他方向的3～4倍（图2-6），主要研究：实验舱振动及加速度测量、空间站运动状态/磁力/微重力分布测量（Expedition 2-20）；空间站封闭生活环境（如环境空气、微生物、废弃物等）与舱内/舱外辐射环境监测（Expedition 1-22）。微小卫星和控制技术研究低轨自动对接技术（双射频天体动力学GPS轨道导航卫星，Expedition 19-20），空间站内航天器自动对接技术（同步定位控制实验卫星，Expedition 8-22）以及微型低能耗监测卫星。太空飞船材料研究包括开发空间极端环境下应用的新型材料（Expedition 3-22），材料暴露与退化实验，空间焊接技术，太阳能电池技术等。太空飞船系统研究通信导航、容错延迟网络、网络流量监测系统，用于提高在轨计算机网络数据传输能力（Expedition 9-22）；下一代火灾探测设备、阻燃灭火剂方案（Expedition 10-22）；航天飞机轨道机动系统排气驱动的等离子体湍流、空间站内系统工作模式与空间站飞行状况的关系（Expedition 1-19）。太空飞船与轨道环境的研究将用于提高航天飞机安全性，空间碎片和微流星体演变状况监测将为航天器风险评估和防护罩设计提供必要参考。

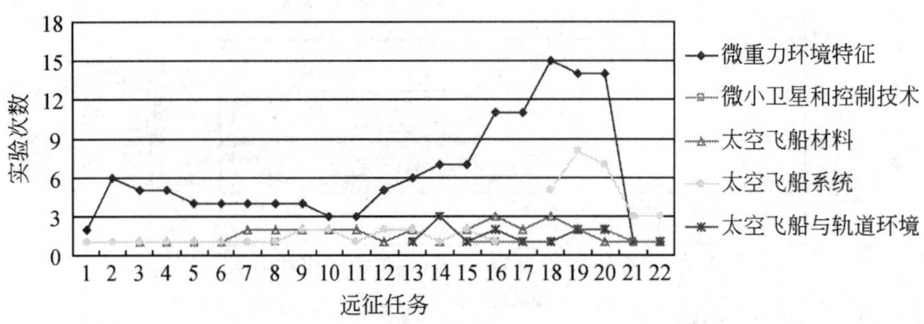

图2-6 空间站技术研发趋势

2.2.4 微重力物理学

2.2.4.1 研究领域

利用空间站微重力环境进行物理科学的研究，主要涉及材料科学、蛋白质晶体培育、流体物理、基础物理、燃烧科学等研究领域。

2.2.4.2 研究动向

空间站微重力环境为材料科学研究提供了极大优势。空间站早期实验（Expedition 2-10）主要研究胶原质结构、晶体生长以及半导体制造中的凝固过程；其中，胶原质和材料凝固的研究项目持续进行到空间站中期实验（Expedition 11-14）中（图 2-7）。空间站近期实验（Expedition 15-22）的研究重点转移到对二元胶体合金材料的研究上，且实验次数明显增加，约为此前材料科学实验平均次数的 2 倍。蛋白质晶体培育是空间站早期实验（Expedition 1-5）的研究重点，在该领域上进行的实验次数约为物理学其他领域的 2 ~ 3 倍，其实验目的是利用微重力条件制造高质量的蛋白质晶体，之后的空间站实验（Expedition 7-11）在该领域的研究明显减少，近期已不设计该类实验。流体物理学研究在空间站实验中一直持续进行（Expedition 7-22），通过对流体系统的毛细管流动、黏滞性、扩散、混沌与湍流转换过程的实验研究，为设计更加轻便可靠的流体系统，包括燃料槽、冷冻剂储存系统、热控制系统以及液态材料加工等，提供实验依据，成为开展流体物理实验研究的一个重要目的，并将应用于改进未来飞船中的流体转移系统，同时也将促进未来太空制造过程和工业材料加工过程。基础物理学研究在近期的空间站实验（Expedition 16-22）中有所增加，利用微重力环境中的超声波矩阵系统制造高品质的新材料。空间基础物理实验将引导先进材料制造业的发展，在半导体、光电子、陶瓷和复合材料领域具有重要的应用价值。燃烧科学研究在空间站实验中一直持续进行（Expedition10-20），重点关注燃烧系统设计的改进和未来飞船用材料的选择。通过对同向流动氧化剂的烟点（碳微粒）性质、空间燃烧室中火焰扩散等过程的研究，用于改进空间站引擎燃烧室、预警热辐射及火焰形成，并为选择下一代飞船材料规范易燃标准。

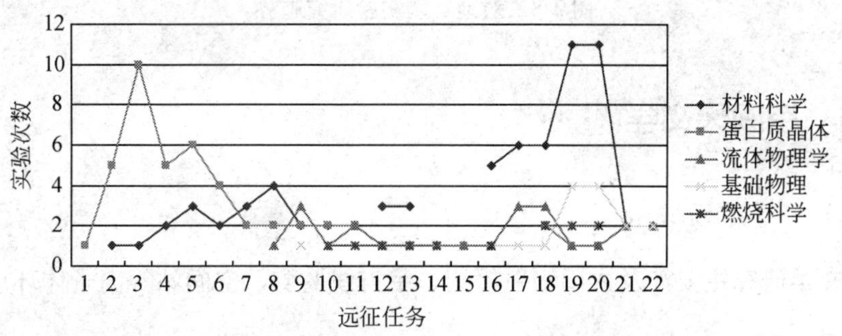

图 2-7 微重力物理学实验研究趋势

2.2.5 对地观测

2.2.5.1 研究领域

空间站上进行的对地观测实验主要涉及环境监测、大气观测、生态资源调查等研究领域。

2.2.5.2 研究动向

利用空间站长期飞行条件进行环境监测的实验一直在持续进行，为地球科学研究提供空间实验数据（图 2-8）。例如，拍摄地球植被区以及风暴、洪水、火灾、火山爆发等事件，研究这些事件引起的地球表面变化（Expedition 1-22）；拍摄地球极地区域现象（Expedition 14-18），为 2007～2009 年地球极地区域的国际合作提供支持。近期空间站实验（Expedition 19-22）的研究方向转向对海洋地球物理特征以及地球大气层和电离层组成及性质的研究。利用空间站进行大气观测，早期实验（Expedition 4-16）主要研究航天器飞行过程中与地球高层大气之间的相互作用。近期空间站实验（Expedition 17-22）主要测定地球大气中二氧化碳和甲烷含量、臭氧变化，监测地震等，监测近地空间环境的高能粒子流也是近期的实验研究方向。生态资源调查研究（Expedition 9-20）利用长期太空飞行中记录的地球区域环境图像数据评估工业活动区域的生态学效应，研究海洋渔业资源富集区域形态特征。

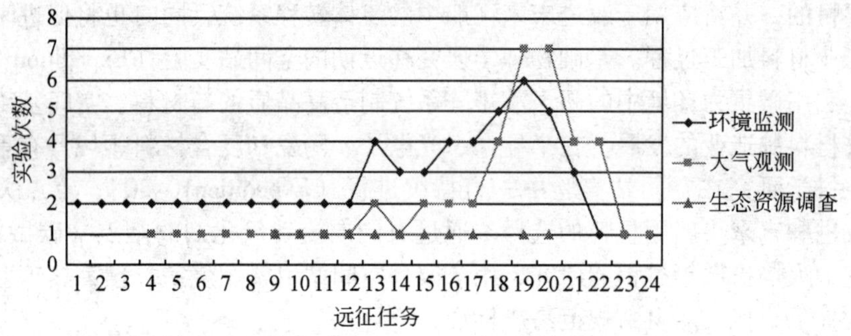

图 2-8 对地观测实验研究趋势

2.2.6 空间天文学

2.2.6.1 研究领域

空间天文学研究主要涉及太阳辐射探测、宇宙线监测、空间站等离子体环境的研究。

2.2.6.2 研究动向

空间天文学研究在近期空间站科学实验任务（Expedition 14-22）中迅速增加，其中，

太阳辐射探测研究成为重点研究领域（图2-9），利用空间站太阳监测观测台（Solar）研究太阳光谱（具有空前的高精度，计划观测持续2年，Expedition 16-20，欧洲空间局）。宇宙线监测研究包括：利用MAXI进行全天X射线长期和短期变化研究，监测1000个以上的X射线源（监测能级0.5～30千电子伏，Expedition 19-22，日本）；利用高速热中子流测量仪（BTN-M1），测量来自太阳耀斑的中子及γ射线，研究空间站环境电离辐射特征，建立空间站环境中子背景辐射的物理模型，并记录空间γ射线暴（Expedition 14-20，俄罗斯）。空间站等离子体环境实验是利用地基观测设备（Plasma-Progress）测量在轨液体燃料推进器引擎运行中引发的太空飞船周围环境中的大尺度等离子体特征（Expedition 15-20，俄罗斯）。

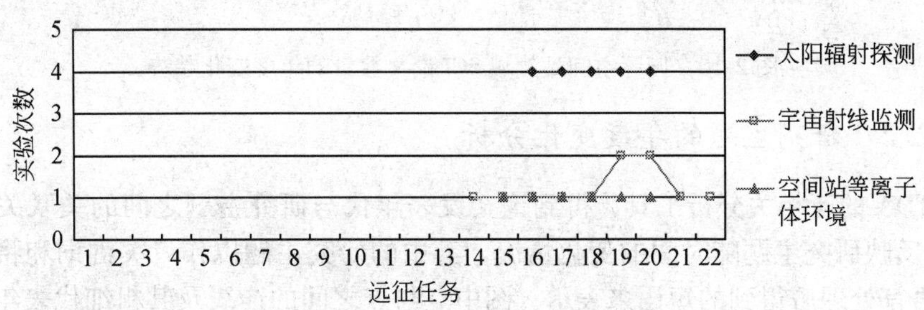

图2-9 空间天文学实验研究趋势

2.3 国际空间站领域论文分析

2.3.1 数据来源和分析工具

本研究通过关键词途径（检索式见附录），在ISI Web of Science平台上的SCIE数据库中，检索了全部时间段内国际空间站领域论文，排除不相关论文后，最终得到分析用数据3148篇。利用Thomson数据分析工具（Thomson Data Analyzer，TDA），对检索到的论文进行了文献计量学分析。

2.3.2 整体情况分析

2.3.2.1 国际空间站领域年发表论文数量变化情况

从图2-10可以看出，国际空间站领域的年发文量基本分为三个阶段：第一阶段是1972～1994年，论文数量很少；第二阶段是1995～1998年，论文数量整体呈快速增长，这一时期国际空间站正处于建设前的准备阶段；第三阶段是从1999年开始，国际空间站处于不断建设和完善的过程中，年发文量在2000年达到最高点，2001年国际空间站初期装配完成之后，年发文量基本保持稳定。由于数据库的滞后，2009年数据还不完整。随着国际空间站建设趋于完成，未来国际空间站领域的论文将主要集中在科学实验方面。

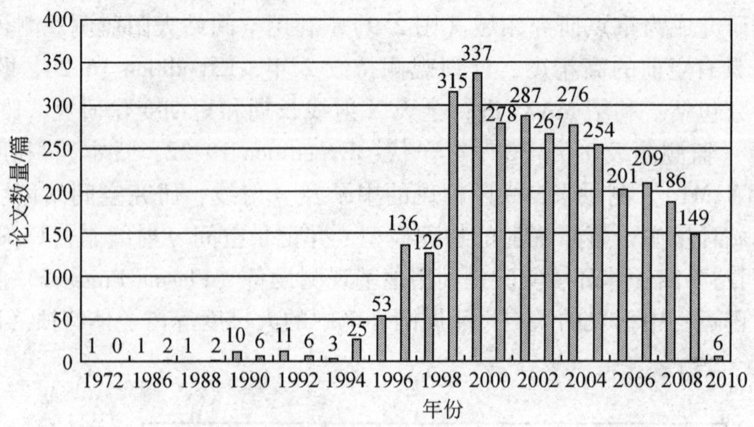

图 2-10 国际空间站领域 SCI 论文数量的年度变化趋势

2.3.2.2 研究主题的年度变化分析

利用 TDA 的互相关分析工具，得到论文发表年代与研究主题之间的关联关系图（图 2-11），以反映研究主题随时间的变化情况。其中的研究主题以作者关键词和将论文标题进行自然语言处理后得到的短语来表示；图中点与点之间的连线及其粗细代表年与年之间研究主题的关联程度，连线越粗说明这两年的研究主题关联越强，反之越弱。

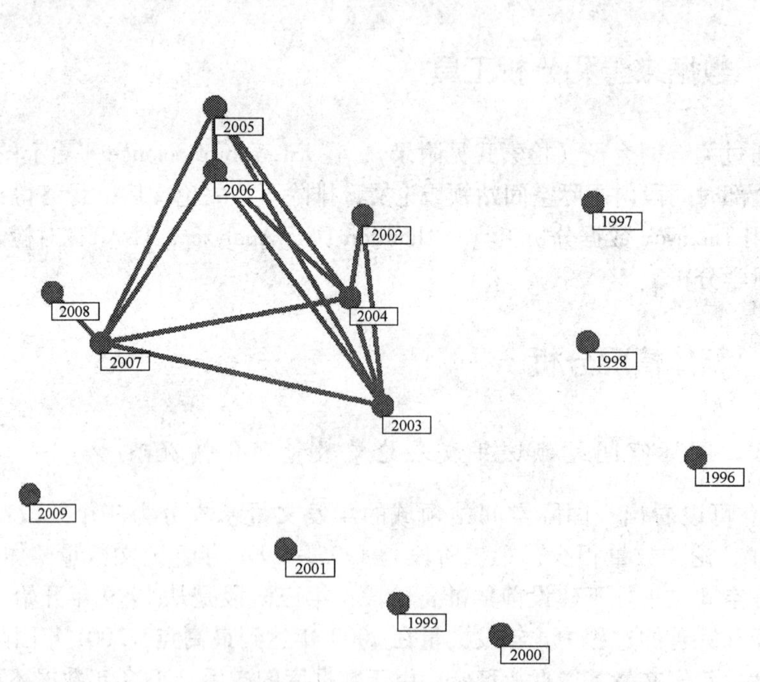

图 2-11 基于研究主题的年份关联可视化图（1995 ~ 2009）

从图 2-11 可以看出，2002 ~ 2008 年这 7 年论文的研究主题关联强度很强，相关指数大于 0.75，而 2002 年之前各年的研究主题之间的关联度较弱。通过对高频主题词的统计可知（表 2-9）：2002 ~ 2008 年的论文相关性强，主要是因为阿尔法磁谱仪（AMS）和宇宙射线（cosmic rays）等高频词的连续出现，反映出该领域科研人员对暗物质和反物质探测的关注；而 1995 ~ 2001 年是空间站建造的准备和初期装配阶段，研究主题比较分散，此时期的论文多是关于空间站各舱段及其主要系统的设计和建造技术；随着空间站主要实验舱——欧洲“哥伦布”实验舱和日本“希望”号实验舱的入轨，各学科科学实验逐渐展开，2008 年的研究热点集中在复杂等离子体（complex plasmas）。

表 2-9　2000 ~ 2009 年国际空间站热点研究主题

年份	高频主题词
2000	微重力环境；日本实验舱；超导亚毫米波边缘发射探测器（SMILES）
2001	空间碎片；宇宙射线；碰撞损害
2002	AMS；晶体生长；“和平”号空间站
2003	AMS；宇宙射线；空间碎片；防护
2004	AMS；全天 X 射线监测仪（MAXI）；宇宙射线
2005	AMS；宇宙射线；自动转移飞行器
2006	宇宙射线；AMS；空间碎片
2007	宇宙射线；AMS；空间辐射
2008	宇宙射线；AMS；复杂等离子体；空间辐射
2009	晶体生长；复杂等离子体；空间辐射

2.3.2.3　主题聚类分析

参考国际空间站科学研究与应用的主要方向（2.2 节），将 3148 篇论文所属的 144 个学科类别人工归类到 14 个主题类别中，再利用 TDA 的关联分析工具进行聚类分析，得到如图 2-12 所示的关联可视化图。从聚类结果可以看出，空间站航天工程与科学应用研究论文可以构成以下四大聚类簇的关联关系：

1）聚类簇 1

由航天科学实验与应用技术、天文学、对地观测、光学技术、科学仪器主题类别构成一个聚类簇。这 5 个主题类别之间分别两两相关，其中，光学技术和科学仪器主题类别之间具有强相关，相关指数大于 0.75；对地观测分别和天文学、航天科学实验与应用技术主题类别之间具有较强的相关性，相关指数为 0.5 ~ 0.75；天文学分别和航天科学实验与应用技术、光学技术、科学仪器主题类别之间具有较弱的相关性，相关指数为 0.25 ~ 0.5。由此可见，光学技术在空间站上的科学仪器中具有广泛的应用，主要涉及光谱仪、成像等技术。对地观测与天文学领域相对于其他学科领域更为依赖于航天科学实验与应用技术，如观测装置与观测环境以及实验手段等。

2）聚类簇 2

由能源技术、电子工程技术、通信、自动系统 - 机器人技术 - 计算主题类别构成一个

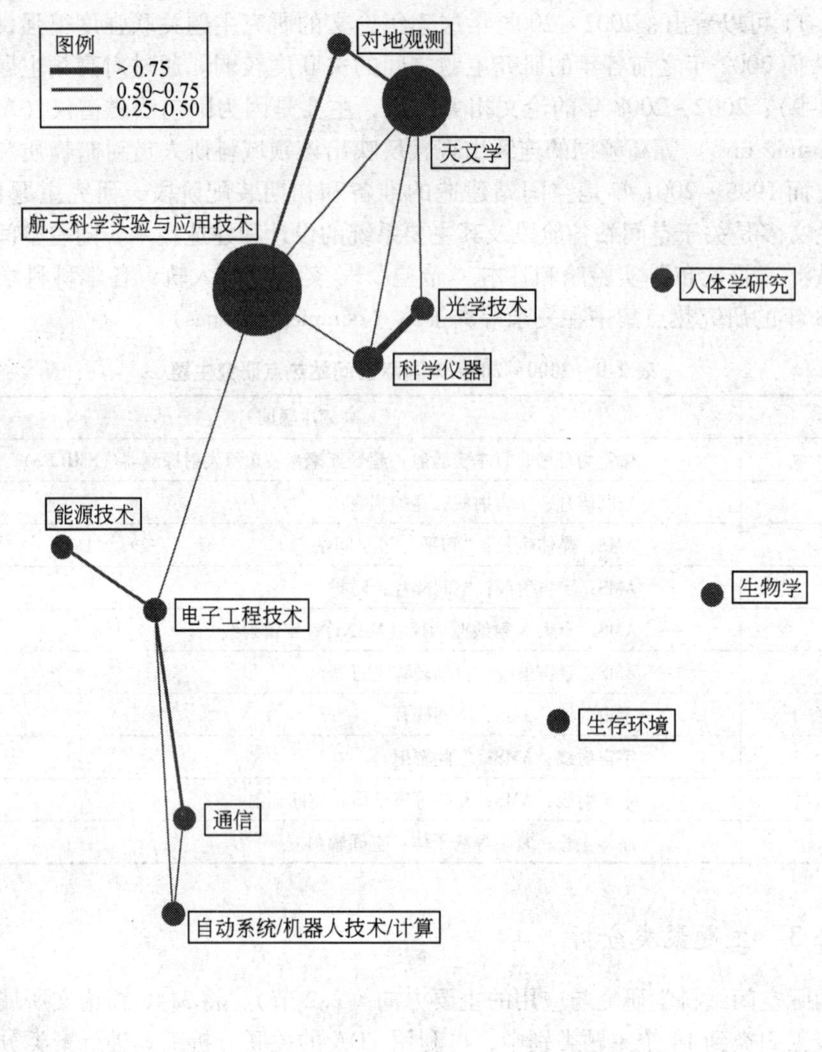

图 2-12 主题聚类分析关联可视化图

聚类簇，该聚类簇体现了空间站系统与控制工程各单元之间的相互关系。其中，能源技术、电子工程技术和通信之间具有较强的相关性，相关指数为 0.5 ~ 0.75；电子工程技术、通信分别与自动系统 - 机器人技术 - 计算主题类别之间形成一定的相关性，相关指数为 0.25 ~ 0.5；而且，空间站系统与控制工程这一聚类簇通过和航天科学实验与应用技术主题类别之间的相关性建立起与该主题类别所在聚类簇 1 之间的关联性，该关联性实质上体现了空间站航天工程各系统和装置在技术层面上的相互联系。

3）聚类簇 3

由人体学研究、生物学、生存环境主题类别构成一个聚类簇。在聚类分析结构图中，这三个主题类别分别表现为各自独立的孤立点，但通过对其研究主题的进一步挖掘分析发现，这些孤立类别之间存在着潜在关联性，以探索支持长期空间探测飞行的生命保障系统与生物

体适应性为研究目的，使得这三个主题类别之间建立起关联性，从而形成一个聚类簇。

4）聚类簇4

由材料科学和物理学主题类别构成一个聚类簇。材料科学研究在空间站科学研究与应用中占据很大比重，也是微重力科学的研究重心所在，材料科学体现了多学科主题研究，与物理学研究领域具有关联性，反映了交叉学科的研究特点。

2.3.3 重点国家分析

2.3.3.1 重点国家发文量对比分析

图2-13列出了国际空间站领域各国发表论文数量排在前10名的国家，其中美国发文量约占总量的42%，而其中的7个欧洲国家发文量超过总量的46%。

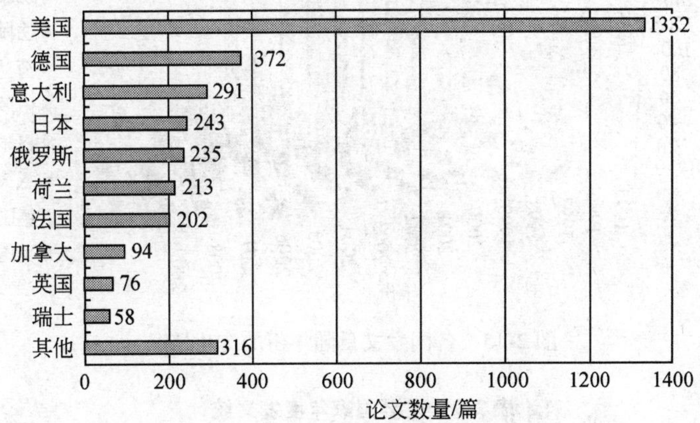

图2-13　各国在国际空间站领域的SCI论文发表情况（1972～2010）

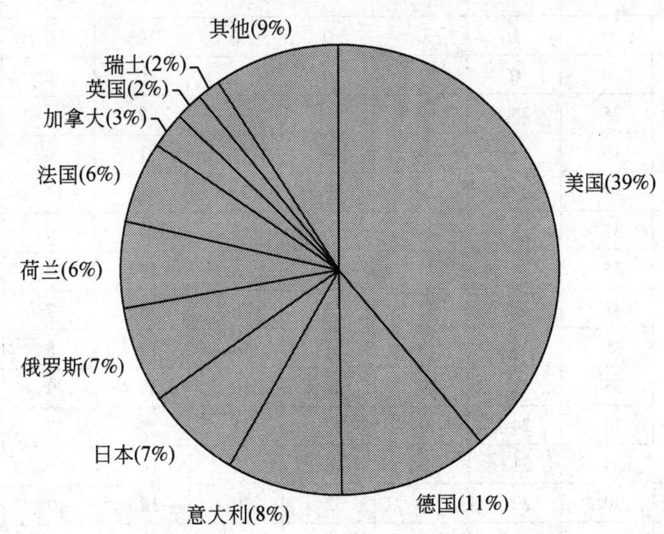

图2-14　各国发文量总发文量比例（1972～2010）

分析 1995～2009 年，各国发文量随时间的变化情况，如图 2-15 和表 2-9 所示。可以看出，美国发表的关于国际空间站的论文，起步时间早，数量也远远高于其他国家。1998～1999 年，发文量明显激增，这与空间站的开始建造相对应：1998 年 11 月 20 日，国际空间站的第一个部件——美国出资、俄罗斯建造的“曙光”号多功能货舱发射入轨；12 月 4 日，美国“团结”号节点舱入轨，12 月 6 日成功与“曙光”号对接。2001～2005 年，论文数量基本保持不变。2006 年至今，美国发文数量稍有下降，而其他各国则处于发文相对活跃的时期，一定程度上表明了国际空间站领域不再由一家独占，国际参与增多，但其发文量仍是第二位德国的 2～3 倍。

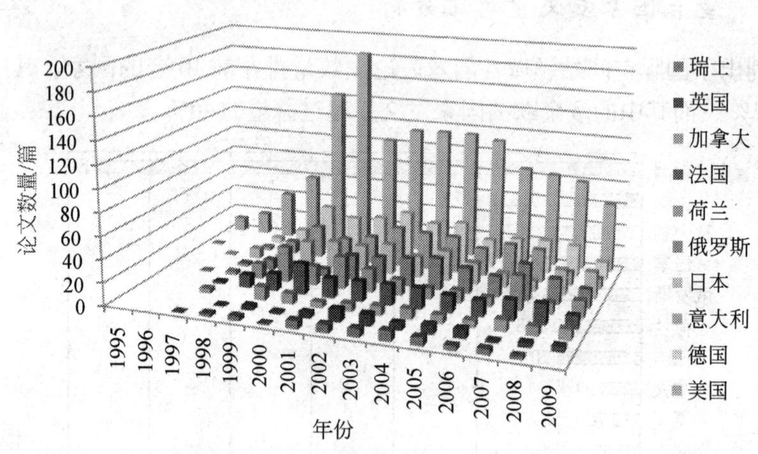

图 2-15　各国发文量随年份的变化情况

表 2-9　主要国家年度发文统计　（单位：篇）

国家 年份	美国	德国	意大利	日本	俄罗斯	荷兰	法国	加拿大	英国	瑞士
1995	12	0	1	0	0	0	0	0	0	0
1996	19	0	0	1	0	1	0	0	0	0
1997	41	5	3	9	3	3	2	4	0	1
1998	60	15	11	4	9	13	11	0	1	3
1999	143	40	28	21	8	31	15	12	4	4
2000	183	32	19	24	6	17	27	9	2	1
2001	103	35	24	23	22	28	17	5	5	7
2002	114	42	35	27	23	20	18	7	11	7
2003	115	35	33	19	25	14	18	8	10	7
2004	115	38	32	27	28	10	18	9	6	9
2005	111	25	24	19	22	11	15	7	8	7
2006	87	29	31	13	18	8	14	6	8	4
2007	84	30	29	9	32	30	18	10	2	5
2008	80	28	12	22	22	10	18	8	4	3
2009	62	16	9	23	16	15	11	9	5	0

2.3.3.2 重点国家研究主题分析

通过对发文量在10篇以上的21个国家的研究主题进行对比分析，得到各国在国际空间站领域的主题关联可视化图（图2-16）。从中可以看出：葡萄牙、法国、西班牙、瑞士、意大利和中国的研究主题之间的相关指数大于0.75，说明这些国家的研究主题具有强相关性，这主要体现在高频主题词的一致性上；德国分别与俄罗斯和意大利的研究主题具有强相关性；匈牙利与瑞典、捷克与保加利亚的研究主题之间也具有强相关性（表2-10）。

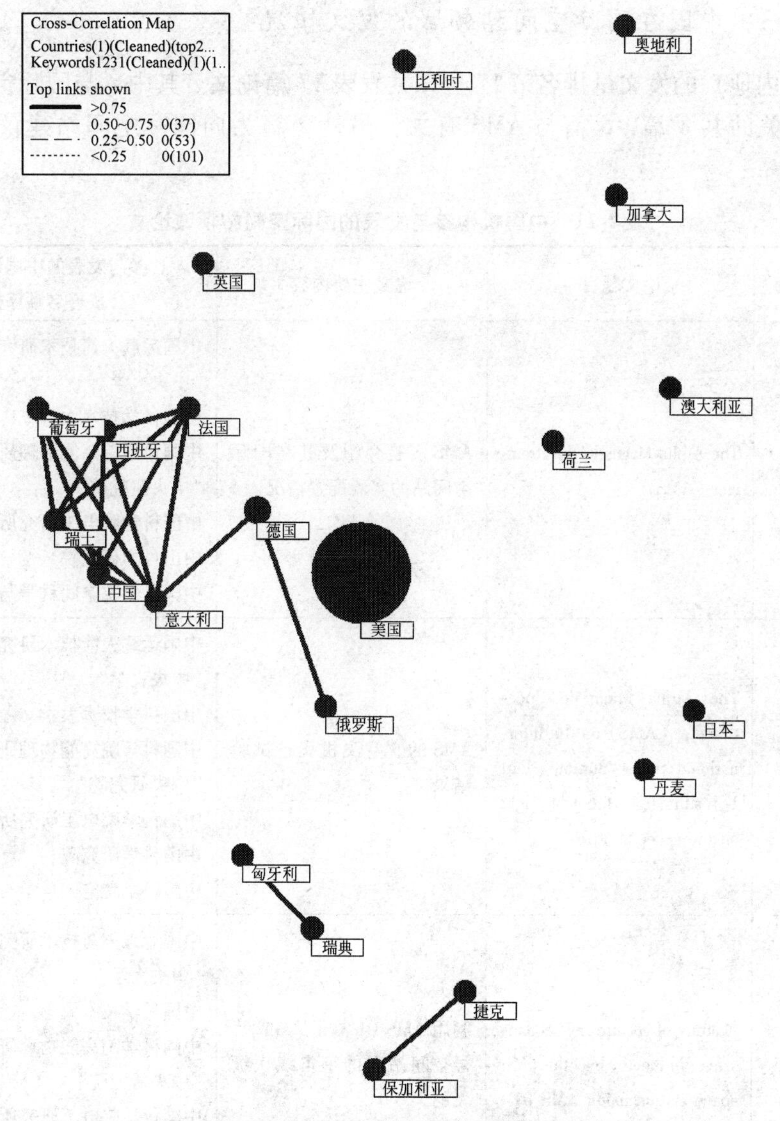

图2-16 基于研究主题的国家关联可视化图

此外，美国的研究主题集中在宇宙射线和AMS；日本的研究热点在于本国实验舱及其所搭载的载荷全天 X 射线监测仪。

表 2-10　研究主题强相关国家的共同研究主题

研究主题具有强相关性的国家	共同的高频主题词
葡萄牙、法国、西班牙、瑞士、意大利、中国	AMS 和宇宙射线
德国与俄罗斯	宇宙射线和复杂等离子体
德国与意大利	宇宙射线
匈牙利与瑞典	宇宙射线
捷克与保加利亚	空间辐射

2.3.3.3　中国在国际空间站领域的发文情况

中国（内地）的发文量排名第 17 位，共发表 17 篇论文。其中，与国际空间站科学实验或技术有关的共 8 篇，6 篇与 AMS 有关，另外 2 篇为向国际空间站建议的实验，详见表 2-11。

表 2-11　中国机构参与发表的国际空间站领域论文

序号	年份	论文题目	论文主要内容	参与发表的中国研究机构（按署名顺序排列）
1	2002	The Alpha Magnetic Spectrometer (AMS)	AMS 实验介绍及其在国际空间站的实验配置情况	中国运载火箭技术研究院 “中央大学” 中国科学技术大学 中国科学院高能物理研究所 “中央研究院” 中国科学院电工研究所 中山科学研究院 中国科学院空间科学与应用研究中心
2	2002	The Alpha Magnetic Spectrometer (AMS) on the International Space Station: Part I- results from the test flight on the space shuttle	AMS 的航空飞机飞行试验结果	中国运载火箭技术研究院 “中央大学” 中国科学技术大学 中国科学院高能物理研究所 “中央研究院” 中国科学院电工研究所 中山科学研究院 中国科学院空间科学与应用研究中心
3	2005	A study of cosmic ray secondaries induced by the Mir space station using AMS-01	利用 AMS-01 测量“和平”号空间站上的宇宙线次级飞羽	中国运载火箭技术研究院 “中央大学” 中国科学技术大学 中国科学院高能物理研究所 “中央研究院” 中国科学院电工研究所 中山科学研究院 中国科学院空间科学与应用研究中心

续表

序号	年份	论文题目	论文主要内容	参与发表的中国研究机构（按署名顺序排列）
4	2005	Development of the Cryogenic Ground Support Equipment (CGSE) for the superconducting magnet of the Alpha Magnetic Spectrometer (AMS-02)	AMS-02 超导磁体的地面低温支持系统	上海交通大学（第一作者）
5	2008	Dark matter search with the CALET detector on - board ISS	国际空间站建议实验：利用热电子望远镜（CALET）搜索暗物质	紫金山天文台
6	2008	The Electromagnetic Calorimeter trigger system for the AMS-02 experiment	AMS-02 电磁热量触发器系统	中国科学院高能物理研究所
7	2009	Simulation of a LHP- based thermal control system under orbital environment	AMS 环路热管热控制系统的模拟	山东大学（第一作者）
8	2009	Orbit Accuracy Requirement for ABYSS: The Space Station Radar Altimeter to Map Global Bathymetry	国际空间站建议实验：全球海洋水深测量	成功大学 中国紫金山天文台

在表2-11 中，前3 篇论文均为多国合作完成，其他国家机构未列出。第4 篇论文的第一作者来自上海交通大学，该校参与合作设计并独立研制阿尔法磁谱仪超导磁体低温地面支持设备（CGSE）系统，将在航天飞机发射前对超导磁体完成系统冷却、测试和超流氦加注等任务。第5 篇向国际空间站建议的实验论文，由日本早稻田大学、芝浦工业大学、神奈川大学和紫金山天文台合作完成。第6 篇关于 AMS-02 电磁热量触发器系统的论文由法国 Annecy-le-Vieux 粒子物理实验室，意大利国家核物理研究所和中国科学院高能物理研究所合作完成。第7 篇关于 AMS 环路热管热控系统模拟的论文由山东大学热科学与工程研究中心（第一作者）和意大利 Carlo Gavazzi Space S. P. A. 飞行器设计研究中心合作完成，山东大学在 AMS-02 项目中与多家国际机构合作，负责完成 AMS-02 热系统的设计、元件热分析与热模拟以及 AMS 整体热测试。第8 篇向国际空间站建议的实验论文由俄亥俄州立大学、得克萨斯大学、成功大学、美国 ITT 公司、约翰霍普金斯大学、美国国家海洋和大气管理局、慕尼黑工业大学和中国紫金山天文台合作完成。

2.3.4 重要机构研究情况分析

2.3.4.1 重要机构发文量对比分析

发文量排在前10 位的机构中（图2-17），国立科研机构有6 家、大学3 所、公司1

家。其中前 5 位机构的热点研究主题（词频最高的主题词）和特色研究主题（与其他机构不同的主题词）见表 2-12。

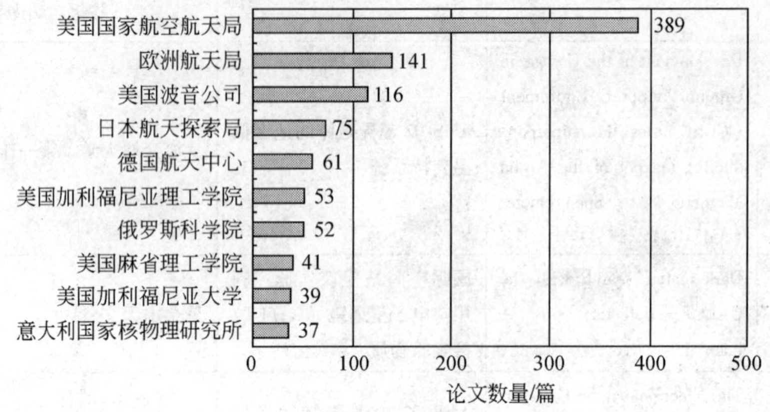

图 2-17　按发文量排名的 TOP10 机构

表 2-12　TOP5 机构研究主题对比

机构	热点研究主题	特色研究主题
美国国家航空航天局	空间辐射；防护	空间站的可居住性；哈勃空间望远镜；浮动电位探测器（FPP）
欧洲空间局	哥伦布实验舱；自动转移飞行器	宇宙演化 X 射线探测望远镜（XEUS）；生物学实验室（Biolab）
美国波音公司	空间站的污染；微重力环境；碰撞损害	空间站电力系统；主动机架隔离系统
日本航天探索局	日本实验舱；全天 X 射线成像监测仪（MAXI）	超导亚毫米波边缘发射探测器（SMILES）
德国航天中心	空间辐射对生物的影响；暴露实验（EXPOSE）	基因表达；绿色荧光蛋白；生物测定；泛生论；遗传毒性；哺乳动物细胞

2.3.4.2　重要机构研究主题的对比分析

通过对发文量排名前 5 位机构的论文主题词出现频次进行统计，可发现各机构的研究主题有所不同。美国国家航空航天局的热点研究主题是空间辐射和防护，特色研究主题是空间站的可居住性、哈勃空间望远镜和浮动电位探测器（FPP）；欧洲空间局的热点研究主题是哥伦布实验舱和自由转移飞行器（ATV），特色研究主题是宇宙演化 X 射线探测望远镜（XEUS）和生物学实验室（Biolab）；美国波音公司的热点研究主题是空间站的污染、微重力环境和碰撞损害，特色研究主题是空间站电力系统和主动机架隔离系统；日本航天探索局的热点研究主题是日本实验舱和安放在其暴露设施上的全天 X 射线成像监测仪（MAXI），特色研究主题是超导亚毫米波边缘发射探测器（SMILES）；德国航天中心的热点研究主题是空间辐射对生物的影响和暴露实验（EXPOSE），特色研究主题是基因表达、绿色荧光蛋白、生物测定、泛生论、遗传毒性、遥现和哺乳动物细胞。

2.3.5 主要作者排名

表2-13列举了发文量排在前10位的作者及其论文主要研究内容。

表2-13 国际空间站领域的主要作者

排名	论文数量/篇	作者	论文署名机构	主要研究内容
1	13	G. D. Badhwar	美国国家航空航天局	空间站的辐射环境
2	11	S. Torii	日本神奈川大学	日本实验舱暴露设施上的热电望远镜（CALET）
2	11	R. Battiston	意大利佩鲁贾大学	阿尔法磁谱仪（AMS）
2	11	M. Casolino	意大利国家核物理研究所	宇宙线
5	10	E. Miyata	日本大阪大学	日本实验舱的MAXI及其X射线CCD
5	10	G Horneck	德国航天中心	空间站暴露设施上的生物实验、月球和火星任务中的人体健康问题
5	10	S. U. Hwu	美国洛克希德马丁公司	空间站技术，如全球定位系统、Ku段通信系统及空间站无线局域网
8	9	R. Monti	意大利那不勒斯费德里克二世大学	空间站微重力环境下的流体物理
9	7	M. Bavdaz	欧洲空间局	X射线演变宇宙光谱学项目
9	7	E. Freund	德国机器人研究所 德国多特蒙德大学	国际空间站的机器人控制和仿真技术
9	7	G. Reitz	德国航天中心	空间站的辐射环境
9	7	Y. Takahashi	美国亚拉巴马大学	日本实验舱的极端宇宙空间天文台（EUSO）

2.3.6 出版物排名

通过对Web of Science数据库中收录的国际空间站领域论文进行统计，得到期刊和会议论文等出版物的排名（表2-14）。

表2-14 Web of Science数据库收录的国际空间站领域出版物排名

排名	来源出版物	SCI论文数量/篇
1	Space Technology and Applications International Forum	241
2	Acta Astronautica	226
3	IEEE Aerospace Conference	105
4	ESA Bulletin-European Space Agency	68

续表

排名	来源出版物	SCI 论文数量/篇
5	Microgravity Science and Technology	67
6	2nd European Symposium on Utilisation of the International Space Station	66
7	Aviation Space and Environmental Medicine	50
8	Nuclear Instruments & Methods in Physics Research Section A-Accelerators Spectrometers Detectors and Associated Equipment	49
8	Space Life Sciences	49
10	Intersociety Energy Conversion Engineering Conference	48

2.4 对我国空间站建设的几点建议

2.4.1 规划优先发展的重点科学研究方向

从主题聚类分析结果（图 2-12）来看，目前国际空间站的科学研究主要集中在：

• 以研究放射医学与核医学、运动科学、生物医学工程、生理学、神经科学、遗传学、内分泌等为主的人体研究；

• 以研究生物物理学、生物工艺和应用微生物、生物化学和分子生物学、植物学、细胞生物学为主的生物学研究；

• 以研究天体物理、核物理、粒子物理为主的天文学研究；

• 以研究地球科学、气象及大气科学、遥感、环境科学、地球化学和地球物理为主的对地观测；

• 包括材料科学在内的，研究应用物理、结晶学、原子和分析化学的物理学研究。

建议在参考以上研究领域的基础上，根据国家战略需求和研发优势，规划优先发展的重点研究方向作为我国空间站科学研究的主要方向。

2.4.2 部署航天工程技术方面的前瞻性研究

从技术层面来看，除了用于空间和对地观测的光学仪器和科学设备之外，包括能源、电子设备、通信、机器人等技术在内的航天工程方面的研究，也是空间站技术研发的重点。因此，建议在关注科学研究实验的同时，也要前瞻部署与空间站运行及建造有关的各种关键技术的研发，为我国空间站项目的顺利进行扫清障碍。

2.4.3 重视开发实验设施与设计科学实验之间的关系

从定性调研的结果来看，在空间站微重力环境下所进行的科学实验，对研究设施的要

求很高，既要考虑空间站所能提供的资源，如能源、动力等，又要考虑实验的可持续性。特别是空间站上的部分科学研究设施，其本身就是一项科学实验，这一点在空间天文学的研究方面尤为突出，如全天 X 射线成像监测仪 MAXI、超导亚毫米波边缘发射探测器 SMILES 等。因此，建议在进行科学实验设计时，科学家要与航天工程师密切合作，充分考虑空间站环境对实验设施的要求，为科学实验的顺利开展奠定基础。

2.4.4 研究空间站各系统间的工作模式

我国已成功完成了 3 次载人航天飞行任务，在飞行器的空间运行方面积累了大量经验。但对于空间站这样一个巨大的科学实验室，其运行是个更加复杂的系统工程，还有很多我们未曾遇到过的问题需要解决，如宇航员的舱外活动、机械臂的运行等。因此，建议充分调研目前国际空间站上各系统之间的运作模式，为我国空间站的建设及运行提供借鉴。

2.4.5 加强国际合作

从 SCI 论文统计结果来看，目前我国参与发表论文的国际空间站项目只有丁肇中教授领导的 AMS 实验，其中上海交通大学和山东大学分别以第一作者发表了文章。随着我国航天技术的不断发展和进步，在自主创新的同时，应该积极争取与优势国家或机构在优势领域开展合作，不但在空间科学与技术研发方面提升能力，同时也吸收管理体制、运行机制等方面的宝贵经验，加快我国从航天大国向航天强国的转变。

致谢：中国科学院光电研究院郭炯研究员、中国科学院上海技术物理研究所张涛研究员对本章进行了审阅并提出许多宝贵的意见和建议，特此致谢！

参 考 文 献

上海交通大学制冷与低温工程研究所 . 2010-01-08. 阿尔法磁谱仪（AMS）项目获 973 计划资助 . http：//www. sjtuirc. sjtu. edu. cn/news/amsproject. htm

中国航天科技信息网 . 2009-11-11. 俄罗斯发射 MIM- 2，重启空间站建设 . http：//www. space. cetin. net. cn/index. asp？ modelname = new% 5fspace% 2fnews% 5fnr&fractionno = &titleno = qzs-suo00&recno = 62724

ESA. 2008-06-26. About the International Space Station. http：//www. esa. int/esahs/esa6ne0vmoc_ iss_ 0. html

ESA. 2009-10-17. Taking the ISS to the next level：ISS Exploitation and ELIPS. http：//www. esa. int/esahs/sem-fuz4dhnf_ iss_ 0. html

Huber F M, Schiemann J D. 2004-03-16. Transmitting from Space：The Global Transmission Services Experiment. http：//esapub. esrin. esa. it/onstation/onstation16/chap9_ os16. pdf

Jacobs D. 2007- 01- 11. ISS International Partner Relationships. AIAA Conference，http：//www. nasa. gov/pdf/168736main_ aiaa_ 2007_ international. pdf

JAXA. 2008-03-06. Completed International Space Station and Its Primary Elements. http：//iss. jaxa. jp/iss/doc04_ e. html

JAXA. 2008-08-29. Japanese Experiment Module Remote Manipulator System. http://kibo.jaxa.jp/en/about/kibo/rms/

STS. 2007-09-18. 大型国际合作项目：AMS 热系统研究与设计. http://219.231.136.132/home/CMS/model/document.php? id = 1150

Uri J. 2007-01-11. International Space Station Post-Assembly Accommodations and Resources. http://www.nasa.gov/pdf/168740main_aiaa_2007_isspost assembly utilization.pdf

附录 检索式

数据来源：SCIE 数据库

检索时间：2009 年 12 月 18 日

时间范围：所有年份

数据量：3148

检索式：TS = (("international space station" or ISS) not ("intergrowth support*" or "ion scatter*" or "idiopathic short stature" or "injury severity*" or "international stag*" or "insertion site*" or "International Scoping Study" or "Immunostimulatory" or "integrated* scanning system" or "information security system*" or "Input to State" or "interstellar scintillation" or "Italian National Institute of Health" or "induction sensor*" or "Instruction Set Simulator*" or "inter-scatterer-spac*" or "Integrated Sunlight Spectrometer" or "Integrated Survey System*" or "integrating sphere source*" or "Instrument Support Structure" or "IR solar spectrometer" or "Istituto Superiore/Superiors di Sanita" or "integrated smart sensor*" or "interfacial shear strength" or "Integrated Support Station" or (ISS same SIM*) or "Ion Backscattering Spectroscopy" or "TOF-ISS" or "ISS-TOF" or trauma or "Inductive Storage Switch*" or "Inertial Sensor System*" or "Information Storage System*" or "Input SubSystem*" or "Integrated Satellite System*" or "Intelligent Support System*" or "International Social Service" or "International Seismological Summary" or "Ionosphere Sounding Satellite*" or "Industry Standard Specification*" or "ion back-scatter*"))

3 石墨烯国际发展态势分析

万 勇 马廷灿 冯瑞华 黄 健 潘 懿

（中国科学院武汉文献情报中心情报研究部）

石墨烯因其独特的力学、热学、电学和磁学性能而成为近年材料科学和凝聚态物理领域研究的热点之一。*Science* 杂志还将“石墨烯研究取得新进展”列为2009年十大科技进展之一。

随着石墨烯制备、性质研究的深入，其应用领域也在不断扩大。本章主要从石墨烯相关政策规划与研究计划、会议、制备与性质、表征及应用研究、文献计量分析、主要研究机构等方面介绍了石墨烯的国际研究发展态势。

本章解读了美国、欧盟、日本等在石墨烯领域的部分主要政策和计划等。这些国家和地区非常重视石墨烯的研究开发与应用，都发布相关规划或资助有关研究项目的开展，并介绍了即将召开和召开过的石墨烯领域专题会议。按照制备研究、性质研究、应用研究的分类，本章具体介绍了国内外近年来尤其是2009年石墨烯研究所取得的一些进展。通过汤森数据分析器，利用文献计量学方法对近年来石墨烯领域的SCI论文进行了分析，主要分析了各重点国家、重点研究机构、重点期刊、重点论文及其被引用情况。本章根据情报监测的结果并结合文献计量分析，有重点地选择了部分主要研究机构，介绍了这些机构的基本情况及其在石墨烯研究方面所取得的成就。章末对我国下一步开展石墨烯的深入研究提出了对策与建议。

3.1 引言

石墨烯的理论研究起源于1947年，迄今已有60多年的历史，被广泛用来描述不同结构碳质材料的性能。20世纪80年代，研究人员开始认识到石墨烯可以作为（2+1）维量子电动力学的理想理论模型，但一直以来人们普遍认为这种严格的二维晶体结构由于热力学不稳定性而难以独立稳定的存在。真正能够独立存在的二维石墨烯晶体则是在2004年，英国曼彻斯特大学天文物理学教授 Andre K. Geim 领导的研究小组利用微机械剥离（micro-mechanical cleavage）方法首次获得了石墨烯。

石墨烯是由碳六元环组成的二维周期蜂窝状点阵结构。它可以翘曲成零维的富勒烯

(fullerene)，卷曲形成一维的碳纳米管（carbon nanotube，CNT）或者堆垛成为三维的石墨(graphite)，因此石墨烯是构成其他碳材料的基本单元（图3-1）。

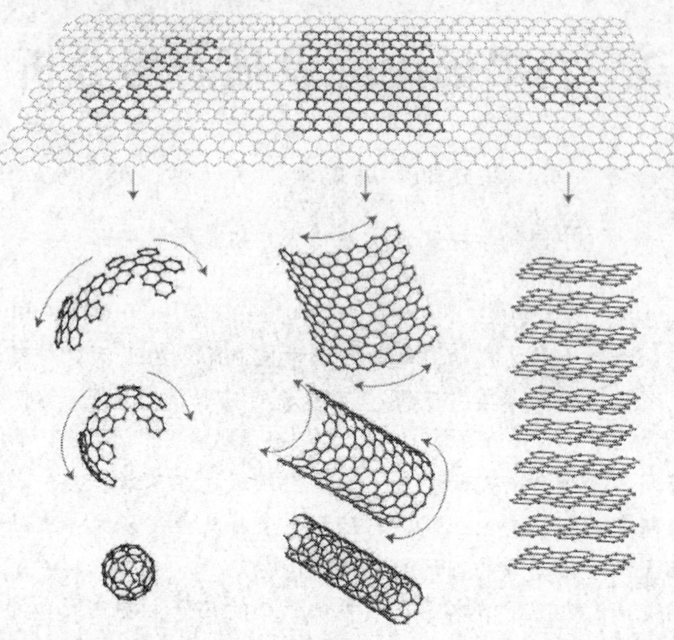

图3-1　石墨烯构建其他维度碳材料的示意图（自左向右依次为富勒烯、碳纳米管、石墨）
资料来源：A. K. Geim, K. S. Novoselov. The Rise of Graphene. Nature Materials, 2007, 6: 183～191

石墨烯具有优异的力学、热学和电学性能，有望在高性能纳电子器件、复合材料、场发射材料、气体传感器、能量储存等领域获得广泛应用。由于其独特的二维结构以及优异的晶体品质，石墨烯为量子电动力学现象的研究提供了借鉴。石墨烯更为奇特之处是它具有独特的电子结构和电学性质。石墨烯的价带（π电子）和导带（π^*电子）相交于费米能级处（K点和K'点），是能隙为零的半导体，在费米能级附近其载流子呈现线性的色散关系。而且，石墨烯中电子的运动速度达到光速的1/300，其电子行为需要用相对论量子力学中的狄拉克方程来描述，电子的有效质量为零。因而，石墨烯成为凝聚态物理学中独一无二的描述无质量狄拉克费米子（Dirac fermions）的模型体系。这种现象导致了许多新奇的电学性质。因此，石墨烯迅速成为材料科学和凝聚态物理领域研究的热点之一。MIT的*Technology Review*曾将石墨烯列为2008年十大新兴技术之一。在2009年12月18日出版的《科学》杂志中，“石墨烯研究取得新进展”被列为2009年十大科技进展之一。

3.2　石墨烯相关研究计划与专题会议

3.2.1　石墨烯相关研究计划

美国、欧盟、日本等国家和地区都非常重视石墨烯的研究开发与应用，发布或资助了大量相关的研究项目。

3.2.1.1 美国

美国国防部高级研究计划署（DARPA）2008 年 7 月发布碳电子射频应用项目（Carbon Electronics for RF Applications，CERA），主要是开发超高速和超低能量应用的石墨烯基射频电路，即用石墨烯制造电脑芯片和晶体管。CERA 项目最终目标（2012 年 9 月结题之前）是完成采用石墨烯晶体管的高性能（>10 000 厘米^2·伏/秒霍耳迁移率）、W 波段（>90 吉赫）低噪声放大器的实证研究，200 毫米晶圆的产量>90%，使它们具有成本效益。CERA 项目投资 2200 万美元，研究周期为 2008~2012 年。

美国国家科学基金委员会 2009 年 5 月发布了石墨烯基材料超电容应用项目，主要研究内容包括：①开发石墨烯基电子材料，提高超级电容器性能使其具有较高的能量和功率密度；②表征石墨烯基电子材料的形态、结构和性能特征；③加强对石墨烯基超级电容器中电化学双层和决定其性能因素的基本认识；④调查离子液体作为石墨烯基超级电容器电解液的相容性；⑤开发新型超级电容器电池组装工艺和电池测试方法。项目研发经费为 63.4 万美元，研究周期为 2009 年 7 月 1 日至 2012 年 7 月 30 日。得克萨斯大学奥斯汀分校负责项目的研究和实施。

美国俄亥俄州研究商业化资助项目（Ohio Research Commercialization Grant Program，ORCGP）资助 Nanotek Instruments 公司约 35 万美元用于锂离子电池用纳米石墨烯复合电极的商业化生产。纳米石墨烯复合材料具有较大容量（>2000 毫安·时/克），是石墨实际容量的 6~8 倍。实验已经证明这种材料 300 多个充放电循环后，还能够保持其结构的完整性和良好性能。这种复合阳极材料可用于电动车等能源存储应用的锂离子电池，研究周期为 2009 年 4 月 28 日至 2011 年 4 月 28 日。

美国结构材料工业公司（Structured Materials Industries，Inc.，SMI）2009 年 11 月宣布，获得 NSF 的 STTR（小型企业技术转移项目）一期资助，用于开发以石墨烯为基质的高灵敏度 NO_x 探测器。其合作方为科内尔大学、南卡罗来纳大学，分别提供石墨烯薄膜生长技术和气体探测器表征技术。

3.2.1.2 欧盟及成员国

欧盟 FP7 框架计划 2008 年 1 月发布了石墨烯基纳米电子器件项目（Graphene-based Nanoelectronic Devices）。该项目主要研究“超越 CMOS”（Beyond CMOS）领域的技术研究，图 3-2 为项目提出的“超越 CMOS”研究的目标时间框架。该项目为 PF7 的联合研究项目，参加的组织机构有德国 AMO 有限公司、意大利大学纳米电子研究组（IUNET）、英国剑桥大学半导体物理组（UCAM DPHYS）、法国原子能机构（CEA）的 LETI 和法国 STMicroelectronics SAS、爱尔兰科克大学学院（University College Cork）的 Tyndall 纳米研究所等组成。项目经费为 239 万欧元，研究周期为 2008 年 1 月 1 日至 2010 年 12 月 31 日。

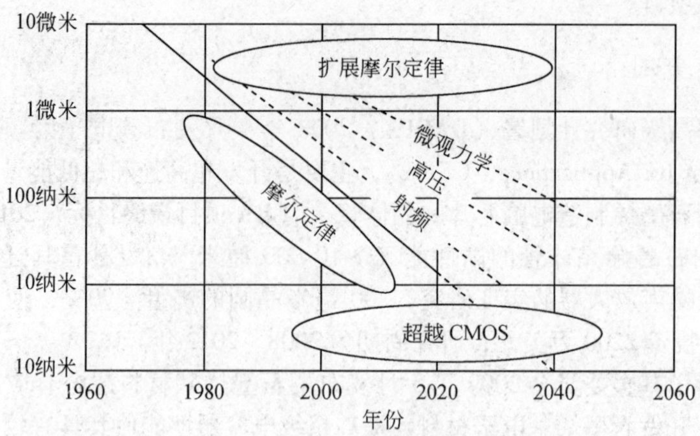

图 3-2　“超越 CMOS”研究的目标时间框架

资料来源：http：//www. grand - project. eu/index. php？ id = strategicimpact

欧洲研究理事会（ERC）开展了石墨烯物理性能和应用研究项目。项目研究经费为 177. 5 万欧元，研究周期为 3 年，负责机构为英国曼彻斯特大学物理与天文学院。该项目有三个主要方向：①重点研究石墨烯薄膜和独特的一维性能；②模拟无质量相对论粒子的石墨烯电荷载体；③石墨烯晶体管的应用研究。

欧洲科学基金会（ESF）2008 年 12 月发布了扩大石墨烯研究在科学和创新方面的影响力的基金申请项目，即欧洲石墨烯项目（EuroGRAPHENE），项目申请截止日期为 2009 年 6 月 15 日，共有 19 个国家的 20 个基金资助机构参与该项目的资助。欧洲石墨烯项目是一个 4 年期的项目计划，需要欧洲范围内广泛而有深度的合作。该项目主要研究领域包括石墨烯物理性能、机械和电子 - 机械性能、化学修饰、寻找设计石墨烯电子特性的新方法和制备以石墨烯为基础的功能应用器件。

德国科学基金会（DFG）于 2009 年 7 月宣布开展石墨烯新兴前沿研究项目，项目时间跨度为 6 年。该项目的目的是提高对石墨烯性能的理解和操控，以建立新型的石墨烯基电子产品。基金资助领域主要包括：石墨烯基电子设备的制备；石墨烯电子、结构、机械、振动等性能表征与操控；石墨烯纳米结构制备、表征及性能操控；石墨烯与衬底材料、栅极材料相互作用的理解和控制；输运研究（如声子和电子传输、量子传输、弹道输运、自旋输运）、新型装置示范（如场效应器件、等离子器件、单电子晶体管）以及石墨烯的理论研究（如石墨烯电子和原子结构、电子声子运输、自旋、石墨烯机械和振动性能、纳米结构、器件模拟）等。

英国工程和自然科学研究委员会（EPSRC）资助了石墨烯基自旋器件模拟项目，项目承担机构为兰卡斯特大学，项目研究时间跨度为 2010 年 1 月 1 日至 2012 年 12 月 31 日，资助额度为 4. 9 万英镑。EPSRC 还资助了石墨烯基晶体管传输模拟项目，项目承担机构也为兰卡斯特大学，时间跨度为 2007 年 10 月 23 日至 2010 年 8 月 22 日，资助额度为 19. 8 万英镑。

3.2.1.3 日本

日本学术振兴机构（JST）2007年就开始了对石墨烯硅材料/器件的技术开发项目（Development of Graphene-on-Silicon Material/Device Technologies）的资助。该项目的负责机构为日本东北大学。该项目主要是开发“石墨烯硅材料”材料/工艺技术，并在此基础上开发先进的辅助开关器件（complementary switching devices，CGOS）和等离子共振赫兹器件（plasmonresonant terahertz devices，PRGOS）。这项研究将能实现电荷传输无时间（carrier-transit-time-free）、超高速、大规模集成的器件技术。

3.2.2 石墨烯相关专题学术会议

3.2.2.1 石墨烯周国际研讨会

Graphene Week 2010将于2010年4月19~23日在美国马里兰大学帕克分校举行。会议议题包括：石墨烯的合成与化学加工；石墨烯电学、光学、机械及化学性质的理论、建模、实验研究；石墨烯电子器件的制造及性质研究；石墨烯的应用。会议组委会成员有：Michael S. Fuhrer（马里兰大学帕克分校）、Andre Geim（曼彻斯特大学）、Allan MacDonald（得克萨斯大学奥斯汀分校）、Vladimir Falko（英国兰卡斯特大学）等。组委会将邀请该领域包括我国研究人员在内的20多名学者做特邀报告。

此外，Graphene Week 2009由欧洲科学基金会主办，奥地利科学基金会、因斯布鲁克大学协办，2009年3月2~7日在Obergurgl举行。

Graphene Week 2008由意大利Abdus Salam国际理论物理中心主办，2008年8月25~29日在的里雅斯特举行，会议主题：石墨烯纳米结构的电子性质。

Graphene Week 2006由德国马普学会主办，2006年9月25~29日在德累斯顿举行。

3.2.2.2 纳米管与石墨烯化学国际会议

ChemOnTubes 2010将于2010年4月11~15日在法国阿卡雄举行，本届将是有关碳纳米管与石墨烯化学的国际性会议，由法国国家科研中心（CNRS）下属的Paul Pascal研究中心（CRPP）主办。会议的学术委员会成员有：Kinji Asaka（日本产业技术综合研究所）、Ray H. Baughman（美国得克萨斯大学达拉斯分校）、Alberto Bianco（法国斯特拉斯堡大学）、W. Edward Billups（美国莱斯大学）、Alan B. Dalton（英国萨里大学）、Dirk Guldi（德国Erlangen - Nürnberg大学）、Cor Koning（荷兰艾恩德霍芬科技大学）、Luis M. Liz-Marzán（西班牙维哥大学）、Marc in het Panhuis（澳大利亚伍伦贡大学）、Michael S. Strano（MIT）、Daniel H. Wagner（以色列魏兹曼科学院）等。

3.2.2.3 石墨烯计算物理与化学研究会

于2009年10月14~16日在瑞士洛桑的欧洲原子和分子计算研究中心（Centre Européen de Calcul Atomique et Moléculaire，CECAM）举行。研讨会组织者是来自美国加利福尼亚大学伯克利分校的 Oleg Yazyev、荷兰奈梅亨大学的 Mikhail Katsnelson 和 Annalisa Fasolino，由 CECAM、丹麦 QuantumWise、英国 Psi - k 协办。会议召集了石墨烯物理和化学领域的计算研究人员，重点讨论了以下主题：①石墨烯的电子结构和传输性质；②磁性、自旋电子学和量子计算；③光学性质；④结构、缺陷和边缘；⑤与基质和吸附物的相互作用；⑥化学修饰和反应。

3.2.2.4 石墨烯东京会议

于 2009 年 7 月 25 ~ 26 日在日本东京大学举行。会议旨在召集石墨烯领域的顶级科研人员，交流石墨烯性质研究以及可能应用的最新进展。会议的组织者来自东京大学、瑞士日内瓦大学、东京工业大学等。

3.2.2.5 石墨烯加拿大会议

于 2008 年 9 月 14 ~ 19 日在加拿大艾伯塔省 Banff 会议中心举行。会议除了对石墨烯的最新进展进行评述外，还纪念了 Wallace 发表石墨论文 60 余年。组织者为加拿大马尼托巴大学的 Tapash Chakraborty 教授、艾伯塔大学的 Frank Marsiglio 教授。

3.2.2.6 石墨烯器件国际研讨会（ISGD 2008）

于 2008 年 11 月 17 ~ 19 日在日本会津大学举行，主要关注石墨烯的技术、物理与建模，由日本科学技术振兴机构、会津大学、日本东北大学、美国纽约州立大学布法罗分校协办。

3.2.2.7 石墨烯电子性质（KITP 小型会议）

于 2007 年 1 月 8 ~ 19 日在美国加利福尼亚大学圣巴巴拉分校卡弗里理论物理研究所（KITP）举行，与会人员逾 50 人，报告达 36 场次。

3.3 石墨烯科学研究进展

3.3.1 石墨烯的制备

鉴于石墨烯极好的结晶性、非凡的电学、热力学和力学性能，近年来已有越来越多的研究人员参与到石墨烯的制备与合成研究，目前石墨烯的合成方法主要有四种：①微机械剥离法；②化学气相沉积法；③外延生长法；④化学还原法。

3.3.1.1 微机械剥离法

微机械剥离法，简单说，即用胶带撕石墨。2004 年，Andre K. Geim 等就是用这种方法获得了单层石墨烯，并验证了其独立存在。他们利用离子束首先在 1 毫米厚的高定向热解石墨表面用氧等离子干刻蚀进行离子刻蚀。在表面刻蚀出 20 微米至 2 毫米宽、5 微米深的微槽，并将其用光刻胶粘到玻璃衬底上，然后用透明胶带进行反复撕揭，随后将粘有微

片的玻璃衬底放入丙酮溶液中超声。再将单晶硅片放入丙酮溶剂中，在范德华力或毛细管力的作用下，单层石墨烯会吸附在硅片上。通过原子力显微镜测量单个石墨烯薄片厚度（在云母衬底上厚度约为1纳米）可以验证剥离法制备石墨烯薄片的可行性。

美国普林斯顿大学的研究人员将一个表面预制有许多平顶碳柱（直径约0.1毫米）阵列的“图章”盖压在石墨（纯碳）上，待碳柱上沾满碳原子后，将“图章”拔出，即可在芯片上进行石墨烯材料印制。该技术的独创点在于在“图章”上涂覆了一层特殊材料，在冷却的时候可以将石墨上的碳原子黏附在“图章”的碳柱上，而加热后黏性消失，因此实现了沾墨和压印。

3.3.1.2 化学气相沉积法

化学气相沉积法（Chemical Vapor Deposition，CVD）是应用最广泛的一种大规模工业化制备半导体薄膜材料的方法。其生产工艺十分完善，已经广泛用于提纯物质、研制新晶体、淀积各种单晶、多晶或玻璃态无机薄膜材料、制备碳纳米管等，也成为研究人员制备石墨烯的一条途径。

韩国成均馆大学纳米科学技术研究院、美国哥伦比亚大学、三星电子综合技术院的研究人员在薄的镍层上利用CVD方法，制备直径达10厘米的大面积石墨烯薄膜。

美国得克萨斯大学奥斯汀分校研究人员在甲烷和氢的混合气中通过化学气相沉积法在一定大小的铜箔上制备出石墨烯，他们首次证明在平方厘米区域内几乎全被单层石墨烯覆盖，只有小部分（不足5%）是双层和三层的薄片。研究小组随后制备出用以测定载流子迁移率的双栅场效应管，其顶栅与石墨烯之间由一层非常薄的氧化铝层绝缘。结果显示，其迁移率（电子设备的重要指标）显著高于硅片。

中国科学院化学研究所的研究人员在CVD法制备石墨烯的过程中通入氨气作为氮源，得到了氮掺杂石墨烯样品，并对其电学性质进行了研究，发现氮掺杂石墨烯显示出n型导电特征，和理论研究的结果相吻合。采用硫化锌纳米带作为模板，通过CVD法成功制备了形状可控的石墨烯带。

3.3.1.3 外延生长法

外延生长法是在单晶衬底（基片）上生长一层有一定要求的、与衬底晶向相同的单晶层的方法。有不少研究人员在SiC等电绝缘衬底上制备合成石墨烯。

一支由美国和法国组成的联合研究小组堆叠石墨烯薄层，每一层电子保持独立。研究人员把这种材料称为多层外延石墨烯（multilayer epitaxial graphene，MEG）。自然态的石墨烯，每一层相对于下层石墨烯旋转60°。而佐治亚理工学院的研究人员在SiC衬底上培养出的石墨烯薄层每一层相对于下层旋转30°。自然态的石墨烯堆叠后每一层间产生特殊耦合，使其无法应用于电子电路。研究人员利用X射线散射和角分辨光电子能谱，研究了具有11层石墨烯的MEG样品的电子结构。研究发现，样品电子能量在特定能带结构中与其动量成比例，电子像无质量粒子一样运动。结论表明，没有电子耦合到其他层样品中，因此每一层电子保持独立。外延石墨烯的另一个优势是可以大规模制造。

美国宾夕法尼亚州立大学光电研究中心（Electro-Optics Center，EOC）的David Snyder、Randy Cavalero 通过硅升华方法，在高温炉中热处理 SiC 晶片，得到1~2个原子层厚度的石墨烯。所采用的 SiC 直径达100毫米，是商业化应用最大的尺寸。此外，Joshua Robinson 等在硅衬底上制备石墨烯，直径超过200毫米，这是将石墨烯与现有半导体产业整合的重要环节。

3.3.1.4　化学还原法

1）石墨氧化物

石墨氧化物具有亲水性，水分子很容易形成插层，薄层的层间距从6埃[①]增大到12埃，相对湿度也增加。值得注意的是，通过简单的超声波剥离和长时间搅拌水/氧化石墨混合物，石墨氧化物可以被完全片状剥离生成石墨烯氧化物薄片的胶状悬浮液。石墨烯氧化物薄层表面电荷（zeta电位）显示，当它们分散在水中时带有负电荷。这表明，带负电荷的石墨烯氧化物相互间的静电排斥将形成稳定的水悬浮液。这种石墨烯氧化物薄层可能与氧化石墨层有着相似的化学结构，有望成为制备其他化学修饰石墨烯（CMG）的胶体悬浮液的初始材料。

2）石墨烯氧化物

石墨烯氧化物可直接分散在多种极性溶液中，如乙二醇、DMF、NMP和THF，浓度约为0.5毫克/毫升。在有机溶剂中，利用有机分子化学修饰石墨烯氧化物薄片也可得到均质的胶状悬浮液。石墨烯氧化物均质胶状悬浮液可以通过简单的石墨烯氧化物超声处理得到。亲水的石墨烯氧化物易于分散在水中，溶度可高达3毫克/毫升。

美国加利福尼亚大学洛杉矶分校纳米系统研究所的研究人员将氧化石墨纸置于纯肼溶液中，这种溶液将氧化石墨纸还原成单层石墨烯。这是首次报道使用肼作为溶剂，还原出的石墨烯是比之前更为有效的电导体。数据显示，产量是以前化学方法的3倍以上。另外，通过改变肼溶液的浓度和组成来控制石墨烯薄层的面积。同时，这种方法也能保存薄层的完整性，获得了当时已知最大的石墨烯薄层：20微米×40微米。

美国得克萨斯大学奥斯汀分校的研究人员开发出了一种可以在一系列有机溶剂中制备分散的、化学改性的石墨烯薄片的新方法。要实现石墨烯的诸多重要应用，非常关键的步骤是实现石墨烯或化学改性石墨烯在溶剂中的分散。通过利用业界普遍采用的用以确定溶剂的“溶解度参数”，研究人员制定了一套针对化学改性石墨烯的溶解度参数。

表3-1列出了所使用的各种溶剂、胶状悬浮液的浓度、石墨烯氧化物薄片的侧面尺寸和厚度、前驱物的类型。

表3-1　不同化学方法制备 CMG 薄片悬浮液的比较

原料	分散溶剂	质量浓度/（毫克/毫升）	侧面尺寸	厚度/纳米
GO/MH	水	1		
GO/MH	水	0.5	几百纳米	约1

① 1埃=0.1纳米

续表

原料	分散溶剂	质量浓度/（毫克/毫升）	侧面尺寸	厚度/纳米
GO/MH	水	0.1		约1.7
GO/MH	水	7	几百纳米	约1
GO/H	水/甲醇、丙酮、乙腈混合溶液	3～4	几百纳米	约1.2
GO/MH	DMF、NMP、DMSO、HMPA	1	约560纳米	约1
GO/H	水、丙酮、乙醇、正丙醇、乙二醇、DMSO、DMF、NMP、吡啶、THF	0.5	100～1000纳米	1.0～1.4
GO/O	DMF、THF、CCl_4、DCE	0.5		0.5～2.5
石墨氟化物	DCB、MC、THF	0.002～0.54	1600纳米	约0.95
GO/S	DMF、DMAc、NMP	1	几百纳米	1.8～2.2
GO/MH	肼	1.5	最大20微米×40微米	约0.6
GO/S	THF	<0.48		1～2
GO/S	NMP、DMF、DCB、THF、硝基甲烷	0.1	100～2500纳米	1.1～3.5（平均1.75）
GO/H	乙醇	1	几百纳米	约2
石墨粉末	NMP、DMAc、GBL、DMEU	0.01	几微米	1～5
GIC	NMP	0.15	几百纳米	约0.35
EG	DCE	0.0005	纳米带（宽度<10纳米）	1～1.8
EG	DMF		约250纳米	约1
EG	水、DMF、DMSO	0.015～0.020	几百纳米到几微米	2～3（2～3层石墨烯）
石墨棒	DMF、DMSO、NMP	1	500～700纳米	约1.1

注：GO，石墨氧化物；MH，改进的Hummers法；H，Hummers法；O，作者自己的方法；S，Staudenmaier法；EG，可膨胀石墨；GIC，石墨插层化合物

资料来源：Park Sungjin，Ruoff Rodney Chemical methods for the production of graphenes. *Nat Nanotech*, 2009, 4: 217～224

有学者采用石墨烯氧化物的羧酸基团与十八胺（$SOCl_2$ 活化 COOH 之后）之间的氨基耦合反应，用长烷基链修饰石墨烯氧化物，产率为20%（质量分数）。利用烷基锂试剂化学修饰石墨氟化物，可制备得到烷基链修饰的石墨烯薄片，超声处理后可分散于有机溶液中。

尽管对石墨烯/石墨氧化物或者石墨氟化物进行化学修饰可形成均质的胶状悬浮液，但是由于石墨网状结构的影响，得到的CMGs仍旧是电绝缘的。另外，通过化学方法（用到的还原剂有肼、二甲肼、对苯二酚、$NaBH_4$ 等）、热方法、紫外辅助方法等还原石墨烯氧化物，可以制得导电的CMGs。表3-2列举了通过悬浮液制备出的石墨烯材料的电性能。

表 3-2　导电 CMG 材料的电性能

形态	电性能
独立纸	电导率（100 西/米）：72（空气中干燥）、120（220℃干燥）、350（500℃干燥）
独立纸	电导率：200 西/米
独立纸	电导率：690 西/米
载玻片上的蒸镀薄膜（厚度约 3 微米）	电导率：1250 西/米
粉末	电导率：200 西/米
粉末	电导率：（10 ~ 23）×100 西/米
衬底上的 drop-cast 薄膜	电阻：30.5 千欧
过滤得到的氧化铝上的薄膜（厚度约 30 纳米）	电导率：6500 西/米
单石墨烯纳米带薄片	半导体特性
多层 LB 膜	电阻：8 ~ 150 千欧

资料来源：Park Sungjin，Ruoff Rodney Chemical methods for the production of graphenes. Nat Nanotech，2009，4：217 ~ 224

不调节 pH 的条件下，利用肼还原石墨烯氧化物的悬浮液，可以制得团聚的石墨烯纳米薄片，干燥后得到导电的黑色粉末，电导率约为 200 西/米。通过燃烧，对被还原的石墨烯氧化物进行元素分析，结果显示，有大量的氧存在，C/O 原子比约为 10。理论计算表明，带有羟基和环氧化物基团的石墨烯氧化物（C/O 原子比为 16）被还原的面积不到 6.25% 时，难以去除残留的羟基基团。

加入聚合物或表面活性剂，用二甲肼或肼进行化学还原，可以得到导电 CMGs 的均质胶状悬浮液。小有机分子、纳米颗粒修饰的石墨烯的胶状悬浮液也有所报道。有人通过肼还原用芘丁酸修饰的石墨烯氧化物，得到 CMG 黑色胶状悬浮液（0.1 毫克/毫升）。过滤制得的纸状材料具有一定的电导率（200 西/米）。$NaBH_4$ 与十八胺修饰的石墨烯氧化物反应，再加入 $AuCl_4$，可以得到直径在 5 ~ 11 纳米之间的纳米金颗粒修饰的石墨烯的悬浮液（<0.48 毫克/毫升）。TiO_2 纳米颗粒修饰的石墨烯也有报道。还有一些方法，无需稳定剂或表面活性剂，也可制得石墨烯的胶状悬浮液。有研究人员在碱性条件下（pH 为 10）得到还原的石墨烯的悬浮液（0.5 毫克/毫升）。石墨烯氧化物用肼还原，过量的肼通过分离去除。调节 pH 值为 10，可使不带电的羧基基团变成带负电的羧酸基团，当石墨烯氧化物的内部被肼还原时，负电粒子就不会聚集。过滤得到纸状材料，空气中干燥后具有较好的电导率（约 7200 西/米）。

3）其他石墨衍生物

石墨、石墨插层化合物或可膨胀石墨已经作为原始材料用于制备单层石墨烯薄片的胶状悬浮液。在理想情况下，利用石墨、石墨插层化合物或可膨胀石墨可制备出高品质的石墨烯薄片。石墨烯薄片在有机溶剂（如 NMP）中的胶体悬浮液可对石墨粉末进行超声处理制得。虽然单层石墨烯悬浮液的浓度（0.01 毫克/毫升）和产率（质量分数 1% ~ 12%）都不高，但制备的石墨烯品质较高。对由这些石墨烯薄片制备的细小薄膜进行检测，42% 光学透明度下的电导率约为 6500 西/米。细小薄膜在 400℃下干燥后，残余的 NMP 还未被完全消除，估计约占重量的 7%。

通过 K（THF）$_x$$C_{24}$（一种石墨插层化合物）的 NMP 溶液可制备出石墨烯薄片或石墨烯带的均质胶状悬浮液。制得的石墨烯片层或带（长约 40 毫米）厚度为 0.35～0.4 纳米，接近石墨的层间厚度（0.335 纳米）。悬浮液对空气敏感，但将其干燥后，沉积物可稳定暴露在空气中。

利用可膨胀石墨在有机溶液中可制备涂覆聚合物的石墨烯薄片。商业的可膨胀石墨在很短的时间（1 分钟）内进行高温（1000℃）热处理，然后在聚间亚苯亚乙烯衍生物（poly（m-phenylenevinylene-co-2，5-dioctyloxy-p-phenylenevinylene），PmPV）的二氯乙烷溶液中进行超声处理，得到吸附有聚合物的半导体单层或数层 CMG 纳米带（宽度不及 10 纳米）的悬浮液（0.1 毫克/毫升）。另一种方法是剥离方法，1000℃时加热 1 分钟，用四丁基氢氧化铵（TBA）进行膨胀、用发烟硫酸进行二次插层。最后在 DMF 中超声处理，制备得到涂覆有 DSPE-mPEG 的石墨烯薄片的悬浮液，原子力显微镜下观察，约有 90% 的片层是 CMG 单层。

利用可膨胀石墨制备有机分子涂覆石墨烯薄片的液态悬浮液。将可膨胀石墨迅速加热到 1000℃，并维持 1 分钟，然后加入数滴二甲基亚砜（DMSO）与 TCNQ 混合。通过超声处理干燥的混合物制备得到单层或数层涂覆有 TCNQ 的石墨片层黑色悬浮液（15～20 毫克/毫升）。TCNQ 负离子吸附在石墨烯片层上且在水中稳定存在。TCNQ 稳定的石墨片层还可分散在强极性溶剂中（如 DMF、DMSO）。

中国科学院金属研究所的研究人员通过化学剥离手段，利用石墨原料尺寸与结晶度的不同来控制石墨烯层数，宏量制备出单层、双层和三层居多的石墨烯。他们还采用氢电弧加热膨胀解理石墨除去含氧官能团和愈合结构缺陷，提高了石墨烯的质量。

3.3.1.5　其他方法

美国莱斯大学的一个研究小组利用硫酸和氧化剂，通过化学方法在碳纳米管上生成一个孔。这个孔沿着碳纳米管的一侧扩展，将碳纳米管打开，形成一个平面石墨烯带。石墨烯带的宽度取决于碳纳米管的直径。实验中，研究人员采用直径介于 40～80 纳米的多壁碳纳米管，得到的石墨烯宽度为 100～250 纳米，长度为 4 微米。然而，这种制备方法使得人们难以准确地将单个石墨烯带放置在衬底上，因而很多器件的制作都将极具挑战。

美国斯坦福大学的一个研究小组则尝试了另一种方法。他们把碳纳米管放在硅衬底上，外层涂上聚合物，加热后剥落聚合物，将这种聚合物——碳纳米管材料在 10 瓦氩等离子体中暴露 10 分钟，一些露出的碳纳米管将被切成石墨烯带。更长时间的暴露可以切开深埋在聚合物涂层中的碳纳米管。聚合物溶解后，就只剩下石墨烯带。这种加热和切割法可以制备出边缘相对清晰、缺陷更少的石墨烯带，其导电性能得到优化。

北京大学工学院侯仰龙研究员课题组通过溶剂热辅助剥离的方法，借助膨胀－插层－超声－分散的工艺，制备了高质量高产率的石墨烯，并且通过控制离心转速使单层石墨烯的产率提高到 1%（质量分数），数层石墨烯的产率提高到 10%（质量分数）。

3.3.2 石墨烯的性质研究

3.3.2.1 物理性质

在石墨烯的众多物理性质中，人们探索最为深入的是其电子性质。许多特征使得石墨烯的电子性质显得非常独特，而且与其他任何已知的凝聚态体系都不相同。首先，最多被讨论的自然是石墨烯的电子谱。电子在穿过石墨烯的六角晶格时，完全失去了其有效质量，从而导致了准粒子（由类狄拉克方程而非薛定谔方程进行描述）。尽管薛定谔方程在被用于了解其他材料的量子特性时显得非常成功，但对于石墨烯的静质量为零的载流子而言，它却并不合适。其次，石墨烯中的电子波在仅有一个原子厚的薄层中传播，这就使它们容易为各种扫描探针所探测到，也使它们对于其他材料的接近十分敏感，如高 κ 电介质材料、超导材料、铁磁材料等。与传统的二维电子体系相比，石墨烯的这一特性更展现了诱人的前景。再次，石墨烯展现出了一种非常奇特的电子性质。它的电子可以传播长至亚微米的距离而不发生散射，即便对于置于原子级粗糙的衬底上、被吸附物所覆盖以及处于室温下的样品而言依然如此。最后，由于载流子静质量为零以及较小的散射，因此石墨烯中的量子效应非常活跃，并且在室温下仍然存在。

对石墨烯电子性质的研究一开始专注于在标准凝聚态形式中利用狄拉克方程进行新物理学的分析。石墨烯中这种量子电动力学的“循环”（recycling）迅速导致了人们对半整数量子霍尔效应的理解以及对各种现象的预测，如克莱因隧道、Zitterbewegung 现象、Schwinger 粒子产生、超临界原子崩塌以及吸附的石墨烯之间的卡西米尔效应等。此外，实际石墨烯器件的传输特性比理论量子电动力学要复杂得多，而关于石墨烯电子性质的一些基本问题仍待解决。例如，对于目前限制 μ 的散射机制尚无统一的认识；对 NP 附近（尤其是零朗道能级）的输运特性知之甚少；没有证据证明关于交互效应的众多预测。

来自美国加利福尼亚大学圣迭戈分校、哥伦比亚大学和劳伦斯伯克利国家实验室的物理学家利用世界上最强辐射源之一的“先进光源”（advanced light source，ALS），进一步揭示了石墨烯的某些光学和电子特性。研究表明，石墨烯内的电子不仅与蜂窝状晶格有强烈的相互作用，而且电子和电子之间的相互作用也很强烈。

美国堪萨斯州立大学的研究人员制备出一种石墨烯金雪花，可以提高石墨烯的电子性能，使其电子应用更加广泛。研究人员在石墨烯上埋植金，用金来功能化石墨烯，从而控制其电子性能。研究人员首先将石墨烯氧化物薄片放在含有生长催化剂的金离子溶液中，石墨烯衍生物在溶液中的运动类似游泳的分子层，研究人员通过改变表面功能或浓度，从而可以控制其性能。研究人员发现金并不是均匀地分布在石墨烯表面，而是在石墨烯薄片表面形成岛屿。他们命名这些岛屿为雪花状金纳米星（snowflake-shaped gold nanostars，SFGN）。研究人员对这些金纳米星的形成进行了探索。研究发现通过一般的化学工艺制备纳米星相当具有挑战性。研究人员可以控制纳米星的大小，表征了这些纳米结构的成核和生长机制，有些类似于真正雪花的形成机制。石墨烯上金雪花的发现将有助于发展生物设备和电子产品。例如，基于石墨烯金雪花的 DNA 传感器具有很高的灵敏性。

中国科学院物理研究所研究员与美国休斯敦大学合作，对于石墨烯中狄拉克－费米子在有限力程杂质散射情况下的输运问题进行了研究。在自洽 Born 近似下，通过求解电流－电流关联函数的顶角修正及粒子－粒子传播的矩阵积分方程，计算了电导率及其量子干涉修正。在带电粒子杂质散射情况下，发现局域化现象存在于有限浓度载流子的大块样品中，对于小样品在低温下局域化非常弱。在接近于载流子浓度为零的区域内，体系会是反局域化的。同时，计算给出的最小电导率与实验值非常接近。他们还利用 heat current-current 相关函数研究了石墨烯中的热电性质。

国家纳米科学中心的方英利用 AFM 研究了软基底上石墨烯的纳米结构的构造。当体系从软基底的玻璃化温度以上开始冷却时，由于石墨烯和软基底之间较大的热膨胀系数差别，使得石墨烯的边缘出现纳米尺度的周期性褶皱。该方法开辟了一条在石墨烯中引入纳米结构的新途径，使进一步研究这些周期性褶皱对石墨烯电学性质的影响成为可能。

近期，人们对于其他低维系统的认知以及对于已知问题与现象的“循环”将继续推动关于石墨烯研究向前发展。基于石墨烯的量子点、p-n 结、纳米带、量子点接触，特别是 NP 附近的磁输运都并没有得到它们所应该得到的重视。此外，显而易见，先前在传统二维电子体系中研究过的侧向超晶格、磁聚焦、电子光学、众多界面与表面效应等，都将再度在石墨烯中出现，并且很有可能更为引人注目，抑或更清晰地阐明其物理原理。

美国亚利桑那州立大学生物设计研究所的研究员 Nongjian Tao 研究了如何采用电化学门方法对石墨烯的基本性能——量子电容进行直接测量。在该研究中，两个电极与石墨烯接触，通过第三个栅电极给二维材料表面施加电压。实验结果显示，石墨烯的电容量很小。此外，由于试验样品中带电杂质的存在，石墨烯的量子电容与理想石墨烯的理论预期无法精确吻合。Tao 强调了这些带电杂质的重要性以及它们对开发石墨烯器件的意义。这些杂质对电子迁移率的影响已为人所知，但它们对量子电容率的影响则现在才被揭示。低电容率对于化学传感器以及生物传感器而言是非常重要的，因为它能够提供很低的信噪比。对石墨烯的进一步改进将使电性能更加接近理论值。这可以通过添加相反离子以平衡杂质来实现。有关实验结果见图 3-3。

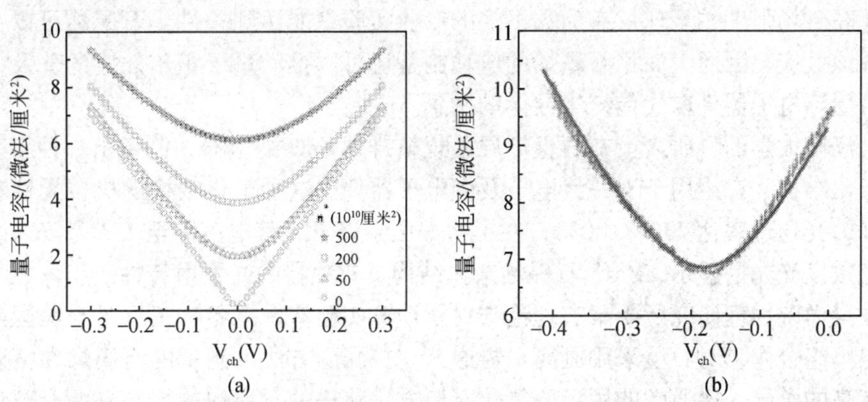

图 3-3 （a）量子电容的各种不同理论预测，最下方的 V 形曲线为纯石墨烯，越往上杂质含量越高；（b）光滑曲线为石墨烯的量子电容随电压变化的理论预测曲线，粗糙曲线为实验所得曲线

美国伊利诺伊大学尚佩恩分校的一项实验结果表明，石墨烯边缘的晶体取向会对其电性能产生相当重要的影响。研究人员在清洁的半导体表面沉积纳米级石墨烯并将其切片，而后利用扫描隧道显微镜在原子级分辨率下探测了石墨烯的电子结构。结果显示，锯齿形边界（zigzag edge）表现出了强边缘态，而椅形边界（armchair edge）却没有出现类似情况。尺寸小于10纳米、边缘主要是锯齿形石墨烯片表现出了金属性，而不是先前预期的半导体特性。

加利福尼亚大学伯克利分校的Feng Wang等通过研究首次发现，双层石墨烯可在电场的作用下实现带隙的开闭，从而实现材料在导体与半导体之间的转换。而在过去的实验中，可能由于杂质的存在导致了这种结构无法实现。研究人员在双层石墨烯上构造了两个栅极，分别附于石墨烯层的顶部与底部，而源极和漏极则位于石墨烯薄片的两侧边缘。通过改变栅极电压，研究人员就能对双层石墨烯的禁带宽度进行调整。此外，研究人员还可以改变石墨烯的费米能级。由于目前器件中杂质和缺陷的存在，石墨烯的电性能无法准确反映其本质特性。取而代之，研究人员利用了材料带隙的光学性能：如果以适当波长的光照射材料，价带电子将吸收光子并跃迁至导带。研究人员将双层石墨烯置于高强度红外光束下，发现其禁带宽度在0~250毫电子伏范围内可调（半导体Ge和Si的禁带宽度分别为740毫电子伏和1200毫电子伏）。

石墨烯在结构上是具有延展性的。其电学、光学以及声子特性都可以通过应力和形变进行大幅调整。例如，应力可以导致形成局部规范场（local gauge fields），甚至可以改变石墨烯的带宽结构。对弯曲、折叠以及卷曲的石墨烯的研究也正开始加速。此外，石墨烯以及乱层石墨烯为扫描探针显微镜观测、超临界筛选（super critical screening）、探测局部磁矩、描绘量子场中的波函数、分裂双层（split bilayers）之间的交互效应等提供了绝佳的应用平台。处于研究探索前沿的是分数量子霍尔效应。

一支由英国、瑞典和意大利的研究人员组成的联合研究小组利用外延生长法，在SiC衬底上制备出50平方毫米的大面积石墨烯薄片，而且更加精准地表征了石墨烯的电学特性。迄今，只有少数传统半导体精密地呈现出量子霍尔效应，而且测试环境要求接近绝对零度以及高磁场强度，全球仅有为数不多的专业实验室能达到条件。石墨烯可以在较高温度下出现该效应，因而大面积石墨烯的成功制备还可以推动量子霍尔效应的普及，此外也展现出石墨烯电子器件取代传统半导体的愿景。

韩国汉阳大学的科研人员在石墨烯层上规整排列ZnO纳米棒，制备出一种新型的ZnO-石墨烯杂化结构，有望用于下一代电子及光电子器件。这种杂化结构的机械柔性和结构稳定性较好，光透过率达70%~80%；在1伏偏压条件下，其电流高至1.1毫安。阴极发光图像和光致发光光谱显示，ZnO-石墨烯杂化结构具有独特的光发射特性。

中国科学院物理研究所凝聚态理论与材料计算实验室白雪冬、王恩哥与美国斯坦福大学戴宏杰小组合作，对石墨采用剥离-再嵌入-扩涨的方法，制备的石墨烯在室温和低温下都具有高的电导，比通常的用还原氧化石墨方法获得的石墨烯的电导高两个数量级。通过LB膜组装技术，制成大面积的透明导电膜。

石墨烯的能谱上缺少硅等半导体材料所特有的一个“带隙”，以致在静止状态时仍会释放出能量，这并不适合于紧密堆积的集成电路。一支由英国、西班牙、荷兰的学者组成的团队研究发现，沿着石墨烯蜂窝状晶格的三个主要方向进行拉伸，就可形成半导体所特有的一个带隙，将其转变为优良的半导体材料。该机制类似于高强磁场对石墨烯的影响。

美国哥伦比亚大学的研究人员研究利用半导体光刻技术，将超净的石墨烯薄片悬于半导体芯片表面上方，当温度降至6 K以下时，在磁场作用下，石墨烯显现出明显的分数量子霍尔效应。研究人员解释说，石墨烯中的电子形成非常薄的电荷群，施加磁场后，在电流中会产生漩涡，电子带负电，因而漩涡带正电。电荷数只及一个电子的1/3、1/2或2/3，正负电荷形成带分数电荷的准粒子。此外，石墨烯中的电子似乎为零，并不遵守量子电动力学。

3.3.2.2 化学性质

石墨烯具有两个面，而这两个面之间没有主体。当前关注的热点是石墨烯表面的物理性质，而其化学性质远未被人们所认识。迄今所获得的有关石墨烯的化学性质就是：与石墨的表面类似，石墨烯可以吸附和解吸各种原子和分子（如 NO_2、NH_3、K、OH）。吸附作用微弱，吸附物作为受体或供体。在大多数载流子浓度条件下，会引起变化。因此，石墨烯具有高度的传导性。其他如 H^+、OH^- 等吸附物会导致接近于NP的（量子）定域态（"带隙中间值"），继而得到传导性差的衍生物，如石墨烯氧化物、"单边石墨烷"等。热退火或热处理可将石墨烯还原至缺陷相对较少的初始状态。该过程可逆是因为在反应过程中，稳健的原子支架一直保持完整。

从表面科学的观点看，石墨烯化学与石墨化学类似，后者可作为前者的指导，当然也存在显著差异。首先，由于缺少来自主体的模糊作用，化学引起的石墨烯的性质改变更为明显。其次，与石墨表面不同的是，石墨烯表面并不平坦，经常呈现纳米级褶皱，应力和弯曲的作用必然会显著影响局部的反应活性。最后，反应物可以附在石墨烯的两面，这就改变了动能学，一旦有一个面暴露的话，化学键就会失稳。

表面化学的另一种观点认为，石墨烯是一个巨大的平坦的分子（由 Linus Pauling 第一次提出）。与其他分子一样，石墨烯可以参与多种化学反应。这两种观点的明显差异在于，第二种观点假定吸附物是通过化学计量的方式吸附在碳支架上的，也就是说，是周期性的而非随机的。这样就会产生新的二维晶体，具有截然不同的电子结构和电学、光学、化学性质。Andre K. Geim 教授率领的研究团队通过对石墨烯进行可逆加氢制备出一种突破性的新材料：graphane（石墨烷，见图3-4）。研究人员将石墨烯薄片暴露在氢等离子体（氢离子与电子的混合物）中，氢原子连接到石墨烯中的每一个碳原子上，从而首次成功制备出这种新的二维结构物质——石墨烷。氢原子的加入并没有改变或破坏石墨烯原有的二维结构。将石墨烷加热到450℃，12小时后，石墨烷就可以转化为石墨烯。与石墨烯的良好导电性恰好相反，新的物质石墨烷具有电绝缘特性。石墨烷的电绝缘特性与石墨烯的卓越导电特性相得益彰，研究人员的这一发现论证了可以通过化学方法改造石墨烯。这意味着未来有可能制备出更多的石墨烯化学衍生物。

一支由中国科学院上海技术物理研究所、北京大学、美国弗吉尼亚联邦大学、日本东北大学研究人员组成的联合小组通过计算机模拟，从石墨烯出发，设计出一种新型的磁性纳米材料：graphone。改变石墨烯表面氢的数量可使得石墨烯带有半导体性质（在氢饱和

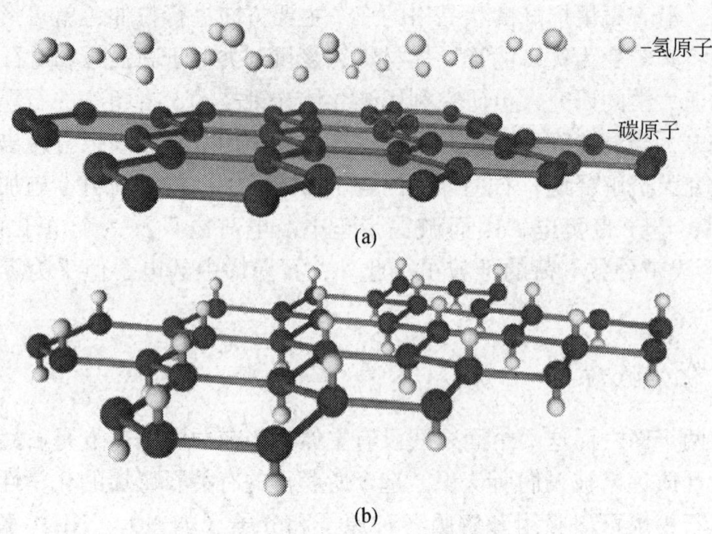

图 3-4 石墨烯加氢转化示意图

(a) 石墨烯层；(b) 石墨烷层

状态下，转变为石墨烷）、铁磁性（半氢化，此时即 graphone）。Graphone 有望用做半导体以及推动下一代微芯片等电子器件的开发。

在未来的发展中，石墨烯化学将扮演日益重要的角色。举例说，计量化学派生物能够控制电子结构，这是包括电子设备在内的许多应用非常关注的。化学变化甚至也能在局部发生。假想一块全石墨烯电路，其中的互连线由纯石墨烯组成，而其他部分修饰成半导体和晶体管。不规整的石墨烯类派生物也不该被忽视。它们可看做功能化的石墨烯，适于某些特殊用途。“石墨烯纸张”就是一个例子。如果制备用的是非功能化薄片的悬浮液，那么得到的材料是多孔、极易碎的。然而，通过石墨烯氧化物得到的纸张却是致密、坚韧的。在后一种情况，官能团与单个的薄片相连，得到与珠母贝相异的微结构。通过生物聚合物胶，文石缚在珠母贝体内，而石墨烯氧化物片层借助的则是纳米材料中最为强劲的原子级结合。

借助于旋涂玻璃将石墨烯置于电子束辐射中，美国佐治亚理工学院的研究人员 Raghunath Murali 利用简单的一步法获得 n 型和 p 型掺杂的石墨烯。延长辐射时间，得到 p 型掺杂的石墨烯；反之则为 n 型掺杂的石墨烯。在该方法中，被引入的氢原子和氧原子并非取代碳原子，而是占据晶格结构的顶部位置。

尽管具有广阔的发现和应用前景，石墨烯化学尚未引起专业化学家的足够重视。其中一个原因就是：石墨烯既不是一个标准的表面也不是一个标准的分子。但是，主要的障碍可能还是在传统化学中缺少合适的例子。制备石墨烯悬浮液所取得的进展开辟了一条通往液相化学的新路，石墨烯研究人员期待已久的专业帮助正在到来。

苝四甲酸二酐（perylene-3，4，9，10-tetracarboxylic-dianhydride，PTCDA）是一种有机半导体，可以自组装成分子单层，在超高真空扫描隧道显微镜下观察几乎没有缺陷，而且在常温常压下 PTCDA 单层可以稳定存在。美国西北大学材料科学与工程领域的 Mark Hersam 教授利用 PTCDA 的上述特性，对石墨烯进行化学改性修饰，经过材料整合之后，

石墨烯显著的电学性能有望在高速电子产品、化学及生物传感器、光伏等技术领域得以施展。

3.3.2.3 其他性质

2008年，首次报道了对石墨烯机械性质和热性质的测定。其断裂强度约40牛/米，接近理论极限；室温下的导热系数约5000瓦/(米·开)，杨氏模量为约1.0太帕。石墨烯弹性延展率可达20%，高于其他晶体。这些结果有一些是以往对碳纳米管、石墨（它们结构上是由石墨烯单层组成的）的研究所做出的预测。有些结果数值较高是因为由微机械剥离法得到的石墨烯样品没有晶体缺陷。与其他材料不同的是，石墨烯总是随着温度的升高而收缩，这是由于二维中膜声子占主导地位。石墨烯还具有高度的柔韧性（褶皱较为常见）和脆性（在高压下会像玻璃一样破裂）。这听起来是矛盾的，但事实上石墨烯就具有这两种性质。此外，尽管仅有一个原子层的厚度，包括氦气在内的气体都不能透过。一旦可以做成晶圆，就有望利用石墨烯实现（生物）分子和离子的迁移。

美国加利福尼亚大学里弗赛德分校的一项研究显示，石墨烯的导热性能优于碳纳米管。一般碳纳米管的导热系数为3000~3500瓦/(米·开)，金刚石为1000~2200瓦/(米·开)，而本研究得到的一层石墨烯的导热系数高达5300瓦/(米·开)。研究人员将常规的接触式测试方法改进为非接触式，把石墨烯片层放置于刻有沟槽的衬底上（图3-5），利用拉曼光谱分析得出所需数据。

图3-5 放置于刻有沟槽衬底上的石墨烯片层

美国佐治亚理工学院的科研人员对石墨烯的载流以及导热性能进行了测试。测试结果表明，石墨烯纳米带的载流能力高于108安/厘米^2（纳米带数量众多的话，可超过109安/厘米^2），至少比同样大小的铜材料高出两个数量级。这就使得石墨烯在阻止电迁移方面将有强劲的表现，有望显著改善芯片的可靠性。就热传导性能而言，不及20纳米宽的石墨烯纳米带的导热能力大于1000瓦/(米·开)，从而有望兼做下一代集成电路的散热器。科研人员还研究了石墨烯互连线的性能。在氧化的硅衬底上，利用电子束光刻技术形成四个电极触角，再通过光刻制备出由平行的宽度在16~52纳米之间、长度在0.2~1微米之间的纳米带组成的器件。在这些纳米带的任何一边缓慢增大电极电流，一旦出现电流密度击穿的情形就表明纳米带断裂了。实验结果发现，石墨烯纳米带电流密度击穿与电阻性能成互反关系。

美国西北大学和普林斯顿大学的研究者研究出了一种新型聚合物，具有优越的热特性和力学特性。这种纳米合成物混合了功能性石墨烯，它甚至能够导电，研究者希望最终制造出热化学稳定、光学透明的导电聚合物。研究者开发了一种新方法将石墨薄层“切成”单原子层，然后将它们混合到聚合物中（用量仅约0.5%），结果聚合物的热稳定温度提升了30度，当掺杂浓度为0.1%的时候，聚合物硬度提升了33%。另外，该新型聚合物还能防潮、防止气体渗入。

说到非电子性质，熔融温度和相变次序都是未知的。超薄膜随着厚度下降，熔融温度迅速降低。在一个三维空间，二维晶体与薄膜的热力学差别很大，更类似于软膜的物性。例如，熔融出现在生成缺陷对的过程中，并取决于侧边尺寸，这有点类似于Kosterlitz-Thouless 相变。由于石墨烯小尺寸晶体较难获得，热力学性质的实验研究有些受阻，但这种情形将很快得以改变。另外，由于小尺寸在分子动力学和其他数字方法方面仍是一个问题，以致理论研究进展缓慢。这就表明，在研究极小纳米尺寸的晶体时需要掌握基础的物理学知识。

3.3.3 石墨烯的表征

目前表征石墨烯的有效手段主要有：原子力显微镜、透射电子显微镜、扫描隧道显微镜、光学显微镜、XRD、拉曼光谱等。

单层石墨烯由于其厚度只有 0.335 纳米，在扫描电子显微镜中很难被观测到，只有在原子力显微镜中才能清晰的观测到。原子力显微镜是表征石墨烯材料的最直接有效的手段。石墨烯和衬底对光线产生一定的干涉，有一定的对比度，因而在光学显微镜下可以分辨出单层石墨烯。意大利科研人员的一项研究显示，石墨烯之所以在光学显微镜下可见，是因为其空气 - 石墨层 - SiO_2 层间的界面影响。

拉曼光谱的形状、宽度和位置与石墨烯层数相关，提供了一个高效率、无破坏的测量石墨烯层数的表征手段。石墨烯和石墨本体一样在 1580 厘米$^{-1}$（G 峰）和 2700 厘米$^{-1}$（2D 峰）两个位置有比较明显的吸收峰。相比石墨本体，石墨烯在 1580 厘米$^{-1}$处的吸收峰强度较低，而在 2700 厘米$^{-1}$处的吸收峰强度较高，并且不同层数的石墨烯在 2700 厘米$^{-1}$处的吸收峰位置略有移动。由于石墨烯厚度仅为若干个原子层，特别是单层石墨烯，仅有一个原子层，晶体的缺陷和表面吸附物质的不同，都会引起表征结果的不同。

IBM 沃森研究中心 Phaedon Avouris 率领的小组研究利用具有电传输测量功能的光学显微镜了解了石墨烯晶体管的温度分布情况。通过在石墨烯薄片若干不同位置，绘制了温度与拉曼光谱的关系图。研究发现在饱和电流条件下，石墨烯会急剧变热。而高性能石墨烯器件往往就需要在这种饱和电流情况下工作。由于石墨烯只有一个原子的厚度，SiO_2 的极性表面声子能直接耦合石墨烯的载流电子。他们认为，该能量传递涉及远程散射（remote scattering）过程，石墨烯的电子将一部分能量转移给 SiO_2 极性衬底的表面振动（声子）。他们还借助热流建模计算了热量在石墨烯中的流动状况。

绝大多数石墨烯研究人员利用覆有 SiO_2 的硅片或绝缘体上硅来制备石墨烯，这样得到的石墨烯易于成像，而 GaAs 表面沉积石墨烯在标准光学显微镜下会出现成像滞后的现象。德国布朗斯威克标准计量机构（physikalisch-technische bundesanstalt，PTB）的研究小组在 GaAs、石墨烯这两种材料之间加入防反射砷化铝（AlAs）缓冲层来解决该问题，首次在光学显微镜下使 GaAs 晶片表面的石墨烯成像。透明的 AlAs 由几层单分子层气相覆膜，在一定条件下，可造成类似于标准光学干涉滤光片的干涉效应。使用分子束外延生长，优化 GaAs 及其顶部 AlAs 的层数，研究小组能够以足够的分辨率区分单、双和多层石墨烯。研究人员还应用拉曼光谱进一步验证其研究结果，目前正在研究这种杂化材料的电性能。

中国科学院物理研究所姚裕贵研究员与新加坡南洋理工大学的研究组合作，在石墨烯六重对称性破缺相关研究中取得了进展。通过吸附芳香烃分子将石墨剥离成为石墨烯单层，同时芳香烃分子将单层石墨烯夹在中间。拉曼光谱测量发现此石墨烯复合体系的声子G带呈现类似于单壁纳米管中出现的显著劈裂现象。

合肥微尺度物质科学国家实验室杨金龙教授、李震宇副教授研究组在对氧化诱导的石墨烯切割机制的研究中取得新的进展。基于理论计算研究，提出一种基于环氧对中间产物的新机制。他们首次提出了一种环氧对中间物，可以转化为羰基对，从而实现对石墨烯的切割。

3.3.4　石墨烯的应用

现在有关石墨烯各种可能的实际应用的想法层出不穷。例如，石墨烯粉末被认为是复合材料极佳的填料，还有报告指出基于石墨烯的超级电容、电池、场致发射阴极等，但是目前就石墨烯是否能取代其他材料（包括碳纳米管、硅材料）下断言为时尚早。

3.3.4.1　电子领域

IBM 的研究人员为石墨烯晶体管一直面临的噪声问题找到了一种解决方法：通过采用双层沉积工艺，他们制成了一种新奇的双层架构，可以把石墨烯晶体管的噪声降至原来的1/10。下一步，IBM 计划完全搞清楚其双层架构的噪声消除原理，并尝试将这一结构推广应用到其他尺度小于32 纳米时，同样面临着噪声问题的材料中。

石墨烯还可以取代计算机芯片与其他电子元件之间电气接线用到的铜材料，减小电阻和发热量。电子在石墨烯中的迁移率是已知材料中最高的。在同等重量下，其强度是钢铁的200 倍。MIT 由 Tomas Palacios 领导的团队正在研究石墨烯在电子领域的用途。

美国佐治亚理工学院 Raghunath Murali 率领的研究团队通过剥离法得到石墨烯，利用电子束光刻技术在石墨烯上构造四个电极接头，再制成由宽度为 18 ~ 52 纳米的平行的纳米带组成的器件。实验结果显示，石墨烯纳米带组成的芯片互连线的性能优于铜互连线。铜互连线越做越小的同时，电阻会逐渐增大，而石墨烯互连线除了能改进电阻性质外，其电子迁移率更高、导热性更好、机械强度更高、临线之间耦合的电容也相应减少。由于石墨烯可以利用传统的微电子技术进行拼图，因此不会增加新的技术需求。

美国科内尔大学的研究人员受到其他研究小组在铜箔上制备石墨烯的启发，开发出一种新的制备石墨烯电子器件的简单方法，通过在涂覆有特制的蒸镀铜膜的硅衬底上直接生长石墨烯即可制备出石墨烯电子器件。通过光刻等技术将石墨烯切割成所希望的形状，用化学试剂去除底部的铜，得到的石墨烯薄膜几乎无损伤。

因为石墨烯具有重量轻、质硬等优点，人们对石墨烯在纳电子机械系统（NEMS）中的传感应用兴趣十足。基于石墨烯的共振器惯性质量小、频率超高，并且同纳米管比起来，低阻接触对于同外部电路实现阻抗匹配至关重要。100 兆赫频率下，石墨烯薄膜的品质因数约为100。

2010 年初，IBM 公司研究人员发现具有最高截止频率的射频石墨烯晶体管，频率为100 吉赫，刷新了去年的相关工作，高于迄今所有石墨烯器件。该项目由美国国防部高级研究计划局（DARPA）资助，旨在开发新一代通信设备。高频记录的实现利用了晶圆尺寸的、SiC 衬底上外延生长的石墨烯以及先进的硅设备制造处理技术。

中国科学院微电子研究所金智研究员领导的课题组研制出石墨烯场效应晶体管，具有良好的栅控特性，并认为多层石墨烯比单层石墨烯更适合制作石墨烯场效应晶体管器件。

此外，有关非易失性存储器和石墨烯 - 铁电存储器的报道也引起了人们的关注。

3.3.4.2 能源领域

透明导体是平板电视、等离子显示器、触摸屏、太阳电池等电子器件的组成部件。目前，透明导体主要是氧化铟锡（indium tin oxide，ITO），其存在着造价高、铟资源稀缺、不能弯曲、易碎等不足。加利福尼亚大学洛杉矶分校的研究人员通过简单易行的方法，将氧化石墨和碳纳米管浸入不含水的肼溶液，得到石墨烯与碳纳米管的杂化物——G-CNT，实验过程无需使用表面活性剂。G-CNT 有望取代 ITO，还可用做聚合物太阳电池的电极。

石墨烯厚度只有一个原子层大小，纯的石墨烯是透明的，可用于 LED 及改良太阳电池的透明电极。MIT 的 Vladimir Bulovic、Karen Gleason 等就正在探究石墨烯在太阳电池方面的应用。

美国能源部西北太平洋国家实验室研究人员在 TiO_2 中加入石墨烯，通过比较这种新电极材料的充放电电流，发现含有石墨烯的电极性能比普通的 TiO_2 电极高出 3 倍。并且，作为添加剂，石墨烯的性能要强于碳纳米管。

3.3.4.3 生物领域

美国能源部西北太平洋国家实验室的科研人员将荧光分子附着于 DNA，跟踪其与石墨烯的反应。研究发现，单链 DNA 的荧光消退很明显，而双链 DNA 则略微变暗。这表明，相比于双链 DNA，单链 DNA 与石墨烯的反应更为强烈。再增加 DNA 时，荧光会重新发光，说明 DNA 分子缠绕在一起，并离开了石墨烯表面。利用上述发现，可以制成生物传感器，用于疾病诊断、腐烂食物毒素测定、生物武器病原体检测等方面。研究还发现，酶对附着在石墨烯表面的单链 DNA 的分解能力减弱，有望应用于基因治疗的药物输送。

3.3.4.4 其他领域

美国西北大学的研究人员利用石墨烯制作出一种强度高、柔韧性强和轻质的新型类纸材料，称做“氧化石墨烯”纸（彩图 2）。这种新型材料是由多层氧化石墨烯层状材料以近乎平行的方式相互锁定和排列在一起构成的。与之相比，在压力下很容易变成粉末的石墨则是由石墨烯薄片一层一层堆积起来的。在水分子作用下，独立的 10 纳米厚石墨烯薄片可以制作出几微米厚的石墨烯纸。用其他化学品作为黏合剂，研究人员可以制作出具有各种性能的超强的纸状材料。用酸将石墨氧化制成石墨氧化物，然后放入水中，这样氧化石墨烯薄片很容易被分开。过滤悬浮液时，石墨烯薄片留在过滤器上，一片片重叠起来。水的氢原子与相邻石墨烯薄片的碳原子结合，这样水就将它们黏结起来，形成一张很薄的黑褐色柔软“氧化石墨烯”纸。通过调节水中石墨氧化物的浓度，研究人员可以制作出 1～100 微米厚度的石墨烯纸。

美国得克萨斯大学奥斯汀分校 Rodney S. Ruoff 教授率领的研究小组用碳纳米管和石墨烯薄片组成双层纸状材料，可以响应湿度、温度的变化。该器件由两个相邻的层组成。第一层为重叠堆积的石墨烯氧化物薄片，第二层为十字交叉的多壁碳纳米管，每层厚度约为 10 微米，通过依次过滤碳管和石墨烯氧化物的悬浮液得到。当温度或湿度增加时，器件会发生卷曲，其程度可通过改变碳管层厚度控制。石墨烯氧化物层的表面为暗棕色、电绝缘，而碳纳米管层表面为光亮黑色、导电，有望用于包装材料、储能材料等。此外，该制动装置还可用做气敏元件、开关、MEMS、NEMS 等。

美国科内尔大学的研究人员利用石墨烯制造出世界最薄的气球，这个石墨烯封装的所谓微腔甚至不能渗透微小的空气分子，包括氦。这项技术的应用范围包括传感器、滤光片以及原子级的材料成像。

位于美国马里兰州的一家创业公司 Vorbeck Materials 计划于 2009 年年底首次向市场推出一种基于纳米材料石墨烯的导电油墨产品。该产品可用于印制射频识别（RFID）标签天线以及制造柔性显示器的电气插头。该公司将大规模生产一种有缺陷的、具有褶皱的石墨烯，制作方法来自于普林斯顿大学。这种石墨烯的电学性能决定其不能用于制造晶体管，但它仍然具有质地坚硬且导电的特性。用这种具有褶皱的石墨烯制作的油墨具有导电性而且价格低廉，足以与目前常用于显示器和 RFID 标签天线的银质、碳质油墨竞争。

美国圣母大学的一项研究表明，石墨烯可用做多功能的催化剂载体。有望推动下一代催化剂以及化学、生物传感器的发展。除了具有大的比表面积，由于氧化还原特性，石墨烯还能够储存及转移电子。利用这种性质，研究人员借助电子转移过程将两种不同类型的催化剂——半导体纳米颗粒（TiO_2）和金属纳米颗粒（Ag）——置于石墨烯上。他们先把 TiO_2 的光生电子转移至石墨烯氧化物衬底上，部分电子用来提高衬底的电导率，将石墨烯氧化物转化成还原的石墨烯氧化物，而其他电子则用于还原硝酸银中的银离子为单质纳米颗粒。

石墨烯还可应用于透射电镜（TEM）。单晶膜仅一个原子厚且原子量低，为原子分辨率透射电镜提供了可以想象的最佳支撑。微米尺度的晶粒可以低成本、方便地沉积在标准网格上，薄膜可以从金属上转移到这些网格上。因此，石墨烯薄膜一定会成为 TEM 常用配件。

3.4　石墨烯研究的文献计量分析

自从 Andre K. Geim 研究小组于 2004 年利用微机械剥离法首次获得石墨烯以来，人们就对这种有着优异的物理和化学特性的非凡材料寄予了厚望，全球的研究人员和工程师们对它的关注和研究也与日俱增。

本次分析采用 SCI-EXPANDED（Science Citation Index Expanded）数据库，利用关键词对 2004 年以来全球科研人员发表的石墨烯相关论文进行了检索。数据采集时间为 2009 年 12 月 11 日，共检索到 4571 篇文献，通过限定文献类型，仅保留 Article、Review、Letter 和 Editorial Material 四种类型，得到 4044 篇文献（以下统称为“论文”）。本次分析采用的工具主要包括：汤森数据分析器（Thomson data analyzer，TDA）和 Aureka 平台等。主要从论文的年度分布、国家/地区分布、机构分布、期刊分布等方面对上述论文进行了分析。

3.4.1 年度分布分析

如前所述，石墨烯的问世引起了全世界的研究热潮，已经成为物理学界、化学界与材料科学界最热门的研究主题之一。根据 Thomson ESI（*Essential Science Indicators*，基本科学指标）数据库（覆盖时间范围为 1999 年 1 月 1 日至 2009 年 8 月 31 日），在物理、化学、材料以及所有学科（all fields）领域中，涉及石墨烯的研究前沿（Research Fronts）数量分别为 19 个、14 个、7 个和 31 个。这从图 3-6 给出的年度 SCI 论文数量和图 3-7 给出的作者和关键词变化更新趋势也可见一斑。

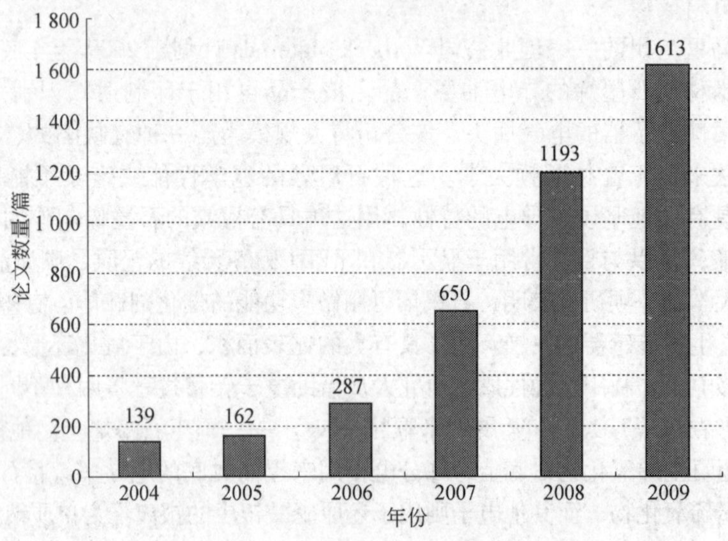

图 3-6　石墨烯 SCI 论文数量分布图

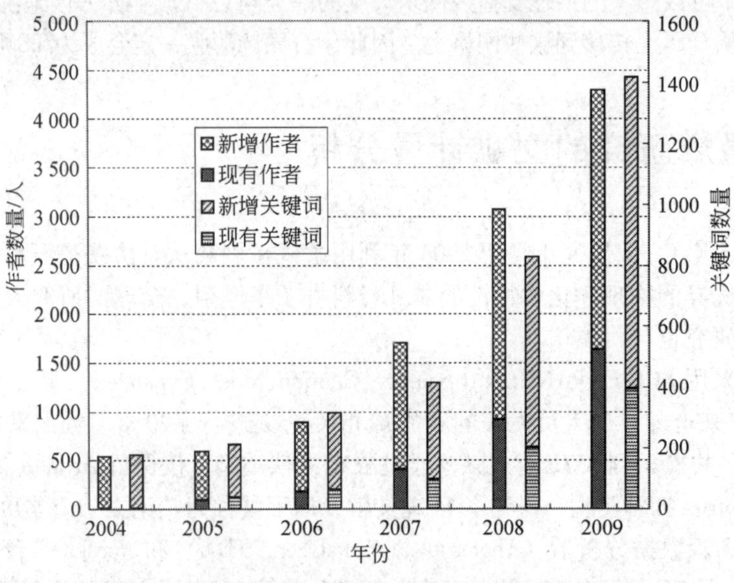

图 3-7　作者和关键词的变化更新趋势图

从图3-6可以看出，2004年、2005年全球发表的石墨烯SCI论文数量均不足200篇，而2007年已增至650篇，200 年更是急增至近1200篇，几乎是在以指数增幅增长。从图3-8可以看出，每年都有更多的新作者加入到石墨烯的研究队伍中来，每年都会出现更多的新关键词。这表明，正有越来越多的研究人员关注石墨烯的研究；同时，石墨烯的研究涉及的具体方向也越来越多。因此，有关石墨烯的研究是目前一个正在高速发展的领域。

3.4.2 重点国家/地区分析

本次分析的4044篇文献共涉及68个国家/地区，表3-3给出了发文量或总被引次数排名前15位的国家/地区（本节的后续其他排名仅限于这些国家/地区）的发文量及其被引情况。

从发文量来看，虽然石墨烯最早是由英国学者于2004年获得的，但从表3-3可以看出，2004年，美国、日本就分别以47篇和35篇位居论文数前两位，远高于包括英国在内的其他国家。论文总量排名前五位的分别是：美国（1424篇）、中国（546篇）、日本（437篇）、德国（385篇）和英国（234篇）；从发文量变化情况来看，各主要国家/地区均呈现整体上升趋势，美国始终居于领先地位，日本的增幅明显小于美国，而且与美国的差距越来越大。2006年起，中国发文量快速上升，2008年已超过日本，但与美国的差距仍然较大。

表3-3 重点国家/地区论文数量及其被引情况

国家/地区	论文总数（排名）	各年度论文数						总被引次数（排名）	篇均被引次数	论文被引率/%	H指数*
		2004	2005	2006	2007	2008	2009				
美国	1 424（1）	47	56	93	275	419	534	27 356（1）	19.2	78.4	79
中国	546（2）	16	14	24	50	150	292	2 365（9）	4.3	59.5	21
日本	437（3）	35	34	39	68	115	146	4 530（6）	10.4	75.3	30
德国	385（4）	11	12	25	66	125	146	5 905（5）	15.3	76.6	39
英国	234（5）	6	8	14	50	70	86	11 688（2）	49.9	78.2	41
法国	229（6）	8	7	18	32	71	93	3 941（8）	17.2	74.7	25
西班牙	225（7）	6	12	24	44	67	72	4 111（7）	18.3	78.2	32
俄罗斯	155（8）	8	9	16	22	43	57	6 098（4）	39.3	62.6	20
意大利	138（9）	5	7	10	19	40	57	915（14）	6.6	64.5	15
韩国	138（10）	4	5	4	12	45	68	765（17）	5.5	58.0	15
荷兰	136（11）	2	4	11	36	47	36	6 563（3）	48.3	90.4	33

续表

国家/地区	论文总数（排名）	各年度论文数						总被引次数（排名）	篇均被引次数	论文被引率/%	H 指数
		2004	2005	2006	2007	2008	2009				
加拿大	123（12）	1	3	12	30	35	42	1 587（11）	12.9	80.5	20
新加坡	102（13）	1		3	11	29	58	490（23）	4.8	60.8	12
印度	99（14）	1	4	4	8	25	57	504（22）	5.1	59.6	11
中国台湾	99（15）	5	5	14	16	29	30	452（24）	4.6	61.6	10
巴西	95（16）	3	3	6	18	27	38	1 374（12）	14.5	73.7	17
瑞士	87（17）		2	1	17	30	37	1 159（13）	13.3	81.6	17
乌克兰	66（20）	1	4	7	11	26	17	855（15）	13.0	69.7	13
葡萄牙	59（21）	1	1	11	11	19	16	2 026（10）	34.3	86.4	21

* H 指数一般是指在某个科学家发表的全部 N 篇论文中，有 H 篇论文至少被引用了 H 次，而其余论文的被引用次数均少于 H。具体到本章的 H 指数，对应的“N 篇论文”是某个国家/机构/期刊/作者在统计时限内发表的石墨烯相关论文

从论文被引用情况来看，美国的总被引次数和 H 指数均位居第一，且远高于随后国家，篇均被引次数和论文被引率也均排名前五。这表明美国正在引领石墨烯领域的研究。英国的总被引次数排名、H 指数均位居第二，论文被引率排名第七，但其篇均被引次数排名第一，这在很大程度上是得益于 Andre Geim 教授研究小组的研究工作：全部 4044 篇论文中，被引次数超过 200 的共有 29 篇，其中英国 12 篇，而 Andre Geim 教授小组占了 11 篇，特别是囊括了被引次数排名第一（被引 1926 次）、第二（被引 1698 次）、第四（被引 1261 次）的高被引论文。论文被引率最高的是荷兰，虽然其论文数量不足 150 篇，排名第十一，但其总被引次数、篇均被引次数、H 指数却分别位居第三、二、四，这主要是得益于荷兰奈梅亨大学分子与材料研究所 M. I. Katsnelson 教授小组的研究工作，特别是其与 Andre K. Geim 教授小组开展的合作研究（其被引次数超过 200 的五篇论文均是与 Andre K. Geim 教授小组合作）。此外，葡萄牙的研究也引人注意，虽然其论文数不足 60 篇，排在第 21 位，但其总被引次数、H 指数分别排名第十、第九，分别仅比我国低一位。相比之下，我国虽然论文数量仅次于美国，位居第二，但各被引指标排名均不理想，说明我国在论文质量方面亟须提高。

图 3-8 绘出了主要国家和地区在石墨烯领域的研究与合作情况①。从中可以看出，石墨烯领域的国际合作主要是在欧美和中国、日本、韩国等亚洲重点国家之间展开，在欧洲重点国家之间展开。特别是美国，本次分析的 4044 篇文献中共有国际合作论文 1171 篇，其中美国机构参与的有 520 篇，占到 44%，远高于其他国家，这也从另一个侧面反映出美国正在引领石墨烯领域的研究与国际合作。国际合作论文排名前 2～10 位的国家依次是德国（240）、中国（188）、英国（159）、法国（150）、西班牙（147）、日本（136）、荷兰（89）、意大利（83）、俄罗斯（81）。

① 地图采用 Arc View 系统自带示意图，仅供参考

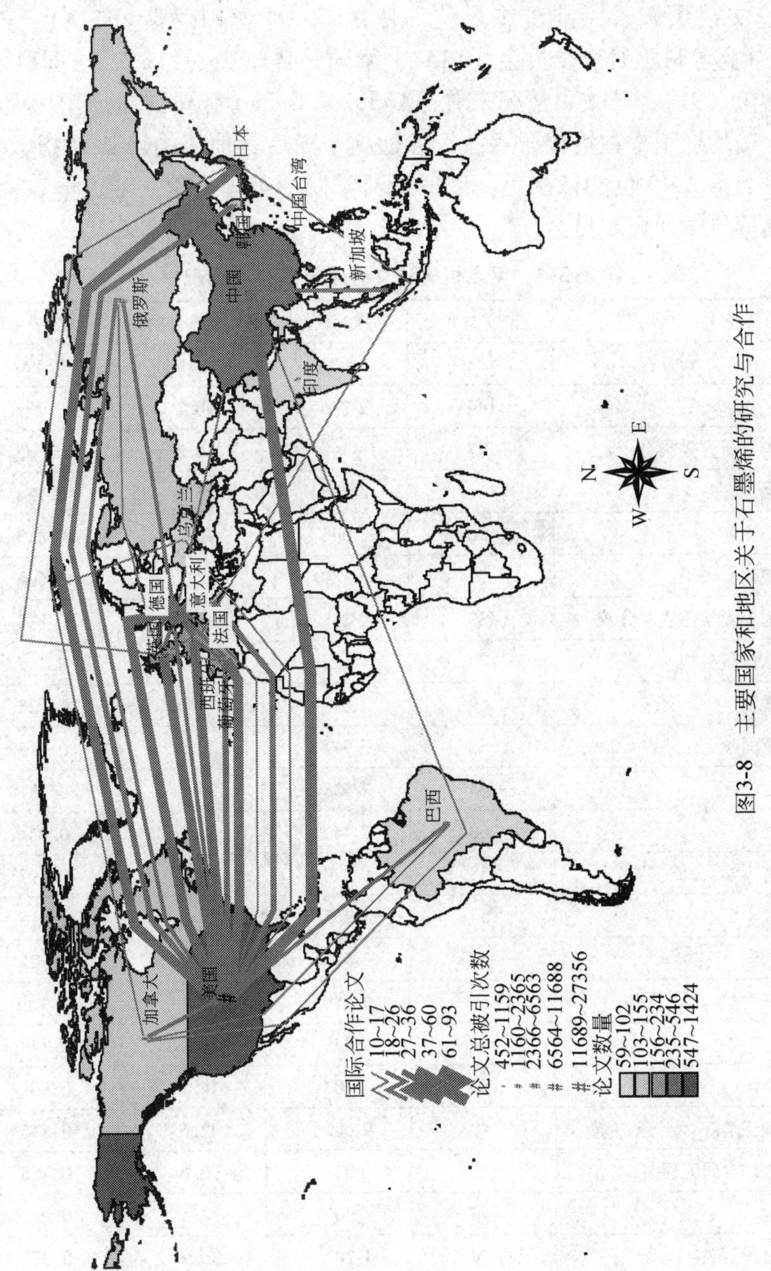

图3-8 主要国家和地区关于石墨烯的研究与合作

3.4.3 重点机构分析

本次分析的 4044 篇文献共涉及 1400 多个机构，表 3-4 给出了发文量较多且总被引次数、*H* 指数等排名也较为靠前的 25 个机构（本节排名仅限于这些机构）的发文量及其被引情况。从论文数量来看，排在前 6 位的依次是：中国科学院（173）、美国能源部①（144）、西班牙高等科学研究委员会（127）、德国马普学会（111）、法国科研中心（96）和俄罗斯科学院（91）；从被引情况来看，Andre K. Geim 教授所在的英国曼彻斯特大学的总被引次数、篇均被引次数均位居第一，且远高于随后其他机构，其 H 指数也排名第一；总被引次数排名第 2 ~5 位的依次是：俄罗斯科学院、美国哥伦比亚大学、荷兰奈梅亨大学、西班牙高等科学研究委员会。

表 3-4　重点机构论文数量及其被引情况

机构名称	论文数量	总被引次数	篇均被引次数	论文被引率	H 指数
中国科学院	173	801	4.6	0.59	14
美国能源部	144	2 326	16.2	0.799	25
西班牙高等科学研究委员会	127	3 345	26.3	0.835	27
德国马普学会	111	2 772	25	0.784	24
法国科研中心	96	2 546	26.5	0.813	19
俄罗斯科学院	91	5 189	57	0.604	12
美国加利福尼亚大学伯克利分校	80	2 299	28.7	0.838	23
日本科学技术振兴机构	76	1 229	16.2	0.737	13
日本东北大学	69	1 078	15.6	0.725	15
美国哥伦比亚大学	66	3 941	59.7	0.818	23
美国麻省理工学院	64	1 538	24	0.781	23
美国波士顿大学	60	2 441	40.7	0.9	24
英国曼彻斯特大学	58	9 270	159.8	0.897	29
美国马里兰大学	54	1 265	23.4	0.815	17
荷兰奈梅亨大学	53	3 646	68.8	0.925	21
葡萄牙米尼奥大学	50	1 958	39.2	0.9	19
日本东京工业大学	50	845	16.9	0.74	14
日本东京大学	50	707	14.1	0.86	13
美国佐治亚理工学院	49	2 081	42.5	0.816	18
日本产业技术综合研究所	41	844	20.6	0.756	12
美国西北大学	40	1 300	32.5	0.9	16
英国剑桥大学	39	1 207	30.9	0.821	14
英国兰卡斯特大学	34	1 537	45.2	0.794	14
荷兰莱顿大学	34	901	26.5	0.941	17
美国斯坦福大学	33	1 000	30.3	0.848	15

① 主要包括橡树岭国家实验室、洛斯阿拉莫斯国家实验室、劳伦斯伯克力国家实验室、布鲁克黑文国家实验室、桑迪亚国家实验室、阿尔贡国家实验室、西北太平洋国家实验室等

3.4.4 重点期刊分析

本次分析的4044篇文献共涉及300多种期刊，表3-5给出了刊文量较多且总被引次数、*H*指数等排名也较为靠前的25种期刊（本节排名仅限于这些期刊）的刊文量及其被引情况。

表3-5 重点期刊论文数量及其被引情况

期刊	论文总数	各年度论文数						总被引次数	篇均被引次数	论文被引率/%	*H*指数
		2004	2005	2006	2007	2008	2009				
Phys. Rev. B	911	19	30	63	177	306	316	9 963	10.9	79.4	43
Phys. Rev. Lett.	359	8	13	32	78	117	111	10 228	28.5	91.1	54
Appl. Phys. Lett.	252	4	3	8	43	85	109	1 802	7.2	69.0	24
Nano Lett.	171	3		5	31	57	75	3 384	19.8	86.0	29
Carbon	154	19	13	19	29	21	53	1 342	8.7	74.7	19
J. Phys. Chem. C	134				18	41	75	481	3.6	61.2	10
Nanotech.	91		2	10	10	29	40	312	3.4	62.6	10
J. Phys. - Condes. Matter.	81	3	1	2	5	22	48	258	3.2	61.7	7
J. Appl. Phys.	71	4	5		7	27	28	239	3.4	63.4	9
Chem. Phys. Lett.	61	5	9	9	8	8	22	370	6.1	77.0	10
J. Am. Chem. Soc.	61		4	2	6	17	32	824	13.5	68.9	16
Solid State Commun.	52	3	2	3	22	11	11	731	14.1	75.0	13
New J. Phys.	50	1		1	1	14	33	292	5.8	82.0	8
ACS Nano	49		94	94	1	14	34	245	5.0	57.1	7
J. Chem. Phys.	49		3	6	7	21	12	305	6.2	75.5	9
J. Phys. Soc. Jpn.	43	1	2	6	9	11	14	371	8.6	69.8	11
Nat. Nanotech.	35			1	5	16	13	1 243	35.5	88.6	20
J. Phys. Chem. B	33	6	4	12	2	4	5	1 012	30.7	87.9	15
Science	30	2		2	8	9	9	4 956	165.2	100.0	22
Chem. Mater.	29	1		2	5	4	17	234	8.1	65.5	8
Eur. Phys. J. B	28			2	3	3	20	247	8.8	53.6	5
Nature	27	2	2	3	4	4	12	5 715	211.7	88.9	18
Nat. Phys.	19		1	4	4	5	5	1 713	90.2	100.0	15
Phys. Chem. Chem. Phys.	19	1			4	2	12	209	11.0	63.2	6
Nat. Mater.	17			1	6	6	4	2 246	132.1	94.1	13

Phys. Rev. B（2004~2008五年期影响因子为3.284）的刊文量最多，达到911篇，占总数的22.5%，其总被引次数排名、篇均被引次数和*H*指数分别排名第二、第十二、第二；*Phys. Rev. Lett.*（2004~2008五年期影响因子为7.134）的刊文量排在第二，不及

Phys. Rev. B 的一半，但其总被引次数排名、*H* 指数均位居第一，篇均被引次数排名第七；刊文量排在第三至五位的分别是：*Appl. Phys. Lett.*（2004 ~ 2008 五年期影响因子为 4.096）、*Nano Lett.*（2004 ~ 2008 五年期影响因子为 12.189）和 *Carbon*（2004 ~ 2008 五年期影响因子为 4.812）；总被引次数在第三至五位的分别是：*Nature*（2004 ~ 2008 五年期影响因子为 31.21）、*Science*（2004 ~ 2008 五年期影响因子为 30.268）和 *Nano Lett.*（2004 ~ 2008 五年期影响因子为 12.189）。

3.4.5 重点作者分析

本次分析的 4044 篇文献共涉及 7000 多个作者。其中，论文数在 30 篇以上的有 9 个，20 篇及以上的有 26 个，15 篇及以上的有 54 个，10 篇及以上的有 158 个，5 篇及以上的有 675 个。表 3-6 给出了部分影响力较大的一些作者。从表 3-6 中可以看出，英国曼彻斯特大学 Andre K. Geim 教授及其小组的 K. S. Novoselov 的影响力最大，各项被引指标均位居前列。荷兰奈梅亨大学的 M. I. Katsnelson 教授、美国哥伦比亚大学 P. Kim 教授、西班牙高等科学研究委员会的 F. Guinea 教授、葡萄牙米尼奥大学 N. M. R. Peres 教授等也都有很高的影响力。对比表 3-6 和表 3-4 可以看出，表 3-4 中作者所在单位的整体影响力也都较为显著，这些作者领导或所在的研究小组或相关机构多是在石墨烯领域的主要研究力量。

表 3-6 重点作者论文数量及其被引情况

作者	单位	论文数量	总被引次数	篇均被引次数	论文被引率/%	*H* 指数
K. S. Novoselov	英国曼彻斯特大学	41	9 072	221.3	92.7	29
A. K. Geim	英国曼彻斯特大学	44	9 069	206.1	97.7	28
M. I. Katsnelson	荷兰奈梅亨大学	49	4 496	91.8	98.0	24
P. Kim	美国哥伦比亚大学	33	3 269	99.1	93.9	18
F. Guinea	西班牙高等科学研究委员会	54	2 552	47.3	94.4	24
N. M. R. Peres	葡萄牙米尼奥大学	48	1 946	40.5	89.6	19
W. A. de Heer	美国佐治亚理工学院	24	1 786	74.4	91.7	15
C. Berger	美国佐治亚理工学院	23	1 708	74.3	91.3	15
A. H. C. Neto	美国波士顿大学	42	1 664	39.6	85.7	19
V. I. Fal'ko	英国兰卡斯特大学	19	1 186	62.4	94.7	11
R. S. Ruoff	美国西北大学/得克萨斯大学奥斯汀分校	28	1 172	41.9	75.0	14
S. G. Louie	美国加利福尼亚大学伯克利分校	23	1 116	48.5	95.7	10
A. C. Ferrari	英国剑桥大学	20	1 017	50.9	85.0	12
M. S. Dresselhaus	美国麻省理工学院	24	961	40.0	83.3	13
A. H. MacDonald	美国得克萨斯大学奥斯汀分校	28	783	28.0	89.3	13
S. Das Sarma	美国马里兰大学	33	774	23.5	81.8	14

3.4.6　重点论文分析

表3-7给出了被引次数超过400的前九篇论文。其中，曼彻斯特大学的Andre K. Geim教授小组占了四篇：被引次数最多的两篇论文由该小组于2004年（报道首次成功制备出石墨烯）和2005年发表，该小组另两篇论文的被引次数分别达到1261次和486次。这充分显示出该小组在石墨烯研究领域中的影响力。其余五篇论文均出自美国著名大学：哥伦比亚大学（1篇）、佐治亚理工学院（2篇）、波士顿大学（1篇）、麻省理工学院（1篇）。

表3-7　被引次数>400的前9篇论文

论文题目	被引次数	期刊来源	发表年份	通信机构
Electric field effect in atomically thin carbon films	1 926	*Science*	2004	曼彻斯特大学
Two-dimensional gas of massless Dirac fermions in graphene	1 698	*Nature*	2005	曼彻斯特大学
Experimental observation of the quantum Hall effect and Berry's phase in graphene	1 511	*Nature*	2005	哥伦比亚大学
The rise of graphene	1 261	*Nat. Mater.*	2007	曼彻斯特大学
Electronic confinement and coherence in patterned epitaxial graphene	642	*Science*	2006	佐治亚理工学院
Two-dimensional atomic crystals	486	*Proc. Nat. T Acad. Sci. USA*	2005	曼彻斯特大学
Electronic properties of disordered two-dimensional carbon	407	*Phys. Rev. B*	2006	波士顿大学
Raman spectroscopy of carbon nanotubes	407	*Phys. Rep-Rev. Sect. Phys. Lett.*	2005	麻省理工学院
Ultrathin epitaxial graphite：2D electron gas properties and a route toward graphene-based nanoelectronics	404	*J. Phys. Chem. B*	2004	佐治亚理工学院

3.4.7　重点研究方向分析

利用Aureka平台的Thememap功能，对石墨烯的总体研究布局进行了分析（彩图3）。从彩图3可以，石墨烯的研究重点主要涉及石墨烯的制备、性质研究。其中，合成与制备热点是催化生长、氧化物薄片外延生长（彩图3中C1、D1区域）；性质研究包括纳米带边缘性质和磁性研究等（彩图3中A4区域）。其他，如场效应晶体管及储氢吸附等应用、扫描隧道显微镜、拉曼光谱等表征手段也是研究的主要方面。

3.5 部分主要研究机构分析

3.5.1 英国曼彻斯特大学

3.5.1.1 简介

曼彻斯特大学由维多利亚曼彻斯特大学（Victoria University of Manchester，创办于1851年，时称欧文学院）和曼彻斯特科技学会大学（UMIST，前身为成立于1824年的曼彻斯特机械学院）于2004年10月合并而成。曼彻斯特大学的学术单位组成采用的是英国大学较为普遍的“大学—大学院—学院”的结构，设有工程与自然科学、人文科学、生命科学、医学与人类科学四个大学院，每个大学院下面又下设不同的学院（生命科学大学院除外）。截至2007/2008学年，有在校生35 441人（其中本科生26 160人、研究生9281人），2008年收到全球学生留学申请5.33万份，是英国最受欢迎的高校。有学术、科研人员逾5800人。诞生了23位诺贝尔奖获得者。据2008年的英国高等教育排名RAE（Research Assessment Exercise），曼彻斯特大学仅次于剑桥、牛津，与帝国理工、UCL并列，位列全英研究实力前四强。根据2009年*TIMES*高等教育周刊的世界大学排名，曼彻斯特大学排在第26位，较2008年上升了3个位次。

3.5.1.2 相关研究

Andre K. Geim教授领衔的凝聚态物理研究小组有学术科研人员约20人、研究生10人。在*Scientific American*、*Phys. Today*、*Phys. World*、*Nature*及*Nature*系列、*Science*、*Rev. Modern Phys.*等期刊上发表了多篇有关石墨烯的研究论文和综述。正是由于Andre K. Geim的开创性工作，该小组的论文在石墨烯领域位居SCI最高被引频次。他们还通过对石墨烯进行可逆加氢制备出一种突破性的新材料：石墨烷。

2008年末，曼彻斯特大学还从英国工程与自然科学研究委员会（EPSRC）、英格兰高等教育基金委员会（HEFCE）、苏格兰基金委员会（SFC）获得500万英镑的现金，与兰卡斯特大学一道用以资助石墨烯的研究。

Andre K. Geim教授由于首先发现石墨烯，而先后获得英国物理学会Mott奖（2007）、欧洲物理学会欧洲物理奖（2008年，与本小组的Kostya Novoselov博士一起）、Körber欧洲科学奖（2009年）等奖项，并被授予英国皇家学会研究教授。

3.5.2 西班牙高等科学研究委员会

3.5.2.1 简介

西班牙高等科学研究委员会（CSIC）设立于1939年，接管了1931年成立的国立科学

研究基金会（National Science Research Foundation）及1907年成立的研究推广与科学研究委员会（Study Extension and Science Research Board）的器材设施。CSIC下设126个中心和145个相关单位。其中，从事材料科学研究的机构主要有四个，分别是阿拉贡材料科学研究所（ICMA）、巴塞罗那材料科学研究所（ICMAB）、马德里材料科学研究所（ICMM）和塞维利亚材料科学研究所（ICMS）。

3.5.2.2 相关研究

CSIC在石墨烯研究方面做出杰出贡献的主要是ICMAB和ICMM。ICMAB的科学家Christian Thomsen，主要研究领域为石墨烯声子结构和特性；ICMM的科学家Guinea Francisco，主要研究领域为石墨烯电子特性，他们与国际科学家合作撰写的石墨烯论文在SCI上拥有非常高的被引频次。

3.5.3 美国能源部

3.5.3.1 简介

美国能源部（DOE）成立于1977年，负责制定国家能源政策、进行核武器及相关科学研究工作。DOE还是美国在自然科学领域基础研究方面最大的联邦资助机构，资助额超过联邦投入资金的40%。DOE主要研究领域包括：材料科学与工程、化学、地学、生物学、医学、生命科学、纳米科学工程与技术、核能、科学计算、超导和交通运输等。DOE的主要部门包括：国家核安全管理局、能源效率和可再生能源局、环境管理局、化石能源局、核能局、民用放射性废物管理局、电力传输和能源可靠性局、遗留物管理局以及科学局。其中，科学局是DOE从事科学研究的主要部门，主要从事物理学、材料科学、生物科学以及计算机科学等领域的基础研究和应用基础研究活动。DOE拥有分布于全国的21个国家实验室和技术中心，是美国国家科研的重要力量。2008年，DOE有员工107 067人，经费为243亿美元。

3.5.3.2 相关研究

2008年美国能源部斥资520万美元，促使美国能源部国家实验室与来自全国的12所大学展开合作。其中，路易斯安那州立大学与美国能源部实验室美国洛斯阿拉莫斯国家实验室的非均匀无序狄拉克费米子合作项目，就重费米子超导体到石墨烯展开了相关研究。能源部开展的关于石墨烯的研究项目有：①布鲁克黑文国家实验室：石墨烯到夸克胶子等离子体的强关联系统研究；②桑迪亚国家实验室：石墨烯界面和成核机制及相关纳米电子学研究，纳米电子应用的石墨烯薄层直接图示（Direct Patterning）和组装。能源部还就石墨烯开展和产业界的合作，例如，与Angstron Materials公司开展合作研究项目：混合纳米碳纤维/基于石墨烯薄层的高容量正极。

3.5.4 美国波士顿大学

3.5.4.1 简介

波士顿大学成立于1869年，是全球领先的私立研究和教学机构之一。目前，波士顿大学在波士顿市中心有两大校区，17个学院，在校生约3.3万名，职工3900多名。作为一个重要的研究型大学，波士顿大学既是一个积累知识和经验的知识库，也是一个通过严谨研究获得智慧的试验场，开展着各个领域和跨学科的开创性研究。被《美国新闻与世界报道》评为一级国家级大学，学术声誉全美排第56名，《纽约时报》则给予了四颗星的学术评分。

3.5.4.2 相关研究

早在2005年12月，物理系 N. M. R. Peres、F. Guinea 就对石墨烯局部和外延的电子和输运性质的缺点做出了研究，另外，对石墨烯的量子霍尔效应和磁力性质也进行了分析。2008年3月，波士顿大学物理系 S. ViolaKusminskiy、J. Nilsson 等研究人员采用 Hartree-Fock 近似值，计算出由石墨烯双分子层电子间相互作用引起的电子压缩系数。物理系 Vitor M. Pereira 和波士顿大学纳米科学与纳米生物技术中心的 A. H. Castro Neto 针对局部应变对石墨烯电子结构的影响进行了研究，研究表明应变可以产生平行电子束、1D 波道、表面态和约束。A. H. Castro-Neto 等对石墨烯中杂质引起的自旋轨道耦合现象做了相关研究。

3.5.5 德国马普学会

3.5.5.1 简介

德国马普学会（Max Planck Society，MPG）是德国政府资助的全国性学术机构，其前身是成立于1911年的威廉皇家学会。马普学会主要进行自然科学、生命科学、人文科学和社会科学等领域的基础研究，特别是从事那些在大学尚不成熟或不宜开展的研究工作。马普学会开展的各种研究是对重要研究领域中大学和其他研究机构工作的完善。此外，部分研究所还为大学开展的研究工作提供服务。2008年马普学会有员工13 009人。

3.5.5.2 相关研究

德国马普学会的纳米级科学学部（Nanoscale Science Department）原子尺度电子光谱研究组（Atomic Scale Electron Spectroscopy）的 M. Assig，主要研究方向纳米级石墨烯外延生长；分子电子学研究组（Molecular Electronics）的 habil. M. Burghard 博士、K. Balasubramanian 博士、N. Amsharov，J. Böttcher 博士等主要研究方向为金属接触掺杂和石墨烯化学衍生；Emmy Noether 研究组的 Christian Ast 博士，石墨烯重点研究方向是石墨烯电子结构设计。

3.5.6 法国科研中心

3.5.6.1 简介

法国科研中心（法语 Le Centre National de la Recherche Scientifique，英语 National Center for Scientific Research，CNRS）成立于 1939 年，是法国规模最大的国立科学研究机构，由法国高等教育与研究部管理。CNRS 重视跨学科研究，重点集中在：①生命及其社会影响；②信息、通信与知识；③环境、能源与可持续发展；④纳米科学、纳米技术、材料；⑤天体粒子：从粒子到宇宙等领域。CNRS 设有 8 个研究院和 2 个国家级研究院：①化学研究院；②生态与环境研究院；③物理研究院；④生物科学研究院；⑤人文与社会科学研究院；⑥计算机科学研究院；⑦工程与系统科学研究院；⑧数学科学研究院；⑨国家核物理与粒子物理研究院；⑩国家地球科学与天文学研究院。具体科研工作由分布于法国各地的 1200 余个研究单元承担。其中，90% 以上是与高校或产业界共建的联合实验室。2009 年 CNRS 有员工约 33 600 人。其中，研究人员 11 600 名。

3.5.6.2 相关研究

CNRS 在石墨烯研究方面多与美国（佐治亚理工学院）、捷克展开合作研究。材料 Elaboration与结构研究中心纳米科学研究小组的 Erik Dujardin 在 *Small* 的一篇文章研究了通过聚焦离子束制备得到的石墨烯纳米带的 Side-gated transport。该中心的纳米材料研究小组对石墨烯/填充材料、石墨烯/基质的界面研究尤为关注。Grenoble 强磁场实验室的 C. Faugeras、P. Plochocka 等在 *Appl. Phys. Lett.*、*Phys. Rev. Lett.* 等期刊研究了石墨烯的拉曼光谱表征、利用磁光透射光谱探究了多层石墨烯的无质量狄拉克费米子的高能极限、通过磁场调整多层石墨烯的电－声子耦合。

CNRS 在原碳纳米管国际小组的基础上，2009 年成立了“石墨烯与纳米管：科学与应用”国际小组，成员来自法国、欧盟其他成员国和加拿大等。

3.5.7 美国哥伦比亚大学

3.5.7.1 简介

哥伦比亚大学于 1754 年根据英国国王乔治二世颁布的《国王宪章》而成立，命名为国王学院，是美洲大陆最古老的学院之一。美国独立战争后为纪念发现美洲大陆的哥伦布而更名为哥伦比亚学院，1896 年成为哥伦比亚大学。至 2009 年，哥伦比亚的校友和教授中一共有 89 人获得诺贝尔奖。此外，学校的教育学、医学、法学、商学和新闻学院都名列前茅。哥伦比亚大学拥有教职员 4000 多人，在校学生 23 000 余人。

3.5.7.2 相关研究

哥伦比亚大学涉及石墨烯研究的院系主要有机械工程系、应用物理和应用数学系、物理系、电子工程系和化学系等，在这些院系基础上，组建了纳米级科学和工程中心（Nanoscale Science and Engineering Center）。2009 年 5 月，哥伦比亚大学和科内尔大学的研究者分享了美国国防部提供的为期 5 年，每年 150 万美元的石墨烯研究计划资助。物理系的 Philip Kim 领导的研究小组 2009 年在 *Nature*、*Nature Nanotech.*、*Nature Phys.*、*Appl. Phys. Lett.* 和 *Nano Lett.* 等权威期刊上发表多篇有关石墨烯的文章，主要研究涉及石墨烯的热、热电性能等；机械工程系的 James Hone 领导的研究小组，主要研究方向为石墨烯的机械性能。

2008 年底，工程与应用科技学院的教授 Ken Shepard、Tony Heinz、James Hone 与物理系教授 Philip Kim、化学系教授 Colin Nuckolls 一道获得 400 万美元的研究经费，用于石墨烯场效应晶体管的研究。该研究由美国国防部高级研究规划局出资，是五年期、总额 1500 万美元研究的组成部分，IBM 是主合作方，得克萨斯大学奥斯汀分校为第三合作方。

3.5.8 美国加利福尼亚大学伯克利分校

3.5.8.1 简介

加利福尼亚大学是世界一流的公立大学，成立于 1868 年，其旗舰校区就位于圣弗朗西斯科湾伯克利。截至 2008 年秋季，学生共 35 409 人（其中，本科生 25 151 人，研究生 10 258人），教师 2131 人，分布在 130 多个学科和跨学科的 80 多个研究单位。加利福尼亚大学伯克利分校分为 14 个学院，每个学院下设多个系，截至 2009 年春季，最热门的专业分别为电气工程与计算机科学、分子和细胞生物学以及政治学。美国国家研究委员会的一项研究显示，伯克利分校被评为“优秀”的研究项目数量为全美大学第一。2000 ~ 2009 年的 10 年间，美国国家科学基金会颁发的研究生研究助学金以加利福尼亚大学伯克利分校为最多。

3.5.8.2 相关研究

该校物理系 Steven G. Louie 教授领导的小组 2005 年来已在 *Science*、*Nature*、*Nano Lett.* 等顶级期刊发表了 10 余篇石墨烯相关论文。其中，2006 年发表在 *Nature* 的《半金属性石墨烯纳米带》一文的被引次数已达到 400 多次。

物理系教授 Wang Feng 领导的超快纳米光学研究小组的一项研究表明，石墨烯可以用来制造可调节光子和电子的设备，这是由于它的电子结构可以受电场的控制，并首次证明，双分子层石墨烯显示有电场的可诱导性和广泛可调的能带隙。

物理系教授 Alessandra Lanzara 的研究团队也涉及石墨、石墨烯、富勒烯等碳材料的研究。在石墨烯方面，主要是外延法制备以及性质研究。2007 年以来已在上述顶级期刊了发表了 10 余篇石墨烯相关论文，特别是 2008 和 2009 年分别在 *Science*、*Nature* 上各发表一篇。

物理系凝聚态物理领域的 Alex Zettl 教授率领的固态物理小组利用普通的透射电镜在室温下研究了石墨烯中低原子和分子的成像与动力学。

物理系 Marvin L. Cohen 教授小组主要开展石墨烯纳米带性质、石墨烯无质量狄拉克费米子、电 - 声子相互作用、超晶格研究等。

3.5.9　荷兰奈梅亨大学

3.5.9.1　简介

奈梅亨大学位于荷兰东南部的奈梅亨市，成立于1923年，拥有9个学院，方向分别为：神学、宗教研究、哲学、法律、文学、社会科学、管理、科学、医学等。2008年，奈梅亨大学在校生18 085人，学术科研人员4358人。

3.5.9.2　相关研究

分子与材料研究所M. I. Katsnelson教授领导的凝聚态物质理论研究小组在*Science*、*Nature*、*Phys. Rev. Lett.*、*Nature Mater.*、*Nature Phys.*、*J. Am. Chem. Soc.* 等期刊上发表了多篇著作，探讨了石墨烯中的狄拉克费米子（Dirac fermions）、热起伏、隧道、混沌狄拉克回弹（chaotic Dirac billiard）、磁性、弹道运输、本征载流子以及石墨烯器件等问题。J. C. Maan教授利用强磁场实验室首次对石墨烯的量子化霍尔电阻进行了量化表征。

3.6　对策与建议

3.6.1　加强国际、国内合作

国际上，石墨烯研究的热点区域在欧洲和美国。法国国家科研中心在石墨烯的研究过程中，非常重视和美国佐治亚理工学院、捷克科学院等国外科技机构的交流与合作，荷兰奈梅亨大学的相关研究工作很多也是与英国曼彻斯特大学共同开展的。我国的研究机构已经与国外同行开展了一系列的合作，随着石墨烯研究的进一步深入，更深层次物理及化学性质的理论解释、更普适的制备合成方法探究，需要动员多方的科研团体进行更广泛的合作沟通，这也是高效利用各方人力、物力资源的有效手段之一。

中国科学院化学研究所、物理研究所、金属研究所、大连化学物理研究所、上海微系统研究所、半导体研究所等在石墨烯的研究方面已经取得了一定的成绩，联合国内其他相关研究机构，加强国内的合作交流，逐步提高我国的科研力量在石墨烯这一新领域的综合研究水平。

3.6.2　经费支持

石墨烯的研究在2009年显示出强劲的发展势头，不但众多的研究小组蜂拥而上，很多国家和地区的决策领导机构也积极为石墨烯的研究提供政策和资金等方面的支持。建议我国在国家、中国科学院或者地方层面出台支持石墨烯研究发展的专项计划和资金，辅助相关研究机构在业已取得的研究成果的基础上进一步开展工作，提高我国在石墨烯领域的国际竞争力。

3.6.3 人才培养

石墨烯和本小组去年关注的铁基超导材料一样，都属于新材料领域快速发展的前沿研究方向。与物理性质相比，石墨烯的化学性质研究目前仍旧显得比较薄弱。这就不仅需要材料化学领域的研究人员积极投身石墨烯的研究，而且需要国家扶持相关领域人才的培养与锻炼，在参加国内外学术会议、专业进修等方面给予更多的支持。

致谢：中国科学院金属研究所成会明研究员、中国科学院物理研究所闫新中研究员、合肥工业大学于少明教授等专家对本章初稿进行了审阅并提出了宝贵的修改意见，谨致谢忱！

参 考 文 献

傅强，包信和．2009．石墨烯的化学研究进展．科学通报，54（18）：2657～2666

李旭，赵卫峰，陈国华．2008．石墨烯的制备与表征研究．材料导报，22（8）：48～52

Allor D，Cohen T D. 2008. Schwinger mechanism and graphene. Phys. Rev. D，78（9）：096009

Balandin A A et al. 2008. Superior Thermal Conductivity of Single-Layer Graphene. Nano Lett，8（3）：902～907

Bao Wenzhong et al. 2009-03-03. Ripple Texturing of Suspended Graphene Atomic Membranes. http：//arxiv. org/abs/0903. 0414

Beckman M. 2009-09-24. A splash of graphene improves battery materials. http：//www. pnl. gov/news/release. aspx? id＝408

Bolotin K I et al. 2009. Observation of the fractional quantum Hall effect in graphene. Nature，462：196～199

Booth T J et al. 2008. Macroscopic Graphene Membranes and Their Extraordinary Stiffness. Nano Lett.，8（8）：2442～2446

Brenner K，Murali R. 2010. Single step，complementary doping of graphene. Appl Phys Lett，96，063104；doi：10. 1063/1. 3308482

Buchsteiner A，Lerf A，Pieper J. 2006. Water Dynamics in Graphite Oxide Investigated with Neutron Scattering. J. Phys. Chem. B，110（45）：22328～22338

Bunch J S et al. 2007. Electromechanical Resonators from Graphene Sheets. Science，315：490～493

Bunch J S et al. 2008. Impermeable Atomic Membranes from Graphene Sheets. Nano Lett.，8（8）：2458～2462

Chandler D. 2009-05-04. A material for all seasons. http：//web. mit. edu/newsoffice/2009/graphene-feature-0504. html

Checkelsky J G，Li Lu，Ong N P. 2009. Divergent resistance at the Dirac point in graphene：Evidence for a transition in a high magnetic field. Phys Rev B，79（11）：115434

Chen H et al. 2008. Mechanically Strong，Electrically Conductive，and Biocompatible Graphene Paper. Adv. Mater.，20（18）：3557～3561

Dikin D A et al. 2007. Preparation and characterization of graphene oxide paper. Nature，448：457～460

Dong X et al. 2009. Symmetry Breaking of Graphene Monolayers by Molecular Decoration. Phys. Rev. Lett.，102，135501

Eda G，Fanchini G，Chhowalla M. 2008. Large-area ultrathin films of reduced graphene oxide as a transparent and flexible electronic material. Nature Nanotech.，3：270～274

Elias D C et al. 2009. Control of Graphene's Properties by Reversible Hydrogenation: Evidence for Graphane. Science, 323 (5914): 610 ~ 613

Freitag M et al. 2009. Energy dissipation in graphene field- effect transistors. http: //arxiv. org/abs/0912. 0531 [2010-01-10]

Friedemann M, et al. 2009. Graphene on Gallium Arsenide: Engineering the visibility. Appl. Phys. Lett. , 95: DOI: 10. 1063/1. 3224910

Geim A K. 2009. Graphene: Status and Prospects. Science, 324: 1530 ~ 1534

Graphene- based Materials for Ultracapacitance Applications. 2009- 05- 22. http: //www. nsf. gov/awardsearch/ showaward. do? awardnumber = 0907324

Graphene-based Nanoelectronic devices (GRAND) . 2008-01-02. http: //cordis. europa. eu/fetch? caller = fp7_ proj_ en&action = d&doc = 480&cat = proj&query = 011aa1a08403: 95e9: 2883a2ab&rcn = 85307

Graphene Week. 2010. http: //www. nanocenter. umd. edu/grapheneweek

Guinea F, Katsnelson M I, Geim A K. 2009. Energy gaps and a zero-field quantum Hall effect in graphene by strain engineering. Nature Phys, 6: 30 ~ 33

Han M Y et al. 2007. Energy Band-Gap Engineering of Graphene Nanoribbons. Phys. Rev. Lett. , 98 (20): 206805

Hao Rui et al. 2008. Aqueous dispersions of TCNQ-anion-stabilized graphene sheets. Chem. Commun. , (48): 6576 ~ 6578

Hernandez Y et al. 2008. High-yield production of graphene by liquid-phase exfoliation of graphite. Nature Nanotech. , 3: 563 ~ 568

Jasuja K, Berry V. 2009. Implantation and Growth of Dendritic Gold Nanostructures on Graphene Derivatives: Electrical Property Tailoring and Raman Enhancement. ACS Nano, 3 (8): 2358 ~ 2366

Jin Zhi et al. 2009. Study of AlN dielectric film on graphene by Raman microscopy. Appl. Phys. Lett. , 95, 233110

Jung I et al. 2007. Simple Approach for High-Contrast Optical Imaging and Characterization of Graphene-Based Sheets. Nano Lett, 7 (12): 3569 ~ 3575

Katherine B. 2009-08-06. Bringing Graphene to Market. http: //www. technologyreview. com/business/23129

Kim K S et al. 2009. Large-scale pattern growth of graphene films for stretchable transparent electrodes. Nature, 457: 706 ~ 710

Lee C et al. 2008. Measurement of the Elastic Properties and Intrinsic Strength of Monolayer Graphene. Science, 321: 385 ~ 388

Lee J M et al. 2009. ZnO Nanorod-Graphene Hybrid Architectures for Multifunctional Conductors. J Phys Chem C, 113 (44): 19134 ~ 19138

Levendorf M P et al. 2009. Transfer-Free Batch Fabrication of Single Layer Graphene Transistors. Nano Lett. , 9 (12): 4479 ~ 4483

Liang Xiaogan, Fu Zengli, Chou S Y. 2007. Graphene Transistors Fabricated via Transfer-Printing In Device Active-Areas on Large Wafer. Nano Lett. , 7 (12): 3840 ~ 3844

Li Dan et al. 2008. Processable aqueous dispersions of graphene nanosheets. Nature Nanotech. , 3: 101 ~ 105

Lightcap I V, Kosel T H, Kamat P V. 2010. Anchoring Semiconductor and Metal Nanoparticles on a Two-Dimensional Catalyst Mat. Storing and Shuttling Electrons with Reduced Graphene Oxide. Nano Lett, 10 (2): 577 ~ 583

Lin Y M et al. 2010. 100GHz Transistors from Wafer-Scale Epitaxial Graphene. Science, 327: 662

Li Xiaolin et al. 2008. Chemically Derived, Ultrasmooth Graphene Nanoribbon Semiconductors. Science, 319: 1229 ~ 1232

Li Xiaolin et al. 2008. Highly conducting graphene sheets and Langmuir-Blodgett films. Nature Nanotech., 3: 538~542

Li Xuesong et al. 2009. Large-Area Synthesis of High-Quality and Uniform Graphene Films on Copper Foils. Science, 324 (5932): 1312~1314

Li Yubao, Sinitskii A, Tour J M. 2008. Electronic two-terminal bistable graphitic memories. Nature Mater., 7: 966~971

Li Zhenyu et al. 2009. How Graphene Is Cut upon Oxidation? . J. Am. Chem. Soc., 131 (18): 6320~6321

Li Zhongjun et al. 2009. Spontaneous Formation of Nanostructures in Graphene. Nano Lett., 9 (10): 3599~3602

Li Z Q et al. 2008. Dirac charge dynamics in graphene by infrared spectroscopy. Nature Phys., 4: 532~535

Lomeda J R et al. 2008. Diazonium Functionalization of Surfactant- Wrapped Chemically Converted Graphene Sheets. J. Am. Chem. Soc., 130 (48): 16201~16206

Maximizing the Impact of Graphene Research in Science and Innovation (EuroGraphene). 2009-10-20. http://www.esf.org/index.php? id=5452

McAllister M J et al. 2007. Single Sheet Functionalized Graphene by Oxidation and Thermal Expansion of Graphite Chem Mater, 19 (18): 4396~4404

Min H et al. 2008. Room-temperature superfluidity in graphene bilayers. Phys Rev B, 78 (12): 121401

Molitor F et al. 2009. Transport gap in side-gated graphene constrictions. Phys Rev B, 79 (7): 075426

Murali R et al. 2009. Breakdown current density of graphene nanoribbons. Appl Phys Lett, 94, 243114. doi: 10.1063/1.3147183

Murali R et al. 2009. Resistivity of Graphene Nanoribbon Interconnects. Electron Device Lett, 30 (6): 611~613

Muszynski R, Seger B, Kamat P V. 2008. Decorating Graphene Sheets with Gold Nanoparticles. J Phys Chem C, 112 (14): 5263~5266

Novoselov K S et al. 2005. Two-dimensional gas of massless Dirac fermions in graphene. Nature, 438: 197~200

Ohio Research Commercialization Grant Program. http://www.oll.state.oh.us/your_state/third_frontier_project/grant.cfm? grant_id=96358

Paredes J I et al. 2008. Graphene Oxide Dispersions in Organic Solvents. Langmuir, 24 (19): 10560~10564

Park S et al. 2009. Colloidal Suspensions of Highly Reduced Graphene Oxide in a Wide Variety of Organic Solvents. Nano Lett, 9 (4): 1593~1597

Park S et al. 2010. Graphene-Based Actuators. Small, 6 (2): 210~212

Park S, Ruoff R S. 2009. Chemical methods for the production of graphenes. Nature Nanotech, 4: 217~224

Pereira V M, Castro Neto A H, Peres N M R. 2008. A tight-binding approach to uniaxial strain in graphene. 2009-07-15. http://arxiv.org/abs/0811.4396

Physics and Applications of Graphene. 2009-10-20. http://erc.europa.eu/index.cfm? fuseaction = page.display&topicID=294

Ponomarenko L A et al. 2008. Chaotic Dirac Billiard in Graphene Quantum Dots. Science, 320: 356~358

Qian Wen et al. 2009. Solvothermal-Assisted Exfoliation Process to Produce Graphene with High Yield and High Quality. Nano Res., 2: 706~712

Ramanathan T et al. 2008. Functionalized graphene sheets for polymer nanocomposites. Nature Nanotech., 3: 327~331

Ritter K A, Lyding J W. 2009. The influence of edge structure on the electronic properties of graphene quantum dots and nanoribbons. Nature Mater., 8 (3): 235~242

Robinson J T et al. 2008. Wafer-scale Reduced Graphene Oxide Films for Nanomechanical Devices. Nano Lett, 8

(10): 3441 ~ 3445

Roddaro S et al. 2007. The Optical Visibility of Graphene: Interference Colors of Ultrathin Graphite on SiO2. Nano Lett, 7 (9): 2707 ~ 2710

Schedin F et al. 2007. Detection of individual gas molecules adsorbed on graphene. Nature Mater. , 6: 652 ~ 655

Schniepp H C et al. 2006. Functionalized Single Graphene Sheets Derived from Splitting Graphite Oxide. J Phys Chem B, 110 (17): 8535 ~ 8539

Shytov A, Abanin D, Levitov L. 2008. Long-Range Interaction Between Adatoms in Graphene. 2009-06-01. http: //arxiv. org/abs/0812. 4970

Shytov A V, Katsnelson M I, Levitov L S. 2007. Atomic Collapse and Quasi-Rydberg States in Graphene. Phys Rev Lett, 99 (24): 246802

Si Yongchao, Samulski E T. 2008. Synthesis of Water Soluble Graphene. Nano Lett. , 8 (6): 1679 ~ 1682

Sofo J O, Chaudhari A S, Barber G D. 2007. Graphane: A two-dimensional hydrocarbon. Phys Rev B, 75 (15): 153401

Stander N, Huard B, Goldhaber-Gordon D. 2009. Evidence for Klein Tunneling in Graphene p-n Junctions. Phys. Rev. Lett, 102 (2): 026807

Standley B et al. 2008. Graphene-Based Atomic-Scale Switches. Nano Lett. , 8 (10): 3345 ~ 3349

Stankovich S et al. 2006. Graphene-based composite materials. Nature, 442: 282 ~ 286

Stankovich S et al. 2006. Stable aqueous dispersions of graphitic nanoplatelets via the reduction of exfoliated graphite oxide in the presence of poly (sodium 4-styrenesulfonate) . J. Mater. Chem. , 16 (1): 155 ~ 158

Tasis D et al. 2006. Chemistry of Carbon Nanotubes. Chem Rev, 106 (3): 1105 ~ 1136

Tung V C et al. 2008. High-throughput solution processing of large-scale graphene. Nature Nanotech. , 4: 25 ~ 29

Tung V C et al. 2009. Low-Temperature Solution Processing of Graphene—Carbon Nanotube Hybrid Materials for High-Performance Transparent Conductors. Nano Lett, 9 (5): 1949 ~ 1955

Tzalenchuk A et al. 2009. Towards a quantum resistance standard based on epitaxial graphene. Nature Nanotech, 5: 186 ~ 189

Vallés C et al. 2008. Solutions of Negatively Charged Graphene Sheets and Ribbons. J Am Chem Soc, 130 (47): 15802 ~ 15804

Wang Guoxiu et al. 2008. Facile Synthesis and Characterization of Graphene Nanosheets. J Phys Chem C, 112 (22): 8192 ~ 8195

Wang Qing Hua, Hersam M C. 2009. Room-temperature molecular-resolution characterization of self-assembled organic monolayers on epitaxial graphene. Nature Chem. , 1: 206 ~ 211

Wang Xuan, Zhi Linjie, Müllen K. 2008. Transparent, Conductive Graphene Electrodes for Dye-Sensitized Solar Cells. Nano Lett, 8 (1): 323 ~ 327

Wei Dacheng et al. 2009. Scalable Synthesis of Few-Layer Graphene Ribbons with Controlled Morphologies by A Template Method and Their Applications in Nanoelectromechanical Switches. J Am Chem Soc, 131 (31): 11147 ~ 11154

Wei Dacheng et al. 2009. Synthesis of N-Doped Graphene by Chemical Vapor Deposition and Its Electrical Properties. Nano Lett, 9 (5): 1752 ~ 1758

White F. 2009-09-04. A flash of light turns graphene into a biosensor. http: //www. pnl. gov/news/release. aspx? id = 408

Williams G, Seger B, Kamat P V. 2008. TiO2-Graphene Nanocomposites. UV-Assisted Photocatalytic Reduction of Graphene Oxide. ACS Nano, 2 (7): 1487 ~ 1491

Worsley K A et al. 2007. Soluble graphene derived from graphite fluoride. Chem. Phys. Lett. , 445 (1-3): 51 ~ 56

Wu Zhongshuai et al. 2009. Synthesis of Graphene Sheets with High Electrical Conductivity and Good Thermal Stability by Hydrogen Arc Discharge Exfoliation. ACS Nano, 3 (2): 411 ~ 417

Xia Jilin et al. 2009. Measurement of the quantum capacitance of graphene. Nature Nanotech. , 4, 505 ~ 509

Xu Yuxi et al. 2008. Flexible Graphene Films via the Filtration of Water-Soluble Noncovalent Functionalized Graphene Sheets. J Am Chem. Soc, 130 (18): 5856 ~ 5857

Yan Xinzhong, Romiah Y, Ting C S. 2009. Thermoelectric power of Dirac fermions in graphene. Phys Rev B, 80, 165423

Yan Xinzhong, Ting C S. 2008. Weak Localization of Dirac Fermions in Graphene. Phys Rev Lett, 101, 126801

Young A F, Kim P. 2009. Quantum interference and Klein tunnelling in graphene heterojunctions. Nature Phys. , 5: 222 ~ 226

Zhang Yuanbo et al. 2009. Direct observation of a widely tunable bandgap in bilayer graphene. Nature, 459: 820 ~ 823

Zheng Yi et al. 2009. Gate-controlled nonvolatile graphene-ferroelectric memory. Appl Phys Lett, 94 (16): 163505

Zhou J et al. 2009. Ferromagnetism in Semihydrogenated Graphene Sheet. Nano Lett, 9 (11): 3867 ~ 3870

4 转基因水稻国际发展态势分析

董 瑜 袁建霞 张 博 张 薇 李 超

（中国科学院国家科学图书馆总馆）

水稻是世界上最重要的粮食作物之一。在过去的半个多世纪里，传统的水稻育种方法为解决世界范围内的粮食危机做出了极大的贡献。然而，随着全球人口增长。经济发展和城市化，人类对稻米的需求成倍增长。与此同时，资源严重短缺，生态环境恶化，正威胁着水稻生产的可持续发展。在人口、资源、环境等刚性条件约束下，培育高产、优质、高效水稻新品种已成为确保全球粮食安全、改善人类健康、促进农业可持续发展的重要途径之一。近年来，随着分子生物学研究的深入，基因的分离、克隆、重组技术以及转基因技术日趋成熟，遗传转化已成为水稻遗传改良的一种有效手段，为保障粮食安全提供了新的技术途径。本章调研代表性国家日本、中国、美国、印度、菲律宾以及重要国际组织国际水稻研究所转基因水稻研究发展状况，利用情报研究的方法和手段，基于转基因水稻研发创新流程，分析了代表基础研究的论文、代表技术研发的专利文献、代表生产研究的田间试验状况，揭示了国际转基因水稻研发过程中不同功能节点的领域布局、优先方向、研究热点与重点等，进而总结了国际转基因水稻发展的状况、特点和趋势，并在此基础上提出了针对我国转基因水稻科技创新的启示和建议。

4.1 引言

4.1.1 本研究的目的和意义

水稻是世界上最重要的粮食作物之一，全球近50%的人口以稻米为主食。在过去的半个多世纪里，传统的水稻育种方法在提高水稻产量、抗性和品质等方面取得了巨大成功，为解决世界范围内的粮食危机做出了极大的贡献。然而，随着社会经济的发展和自然环境的改变，水稻生产受到越来越多不利因素的影响。日益严重的病虫害、水资源的短缺和频繁发生的旱灾等严重制约了水稻的高产和稳产；而且世界人口的不断增长和耕地面积的减少也对水稻生产提出了严峻的挑战。另外，随着人们生活水平的提高，对稻米的品质也提出了越来越高的要求。

针对水稻生产面临的上述挑战，培育高产、优质、高效的水稻新品种已成为确保全球粮食安全、改善人类健康、促进农业可持续发展的重要途径之一。但稻属种质资源的限制及常规育种方法的局限性，给水稻进一步的遗传改良带来一定困难。近年来，随着分子生物学研究的深入，基因的分离、克隆、重组以及转基因技术的日趋成熟，遗传转化已成为水稻遗传改良的一种有效手段。自从 1988 年 K. Toriyama 等和 W. Zhang 等通过电击介导法，获得抗 G418 和抗卡那霉素的转基因水稻植株以来，转基因技术在水稻品种改良上得到了广泛应用。

转基因技术就是将外源基因通过生物、物理或化学手段导入受体生物中，以获得外源基因稳定遗传和表达的遗传改良体的方法。1983 年，美国华盛顿大学成功将卡那霉素抗性基因导入烟草细胞，同年 4 月美国威斯康星大学宣布成功将大豆基因转入向日葵，这标志着作物转基因技术的诞生。

经过 20 多年的发展，转基因作物研究目前已形成以优良新品种培育为目标，综合集成现代生物技术、工程技术等高新技术，按照从基础研究、应用研究、技术开发、生产研究到种植加工，最终形成转基因产品的研究与发展创新流程进行运作管理的规模化、程序化、高新技术化的现代科技产业体系（图 4-1）。转基因研发过程包括基础研究（基因组学/蛋白组学研究、基因/性状鉴定等）、应用研究（性状优化、开发等）、技术开发（品种筛选、放大、培育等）、生产研究（田间试验、改良品种）等功能节点。本研究利用情报研究的方法、技术和手段，分析了代表基础研究的研究论文，代表技术研发的专利文献，代表生产研究的田间试验状况，揭示了转基因研发过程中不同功能节点的领域布局、优先方向、研究热点与重点等，进而总结了转基因水稻发展的状况、特点和趋势，并在此基础上提出了针对我国转基因水稻科技创新的启示和建议。

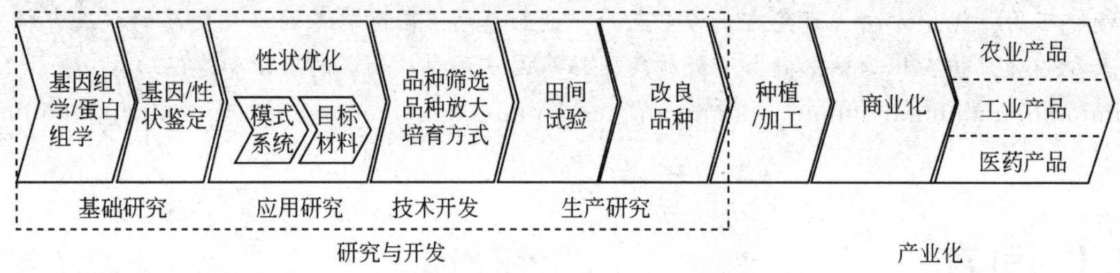

图 4-1　转基因研究与发展创新流程

4.1.2　本研究的主要方法和数据来源

4.1.2.1　主要研究方法

本研究利用了定性调研和定量分析相结合的分析方法。其中，定性研究方法主要包括信息跟踪监测、专题情报调研、归纳、总结等，定量分析方法涉及文献计量分析、专利分析、统计分析等。此外，在分析过程中还利用了汤森路透集团开发的汤森数据分析器和 Aureka 专利分析工具。

4.1.2.2　主要数据来源

科学研究论文检索自汤森路透（Thomson Reuters）的科学引文索引数据库扩展版(SCI-E)，专利申请数据检索自汤森路透的德温特世界专利创新索引（Derwent Innovations Index，DII)。田间试验数据来自联合国粮农组织（FAO）发展中国家生物技术数据库(FAO-BioDeC)、美国农业部动植物检疫局（USDA-APHIS）田间试验申请数据、欧洲委员会联合研究中心转基因作物环境释放数据以及日本农林水产省田间试验数据。其他数据来自于联合国粮农组织、经济合作与发展组织（OECD）报告及期刊论文等。

4.2　主要国家和国际组织转基因水稻发展概况

4.2.1　日本

日本政府对待转基因技术态度较为积极，在近几年出台的很多大型计划中都将转基因技术作为优先发展的技术之一，如《生命技术战略大纲》、《创新25》、《农林水产省研究基本计划》、《21世纪新农政（2007)》等，但由于日本民众对转基因产品态度消极，日本整体对待转基因态度谨慎。日本农林水产省在2008年1月发布的《关于推进转基因作物研讨会最终报告》中，制定了农林水产省未来10年转基因作物的发展重点及其预期的研究成果。报告确定的日本未来转基因研发重点主要集中在4个方面：抗多种病虫害、高产农作物，抗环境胁迫农作物，高营养品质农作物，环境修复性植物。针对这4个重点课题，日本制定了详细的2007～2016年研发路线图（图4-2～图4-5)，每个研发路线图分别分为0～4五个阶段（表4-1)。

表4-1　各研发阶段代表的意义

阶段	开发阶段
阶段0	基因分离和功能鉴定（未获得转基因植株）
阶段1	特征转基因植株的获得（在实验室中进行效果验证）
阶段2	中期开发阶段（大田试验验证）
阶段3	后期开发阶段（利用回交等方法生产种子）
阶段4	商业化准备阶段（地域适用性试验、种苗登记等）

注：在第二阶段需要根据卡塔赫纳法进行环境影响评价，需要进行隔离试验和一般试验场的评价，同时还要根据食品卫生法和饲料安全法，对食品和饲料的安全性进行审查。在第二阶段以后的野外试验中，需要按照《第一种适用规则承认的转基因作物栽培的实验方针》，努力防止和一般农作物的杂交、混入

在日本转基因作物中，转基因水稻是研发投入力度最大的，主要集中在抗病虫害、抗倒伏、增产、品质改良等方面。日本的转基因水稻的研发能力处于世界前列。近几年，日本东京大学、日本国立农业生物资源研究所（National Institute of Agrobiological Sciences，NIAS）等机构先后研发出了抗寒、低植酸、富铁以及可预防高血压、抗柳杉过敏症等转基因水稻，并利用转基因水稻生产乙肝球蛋白、风湿病治疗蛋白、抗寄生虫疫苗、护心辅酶等。

作物	阶段	现状	2008年	2009年	2010年	2011年	2012年	约2015年	2016年以后
(a)抗多种病虫害高产水稻(饲料作物)	4						闭花性、超晚熟性	饲料用品及商业化	
	3						生产实用饲料		
	2					有效性验证			
	1	从非转基因体系中克隆基因并生产转基因植株					一般性培训认证		
	0				提高培养及生物多样性影响评价认证		饲料安全认证 食品安全认证		
(b)超高产生物能源作物和饲料作物	4								生物质用品和商用
	3								生产实用化产品
	2								有效验证
	1						特征转基因植株的获得		
	0		基因克隆鉴定 超高产性状基因的克隆鉴定						

图 4-2　抗多种病虫害、高产农作物（饲料作物、生物质能源用作物）的研发路线图

作物	阶段	现状	2008年	2009年	2010年	2011年	2012年	约2015年	2016年以后
耐干旱小麦、水稻和旱稻	4							商业化	
	3						实用品种的认证		
	2			有效性验证					
	1	获得转基因作物							
	0			各国安全性评价					

图 4-3　抗环境胁迫农作物（耐干旱小麦、水稻和旱稻）的研发路线图

作物	阶段	现状	2008年	2009年	2010年	2011年	2012年	约2015年	2016年以后
含高性能成分水稻	4							商业化	
	3						实用化品种生产		
	2			有效性认证					
	1	获得转基因植株					一般性培养与生物多样性认证		
	0			隔离性培养与生物多样性认证			食品安全性认证 饲料安全性认证		

图 4-4　高营养品质水稻的研发路线图

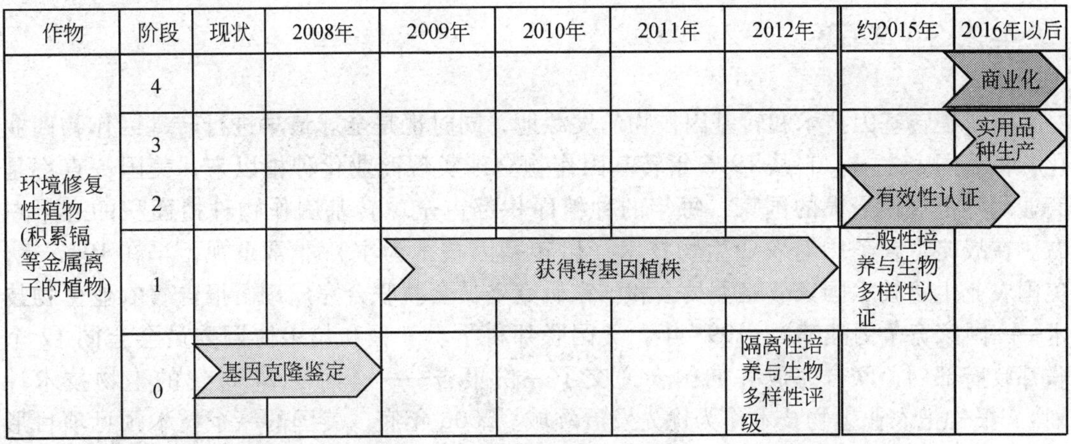

作物	阶段	现状	2008年	2009年	2010年	2011年	2012年	约2015年	2016年以后
环境修复性植物(积累镉等金属离子的植物)	4								商业化
	3								实用品种生产
	2							有效性认证	
	1			获得转基因植株				一般性培养与生物多样性认证	
	0	基因克隆鉴定					隔离性培养与生物多样性评级		

图4-5　环境修复性植物（高积累镉等的植物）的研发路线图

资料来源：关于农作物研究的指导方针 . www. s. affrc. go. jp/docs/commitee/gm/pdf/last_ summary. pdf

4. 2. 2　中国

由于水稻生产在保障我国粮食安全中具有重要地位，我国政府高度关注和重视包括转基因水稻在内的水稻生产和种植技术的进步。20 世纪 80 年代中期，我国在“863”计划中部署了转基因研究，之后又设立了“国家转基因植物研究与产业化专项基金”。进入 21 世纪，我国加大了对包括转基因水稻在内的相关研发和产业化的支持，《国家中长期科学和技术发展规划纲要（2006—2020 年）》把转基因生物新品种培育科技重大专项确定为未来 15 年力争突破的 16 个重大科技专项之一，该专项计划资金将近 200 亿元。2009 年 5 月 13 日，在由国务院总理温家宝主持的国务院常务会议上，原则通过了《促进生物产业加快发展的若干政策》。2007 ~2010 年“中央一号”文件连续 4 年提到转基因，关注点涉及加强转基因食品质量安全监管、转基因作物培育、转基因产业健康发展等。其中，2010 年 1 月 31 日公布的 2010 年“中央一号”文件提出，国家将抓紧开发具有重要应用价值和自主知识产权的功能基因和生物新品种，在科学评估、依法管理基础上，推进转基因新品种产业化。

在国家重点支持下，我国转基因水稻研究自 20 世纪 90 年代以来发展迅速，目前我国在利用转基因技术培育抗虫、抗病、抗逆和其他类型的水稻方面已达到了较高的水平。其中，抗虫和抗病类型的水稻已处于世界先进水平。2009 年 11 月 27 日，我国首次为华中农业大学“华恢 1 号”和“汕优 63”两种转基因水稻品种颁发了转基因水稻生产应用安全证书，上述两个品种均转入具有 Bt 抗虫蛋白的基因 *cry1Ab / cry1Ac*，可高抗鳞翅目害虫。该举措受到了世界关注，并预测我国可能将成为世界上第一个开放转基因水稻大面积商业化种植的国家。

4.2.3 美国

美国是转基因技术和转基因作物的发源地，同时也是全球最早进行转基因作物商业化种植的国家之一。自从1996年转基因作物全球实现商业化种植以来，美国一直都是商业化种植规模最大的国家，每年的种植面积都占全球转基因作物种植面积的一半左右。在战略上，美国对农业生物技术（以转基因技术为主）非常重视，早在1987年，美国农业生物技术国家战略委员会和国家研究委员会就联合完成调研报告《农业生物技术——国家竞争力战略》。1993年，美国联邦科学、工程和技术协调委员会会同12个联邦政府部门，联合完成并向国会递交了一份报告——《面向21世纪的生物技术计划》，报告把农业生物技术作为优先发展领域。2006年底，美国的一个技术预见项目形成了2025年12大科技领域技术革新观察，其中就有包括以转基因技术为核心的工程农业领域。

水稻在美国属于小作物，水稻转基因的研究稍逊于玉米、大豆、棉花、油菜等大宗作物，但仍取得了一些经验和成效。美国分别于1999年和2006年通过了温特里亚生物科学公司（Ventria Bioscience）转基因水稻LL62和拜耳生物技术公司抗除草剂转基因水稻LL601商业化种植的安全审批。温特里亚生物科学公司主要开展利用转基因水稻作为生物反应器生产蛋白质、抗体等研究。该公司研发的含人类基因的转基因稻谷磨成粉后，可提取人类乳汁才有的溶解酵素和乳铁传递蛋白，可作为治疗发展中国家导致每年数百万儿童死亡的腹泻、脱水和其他疾病的药物。

4.2.4 印度

印度是仅次于中国的世界第二大水稻生产国，由于水稻生产对印度的粮食安全至关重要，因此印度十分关注转基因水稻的研究，主要集中在抗盐碱、抗旱等非生物胁迫和抗病虫害。印度研发的抗旱转基因水稻已完成第一阶段温室内的安全评估试验，目前正在进行控制下的田间试验，如果田间试验通过，可望在2010年11月进行为期两年的开放式田间试验。此外，印度还正在进行金稻（Golden Rice）、Bt水稻的转基因水稻田间试验。近几年，印度在开发抗纹枯病、稻瘟病和鞘枯萎病转基因水稻品种方面也取得了较大进展，通过将水稻的tlp基因导入印度水稻高产品种ADT38、ASD16、IR50和Pusa Basmatil（PB1），获得了抗水稻纹枯病的品种；通过引入大丽花属（*Dahlia merckii*）的抗病菌抵御素基因*Dm-AMP*1，印度巴罗达大学的科学家开发了可以抵抗稻瘟病菌和稻纹枯病的转基因水稻品种。

4.2.5 菲律宾

菲律宾国家水稻研究所（PhilRice）2006～2010年研发规划中共包括4项研究计划和29个重要项目。其中，高产、优质、抗重要病虫害水稻自交移栽品种培育计划

中包括了5项有关转基因的研究，具体为：抗二化螟转 *cry1a* 基因自交系培育；通过遗传修饰提高自交系和回交系对细菌性白叶枯病的抗性（*Xa21* 基因）；通过遗传修饰提高水稻对二化螟的抗性（*pin2* 基因）；通过遗传修饰提高水稻对真菌病害的抗性（几丁质酶/葡聚糖酶基因）；利用标记辅助方法聚合转基因水稻和地方品种中抗细菌性白叶枯病和抗东格鲁病的毒病基因。目前，菲律宾国家水稻研究所利用金稻研发出了新一代的生物强化水稻，又称“三合一”水稻品种。该品种不仅把β-胡萝卜素转入地方水稻品种，而且通过传统育种技术将抗水稻 tungro（水稻衰退杆状病毒）及抗白叶枯病的基因一起转移到了水稻中。由于亲本之一是金稻，因此该水稻被视为转基因水稻，该品种预计将很快进行田间试验。此前，菲律宾于2008年还进行了金稻的田间试验。

4.2.6　国际水稻研究所

国际组织——国际水稻研究所的转基因水稻研究主要集中在两个方面，一是利用转基因技术分析水稻基因的多样性和功能，二是开发和提供新的转基因水稻品种。目前国际水稻研究所正在利用基因工程技术鉴定水稻特定 DNA 区域的功能，包括耐淹没、抗旱、耐高温和耐盐、抗东格鲁病、抗白叶枯病、抗稻瘟病以及提高磷的利用效率等，目前已成功鉴定出了水稻抗淹基因。国际水稻研究所正在研究和开发具有耐环境胁迫的转基因水稻，包括：抗旱、耐高温和耐盐，能够提高光合作用、水和氮肥效率的 C4 水稻；增强营养价值的水稻，包括更高的维生素 A、蛋白质和铁含量等。

4.3　转基因水稻研究相关论文分析

4.3.1　数据来源与分析工具

本研究以汤森路透的科学引文索引数据库扩展版作为数据源，利用关键词①和文献类型限定检索②到发表于1988～2008年的转基因水稻相关文献（articles）7565篇，并以此为数据集，利用该集团开发的分析工具——汤森数据分析器等进行分析。

---

①　检索式1：PY =（1988-1998）AND TI =（rice OR oryza sativa OR Oryza Sativa L）

检索式2：PY =（1999-2008）AND TI =（rice OR oryza sativa OR Oryza Sativa L）

检索式3：TS =（transformed OR Transgene OR genetically modified OR genetically engineered OR GM OR biotech OR transgenic OR gene OR genes OR genome OR DNA OR QTL OR quantitative trait locus OR gene locus OR qualitative trait OR clone OR cioning OR Golden OR super high yield* OR PCR OR RNA OR gene-silenced OR Overexpress* OR Over-express* OR higher expression OR expression OR molecular marker OR chromosome*）。综合检索式：1 OR 2 AND 3

②　检索时间为2009年12月25日

4.3.2 转基因水稻研究相关论文的总体分析

4.3.2.1 论文数量的变化趋势与增长速度

自1988年首次获得转基因水稻以来，世界转基因水稻相关论文数量在1988～2008年间总体呈上升发展趋势（图4-6），从1988年的29篇增长到了2008年的822篇，年均增长率①为4.17%。

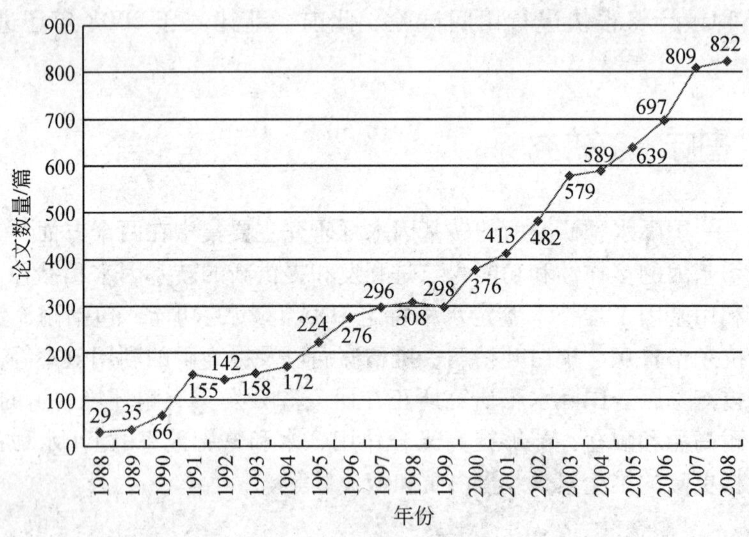

图4-6 1988～2008年转基因水稻研究相关论文数量的年度变化趋势

4.3.2.2 涉及的主要研究主题

关键词作为学术文献的必备要素，能鲜明而直观地表述文献论述或表达的主题。分析1988～2008年转基因水稻论文涉及的37个高频关键词②表明，转基因水稻研究主题主要涉及三个方面，即转基因水稻相关技术研究、转基因水稻的目标性状和转基因生物安全研究（表4-2）。在转基因水稻相关技术研究方面，主要包括转化受体系统、转化方法、基因定位与克隆涉及的标记技术、定位群体、DNA文库技术以及杂交制种等技术。转基因水稻的主要目标性状包括抗病、抗逆、抗虫、抗除草剂、高产、品质改良、改善生理机能及雄性不育等，其中，抗病主要针对稻瘟病、白叶枯病和抗纹枯病等；抗逆主要针对的是盐、旱和冻等；在水稻品质改良方面研究最多的是改良稻米淀粉和增加稻米铁含量。另外，光合效率、株高和花发育也是转基因水稻的改良目标。

① 年均增长率计算公式：[（末期数据/基期数据）^（1/（n－1））－1]×100%。其中，n是指年数

② 在论文作者提供的关键词（author's keywords）中出现频率居于前70位的关键词，频率大于或等于13

表 4-2 1988～2008 年转基因水稻 SCI 论文高频词及其表明的研究主题分类

转基因水稻研究主题分类			高频关键词（英文）	高频关键词（中文）
转基因水稻相关的技术研究	转化受体系统		protoplast transformation	原生质体转化
			anther culture	花药培养
			pollen	花粉
	转化方法		particle bombardment	基因枪法
			Agrobacterium-mediated transformation	农杆菌介导法
	基因定位与克隆	标记类型	RFLP	RFLP 标记
			RAPD	RAPD 标记
			AFLP	AFLP 标记
			EST	表达序列标签
		DNA 文库技术	bacterial artificial chromosome	细菌人工染色体（BAC）
		基因定位群体及培育方法	near-isogenic line	近等基因系
			recombinant inbred lines	重组近交系
			backcross breeding	回交育种
	杂交制种技术		hybrid rice	杂交水稻
	选择标记		green fluorescent protein	绿色荧光蛋白
转基因水稻的目标性状	抗病		disease resistance	抗病性
			blast resistance	抗稻瘟病
			bacterial blight resistance	抗白叶枯病
			sheath blight resistance	抗纹枯病
	抗逆		abiotic stress	非生物胁迫
			salt tolerance（ST）	耐盐性
			drought tolerance	耐旱性
			cold tolerance	耐冻性
			water stress	水分胁迫
	抗虫		insect resistance	抗虫性
			Bt transgenic rice	Bt 转基因水稻
	抗除草剂		herbicide resistance	抗除草剂
	提高产量		yield traits	产量性状
	品质改良		grain quality	谷粒质量
			starch	淀粉
			iron	铁
	生理生化		flower development	花发育
			plant height	株高
			dwarf	矮秆
			photosynthesis efficiency	光合效率
	不育		cytoplasmic male sterility	胞质雄性不育
转基因水稻生物安全			gene flow	基因漂移

4.3.2.3 近三年出现的新主题

转基因水稻论文近三年新出现的、频率较高①的 12 个关键词（表 4-3）表明，①在研发抗稻瘟病水稻品种中开始重点从稻瘟病菌本身入手进行研究；②转基因水稻研发的新目标有应对全球气候变暖、利用植物生物反应器生产疫苗、提高水稻的氮利用率和光合效率；③在转基因水稻相关技术方面，最新引入了实时定量 PCR、RNA 干扰技术和激活标记技术（是一种植物基因克隆与基因功能鉴定的重要方法）等；④新育成的 NERICA 水稻（是一种非洲稻新种质，是亚洲稻和非洲稻两个不同品种杂交的产物）被作为转基因水稻研发的重要种质资源；⑤一种新的转基因食品检测技术 SAFOTEST 应用于转基因水稻的检测。

表 4-3 近三年转基因水稻论文中新出现的出现频率较高的 12 个关键词

关键词编号	关键词（英文）	关键词（中文）
1	*Magnaporthe oryzae*	稻瘟病菌
2	quantitative real-time PCR	实时定量 PCR
3	high temperature stress	高温胁迫
4	siRNA	小 RNA 干扰
5	SAFOTEST	一种转基因食品检测新技术
6	tryptamine pathway	色胺路径
7	vaccine	疫苗
8	miRNA	微小 RNA
9	NERICA	NERICA 水稻品种
10	nitrogen use efficiency	氮利用率
11	chlorophyll	叶绿体
12	activation-tagging	激活标记

4.3.2.4 各年度研究主题的关联强度

基于 1988 ~ 2008 年世界转基因水稻的研究主题，分别对论文发表年、重要国家/地区及国际重要研究机构进行关联对比分析，以反映各年度、各国家/地区及各机构间的研究主题关联强度和特征。此部分先对论文发表年进行分析，对重要国家/地区及国际重要研究机构的分析见其他部分。

基于研究主题的年度关联可视化图（图 4-7）显示，2000 ~ 2008 年的研究主题间具有较强的相关性，关联程度较高，构成了一个大的研究网络。1996 年、1997 年和 1999 年的研究主题的关联程度也较高，并独立于上述大网络之外不远处，而 1990 ~ 1995 年各自独立地散在图的一侧，彼此之间以及与其他年份都没有联系。所以，总体表明研究主题的相关性在随着年代而变化，基本上可以划分为三个阶段：1990 ~ 1995 年间彼此几乎不相关；1996 ~ 1999 年（不含 1998 年）相关性较强，构成一个研究小网络；2000 ~ 2008 年研究主题关联化程度高，构成了一个错综复杂的大网络。表明在转基因水稻研究领域，研究主题间的关联性在加强，愈来愈趋于稳定。

① 出现频率在 4 ~ 8 之间

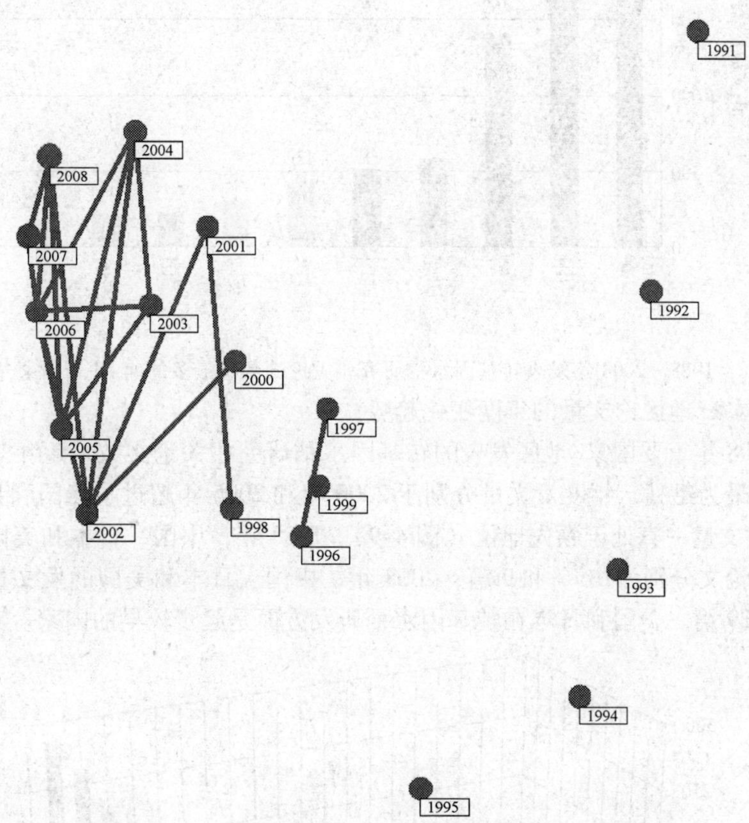

图 4-7 基于研究主题（关键词）的时间关联可视化图

4.3.3 重要国家/地区转基因水稻研究相关论文分析

4.3.3.1 论文产出及其年度变化趋势

1）重要国家/地区的论文总量

1988～2008 年发表转基因水稻研究相关论文数量最多的前 10 个国家/地区依次是日本、中国、美国、印度、韩国、菲律宾①、英国、德国、法国和中国台湾。其中，日本的

① 菲律宾之所以进入了前 10 名是因为国际水稻研究所的总部设在菲律宾，该所发表的论文占菲律宾发文量的 95%，见下文分析

发文量最多，达 2285 篇，占世界转基因水稻研究相关论文总量的 30.2%；中国的发文量为 1757 篇，占世界转基因水稻研究相关论文总量的 23.23%；美国的发文量是 1403 篇，占 18.55%（图 4-8）。

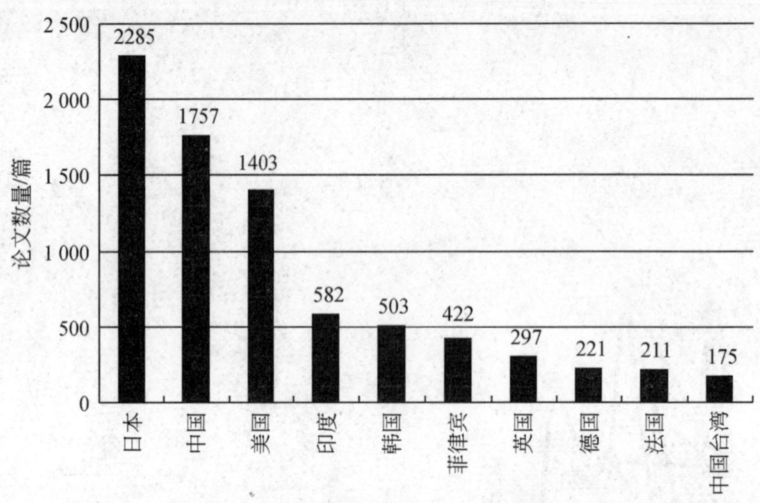

图 4-8 1988～2008 年发表转基因水稻研究相关论文数量最多的前 10 个国家/地区

2）重要国家/地区论文量的年度变化趋势

1988～2008 年重要国家/地区发表的转基因水稻研究相关论文数量逐年呈上升增长态势。中国增势最为迅猛，年度发文量分别于 2000 年和 2005 年超过了美国和日本，2006～2008 年年度发文量一直处于领先地位（图 4-9）。1988 年，中国、日本和美国发表转基因水稻研究相关论文分别为 0、7 和 9 篇；2008 年，中国、日本和美国的发文量分别达到了 294、214 和 129 篇。美国和日本在转基因水稻研发方面是起步较早的国家。

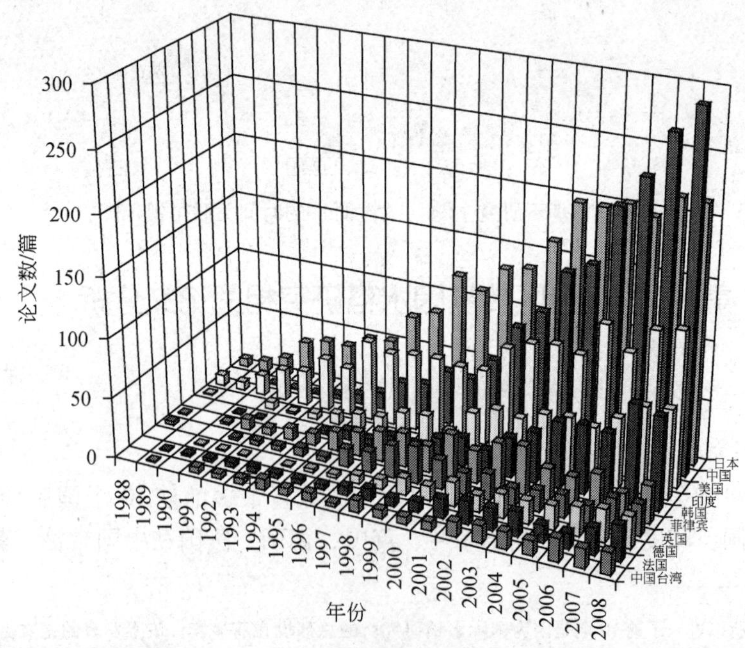

图 4-9 1988～2008 年重要国家/地区发表的转基因水稻研究相关论文数量的年度变化趋势

3）重要国家/地区 2006～2008 年的发文量及占各国/地区总发文量的比例

2006～2008 年，重要国家/地区在转基因水稻领域的研究普遍比较活跃，发表的相关论文的数量占 1988～2008 年发表论文总量的比例较高（图 4-10）。尤其是中国和韩国 2006～2008 年发表的相关论文分别占到了各国论文总量的 40% 以上，因此二者近三年的发文量较 1988～2008 年的发文总量排名都向前移动了一位，分别排在了第一位（799 篇）和第四位（215 篇），第二和第三名分别是日本和美国。1988 年就有转基因水稻研究相关论文发表的日本、美国和英国在 2006～2008 年的论文数所占的比例在 23% ～27% 之间。德国、印度、中国台湾和法国这三年的论文数所占的比例在 30% ～35% 之间。

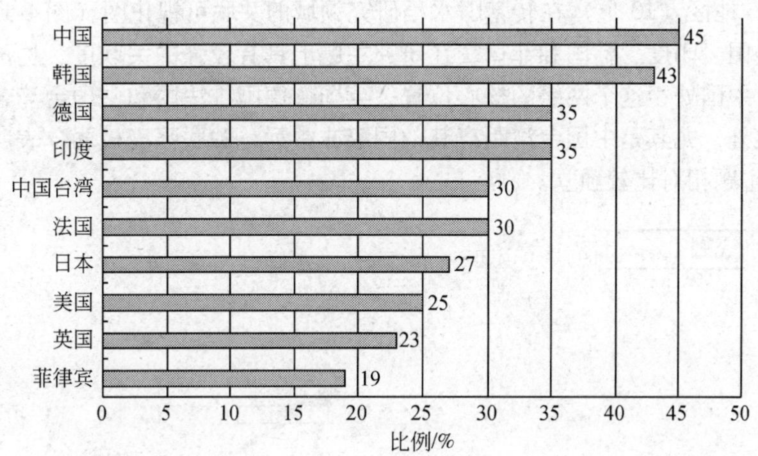

图 4-10 重要国家/地区 2006～2008 年转基因水稻研究相关论文数占各自 1988～2008 年转基因研究相关论文总数的百分比

4.3.3.2 重要国家/地区的论文产出占世界相应论文产出的比例变化

由图 4-11 可见，1988～2008 年日本转基因水稻研究相关论文数占世界同期转基因水稻研究相关论文数的比例一直在波动中保持着较高的水平（20% 以上），1998～2005 年达

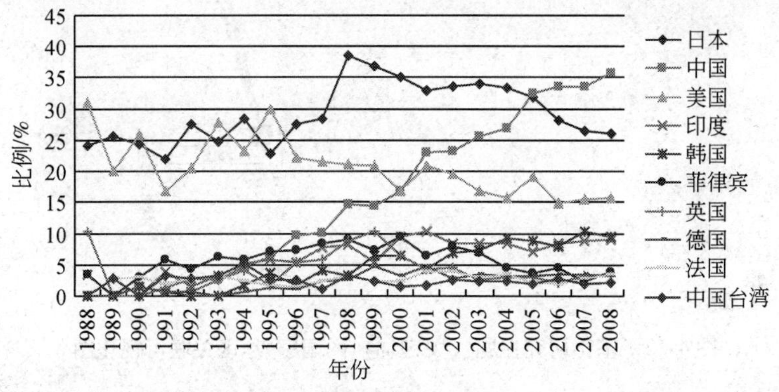

图 4-11 1988～2008 年重要国家/地区转基因水稻研究相关论文数量占世界同期转基因水稻研究相关论文数量的比例变化趋势

到30%以上。美国1988年转基因水稻研究相关论文数占世界转基因水稻研究相关论文数的比例高达31%，此后一直在波动中趋于下降，从1989~2002年的20%以上，下降到了2003~2007年的20%以下，并在2008年降为16%。中国从1988年占世界转基因水稻研究相关论文总量的比例为0直线上升到2008年的36%。印度和韩国的这一比例分别从1988年的3%和0均上升到2008年的9%。其他国家/地区的这一比例除英国显著下降外，变化均不显著，在低比例范围内波动。

4.3.3.3 重要国家/地区研究主题的关联对比分析

重要国家/地区（10个）在转基因水稻研究领域的关联可视化图（图4-12）显示，中国、日本、美国、印度、韩国和菲律宾在研究主题上具有较强的关联度，构成了一个研究网络。其中，中国处于这个网络的核心位置。英国、德国、法国和中国台湾各自呈散点游离于该网络之外，尤其是中国台湾距离其他国家非常远，关联强度极弱，表明这4个国家/地区的研究主题相对比较独立。

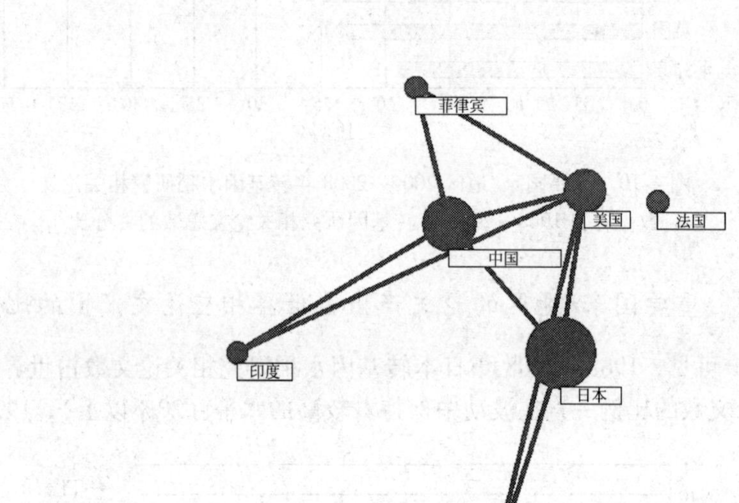

图4-12 基于研究主题（关键词）的国家/地区关联可视化图

各国转基因水稻研究相关论文出现的高频词（前三位）表明，抗稻瘟病转基因水稻是日本、美国、印度、韩国、德国和法国转基因水稻的研发重点，中国台湾的研究重点在改善水稻淀粉品质和提高水稻的耐盐性。中国、印度、菲律宾和英国则体现在转基因水稻的

相关技术研究。例如，中国和印度在基因定位与克隆中采用的标记技术主要是微卫星标记，英国采用的转基因方法主要是基因枪法。从可反映转基因水稻目标性状的特色关键词来看，日本主要集中在改良水稻的耐冻性、铁含量、耐热性及食用品质；中国主要集中在抗褐飞虱水稻、超级杂交稻、高赖氨酸水稻、高氮利用率水稻及改良水稻烹饪品质等方面；美国主要关注抗除草剂水稻研发；韩国和菲律宾分别关注耐冷和抗洪水稻研发。

4.3.4　国际重要研究机构转基因水稻研究相关论文分析

4.3.4.1　论文产出及其年度变化趋势

1）重要研究机构的论文产出

1988～2008 年转基因水稻研究相关论文数量排名前 15 位的研究机构中，日本的国立农业生物资源研究所排第一位，共发表论文 606 篇，占同期日本转基因水稻研究相关论文的 26.5%；中国科学院排第二位，发文 570 篇，占同期中国转基因水稻研究相关论文的 32.4%；排在第三位的是国际水稻研究所，发文量 401 篇，占菲律宾发文总量的 95%（表 4-4）。

在这 15 个重要研究机构中，日本的机构最多，占 6 个席位，其次是中国，占 5 个席位，美国占有 3 个席位。菲律宾则由于国际水稻研究所的总部设在那里而相当于占有 1 个席位。

表 4-4　1988～2008 年转基因水稻研究相关论文数量排名前 15 位的研究机构

排名	机构名称	所属国家	论文数量/篇	占所属国家转基因水稻研究相关论文的比例/%
1	日本国立农业生物资源研究所	日　本	606	26.5
2	中国科学院	中　国	570	32.4
3	国际水稻研究所	菲律宾	401	95.0
4	东京大学	日　本	358	15.7
5	浙江大学	中　国	269	15.3
6	名古屋大学	日　本	245	10.7
7	加利福尼亚大学	美　国	196	14.0
8	华中农业大学	中　国	178	10.1
9	科内尔大学	美　国	177	12.6
10	东北大学	日　本	148	6.5
11	美国农业部农业研究局	美　国	135	9.6
12	中国农业科学院	中　国	135	7.7
13	北海道大学	日　本	133	5.8
14	日本国立农业研究中心	日　本	125	5.5
15	武汉大学	中　国	107	6.1

2）重要研究机构论文产出的年度变化趋势

1988～2008 年重要研究机构发文量的年度变化趋势不一（图 4-13），主要可分为四类：第一类机构以中国科学院为代表，在转基因水稻领域研究起步较晚，但是增势迅猛，这些机构主要来自于中国，除中国科学院外还包括浙江大学、华中农业大学、中国农业科学院和武汉大学；第二类机构以日本国立农业生物资源研究所为代表，研究起步早，增势较大，但相对第一类比较平缓，包括东京大学、名古屋大学、美国农业部农业研究局；第三类机构是国际水稻研究所，在波动中呈显著下降趋势；第四类机构呈波动性变化，趋势不明显，包括有加利福尼亚大学、科内尔大学、日本东北大学、北海道大学及国立农业研究中心。

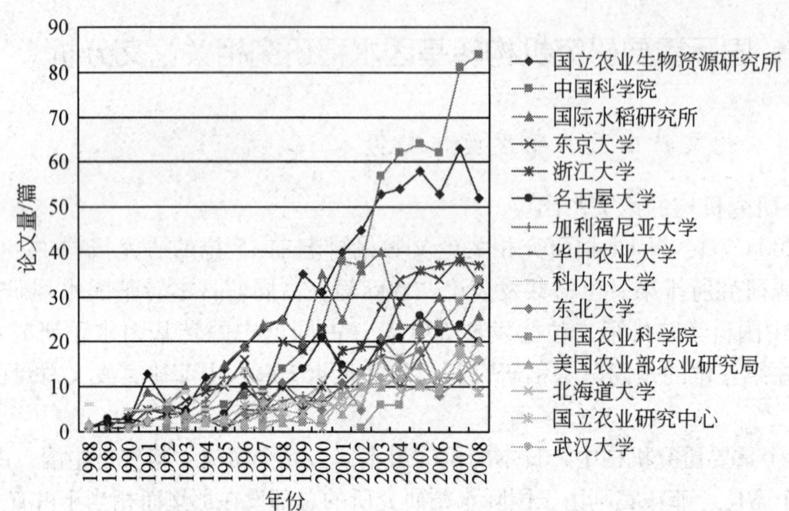

图 4-13　1988～2008 年 15 个重要研究机构转基因水稻研究相关论文数量年度变化趋势

3）重要研究机构 2006～2008 年的论文产出

2006～2008 年，重要研究机构发表的转基因论文数量及其排名见表 4-5。在这三年各机构的转基因水稻研究相关论文产出比例高低不一。其中，比例最高的是中国农业科学院，论文数占到了其 1988～2008 年转基因水稻研究相关论文总量的 64.4%。在其他机构中，一部分机构产出比例较高，在 30% 以上，如浙江大学、华中农业大学、美国农业部农业研究局和北海道大学；一部分机构比例适中（21%～30%），如日本国立农业生物资源研究所、东京大学、名古屋大学和东北大学；还有一些机构这三年的论文产出比例偏低，如国际水稻研究所、加利福尼亚大学和科内尔大学，比例均在 20% 或以下。

表 4-5　重要研究机构 2006～2008 年转基因水稻研究相关论文数及占 1988～2008 年转基因水稻研究相关论文总数的百分比

排名	重要研究机构	三年论文数	总论文数	三年论文产出百分比/%
1	中国科学院	227	570	39.8
2	日本国立农业生物资源研究所	168	606	27.7
3	浙江大学	112	269	41.6
4	东京大学	106	358	29.6
5	中国农业科学院	87	135	64.4
6	华中农业大学	79	178	44.4
7	国际水稻研究所	76	401	19.0
8	名古屋大学	66	245	26.9
9	美国农业部农业研究局	43	135	31.8

续表

排名	重要研究机构	三年论文数	总论文数	三年论文产出百分比/%
10	北海道大学	43	133	32.3
11	武汉大学	42	107	39.2
12	加利福尼亚大学	40	196	20.4
13	国立农业研究中心	40	125	32.0
14	东北大学	36	148	24.3
15	科内尔大学	34	177	19.2

4.3.4.2 国际重要研究机构研究主题的关联对比分析

国际重要研究机构（15 个）在转基因水稻研究领域的关联可视化图表明（图 4-14），国际水稻研究所、中国科学院、中国农业科学院、加利福尼亚大学、浙江大学、美国农业部农业研究局、华中农业大学、日本国立农业生物资源研究所、日本国立农业研究中心和

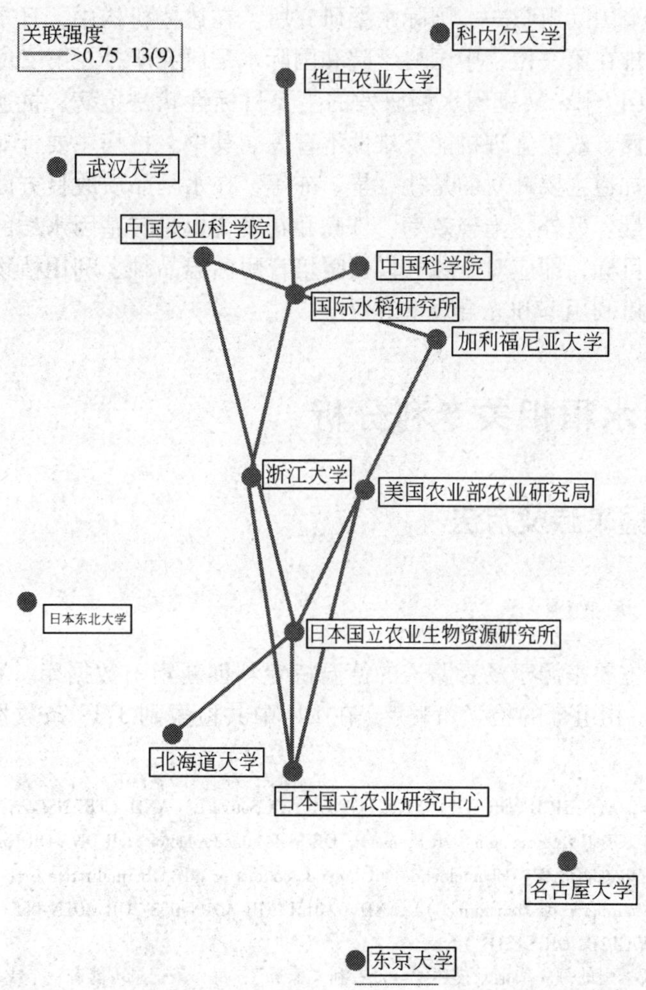

图 4-14 基于研究主题（关键词）的研究机构关联可视化图

北海道大学等 10 个机构的研究主题关联度比较强，构成了一个关联网络。该网络有两个中心，分别是国际水稻研究所和日本国立农业生物资源研究所。科内尔大学、武汉大学、东京大学、东北大学和名古屋大学等 5 个机构游离于上述网络之外，而且彼此之间也没有联系，表明各自的研究主题相对比较独立。

4.3.5 小结

（1）1988 ~ 2008 年间转基因水稻研究相关论文数量总体呈上升发展趋势。日本、美国、印度、韩国和中国是转基因水稻论文产出最高的国家；中国论文数量增长较快，2006 ~ 2008 年的年度发文量跃居世界第一。

（2）美国的转基因水稻研究相关论文产出占世界转基因水稻研究相关论文的比例在下降，日本、印度、韩国和中国的相应比例在上升，尤其是中国呈现直线上升态势。

（3）在转基因水稻研发领域有一些发挥重要作用的研究机构，主要来自日本、美国和中国，另外还有一个国际组织——国际水稻研究所。在这些机构中，日本国立生物资源研究所的总论文产出排在第一位，中国科学院和国际水稻研究所排在第二位。

（4）自 1988 年以来，转基因水稻研发的主要目标性状是抗病、抗逆、抗虫、抗除草剂、高产、品质改良、改善生理机能及雄性不育等。其中，抗病主要针对稻瘟病、白叶枯病和抗纹枯病等，抗逆主要针对的是盐、旱、冻等，在水稻品质改良方面研究最多的是提高淀粉品质和含铁量。另外，光合效率、株高和花发育也是转基因水稻的改良目标。近三年出现了新的研发目标，即应对全球气候变暖培育耐高温品种、利用植物生物反应器生产疫苗、提高水稻的氮利用率和光合效率等。

4.4 转基因水稻相关专利分析

4.4.1 数据来源及方法

4.4.1.1 数据来源

本次分析数据主要来源于汤森路透的德温特专利创新索引数据库。利用关键词和 IPC（国际专利分类号）相组合的检索策略[①]，在 DII 中共检索到 3719 条数据[②]（检索日期为

① 检索策略：TS =（（（RICE * OR WILD RICE * OR ORYZA Sativa L）AND（TRANSGEN * OR CLON * OR GENES OR GENE OR GEN * LOC * OR DNA Fragment * OR Promotor * OR Molecular Promotor * OR DNA OR Nucleotide * OR Genetically Modified Plants OR GMO OR GMOS OR Polynucleotide OR Polynucleotides or qtl * OR qualitative trait * OR GM OR Genetically Modified OR Genetically Engineered or Transformed））AND（A01H * OR A01N-063 * OR A01N-065 * OR C07H * OR C07K * OR C12M * OR C12N * OR C12P * OR C12Q *））

② 德温特专利创新索引的每一条记录描述了一个专利"家族"，每一条记录可能有一个或多个专利号码，这代表了这个专利"家族"的成员。为了区分，本文中对一个专利家族称为一项专利，对专利家族中的专利成员则使用"件"来表示

2009 年 12 月 14 日）。

4.4.1.2　分析方法

利用汤森路透的专利分析工具——汤森数据分析器进行，从专利年度申请趋势、专利受理国家/地区、申请机构、技术领域、技术发展趋势以及相关机构的专利保护策略等角度对国际转基因水稻研究相关专利数据进行了统计与文本挖掘分析①。并对 DII 专利数据中被引频次排名第 1 位的专利，利用汤森路透的 Aureka 对其进行了前引和被引分析，从技术领域布局、技术演化等角度对其相关专利数据进行了分析。

4.4.2　专利数据统计分析

4.4.2.1　转基因水稻相关专利数量年度变化

图 4-15 为 DII 收录的转基因水稻相关专利申请数量年度变化情况。从整体上看，专利数量呈逐年上升趋势。其中，1998 年增长率最高，并且可以分成两个阶段：第一阶段从 1981～1997 年，尤其是 1981～1989 年，专利数量增长缓慢；第二阶段从 1998 年以后开始出现突变，然后进入了一个相对平稳的时期。如果考虑到专利时滞，2008 年和 2009 年的专利数量不作分析仅供参考，从 1998 年以后，除了 2002～2004 年专利数量有所下降外，其他年份基本维持在 300 项以上，2007 年最高为 358 项。

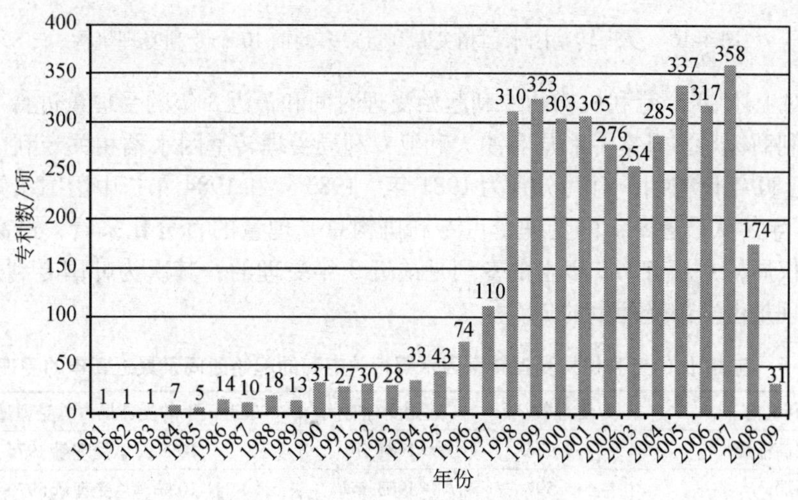

图 4-15　转基因水稻年专利申请趋势

① 以下文中如果没有特别说明，全部按照专利优先权申请进行统计。专利优先权：按照《保护工业产权巴黎公约》，在缔约国提出专利申请时，专利申请人有权要求将首次申请日期作为其后同一主题申请专利的日期。首次申请日期称为优先权日。设立优先权日的意义在于为专利新颖性和创造性的判断提供时间基准

4.4.2.2 受理专利申请最多的专利机构分析①

图4-16为受理转基因水稻相关专利数量排名前10位的专利机构，依次为：美国专利商标局（US）、日本专利局（JP）、中国国家知识产权局（CN）、欧洲专利局（EP）、加拿大专利局（CA）、韩国专利局（KR）、英国专利局（GB）、澳大利亚专利局（AU）、德国专利局（DE）和法国专利局（FR）。所受理的专利申请占全部专利申请的90%以上。从受理数量来看，大致可将上述专利机构划分为3个层次。美国专利商标局受理的专利数量最多，为1976件，远远领先于其他专利机构，位于第一层次；日本专利局和中国国家知识产权局位于第二层次，受理专利数量在500～600件之间；其他专利局受理的数量相对较少，一般小于300件，可归为第三层次。

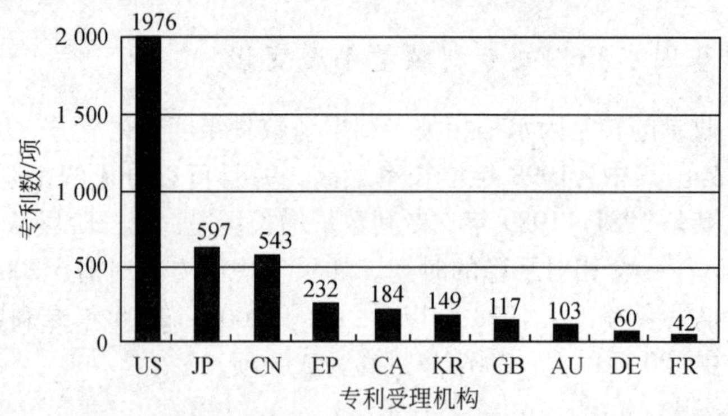

图4-16 受理转基因水稻相关专利量最多的前10个专利受理机构

表4-6对上述10个专利机构的专利起始受理时间和最近3年的受理量进行了统计。可见，美国专利商标局、日本专利局和澳大利亚专利局受理转基因水稻相关专利申请的时间始于20世纪80年代初期，时间分别为1981年、1983年和1984年；中国国家知识产权局开始于1988年。从最近3年的受理量占专利机构总受理量的百分比来看，最高的是中国国家知识产权局，并且有1/3以上的专利是最近3年受理的；其次为韩国专利局，最近3年的专利受理量占全部受理量的28%。

表4-6 前10位的专利机构受理转基因水稻相关专利的起始时间及最近3年的受理量

专利机构	受理数/项	起始受理时间	最近3年的受理量占总受理量的百分比
美国专利商标局	1 976	1981年	10%（总受理量1976）
日本专利局	597	1983年	10%（总受理量597）
中国国家知识产权局	543	1988年	35%（总受理量543）
欧洲专利局	232	1986年	20%（总受理量232）
加拿大专利局	184	1990年	10%（总受理量184）
韩国专利局	149	1998年	28%（总受理量149）

① 专利机构可能是某个国家的专利局，也可能是专利组织（如世界知识产权组织等），不同的机构实际上代表了专利权所覆盖的不同地域范围

续表

专利机构	受理数/项	起始受理时间	最近3年的受理量占总受理量的百分比
英国专利局	117	1986年	6%（总受理量117）
澳大利亚专利局	103	1984年	3%（总受理量103）
德国专利局	60	1992年	7%（总受理量60）
法国专利局	42	1995年	2%（总受理量42）

图4-17为前10位专利机构受理转基因水稻相关专利数量年度分布。可以看出，美国专利商标局于1981年就已经开始受理转基因水稻相关专利，开始受理的时间最早；1986年，受理量开始明显增多；1998年，受理量开始大幅度增加，远远超过其他专利机构；2007年，受理量达到413件。日本专利局于1983年开始受理转基因水稻相关专利申请，1998年，受理量开始增加，2001年和2002年受理量达到顶峰，均为63件；中国国家知识产权局从1988年开始受理转基因水稻相关专利的申请，从1998年开始，受理量开始大幅度增加，数量基本稳定在40件以上，并于2008年达到顶峰，为95件（由于时滞原因，数据可能不完整）。

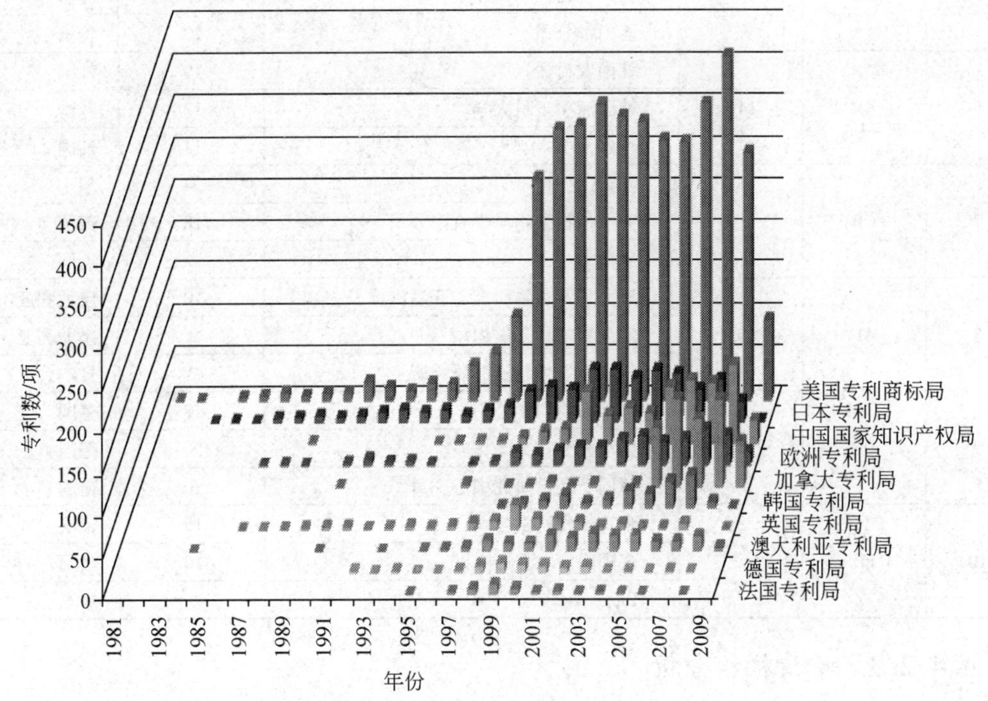

图4-17 前10位专利机构受理转基因水稻相关专利数量年度分布

表4-7列出了上述10个专利机构中排名前3位的申请机构。可以看出，除德国巴斯夫公司在美国专利商标局、德国巴斯夫在加拿大、日本国立农业生物资源研究所在澳大利亚以及德国拜耳在法国等申请水稻专利外，其他申请机构均以本国申请为主。

表 4-7 前 10 位专利受理机构中的主要申请机构

排名	专利机构	数量/件	主要申请机构情况		
			名称	申请数量	国别
1	US	1 976	杜邦公司	494	美国
			孟山都公司	193	美国
			巴斯夫公司	153	德国
2	JP	597	日本农业生物资源研究所	168	日本
			日本三井株式会社	48	日本
			日本烟草公司	43	日本
3	CN	543	浙江大学	73	中国
			华中农业大学	51	中国
			中国科学院遗传与发育学研究所	35	中国
4	EP	232	巴斯夫公司	95	德国
			拜耳作物科学公司	28	德国
			先正达公司	10	瑞士
5	CA	184	巴斯夫公司	47	德国
			杜邦公司	23	美国
			孟山都公司	13	美国
6	KR	149	韩国农村振兴厅	19	韩国
			韩国浦项工科大学	13	韩国
			首尔大学	11	韩国
7	GB	117	先正达公司	34	瑞士
			英国植物生物科学有限公司	18	英国
			剑桥大学	8	英国
8	AU	103	澳大利亚谷物研究与开发机构	10	澳大利亚
			澳大利亚科工组织	9	澳大利亚
			日本农业生物资源研究所	9	日本
9	DE	60	拜耳作物科学公司	18	德国
			巴斯夫公司	8	德国
			德国于利希研究中心	3	德国
10	FR	42	拜耳作物科学公司	15	德国
			法国国家农业研究院	10	法国
			Biogemma	6	法国

4.4.2.3 申请机构分析

依据 DII 专利数据对转基因水稻研究领域优先权专利申请量位居前 10 位的申请机构及申请数量进行了分析（图 4-18）。可以看出，美国杜邦、德国巴斯夫、美国孟山都 3 家世界知名大公司位居前 3 位；日本国立农业生物资源研究所排在第 4 位；瑞士先正达和德国拜耳分别排在第 5 和第 6 位；中国的浙江大学和华中农业大学分别排在第 7 和第 8 位；排在第 9 位的是美国加利福尼亚大学；排在第 10 位的是日本三井集团。从申请数量上看排在第 1 位的杜邦公司，其专利申请量为 508 项，远远领先于其他机构，是第 2 名巴斯夫

(201 项）的 2 倍多。另外，从申请机构所属国别上还可以看出，美国的转基因水稻相关专利申请机构主要是大公司（2 家公司，1 所大学）；德国为 2 家公司；日本主要是 1 家国立科研机构和 1 家公司；而我国则主要是 2 所大学，说明这 4 个国家中实施转基因水稻技术研发的主体是不同的。

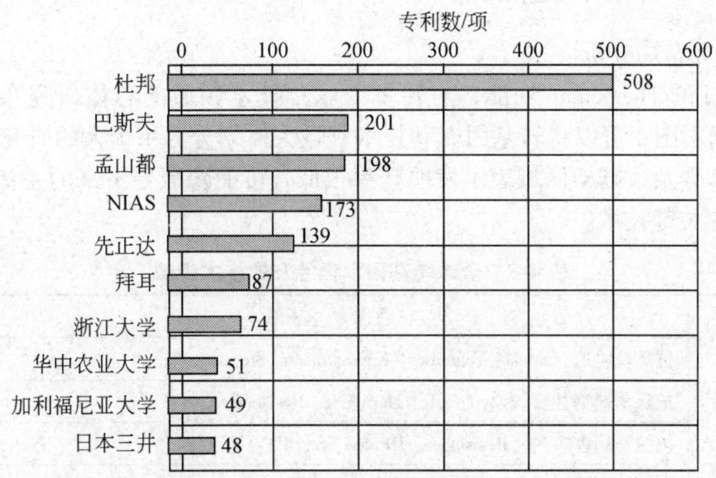

图 4-18 转基因水稻相关专利申请量位居前 10 位的申请机构

这 10 个申请机构专利申请数量的年度分布见图 4-19。从申请专利的起始时间看，孟山都公司起始于 1985 年，起始时间最早；其次为美国杜邦公司和日本国立农业生物资源研究所，起始时间均为 1986 年；中国的华中农业大学起始时间为 1995 年，浙江大学起始时间最晚，为 2000 年。从年度申请量看，1997～2003 年，尤其是 1998 年，杜邦公司专利申请数量一直处于领先地位；其次为巴斯夫公司，其在 2007 年的申请量明显超过了杜邦公司。

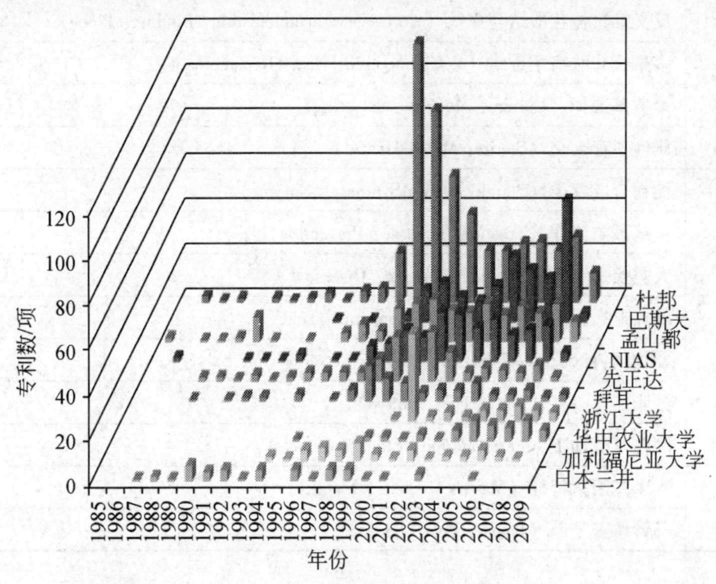

图 4-19 转基因水稻相关专利申请量最多的前 10 位申请机构的专利年度分布

注：NIAS-日本国立农业生物资源研究所

4.4.3 转基因水稻涉及的技术领域分析

4.4.3.1 研究布局分析

1）总体研究布局分析

利用 Aureka 的 Thememap 功能，对转基因水稻技术领域的总体研究布局进行了分析（彩图 4）。根据彩图 4 可以将转基因专利技术领域大体划分为 4 个大的研究方向（表 4-8）。彩图 4 中边缘部分及大陆架区域表示发明频率很低，可能隐藏着将来的主流技术，甚至是即将崛起的新的关键技术。

表 4-8 全球转基因水稻涉及的技术领域

研究方向	主要技术领域	主要区域
水稻抗逆领域（包括抗非生物胁迫和抗/杀害虫等生物胁迫等）	抗环境胁迫（Stress：Tolerance：Environmental Stress）	
	抗除草剂草甘膦（Glyphosate：Herbicide：Resistance）	
	抗植物病害序列（Resistance：Disease：Seq ID）	
	抗虫或杀虫（Insect：Insecticidal：Resistant）	
	抗病杀虫（Resistance：Disease：Controlling Pests）	
	杀虫活性 DNA 序列构建（Seq ID：DNA Construct：Pesticidal Activity）	
	cDNA 文库片段（cDNA：Libraries：Fragments）	
基础性研究	引物 PCR 检测（Primers：PCR：Detecting）	
	重组子的选择鉴定（Selecting：Identifying：Recombinant）	
	表达盒特征及杂交条件（Identity：Expression Cassette：Hybridization conditions）	
	反义寡聚核苷酸结合探针（Antisense Oligonucleotide：Binding：Probe）	
	多聚核苷酸宿主重组（Polynucleotide：Host：Recombinant）	
	培养基选择（Culture：Medium：Selecting）	
	雄性不育杂交（Sterile：Male：Hybrid）	
水稻品质改良等	淀粉合成酶类（Starch：Starch Synthase：Enzyme）	
	疾病预防治疗（Treating：Disease：Preventing）	
	人类疾病治疗（Treating：Human：Disease）	
	叶片形态建成序列（Seq ID：Construct：Leaf）	
	动物饲料（Feed：Food：Animal）	
	油脂品质改良（Fatty：Oil：Altered）	
	酒精发酵加工（Fermentation：Ethonal：Process）	
可能会应用在水稻中的一些技术等	玉米基因盒特征（Maize：Cassette：Identity）	
	马铃薯玉米糖（Potato：Maize：Sugar）	

2）美国、日本和中国受理转基因水稻相关专利的技术领域

彩图 5～7 分别显示的是美国（专利商标局）、日本（专利局）和中国（知识产权局）

受理专利基因水稻专利景观图。从彩图5可以看出，美国受理的转基因水稻相关专利的技术领域主要包括：玉米糖（Corn：Sugar：Maize）、动物饲料（Food：Animal：Feed）、抗环境胁迫（Tolerance：Stress：Tolerance Environmental Stress）、控制害虫序列（Pest：Controlling：Seq ID）、反义寡聚核苷酸抗体探针（Antisense Oligonucleotide：Antibody：Probe）、膳食油脂序列（Seq Id：Oil：Meal）、籽油与耐性筛选（Seed oil：Screening：Tolerance）、食品淀粉改良（Strach：Food：Modified）、产量控制突变（yield：Control：Vairant）、耐环境胁迫序列（Stress：Tolerance：Seq ID）、cDNA文库探针（cDNA：Libraries：Probe）、计算机鉴定系统（Computer：Identifying：System）、形态建成的生理机制（Morphological：Physiological：Metabolism）、亲本雄性不育（Male：Male Sterile：Parent）、抗线虫序列（Nematode：Capable：Seq Id）、抗除草剂序列（Conferring resisitance：Herbicide Resistance：Seq Id）、RNA调控抑制（RNA：Modulating：Inhibiting）、基因表达盒的默认决定参数（Determined：Expression Cassette：Default Parameters）等。

从彩图6可以看出，日本专利局受理的转基因水稻相关专利的技术领域主要包括：再生植株抗病性（Resistance：Disease：Regenerating）、增加合成酶类型（Synthase：Type：increased）、温度响应启动子（Temperature：Transgenic：Promoter）、标记扩增引物（Marker：Amplifying：Primer）、繁殖能力控制筛选（Controlling：Selecting：Regenerating Ability）、源自遗传工程的启动子（Promoter：Derived：Genetic Engineering）、抗条纹病（Oligonucleotide：Extracted：Stripe Disease）、抑制作物病害（Inhibition：Resistance：Crops）、抑止繁殖材料繁殖（Inhibiting：Regeneration：Propagative Material）、RNA转录的再生植株（Regenerating Plant：RNA：Transcription）、转录抑制因子（Peptide：Transcription：Transcription Inhibitory Factor）、雄性不育的获得（Male：Male Sterility：Obtd）、原生质培养优化（Protoplast：Cultured：Pref.）、愈合组织培养基（Culture：Medium：Callus）、病害预防治疗（Treating：Preventing：Disease）、杂交严谨性序列的删除替换（Seq Id：Hybridizing Stringent：Deletion Substitution）、多聚核苷酸的插入增加和替换删除等（Polynucleiotide：Insertion Addition：Substitution Deletion Insertion）等。

从彩图7可以看出，中国受理的转基因水稻相关专利的技术领域主要包括：由水稻胚乳cDNA文库构建的生物芯片（Biochip：Rice Albumen cDNA：cDNA Library Obtained）、水稻胚乳基因芯片技术（Gene Chip：Technique：Rice Endosperm）、胚乳启动子（Endosperm：Promoter：Producing）、杂交水稻恢复系（Line：Hybrid Rice：Line Restorer Line）、雄性不育杂交系（Sterile：Line：Hybridzing）、可育转基因水稻（Fertility：Encoding：Sativa）、抗病基因序列（Gene Encoding：Transforming：Resistance）、分子遗传比较（Molecular：Genetic：Marker）、品质育种中的选择（Selecting：Breeding：Quality）、抗寒筛选（Detected Template：Strip Band Size：Screening Cold Resistant）、抗性相关基因片段（Fragment：Resistance：Related）、载体终止子构建（Constructing：Terminator：Vector）、细胞载体编码（Encoding：Vector：Cell）、抗逆基因编码（Tolerance：Encoding：Stress）、增产序列（Yield：Bp Seq：Increasing）、调控谷粒的氨基酸（Grain：Controlling：Amino）、遗传工程诱导启动子（Promoter：Induced：Engineering）、胚乳分支酶（Content：Branching Enzyme：Endosperm）等。

4.4.3.2 技术领域分析

国际专利分类号（IPC）包含了专利的技术信息，通过对转基因水稻相关专利进行基于 IPC 的统计，可以了解专利的技术领域、技术重点。表 4-9 列出了转基因水稻研究领域专利申请的前 10 位技术分类。可以看出，本领域专利主要集中在 C12N 类（微生物或酶；其组合物；繁殖、保藏或维持微生物；变异或遗传工程等），其次是关于新植物或获得新植物的方法的 A01H。

表 4-9 转基因水稻相关专利申请位居前 10 位的技术（根据 IPC 小类）

序号	IPC 分类号	专利数量/件	技术领域
1	C12N	3361	微生物或酶，其组合物，繁殖、保藏或维持微生物，变异或遗传工程，培养基
2	A01H	2574	新植物或获得新植物的方法，通过组织培养技术的植物再生
3	C07K	1071	肽
4	C07H	1025	糖类及其衍生物、核苷、核苷酸、核酸
5	C12Q	863	包含酶或微生物的测定或检验方法、其所用的组合物或试纸、这种组合物的制备方法、在微生物学方法或酶学方法中的条件反应控制
6	C12P	628	发酵或使用酶的方法合成所需要的化合物或组合物或从外消旋混合物中分离旋光异构体
7	A01N	350	人体、动植物体或其局部的保存；杀生剂，如作为消毒剂，作为农药，作为除莠剂；害虫驱避剂或引诱剂；植物生长调节剂
8	A61K	265	医用、牙科用或梳妆用的配制品
9	G01N	220	借助于测定材料的化学或物理性质来测试或分析材料
10	C12R	155	与涉及微生物之 C12C 至 Q 或 S 小类相关的引得表

从技术领域分布的年度变化来看（图 4-20），C12N 类和 A01H 类相关专利不仅申请的时间较早，而且申请量也一直保持较高的状态。从时间上看，C12N 技术领域的专利申请量最高值出现在 2007 年；A01H 技术领域的专利申请量最高值出现在 1999 年。

为进一步揭示技术细节，表 4-10 列出了根据 IPC 小组进行的技术分类统计。可以看出，突变或基因工程用于植物细胞（C12N-015/82）是专利申请的重点，其次是被子新植物及其获得方法（A01H-005/00）。此外，除 C12Q-001/68（包含酶或微生物的测定或检验方法；其组合物；这种组合物的制备方法；包括核酸）和 C07K-014/415（具有多于 20 个氨基酸的肽；促胃液素；生长激素释放抑制因子；促黑激素；其衍生物——来自植物）申请活动分别始于 1988 年和 1989 年外，其他 8 个专利技术领域的相关专利申请活动均开始较早，约从 20 世纪 80 年代中前期开始，并一直持续到现在。从各技术领域最近 3 年的申请量占总量的比例发现，C07K-014/415、A01H-001/00 和 C12N-015/09 相对比较活跃，一般在 16% 以上。

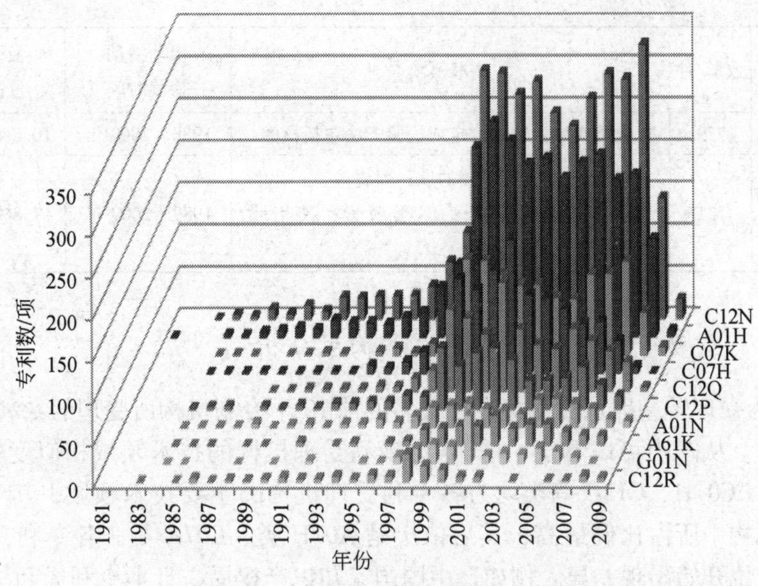

图 4-20　转基因水稻相关专利技术领域年度分布

表 4-10　专利申请量位于前 10 位的专利技术及其申请情况（根据 IPC 小组）

IPC 分类	数量/件	技术领域	申请活动持续时间	最近 3 年的申请量占总量的比例
C12N-015/82	2 109	突变或基因工程用于植物细胞	1984～2009 年	12.8%（总量 2109）
A01H-005/00	2 013	新植物或获得新植物的方法；通过组织培养技术的植物再生——有花植物，即被子植物	1984～2009 年	12.5%（总量 2013）
A01H-001/00	1 316	新植物或获得新植物的方法；通过组织培养技术的植物再生——改良基因型过程	1984～2008 年	17.3%（总量 1316）
C12N-015/29	1 106	未分化的人类、动物或植物细胞，如细胞系、组织；它们的培养或维持；其培养基——植物细胞或组织	1984～2009 年	14.8%（总量 1106）
C12N-015/09	1 046	DNA 重组技术	1985～2008 年	16.1%（总量 1046）
C12N-005/10	962	新植物或获得新植物的方法；通过组织培养技术的植物再生——有花植物，即被子植物的种子	1985～2009 年	9.3%（总量 962）
C07H-021/04	906	含有两个或多个单核苷酸单元的化合物，具有以核苷基的糖化物集团连接的单独的磷酸酯基或多磷酸酯基——以脱氧核糖基作为碳化物集团	1984～2008 年	8.5%（总量 902）
C12N-005/04	838	未分化的人类、动物或植物细胞，如细胞系、组织；它们的培养或维持；其培养基——植物细胞或组织	1984～2008 年	9.3%（总量 838）

续表

IPC 分类	数量/件	技术领域	申请活动持续时间	最近3年的申请量占总量的比例
C12Q-001/68	779	包含酶或微生物的测定或检验方法包括核酸	1988～2009年	10.8%（总量779）
C07K-014/415	721	具有多于20个氨基酸的肽；促胃液素；生长激素释放抑制因子；促黑激素；其衍生物——来自植物	1989～2009年	17.8%（总量721）

4.4.3.3 重要专利受理机构的技术构成分析

图4-21为受理转基因水稻相关专利最多的前10个专利机构所受理的专利在10个技术方向上的分布。从图中可以看出，前10位专利受理机构的技术领域相似度较高，C12N、A01H、C07K、C07H、C12Q等类均为各专利受理机构的主要技术领域，其中C12N类在各专利受理机构中所占比例最高，其后依次是A01H类、C07K类。各专利受理机构的技术领域从第4位开始出现差异。例如，中国国家知识产权局、日本专利局和法国专利局更集中于C12Q类，而美国专利商标局、澳大利亚专利局和德国专利局更集中于C07H类。排名靠后的5个技术领域在各专利受理机构中所占比例表现出很大差异，日本专利局、法国专利局、欧洲专利局、德国专利局和英国专利局等主要集中在C12R类（主要涉及微生物等），中国国家知识产权局主要集中于G01N类（借助于测定材料的化学或物理性质来测试或分析材料）。

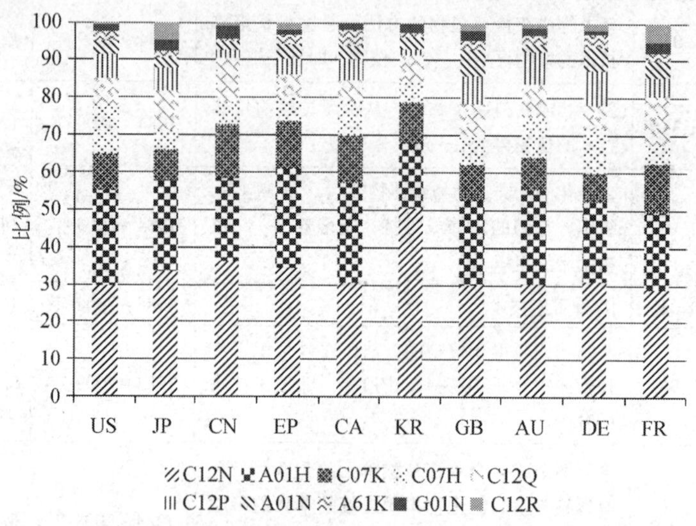

图4-21 转基因水稻相关专利前10位专利受理机构的技术构成比例

4.4.3.4 申请机构专利领域技术分布

专利申请数量最多的前10个机构在20个方向上的专利数量分布见表4-11。可以看出，这10个机构申请数量多集中在变异或遗传工程（C12N）、新植物或获得新植物的方法（A01H）、肽（C07K）等3个方向上。其中，杜邦公司在这3个方向上的申请数量均为世界第1，巴斯夫公司在C12N和C07K方向上仅次于杜邦公司，而孟山都公司在A01H方向上仅次于杜邦。除此之外，杜邦公司在糖类及其衍生物和核酸（C07H）、发酵或使用酶的方法合成所需要的化合物或组合物或从外消旋混合物中分离旋光异构体（C12P）两个方向上的专利数量也为世界第1。申请量排名第7位的浙江大学在借助于测定材料的化学或物理性质来测试或分析材料（G01N）、酶学或微生物学装置（C12M）方向上申请量为世界第1；在测量或测试过程，包括酶、微生物、化合物（C12Q）方向上的申请量排名占世界第3；但在C12P、A61K（医用、牙科用或梳妆用的配制品）和C12R（与涉及微生物之C12C至C12Q或C12S小类相关的引得表）方向上没有申请。华中农业大学的申请主要集中于C12N、A01H和C07K方向上，在其他方向上数量较少。

表4-11 转基因水稻相关专利申请最多的前10个机构在20个方向上的专利分布

排序	专利代码	杜邦	巴斯夫	孟山都	NIAS	先正达	拜耳	浙江大学	华中农大	加利福尼亚大学	日本三井
1	C12N	483	199	180	168	119	77	64	47	46	46
2	A01H	408	165	178	143	97	63	21	28	40	35
3	C07K	200	86	52	54	61	24	14	15	11	5
4	C07H	263	41	88	33	50	28	43	2	14	3
5	C12Q	150	30	37	58	42	22	44	1	8	14
6	C12P	118	9	31	34	31	18	0	1	6	4
7	A01N	36	22	34	10	36	24	1	2	3	3
8	A61K	29	4	16	9	13	5	0	0	4	0
9	G01N	20	6	13	11	18	4	41	1	2	2
10	C12R	6	5	4	15	11	6	0	0	1	10
11	A23L	7	2	9	11	5	10	2	0	1	2
12	A01P	7	3	11	4	12	7	1	2	0	1
13	A61P	1	1	2	6	4	2	0	0	3	0
14	C12M	0	0	2	3	0	0	38	0	0	0
15	A23K	11	1	13	1	2	2	0	0	1	0
16	A01G	1	0	2	10	1	1	2	0	0	2
17	C08B	8	2	0	3	1	18	0	0	0	0
18	A01K	6	0	1	0	4	0	1	0	0	1
19	G06F	6	0	0	2	5	1	0	0	0	0
20	A21D	2	0	0	0	2	4	0	0	2	0

4.4.3.5 技术发展趋势分析

图4-22为转基因水稻专利技术种类年度分布图，图中黑色部分为当年和此前已经存在的专利技术种类，斜线部分为当年新出现的专利技术种类。可以看出，除少数几年外，

转基因水稻技术种类的数量总体呈增长趋势，尤其是 1998 年以后整体跃上了一个新阶段。这些现象反映出转基因水稻技术领域不断扩大，已有技术更趋成熟。从每年新出现的专利技术种类所占比重来看，新技术是有限的，说明转基因水稻技术开发方向目前相对稳定，新的技术方向和突破还未出现。

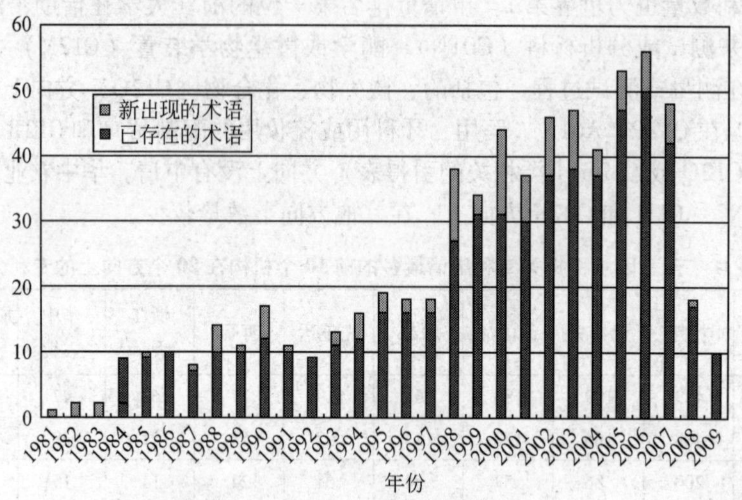

图 4-22　转基因水稻技术种类年度分布图

表 4-12 列出了近 3 年（2007 ~ 2009）转基因水稻专利技术中，首次出现的技术分类。

表 4-12　2007 ~ 2009 年出现的技术类

技术类	含义
B02B	碾磨谷物的准备；靠加工表壳将谷粒精制为商品（直接由谷物制成生面团入 A21C；谷物的保存或消毒入 A23B；果品的清净入 A23N；麦芽的制备入 C12C）
A24B	吸烟或嚼烟的制造或制备；烟草；鼻烟
C21C	生铁的加工处理，如精炼、熟铁或钢的冶炼（金属精炼或重熔一般入 C22B 9/00）；熔融态下铁类合金的处理
B31F	纸或纸板的机械加工或变形（一般切割、修剪入 B26；一般雕刻、刻痕入 B26D 3/08；制作不是完全由纸或纸板组成的层状产品入 B32B；纸或纸板的多层材料及其制造入 D21H）
A24D	雪茄烟；纸烟；烟油滤芯；雪茄烟或纸烟的烟嘴；烟油滤芯或烟嘴的制造
C01F	金属铍、镁、铝、钙、锶、钡、镭、钍的化合物，或稀土金属的化合物
C07J	甾族化合物

4.4.4　技术（市场）布局及申请机构专利保护策略分析

同族专利分布情况反映了各国和地区专利分布的情况，同时也反映出国际上对哪些国家和地区的市场比较重视（或有知识产权战略考虑）。

图 4-23 为转基因水稻同族专利的国家和地区分布。可以看出，除世界知识产权组织（WO）外，占份额较大的前 5 位依次是美国、澳大利亚、欧洲、中国和日本。

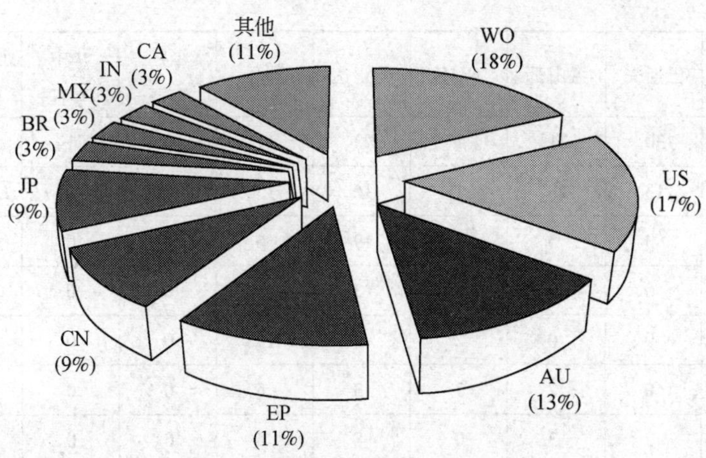

图 4-23 同族专利国家和地区分布

对专利申请活动覆盖的国家和地区分布情况进行分析，可以看出各专利申请机构的专利保护策略与市场动向。表 4-13 是对转基因水稻相关专利申请数量最多的前 10 个机构的统计，可以看出这些机构的国外专利保护策略有所不同。从整体来看，企业比科研机构更重视专利在国外地区的保护，其中，瑞士先正达公司和德国拜耳公司在所列出的 20 个国家中均申请了转基因水稻相关专利；美国的杜邦公司、孟山都、加利福尼亚大学和德国的巴斯夫公司也非常重视在国家和地区布局上进行布局。总体上，瑞士先正达、德国拜耳、美国杜邦、美国孟山都、加利福尼亚大学和日本 NIAS 等在世界各地的保护战略重点比较接近。中国的浙江大学、华中农业大学以及日本三井株式会社则主要以本国为主。

表 4-13 排名前 10 专利申请机构专利申请的保护区域分布

	杜邦	巴斯夫	孟山都	NIAS	先正达	拜耳	浙江大学	华中农大	加利福尼亚大学	日本三井
WO	349	192	152	63	119	72	1	5	38	0
US	428	106	165	67	82	56	1	1	37	2
AU	285	113	108	46	111	56	0	2	28	2
EP	238	143	111	36	91	60	1	3	16	2
CN	34	71	51	34	56	28	73	51	5	2
JP	54	23	27	166	62	31	1	0	7	48
BR	60	46	52	3	33	17	0	1	5	0
MX	82	51	39	0	23	14	0	0	7	0
IN	21	61	36	4	25	16	1	0	3	0
CA	49	51	18	18	11	11	0	0	2	0
KR	6	3	6	29	27	10	0	0	1	0
DE	34	22	24	14	17	31	0	0	2	0

续表

	杜邦	巴斯夫	孟山都	NIAS	先正达	拜耳	浙江大学	华中农大	加利福尼亚大学	日本三井
ZA	20	30	31	1	23	11	0	1	2	0
ES	16	13	18	1	16	15	0	0	2	0
HU	31	3	5	0	19	6	0	0	3	0
NZ	12	0	2	3	3	3	0	0	2	0
FR	0	0	0	2	4	14	0	0	0	0
TW	2	0	2	3	3	5	0	0	0	0
RU	1	2	3	0	8	5	0	0	1	0
CZ	0	2	5	0	3	3	0	0	1	0

注：缩写字母代表国家和地区专利机构，WO（世界知识产权组织）、JP（日本专利组织）、KR（韩国专利局）、NZ（新西兰专利局）、US（美国专利局）、BR（巴西专利局）、DE（德国专利局）、FR（法国专利局）、AU（澳大利亚专利局）、MX（墨西哥专利局）、ZA（英国专利局）、TW（中国台湾专利局）、EP（欧洲专利组织）、IN（印度专利局）、ES（西班牙专利局）、RU（俄罗斯专利局）、CN（中华人民共和国国家知识产权局）、CA（加拿大专利局）、CZ（捷克专利局）

4.4.5 专利引用分析

专利引用是在专利被授权之后发生的，其数量表示的是专利被授权后，其他发明的专利将其作为先有技术而引用的次数。专利被引频次与专利价值密切相关，通常情况下，专利被引频次越高，从一个侧面说明此专利越重要，技术价值越高。对转基因水稻技术领域的专利进行分析得到被引频次最高的前 10 项专利（表 4-14）。首先从总体可以看出，被引频次排名前 10 位的专利所属专利权人来源国家共有 3 个。美国拥有 7 项专利，属于美国 CERES 公司、美国孟山都、科内尔大学、路易斯安那州立大学和托莱多大学等 5 家机构。其中，美国孟山都占了 3 项。其次为日本，有 2 项专利。最后为德国，有 1 项，排名第 3。从专利权人角度看，美国 CERES 公司的名为“来源于不同植物如玉米、水稻或者拟南芥，可作为启动子、蛋白编码序列、非翻译区或者 3′终止序列的新 DNA 序列片段”的专利被引次数最多，达 238 次；其次为日本卫材株式会社的“可以过量生产自由色氨酸的新单子叶植物（特别是谷物）种子或者植株，以用于生产回收色氨酸或直接用于食品和饲料”，被引频次达 183 次；排名第 3 位的是美国孟山都公司的“通过导入 5′-烯醇丙酮酰-莽草酸-3′-磷酸合成酶多肽基因编码序列获得抗草甘膦植物”，被引频次为 123 次；排名后 2 位的专利分别为美国孟山都的“5′-烯醇丙酮酰-莽草酸-3′-磷酸合成酶的突变——用于获得抗草甘膦植物同时保持合成酶代谢活性”和美国托莱多大学的“通过感染了根癌农杆菌 vir（+）的禾本科植物秧苗产生转基因花粉”，被引频次均为 75 次。

表 4-14　转基因水稻相关专利中被引频次最高的 10 项专利*

排名	专利号*	专利名称	被引频次	所属专利权人	最初申请时间
1	US121825P	来源于不同植物如玉米、水稻或者拟南芥，可作为启动子、蛋白编码序列、非翻译区或者 3′终止序列的新 DNA 序列片段	238	美国 CERES 公司	1999 年 2 月 25 日
2	US647008	可以过量生产自由色氨酸的新单子叶植物（特别是谷物）种子或者植株，以用于生产回收色氨酸或直接用于食品和饲料	183	日本卫材株式会社	1984 年 9 月 4 日
3	US763482	通过导入 5′-烯醇丙酮酰-莽草酸-3′-磷酸合成酶多肽基因编码序列获得抗草甘膦植物	123	孟山都	1985 年 8 月 7 日
4	JP204464	应用含有目标基因的农杆菌组合物转化处于分化期或分化后的单子叶植物培养组织，以缩短植物体产生时间	93	日本烟草公司	1992 年 7 月 7 日
5	EP403332	对直径小于细胞或组织的粒子进行加速或驱动，以使该粒子进入细胞的方法	81	美国科内尔大学	1984 年 11 月 13 日
6	US670771	含有可表达杀菌剂或必需氨基酸表达量高的异源基因的转化植物	81	美国路易斯安那州立大学	1986 年 7 月 25 日
7	US889225	单子叶植物如谷类作物等完整植物组织愈伤/细胞壁降解细胞或愈伤组织的基因转化	80	拜耳	1990 年 11 月 23 日
8	US392176	通过基因枪等方法将 DNA 导入细胞中，然后再生成植物（尤其是玉米）并筛选以获得稳定、可育的转基因单子叶植物的方法	80	孟山都	1989 年 8 月 9 日
9	US054337	5′-烯醇丙酮酰-莽草酸-3′-磷酸合成酶的突变——用于获得抗草甘膦植物，同时保持合成酶代谢活性	75	孟山都	1987 年 5 月 26 日
10	US880271	通过感染了根癌农杆菌 vir（+）的禾本科植物秧苗产生转基因花粉	75	美国托莱多大学	1986 年 6 月 30 日

*按最早的优先权专利号码排

4.4.6　技术扩散与演化

这里以 4.4.5 节 DII 数据分析中排名第 1 位的美国 CERES 公司的“来源于不同植物如玉米、水稻或者拟南芥，可作为启动子、蛋白编码序列、非翻译区或者 3′终止序列的新 DNA 序列片段”为例，选择同族专利中的 EP1033405A2 专利进行分析，从专利引用角度分析某个单项转基因水稻技术的扩散与演化趋势，包括：该技术公布之后的相关技术发明的数量、专利权机构数量和类型、涉及的技术领域。另外，也对其进行了前引分析。

对其进行被引演进分析表明，到目前为止，EP1033405A2 的全部后续专利[①]（被引用树中的专利）达到 980 件，时间分布见图 4-24。

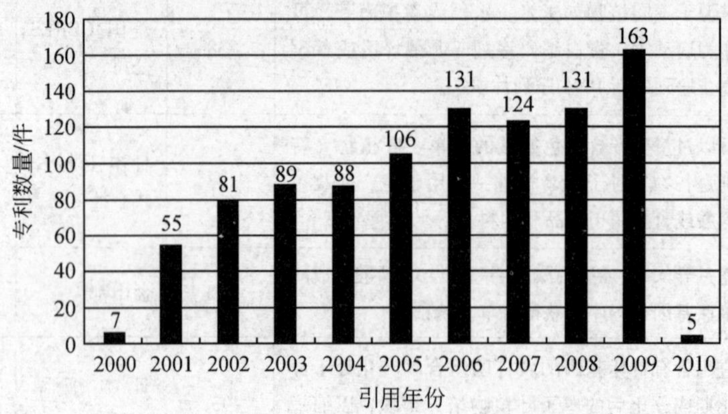

图 4-24　专利 EP1033405A2 后续专利的时间分布

目前 EP1033405A2 的国际分类号为 C12N0015/29（属于 DNA 重组技术），其后续专利的技术领域按照国际专利分类号（前 4 位）统计显示，已经达到 25 个（表 4-15），其中有 10 件以上专利的技术领域有 9 个。

表 4-15　EP1033405A2 后续专利技术领域分布

IPC 分类号	件数	国际专利分类号（前 4 位）	件数
C12N	452	C07D	4
C07K	173	A21D	3
A01H	152	A23L	3
A61K	57	G01S	2
C07H	20	G06F	2
C12P	19	A01K	1
A01N	17	A23C	1
C12Q	17	A23J	1
C11D	10	A61P	1
G01N	9	C07J	1
A23D	5	H02P	1
C07C	5	H04K	1
A23K	4		

① 数据检索日期 2010 年 1 月 20 日

EP1033405A2 全部后续专利的演化见彩图 8，所涉及的领域已经从原来的变异或遗传工程技术扩展到蛋白多肽、新植物或获得新植物的方法、医用制品、农药制品、糖类化合物、发酵技术、酶技术、洗涤剂组合物、材料测试、食用油和脂肪等多个领域，并初步形成了相应的技术群。

对其进行前引分析（图 4-25）表明，EP1033405A2 专利的前引技术主要包括：DNA 重组技术、有机碳化合物、酶测定、杂环化合物等。

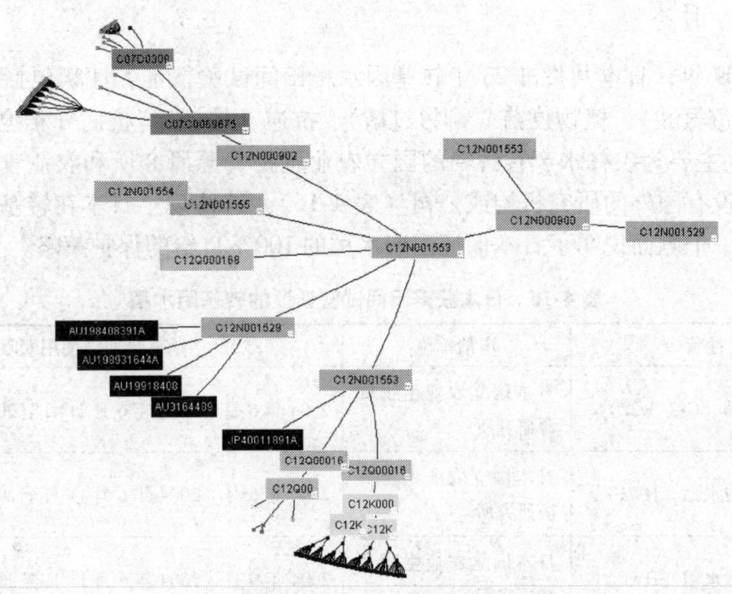

图 4-25　专利 EP1033405A2 的引用分析（基于前引）

4.4.7　小结

（1）转基因水稻相关专利申请数量总体上呈现逐年上升的趋势，表明世界上转基因水稻技术研发目前比较活跃。

（2）转基因水稻技术领域基本趋于成熟，并有一定的扩大趋势，但在新的技术方向还未有大的突破。

（3）国际农业公司在转基因水稻相关专利申请上占有重要地位，在前 10 位的申请机构中占了 6 位。其中，杜邦公司、巴斯夫公司、孟山都公司位居专利申请的前 3 位，先正达和拜耳分别排在第 5 和第 6 位，日本三井集团排在第 10 位。

（4）从专利保护策略上，国际农业公司比较重视专利在其他国家/地区的保护。

（5）我国转基因水稻相关专利的申请主要来自大学和科研机构，来自企业的很少，并且在专利保护策略上基本以本国为主。

（6）在整体技术领域布局上，转基因水稻多集中在水稻抗逆领域（包括抗非生物胁迫和抗/杀害虫等生物胁迫），多聚核苷酸序列的测定、多聚核苷酸寄主重组等基础研究，水稻品质改良等方面。

4.5 转基因生产研究分析

4.5.1 转基因水稻田间试验分析

4.5.1.1 日本

2004～2009 年，日本共批准 23 个转基因水稻田间试验认证，性状包括株高（半矮）、品质改良（高色氨酸）、植物疫苗（柳杉过敏）、抗逆（缺铁）、抗病（稻瘟病和细菌叶枯病），申请机构主要为农林水产省管辖的国立农业生物资源研究所和农业食品产业技术综合研究机构，没有国外的研究机构或公司（表 4-16）。这体现了日本在转基因水稻方面的领先性，也从一个侧面说明了日本保证国产水稻的 100% 自给的保护策略。

表 4-16　日本获得田间试验认证的转基因水稻

	性状	申请单位	承认日期（使用期限）
1	半矮性水稻（G-3-3-22）	日本国立农业生物资源研究所	2004 年 6 月（2004 年 6 月 11 日至 2005 年 3 月 31 日）
2	富含色氨酸水稻（HW1）	日本国立农业生物资源研究所	2004 年 6 月（2004 年 6 月 11 日至 2005 年 3 月 31 日）
3	富含色氨酸水稻（HW5）	日本国立农业生物资源研究所	2004 年 6 月（2004 年 6 月 11 日至 2005 年 3 月 31 日）
4	直立叶半矮性水稻（B-4-1-18）	日本国立农业生物资源研究所	2004 年 6 月（2004 年 6 月 11 日至 2005 年 3 月 31 日）
5	耐缺铁性水稻 gHvNAAT1	日本东北大学	2005 年 4 月（2005 年 4 月 25 日至 2007 年 3 月 31 日）
6	耐缺铁性水稻 gHvNAS1-1	日本东北大学	2005 年 4 月（2005 年 4 月 25 日至 2007 年 3 月 31 日）
7	耐缺铁性水稻 gHvIDS3-1	日本东北大学	2005 年 4 月（2005 年 4 月 25 日至 2007 年 3 月 31 日）
8	耐缺铁性水稻 gHvNAS1-gHvNAAT1	日本东北大学	2005 年 4 月（2005 年 4 月 25 日至 2007 年 3 月 31 日）
9	耐缺铁性水稻 I3pNasNaatAPrt1	日本东北大学	2005 年 4 月（2005 年 4 月 25 日至 2007 年 3 月 31 日）
10	耐缺铁性水稻 I3pAPRT1	日本东北大学	2005 年 4 月（2005 年 4 月 25 日至 2007 年 3 月 31 日）
11	抗柳杉花粉过敏水稻（7Corp#10）	日本国立农业生物资源研究所	2005 年 5 月（2005 年 5 月 25 日至 2006 年 10 月 31 日）
12	抗稻瘟病和细菌叶枯病 AD41	农业食品产业技术综合研究机构	2005 年 5 月（2005 年 5 月 25 日至 2006 年 10 月 31 日）
13	抗稻瘟病和细菌叶枯病 AD48	农业食品产业技术综合研究机构	2005 年 5 月（2005 年 5 月 25 日至 2006 年 10 月 31 日）

续表

	性状	申请单位	承认日期（使用期限）
14	抗稻瘟病和细菌叶枯病 AD51	农业食品产业技术综合研究机构	2005 年 5 月（2005 年 5 月 25 日至 2006 年 10 月 31 日）
15	抗稻瘟病和细菌叶枯病 AD77	农业食品产业技术综合研究机构	2005 年 5 月（2005 年 5 月 25 日至 2006 年 10 月 31 日）
16	抗稻瘟病和细菌叶枯病 AD97	农业食品产业技术综合研究机构	2005 年 5 月（2005 年 5 月 25 日至 2006 年 10 月 31 日）
17	半矮性水稻（G-3-3-22）	日本国立农业生物资源研究所	2005 年 5 月
18	直立叶半矮性水稻（B-4-1-18）	日本国立农业生物资源研究所	2005 年 5 月
19	抗柳杉花粉过敏水稻（7Corp#10）	日本国立农业生物资源研究所	2007 年 6 月
20	含杉木花粉的氨基酸 7Crp#242-95-7）	日本国立农业生物资源研究所	2007 年 7 月
21	高色氨酸含量的水稻（KPD627-8）	农业食品产业技术综合研究机构	2009 年 7 月（2009 年 7 月 30-2011 年 3 月 31 日）
22	高色氨酸含量的水稻（KPD722-4）	农业食品产业技术综合研究机构	2009 年 7 月（2009 年 7 月 30 日至 2011 年 3 月 31）
23	高色氨酸含量的水稻（KA317）	农业食品产业技术综合研究机构	2009 年 7 月（2009 年 7 月 30 日至 2011 年 3 月 31 日）

资料来原：http：//www. maff. go. jp/j/syouan/nouan/carta/c_ list/pdf/01l. pdf

4.5.1.2 印度

2006～2009 年，印度共批准 7 种转基因水稻品种的田间试验，除一个为拜耳公司的抗虫水稻外，其他均为印度本国的机构提交，涉及研究机构、大学和公司（表 4-17）。转基因水稻的性状包括增强氮利用率、抗逆、抗虫等。

表 4-17 2006～2009 年印度获得田间试验认证的转基因水稻

	性状	机构	转化的基因
1	氮利用率	印度农业研究所	*cry1Aabc*，*DREB*，*CR*-1&*GR*-2（*Golden Rice*）
2	FR	泰米尔纳德邦农业大学	*rice chitinase*（*chi*11）
3	耐盐耐旱	MS Swaminathan 科研基金会	*MnSOD*
4	抗虫	印度大米研究理事会	*cry1Ac*
5	抗虫	印度 Mahyco 种子公司	*cry1Ac*，*cry2Ab*
6	抗虫	拜耳公司	*cry1Ab*，*cry1Ca*
7	氮利用率	印度 Avesthagen 公司	*NAD9*

资料来源：http：//www. maff. go. jp/j/syouan/nouan/carta/c_ list/pdf/01l. pdf

4.5.1.3 美国和欧洲

1990 ~2009 年，美国共进行了48次转基因水稻田间试验①，目的主要是生产药物蛋白和生物修复（表4-18）。从申请时间可以看出，美国转基因水稻的研发目前主要集中在公司。1991 ~2009 年，欧洲各国共进行35次转基因田间试验，集中在西班牙、法国和意大利三个国家。西班牙最多（26次），包括转基因安全检测和评价的田间试验。

表4-18 美国、西班牙、法国和意大利获得田间试验认证的转基因水稻

国家	总量	申请机构	数量	性状	时间
美国	48	温特里亚生物科学公司	22	药物产品、药物蛋白、高附加值蛋白等	2002 ~2009 年
		Applied phytoGenetics, Inc.	9	重金属生物修复、药用蛋白、改良储存蛋白等	1996 ~2003 年
		孟山都	1	改变糖代谢	1997 年
		美国氰胺	1	抗除草剂	1997 年
		拜耳	2	抗除草剂	1996 ~1997 年
		路易斯安那州立大学	11	抗除草剂、抗病、抗虫、改变储藏蛋白	1990 ~1997 年
		加利福尼亚大学戴维斯分校	1	抗病	1996 年
		宾夕法尼亚州立大学	1	抗卡那霉素	1990 年
西班牙	26	巴斯夫、西班牙食品与农业科技研究所	18	改变植物形态、增产、抗逆等	2003 年
		西班牙食品与农业科技研究所	8	抗除草剂、抗虫、抗潮霉素、转基因漂移检测、隔离评价	2000 ~2006 年
法国	1	法国国际农业研究发展中心	1	抗虫	1999 年
意大利	8	意大利实验谷物研究所	2	抗病、抗虫草剂	2002 年
		ALMO Srl、天主教圣心大学生物学与植物遗传学研究所	5	抗虫、抗除草剂	1998 ~2001 年
		拜耳	1	抗除草剂	1999 年

资料来源：http：//www. maff. go. jp/j/syouan/nouan/carta/c_ list/pdf/01l. pdf

除上述国家外，菲律宾、泰国、阿根廷、巴西等国家也开展了转基因水稻田间试验。此外菲律宾、巴基斯坦、越南、马来西亚、印度尼西亚、埃及、巴西、古巴等国也提交了转基因水稻田间试验申请。

4.5.2 转基因水稻安全审批分析

截至目前，全球共有伊朗、日本、中国、美国、加拿大、墨西哥、俄罗斯7个国家通过了转基因水稻的生产应用安全认证（表4-19）。其中，获安全认证最多的是拜耳公司的抗除草剂水稻，已在美国、加拿大、墨西哥、俄罗斯获得了安全认证。此外，拜耳公司已

① 同一个品种在不同区域的田间试验各记一次

向欧盟提交了抗除草剂转基因水稻（LL62）批准申请，目前仍处于环境安全评价阶段。

表 4-19 截至目前转基因水稻获得安全审批的情况

国家和地区	转化体	性状	食用	饲料用	开发机构	时间
伊朗	Tarom molaii + *cry1ab*	抗虫	√	√	伊朗农业生物技术研究所	2005 年
日本	7CRP#242-95-7	耐柳杉过敏			日本国立农业资源研究所	2007 年
	7CRP#10	耐柳杉过敏			日本国立农业资源研究所	2007 年
中国	CryIAb/CryIAc	抗虫	√	√	华中农业大学	2009 年
美国	LLRICE06、LLRICE62	抗除草剂	√	√	拜耳公司	2000 年
	LLRICE601	抗除草剂			拜耳公司	2006 年
加拿大	LLRICE06，LLRICE62	抗除草剂	√	√	拜耳公司	2006 年
墨西哥	LLRICE06、LLRICE62	抗除草剂	√	√	拜耳公司	2007 年
俄罗斯	LLRICE62	抗除草剂	√		拜耳公司	2003 年

资料来源：Clive James. 2009. Global Status of Commercialized Biotech/GM Crops：2009. ISAAA Brief No. 41. ISAAA：Ithaca，NY

4.6 结论与建议

4.6.1 结论

（1）世界上转基因水稻研发较为活跃，相关研究论文和专利申请数量均呈现上升趋势，田间试验和生产应用审批数量也逐渐增加。

（2）美国、日本、印度、韩国和中国在转基因水稻基础研究领域力量较强，国际农业公司在转基因水稻技术开发和生产研究上占有重要地位，已初步形成对转基因水稻相关技术的垄断。

（3）主要国家的转基因水稻研发活动既有共性，又各具特点；美国转基因水稻研究主要集中在企业，印度研发力量分布广泛，日本较为重视国产水稻的保护策略。

（4）中国转基因水稻研发水平较高，研发机构主要集中于大学和科研机构，企业研发力量有限，尚未建立起转基因水稻产业化合作关系。

（5）转基因水稻技术领域基本趋于成熟，并有一定的扩大趋势，但在新的技术方向还未有大的突破。除水稻抗生物胁迫（稻瘟病、白叶枯病和纹枯病等）、抗非生物胁迫（盐、旱、冻等）、品质改良（提高淀粉品质和含铁量）外，应对全球气候变化、利用植物生物反应器生产疫苗、提高水稻的氮利用率和光合效率等成为近几年关注的热点。

4.6.2 建议

（1）在中国政府的大力支持下，中国转基因水稻方面已达到较高水平，面对转基因研究的发展趋势和国际公司的技术垄断，中国应大力加强水稻品质资源的知识产权保护和开发，并引导转基因水稻技术由科研机构向企业转化；同时完善中国水稻科研机构与国外大公司的合作机制，以防重要水稻品质资源的外泄。

（2）继续加强对基因组学、生物信息学等基础研究的投入，为形成具有中国自主知识产权的转基因水稻材料和方法奠定基础。

（3）鉴于中国相关企业研发力量有限的状况，应加大对转基因产业化的投入，鼓励和引导企业开展转基因技术研究，构筑起中国转基因水稻一体化产业链条。

（4）由于水稻在中国粮食生产中具有重要的地位，因此中国在转基因水稻产业化过程中应重视转基因水稻安全管理体系建设，加强立法，并加大公众宣传。

（5）随着中国社会经济的发展和人们生活水平的提高，人们对稻米品质的要求也越来越高，中国转基因水稻研发除了关注高产外，还应进一步加强品质改良和生物反应器（包括生产疫苗）等方面的研发。

致谢：中国科学院遗传与发育生物学研究所纪剑辉博士、苗春波博士对本章文献和专利数据分析判读提供了大力支持，南京农业大学邢光南副研究员、农业部转基因生物生态环境安全监督检验测试中心修伟明副研究员对本章初稿进行了审阅并提出了宝贵的修改意见，特致感谢。

参 考 文 献

陈浩等 . 2009. 转基因水稻研究的回顾与展望 . 科学通报，54（18）：2699～2717

国务院 . 2007-1-30. 中共中央 国务院关于积极发展现代农业扎实推进社会主义新农村建设的若干意见 . http：//www. gov. cn/jrzg/2007-01/29/content_ 511847. htm

国务院 . 2008-01-30. 中共中央 国务院关于切实加强农业基础建设进一步促进农业发展农民增收的若干意见 . http：//www. gov. cn/jrzg/2008-01/30/content_ 875066. htm

国务院 . 2009-02-01. 中共中央国务院关于 2009 年促进农业稳定发展农民持续增收的若干意见 . http：//www. gov. cn/jrzg/2009-02/01/content_ 1218759. htm

国务院 . 2010-01-31. 中共中央 国务院关于加大统筹城乡发展力度进一步夯实农业农村发展基础的若干意见 . http：//www. gov. cn/jrzg/2010-01/31/content_ 1524372. htm

国务院国家中长期科学和技术发展规划纲要（2006—2020 年）. 2010-02-02. http：//202. 123. 110. 5/jrzg/2006-02/09/content_ 183787. htm

韩艳旗等 . 2009. 美国农业生物技术研发市场结构特点、成因及其启示 . 中国科技论坛，（10）：139～144

胡贻椿等 . 2009. 转基因水稻及安全性的研究进展 . 中国食物与营养，（08）：19～22

黄世文 . 2005. 转基因水稻抗病性研究进展及环境安全性评价 . 植物保护，31（4）

蒋家焕等 . 2003. 转基因水稻的研究和应用 . 植物学通报，20（6）：736～744

毛碧增等 . 2008. 转基因水稻抗病性的遗传和对发育调控的机制研究 . 浙江大学博士论文

农林水产技术会议 . 2005-04-01. 農林水産研究基本計画 . http：//www. s. affrc. go. jp/docs/kihonkeikaku/top. htm

农林水产技术会议 . 2009-12-25. 生命技术战略大纲 . http：//www. s. affrc. go. jp/docs/sentan/pa/answer/Q08. htm

农林水产省 . 2009-08-22. カルタヘナ法に基づく第一種使用規程が承認された遺伝子組換え農作物一覧 . http：//www. maff. go. jp/j/syouan/nouan/carta/c_ list/pdf/01l. pdf

农林水产省 . 2009-12-25. アグリ・ゲノム研究の総合的な推進 . http：//www. maff. go. jp/j/aid/hozyo/2007/gizyutu/pdf/21. pdf
沙洁等 . 2008. 转基因水稻的主要类型及其对健康的安全性评价 . 海峡预防医学杂志，(114)：19 ~ 21
王旭静等 . 2008. 国内外转基因作物产业化的比较 . 生物工程学报，24（4）：541 ~ 546
蔚亦沛等 . 2008. 水稻基因聚合育种及 cry1Ab 基因在转基因水稻中的分子标记定位研究 . 山东农业大学博士学位论文
吴发强等 . 2006. 抗除草剂转基因水稻的研究进展及其安全性问题 . 分子植物育种，4（6）：846 ~ 852
谢特立等 . 2008. 美国转基因水稻发展概况 . 福建农业科技，(2)：18 ~ 19
于恒秀等 . 2007. 利用转基因技术改良水稻抗性和品质的研究 . 扬州大学博士学位论文
张思光等 . 2006. 转基因水稻产业化中伙伴关系的形成及其特点 . 科研管理，27（5）
张文银等 . 2008. 主要转基因作物研究现状及其产业化进展 . 生物技术通报，(5)：1 ~ 5
赵凤云等 . 2007. 耐非生物胁迫转基因水稻的培育——现在和未来 . 生物工程学报，23（1）：1 ~ 6
中华人民共和国农业部 . 2009-07-01. 农业科技发展规划（2006—2020 年）. http：//www. stee. agri. gov. cn/ghjh/t20090630_ 813721. htm
朱德峰等 . 2010. 全球水稻生产现状与制约因素分析 . 中国农业科学，43（3）：474 ~ 479
OECD. 2006-05-22. OECD Biotechnology Statistics 2006. http：//www. oecd. org/dataoecd/51/59/36760212. pdf
OECD. 2008-06-30. The Bioeconomy to 2030：designing a policy agenda. http：//www. oecd. org/document/38/0，3343，en_ 2649_ 37437_ 42570790_ 1_ 1_ 1_ 37437，00. html
OECD. 2009-02-02. Biotechnologies in Agriculture and Related Natural Resources to 2015. http：//www. oecd. org/dataoecd/19/37/44534329. pdf
OECD. 2009-05-25. OECD Biotechnology Statistics 2009. http：//www. oecd. org/dataoecd/4/23/42833898. pdf

5 纤维素乙醇领域国际发展态势分析

陈云伟 王春明 丁陈君 陈 方 邓 勇

（中国科学院国家科学图书馆成都分馆）

纤维素乙醇被认为是颇具前景的新型能源，对于解决全球能源危机、应对气候变化具有重要意义。本章分析美国、加拿大、欧盟等推动纤维素乙醇发展的相关政策、规划与行动；总结纤维素乙醇生产过程中原料开发、预处理、酶水解、发酵等技术的最新研发进展、关键技术以及所面临的挑战，指出氨气爆破法、提高酶产量、增加混合酶的效率和高温水解等方法以及统合生物工艺在纤维素乙醇研发中的重要性；通过水解生产纤维素乙醇发明专利申请进行专利计量分析，研究水解生产纤维素乙醇专利研发的国家和机构布局以及技术主题分布；解析美国农业部和能源部的研发布局，分析国际重要纤维素乙醇生产企业加拿大 Iogen 和美国杰能科公司的研发现状与特点。本章最后阐述了纤维素乙醇的发展前景以及当前存在的问题与争议，指出纤维素乙醇的商业化潜力取决于原料成本、降解性、转化成本和效率以及产品收益，但还存在对纤维素乙醇的碳减排效果与节能环保的质疑，存在对森林破坏、环境破坏、土地利用与资源竞争等问题的担忧。本章指出，未来应加强对包括联合生物加工、快速高温裂解、综合乙醇精炼厂、纤维素生物质的替代应用在内的新兴技术的研发。

5.1 引言

纤维素乙醇是第二代生物燃料，是指以纤维素（来自农作物秸秆、林业加工废料、甘蔗渣、柳枝稷与芒草等多年生草类植物等）为原料生产的乙醇。

在全球面临着能源依赖度的提高、温室气体排放量的增加以及因国际能源市场价格波动而带来的风险面前，世界多国纷纷开始实施新的能源战略，强调发展各种可再生能源。由于生物质是唯一能直接被用于生产各种替代交通运输燃料（特别是乙醇）的来源，美国佛罗里达大学的森林资源专家德维韦迪（Dwivedi）教授（2009）认为，在多种可再生能源（生物质、太阳能、风能、地热能、潮汐能等）中，生物质被列为首选。然而，利用粮食作物生产乙醇引起人们对粮食安全与环境影响的忧虑，因此大多数石油进口国家对利用纤维素生物质为原料生产乙醇产生了浓厚的兴趣，纤维素乙醇被看做是颇具前景的环境友好的新型能源。与使用玉米和大豆等粮食作为原料的第一代生物燃料相比，纤维素乙醇的最大优势在于避免了“道德风险”，一旦产业化生产，纤维素乙醇可以解决“与人争粮”的问题，还可以变废为宝（马吉英，2009）。

最近几年，尤其是从2007年以来，对纤维素乙醇的关注以及研发热情在全世界范围内空前高涨，以美国为首的世界多国开始在政府层面上通过政策、规划、计划和项目等形式推动纤维素乙醇的发展。例如，美国政府已经出台了多种政策，用于激励纤维素乙醇的生产，《2007年能源独立与安全法案》制定的目标是到2022年每年以纤维素原料生产210亿加仑[①]生物燃料（Dwivedi et al.，2009）。在美国政府补贴政策的激励下，许多私营企业已经开始投资纤维素乙醇的生产。美国能源部的一项系统分析项目提出，到2030年美国将年产900亿加仑生物燃料，其中750亿加仑为纤维素乙醇（Sandia National Laboratories，2009）。

目前，在美国已有总计达1200万升/年的纤维素乙醇装置投运，另有8000万升/年的装置在建设中。在加拿大，已有600万升/年的纤维素乙醇投运能力。在欧洲，拥有纤维素乙醇装置的国家有德国、西班牙和瑞典，有1000万升/年的装置在建设中（钱伯章，2009）。预期到2012年底，美国纤维素乙醇的年产量将达到4.05亿加仑，主要技术将是酶水解、同步糖化发酵和气化催化转化三种转化技术。我国预期到2010年，非粮原料燃料乙醇利用量达200万吨/年；到2020年，达1000万吨/年（钱伯章，朱建，2009）。

目前的纤维素乙醇转化技术大体可被分为水解和热化学转化两大类。在水解技术中，原料中的多糖被降解为自由的糖分子。这些自由糖分子经发酵生产乙醇。在热化学转化技术中，原料被汽化为合成气，合成气经发酵或催化转化生产乙醇。在水解技术中，纤维素酶仍是纤维素乙醇商业化生产的最大瓶颈。

本报告以纤维素乙醇为研究对象，分析世界各国最新的相关政策、规划和行动等情况，结合专利计量分析，阐述纤维素乙醇技术的研究进展与趋势，分析难点与突破点，对国际从事纤维素乙醇研发的重要企业进行个案分析，分析产业现状及发展前景，同时对美国能源部和农业部的纤维素乙醇研发战略与布局进行剖析。

5.2 纤维素乙醇研究政策规划与行动

2009年，在全球气候变暖的背景下，发展低碳经济成为全世界共同关注的重点。为应对全球气候变化的严峻挑战，各国大力推进以高能效、低排放为核心的“低碳革命”，着力发展“低碳技术”，纷纷把节约能源、发展清洁能源、可再生能源和新能源作为能源领域发展的战略方向，出台了一系列政策举措。生物燃料尤其是以纤维素乙醇为代表的第二代生物燃料正在成为最富活力、最具发展前景的新兴产业。近年来，美国、加拿大、欧盟等发达国家和地区已经在生物燃料领域制定了若干政策，鼓励本国发展纤维素乙醇的研究与生产。

① 1加仑=3.78543升

近年来，美国政府先后出台了《生物质研究法》、《生物质技术路线图》、《能源法2005》、《生物能源与生物基产品路线图》及《能源独立与安全法2007》等，目的是促进发展生物燃料。2006年2月，布什总统发布了生物燃料指令，要求利用非粮作物生产纤维素乙醇，到2012年使纤维素乙醇在成本上具有竞争力。2006年6月，美国能源部发布了《纤维素乙醇研究路线图》，明确提出了三个五年阶段纤维素乙醇燃料技术发展的战略规划，宣布将在研发投入、政策支持和与私人部门合作等三方面采取措施，全面推动纤维素乙醇技术的发展。2007年1月，布什在《国情咨文》中进一步提出，乙醇燃料的年使用量到2017年应达到1325亿升，是2007年使用量的七倍。为了避免燃料与粮食之争，美国政府将重点攻关纤维素乙醇技术，推动以纤维素乙醇为代表的第二代生物燃料的研发与市场化。2006年美国能源部用于开发纤维素乙醇的预算投入为9000万美元，2007年迅速上升为2亿美元。2007年12月，美国国会通过《能源独立与安全法2007》，强制规定到2022年，可再生燃料产量要达到360亿加仑，而且其中的60%需来自纤维素乙醇等先进生物燃料。2008年10月，美国能源部和农业部联合推出了《国家生物能源行动计划》，美国能源部计划在2009年划拨10亿美元用于研发纤维素类生物燃料。

2009年，奥巴马新政府又加大了对生物燃料的支持力度。2009年1月16日奥巴马再次强调了发展可再生能源的重要性，认为如果美国现在就采取相关行动，将催生一个全新的产业，并将为美国创造数百万个就业岗位。2009年1月出台了《美国复兴与再投资计划》，意图使美国可再生能源增加一倍，通过新能源产业革命振兴美国经济。

2009年1月27日，英国生物科学与技术理事会（BBSRC）出资2700万英镑建立了6个纤维素乙醇生物燃料研究中心。这些中心开展的研究包括：怎样减少木质素、细胞壁结构及如何打破细胞壁、纤维素转化为乙醇、海洋微生物以及能源作物种植等。法国也投入了1.04亿美元开展纤维素乙醇研究项目，后续还将有4300万美元的投入。2008年11月日本农业部资助3300万美元建设了一套日产量为1000升的燃料乙醇装置，2009年又投入3800万美元维持及扩大此示范工厂运行生产（李十中，2009）。

中国《国家可再生能源中长期发展规划》指出，今后不再增加以粮食为原料的燃料乙醇生产能力，将积极发展非粮生物液体燃料。从长远考虑，要积极发展以纤维素生物质为原料的生物液体燃料技术。

5.2.1 美国

2009年，美国奥巴马政府将发展纤维素乙醇等先进生物燃料作为经济复兴的重点发展方向。《美国复兴与再投资计划》以发展新能源作为投资重点。2月通过的《美国复兴与再投资法案》投资总额达7870亿美元。其中，7.865亿美元将用于加快先进生物燃料的研究和开发，提供更多的资金用于生物炼制商业规模的示范项目。

2009年5月5日，奥巴马政府通过了美国环保署提出的旨在通过使用生物燃料以减少温室气体排放的《规划草案》，签署了一项关于发展先进生物燃料的总统指令，并从经济刺激资金中拨款7.9亿美元加大对先进生物燃料的研发。此举将极大地推动美国先进生物燃料的发展，其主要内容是逐步增加生物燃料在交通运输行业中的消费比例以减

少汽油消费量，争取到2022年，生物燃料总量达到360亿加仑，包括150亿加仑以玉米和谷物为原料的乙醇、160亿加仑纤维素乙醇以及50亿加仑其他燃料。同时，美国农业部还受命30天内利用《2008年农场法》筹措资金，为在建的示范项目提供贷款担保或资助。

2009年6月26日，美国众议院通过了旨在降低美国温室气体排放、减少美国对外国石油依赖的《美国清洁能源安全法案》。该法案要求减少石化能源的使用，规定美国到2020年时的温室气体排放量要在2005年的基础上减少17%，到2050年减少80%以上。为此，美国政府将大力发展新能源，力图在新能源技术领域实现突破。

下面重点介绍近几年来美国发展纤维素乙醇新能源的重大政策与举措。

5.2.1.1　纤维素乙醇路线图

1）背景

随着生物燃料研发的蓬勃发展，发展生物能源与粮食安全之间的矛盾也进一步加剧，面对生物燃料与粮食之间的土地之争，发展以纤维素乙醇为代表的第二代生物燃料有望为世界生物燃料行业的发展找到一条可行之路。2006年6月，美国能源部公布了一份纤维素乙醇路线图报告：《打破纤维素乙醇的生物学障碍：联合研究议程》（*Breaking the Biological Barriers to Cellulosic Ethanol：A Joint Research Agenda*），为美国可再生能源的进一步发展指明了方向。

2）未来15年的发展战略

纤维素乙醇路线图报告对美国未来的纤维素乙醇发展做出了全面部署，详细阐述了纤维素乙醇研究过程中面临的生物质原料和功能微生物等方面的障碍和挑战，并规划了如何通过现代生物学手段，分阶段地推进上述问题的解决。根据完成相关任务的技术成熟度，路线图将纤维素乙醇研究战略划分为三个五年阶段，并在资源开发、原料研究、原料预处理以及发酵与回收等重要环节详细设定了每一个阶段的具体发展目标与研究重点，其要点可概括列在表5-1中。

表5-1　美国能源部纤维素乙醇研究的“三个五年”发展战略

	发展目标与研究重点			
	资源开发	原料研究	原料预处理	发酵与回收
第一个五年研究阶段	扩展生物质资源基础，加强生物质资源利用。①能源植物基础研究；②纤维素工艺可行性研究；③探索降低成本	开展能源植物可持续性研究。①对土壤生态系统和养分的影响；②能源植物模型发展；③基因、规则、能源植物子系统控制研究（细胞壁组成与构造；降解与发酵的关联）	降低酶成本。①酶与木质纤维素的相互作用；②考查天然酶的品种，及基础酶的限制条件；③研究木质素和半纤维素降解酶；④纤维素分解机理和路径的基因转换系统	研究各类糖与纤维素的直接利用。①研究高醇浓度和高糖浓度下的胁迫响应和抑制因素；②监控措施；③调查天然资源品种

续表

	发展目标与研究重点			
	资源开发	原料研究	原料预处理	发酵与回收
第二个五年技术应用阶段	向模块化技术应用过渡。①发展新型能源植物；②简化工艺，提高过程模块化；③应用系统生物学、化学和生物过程工程手段，合理设计系统	将植物视为系统研究。①发展本土能源植物；②研究能源植物的模式生物；③提高糖含量，减少木质素和毒性抑制成分含量；④提高产量和土壤可持续性	提高酶的效率和专一性。①扩展底物范围；②降低抑制作用；③研究能源植物概念；④发展诊断和操作酶与底物的相互作用的工具；⑤发展进行酶设计和改性的工具	五碳糖和六碳糖的共发酵。①研究新型菌株和多酶体系；②全面监控工具；③发展进行分析和操作的工具；④测试联合加工微生物，消除对水解物和醇的抑制性
第三个五年系统整合阶段	系统整合与联合生产技术。①经济价值链融合；②生物质能联合生产系统；③为不同地区定制技术方案；④扩建增建	实现原料研究、原料预处理、产品发酵与回收过程的全面整合。①为不同地区提供系统定制和完全联合加工过程；②能源植物成分的改良；③植物工程的全套技术方案；④与生物燃料系统相关的联合加工过程；包括定制的降解多酶体系；微生物代谢系统的改造；抗胁迫与耐工艺过程的酶体系；全系统控制等。快速诊断与操作的全套技术方案		

5.2.1.2 国家生物能源行动计划（National Bioenergy Action Plan）

1）背景

2008年9月，为了响应和实现美国政府提出的“10年20%计划”中的未来10年内削减美国汽油消费量20%的目标，美国能源部与农业部共同发布了《美国国家生物能源行动计划》，旨在进一步加速生物燃料工业的发展，促进科技研发，降低下一代纤维素生物燃料的成本，以可持续的方式促进生物燃料工业及其供应链的发展。

2）发展纤维素乙醇商业化的战略

美国未来15年将生物燃料产量扩大至年产量360亿加仑，目前美国政府已经采取了一系列政策和措施以帮助实现2022年的目标。玉米乙醇和生物柴油的发展程度能够满足近期和中期的市场需求，然而，要实现2022年目标则需要开发先进的创新性纤维素乙醇生物燃料技术并将之商业化。《美国国家生物能源行动计划》表明美国将投入大量资源，开展纤维素乙醇的基础研究和应用研究，打破纤维素生物燃料的技术壁垒，实现具成本效益的纤维素乙醇商业化生产。该行动计划将纤维素生物燃料供应链分成5个方面，确定了美国能源部未来要采取行动的5个关键行动领域，明确了采取关键行动的顺序。美国未来推进纤维素生物燃料的5个关键行动领域分别为原料生产、原材料物流、转化、分销和使用终端。

实现纤维素乙醇商业化发展的关键领域的时间表如图5-1所示。

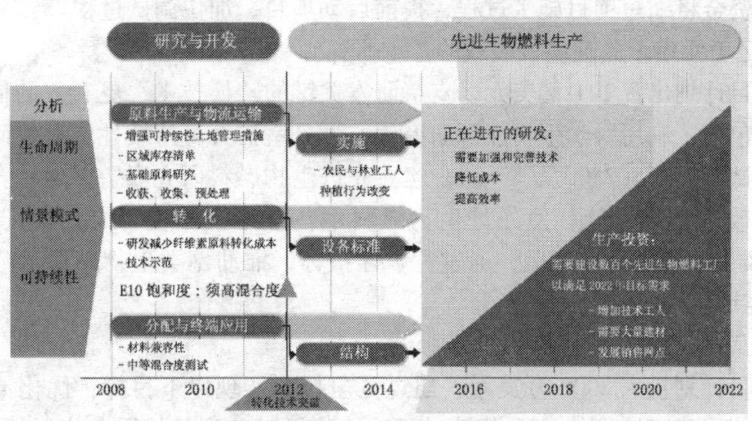

图 5-1 纤维素生物燃料商业化时间表（美国国家能源行动计划，2008）

5.2.1.3 美国复兴与再投资计划（American Recovery and Reinvestment Plan）

1）背景

为了应对全球金融危机，美国奥巴马政府选择了以开发新能源、发展低碳经济来重新振兴美国经济。2009 年 1 月，奥巴马宣布了《美国复兴与再投资计划》，该计划以发展新能源作为投资重点，将投入 1500 亿美元，用 3 年时间使美国新能源产量增加一倍，到 2012 年将新能源发电占总能源发电的比例提高到 10%，2025 年，将这一比例增至 25%。2009 年 2 月，美国正式出台了《美国复兴与再投资法案》，投资总额达 7870 亿美元，其中 613 亿美元主要用于新能源的开发和利用，包括发展高效电池、智能电网、碳储存和碳捕获以及可再生能源（风能和太阳能等）。在 1200 亿美元的科技刺激基金中，可再生能源和提升能源使用效率投资就占了 468 亿美元。美国未来 10 年还将投资 1500 亿美元建立“清洁能源研发基金”，用于太阳能、风能、生物燃料和其他清洁可替代能源项目的研发和推广。

2）能源投资要点

2009 年美国复兴与再投资计划为新能源目标的实现提供了必要的资金保证，美国能源部可以使用的资金达到了 380 多亿美元。其中 7.865 亿美元用于加快先进生物燃料的研究和开发，为生物炼制商业规模的示范项目提供更多的资金。这些资金统筹分配到以下四个主要领域：

（1）4.8 亿美元用于综合试验规模和示范规模的生物精炼工程。

未来 3 年内，美国能源部预计资助 10～20 个各种规模和用途的先进生物燃料生物炼制项目。获得资助的项目将验证综合生物炼制技术，包括先进的生物燃料、生物基产品、生物质热能和电能等综合系统的生产，使私人融资的商业规模生产可以完全套用这一技术。

（2）1.765 亿美元用于商业规模的生物炼制项目。

政府在过去两年中选定了多个先进生物燃料生物炼制示范或商业规模的项目给予一定的资助，1.765 亿美元将增加对其中几个项目的投资，减少开发和部署新领域时可能遇到的风险。这些资金将缩短项目施工过程，提前启动项目，加快调试过程。

(3) 1.1 亿美元用于关键项目领域的基础研究。

生物质项目计划出资 1.1 亿美元以支持研发关键的转换技术、更有效的催化剂、微生物和原料等，包括：利用科学生物能源研究中心办公室扩大可持续性资源的研究，建立一个小规模综合试验工厂（2500 万美元）；建立先进生物燃料研究联盟，通过竞争招标，开展技术研究，改进基础设施，使先进生物燃料示范性工艺流程与之相适配（3500 万美元）；建立藻类生物燃料研究联盟，通过竞争性招标，推动藻类生物燃料示范性生产的研究（5000 万美元）。

(4) 2000 万美元用于生物乙醇研究。

生物质项目计划投入 2000 万美元，通过竞争招标实现以下目标：优化灵活燃料型机动车，使之能使用高辛烷值的 E85 燃料（85% 乙醇和 15% 汽油的混合物）；评估乙醇含量较高的混合燃料对常规车辆的影响；升级现有的燃料基础设施以符合 E85 燃料的要求。

3)《美国复兴与再投资法案》资助的部分项目

美国能源部获得《美国复兴与再投资法案》资助计划共计 367 亿美元的投资，用于能源效率与可再生能源研发的经费支持达 168 亿美元，较之 2008 年的 17 亿美元，增加了近 10 倍。在能源效率与可再生能源应用研究、开发与部署方面的资助经费约 25 亿美元，而先进生物燃料项目将获得 8 亿美元。

2009 年 7 月 22 日，美国能源部和农业部宣布联合拨款 630 万美元资助基因功能的基础研究，以提高生物燃料的植物原料的性能；资助开发利用草本、木本植物和农业残余物转化为纤维素乙醇的方法。这一投资是奥巴马政府扩大国家能源组合、减少进口石油依赖方面的又一项重要举措。

2009 年 8 月 31 日，美国能源部宣布投入 2100 万美元，资助五个选定的开发处理提供高吨位纤维素生物质原料供应系统的项目。这些选出的项目将示范纤维素乙醇生产的全过程，包括原料收获、收集、预处理、运输、可持续生产以及原料存储。其原料组合包括：农业残余物、能源作物（柳枝稷、芒草、甘蔗、高粱、杨树和柳树）、森林资源（森林砍伐、木屑、木材废料和小直径树木）和城市垃圾。

2009 年获得《美国复兴与再投资法案》资助的部分项目如表 5-2 所示。

表 5-2 《美国复兴与再投资法案》资助的部分项目

时间	资助部门	获得资助的机构	资助金额（万美元）	研发内容
2009 年 7 月	农业部和能源部	农业部研究中心北部平原区	118.2	柳枝稷冬季存活率、生长影响因素的研究
		农业部研究中心西部研究中心	130	二穗短柄草原始植株和突变株的表型分析研究
		乔治亚大学	120	生物能源作物—芒属植物的基因组学研究
		乔治亚大学	70.5	生物能源作物苜蓿的开发
		密歇根理工大学	90	系统生物学途径研究白杨根茎的发育调控
		佛罗里达大学	64.3	木质生物能源作物中 cpq13 基因对碳分配的调控机制
		内布拉斯加大学林肯分校	39	分子生物学方法提高甜高粱氮利用率

续表

时间	资助部门	获得资助的机构	资助金额（万美元）	研发内容
2009年8月	能源部	德卢斯斯爱科集团	500	将致力于大型致密化方包（LSB）的研究，为高吨位生物质原料的供应提供成本低廉便捷的包装方式。该项目将部署、评估并改善以作物残留物和草本能源作物的致密结构供应生物精炼厂工业规模的原料供应链
		阿拉巴马州奥本大学	490	将与阿拉巴马州森林生物质能源领先的生产商一起设计和示范从南部松木人工林收获、加工和运输木质生物质的一条龙高产系统
		俄亥俄州FDC企业集团	490	主要目标在于阿本哥（Abengoa）生物能源纤维素的生物提炼，进一步设计制造三个新的收获和生物质处理设备
		田纳西州属（Genera）能源公司	490	将研制一套高效率、大批量提供柳枝稷的自动化系统，最大限度地实现运输和处理自动化
		纽约州立大学锡拉丘兹环境科学与林学院	130	计划加强现有合作，开发、测试和应用单通剪切联合收割机，联合装卸、运输和存储系统

5.2.1.4　美国清洁能源与安全法案

2009年6月26日，美国众议院通过了旨在降低美国温室气体排放、减少美国对外国石油依赖的《美国清洁能源和安全法案》（H. R. 2454，American Clean Energy and Security Act，ACES）。这一法案的通过，标志着美国迈出了应对气候变化的重要一步。

《美国清洁能源和安全法案》规定，美国温室气体排放量到2020年时将在2005年的基础上减少17%，到2050年减少80%以上。预计到2030年，石油消费量至少将减少35%，化石燃料在美国能源供应中的比例将下降到79%。美国政府在未来10年将投入1500亿美元，资助替代能源的研究，包括纤维素乙醇燃料、混合燃料动力汽车研发等。

《美国清洁能源和安全法案》引入了名为“总量控制与排放交易”的温室气体排放权交易机制。拍卖所得资金中每年支出150亿美元用于支持新的、清洁能源的开发，投资的关键领域包括：基础研究、技术示范、技术的商业化应用及建立清洁市场等。

5.2.1.5　2009年美国政府对纤维素乙醇研发的其他资助计划

2009年7月21日，美国农业部投入5000万美元资金，用以推动继续生产和使用生物燃料。这5000万美元来自《2008年美国农业法案》，将推动农业部向以下两个方面努力：2000万美元用于生物精炼；其余3000万美元用于资助先进生物燃料生产商，鼓励其增加生物燃料的生产和使用。

2009年，美国农业部还通过《2008美国农业法案》中的“振兴援助计划”、“农村能源计划”和“生物质作物援助计划”等提供了3500万美元经费，其中1500万美元将在

2009～2012财年资助生物精炼厂，利用可再生生物质系统取代化石燃料供暖和供电。生物精炼项目贷款将用于发展第二、第三代生物燃料技术，生产各种可再生燃料，包括纤维素乙醇和甲烷气体。另外，美国农业部还准备提供3000万美元支持符合要求的农业生产者，扩大先进生物燃料生产，鼓励生产新一代生物燃料。

5.2.2 加拿大

5.2.2.1 加拿大政府发展纤维素乙醇燃料的政策举措

加拿大政府为发展纤维素燃料乙醇，制定了一系列有力的公共政策和鼓励措施，推进纤维素乙醇生物燃料原料种植、纤维素燃料乙醇示范生产和商业化，其中包括对燃料乙醇生产的政策扶持、提高公众的关注度以及对纤维素乙醇生产全过程的分析与研究等。

2000年10月，加拿大政府出台了《2000年气候变化行动计划》，建立了未来燃料计划，明确加拿大政府未来将大力增加供应和使用纤维素燃料乙醇的目标。这项计划包括三个主要组成部分：国家生物质乙醇计划为乙醇生产提供持续的贷款资助、资助提高公众对燃料乙醇的认识以及相关的分析和研究。

2006年7月，加拿大可再生燃料联盟发布了《加拿大可再生燃料战略》，联邦政府明确指示将采取税收调节等手段发展生物柴油与燃料乙醇，重点将投资开发纤维素乙醇及其商业化，并保证初级农业生产者在这一活动中获利。

2008年4月，加拿大自然资源部出台了《生物燃料生态能源》计划，支持汽油和柴油的可再生替代品生产，鼓励国内有竞争力的可再生燃料产业的发展。该计划投资高达15亿美元支持加拿大生物燃料生产，资助时间为2008年4月1日至2017年3月31日。

此外，加拿大政府还积极支持生物质燃料领域的基础研究。2009年4月，加拿大科技部和加拿大基因组织联合宣布将支持12个基因组学和蛋白质学研究项目，发展生物基产品和作物，资助强度达1.12亿加元。其中，由政府通过加拿大基因组织提供5300万加元，其余部分由国内外的合作伙伴提供。

除加拿大联邦政府对纤维素燃料乙醇的大力资助外，各省政府也积极发展纤维素乙醇项目。2009年4月哥伦比亚省政府宣布将提供3260多万加元支持该省可再生能源技术项目，其商业价值将达到约2亿加元。该计划的资金来自两个方面，其一是创新清洁能源基金，将提供2260万加元用于发展多种技术的19个项目；其二是政府提供的1000万加元将支持八个液态生物燃料项目，开发能降低温室气体排放量的纤维素乙醇、生物柴油和生物燃料的技术。哥伦比亚省规定，到2010年省内使用的汽油和柴油必须包含至少5%的可再生能源量，温室气体的排放到2020年将降低33%。

5.2.2.2 2009年加拿大政府出台实施的部分激励措施

2009年加拿大联邦政府及各省政府相继出台并实施了刺激乙醇生产的措施。其中，2009年联邦政府的生物燃料举措与项目如表5-3所示。

表 5-3 2009 年加拿大联邦政府出台实施的部分相关的激励措施

名称	时间	部门	要点
生物燃料生态能源（ecoENERGY for Biofuels）	2008 年 4 月至 2017 年 3 月	加拿大自然资源部	将在未来九年共投资 150 亿加元，支持加拿大生物燃料生产
生态农业生物燃料资本计划（ecoAgriculture Biofuels Capital Initiative, ecoABC）	2007 年 4 月至 2012 年 12 月	加拿大农业与农业粮食部	五年将共投资 2 亿加元资助农业生产者投资生物燃料项目，兴建或扩建利用农业原料生产生物运输燃料的生产设施；帮助农业生产者参与到生物燃料工业，实现农业经济的多样化；实现 2010 年可再生生物燃料占汽油燃料总量 5%、2012 年占柴油燃料和加热用油总量 2% 的目标
农业机遇计划（Agri-Opportunities Program）	2007 年 1 月至 2011 年 12 月	加拿大农业与农业粮食部	五年将共投资 1.34 亿加元，加速新型农业产品、工艺与服务的商业化。项目侧重于农业食品、农业或生物产品，刺激加拿大农业产品价值链的市场机会，促进初级农产品的需求量
下一代生物燃料基金（NextGen Biofuels Fund）		加拿大可持续发展技术部	促进下一代生物燃料技术的规模化和市场化，支持建设符合条件的下一代可再生燃料生产的示范规模的设施

资料来源：Investor Services Division，Department of Foreign Affairs and International Trade Canada，Canada as An Investment Destination for Biofuels. 2009-06

5.2.3 欧盟

5.2.3.1 欧盟资助第二代生物燃料研究计划

2009 年 8 月，欧盟资助了一项发展具环保效益的经济型生物燃料生产技术的计划——“生物乙醇新型高效酶与微生物转化纤维素生物质计划”（NEMO）。该计划将以新的方式把农业与林业废弃物（如秸秆、木屑）转化为液体燃料。NEMO 计划的 825 万欧元预算中 590 万欧元来自粮食、农业和渔业以及欧盟第七框架计划（FP7）生物技术主题。NEMO 计划主要侧重于第二代生物燃料生产过程的前两个阶段，即原料预处理和将纤维素转化为简单的糖类。该项目的主要目标是开发可以将纤维素转化为糖的酶，使纤维素便于发酵转化成乙醇。该计划包括研究提高糖转化为乙醇这一过程的速度和效率的酵母菌株，对新酶与酵母进行中试，确保其在工业条件下运作良好等内容。同时 NEMO 计划开发的技术也将适用于其他生物燃料和化学品生产。

5.2.3.2 欧盟委员会投资 90 亿欧元发展生物能源

2009 年 10 月，欧盟委员会发布了《投资开发低碳能源技术》的建议，呼吁政府机构、企业和研究人员共同努力发展必要的技术以应对气候变化，保障欧盟能源供应安全，并确保经济竞争力。生物燃料和生物能源是欧洲战略能源技术计划的重要组成部分，欧盟将促使最有前途的技术具备商业成熟度，以便能够大规模可持续生产先进的生物燃料和高效的生物质热电联产。预计欧洲未来 10 年将向能源技术研究额外投资 500 亿欧元，这意味着今后每年欧盟必须在能源技术领域投资 30 亿 ~ 80 亿欧元，其中未来 10 年在生物能源和生物燃料方面的投资总额度将达到约 90 亿欧元。目前欧盟迫切需求建立适当规模的示范工厂、前商业化示范或完整的产业化生产。按照新可再生资源能源指令（RES directive）的可持续性标准，到 2020 年具成本竞争力的生物能源至少将在欧洲能源结构中占 14%，可以产生 200 多万个工作岗位。

5.2.4 英国

2009 年 1 月 27 日，英国生物科学与技术理事会（BBSRC）投资 2700 万英镑建立了 6 个纤维素乙醇生物燃料研究中心，这是英国在生物能源研究上最大的一笔公共投入。中心将为英国重要和新兴的可持续生物能源行业提供科学支撑和发展，从而利用非粮植物燃料替代石油。可持续生物能源中心将集中在 6 个产研合作区，研究中心分别位于剑桥大学、邓迪大学、约克大学和 Rothamsted 研究所，其中诺丁汉大学拥有两个研究中心。此外，还有 7 所大学和研究所参与其中，区域中心周围的 15 家工业合作伙伴也出资约 700 万英镑。

生物能源中心将围绕生物能源生产的多个不同阶段展开研究，从扩大原料范围到改良所用作物如通过改变植物细胞壁使其生长更为高效等，对生物能源潜在来源进行完整的经济和环境生命周期分析，提高非粮生物质的产量和质量，改进转化工艺，确保整个系统的经济和社会可行性，从而使得开发利用生物能源在英国成为切实可行的解决方案。生物能源中心开展的先进生物燃料研究计划如表 5-4 所示。

表 5-4　生物能源中心先进生物质燃料计划

计划	主要内容	主导机构	参与机构
细胞壁木质素计划	改进大麦秆木质素加工，将获得的新知识用于其他作物。计划旨在改变大麦木质素性质，更易生产生物能源，且不降低作物品质	邓迪大学	约克大学、SCRI、RERAD
细胞壁糖计划	开发改进植物和酶的策略，增加生物质分解得到的糖量。计划旨在更好地理解糖与植物细胞壁的结构关系。通过开展这项计划，帮助遴选合适的植物与酶，获得最多的可转化为生物燃料的糖类	剑桥大学	纽卡斯尔大学、Novozymes
木质纤维素转化为生物乙醇计划	利用农林业废弃物生产生物燃料。计划旨在优化植物细胞壁分解释放糖的过程，用做发酵原料；还将研究应用微生物以高效地将原料转化为燃料	诺丁汉大学	巴斯大学、萨里郡大学、BP、生物乙醇公司、苏格兰威士忌研究所等
海生钻木虫生化酶发现计划	来自海生钻木虫的新生化酶，可用于将非粮生物质转化为生物燃料。海生钻木虫的肠道内含有能够降解木质原料的生化酶，计划旨在提取这种酶用于生物燃料生产	约克大学	朴茨茅斯大学、Syngenta Biomass Traits Group

续表

计划	主要内容	主导机构	参与机构
多年生生物能源作物计划	为可持续生物燃料优化生物质产量和组成。计划旨在提高速生树木和草类的产量，将植物更多的可用碳转化为生物燃料，且无需增加如肥料等的投入	Rothamsted 研究所	生物学、环境与农村科学研究所（IBERS），伦敦帝国学院，剑桥大学，Ceres
第二代可持续、细菌生物燃料计划	优化非粮生物质生产第二代生物燃料生物丁醇。现有生物丁醇生产工艺中所用的微生物效率低下、产出无用副产品并且不能直接利用植物细胞壁作为原料。计划旨在培育和测试新的菌株以克服上述问题	诺丁汉大学	纽卡斯尔大学、TMO Renewables

资料来源：科学研究动态监测快报——先进能源科技专辑.2009，2（总89）

2009 年 7 月，英国政府宣布投资 1200 万英镑用于工业生物技术示范设施建设，以逐步建成一个综合工业生物技术部门。此外，政府还将投入 250 万英镑支持企业利用示范设施开发和验证新工艺。现有的国家工业生物技术设施为新产品和工艺提供测试设备，但规模尚小，新的示范设施将根据开发要求定制并测试以可再生生物质原料生产乙醇、生物柴油和低成本高附加值的化学品。预计到 2010 年底，示范设施将全部投入运行。

5.2.5 其他国家

2009 年 2 月，日本 6 家公司决定于当月底建立纤维素乙醇联盟，以共同研究和开发具有成本竞争优势的纤维素乙醇生产技术。该联盟计划先新建一个年产 2.5 万升的纤维素乙醇试验装置，其最终目标是在 2015 年前将装置规模放大至年产量为 20 亿升，生产成本降至 40 日元/升，以使其价格能与原油价格相竞争。这 6 家公司为东丽工业公司、日本炼油商新日本石油公司、丰田汽车公司、三菱重工、鹿岛建设和札幌工程公司。

2009 年，澳大利亚创新、产业、科学与研究部（DIISR）宣布将为林业产品公司 Willmott Forests 旗下的乙醇技术公司提供 210 万美元用以建设纤维素乙醇试验厂，用于研究提高纤维素乙醇产量的工艺。乙醇技术公司正在新南威尔士州建设总投资达 1840 万美元的生物炼制试验工厂，预计将于 2010 年底完成。同时，该公司还计划于 2011 年初建设商业化规模工厂，并在 2012 年完成。

2008 年 9 月印度政府通过了发展生物燃料的政策。该政策规定，到 2017 年国内汽油和柴油中必须混有 20% 的生物燃料，这些生物乙醇和生物柴油必须来源于非粮食作物原料，并不占用农业用地种植。2009 年，印度在孟买大学化工学院成立了首个以能源生物科学为主的研究中心，该中心将致力于降低印度对石油燃料的依赖并减少温室气体排放，研发有效增加单位面积的生物质产出以及将非粮农业残余物转化为气体和液体生物燃料的技术。

5.3 纤维素乙醇研究进展与关键技术

5.3.1 纤维素生物质原料的生产与供应技术

5.3.1.1 纤维素生物质原料的种类和特性

据测算，地球上纤维素的年总产量高达2000亿吨，蕴储着巨大的生物质能，在作为生物燃料原料方面具有非常大的潜力。

第一，纤维素类能源草本植物（能源草）是目前最具发展前景的生物质资源之一。美国自20世纪80年代起就开始关注柳枝稷作为能源植物的潜力，欧洲也对几种主要草类开展了较多的研究，如芒属植物（*miscanthus sp.*）、草芦（*Phalaris arundinacea*）和芦竹（*Arundo donax*）等。当前研究最关注的尚属柳枝稷和芒属植物，最近研究发现，柳枝稷生物燃料能量是生产所需能量的五倍。美国能源部正在努力降低其生产成本，并研究如何将作物秸秆和木材残余物转化为燃料。

研究发现，柳枝稷、芦竹、荻和杂交狼尾草等能源草在我国都具有一定的种植和开发潜力。根据我国林业局编制的《全国能源林建设规划》，我国到2020年将培育完成2亿亩高产优质的能源林基地（其中也包含用于生产生物柴油的能源植物林）。北京草业与环境研究发展中心已筛选出适合北京地区种植的三种能源草：柳枝稷、芦竹和荻。2009年春，该中心已经在北京市选择具有代表性的地块（总计3000亩）进行了试种植。

第二，全世界每年会产生15.5亿吨农业废弃物，有必要对其可持续性进行评估。我国每年有6亿吨左右的秸秆可以利用，但由于农业废弃物原料采集成本和运输成本均居高不下，已成为制约纤维素乙醇发展的重要因素之一。

第三，短生命周期的轮伐作物颇具作为生物能源和生物燃料原料的潜力，目前世界很多地方都在兴建人工林和农业－森林系统，全球已有1.25亿公顷人工林，占世界森林总面积的3.5%。例如，日本已开发出以竹子为原料生产纤维素乙醇的技术。

第四，林业系统中每年产生的落叶、病树、死树等林业残余物也能够提供丰富的木质纤维素。同时，废弃木材、锯屑等林业加工残余物与森林废弃物也是非常值得关注的。

第五，造纸业、食品业产生的废弃物和城市固体垃圾是一类重要的资源，如果成功整合到原料供应系统中，不仅可以提供常年的原料供给，也可以解决垃圾处理的难题。不过，为了实现这些垃圾资源的潜能还必须克服一些障碍，例如，转化过程需要重要的原料质量规范；污染物的移除；垃圾的化学成分会因时间、地点和回收水平的变化而变化；湿气成分也是一个需要有效解决的问题；以及操作中存在健康和安全的隐患等。

第六，合成生物学（synthetic biology）将在设计与改造新型能源植物品种、提高生物质原料的产量和改进性状方面发挥巨大作用。

5.3.1.2 纤维素生物质原料的研究与开发

为了提高生物质原料生产生物燃料的成本效益，需要对生物质种质和耕种特性以及收

获和加工特性等进行改进性研究。美国能源部发布的《打破纤维素乙醇的生物学障碍：联合研究议程》在纤维素生物质原料开发方面，提出了三方面重点研究部署，分三个五年阶段详细提出了技术途径，并设立各阶段发展目标，主要内容如表5-5中所列。

表5-5 美国能源部提出的纤维素生物质原料开发的阶段发展目标

重点研究	技术途径及其要点	阶段目标		
		第一个五年	第二个五年	第三个五年
1. 开发新一代木质纤维素能源植物	提高生物质的总量和总产率。①能源植物的育种与驯化；②提高生物质品种对非生物胁迫的耐受性；③了解并消除生物质作物的不良性状	①研究影响产量和生物质转化率的关键性状；②对潜在生物质作物进行基因组测序和遗传学研究；③研究和验证针对具体性状的高通量筛选方法	①应用高通量筛选和常规及分子育种过程；②研究生物能源植物的基因组成和基因表达	①确定驯化基因并将其转化到能源植物中；②结合已有技术和育种手段部署优质生物质生产；③基因改良品种、杂交种及变种
2. 确保可持续性和环境质量	研究生物质原料长期生产对土壤和环境可持续性的影响。①开展生态系统的分析研究，包括微生物群落测序和微生物群落功能的遗传学分析；②结合对土壤的理化分析，研究土壤环境的碳排放或碳固定总量	①全面分析种植生物质原料的土壤微生物群落；②对种植生物质原料的环境进行长期研究；③对土壤进行序列分析，研究土壤微生物的多样性	①研究不同的耕作方式并分析土壤中微生物群落的含碳量；②研究微生物群落内部的相互作用情况	制定生物质生产管理准则，以保护农业生态系统
3. 能源植物的模式系统研究	选择能源植物的模式作物开展基因与遗传学研究。①选择能源植物的模式生物，确定重要性状和功能的控制基因；②根据基因研究结果评估其他相近作物的基因功能	①完成二穗短柄草基因测序、EST定序和针对短柄和杨属作物的分子标记确定；②围绕注解基因顺序，开发具体生物机制的数据库	①利用正向和反向遗传学等方法确定与生物质生产和转化功能相关的基因；②利用这些基因研究成果改进其他能源植物	①通过转基因或标记辅助选择等方法改进能源植物；②开展能源植物与基因信息研究项目

资料来源：根据美国能源部《打破纤维素乙醇的生物学障碍：联合研究议程》整理

2009年6月，中国科学院发布了我国至2050年生物质资源科技发展路线图，制定了六项战略路径，以促进中国由生物质资源大国向生物质资源及生物经济强国转变。其中生物质能源的战略路径包括筛选优质高效的能源植物资源，建立能源植物在我国不同地域的繁育和生产基地；探索能源植物高效转能和蓄能的生物学机制，开展创新种质，优化规模种植及加工生产体系。重点战略部署的核心研究包括：①能源植物种质的收集与种质保存平台建设；②能源植物种质资源评价与新种质创制；③代表性能源植物的基因组学和功能基因组学的研究；④能源植物高效转能和蓄能的生物学机制研究；⑤能源植物的定向遗传改良研究；⑥能源植物规模化种植关键技术研究；⑦能源植物规模化种植的生态效应研究。

表5-6是路线图报告中提出的能源植物研究与发展路线图时间框架。

表5-6 中国科学院提出的能源植物研究与可持续利用路线图时间框架

阶段目标		技术途径及其要点	
		国家需求驱动路径	科研体系部署路径
至2018年	①基于能源植物资源的储量与生态区划的产业规划；②核心种质资源的确立及相关研究与产业的平台/体系建设；③模式基因资源和模式生物的发掘研究及生物资源发掘和可持续利用的科学基础和技术设计；④有用基因的发掘效率，育种资源创新及新品种创制与自主知识产权的能源植物品种，提供基础生物研究和源头材料供给保障；⑤具有中国特色和优势的能源植物产业形成	①重要物种遗传信息解析计划及信息平台建设；②重要物种育种改良计划及遗传育种平台建设；③重要物种高效转能和蓄能机制研究计划	①能源植物资源的储量与生态区划；②能源植物资源的收集评价与数据库；③规模化种植技术、生态效应及经济评价
至2035年	①实现我国能源植物基础研究的国际高端化，成为全球生物能源产业的源头资源强国；②生物资源的利用和新基因资源发掘的理论和技术设计体系；③形成引领自主知识产权、主导世界市场的生物能源和生物基产品；④实现新型生物质能源产业链和综合利用均衡发展模式	①建立我国特有能源植物资源发掘及可持续利用的理论和技术体系；②开发新物种、新种质、新基因高新产业；③开发我国边际土地资源的特殊生物产品的规模化新兴能源产业	①多学科融合以及计算机和现代分析技术及方法对能源植物能量富集规律机制的阐明；②遗传发育机制、基因组结构变异及特异基因和功能的形成及植物抗性的遗传机制的阐明
至2050年	能源植物的综合利用体系及高附加值产品研发及产业化	能源植物规模化生产模式，新兴生态农业的形成及生物质能源及生物基产品产业规模化	能源植物能量富集调控的理论体系和进行定向改良技术体系的建立

资料来源：中国科学院生物质资源领域战略研究组．中国至2050年生物质资源科技发展路线图．2009．北京：科学出版社

5.3.1.3 纤维素生物质原料生产与供应面临的挑战

当前，在纤维素生物质原料生产与供应方面的挑战主要来自于：①野生生物质资源的种质特性和生长习性、地理分布不利于原料的进一步利用和转化；②多种生物质原料的收集、运输和存储利用存在难度，且成本较高；③原料生产与供应对生物多样性、气候变化、生态环境等产生潜在影响的不确定性。

为应对上述挑战，有必要围绕以下重要科学问题开展研究：①开展生物质资源的评价、优选和规模化种植研究；典型能源植物的基因与遗传学研究；能源植物的功能基因组学和植物生理学研究；探索能源植物的定向遗传改良研究；以提高生物质原料的生物量，提高其抗胁迫和生物转化性能，有效提高光合作用转化效率。②开展生物质原料的收集、运输和存储的技术经济分析研究；生物质原料利用的标准化体系研究；探索生物质原料低成本高效处理的模式和创新性做法，以提高生物质原料的可用性和经济性。③开展生物质原料生产与供应作用于水、土壤和大气环境的模型研究；原料生产与供应过程中碳排放计量和碳固定模型研究；原料生产与供应对土地资源、水资源和生物多样性资源的影响和评

价研究，以提高生物质原料生产与供应的可持续性。

5.3.2 水解生产纤维素乙醇技术

5.3.2.1 水解生产纤维素乙醇的技术发展

目前纤维素乙醇的转化技术大体可被分为水解和热化学转化两大类。在水解技术中，原料中的多糖（纤维素和半纤维素）被降解为自由的糖分子（葡萄糖、甘露糖、半乳糖、木糖和树胶醛糖）。这些自由糖分子经发酵生产乙醇，由于木质素无法用于乙醇生产，在转化过程被移除后，一般被用于乙醇工厂的电力和热供应。在热化学转化技术中，纤维素原料被汽化为合成气（一氧化碳、氢气、二氧化碳、甲烷和氮气的混合气体），合成气经发酵或催化转化过程来生产乙醇。下面对水解生产纤维素乙醇的技术进展进行分析，热化学转化技术将在5.3.3节进行简要介绍。

1）纤维素原料预处理技术的难点及突破

纤维素原料预处理的主要难点包括如何实现最小化的糖降解和抑制剂（呋喃和酚类化合物）生成，如何控制化学品、能源和水的消耗，减少废弃物。除了气爆和稀酸处理法已被用于中试工厂外，氨气爆破法（ammonia fiber expansion，AFEX）将是一个颇具前景的技术。在其他基于纤维素溶解的新方法中，化学品的回收显得尤为关键。由于受限于不同的生物质原料，在选择最优化的技术时仍然存在困难，一项比较研究发现，不同预处理方法在对纤维素乙醇的经济性影响上差异较小（Margeot et al.，2009）。

由美国密歇根大学开发的氨气爆破法可减少预处理加工步骤，采用氨分解植物纤维素和半纤维素，与仅使用常规酶的工艺相比，发酵效率提高75%，并且无需添加辅助的营养素来支撑发酵，可最大量地减少生物质中糖类的降解，降低生产成本（Law，Dale，2009）。

2）水解技术难点及突破

（1）改进水解技术的难点。

酶水解步骤对酶的过度依赖以及酶成本过高已被认为是纤维素乙醇商业化生产的最大瓶颈，一些值得考虑的改进方法包括以下几个方面：

①提高酶的产量。需要引入精确的代谢工程（含基因表达）来进一步提高软腐真菌里氏木霉等菌株的产酶效率，还需尝试生产来自低价碳源的酶（Margeot et al.，2009）。

②增加混合酶的效率。由于生产乙醇的水解环境与酶的野生条件差异较大，所以改进纤维素水解的首要步骤是确定混合酶的成分及比例。近期已在里氏木霉全酶测定上取得了一些进展，此外糖苷水解酶类也被看做是颇具前景的另一种选择，宏基因组技术的发展也为纤维素酶的研发提供了更多的途径。例如，对耐热纤维素酶的克隆与表达研究发现，一些耐热纤维素酶具有很好的降解纤维素的能力，一些甚至可以替代里氏木霉酶类。对细菌纤维小体的研究发现，通过基因融合或构建纤维小体等方法对不同酶进行连接，可以构建一种增加纤维素酶彼此间相互协同作用的途径（Margeot et al.，2009）。

③高温水解。纤维素会在高温下膨胀，令降解反应更易进行。热稳定性好的酶意味着催化效果更持久，降低成本（Svitil，2009）。除了自然界的耐热酶外，采用定向进化和理

性设计等手段对酶蛋白进行分子改造，构建人工耐高温酶也是一个十分有效的方法。

（2）技术突破。

①2009 年，美国加利福尼亚理工学院和基因合成公司 DNA2.0 在“基于结构引导重组构建热稳定真菌纤维素多酶体系”项目的资助下，合成了 15 种新型高稳定性的真菌酶催化剂，能够在高温下高效地降解纤维素，得到糖类产物。这 15 种新酶都具有更好的稳定性和高温（70～75℃）耐受性，与上一代酶相比，在相同温度下能够降解更多的纤维素。

②路易斯安那理工学院从事化学工程研究的帕尔梅及其同事最近开发出一种纳米技术，能将参与反应的多种酶固定化，使得这些酶能够多次重复使用，大大降低了第二代生物质燃料的生产成本。这一技术可以被应用到大规模商业生产中。

③2009 年 7 月，美国佛罗里达大学食品与农业科学研究所的研究人员在腐烂的美国枫木中发现一种类芽孢杆菌菌株，命名为 JDR-2。通过研究该细菌的遗传性状发现，该菌株能有效降解和消化植物细胞壁中的半纤维素，这一功能有助于改良纤维素乙醇生产工艺，提高经济效性（佛罗里达大学，2009）。

3）发酵工艺的关键问题与技术难点

（1）发酵工艺的关键问题。

纤维素水解物发酵研究中的两个关键问题是：第一，如何解决纤维素水解过程中产生的抑制物对发酵的抑制作用；第二，纤维素水解物包含五碳糖、六碳糖和纤维寡糖在内的多种糖，如何高效利用混合糖类物质进行发酵。

因此，纤维素乙醇的发酵过程与纤维素原料的水解过程和糖化过程是相互关联的，在预处理、水解和发酵步骤中采用的不同技术中，人们在水解发酵二段法（SHF）的基础上发展出一些整合技术，主要包括同步糖化发酵法（SSF）、同步糖化共发酵（SSCF）、两步稀硫酸水解和生物质分馏法（biomass fractionation）（Dwivedi et al.，2009）：

①水解发酵二段法（SHF）——将纤维素先用纤维素酶糖化，再经酵母发酵成乙醇的方法，这种方法可以分别使用水解和发酵各自的最适条件（分别为 50℃和 30℃），但是酶水解产物（纤维寡糖和葡萄糖）会反馈抑制水解反应。随着水解过程中葡萄糖浓度的不断升高，酶解反应会因为产物抑制作用而使反应速度降低，导致反应进行不完全。

②同步糖化发酵（SSF）——SSF 法使水解与发酵两步合一，消除了 SHF 法的弊端，提高了糖化效率。SSF 技术的关键是选择最适的酵母。酶解的最适温度约为 50℃，而普通酿酒的最适发酵温度通常约 30℃。选择耐高温酵母有利于同步糖化发酵技术的应用。在最佳的酶、酵母和最适反应条件下，纤维素乙醇的转化率可达到 80% 以上。

③同步糖化共发酵（SSCF）——SSCF 法把源于半纤维素的木糖等五碳糖和源于纤维素的葡萄糖等六碳糖一起转化成乙醇，进一步提高了转化效率，降低了生产成本。

④统合生物工艺（CBP）——统合生物工艺可将纤维素酶生产、水解和发酵组合在一步里完成。这就要求纤维素酶生产和乙醇发酵都由一种微生物或一个微生物群落来施行。此法使人们有可能在同一个生物反应器中、利用同一种（群）微生物完成生物质转化为乙醇所需的酶制备、酶水解及多种糖类的发酵的全过程，从而简化工艺和降低成本。

（2）技术难点。

戊糖发酵——木糖和树胶醛糖通过异构酶途径也可以获得较高的乙醇产量，然而，迄今为止异构酶途径仅能在多拷贝质粒中表达，在工业应用上缺乏稳定性。目前性能最佳的两种工业木糖发酵菌株酿酒酵母都是基于还原酶/脱氢酶途径，然而，当酿酒酵母中真菌树胶醛糖表达时，乙醇生产将受到抑制。

抑制剂耐受性——酿酒酵母菌株的很多变种都具有抑制剂耐受性，然而，酵母对木质素水解产物耐受性的分子生物学机理还需进一步研究。

(3) 技术突破。

①2009 年 5 月，马斯科马（Mascoma）公司宣布在纤维素乙醇的统合生物处理技术方面取得重大突破，该公司使用纤维类生物质为原料，利用工程化微生物替代成本高昂的纤维素酶，实现纤维素至乙醇的一步转化（Tyler，2009）。

②美国 Qteros 公司发现 Q Microbe 菌种通过一步法能将任何纤维素材料转化为乙醇，可使纤维素乙醇生产效率提高 15 倍。公司于 2009 年 5 月 20 日宣布将该技术推向商业化。

③丹麦生物技术公司 BioGasol 对在冰岛温泉里发现的一种微生物进行了五碳糖转化活性改进，将生物乙醇产率提高 7.5%，将五碳糖的转化率提高到 86%。这种微生物可以更加有效地移除乙酸和其他副产物，减少副产物的生成（Schill，2009）。

5.3.2.2 水解生产纤维素乙醇的专利分析

基于国际专利分类体系中有关水解法生产纤维素乙醇的分类，以 Derwent Innovations Index^{SM}数据库（以下简称 DII）收录的发明专利申请（以下简称“专利”）为基础，以基本专利年（DII 数据库首次收录的专利家族成员专利的公开年）为年度划分依据，本报告分析了水解生产纤维素乙醇相关专利 2001 ~ 2009 年的发展情况，主要分析工具包括 TDA 和 Aureka。DII 数据下载日期：2009 年 12 月 9 日。现将专利分析章节涉及的一些概念定义如下：专利家族指专利权人在不同国家或地区申请、公布的具有共同优先权的一组专利；专利家族成员数指专利家族中所包含的专利成员总数；专利合作强度指数指每件专利平均拥有的专利权人数；件均发明人指数指每件专利平均拥有的发明人数。

1）水解生产纤维素乙醇专利年度发展态势

自从 1978 年第一件水解生产纤维素乙醇专利公开后，以后各年均有相关专利产出，但在 2006 年之前的各年数量均较少，各年不足 20 件。本报告选取 2001 年以来有关水解生产纤维素乙醇的专利对水解生产纤维素乙醇的专利产出情况进行分析。

从图 5-2 可见，从 2007 年开始有关水解生产纤维素乙醇的专利数开始出现明显的增长，2007 年为 56 件，数量上是 2006 年的两倍，2008 年的专利数较 2007 年又翻一番，达到 125 件，2009 年相关专利达到 131 件。在 2008 ~ 2009 年两年的时间里，有关水解生产纤维素乙醇的专利数是 2001 ~ 2007 年专利数总和的近两倍。这种态势与国际上对纤维素乙醇关注度的不断提升密切相关。尤其是自 2007 年以来，由于以非粮生物质作为原料，不会影响粮食安全以及带来环境恶化，因此，以美国为首的大多数石油进口国家对利用纤维素生物质作为原料生产乙醇产生了浓厚的兴趣，纷纷推动纤维素乙醇的研发工作。

2）水解生产纤维素乙醇专利国际布局

(1) 水解生产纤维素乙醇专利的国家（地区）分布。

本节将从 2001 ~ 2007 年和 2008 ~ 2009 年两个时间段对水解生产纤维素乙醇专利的国

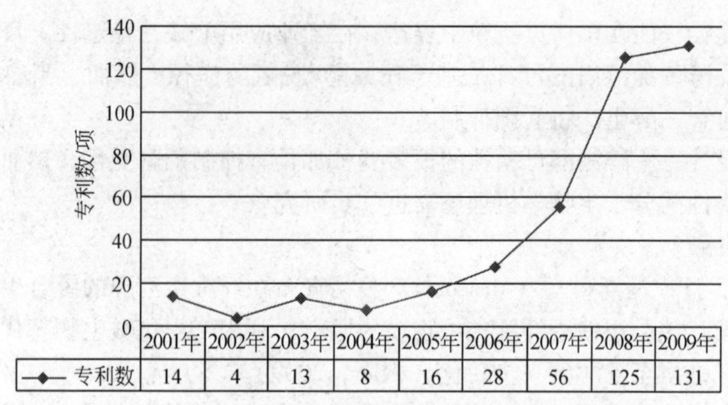

图5-2　水解生产纤维素乙醇的专利数年度发展态势图

2009年数据仅截止到2009年12月9日

家（地区）布局进行分析。表5-7显示，2001～2009年，平均每件专利在2.4个国家（地区）提出申请，而在2001～2007年和2008～2009年该值分别为4.0和1.5，2008～2009年专利家族成员数缩减的原因可能是由于专利公开时间延迟的影响，也可能因为相关专利申请更倾向于向个别国家（地区）集中。从图5-3的统计分析可见，受理水解生产纤维素乙醇专利最多的三个国家（组织）始终是WO、中国和美国。

表5-7　专利家族指数统计表

	2001～2007年	2008～2009年	2001～2009年
专利家族数（N）	139	256	395
专利家族成员总数（F）	558	393	951
专利家族平均成员数（F/N）	4.0	1.5	2.4

上述数据清晰显示，中国和美国是水解生产纤维素乙醇的主要专利受理国家，尤其是在2008～2009年，中国所占份额已经达到24%，美国达到17%，远高于日本和欧盟。为了挖掘中国成为世界上最大的水解生产纤维素乙醇的专利受理国的深层原因，下面对中国受理的专利进行分析。

（2）中国专利的来源。

表5-8统计数据中国专利的来源发现，2001～2007年，有关水解生产纤维素乙醇的中国专利77件，优先权国包括12个国家或地区，有13个专利权人的专利数量在2件以上。其中，以中国为优先权国的位居首位，美国第二。专利申请数量最多的6个专利权人均来自国外，分别是加拿大的Iogen能源公司、丹麦的诺维信、美国的VERENIUM公司、美国DIVERSA公司、美国杰能科公司以及瑞士的先正达（SYNGENTA）公司。数据表明，在此期间，在中国申请保护的水解生产纤维素乙醇专利中，国外的专利权人占主要地位。

2008～2009年，有关水解生产纤维素乙醇的中国专利95件，优先权国仅包括5个国家或地区，以中国为优先权国高居榜首。专利数量超过2件的7个专利权人都来自中国，位居前两位的是中国科学院和中粮集团。数据表明，随着国际上对纤维素乙醇研发的关注度迅速升温，以及我国科研机构与企业专利意识逐渐增强，这些研究机构或企业也纷纷就自身的研发成果申请专利保护。在此期间在我国公开的国外专利权人的专利数量较少的可能原因之一是一些通过国际申请进入我国的专利因程序导致公开延迟。

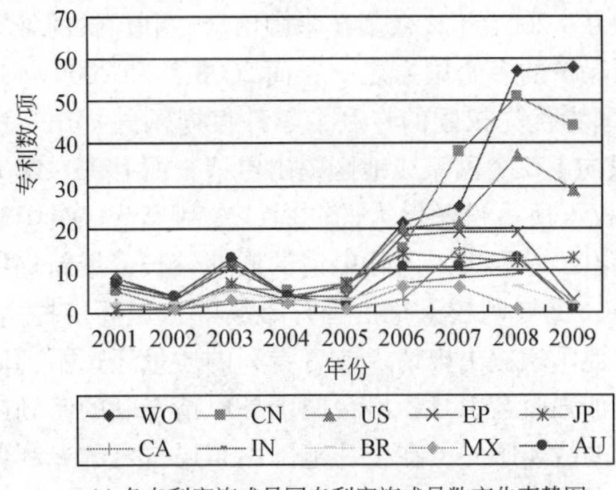

(a) 各专利家族成员国专利家族成员数变化态势图

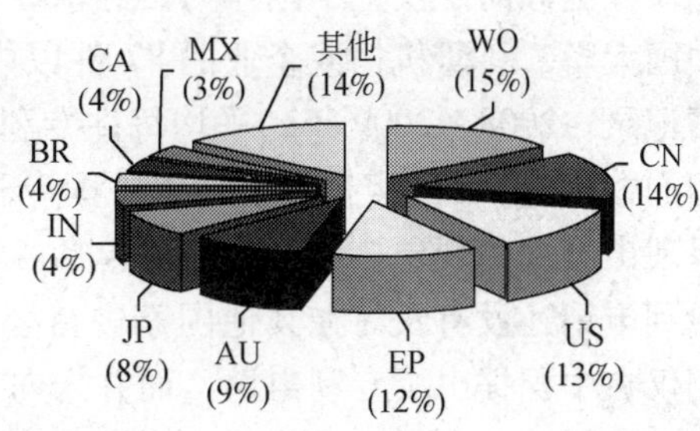

(b) 2001~2007年专利家族成员国分布图

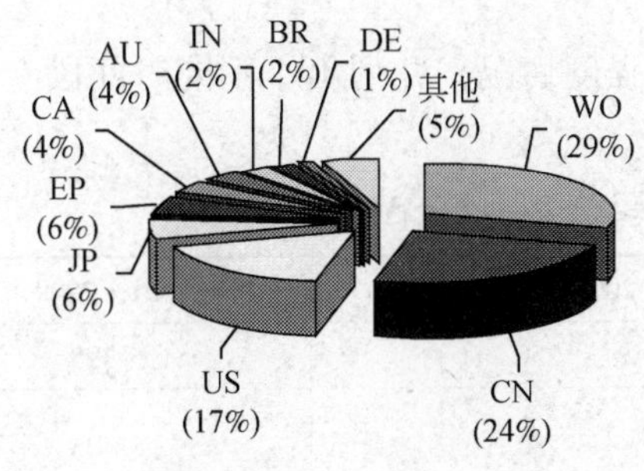

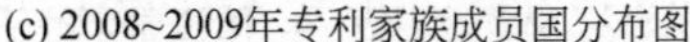

(c) 2008~2009年专利家族成员国分布图

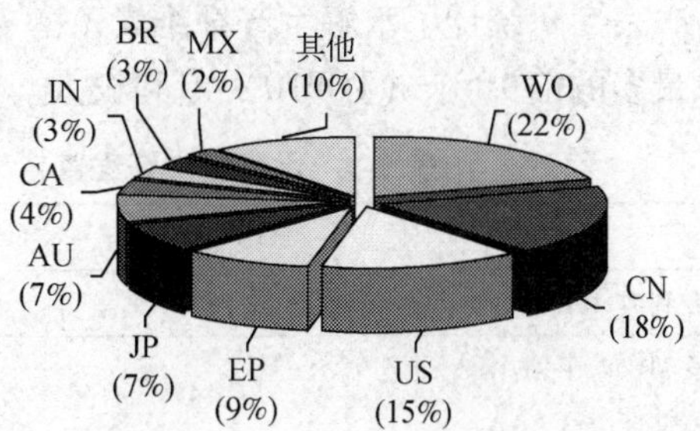

(d) 2001~2009年专利家族成员国分布图

图 5-3　专利家族成员国分布图

表 5-8　中国专利来源

（a）基本信息统计

指数	2001～2007 年	2008～2009 年
中国专利数（*N*）	77	95
专利家族成员数（*F*）	348	139
件均成员数	4.5	1.5
优先权国数	12	5

（b）主要优先权国及专利权人统计

排名	优先权国	专利数	专利权人	专利数	优先权国	专利数	专利权人	专利数
1	CN	38	Iogen 公司	5	CN	87	中国科学院	8
2	US	25	诺维信	4	US	5	中粮集团	8
3	CA	10	VERENIUM 公司	4	KR	2	首都师范大学	4
4	EP	6	DIVERSA 公司	3	BR	1	哈尔滨海格	2
5	DK	5	杰能科	3	CA	1	河南天冠	2
6	GB	2	先正达公司	3			陕西科技大学	2
7	JP	2	清华大学	3			同济大学	2
8	AU	1	BIOGASOL IPR APS	2				
9	ES	1	汽巴精化有限公司	2				
10	FI	1	ELSAM 公司	2				

然而，从专利家族成员数角度分析，2001~2007 年，众多在中国申请专利保护的外国专利权人更倾向于仅把中国作为其寻求专利保护的多个国家之一，而 2008 年和 2009 年来自中国大学、科研机构或企业的 87 件以中国为优先权国的专利，累计仅向国外提出 7 次申请记录。2008~2009 年，平均每件专利只向 1.5 个国家或地区提出申请，而 1996~2007 年间的数据是 4.5。数据表明随着中国专利权人所占份额增大的同时，专利家族成员国数却呈现出萎缩的现象。可能的原因包括：①由于专利进入国际申请的周期较长，最新提出的专利申请还没有及时在其他国家进行公开；②专利权人抢占国际市场的意识尚待提高，他们仅在中国提出了专利申请，而并未向其他国家提出申请。或者专利的质量还达不到国外的授权标准。针对这一现状，我国政府应加强政策引导，出台向国外申请专利的激励或补贴措施，而相关研发机构与企业应以长远的战略眼光，在全球范围内布局自身的专利保护范围。

3）水解生产纤维素乙醇专利机构分布

表 5-9 统计了水解生产纤维素乙醇专利合作强度情况，并列出了不同时间段专利申请数最多的前 10 个（TOP10）专利权人。

表 5-9　水解生产纤维素乙醇专利合作强度指数及 TOP10 专利权人

	2001~2007 年		2008~2009 年		2001~2009 年	
专利数（N）	139		256		395	
专利权人申请累计件次（ANA）	148		257		405	
专利合作强度指数（ANA/N）	1.06		1.00		1.03	
TOP10 专利权人	专利权人	专利数	专利权人	专利数	专利权人	专利数
1	Iogen 能源公司	7	诺维信	13	诺维信	19
2	诺维信	6	中国科学院	8	Iogen 能源公司	12
3	丹尼斯克/杰能科	5	中粮集团	8	中国科学院	8
4	VERENIUM 公司	5	日本国际农林水产业研究中心	6	丹尼斯克/杰能科	8
5	DIVERSA 公司	4	Iogen 能源公司	5	中粮集团	8
6	美国中西部资源研究所	4	杜邦	4	美国中西部资源研究所	7
7	日本 TSK 公司	4	首都师范大学	4	日本国际农林水产业研究中心	6
8	南方佛斯卡专利公司	3	荷兰帝斯曼知识产权资产有限公司	4	VERENIUM 公司	6
9	先正达	3	美国加利福尼亚大学	4	先正达	5
10	清华大学	3	丹尼斯克/杰能科	3	DIVERSA 公司	4

2001～2009年，有关水解生产纤维素乙醇的395件专利来自273个专利权人（不考虑专利权人为个人的情况）。若将每个专利权人所拥有的专利数求和，则得到他们累计申请专利405件，由此计算可得平均每件专利仅拥有1.03个专利权人。说明水解生产纤维素乙醇领域的专利合作行为并不活跃。从各时间段专利权人的排名来看，加拿大的Iogen能源公司、丹麦的诺维信集团公司、美国VERENIUM公司、美国DIVERSA公司和丹尼斯克/杰能科的专利数始终位居前10名，说明2001～2009年间这些公司在水解生产纤维素乙醇领域处于国际领先地位，研发活动十分活跃。2007年前，排名前10的机构中仅清华大学来自中国，而2008～2009年这两年时间里，前10家（TOP 10）机构中来自中国的机构增加至3家，按照专利数量多少依次是中国科学院、中粮集团和首都师范大学。

4）水解生产纤维素乙醇专利发明人分布

表5-10的数据显示，2001～2009年，水解生产纤维素乙醇专利件均拥有3.8个发明人。2008～2009年与2001～2007年相比，研发团队强度指数降低，由4.2降为3.5。

表5-10 不同时期水解生产纤维素乙醇专利团队强度指数

	2001～2007年	2008～2009年	2001～2009年
专利数（*N*）	139	256	395
发明人申请累计件次（ANI）	585	902	1487
团队强度指数（ANI/*N*）	4.2	3.5	3.8

5）水解生产纤维素乙醇专利引证分析

（1）引用强度分析。

水解生产纤维素乙醇专利引用强度统计见表5-11，395件专利中79件专利有被引记录，其余的316件专利从未被引用，件均被引0.7次。

表5-11 水解生产纤维素乙醇专利引用强度（2001～2009年）

专利数			被引专利比例（*A*/*N*）	累计总被引次数（*D*）	件均被引频次（*D*/*N*）
被引＞0（*A*）	被引＝0（*B*）	总计（*N*）			
79	316	395	20.0%	273	0.7

（2）被引情况分析。

截至2009年12月1日，被引次数最多的10件专利，主要分布在2001年之后，有两件2007年的专利被引年代最近，分别关于纤维素乙醇的生产方法以及制备水溶性纤维素水解产物的方法。被引次数最高的10件专利涉及的技术主题包括：纤维素原料转化为乙醇的方法、木质素处理方法、发酵方法、酶及其核酸序列以及生物质液化和糖化方法等。

6）水解生产纤维素乙醇专利主题领域分布图

水解生产纤维素乙醇的专利涉及原料的预处理、水解和发酵的全过程，为了挖掘全球对水解生产纤维素乙醇研发专利的关注重点，本节对其专利的主题图进行了分析，并比较了2001～2007年和2008～2009年两个时间段的主题分布情况。从彩图9（a）与彩图9（b）两个时期的主题图可见，2001～2007年，专利数量较多的主题集中于以甜高粱茎秆为原料提取乙醇（sweet sorghum extracting stalks）、固体木质纤维素原料（solids stage lignocellulosic）、废弃物（waste）生产乙醇以及木质纤维素水解微生物（lignocellulosic hydrolysates microorganism）的研究等领域。而2008~2009年间专利数量较多的主题除了茎秆乙醇和木质纤维素水解微生物外，还包括预处理pH条件（pH pretreating degrees）、水解转化（converting hydrolysis alcohol）以及木糖酶基因组序列及在宿主中的表达（host cell sequence encoding xylose cell）等方面。从彩图9（c）可见，2001~2009年研究最多的主题是木质纤维素生物质糖化（saccharifying lignocellulosic biomass），其次是以高粱和甜高粱茎秆为原料生产乙醇（sorghum stalk alcohol）、酶的编码序列及在宿主中的表达（host encoding cell）和生产工艺过程（stream form separating）这三个主题。虽然主题图是基于标题和摘要中所出现的词汇进行聚合的，但综合比较分析，仍可以反映出2008~2009年纤维素乙醇研究热点的变化情况，其中原料的预处理条件以及对发酵过程所需酶及其表达体系（如利用木糖生产乙醇）的研究，已经得到越来越多的重视。

5.3.3 热化学转化技术

在热化学转换技术中，首先在高温条件下将原料转成合成气，合成气再经发酵或催化转化为乙醇。发酵气化利用微生物对常温的合成气发酵成乙醇和乙酸；而催化气化则需要将合成气加热加压到300℃高温和69bar的高压条件下，与甲醇和水混合，通过合成催化剂（二硫化钼）催化反应生成甲醇、乙醇直到戊醇等长链醇、水、甲烷和少量其他碳氢化合物副产品。

5.3.3.1 新技术发展与突破

近10年来，美国俄克拉何马大学的生物燃料交叉学科研究小组在纤维素乙醇的汽化发酵过程研究中取得了重要进展。该项工艺主要利用多年生牧草和作物秸秆等生物质原料，生产生物乙醇和其他增值产品。在该生物转化过程中，包括木质素在内的全部生物质原料将得以利用，从而获得较高的能量转换效率。该项工艺的第一步是生物质汽化，在控制氧气供应的条件下，纤维素、半纤维素和木质素被转换为以CO、CO_2和H_2为主的合成气；清洗和冷却后的合成气进入生物反应器，在鼓泡作用下通过微生物发酵，经进一步分离和处理得到乙醇和其他增值产品。研究小组已经成功确定了该工艺所用的一整套微生物催化剂，并力图将乙醇的生产成本降至1.25美元/加仑以下，使生物质转化效率提高至每千吨原料生产75加仑（285升）。

美国爱荷华州立大学正在开发生产纤维素乙醇的热化学法新系统。该系统使用新的低排放燃烧器和催化剂生产乙醇，可联产乙醇和热能。该技术将废弃的谷物秸秆、木屑和其他生物质汽化用于生产合成气。该技术中的催化剂为碳基纳米颗粒，可解决使用传统化学催化剂乙醇产率低、易产生温室气体，需在高温高压条件下使用等问题。新催化剂可在较低温度和压力下工作，并能得到较高的乙醇产率。

5.3.3.2 产业现状与经济性

迄今为止还没有采用热化学转化技术的商业规模的乙醇工厂，因此仅能估计其生产成本。菲利普斯（Phillips）在2007年模拟了采用汽化技术和合成气催化转化技术的纤维素乙醇生产过程，预期在2012年，采用热化学技术生产乙醇的最低售价将为1.07美元/加仑。坦博（Tembo）在2003年指出，采用热化学－发酵技术生产乙醇的成本约为0.76美元/加仑，比克（Piccolo）和本左（Bezzo）在2009年通过评估发现，汽化－发酵技术生产乙醇的成本高于酶水解技术。Wei在2009年发现，由于汽化－催化转化技术的反应时间最短，所以采用该方法生产乙醇的成本将低于水解发酵技术（Dwivedi et al.，2009）。

5.4 研发布局

5.4.1 美国政府机构的研发布局

美国自2000年通过《生物质研究法》并开展生物质研发项目以来，长期重视生物质资源和生物能源研究。生物质研发项目的主要任务是发展和转化丰富的可再生生物质资源，以获取低成本、高性能的生物燃料、生物基产品和生物质电力；纤维素乙醇研发是其中的重要内容。为了推进纤维素乙醇等生物燃料的研发，美国政府专门设立了生物质研发委员会和生物质研发技术咨询委员会，并在2009年5月成立了由农业部、能源部、环保局的负责人共同领导的生物燃料跨机构工作小组，该小组的职责包括：①制定全美首个生物燃料市场开发综合计划；②研究制定可能影响生物燃料供应、运输和分配的基础设施政策；③为提升生物燃料原料生产的环境可持续性提供政策参考建议，考虑土地利用、栖息地保护、作物管理、水利用率与水质以及温室气体排放生命周期评价等。

5.4.1.1 美国能源部

1）美国能源部开展纤维素乙醇研发的总体布局

在美国能源部，生物质研发项目的具体研究工作由能源效率与可再生能源办公室（EERE）统一协调开展。EERE是能源部最重要的部门之一，其任务主要表现在三个方面：提高能源效率和生产率，向市场提供清洁、可靠和民众用得起的能源技术，通过提高能源多样化选择来提高人民生活质量。

美国能源部下属共有17个国家实验室。2000年，为了联合能源部的技术力量，实践生物质研发项目的规划，能源部成立了由5个国家实验室组成的虚拟研究组织——国家生物质能中心（National Bioenergy Center），中心总部设在能源部国家可再生能源实验室（NREL），其余4个技术小组包括能源部橡树岭国家实验室、爱达荷国家实验室、西北太平洋国家实验室和阿尔贡国家实验室，在EERE的协调下共同开展生物质资源研究。

2007年6月，为了响应时任总统布什提出的“10年减少原油消耗20%计划”中的目标，加强推进生物质能的研究与发展，美国能源部宣布投入3.75亿美元（后又追加3000万美元）建立了三个新的生物质能研究中心，重点开展纤维素乙醇和其他生物燃料的基础研究。新中心的主要研究内容包括重新设计生物质过程工程，开发新型、更有效的植物纤维素乙醇生产技术和其他生物燃料新技术。同时，为了确保研究成果商业化的可行性和成本效益，新中心均与美国国家研究机构、美国各大学和相关公司共同合作。

2）美国能源部在纤维素乙醇领域的研究进展

2009 年 1 月，美国能源部布鲁克黑文国家实验室和比利时哈瑟尔特大学的联合学者们发现了一种与植物有关的细菌，它能促进边际土地上植物的生长，可能会对科研人员设计不用产粮土地生产生物燃料的战略有所帮助。

2009 年 2 月，美国能源部的联合基因组研究所（JGI）与美国农业部林业局林业产品实验室（FPL）合作，它们共同完成了翻译可解释褐腐菌类对树木具有特殊破坏作用的复杂生化体系基因密码。同时，该工艺还使获得植物中的高能糖分子的过程更加容易，从而带来生物能源工业的革新。

2009 年 10 月，美国能源部布鲁克黑文国家实验室发现一种负责木栓质生物合成的酶。它在控制植物水分和养分运输，使植物免受病原菌侵害等方面具有重要作用。通过遗传改良该酶的表达调节植物组织的渗透性，使植物更易产生作为生物燃料原料的物质。

2009 年 11 月，美国能源部大湖生物能源研究中心的研究人员发现南美切叶蚁特有的酶解工艺，南美切叶蚁与一些真菌群共生，这些真菌群可分泌出具有降解细胞壁功能的酶混合物。研究人员分析了该种蚂蚁的真菌群制作的多种酶，存在 6～7 种酶的混合物。其中一种已确定为纤维素酶，这一研究发现有助于加快纤维素乙醇的商业化。

5.4.1.2 美国农业部

1）美国农业部开展纤维素乙醇研发的总体布局

美国农业部（USDA）是美国重要的农业经济管理部门。在生物质研发项目中，美国农业部与能源部扮演着同样重要的角色。自生物质研发项目开展以来，美国历次推出的《农业法案》中都明确提出了支持可再生能源的作物种植补贴、生产设施建设等优惠政策，近年来更将纤维素乙醇作物的种植和纤维素乙醇燃料的生产视为重点资助范围。

为了推动美国在利用国内可再生的农业与林业资源，开展生物基产品和生物质能源方面的技术研发转化和商业市场推广，农业部长牵头于 2002 年正式成立了生物基产品与生物能源协调委员会（BBCC），美国农业研究服务局（Agricultural Research Service，ARS）是 BBCC 的成员机构之一。ARS 下设 4 个应用研究中心，其中最大的是美国农业部国家农业应用研究中心（NCAUR），下设 7 个研究单元，其研究重点包括代谢工程与发酵、食品安全与环境质量、生物能源、生物油、生物材料和加工技术、健康食品等领域。

ARS 在生物质能源方面的研究主要在生物能源与替代能源国家项目（Bioenergy and Energy Alternatives National Program）下开展，该项目是美国农业部开展的 21 个国家项目之一，其主要研究内容包括：①研究生物能源原料新品种和新作物的最佳性状；②发展最优化的方法与系统，在可持续前提下最大限度地提高生物能源原料的产量；③发展新型的、有商业发展前景的生物精炼技术。

ARS 在生物能源方面的战略目标包括：建立新的科学知识和创新性技术，推动科学技术方面的进展和生物能源应用方面的突破；到 2011 年，累计实现 24 项科学进展或技术突

破，在生物能源原料的生产与转化方面显著降低成本、提高收益、提升效率、增加产量和提高可持续性。

2）美国农业部在纤维素乙醇领域的研究进展

美国农业部ARS下属的各个研究单元有多个研究项目与纤维素乙醇研发有关，包括作物资源、原料生产、转化技术研究，以及与其相关的生态与环境研究，表5-12列出了ARS各单元正在进行的部分计划。

表5-12 美国农业部ARS各研究单元开展的纤维素乙醇研发相关项目

研究单元	项目名称	时间
国家项目	ARS-国家玉米乙醇研究中心合作研究项目	2009~2014年
国际研究项目办公室	农业部生物燃料合作项目	2009~2013年
可再生产品技术研究	可持续能源与化学品生产的生物化学过程改进	2008~2013年
基因组学研究与基因发现	柳枝稷农艺学性状的分子标记发展和基因分析	2008~2010年
	草类作物资源的改造研究	2006~2011年
	生物能源原料的基因基础研究	2009~2014年
	柳枝稷的比较基因组学和性状选择的连锁分析	2007~2010年
	柳枝稷的分离与连锁分析和建模	2008~2010年
作物转化科学与工程	稀酸预处理纤维素原料的生物转化过程研究	2009~2010年
	从大麦到生物质——发展区域多原料生物精炼	2009~2014年
	温季草类利用的基因改造和管理	2007~2012年
生物能源研究	混合群落生物反应器研究，用于将木质纤维素原料转化为液体生物燃料丁醇	2008~2010年
	木质纤维素原料转化为生物燃料与其他产品的过程工艺研究	2009~2014年
	用于木质纤维素乙醇生产的耐受微生物的基因组学和工程学	2009~2014年
	糖与生物燃料的高级转化技术研究，包括原料优选、预处理、抑制剂移除和酶催化	2009~2014年
	原位解除生物质转化抑制剂对酿酒酵母毒化作用的基因组学	2006~2010年
生物基产品化学与工程研究	源自农业的生物高分子化合物的非食用利用研究	2009~2014年
	生物质作物和残余物生物高级精炼的酶催化和分离过程研究	2005~2010年
	残余物移除用于生物燃料生产对土壤的影响	2006~2011年
谷物、饲料与生物能源研究	美国中部饲料与生物能源植物研究与技术改进	2008~2013年
	影响柳枝稷生长季节适应性的因素研究	2009~2012年
	加强农业部ARS、能源部和Sun Grant大学的多学科合作研究	2009~2014年
草地、土壤与水资源研究实验室	市政生物固体的土地利用影响的模型研究，适用于整个城市、乡村和野生动物交互的生态系统	2008~2011年
	全球变化和杂草生物入侵控制对西部牧场的影响	2009~2010年
农业与环境农业生态系统管理研究国家实验室	多年生混合生物质最大化可持续生产的研究	2009~2012年
	用于结晶纤维素降解的酶催化过程研究	2009~2010年

续表

研究单元	项目名称	时间
天然资源管理研究	用于乙醇和高值产品生产的北达科他州多年生草本作物的评价	2009 ~ 2014 年
	北部大平原生物质原料生产的环境与经济影响研究	2008 ~ 2012 年
植物科学研究	北部地区可持续农业系统中多年生温季牧草的研究	2007 ~ 2012 年
牧场与牧草研究	草地/农业用地向纤维素生物燃料作物用地转化的影响研究	2009 ~ 2014 年
Robert W. Holley 农业与健康研究中心：植物、土壤与营养研究	多倍体多年生生物燃料草类作为生物质原料的特性研究	2008 ~ 2010 年
	多倍体多年生生物燃料草类的相关分布研究	2007 ~ 2010 年
美国奶业饲料研究中心：细胞壁生物学与利用研究	多年生生物能源植物的分离、收获和存储技术研究	2008 ~ 2010 年
	饲料作物与生物质能源植物转化为高值产品的研究	2009 ~ 2010 年
	区域性生物质作物最优化生产的研究	2008 ~ 2011 年
台湾乳白蚁研究	台湾乳白蚁（Formosan subterranean termite）功能基因组学研究	2007 ~ 2012 年
农业生态系统管理研究	干旱土地管理系统与作物灌溉系统	2006 ~ 2011 年
水土保持研究	净初级生产和残余物移除对土壤碳与氮元素转化的影响研究	2007 ~ 2010 年

注：根据 USDA ARS Agriculture Research Service Strategic Plan for FY 2006-2011 整理

5. 4. 2 重要企业的研发态势分析

如表 5-9 所示，诺维信、Iogen 能源公司、中国科学院、丹尼斯克/杰能科以及中粮集团是拥有水解生产纤维素乙醇技术发明专利申请数最多的五家机构。调研发现，诺维信是世界第一大酶制剂公司，纤维素酶开发是其核心研发活动之一，2010 年 2 月 16 日，诺维信推出的酶 Cellic CTec2 用于从农业废弃物生产生物燃料，使纤维素乙醇生产成本降至 2 美元/加仑以下，与目前美国市场上汽油和乙醇的价格相当，初期的商业化规模装置预计于 2011 年投运（科学网，2009）。有关诺维信公司的研发分析可参阅中国科学院国家科学图书馆成都分馆 2007 年撰写的《生物液体燃料国际发展态势分析报告》。中国科学院和中粮集团是我国从事纤维素乙醇研究和产业开发的重要机构。下面主要围绕纤维素乙醇的产业开发，对 Iogen 能源公司、杰能科公司的研发态势和项目进展情况进行分析。

5. 4. 2. 1 Iogen 公司

从本章专利分析结果可见，Iogen 公司在水解生产纤维素乙醇专利方面处于国际领先地位，在 2001 ~ 2009 年的 10 年时间里，累计申请相关专利 12 件，位居全球第二位，仅次于诺维信。Iogen 公司是世界上首家利用麦秆为原料生产生物燃料的生产商。目前已拥有一个以麦秸为原料、年产 3. 2 万加仑纤维素乙醇的制造厂。Iogen 公司 2009 年的纤维素乙醇产量比 2008 年翻了一倍多，达到 15. 3 万加仑（钱伯章，2010）。

1）现有的纤维素乙醇生产技术

Iogen 公司自 2004 年以来研究使用木质纤维素酶水解木质纤维素，在整个过程中不使用化石燃料，发展至今已形成了较为成熟的纤维素乙醇生产技术，具体过程包括：①预处

理：通过稀酸结合蒸汽爆炸工艺增加植物纤维的表面积，提高与酶接触的面积。②酶的生产：根据特定预处理原料定制新型高效的酶系统。③酶解工艺：开发的反应器系统可经过多阶段的水解反应，进行独立的水解和发酵过程。④纤维素乙醇发酵：采用先进的微生物和发酵系统，将酶解后含五碳糖和六碳糖的液体转化成乙醇。微生物发酵产生的“液体乙醇”经蒸馏后，利用传统工艺生产燃料级的纤维素乙醇。⑤流程集成：工艺流程设计中充分考虑节能、水循环和副产物生成等环节。

2）示范工厂

Iogen 公司经营着世界上首个由农业残余物生产纤维素乙醇的示范工厂，检验该公司设计的以小麦、燕麦和大麦的秸秆作为原料生产纤维素乙醇工艺的可行性。示范工厂满负荷运行时每天能处理 20～30 吨原料，生产 5000～6000 升纤维素乙醇。

2009 年 6 月，Iogen 公司成为第一个在零售加油站出售其新一代生物燃料的纤维素乙醇生产商，含 10% 纤维素乙醇的混合汽油在渥太华壳牌加油站中以与常规汽油同等价格出售给普通消费者。虽然仅为限量销售，但也是 Iogen 公司发展历程中的一个里程碑。

目前，Iogen 公司已经筹划建造世界上首个商业规模的纤维素乙醇工厂。

3）项目开发

2007 年 2 月，作为美国能源部 3.84 亿美元资助的 6 个纤维素乙醇项目之一，Iogen 公司投资的 Iogen Biorefinery Partners 公司获得美国能源部 8000 万美元援助基金。2008 年，Iogen Biorefinery Partners 在爱达荷州建造年产 1800 万加仑纤维素乙醇的装置，日处理 700 吨农业残余物，包括麦秸、大麦秆、玉米秸、柳枝稷以及稻草等。

5.4.2.2 杰能科（Genecor）公司

杰能科（Genecor）公司是丹尼斯克（Danisco）公司的一个子公司，是世界领先的生物酶制剂供应商，也是工业生物技术的奠基企业之一。除了核心的工业生物酶制剂业务外，该公司在生物燃料、生物化学和特种蛋白质领域均已建立战略型合作伙伴关系。杰能科及其控股公司丹尼斯克的水解生产纤维素乙醇的专利数与中国科学院和中粮集团相同，次于诺维信和 Iogen 能源公司（具体数据见本章相关章节的专利分析结果）。

1）领先技术

2007 年 10 月，公司率先推出了纤维素酶的新产品 Accellerase™1000，这是首个专为生产第二代生物燃料而研制的商业化纤维素酶。该产品是一种专利酶复合制剂，极大程度地降低了木质纤维素向可发酵糖类的转化难度。2009 年 3 月杰能科公司又推出了 Accellerase 1500 和三种配套的酶产品。利用 Accellerase 1500 从纤维素原料（如谷物秸秆、甘蔗渣、木屑和牧草等）生产乙醇或生物化学品可大幅降低成本。该公司预计 2010 年还将推出新一代的 Accellerase 酶产品。

2）纤维素酶研发重大事件

从 2004 年开始，杰能科同美国能源部可再生能源实验室（NREL）合作致力于将纤维素乙醇的生物酶的成本降低 30 倍。

2008 年 5 月，杰能科和杜邦成立杜邦丹尼斯克纤维质乙醇有限公司（“杜丹公司”），计划开发全球领先的低成本纤维素乙醇技术，并实现商业化。杜丹公司在随后三年时间内计划投资 1.4 亿美元，用于研发以玉米秸秆和甘蔗渣为原料生产乙醇的技术方案。

杰能科公司的研究人员已证明，利用可再生的植物原料生产生物燃料可将成本降低 10 倍以上。这些改进主要体现在所需的生物酶剂量以及生产这些酶的成本上。

5.5 前景与展望

5.5.1 纤维素乙醇研发值得关注的问题与新兴技术

在纤维素生物质原料的研发方面，在强调生物质原料应用潜力的同时，应关注生物燃料对土地利用和生态系统的影响。在纤维素原料预处理方面，要重点减少糖降解和控制抑制剂的生成，控制化学品、能源和水的消耗，减少废弃物，氨气爆破法或将是一个颇具前景的技术，值得关注。在酶水解步骤，对酶的过度依赖以及酶成本过高已被认为是纤维素乙醇商业化生产的最大瓶颈，应从提高酶的产量、增加混合酶的效率和高温水解等方面入手，降低纤维素酶的成本。在纤维素水解物发酵研究方面，两个关键问题是解决纤维素水解过程中产生的抑制物对发酵的抑制作用以及高效利用混合糖类物质进行发酵，应重视对统合生物工艺（CBP）等整合工艺的研究工作。

纤维素原料生产乙醇的商业能力的重要性已经吸引了众多学者的目光，现已发现，在不考虑转化技术的情况下，乙醇工厂生产成本与总体能量流失相关，因此，人们引入了一些新的思想，用于保证纤维素乙醇的商业化生产，一些纤维素乙醇研发及纤维素生物质利用的新兴技术包括（Dwivedi et al.，2009）。

5.5.1.1 联合生物加工

在联合生物加工中仅利用一种微生物群落进行纤维素酶的生产和乙醇发酵，即纤维素生产、纤维素水解和发酵通过一步即可完成，美国达特茅斯学院的生物工程学研究人员林德（Lynd）对纤维素生物质联合生物加工的评估结果认为，在所有基于水解的纤维素原料生产乙醇的方法中，整合的生物过程最具成本竞争优势。

5.5.1.2 快速高温裂解

一种方法是在产地就对原料实施压缩增加密度，然后再运往乙醇工厂，最近建立的快速高温裂解法在原料源产地将原料高温裂解为高温裂解油，该方法被认为是一种颇具前景的解决方案。研究发现，高温裂解油的能密度是含水率分别在45%和56%的绿色全木屑能密度的 6~7 倍。高温裂解油汽化为合成气然后用于乙醇生产，然而，由于高温裂解油成分十分复杂且不稳定，所以需要开发高级技术以成功利用高温裂解油进行乙醇生产。

5.5.1.3 综合乙醇精炼厂

增加整个转化过程的能量效率是保证纤维素乙醇商业化生产能力的关键所在。美国佐治亚理工学院的分子生物学研究人员弗雷德里克（Frederick）等在 2008 年进行了一项整

体分析工作，他们分析了从火炬松生产乙醇、并利用残余生物质作为燃料为工厂供热和电的整个系统，发现在年产乙醇能力为9300万加仑的工厂里，在木材总成本为63.8美元/吨干重、木材到糖的碳水化合物转化效率达到95%的条件下，乙醇的生产成本为1.29美元/加仑。他们在2008年通过分析牛皮纸工厂生产乙醇的可行性发现，根据反应条件和半纤维素去除的选择性，乙醇的生产成本在1.33美元/加仑和2.92美元/加仑之间。2006年他们对北达科他州的综合生物精炼厂的评估还发现，纤维素纳米生产技术将大大增强麦秆用于乙醇生产的经济性能。

5.5.1.4 纤维素生物质的替代应用——生物电能

纤维素用于乙醇生产必然面临替代应用的竞争，其一就是发电。美国能源信息署（EIA）在2008年发布的报告显示，美国可再生电力有16%来自生物质电力，生物发电在美国可再生电力中占据绝对首要的地位。由于受到美国政府一些激励政策的刺激，美国生物质发电受到追捧，许多公司正在建设新的基于纤维素原料的发电厂，例如，佛罗里达州计划建设一家100兆瓦的发电厂，该发电厂将以多种纤维素原料为原料。这种基于纤维素原料的发电厂很可能增加对纤维素生物质的竞争，将可能严重影响用于乙醇生产的纤维素生物质的供应。

5.5.2 中国纤维素乙醇的发展潜力

本章的专利分析数据提示，纤维素乙醇研发相关专利呈现出向个别国家（地区）集中寻求保护的趋势，而中国和美国已经成为水解生产纤维素乙醇的主要专利受理国家，说明中国已经成为国际纤维素乙醇研发与产业竞争的战略要地。可喜的是，在激烈的专利竞争中，近两年我国的专利权人对纤维素乙醇研发的相关专利申请数量在国际上已处于领先的地位，虽然大部分专利仅在我国提出申请，在国外申请保护的力度还较弱，但至少可以说明我国的研发机构有能力开展纤维素乙醇研发工作，并已经取得了大量成果。

我国纤维素乙醇研发的快速发展得益于国家政策与项目的支撑。在国家政策方面，我国《可再生能源中长期发展规划》指出，我国将坚持“不与人争粮，不与粮争地”的原则发展生物燃料，积极发展以纤维素生物质为原料的生物燃料。

在项目支撑层面上，在“十一五”国家科技支撑计划中已经开始资助秸秆乙醇关键技术的研究及产业化示范项目。该项目包括秸秆乙醇产业化示范关键技术开发、秸秆降解微生物的构建及发酵工艺优化、秸秆乙醇酶解发酵关键技术研发、秸秆乙醇工程放大及关键设备开发等4个课题，分别由天冠集团、浙江大学、上海天之冠可再生能源公司、郑州大学4个单位承担。该项目已于2007年6月启动，预计将于2010年12月前完成。

中国科学院于2007年12月启动的为期4年（2008~2011）的“纤维素乙醇的高温发酵和生物炼制”重大项目目前已经到了中期验收阶段。项目以发展生物质能、解决制约我国经济发展的能源问题为目标，以系统生物技术为指导思想，集中力量，重点攻关，针对由木质纤维素生产燃料乙醇的关键技术瓶颈，开发具有自主知识产权与市场竞争能力的重大创新技术。

上海交通大学在 2008 年 12 月宣布，该校以甜高粱秸秆碎料为原料采用活性干酶母固态发酵（SSF）方法生产乙醇。

我国纤维素乙醇技术与产业研究已经取得了可喜的成果，例如河南天冠集团承担的河南省重大科技专项 3000 吨/年秸秆纤维乙醇关键技术研究及产业化示范项目于 2009 年 6 月通过验收，成为国内首条秸秆纤维乙醇工业化生产示范线，现已投入运行。

5.5.3 针对纤维素乙醇发展的前景分析与争议

5.5.3.1 Sandia 称美国纤维素乙醇目标可以实现

美国能源部 Sandia 国家实验室和 GE 公司全球能源系统小组从 2008 年 3 月至 11 月合作开展了名为“900 亿加仑生物燃料部署研究”的生物燃料系统分析项目，考查了生物燃料供应链的所有环节，包括农用土地利用的改变、生物质原料的生产、储存和运输，生物精炼设施的建设以及在此之中原料转换成乙醇的过程，汽油混合物和乙醇的运输，向零售商的分配等。

Sandia 报告认为，美国年产 900 亿加仑生物乙醇的目标是可实现的。其中，150 亿加仑为玉米乙醇，其余是纤维素乙醇。该小组对 2022 年年产 150 亿加仑玉米乙醇和 210 亿加仑纤维素乙醇的情景进行了评估，这一情景刚好可以满足美国能源独立和安全法案中对先进生物燃料的要求。在该情景下，到 2030 年纤维素乙醇每年的生产量将持续加大到 450 亿加仑，每年乙醇的生产总量则相应地达到 600 亿加仑。假定转化技术有所进步，平均每千吨生物质转化为乙醇的产量提高，则有可能实现 950 亿加仑以上的年产量。

假设，每千吨生物质可平均转化为 95 加仑乙醇，额定生产能力下，生产每加仑生物乙醇的平均资本支出为 3.50 美元，农业生物质原料的成本为每千吨 40 美元，那么，纤维素生物燃料的价格能够与 90 美元/桶的原油价格相竞争。

Sandia 国家实验室的报告还指出生物燃料的大规模生产基本不存在大的障碍（例如，供应链或水资源的限制）。然而，为了增加构建纤维素生物燃料产业的成功率，可以采取的措施包括：制定一个时间跨度为数十年的能源政策，能够保证燃料价格稳定处在足以应对石油价格波动和经济波动的程度上，保证能源的多样性；制定利于生物燃料市场繁荣的扶持政策，包括计划周全的市场激励和碳交易价格，最大限度地减少投资风险；尽管目前油价处于低位并且还在下降，仍应积极搞好研发以及与商业化相关的资金投入，增强生物燃料的竞争力。

5.5.3.2 有关纤维素乙醇发展前景的争议

1）美国海洋生物学实验室发现纤维素乙醇可能带来更多的碳排放

美国海洋生物学实验室的杰瑞·麦里洛（Jerry Melillo）的一项研究称，纤维素生物燃料实际上将比汽油产生更多的碳排放，如果人们不能对此加以足够重视，想取得纤维素乙醇的成功并不是一件容易的事，人们必须非常细致地思考短期和长期两方面的效果（Science Daily，2009）。

2）美国可再生能源联合会担心森林破坏和肥料滥用

美国再生燃料协会（RFA）认为，如果不采取必要的步骤保护森林以及减少肥料使用，那么从2000年到2050年间还不如使用汽油。这是因为土地需要种植快速生长的杨树以及热带草皮以取代粮食作物，如此就会刺激砍伐森林以创造农业用地，同时，生物燃料作物的生长还需要使用氮肥（常旭旻，2009）。

3）《科学》杂志指出联合国和欧盟忽视了森林保护与土地利用问题

《科学》杂志发表的一项研究称，联合国忽视了森林乱砍滥伐以及改变土地用地性质的问题，夸大了生物燃料和生物群落削减碳排放的效应。欧盟制订碳限额和碳贸易法案时也重蹈此覆辙。这一错误同样被带入美国气候法案。由于政府对碳排放制定价格，推动使用更多生物燃料，这一错误会变得更为严重（常旭旻，2009）。

4）美国环保协会首席科学家汉堡指出纤维素乙醇带来资源竞争

美国环保协会的首席科学家斯蒂夫·汉堡指出，将世界上的生物群落转变为能源原料，这将和农业、水源保护、生物多样性等事情发生竞争，而且给大气也不能带来好处。在土地出产生物燃料之前，同样重要的问题是考虑如何管理这样的土地，考虑到计算出产利益的复杂性，以前的种植业生产或许对于我们这个星球要更好一些（常旭旻，2009）。

5）对纤维素乙醇节能环保的质疑

纤维素乙醇到底能在多大程度上实现节能环保，也存在很大的疑问。在生产纤维素酶、并用各种物理和化学的办法进行生产的过程中，很有可能会给环境带来二次污染。并且，纤维素乙醇的生产过程中，需要耗能以满足其对温度的要求（马吉英，2009）。

6）美国生物技术工业组织艾瑞克森指出：植物原料难以为继

生产纤维素乙醇所需的植物原料的数量巨大，要生产300亿加仑的燃料需要3亿吨或更多植物原料，种植这些植物则至少需要3000万亩土地。美国生物技术工业组织工业与环境部执行副主席布伦特·艾瑞克森指出，最大的问题在于如何才能种植、收集、存储和处理这些生物质（Carey，2009）。

7）壳牌公司斯韦尼指出：产业化技术也是“拦路虎”

壳牌公司负责可再生能源、氢能源项目以及二氧化碳减排问题的副总裁格瑞姆·斯韦尼表示，在实验室表现得非常好的生物过程，一旦进入大规模的商业化阶段，往往遭遇滑铁卢。Iogen公司发现，能够有效地将纯小麦秸秆变成糖的酶在处理1000磅的小麦秸秆时往往失效，因为这些非纯净的秸秆中可能有灰尘、死老鼠和石块（Carey，2009）。

8）供求关系和油价也会影响生物燃料的吸引力

生物燃料的产量增加或燃烧生物质来发电，将会导致对原材料的需求上扬、价格上升。更重要的是，用生物燃料替代一大部分汽油将会使汽油的需求量急剧减少，这反过来也将导致汽油价格猛跌，会大大削弱生物燃料的竞争力（Carey，2009）。

9）纤维素乙醇进入市场面临的阻力

目前，乙醇在美国是与汽油混合使用的，它约占美国汽车燃油配比的5%，每加仑汽油中加入的乙醇也不超过10%。根据2020年使用360亿吨乙醇的目标，乙醇占全国汽车燃油配比将提高到22%，这意味着美国需要制造更多使用E85燃料（即含85%乙醇的燃料）的汽车。这一目标将对美国的汽车工业带来挑战。汽车制造商担心，乙醇浓度变高将损坏发动机零件，于是他们不太希望汽车依靠乙醇浓度更高的燃料来驱动行驶。任何乙醇市场——无论是来源于玉米、水藻还是纤维素的，只能提供约130亿加仑的产量，如果想要增加，需要全新的基础设施建设，从汽车燃料管道到加油站都需要进行“大手术”，这也是一个不小的挑战（刘霞，2009）。

10）其他替代能源的竞争不可忽视

杜邦公司和英国石油公司正研制丁醇；也有公司研究同汽油更加相似的碳氢化合物，这些燃料可与目前存在的提炼厂、管线和交通工具兼容；还有一些新兴公司正在制造能够将任何来源的糖转变成柴油、类似汽油的分子或者喷气燃料的微生物。如美国 Gevo 公司计划在玉米乙醇工厂将产品变成更加接近柴油或者汽油的燃料（Carey，2009）。

致谢：中国科学院成都生物研究所赵海研究员、吴中柳研究员以及四川大学张义正教授等专家对本章初稿进行了审阅，并提出了宝贵的修改意见。致以诚挚的感谢！

参考文献

常旭旻．2009-11-02. 高级生物燃料或给全球变暖火上浇油．http：//www. newenergy. org. cn/html/00911/1120930256. html

佛罗里达大学．2009-07-27. UF team finds “alligator tree” bacteria might improve cellulosic ethanol production. http：//news. ufl. edu/2009/07/27/sweetgum

国际新能源网．2009-03-23. 纤维素乙醇让生物燃料迎来新契机．http：//www. in-en. com/newenergy/html/newenergy-1455145588320291. html

科学研究动态监测快报——先进能源科技专辑．2009. 英国投资建立产研结合的生物能源中心，2（总89）：4，5

李十中．2009-11-09. 生物燃料：可大规模替代石油．中国能源报

刘霞．2009-05-03. 生物燃料会是下一个泡沫？http：//www. stdaily. com/kjrb/content/2009-05/03/content_58603. htm

马吉英．2009. 生物燃料第二春．中国企业家，(6)：43～45

庞晓华．2009-02-23. 日本组建纤维素乙醇联盟．http：//www. ccin. com. cn/front/home/templet/default/ShowArticle. jsp？id＝66957

钱伯章．2010-01-19. Iogen 分司 2009 年纤维素乙醇生产量翻了一倍多．http：//www. in-en. com/newenergy/html/newenergy-165016509555666. html/

钱伯章．2009-06-30. 美国 Qteros 公司使纤维素乙醇推向商业化．http：//www. cqvip. com/qk/92738A/200906/30799007. html

钱伯章．2009-09-17. 全球生物燃料工业现状简述．http：//www. bioon. com/bioindustry/bioenergy/409424. shtml

钱伯章，朱建．2009. 纤维素乙醇发展前景和我国的进展．化学工业，(10)：13～16

科学网．2009-10-12 美国研究人员利用纳米技术生产生物燃料．http：//news. sciencenet. cn/htmlnews/2009/10/224015. shtm

佚名．2009. AFEX 预处理工艺可降低纤维素乙醇生产成本．石油炼制与化工，(4)：65

中国科学院生物质资源领域战略研究组．2009. 中国至 2050 年生物质资源科技发展路线图．北京：科学出版社

BBSRC. 2009-01-27. Biggest ever public investment in bioenergy to help provide clean, green and sustainable fuels. http：//www. bbsrc. ac. uk/media/releases/2009/090127_public_investment_bioenergy. aspx

BIS. 2009-06-01. Canada as an Investment Destination for Biofuel. http：//www. agrireseau. qc. ca/energie/

documents/0915biofuels%20investment%20case_august%202009. pdf

Carey J. 2009-04-16. The Biofuel Bubble. http://eflorida. com/uploadedFiles/Innovation_Center/Innovation_buzz/bw-biofuelbubble. pdf

Cleantech. 2009-06-02. India opens first energy biosciences center. http://cleantech. com/news/4536/mumbai-institute-opens-india

CORDIS. 2009-08-07. NEMO finding new biofuel solutions. http://cordis. europa. eu/fetch? caller = FP7_news&action = D&RCN = 31177

DOE. 2009-08-31. DOE Anounces Up to $21 Million in Funding for Biofuels Projects, http://www. biofuelsjournal. com/articles/doe_anounces_up_to_21_million_in_funding_for_biofuels_projects-81466. html

Dwivedi P et al. 2009. Cellulosic ethanol production in the United States: Conversion technologies, current production status, economics, and emerging developments. Energy for Sustainable Development, 13(3): 174~182

Ebtp. 2009-10-07. Commission calls for additional £ 50bn investment in low carbon technologies, including £ 9bn for bioenergy. http://www. biofuelstp. eu/news. html

ecoENERGY. 2009-12-01. Technology Initiative. http://www. ecoaction. gc. ca/ecoenergy-ecoenergie/renewablefuels-carburantsrenouvelables-eng. cfm

Huang HJ. 2009. Cairncross RA. Effect of biomass species and plant size on cellulosic ethanol: a comparative process and economic analysis. Biomass & Bioenergy, 33(2): 234~246

Law M, Dale B. 2009. Cellulosic ethanol production from AFEX-treated corn stover using Saccharomyces cerevisiae 424A (LNH-ST). PNAS, 106(5): 1368~1373

Margeot A et al. 2009. Current Opinion in Biotechnology, 20(3): 372~380

Piccolo C, Bezzo F. A techno-economic comparison between two technologies for bioethanol production from lignocelluloses. Biomass & Bioenergy 2009; 33(3): 478~491

Sandia National Laboratories. 2009. The Ninety Billion Gallon Biofuel Deployment Study: Highlights of the report. Industrial Biotechnology, 5(1): 19, 20

Schll S. 2009-01-09. BioGasol achieves high C5 conversion rate. Ethanol Producder Magazine. http://www. ethanalproducer. com/article. jsp? article_ id = 5224

ScienceDaily. 2009-10-25. Biofuel Displacing Food Crops May Have Bigger Carbon Impact than Thought. http://www. sciencedaily. com/releases/2009/10/091022141117. htm

Searchinger TD, Hamburg SP, Melillo J, et al. 2009. Fixing a Critical Climate Accounting Error. Science, 326(5952): 527~528

Svitil K. 2009-03-23. Caltech scientists create new enzymes for biofuel production. http://www. eurekalert. org/pub_releases/2009-03/ciot-cs032009. php

Tyler D. 2009-05-20. New Process Touted as Breakthrough for Cellulosic Ethanol. http://cleantechnica. com/2009/05/20/new-process-touted-as-breakthrough-for-cellulosic-ethanol

USDA. 2009-07-21. Agriculture Secretary Vilsack Announces Funding Available For Bioenergy Development and Production. http://www. usda. gov/wps/portal/! ut/p/_s. 7_0_A/7_0_1ob? contentidonly = true&contentid = 2009/07/0328. xml

USDA-ARS. 2009-12-01. National Program: Bioenergy and Energy Alternatives. http://www. ars. usda. gov/research/programs/programs. htm? NP_ CODE = 307

Wei L et al. 2009. Process engineering evaluation of ethanol production from wood through bioprocessing and chemical catalysis. Biomass & Bioenergy, 33(2): 255~266

6 再生医学国际发展态势分析

徐 萍 王 玥 陈大明 熊 燕 王小理 于建荣

（中国科学院上海生命科学信息中心）

随着生物学和医学知识的大爆炸，再生医学成为一个多学科交叉的研究领域。对再生医学进行深入的研究，通过重建、维持或增强组织、器官功能，人类疾病治疗方式将产生革命性的变化。首先，本章通过分析美国、欧盟及其部分成员国和亚洲国家日本、韩国、印度、中国在再生医学领域制定的法律法规、政策计划，总结各国政府在推动再生医学研究和发展中所采取策略和措施的特点；其次，本章分析了各国在再生医学领域研究发展中关注的重点和热点领域，对再生医学重点领域干细胞和组织工程两个领域的文献和专利进行定量分析，总结了目前该领域的研究现状、发展趋势和重点研究方向。最后，根据分析结果，对我国再生医学领域采取的措施、今后发展的方向提出了建议。

6.1 引言

再生医学领域的研究具有非常悠久的历史，约1000年前，印度的内科医生Sushruta便发明了利用自体皮肤移植来治疗鼻子和耳朵损伤的技术；而再生医学真正作为一个独立的学科被系统研究是在18世纪，这期间影响较大的包括对水蛇再生以及对甲壳动物和蝾螈残肢再生的研究。19世纪末到20世纪初对于残肢再生的深入研究使再生医学得到了进一步的发展，科学家们开始致力于再生过程中化学和物理学机制的研究。20世纪，随着生物学和医学知识的大爆炸，再生医学成为一个多学科交叉的研究领域，其中包含了生物学、医学和工程学等多学科领域的研究内容。对再生医学进行深入的研究，从而通过重建、维持或增强组织、器官功能，可能会使人类疾病治疗方式产生革命性的变化。

随着研究的不断深入，再生医学的概念和内涵也在发生着变化，中国科学院制定的《中国至2050年人口健康科技发展路线图》中给出了再生医学的内涵，即通过机体内组织与器官中自身所具有修复功能的干细胞，或者植入具有多分化潜能的干细胞、功能组织与器官来修复、替代和增强人体内受损、病变与有缺陷的组织和器官，达到治疗重大疾病的目的。目前，再生医学涵盖的研究领域较广泛，核心领域包括干细胞和组织工程。本章也将着重对这两个领域的发展概况及前沿领域进行简要的分析。

干细胞以其自我更新的能力以及向特定细胞或向多种细胞分化的能力，成为近半个世纪以来再生医学的核心领域。干细胞的发现可以追溯到 20 世纪初，著名的神经生物学家 Ramony Cajal 曾经在对神经组织发育的观察中发现，一种未成熟的细胞能够定向发育成神经元。20 世纪 60 年代，Till 和 McCulloch 则利用更多功能性的指标，证实了从骨髓中获得的细胞能够分化成为造血细胞，并将这种细胞命名为造血干细胞。

天然存在的干细胞共有两类，即胚胎干细胞和成体干细胞。胚胎干细胞（embryonic stem cells，ESCs）是指当受精卵分裂发育成囊胚时内细胞团（Inner Cell Mass）的细胞，这种细胞最大的特征便是具有无限增殖、自我更新的特性，最重要的是无论在体外还是体内环境，这种细胞都能被诱导分化为机体几乎所有的细胞类型。自从胚胎干细胞于 1981 年首次被发现并分离，尤其是人类胚胎干细胞系的建立，引起了科学界的极大兴趣，针对其多能性，以及诱导其向不同方向分化的技术领域开展了大量的研究。

成体干细胞是一类成熟较慢但能自我维持增殖的未分化的细胞，这种细胞存在于各种组织的特定位置上，一旦需要，这些细胞便可按发育途径，先进行细胞分裂，然后经过分化产生出另外一群具有有限分裂能力的细胞群。目前已经发现的成体干细胞，按照其存在的组织不同可以分为神经、脂肪、造血、间充质、精原、皮肤和肝脏等几类，其中造血干细胞是研究最透彻的一种，并且已经在世界范围内得到了广泛的应用。与胚胎干细胞不同的是，大部分成体干细胞均为单能干细胞，即只能定向发育成为一种组织，只有间充质干细胞是多能干细胞，尽管其多能性不及胚胎干细胞，但是由于其来源丰富、分离技术相对较容易，而且不存在伦理问题，所以得到了广泛的重视。

除了胚胎和成体干细胞以外，2006 年小鼠诱导多能干（iPS）细胞的成功诱导以及 2007 年人类 iPS 细胞的获得，使 iPS 细胞成为再生医学领域的又一研究热点。iPS 细胞是通过将一系列诱导因子导入到成熟体细胞中，从而使其脱分化，转变为具有类似胚胎干细胞特征的细胞，即 iPS 细胞。iPS 细胞的开发为再生医学领域带来了巨大的希望，因为相关研究不仅能够为干细胞多能性等基础理论的探索提供一条新的途径，而且通过将自体细胞诱导成为 iPS 细胞，使疾病特异性、病人特异性治疗成为可能。

组织工程是近年来兴起的再生医学的又一热门领域，是根据细胞生物学和工程学原理，应用具有特定生物学活性的组织细胞与生物材料相结合，在体外或体内构建组织和器官，以维持、修复或改善损伤组织和器官功能的一门科学。从技术上来说，组织工程便是将干细胞或具有一定增殖能力的成体细胞（称为种子细胞）附着在生物材料支架上，再将这个支架细胞复合体移植入体内，细胞分化成为组织细胞，而支架则被降解吸收。因此，组织工程的核心是建立由细胞和生物材料构成的三维空间复合体。成体细胞的增殖能力较差，所以此前利用成体细胞作为种子细胞限制了组织工程的发展，干细胞的发现为种子细胞的选择带来了突破，也为组织工程的发展奠定了基础。

材料科学是组织工程的另外一个核心领域，选择与细胞具有较好亲和性、能够适时降解，而且安全的材料关系到组织构建的成功。生物材料主要包括天然存在的材料和人工合成的材料，由于这两种材料在性能上存在各自的优缺点，近年来，科研人员又在探索通过将不同的材料结合起来，合成复合材料，从而取长补短，获得具有最佳性能的材料。

6.2 国内外再生医学法规、政策和规划

再生医学在医疗领域的重要作用逐渐得到各国的认同和重视，然而，对于再生医学的热点——干细胞的研究，世界各国却持有不同的观点；尤其是1998年美国威斯康星大学的生物学家Thomson等首次分离并建立了第一个人类胚胎干细胞系以来，伦理问题更是成为再生医学领域争议的焦点。根据各自不同的国情，世界各国均制定了相关的政策对再生医学的研究进行规范，并进行了相应的资金支持。以下对国际上开展再生医学研究的若干国家的政策和计划进行分析总结。

6.2.1 各国政策计划总结和分析

6.2.1.1 制定再生医学研究的法律法规

伴随着器官移植技术、克隆技术、干细胞技术的发展，随之而来的是对人类遗传操作的担忧和宗教人士的反对。因此，美国、欧盟及其部分成员国以及韩国等国家均对再生医学和干细胞研究制定法案。由于宗教界反对一切可能违背伦理的研究，比如从胚胎中提取干细胞、克隆人以及物种之间的核移植等，尤其是在传统的宗教国家，宗教传统甚至在一定程度上阻碍了科学的发展，因此各国的再生医学政策是权衡宗教和科学两方面的因素制定的。

随着干细胞研究取得突飞猛进的发展，一些国家对干细胞的研究限制在逐渐放宽，如美国奥巴马总统在2009年就取消了禁止将联邦政府资金用于胚胎干细胞研究的禁令。德国在2008年通过了放宽干细胞研究立法的决议。然而，世界上还有很多国家直至目前仍然对再生医学的研究实施严格限制，甚至完全禁止，比如波兰、挪威等。而像中国、日本和韩国这种受宗教影响较小的国家，人们对于类似的研究并没有太多的反对意见，这些国家所制定的政策也相对比较宽松，这也使这些国家在再生医学领域进入到世界领先行列（彩图10）。

6.2.1.2 制定专门的长期发展规划和计划

以干细胞研究为核心的再生医学对人类健康改善具有重要的意义。因此，许多国家制定了长期发展的规划和计划，制定了发展路线图，提出了发展的目标、采取的策略和实现的措施等。英国2005年即提出了干细胞计划，确定了2006~2015年的远景规划，并制定了执行策略，使英国的干细胞研究处于世界领导地位。日本在2000年就把以干细胞工程为核心的再生医学列为“千年世纪工程”之一。在2007年文部科学省发布的“生命科学研究计划”中又提出了“再生医疗实现计划（2003~2012）”。韩国则将干细胞列为迈向21世纪前沿研究与开发计划的研究内容之一。

6.2.1.3　设立专项资金

为促进和推动再生医学的快速发展，长期稳定的资金投入是必需的保障措施。因此，各国在该领域设立专项资金进行支持。美国制定了《推动组织科学工程：多机构参与的战略计划》，为组织科学和组织工程学进行专门的投资。英国有专门的干细胞基金会资助干细胞的研究，并鼓励产业界对干细胞研究尤其是应用和药物研究提供资金支持，促进学术、产业界的共同发展。德国政府在2007年宣布投入500万欧元（为期三年的资助）用于干细胞的研究。日本在2007年宣布计划在5年内投入70亿日元用于再生医疗领域的研究。韩国计划2002～2012年投入1520亿韩元用于干细胞的研究。

6.2.1.4　重视再生医学的基础研究

虽然再生医学，尤其是干细胞领域的发展日新月异，但是仍然对许多基础理论问题的认识并不是很深入，干细胞的自我复制机制、定向分化机制、复制和分化的相互关系等一系列基础问题都亟待解决。这一点在世界各国达成了共识，也相应地反映在各国制定的再生医学政策和计划中。比如美国在组织科学和工程战略计划中，便将“理解和控制细胞应激反应”作为总体目标之一。欧盟第七框架计划中有多个与再生医学基础理论研究相关的项目。印度生物技术部也将再生医学基础理论研究作为单独的一个重点领域加以强调。我国则制定了专门的基础研究发展计划（“973”计划），包括再生医学领域的基础理论研究，2001～2008年，共资助了8项相关的基础研究。

6.2.1.5　注重再生医学领域的交叉研究和跨学科研究

生物学的发展依赖于物理学、化学和数学等学科的发展和应用，进入21世纪，生物学与其他学科的交叉和融合趋势更加显著。欧盟NMP专家咨询委员会提出的2010～2015年组织工程材料的相关重点研究项目中指出，组织工程和材料学日渐交叉，纳米技术使材料的创新达到新的水平，NMP提出的密切相关的生物医学材料领域包括生物力学、电子材料、纳米材料等。德国联邦教育和科研部（BMBF）指定的优先研究领域包括开发生物技术和材料科学领域的跨学科新方法，推进工业开发。英国在MRC2009～2014战略计划的再生医学领域实施策略中提出，要促进数学、物理学和工程学领域的科学家参与再生医学的研究，并与生物制药部门合作，保证干细胞疗法的有效开发。

6.2.1.6　强调再生医学转化研究

干细胞在临床应用上的巨大潜能逐渐成为各国的共识。因此在政府的规划和资助中，都注重干细胞从基础研究向临床应用的转化，尤其是成体干细胞在临床上应用的研究。美国2005年NIH出资建立了两个人类干细胞转化研究卓越中心，推动干细胞实质性进入特定疾病治疗的技术。欧盟在第七框架中提出将研究不同干细胞的研究人员在不同背景下（如治疗、药物筛选、基础生物学）集合起来，实现互利。英国MRC建立新的干细胞转化研究委员会，作为推进干细胞领域中临床前研究、实验性药物和早期临床试验新的资助机制，并与生物制药部门和管理机构合作，保证干细胞疗法的有效开发。印度生物技术部

《印度国家生物技术发展战略》指出干细胞研究主要目标是构建基础研究人员和临床医生的合作网络，从而拓展印度的干细胞研究。

6.2.1.7 成立专门的研究机构 建设干细胞资源库

各国政府意识到再生医学研究的重要性和学科的高度交叉和融合，纷纷成立专注于再生医学研究的机构，美国从 2003～2005 年，共投入 4800 万建设了 9 个研究中心，为美国再生医学的研究打下了坚实的基础。日本在 2008 年成立了文部科学省牵头的京都大学 iPS 细胞研究中心。印度在 2001 年组建的印度医学研究实验室拥有 7 个干细胞培养生产基地，成为世界第三大干细胞研究实验室。除了成立专门的研究机构外，为了加快研究、促进资源共享和科学管理，许多国家都建立了干细胞资源库。美国 NIH 国家干细胞库存储通过完全分析、表征和控制已经得到美国政府认可的干细胞株系，有助于干细胞性质比较技术的优化和标准化。欧盟在第七框架的 2010 年规划中，计划建立一个网上的国际多能干细胞注册体系，为研究人员提供免费的数据库。法国在生物医药局计划中提出建立干细胞资源库，目标是 10 年后人口的 50% 能在资源库中获得造血干细胞。我国目前已经建成 7 家脐带血保存库。

6.2.1.8 培养专业人才

在关注再生医学科研水平发展的同时，各国还非常重视相关专业人才的培养。韩国在 2002～2012 年对干细胞研究的投入中便将增强尖端生物工程学研究能力，培养高级技术人才作为其中重要的一项任务。印度在《印度未来十年生物科技战略发展计划》中也提出要培养医学博士。

6.2.2 美国

作为一个基督教传统国家，美国政府在再生医学领域，尤其是与胚胎干细胞相关的研究领域中面临艰难的选择，一方面是来自教会和右翼保守人士强烈的反对声音，另一方面又担心美国在干细胞研究方面落后。美国政府大部分时期都禁止使用联邦政府的资金资助胚胎干细胞研究。尽管美国政府并不限制利用私人资金进行研究，但仍然在一定程度上阻碍了美国再生医学领域的发展。直到美国新任总统奥巴马上任，并于 2009 年 3 月 9 日签署行政命令，宣布解除对用联邦政府资金支持胚胎干细胞研究的限制，终于使得研究人员可以动用大部分联邦拨款用于更多的人类胚胎干细胞研究，而不是仅限于 2001 年美国前总统布什发布禁止进行新研究之前开发的 21 条干细胞株。

6.2.2.1 美国再生医学政策的历史沿革

1994 年，美国国立卫生研究院（NIH）的一个咨询小组依据 NIH 复兴法案（1993），建议对利用体外受精的剩余胚胎提取人类胚胎干细胞的研究进行资助。此后，在 1998 年人类胚胎干细胞首次获得成功分离后，克林顿总统便着手建立了一个国家生物伦理咨询委员会（NBAC）。1999 年，该委员会建议联邦政府对人类胚胎干细胞的提取及使用相关研究进行资助，并勾勒出一个用于审查和监督人类胚胎干细胞研究的国家级系统。然而，根据美国国会于 1996 年引入的拨款法案“Dickey-wicker 修正案”的规定，NIH 和其他联邦政府部门的资金不可以用于与制造和破坏人体胚胎相关的研究。

鉴于这种情况，NIH 在 1999 年 12 月公布了一份《人类多能干细胞研究指南》草案，并于 2000 年 8 月（克林顿政府最后一年任期）颁布了正式版本。该指南允许对两种来源的干细胞相关研究进行资助，即来自胚胎组织或体外受精剩余胚胎（尚未形成中胚层）。该指南同时也规定了不允许进行的研究，包括利用干细胞构建人类胚胎，将干细胞与动物胚胎结合，利用干细胞克隆人，通过将体细胞核转移至人类或动物卵子中获得干细胞，以及从用于研究目的构建的人类胚胎中获取干细胞。

然而，这份指南文件并未得到真正的实施，布什政府在 2001 年上任伊始便叫停了该资助程序。经过重新审查，布什总统宣布，NIH 对人类胚胎干细胞研究的资助，仅限于 2001 年 8 月 9 日前建立的超过 60 个人类胚胎干细胞细胞株，并要求 NIH 对这些细胞株建立胚胎干细胞注册系统。这样的举措表面看来推动人类胚胎干细胞研究，但随后表明，60 多个细胞株中许多细胞株要么不可获得，要么不适宜用于研究，最终比较一致的看法是，只有 20 株细胞适宜得到 NIH 资助。而且，这些细胞株在许多方面也并非完美。例如，这些细胞株采集方式过于陈旧，由于与小鼠细胞和牛血清共同培养而受到污染，在随后的继代培养中容易退化，损害其未来作为治疗药物的应用等。

2005 年 4 月 26 日，美国国家科学院发表了有关人体胚胎干细胞研究的道德指南。该指南强调，用作干细胞研究的胚胎必须是在 14 天内的人体胚胎；同时，限制使用人体干细胞进行有关“人兽混种”动物试验。美科技界认为，该指南提出了美国政府目前没有提出的问题，帮助科学家澄清了干细胞研究中很多争议性问题，弥补了美国政府有关人体胚胎干细胞研究政策的不足。然而，美国总统布什并没有表示会因此改变有关的干细胞研究政策，而原本反对人体胚胎干细胞研究的人士则表示，他们将会更加反对美国科学界的这一新指南。

为了使美国保持在干细胞研究领域的强势地位，从 2005 年开始，美国国会与美国总统布什之间开始上演“拉锯战”。2005 年 5 月 24 日，众议院以 238 票对 194 票通过了《干细胞研究加强法案》。该议案旨在推翻布什在 2001 年制定实施的严格限制人类胚胎干细胞研究的政策，希望将人类胚胎干细胞研究列入美国的研究日程。14 个月之后的 2006 年 7 月 18 日，参议院以 63 票对 37 票通过了该议案。然而，针对这项议案，美国总统布什曾在不同场合表达自己的反对立场，并于 2006 年 7 月 19 日首次行使了否决权，否决了这项提案。此后不久，2007 年 1 月 5 日，议员们再次提交了建议联邦政府对干细胞研究进行资助的法案——《2007 年干细胞研究增强法案》。该议案的主要内容包括：允许用政府经费支持采集自临床生殖中原计划废弃的胚胎中的干细胞的研究，胚胎在告知当事人并同意的情况下才能获得，不允许对捐赠者支付费用或进行诱导等。5 天后，美国国会众议院再次以 253 票对 174 票的压倒性多数投票结果通过了这项议案。然而，这项提案遭到了美国总统布什的再次否决，布什号召国会和国家卫生研究院加大资助力度，鼓励那些寻找具有胚胎干细胞多功能特征而又不会损伤胚胎的替代干细胞研究。6 月 22 日，布什总统发布了行政命令，强调在进行干细胞研究时，不能为了研究目的而创造、破坏、丢弃胚胎，或是对人类胚胎或胎儿造成伤害；同时，行政命令中还将 NIH 的“人类胚胎干细胞登记处”重新命名为“人类多功能干细胞登记处”，以利于那些符合规定的新干细胞系进入联邦政府资助的研究项目。

2009 年 3 月 9 日，新任美国总统奥巴马在美国白宫宣布并签署了一项行政命令，取消了长期以来困扰干细胞研究人员的禁止使用联邦政府经费研究胚胎干细胞的禁令。在这项名为“消除人类胚胎干细胞研究障碍”的行政命令中，奥巴马指出，在法律允许的范围内，卫生和人类服务部（HHS）部长可以通过 NIH 院长，支持和引导负责任的进行有科学价值的人类干细胞的研究，包括人类胚胎干细胞（hESC）的研究。

依据这项行政命令，美国 NIH 制定了新版的《人类胚胎干细胞研究指南》，并于 2009 年 4 月 23 日发布了草案，正式版本于 7 月 7 日生效。该指南制定的目的是为 NIH 对人类胚胎干细胞以及诱导多能干细胞研究的资助提供政策依据。指南中明确指出，符合资助条件的研究必须是负责任的人类胚胎干细胞研究，而且能够提高我们对于人类健康和疾病的理解程度，也能发现预防和治疗疾病的新方法；同时强调，在胚胎的捐赠过程中必须遵循自由、自愿和知情的原则。

指南中详细介绍了可以获得 NIH 资助的人类胚胎干细胞的资格，包括为了生殖的目的而通过体外受精产生的剩余胚胎；寻求生殖治疗的人，自愿捐献胚胎用于研究；或同时满足以下所有条件的胚胎：卫生保健机构中不再用于生殖目的的胚胎，并向当事人说明；不需要为捐赠的胚胎提供任何报酬；根据卫生保健机构的相关政策，如果潜在捐献人没有表示对于将胚胎用于研究的意见，将会影响对潜在捐赠人提供护理的质量；要将潜在捐献人以生殖为目的创造胚胎的决定与做出捐赠胚胎用于研究的决定严格区分开来，科研人员不能进行干涉；在获得捐赠者同意的过程中，捐赠者应被告知胚胎的用途，将会发生的变化等内容。

NIH 将建立一个新的人类胚胎干细胞注册明细表，其中会收录经过 NIH 审查，符合 NIH 资助资格的人类胚胎干细胞。

此外，指南中还列举了不符合 NIH 资助的情况，包括：将胚胎干细胞（即使符合本指南要求的来源）或人类诱导多能干细胞移植到非人类灵长动物囊胚中；在动物生殖的研究中，人类胚胎干细胞（即使符合本指南要求的来源）或者人类诱导多能干细胞的引入可能会影响种系；*Dickey-wicker* 法案中禁止 NIH 资助的研究；使用其他来源的人类胚胎干细胞的研究，包括体细胞核移植、单性生殖以及以研究目的创建的体外受精胚胎。

6.2.2.2 美国的再生医学相关计划

1）美国国立卫生研究院打造干细胞研究平台

成体干细胞在许多疾病的细胞治疗以及理解干细胞基本特征方面有极大价值，然而，由于缺乏标准，通用的成体干细胞采集方法受到限制。2003 年 6 月，NIH 宣布出资 430 万美元，筹建成体干细胞准备和配送中心。该中心利用标准技术手段，对来自成年人和小鼠骨髓的骨髓干细胞进行采集并持续供应。

人类胚胎干细胞可以作为研究几乎所有类型细胞过程的载体。然而，尽管存在研究和治疗方面的重大价值，干细胞在实验室中还是难以培养，且如何将其诱导分化为特定细胞

类型还有待探索。为解决这些问题，NIH 下属国立普通医学研究所（NIGMS）先后于2003年9月和2005年9月，分别出资900万美元成立了6个人类胚胎干细胞研究探索中心。每个探索中心都建立核心机制，指导和培训科研人员，并确定干细胞保持未分化状态所需要的生长条件和表现出的分子状态。这些中心的研究人员同时参与特定的试验性项目，推动对人类胚胎干细胞性质和功能的基本认知。

2005年10月，NIH 宣布出资2570万美元，建设国家干细胞库和两个人类干细胞转化研究卓越中心。NIH 国家干细胞库存储通过对已经得到美国政府认可的干细胞株系进行分析、表征和控制，从而对干细胞性质比较技术进行优化和标准化，是 NIH 推动干细胞研究的重要里程碑。人类干细胞转化研究卓越中心的开发有助于推动干细胞实质性进入特定疾病治疗的技术。该中心鼓励研究人员和临床医生的配合，展开可以用于特定疾病的干细胞研究。

2）NIH2008 财年研究路线图中的再生医学领域

NIH 在2004财年对第一批“路线图”项目进行了资助，在这些资助下，科研人员对生物学的认识得到了深化，成立了多个跨学科研究小组，加速了医学研究的进程。第一批“路线图”项目在2014年之前将陆续结束，为了能够使更多的项目得到资助，2007年3月，NIH 开始启动路线图后续的跨 NIH 的战略计划，作为2008财年的资助重点。

再生医学领域涵盖的内容包括：用于移植的体外构建的健康、有功能的组织或器官，以及在体内对组织或器官进行重建或诱导其再生，从而实现修复、替换、维持或提高这些组织或器官功能。

3）美国组织科学与工程战略计划

《推动组织科学和工程：多机构参与的战略计划》（*Advancing Tissue Science and Engineering: A Multi-Agency Strategic Plan*）是美国联邦政府一项对组织科学和组织工程学投资的战略计划，是由美国国家科技委员会（NSTC）生物技术分会联合美国联邦政府13个部门设置的“多机构组织工程科学（MATES）联合工作组（IWG）”，于2007年6月推出，并在 MATES IWG 的领导下实施。参与的联邦机构包括：美国商业部、美国能源部、美国卫生和人类服务部、美国农业部、美国国家标准与技术研究所、美国国防部、美国国防先进技术研究计划署、美国医疗补助服务中心、美国食品药品监督管理局、美国国立卫生研究院、美国国家航空航天局、美国国家自然科学基金会和美国海军研究实验室。

制定该战略计划是为了确定组织科学和工程学的总体研究目标，为美国联邦政府机构间的合作奠定基础，从而实现科学知识的拓展、技术的进一步发展、公共卫生的改善、环境的保护、国防的提高以及对美国经济的支持。该战略计划中确定的组织科学与工程学研究的总体目标为：

（1）理解和控制细胞应激。

理解细胞作为构建组织最基本的单位，在建立和维护组织形态中，如何从环境中获取信息并做出响应。

(2）构建生物材料支架和组织基质环境。

科研人员越来越清楚地意识到支持细胞并维持组织形态的支架，同时也是决定细胞命运的信号来源库。对这种关系的生物学原理进行深入的研究，将带动更有效的组织设计和组织工程的发展。

(3) 开发能动性工具（enabling tool）。

评估组织和其中细胞的状态，需要复杂的、多参数输入。高通量分析、仪器装置、成像模式特征、制作工艺、计算模型、生物信息学等方面的进步，将使其进一步完善。此外，组织保存技术和生物反应器技术的改善也将有助于按照需求生产组织。

(4) 推动大规模生产，成果转化和商业化。

想要真正展现组织科学工程的价值，仅仅证明工程组织设计的可行性还不够，还需要提高组织设计的可再现性、稳定性和对用户的友好性，从而推动产品的商业化。

根据对研究目标的解析，MATES IWG 将组织科学和工程计划聚焦在 8 个优先领域，这些优先研究领域反映了联邦机构在支持组织科学与工程领域研究，确定资助优先领域、监督政府资助的与组织科学和工程相关的不同学科项目的进程，以及管理组织工程医疗产品的销售、对这些产品的使用实施联邦政府医疗报销等三个方面的立场。

4) EFRI 资助的再生医学相关项目

为了促进自然科学和工程学领域最前沿的研究，美国国家科学基金会（NSF）工程董事会（ENG）成立了一个新的部门——“新兴前沿研究与创新办公室（EFRI）”。EFIR 每年都会对工程和教育领域新兴的跨学科课题提出建议并进行资助。这些资助为 NSF、ENG 和其他机构带来了新的研究领域，为国家带来了新的产业和较高的科研水平，使国家处于世界的领先地位，同时解决了国家面临的许多挑战。EFRI 对于再生医学领域的关注主要体现在组织工程学角度，包括对组织再生、组织构建等领域的资助（EFRI 2009 Awards Announcement）。

6.2.3 欧盟

6.2.3.1 欧盟干细胞相关法规

2001 年 9 月 14 日，在欧盟委员会科研总局组织的关于干细胞研究的会议上，来自科学界、法律界、伦理界以及工业界的专家们达成一致意见，即在干细胞领域需要投入更多的科研力量。然而 2002 年 1 月，欧盟部长理事会和议会却决定限制人类胚胎干细胞的研究，规定到 2003 年底之前，欧盟委员会禁止对人类胚胎干细胞研究进行资助，仅允许对那些已经储存在干细胞库或已经分离的干细胞进行研究。

2003 年底，欧盟对待干细胞的态度终于发生了转变，于 11 月制定了干细胞研究条例。此后，欧盟第六框架计划开始对干细胞研究进行资助，并对所资助的胚胎干细胞系建立的时间不作限制。第六框架规定，欧盟允许资助来源于自发性或治疗性流产胚胎的干细胞研究，但不资助以获取干细胞为目的的建立人胚胎的研究。这一规定意味着欧盟同意资助从试管授精多余的胚胎中获取胚胎干细胞的研究。但欧盟成员国对这一问题却持有不同的观点（表 6-1）。

表 6-1　欧盟成员国对待人类胚胎干细胞研究的态度

国家	规定
比利时、英国、瑞典	立法允许治疗性克隆
捷克、丹麦、芬兰、法国、希腊、荷兰、葡萄牙、西班牙	立法允许通过体外受精剩余胚胎获得干细胞
爱沙尼亚、匈牙利、拉脱维亚、斯洛文尼亚	没有明确立法，但允许对体外受精多余的胚胎进行研究
德国、意大利	限制人类胚胎干细胞的研究，但法律允许对国外进口的人胚胎干细胞进行研究
奥地利、立陶宛、马耳他、斯洛伐克、波兰	立法禁止人类胚胎干细胞的研究

注：未提到的欧盟国家对该领域没有特别的规定

2005 年 8 月，欧洲科学研究委员会宣布欧盟将通过第七期框架计划继续资助干细胞研究。但是在德国、意大利和卢森堡等国家的强烈反对下，2006 年 7 月在欧盟第七框架计划的讨论会议中，欧盟 25 国负责科研的部长们最终达成协议，允许进行人体胚胎干细胞研究，但不得动用欧盟的研究经费用于从人体胚胎中提取干细胞。欧盟的这个决定也为欧盟第七框架计划的预算画上了句号。2007 年 3 月，在第七框架计划的支持下，人类胚胎干细胞系登记库获得批准建立。

1）第七框架中的再生医学研究

第七框架中对再生医学研究涉及的伦理问题进行了明确规定，不得使用公共基金进行如下三个领域的研究：以繁殖为目的进行的克隆人研究；以修改人类遗传基因，并使这种基因变异可遗传的研究活动（与性腺癌症治疗相关的研究项目可以得到资助）；仅以研究为目的，或以获取干细胞为目的创造人类胚胎的研究。同时表示不会在任何不允许进行再生医学研究的国家进行相关资助，也不会在任何第三国对所有欧盟成员国禁止的研究项目进行资助（Europa，2007）。

对于人类胚胎干细胞的研究问题，在第七框架计划中，欧盟委员继续维持与第六框架相同的伦理框架。对于损害人类胚胎的研究活动，包括为了获得干细胞而进行的活动，均不会得到欧盟的资助，但不阻止公共基金对涉及人类胚胎干细胞的后续研究进行资助。对这方面的研究，将根据具体情况进行后续资助，并执行严格而透明的标准。

在欧盟第七框架的总体规划下，每年欧盟都会制定当年具体的实施项目。表 6-2 列出了 2009 ~ 2010 年度计划中与再生医学相关的项目。

表 6-2　欧盟第七框架 2009 ~ 2010 年度计划中再生医学相关项目

年度	项目名称	项目内容
2009	组织和器官的细胞疗法	重点关注用于患病或受伤组织在系统中重建或再生的细胞移植技术，项目实施过程中，该技术有望在病人体内进行试验
	利用生物兼容材料和细胞实现组织再生	重点关注在再生医学方法中，可进行移植的生物兼容性材料的使用
	激活内源性细胞作为再生医学的方法	侧重于再生医学涉及激活内源性细胞的方法（如生长/营养因子、细胞信号分子），实现患病或受伤组织的结构和功能修复

续表

年度	项目名称	项目内容
2010	国际多能干细胞注册表	在欧洲建立一个网上平台，为研究者提供多能干细胞系的免费数据库，包括成人干细胞系和胚胎干细胞系以及驯化的诱导多能干细胞系
	优化已有方法和开发新方法，以实现基于人的细胞的体外功能性分化	包括三部分内容：①优化干细胞技术，进行基于人的细胞的毒理研究；②细化细胞培养系统，用于长期的毒理测试；③开发新兴的机械驱动方法，控制细胞分化

2）NMP 专家咨询委员会提出的 2010 ~ 2015 年组织工程材料相关的重点研究项目

随着欧洲人口老龄化时代的来临，需要提出一种新的模式，以提供高质量的个人医疗和预防保健服务，以便减少日渐增加的医疗费用，并改善生活质量。制药、诊断和修复技术依赖于新材料的开发，其中便包括符合 21 世纪仿生学的修复材料。

近年来，材料科学和组织工程日渐交叉。组织工程需要细胞和材料相互作用的基础科学知识，从而创建新的材料，并改善细胞状态。此外，将这些材料放大为潜在的产品，还需解决生物反应器的设计、组织保存和消毒等问题。在干细胞生物学领域最新的进展和活动也必须考虑进来，因其对组织工程领域会有潜在的影响。

医学领域许多重大突破和观念的转换，均源于材料的革新和材料科学在临床医学中的应用。人工心脏瓣膜、可植入心脏装置、假肢、心血管支架、整形植入物和人造皮肤，这些仅仅是材料科学在现代医学应用中的一部分范例。未来，纳米技术有望通过自下而上的探针和系统设计使材料创新达到新的水平，该系统可以根据需要将信息精确的发送到细胞和组织，当与微加工技术相结合时，可望实现疾病的检测和治疗的变革，以及受损组织的修复。该技术的一些新兴例子包括芯片实验室，芯片药物和合成肝脏替代品。

基于目前材料科学的发展状况，NMP 专家咨询委员会针对 2010 ~ 2015 年欧盟在生物医学材料方面应该重点关注的领域提出了建议，其中大部分与组织工程具有密切的关系，这些领域包括：生物力学和生物医学材料；电子材料在生物医学传感器方面的应用；组织工程材料，支架材料，多尺度体系结构，可避免产生细菌生物膜的新材料；发展再生医学的材料设计；药物输送，定位/成像及相关技术；转导仿生设计；纳米功能材料，（一体化）结构以及生物医学应用器械；磁性纳米结构在生物学中的应用（NMP expert advisory group position paper on future RTD activities of NMP for the period 2001-2015，2009）。

6.2.3.2 英国

1）英国的再生医学相关政策

英国在再生医学和胚胎学领域的研究具有较长的历史，且取得了许多具有里程碑意义的成就：30 年前首次通过体外受精孕育出胎儿；1981 年第一次分离出小鼠的胚胎干细胞；1996 年首次实现了羊的克隆，1997 年的克隆羊多利更是名扬全球。除了在科研上的领先，英国也是世界上第一个对人类胚胎相关研究立法的国家，早在 1990 年，便出台了人类受精和胚胎（HFE）法案，并由人类受精和胚胎管理局（HFEA）实施相关的管理。一般认为，英国在相关领域的法律是比较宽松的，而事实上，宽松只是一个相对的概念，在英国

建立的管理体系下，没有获得 HFEA 许可的任何研究都不得开展，否则将遭到严厉处罚。

人类受精与胚胎学（HFE）法案是英国于 1990 年通过的第一项对人类胚胎相关研究进行规范的法律文件。该法案不允许为了治疗目的而用完整的人类胚胎获得干细胞。随着干细胞研究不断发展，生命伦理学界对该法案有很大的争论，科学界也再次呼吁政府放宽限制。英国政府组成的专家咨询小组在进行了将近一年的调查研究后，发表了一份长达 150 页的报告《干细胞研究：肩负重任的医学前沿》。报告对“治疗性克隆”的巨大医学潜力给予了肯定，认为应该在严格的审查和监督的基础上支持此类研究。报告强调，以培育完整的人体为目标的克隆人研究（即生殖性克隆）仍应被视为非法，也不允许科学家将人和动物细胞结合起来进行克隆试验。

基于这份报告，2001 年，英国政府在世界上率先将克隆研究合法化，既允许科学家利用被生育诊所废弃的胚胎进行研究，也允许通过试管受精培养研究用胚胎和克隆人类早期胚胎并从中提取干细胞，并将这一研究定性为“治疗性克隆”，但要求研究中使用过的所有胚胎必须在 14 天后销毁。

2008 年，英国对 HFE 法案进行了再次修订，再次放宽了对人类胚胎相关研究的限制。此次修订的法案将许多此前并未涉及的研究内容纳入其中，其中便包括物种间的核转移，科学家们希望将人类细胞与去核的动物卵细胞相融合，从而创造出“混合胚胎”。另外，法案允许 HFEA 对携带有人类和动物基因的转基因胚胎的创造以及通过混合人类和动物的卵子或精子创造嵌合胚胎的研究进行资助。

2）英国的再生医学计划

（1）英国干细胞计划。

为了保证英国始终在干细胞领域保持领先地位，2005 年 3 月，时任英国首相的 Gordon Brown 在其发布的预算中推出了英国干细胞计划（UK Stem Cell Initiative，UKSCI），该计划的目的是为 2006～2015 年的英国干细胞研究确定 10 年的远景规划，并制定一个节约成本的执行策略（UK Stem Cell Initiative，2005）。

UKSCI 的总体远景规划为：在未来 10 年中，巩固英国在干细胞研究领域的优势，使英国在干细胞治疗和干细胞技术领域成为全球领导者之一。从长期角度看，该计划旨在促进新型干细胞疗法的开发；从中短期利益来看，该计划将英国干细胞研究投入部分转向传统的医药领域，开发传统新药。换句话说，UKSCI 的目的是，不仅要让英国在新型干细胞疗法领域成为世界领导者，而且在利用干细胞研究与技术开发更安全、有效的药物方面成为世界领导者。

为了保持和增加英国在未来 10 年中从事干细胞研究的动力，UKSCI 确定了五大主题：

①在英国建立干细胞技术开发的公私联盟：制药公司、医疗保健公司和生物技术公司与英国政府建立联盟，共同开展用于新药开发的干细胞研究；

②提升英国干细胞研究能力：通过资助干细胞研究杰出中心（Centres of Excellence）、英国干细胞库（Stem Cell Bank）和细胞治疗产品单元（Cell Therapy Production Units），巩固细胞疗法开发所需的基础设施；

③加大英国干细胞研究资助：在政府与英国干细胞基金会合作帮助下，使英国成为干细胞转化研究和临床研究的中心，同时通过研究委员会和私人投资机构的支持，持续增加

在干细胞基础研究领域的投资；

④制定合理的法规措施，促进英国干细胞研究：英国干细胞研究良好的管理环境应该拓展到临床应用的研究；

⑤提高英国干细胞研究各领域、各机构的协作与交流：在未来 10 年内，要加强政府、研究理事会和干细胞研究人员间的合作，并加强与公众的对话。

在未来 10 年内，实施这些建议的成本每年估计在 4100 万至 1.04 亿英镑。要保持目前的研究资助水平，公共与私人资助机构需要每年投入约 3000 万英镑，英国必须保持这个水平的干细胞研究投入。除此以外，建议在未来 10 年内追加 1100 万 ~ 7400 万英镑的投入，尤其要增加资金以实施以上提到的各项建议。

（2）英国研究机构对再生医学的资助计划。

英国政府 2007 年“综合开支审察”显示，包括英国医学研究理事会（MRC），英国生物技术与生物科学研究理事会（BBSRC）等英国七大研究机构分别公布其未来资助计划。

①BBSRC 资助计划（2008 ~ 2011）。BBSRC 在 2007 年 12 月 11 日公布了 2008 ~ 2011 年度资助计划，计划通过对“灵感引导型”研究的资助，进一步加大在生物科学基础设施、人员和培训方面的投入，鼓励科研人员实现研究成果向创新型工业技术的转化，以及提出可靠的解决全球性问题的方针政策，带动英国生物科学的发展，为英国经济和社会服务（BBSRC，2007）。

BBSRC 资助计划中确定了优先研究项目，其中便包括干细胞领域的研究。BBSRC 此前对干细胞研究的资助获得了良好的成果，这也正是英国拥有世界级研究机构的原因。在接下来的几年中，BBSRC 将会通过“响应模式”（responsible mode），进一步扩大英国在干细胞领域的研究能力，同时还会与其他资助者一道支持先进科学的发展，从而推动干细胞研究向临床应用的发展。此外，BBSRC 还计划与 MRC 共同代表英国研究委员会（RUCK），开展关于干细胞研究的全国性对话。

②MRC 2008/2009 ~ 2010/2011 财政年度资助计划。MRC 于 2007 年 12 月 11 日颁布了 2008/2009 ~ 2010/2011 财政年度的资助计划，并于 2009 年 4 月 1 日对 2009/2010 ~ 2010/2011 年资助计划进行了修订和更新。

MRC 资助的重点研究课题可以归为四类：转化型研究、与工业部门的合作项目、跨机构研究、交叉型研究。其中，转化型研究项目主要关注基础科学向更好的医疗保健、产品和服务的转化，对该领域项目的资助额到 2010/2011 年度将会达到 8000 万欧元。

再生医学和干细胞是该领域的重点资助项目之一。2006/2007 年度，MRC 已经在干细胞研究中投入了 2560 万欧元，资助领域主要是胚胎干细胞和成体干细胞的基础研究，另外还投入了 1500 万欧元用于英国干细胞库的建设。MRC 在 2008 年对该领域的资助策略进行了修改，资助策略的具体内容如下：①继续支持干细胞的基础研究，包括诱导多能干细胞技术的发展。②对英国 3 个能够提供临床级人类胚胎干细胞的研究中心进行资助，促进干细胞技术向临床应用的转化。③建立一个新的干细胞转化研究委员会（TSCRC），作为推进建立干细胞临床前研究、试验性药物和早期临床试验的新资助机制。④投入 300 万欧元，通过招标形式资助临床前研究。⑤与加州再生医学研究所（CIRM）签订谅解备忘录

(MOU)，通过联合招标的形式，支持英－美联合研究小组开展针对特定疾病的临床前研究。⑥通过对位于爱丁堡和剑桥的多学科杰出研究中心进行投资，继续支持能力建设，并鼓励更多的科学家从事临床前研究。⑦通过对更安全的干细胞医学公私伙伴关系的资助，促进学术和产业界的合作。

2009/2010 年度预计达到的目标是：①通过 MRC 下设的研究委员会（干细胞研究的基础理论问题及机制研究）和 TSCRC（干细胞转化型研究），继续以响应模式对干细胞研究进行资助。②对基础理论及临床研究小组所进行的新的干细胞合作项目进行资助（300 万欧元）。③对 MRC-CIRM 之间的合作项目进行资助，开发针对特定疾病的干细胞疗法（500 万欧元）。④与英国心脏基金会（BHF）开展伙伴关系，共同开展心血管干细胞研究项目。⑤英国科研队伍网络进入人类 iPS 细胞研究领域，制定操作指南并提供标准的试剂配制方法，从而确保英国在该领域的竞争力。⑥制定“路线图”，为希望在英国或欧盟开发干细胞疗法的科研院所和公司提供资源。⑦对国家指南文件进行修订，保证英国在干细胞领域实现符合伦理道德的最佳研究。

(3) MRC 2009～2014 年科研战略计划。

2009 年 6 月 10 日，MRC 公布了其 2009～2014 年科研战略计划。该战略计划的主题为“科研改变生活”，强调了世界级科研水平对改善健康和社会福利方面的影响，同时指出了改善健康和福利的途径，即发展预防措施和新的疾病疗法、为科研的管理和伦理问题制定合理的指导政策以及坚持不懈的开展基础研究（MRC，2009b）。

战略计划指出，在未来的 5 年内，MRC 将致力于医学研究的资助，从而加快向应用领域的转化。为了实现这个目的，MRC 共确定了 4 个战略研究目标：选择能够出成果的研究：优先资助最有可能改善健康的领域；为人而研究：将卓越研究的利益带到社会的每一个领域；全球化：加速国际健康研究进程；支持科学家：为世界级的医学研究提供强大和繁荣的环境。

在第一个战略目标中，MRC 共确定了 8 个优先研究领域，其中之一便是再生医学领域的“修复与替代”。该领域最终目标是将再生医学领域大量的知识转化为新的治疗策略，同时，列出了具体的研究目标，以及实施的策略。

研究目标为：①更全面的了解如何控制干细胞的生长和分化，使其能够定向的分化为特定类型细胞，同时能够以足够大的规模开展这一进程，最终能够实现临床应用。②解决细胞移植中技术和免疫学问题，开发新方法对干细胞疗法的安全性进行监测。③进一步探索新材料技术在生物系统中的应用。④促进干细胞技术应用，在与工业界合作中提供更好的药物开发和毒理学研究项目。⑤评估新疗法临床试验的设计是最大的挑战之一，致力于将方法学的创新应用于临床的 MRC 试验方法研究中心将会在修复和再生疗法的检验中发挥重要的作用。

实施策略为：①使数学、物理学和工程学领域的科学家进入该领域。②科学家们将开展特定修复目的细胞的培养，并且开展“首次进入人体”的研究以及早期的临床试验。③与生物制药部门和管理机构合作，保证干细胞疗法的有效开发。④探索如何使用干细胞将药物运送到体内指定部位。⑤与公共和私人合作者共同开展“利用干细胞获得更安全药物”计划，促进干细胞技术在学术、产业界的共同发展。

6.2.3.3 法国

1）法国再生医学相关的政策

2004 年 7 月，讨论期长达 3 年之久的生物伦理法案终于正式出台，该法案的推出也标志着法国对胚胎研究的首次“解禁”。在新法案出台之前，法国在该领域的法律评判依据一直是 1994 年制定的法律文件中生物伦理相关条文。2005 年 5 月，法国成立了一个新的生物医药局，负责胚胎相关研究的审批工作。

生物伦理法案于 2001 年起草，几经修改于 2004 年 7 月 9 日正式发布，在最后定稿的法案中，草案中准备彻底放开的、对体外受精剩余胚胎进行的研究，最终也因这些“剩余”胚胎细胞可能培育出人体干细胞而被原则上禁止。由于对这种做法的医学和伦理意义还需进行充分评估，才能最终决定该项禁令是否应该长期执行，因此，在 5 年里，法国科研人员还可以利用这些“剩余”胚胎细胞从事相关研究，但必须满足 3 个条件：能够获得“重要医学进展”的研究；该研究无法通过其他途径开展；得到胚胎所属夫妇的许可。该法案明确禁止进行人类生殖克隆和治疗性克隆的研究。为了配合对治疗性克隆研究的禁令，该法案放宽了对人体器官捐献条件的限制，规定只要死者生前未对此表示反对，就允许从死者身上获取相应器官以供医用。此外，法案中一项引人关注的法律条文变动就是准许“药孩”的出生。所谓“药孩”，是指该孩子的诞生是为了挽救自己的哥哥或姐姐的生命。但是问题在于新生孩子的基因并不一定与患儿相匹配，所以这就涉及要进行胚胎选择的问题。

2）法国生物医药局对再生医学的资助计划

法国生物医药局计划共拨 6500 万欧元，在 2007 ~ 2010 年，支持 9 个方向的研究，其中有 2 个涉及干细胞研究，这 2 个方向的研究如下（科学技术部社会发展科技司，2009）：

（1）继续努力改善移植的标准和细则。

①在确定移植物分配规则方面，必须遵循伦理和公正性的原则，并注意在提取器官和组织的指导和协调活动中，保证遵循伦理和公正性原则。

②促进造血干细胞库的发展，目的是在 10 年后，保证 50% 的国内患者能从造血干细胞库中获得造血干细胞进行移植，发展脐带血的保存工作。

（2）在遵循伦理学原则下，扩大生物医学研究所的研究权限，特别是在胚胎研究方面的权限。

①促进胚胎和胚胎细胞的研究工作，在遵循伦理学原则方面，推进在诊断及治疗方面的发展。

②促进细胞疗法（造血的细胞和其他所有类型的细胞）和组织工程方面的研究，保证这些科学研究受到监督并遵守主管机构的要求。

③促进生物医学研究所其他权限的研究。包括移植、生育的医疗辅助（AMP）、产前诊断（DPN），采用在活体外，胚胎上提取的细胞，进行的生物学诊断，以及为医疗目的而作的基因特性检查。

6.2.3.4 德国

1）德国的再生医学相关政策

自2002年起，德国便禁止利用已存在的干细胞系制造胚胎细胞，科学家们不准从事任何用干细胞系制造胚胎细胞的研究，以确保国外实验室不会为德国市场制造干细胞系。2002年7月1日《胚胎干细胞进口法案》正式生效，该法案严格限制进口胚胎干细胞用于科研目的。另外，德国制定了胚胎保护法和干细胞保护法，人们必须根据这两个保护法进行基础研究。但是，近年来在美国、日本等国干细胞研究新进展的影响下，德国政府对胚胎干细胞研究的限制逐渐有所放松。2007年下半年，德国政府称将在今后三年时间内投入500万欧元用于非胚胎干细胞研究。2008年4月，经过数月激烈的争论，德国议会表决通过了有关放宽干细胞研究放入立法，从而使德国可以从国外进口2007年5月1日前从胚胎中获取的干细胞，但德国依然不允许在境内培养干细胞。在新的立法下，德国研究人员进行研究所用的干细胞必须来自国外。然而，2009年6月，德国神经学会和德国帕金森学会签署了一项联合声明，强调帕金森病人禁止使用骨髓干细胞相关的疗法，此后，7月10日，德国联邦议会便通过了德国医药产品法的修订版，再次增加了对干细胞研究的限制。该法案规定人体中提取出的细胞经过“修改”后植入人体，需要经过一系列的审批程序才可以实施（British Medical Journal，2009）。

2）德国对再生医学的资助计划

德国对再生医学的资助渠道主要是通过BMBF制定优先研究项目，而具体资助款项的分配则由德国研究基金会（DFG）来进行，项目由包括马普学会、亥姆霍兹国家研究中心联合会（HGF）、弗劳恩霍夫协会（FhG）和莱布尼茨科学联合会（LSA）在内的四个研究机构完成。

（1）BMBF的再生医学优先研究领域。

①器官功能的生物替代。

该领域的研究目的是找出生产特定细胞和组织以及将其用于受损器官再生的潜在创新方法。利用该方法，可以解决移植医学中的瓶颈问题，并且减少免疫系统的排异反应。如果这种再生疗法能够成功，那么目前移植器官的缺陷便能够得到弥补，同时，一些病人目前正在进行的复杂、昂贵的，甚至是终生的治疗便可以得到简化。目前比较有希望获得成功的项目就是通过特定的再生途径，对糖尿病、心肌梗死和帕金森病等疾病进行治疗。BMBF在2001年对该领域投入了1000万欧元，资助了32个项目。

②组织工程。

该领域的研究目的是在生物技术和材料科学领域开发面向应用的跨学科新方法，以进行工业开发。在德国现有基础上，使德国的工业具有国际竞争力。因此，政府资助主要用于支持中小型企业与杰出内科医生以及科学家之间的合作。该项目已经研发成功的疗法和材料包括皮肤、软骨、骨骼、神经、肾脏、肝脏、血液和血管的再生或替换。BMBF对该领域的总体预算为3500万欧元（Federal Ministry of Euducation and Research，2009）。

（2）DFG对再生医学的资助。

DFG资助再生医学的研究项目既可以通过独立的基金项目，也可以是多方合作的项目，如优先研究项目、研究小组和合作研究中心。

DFG在其合作计划的框架内资助了总计5个涉及人类胚胎干细胞的项目。在优先研究领域“胚胎和组织特异性干细胞”中，DFG共资助了4个涉及人类胚胎干细胞的研究项目。截至2007年，总资助额度达到83万欧元。2006年1月，一个名为“小鼠和人类胚胎干细胞以及胚胎干细胞衍生的心肌细胞免疫特征的确定”的项目被增列为优先研究项目。截至2005年底，研究人员就人类胚胎干细胞研究项目获得了14万欧元的资助（DFG，2009）。

6.2.4 日本

6.2.4.1 日本的再生医学相关政策

日本政府对于再生医学的研究，尤其是干细胞的研究持积极的态度。2000年，日本便把以干细胞工程为核心技术的再生医学列为“千年世纪工程”之一。2004年7月，日本科技政策委员会（CSTP）通过了生物伦理专家组关于人类胚胎和干细胞研究的最终报告。该报告建议日本的政策应该允许利用治疗性克隆技术创造人类胚胎，以进行干细胞研究。这项举措进一步放开了对再生医学研究的限制。2009年4月22日，日本政府科学部宣布，计划简化涉及胚胎干细胞研究的审批，这一新计划有望得到CSTP的核准。此外，自2009年5月开始，日本还对先前禁止进行的人类胚胎克隆予以放行，不过仍然限于对严重疾病的基础性研究。2009年8月21日，最终版人类胚胎干细胞研究指南生效，该指南允许获取新的人类胚胎干细胞系以及研究本国和进口的细胞系。

6.2.4.2 日本文部科学省对再生医学的支持

日本文部科学省在日本综合科学技术会议上制定了各领域的研究计划，在推进今后生命科学研究战略中，必须以“理解生命现象的统一整体影像”为研究目标，揭示生命的奥秘，尤其重视“使研究成果实用化的过渡性研究事业”，在根本上强调将科研成果回报于国民（科学技术部社会发展科技司，2009）。

2007年1月，日本文部科学省发布了“生命科学研究计划”，选择了7项战略研究重点，在其面向临床研究、临床的过渡性研究内容中提出了再生医疗实现计划（2003～2012）。该计划指出，“再生医疗法”就是采用细胞移植、细胞治疗等方法，有可能使迄今为止的医疗方法发生根本性变革的医疗方法。再生医疗计划的目标是使干细胞应用技术达到世界领先水平，实现再生医疗技术的临床应用。具体设定了建立研究专用的干细胞库、开发干细胞操作技术以及开发干细胞治疗等3个领域。

2007年11月，文部科学省在诱导多能干细胞研究取得进展后决定，计划在未来5年内投入70亿日元，用于支持非胚胎性干细胞等再生医疗领域的研究。按照文部科学省的计划，新投入的经费将重点用于开发能大量培养人类iPS细胞的方法，此外还将用于包括动物实验的再生医疗研究，以及建立并完善iPS细胞库。从2008年开始，文部科学省开始为iPS细胞的相关研究提供技术和人才支持。由文部科学省牵头筹建的京都大学iPS细胞研究中心于2008年1月正式启用，该中心成为汇聚日本众多一流干细胞科学家的“大本营”。

2009年6月2日，日本政府的内阁会议通过了《2009年日本科技白皮书》。其中，将

再生医学列为重点研究项目之一。白皮书中指出，为了解决制约创新技术研发的因素，将试行“创新技术区”的举措，即具有优先获得研究资金的优势，并执行主管部、局的协议课题的研究网络。创新技术区是以课题为特征，即几个研究机构连接成网络组成一个科研复合体（日本文部科学省，2009）。

2008 年，日本内阁政府、文部科学省、厚生劳动省和经济产业省联合对第一批创新技术区的项目进行了招标，包括再生医疗、医药和医疗器械的开发和应用的公开项目招募，共有 24 个课题被采纳，其中涉及再生医学的项目有 6 个（表 6-3）。

表 6-3　日本创新技术区 2008 年确定的再生医学相关项目

项目	实施机构
加速 iPS 细胞临床应用项目	京都大学
构建使用人体 iPS 细胞的体外毒性评价新体系	独立行政法人医药基础研究所
细胞膜的再生医疗项目	东京女子医科大学
以先进的外科技术移植三维复合再生组织产品的普及为目标的开发项目	东京大学
采用牙髓干细胞再生牙质、牙髓，新型牙髓炎等治疗方法的应用	国立长寿医疗中心
ICR 促进再生医疗的应用	尖端医疗振兴财团

6.2.5　韩国

6.2.5.1　韩国的再生医学相关政策

韩国福利和家庭事务部官员宣布，从 2005 年 1 月 1 日开始，允许该国科学家以治疗不育等为目的进行人类胚胎干细胞的研究，但涉及人类生殖细胞的商业交易仍在严格禁止之列。同时，政府还将准许用于纯粹科研目的的人类细胞克隆研究。这些研究主要涉及为糖尿病、白血病、阿尔茨海默病等 18 种疾病寻找新的治疗方法。在政府宣布允许为治疗目的而进行人类胚胎干细胞研究之前，韩国内阁还在 2004 年 12 月 21 日批准了一项相关法案的指导原则。这项新法案与人类胚胎干细胞研究所涉及的伦理和安全问题有关。韩国内阁批准的指导原则提出要严格对遗传学研究进行管理，禁止私营企业从事遗传检测等工作，违反规定者将面临监禁和罚款等处罚。然而，在首尔大学发现黄禹锡造假，并于 2006 年宣布后，韩国很快便宣布禁止人类胚胎干细胞克隆研究。这项禁令在历时 3 年后，终于在 2009 年 4 月 29 日得到了解禁，韩国政府宣布有条件批准利用人类卵子进行干细胞研究。

2008 年 6 月 5 日，韩国卫生部、福利和家庭事务部发布了《生物伦理和安全法案》的修订版本（South Korea Ministry for Health，Welfare and Family Affairs，2009），并确定于 2008 年 12 月 6 日正式生效。法案要求建立一个国家生物伦理委员会，主要负责生命科学与生物技术领域中涉及生物伦理及安全的问题，主要包括：设立与国家生物伦理和安全有关的政策；多余胚胎研究的类别、主题和范围；体细胞核移植研究的类别、主题和范围；被禁止的基因测试的研究类别；可以用基因疗法来治疗的疾病类型；其他涉及生命科学和生物技术的研究、开发和应用中，具有社会或伦理意义的问题。

该法案还对胚胎和干细胞相关研究进行了详细的规范。对于胚胎干细胞相关的研究，法案明确规定禁止人类克隆，同时禁止在物种间进行胚胎移植研究，其中也包括卵细胞核移植。对于使用剩余胚胎进行的研究，法案规定，可以使用已经超过储存期限的胚胎，进行以生育治疗或治疗罕见、无法治愈疾病为目的的研究。对于干细胞的研究，法案要求建立干细胞系注册的制度，任何人创立或进口的干细胞系都要向卫生福利和家庭事务部办理登记。经过注册审核的干细胞系可以用于疾病的诊断、预防和治疗等应用性研究以及干细胞表征和分化等基础研究。另外，法案明确禁止从事体细胞核移植研究，但允许在得到卫生福利和家庭事务部批准的情况下，利用体细胞克隆胚胎。此外，成体干细胞的研究是得到大力支持的。

6.2.5.2 韩国再生医学的研究计划

韩国为了大力提高国家竞争力，加快高新技术的应用，制定了面向 21 世纪前沿研究与开发计划，由代表不同领域的事业部负责具体实施。每年政府对每个事业部分别平均投入 80 亿 ~130 亿韩元（10 年内 1000 亿韩元左右）。目前实施的科研项目共有 23 项，其中与生命科学相关的 8 项，占项目总数的 1/3 以上。

细胞应用研究（干细胞分化）的主要内容如下：在 2002 ~2012 年的 10 年间，投入 1520 亿韩元。其中，政府 1240 亿韩元，民间 280 亿韩元。征服疑难疾病，发展高附加价值的尖端生物工程学。开发干细胞分化/抑制调节因子 100 个以上，功能性细胞分化法 10 种以上，应用细胞分化技术的治疗法。应用细胞/组织治疗法，产生克服疑难疾病的新范例；融合组织学及干细胞学，开发人工组织及脏器的生产技术；通过转基因动物或海藻类大量生产高附加值的生理活性物质，并确保知识产权；增强尖端生物工程学研究能力，培养高级技术人才。

6.2.6 印度

6.2.6.1 印度的再生医学相关政策

印度把干细胞研究视为科技发展的一个关键领域，科学家和政府对印度的干细胞研究及基因组研究前景充满了热情。2001 年初在孟买组建的印度医学研究实验室已拥有 7 个干细胞培养生产基地，该实验室在由 NIH 评出的世界十大干细胞研究实验室中排名第三；设在班加罗尔的印度国立生物科学中心（NCBS）也具备了发展干细胞培养基地的能力，使印度成为世界胚胎细胞株采集最先进的十大研究中心之一。

2007 年，印度生物技术部和印度医药研究委员会联合发布了《干细胞研究治疗指南》。制定该指南的目的是为干细胞研究和治疗应用设定基本原则，使其符合伦理道德，另外也是为人类干细胞的获得、扩增、分化、表征、存储和使用制定具体的指导方针（Indian Department of Biotechnology，2007）。

该指南将干细胞相关研究分为三类，即允许研究的项目、严格限制研究的项目以及禁止研究的项目。表 6-4 列出了具体的项目。

表 6-4 干细胞研究治疗指南中的项目分类

允许	严格限制	禁止
1. 对来自于任何种类干细胞的已建立细胞系进行体外研究	1. 通过 IVF、SCNT 等方法，以获得干细胞系为目的，创造人类受精卵	1. 任何与人类种系基因工程或再生性克隆相关的研究
2. 在小动物体内对来自于任何种类干细胞的已建立细胞系进行研究	2. 利用经过修改的细胞或跨国公司赞助的细胞进行临床试验	2. 任何对人类完整胚胎进行体外培养的研究
3. 利用成人/胎儿成体干细胞进行动物（除灵长类）体内研究	3. 将人类 ES、EG 或 SS 细胞在动物胚胎或胎儿阶段移植入动物体内	3. 任何将人类胚胎移植入非人类动物子宫内的研究
4. 利用剩余胚胎建立新的人类干细胞系	4. 将两种或以上物种的干细胞相融合，并植入动物体内的研究	4. 任何涉及将体外修改过的人类胚胎移植入子宫的研究
5. 建立脐带血干细胞库	5. 囊胚、配子或体干细胞捐献人的身份能够很容易确定或可能会被研究人员知道的研究	5. 已经接受过人类干细胞移植的动物不允许生殖
6. 利用按照国家 GTP/GMP 标准处理的细胞进行临床试验		6. 将非自体干细胞移植入人体内

6.2.6.2 印度的再生医学研究和资助计划

1）印度创新医药战略计划

2005 年 3 月，印度生物技术部、科技部发布《印度未来十年生物科技战略发展计划》。该计划详细介绍了 11 个领域的战略路线图，其中包括预防和治疗性医学生物技术、再生和基因组学、医学、诊断生物技术、临床生物技术和研究设备等。涉及再生医学的战略计划主要有以下两个（科学技术部社会发展科技司，2009）：

（1）预防和治疗性医学生物技术领域战略计划。

战略发展计划指出印度未来 10 年的生物科技研究重点是支持分子细胞生物学、基因组学、蛋白质组学、系统生物学、干细胞生物学、RNA 干扰和新的平台技术的基础和应用研究；重大疾病的发病机理学和疾病传染的分子机制。生物科技产品开发重点将集中于疫苗、诊断、基于细胞和组织替代的治疗新措施、治疗性抗体、中草药、植物医药学、核酸、治疗学、药物和疫苗运输系统和新的抗微生物试剂。

生物科技基础建设和网络的改善。该计划指出印度将建立一个转化型研究中心，以促进研究开发和产业活力：在与基础研究院所关系密切的医学院系统内，建立两个分子医学中心；建立干细胞中心网络，基于传统印度中草药筛选机制的执行，以很快得到增效治疗产品；成立印度医学理事会、生物技术部门和科技部机构组成的工作组，以加强讨论医学研究的战略。加强转化型生物学、临床试验、分子流行病学和产品开发的能力，加强培养医学博士计划的实施。

（2）再生、基因组学、医学领域的战略计划。

构建全面的人体组织法案（2005 年末）；建立 DNA 和干细胞银行；建立动物试验清晰的国家法律；注重知识产权、信誉和反馈信息；拟定人类组织工程产品条例；建立公众意识，以减轻教育计划、产业会议和研究会的一些担心。

2）印度国家生物技术发展战略

2007 年 11 月，印度生物技术部（DBT）发布了《印度国家生物技术发展战略》（National Biotechnology Development Strategy，2007）：印度未来的生物经济要将生命科学知识转化为社会所需的、生态和谐的并具有竞争力的产品。根据该计划，印度将在未来的5年内，完成生物技术投资翻四倍的目标。生物技术投资将会从2002～2007年的145亿卢比提高到2007～2012年的650亿卢比，并力争让生物技术产值在2012年达到70亿美元。

为鼓励创新，印度在该战略基础设施建设中提出要加强DNA和干细胞库设施的建设。此外，印度将干细胞工程和再生医学纳入该战略的挑战性项目中。挑战性项目是针对科学或工程技术方面广泛存在的问题，并针对印度生物技术产业发展中至关重要，同时又相对薄弱的关键领域提出建立一批新研究机构的提议。这些新研究机构以科学整合与转化为重点。

干细胞项目的主要目的是通过构建基础研究人员和临床医生的合作网络，从而拓展印度的干细胞研究，主要的研究目的是：建立国家干细胞库；构建良好表征的干细胞系；开发胚胎干细胞系在生成各种器官的潜在应用；从废弃胚胎中获取干细胞用于组织再生研究；对干细胞信号机制和分化的基础理解。具体的研究领域包括三部分：基础研究、应用研究和设施建设。

基础研究：研究生成干细胞的因素以及如何使干细胞停止增殖；研究干细胞生物学；研究造血干细胞在不分化条件下的扩增；研究干细胞的基因转导、基因调节和可塑性。

应用研究：建立干细胞研究的城市集群（city cluster），包括基础研究人员和临床医生；聚焦于人类干细胞研究，以满足整形外科医生、心脏病学家、神经外科医生及其他相关人员的需求；使用胚胎干细胞进行药物检验。

设施建设：建立干细胞库。

对于诱导iPS细胞的研究，印度生物技术部也确定了重点的研究领域：通过病毒或非病毒途径诱导、衍生和表征人类iPS细胞；探索iPS细胞和胚胎干细胞之间的相似性和区别；理解重编程的生物学机制。

6.2.7 中国

6.2.7.1 中国的再生医学相关政策

与西方国家相比，我国的干细胞研究环境相对比较宽松。1998年中国发表声明，明确禁止再生性克隆。然而，允许以及实际上鼓励并资助人类胚胎干细胞和治疗性克隆。2003年12月，科技部与卫生部联合制定了《人胚胎干细胞研究伦理指导原则》，以保证人胚胎干细胞研究的健康发展。该指南禁止再生性克隆但是允许治疗性克隆；允许利用发育14天内的胚胎进行干细胞试验，但是禁止在更成熟的胚胎上进行试验；禁止在干细胞研究中进行人类胚胎的培植；禁止人类卵细胞、精子、胚胎和胎儿组织的买卖。

中国在对干细胞研究的管理上是基于指南，而不是国家立法，在细节上比较模糊。中国的研究者不需要获得进行胚胎干细胞研究的许可，在干细胞研究中也不会受到对指南遵守程度的监控，干细胞研究机构的系统和方法也不会受到检查。

1）《国家中长期科学和技术发展规划纲要（2006—2020年）》

2006年2月9日国务院正式发布《国家中长期科学和技术发展规划纲要（2006—2020年）》。纲要中指出，生物技术和生命科学将成为21世纪引发新科技革命的重要推动力量，而干细胞和组织工程等前沿技术研究与应用，孕育着诊断、治疗及再生医学的重大突破。

纲要指出，干细胞技术可在体外培养干细胞，定向诱导分化为各种组织细胞供临床所需，也可在体外构建出人体器官，用于替代与修复性治疗。纲要确定了基于干细胞的人体组织工程技术未来的研究方向，指出要重点研究治疗性克隆技术、干细胞体外建系和定向诱导技术、人体结构组织体外构建与规模化生产技术、人体多细胞复杂结构组织构建与修复技术和生物制造技术（国务院，2006）。

2）国家“十一五”基础研究发展规划

国家“十一五”基础研究发展规划加大对交叉学科生物医学中干细胞和组织工程等新兴学科的支持，加强生命科学基础研究与临床研究的结合。将发育与生殖研究作为重大科学研究专项计划的一项内容，将逐步建设以人类为主的含非人灵长类的胚胎干细胞库，建立胚胎干细胞定向分化模型；建立生殖和再生医学临床前评价体系及我国生殖科学和生殖健康研究体系作为“十一五”期间的主要目标（科学技术部，2006）。

6.2.7.2 中国对再生医学领域的资助

2001 年以来，我国对干细胞研究日益重视，在重大科技规划实施中有鲜明的体现。从资助的项目来看，2001 年启动两项“973”计划资助干细胞研究，2007 年和 2008 年连续分别启动了 5 项和 2 项干细胞研究项目。这些项目资助强度较高，一般都在 2000 万元以上。从 863 计划来看，2005 年启动了 13 项应用性研究项目；2006 年启动了 7 项应用性研究项目，支持强度明显提高，从 2005 年的平均每个项目 118 万上升到 2006 年的 1010 万。对应用性研究支持强度的提高表明，国家正在加速推动干细胞进入临床前和临床研究。另外，国家自然科学基金作为支持自由探索性研究的重要机制，对具有高风险的干细胞研究给予了广泛关注。

从承担项目的机构来看，主要分布于中国科学院生命科学研究机构（主要包括上海生命科学研究院、北京动物研究所、昆明动物研究所、广州生物医药与健康研究院）、中国医学科学院、军事医学科学院、中国人民解放军军医大学、北京大学、复旦大学、上海交通大学、南开大学等（表 6-5）。

表 6-5 近年来我国资助的再生医学相关重大项目列举

科技规划	年度	项目名称	经费/万元	主要承担单位
国家重点基础研究发展计划（“973”计划）8项	2001	干细胞的基础研究与临床应用	>2 000	中国科学院上海生命科学研究院
		人胚胎生殖嵴干细胞的分化与组织干细胞的可塑性研究	2 000	北京大学
	2007	猕猴干细胞自我更新、定向分化的分子机制	>1 000	中国科学院昆明动物研究所
		干细胞表面分子特征与功能	>1 400	上海交通大学
		胚胎干细胞定向分化过程中关键科学问题的研究	>1 300	中国科学院上海生命科学研究院
		干细胞资源库与干细胞研究关键技术平台的建立	>1 500	中国科学院上海生命科学研究院
	2008	诱导多能干细胞（iPS）的重编程机制研究	>1 500	中国科学院上海生命科学研究院
		猪诱导多能干细胞（iPS）及其分化发育研究	>1 500	南开大学

续表

科技规划	年度	项目名称	经费/万元	主要承担单位
国家高技术研究发展计划（“863”计划）20项	2005	骨髓外来源的间充质干细胞的重建造血研究	66	中国医学科学院基础医学研究所
		人类胚胎干细胞建系及向心肌和成骨细胞诱导分化	15	西北农林科技大学
		非清髓移植联合间充质干细胞预防移植物抗宿主病和促进植入的研究	40	军事医学科学院附属医院
		脊髓源性神经干细胞修复脊髓损伤的研究	30	中国人民解放军第四军医大学
		成体干细胞分化的可塑性研究及其临床应用	317	军事医学科学院野战输血研究所
		干细胞制备及在重要疾病中的临床应用研究	259	中国医学科学院基础医学研究所
		骨髓基质干细胞分化的神经组织细胞促进周围神经选择性再生的临床前研究	45	北京大学医学部
国家高技术研究发展计划（“863”计划）20项	2005	神经干细胞移植治疗神经系统重大疾病的临床方案及在体可视化评价	50	中国人民解放军总医院
		组织工程及干细胞医疗产品生产过程质检标准的研究	25	中国药品生物制品检定所
		干细胞核移植技术研究与临床应用	390	军事医学科学院野战输血研究所
		干细胞移植治疗帕金森病的临床研究及角膜损伤治疗	100	北京大学医学部
		动物胚胎干细胞建系及诱导分化	100	西北农林科技大学
		哺乳动物体细胞克隆胚胎再编程机理与核移植胚胎干细胞的研究	100	北京生命科学研究所
	2006	我国人类（疾病）胚胎干细胞库的建立与应用	1 500	中国科学院动物研究所
		心血管疾病干细胞临床治疗技术与产品的研发	1 200	中国医学科学院北京协和医院
		肝脏疾病干细胞临床治疗技术与产品的研发	1 000	中国人民解放军军事医学科学院野战输血研究所
		恶性血液病与造血损伤的干细胞临床治疗技术与产品研发	1 000	中国医学科学院血液研究所泰达生命科学技术研究中心
		用于糖尿病临床治疗的干细胞技术与产品研发	1 000	
		神经系统疾病与损伤临床治疗的干细胞技术与产品研发	1 000	
		干细胞与组织工程重大专项技术标准研究	400	中国药品生物制品检定所

续表

科技规划	年度	项目名称	经费/万元	主要承担单位
国家自然科学基金重点项目	2007	血液血管干细胞的微环境调控	160	中国人民解放军军事医学科学院
		骨髓间充质干细胞转分化再生汗腺效能与功能评价研究	170	中国人民解放军总医院
	2008	胚胎干细胞多能性维持与分化的化学生物学研究	240	中国科学院广州生物医药与健康研究院
	2009	细胞编程和重编程的表观遗传机制	15 000	

6.3 再生医学的研究和发展趋势

干细胞和组织工程是再生医学的两个核心研究领域，以下将结合文献、专利计量以及最新的研究进展，对这两个领域的研究现状及发展趋势进行探讨。

6.3.1 干细胞总体研究现状和发展趋势

干细胞包括胚胎干细胞、成体干细胞和诱导多能干细胞（iPS 细胞），是目前再生医学研究的热点领域。由于受到伦理的限制，无法针对人类胚胎干细胞开展广泛研究。自 2007 年，日本和美国科学家同时利用成纤维细胞重编程得到与胚胎干细胞性质相似的人类（iPS 细胞）后，胚胎干细胞受到伦理限制的问题得以解决，因此 iPS 细胞迅速成为研究人员广泛关注的焦点，得到了前所未有的发展。iPS 细胞的出现使得科学界、产业界对未来的再生医学充满了信心。

从文献分析干细胞研究的总体发展趋势

1）干细胞研究的年度发展趋势

以美国科学信息研究所（Institute for Scientific Information，ISI）Web of Science 数据库（SCI-EXPANDED）作为数据统计源，检索 2000 ~ 2009 年收录的干细胞文献（数据库更新日期为 2010 年 1 月 2 日，2009 年的数据未完全收录，仅供参考）。数据库共收录干细胞相关文献 96 987 篇，2000 ~ 2009 年，干细胞文献数量呈现上升趋势，2008 年文献量与 2000 年相比，增长了 2.36 倍，表明干细胞的研究越来越受到重视（图 6-1）。通过以上对各个国家的政策分析发现，干细胞研究政策法规基本都是在 21 世纪最初几年颁布的，而恰恰是在这几年，干细胞的研究得到了迅猛的发展，表明了国家的政策计划和投入对科学研究的强大推动力。

2）干细胞研究的国家（地区）分布分析

对 2000 ~ 2009 年收录的干细胞文献进行分析发现，美国发表的文献占干细胞研究总文献量的 40%，以绝对的优势稳居全球干细胞研究领域的首位。这表明，尽管美国在奥巴马执政

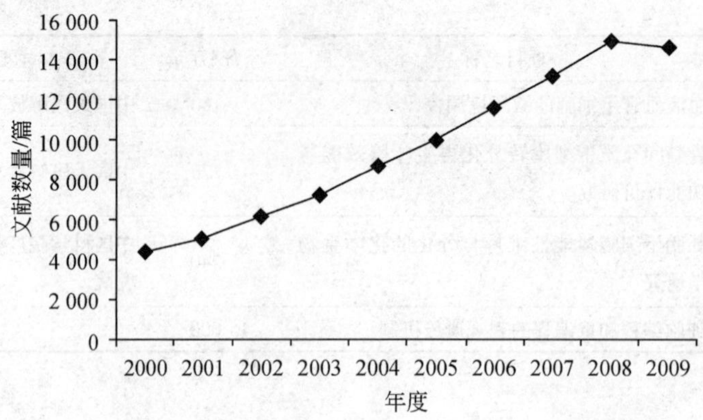

图 6-1　2000 ~ 2009 年干细胞文献的年度分布

前一直限制国家级研究经费资助干细胞的研究，但这丝毫没有降低美国研究人员对干细胞研究的兴趣。亚洲共有 3 个国家进入前 10 位，分别为日本、中国和韩国，其中中国位居全球第 7 位，亚洲第 2 位。中国在干细胞研究领域与日本相比还具有一定的差距（图 6-2）。

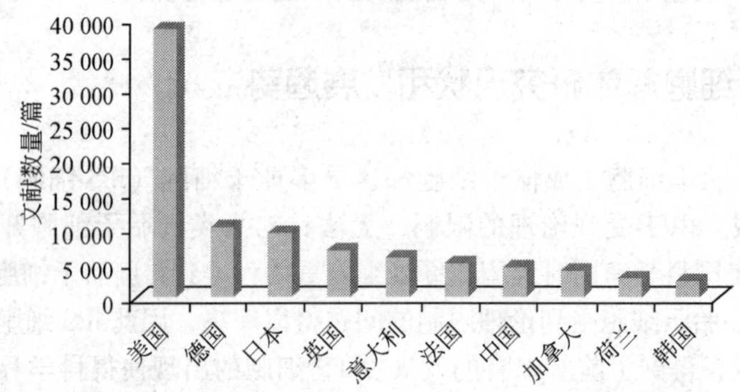

图 6-2　2000 ~ 2009 年干细胞发文量前 10 位的国家

3）干细胞研究的机构分布分析

通过对干细胞研究的机构分布情况进行分析发现，从事干细胞研究的前 10 位科研机构中，有 7 家是美国研究机构，美国哈佛大学以绝对的优势位居首位，日本有两所大学进入前 10 名，分别为日本东京大学（Tokyo University）和京都大学（Kokyo University），加拿大多伦多大学位列第 9 位。中国的科研机构未能进入前 10 强，中国科学院出现在第 75 位，而其文献数量与哈佛大学相比，相差近 8 倍（表 6-6）。

表 6-6　2000 ~ 2009 年干细胞发文量前 10 位的机构和中国首位机构

排名	机构	国家	文献数量/篇	排名	机构	国家	文献数量/篇
1	哈佛大学	美国	2 669	7	京都大学	日本	1 036
2	得克萨斯州立大学	美国	1 393	8	约翰霍普金斯大学	美国	992
3	华盛顿大学	美国	1 308	9	多伦多大学	加拿大	961
4	东京大学	日本	1 189	10	加利福尼亚大学	美国	955
5	斯坦福大学	美国	1 155	75	中国科学院	中国	375
6	佩恩大学	美国	1 059				

6.3.2　干细胞热点领域的研究现状和发展趋势分析

6.3.2.1　干细胞热点研究领域的总体发展趋势

根据干细胞研究的文献年度分布情况来看，自 iPS 细胞诱导成功后，其研究得到了世界各国的广泛关注，许多研究机构和研究人员投入到 iPS 细胞的研究中。从 2007 ~ 2009 年文献量的增长情况来看，iPS 细胞的研究呈现持续快速的增长，2008 年达到 100 余篇，2009 年的文献量超过了 300 篇。

胚胎干细胞和间充质干细胞研究均呈现逐年上升的趋势，说明这两个领域一直是近 10 年来干细胞研究的重点领域，胚胎干细胞文献数量增幅近 4 倍，而间充质干细胞文献数量的增长幅度则更大，2009 年较 2000 年增长了近 17 倍。然而，在胚胎干细胞的研究中，由于人胚胎干细胞的材料难获取以及法律法规的限制，其研究速度落后于间充质干细胞，相关文献量仅为 2000 多篇（图 6-3）。

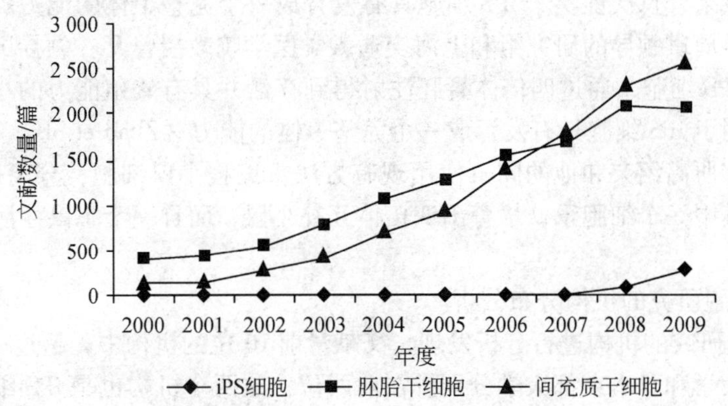

图 6-3　2000 ~ 2009 年 iPS 细胞、胚胎干细胞和间充质干细胞的文献量年度分布

6.3.2.2　iPS 细胞的研究现状和发展趋势分析

2007 年，美国和日本科学家先后利用人成纤维细胞获得 iPS 细胞，该研究成果被美国 *Science*、*Nature*、*Times* 杂志分别评为当年的十大科学发现、十大科学突破、重要科技新闻之一。iPS 细胞成功避开了胚胎干细胞的伦理问题，同时也解决了干细胞来源受限的问题，为再生医学的发展带来了新的机遇。

1）从文献计量分析 iPS 细胞研究现状和发展趋势

对 Web of Science 数据库收录的 2006 ~ 2009 年 iPS 细胞文献进行检索，共收录 iPS 细胞相关文献 399 篇（检索日期：2010 年 1 月 2 日）。

（1）iPS 细胞研究的国家（地区）分布分析。

对 iPS 细胞研究文献的国家（地区）分布分析发现，美国以显著的优势位居首位，其发表文献量占总文献量的半数以上。日本排在第 2 位，其文献量为美国的 1/3。中国虽然位居第 4 位，但是文献量并不多，仅为日本的一半，是美国文献量的 1/7。从文献被引频次来看，美国发文量虽然较高，但是其篇均被引频次不及日本。中国的文献篇均被引频次较低（表 6-7）。

表 6-7　iPS 细胞发文量前 10 位的国家及其被引频次

国家	文献数量/篇	总被引频次	篇均被引频次	国家	文献数量/篇	总被引频次	篇均被引频次
美国	219	5 937	27.1	加拿大	16	176	11
日本	73	3 742	51.3	西班牙	12	140	11.7
德国	54	533	9.9	法国	8	3	0.4
中国	33	127	3.9	荷兰	8	97	12.1
英国	27	187	6.9	瑞典	8	4	0.5

值得一提的是中国研究人员在该领域的研究突破使中国在 iPS 细胞的研究跻身世界先进水平。2009 年 7 月 23 日，*Nature* 和 *Cell Stem Cell* 杂志同时发表我国科学家在 iPS 细胞方面的重要科研成果，首次证实了 iPS 细胞具有发育成一个完整个体的能力。中国科学院动物研究所研究员周琪领导的研究组和上海交通大学医学院教授曾凡一领导的研究组共同完成了首次利用 iPS 细胞，通过四倍体囊胚注射得到存活并具有繁殖能力的小鼠，从而在世界上第一次证明了 iPS 细胞具有发育成一个完整个体的能力（Zhao et al.，2009）。同时北京生命科学研究所高绍荣和他的同事使用现有方法重编程小鼠细胞，分离出 5 个新的 iPS 细胞系，利用其中一个细胞系，培育出四倍体互补小鼠，而且一个小鼠存活到成年（Kang et al.，2009）。

（2）iPS 细胞研究的机构分布分析。

对 iPS 细胞研究的机构进行分析发现，文献量前 10 位的机构中，超过一半是美国的机构。美国哈佛大学和日本京都大学分别排在前两位，这两个机构也是 iPS 细胞研究的开创者。中国只有一个机构进入前 10 位的行列，即中国科学院，位列第 10 位（表 6-8）。鉴于 iPS 研究刚刚起步，而我国在这一领域的研究水平较高，应在该领域进行一定的设计、投入，加大研究力度，为将来的临床应用提供坚实的研究基础。

表 6-8　iPS 细胞研究文献量前 10 位的机构

排名	机构	所属国家	论文数量/篇	排名	机构	所属国家	论文数量/篇
1	哈佛大学	美国	42	6	美国波士顿儿童医院	美国	18
2	京都大学	日本	40	7	威斯康星大学	美国	16
3	马萨诸塞总医院	美国	19	7	哈佛医学院干细胞研究所	美国	16
3	汉诺威医学院	德国	19	9	日本科技局	日本	14
3	麻省理工学院	美国	19	10	中国科学院	中国	12

2）iPS 细胞的研究进展

2007 年，*Cell* 和 *Science* 杂志分别发表了日本京都大学 Shinya Yamanaka 和美国威斯康星大学麦迪逊分校（University of Wisconsin-Madison）James Thomson 两个研究团队各自独立完成的一项研究。在这两项研究中，两个研究团队均通过将 4 个重组基因导入人的成纤维细胞中，通过将细胞的基因组进行“直接重编程”，成功诱导产生了与人类胚胎干细胞具有类似特性的 iPS 细胞。这两项研究一方面成功避开了胚胎干细胞研究的伦理之争，另一方面也突破了核移植技术缺乏卵母细胞的窘境，并为获得患者自身遗传背景的胚胎干细胞增加了一个新途径。这两项研究成果发表后，人类 iPS 细胞的研究引起了国际科学界的广泛关注，一直对胚胎干细胞研究怀有抵触情绪的美国人一反常态，消息发布当天，美国白宫便发表声明对美日科学家的这一新成果表示欢迎，认为这才是干细胞研究的“正道”。

事实上，在此之前已有研究团队开展了 iPS 细胞的研究，并取得了阶段性成果。2006 年，日本京都大学 Shinya Yamanaka 研究团队首次以外源转录因子的过表达将小鼠体细胞成功诱导为 iPS 细胞，在该研究中，研究人员以逆转录病毒为载体介导 4 个转录因子 Oct3/4、Sox2、c-Myc 和 Klf4 在小鼠成纤维细胞中过表达，成功获得了 iPS 细胞（Takahashi，Yamanaka，2006），这项研究首次证实了仅需要几个因子便能够将成纤维细胞诱导成为 iPS 细胞，此后，在 2007 年 6 月，日本京都大学的 Shinya Yamanaka 和麻省理工学院（MIT）的 Rudolf Jaenisch 以及哈佛大学的 Konrad Hochedlinger 领导的三项研究，改进了导入 4 种基因的载体以及 iPS 细胞的选择标记，并且证实了利用小鼠表皮细胞制得的 iPS 细胞确实是多能性的，具有分化成各种组织的潜力。这些研究均为 iPS 细胞研究从小鼠向人的转移提供了理论和技术支撑。

在人类 iPS 细胞首次成功获得后，许多研究人员也开始开展类似的研究，使人类 iPS 细胞研究得到了显著的发展。然而，大部分现有的人类 iPS 细胞都普遍存在一些缺陷，使其无法应用于临床治疗。首先，通过慢病毒或逆转录病毒介导重编程因子过表达，病毒会随机整合到体细胞中，这种整合会导致细胞的基因突变；而病毒表达的不可调控性会导致插入基因的再激活，导致严重的临床后果；其次，用于重编程的 Klf4 和 c-Myc 两种因子具有致癌的作用；最后，iPS 细胞重编程过程的效率比较低，在重编程过程中，不完全编程也是造成效率低的原因之一。在实现病人特异性 iPS 细胞治疗之前，必须首先解决这些问题。目前开展的 iPS 研究主要集中在细胞类型的选择、诱导因子的筛选、安全的介导载体体系的建立、重编程过程中的表观遗传学的研究以及疾病特异性的 iPS 细胞系的建立等。

（1）用于重编程细胞的选择。

在小鼠和人类 iPS 细胞的首次成功诱导中，使用的细胞均为成纤维细胞，之所以选择这种细胞进行 iPS 细胞的诱导，是因为此前便已经有试验证明，人类和小鼠的成熟成纤维细胞能够通过核移植和细胞融合实现基因的重编程；同时，获取成纤维细胞比较容易，而且一些疾病特异性的成纤维细胞还可以通过 Coriell 这样的细胞库获得。此外，成纤维细胞还能够在胚胎干细胞的培养环境中良好的生长。这些都使成纤维细胞成为进行直接基因重编程的首选细胞类型（Maherali，Hochedlinger，2008）。

在成纤维细胞实现成功诱导后，科研人员又开始探索其他适用于进行直接重编程的细胞类型。目前，已经有多种类型的小鼠细胞实现了成功诱导，包括胃细胞、肝细胞、胰岛β细胞、淋巴细胞、神经祖细胞和脑膜细胞。人类角质形成细胞和脐带血细胞的直接重编程也获得了成功。

通过这些研究发现，细胞类型对于重编程过程中诱导的效率、诱导因子作用的效果以及诱导获得的 iPS 细胞的安全性等具有非常大的影响。例如，在对小鼠胃和肝细胞的重编程过程中发现，这两种细胞在激活胚胎干细胞特异性的 *Fbx15* 基因时，较成纤维细胞更快，而且病毒整合也更少；而人类的角质形成细胞重编程的速度和效率也要比人的成纤维细胞更高。此外，诱导因子是否能够有效的导入体细胞中，对重编程过程的成功与否也起着决定性的作用。利用腺病毒作为载体诱导小鼠成纤维细胞重编程的效价要达到肝细胞的 100～200 倍。在 iPS 细胞安全性方面，日本京都和庆应大学（Keio University）的研究小组分别利用小鼠胚胎的皮肤细胞、成年小鼠的胃细胞、尾巴的皮肤细胞以及肝脏细胞培育 iPS 细胞，将这些细胞经分化后植入小鼠大脑后发现，诱导自小鼠胚胎成纤维细胞的 iPS 细胞导致肿瘤的几率与胚胎干细胞相似，产生肿瘤的可能性较小；而植入来自成年小鼠尾巴皮肤细胞的 iPS 细胞的实验鼠中有 83% 体内出现了肿瘤；被植入分化细胞来自于小鼠胚胎皮肤细胞的实验鼠中只有 8% 出现肿瘤；而如果实验鼠移植的分化细胞来自成年小鼠的胃细胞，其体内没有出现肿瘤（Miural et al.，2009）。

基于以上这些因素，在选择重编程细胞时应该考虑以下几个问题：重编程基因能否被有效的导入细胞中，其中包括细胞种类以及介导的途径两方面的问题；所选类型的细胞是否容易获得；细胞的发育水平和来源等。

发育水平较高或已经经过多次传代培养的细胞中会包含一些遗传病变，这会削弱 iPS 细胞在治疗中的效果。类似的，从那些比较容易受到 DNA 损伤的组织获取的细胞，比如皮肤细胞，便比较容易产生紫外线（UV）导致的基因变异，这种细胞也不适用于临床。因此，尽管在 iPS 的基础研究中，成纤维细胞仍然会是首选，但是如果想应用于临床，则需要慎重考虑细胞的可获得性、基因变异的可能性以及是否易于重编程等多种因素。

（2）体细胞重编程诱导因子。

体细胞基因重编程是一个复杂的过程，其中的很多机理仍然未知。Shinya Yamanaka 在研究中选择了 Oct4、Sox2、Klf4 和 c-Myc 四种因子导入人体纤维细胞，实现了成功的诱导，在其 2006 年首次诱导小鼠 iPS 细胞时所使用的诱导因子也是这四个基因片段。而 James Thomson 研究团队则选择了 Oct4、Sox2、Nanog 和 Lin-28 四种因子，其中有两种因子与 Shinya Yamanaka 研究中使用的因子不同，但同样获得了良好的诱导效果，这说明成熟体细胞的重编程存在多个信号途径（Amabile，Meissner，2009）。此外，由于 Klf4 和 c-Myc 具有致癌的作用，所以研究能够诱导体细胞重编程的因子对于 iPS 在临床的应用非常重要。近两年来，已经有许多科研人员针对这方面的问题展开了研究，并初步取得了一些成果（Feng et al.，2009；Giorgetti et al.，2009；Zhou et al.，2009；Kim et al.，2009；Nakagawa et al.，2008）（表 6-9）。

表 6-9 诱导体细胞重编程的替代因子

诱导因子	替代诱导因子功能	诱导细胞类型	结论
Lin28、Nanog、OS	分别是胚胎干细胞特异性 RNA 结合蛋白和特异性转录因子	人成纤维细胞	两者结合可以取代 K 和 M
Esrrb、OSM/OS	孤儿素受体相关蛋白	小鼠成纤维细胞	Esrrb 可以取代 K
Pax5 shRNA、C/EBPa、OSKM	分别使用 B 细胞转录因子与骨髓转录因子	小鼠 B 细胞	B 细胞完整的重新编程需要表达 Pax5 RNAi 或 C/ EBPa
p53 siRNA、UTF1、OSKM	分别使用肿瘤抑制物和胚胎干细胞特异性转录因子	人成纤维细胞	OSKM + p53siRNA^{+} UTF1 与 OSKM 相比，其效率大约提高了 100 倍
p53 siRNA、UTF1、OSK			与 OSK 相比，OSK + p53 siRNA + UTF1 的效率大约提高了 100 倍
DNMT shRNA、OSKM	敲除 DNA 转甲基酶	小鼠成纤维细胞	促进充分重编程
Wnt3a、OSKM	细胞信号分子	小鼠成纤维细胞	轻微提高 OSKM 的效率
Wnt3a、OSK			OSK 的效率提高了约 20 倍
SV40 LT（T）、OSKM*	细胞利用的 SV40 大 T 抗原	人成纤维细胞	与 OSKM* 和 OS + LIN28 + Nanog 相比分别提高了 23 倍（OSKM* + T）至 70 倍（OS + LIN28 + NANOG + T）
SV40 LT（T）、OSM*			与 OSKM* 相比，其效率提高了 55 倍，并可替代 K
SV40 LT（T）、OS			与 OSKM* 相比，其效率提高了 9 倍，并可替代 K；M*；LIN28、Nanog
hTERT、OSKM	端粒酶反转录酶	人成纤维细胞	与 OSKM 相比，OSKM + hTERT + T 效率提高了约 3 倍
Oct4、Sox2		人脐带血细胞	在没有任何其他化学物质的情况下，这两种基因能够将脐带血细胞诱导成为 iPS
Oct4、Sox2、Klf4 和 c-Myc 四种基因的蛋白产物		小鼠胚胎成纤维细胞	蛋白能够替代基因实现细胞向 iPS 的转变
Oct4、Sox2、Klf4		小鼠和人的成纤维细胞	不使用 Myc 作为诱导因子也能够获得 iPS 细胞，而且移植后没有肿瘤发生

注：O：Oct4；S：Sox2；K：Klf4；M：c-Myc；M*：N-Myc

由于诱导基因本身以及载体的使用中存在致瘤的问题，所以，在 iPS 细胞的诱导中，最理想、最实用的方法是用小分子化合物或蛋白质代替外源基因导入，实现体细胞重编程而获得 iPS 细胞，而这种理想的方法已经在实验室水平得到实现。2009 年，由斯克里普斯研究所（The Scripps Research Institute，TSRI）和哈佛医学院两个研究小组完成的两项研究，实现了完全利用诱导基因的蛋白产物取代基因，诱导体细胞的重编程获得 iPS 细胞（Zhou et al.，2009；Kim et al.，2009）。在这两项研究中，研究人员使用了 Oct4、Sox2、

Klf4 和 c-Myc 四个基因的蛋白产物作为诱导因子，Zhou 等（2009）利用大肠杆菌作为载体，实现了蛋白的跨膜（细胞膜和核膜）转导，成功将小鼠胚胎成纤维细胞诱导成为 iPS 细胞；Kim 等（2009）同样以 Oct4、Sox2、Klf4 和 c-Myc 四个因子的重组蛋白产物诱导了人类新生儿成纤维细胞并重编程为 iPS 细胞。这些 iPS 细胞能够实现长期的自我更新，而且在体内和体外均能够保持多能性。这两项研究消除了基因诱导以及利用病毒作为载体潜在的致瘤风险，为 iPS 细胞的诱导提出了一条新的途径，使 iPS 细胞朝着临床应用的方向迈进了一大步。

除了利用不同的诱导因子实现诱导效率的提高或避免致瘤的效应外，研究人员还发现了一些化学物质能够提高细胞的重编程的效率或替代特定的重编程因子（Feng et al.，2009；Ichida et al.，2009），包括 BIX-01294、BayK8644、RG108、AZA、VPA、TSA、SAHA、PD0325901 + CHIR99021（2i）、A-83-01、地塞米松和 RepSox 等。这些因子能够通过抑制特定的细胞过程，从而提高重编程的效率。

除了利用诱导因子替代或使用一些化学物质来改善 iPS 细胞的诱导过程外，研究人员还发现细胞生长微环境也能对 iPS 细胞诱导的效率产生影响。研究中发现，神经干细胞和造血干细胞在缺氧微环境中存活率较高，而且缺氧也能够抑制胚胎干细胞的分化，根据该发现，研究人员在 iPS 细胞的诱导中营造了缺氧的环境，结果发现能够提高 iPS 细胞的诱导效率（Yoshida et al.，2009）。

（3）重编程诱导因子的介导载体。

利用病毒介导重编程因子是目前 iPS 细胞应用于临床的一个主要障碍。已有研究发现，病毒的基因会插入到 iPS 细胞中，从而导致 iPS 细胞基因的改变，病毒基因的激活已经导致由 iPS 细胞分化产生的小鼠体内产生了肿瘤（Takahashi，Yamanaka，2006）。目前，已经有许多研究对不同的诱导因子介导载体进行了试验，并发现了一些优于 Shinya Yamanaka 等所使用的病毒载体类型，其中包括莫罗尼逆转录病毒、基于艾滋病病毒的慢病毒、多顺反子慢病毒、瞬时转染、蛋白转导、小分子和 piggyBac 转座子等（Maherali et al.，2008；Woltjen et al.，2009；Chang et al.，2009；Zhou et al.，2009）。在 iPS 细胞研究的初期，用于介导诱导因子的载体主要是逆转录病毒和慢病毒，然而研究发现，这两种病毒载体的基因均会插入到细胞的基因组中，这也正是致瘤的原因之一。腺病毒和瞬时转染质粒载体可将基因整合的风险大大降低。最近的一些研究还利用蛋白、小分子和转座子等作为载体进行诱导，尽管相关研究还不成熟，但是相信随着研究的不断深入，会找到一种最适于进行人类 iPS 诱导的方法，从而将与载体相关的风险降到最低。

（4）疾病或病人特异性 iPS 细胞。

人类疾病治疗最终目标是根据不同病症的特点，根据每个病人自身的情况采取个性化治疗手段，达到最好的治疗效果。人类 iPS 细胞技术的问世无疑为建立“个体特异性”或“疾病特异性”治疗手段奠定了良好基础，同时也为研究特定疾病的发病机制提供了良好的方法。

2008 年，哈佛大学 Eggan 领导的研究小组利用来自两位罹患肌萎缩性脊髓侧索硬化症（ALS）的老年病人的皮肤细胞诱导出“疾病特异性”的 iPS 细胞，这些细胞在克隆形态、

细胞周期、特异性表面抗原表达、干细胞标志性基因表达等方面均与胚胎干细胞相似，研究人员进一步利用该 iPS 细胞在体外诱导分化出运动神经元，而运动神经元正是在 ALS 患者体内受到损害的细胞，这表明将来有可能为患者“量身定做”运动神经元，进行个性化治疗。而这一做法的最终目标是用此类“疾病特异性”iPS 细胞来制备在遗传上相匹配的健康细胞，并用其取代病变细胞。与此同时，这种 iPS 细胞将是研究 ALS 样疾病发生机理和筛选阻止神经元退行药物的重要工具，在大多数情况下，ALS 是遗传与环境因素间复杂相互作用的结果，这使得在实验室利用细胞培养来研究这种疾病变得非常困难，而来自有遗传变异（这些变异使得变异基因携带者容易罹患该疾病）病人的 iPS 细胞则恰好携带着个体病人中与该疾病有关的众多遗传信息（Dimos et al.，2008）。这项成果对研究 ALS 的治疗是个好消息，同时也意味着向应用 iPS 细胞来治疗人类疾病的目标又迈出了重要的一步。

在这项成果发表后不久，达纳－法伯癌症研究所（Dana-Farber Cancer Institute）Daley 研究小组诱导获得了一系列遗传疾病的 iPS 细胞，包括与腺苷脱氨酶缺乏相关的严重联合免疫缺陷疾病（ADA-SCID）、Shwachman-Bodian-Diamond 综合征（SBDS）、III 型戈谢病（GD）、迪谢内肌营养不良（DMD）、贝克肌营养不良（BMD）、帕金森病（PD）、亨廷顿病（HD）、幼年 1 型糖尿病（JDM）、唐氏综合征（DS）/21 三体综合征和莱施－奈恩综合征（Park et al.，2008）。此后，怀特黑德研究所（Whitehead Institute）等多个研究小组针对范可尼贫血、脊髓性肌萎缩、家族性自主神经功能异常、先天性帕金森病等疾病，诱导获得了“疾病特异性”iPS 细胞，而且这些细胞均能够成功分化为治疗疾病所需要的细胞。尽管目前这些获得的 iPS 细胞由于存在一些不确定性因素，还仅仅处于试验阶段，但是这些成果还是为 iPS 细胞在临床上的应用带来了希望。

目前，对体细胞重编程为 iPS 细胞过程中的许多问题仍然有待解决，具体要点如下：深入研究诱导体细胞重编程为 iPS 细胞的分子及调控机制；提高 iPS 细胞制备效率和安全性；探索利用 iPS 细胞实现“个体特异性”或“疾病特异性”的治疗方法。

6.3.2.3　胚胎干细胞的研究现状和发展趋势分析

1）从文献分析胚胎干细胞的研究现状和发展趋势

对 Web of Science 数据库收录的 2000～2009 年的胚胎干细胞领域文献进行检索（数据库更新日期为 2010 年 1 月 2 日），数据库共收录胚胎干细胞相关文献 12 067 篇。

（1）胚胎干细胞研究的国家（地区）分布分析。

2000～2009 年，位列胚胎干细胞研究发文量前 10 位的国家（地区）中，美国排在首位，其文献数量占总量的 45%。位列第 2～4 位的日本、德国和英国发文量的差距不大，但均显著少于美国。中国排在第 5 位。

从文献的被引频次分析来看，美国文献的篇均被引频次仍然排在首位，加拿大和法国排在第 2、3 位，而文献量排名第 2 的日本，其篇均被引频次的排名却相对靠后。中国的篇均被引频次较低（表 6-10）。

表 6-10　胚胎干细胞研究发文量前 10 位的国家（地区）及其被引频次分析

国家	文献数量/篇	总被引频次	篇均被引频次	国家	文献数量/篇	总被引频次	篇均被引频次
美国	5 436	145 986	26. 855 41	加拿大	598	15 902	26. 591 97
日本	1 466	28 201	19. 236 7	法国	528	12 907	24. 445 08
德国	1 135	22 660	19. 964 76	澳大利亚	361	8 182	22. 664 82
英国	1 046	23 248	22. 225 62	韩国	341	3 960	11. 612 9
中国	626	3 620	5. 782 748	意大利	336	4 940	14. 702 38

（2）胚胎干细胞研究的机构分布分析。

2000～2009 年，胚胎干细胞发文量排在首位的研究机构是美国哈佛大学，发文量比位列第二位的日本京都大学多出近 1 倍。中国的研究机构未能列入前 10 强。中国排在首位的科研机构仍然是中国科学院，在全球排名 18 位（表 6-11）。

表 6-11　2000～2009 年胚胎干细胞文献量前 10 名的机构和中国首位机构

排名	机构	所属国家	文献量/篇	排名	机构	所属国家	文献量/篇
1	哈佛大学	美国	565	7	斯坦福大学	美国	190
2	京都大学	日本	300	8	多伦多大学	加拿大	185
3	东京大学	日本	229	9	加利福尼亚大学	美国	176
4	威斯康星州立大学	美国	216	10	约翰霍普金斯大学	美国	175
5	麻省理工学院	美国	205	18	中国科学院	中国	131
6	独立行政法理化学研究所	日本	193				

2）胚胎干细胞研究进展

胚胎干细胞是来源于囊胚内细胞团的一种多能细胞，其重要的特征是能够分化为几乎所有种类的细胞。自从 1981 年，Evans 和 Kaufman 首次从延缓着床的小鼠囊胚内细胞团中分离出胚胎干细胞，并建立了胚胎干细胞系以来，全球就掀起了胚胎干细胞研究的热潮，并相继建立了灵长类动物（恒河猴、狨）、人类及大鼠的胚胎干细胞系。经过几十年的研究，目前在胚胎干细胞领域已经获得了丰硕的成果。与其他干细胞相比，对于胚胎干细胞，基础理论的研究较多，而在临床应用研究方面，由于人类胚胎干细胞的研究受到一定的限制，所以无法大规模的开展人类疾病治疗的研究。

（1）对多能性和再生机制的研究。

由于胚胎干细胞是发现较早的一种干细胞，也是唯一具备向几乎所有类型细胞分化能力的细胞。因此，对于干细胞多能性和再生机制的基础理论研究也大都以胚胎干细胞作为研究对象。尽管围绕这个问题展开了大量的研究，然而，事实上直到目前，也没有彻底了解胚胎干细胞多能性以及自我更新的机制。2007 年，Yamanaka 研究小组利用 4 个基因实现了将不具备分化能力的成体细胞转化成为类似胚胎干细胞的 iPS 细胞，此后又有许多科研团队利用不同的基因或其他化学分子实现了这种转化，这些研究从一个侧面推进了对于胚胎干细胞多能性机制的理解。而只有完全研究清楚这些基础理论问题，才能够实现干细胞技术的全面应用，所以未来应该继续推进这方面的研究。

（2）胚胎干细胞的分化。

诱导胚胎干细胞向不同方向分化是将其应用于临床的前提，因为如果不在体外进行分化的诱导，当将胚胎干细胞移植入体内后，便会产生畸胎瘤。在该领域，研究人员开展了大量的研究，以明确决定细胞分化的基因表达时空关系和外界刺激因子，在此基础上定向诱导产生需要的功能细胞或器官，用于临床替代治疗。

多种因素均能够对胚胎干细胞的分化造成影响，其中包括胚胎干细胞自身的因素，也包括外界的诱导因子及环境因素，因此，胚胎干细胞的定向分化是一个相当复杂的过程，需要多种因素综合作用，才能够获得特定的细胞。由于环境因素涉及胚胎干细胞体外培养体系以及移植入体内后体内的微环境等诸多因素，所以这里只从影响胚胎干细胞分化的因子角度进行简要的探讨。

影响胚胎干细胞定向分化的因子包括转录因子、细胞因子以及化学诱导剂的体外诱导，同时也包括通过共培养和表观遗传修饰进行的诱导（梁贺等，2009）。这其中对于细胞因子的诱导领域研究较多。最新研究表明，Jumonji 能够通过调节 Polycomb 抑制复合物 2（PRC2）的功能，从而维持胚胎干细胞自我更新和分化间的平衡，一旦 Jumonji 缺失，便会抑制胚胎干细胞的分化（Peng et al.，2009；Shen et al.，2009）。而 PRC 对于胚胎干细胞分化的调节机制，研究人员发现 PRC 复合体的重要成分 Ezh2 是通过抑制 Ink4A-Ink4B 位点，从而调节细胞的分化率（Ezhkova et al.，2009）。此外，还有研究发现，Chd1 基因能够通过控制核染色质的开放从而调节胚胎干细胞的分化（Gaspar-Maia et al.，2009）。

以上的研究都是基于一个理论，即胚胎干细胞的自我更新及分化依赖于多种外界因子的综合作用，但是也有学者发出了不同的声音。美国、加拿大和英国的科研人员在 2008 年发现了一种“干细胞自我维持稳态”，这种理论与现行的主流观点相反，认为胚胎干细胞的增殖和多能性并不依赖于外界刺激，而是自身固有一套自我更新和分化的程序（Ying et al.，2008）。

目前，大部分关于胚胎干细胞的研究均以小鼠作为研究对象，因此，对于胚胎干细胞定向分化的研究所得到的有效诱导因子大部分是针对小鼠的。然而，研究发现，用于诱导小鼠胚胎干细胞定向分化的因子对于诱导人类胚胎干细胞向特定细胞的分化并不是都有效。例如，在人类胚胎干细胞中，苯丙酸诺龙（activin-A）和转化生长因子（transforming growth factor，TGF）只能诱导中胚层的形成，视黄酸（retinoic acid，RA）、表皮生长因子（epidermal growth factor，EGF）、骨形成蛋白 4（bone morphogenetic protein 4，BMP-4）和碱性成纤维细胞生长因子（basic fibroblast growth factor，bFGF）促使细胞向外胚层和中胚层分化，然而神经生长因子（nerve growth factor，NGF）和肝细胞生长因子（hepatocyte growth factor，HGF）促使人类胚胎干细胞向三个胚层的细胞分化，BMP-4 还能诱导人类胚胎干细胞发育为滋养层的细胞。

(3) 胚胎干细胞的应用。

尽管有许多伦理上的限制，还是有很多科研人员展开了对人类胚胎干细胞临床应用的研究。胚胎干细胞在细胞替代治疗和药物开发等方面，均具有较大的应用价值。在细胞替代治疗方面，随着定向诱导因子等领域研究的深入，目前已经能够获得一系列特异性的细胞系，并且已经开展了一系列的临床试验，相信在不久的将来，能够全面实现多种细胞的替代治疗，比如利用神经细胞治疗神经退行性疾病（帕金森病、亨廷顿舞蹈症、阿尔茨海默病等），用胰岛细胞治疗糖尿病，用心肌细胞修复坏死的心肌等。

在药物开发方面，人类胚胎干细胞可以作为药物的检验工具。药物的一些与人类密切相关的指标必须进行临床前的体外测定，包括靶向识别和确认、药品成分效果的筛选，这样才能确保药物的安全性。由于使用普通细胞以及动物细胞存在种种弊端，一些新药对人类的各种影响往往直到临床试验才能够获得。人类胚胎干细胞以其较高的复制能力能够为药物的检验源源不断的提供试验对象。此外，由于利用人类胚胎干细胞可以获取一些特异性的细胞，因此基因的多样性和不同人的差异性对于药物不同的反应也可以在临床前得到解决。所以，人类胚胎干细胞能够实现药物研发程序的彻底改革。

6.3.2.4 成体干细胞研究现状和发展趋势分析

目前已经发现并开展研究的成体干细胞主要有神经干细胞、脂肪干细胞、造血干细胞、间充质干细胞、精原干细胞、皮肤干细胞和肝脏干细胞等，其中造血干细胞研究起步较早，目前已经能够将其应用于临床，对血液疾病进行治疗，而且经过多年的实践，取得了较好的临床效果。除了造血干细胞外，目前引起科研人员较大兴趣的成体干细胞便是间充质干细胞（MSC），这种干细胞与其他大部分成体干细胞不同，它具有分化成多种细胞和组织的能力，即具有多能性，由于并不是所有组织中都存在组织特异性的干细胞，所以只有多能干细胞才能够为多种疾病的治疗带来希望。因此，间充质干细胞被公认为最具临床应用前景的成体干细胞之一。以下主要分析间充质干细胞的研发现状和发展趋势。

1）从文献分析间充质干细胞的研究现状和发展趋势。

对 ISI Web of Science 数据库收录的 2000 ~ 2009 年间充质干细胞文献进行检索（数据库更新日期为 2010 年 1 月 2 日，2009 年的数据未完全收录，仅供参考），数据库共收录干细胞相关论文 11 270 篇。

(1) 间充质干细胞研究的国家（地区）分布

在间充质干细胞研究领域，美国依然保持着绝对领先的地位，其间充质干细胞的发文量占总量的 1/3。与干细胞其他领域排名不同的是，中国仅次于美国，排在了第二位，较日本领先了两个名次，说明我国从事间充质干细胞的研究人员较多，有一定研究基础；不过中国的间充质干细胞文献量只是美国的 1/3，而与日本相比，没有非常显著的差距。在被引频次的排名中，美国仍然以较高的篇均被引频次排在首位，而中国的篇均被引频次较低（表 6-12）。

表 6-12 间充质干细胞研究发文量前 10 位的国家（地区）及其被引频次分析

国家	文献数量/篇	总被引频次	篇均被引频次	国家	文献数量/篇	总被引频次	篇均被引频次
美国	3 644	74 628	20.5	韩国	653	5 055	7.7
中国	1 246	6 856	5.5	意大利	618	8 517	13.8
德国	1 061	10 463	9.9	法国	428	5 169	12.1
日本	1 033	14 058	13.6	荷兰	346	3 969	11.5
英国	654	8 531	13.0	加拿大	299	3 490	11.7

（2）间充质干细胞研究的机构分布分析。

尽管中国在间充质干细胞领域处于领先地位，但是在进行间充质干细胞研究的机构中，中国没有机构进入前 10 名的行列，说明中国科研机构在间充质干细胞的研究中竞争力还比较弱。排在首位的机构依然是美国的哈佛大学，而且其发文量远远高于其他机构。我国排在首位的机构是浙江大学，在该研究领域排名 18。排在我国第 2 和第 3 位的机构分别为中国科学院和中山大学。在该研究领域，在进入前 10 的研究机构中，除了 6 个美国的研究机构外，新加坡国立大学、荷兰莱顿大学、韩国的首尔国立大学和日本的京都大学分列第 3、5、6 和 10 位（表 6-13）。

表 6-13 2000 ~ 2009 年间充质干细胞文献量前 10 名的机构

排名	机构	所属国家	文献数量/篇	排名	机构	所属国家	文献数量/篇
1	哈佛大学	美国	225	5	首尔国立大学	韩国	115
2	约翰霍普金斯大学	美国	141	7	斯坦福大学	美国	113
3	新加坡国立大学	新加坡	134	8	图兰大学	美国	109
4	匹兹堡大学	美国	125	9	加利福尼亚大学	美国	107
5	莱顿大学	荷兰	115	10	京都大学	日本	106

2）间充质干细胞的研究进展

间充质干细胞的首次发现可以追溯到 1966 年，Freidenstein 等首次在骨髓里发现了一种在体外培养时会贴壁生长的细胞，而且在一定条件下，可分化为成骨细胞、成软骨细胞、脂肪细胞和成肌细胞，而且这些细胞连续传代培养后仍能保持多向分化能力，这种细胞被后来的研究人员命名为“骨髓间充质干细胞”。经过近几年深入和广泛的研究，研究人员在间充质干细胞的来源、诱导分化以及前期临床应用等领域研究取得了长足的进展。

（1）间充质干细胞的来源。

间充质干细胞最初是从骨髓中分离获得，随着研究的不断深入，目前从脂肪组织、骨外膜、滑膜、骨骼肌、表皮、血液、骨小梁、人脐带、肺、牙髓、牙周膜等组织中均能够分离获得间充质干细胞。骨髓间充质干细胞具备易于分离、培养、扩增和纯化，多次传代扩增后仍具有干细胞特性，不存在免疫排斥，体外基因转染率高并能稳定高效表达外源基因等优点，因此骨髓间充质干细胞成为近年干细胞研究的热点。

自从 2001 年首次成功分离脂肪来源间充质干细胞以来，由于其不仅与骨髓间充质干细胞的生物学特性相似，具有很强的体外扩增能力和多向分化潜能，经过多次传代后细胞增殖能力没有明显的降低，最重要的是其来源充足、易于分离培养，使其成为继骨髓间充质干细胞之后的研究新热点，并呈现出良好的发展前景（薛君等，2009）。

此外，近年来，脐带组织在间充质干细胞领域的潜力得到许多科研人员的重视。脐带血中的间充质干细胞与骨髓间充质干细胞一样，也能够在体外分离、培养、扩增，而且同样具有多项分化潜能，可诱导为脂肪细胞和成骨细胞（于海微等，2009）；还有科研人员比较了骨髓来源和脐带组织来源的间充质干细胞在体外造血能力的差异，发现脐带间充质干细胞也能够在体外支持长期的造血，但是其造血能力要弱于骨髓间充质干细胞（刘蒙等，2009）。脐带组织来源的间充质干细胞还具有细胞较原始、污染较少、免疫原性低、外源基因易表达等优点，在间充质干细胞的临床应用中具有广阔的发展前景。

不同来源的间充质干细胞在分化能力、免疫原性以及培养条件等方面存在着一些差异，对不同来源的间充质干细胞进行研究，最终目的是为了以最方便的途径，获取具有最佳性能的间充质干细胞，从而推动间充质干细胞在临床上的应用。

（2）间充质干细胞的临床应用。

间充质干细胞分离较容易，没有明显的免疫原性，使其能够实现异体移植，而不需要免疫抑制药物；不存在伦理上的争议；能够分化为多种组织特异性的细胞；能够促进血管生成等诸多特征，使其在临床上的应用具有广泛的前景。目前已知间充质干细胞能够分化成为心肌细胞、造血细胞、成骨细胞、脂肪细胞、神经细胞等多种细胞。科研人员已经根据间充质干细胞能够分化成为的细胞类型，对其在多种疾病的临床治疗方面发挥的作用进行了研究。其中，对于间充质干细胞在骨骼疾病以及心血管疾病的治疗中发挥的作用研究相对较多。

①在骨骼疾病中的应用。骨骼、软骨、肌腱和椎间盘等结缔组织最容易受到损伤，其中包括外伤和随着年龄增长而发生的退行性损伤。通过诱导间充质干细胞分化为成骨细胞，通过组织工程的方法即可实现骨骼疾病的治疗。

骨骼在一定条件下能够实现自我修复，但软骨组织由于缺少血管等原因，受到损伤后很少能够自动愈合，所以即使是较轻微的软骨组织损伤也可能发展成为骨关节炎。目前，软骨疾病的主要临床治疗方法是骨髓刺激技术，但是这种技术却无法再生出透明软骨，所以，间充质干细胞对于软骨疾病治疗的作用逐渐受到重视，目前已有许多研究针对该领域展开了临床试验。例如，Wakitani 等（2007）获取病人自体骨髓间充质干细胞，将其种植在胶原凝胶内植入缺损部位，在移植后 6 个月病人的症状明显改善。对于间充质干细胞在软骨组织疾病的治疗，今后还需要深入研究间充质干细胞向软骨细胞分化的机制，更详细准确的生物化学信号传导通路，以及间充质干细胞的生物学特性及其与三维支架的相互作用，以使分化的软骨细胞接近正常软骨细胞。这样有望进一步制造出修复关节软骨缺损的更合适的生物材料，最终成功的修复和再生软骨（许红生，刘金钊，2009）。

②在心血管疾病中的应用。心血管疾病根本的致病原因是功能性心肌细胞的减少，心肌细胞无法再生，也无法实现自我更新，受到损伤心肌细胞不能修复和分化，导致心肌细胞的减少，从而产生一系列的症状。常规治疗途径仅能够缓解症状，却很难从根本上治愈，而干细胞研究为心血管疾病的治疗带来了希望。通过将自体或异体的干细胞移植入心肌组织，从而通过诱导再生出心肌细胞，增加功能性心肌细胞的数量，从而实现治疗心血

管疾病的目的。

间充质干细胞向心肌细胞分化的能力于1996年首次发现，此后，许多相关研究均证实了这一点。而对于间充质干细胞在心血管疾病治疗方面的作用，有研究发现，向受到损伤的心脏中注入间充质干细胞能够使心脏的功能得到改善（Pittenger，2009）。这种改善的作用除了为心脏补充心肌细胞，还能够通过改善心肌的血液循环，从而实现改善心脏功能的目的。早在2004年，Pittenger既通过冠状动脉或心肌局部注射导入缺血心肌部位的间充质干细胞，分化为血管内皮细胞，从而促进心脏局部血管新生，达到改善心肌缺血的目的。

目前，关于间充质干细胞对心肌细胞再生与修复的作用机制还不甚明确，对其在体内、外增殖和分化的分子机制了解还较少。以间充质干细胞作为心血管疾病临床治疗的一个手段，还需解决以下几个问题：①可用间充质干细胞治疗的心血管疾病类型；②提出一种能同时促进心肌细胞再生和血管新生的治疗策略，因为这两者对心室的重构及心脏的修复均有重要意义；③注射的剂量、移植的途径、治疗的时机、间充质干细胞在体内增殖与存活时间、如何提高间充质干细胞的分化能力、由间充质干细胞分化成的心肌细胞的功能与存活时间以及治疗后的随访时间等都是必须解决的问题。

6.3.3 组织工程

组织工程是将体外培养扩增的种子细胞吸附于一种具有优良细胞相容性并可被机体降解吸收的生物材料支架上形成复合物，植入人体组织或器官的病损部位，在人体局部环境作用下支架生物材料逐渐被降解吸收的同时细胞不断增殖、分化，形成形态、功能方面与相应组织或器官一致的新组织或器官，从而达到修复创伤和重建功能的目的。

在组织工程中，种子细胞、支架和生物反应器是主要研究领域。理想种子细胞的要求具有取材方便、体外培养具有可靠的传代扩增能力、在诱导因子作用下具有定向分化能力、植入体内后能保持稳定的定向分化活性等特点。自干细胞被成功分离后，其迅速成为组织工程中的良好的种子细胞来源。目前，间充质干细胞是组织工程中最具应用潜力的种子细胞。关于干细胞的研究已经在前半部分进行了详细的分析，因此这里主要分析组织工程中的支架材料和生物反应器的研究现状和发展趋势。

6.3.3.1 组织工程支架材料发展趋势分析

组织工程支架是工程组织能否成功移植以及在体内能否按照预期设想，在特定位置分化为特定组织的关键。组织工程支架材料主要包括天然聚合物材料和人工合成聚合物材料。良好的支架材料应该具备以下几个条件（Tabata，2009）：能够维持细胞周围的微环境，保证在体内支持细胞的增殖和分化；生物相容性好，在体内不引起炎症反应和毒性反应；有可塑性，可塑为任意的三维结构；具备一定的力学强度，能够维持工程组织的形态；能够在合适的时间内降解，过早或过晚降解均会导致工程组织形态的改变，无法形成预期的组织。

1）从文献和专利分析组织工程支架材料的研究现状和发展趋势

（1）从文献分析组织工程天然材料的研究现状和发展趋势

① 组织工程天然材料研究的年度发展趋势。对 Web of Science 数据库中收录的胶原、壳聚糖、纤连蛋白、海藻酸、明胶、透明质酸、蚕丝和层粘连蛋白 2000～2009 年的相关文献进行检索（检索日期：2010 年 1 月 2 日），结果表明对胶原的关注度要远远高于其他 7 种材料。从文献数量的年度发展趋势来看，这 8 种材料的研究文献数量总体均呈现上升的趋势，其中以胶原和明胶的增长幅度最大，透明质酸和蚕丝次之，而对纤连蛋白相关文献数量的增长幅度最小，2007～2008 年甚至呈现下降的趋势（彩图 11、彩图 12）。

②组织工程天然材料研究的国家（地区）分布。在对这 8 种组织工程天然材料的研究中，美国在其中 7 个领域中均以较大的优势位居首位，体现出美国在组织工程材料领域的强大科研实力。中国在除了“纤连蛋白”以外的 7 个领域中均进入了前 5 名的行列，而且在壳聚糖领域以较大的优势超过美国，排在首位；此外，在明胶和蚕丝两个领域中，中国的文献数量均仅次于美国，排在第 2 位。中国台湾在壳聚糖和明胶领域分别排在第 5 位和第 4 位。日本在这 8 个领域中均进入了前 5 名，而且在胶原、纤连蛋白、海藻酸和层粘连蛋白 4 个领域均超过中国（表 6-14、表 6-15）。

表 6-14　2000～2009 年组织工程天然材料文献数量前 5 位的国家和地区（一）

材料	胶原		壳聚糖		纤连蛋白		海藻酸和琼脂糖	
	国家和地区	文献量/篇	国家和地区	文献量/篇	国家和地区	文献量/篇	国家和地区	文献量/篇
	美国	1 694	中国	275	美国	270	美国	352
	日本	483	美国	189	日本	73	日本	80
	德国	461	日本	83	英国	61	英国	75
	中国	451	韩国	71	德国	58	中国	64
	英国	308	中国台湾	69	意大利	32	韩国	63

表 6-15　2000～2009 年组织工程天然材料文献数量前 5 位的国家和地区（二）

材料	明胶		透明质酸		蚕丝		层粘连蛋白	
	国家和地区	文献量/篇	国家和地区	文献量/篇	国家和地区	文献量/篇	国家和地区	文献量/篇
	美国	162	美国	161	美国	119	美国	118
	中国	126	意大利	68	中国	66	日本	43
	日本	98	韩国	50	韩国	30	德国	32
	中国台湾	42	中国	40	日本	26	英国	25
	韩国	39	日本	32	瑞士	23	中国	18

（2）从文献分析聚羟基脂肪酸酯（PHA）的发展趋势。

①PHA 研究的年度发展趋势分析。对 2000～2009 年 PHA 相关文献进行检索，截至 2010 年 1 月 2 日，Web of Science 数据库中共收录相关文献 2568 篇。从文献的年度发展趋势来看，2000～2009 年，PHA 领域的研究呈现显著的上升趋势（图 6-4）。

②PHA 研究的国家和地区分布分析。从 PHA 研究文献的国家和地区分布情况来看，日本排在第一位，中国紧随其后，文献数量与日本的差距为 20%。与其他领域排名不同的是，美国在该领域中仅排在第三位。此外，在亚洲的国家和地区中，韩国和中国台湾也进入了全球前 10 名的行列（图 6-5）。

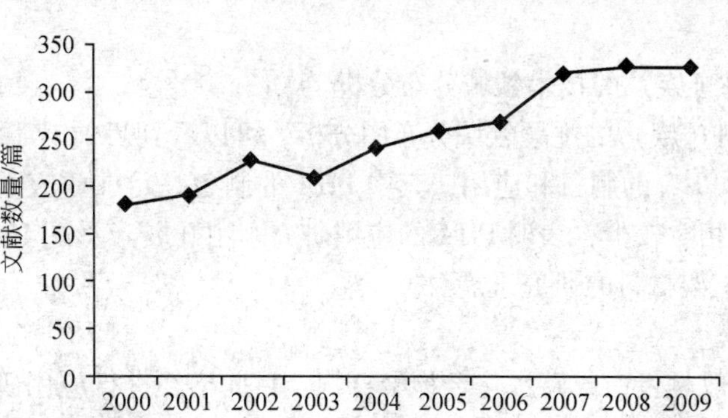

图 6-4 2000～2009 年 PHA 研究领域文献数量的年度分布

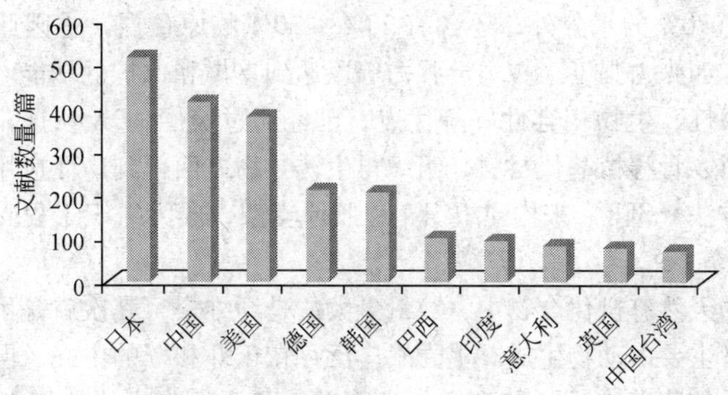

图 6-5 2000～2009 年 PHA 领域文献数量前 10 位的国家和地区

2）从专利分析 PHA 的研究现状和发展趋势

对 2000～2009 年 PHA 相关专利（族）进行检索，DII 数据库中共收录专利（族）373 件（由于数据库收录和专利发布的滞后性，2008～2009 年数据未完全收录，仅供参考）。整体来看该领域的专利（族）申请呈现上升趋势，表明该领域的研发和应用日益受到重视。

(1) PHA 专利（族）的专利权人分布

在 PHA 专利（族）前 10 位专利权人中，以美国和日本的机构居多，此外，韩国和英国也各有两个机构进入该行列，但是中国尽管在 PHA 领域的总体研究水平位于世界前列，但是没有机构进入前 10 位优先权人（表 6-16）。

表 6-16 PHA 专利（族）量前 10 位的专利权人

排名	专利权人	国家	专利（族）数量/件	排名	专利权人	国家	专利（族）数量/件
1	Metabolix 公司	美国	19	6	阿斯利康公司	英国	11
2	孟山都公司	美国	16	7	三菱化学株式会社	日本	10
2	东曹株式会社	日本	16	8	韩国先进科技研究所	韩国	9
4	帝国化学工业公司	英国	15	8	宝洁公司	美国	9
5	佳能株式会社	日本	12	10	LG 化学有限公司	韩国	8

(2) PHA 专利（族）的技术领域分布分析。

根据 PHA 专利（族）的主题领域分布图分析，可以看到目前对于 PHA 的研究主要集中在两个领域，即 PHA 的制备和应用，其中 PHA 的制备是目前研究的焦点，而在组织工程应用领域的研究相对较少，表明 PHA 的应用研究刚刚开展（彩图 13）。

3）组织工程支架材料的研究进展

(1) 天然材料。

天然聚合物一般是蛋白或碳水化合物聚合物。目前已经进行应用研究的天然聚合物包括胶原、壳聚糖、琼脂糖/海藻酸钠、纤连蛋白（FN）、明胶、透明质酸、蚕丝和层粘连蛋白等几类。

胶原是哺乳动物细胞外最重要的水不溶性纤维蛋白，是构成细胞外基质的骨架。结缔组织除了含 60% ~70% 的水分外，还含有 20% ~30% 胶原蛋白，也因此具有一定的结构与机械力学性质，如张力强度、拉力、弹力等以达到支撑和保护的功能。以胶原制作的支架材料具有无抗原性、生物相容性好等优点，已经通过美国 FDA 认证，在止血、促进伤口愈合、创面敷料、骨移植替代材料、组织再生诱导物方面得到广泛应用。以胶原为原材料，用快速成型方法（SFF）来构建组织工程胶原支架，成为组织工程支架研究中最具前景的领域之一。

地球上存在的天然有机化合物中，数量最大的是纤维素，其次就是甲壳素，前者主要由植物生成，后者主要由动物生成。甲壳素广泛存在于虾和蟹的甲壳、昆虫的甲壳、真菌的细胞壁和植物的细胞壁中，各种各样的生物在其死亡腐烂后成为肥料时也释放出甲壳素。甲壳素在自然界经降解和脱乙酰基过程，产生不同分子量、不同脱乙酰度的壳聚糖。甲壳素及其衍生物是少见的带正电荷的聚合物。由于它具有无毒性、无刺激性、生物相容性、生物可降解性等优良性能，在人工皮肤、骨修复材料、手术缝线、抗凝血材料和人工肾方面广泛应用。

纤连蛋白本身作为天然细胞外基质成分，有较好介导细胞间信号传导及相互作用的性能。聚合后的纤维蛋白凝胶可通过释放转化因子和血小板衍生生长因子等来促进细胞黏附、增殖并分泌基质，具有良好的生物相容性。另外，纤连蛋白凝胶可塑性强，通过降低凝血酶浓度的方法可延缓纤维蛋白聚合过程，为凝胶的塑形提供充分的时间。这种纤维蛋白凝胶来源于自身血液，避免了免疫原性问题，是较理想的细胞外基质材料。

海藻酸（Alginate）是存在于褐藻类中的天然高分子，是从褐藻或细菌中提取出的天然多糖，类似于细胞外基质中的糖胺聚糖（GAGs），无亚急性/慢性毒性或致癌性反应，可作为支架材料用于医疗，具备良好的生物相容性。

明胶为动物的皮、骨、腱与韧带中含有的胶原，经部分水解后得到的一种制品。明胶的凝胶性、固水性、黏结性和溶解性等多种特性，令明胶在医药行业有关广泛的用途，包括胶囊、代血浆和包衣等。透明质酸（HA）又名玻璃酸，广泛分布在动物和人体组织及细胞外基质中，是一种天然的高分子直链多糖。HA 大分子很容易发生降解，作为一种可吸收的高分子医用材料，已成功地运用于眼科手术、关节病治疗和组织修复等领域，通过对降解速率的控制可望用于骨组织材料。蚕丝作为天然高分子材料，具备更好的力学性

能，同时在生物相容性方面又优于传统的人工合成可降解高分子材料。伴随着改性后凝血性能的改善和良好的机械性能，使丝素膜用于血管组织工程化构建成为可能。层粘连蛋白(laminin，LN）主要存在于基膜（basal lamina）结构中，是基膜所特有的非胶原糖蛋白，其主要功能是作为基膜的主要结构成分对基膜的组装起关键作用，在细胞表面形成网络结构并将细胞固定在基膜上。

此外，在天然材料中，脱细胞基质（acellular matrix，ACM）成为近年来的又一研究热点。脱细胞基质一般指异体组织经细胞灭活处理后，制备成无活体细胞存在的细胞外基质成分和结构。因其含有胶原蛋白、纤维粘连蛋白和层粘连蛋白等，具有最接近人体的网架结构，而且无抗原性，并具有良好的生物相容性，成为组织工程支架材料的选择之一。近年来，有研究人员将脱细胞基质应用于肌肉以及软骨等的损伤修复。

(2）人工合成材料。

人工合成的聚合物材料已经作为手术的缝合线广泛使用了超过20年，而且有许多已经得到FDA的批准，可以用于人类。合成材料在组织工程支架的应用中，与天然材料相比具有很多优势。首先，在组织工程中，可以根据不同的需要合成具有不同力学强度和降解率的材料；第二，可以选择原材料的来源，使其引起机体免疫反应的可能性降到最低；最后，合成聚合物可以实现相互作用，从而获得特殊特征。目前在组织工程中使用的合成材料包括聚乳酸（PLA）、聚乳酸羟基乙酸（PGA）、聚-β-羟基丁酸酯（PHB）、聚e-己内酯（PCL）、聚乙二醇（PGS）和聚甲基丙烯酸羟己酯（pHEMA）等。由生物合成的聚羟基脂肪酸酯（PHA）因具有良好的生物可降解性和生物组织相容性，在组织工程中得到广泛应用。

从20世纪90年代末至今，PHA的组织工程应用研究可简单地分为两个阶段：在2005年之前，这一领域的研究主要围绕着PHA材料的改性展开，关于PHA在细胞和组织生长中的具体应用也有所涉及；2005年之后，PHA在细胞和组织生长中的具体应用研究不断深入，关于PHA材料的改性也同时开展（图6-6）。

①PHA的表面改性和单体成分研究。1999年，Williams对PHA的组织工程应用进行了综述，之后被学术界广泛引用。PHA的组织工程应用中首要的问题就是提高PHA的生物相容性，这一方面的研究主要通过表面处理来进行（Williams et al.，1999）。通过表面处理来提高PHA的生物相容性在2002年取得进展。经过脂肪酶和NaOH处理后，PHB的生物相容性与聚乳酸（PLA）相当，但3-羟基丁酸与3-羟基乙酸共聚酯（$PHBHH_x$）及其主要混合物的生物相容性比PLA好。

进一步研究表明，亲水性和疏水性组合也是影响PHA的生物相容性的重要因素。对细胞系L929的研究表明，亲水性和疏水性组合（例如玻璃酸的处理）影响$PHBHH_x$等PHA的生物相容性。因此，PHA的组织工程应用需选择对应的生物材料，并对其进行有效的设计。此后的很多研究材料以$PHBHH_x$为基础，围绕不同细胞或组织的生长要求展开：在上述研究基础上，对兔骨膜成骨细胞的研究表明，$PHBHH_x$适于骨膜成骨细胞的附着、增殖与分化。除了表面处理外，研究者还在材料的单体组分上深入探索。通过添加不同含量的羟基己酸单体（HH_x）等，使$PHBHH_x$可满足不同的组织或细胞生长要求。在上述研究基础上，学者综述得出结论PHA在组织工程中具有多种应用途径，其前景非常光

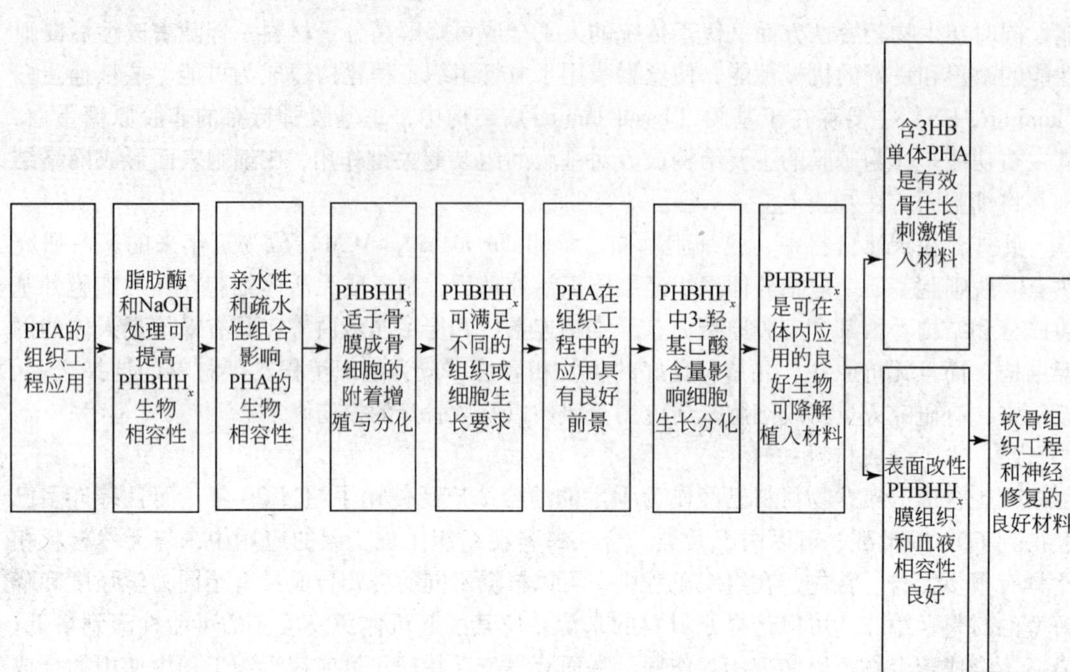

图 6-6　PHA 组织工程应用发展历程

明（Chen，Wu，2005）。

②PHA 的应用研究。随着 PHA 的表面改性和单体成分研究取得的进展，PHA 在组织工程中的应用研究也不断深入，该领域的研究论文不断增多，而文献计量也证明了这一点。这些研究仍然以 $PHBHH_x$ 为主要材料。在这一系列研究中，最具代表性的是研究者 Qu 等对 $PHBHH_x$ 在细胞体外生长分化中的应用、作为支架的生物特性，以及组织相容性和血液相容性的探索。他们研究了 $PHBHH_x$ 中 3-羟基已酸含量对兔主动脉平滑肌细胞（RaSMC）体外生长分化的影响，表明 20% 羟基已酸单体（HH_x）最适合 RaSMC 的增殖，从而拓展了组织工程中 $PHBHH_x$ 在血管平滑肌细胞（SMC）相关支架上的应用（Qu et al.，2006）。

体内研究表明，与 PHB 和 PLA 相比，$PHBHH_x$ 的惰性表现在包膜（由纤维、成纤维细胞和炎症细胞的游离成分组成）最薄。植入 6 个月后，$PHBHH_x$ 的重量只减少 10%，但重均分子量（M_w）和数均分子量（M_n）却比原来分别减少了 40% 和 80%。$PHBHH_x$ 的降解主要发生在非晶态区域，从而形成了有利于进一步酶解和非酶水解的多孔结构。这说明 $PHBHH_x$ 是良好的生物可降解植入材料（Qu et al.，2006）。体外研究表明，表面改性的 $PHBHH_x$ 膜具有良好的组织和血液相容性，开发成血液接触（blood-contact）材料前景看好（Qu et al.，2006）。

在证明 $PHBHH_x$ 是可在体内应用的良好生物可降解植入材料的基础上，对鼠成骨细胞 MCM-E1 的体外分化以及去卵巢大鼠中的骨形成研究表明，含 3HB 单体的 PHA 可以增加

股骨最大负荷和骨变形抵抗能力，并增加骨小梁体积所占比重（TBV,%），从而证明其是有效的骨生长刺激植入材料（Zhao et al.，2007）。Wang 利用兔子软骨缺失模型证实了 $PHBHH_x$ 是很好的软骨组织工程材料，在实验中 $PHBHH_x$ 表现出很好的连接和融合特性，并具有很好的表面完整性，积累了更多的包括Ⅱ型胶原和糖胺多糖（sGAG）在内的胞外基质（ECM）（Wang et al.，2008）。此后的实验证实 $PHBHH_x$ 也是修复外周神经很好的组织工程材料。

从上述研究发展过程看，在聚羟基丁酸酯（PHB）、聚羟基戊酸酯（PHV）、PHB 和 PHV 的共聚物（PHBV）、聚羟基己酸酯（PHH_x）等诸多的材料中，$PHBHH_x$ 已经作为组织工程应用的首选材料进行了研究。对于 $PHBHH_x$ 的生物相容性提升，可以通过表面处理（如脂肪酶和 NaOH 处理、亲水性和疏水性组合等）和适于不同细胞或组织生长要求的单体添加（包括 3HB 和 HH_x 等）来实现。此外，纳米技术的出现为组织工程材料的优化提供了新的途径。纳米纤维支架能够模拟细胞外基质的纤维结构，能够为细胞的结构维持、正常存活和发挥功能提供条件。自从证实了 PHA 在组织工程中的应用潜力，近两年对 PHA 的生物合成，如合成 PHA 的土壤微生物的筛选、利用植物材料、木糖合成 PHA 的菌种筛选等，以及 PHA 与干细胞之间的相互作用也成为研究的热点。

不同天然材料和人工材料的生物相容性、表面化学/微结构特征、可塑性、可吸收性和降解速率等方面均存在差异，天然生物材料来源丰富，造价低，并有很好的生物相容性，有些材料具有天然的孔隙结构；人工合成材料具有良好的物理机械性能和丰富的加工手段，并可通过分子量及其分布的改变调节降解速度，但亲和性较差。目前，由于人工合成材料还存在较多的问题，还不能广泛的应用于临床，所以天然材料在未来相当长的时间内仍然是支架材料的主要来源。此外，通过将不同的材料相结合生产出复合材料能够弥补单一材料的不足，因此也有望成为未来的研究方向。

6.3.3.2 生物反应器的研究趋势

1）生物反应器的研究进展

由于细胞在体内是生活在特定微环境中，所以种子细胞在体外与支架的结合以及在体外的培养也需要在类似的环境中完成，而生物反应器便为细胞的体外培养提供了一个这样的环境。除在种子细胞增殖、组织块建构培养扮演重要角色外，生物反应器还能控制 pH、溶氧、机械应力、营养供给及代谢物移除等条件，为细胞的生长、分化和发育分化提供最适宜的环境。组织工程中生物反应器的种类主要包括搅拌式、滚筒式、中空纤维式、灌流式和施加机械力式，生物反应器的研究共经历了两个阶段（图 6-7）：

第一阶段：组织工程生物反应器相关基础理论的研究。早期的研究初步证实了生物反应器在组织工程中的作用，如在对细胞－多聚生物反应器在软骨形成中作用的研究中，证实了生物反应器的培养条件可以调控组织工程软骨的组成和力学性能（Freed，1998）。在此基础上，研究还对生物反应器设计的加载方式和调控效果等机制进行了探索，重要的研究成果包括在关节软骨的组织工程中，对含软骨细胞的琼脂糖凝胶的动态变形加载的研究，以及组织工程中生物反应器对支架应用效果的调控作用等。

第二阶段：在上述研究基础上，一方面，生物反应器在软骨组织工程应用中的研究不

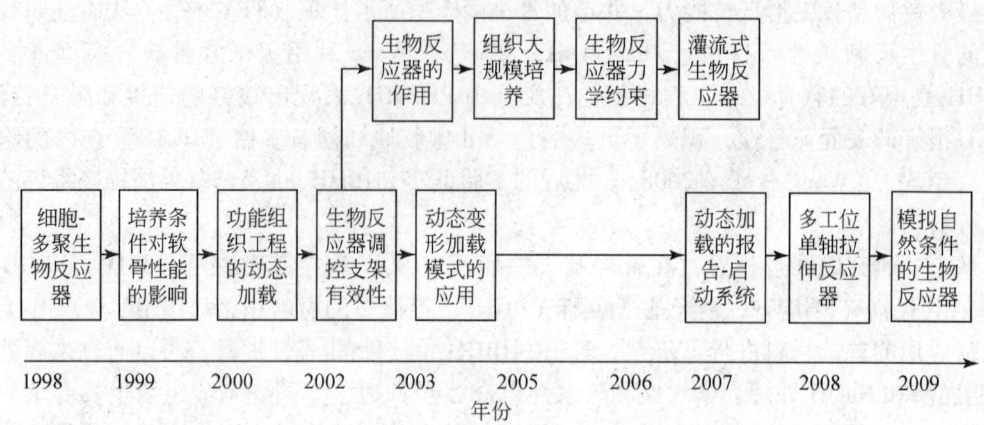

图 6-7 组织工程生物反应器研究发展历程

断取得突破，包括生物反应器在组织工程中的作用、用于组织大规模培养的生物反应器设计，以及组织工程中生物反应器设计的瓶颈——力学约束等（Bilodeau，Mantovani，2006）。这些推动了组织工程用生物反应器的优化，例如研究者证实灌流式生物反应器中三维支架的应用可以增强骨肌前体细胞的活力（Cimetta et al，2007）。另一方面，组织工程中生物反应器设计的力学约束研究不断取得突破。研究者在工程关节软骨的构建中，将动态变形加载应用于机械预处理取得了良好效果；在这一过程中，研究者也发现培养基的体积和血清供给也需要随种子细胞密度的增加而增加。在此基础上，研究者发展了一些新方法，例如利用报告 - 启动子系统来优化软骨和间充质干细胞对于动态机械加载的生物反应，并由此发展了最佳的加载程序。之后，研究者进一步设计了多工位单轴拉伸反应器，这一反应器可减少软骨培养基中结构的循环应变。然而，单轴夹紧产生的力学约束限制了Ⅰ型胶原蛋白 - 糖胺聚糖（GAG）三维支架，从而减缓了 GAG 合成的速度，变幅循环加载则可以有效地调控这一限制。这一组织工程中力学改进方法已经得到了实验和计算分析的验证（McMahon et al.，2008）。科研人员在以上的研究基础上，研究出可模拟软骨生长的自然条件的生物反应器，这一生物反应器可提供组织工程需要的动力压缩和灌注条件，而机械刺激的状态和给料量可通过自动控制系统进行监控。

2）生物反应器研究中面临的问题及解决途径

将生物反应器引入组织工程领域的最终目标是为了能够调节和改善工程组织的机械性能。然而，如何更有效在体外获得更多功能性的组织仍然是一个具有争议的问题。事实上，科研人员逐渐意识到，除了少数几种组织（比如血管和心脏瓣膜）需要在移植之前便在体外完全发育外，让工程组织在“体内的生物反应器”中逐渐成熟应该是更有效的途径。而且通过体外模拟体内的环境，获得功能完全的组织也比较复杂，需要时间也较长，从而造成成本的升高（Martin et al.，2009）。

目前对于生物反应器的关注主要在于如何提高工程组织的性能以及如何控制其成熟阶段。然而，基于传感器的生物反应器系统在减少程序和产品可变性方面的潜力也应该得到重视。如果物理 - 化学的培养参数能够被监测和控制，那么生物反应器便会有助于实现生物流程和所获得产品的标准化，并能够确保自动化操作标准符合生物工程产品管理和商业

化的需求（Martin et al.，2009）。

当然，如果想要实现以上描述的这些机遇，便需要应对一系列的挑战，这些挑战不仅包括对于传感技术的了解，而且包括对特定组织再生和功能的细胞和分子基础知识的了解。事实上，为了更好的控制生物工程产品的性能，比如细胞的特性、质量、纯度和潜力，便需要采取一些行动，在目前大多数情况下，还无法确定某一特定组织的性能是否取决于移植细胞的数量、移植时的细胞表型、细胞外基质中特定蛋白的沉积量或细胞因子的释放。所以，理解这些科学上的不确定性问题，将会有助于确定相关的生物标志物，包括细胞外基质的成分、指示增殖或分化阶段的蛋白等。在这些理论研究的基础上，紧接着到来的下一个挑战将是确定维持细胞再生能力的生化、代谢以及环境参数的范围。因此，生物反应器所发挥的监测和控制能力，结合相关的基础知识，便能够进一步改善培养程序，并优化生物工程产品的性能（Martin et al.，2009）。

6.3.4　再生医学研究现状及存在的问题分析

6.3.4.1　再生医学领域研究现状和发展趋势

近年来，全世界对于再生医学研究的热情持续升温，促进了再生医学领域的快速发展，为再生医学的临床应用带来了希望。

1）干细胞总体研究情况

干细胞的研究总体上呈现逐年增加态势。从世界各国在干细胞领域研究的现状来看，无论是胚胎干细胞、iPS 细胞还是成体干细胞，美国都以其强大的科研实力，位居世界首位。其次，日本的总体实力较强。我国在干细胞领域的研究起步较早，同时在较宽松的政策优势下，我国的干细胞研究发展迅速，尽管从整体上来看，我国与美国和日本还存在一定的差距，但是总体水平已经跻身世界强者之林。尤其是 2009 年我国的两个研究小组证明了 iPS 细胞具有发育成一个完整个体的能力，同时，我国科学家还在国际上率先建立了猕猴、大鼠及猪的 iPS 细胞，这些使我国在 iPS 细胞研究方面处于世界领先水平。

2）iPS 细胞受到广泛关注

自 iPS 被成功诱导后，iPS 细胞在临床应用中的发展潜力使之受到极大的关注，因此 iPS 细胞也成为干细胞中发展最快的领域，也是最热门的研究领域。

3）干细胞研究的重点领域

目前开展的 iPS 研究主要集中在细胞类型的选择、诱导因子的筛选、安全的介导载体体系的建立、重编程过程中的表观遗传学的研究以及疾病特异性的 iPS 细胞系的建立等。针对胚胎干细胞的研究主要集中在诱导胚胎干细胞定向分化；对胚胎干细胞进行基因修饰（包括表观遗传修饰）和核移植相关技术；以及将胚胎干细胞应用于治疗的技术也是受到较多关注的领域。成体干细胞在组织工程中的应用也是目前的热点领域之一。间充质干细胞在体外的培养技术；间充质干细胞在组织工程中的应用研究，以及间充质干细胞与临床治疗应用相关的技术是主要研究领域。

4）表观遗传学的研究

在将体细胞诱导成为多能干细胞的过程中，无论通过核移植、细胞融合还是特定因子过表达的方法，都需要经过表观修饰的过程，其作用主要体现在两个方面：干性维持基因的激活和染色体表观遗传修饰的改变。干性维持基因的激活是指对细胞多能性维持基因启动子区域的甲基化调控，即多能性的维持，而染色体的表观遗传修饰则是实现胚胎干细胞自我更新和定向分化的调控。这些方面对于重编程成功与否都是至关重要的（张磊，2009）。因此，该领域的研究也成为干细胞研究中的重点领域。

5）组织工程支架

组织工程支架材料领域中，天然材料和人工合成材料的研究近年来一直呈现逐年增长态势。研究开展最多的是日本、中国和美国，我国在该领域研究总体水平较高，尤其在壳聚糖、明胶和蚕丝领域较为突出。但是从基础研究向应用的转化较弱。在组织工程材料中，对于天然材料的研究相对较多，而其中以胶原为研究最多。人工合成材料中，PHA 尤其 PHBHHx 具有天然材料不具备的优势，因此对其性能的改良和在组织工程中的应用研究已经广泛开展，目前的研究主要围绕 PHA 的生物合成、与种子细胞的互作、PHA 材料的生物相容性的改进、在组织工程中的应用等几方面。人工合成材料目前还没有能够广泛的应用到组织工程领域，大部分相关研究还停留在基础研究阶段。

6）生物反应器

生物反应器是组织工程中的另外一个研究重点，而且越来越受到重视。目前对于生物反应器的关注主要在于如何提高工程组织的性能以及如何控制其成熟阶段。随着生物反应器技术的不断深入，有望实现生物工程产品的标准化和程序化。

6.3.4.2 再生医学领域存在的问题和重点研究方向

虽然大量科研成果不断涌现，但是在再生医学的研究中，仍然存在着一些根本性问题没有解决，这些问题也是未来再生医学研究的重点领域。

1）基础研究

目前，再生医学领域的研究是以临床应用作为最终目标，但还需要对该领域的基础理论和机制进行广泛而深入的探索。目前还没有完全研究清楚干细胞的多能性和无限复制能力的发挥机制，而这正是将干细胞应用于临床，并保证其安全和有效的前提。所以，只有充分了解各个环节的机理和机制，才能够真正将各种再生医疗技术和手段应用于临床。

2）iPS 细胞研究

目前，虽然 iPS 细胞技术发展速度很快，但是该领域的研究刚刚起步，还有很多问题没有解决，距离应用于临床还有很长的路要走。这些问题主要包括 iPS 细胞重编程的机制研究；如何高效获得安全的诱导性多能干细胞；如何定向诱导多能干细胞向某一特定类型的细胞分化。此外，iPS 细胞的出现为“疾病特异性”和“病人特异性”的疗法带来了希望，因此，在 iPS 细胞未来的研究中，也应着眼于这一领域的探索。

3）胚胎干细胞

iPS 细胞的出现，使科学界提出了是否需要继续大规模开展胚胎干细胞研究的问题。虽然 iPS 细胞具有与胚胎干细胞相同的特性，但是还无法确定这种特性是否能够长久的维持，而且在 iPS 细胞的分化中还存在致瘤性等问题。所以，胚胎干细胞仍然是目前具有最

佳增殖能力和向不同方向分化能力的干细胞，在临床应用上仍然具有非常广阔的前景。而且，胚胎干细胞也是进行基础原理和机制研究的良好对象，所以，在未来，仍然应该广泛开展胚胎干细胞，尤其是人类胚胎干细胞的研究，如要更深入的了解胚胎干细胞多能性以及自我更新的机制、胚胎干细胞定向分化等问题。

4）成体干细胞

由于胚胎干细胞的来源受限，而iPS细胞又处于研究的起始阶段，成体干细胞是开展研究较早较深入的领域，也是目前最有希望应用于临床的干细胞。造血干细胞的应用已经提供了良好的基础，目前需要解决的问题是如何诱导成体干细胞，尤其是间充质干细胞向特定方向分化的问题，从而用于多种疾病的治疗。此外，还应建立干细胞的技术和应用标准规范。在干细胞应用于临床过程中，由于缺乏标准，通用的成体干细胞采集方法受到限制。用于干细胞毒理和药理分析手段和模型、疗效的监测、检验标准和方法也很缺乏，这些问题也是干细胞用于临床方面要着力解决的问题。

5）表观遗传学

对表观遗传的研究，能够促进我们对重编程机制的认识，让我们更好地理解发育过程和胚胎干细胞是如何维持其自我更新和全能性的。因此，应该进一步对表观遗传在重编程中发挥的作用进行研究，从而为干细胞在临床上的应用铺平道路。

6）组织工程支架材料

组织工程支架材料，针对人工合成材料PHA，研究重点应围绕改进其生物相容性，生物制备、产量的提高、成本的降低，在组织工程中的应用研究等开展。此外，不同的天然材料和人工材料的生物相容性、表面化学/微结构特征、可塑性、可吸收性和降解速率的不同使其在不同应用对象的选择性上也有所不同。目前的主要问题是根据不同的细胞，构建不同组织的需求，选择合适的材料。目前天然材料仍是支架材料的首选，但是人工合成材料和纳米技术的应用将弥补天然材料塑性的不足，因此应继续深入探索各种材料的特性，寻找新的材料来源，加快人工合成材料的研制，使组织工程技术在再生医疗上发挥更大的作用。

7）生物反应器

组织工程用生物反应器的研究已经取得很多成果。针对生物反应器的设计应便于培养液的均匀混合，提高表面积－体积比，并提供精确的控制，使各营养成分和培养液的pH梯度尽量减少。培养液混合方式应使剪应力对细胞的损伤降到最低。若为干细胞分化而大量培养，必须注意精准控制干细胞在不同的分化阶段所需不同的生长因子浓度。此外，基于传感器的生物反应器系统在减少程序和产品可变性方面的潜力也应该得到重视。

6.4 对我国再生医学研究的建议

（1）制定我国的再生医学长期发展规划，做好顶层设计。针对目前需要解决的科学问题，结合我国目前的发展现状，制定适合我国发展的战略规划，设计技术发展路线图。

（2）成立干细胞研究网络或中心。建立专业部、局主管的干细胞研究网络中心，设立专项资金，集中优势人才，针对急需解决的问题，设立特定的科研课题，进行攻关。鉴于我国的 iPS 细胞研究水平较高，应重点进行 iPS 的研究，在我国较宽松的政策环境下，继续开展胚胎干细胞的研究。

（3）建立我国的干细胞资源库。制定相应的共享机制，建立免费共享的干细胞资源库，实现资源共享、互惠互利，加快干细胞研究的进度和发展。

（4）加强再生医学的转化研究，重视跨学科研究。集成从事基础研究、医生、医药开发人员共同参与研究，促进再生医学的转化。从分析中发现，我国的组织工程领域的基础研究水平较高，但是其应用和转化的水平很弱，因此应鼓励材料学、物理学、纳米学的科研人员加入到再生医学研究的行列，加快再生医学的研究成果的产出和突破。

（5）加强人才的培养和引进。通过分析，可以发现尽管我国在个别研究领域具有一定的优势，但是在再生医学领域尤其是干细胞研究领域的规模上与美国和日本还有一定的差距，无论是文献量上，还是研究机构的数量上都存在这个问题。而对国外的政策和研究现状分析看，无论是美国、日本、欧洲，还是韩国、印度都非常重视干细胞人才的培养及储备。因此应尽快制定政策、设定计划（如设立培养干细胞研究人才基金）加快人才的培养和引进。

（6）重视知识产权的保护。由于我国的知识产权立法较晚，发展薄弱，因此在知识产权保护方面意识较淡，而再生医学领域将来的发展对维护人的健康具有重要的意义，必将形成一个巨大的产业，世界制药巨头公司已经开始介入再生医学领域。所以，在再生医学领域研究中应建立知识产权保护意识，应采取必要的行动加以保护。以“百人计划”等形式引进人才，全程参与再生医学的研究过程，确保最大程度保护该领域的知识产权。

（7）尽早制定干细胞临床应用的标准和规范。我国在干细胞尤其是成体干细胞的研究和应用上处于世界领先水平，然而在临床应用上缺乏标准和规范，同时没有标准的临床毒理和药理的分析方法和指标。因此，应尽快建立干细胞临床应用的标准和规范。

致谢：中国科学院上海生命科学研究院生物化学与细胞生物学研究所肖磊研究员、李劲松研究员、景乃禾研究员和丁晓燕研究员，健康科学研究所金颖研究员和徐国彤研究员对本章进行了审阅，并提出宝贵修改意见，谨致谢忱！

参考文献

国家自然科学基金委员会 . 2009-12-25. 重大研究计划“细胞编程和重编程的表观遗传机制”2009 年度项目指南 . http：//www. nsfc. gov. cn/nsfc/cen/yjjhnew/2009/20090701_ 02. htm

国务院 . 2006-02-09. 国家中长期科学和技术发展规划纲要（2006—2020 年）. http：//www. gov. cn/jrzg/2006-02/09/content_ 183787. htm

科学技术部 . 2006-10-30. 国家“十一五”基础研究发展规划 . http：//www. most. gov. cn/kjgh/kjfzgh/200708/t20070824_ 52690. htm

科学技术部社会发展科技司 . 2009. 生物医药发展战略报告 . 计划篇 . 北京：科学出版社：111 ~ 114，130 ~ 135，142，143

梁贺等 . 2009. 胚胎干细胞及诱导多能干细胞向心肌细胞分化和调控的研究进展 . 生命科学，21（5）：663 ~ 668

刘蒙等 . 2009. 人骨髓和脐带来源间充质干细胞体外支持造血能力的比较研究 . 中国实验血液学杂志，

17（5）：1294～1300
庞乐君等.2007. 国外人胚胎干细胞研究政策解析. 中国医学伦理学，20（3）：42～44
日本文部科学省.2009-12-25. 平成21年版 科学技術白書. http：//www. mext. go. jp/b_ menu/hakusho/html/hpaa200901/1268148. htm
许红生，刘金钊.2009. 间充质干细胞在软骨组织工程中的应用. 中国矫形外科杂志，17（20）：1553～1556
薛君，边云飞，郭泽君等.2009. 人脂肪来源的间充质干细胞的生物学研究. 中国药物与临床，9（3）：185，186
于海微等.2009. 人脐带血和骨髓来源间充质干细胞的体外分离、培养、分化及生物学特性比较. 中国组织工程研究与临床康复，13（6）：1021～1024
张磊.2009. 细胞重编程中的表观遗传分子机制. 生命科学，21（5）：614～619
Amabile G，Meissner A. 2009. Induced pluripotent stem cells：current progress and potential for regenerative medicine. Trends in Molecular Medicine，15（2）：59～68
Andersson E R，Lendahl U. 2009. Regenerative medicine：a 2009 overview. Journal of Internal Medicine，266：303～310
Badge R L. 2008. The regulation of human embryo and stem cell research in the United Kingdom. Nature Reviews Molecular Cell Biology，9：998～1003
BBSRC. 2007. BBSRC Delivery Plan 2008-2011. http：//www. bbsrc. ac. uk/publications/policy/bbsrc_ delivery_ plan. pdf
Bilodeau K，Mantovani D. 2006. Bioreactors for tissue engineering：Focus on mechanical constraints. A comparative review. Tissue Engineering，12（8）：2367～2383
British Medical Journal. 2009-12-25. Germany tightens law on stem cell treatments. http：//www. bmj. com/cgi/content/full/339/jul28_ 3/b2967
Chang C W et al. 2009. Polycistronic Lentiviral Vector for "Hit and Run" Reprogramming of Adult Skin Fibroblasts to Induced Pluripotent Stem Cells. Stem Cells，27（5）：1042～1049
Chen G Q，Wu Q. 2005. The application of polyhydroxyalkanoates as tissue engineering materials. Biomaterials，26（33）：6565～6578
Cimetta E et al. 2007. Enhancement of viability of muscle precursor cells on 3D scaffold in a perfusion bioreactor. International Journal of Artificial Organs，30（5）：415～428
DFG. 2009. How does the DFG support research on stem cells? http：//www. dfg. de/en/magazine/research_ policy/stem_ cell/dfg_ supportl index. html
Dimos J T et al. 2008. Induced Pluripotent Stem Cells Generated from Patients with ALS Can Be Differentiated into Motor Neurons. Science，321：1218～1221
EFRI. 2009-12-25. EFRI 2009 Awards Announcement. http：//www. nsf. gov/div/index. jsp? div = efri
Europa. 2007. The Framework Programme for Research and Development and human embryonic stem cell research. http：//europa. eu/rapid/pressreleasesaction. do? reference = memo/07/122&format = html&aged = 0&language = en&guilanguage = en
European Commission. 2009-12-25. NMP expert advisory group（EAG）position paper on future RTD activities of NMP for the period 2010－2015. http：//ec. europa. eu/research/industrial_ technologies/pdf/nmp-expert-advisory-group-report_ en. pdf
Ezhkova E et al. 2009. Ezh2 Orchestrates Gene Expression for the Stepwise Differentiation of Tissue-Specific Stem Cells. Cell，136：1122～1135

Federal Ministry of Eduction and Research. 2009-12-25. Regenerative Medicine. http://www.bmbf.de/en/1084.php

Feng B et al. 2009. Molecules that Promote or Enhance Reprogramming of Somatic Cells to Induced Pluripotent Stem Cells. Cell Stem Cell, 4: 301 ~ 312

Freed L E et al. 1998. Chondrogenesis in a cell-polymer-bioreactor system. Experimental Cell Research, 240 (1): 58 ~ 65

Gaspar-Maia A et al. 2009. Chd1 regulates open chromatin and pluripotency of embryonic stem cells. Nature, 460 (13): 863 ~ 868

Giorgetti A et al. 2009. Generation of Induced Pluripotent Stem Cells from Human Cord Blood Using OCT4 and SOX2. Cell Stem Cell, 5: 353 ~ 357

Hynes R O. 2008. US policies on human embryonic stem cells. Nature Reviews Molecular Cell Biology, 9: 993 ~ 997

Ichida J K et al. 2009. A Small-Molecule Inhibitor of Tgf-β Signaling Replaces Sox2 in Reprogramming by Inducing Nanog. Cell Stem Cell, 5: 491 ~ 503

India Department of Biotechnology. 2007. National Biotechnology Development Strategy. http://dbtindia.nic.in/biotechstrategy/national%20biotechnology%20development%20strategy.pdf

Indian Department of Biotechnology. 2007. Guidelines for stem cell research and therapy. http://www.icmr.nic.in/stem_ cell/stem_ cell_ guidelines.pdf

Kang L et al. 2009. iPS Cells Can Support Full-Term Development of Tetraploid Blastocyst-Complemented Embryos. Cell Stem Cell, 5 (2): 135 ~ 138

Kim D et al. 2009. Generation of Human Induced Pluripotent Stem Cells by Direct Delivery of Reprogramming Proteins. Cell Stem Cell, 4: 472 ~ 476

Maherali N, Hochedlinger K. 2008. Guidelines and Techniques for the Generation of Induced Pluripotent Stem Cells. Cell Stem Cell, 3: 595 ~ 605

Martin I et al. 2009. Bioreator-based roadmap for the translation of tissue engineering strategies into clinical producets. Trends in Biotechnology. 27 (9): 495 ~ 502

MATES IWG et al. 2006-06-07. Advancing Tissue Science and Engineering: A Multi-Agency Strategic Plan. http://www.tissueengineering.gov/advancing_ tissue_ science_ &_ engineering.pdf

McMahon L A et al. 2008. Regulatory effects of mechanical strain on the chondrogenic differentiation of MSCs in a collagen-GAG scaffold: Experimental and computational analysis. Annals of Biomedical Engineering, 36 (2): 185 ~ 194

Miural K et al. 2009. Variation in the safety of induced pluripotent stem cell lines. Nature biotechnology, 27 (8): 743 ~ 745

MRC. 2009-12-25a. MRC Delivery Plan 2008/09 – 2010/11. http://www.mrc.ac.uk/utilities/documentrecord/index.htm? d = mrc005771

MRC. 2009-12-25b. Research Changes Lives—MRC Strategic Plan 2009 – 2014. http://www.mrc.ac.uk/utilities/documentrecord/index.htm? d = mrc006090

Nakagawa M et al. 2008. Generation of induced pluripotent stem cells without Myc from mouse and human fibroblasts. Nature Biotechnology, 26 (1): 101 ~ 106

Park I H et al. 2008. Disease-Specific Induced Pluripotent Stem Cells. Cell, 134 (5): 877 ~ 886

Peng J C et al. 2009. Jarid2/Jumonji Coordinates Control of PRC2 Enzymatic Activity and Target Gene Occupancy in Pluripotent Cells. Cell, 139 (7): 1290 ~ 1302

Pittenger M F. 2009. Sleuthing the Source of Regeneration by MSCs. Cell Stem Cell, 5 (1): 8 ~ 10

Qu X H et al. 2006. Effect of 3-hydroxyhexanoate content in poly (3-hydroxybutyrate-co-3-hydroxyhexanoate) on in vitro growth and differentiation of smooth muscle cells. Biomaterials, 27 (15): 2944 ~ 2950

Qu X H et al. 2006. In vivo studies of poly (3-hydroxybutyrate-co-3-hydroxyhexanoate) based polymers: Biodegradation and tissue reactions. Biomaterials, 27 (19): 3540 ~ 3548

Qu X H, Wu Q, Chen G Q. 2006. In vitro study on hemocompatibility and cytocompatibility of poly (3-hydroxybutyrate-co-3-hydroxyhexanoate) . Journal of Biomaterials Science, Polymer Edition, 17 (10): 1107 ~ 1121

Shen X H et al. 2009. Jumonji Modulates Polycomb Activity and Self-Renewal versus Differentiation of Stem Cells. Cell, 139: 1303 ~ 1314

South Korea Ministry for Health, Welfare and Family Affairs. 2009-12-25. Bioethics and Safety Act. http: // www. mbbnet. umn. edu/scmap/koreanbioethics. pdf

Tabata Y. 2009. Biomaterial technology for tissue engineering applications. Journal of the Royal Society Interface, 6: 311 ~ 324

Takahashi K, Yamanaka S. 2006. Induction of Pluripotent Stem Cells from Mouse Embryonic and Adult Fibroblast Cultures by Defined Factors. Cell, 126: 663 ~ 676

UK Department of Health. 2009-12-25. UK stem cell initiative. http: //www. dh. gov. uk/prod_ consum_ dh/groups/dh_ digitalassets/@ dh/@ en/documents/digitalasset/dh_ 4124088. pdf

Vogel G. 2008. U. K. Approves New Embryo Law. Science, 322: 663

Wakitani S et al. 2007. Repair of articular cartilage defects in the patello-femoral joint with autologous bone marrow mesenchymal cell transp lantation: three case reports involving nine defects in five knees. J Tissue Eng Regen Med, 1 (1): 74 ~ 79

Wang Y et al. 2008. Evaluation of three-dimensional scaffolds prepared from poly (3-hydroxybutyrate-co-3-hydroxyhexanoate) for growth of allogeneic chondrocytes for cartilage repair in rabbits. Biomaterials, 29 (19): 2858 ~ 2868

Williams S F et al. 1999. PHA applications: Addressing the price performance issue I. Tissue engineering. International Journal of Biological Macromolecules. 25: 111 ~ 121

Woltjen K et al. 2009. Piggyback transposition reprograms fibroblasts to induced pluripotent stem cells. Nature, 458 (9): 766 ~ 770

Ying Q L et al. 2008. The ground state of embryonic stem cell self-renewal. Nature, 453 (22): 519 ~ 523

Yoshida Y et al. 2009. Hypoxia Enhances the Generation of Induced Pluripotent Stem Cells. Cell Stem Cell, 5: 237 ~ 241

Zhao X Y et al. 2009. iPS cells produce viable mice through tetraploid complementation. Nature, 461 (7260): 86 ~ 90

Zhao Y et al. 2007. The effect of 3-hydroxybutyrate on the *in vitro* differentiation of murine osteoblast MCM-E1 and *in vivo* bone formation in ovariectomized rats. Biomaterials, 28 (20): 3063 ~ 3073

Zhou H Y et al. 2009. Generation of Induced Pluripotent Stem Cells Using Recombinant Proteins. Cell Stem Cell, 4: 381 ~ 384

Zhou W, Freed C R. 2009. Adenoviral Gene Delivery Can Reprogram Human Fibroblasts to Induced Pluripotent Stem Cells. Stem Cells, 27: 2667 ~ 2674

7　个性化医学国际发展态势分析

吴　慧　李明辉　杨　渊　高柳滨

（中国科学院上海药物研究所图书情报室）

个性化医学也叫个性化治疗，是鉴于患者（某类或个人）受个体遗传、生理特点或生活环境等多种因素影响，向患者提供最适合的定制医药治疗方案。个性化医学有望在癌症、心血管疾病等重大慢性病领域中发挥重要治疗作用，将影响制药市场的各个方面，具有重要的社会和经济价值。各国政府都非常重视个性化医学的发展，制定了相关的政策计划。全球个性化医学研究呈快速增长态势。欧美在个性化医学研究方面无论是科学研究能力还是在世界范围内的科学影响力都强于亚太地区。我国的个性化医学研究尚处于起步阶段，政府虽以项目方式布局，但缺乏政府顶层的系统化设计，也未形成强有力的研究联盟或团队。有鉴于此，本章对国内外个性化医学相关政策、计划和前沿技术进行文献调研，利用 TDA、Citespace 软件，采用科学文献计量方法、综合比较方法、专家咨询法，从多维角度反映全球（含我国）个性化医学发展态势，针对中国（含中国科学院）个性化医学研究现状，从管理层面、技术前沿提出建设性意见，供科技管理者、科研工作者决策时参考。

7.1　引言

发展个性化医学具有重要的社会和经济意义，有利于我国实现更高效益的普惠健康；有助于制药企业走出目前商业模式的困境。据普华永道报道，美国个性化医学市场以年均11%的速度增长，2009年已经达到2320亿美元，预计2015年达到4520亿美元。

传统用药方式治疗效益低。由于存在个体差异，绝大多数药物使用者约33%不能获得满意疗效，17%存在不同程度的不良反应；总安全有效率仅约占50%。全球销售排行榜前30位的“重磅炸弹药”通常有效性不过40%～60%。随着生命科学、医学技术的进步，今后医生选择药物的原则是“选择最有效的药物，而不是选择使用最广泛的药物”，个性化医学正呈现旺盛需求。

药物不良反应造成患者健康与经济双重损失。据2008年卫生部统计，我国入院人数达1.15亿，人均住院费5446.5元。按世界卫生组织（WHO）药品不良反应指标测算（据WHO统计，因药品不良反应住院的病人占住院人数的5%～10%，而住院病人中发生

药品不良反应的人数达10%~20%，致死率为0.24%~2.9%），我国药物不良反应入院人数达575万~1150万人，住院费达313.17亿~626.48亿元。根据我国国情，按照住院病人中发生药品不良反应的人数为20%测算，达2060万~2180万人，住院费1121.98亿~1187.34亿元。罗氏公司预计，如果医生能够根据病人的基因结构，用AmpliChip类似检测设备为病人选择合适的药物并确定适当用量的话，2020年美国的医疗支出将可节约210亿美元。我国如果采用该类设备的话，势必可节省数千亿元。

财政医疗支出增长速度远远超过经济增长速度。2003~2007年，我国财政医疗卫生支出从831亿元增加到1974亿元，年均增长24.15%。2008年比2007年增长36.8%，2009年比2008年增长38.2%。其增速是我国GDP（10.8%左右）的3倍多。因此，世界各国积极寻求供得起、可持续的医学，个性化医学成为首选，医疗保健战略也由治疗向预防转变。世界卫生组织调查显示，达到同样健康标准所需的预防、治疗、抢救费比例为1∶8.5∶100。如心血管病，若加强预防性早期诊断，医疗费用仅在中、英、德均可减少42%，总计1424亿美元。

制药业急需走出传统商业模式的经济怪圈。由于只有30%的“重磅炸弹药”销售额达到或超过其研发成本，制药企业依赖于一个或几个“重磅炸弹药”的时代已开始落幕，制药企业经营理念正向“打造没有明星药也能生存的企业”转变。世界排行前5位的个性化药物制药公司有罗氏、葛兰素史克、阿斯利康、佩尔金科学公司和临床数据公司(CDI)。

鉴于个性化医学在社会与经济、政府与企业、医生与患者等方面的多重重要性以及十分可观的市场前景，本章在文献调研、科学文献计量分析基础上，结合专家咨询反映全球及我国个性化医学发展态势，针对我国、我院在此研究领域存在的不足与问题，借鉴国外先进经验，从管理层面、技术前沿布局方面提出建设性发展意见，供有关的科技管理者和科研工作者决策参考。

7.2 国内外个性化医学政策与计划

7.2.1 美国

7.2.1.1 美国设立个性化医学联盟

由于个性化医学的发展涉及多种学科，需要团队合作，建立研究联盟成为必然。个性化医学联盟（Personalized Medicine Coalition，PMC）成立于2004年11月，是独立的非营利性质的集制药、诊断、生物技术和信息技术于一身的公司联盟，也包括学术和政府机构。个性化医学联盟成员包括大型制药公司如辉瑞，生物技术公司如安进，临床实验室如美国临床实验室，学术机构如国家癌症研究所，政府机构如FDA，还包括健康保险公司及医师和病人，其中制药公司及生物技术公司起着引领作用。

PMC成立的宗旨是为了满足个性化医学的全国性、多产业政策共识的需要。它可为关键性的公众政策问题达成共识提供平台，并为辩论和教育论坛服务。PMC 的优点在于采用多学科的方法协调科学、立法和公众政策问题。PMC 的职能如下：①为公众政策讨论提供论坛；②为利益相关者制订教育计划；③促进多行业间对话，包括工业、政府、病人、医生和其他利益相关者。

7.2.1.2 美国国会“基因组学和个性化医学法案（2008）”

2006 年，美国参议员奥巴马（现任总统）在国会上提案，题为“基因组学与个性化医学法案（2006）”，旨在推动个性化医学和药物基因组学。此提案于 2008 年被新版“基因组学和个性化医学法案（2008）”替代，新法案中增加了税收优惠政策和测试信用卡促销，以吸引该领域的研究人员。该法案被提交众议院筹款委员会和众议院能源和商业委员会，法案的主要内容如下：①创建基因组学与个性化医学联合工作组，其中包括国立卫生研究院（NIH）、美国食品和药品监督管理局（FDA）、美国疾病预防和控制中心（CDC）、美国卫生和人类服务部（HHS）及其他团体；②开始建立国家生物银行，建立一个用于收集和整合基因数据和环境临床医疗卫生信息数据库，为遗传疾病的诊断、治疗和咨询提供基础条件；③法案最后一部分将实施基因测试和药理学测试的监督管理，也将通过药物赞助商和设备公司鼓励结合诊断的发展。④包括结合诊断测试中研究费用的税收抵免提案。

7.2.1.3 美国健康及人类服务部（HHS）个性化医学资助

美国 HHS 格外重视个性化医学的发展，该组织正制订一项议程，倡议采取措施来确保基因测试的安全准确。HHS 负责监督 NIH，将用于基因研究的部分款项分配给基因与环境计划（Genes and Environment Initiative），即应用单核苷酸多态性分析技术的发展来了解常见疾病的原因。此外，HHS 推出了遗传协会信息网（GAIN：Genetic Association Information Network）以加强公私合作伙伴关系，以加速基因组关联研究。实体的合作伙伴关系是 NIH、辉瑞和昂飞。联邦拨款始于 2007 年，已持续数年。初始资金用于遗传分析，作为计划的一部分，进行由同行评议的几十种常见疾病的基因分型研究。按政府惯例，基因分型工作由 NIH 协调委员会管理。主要的私营捐助公司是辉瑞，该公司捐赠 500 万美元，成立项目管理结构，并承诺提供 1500 万美元的实验研究经费，以确定 5 种常见疾病的基因。昂飞公司则捐助另外两种疾病的实验室资源，预计每项约 300 万美元。GAIN 主动建议，从私人资金中筹集 6000 万美元，用于常见病的基因研究，并积极寻求更多的合作伙伴。研究人员可以提出申请，从特定疾病病人 DNA 样本获得基因分型。NIH 的国家生物技术信息中心将建立数据库来管理遗传、医疗和环境信息，所有数据都将向公众开放。

HHS 已经成立个性化医疗办公室及咨询小组，就基因的医疗问题定期开会协商。2007 年，HHS 资助个性化医学项目经费达 2.77 亿美元，2008 年增加至 3.52 亿美元。HHS 有三个主要目标：①审查结构，确保基因测试准确、有效、实用；②制定政策，指导 HHS 负责联邦资助研究的安全；③创建网络，汇集该国主要健康数据库的医疗信息，促使研究人员将治疗和结果相匹配。

2008 年 11 月，HHS 发布“个性化医学保健：先驱、合作、发展”报告。报告称，10 年内，消费者和从业人员应该可以看到，治疗可以达到个体化，诊断和治疗同步化。15

年内，主要的临床数据资源可以以安全的方式，能让大多数美国人自己选择健康信息，以寻求越来越个性化的健康和疾病认识。报告还进一步指出，20 年内，数据和信息将为个人终生健康提供有意义的预测，包括具体且行之有效的步骤。

7.2.1.4 NIH 医学研究路线图

NIH 为推动个性化药物的发展，启动了多个项目。2008 年投入 3 亿美元，支持和推动几个新的组学领域发展。NIH 推动药物研发路线图的主题是药物发现新途径、未来的研究团队、临床研究企业再造工程。

新途径的探索重点集中在：分子成像；个体层面的细胞、组织功能的个性化配置研究；生物路径和生物网络的研究。这项工作将有助于加速 2010 年常规遗传测试的实现和个性化治疗的实现，提高病人护理质量。

新举措涵盖了已更新的路线图，包括基因组研究、表观遗传学、蛋白质捕获、蛋白质组工具和表型工具。协调小组认为，新的努力方向为药物基因组学和生物信息学。已被批准资助的几个重大项目如下：人类微生物组学项目，表征人体内微生物含量；表观遗传学和表观基因组学研究，研究基因表达和基因功能的变化；基因联系图项目，用于帮助阐明疾病、候选药物和遗传操作之间的联系。

在其协议性项目和自己的内部研究项目中，NIH 正在执行多项政策，以推动个性化医学研究工具和相关资源的交流。NIH 的研究工具政策定义非常广泛，除了包括研究工具，还包括产品。这些工具可能包括细胞系、模式生物、单克隆抗体、试剂、生长因子、数据库和计算机软件。未来的基因组学的发展需要 NIH、大学及工业界之间的大力协作。

7.2.1.5 NIH 愿景——迈向 2030 年的生物医学

NIH 资助的研究通过改进治疗方法，已经成功降低了急性和致命性疾病的死亡率和发病率。这些进展将那些急性疾病转化为慢性疾病，将慢性疾病转化为可控疾病。这些慢性疾病成为目前健康负担的最大组成部分。生物医学研究的关键是把医疗模式从过去的发病后干预转变为前瞻性干预模式，显著推迟发病时间。

NIH 预测医药和健康保健领域将发生重大变革，更易预测、个性化和事先干预性的时代即将到来。在这个时代，个人和社区将会更加积极地参与其中。对 NIH 的资助将提高 NIH 在早期分子水平上疾病致病因素的探讨和理解能力，能够在发病前就预测疾病。由于认识到个人遗传差异和环境应答的差异，NIH 将增加实施有针对性的治疗或者个性化医学。这种研究的最终目的是阻止疾病的发生。21 世纪医学新革命将引导个人、社区和医疗保健机构更大程度的参与。

7.2.1.6 NIH 组建基因组与健康差异中心

2008 年 3 月 17 日 NIH 宣布其内部建立基因组和卫生差异中心（NICGHD），旨在为研究疾病对人群的影响建立新的通道。NICGHD 将采用基因组研究方式，收集和分析遗传、临床和生活方式以及社会经济等数据，解析多年来困惑公共卫生专家的临床症状。

新中心将推进导致健康差异问题的复杂因素研究。通过中心遗传和基因组专家和参与

NIH 研究项目疾病专家合力显著提高对健康差异问题的理解。新中心将把利用基因组工具解决人类健康差异问题作为优先重点研究领域。NICGHD 的另外一项重点项目将围绕来自发展中国家和美国本土少数民族的研究人员和学生展开，以期提供培训和深造机会。

基因组研究已经表明，任何两个个体的基因组都非常近似，但存在的任何细微差异都将导致独特的生物学性状，例如头发或者眼睛的颜色、对疾病的易感性、对药物的个体反应等。另外，其他因子如饮食、锻炼方式和对医疗护理的获取性等，都可以影响健康。遗传流行病学家通过综合研究遗传差异和环境因子，评估疾病易感性和个体及群体对疾病的抗性。

7.2.1.7 NIH 癌症基因图谱计划

2006 年 10 月，NIH 下属国家癌症研究所（NCI）和国家人类基因组研究所（NHGRI）宣布癌症基因图谱绘制计划（TCGA）中另两个完整项目，该计划投入 100 万美元，用三年时间来确定使用大规模基因组分析技术研究与癌症相关的重要基因突变是否具有可行性。TCGA 选择肺癌、脑癌（胶质母细胞瘤）和卵巢癌作为研究对象。

5 个州的 7 所研究机构参与了此项计划，建立了若干癌症基因组研究中心（CGCCs）。CGCCs 作为一个网络开展工作，每个中心作为网络节点，使用先进的基因组分析技术识别癌基因组中主要的突变情况。NCI 每年为各中心提供总计 1170 万美元的研究经费。

TCGA 计划已于 2005 年 12 月启动，完整的计划由 4 大部分组成，除了 2006 年 10 月 16 日启动的 CGCCs 以及数据协调中心（DCC），还包括人类癌症生物标本核心资源库（BCR）以及基因组高通量测序中心。TCGA 计划有望将癌症纳入人们的控制之中——掌握患者体内基因序列的突变情况，对症下药，定制个人治疗方案。

7.2.1.8 美国国立综合医学科学院 2008 ~ 2012 年战略计划

2008 年 1 月，美国国立综合医学美国科学院（National Institute of General Medical Sciences，NIGMS）公布了一项 5 年战略计划。其目标是在未来 5 年，对其大型研究计划继续支持，如遗传药理学研究网络、系统生物学国家中心、蛋白质结构计划和传染病病原体的研究模型。NIGMS 的“投资于发现”（investing in discovery）计划是指导未来 5 年如何进行战略性投资，以便使公共资金获得最大利益。NIGMS 有三个主要目标：维持均衡的研究投资组合；培育强大、稳定和多元化的科技队伍；促进与科学界的对话并帮助与公众交流。NIGMS 每年拨款 1000 万美元，建立多达 3 批资助系统生物学中心，还包括一个对杜克大学的 5 年资助（总数达到 1450 万美元）。

该计划的其他重点还包括鼓励用来处理基因组学和生物医学研究信息数据库的发展。NIGMS 还计划继续支持诸如样品库、数据库、互操作的软件和不同研究人员之间数据交互使用的设备等资源的创造。该计划还呼吁更多的跨机构合作和方案相联系，包括配套项目与 NIH 路线图计划相联系，如临床和转化科学奖项目与医学科学家的培训计划紧密相关。

2009 年 3 月，NIGMS 宣布，当年拨款 300 万美元，资助药物基因组学知识资源项目，通过 NIH 基金服务于整个研究界。遗传药理学知识库项目（Pharmacogenetics Knowledge Base：PharmGKB）的直接花费限制在每年 200 万美元，持续 5 年。这个项目使得早期“遗

传药理学与药物基因组学知识库”项目得到持续发展。

7.2.1.9 美国国家标准与技术研究院个性化医学的发展建议

根据2008年12月联邦立法，美国国家标准与技术研究院（NIST）要求基因组学、蛋白质组学和其他生物医学研究人员提交个性化医学发展的有关建议，并在白皮书中进行详述。研究者们描述了医生在个性化药物治疗和剂量方面对基因组学和蛋白质组学发展的需要。基于疾病的遗传学、环境影响和代谢影响的个性化医学可能是当今医疗卫生体系执行临床实验和错误处理的关键问题。白皮书描述了个性化医学在基因组学和蛋白组学中，具有成本效应的工具和技术所面临的挑战，确定生物标志物的技术、药物和疫苗传送系统、综合分析生物数据更好的方法。

7.2.1.10 AHRQ2008年财政预算资助个性化医学护理

美国医疗保健研究与质量局（AHRQ）2008财年的预算是33 000万美元，比2007财年持续决算净增长1100万美元，比上年总统预算也增长1100万美元。这些资金用于资助个性化用药计划和价值驱动的健康护理计划，并通过使用信息技术、建立并维护患者安全数据库来提高患者安全性。

在促进个性化医学护理方面，2008财年的总统预算申请包括1500万美元用于扩大基础设施建设，以确保国家健康护理系统以合理的价格提供高质量的医疗护理。该计划将会促进在个性化用药上不同领域创新成果的集合统一，包括使用电子化的“网络”将基因组学应用到临床实践。这些目标将通过建立公私资助人之间稳定的合作关系和传递系统来实现。这将进一步促进三个主要领域的发展：建设数据存储能力及其基础设施、集合管理数据和临床数据，确保投入与产出紧密联系、促进质量评估的发展。其远期成果将会提高成本效果比，提高医疗的质量与安全性。

7.2.1.11 美日两国联合启动药物基因组学全球合作

2008年，美日两国联合启动药物基因组学全球合作。NIH和日本基因组医学中心（Center for Genomic Medicine）签署了一份创建药物基因组学全球联盟的协议。这一合作协议旨在发现影响个人药物反应的遗传因素，其中包括罕见和危险的副作用。这项研究的最终目标是帮助医生为病人选择最安全有效的药物。参加这一联盟的美国科研人员是NIH遗传药理学研究网络（Pharmacogenetics Research Network）的成员。通过整合双方的资源，将会进一步了解DNA的变化是如何影响药物反应的，从而能够逐步认识到个性化医学的未来。国际协议希望能够加速癌症、心脏病和其他重病领域的科研发现和成果转化，最终使全世界的医生能够为每位病人提供个性化的治疗。

建立筹划委员会管理该联盟，每年召开两次会议，讨论该领域的研究进展、未来发展方向、知识产权问题、批准新成员加入以及与公众沟通/交流。联盟成员将与科学界共享他们的科研数据和研究成果。该联盟启动的初始项目聚焦于：①了解影响乳腺癌治疗方法（芳香化酶抑制剂）有效性的遗传因素；②确定两种治疗早期乳腺癌的药物（环磷酰胺、阿霉素或紫杉醇）的最佳治疗持续时间；③发现新的与某些胰腺癌药物（吉西他滨和贝伐单抗）的严重副作用相关的遗传因素；④探索基因如何影响药物，包括先天性 QT 间歇延长综合征；⑤与国际华法令协会（International Warfarin Consortium）合作，根据患者的遗传信息为其确定抗凝药物华法令（warfarin）的最初使用剂量。

7.2.2 欧盟

欧盟医疗卫生体系正发生巨大变化，而且出现了一些新兴的模式。其共同特征包括：更强大的患者组织、严格的成本控制措施和信息学应用不断增强。患者组织是大多数欧盟体系中决策系统的一部分，甚至对欧洲药品局（EMEA）也如此，与美国的 FDA 有所不同。欧盟管理机构对国家医疗保健系统的影响越来越大，这些趋势将有利于个性化医学的发展。英国、瑞典、西班牙和德国的个性化医学发展要领先于其他国家。相比其他欧盟国家，当前英国的形势更有利于个性化医学的发展。

7.2.2.1 欧盟投资建立“欧洲生物银行”

“泛欧洲生物体样本库与生物分子资源研究基础网”（pan-European Biobanking and Biomolecular Resources Research Infrastructure，BBMRI）投资 500 亿欧元，这项计划有助于科学家了解在后天环境和先天基因上造成疾病的各项因素，发展更确切的诊断工具，并加速药物的开发。这个计划联合的对象包括了欧洲 52 个参与者以及 150 个联营伙伴。其中的利益关系人（如病人、资金代理人和医生）也会参与利益关系人论坛。

生物银行就是将所有生物材料（如 DNA、组织细胞、血液以及各项生物检体的资料等）集结起来。生物银行在科学上的意义是，一旦资料足够庞大，科学家便能够更加确定特定疾病的成因，从而为疾病建立一套类似书本系统中“国际标准书号”（ISBN）的身份确认码，有助于基因研究工作。然而目前的情况是，欧洲的医院与各研究中心都拥有丰富的生物材料，但是这些资源却鲜少能联结起来，而且要从生物银行中获取生物材料也很困难。因此目前的计划是将欧洲的人类生物银行联结起来，并降低从生物银行中获取生物材料的困难度。这些各自独立的生物银行其实会造成成本的浪费。

生物银行面临的另一个问题是资金。虽然这些银行所拥有的材料足以支持研究人员好几年，但是大多数研究计划的资金却只能维持三五年。BBMRI 这项计划的目的是解决技术、法律、伦理和财务上的需求以进行生物银行的基础建设。

联营伙伴的第一项挑战便是罗列出目前欧洲生物银行所需条件的清单。这包括族群人数、特定疾病的病人族群以及孤立群体中的族群。联营伙伴还必须研究，目前以及未来的生物银行如何才能整合成一个单一的网络。他们要为这些生物检体及其相关资料的搜集、储存和分析，建立一致的筛选标准。

计划的另一目的是让 BBMRI 能够有长期提供资金以求持续发展。因此计划伙伴也要了解国家、欧洲以及私人基金的运用方式，以确保这项生物银行的基础建设可以长期进行。不过，计划伙伴会面临的最大挑战还是生物检体在搜集及使用上的法律和伦理问题。有一些欧盟会员国已经在生物银行的相关措施上制定了特定的法令规范，搜集、使用生物检体需遵守他们的相关规定。

7.2.2.2　欧盟第七框架计划合作健康医疗优先主题领域

针对研究和技术发展的欧洲最大资助计划——欧盟第七框架计划（FP7）于2007年1月1日正式启动。该计划的全部预算为505.21亿欧元（约为660亿美元），为期7年，到2013年结束。从财政上看，该计划相对于欧盟第六框架计划是一个很大的进步。实际上，每年的基金支持增长了近40%。

健康研究计划预算约为60.5亿欧元，其目标是提高欧洲公民的健康水平，提高和加强欧洲医疗健康产业的竞争力和创新能力。同时兼顾全球性的医疗议题如新兴传染病研究等。欧洲与发展中国家的协作将会提高这些国家的科研能力。

研究活动以三方面为主：①有益于人类健康的生物技术、通用工具与医疗技术，包括高通量研究，疾病的检查、诊断和监控，适当的预测，安全及有效的治疗，新的治疗手段；②有益于人类健康的转化研究，包括生物资讯的整合处理，对脑及其相关疾病、人类发育和衰老、传染病（如艾滋病、疟疾、肺结核、SARS、禽流感）的转化研究；一些主要疾病（癌症、心血管疾病、糖尿病/肥胖症、罕见病以及其他包括风湿病、关节炎和肌肉骨骼病等在内的慢性病）的转化研究；③向欧洲公民提供优质的医疗服务，包括将临床研究成果应用于临床诊疗，建立优质高效且具有团队精神的医疗保健系统，加强疾病预防和适当使用新疗法和新技术实现更安全有效的用药。

在健康研究计划中，重点关注大生物学。一是元基因组计划，旨在研究寄生于人体的微生物大群落，这些生物可能影响人体生理、营养和免疫。FP7计划建议对生活在体内的微生物进行基因测序，这将是人体自身基因数量的100倍。二是全球人类个体基因组计划，该计划于2006年6月在澳大利亚的墨尔本发起。个体基因组就是找出不同人基因组的个体差异，这一差异将会影响疾病的发展和药物副反应。FP7计划支持人类个体基因组全球的采集和分享系统，因为目前还没有这样的系统。

7.2.2.3　英国国家卫生服务体系NHS与医学遗传学

2000年，英国纳菲尔德卫生政策研究所（Nuffield Trust）的一个报告探讨了遗传学对人类健康和人类健康服务可能产生的影响，并指出，“实践至今的医学，和我们熟知的卫生服务，无疑将发生巨大的变化”（纳菲尔德信托遗传学项目，2000）。英国遗传学服务在欧洲高度发达，已经从学术部门演变到区域中心。区域遗传中心是多学科交叉，与临床和联合实验室服务紧密相连的。每个中心包括专科诊所、诊所地区医院和社区设施。遗传服务可以帮助有遗传疾病风险的家庭尽可能正常的生活。经过咨询和调查，可以提供病人有关家庭疾病状况、疾病发生风险和转递风险的相关信息。

2001年，英国政府提供3000万英镑（4200万美元），用于帮助将基因革命引入日常医疗实践。2003年，英国出版了题为“我们的遗产，我们的未来：在国家卫生系统实现遗传学的潜力”的白皮书，该书描述了政府策略，最大限度提高遗传学在国民保健服务中的潜力，使所有病人在疾病预防、诊断及治疗方面都可以受益于新的遗传学进展。

根据英国政府计划，遗传学专业的顾问目前几乎翻倍至150人。支持人员和遗传辅导员也翻了一番，达到约500人。遗传药理学的研究和发展也得到支持。就诊于遗传服务专家的病人数目一年增加了约 80%，达到 12 万，而看专科医生的病人相应大大减少。

除了产前标记和新生儿筛查项目，白皮书基本避免大范围的人口筛查。对每个新生儿进行遗传基因分析，以指导其生命进程中健康保障。总体而言，白皮书是一个重要的里程碑。在此背景下，英国的 NHS 将很可能是引入个性化医学的理想之地。

7.2.2.4 英国资助生物标记物评估的研究

2007 年，英国医学研究理事会（MRC）投入 1700 万英镑资助生物标记物研究项目，用于评价健康状况、监控疾病以及确定对医疗措施的应答性。

该创新行动是 MRC 长期努力的结果。此行动是在一次由 MRC 发起的，学者、科学家和管理人员以及企业人士参加的国际会议后推出的，会议上强调了明确定义的、能可靠应用于临床研究的生物标记物的缺乏问题。

资助的 18 个项目中，7 个项目是与英国心脏基金会（BHF）联合资助的，并且与企业界进行了创新性合作，从而将极大地加速科学知识向患者受益的转化。MRC 和 BHF 分别出资 800 万英镑和 100 万英镑。制药和生物技术行业将提供 800 万英镑财政资助，采取供应药物和试剂等直接经济资助形式或者提供技术手段的形式。所有资助要求可以通过同行评议的科学期刊免费获取。

由 MRC 和 BHF 提供公共基金与医药行业对这些研究项目支持的联合，表明公共与私人部门联合不仅可以推动新的治疗手段的开发，而且便于开发出更好的诊断工具。该合作也标志着在实现 MRC 更好地将英国领先世界的基础研究转化的远见又前进了一步。该行动也反映了 MRC 在最近的英国医学研究评论中对联合研究给予的优先支持。

应用生物标记物追踪机体对疾病的反应、疾病的进程以及药物的作用是医学研究的一个迅速增长的领域。更多了解生物标记物如何作为疾病诊断及药物评价的手段，是一条加速基础科学知识向临床应用转化的显著途径。明确证实的生物标记物对鉴定新的化合物、选取最佳治疗途径非常有用。

7.2.2.5 英国生物银行计划

2006 年 8 月 22 日，英国生物银行项目获得批准，标志着这一全球最大医学实验的正式启动。该计划旨在收集全英国 50 万人的 DNA 数据，以期能够破解包括癌症在内的若干致命疾病的基因构成。

国际科学与医学专家研究小组称，这项针对曼彻斯特 3800 人，为期 3 个月的前期试验的成功意味着英国生物银行计划能够于年底前在全英范围内铺开。在未来 4 年内，年纪在 40 ~ 69 岁的志愿者将提供血液和尿液样本，以提供 DNA 数据，帮助科学家揭开癌症、心脏病、糖尿病、痴呆症等数种现代常见疾病的基因构成。

2000 年国际科学家合作解开人类基因图谱，为这类计划打开大门。但是科学家还无法了解人类基因与生活类型和环境的交互工作，为何有的人会得某种疾病，其他人却不会。长期来看，科学家相信这项计划能够改善人类对于疾病的预防、诊断和治疗之道，也有助于解释同一种药用在不同人身上为何会有不同反应。

英国生物银行计划经费 6100 万英镑，由英国政府和惠康医学研究基金会及其他组织

出资。研究员预定搜集1000万份样本，经志愿者同意后，科学家将会把每个志愿者的基因数据与其健康状态进行比对。全球研究人员都可以向该计划申请使用其数据库，但志愿者个人隐私将会得到严格保护。

7.2.3　日本

7.2.3.1　日本建立个性化医疗基因库

2003年，东京大学医学研究所、财团法人癌症研究会、大阪府立成人病中心、顺天堂大学、东京都老人医疗中心、日本医科大学等9个实力雄厚的大学、研究所和医疗机构将建立日本国内最大的基因库，研究基因与癌症、糖尿病、心肌梗死、脑血管障碍等30种疾病的关系，以便为患者提供“个性化医学”服务。在征求患者同意的基础上，从2003年夏开始花5年时间采集30万人的血液，从血液中采取DNA，对每个人的基因和蛋白质差异进行解析，并在此基础上结合患者的病历、病状等信息建成基因解析结果数据库，为每个患者提供最适合的“个性化医学”服务。日本文部科学省计划提供约200亿日元（1美元约合118.95日元）的研究经费，同时呼吁企业提供资金。解析数据除了可用于新药开发，还能对现有药物因患者基因差异引起的副作用进行预报。

7.2.3.2　日本开发个性化癌症预防服务系统

2004年，日本东京大学着手开发一套“个性化癌症预防服务系统”，根据个人基因等差异提供最适当的癌症预防方法。该系统为日本厚生劳动省研究项目，按计划于2005年完成，届时将首先在厚生劳动省指定地区的癌症医疗机构和附属医院进行试验。这一系统的主要内容是建立与癌症相关的基因个人差异数据和在癌症预防方面发表的研究成果数据库。

该系统的具体实施方法是医生先向咨询者询问其家族癌症病史和抽烟等生活习惯，把有关数据输入计算机，初步遴选出不同的癌症预防方法和与预防效果相关的基因。医生将根据计算机提供的有关信息，调查咨询者的个人基因差异，然后根据个人基因差异向咨询者提供最好的预防癌症方法。

7.2.3.3　日本其他个性化医学政策

2005年，日本女子医科大学和日本电气公司联合研究小组从遗传信息的个人差异入手开发出预测药物疗效的系统，在实验中发现类风湿性关节炎药物的副作用因患者而异，副作用最大者是最小者的7倍以上。利用这一系统只要事先验血，就可知道患者的单核苷酸多态性（SNP），这种遗传标记物决定个体对药物的反应在分子水平存在差异。对关节炎患者来说，这一成果的取得已经奠定了根据每个人的体质提供个性化医学的基础。

2008年9月，日本厚生劳动省公布了《关于实施利用基因组药理学进行药物临床试验的问答（药食审查发第0930007号）》。虽然出台的时间推迟了很久，但根据这份规定，已经为开发新药的临床试验以及上市后的临床试验 开辟了一条从被检者身上采集DNA进行基因型分析的途径。这不仅揭开了真正意义上个性化医学的序幕，而且也迫使现行的覆盖收集 DNA 的临床研究的“关于人类基因组、遗传基因分析研究的伦理方针”进行重新修订。

7.2.4 中国

近几年来，我国政府也日益重视个性化医学的发展。随着基因功能研究、蛋白组学、药物基因组学和基因多态性研究的不断深入，利用基因多样性和药物基因组学研究成果进行“个性化医疗”的时代已经来临。我国大型科学计划包括了个性化医学相关的疾病基因组、药物基因组研究，我国还建立了药物基因组应用技术教育部工程研究中心、生物标记实验室以及个性化医学基因诊断中心等。

7.2.4.1 常见重大疾病全基因组关联分析和药物基因组学研究（“863”项目）

人类疾病相关的全基因组关联分析和药物基因组学研究是国际上新的研究热点之一。我国开展这一项目的研究对于揭示重大疾病的易感性、阐明重大疾病致病机制的遗传基础具有重要的科学意义，对于提高我国重大疾病治疗的有效率和安全性具有重要的应用价值，对于减少人民群众的医药费用和国家的医疗负担具有深远的社会影响。项目实施时间为 2009 年 1 月至 2010 年 12 月。总经费为 2 亿元人民币。

项目的总体目标是瞄准国际相关前沿技术领域，加强我国全基因组关联分析和药物基因组学研究关键技术体系的建设和创新，增强我国在此领域的竞争能力，为我国全基因组关联分析和药物基因组学的研究提供技术保障。项目选择威胁我国人口健康的常见重大疾病：精神疾病、高血压、糖尿病、食管癌和肺癌为突破口，进行总体设计和联合攻关，通过全基因组关联分析和药物基因组学研究，阐述上述 5 种重大疾病致病的遗传机制、药物基因组学相关基因多态性与药物疗效和安全性的相互关系，发现新的遗传标志物和预警靶点等，为中国人群多发复杂重大疾病的诊断、预防和安全有效用药提供理论依据、技术支持和人才储备。

项目分为 9 个课题，围绕着精神疾病、高血压、糖尿病、肺癌和食管癌等 5 种重大疾病发病的遗传机制和药物治疗的有效性和安全性进行全基因组关联分析和药物基因组学的系统研究。具体课题名称和内容见表 7-1。

表 7-1 “常见重大疾病全基因组关联分析和药物基因组学研究”“863”重点项目简介

课题名称	研究目标	经费/万元
全基因组关联分析综合平台技术	建立和完善我国全基因组关联分析的综合技术体系，汉族人群超大规模随机正常对照 DNA 样本库和全基因组 SNP 分型、CNV 分型遗传图谱，为各种重大疾病全基因组关联分析研究项目提供技术、理论和对照样本数据支持	4000
开发和完善药物基因组学研究综合技术系统	开发和完善我国药物基因组学研究综合技术体系，建立和完善我国药物基因组学研究基因检测和数据分析技术，为本项目其他课题的药物基因组学研究提供技术服务、理论支持和对照样本数据，为我国重大疾病安全合理用药提供理论和技术支持，为新药筛选和评价提供新的技术手段和科学依据	3800

续表

课题名称	研究目标	经费/万元
精神疾病全基因组关联分析和药物基因组学研究	开展精神分裂症的全基因组关联分析和药物基因组学研究，阐明汉族人群精神分裂症发病遗传基础及治疗过程中药物安全性和有效性的药物基因组学基础，为我国精神分裂症治疗和抗精神分裂症新药开发提供科学依据和技术支持	2000
高血压全基因组关联分析和药物基因组学研究	开展高血压的全基因组关联分析和药物基因组学研究，阐明汉族人群高血压发病的遗传基础和药物治疗的药物代谢和效应的药物基因组学基础，为我国高血压病人个性化安全合理用药和抗高血压新药开发提供科学依据和技术支持	2000
糖尿病全基因组关联分析和药物基因组学研究	进行中国汉族人群2型糖尿病的全基因组关联分析，寻找各种与2型糖尿病患病风险以及相关性状所关联的遗传因子，阐明中国汉族人群的2型糖尿病遗传基础；对中国人群2型糖尿病药物基因组相关多态性基因与药物有效性和安全性之间的关系进行研究，为我国2型糖尿病的合理用药提供科学依据	1900
肺癌全基因组关联分析和药物基因组学研究	对肺癌进行全基因组关联分析和药物基因组学研究，初步揭示我国汉族人群肺癌发病和转移的遗传机制和与化疗药物治疗的安全性和有效性的药物基因组学基础，最终为通过易感基因检测达到预防、预后判断和实现肺癌的个性化治疗提供理论基础和科学依据	1900
食管癌全基因组关联分析和药物基因组学研究	运用全基因组关联分析技术分析及比较食管癌和正常人群的先天遗传信息（SNP）差异，初步揭示我国汉族人群食管癌发病和转移的遗传机理；对常用治疗食管癌的化疗药物进行药物基因组学研究，阐明化疗药物安全性和有效性与药物基因组相关基因多态性的相关性，为我国食管癌个体安全和合理用药提供科学依据和技术支持	2000
全基因组变异分析和常见疾病新遗传标志物发现	利用已建立起来的新一代测序技术，从全基因组水平系统发现疾病相关新的点突变和重排等遗传变异，为重大疾病的关联分析和药物基因组学研究提供新的遗传标志物；构建中国汉族人群重大疾病遗传变异图谱	1400
重大疾病分析信息管理平台和易感性检测技术	为重大疾病全基因组关联分析和药物基因组学研究建立全面整合的数据管理和信息学交流平台，提供科研数据、临床数据和样本数据的存储、管理、访问、查询、分析、统计等功能；规范临床样本的收集程序和建立相应的标准体系；针对本项目中的5种重大疾病，研究和开发易感性和预警检测技术及产品	1000

7.2.4.2 成立药物基因组应用技术教育部工程研究中心

根据教育部“关于下达2007年度教育部工程研究中心建设项目立项计划的通知”精神，中南大学申报的“药物基因组应用技术教育部工程研究中心”获得批准，该中心以湘雅医学院临床药理研究所为依托，其共建单位是湖南宏灏生物医药有限公司。

临床药理研究所是国内唯一的专门研究单位，在药物基因组学研究方面，其研究水平处于国际领先地位，取得了一系列研究成果：在国际上率先提出并阐明了药物基因剂量效应理论及其应用，为个性化药物治疗指明了方向；发现和阐明了遗传因素引起药物种族和个体差异的若干现象和机制及其规律，建立了有国家和民族特色的遗传药理学理

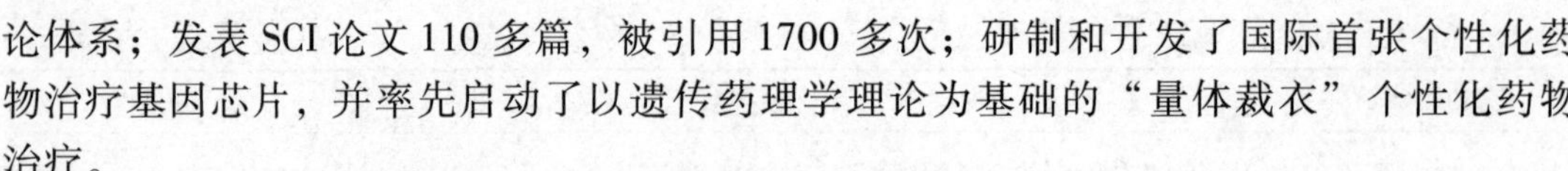

论体系；发表 SCI 论文 110 多篇，被引用 1700 多次；研制和开发了国际首张个性化药物治疗基因芯片，并率先启动了以遗传药理学理论为基础的“量体裁衣”个性化药物治疗。

7.2.4.3　建立生物标记物实验室

2007 年 8 月，上海生命科学院健康科学研究所与上海交大医学院、飞利浦电子公司联合组建生物标记物实验室，在分子医学的尖端领域展开合作。重点研究早期疾病诊断和后续医疗监控的新方法。早期诊断技术和个性化医学手段的发展将给患者带来更为舒适的就诊体验和更加满意的医疗效果。这项合作让健康科学研究所能够与飞利浦的全球科研机构、特别是欧洲的实验室有实质性的接触与合作，是健康科学研究所深化与欧洲企业和研发机构合作的有益尝试。通过双方的强强联手，健康科学研究所在生物医学转化型研究领域的研究优势将与飞利浦在先进的医疗器械方面的专业力量结合起来，这无疑将推动新的医疗保健解决方案的发展，为中国乃至世界各国的患者做出贡献。

7.2.4.4　中国成立首个个性化基因诊断中心

2009 年，中国首个个性化基因诊断中心在山东省医学科学院成立。该中心将为个性化医学及对抗 HIV 病毒/艾滋病和其他病毒性传染病提供持续的技术创新。中心由罗氏诊断亚太区和省医学科学院山东盖洛病毒学研究所合作建立。以世界著名病毒学家和 HIV 病毒/艾滋病先驱罗伯特·盖洛博士的名字命名。罗氏作为世界上最大的生物科技公司，是体外诊断、基于组织诊断的癌症诊断领域的全球领先者。个性化基因诊断中心成立后，希望通过分子诊断检测来帮助医师向患者提供最为高效和合适的治疗方案。

7.2.4.5　中英美科学家宣布启动国际“千人基因组计划”

2008 年初，中英美科学家宣布启动国际“千人基因组计划”。这一国际合作计划的主要发起者和承担者包括英国的 Sanger 研究所，中国的深圳华大基因研究院（BGI Shenzhen）以及 NIH 下属的美国人类基因组研究所（NHGRI）。计划将测定选自全世界各地的至少一千个人类个体的全基因组 DNA 序列，绘制迄今为止最详尽的、最有医学应用价值的人类基因组遗传多态性图谱。

“千人基因组计划”将采用几种新的高通量测序平台。若使用目前标准的 DNA 测序技术，同样的工作可能需要花费 5 亿美元以上。然而，由于该计划的创造性的努力，建立了更高效更低价的新测序技术，“千人基因组计划”的发起者希望这一计划的成本最终将降低至 3000 万 ~5000 万美元。

“千人基因组计划”将测序的人群包括：尼日利亚伊巴丹区域的 Yoruba 人、居住于东京的日本人、居住于北京的中国人、美国犹他州的北欧和西欧人后裔、肯尼亚 Webuye 的 Luhya 人和 Kinyawa 的 Maasai 人、意大利的 Toscani 居民、居住于休斯敦的 Gujarati 印第安人、居住于丹佛的中国人、居住于洛杉矶的墨西哥人后裔、居住于美国西南部的非洲人后裔。

“千人基因组计划”是人类基因组计划的延续和发展，是基因组科学研究向临床医学迈进的重要转折点。“千人基因组计划”产生的数据和研究成果将迅速通过公共数据库发布，供全球科学家免费共享。“千人基因组计划”中的黄种人基因组研究，将使中国基因组科学和相关医学研究直接跨入与国际前沿完全接轨的世界先进行列。

7.2.5 小结

西方发达国家首先引入了个性化药物。美国应该是大规模进行个性化药物研究的第一个国家，欧盟一些国家紧随其后。发达国家在个性化医学研究方面起步早、发展快与其政府重视、研究同盟的建立密切相关。我国政府也十分重视个性化医学的发展，2009 年科技部启动 863 重点项目“常见重大疾病全基因组关联分析和药物基因组研究”，投入经费为 2 亿元人民币。这是我国个性化医学研究中支持力度最大的项目，但主要侧重于基础研究。尚未形成规模化、系统化的全面发展，也缺乏强大的研究团队。总体来看全球个性化医学发展政策主要有以下特点：

（1）政府以法案、白皮书等形式确保个性化医学发展。英国“我们的遗产，我们的未来：在国家卫生系统实现遗传学的潜力”（白皮书，2003 年），描述了政府让所有病人受益于遗传学发展的策略。美国国会两次提案“基因组学和个性化医学法案”。美国健康及人类服务部（HHS）2008 年发布“个性化医学保健：先驱、合作、发展”报告。计划 10 年内，治疗达到个体化，诊断和治疗同步化。15 年内，大多数人能自己选择健康信息。20 年内，数据和信息将为个人终生健康提供有意义的预测。

（2）强有力的政府资金扶持。2007 年，HHS 资助个性化医学项目经费达 2. 77 亿美元，2008 年增加至 3. 52 亿美元。美国医疗保健研究与质量局（AHRQ）2008 财年预算33 000 万美元，以促进在个性化用药上不同领域创新成果的整合等。欧盟投入 500 亿欧元建设“泛欧洲生物体样本库与生物分子资源研究基础网”。英国政府及其他组织 2006 年投资生物银行建设经费 6100 万英镑。日本文部科学省 2003 年提供约 200 亿日元建设“个性化医学基因库”。

（3）建立个性化医学联合工作组。美国国会“基因组学和个性化医学法案”提出创建基因组学与个性化医学联合工作组，其成员有 NIH、FDA、美国疾病预防和控制中心（CDC）、HHS 及其他团体。HHS 另建立有个性化医学办公室/咨询小组。

（4）建立生物银行，夯实个性化医学基础实施。2003 年，日本文部科学省开始建设“个性化医学基因库”。2006 年美国在《基因组学和个性化医学法案》中提出建立生物银行。英国生物银行项目于 2006 年 8 月 22 日获得批准。

（5）组建个性化医学研究联盟。2004 年美国建立了、个性化医学联盟，联盟成员涵盖药品管理机构、研究机构、大型制药企业、生物技术公司、临床实验室等促进个性化医学的发展。“泛欧洲生物体样本库与生物分子资源研究基础网”计划联合的对象包括欧洲 52 个参与者以及 150 个联营伙伴。

7.3 个性化医学科学文献计量分析

本节结合专家咨询，运用 TDA 软件和 Citespace 可视化分析软件，对 1999 ~ 2009 年间，美国科技信息所（ISI，The Institute for Scientific Information）科学引文指标数据库（SCI-EXPANDED）个性化医学研究论文量及其引文量（论文、综述、会议摘要和会议论文）进行科学文献计量分析。以论文量多少反映科研能力强弱，以引文量反映科学影响力大小，揭示个性化医学研究的国家、机构、学科分布情况，国家合作情况及主要技术前沿研究热点，反映个性化医学研究的发展态势。同时对个性化医学发展的前沿技术进行了详细介绍。

7.3.1 全球个性化医学研究发展态势

个性化医学是新兴研究领域，科研文献呈持续快速增长态势。从发文量看，1999 ~ 2009 年，全球个性化医学的总论文量为 1046 篇（检索日期：2009 年 12 月 15 日），数量较少，在一定程度上反映出当前世界上关于个性化医学的研究尚处于新兴发展阶段；文献量呈逐年稳步快速增长态势，一定程度上表明其处于快速成长期（图 7-1）。

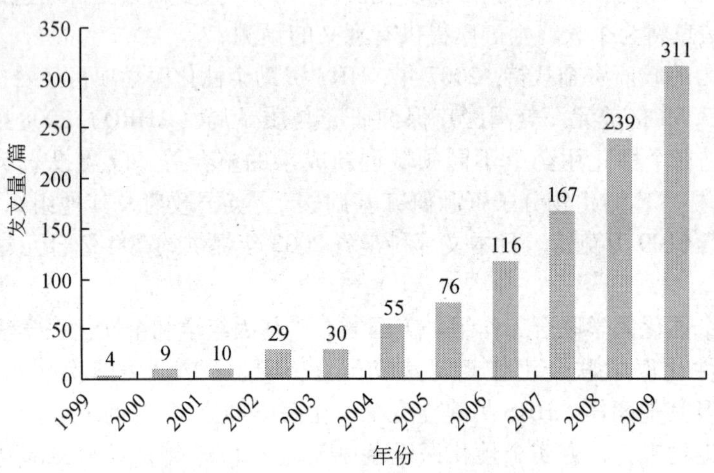

图 7-1 世界个性化医学文献量发展态势

全球个性化医学研究科学影响力节节攀升。从全球个性化医学引文量来看，1999 ~ 2009 年，世界个性化医学发表的文献总量是 1046 篇，共被引次数为 7942 次，引文的年增长量远高于发文量。尤其是近三年的引文量呈快速上升之态，这在一定程度上反映出个性化医学的全球影响力在近年中不断扩大（图 7-2）。

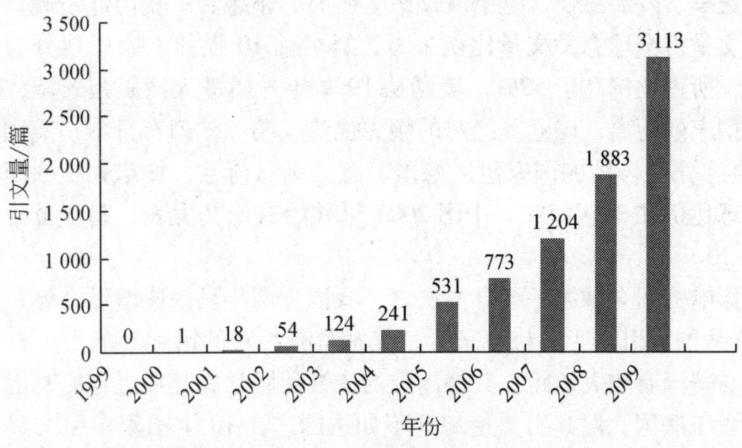

图 7-2　世界个性化医学文献引文量态势

7.3.2　个性化医学研究国家竞争力分析

全球个性化医学研究目前处于一枝独秀，10 强包揽的发展状态。个性化医学研究前 10 强国家发文量占全部发文量的 90% 以上。美国是个性化医学研究领域领跑者，1999 ~ 2009 年，其发文量占全部论文量的半壁江山 52.96%（554 篇），是排名第二的日本的 6 倍，远高于前 10 强中的其他国家，处于绝对的霸主地位。在前 10 强中，除美国外的其余 9 个国家间发文量差距较小，发文量总和占世界全部发文量的 43.99%。

欧美国家比亚太国家具有明显的能力优势。从国家的地区分布来看，前 10 强中其余国家的依次排名为：日本、英国、德国、加拿大、意大利、荷兰、西班牙、中国、法国。进入前 10 强的亚太地区国家仅有两个，日本表现突出，世界排名第二，中国以 36 篇文献排名第 9（表 7-2）。其他亚洲国家印度、新加坡、韩国分别排名第 17、18、19。

表 7-2　1999 ~ 2009 年个性化医学发文量（共 1046 篇）居前 10 位的国家

排名	发文量/篇	国家	比例/%
1	554	美国	52.96
2	92	日本	8.80
3	69	英国	6.60
4	52	德国	4.97
5	46	加拿大	4.40
5	46	意大利	4.40
5	46	荷兰	4.40
8	38	西班牙	3.63
9	36	中国	3.44
10	35	法国	3.35

美国涉足最早、发展最快，是个性化医学研究的领跑者；我国起步晚，近三年发展快速。从各国发文量占全球总发文量比例来看，排名前 10 强的国家可划分为三个阵列。第一阵列：美国，所占比例高于 50%。美国从 1999 年开始进入该研究领域，2003 年开始明显拉大与其他国家的距离，确立其绝对的领先优势。第二阵列有日本、英国，其发文量所占比例高于 5%。第三阵列的国家包括德国、意大利、荷兰、加拿大、中国和法国。各国发文量所占全球比例在 3% ~5%。中国 2003 年并始有论文发表，起步虽晚，但呈持续发展态势。

美国科学影响力居全球第一，日本次之，我国近两年呈快速增强之势。从 1999 ~2009 年发文量前 10 强国家引文变化趋势来看，美国具有绝对的国际影响力；日本和英国呈稳中发展之态，与美国有较大差距；其他国家的个性化医学研究在近年略有起色。中国虽然在发文量上领先于法国，但其引文量却远不如法国，在 10 个国家中引文量最低，发展较其他国家滞后，发表的论文在 2007 年以后才开始引起世界的关注，但在 2007 ~2009 年的增速较为明显。因此，我国的个性化医学方面的研究虽然起步较晚，但近年已呈现出良好的发展势头（图 7-3）。

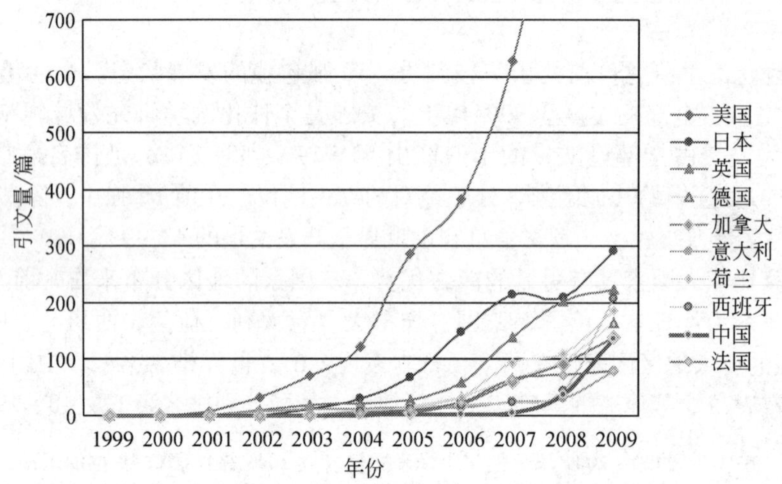

图 7-3　个性化医学发文量前 10 强国家引文量发展趋势

7. 3. 3　个性化医学研究机构竞争力分析

大学在个性化医学的研究中表现突出，美国科研机构研究能力最强，中国科学院科研能力跻身前 10 强。在世界研究机构发文量排名前 10 位中，有 7 位是大学，包括美国的 5 所大学、加拿大的多伦多大学和日本的东京大学。排名前 3 位的机构在美国，亚太地区只有东京大学排名第 7 位，中国科学院跻身前 10 强，排名第 10 位（表 7-3）。

前 10 强科研机构科学影响力近两年呈强势增长之态，日本东京大学曾一路领先，2009 年已被美国杜克大学和美国国家癌症研究中心赶超。总体上看，发文量前 10 强机构引文量总体呈现出快速发展的势（图 7-4）。

表 7-3　1999～2009 年世界个性化医学发文量（共 1046 篇）居前 10 位的研究机构

排名	机构名称	发文量/篇	比例/%
1	杜克大学	24	2.29
2	圣弗兰西斯科加利福尼亚大学	23	2.19
3	美国食品药品监督管理局	21	2.01
4	斯坦福大学	19	1.82
5	哈佛大学	17	1.63
5	美国国家癌症研究中心	17	1.63
7	多伦多大学	16	1.53
8	东京大学	15	1.43
8	华盛顿大学	15	1.43
10	中国科学院	12	1.15

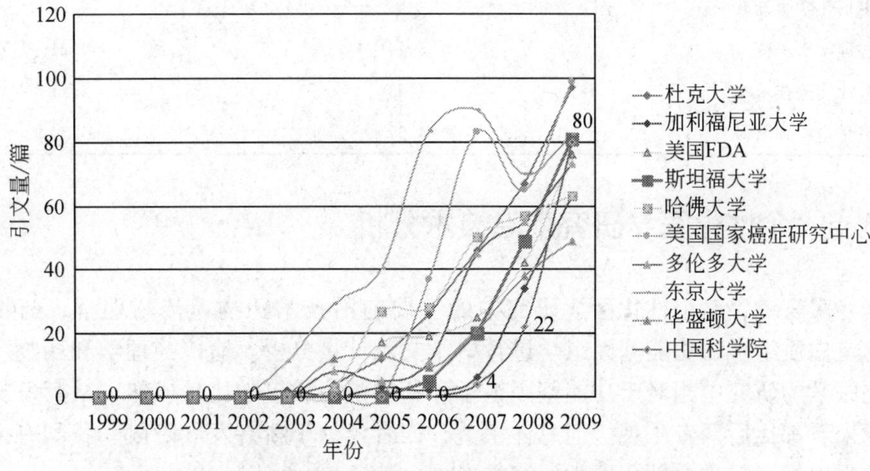

图 7-4　世界个性化医学文献发文量居前 10 位研究机构的引文情况

美国已经开始形成了一个较为强大的个性化医学研究团队，其成员包括了大学、国家级科研机构、政府部门以及市场上大型的制药公司。个性化医学研究的亚洲强国日本的东京大学同样值得关注，其在统计年间的发文量虽仅排名第 8，虽然在发文量上远不及美国，但引文量却曾一度领先于发文量第一的美国，居世界第一。中国科学院在 2007 年才有引文出现，但增长快速，居世界第 5。从一定程度上表明，中国科学院个性化医学研究在国际上已开始崭露头角。

7.3.4　个性化医学研究学科类别分析

个性化医学的研究主要分布在药理学和制药学、肿瘤学、基因和遗传学、生物技术和应用微生物学等学科领域。药理学和制药学成为该研究领域的领先者，发文数量 297 篇，占总量的 28.39%；其次是肿瘤学（138 篇），占总发文量的 13.19%；基因和遗传学（92 篇，8.79%）位居第三；生物技术和应用微生物学（90 篇，8.60%）位居第四，生物化学和分子生物学（82 篇，7.84%）、医学研究和实验（82 篇，7.84%）并列第 5。药理学和制药学、肿瘤学是个性化医学重要研究领域，二者共计发文 435 篇，占全球发文量的 41.58%（表 7-4）。

表 7-4　个性化医学研究论文发表量（共 1046 篇）居前 10 名的学科

学科类别	发文量/篇	比例/%
药理学和制药学	297	28.39
肿瘤学	138	13.19
基因和遗传学	92	8.79
生物技术和应用微生物学	90	8.60
生物化学和分子生物学	82	7.84
医学研究和实验	82	7.84
生物化学研究方法	52	4.97
病理学	44	4.21
医疗实验技术	43	4.11
医学全科和内科	37	3.54

7.3.5　个性化医学研究前沿技术分析

根据专家咨询，对个性化医学研究中的主要前沿技术药物遗传药理学、药物基因组学、药物蛋白质组学和功能基因组学进行科学文献计量分析。遗传药理学和药物基因组学在个性化医学的研究中相对于功能基因组学和药物蛋白质组学比较成熟，从其发文量和引文量情况来看都比后两者乐观。但总体来说，四者皆处于新兴发展阶段。我国有待在这四个方面加强重视，促进个性化医学研究的发展（表 7-5）。

表 7-5　1999 ~ 2009 年个性化医学前沿技术发文量情况

前沿技术＼年份	1999	2000	2001	2002	2003	2004	2005	2006	2007	2008	2009
药物遗传药理学	2	2	4	5	5	13	16	24	25	42	42
药物基因组学	1	3	4	5	7	14	24	29	30	30	36
药物蛋白质组学	0	0	0	1	0	1	0	3	0	0	0
功能基因组学	0	1	0	3	1	2	2	2	2	8	5

7.3.5.1　遗传药理学

在遗传药理学方面美国发文量世界领先，亚太地区没有国家在该研究领域进入前 10 强。美国发文量占世界总量 51.93%，一直保持较大幅度的增长，特别在 2006 年后线性大幅度增长，科研发文量是第 2 名英国的 8 倍多，遥遥领先于其他国家。其余 7 强按照发文量依次是英国、加拿大、西班牙、德国、以色列、意大利、荷兰、澳大利亚和瑞士，他们的年发文量均不超过5篇，研究处于探索阶段，科研力量较薄弱。亚太地区只有日本（排名第11)、新加坡（排名第17)、印度（排名第19）和中国（排名第15)，并且在世界论文总量中所占比例很小，中国的发文量仅有3篇，与美国（94篇）相比存在很大的差距（图7-5)。

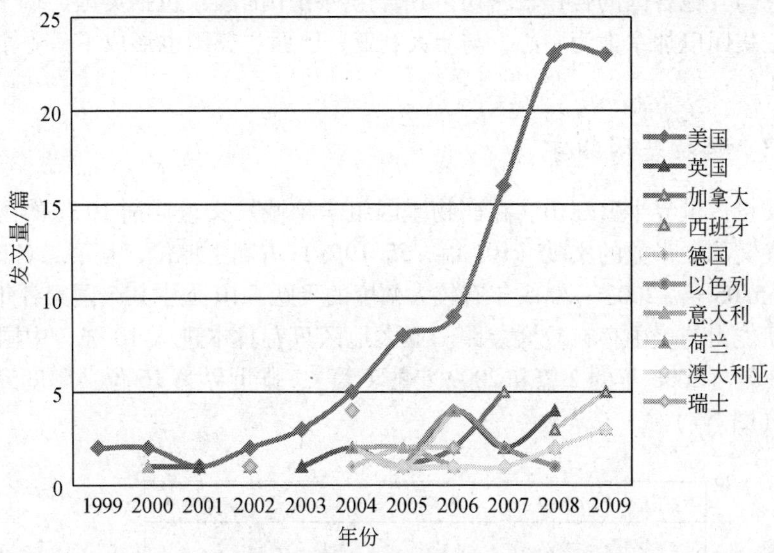

图7-5　世界遗传药理学发文量前10强态势

从世界遗传药理学领域引文量变化趋势来看，美国无论从科研产出能力还是科研影响力上始终是世界各国学习和赶超的对象；英国，以色列，荷兰，加拿大，德国和西班牙2006以后的科研表现开始受到世界的广泛关注，澳大利亚更是在2008～2009年的引文量突飞猛进；瑞士，意大利一直表现平平。我国未进入该领域引文量排名的前10强，我国的目前的科研产出虽然较少，但文献含金量比较高（图7-6)。

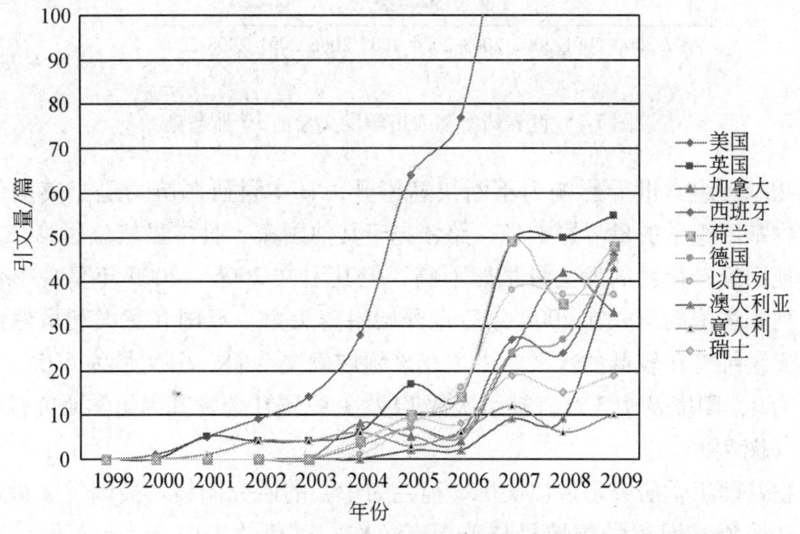

图7-6　世界遗传药理学发文量前10强国家的引文量态势

世界遗传药理学研究形成以美国为首、荷兰和加拿大为辅的研究伙伴团体。当前在遗传药理学领域可分为三个主要的研究集团。第一大集团以美国为中心，研究合作伙伴有意大利、韩国、英国和瑞士，但合作不多，并且其他国家间也没有相互合作。第二集团以荷兰为中心，它与其他各国的合作较密切，其合作网络中的国家包括英国、瑞士、西班牙和以色列；第三集团以加拿大为中心，与澳大利亚、巴西、德国也形成了另一个小型的合作网络。

7.3.5.2 药物基因组学

美国发文量占世界半壁江山。在药物基因组学领域发文量居前 10 位的国家中，美国以超过世界发文总量半数的文献（101 篇，55.19%）占霸主地位，是第二名日本（20 篇，10.92%）的 5.05 倍，2003～2005 年有较大幅度的飞跃。10 强中其余国家各年的论文产出不稳定，科研能力与美国存在较大差距。亚太地区只有日本进入 10 强，中国在该领域的论文产出仅 3 篇（2008 年的 2 篇和 2009 年的 1 篇），排世界第 16 位；印度发文 3 篇；韩国发文 2 篇（图 7-7）。

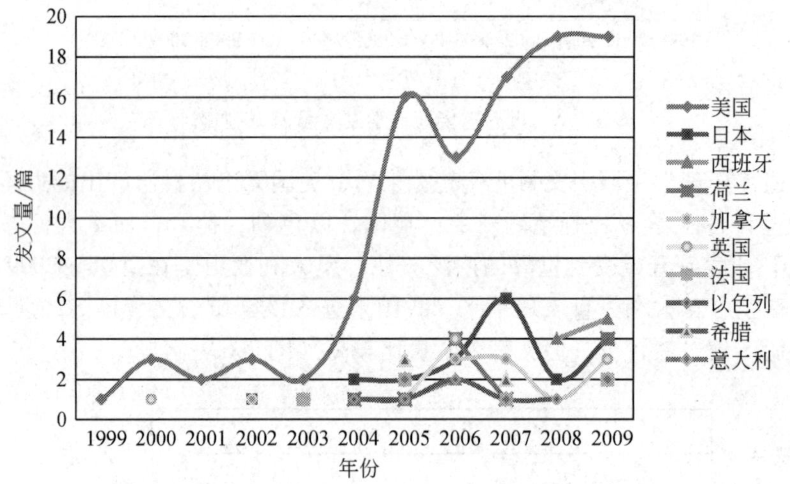

图 7-7　世界药物基因组学发文量前 10 强态势

美国药物基因组学世界影响力不断快速攀升，日本科研影响力逊于美国位居世界第二。美国药物基因组学的世界影响力一路领先于其他国家；日本虽然位居第二，但其发展仍远强于其他国家；荷兰的发文量虽然不高，但其引文 2006～2009 年呈现出快速的增长趋势，以色列和法国的研究在 2008 年后也开始崭露头角，英国和意大利虽然涉足该领域较早，但引文量维持在较低的水平。中国在该领域发文 3 篇，引文量为 6 次，韩国发文 2 篇，引文量为 0，印度发文 3 篇，被引次数 14 次。我国在药物基因组学研究领域还有很大的发展空间（图 7-8）。

世界药物基因组学研究形成以美国、荷兰为中心的研究团体。美国发文量最多，但研究较独立，在药物基因组学领域只与英国有合作；以荷兰为中心，与英国、瑞士、西班牙、以色列、法国、美国形成了一个小型的合作网络。日本在该领域发文量居世界第二，

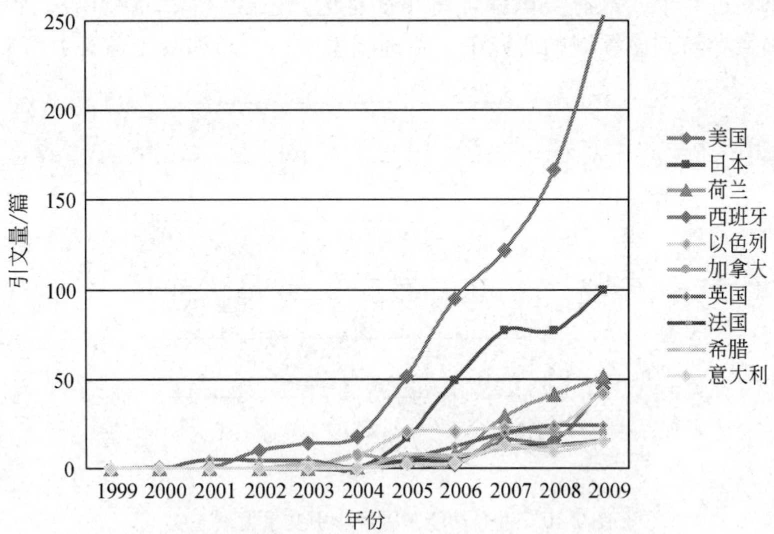

图 7-8 世界药物基因组学发文量前 10 强引文量态势

但与其他国家没有合作。

7.3.5.3 药物蛋白质组学与功能基因组学

全球药物蛋白质组学尚属于新兴研究领域。在个性化医学领域研究的发文量很少，仅有 5 篇（分别来自瑞士（3 篇），西班牙（1 篇）和美国（1 篇）），但每年的引文量远高于发文量且在持续增加，特别在 2007 ~ 2008 年出现大幅度的增长，说明该研究领域一直受到世界的关注，药物蛋白质组学研究是一个新兴的研究领域，当前还处在初期发展阶段，相关的技术手段及其配套应用还很不成熟，论文产出明显不足，基础研究还很薄弱，但其未来在新药的发现和开发性研究中将发挥的作用是不容忽视的（图 7-9）。

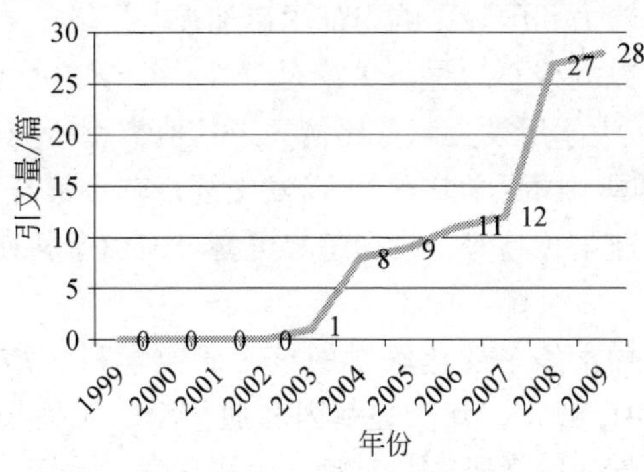

图 7-9 世界药物蛋白质组学引文量发展态势

全球功能基因组学在个性化医学领域的研究尚处于起步阶段。1999 ~ 2009 年间全球功能基因组学领域总体的发文量仅有 26 篇，2009 年总引用频次达到了 213 篇，呈快速增长态势（图 7-10）。从国家分布来看，美国发文量占 50%，其次是日本、德国、西班牙。德国是最早进行相关研究的国家，但随后的 4 年都没有论文发表，2000 ~ 2007 各年间有论文记录的国家不超过 2 个，只有美国保证每年都有论文发表（除 2004 年），到 2008 年，开始有较多的国家参与到该领域的研究中。亚洲国家中，中国和泰国各有 1 篇文章。

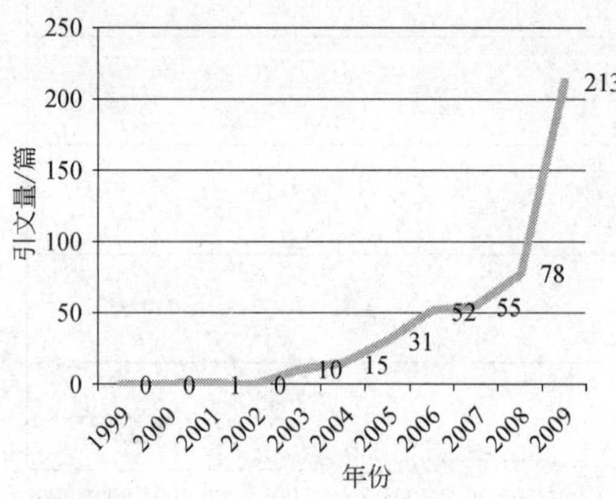

图 7-10　世界功能基因组学引文量发展态势

7.3.6　小结

全球个性化医学研究呈快速增长态势，科研能力不断增强，科学影响力日益攀升，一定程度上表明其是未来快速发展的新兴领域。欧美在个性化医学研究方面无论是科学研究能力还是在世界的科学影响力都强于亚太地区。

美国是个性化医学研究的领跑者。无论是全国发文量还是引文量都居世界第一；在个性化医学研究的遗传药理学、药物基因组学、药物蛋白质组学、功能基因组学技术领域中，仍保持世界第一之霸主地位。日本是亚太地区研究实力和国家影响力最强的国家。我国起步晚，虽以 36 篇的发文量居于法国之前，排名第九，但引文量在前 10 强国家中最低，我国个性化医学研究能力和国际影响力都亟待加强。

大学是个性化医学研究的核心力量。无论是个性化医学的全球前 10 强机构还是其各主要技术的前 10 强机构，大学所发文献量比例大于其他类型研究机构。欧美在前 10 强的机构中也是大学居多。我国中国科学院有 12 篇发文量，有幸跻身世界前 10 强，位列第 10 名，引文量近 3 年呈现快速增长趋势，发展趋势可喜。但由于科研基础薄弱，国际影响力还十分薄弱。

药理学和制药学、肿瘤学是个性化医学的核心研究学科领域。二者发文量共计发文 535 篇，占全球发文量的 41.85%。其次是基因和遗传学、生物技术和应用微生物学；再次是生物化学和分子生物学、医学研究与实验、生物化学。

世界遗传药理学研究形成以美国为首，荷兰和加拿大为辅的研究伙伴团体。世界药物基因组学研究形成以美国、荷兰为中心的研究团体。遗传药理学和药物基因组学在个性化医学的研究中相对于功能基因组学和药物蛋白质组学较成熟，从其发文量和引文量情况来看都比后两者乐观。但总体来说，四者皆处于新兴发展阶段。我国有待在这四个方面促进个性化医学研究的发展。

从文献高频词来看，个性化医学主要技术集中在遗传药理学、药物基因组学、药物蛋白质组学和功能基因组学领域，其研究热点集中在SNP、药物副作用、乳腺癌、*CYP2C9*、*CYP2D6*、*CYP2C19*、cytochrome *P450*、分子诊断合生物标记等。此外，还包括遗传多态性、基因多样性、癌、基因表达、药物发现、临床实验、代谢、生物诊断、遗传学和基因表达等。

7.4 个性化医学技术前沿

本章主要概述个性化医学的主要前沿技术：分子诊断，特别是SNP基因分型；生物标志物；遗传药理学；药物基因组学；药物蛋白质组学和药物代谢组学。

7.4.1 分子诊断

个性化医学中分子诊断的作用包括以下几个方面：在分子诊断的基础上，早期检测和选择适当的安全有效的治疗方法；分子诊断与治疗的融合监测治疗以及判断预后：个性化药物的两个重要组成部分是遗传药理学和药物基因组学。SNP基因分型和基因芯片/生物芯片是个性化医学分子诊断技术中最重要的技术。分子诊断技术见表7-6。

表7-6 应用于个性化医学的分子诊断技术

聚合酶链反应（PCR）为基础的方法 冷-PCR、数字PR、DirectLinear^{TM}分析、定量荧光PCR、实时PCR、逆转录（RT）PCR、限制性片段长度多态性、Scorpions^{TM}（DxS有限公司）：有效同类PCR扩增检测的封闭管道平台，单链构象多态性
非PCR方法
阵列引物延伸，酶突变检测，荧光共振能量转移（FRET）为基础的检验：侵入分析，锁核酸（LNA）技术，肽核酸（PNA）技术，转录介导的扩增
基因芯片和微流体芯片，纳米诊断学
纳米颗粒的集成诊断与治疗 基于纳米技术完善的遗传药理学诊断
毒物基因组学，单核苷酸多态性基因分型，DNA甲基化研究，基于基因表达的测试
DNA测序，多元DNA测序
微加工高密度测序皮升反应堆，全基因组测序
细胞遗传学，比较基因组杂交（CGH），荧光原位杂交
蛋白质为基础的方法 原位荧光蛋白检测，血液和组织样本中多重生物标记蛋白质/肽阵列鉴定，蛋白芯片技术，毒物蛋白质组学
微RNA为基础的诊断
分子成像，纳米粒子参照的功能性磁共振成像，断层扫描术，光学成像，医疗点诊断

资料来源：Jain PharmaBiotech

（1）DNA 测序。DNA 测序最初仅用于研究目的，但现在已经成为例行分子诊断工具。诊断检测的一个重要特征是使检测到的核酸序列特异化。一些科研及临床实验室正将 DNA/RNA 测序技术应用到以下个性化医学相关领域中：艾滋病病毒耐药基因序列分析、丙型肝炎病毒基因分型、遗传疾病。

（2）生物芯片和微阵列。个性化医学相关的生物芯片技术包括 DNA 快速测序、药物发现和开发、高通量药物筛选、临床试验设计和分组药物安全性。这涉及遗传药理学的应用、毒物基因组学、临床药物安全性、分子诊断、遗传筛选、变异检测、遗传失调、感染中病原体及其耐受的鉴定、分子肿瘤学、癌症预后、癌症诊断、药物基因组学、基因鉴定、基因地图、基因表达分型、单核苷酸多态性检测、病人基因信息的存储、诊断和治疗的融合。

微阵列使得科学家能够在发现许多基因变化的同时发现非常微妙的改变。它们提供了正在表达的基因或活跃、正常或病变细胞的快照。和正常细胞或组织相比，那些已知病变的基因表达模式可能出现，这使得科学家能够对疾病的严重程度归类并确定可用于治疗的目标基因。生物芯片/微阵列在个性化医学中的作用见图 7-11。

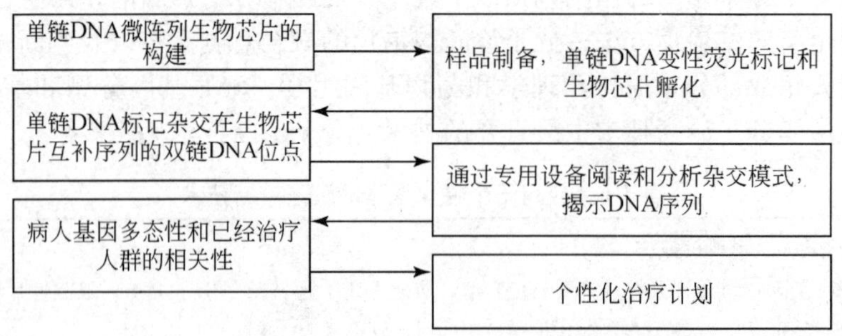

图 7-11　生物芯片/微阵列在个性化医学中的作用

蛋白质芯片在个性化医学的临床实施中将特别有用。在所有的蛋白质微阵列应用中，分子诊断和临床是最相关的，并会适应个性化治疗的未来趋势。这些技术在某些情况下的诊断具有优势，比如不同的蛋白质，如可固定在蛋白质生物芯片上的抗体、抗原和酶。

大多数的生物芯片使用核酸作为分子信息，而蛋白芯片同样也被证明是有用的。蛋白质表达谱将是非常宝贵的，例如，区别早期癌细胞、恶性转移性癌细胞与正常细胞的蛋白质。对比 DNA 芯片、蛋白质阵列，或蛋白质芯片，为快速分析全球整个蛋白质组提供了可能。蛋白质组模式分析，最终可能被用做筛选癌症和身免疫性疾病高风险人群及一般人群的工具。通过筛选病人或高危人群血清特异性自身抗体，利用大量已知的重组蛋白阵列。

（3）细胞遗传学。“细胞遗传学”已经被经典的运用到细胞外形遗传的研究，它主要用来描述染色体结构和确定疾病相关的异常性。此外细胞遗传学也被用于临床诊断的基础基因研究中。在疾病诊断的分子水平上，细胞遗传学是分子诊断的重要组成部分，可以被称为分子细胞遗传学。人类基因组测序项目揭示了人类基因组的构架，解释了灵长类动物进化过程中非等位基因同源重组产生节段性重复而引起的微缺失和微复制的重现。新的数据大大促进了我们对人类染色体疾病的理解。分子细胞遗传学将进一步评估分子基础的染色体结构异常。细胞遗传学和个性化医学的关系（图 7-12）。

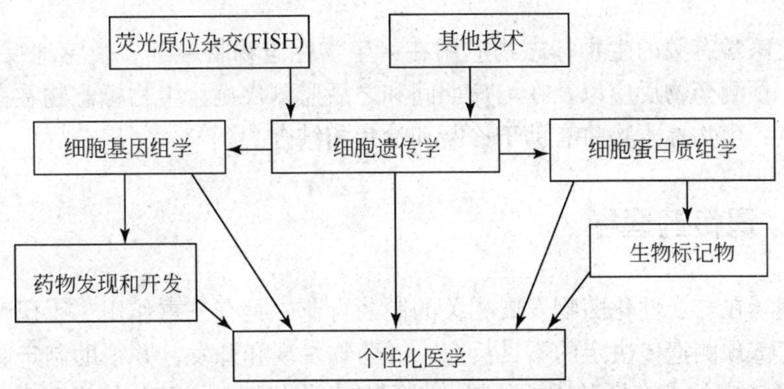

图 7-12 细胞遗传学和个性化医学的关系

（4）SNP 基因分型。SNP 主要是指在基因组水平上由单个核苷酸的变异所引起的 DNA 序列多态性。它是人类可遗传的变异中最常见的一种。占所有已知多态性的 90% 以上。SNP 在人类基因组中广泛存在。基因分型技术特点：①强大的性能和精度；②高通量性能；③成本低。序列提供了最大限度的特异性和选择性。SNP 在个性化医学中的作用（图 7-13）。

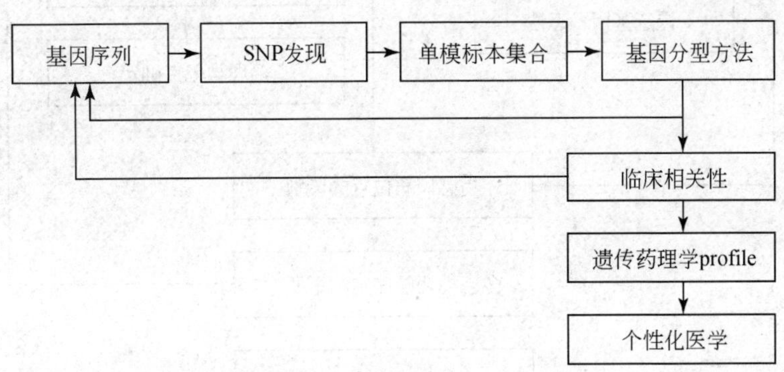

图 7-13 SNP 在个性化医学中的作用

7.4.2 生物标志物

应用生物标志物进行早期药物开发的好处是有助于临床前和早期临床决策，如剂量范围、治疗方案的制定，甚至是效果预测。在临床中，生物标志物可用于促进病人分组、筛选以及描述治疗终点。来自生物标志物的信息有助于更好地了解临床前和临床数据，最终造福患者，促进药物开发。

生物标志物在个性化医学发展中的重要作用：生物标志物有助于疾病的早期诊断，以便优化治疗；生物标志物将融合诊断与治疗——个性化医学的一个重要特征；由生物标志物发现的适合个性化医学使用的药物数量将大大增加；生物标志物鉴定在个性化治疗临床试验中将日益发挥重要的作用；生物标志物为基础的药效监测，将指导个别疾病的个性化管理。

与个性化医学有关的生物标志物应用在：生物标志物将准确、敏感地反映疾病状态，可用于诊断、预测药物反应以及在治疗期间和之后监测疾病；生物标志物在药物开发中可作为药物靶点；生物标志物将有助于诊断和治疗相结合。

7.4.3 遗传药理学

遗传药理学在与个性化药物发展相关的制药行业中具有三重作用：①研究药物代谢和药理学效果；②预测遗传决定的不良反应；③药物发现和开发，并帮助制定临床试验方案（图 7-14）。已确定的多态性基因的数量、编码的药物代谢酶、药物转运和受体数量正在迅速增长。在许多情况下，这些遗传因素对特定药物的药代动力学和药效学将产生重大的影响，从而影响药物在具有一定基因分型的个体病人身上的敏感性。

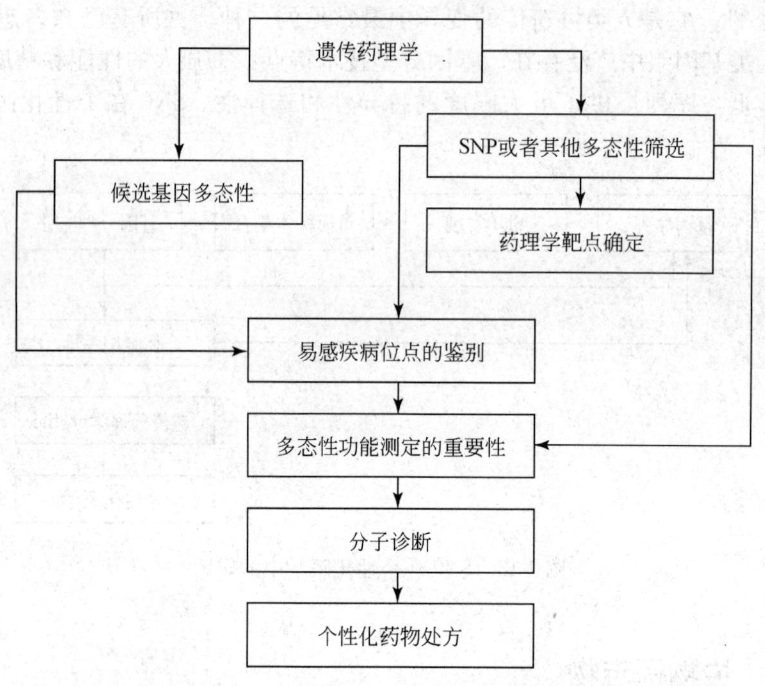

图 7-14　遗传药理学技术在个性化医学中的作用

遗传药理学具有以下的临床意义：细胞色素 *P450* 基因（*CYP450*）的多态性质包括 *CNVs*、错义突变、插入、缺失和影响基因表达的突变以及 *CYP2A6*、*CYP2B6*、*CYP2C9*、*CYP2C19* 和 *CYP2D6* 的活性，*CYP450* 基因的多态性将大大影响到个体药物的反应和不良反应。*CYP1A2* 和 *CYP3A4* 表达差别很大，遗传起源被认为是主要原因，但确切的分子基础仍然不得而知。这种差异对于用一些抗抑郁药、抗精神病药、抗溃疡药物、抗艾滋病病毒药物、抗凝血药、抗糖尿病药物和抗癌药物它莫西芬进行治疗来说至关重要。表观遗传药理学显示基因甲基化如何影响 CYP 的表达。

药物基因组学和遗传药理学在个性化药物发展中分别起着不同的作用（表7-7）。

表7-7 药物基因组学和遗传药理学研究

特征	遗传药理学	药物基因组学
研究重点	病人可变性	药物可变性
研究范围	研究可疑基因序列的变异对药物反应的影响	包括整个基因组的研究
研究方法	SNP表达谱和生物化学	基因表达谱
和药物的关系	一个药物对应多个基因组	许多药物对应一个基因组
药物效果检测	体内研究药物作用于带有遗传基因变异的不同病人	体内外检测多个化合物对基因表达的不同效果
药效预测	中等	高效
药物毒性预测	高效	中等
个性化医学的相关应用	患者/疾病－特异性保健	药物发现和开发或药物筛选

7.4.4 药物基因组学

药物基因组学是个性化药物发展的一个重要基础。药物基因组学使用基因序列和基因组信息对病人进行管理，以便做出治疗决定。该基因序列和基因组学信息可以是宿主（正常或患病）或病原体的。药物基因组学将影响药物开发的所有阶段——从药物发现到临床试验。也适用于广泛范围的治疗产品，包括生物工程蛋白、细胞治疗、反义治疗和基因治疗。这些治疗也受到个体差异引起的制约和复杂性。药物基因组学的治疗靶点的作用（表7-8）。

表7-8 药物基因组学在不同治疗靶点中的作用

靶点	疾病
AlloMap133 gene	心脏排斥
Alpha-adducin	高血压
BCR-abl；c-KIT	癌症/CML
BRCA1/2	乳腺和卵巢癌
CETP	动脉硬化
CYP2C9/VKORC1	凝血功能障碍
CYP2D6/2D19（Amplichip133）	药物代谢疾病
EGFR	肺癌
Estrogen receptor	乳腺癌
Familion133 5-gene profile	心律失常
HER-2/neu receptor	乳腺癌
KRAS mutation	肺癌药物耐受
MammaPrint 70-gene profile	乳腺癌复发

续表

靶点	疾病
Oncotype DX：16 gene profile	乳腺癌复发
OncoVue133（117 loci）	散发性乳腺癌
p16 gene/CDKN2A	黑色素瘤
PML-RAR alpha	急性髓细胞白血病
Sprycel（dasatinib）	格列卫耐药
TPMT	急性淋巴细胞白血病
Transcriptional profiles	非霍奇金淋巴瘤
Transcriptional profiles	急性髓细胞性白血病
TruGene133-HIV 1 genotyping	HIV 病毒耐药
UGT1A1	结肠癌

药物基因组学和药物发现。图 7-15 显示，基因组技术和药物基因组学在药物发现和开发中发挥着重要的作用。SNP 数据分析已经鉴定出几个可以用于发现药物的候选基因。从基因功能的研究及其相互作用的研究所了解的生物学途径的作用以及它们在人群中的可变性等方面获得的信息可以用于药物发现（图 7-15）。

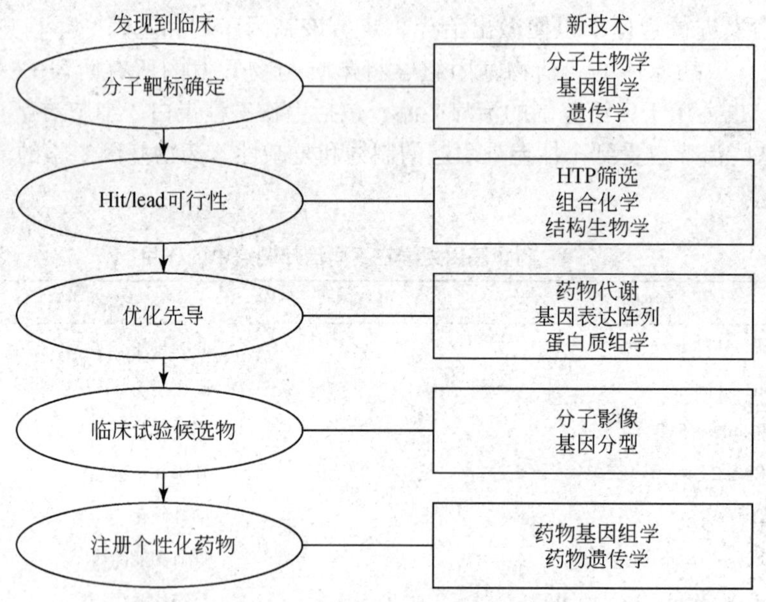

图 7-15　新技术在药物发现过程不同阶段的影响

资料来源：Jain PharmaBiotech

药物基因组学和临床试验。药物基因组学目前的应用包括基因分型 I 期临床试验的发展。来自于药物反应回顾性研究的后期临床试验的遗传信息银行变得更加常见，但尚未形成行业标准。药物基因组学在临床试验中的作用见表 7-9。临床研究中使用药物基因组学的一些例子见表 7-10。

表 7-9 药物基因组学在临床试验中的作用

确定大量影响药物作用的基因变异
在临床试验中根据基因型对病人进行分组
减少的临床试验所需的病人总数
在不同的患者群中预测药物的最佳剂量
通过在特定人群中验证药效来缩短药物开发时间
在患者基因分型的基础上预测药物不良反应或治疗失败
预测药物之间的相互作用

表 7-10 以药物基因组学为基础的临床研究举例

疾病	药物	多态性	结果
哮喘	Zileutin	ALOX5 基因型	减少其中杂合子反应
阿尔茨海默病	Tacrine	ApoE4 基因型	带有 ApoE4 基因者显示弱反应
冠心病	Pravastatin	B1B1 位点的胆固醇酯转运蛋白多态性	比 B2B2 位点多态性有更好的反应
精神分裂症	Clozapine	5HT2A 受体 C102 等位基因	提高对 clozapine 的反应

资料来源：Jain PharmaBiotech（2009）

7.4.5 药物蛋白质组学

蛋白质组学在药物开发中的作用可以称之为“药物蛋白质组学”。蛋白质组学主要分为两个领域：表达蛋白质组学和功能蛋白质组学。表达蛋白质组学的任务是通过定量和定性分析，在整体水平上研究细胞蛋白质表达的变化。在药物研发中的应用主要是，比较健康状态和疾病状态，经药物处理和未经处理条件下，细胞、组织、或生物体蛋白质表达图谱的差异，并分离出表达异常的蛋白质加以鉴定，找出与疾病相关的蛋白质和药物治疗的可能靶点，进而阐明药物的作用机制和不良反应，建立药物的安全性生物指标。功能蛋白质组学主要研究蛋白质之间相互作用的方式以及这些作用是如何决定其功能的。在药物研发中的应用主要是通过对靶蛋白与疾病相关蛋白相互作用的研究来确认和验证药物治疗的靶点。

药物蛋白质组学连接表型与基因型，通过对病人进行应答分类，可以促进药物开发进程。蛋白质组学显示由基因组表达的蛋白质，系统分析组织蛋白轮廓，平行于基因组相关的领域，是个性化医学基础的重要组成部分。基因组学和蛋白质组学信息的结合，动态地描述了疾病的进程。单细胞蛋白组学可能用于预测个别病人的最佳治疗方法。通过帮助阐明疾病的病理机制，蛋白质组学将有助于发现适合个性化药物未来概念的药物。通过识别毒性蛋白质标志物，毒性蛋白质组学可以提高毒性筛选的速度和敏感性。

7.4.6 药物代谢组学

药物代谢物组学与其他代谢物组学（植物代谢、疾病诊断等）相比，其研究内容是不相同的。在植物代谢物组学、疾病诊断代谢物组学的研究中，都是只针对单方面代谢网络进行考察，而药物代谢物组学的研究则是要结合药物代谢和内源性物质代谢两方面的代谢网络来考察药物的作用机制。目前，药物代谢物组学所用的数据采集方法主要为核磁共振（NMR）和质谱（MS）方法。

随着大量有潜在药用价值化合物的出现，制药工业追求的焦点一方面集中在提高“利益/成本”比率，另一方面集中在药物的质量最优化，开发周期最短化。新药研究需要回答两个关键问题：一是新药作用的靶点是什么？二是新药在体内的代谢规律如何？药理作用如何？药物代谢物组学中对内源性物质的代谢研究回答了第一个问题，药物代谢物组学的第二个方面的研究内容回答了药物在体内的代谢规律，两方面内容的结合解决的是药理作用。

药物代谢物组学对加速药物开发必将发挥重要的作用，可以帮助研究者在新药开发的早期就对其应用前景做有效的预计，以降低药物研究中的成本和风险。通过代谢物组学技术对药物进行研究，大大缩短药物发现和开发的周期，有助于人们在基因水平上认清药物作用体内后，内源性物质变化和药物作用的关联。世界上很多大的制药公司已经将代谢物组学技术用于药物的开发，如礼来等 6 家制药公司联合英国伦敦大学帝国理工学院组成合作研究小组，共同开发基于代谢物组学技术的药物安全评价信息系统。

总之，通过对药物代谢物组学的研究，可以在新药的开发中很好的监控药物的吸收、分布、代谢、排泄并对药物的毒性进行预测，从而将大大加速药物开发研制的过程。

7.4.7 小结

个性化医学的发展需要药理学、生物技术和临床医学的各个环节的参与，需要整合分子诊断、生物标记物、药物基因组学、遗传药理学、药物蛋白质组学、药物代谢组学等技术来发展。基于目前生物技术和分子医学的进展，个性化医学预计有望在 21 世纪第二个 10 年得到提高和突破。这些研究将涉及找到癌症治疗的方法，使之成为可管理的慢性疾病。通过应用纳米生物学和细胞治疗，特别干细胞等新技术，使个性化医学获得进展。部分自动化技术、机器人技术和信息技术将被纳入临床医学。再生医学和组织工程的进展将使损伤的中枢神经系统和心脏得到维护和再生。在这种进展的要求下，个性化医学将成为病人管理的重要组成部分。分子诊断和标志物发现的进展将促进这一发展。有关个性化医学的重要进展包括：①将在分子水平上理解目前已知的大多数重大疾病的病理机理。②基因组学、蛋白质组学、各种研究和商业来源代谢数据将与临床医药融合。③有关基因测试的大多数道德和政策问题将会得到解决。④遗传药理学将用于从特定药物中识别副作用大的药物。⑤改进药物靶标发现，提高基于临床试验的药物基因组学。⑥预防医学将充分认识到接受症状前诊断和先发治疗。

7.5 总结与建议

7.5.1 我国个性化医学发展现状与存在的问题

我国个性化医学研究政府已在有关技术上以项目方式有所布局，但缺乏政府顶层的系

统化设计，未形成强有力的研究联盟或团队。从我国涉及个性化医学发展的有关政策和项目来看，2007 年中南大学成立药物基因组应用技术教育部工程研究中心。同年 8 月，上海生命科学院健康科学研究所与上海交大医学院、飞利浦电子公司联合组建生物标记物实验室。“863”计划重点项目实施年限为2009 年1 月 ~2010 年12 月的常见重大疾病全基因组关联分析和药物基因组学研究启动，总经费为2 亿元人民币。2008 年初中国的深圳华大基因研究院（BGI Shenzhen）参与的“千人基因组计划”中的黄种人基因组研究，将使中国基因组科学和相关医学研究直接跨入与国际前沿完全接轨的世界先进行列，极大地促进中国药物基因组学研究的发展。2009 年，中国首个个性化基因诊断中心在山东省医学科学院成立。总体来说，我国个性化医学发展多是以项目方式分散、孤立地进行，没有形成强有力的研发团队，科研机构只能在举步维艰中去努力达到国际研究水平，而对于下游阶段的企业来说，更缺乏其生存与发展的良好环境。这或许与我国各界（政府、科研机构、大学、医院、企业；医生与患者）对个性化医学的社会发展和产业经济促进的意义认识不足，没有形成国家级的发展战略有关。由于缺乏国家政府的培植、扶持，以致科研和医疗机构、产业界都缺乏良好的生长、发育的环境与条件。

我国个性化医学研究能力和国际影响力都亟待加强。从所发表的科研文献来看，我国个性化医学研究起步晚，2003 年始有文献发表。目前，我国虽以 36 篇的发文量居于法国之前，排名第九，但引文量在前 10 强国家中最低，故我国个性化医学研究能力和国际影响力都亟待加强。在遗传药理学方面，中国在该领域的论文产出仅 3 篇（2008 年的 2 篇和 2009 年的 1 篇），排在世界第 16 位，中国在药物基因组学研究发文 3 篇，引文量为 6 篇次。

中国科学院个性化医学研究基础比较薄弱，但研究水平在一定程度上已与国际接轨。中国科学院以 12 篇发文量，有幸跻身世界第 10 强机构，发文量与第 1 名的美国杜克大学相差一半，引文量近 3 年呈现快速增长的趋势。中国科学院 2007 年开始开始对世界个性化医学研究产生影响（有 4 篇引文），随后其在 2007 ~ 2008 年影响力不断快速增强，到 2009 年，引文量已达 80 篇，与第 1 名杜克大学相差 17 篇次，居世界第 5 位。中国科学院的发文量虽仅为世界第 10 名，但论文质量高，中国科学院在世界的个性化医学领域已开始崭露头角。

总之，我国的个性化医学研究尚处于萌芽期的相对自由发展阶段，鉴于个性化医学将掀起人类医疗史上一次革命性变化，为避免类似美国等发达国家已经面临的不堪重负的医保体系，推动国家医疗保健管理形成新的发展思路，作为人口大国的我们，在我们医保体系建设初期，如果能从发达国家的弯路中获取一些经验，利用最新的人类研究成果、技术、方法降低医疗成本的同时，提高治疗效果，切实促进制药企业和生物企业的共同发展与繁荣，让医药界获得良好的社会和经济效益；使得我国人民更得益于药品对人类健康和生活质量提高所做的贡献。我们在此总结国外先进经验，针对我国个性化医学研究的现状和存在的问题，从以下几个方面提出我国及我院的建设性意见，供有关科技管理人员和科研人员决策参考，以促进我国个性化医学的发展，造福国民健康。

7.5.2 个性化医学发展建议

7.5.2.1 我国个性化医学发展战略建议

1）政府顶层设计，制定和实施我国个性化医学发展战略性计划，实现创新型国家的跨越式发展

由于个性化医药的发展覆盖基础研究、应用研究、技术开发、临床治疗，涉及面波及“官、产、学、研、医”各个领域，只有在政府强有力的推动下才能实现其好、快、省的高效发展。欧美国家个性化医学研究成果也主要得益于其国家政府所给予的政策、资金等方面的支持。我国拟在中国国家科学技术部或国家自然科学基金委员会的引领下，充分发挥具有上承基础研究，下启产业开发作用的新药研发机构的中坚作用，调动企业、医院积极性共同制定和实施“中国个性化医学发展战略性计划”，匹配专项经费，推动我国个性化医学的发展。通过“官、产、学、研、医”的联动，促进我国基础研究、应用研究及技术开发节点间实现有机衔接，通过模式创新产出具有社会经济应用价值的科技成果，促进我国生物医学研究、制药行业和健康保障体系的跨越式发展，系统全面推进我国个性化医学的发展。

2）建立个性化医学工作组

建立个性化医学工作组，确保个性化医学产品能满足安全、有效、临床时效性的最高标准。协调工作组将负责确定跨机构协调与合作的优先领域，支持关键发现和转化研究；进行研发经费的匹配；协调跨机构活动；落实个性化医学战略性发展计划，征求有关建议，与时俱进调整研发重点，引导我国个性化医学的发展，在国际上形成比较重大的影响力。

3）发展综合性全国标准化的生物银行

开展大规模人口样本研究，调查遗传和环境对健康的影响，将所有生物材料（如DNA、组织细胞、血液以及各项生物检体的资料等）集成起来，形成全面的高质量人口资源样本数据库——我国标准化生物银行。

4）组建我国个性化医学联盟团队

发挥药物研究机构在医药行业所处的中游枢纽作用，以应用研究、基础应用研究机构为主要参与者，联动基础研究机构、医疗机构、大学、制药企业形成我国个性化医学研发团队，这将有利于整合医药行业上、中、下游的研发力量，推动医学模式和医疗方式的转变，促进我国个性化医学发展。

5）整合所有新型技术推动个性化医学发展，以优化卫生保健医药的应用

个性化医学将整合包括早期的疾病诊断、SNP 基因分型、敏感试验、分子影像和医疗点诊断等。它需要以下技术的支持，如蛋白质芯片、生物传感器、纳米技术和基因组芯片技术等。分子通道的认识、合理的药物发现、细胞治疗、靶标治疗以及基因治疗也离不开基因组/蛋白质组学相关技术、生物标记物的应用、疾病通路的发现以及系统生物学的发展，应实现个性化医学的发展。

7.5.2.2 中国科学院个性化医学发展策略的建议

1）积极倡导政府制定我国个性化医学发展战略计划，并在国家战略制定中发挥重要作用

中国科学院是我国在个性化医学研究中有幸进入世界前10强的机构。虽然个性化医学研究基础还比较薄弱（发文量与第1名的美国杜克大学相差一半，无专利技术），但研究水平一定程度上可称已与国际接轨（引文量与第一名杜克大学相差17篇次，居世界第5位）。在国内来说具有较强的个性化医学研究能力，拟发挥自身在个性化医学研究中的领军作用，倡导国家开展个性化医学研究，以此为切入点，凸显中国科学院个性化医学研究的引领优势，谋求提高科研社会经济效益之路，推动相关产业跨越式发展，催生新的经济增长点，造福于民。

2）加强中国科学院个性化医学相关基础研究与应用研究的整合，联动医疗机构、大学、企业共同研究，促进中国科学院转化型研究发展

近年在国家重大新药创制重大专项的扶持下，药物研究机构科研能力及与产业界联动能力不断加强；随着遗传药理学、药物基因组学、蛋白质组学、代谢组学、生物信息学等技术的发展，促使药物研究机构与基础研究机构有了更紧迫的合作需求。首先整合中国科学院个性化医学有关的基础研究和应用研究方面的力量，以承上启下的药物研究机构为核心，促进院内的转化型研究工作的开展。由于中国科学院缺乏医疗资源，应加强与医疗机构及有医疗资源的研究型大学的合作，与企业加强产业化合作，强化核心技术研发与产品的产业化发展，有效促使科研成果转化为现实生产力。

3）瞄准个性化医学技术趋势，以项目为载体，前瞻性地布局中国科学院个性化医学研究工作

部署中国科学院个性化医学重大项目，建立有效的大跨度学科交叉的保障机制，以项目为载体，形成以点带面的布局，前瞻性地进行个性化医学相关关键技术进行布局，包括分子诊断、生物标记物、遗传药理学、药物蛋白质组学、药物代谢组学等。实现中国科学院科技创新由“跟踪”到“引领”的重大转变，这将带来疾病诊断和治疗的革命，带动我国生物医药等相关产业的发展。

7.5.2.3 个性化医学前沿技术发展建议

1）系统化开展个性化医学相关分子诊断研究

分子诊断是运用诊断测试来了解个体病人疾病的分子机制，将为未来许多疾病安全有效的治疗方法提供支撑。个性化医学中分子诊断的作用包括以下几个方面：在分子诊断的基础上，早期检测和选择适当的安全有效的治疗方法；分子诊断与治疗的融合监测治疗以及判断预后。个性化药物的两个重要组成部分是遗传药理学和药物基因组学。与个性化医学有关的研究包括：分子诊断技术、DNA测序技术、生物芯片和微阵列技术（DNA生物芯片和蛋白质生物芯片）、细胞遗传学、SNP基因分型。

2）加强生物标志物在个性化医学中的应用研究

个性化医学有关的生物标志物的应用在如下方面：①生物标志物将准确、敏感地反映

疾病状态，可用于诊断、预测药物反应以及在治疗期间和之后监测疾病；②生物标志物在药物开发中可作为药物靶点；③生物标志物将有助于将诊断和治疗相结合。应用生物标志物进行早期药物开发的好处是有助于临床前和早期临床决策，如剂量范围、治疗方案的制定，甚至是效果预测。在临床中，生物标志物可用于促进病人分组、筛选以及描述治疗终点。来自生物标志物的信息有助于更好地了解临床前和临床数据，最终造福患者并促进药物开发。生物标记物相对于其他技术，与个性化医学的关系如下：组织/细胞和体液，经药物遗传学、基因组学、蛋白质组学、和代谢组学相关技术分析，再融合系统生物学和生物信息学，进而发现生物标记物，生物标记物可助于靶标的发现（促进药物发现）、指导临床试验、分子诊断、提高对疾病的认识以及疾病的预后。生物信息学有助于模式分析、药物发现，可促进诊断和治疗，分子诊断、诊断和治疗以及模式分析三者共同促进个性化医学的发展。药物遗传学、基因组学、蛋白质组学和代谢组学也可直接参与分子诊断、诊断和治疗以及模式分析，共同促进个性化医学的发展。

3）强化遗传药理学的研究优势

我国在遗传药理学研究所发表的科研文献不多，但国际影响力的确不小，进入了国际先进水平。以优强优可尽快凸显我国个性化医学研究国际水平。遗传药理学在与个性化药物发展相关的制药行业中具有三重作用：①研究药物代谢和药理学效果；②预测遗传决定的不良反应；③药物发现和开发，并帮助制定临床试验方案。遗传药理学的研究主要包括候选基因多态性和SNP或其他多态性筛选（有助于药理学靶点的确定），两者共同作用，指导易感疾病位点的鉴别、多态性功能测定、分子诊断和个性化药物处方。SNP或其他多态性筛选技术也可直接指导多态性功能的测定。

4）强化药物基因组学在药物发现不同阶段作用和临床应用的研究

我国在药物基因组学研究所发表的科研文献不多，但已经具有一定的国际影响力。强化其研究可促进其快速发展。药物基因组学和基因组技术在药物发现和开发的不同阶段具有重要作用，分子靶标的发现，需要分子生物学、基因组学和遗传学相关新技术；Hit/Lead可行性验证，需要HTP筛选、组合化学技术和结构生物学知识；先导化合物的优化，需要药物代谢、基因表达阵列和蛋白质组学相关技术；临床试验候选物的选择需要分子影像和基因分型技术；一直到个性化药物的注册，还需要药物基因组学和药物遗传学相关技术支持。

5）系统化加强药物蛋白质组学研究

蛋白质组学在药物开发中的作用可以称之为“药物蛋白质组学”。药物蛋白质组学在个性化药物应用中的优点包括药物蛋白质组学是一个病人之间个体差异的功能代表；包括后翻译后修饰的影响，药物蛋白质组学连接表型与基因型；通过对病人进行应答分类，可以促进药物开发进程。蛋白质组学主要分为两个领域：表达蛋白质组学和功能蛋白质组学。表达蛋白质组学的任务是通过定量和定性分析，在整体水平上研究细胞蛋白质表达的变化。在药物研发中的应用主要是，比较健康状态和疾病状态，经药物处理和未经处理条件下，细胞、组织、或生物体蛋白质表达图谱的差异，并分离出表达异常的蛋白质加以鉴定，找出与疾病相关的蛋白质和药物治疗的可能靶点，进而阐明药物的作用机制和不良反应，建立药物的安全性生物指标。功能蛋白质组学主要研究蛋白质之间相互作用的方式以及这些作用是如何决定其功能的。在药物研发中的应用主要是通过对靶蛋白与疾病相关蛋白相互作用的研究来确认和验证药物治疗的靶点。

6）深入推动药物代谢组学研究

药物代谢物组学的研究则是要结合药物代谢和内源性物质代谢两方面的代谢网络来考察药物的作用机制。通过对药物代谢物组学的研究，可以在新药的开发中很好地监控药物的吸收、分布、代谢、排泄，并对药物的毒性进行预测，从而将大大加速药物开发研制的过程。目前，药物代谢物组学所用的数据采集方法主要为核磁共振（NMR）和质谱（MS）方法。代谢组学已被用于确定疾病的分子标记物，并确定新上市药物和新化学实体的副作用。相比2.5万个基因和将近100万个蛋白质，代谢产物只有2500个（小分子）。有限的数量使得他们更容易被定量分析。使用多个质谱为基础的技术检测样本，通过专有软件和算法进行数据的集成和分析整合，可以使得人们比以前更快、更准确理解一种疾病。通过测量生化变化频谱和映射这些代谢途径的变化，病人的血浆样本中可以分析出神经退行性疾病的信号。

致谢：中国科学院上海药物研究所丁健所长、成建军书记、叶阳副所长、蒋华良副所长和沈竞康研究员等专家、学者对本章初稿进行了审阅，并提出了宝贵的修改意见。特别是沈竞康研究员在我们开题和撰写过程中给予了悉心指导，在此致以诚挚的感谢！

参考文献

宫田满．2009. 日本在新药开发方面揭开个性化医疗的序幕．生物产业技术，2：6，7

科技部．2008-12-19.“常见重大疾病全基因组关联分析和药物基因组学研究”重点项目通过可行性论证. http：//www. most. gov. cn/shfzs/sfdtxx/200812/t20081218_ 66270. htm

科技部．2009-03-10. 常见重大疾病全基因组关联分析和药物基因组学研究．http：//www. most. gov. cn/tztg/200903/W020090309621140562277. doc

科学网．2008-01-23. 中英美科学家宣布启动国际千人基因组计划．http：//www. sciencenet. cn/htmlnews/20081238230393199995. html

人民网．2003-05-05. 日本将建立“个性化医疗”基因库　提供个性化服务．http：//www. people. com. cn/gb/kejiao/42/152/20030505/984772. html

生物谷．2004-08-23. 日本开发个性化癌症预防服务系统．http：//www. bioon. com/article/molecular/77667. shtml

生物谷．2007-09-03.“生物标记物”实验室在沪成立．http：//www. bioon. com/trends/news/358642. shtml

魏然．2009-06-23. 中国首个个性化基因诊断中心在省医学科学院成立．http：//www. shandong. gov. cn/art/2009/6/23/art _ 348 _ 185245. html

中南大学．2007-10-31.“药物基因组应用技术教育部工程研究中心”成立．http：//www. bioon. com/biology/news/314649. shtml

驻欧盟兼驻比利时代表处科技组．2008-08-07. 欧盟投资建立“欧洲生物银行”．http：//www. nsc. gov. tw/int/ct. asp？ xItem = 0970731006&ctnode = 207&lang = c

Business Insights. 2009-11-10. The Future of Personalized Medicine：The Impact of Proteomics on Drug Discovery And Clinical Trial Design. http：//www. researchandmarkets. com/reportinfo. asp？ report_ id = 235993

Bio Alliance. 2009-11-7. http：//www. bio-alliance. com

Carroll J. 2008-11-06. Personalized medicine：from concept to reality. http：//www. eflorida. com/myeflorida/

ls_ webinar/personalized_ medicine. pdf

European Commission. 2009-12-18. 欧盟第七框架计划（FP7）. http://cordis. europa. eu/fp7/health/home _ en. html

FDA. 2008-08-10. New Labeling Information for Warfarin (Marketed as Coumadin). http://www. fda. gov/cder/drug/infopage/warfarin/default. htm

Jain K K. 2006. Challenges of drug discovery for personalized medicine. Current Opinion in Molecular Therapeutics, 8 (6): 487 ~ 492

Jain PharmaBiotech. 2009-11-03. http://www. pharmabiotech. ch

Medicalnewstoday. 2007-05-30. 17m Pound (sterling) Initiative to Evaluate Biomarkers—The Medical Tool Of The Future, UK. http://www. medicalnewstoday. com/medicalnews. php? newsid = 72439

NIH. 2008-03-17. NIH Launches Center to Study Genomics and Health Disparities. http://www. nih. gov/news/health/mar2008/nhgri-17. htm

PMC. 2009-11-07. Personalized medicine coalition. http://www. personalizedmedicinecoalition. org

PCAST. 2008-09. Priorities for personalized medicine. http://www. ostp. gov/galleries/PCAST/pcast _ report _ v2. pdf

Sadee W. 2008. Drug Therapy and Personalized Health Care: Pharmacogenomics in Perspective. Pharmaceutical Research, 25 (12): 2713 ~ 2719

The Health and Human Services. FY2008 President's Budget for HHS. 2009. http://dhhs. gov/asfr/ob/docbudget/budgetfg08. html

The Royal Society. 2005-09-21. Personalised medicines: hopes and realities. http://royalsociety. org/personalised-medicines-hopes-and-realities

U S Congress. 2006-08-03. Genomics and Personalized Medicine Act of 2006. http://www. govtrack. us/congress/billtext. xpd? bill = s109-3822

U S Congress. 2008-07-15. The Genomics and Personalized Medicine Act of 2008 (H. R. 6498). http://www. govtrack. us/congress/bill. xpd? bill = h110-6498

U S Department of Health & Human Services. 2009-11-03. Personalized Health Care. http://www. hhs. gov/myhealthcare

8　全球变化空间观测研究国际发展态势分析

安培浚　张志强　赵纪东　刘志辉

（中国科学院国家科学图书馆兰州分馆）

肇始于20世纪80年代的全球变化研究在当前受到了国际社会的空前关注。空间观测因具有宏观、快速、准确等特点而成为宏观地球环境变化监测不可替代的关键技术手段。随着全球变化问题日益国际化，全球环境变化的空间观测研究已日益与国家利益以及国际政治和外交联系在一起。因此，开展全球变化空间观测研究，不仅是科学研究工作和实现地球系统持续发展的迫切需要，而且是维护国家权益和建立和谐世界的外交工作的迫切需要。

本章从主要相关国家开展的全球变化空间观测研究计划入手，重点阐述全球变化空间观测研究国际发展态势、前沿研究领域和重点方向，回顾全球变化空间观测研究的历史、取得的科学成就，分析全球变化空间观测的技术能力，展望未来的发展趋势。

本章通过分析国际ISI数据库收录的相关论文和Aureka专利平台收录的专利数据，利用美国汤森路透数据分析工具TDA以及Aureka专利平台，对1980～2009年全球变化空间观测研究的科学论文和专利文献进行了计量分析，揭示出近年来全球变化空间观测研究与技术研发的发展趋势、研究热点和重点方向。最后提出了加强我国全球变化空间观测研究的一些对策建议。

8.1　引言

随着全球环境问题的日益突出、全球环境变化趋势的日益显著、全球变化的负面影响甚至灾害性影响日益严重，从20世纪80年代以来，国际科学界提出了地球系统科学的思想，推动了全球变化研究。国际科学联合会理事会（ICSU）等国际性科学组织先后发起组织了“世界气候研究计划”（WCRP，1980）、“国际地圈生物圈计划”（IGBP，1987）、“生物多样性计划”（DIVERSITAS，1991）、“国际全球环境变化的人文因素计划”（IHDP，1996）等四大全球环境变化研究计划，从地球系统的全面视角审视和研究全球环境变化问题及其影响，促进人类社会的可持续发展。以国际全球变化研究计划的组织实施为标志，全球变化研究进入了一个新的阶段，并逐步发展成为一个跨越众多地球科学众多分支学科界限的独立科学。全球变化研究已经成为国际上重大的跨学科研究领域，它描述和理解控制整个地球系统的、相互影响的物理、化学、生物、人类过程之间的相互作用及其影响后果，预测地球系统的未来变化趋势及其对自然和人类社会的影响，为人类社会的可持续发展服务。

国际全球变化研究四大科学计划 WCRP、IGBP、IHDP 和 DIVERSITAS 在组织实施一个计划期后，不断调整其各自的核心计划及其研究内容，在进入 21 世纪后陆续转入第二个计划执行期（如，IGBPⅡ，IHDPⅡ），形成了各自新的核心科学计划体系。同时，四大科学计划于 2001 年联合组建了地球系统科学伙伴组织（ESSP），陆续启动了面向人类可持续发展的四个联合研究计划——全球碳计划（GCP）、全球水系统计划（GWSP）、全球环境变化与食物系统（GECAFS）、全球环境变化与人类健康（GECHH），开展区域性集成研究活动，进行地球系统分析模拟，组织召开全球变化开放科学大会等，旨在有力地推动对地球系统的综合集成研究，促进地球系统重大研究计划之间的交叉与合作，增进人类对复杂地球系统的深入认识和理解。

全球变化研究不仅极大地推动了人类对地球系统变化的认识，也促进了地球系统科学的形成和发展。当前，国际全球变化与地球系统科学研究体现的特点可以归纳为：全球整体系统观、全时空尺度、多学科交叉集成、高新技术应用（空间观测技术、地面观测技术、地球钻探技术、高温高压模拟实验技术、数据信息处理技术、地球系统模拟技术）、高投入、预测模拟化（过程模式、耦合模式、地球系统模式）、研究定量化（地球科学从粗略科学走向精确科学）、地球信息与空间信息数字化、大计划推动、国际合作、社会应用导向等（张志强等，2007）。

2007 年 2 月开始，政府间气候变化专门委员会（IPCC）发布其第四次关于全球变化的评估报告，第一工作组的报告《气候变化 2007：自然科学基础》认为，未来全球温度每 10 年将升高 0.2℃，并认为人类活动已经成为全球变化的主要驱动力（IPCC，2007a）。第二工作组的报告《气候变化 2007：影响、适应与脆弱性》，警告世人全球变化的后果将是深远和广泛的，全球变暖会造成沙漠化、干旱以及海平面上升等现象；气候变化会导致非洲粮食产量急剧下跌，可能引起喜马拉雅山冰川融化，并在欧洲和北美引起滚滚热浪；它预测水资源的短缺会影响到数十亿人，海平面的上升可能持续几个世纪（IPCC，2007b）。IPCC 第四次评估报告的这些结论，进一步引起人类社会对全球环境变化的关注，将进一步推动国际科学界对全球变化研究的深入开展。

开展地球系统和全球变化研究，了解地球系统的现状，分析地球系统各部分之间的相互作用，定量确定相互作用的量的关系，就必须建立长时期的、稳定的获取全球多种地球物理参数的观测系统。空间观测是地球系统科学研究的基础，也是全球变化研究的基础。国际相关组织机构联合启动一系列的观测计划，如 1975 年启动的全球环境监测系统（GEMS）计划、1992 年启动的全球气候观测系统（GCOS）计划、1993 年启动的全球海洋观测系统（GOOS）计划、1996 年启动的全球陆地观测系统（GTOS）计划、1998 年启动海洋浮标观测系统（Argo）计划等，这些对地球表层和深部观测计划的开展，增强了人们认识地球系统的能力，为进行全球变化研究提供了强有力的理论和技术支撑。

在对地观测技术突飞猛进的同时，对地观测活动的联合与协调也逐步加强。全地球系

统观测政府间工作组（GEO）及其全球综合地球观测系统（GEOSS）的确立，使全球对地观测活动走向更加广泛和有效的合作。在局地、国家、区域或国际范围内的观测机构建立联系，协调全球的地基、空基和天基观测，从而加强地球观测的能力建设。通过GEOSS，人类将会对地球系统进行更完全、更综合的观测和认识，扩展在全球范围的观测、监测与预警能力（GEO，2005）。

2007年11月，在南非开普敦召开的、有来自73个国家和46个国际组织出席的全球综合对地观测部长级会议上发表的《开普敦宣言》指出：认识到世界各国正面临全球变化影响所带来的环境、社会和经济的挑战，认识到对地观测技术的重要性，需要发展地基、海基、机载和空基对地观测系统、数据同化技术和进行地球系统模拟。可见，对地观测技术在全球变化研究中的重要性。

8.2 全球变化空间观测研究发展态势

8.2.1 全球变化空间观测研究发展回顾

在过去50年中，国际科学界在地球空间观测方面取得了巨大成就。空间观测改变了人们观察行星地球的方式，为核实和完善人们对于平流层臭氧如何对极地臭氧空洞进行化学控制，洋流、温度和大气过程如何与厄尔尼诺－南方涛动现象耦合，积雪如何影响水循环动力，全球性和区域性因素如何影响海平面变化的认识都提供了必要信息。

1960年，NASA发射了世界上第一颗气象卫星TIROS 1。TIROS 1在近圆形、48度倾斜的顺行轨道上飞行，从太空拍摄到了天气模式的电视与红外照片，成为早期预警的“暴风雨巡逻队”，它还协助进行天气分析和预测，成为当时大气科学家的研究工具（Wexler，1963）。TIROS 1拍摄到的卫星图像揭示了惊人的云层特征：海洋风暴，其中包括飓风的螺旋带结构的和未报道的新西兰附近的台风；南美洲上空难以预测的山波云及其结构；风暴形成发展中的快速变化。由于TIROS卫星取得的成绩极易得到大众的认同，所以其得到了巨大的政治上的支持。此后，许多地球空间观测系统已经开始使用光学传感器。1962年发射的TIROS 6第一次利用红外传感器从空间测量了积雪的覆盖，这种技术随后被用于海冰范围和云顶及海面温度的观测。该系列的10个TIROS卫星被证明非常成功，这说明进行持续的空间气象观测是可能的。

1964～1978年发射的“雨云”系列7颗卫星对于人类了解大气、陆地表面、生态系统、天气、海洋很有帮助，并且形成了美国主要的地球卫星遥感研究与开发平台。“雨云1号”（1964）提供了第一张全球云层和大型天气系统的影像。搭载中等分辨率红外辐射计的“雨云2号”（1966～1969）绘制出大气中水蒸气和CO_2的分布图，测量了海洋的温度，清楚地揭示了主要洋流的轮廓。“雨云3号”（1969～1972）携带先进的导航和定位通信系统——全球定位系统（GPS）的先驱，被用于跟踪和监测中性浮力气球，同时“雨云3号”也创造了垂直温度和水汽探测的可能性，以及对地球大气层顶部辐射（用于估计带状极向热量传输）进行测量的能力。“雨云4号”（1970～1980）携带红外探测器，对全球范围的臭氧层进行了观测。“雨云5号”（1972～1983）搭载了微波和平流层探测器，测量了海洋上空的降雨量，监测海冰并且绘制了海冰图。“雨云6号”（1975～1983）改进了测量不同海拔高度的大气温度的方法。运行时间较长的“雨云7号”（1978～1994）携带海岸带水色扫描仪（CZCS，1986年后停止提供数据），臭氧总量绘图系统（TOMS，1993年失效），以及其他6个改进的传感器。为进行地球辐射收支实验，搭载于“雨云7号”的空腔辐射计首次精确测量了到达地球的太阳辐照度。从雨云系列卫星任务中得到的技术和经验教训成为1978年以后NASA和美国国家海洋与大气管理局（NOAA）发射的大多数地球观测卫星的坚实后盾。

1972年，地球资源技术卫星ERTS 1号（后来改名为Landsat 1）提供了光学传感器新的陆基应用方法。陆地卫星携带一个返束光导管摄像机（RBV）和一个可从900千米高度以绿色、红色和两个红外光谱带对地球进行80米分辨率影像的多光谱扫描仪（MSS）。自1972年以来，陆地系列卫星提供了有关土地覆盖及其历史变迁的最长的持续性全球记录。陆地卫星成为土地覆盖研究的首要技术。第二代试验型地球资源卫星（Landsat 4/5），在技术上有了较大改进，平台采用新设计的多任务模块，增加了新型的专题绘图仪TM，可通过中继卫星传送数据。TM的波谱范围比MSS大，每个波段范围较窄，因而波谱分辨率比MSS图像高，其地面分辨率为30米（TM6的地面分辨率只有120米）。1999年发射了Landsat7卫星，以保持对地球图像、全球变化的长期连续监测。该卫星装备了一台增强型专题绘图仪ETM+，该设备增加了一个15米分辨率的全色波段，热红外信道的空间分辨率也提高了一倍，达到60米。

1978年，NASA喷气推进实验室（JPL）基于行星探测的经验发射了海洋资源探测卫星（Seasat），该卫星携带多种海洋传感器，包括影像合成孔径雷达、高度计、辐射计和散射仪。这些设备测量了海洋表面地形、海洋边界层风速和风向、海洋表面温度以及极地海冰状况。尽管海洋资源探测卫星只收集了105天的数据，但它开创了利用雷达技术和微波辐射测量海洋地形和风力的先例，它的成功导致了后来的洋面地形起伏测量实验卫星（Topex/Poseidon）以及全球气候和海洋环境监测卫星QuikScat的发射，激发了成像雷达在航天飞机以及欧洲、加拿大和日本发射的多颗卫星中的应用（NRC，2007）。这些星载雷达能够探测构造活动、火山活动、水文活动或人类活动所引起的地球表面特征的变化。

1980年以来，由于NOAA AVHRR采用了对植物叶绿素的吸收峰和高反射峰反映显著的0.58～0.68微米、0.725～1.1微米光谱段，从而使气象卫星用于地表植被和海洋初级生产力的研究有了很大发展。美国和日本的科学家利用16千米、4千米、1千米NOAA AVHRR归一化植被指数（GAC）产生每周的全球或洲际范围植被指数图，并以此研究全球土地覆盖和植被分类，并进行植被动态分析和农业环境动态监测。

服务于全球变化的新传感器正在不断产生。1986年，法国SPOT-1卫星发射，SPOT卫星数据具有较高的地面分辨率、可侧视观测并生成立体像对和在短时间内可重复获取同一地区数据等有别于其他卫星遥感数据的特点。到目前为止，SPOT系列卫星共发射4颗，除SPOT-3于1996年12月失效外，其余都在正常运行。SPOT系列卫星已在土地利用与管理、森林覆盖监测、土壤侵蚀和土地沙漠化的监测以及城市规划等人与环境的关系研究方面，发挥了重要的作用。

1991 年 NASA 启动了把地球作为一个整体环境系统进行综合观测的地球观测系统（EOS）计划。EOS 由几十颗对地观测卫星组成（包括美国和其他国家的卫星），从陆地覆盖变化和全球生产力、季节和年际尺度的气候预报、自然灾害、长期气候变化、大气臭氧等 5 个领域对地球进行系统的观测和研究。

1999 年，美国 Terra/MODIS 发射成功。MODIS 具有与 NOAA AVHRR 相同的时间分辨率，同时又提高了空间分辨率，用以测量全球的生态和物理过程，能够收集陆地表面温度、叶绿素浓度包括叶面积指数的植被状况、云覆盖、云特性以及火灾发生的范围和温度。MODIS 以 36 个光谱段在最大的范围，几乎所有的时间频繁地收集辐射数据，而且具有长时间的校准稳定性。

2002 年，欧洲空间局（ESA）发射的 ENVISAT 卫星是对地观测卫星系列之一，是欧洲迄今建造的最大的环境卫星。在 ENVISAT-1 卫星上载有 10 种探测设备，其中 4 种是 ERS-1/2 所载设备的改进型，所载最大设备是先进的合成孔径雷达（ASAR），可生成海洋、海岸、极地冰冠和陆地的高质量图像，为科学家提供更高分辨率的图像来研究海洋的变化。其他设备将提供更高精度的数据，用于研究地球大气层及大气密度。作为 ERS-1/2 合成孔径雷达卫星的延续，Envisat-1 数据主要用于监视环境，即对地球表面和大气层进行连续的观测，供制图、资源勘查、气象及灾害判断之用。

2006 年，ALOS 卫星发射成功，它是日本国家空间发展局（NASDA）继 1992 年发射的地球资源卫星 1 号（JER-1）和 1996 年发射的改进型地球观测卫星（ADEOS）之后的又一颗陆地观测卫星。其采用了更加先进的陆地观测技术，旨在获得更加灵活、更高分辨率的对地观测数据，应用于测图、区域性观测、灾害监测、资源调查、技术发展等领域。为此，针对新型遥感数据源 ALOS 数据开展研究，为未来土地调查、监测和管理领域中决策数据应用提供科学依据。ALOS 卫星载有 3 个传感器：全色遥感立体测绘仪（PRISM）、先进可见光与近红外辐射计（AVNIR-2）、相控阵型 L 波段合成孔径雷达（PALSAR）。

2009 年，日本宇宙航空研究开发机构（JAXA）与日本环境省、国立环境研究所等投资 200 亿日元合作开发温室气体观测卫星（GOSAT）成功发射。该卫星装备了高精度的观测设备，利用 CO_2 和 CH_4 等温室气体吸收特定波长红外线的特点，通过观测地表反射的红外线来推算温室气体的浓度。同年，NASA 发射的轨道碳观测（OCO）卫星是美国第一颗专门用于监测全球 CO_2 情况的卫星，主要用于观测地球大气的 CO_2 水平，但该卫星发射失败坠海。

卫星数据在过去和当前科学成就中起重要的作用，见表 8-1。

表 8-1　地球观测卫星在全球变化研究中的作用

卫星	作用
TIROS 系列、Nimbus 4 和 7、ERS 1、ERS-2、Envisat	监测全球平流层臭氧层损耗（包括南极和北极地区）
Nimbus 7、ERS 2、Envisat、Aqua、Aura、MetOp	探测对流层臭氧
Explorer 7、TIROS、Nimbus	测量地球辐射收支
TIROS 系列、ATS、SMS、MetOp	产生天气影像
许多气象卫星（包括 TIROS 系列、NOAA 的 GOES 和 POES、Eumetsat 的 MetOp、ERS 1、ERS-2、Envisat）	用于复杂数字天气预测

续表

卫星	作用
Radarsat、Landsat、Aura、Terra、Jason、ERS-1、ERS-2、Envisat	发现南极洲和格林兰岛的冰盖流动情况
Topex/Poseidon、ERS 1、ERS-2、Envisat	探测中尺度海面地形及其在海洋混合重要的变量
TIORS-N 和 NOAA 系列、ERS 1、ERS-2、Envisat	海洋在气候变化中的作用观测
Landsat、SPOT 系列	农业用地监测（有助于饥荒预警系统）
LAGEOS、GPS	确定高精度地球参考框架

资料来源：NRC（2008）

8.2.2 国际全球变化空间观测研究战略与计划

8.2.2.1 美国

1）美国全球变化科学计划（CCSP）

美国一直是国际全球变化研究的重要参与者。1990 年，根据《全球变化研究法案》(*Global Change Research Act*)，美国设立了美国全球变化研究计划（USGCRP），以协助国家和世界了解、评估、预测和响应由人类引起的和自然的全球变化过程。2001 年 6 月，美国布什总统发起“气候变化研究行动”（CCRI），以减少气候科学的不确定性，改进全球观测系统，开发以科学为基础的信息资源以支持决策与资源管理，以及在国际科学团体与用户团体进行广泛交流。2002 年，美国政府能源部、环保局等相关部门在 USGCRP 和 CCRI 的基础上联合发起了“美国气候变化科学计划”（CCSP）以统一协调美国的全球变化科学研究行动，从而建立了以 CCSP 为主的美国全球变化科学研究框架。

2009 财政年度 CCSP 优先研究的领域和新计划涉及的研究重点：CCSP 继续收集和分析通过测量、建模及评估研究所获得的资料，以加强对大气成分及影响大气化学过程的认识。总体上将继续强调量化气溶胶和非 CO_2 温室气体对气候的影响；继续加强对过去和当前气候的描述与认识，以及推动国家模拟气候与预测气候和相关地球系统的未来变化的建模能力。开发新的土地覆盖可视化工具，用于分析土地覆盖随时间变化的情况，规划一个基于卫星的 L 波段土壤水分主动 - 被动测量平台；完成 NASA-USGS 全球土地调查数据集(Global Land Survey 2005)；以量化在气候突变的情况下，高纬度地区生态系统碳循环的规模和动力；进行高山树线变暖的实验研究，将气候变化纳入树木生长与动态预测，通过卫星、形态、水分数据认识热带多样性；继续开发和实施观测与监测全球变化的综合系统，以及相关数据管理和信息系统，推进全球气候与海洋观测系统；延长源自飞机、气球和卫星的水汽测量数据的测试与相互比较；开展国际极地年观测；气溶胶和云的地面测量；规划全球降水测量卫星（GPMM）；发射 Aquarius 卫星，测量全球海面盐度；发射全球海面地形卫星（OSTM）；OCO 卫星；海洋综合观测系统（IOOS）。

2）美国国家研究委员会（NRC）《调整联邦气候研究适应气候变化挑战》报告(2009)

NRC 成立了国家科学院美国气候变化科学计划战略咨询委员会（National Academies' Committee on Strategic Advice on the U. S. Climate Change Science Program），以评估该计划所取得的进展，并确定未来的优先研究领域。2009 年 2 月，该委员会发布报告《调整联邦气候研究适应气候变化挑战》（*Restructuring Federal Climate Research to Meet the Challenges of Climate Change*），提出：应该建立一个美国气候观测系统，包括物理、生物和社会观测，确保应对气候变化所需的数据的持续收集。除了扩大现有的卫星和地面观测系统以外，观测系统还应该支持新型的观测，包括制定减缓和适应战略所需的人文因素观测。设计和实施这一气候观测系统需要各部门的通力合作，为数据收集、分发和维护制定一个更具战略性的方法。新一代的人类 - 土地 - 海洋 - 大气耦合模型将提高这些尺度的预测，有助于消除科学与决策之间的鸿沟。首先，需要进行持续的气候观测，进一步发展和约束模型，以观测到的最准确的环境状况进行模型预测。其次，需要开发工具将数据和模型输出结果转变成信息，便于利益相关者使用。再次，需要一大批科学家来开发新的方法，以预测更广泛的时空尺度的气候变化，尤其是降到几公里尺度。最后，需要新的计算配置，以处理计算和数据存储需求，这些需求是由这些改进的高分辨率、高输出频率模型产生的。

3）美国轨道碳观测计划（OCO）

NASA 2009 年 2 月 24 日发射的 OCO 卫星在升空后不久，用于保护卫星的整流罩发生故障，导致卫星坠入南极洲附近的海域。轨道碳观测卫星耗资 2.88 亿美元，重 972 磅(441 千克)，卫星研制了 8 年，耗资 2 亿多美元，是美国第一颗专门用于监测全球 CO_2 地理分布情况的卫星，主要用于观测地球大气的 CO_2 水平，进一步了解人类在温室气体排放、导致全球气候变化方面所扮演的角色。该卫星携带一个三通道分光计，可以进行精确的测量。OCO 的发射失败对 NASA 的全球气候研究是个沉重打击。

根据现有的地面测量，人类活动产生的 CO_2 有 40%~50% 留在了地球大气当中，而剩下的 50%~60% 被认为是被海洋和地面上的植被所吸收。但科学家并不清楚这些 CO_2 具体被储存在哪里，这个储存过程是如何发生的，这个过程是否能限制大气中 CO_2 含量的上升。按设计，OCO 卫星应在距地表 705 千米的近极地轨道上运行，每 98.8 分钟绕地球一周，每 16 天采集约 800 万个全球 CO_2 精确测量数据，测量精度能够达到 1×10^{-6}。借助卫星上携带的光谱仪等仪器，科学家们可以动态测量大气中不同来源的 CO_2，监测海洋和森林等对 CO_2 的吸附情况。如果有了这么一张动态的、覆盖全球的 CO_2 分布图，它将有助于减少误差，改善对全球变暖进程预测的准确性（NASA，2009）。日本最近发射的气候变化研究卫星以及其他已经在轨道上的卫星可以被部分用来弥补这颗卫星所留下的缺口。

8.2.2.2 日本

1）日本温室气体观测卫星（GOSAT）计划

日本 2009 年 1 月 23 日发射的 GOSAT 卫星的任务目标是观测全球 CO_2 和 CH_4 的分布，并将监测精度提高到（1~4）$\times10^{-6}$，捕捉 CO_2 每年的空间变化。计划在亚大陆尺度上进行 CO_2 净吸收释放速率的估计。GOSAT 利用搭载的热红外和近红外传感器获得碳观测以及云和气溶胶影像。红外线在通过大气层的时候，CO_2 等温室气体会使得特定的波长被吸收，从这些数据就可以算出气体的浓度。GOSAT 是一个傅里叶变换光谱仪，覆盖 0.75 ~

14.3 微米波段的大气光谱。0.76 微米波段是用来获取氧气浓度，确定光学路径长度。1.6 微米和2.0 微米波段是用来观测 CO_2 浓度，1.6 微米波段是用来观测 CH_4 浓度。5.5～14 微米波段是用来再次获得 CO_2、CH_4、水汽和大气温度，并且 CO_2 与 CH_4 垂直廓线也能够在该波段范围内得到。卫星除了供日本的研究所应用之外，预计也将供给各国做研究分析。这颗卫星将可以观测世界各地的温室气体的浓度等，有利于掌握地球气温变化的实际情况。另外，各国公布的温室气体排量也可通过 GOSAT 的数据进行检验。

GOSAT 没有采取搭载多个传感器的模式，GOSAT 只搭载了一个扫描仪，主要是避免系统太过复杂，引起意外故障。另外，这枚人造卫星有两枚太阳电池，即使其中一枚发生故障，也能继续观测，可称为“不死的卫星”。在开展全球变暖对策研究时，把握城市、森林、海洋等地的温室气体变化状况十分重要。但目前地面观测设施以欧美和日本等为中心，只有约 280 处，尚不充分，而 GOSAT 的观测地点有 56 000 个，GOSAT 的观测范围则几乎可以覆盖全球。

2）日本 JAXA 正在研制的观测卫星计划

全球降水测量卫星（GPM）是一个独立且复杂的计划，它是由 1 颗核心卫星和约 8 颗附属卫星组成的星座。核心卫星将搭载双频降雨雷达（DPR），包括 KuPR 和 KaPR 频率各一个雷达，星座卫星将搭载微波辐射计。不仅可以精确地测量小雨、大雨，还可以测量降雪，最终将能提供每 3 小时间隔的全球降水测量数据。

全球变化观测任务（global change observation mission，GCOM），旨在建设、使用和验证对地表生物物理参数长期连续有效观测的系统，帮助人们详细阐述全球气候变化和水循环机制。GCOM-W 卫星上的微波辐射计通过观测降雨、水蒸气量、海面风速、海水温度和积雪厚度等参数，为水循环变化研究提供数据基础。GCOM-C 卫星具有一个多波段光学辐射计，可以观测云、气溶胶、海洋水色、植被和冰、雪，以此达到气候变化观测。

EarthCARE 卫星是正在由日本和欧洲联合研制开发的卫星，具有 4 个传感器：云廓线雷达、激光雷达、多光谱成像仪和宽波段辐射计。通过观测全球尺度上的云和气溶胶，提高气候变化预测的精度。

3）日本 JAXA 未来卫星计划

先进陆地观测卫星 ALOS 在规运行 3 年，提供了大量高分辨率的光学和 SAR 数据。L 波段 SAR 由于具有更强的穿透植被能力，使得其在地表变形监测和森林退化监测上具有无可比拟的优势。在 C 波段极化雷达 Radarsat-2 发射之前，PALSAR 的极化数据获取能力是星载 SAR 的首例和唯一一例。ALOS 卫星目前运行良好，预计能达到 7 年以上的寿命。为了保持高分辨率对地观测卫星的连续性，日本已经在政府级层次上达成一致：研制 ALOS-2 卫星，并且高分辨率 L 波段 SAR 将是其唯一的传感器。这样，日本将保持从 1992 年 JERS-1 SAR 开始以来用 L 波段 SAR 对地观测的连续性。ALOS-2 将从分辨率、极化、干涉能力等诸多方面进行提高。

8.2.2.3 欧洲

1）英国成立国家地球观测中心

2009 年英国正式成立了一个重要的新研究中心——英国国家地球观测中心（NCEO），

其目的是为了推进科学知识前沿研究，充分发挥空间技术潜力，致力于环境研究，期望能够解决世界上面临的一些最大的环境问题。NCEO 由英国自然环境研究理事会（NERC）提出建立并予以资助，主要负责 NERC 的一系列地球观测卓越研究中心。这些中心使用地球观测卫星的数据来监测全球和地区环境变化，并对未来环境状况进行预测，目前已经重点关注了那些重大的环境变化，例如气候变化、海平面变化、洪水、森林砍伐、碳循环、地震、火山活动、臭氧层衰减、大气污染和海水中冰川融化等。目前 NERC 负责由英国承担的一系列 ESA 项目，包括每年 47 万英镑的地球观测探测计划。

地球观测卫星相当于扫描仪，NCEO 的任务就像是对地球进行健康检查，诊断其健康状态，预测未来。21 世纪，精确预测地球环境的变化是一项巨大的科学挑战，仅仅通过观测、描述大气本身来发现环境变化是不够的，我们需要描绘所有组成部分交互作用的全景。建设一个强有力的、有凝聚力的基础对科学发挥有效作用十分关键。NCEO 进行的研究将汇集地震学家、海洋学家和计算机模拟专家分析来自英国卫星和 ESA 计划的数据。值得一提的是，NCEO 将为 ESA GMES 提供国家基础的资源数据，英国政府最近已投资 0.82 亿英镑。总之，这个中心将有助于理解和面对 21 世纪一些最大的全球性环境挑战。

英国地球探测任务主要包括 2009 年的 3 个发射计划：GOCE——其目的是测量比以往更详细的地球重力场；SMOS——监测土壤水分与海水盐度，有助于监测变化；Cryosat-2——确定不同大陆冰盖和海洋覆盖冰层的厚度。

2）ESA 地球探测新计划

ESA 宣布在 2016 年前发射七大地球探测者卫星的地球探测新计划，总造价约 3 亿欧元。根据这一地球研究远景计划，ESA 将发射 BIOMASS 卫星去测量地球森林中的生物总量；发射 TRAQ 卫星研究地球大气对流层的构成和特征，并跟踪研究大气层受污染区域；发射 PREMIER 卫星研究地球大气的各种气体、辐射、化学反应进程以及气候；发射 FLEX 卫星以研究全球规模的光合作用；发射 A-SCOPE 卫星研究气候与碳循环，从而对地球大气中 CO_2 气体的运动情况进行监测；发射 CoReH2O 卫星对地球寒冷地区进行研究，并对地球上水、雪和冰的循环情况进行详细研究。此外，在 2012 年左右，ESA 还将向地球轨道发射 EarthCARE 卫星去研究地球辐射和悬浮微尘的活动情况。这些任务涵盖了一系列的环境问题，目的在于使人们进一步了解地球系统和环境变化。

目前，ESA 已经决定了其中三颗地球探测者卫星任务并将进行可行性研究。这意味着 BIOMASS、CoReH2O 和 PREMIER 卫星发射任务进入了下一个阶段。这三个候选任务的内容为（ESA，2009）：①BIOMASS——此任务目的在于测量全球森林生物量及其分布和随时间变化的情况。测量由一部 P 波段全极化合成孔径雷达实施，主要测量树林后向散射系数，并利用后向散射系数反演森林生物量。多极化测量和干涉测量都将提高评估准确度，减少目前碳库量及其随地球生物大气层变化的不稳定性。研究森林生物量将让我们更加了解森林在碳循环和气候控制方面的作用。②CoReH2O——任务重点是测量陆地表面冰雪所贮存的淡水与冰原及冰川上积雪的主要特征和数量。通过使用两台频率为 9.6 吉赫和 17.2 吉赫的合成孔径雷达了解陆地、大气和海洋之间的相互联系与作用。目的在于获取冰川和地表水的详细信息，改进、模拟和预测冰雪覆盖盆地的水平衡及水流量，了解和模拟高纬度地区水和能量的循环。③PREMIER——能预报天气变化的绝大多数重要依据都出现在上对流层和同温层（UTLS）。此项任务的目标是了解大气中痕量污染物、放射线、化学物质和气候之间的相互联系，重点是对流层和同温层。与欧洲极轨气象卫星（MetOp）和国家极轨环境卫星系统（NPOESS）数据库相连，此项任务还提供下层对流层运动的相关情况。

3）英国2010年全球变化观测基础设施路线图

对流层和地球科学方面研究的长时间有效载重飞机（COPAL）。欧洲国家用于研究项目的飞机，从小到大不同的编队的飞行实际承受能力都被限制在5个小时以内。在欧洲，目前还没有能够有效搭载重型仪器和超长飞行时间的飞机开展对流层的研究，这将极大地限制科学家对海洋、极地以及边远区域进行气候变化的研究。COPAL将是一个能够携载沉重的科学仪器进行环境与地球科学研究的飞机，将为世界上任何偏远地区的科学研究搭建一个平台。这将提供一个独特的机会，可以利用机载测量数据从事多学科的科学实验研究。

欧洲海洋观测基础设施（Euro-Argo）。Argo是一个全球海洋观测的国际项目，由世界气象组织（WMO）的气候研究项目、GOOS和国际政府海洋学委员会（IOC）联合签署。该观测项目是卫星遥感观测的补充（特别是测高学）。Argo项目已经成为海洋内部数据的主要来源，是针对巡航研究和海船观测建立的一个有经费效益的可替代方案，是关于海洋在气候系统（全球的热和湿气平衡）中所起作用的唯一信息源。提供可操作的海洋监控系统所要求的数据，极大地改进天气预报，被认为是GMES先导计划和GEOSS的重要组成部分。Euro-Argo从2008年1月开始实施，为期30个月。该计划准备建成为欧洲的基础观测系统，以提高欧洲国家的整体能力，为国际Argo计划做出贡献，通过合作在将来更有效地开展工作。

欧洲多领域海底观测（EMSO），是在EC GEOSTAR计划中启动的。EC计划最近的主要技术发展有：深海地球物理学（ASSEM）与海洋学和环境科学网络（ORION-GEOSTAR-3）。EMSO采用的方法是连接前期的自治系统、提供强大和长期实时数据处理能力，并将移动和重新定位海底登录平台整合到系统中。EMSO观测站位于欧洲海岸附近的特定地点，将对欧洲地区的岩石圈、生物圈和水圈的环境过程进行长期实时的监控，获得地震、海底滑坡、海啸、海底风暴、生物多样性改变、污染和其他通过常规海洋学活动未被探测和监控到的事件，同时收集与地震学、测地学、海平面、液体与气体排放、物理海洋学、不同层面的生物多样性成像等有关的数据，促进海底地质学、海洋生态系统和欧洲环境科学的发展。该研究基础设施将极大地加强欧洲海洋观测网络（ESONET）的观测数据的可获得性，成为GMES和GEOSS的重要组成部分。

欧洲全球自动观测系统基础设施（IAGOS-ERI），将进一步发展来自空中客机观测 O_3 和 H_2O（measurement of ozone and water vapour by airbus in-service air craft，MOZAIC）的经验，利用商业客机，将常规飞机测量方法整合到全球观测系统中，以建立和操作一个足以支撑的分布式基础设施平台。IAGOS-ERI将使用10～20架正在使用的客机组成舰队，针对气候变化至关重要的某一地区提供长期的、校准的对流层和同温层中的重要的化学物质（O_3、CO、CO_2、NO_y、NO_x、H_2O）、浮质和云的测量。这些数据将提供近实时的天气与全球环境监测，补充和完善空间遥感观测的不足，为气候变化敏感区域提供详细的大气质量变化的垂直分布图，有助于预测并分析气候变化的原因。由4个欧洲定期航线携带该工具，可持续地分布式观测全球的大气成分。IAGOS还发展新的设备用于对 CO_2、NO_x 以及

同温层的 H_2O、浮质和云粒子的常规高质量测量。对 CO_2 的常规垂直廓线分析将为全球碳循环模式提供信息，有助于国家气象服务与 GEMS 完善数据产品。

综合碳观测系统（ICOS）是用于对欧洲及其临近的西伯利亚和非洲的关键地区的温室平衡效应提供综合的、长期高质量的观测数据的基础设施。作为负责协作数据校准的处理中心，ICOS 旨在更深入地了解温室气体源以及它们对气候变化的反应，并对其进行量化。未来若干年 ICOS 将能实现在全球和区域气候 - 生物圈反馈的研究工作，将强调密集性、一致性、长期性、综合性地对温室气体和相关环境描述方法和生态系统参数的观测。ICOS 观测数据和二次数据产品构成促进人类理解和提高人类采取正确行动的基础。ICOS 将极大地提高观测基础和观测数据的可获得性，这些对基础科学和应用研究人员都大有益处。

4）ESA 极地冰层探测卫星计划

ESA 曾于 2005 年 10 月发射了 CryoSat-1 卫星，但由于运载火箭发生故障，卫星在入轨前失踪。极地冰层探测卫星（CryoSat-2）将于 2010 年发射，并对极地冰层及海洋浮冰进行精确监测，以推动对气候变化的研究。CryoSat-2 作为 ESA 地球探测任务形式的科学研究与 ESA 地球观测计划的组成部分，其主要目的是提高我们对地球系统运作以及人类活动对地球自然演变过程的了解，同时显示观测技术的突破性技术。由于气候变化的影响越来越明显，两极地区受到很大影响，人们越来越需要准确地了解地球冰盖正在发生的变化，冰层厚度的变化成为研究人员最关注的问题之一。近年来，虽然 Envisat 卫星等已监测绘制了冰层覆盖的程度，但为了了解气候变化是如何影响这些敏感区域，迫切需要确定冰层厚度如何变化（ESA，2009）。CryoSat-2 探测卫星投入使用后，将密切跟踪极地冰层和海洋浮冰的厚度及其他参数的变化以确定其缩小速度，预测海平面的升高幅度，从而研究这些现象与气候变暖间的联系。此外，卫星还将携带一台全天候微波雷达测高计，以便随时掌握两极冰盖厚度的变化情况。CryoSat-2 使用寿命至少是 3 年，它将为科学家准确地提供巨大的冰盖厚度和海洋上漂浮冰山变化的数据。CryoSat-2 能够监测到陆地上 5000 米厚的冰与海上漂浮可达数米厚的冰山两种类型的变化。

8.2.2.4 国际组织机构

1）国际地圈生物圈计划（IGBP II）

国际全球变化研究最重要的组织之一，IGBP 自 1987 年成立以来，就一直作为全球变化研究的先行者和中坚力量，积极参与和引导了过去 20 余年的全球变化研究工作。在完成了第一阶段（IGBP I，1990 ~ 1999）的研究任务后，IGBP 在继承以往的研究工作的基础上，在一些领域继续深化或是发展，面对新的研究挑战，开拓新的研究方向和研究领域，设计新阶段的业务框架和研究目标，并于 2004 年开始实施第二阶段（IGBP II，2004 ~ 2013）的科学计划。IGBP II 将更为关注地区的观测综合研究、过程和实例研究与模拟以及能够充分捕捉过去地球系统行为的模拟工具的发展。

IGBP II 的科学结构的制定是基于一套新的和重新得以关注的研究计划，这些计划反映了地球系统的三大组成部分（陆地、海洋和大气），突出了这些组成部分的界面过程，并且反映了不同的时间和空间尺度上其在系统层面上的耦合（IGBP，2006）。8 个独立的 IGBP 项目涵盖了地球系统组成、界面和系统耦合这三大领域，它们是：

• 国际全球大气化学（IGAC II），该计划从 IGBP I 延续下来，但对其研究议程进行了重新定位；

• 全球陆地计划（GLP），该计划是基于 IGBP Phase I 中两个面向陆地的研究项目；

• 全球海洋生态系统动力学计划（GLOBEC，它开始于 IGBP I，计划于 2009 年完成）以及海洋生物地球化学和海洋生态系统综合研究计划（IMBER，与海洋研究合作）；

• 表层海洋 - 低层大气研究计划（SOLAS）；

• 陆地生态系统 - 大气过程综合研究（iLEAPS）；

• 海岸带陆 - 海相互作用（LOICZ II）。该计划也从 IGBP I 延续下来，但扩大了其研究范畴；

• 过去全球变化（PAGES），它将继续进行古科学的研究；

• 地球系统综合分析与模拟计划（AIMES），该计划是 IGBP 在地球系统层面上进行综合研究的前沿计划。

2）WMO 全球大气观测战略计划（2008 ~ 2015）

WMO 全球大气观测（GAW）计划发起于 1989 年，起初主要是受世界气象组织大气化学研究的促动。在其一系列有关天气、气候及空气质量项目研究中，研究人员发现了大气化学的重要性：大气化学是天气、气候形成与演化以及空气质量变化的重要机制因素。因此，很有必要建立支撑大气化学深入研究的观测体系。

GAW 全球大气观测系统由地面观测体系、航空观测体系、卫星观测体系和综合观测体系四大子系统构成。GAW 地面观测体系由全球观测站点、地区观测站点及合作观测站点组成，截至 2007 年，GAW 覆盖了全球 24 个地面观测站网。GAW 航空观测体系将世界各国的观测系统纳入其中，如欧洲 MOZAIC/IAGOS 计划中的 O_3、H_2O、CO 及 NO/NO_y 监测系统、澳大利亚和日本为日航（JAL）提供的 CO_2、CH_4 和 CO 巡航监测系统、瑞士 NOXAR 计划的 NO_x 常规监测系统及其 CARIBIC 计划的 O_3、CO、气溶胶、挥发性有机化合物俘获颗粒、卤烃、CFCs、N_2O、CO_2 及同位素监测设施以及全水、气态水、水银等光学吸收光谱遥感监测设施等。

大气卫星监测主要由搭载于卫星上的各种传感器来完成，作为其他观测手段的重要补充，卫星监测还可以获取偏远地区，特别是大洋上空以及非洲、亚洲和南美等缺少 GAW 地面观测站点的发展中国家和地区的大气资料。目前，最新一代的 GAW 卫星遥感器已经投入运行，并已开始在长系列数据监测和新系列数据监测方面发挥作用，其中新系列监测包括：CO（自由大气或全大气）、全大气 CH_4、全大气 NO_2、全大气和大气垂直剖面 O_3、地表及洋表气溶胶光深、气溶胶光学性质（2008 年及以后）以及 CO_2。此外，未来 GAW 大气卫星监测还将加强对大气参量变化剧烈的对流层中下部区域的监测。

3）政府间对地观测工作组（GEO）2009 ~ 2011 年工作计划

2008 年 8 月 GEO 制定了 2009 ~ 2011 年工作计划，充分吸收了 GEO 第四次会议与开普敦部长级会议关于对地观测工作今后如何推进的建议，提出了新的改进措施和工作管理与实施计划，以指导未来 3 年的工作。

倡导持续的观测系统。为维护和扩大 GEOSS 行动，支撑基础观测系统，包括海基、空基和地基。在国家政策与国际义务框架下，促进稳定、可靠和长期的地球观测网络工

作。涉及来自卫星系统的重要气候数据、针对气候的陆地观测系统、2007～2008年国际极地年后继工作、全球海洋观测系统、全球天气观测系统（GEO，2009）。

基于改进和验证的数据源，提供一套全球数据集。开展定期分析和报告，并发布产品信息，特别是针对发展中国家。涉及全球土地覆盖、森林测绘与变化监测、生物地球物理及陆面数据、全球物候数据、全球数字高程模型、GEOSS社会效益区全球分布地图绘制。

全球碳观测与分析系统任务是支持全球碳观测和分析处理系统的3个组成部分（大气、陆地与海洋）的碳循环工作的实施，形成CO_2精确测量与碳存储评价的有力工具与方法论。涉及综合全球碳观测（IGCO）、森林碳跟踪。

8.3 全球变化空间观测的技术能力

8.3.1 基本气候变量

已有卫星能对关键地球参数数据或者基本气候变量（ECV）进行收集，即来自大气、海洋和陆地的气候变量。很多变量被国家或者国际组织使用，如气候变化框架公约（UNFCCC）采用这些变量研究和监测气候。

传感器都具有他们独特的优势和缺点。因此，没有哪个传感器可以用于所有领域的监测，因为不同的空间分辨率（米级对千米级）、光谱分辨率（近红外波段对其他波段）、时间分辨率（再访时间）以及大气状况。即使在相同的任务中，空间系统都具有各自的特征。例如，采用不同国家的现役卫星进行海洋表面温度测量，每种仪器在不同的深度（变化不大）测量的温度，精度明显不同（ESA，2008）。

尽管存在这些限制，但很多基本气候变量还是依赖于卫星数据。应UNFCCC的请求，GCOS提交了一份清单，该清单提供了全球和国际认同的一组气候变化变量，从空间观测资料获益的总共34个ECV（表8-2）。

表8-2 34个气候基本变量（ECV）

领域		基本气候变量
（陆地、海洋及冰上大气）	表层	气温、降水、气压、表面辐射收支、风速、风向、水气
	高层大气	地球辐射收支（包括太阳辐照度）、高层气温［包括微波探测器辐射亮度（MSU）］、风速和风向（特别是在海洋上空）、水气、云属性
	成分	CO_2、CH_4、O_3、其他持久性温室气体、气溶胶属性
海洋	表面	海面温度、海面盐度、海平面、海面状况、海冰、水流、海洋颜色（对生物活动）、CO_2分压
	次表面	温度、盐度、水流、营养物质、碳、海洋痕量、浮游植物
陆地		河流流量、水资源利用、地下水、湖泊平面、雪覆盖、冰川、冰帽、永久冻结带及季节冻结带、反照率、土地覆盖（包括植被覆盖）、部分吸收光合有效辐射（FAPAR）、叶面积指数（LAI）、生物量、火灾干扰、土壤湿度

资料来源：CEOS（2006）

8.3.2 水文遥感信息

许多物理和生物现象具有“表面特征”，这就意味着诸如大湖或雪覆盖区域具备某种可以从空间探测到的特征。星载传感器能够探测其视角内与水相关现象的表面特征并对其做出反应。尽管大气本身具有噪音和干扰，但传感器仍然可以接收信息并将其传送到地面站，因此可用来帮助确定水体质量以及探测污染。温度、粗糙度以及水体高度参数只能在表面观测。还可以利用不同的空间系统测量全球水循环要素。水停留估计时间从 1 周（如生物圈水）到 1 万年（如地下水），因此需要反馈性地、实时地、长期地观测资料。在所有水循环的关键参数中，有 4 个特别重要：

（1）以多种形式出现的降水（如雨、冰雹、冻雨、冰雨和雪）。

（2）液态（如水）或固态物质（如雪）的蒸发（作用）。

（3）蒸腾总量（如植物叶子水分蒸腾）以及土壤水蒸发总量（如河流、湖泊）组成的土壤水分蒸发蒸腾损失总量。

（4）由降水引起，融雪、过度灌溉或其他与地表接触的水将物质携带到溪水、河流、湖泊以及其他地表水体中的径流。

8.3.3 大气研究参数

测量大气中的水分能对全球水循环及其相关学科做出贡献，并对可能出现的问题发出警告，譬如由缺少或过度降水引起的干旱或洪水。有几种卫星系统能以不同的空间和时间尺度监测云、水汽、降水以及风，虽然地面系统依然是结构的主要部分（如进行连续方向局部测量的雨量计网络、以地面为基础的雷达）。

8.3.3.1 云量

在过去的十几年中，云量信息主要由美国和欧洲卫星携带的 3 种仪器提供：AVHRR、MODIS、MERIS。这些仪器最初不是用于测量云的，因此他们在厚云层区效果不佳。2008 年 6 月，有 5 种不同的卫星（NASA 的 4 种，另一种来自 CNES，被称作“Afternoon Constellation”或“A-Train”）能够提供云、污染物以及降雨之间的交互数据（图 8-1）。携带 AVHRR、MODIS 或 MERIS 仪器的卫星在每天下午 13：30 分左右（当地时间）经过赤道（几分钟内），通过不同的方法对确定区域几乎同时对云进行观测。将这几种卫星数据与其他数据结合使用，在云污染影响研究中取得了意想不到的效果（早在 2008 年）。

8.3.3.2 大气水汽

来自海洋、土壤和植被的水分子在大气中通过不同的过程循环。研究水汽不仅能增加对气候过程的理解，还可以对天气预报有所帮助。利用遥感（热红外遥感测量）和卫星导航信号获取数据并与模型集成的方式，已经从实验阶段走向半操作阶段。卫星上的红外传

图 8-1 “A-Train” 卫星研究大气

资料来源：NASA Goddard（2008）

感器能够测量地表以上几公里的大气层中的水汽。气象卫星携带的很多辐射计将接收这些数据，如 NOAA 极轨卫星（NOAA-15、NOAA-16、NOAA-17 携带的改进的微波探测器 B）以及美国国防部的气象卫星计划所使用的卫星（如专用微波成像传感器或 SSM/I）。

8.3.3.3 降水

由地面测量系统提供的数据（如气象站、雷达站）已经证明在连续降水监测方面经济节省。然而，这些地面系统无法对边远地区进行天气状况监测，如海洋或欠发达地区。第一只用于降水研究的卫星是 NASA-JAXA 的 TRMM。在 2008 年 6 月，降水雷达依然是太空中唯一此类雷达，它能直接对大尺度上降水系统的三维结构进行精确的观测（如地表到以上 20 千米范围内雨、雪垂直剖面图）并预测降水时间。

8.3.3.4 风

卫星海面风场（OSVW）数据极大地影响了海面风的测量方法，特别是随着天气预测和预告能力的提高（Jelenak，Paul，2008）。第一个风测量空间微波雷达仪器（气象部门采用的数据）是由 ESA 的 ERS-1 在 1991 年发射的散射计。接着，载有 NASA 散射计（NSCAT）的改进型地球观测卫星（ADEOS）于 1996 年发射。它能对海洋表面风速进行连续测量，每天完成 190 000 次风速测量，每隔两天对非结冰海洋 90% 以上的地区绘图一次。这种情况下，它提供的海风信息是传统船只报告的 100 倍（NASA JPL，1996）。随后，1999 年发射了 QuickSCAT，能够提供更加详细的海风数据。目前正在考虑 QuickSCAT 的延续计划，确保数据连续并提高 OSVW 的测量能力（Gaston and Rodriguez，2008）。

8.3.4 海洋遥感参数

从遥感数据中提取水体生物光学属性的科学研究活动正在进行，其目的是能够找到方法监测水质，特别是探测自然和人为污染。空间传感器主要“看”海水颜色，即出现特殊矿物或物质时的浓度。空间海洋颜色仪器的主要观测信息有叶绿素和表层有色有机物水平。叶绿素水平用来估计水中浮游植物量，因此，在海洋生物丰富区，生物学家们也利用海洋颜色和叶绿素 a 产品预测有害的藻华。第一张海洋颜色分布影像来自 Nimbus7，该卫星于 1978 年发射升空，它携带一种被称作海岸带颜色扫描仪（CZCS）的分光辐射计仪器（Kramer，2002）。第一代仪器获得的数据对理解海洋环境及其生物、生物化学以及其物理过程做出了极大贡献。

尽管遥感已经能够探测许多水体变量（叶绿素 a、悬浮固体、混浊度），但在海岸附近及内陆水体利用遥感探测水体光学属性的复杂性时效果不佳。100 米分辨率表示平均水质被 100 米 ×100 米像元探测。然而，一些传感器的低分辨率却限制了遥感在小面积湖泊和群岛的应用，因为很难区分陆地和水域（OECD，2008）。目前，算法和空间传感器分辨率仍然需要提高（D'sa，Miller，2005）。

据 GCOS 组织报道，利用 SeaWiFS，MERIS 以及 MODIS（不同卫星携带的传感器）收集流域范围或全球尺度高质量的海洋颜色数据正在进行中。然而，无法确保这些仪器中的任何一个在未来 10 年仍然运转良好。因此，有必要保证未来可以获得同样或更好的海洋颜色测量数据，以促进区域及全球尺度上的叶绿素研究。

在过去的十几年中，出现了大量的卫星海面温度产品，来自不同组织或部门的各种卫星传感器及平台的这些产品具有近实时性。海面温度数据对气象学家预测天气及渔民确定首要捕鱼区域都有极大的帮助。

所采用的仪器是被动传感器，该类型传感器测量由地球表面发出的自然辐射以及通过大气传播的辐射。如今，很多空间仪器都能提供上百个一定空间、光谱、辐射及时间尺度的数据产品（表 8-3）。AVHRR、AATSR 以及 MODIS 传感器是主要的海面温度数据源（CEOS，2006）。例如，AATSR 系列仪器传送了 17 年的高精度时间序列海面温度变化数据，成为全球变暖时期唯一的科学描述（ESA，2008）。

然而，这些传感器的空间尺度和光谱分辨率并不适合小范围测量。在测量重要的地面点（如水坝、工厂）时，卫星影像必须与航空和地面遥感系统相结合。这些系统可以在根据情况租用，但是它们不具有卫星影像的时间分辨率，也无法覆盖大盆地区域（ISU，2004）。

表 8-3　海洋遥感参数、观测类别、代表卫星及其携带传感器列表

卫星（传感器）	观测种类	参数
Envisat（MERIS）、AQUA（MODIS）Orbview2（SeaWifs）	可见光 - 近红外线	海洋水体的生物光学属性（如海洋颜色）
Landsat、Spot、Ikonos	可见光 - 近红外线	海洋测深（如测量从水面到海底的深度）
POES（AVHRR）、GOES（Imager）	热红外线	海面温度
DMSP（SSM/I）、TRMM（TMI）、MetOp	微波辐射计 微波辐射计和散射仪	海面盐度
ERS-2、QuickSat、RADARSAT-1、Envisat	微波散射仪和高度计 合成孔径雷达	海面粗糙度、风速、潮汐

续表

卫星（传感器）	观测种类	参数
Topex-PoseidonJason-1、QuikSCAT	高度计	海面高度、风速
POES（AVHRR）、DMSP（SSM，I）ERS-1、ERS-2、RADARSAT-1 and 2Envisat	可见光－近红外线 微波辐射计 散射仪和高度计 合成孔径雷达	海冰
POES（AVHRR）、GOES（Imager）Topex-Poseidon、Jason-1、Envisat	可见光－近红外线	表层流、锋面及环流
RADARSAT-1、Envisat（ASAR）	合成孔径雷达	海面物体、船只、尾流及浮货

资料来源：改编自 Brown 等（2005）

8.3.5　土壤湿度和盐度

在气候监测以及局部和区域水资源有效管理中，土壤湿度和盐度都是十分重要的变量。这些参数深深地影响全球能量和湿度平衡，因此能对气候模拟提供重要的信息。目前，土壤湿度或者水体盐度的数据库相当少。

8.3.5.1　土壤湿度

土壤湿度是温度和降水预测（还有其他应用）的一个关键要素。土壤湿度测量通常需要在 1～2 米深度的区域完成，该区域被称作“根带”。土壤湿度容量影响着渗透（如降雨或灌溉等水源进入土壤的过程）、径流以及植物所需的水。卫星无法直接完成薄地表层下全部的湿度测量，只能够对土壤上方 5～10 厘米水实施测量，尽管能满足一些应用需求，但在很多其他应用中，需要对整个土壤剖面进行测量（CEOS，2006）。因此，目前的努力都是在提高水文模型以理解和量化地表土壤湿度和地下土壤湿度的关系。2009 年 ESA 第二个地球探索计划，土壤湿度和海洋盐度（SMOS）任务使观测陆地土壤湿度、海洋盐度成为可能。因为 SOMS 提供的土壤湿度数据只有几厘米深，所以正在发展模拟技术以获取近地表土壤湿度在时间序列上、根带范围内的土壤容量。

8.3.5.2　土壤盐度

只有盐度出现在地表或植被根带时，卫星传感器才能探测到，因此卫星不能直接绘制土壤盐度图。但可以利用它们获得其他参数，如固定波长处的光学反射率，天然伽马辐射以及电传导性，再通过这些参数得到盐度模型。利用其他轨道多光谱卫星（如 Landsat、Spot、IRS、Ikonos）探测出地表盐（如盐胁迫会导致植物光合作用下降，根据植物类型探测盐度可以发现根部缺盐）的示范工作仍在进行之中。SMOS 卫星可以进行一定程度的水盐度探测。美国 Argentine Aquaris 卫星将在 2010 年升空，能够对全球海洋表面盐度进行测量。

8.3.6 积雪与冰川监测

低温层由海洋、湖泊、河冰、积雪、冰川、冰帽及冰盖、冻土（包括永久冻结带）组成。它是全球气候系统的重要组成部分，超过1/6的人口生活在该区域，他们利用雪和冰川作为水源。低温层的变化对全球海平面、区域水资源以及水陆生态系统都有重要的意义（表8-4）。尽管能够获得25年的卫星数据，但人们对与低温层相关的许多过程依然知之甚少。科学家们经常提到的一个原因是很多计划缺乏持久性和短周期的卫星，致使许多重要的观测资料缺失（EARSEL，2006）。虽然存在这些不足，但逐渐可以获得新数据而且一些创新应用已经在许多国家得到发展。

表8-4 监测冰川与积雪覆盖的需求及卫星能力

需求	卫星能力
冰川的空间分布	利用遥感进行冰川探测和监测依然具有局限性，主要是由于目标物的尺度。未来的SAR任务将会具有更高分辨率、多频以及极化特征，可以解决现在的问题。
冰厚度、类型（第一年及多年冰）及其随时间变化	冰层厚度要比冰的范围更难监测。最近才引进基于卫星的技术，观测在时间和空间上都具有局限性。
雪堆积物及融化测量	该系统在许多国家运行，尽管在雪深测量信息方面仍然有局限性。

资料来源：OECD，2008

8.3.6.1 雪

雪和冰川的融雪径流量及时间能对水资源管理提供重要的信息，包括洪水灾害预测、水库调度。主要的数据源包括极轨卫星以及静止卫星（携带可见光/近红外传感器）的卫星数据，如Landsat、MODIS、MERIS、GOES、AVHRR。例如，利用MODIS数据对面积超过10km^2的积雪实施动态监测，在白天晴朗无云的地区使用AVHRR数据对积雪提供连续信息。利用被动微波数据对中等厚度的雪进行测量。这些系统都具有昼夜监测能力，无论云量多少。如今，在斯堪的纳维亚半岛，光学和雷达影像被用来监测积雪，用于水能利用规划和洪水灾害预测。

8.3.6.2 冰川

尽管北极和南极国际研究不断提倡发展新的冰监测仪器，但与卫星数据（来自DMSP卫星的SSM/I传感器、SeaWinds、Envisat、Radarsat）有关的服务通常会受到研究区域的限制。由国际引导的许多项目正在研发通用的海冰数据监测系统，使创建服务的中间用户（包括商业增值用户）能够重新使用，其他的信息则提供给那些特殊的终端用户。例如，高分辨率冰图（如斯瓦尔巴群岛）以及冰信息预测服务都是以Envisat和Radarsat数据为基础。

SeaWind的Ku波段后向散射数据可以用于制作分辨率为6千米的每日海冰图。利用该数据监测季节性冰变化，以及跟踪巨型冰山的解冻情况。1992年，一个大小如同罗得岛

州的巨大冰山（称 B10A），从特怀特冰川分离。1996 年 9 月，日本的改进型地球观测卫星（ADEOS）携带的 NASA 散射仪（NSCAT）仪器观测到它漂浮在南极的大片浮冰中。到 1999 年，由于南极冬季多云和低可见度，传统跟踪冰山方法失去了 B10A 的位置。但在 1999 年 7 月，它被 Quikscat 卫星上的 SeaWinds 散射仪在第一次经过南极上空时重新发现。随后，该冰山逐渐破碎并被海水和风带到了海运航线，对商业、巡航以及捕鱼船只造成了威胁。很多最新例子都表明，将光学和高分辨率雷达影像（10 米或更小）结合使用，可以提高冰山探测（Vitaly et al，2008）。随着传感器性能的提高，更多的卫星将在未来的 3 年中升空，覆盖范围将会更广（如高分辨率雷达卫星 TerraSar-X、COSMO-SkyMed 的 4 颗雷达卫星群）。

8.3.7　高程及地形测量

很多卫星仪器都能获取高程测量、位势高度以及地形的数据。

8.3.7.1　空间高程测量

17 年来，卫星高程测量技术已经被用来测量海面高度。Franco-American 任务的 Topex/Poseidon 和 ERS-1 不仅证明空间高程测量具有高精度（在盆地区的精度为 3 厘米），而且能提供海洋现象监测的额外信息（如 1997 ~ 1998 年厄尔尼诺海洋循环变化、海洋季节变化、潮汐）。2008 年 6 月，具有高程测量仪器的 5 颗卫星（Jason-1、Jason-2、Envisat、ERS-2 和 ICESat），通过追踪系统的连续观测，可以观测到大西洋和太平洋十年一次的波动以及正在上升的全球海平面。不同多用途空间系统（如 ERS，Radarsat）的观测资料对这些卫星有辅助作用。最初，只对少数大型水体目标观测，现在已经能够监测世界范围内成千上万条河流湖泊的深度（尽管有时候存在不足）。例如，2003 年发射的 ICEsat，携带地球科学激光高度计系统（GLAS）。该系统是为了测量地球极地冰盖质量平衡、云和气溶胶高度、地形以及植被特征，在某些情况下具有亚米级高程分辨率。2007 年，国际海洋表面地形科学小组会议提出，精确高程测量数据记录的连续性是科学家关心的主要特征（Fu，2007），该记录是监测与理解全球海洋循环和海平面变化与全球气候变化之间关系的关键。NOAA-EUMETSAT Jason-3 卫星、NASA 的表面水和海洋地形卫星（SWOT）、AltiKa 卫星，以及 ESA 的 Sentinel3 是下一代主要的气候数据记录工具。

8.3.7.2　位势高度

除了通过高度测量法对实体的几何高度测量外（距海平面的高度），另一种在气象学和气候研究中采用的高度测量是位势高度。它表示距海平面的压力面高度。20 世纪 40 年代以来，无线电探空仪就被用来测量气压、温度以及湿度剖面。然后将这些数据导入到流体静力学方程式，就可计算出位势高度。正如 Jeannet，Bower 和 Calpini（2008）提到的那样，在过去的 20 多年中，位势高度测量已经得到了巨大的发展。这主要是因为新的无线电探空仪采用了 GPS 信号，能直接测量位势高度并将其转为高精度的位势高度。GPS 技术的应用是技术的真正飞跃，它极大地提高了测量的精度和标准，虽然经常需要调整。例如，在毛里求斯，从地表到34千米之间的高度，所有的GPS高度测量平均误差在20米以内，而20世纪80年代中期的技术获得的高度测量差别在500米至30千米高度（Jeannet, Bower和Calpini, 2008）。

8.3.7.3 地形

卫星传感器能提供有效的地形数据，这在探测水体运动和找水（蓄水层、表面水）方面特别有效。一种广泛应用的创建三维数字高程模型（DEM）的方法是通过雷达测量。目前，大多数信息是从多波段光学影像及合成孔径雷达（SAR）带有立体影像功能的仪器中获得的（如Radarsat, Envisat）。一些光学仪器的尖端技术可以从单轨道（如ASTER）或多轨道（如SPOT系列）卫星数据生成立体影像。这些数据可以用来创建数字高程图，更加精确地描述地形。SAR系统具有穿透云层及植被冠层的能力，因此在热带雨林和高海拔北部森林研究中十分有用。诸如改进型SAR（ASAR）以及定相阵列型陆地合成孔径雷达（PALSAR）将提供农业、林业、土地覆盖分类、水文及制图方面的数据。

8.4 全球变化空间观测研究文献计量与专利分析

8.4.1 全球变化空间观测研究文献计量分析

国际上全球变化研究兴起以来，从20世纪90年代初开始，发表了大量科研文献。美国科学信息研究所（ISI）的科学引文索引扩展版（SCIE）收录了世界各学科领域内最优秀的科技期刊，其收录的论文能在一定程度上及时反映科学前沿的发展动态。对SCIE数据库收录的全球变化空间观测的研究文献进行统计分析，从文献计量的角度，看国际全球变化研究文献的年代、学科、研究主题、国家和机构分布等情况，可以分析国际全球变化空间观测研究领域的竞争发展态势，把握国际全球变化空间观测研究的发展状况。

8.4.1.1 数据来源和分析工具

在SCIE文献数据库中，以（remote sensing or satellit* or Earth Observ* or Land* observ* or atmospher* observ* or ocean* observ* or global* observ* or GEOSS）and（global* chang* or environment* chang* or climat* chang*）为主题词，检索1980~2009年article/review类型的文献，得到关于全球变化空间观测的研究论文共24 825篇（数据采集时间2009年11月25日）。利用美国Thomson公司开发的Thomson Data Analyzer（TDA）分析工具进行文献数据挖掘和分析，利用UCINET（UCINET 6 for Windows）进行可视化分析。

8.4.1.2 总体情况分析

1）论文数量年度变化情况

此次检索共得到全球变化空间观测领域1980~2009年间的24 825篇论文，其数量年

度变化趋势如图 8-2（由于数据库的滞后性，2009 年的数据不完整，仅供参考，下同）所示。从图中可以看出，全球变化空间观测领域的研究基本上可以分为两个阶段，第一阶段是 1980 ~ 1989 年，这 10 年间的论文发表量非常低，个别年份（1980 ~ 1982 年、1984 年、1986 年）甚至没有相关论文产出；第二阶段是 1990 ~ 2009 年，这一阶段论文数量总体上呈平稳增长态势，1990 年的发文量为 22 篇，2008 年则达到了 2130 篇，相对 1990 年增加了近 96 倍。第二阶段还有 3 个论文数量突增的代表年份，分别是 1991 年、2006 年和 2007 年，论文量相对上一年分别增长了 250 篇、283 篇、293 篇。

在论文量年均增长率方面，1980 ~ 2009 年为 64. 66%，1990 ~ 2009 年为 99. 50%，这远高于整体平均水平。论文量年增长率最高的年份为 1991 年，达到了 1136. 36%。

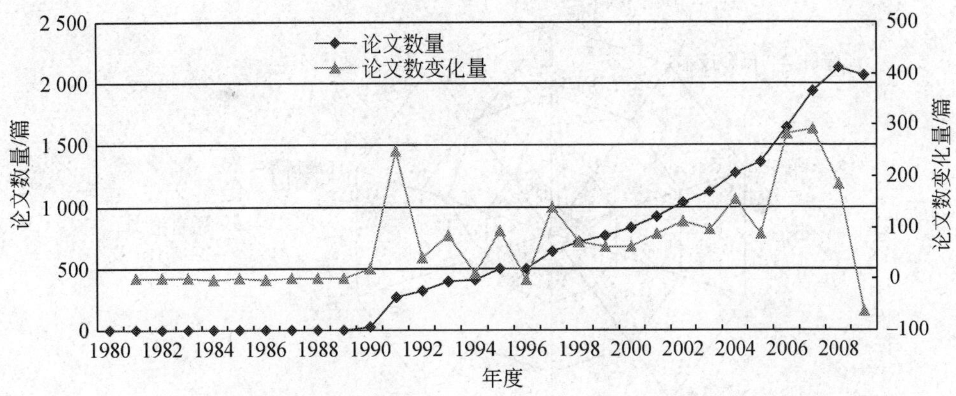

图 8-2　1980 ~ 2009 年全球变化空间观测领域论文的数量年度变化趋势

2）论文被引频次年度变化分析

对 1980 ~ 2009 年全球变化空间观测领域研究论文的被引频次进行分析（图 8-3），可以看出 1980 ~ 1989 年间（154 次）的总被引频次整体低于 1990 ~ 2009 年（420，341 次），但是，1988 年存在篇均被引次数大于 60 的论文，同时 1983 年还存在篇均被引次数大于 10 的论文。1990 ~ 2009 年的篇均被引次数整体平均水平（22 次/篇）相对高于 1980 ~ 1989 年（19 次/篇），其中，1996 年度存在篇均被引次数大于 60 的论文。

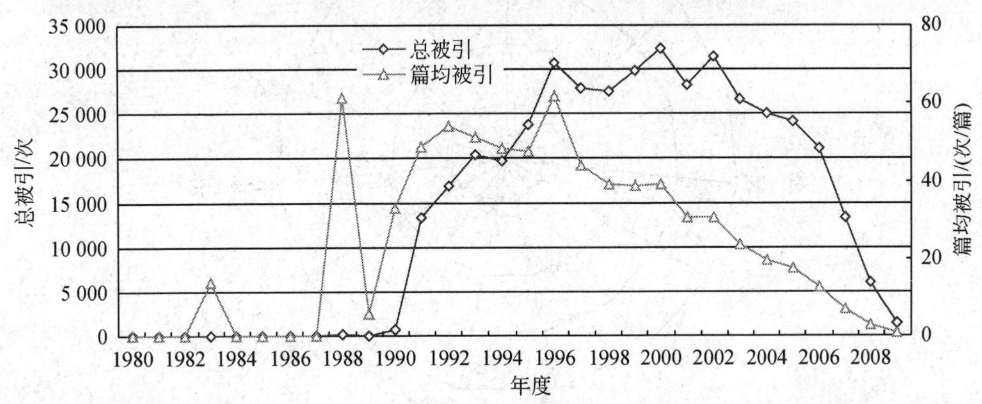

图 8-3　1980 ~ 2009 年全球变化空间观测领域论文的被引频次年度变化趋势

3）研究主题整体分析

根据 ISI 数据库对期刊的学科分类（有的期刊属于多个学科领域），对 1980 ~ 2009 年全球变化空间观测研究领域的高被引论文（被引频次≥50）和全部论文的主要研究领域进行分析（图 8-4），可以看出其重点研究主题领域包括：气象学和大气科学（meteorology & atmospheric sciences）、多学科科学（multidisciplinary sciences）、多学科地球科学（multidisciplinary geosciences）、环境科学（environmental sciences）、生态学（ecology）、海洋学（oceanography）、地球化学与地球物理学（geochemistry & geophysics）、遥感（remote sensing）、自然地理学（physical geography）、成像科学与摄影技术（imaging science & photographic technology）。

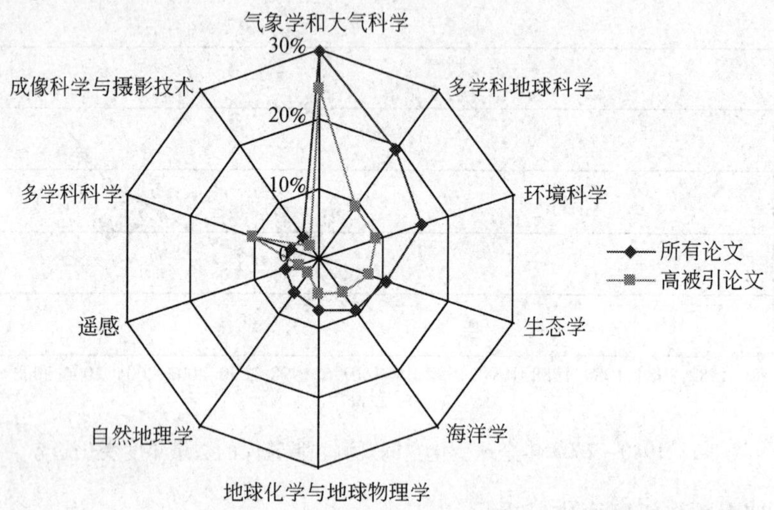

图 8-4　1980 ~ 2009 年全球变化空间观测领域论文主要研究领域分布

根据研究论文的关键词（基于著者关键词）词频分布（图 8-5），1980 ~ 2009 年全球

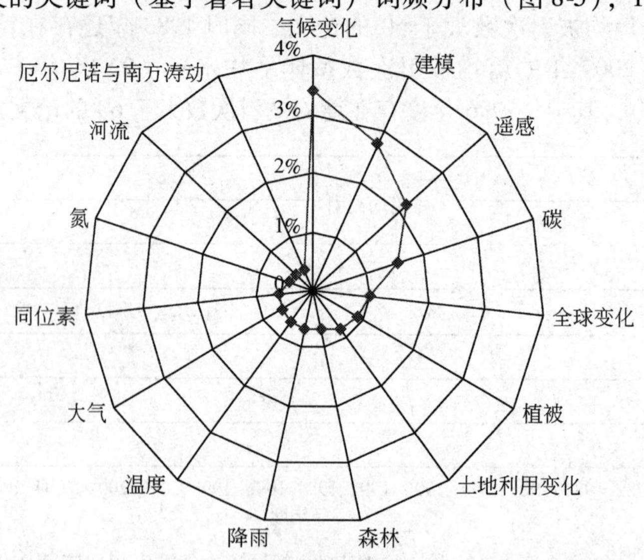

图 8-5　1980 ~ 2009 年全球变化空间观测领域论文关键词词频分布

变化空间观测研究领域的研究主要集中于：气候变化（climate change）、建模（modeling）、遥感（remote sensing）、碳（carbon）、全球变化（global change）、植被（vegetation）、土地利用变化（land use change）、森林（forest）、降雨（precipitation）、温度（temperature）、大气（atmosphere）、同位素（isotopes）、氮（nitrogen）、河流（rivers）、厄尔尼诺与南方涛动（ENOS）等方面。

4）研究主题的年度变化分析

图 8-6 显示的是研究主题随时间的变化情况。基于图 8-6，我们可以将 1980～2009 年全球变化空间观测领域的研究大致分为四个阶段：①1980～1989 年，1980～1982 年、1984 年、1986 年均没有相关论文产出，该时间段内论文数量很少，各年份的研究主题之间以及他们与其他各年份研究主题的关联强度很低（虚线），甚至没有关联（图中的孤立点，如 1985 年、1987 年、1989 年）；②1990～1995 年，该时间段内论文数量明显有所增加，各年份研究主题之间以及与其他年份研究主题的关联强度显著提高（虚线、有较弱的交互式关联）；③1996～2003 年，该时间段内论文数量的提高非常显著，各年份研究主题之间的关联强度较强（实线、有较弱的交互式关联）；④2004～2009 年，该时间段内论文数量最大，各年份研究主题相互之间的关联强度非常高（实线、高强度的交互式关联）。

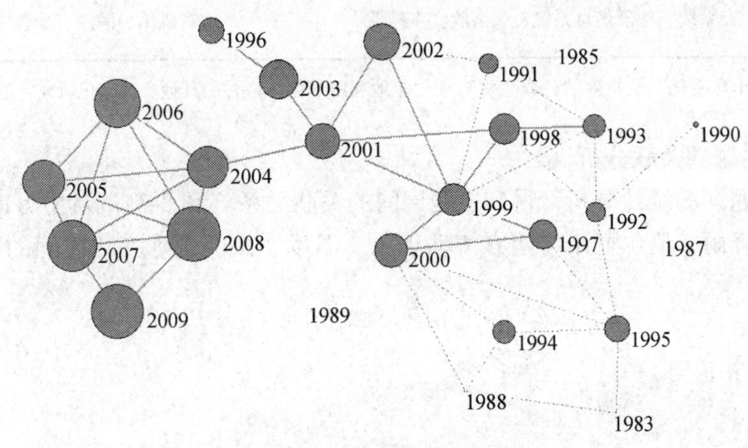

图 8-6　基于研究主题的年份关联可视化图

图中点的大小代表论文数量的多少，点与点之间的连线代表关联关系的强弱，连线越粗说明关联越强，反之越弱，实线比虚线代表的关联强度大

表 8-5 列出了 1980～2009 年全球变化空间观测领域各时间段的研究主题，包括各时间段最受关注的研究主题词和新出现的主题词。其中，气候变化、建模、遥感、碳等一直是 1990～1995 年、1996～2003 年、2004～2009 年这三个时间段的研究热点。1980～1989 年的研究论文尽管只有 8 篇，但遥感、地表、观测、气候变化等这些后来关注的研究主题已经出现。此外，1990～1995 年出现了空气污染、入侵物种、蒸发、土壤湿度、生物多样性等研究主题，1996～2003 年出现了荒漠化、富营养化、气孔导度、水平衡、海冰等研究主题，2004～2009 年出现了磷、净初级生产力、一氧化二氮、数据同化、太阳活动等研究主题，这些研究主题的出现说明全球变化空间观测领域的研究内容在不断拓展，研究所涉及

的全球变化敏感因子也在不断丰富。

表 8-5　1980～2009 年全球变化空间观测领域研究主题

时间段	最受关注的主题词	新出现的主题词
1980～1989		臭氧、遥感、地表、观测、气候变化
1990～1995	气候变化、建模、遥感、碳	空气污染、入侵物种、蒸发、土壤湿度、生物多样性、格陵兰、种群变化、永久冻土、冰河、湿地
1996～2003	气候变化、建模、遥感、碳、全球变化、植被、降雨、大气、温度、土地利用变化、同位素、森林、氮、气溶胶、土壤、厄尔尼诺与南方涛动、生态系统、河流、海平面、臭氧、地理信息系统、光合作用	荒漠化、富营养化、气孔导度、水平衡、海冰、呼吸作用、农业、火、径流、蒸发、极地、年际变率、森林砍伐、珊瑚礁、洪水、城市化
2004～2009	气候变化、建模、遥感、碳、植被、全球变化、土地利用变化、森林、降雨、温度、同位素、大气、河流、厄尔尼诺与南方涛动、氮、土壤、海平面、北极、生态系统、地理信息系统、气溶胶、多样性	磷、灰尘、分解、上升流、雪、一氧化二氮、净初级生产力、地球化学、数据同化、太阳活动、风化、水分胁迫、土壤有机质、潮汐、地貌

注：表中的“全球变化”是指除“气候变化”和“土地利用变化”以外的其他全球变化研究，下同

5）研究主题的关联分析

通过对主题词的统计分析，得到主题词间的关联关系（图 8-7）。从中可以看出，气候变化、建模、降雨、厄尔尼诺与南方涛动现象、温度、碳、全球变化之间的关联度很强。

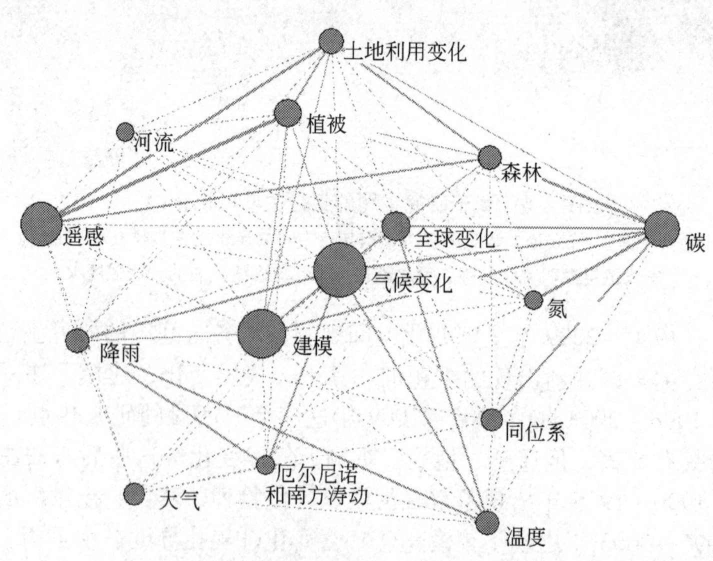

图 8-7　1980～2009 年全球变化空间观测领域论文研究主题关联可视化图

其中，降雨和厄尔尼诺与南方涛动现象、温度，碳和氮、同位素、建模、全球变化之间也存在很强的关联关系，这在整体上反映了全球变化空间观测领域的主要研究主题。土地利用变化与遥感、森林之间有很强的关联关系，与植被、碳、建模之间的关联度也较强，在这些主题词中，遥感与植被、森林，碳与森林之间也存在很强或较强的关联关系，这些关联反映了全球变化空间观测领域的另一重要研究主题。

从图 8-7 还可以看出，有关气候变化、建模、遥感、碳的论文数量远高于其他主题词，再结合上述分析，我们可以发现，气候变化、碳、全球变化以及土地利用变化等是全球变化空间观测领域的主要研究内容，而遥感和建模等则是进行研究的两种主要方法。

8.4.1.3 主要国家分析

1）主要国家发文量对比分析

1980～2009 年全球变化空间观测领域发文量排名前 10 位国家的合计论文数占该领域论文总数的 78.18%，这在一定程度上反映出了该领域的主要研究力量。从论文的国家分布（图 8-8）来看，论文产出最多的为美国，其论文产出占该领域论文总量的 34.18%，这从另一侧面反映出美国在该研究领域具有较强的实力。位居美国之后的分别是：英国、德国、法国、加拿大、中国、澳大利亚、日本、意大利、西班牙，这些国家分别位居论文数量排名的前 2～10 位，其中，中国位居第 6，并且除英国论文数量高于 2000 篇之外，其余国家的论文数量均低于 2000 篇。

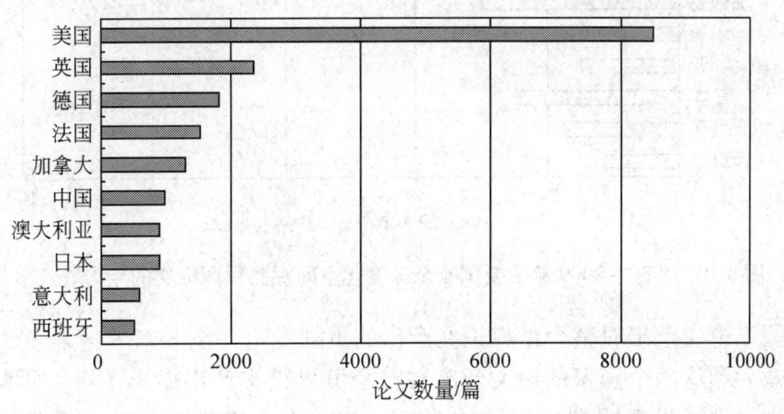

图 8-8 1980～2009 年主要国家全球变化空间观测领域的论文数量

分析上述 10 个国家的论文数量随时间的变化趋势（图 8-9），可以看出，从 1990 年之后，美国的论文数量一直保持很高的水平，其论文数量从 1990 年的 5 篇上升到了 2008 年的 928 篇、2009 年的 877 篇（由于数据库的滞后性，数据不全，下同）。与此同时，1990～2009 年，其他 9 个国家的论文数量也呈上升增长态势，英国从 1990 年的 2 篇上升到 2008 年的 277 篇、2009 年的 285 篇，中国也从 1990 年的 0 篇上升到 2008 年的 174 篇、2009 年的 149 篇。

1980～2009 年，美国在全球变化空间观测领域的论文数年均增长率远高于其他国家，已接近 80%（图 8-10），而其余 9 个国家则都低于 40%。发文量排位前 5 的国家中，除美国之外的其余4国（英国、德国、法国、加拿大）的论文数年均增长率均在20%~40%之间，其中，法国最高，为36.88%。发文量排位6~10的国家中，只有日本的论文数年均增长率高于20%，达24.95%，其他4个国家均低于20%。

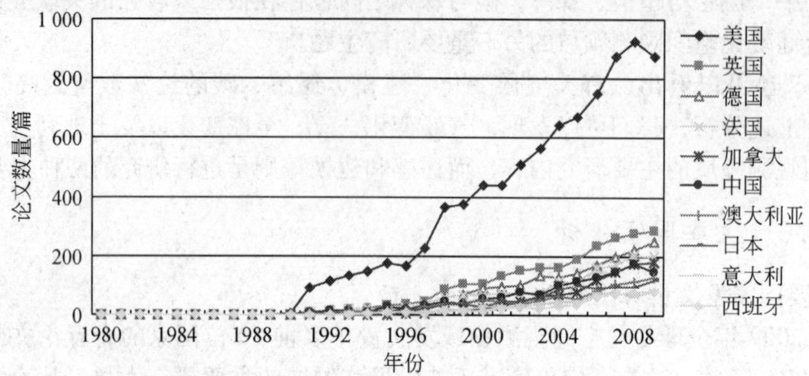

图8-9　1980~2009年主要国家全球变化空间观测领域的论文数量年变化趋势

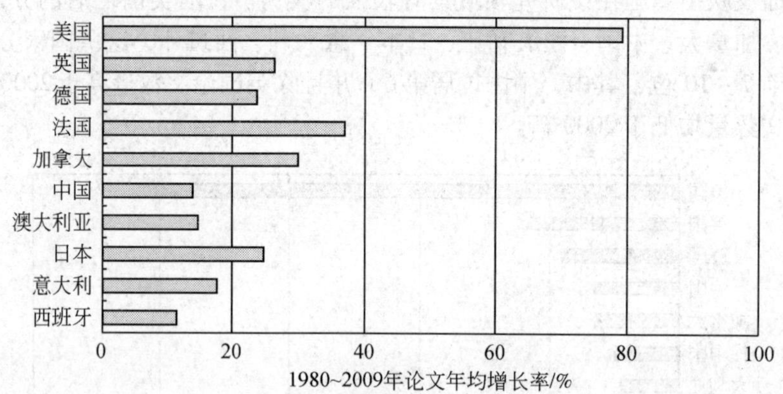

图8-10　1980~2009年主要国家全球变化空间观测领域论文的年均增长率

从主要国家论文产出对整个世界论文产出的贡献变化（图8-11）来看：①1980~1989年，美国和意大利这两个国家的论文产出对整个世界论文产出做出了巨大贡献。1988年，美国的论文数占到了世界同期论文数的50%；1989年，美国和意大利分别占到了33%。②1989~2009年，发文量排位前10位国家的论文产出对整个世界论文产出的贡献较1980~1989年有明显增加。总体上，美国的贡献仍然最大，其论文数占同期世界论文数的比例一直处于20%~60%这个范围，而其他9个国家则都低于20%。不过，从2000年以后，美国的论文产出占比则处于一种曲线下降趋势，2000年为52.58%，2008年则降到43.57%。

2）主要国家的论文被引频次分析

从图8-12可以看出，主要国家全球变化空间观测领域研究论文的总被引频次和篇均被引频次都与其论文数量存在一定程度上的正相关（中国除外），即论文数越大，总被引频次和篇均被引频次也相对越高。中国的论文数量位居第6位，总被引频次排名却降至第

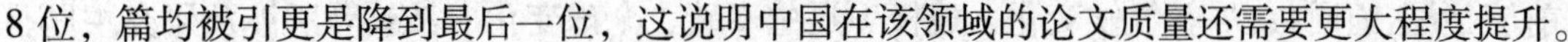

8 位，篇均被引更是降到最后一位，这说明中国在该领域的论文质量还需要更大程度提升。

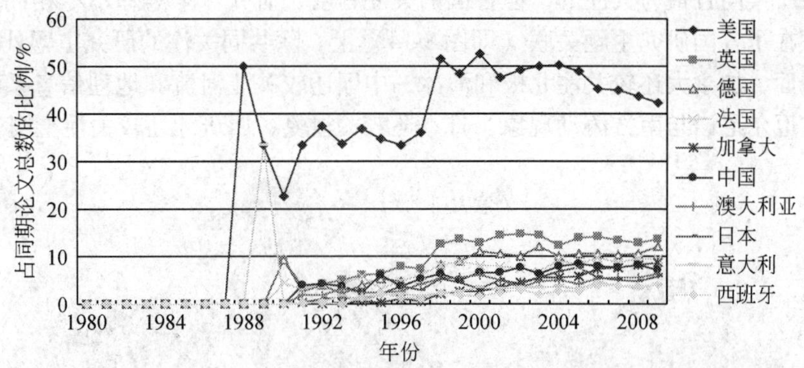

图 8-11 1980～2009 年主要国家论文数占世界同期论文数比例的年变化趋势

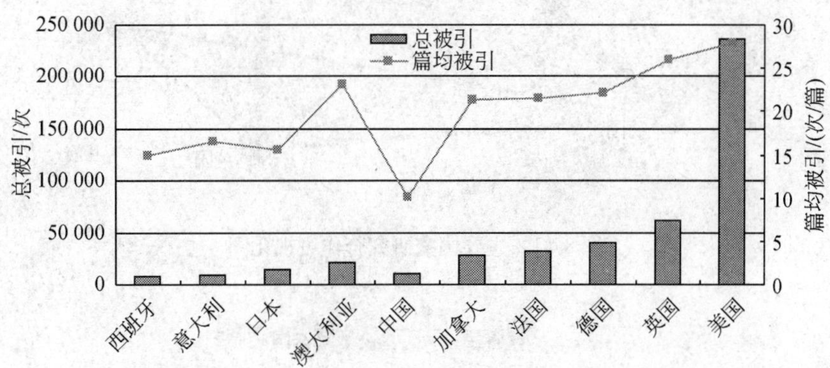

图 8-12 主要国家全球变化空间观测领域论文的被引频次

8.4.1.4 主要国家的研究合作及研究主题分析

从国家层面上的研究合作（基于共现）来看（图 8-13），美国与各个国家均具有很高的合作强度，他们之间的合作可以大致分为三个层次，与美国合作关系非常强（a）的是英国和德国（实线，非常粗），很强（b）的是法国、加拿大、中国、澳大利亚、日本、意大利（实线，中等粗细），相对较强（c）的是西班牙（实线，较细）。德国、法国、英国之间相互拥有 b 程度的合作，中国除分别与美国、日本具有 b、c 程度的合作外，与其他各国的合作均较弱。

通过对主要国家的研究主题进行对比分析，得到各国在全球变化空间观测领域的关联可视化图（图 8-14）。从中可以看出，美国与英国、法国、加拿大，英国与德国、法国、澳大利亚，以及德国与法国之间的研究主题关联度很强（实线，粗）；而美国与德国、日本，法国与澳大利亚之间的研究主题也有较强的关联关系（实线，较细）。另外，还可发现，中国、意大利、西班牙这三个国家之间以及与其他各国的研究主题关联都较弱（虚线）。

从各国关注的研究主题来看（表 8-6，以由高到低的词频顺序列出了各国最受关注的前 10 个主题词)，尽管气候变化、建模、遥感、碳、全球变化、植被等所涉及研究主题是各主要国家所共同且最为关注的，但各国的关注程度、研究水平等却不尽相同，这在一定程度上反映在了各国研究主题关联（即图 8-14）上。除共同关注的研究主题外，法国还比较关注海平面，加拿大还较关注北极和海冰，中国还较关注河流和地理信息系统，澳大利亚还较关注厄尔尼诺与南方涛动现象，日本还较关注氮，西班牙还较关注土壤。

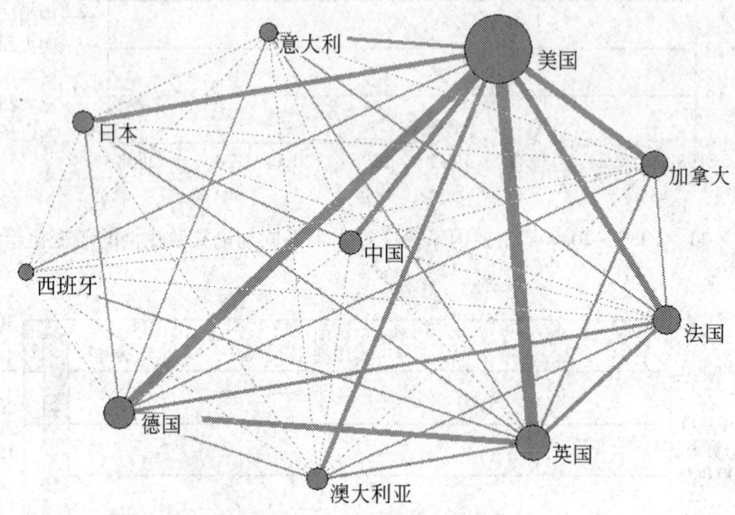

图 8-13　主要国家研究合作可视化图

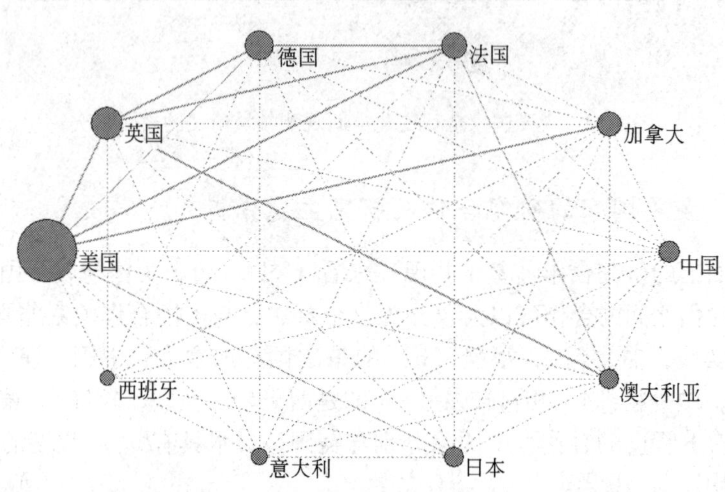

图 8-14　基于研究主题的主要国家关联可视化图

表 8-6　主要国家研究主题

国家	最受关注的主题词
美国	气候变化、建模、遥感、碳、全球变化、植被、土地利用变化、森林、同位素、大气
英国	气候变化、建模、碳、遥感、全球变化、温度、植被、降雨、同位素、大气
德国	建模、气候变化、碳、同位素、遥感、全球变化、植被、温度、土地利用变化、森林

续表

国家	最受关注的主题词
法国	气候变化、建模、遥感、碳、同位素、全球变化、海平面、大气、植被、温度
加拿大	气候变化、建模、遥感、碳、森林、北极、植被、大气、全球变化、海冰
中国	气候变化、建模、遥感、土地利用变化、碳、植被、河流、全球变化、降雨、地理信息系统
澳大利亚	气候变化、建模、遥感、碳、植被、全球变化、海平面、温度、降雨、厄尔尼诺与南方涛动现象
日本	建模、遥感、气候变化、碳、全球变化、植被、大气、氮、河流、土地利用变化
意大利	建模、气候变化、遥感、碳、全球变化、植被、降雨、同位素、土地利用变化、森林
西班牙	气候变化、建模、遥感、植被、碳、同位素、全球变化、土壤、森林、土地利用变化

8.4.1.5　主要机构研究情况分析

1）主要机构发文量对比分析

1980～2009 年全球变化空间观测领域发文量排名前 10 位的机构（基于所有作者机构，下同）依次是（图 8-15）：美国国家航空航天局（NASA）、美国国家海洋与大气管理局（NOAA）、中国科学院（CAS）、美国国家大气研究中心（NCAR）、美国科罗拉多大学、德国马普学会、美国加利福尼亚理工学院、美国华盛顿大学、美国马里兰大学、美国哥伦比亚大学。在这些机构中，8 个来自美国，1 个来自中国，1 个来自德国。其中，来自美国的 8 个机构的论文总数占到这 10 个机构论文总数的 80%。

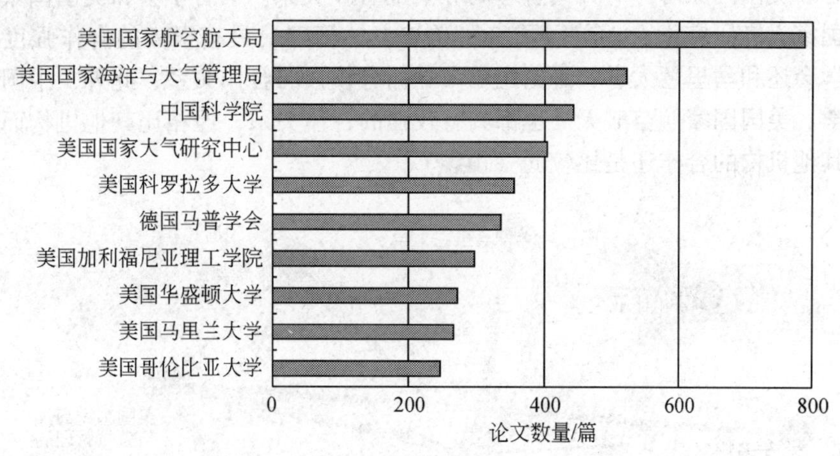

图 8-15　1980～2009 年主要机构全球变化空间观测领域的论文数量

2）主要机构的论文被引频次分析

发文量排名前 10 位的机构中，除中国外的其他 9 个机构的论文篇均被引次数均在 20 次/篇～80 次/篇之间（图 8-16），其中，美国国家大气研究中心的篇均被引次数最高，达 63.20 次/篇，最低的为加利福尼亚理工学院，其篇均被引次数为 34.63 次/篇，来自德国的马普学会为 43.06 次/篇，处于中等水平。中国科学院的发文量虽然位居第 3，但其篇均被引次数却只有 15.46 次/篇，位居最后一位，这在一定程度上说明中国科学院和其他机构在该领域的研究上还有很大差距。

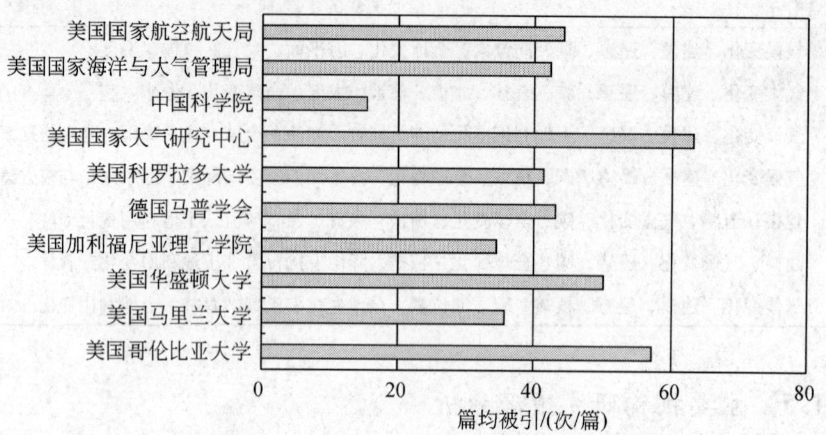

图 8-16　主要机构全球变化空间观测领域论文的篇均被引频次

3）主要机构的研究合作及研究主题分析

从机构层面上的研究合作（基于共现）来看（图 8-17），来自美国的 8 个研究机构之间具有非常强（实线，非常粗，如美国国家航空航天局和美国国家海洋与大气管理局、马里兰大学、哥伦比亚大学等）、很强（实线，中等粗细，如美国国家航空航天局和美国国家大气研究中心、科罗拉多大学等）或较强（实线，较细，如哥伦比亚大学和美国国家大气研究中心、美国国家海洋与大气管理局等）的合作关系。马普学会和美国国家航空航天局、美国国家大气研究中心、美国国家海洋与大气管理局具有很高的合作强度，与此同时，马普学会还和马里兰大学、哥伦比亚大学拥有较强的合作关系。此外，中国科学院和马里兰大学、美国国家航空航天局也都具有较强的合作关系，但相比其他机构而言，中国科学院与其他机构的合作还是比较弱（虚线）。

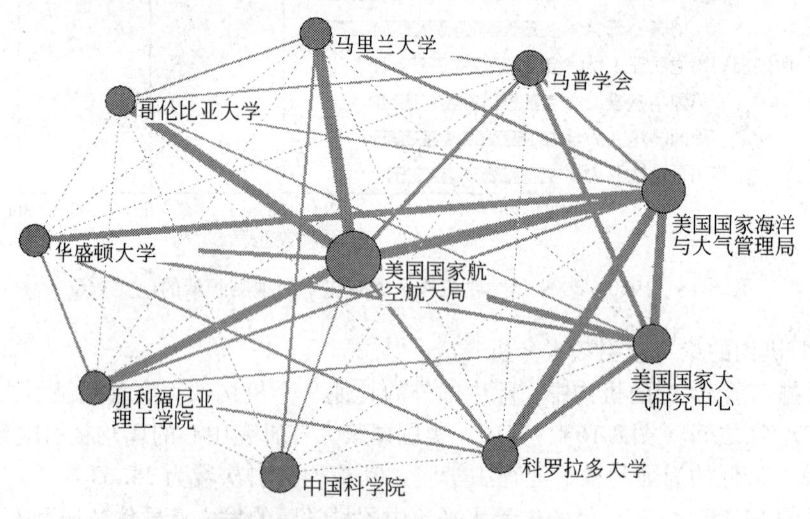

图 8-17　主要机构研究合作可视化图

从各机构关注的研究主题来看（表8-7，以由高到低的词频顺序列出了各机构最受关注的前10个主题词），气候变化、建模、遥感、碳等仍然是各主要机构最为关注的，但关注程度各有不同。除此之外，科罗拉多大学还较关注北极、海平面，华盛顿大学还较关注海冰、尘土，美国国家大气研究中心和美国哥伦比亚大学还较关注厄尔尼诺与南方涛动现象。所关注研究主题的这些差异导致了主要机构主题关联的差异，从图8-18可以看出，美国航空航天局、美国国家海洋与大气管理局、美国国家大气研究中心、马普学会这四个机构之间以及华盛顿大学、哥伦比亚大学、美国国家海洋与大气管理局这三个机构间的研究主题均具有很强的关联。此外，科罗拉多大学与哥伦比亚大学以及马普学会之间的研究主题关联度也很高，而马里兰大学、加利福尼亚理工学院、中国科学院这三个机构之间以及他们与其他机构间的研究主题关联则相对较弱。

表8-7 主要机构研究主题

机构	最受关注的主题词
美国航空航天局	遥感、气候变化、建模、碳、植被、气溶胶、大气、臭氧、温度、生态系统
美国国家海洋与大气管理局	气候变化、建模、碳、遥感、全球变化、温度、气溶胶、臭氧、降雨、大气
中国科学院	建模、气候变化、遥感、碳、土地利用变化、全球变化、植被、降雨、河流、温度
美国国家大气研究中心	建模、气候变化、碳、臭氧、温度、气溶胶、大气、厄尔尼诺与南方涛动现象、植被、遥感
美国科罗拉多大学	气候变化、建模、遥感、北极、全球变化、大气、海平面、碳、同位素、植被
德国马普学会	建模、碳、气候变化、气溶胶、全球变化、生态系统、同位素、降雨、臭氧、植被
美国加利福尼亚理工学院	遥感、气候变化、碳、建模、大气、海平面、植被、温度、同位素、生态系统
美国华盛顿大学	气候变化、建模、海冰、北极、气溶胶、尘土、遥感、碳、同位素、水文
美国马里兰大学	遥感、气候变化、建模、碳、森林、全球变化、土地利用变化、生态系统、火、植被
美国哥伦比亚大学	气候变化、建模、全球变化、气溶胶、遥感、同位素、碳、厄尔尼诺与南方涛动现象、海冰、植被

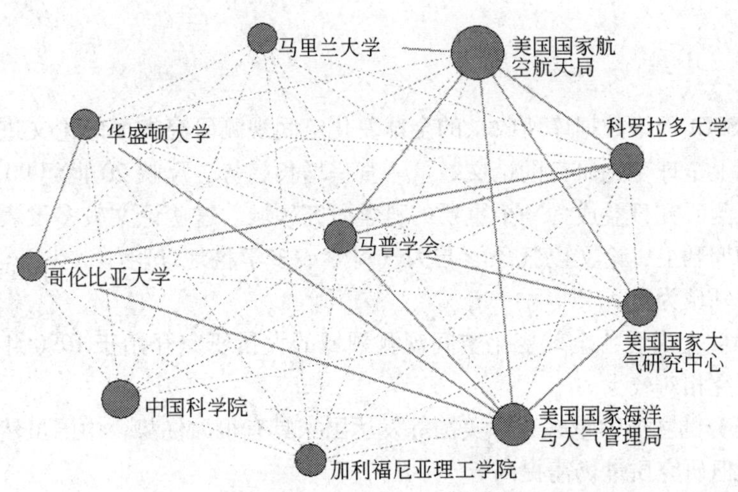

图8-18 基于研究主题的主要机构关联可视化图

8.4.1.6 重要期刊

对 SCIE 中 1980 ~ 2009 年收录的全球变化空间观测领域的论文进行统计，得到该领域论文发表的主要出版物（表 8-8）。

表 8-8 1980 ~ 2009 年 SCIE 收录出版物排名

排名	来源出版物	论文数量/篇
1	Journal of Geophysical Research-Atmospheres	1165
2	Journal of Climate	947
3	Geophysical Research Letters	874
4	Journal of Geophysical Research-Oceans	350
5	Climate Dynamics	331
6	Remote Sensing of Environment	309
7	Global Change Biology	303
8	International Journal of Remote Sensing	287
9	Journal of Geophysical Research-Space Physics	260
10	Nature	243
11	International Journal of Climatology	236
12	Global Biogeochemical Cycles	223
13	Earth and Planetary Science Letters	202
14	Climatic Change	191
15	Atmospheric Chemistry and Physics	174

8.4.1.7 小结

对 SCIE/SSCI 网络数据库所收录的全球变化空间观测研究方面的论文进行文献计量分析，得出国际上全球变化研究的论文数量一直呈增长趋势，反映 20 世纪 90 年代以来，全球变化空间观测研究日益成为一个重要的科学研究领域。这些论文较多发表在荷兰、英国和美国出版的期刊上，论文以气象学与大气科学、多学科地球科学、生态学、环境科学、海洋学等学科领域为主。

（1）从时间上来看，全球变化空间观测领域的大量研究开始于 1990 年、1980 ~ 1989 年该领域的研究相对较少。

（2）从研究的主要力量来看，美国等发达国家具有很大优势，中国虽然在论文数量上有一些突破，但研究质量仍需提高。

（3）从研究的内容来看，气候变化、碳、土地利用变化等是该领域的主要研究主题，而遥感、建模等则是进行研究的主要方法。

8.4.2 全球变化空间观测研究的专利分析

8.4.2.1 数据来源与分析方法

专利分析数据来源为Aureka专利分析平台，其专利收录范围为美国、英国、德国、法国、日本、欧洲以及PCT国际专利。因其范围中未包含有中国专利，所以本次专利分析主要针对国外情况进行分析。在专利数据的检索过程中，本节采用了关键词检索的方法，检索字段为题名、摘要和权利要求（Claims，Title or Abstract）。20世纪90年代以来，各国相继研制发射了一批先进的观测卫星用于全球变化相关的相关研究，所以本节将检索时间限定为1990年至今。最后数据集包括2927项专利。

专利分析主要是在Aureka专利分析与管理平台的基础上进行，通过对专利文献相关著录项的分析与统计，描述该领域的发展情况。

8.4.2.2 专利分析结果

1）专利数量的年度分析

专利申请后经审查没有发现驳回理由的，国家专利行政部门会做出授予相应专利权的决定，发给相应专利证书，同时予以登记和公告，相应专利权自公告之日生效。因此本部分专利分析是基于专利公告日期进行的。专利公告日期的年度分布如图8-19所示。从图8-19可以发现在检索时间段内，与全球变化相关的遥感技术呈上升态势。2002～2005年相关专利的数量虽有下降，但幅度不大，而且在2005以后又继续走高，专利数量最多的年份出现在2008年。专利数量的上升态势表明目前与全球变化相关的遥感技术正处于发展期，日益受到关注。

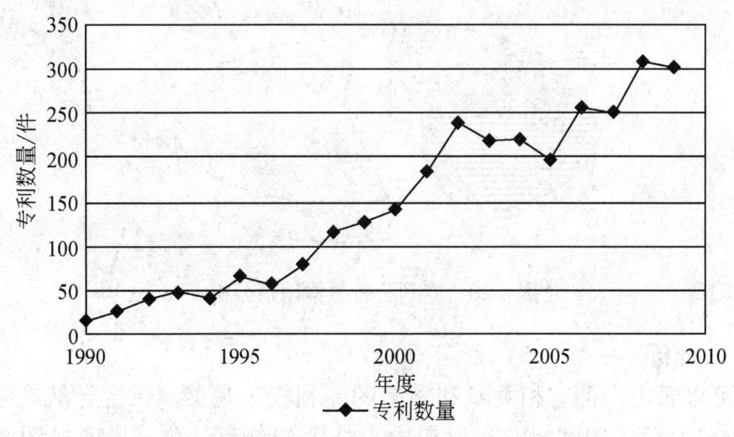

图8-19 专利公告的年度分布

2）技术布局变化分析

根据专利数量的变化情况，将技术布局分析分为3个时间段：1990～2000年、2001～2005年和2006～2009年，并利用Aureka的Thememap功能分别对这3个时间段内的专利进行分析（彩图14～16中文字为基于专利数据集中题名和摘要进行标注的结果；图中等高线代表单位区域内专利数量，其越密，说明专利数量越多）。

1990～2000 年相关遥感技术主要集中在：显示设备、GPS 定位设备与技术、地球静止轨道观测卫星技术、大气特征遥感技术、车载 GPS 接收系统、数据传输技术、与植物分类和排放物相关的遥感技术、水下监测遥感技术、地形遥感技术、数据纠错与校准系统等。

2001～2005 年相关遥感技术主要集中在：卫星观测技术、GPS 定位设备、基于 GPS 的海拔判断方法、车载成像系统、地图显示系统、基于 GPS 的媒介测度技术、地表特征监测技术（包括林火监测）、GPS/INS 自适应集成系统、电离层失真补偿技术、地表物体检测技术、无线通信技术等。

2006～2009 年相关遥感技术主要集中在：与光学相关的遥感技术（如卫星光通信网络架构、微创式温度光学遥感系统等）、卫星导航系统与设备、电离层迟延估计技术、数据传输技术（如压缩、纠错技术、转发装置等）、GNSS 信号处理技术、无线通信技术、大气环境条件监测技术（如强风暴形成预测方法等）、卫星系统无线传输技术、火灾监测技术、移动终端定位技术、压电式声学遥感技术、高纬度空气监测技术、汽车碳排放监测技术、基于 RFID 的移动物体监测技术等。

通过上述分析可以发现，全球定位技术一直是遥感技术所关注的领域，而且关注的媒介也开始从无线电转向可见光、红外线等光学领域。遥感技术在全球变化中的应用主要体现为地球观测卫星，其中对大气特征的监测最为突出。

3）专利公告机构国别分析

从图 8-20 可以看出，美国是公布相关专利最多的国家，其次是世界专利组织和欧洲专利局。这说明，美国是与全球变化相关的遥感技术重要市场，而且鉴于所涉及问题本身的特殊性，即全球性，因此在世界或区域专利机构的申请量也比较大。

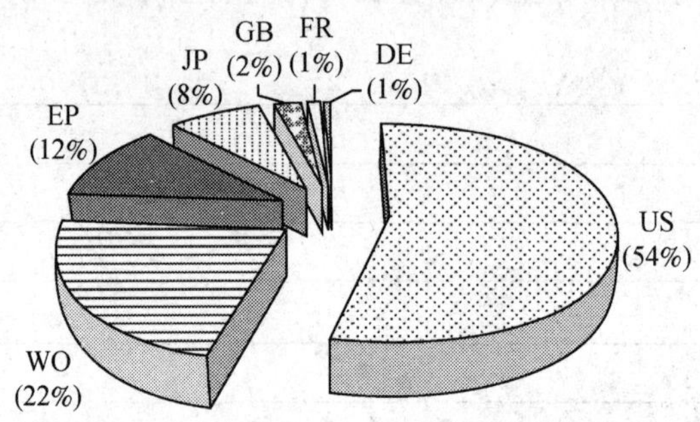

图 8-20　专利公告机构国别分析

4）专利权人分析

从图 8-21 可以看出，拥有相关专利最多的专利权人是美国天宝导航有限公司（Trimble Navigation Ltd），除法国国家空间研究中心外大部分都是公司。通过图 8-21 还可以看出，在所分析的专利领域，并未出现占有绝对优势的机构，专利数量量多的美国天宝导航有限公司也仅 67 件专利，占全部专利数量的 2.3%。

在图 8-21 所示的 15 家机构中，高通公司（Qualcomm Inc）和 SiRF 公司（SiRF Tech）的专利数量分别为 34 和 32 件，但主要是在 2002 年以后所获得的专利。这说明近几年这

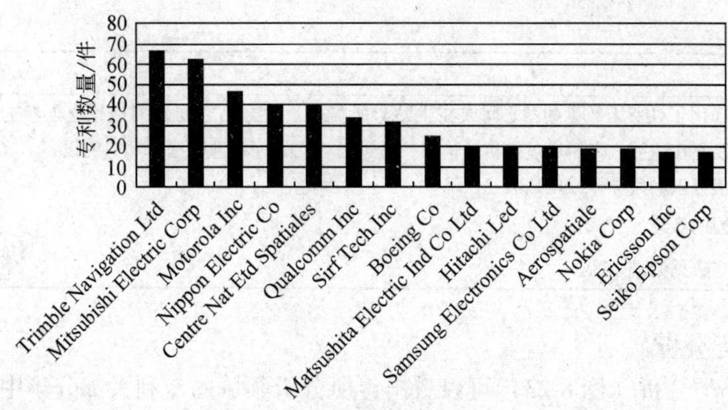

图 8-21　与全球变化研究相关遥感技术专利权人前 15 强

两家公司在该领域的研究有一定的发展。

图 8-22 中图例为 IPC 小类，其所代表内容如表 8-9 所示。通过图 8-22 可以发现大部分重要专利权人的专利都集中在某技术领域，但日本电气公司和法国国家空间研究中心所拥有的专利在不同技术领域的分布相对均匀一些。从整体分布来看这些专利权人所拥有的专利大部分分布在 GO1S 小类中。

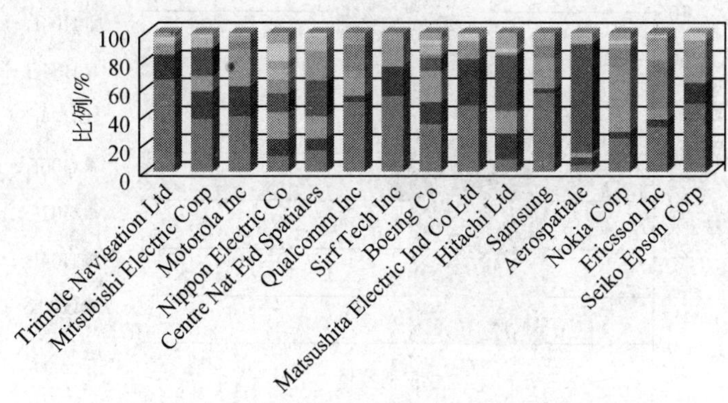

图 8-22　重要专利权人技术领域（IPC 小类）分布

表 8-9　部分 IPC 小类及其所代表技术领域

IPC 小类	所涉及技术
G01S	无线电定向，无线电导航，采用无线电波测距或测速，采用无线电波的反射或再辐射的定位或存在检测，采用其他波的类似装置
G01C	测量距离、水准或者方位，勘测，陀螺仪，摄影测量学或视频测量学
H04B	传输
B64G	宇宙航行及其所用飞行器或设备
H04N	图像通信
H04W	无线通信
H01Q	天线

续表

IPC 小类	所涉及技术
H04Q	选择（用于在所需数量的站之间或在主站与所需数量的分站之间选择地建立连接的方法、电路或设备，以便在连接点之后通过它传送信息；通过已建立的连接进行选择呼叫的设备。在任何一种情况下该连接可以利用导体或电磁波）
G08G	交通控制系统
G06F	电数字数据处理

5）IPC 小类分析

通过 IPC 小类分析（图 8-23）可以看出，所分析领域的专利大部分集中在 IPC 分类的 G 部（物理）和 H 部（电学）。从具体小类来看，主要是定位技术、传输技术、各种测量技术和数据处理技术。从被引频次前 10 强的分析结果来看（图 8-24），所分析的 IPC 小类前 10 强与被引频次的前 10 强基本一致（除 B64G 与 H04M 之外）。

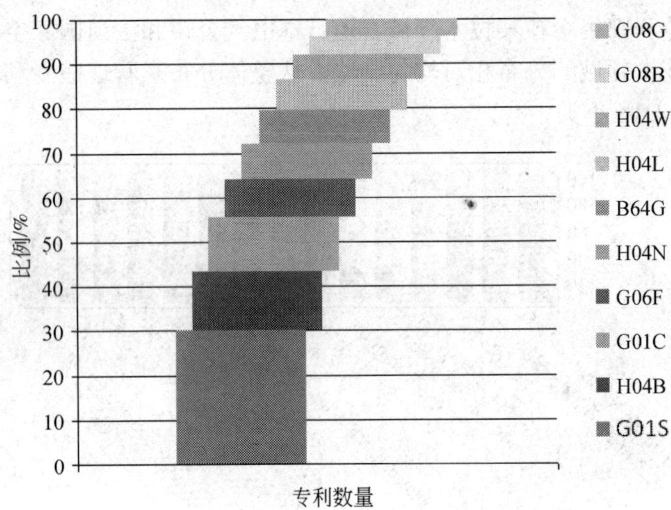

图 8-23　IPC 小类数量分析（前 10 强）

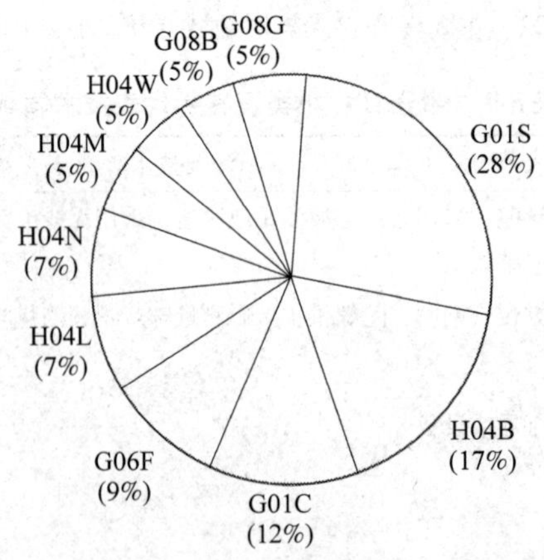

图 8-24　IPC 小类被引频次分析（前 10 强）

6）高被引专利分析

从高被引专利分析结果来看，被引频次最高的前 10 名专利均为美国专利（图 8-25），这说明了美国在这方面的优势地位。其研究内容如表 8-10 所示。

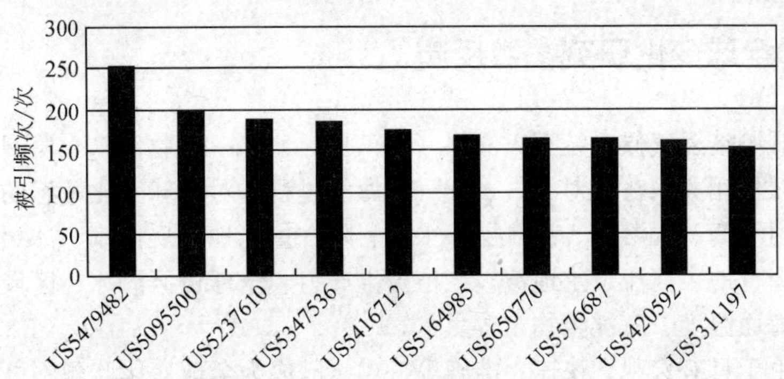

图 8-25 高被引专利分析（前 10 强）

表 8-10 被引频次最高的前 10 位专利

高被引专利	专利名称
US5479482	Mobile Location Reporting Apparatus and Mehtods
US5095500	Cellular Radiotelephone Diagnostic System
US5237610	Independent External Security Module for A Digitally Upgradeable Television Signal Decoder
US5347536	Multipath Noise Reduction for Spectrum Signals
US5416712	Position and Velocity Estimation System for Adaptive Weighting of GPS and Dead Reckoning Information
US5164985	Passive Universal Communicator System
US5650770	Self-locating Remote Monitoring Systems
US5576687	Vehicle Information Display
US5420592	Separated GPS sensor and Processing System for Remote GPS Sensing and Centralized Ground Station Processing for Remote Mobile Position and Velocity Determinations
US5311197	Event-activated Reporting of Vehicle Location

8.4.2.3 结论

从专利分布机构和被引专利分析国别来看，美国在该领域占有很大的优势，而且鉴于全球变化研究的特殊性，即全球化，除美国外，大部分专利都是由世界或区域专利组织公布的。

从专利数量和技术布局来看，遥感技术在全球变化研究中的应用正处于迅速发展时期，其中 GPS 技术一直是关注的重点领域，而且关注的媒介也开始从传统的可见光/近红外等光学遥感，扩展到更多的利用微波、激光、重力等信息。微波遥感和激光雷达遥感成为最主要的观测手段。遥感技术在全球变化中的应用主要体现为地球观测卫星。从专利角度来看，遥感技术主要应用于地表特征监测、大气条件监测。

8.5 全球变化空间观测研究前沿与重点

8.5.1 全球变化研究参数反演

全球变化观测涉及气候系统五大圈层（大气圈、水圈、生物圈、土壤圈、岩石圈）诸多因子及其相互作用关系，针对大气、陆气、海气过程，对全球变化敏感的重要参数主要包括：地球辐射平衡、气溶胶、臭氧层、水汽、降水量、地表反照率、冰川、积雪、地表冻融、湖泊进退、地表河流、土地覆被、植被生产力、全球极区海冰、区域海洋风场、海面高度异常、海面温度、海洋生物学等。

空间观测由于具有宏观、快速、准确等特点，已成为全球变化监测不可替代的重要技术手段。但全球变化参数的空间观测基础性研究，仍远远不能满足全球变化研究的应用需求。对哪些参数可采用对地观测技术进行有效的监测，其最佳监测光谱分辨率、时间分辨率和空间分辨率，还缺乏了解和深入理解，更没有形成实用模型数据库。其主要原因是各学科之间的渗透、交流、综合少，各研究之间相互独立，很少进行学科之间的交叉，使得一些遥感模型反演在数学上甚至是病态的（李小文，2002）。IPCC 报告中也指出，陆地表面关键参数在气候、水文模型中没有得到很好的应用，全球变化的进一步深入研究有赖于遥感反演的参数变化，实现真正的定量化和时空连续性，满足大气、陆气、海气过程等模型的要求（IPCC，2007a）。因此，迫切需要对全球变化的参数变化规律及相应遥感反演进行多学科交叉综合研究，发展全球变化对地观测的技术与理论方法。

8.5.2 研究方法标准化

地球系统科学常常需要在世界范围内的不同站点和不同的条件下进行大量的过程和实例研究，以及进行其后的比较和综合。这种方法的一个重要的组成部分就是标准研究方法的发展和使用，以及研究方法标准化。开始的阶段是进行方法的发展建立，这通常是基于广泛的商讨，然后进行广泛的沟通，并召开地区研讨会来促进方法的使用。

LOICZ 的海岸生物地球化学收支方法就是 IGBP 发展和促进标准方法的例子之一。由于海岸带强烈的异质性，对海岸生物地球化学通量进行一项全球研究是比较困难的，因而通过一个国际研究人员网络来应用一个标准方法是非常有效的。国际 LOICZ 团体发展和应用了一个标准方法，该方法是基于物质平衡来估算海岸生物地球化学通量，特别是在海湾和海岸的河口地区。该方法可以估算出入海岸带的碳、氮和磷通量，也包括向大气的气体排放量。由于海岸水域中的营养盐发生了反应，所以收支状况是比较复杂的，因此，该方法依赖于一种营养物（通常是磷）通量的测量，然后通过比例系数来计算其他营养物的通量。该方法利用少量或适量的已知或易于获取的数据，并广泛适用于站点间的比较（IGBP，2006）。站点间比较可能会跨越各种不同条件的站点，例如，从局地泻湖和河口到较大的中国东海、从原始未扰动的站点到有大量人为营养物输入的站点、从浅水到几百米深

的深水以及从热带到北极环境的跨越。已经召开了许多的地区研讨会来对标准方法进行交流和促进，并有一个网站可以提供方法的详情和更新、实施的工具以及已完成研究所使用的教材和应用结果。通过大约 180 名科学家的努力，已经确定了 200 多个海岸的收支状况。

8.5.3 系统模型开发

人们已经越来越认识到全球变化研究必须以整体的与综合的方式展开，因为现在已经知道地球是一个整体的系统，而人类活动正以复杂、交互而且明显是加速促进的方式影响着地球系统，其意义是普遍而深远的。因此，将人类作为对自然系统的一个外在强迫来考虑已经不再合适，而应该考虑一个交互的人与环境耦合系统。以这种方式来考虑人类活动对地球系统的分析和模拟提出了严峻的挑战。对于碳循环动力学的了解可以为开展全球生物地球化学循环中的人为与自然驱动力的综合研究提供良好的初始条件。然而，地球系统模拟最终必须与社会经济研究团体展开合作，以对人类活动与地球系统功能之间的所有联系进行综合的评估。

复杂系统理论与新的数学和计算机工具的应用，可能会解决一部分问题。有一种可能有用的方法是“基于动因”的模拟，其中的人或者人类组织可以通过特定的规则进行交互。这种虚拟世界中作用物与作用物的交互能够产生出作用物组织的一些新兴的性质，比如经济或者社会系统。网络动态会提供另一个可能的方法，在其中，网络拓扑和节点相互作用的规则都很重要，这能够产生复杂的、非线性的动态变化（陈述彭，2001）。

地球系统模式是研究全球变化、综合目前的理解、支持假设分析和为未来地球系统演化提供可能情景的重要工具。然而，这些模式必须经过严格的测试，以提高其模拟地球系统功能的可靠性。模式间比较有助于确定不同模拟方法的优势和弱点，分享模拟技术和结构方面的知识，以及加快模式的发展。利用数据进行的模式验证对于模式的模拟表现和不同数据库的一致性和可用性都非常关键。

8.5.4 观测系统平台构建

空间观测技术是尖端的综合性技术，涉及航天、光电、物理、计算机、信息科学等诸多应用领域。观测地球的平台包括地面遥感车、气球、飞艇、飞机、火箭、人造卫星、航天飞机和太空观测站等。各种平台相互配合使用，实现对全球陆地、大气、海洋的立体、实时的观测和动态监测，提供宏观、准确、综合、连续多样的地球表面信息和数据，改变了人类获取地球系统数据和对地球系统的认知方式，对科学创新起到基础性支撑作用。利用空间观测新技术，人类不仅可以开展气象预报、资源勘探、环境监测、农作物估产、土地利用分类、灾害监测等工作，还可以开展全球性环境变化研究。

空间观测技术的发展，增进了人类获取地球系统数据的认知方式。多源空间观测弥补了观测空间及时间分布的不均匀。为大气、陆地、海洋的科学研究提供长期、稳定的空间数据，并对全球变化的研究起到基础性支撑作用。有效地利用多平台不同传感器的观测数据，可以解决单一传感器在信息提取及反演中的许多问题。

开展针对全球变化的空－天－地多平台组网观测技术研究，构建多平台组网探测系统，研究空间尺度和时间尺度分布的多星联动测控与轨道控制技术、可变尺度观测卫星轨道控制策略、变尺度观测轨道机动与相位保持技术，以及多平台观测数据归一化处理技术，开展全球变化遥感观测平台新探索。

8.5.5 数据同化与共享

多源空间观测数据给全球变化研究也带来新的科学挑战，需要开展遥感数据同化，发挥地面现场观测、遥感数据与地球系统过程模型的优点，为全球变化区域模式研究和环境模拟提供适用的空间观测产品。主要包括如下两方面的研究内容：①陆地、大气和海洋环境敏感因子参数多源定量遥感观测与反演结果的同化研究，实现不同波谱、不同成像条件、不同时相的定量遥感数据产品的归一化，以保障各类遥感产品的一致性。②地面连续过程观测数据与遥感数据之间的同化研究，开展遥感瞬间定量反演参数与时间序列地面定位观测数据的时空耦合研究，为区域模式和环境模拟研究提供区域动态精度更高的信息(郭华东，2009)。

全球变化作为一个复杂的巨系统，要求具有描述生物地球化学循环关键参数和过程的全球统一数据，近几十年里遥感数据的发展革新了我们对于全球变化的了解，并导致了许多全球数据库的迅速发展。对全球变化开展的科学研究，需要以系统思维指导，并依赖于地球系统各要素的长期观测试验数据。地球系统科学数据的观测获取技术、数据转化/处理/压缩技术和复杂模型计算技术以及科学数据共享的信息系统对全球变化科学研究至关重要。

围绕全球变化研究，国际上实施了一系列重大科学研究计划，需要在一个前所未有的国际合作广度上进行，包括在数据层次上的合作。这些重大的全球性科技活动既反映学科间的交叉渗透和科技创新全球化的发展趋势，又表现出全球范围内对科技信息共享的客观需求。与此同时，信息技术的发展和应用使科技信息成为国际化创新活动的公共平台。在这一背景下，以往的数据采集与数据解释、分析结果的一体化格局，在新的研究平台上，出现了数据采集、管理、分析使用之间令人瞩目的分离状态；数据管理者由传统的存档保护职能，向数据的开放、流动使用和集成新的数据产品转化；数据应用由单一的服务目标，向全社会多目标服务转化；在信息技术驱动下，数据存储的多介质、不同形式（规格），向统一标准、数字化、网络化方向转化等等（童庆禧，2005）。科技数据管理的现代化与数据共享成为全球科技发展的必然选择。

8.5.6 专题卫星研制

在目前的全球变化研究与地球系统模型研发中，卫星观测没有发挥其全部潜力，迄今为止，针对全球陆面变化研究与陆面模型研发，国际陆地遥感领域仍缺乏长时间序列、高时空分辨率和高质量的全球陆表特征参量产品。我国的地球系统模型研发与全球变化研究处在重要的发展机遇期，非常有必要集中力量，反演专题卫星监测全球变化特征参量，支

持全球变化研究与新一代地球系统模型的研发。

美国政府出巨资开展对地观测系统计划，明确提出以“全球变化”为应用目标。由NASA、国家科学基金会、海洋与大气局、内政部、农业部、环保局、能源部、史密森学会，国防部联合承担全球变化研究项目，研发温室气体排放监测卫星。

海洋在全球气候变化中起着十分重要的作用。例如，美国海洋水色卫星的发射目的是研究大洋的生物化学过程，探讨海洋在全球 CO_2 循环中所起的作用；欧空局“欧洲遥感卫星”系列的目的是增进对海洋动力过程的科学认识，尤其是北极海域的各类海洋现象；加拿大“雷达卫星”的主要应用是研究北极圈的海冰；等等。大洋环流研究是全球变化的另一项重要内容，如美法合作发射的海洋地形 TOPEX/Poseidon 卫星的主要目的是研究大洋环流及其在长期气候演变中的效应等。

通过专题卫星监测，去了解和认识陆地、海洋、大气，从而更深一步地开展全球变化及其对策研究，对于我们人类生存的地球而言是非常重要的。

8.6　全球变化空间观测研究展望

对气候信息、资源的可持续利用、转换效率等全球变化研究的要求在迅速增加。空间观测能否为当前与未来提供研究、技术和管理支持，以配合如此快速的变化？空间计划的许多成就，可能掩盖了一些技术方面的限制，以及与限制有关的管理，因而可能处于对卫星所拥有的和将发挥的作用过分夸大的风险中。如果要弥补差距，在今后的 10 年，就需要对地球观测和气象卫星观测系统进行大量投资。此外，要求补充和扩大网络投资，以求在从现在至 2050 年及以后的时间内处理不断增加的全球变化研究挑战。

无论是地球观测，商业通信还是导航，新系统的发展正在加速进行。从来没有像当今一样有如此多的“连接和天空中的眼睛”，可以为气候研究和观测提供有用的信号和数据。因此，必须从连续观测、数据关联和把数据融入地面信息系统中几方面进行努力。

空间观测提供了重要信息，然而在覆盖范围的认知上依然有差距，有时会限制传感器的充分利用及与系统的可持续发展有关的管理问题。

8.6.1　保持系统可持续性，解决管理问题

在来自基于空间地球观测的可靠气候数据需求不断增长的同时，也出现了一种更系统的方法去利用国内和国际的基于空间的能力。一些协调机构已经参与其中。然而，这有其局限性，更经常地联系在一起的是管理问题而不纯碎是技术问题。

由于目前许多机构出于不同的目的测量气候参数，并使用不同的测量协议。这导致数据缺乏同质性（在空间和时间上），从而限制了许多应用对数据的使用，制约了监测和评估气候变化的科学能力。也有一些“脆弱性”的观测系统，特别是那些运作的研究基金，如海洋观测（CEOS，2007）。观测系统从研究到运作的转换中存在的一系列问题，在许多国家中还没有得到很好的解决。就空间计划管理的水平而言，对以特定气候变量测量的连

续性需求并不一定意味着要开发新类型的仪器。

另一个管理问题涉及对数据的访问。那些包含空间遥感数据的数据库往往不完整、不容易访问，也没有足够的质量控制。在大的覆盖面和覆盖期内的大规模观测空白是正常的。对此，既没有一般的标准，也没有数据库和可以有权使用数据的大量格式呈递，更不用说对遥感数据的控制了（GCOS，2005）。

8.6.2 在2015～2025年间建立的国际全球观测系统

目前，全球观测系统已经包括三个互为补充的基于空间的星群：业务气象极地轨道卫星（如MetOP）；业务气象静止卫星（如GOES、MTSAT、ELEKRO-L、INSAT、FY-2/4）；环境研究和发展卫星（如ENVISAT、QUICKSCAT）。这些都是由不同的国家开发的，如美国、欧洲国家、中国、印度、日本、韩国和俄罗斯等。

到2015年，一个协调的全球观测系统可能包括一个更加多样化的独立卫星，覆盖更多的天气和气候变量，2002年由WMO一个临时会议决议通过：至少有6个业务对地静止卫星，所有卫星都带有多光谱成像仪（IR/VIS）；部分带有超光谱探测器（IR）；4个业务低地球轨道卫星可以达到最佳时机间隔，所有卫星都带有多光谱成像仪（MW/IR/VIS/UV）和微波（MW）探测器，3个带有超光谱探测器，2个带有高度计，3个带有圆锥扫描微波仪或散射仪；一群为无线电隐藏服务的小研发卫星，在低地球轨道配置风激光雷达，在低地球轨道配置主动和被动的微波测雨仪器，以及在低地球轨道和地球静止轨道配置先进的超光谱动能；改善相互校准和业务连续性（WMO，2002）。

展望未来，全球观测系统正在制定2025年的远景规划（表8-11）：有来自众多机构的大量投入，全球观测系统的目标是支持改善天气预报业务、气候监测、海洋学、大气组

表8-11　2025年基于空间的全球观测系统可能的构成要素

平台	仪器	观测变量
对地静止运行卫星（至少6个，几乎相等的间隔）	可见红外线成像仪（VIS/IR）	云量、类型、最高高度/温度，风（通过跟踪云和水汽的特征），海洋/陆地表面温度，降水，悬浮微粒、积雪覆盖、植被覆盖，大气稳定性，火灾
	红外光谱探测仪	大气温度、湿度，风（通过跟踪云和水汽的特征），海洋/陆地表面的温度，云量和最高高度/温度，大气成分
太阳同步极地轨道运行卫星（3个轨道平面）	红外光谱探测仪	大气温度、湿度和风，海洋/陆地表面温度，云量、含水量和最高高度/温度，大气成分
	微波探测器	
	可见红外线成像仪	云量、类型、最高高度/温度，风（高纬度地区，通过跟踪云和水汽特征），海洋/陆地表面温度，降水，悬浮微粒，冰雪覆盖，植被覆盖，大气稳定性

续表

平台	仪器	观测变量
适当轨道的其他作业任务	微波成像仪至少3个、一些是偏正式的	海冰、水蒸气总量、降水、海面风速（和风向）、云液态水
	散射仪至少2个	海面风速和风向、海冰、土壤湿度
	无线电隐藏星座 至少6个	大气温度和湿度、电离层电离子密度
	测高星座	海洋表面形貌、海平面、海浪高度、湖水水位
	红外线双角度成像仪	海洋表面温度（气候监测质量）、悬浮微粒、云特性
	窄带可见近红外成像仪	海洋水色、植被（包括烧毁地区）、悬浮微粒、云特性
	高分辨率可见红外线成像仪	供陆地和植被使用的陆面成像
	主动和被动微波仪器	降水
	宽带可视红外辐射仪＋太阳光照传感器 至少1个	地球辐射预算（由极地轨道和对地静止卫星上的成像仪和探测器提供支持）
	大气成分仪器	臭氧，其他大气化学物质，悬浮微粒为了监测温室气体、臭氧/紫外线监测、空气质量监测
	合成孔径雷达	波的高度、方向和光谱，石油泄漏，洪水，其他危害，地震和故障监测，海冰线索，损伤评估，陆冰缘和冰山
研发卫星的功能和业务探测器	低地球轨道上的多普勒激光雷达	风、悬浮微粒、云顶高度（和基底）
	低地球轨道上的低频微波辐射计	海洋表层盐度、土壤水分
	地球静止轨道上的微波成像仪/探测器	降水、云水/冰、大气湿度和温度
	地球静止轨道上的闪电成像仪	闪电、强对流的位置
	高椭圆轨道卫星上的可见红外成像仪	高纬度地区的风和云、海冰
	重力传感器	湖泊、河流和地面的水量
	其他	三维云水/冰原、海洋和陆地冰的形貌、洪水监测

资料来源：Eyre，2008

成、水文、气象和气候研究。空间机构之间加强合作是必要的，以便使用户对观测值的需求以最具有成本效益的方式得到满足，通过各方相互支持的安排以保证系统的稳定性；研发卫星中设计的观测能力需要逐步地转移到业务平台，以确保测量的可靠性和持续性；研发卫星应该继续在全球观测系统中发挥重要作用。虽然它们不能够保证观测值的持续性，但与目前业务系统的手段相比它们做出了巨大贡献。各个机构之间的伙伴关系需要连续不断的发展，以使业务和其他的研发卫星的生命周期达到最大使用期限。通过卫星星座，越来越多的用户需求将得到满足，往往涉及空间机构之间的合作。预期的卫星星座的任务可能包括测高、降雨、大气组成和地球辐射预算。通过各个机构之间业务合作，可用性和及时性将会得到改善。

8.6.3 全球变化空间观测研究经费的投入

由于气候变化、天气情况、资源监测和海洋运动跟踪对数据需求的迅速增长，我们应该清楚地意识到未来几年内需要对地球观测和气象卫星系统进行大量的投资。

地球观测领域正在经历着许多变化，各国正在开展他们新的空间观测计划（OECD，2005）。在亚洲（如印度和中国）正在开展强大的地球观测计划，南美洲和非洲也是有比以往任何时候都多的机构行动者参与到了这个正在发展中的观测系统中。美国国家研究委员会规划的 2010～2020 年地球观测任务及经费预算见表 8-12。提供气候数据的商业计划和系统数量的倍增是另一个积极的迹象。但是，不管怎样一个分布式的工作量需要国际间的合作，基于成本考虑，发展全球观测系统 2015～2025 年远景计划以确定系统是大势所趋。

表 8-12　由美国国家研究委员会规划的对地观测 2010～2020 年任务及经费预算

任务名称		主要目标	轨道	估计成本/百万美元	代理机构
2010～2013 年	CLARREO	太阳和地球辐射的特征为了了解气候温室作用和气候系统的反应．	近地轨道、太阳同步轨道	265	NOAA/NASA
	GPSTRO	高精度、全天候的温度、水汽和天气的电子密度分布、气候和空间天气	近地轨道	150	NOAA
	SMAP	土壤水分和冻结/天气和水解冻周期过程	近地轨道	300	NASA
	ICESat-II	诊断气候变化的冰原高度变化	近地轨道、非太阳同步轨道	300	NASA
	DESDynl	冰原表面和冰原变形以理解自然灾害和气候；生态系统健康的植被结构	近地轨道、太阳同步轨道	700	NASA
2013～2016 年	XOVWM	天气和海洋生态系统的海面风矢量	近地轨道、太阳同步轨道	350	NOAA
	HyspIRI	用于农业和矿物的土地表面结构特性；生态系统健康的设备类型	近地轨道、太阳同步轨道	300	NASA
	ASCENDS	白日/黑夜、所有维度、所有季节的 CO_2 含量以监测气候排放物	近地轨道、太阳同步轨道	400	NASA
	SWOT	海洋、湖泊和河流水位为了海洋和内陆水动力学	近地轨道、太阳同步轨道	450	NASA
	GEO-CAPE	为空气质量预报的大气气体排列；为沿海生态系统的健康和气候排放量的海洋水色监测	地球同步轨道	550	NASA
	ACE	为气候和水循环监测空气中悬浮微粒和云的概况；为开放的海洋生物地球化学监测海洋水色	近地轨道、太阳同步轨道	800	NASA

续表

	任务名称	主要目标	轨道	估计成本/百万美元	代理机构
2016～2020年	LIST	为滑坡灾害和水径流监测土地表面形貌	近地轨道、太阳同步轨道	300	NASA
	PATH	高频率、全天候的温度和湿度探测为天气预报和超音速运输机	地球同步轨道	450	NASA
	GRACE-II	高时间分辨率的重力场已跟踪大规模的水运动	近地轨道、太阳同步轨道	450	NASA
	SCLP	为淡水供应的积雪监测	近地轨道、太阳同步轨道	500	NASA
	GACM	臭氧和相关气体监测为了洲际空气质量和平流层臭氧层预测	近地轨道、太阳同步轨道	600	NASA
	3D-Winds(demo)	为天气预报和污染物传送对对流层风的监测	近地轨道、太阳同步轨道	650	NASA

资料来源：NRC，2007

在欧洲，国家级和欧洲级水平的地球观测的投资正在进行中。例如，ESA有3个主要的计划正在进行中："探索者"（为研究目的设计）、"哨兵"（业务卫星，关注于现有服务的持续性和改进获得地球观测数据）和与气象学方面的欧洲气象卫星应用组织间的合作。ESA探索者每个任务的成本为1亿～4亿欧元，合计总投资已经达到15亿欧元以上，如表8-13

表8-13　欧洲空间局计划的探索者和哨兵地球观测任务（2008～2013）

	任务名称	主要目标	估计成本/百万欧元	计划发射时间
ESA的"探索者"任务	GOCE	地球重力场测量和大地水准面建模以推进海洋环流的知识。测地学与测量学。任务时间：约20个月	200	2008年9月
	SMOS	地球大陆上土壤水汽和海洋盐度监测。任务时间：3～5年	200	2009年
	ADM-Aeolus	全球范围内测量风的分布的第一个空间任务以提高天气预报的准确性和更好的理解大气动力学以及气候变异和气候建模的过程。任务时间：至少3年	300	2009年
	CryoSat-2	测量漂浮海冰的厚度以检测季节到年际的变化并调查南极大陆和格陵兰冰盖表面。CryoSat-2取代了CryoSat，CryoSat在2005年10月发射时失败。任务时间：至少3年	106	2009年
	Swam	三个卫星星座将提供地球磁场强度和方向的高精度和高分辨率测量以研究与大气过程相关的气候和天气，空间天气和辐射灾害。	88	2010年
	EarthCARE	任务实施与日本宇航局合作研究在气候调节中发挥重要作用的云、辐射和悬浮微粒之间的相互作用	263	2013年

续表

任务名称		主要目标	估计成本/百万欧元	计划发射时间
ESA 的“哨兵”任务	SENTINEL-1	SENTINEL-1 是一个为陆地和海洋服务的全天候雷达成像卫星任务	229	2011 年
	SENTINEL-2	SENTINEL-2 是一个为陆地服务的高分辨率光学成像任务。任务的目标是系统的覆盖地球陆地的表面以每 15 ~ 30 天生产欧洲的无云图像。任务时间：15 年	19	2012 年
	SENTINEL-3	致力于海洋学和全球土地植被的监测。SENTINEL-3 将决定参数如海洋表面形貌、海洋/陆地表面温度、海洋水色和陆地颜色。为此目的，它携带了一个先进的雷达测高仪和一个多通道光学成像工具。	305	2012 年
	SENTINEL-4/5	致力于气象学和大气研究	待定	待定

资料来源：基于欧洲空间局网站和 OED/IFP 研究

所示。许多国家同样还在推行地球观测计划作为国家的倡议和双边合作（如法国、德国、意大利、俄罗斯、印度和中国等）。基于对现有系统的更新改进和新的系统的开发的需求，据保守估计，到 2020 年基于空间的地球观测需要全球投资额大约为 380 亿 ~ 400 亿美元。

8.7 加强我国全球变化空间观测研究的建议

基于对国际上全球变化空间观测研究的现状和态势的分析及对国外相关机构研究动态把握，结合我国的国情和重大发展需求，对我国全球变化空间观测研究提出以下几点建议：

8.7.1 构建星 - 机 - 地综合观测系统

我国正在逐步建立气象、资源、海洋、环境减灾等系列对地观测卫星系统。但是我国在全球联动遥感观测及面向全球变化的遥感观测方面基础还比较薄弱。作为一个负责任的大国，中国科学家需要构建星 - 机 - 地综合观测系统，对全球性研究做出更大贡献。

8.7.2 加强全球尺度的全球变化空间观测研究

目前我国的全球变化空间观测研究范围多局限在国内，缺乏全球尺度研究，对全球性问题关注不够。我国的经济发展与环境国际合作，需要全球变化研究的科学支撑。在温室气体减排问题上，需要全球尺度的相关观测数据作为决策依据。

8.7.3 发展地球系统模拟研究

地球系统模拟是基于地球系统中的动力、物理、化学和生物过程建立起来的方程组（包括动力学方程组和参数化方案）研究地球系统各个部分，包括大气圈、水圈、冰雪圈、岩石圈和生物圈之间的相互作用，由此构成地球系统的数学物理模型，用数值方法进行求解，并通过计算机大型综合软件加以实现，从而模拟地球复杂行为的科学工具，是地球科学向整体、综合、定量化发展的重要标志。耦合地球各圈层的地球系统模式是全球变化研究的最重要的、不可替代的研究工具之一。地球系统模拟的有无及模拟性能的好坏，不仅反映该国的地球科学研究能力，在一定程度上还体现着该国综合科学技术水平的高低。我国地球系统模拟的能力尚处于起步阶段，大气、海洋、陆地综合研究队伍尚未建立，计算机科学、物理学、数学、经济学的参与刚刚开始（徐冠华，2008），因此，需要加快发展地球系统模拟的相关研究。

8.7.4 突出受到广泛关注的温室气体观测研究

随着哥本哈根气候变化大会的召开，温室气体减排目标与方案成为各国关注的焦点。2009 年美国 OCO 卫星与日本的 GOSAT 卫星的研发也受到科学界的广泛关注，为全球 CO_2 浓度增加定量化研究提供了数据支持。目前我国还没有全面展开对温室气体以及碳循环的研究，因此亟待加强这方面的观测研究。开展陆地生态系统和海洋生态系统的碳循环机理，确定不同地带、不同类型的生态系统对温室气体的源汇强度，陆地生态系统中碳循环过程的不确定性；研究人类活动引起的碳排放与全球土地覆盖/利用变化对碳循环过程的影响；开展海－陆－气相互耦合的碳循环过程定量化综合研究。

8.7.5 加强全球变化研究中地球观测数据的同化与应用

我国目前大多数观测研究和数据积累仅限于国内，对于周边和全球变化敏感区域关注不够；国内地球观测的主要目的是为了解决各部门行业的应用需要，对建立地球系统模式所需的产品很少考虑；遥感产品的时间和空间尺度与地球系统模式的时空尺度不一致，如何进行同化还没有得以很好的解决；缺乏有关的能力建设，包括对地观测数据和模型的同化平台、数据共享平台的建设。亟待解决面向全球变化的地球观测数据信息的提取与同化，地球系统观测与模拟数据共享平台建设地球观测数据在全球变化研究中的应用研究。

8.7.6 注重数据资源共享

为促进地球系统的综合集成研究，需要对描述地球系统整体行为的关键参数和过程数据进行规范化管理，并促进数据的有效共享。目前，IGBP 已经推动建立了许多相关全球数据库，包括：高分辨率土地覆盖数据、大气中活性微量气体和气溶胶数据、土壤结构与矿物/化学组成数据、海洋表层的 CO_2 分压数据等（葛全胜，2007）。尤其在大量古环境数据库建设中 IGBP 发挥着核心作用，如 PAG2ES 古记录数据库。我国也已开始注重科学数据的共享工作，全球变化观测数据的共享平台建设具有重要的意义，要从数据类型、野外观测数据质量控制、国家项目数据共享机制，海量的空间观测影像数据等方面整合面向全球变化科学研究的数据，以形成研究全球变化的科学数据库，这是我们面临的挑战。

致谢：中国气象局秦大河院士、郑国光研究员；武汉大学李德仁院士；中国科学院对地观测与数字地球科学中心郭华东研究员、张兵研究员，资源环境科学与技术局黄铁青研究员，寒区旱区环境与工程研究所李新研究员等专家、学者对本章初稿进行了审阅，并提出了宝贵的修改意见，特致谢忱。

感谢国家重点基础研究发展计划（“973”计划）“空间观测全球变化敏感因子的机理与方法”项目（编号：2009CB723900）对撰写本章的资助。

参考文献

陈述彭，岳天祥. 2001. 全球环境变化的系统研究方法浅议. 自然资源学报，16（1）：3~8

葛全胜，王芳，陈泮勤等. 2007. 全球变化研究进展和趋势. 地球科学进展，22（4）：417~427

郭华东. 2009. 数字地球：10 年发展与前瞻. 地球科学进展，24（9）：955~960

李小文，赵红蕊，张颢等. 2002. 全球变化与地表参数的定量遥感. 地学前缘，9（2）：365~370

童庆禧. 2005. 关于我国空间对地观测系统发展战略的若干思考. 中国测绘，4：46~49

徐冠华. 2008. 我国全球变化研究亟需加强. 科技部召开“中国全球变化研究展望”报告. http：//www. cas. cn/ys/ysjy/200812/t20081212_1689146. shtml

张志强，王雪梅. 2007. 国际全球变化研究竞争发展态势的文献计量评价. 地球科学进展，22（7）：760~765

Alexandrov V，Volkov V，Sandven S et al. 2008. Detection of Arctic Icebergs on the Basis of Satellite SAR. Proceedings of the SEASAR 2008 Workshop，Advances in SAR Oceanography from ENVISAT and ERS missions. ESA ESRIN，Frascati，Italy，21 - 25 January

Brown Cw et al. 2005. An Introduction to Satellite Sensors，Observations and Techniques. In：Miller R L et al.，ed. Remote Sensing of Coastal Aquatic Environments：Technologies，Techniques and Applications. Dordrecht，Netherlands：Springer

Center for Global Environmental Research. 2009. GOSAT Greenhouse Gases Observation Satellite. http：//www. cger. nies. go. jp/cger-e/e_ pub/e_ pamph/pamph_ index-e. html

CEOS（Committee on Earth Observation Satellites）. 2006. Satellite Observation of the Climate System：The Committee on Earth Observation Satellites（CEOS）Response to the Global Climate Observing System（GCOS）Implementation Plan（IP）. September

CEOS（Committee on Earth Observation Satellites）. 2007. Satellite Observation of the Climate System：CEOS Response to the Global Climate Observing System（GCOS）Implementation Plan（IP）2006，September

D'Sa E J，Miller R L. 2005. Bio-Optical Properties of Coastal Waters. In：Miller R，ed. Remote Sensing of Coastal Aquatic Environments：Technologies，Techniques and Applications. Dordrecht，Netherlands：Springer

EARSeL（European Association of Remote Sensing Laboratories）. 2006. Newsletter，66

ESA. 2008. Deal struck on UK-ESA research centre and GMEs. http：//www. wired-gov. net/wg-news-1. nsf/vallprint/c969675zz06c96038025750d00456bcf? opendocument

ESA. 2008. Europe Celebrates Its First Maritime Day. ESA Press Release. Paris

ESA. 2009. February launch for ESA's CryoSat ice mission. http://www.esa.int/esacp/semzt6w0ezf_index_0.html

ESA. 2009. Three ESA Earth science missions move to next phase. http://www.esa.int/esacp/semi9nbdnrf_index_0.html

Eyre J. 2008. Vision for the GOS: Review Inputs to Preparation of Revised Vision of the GOS in 2025. Report Submitted by Dr John Eyre, ET-EGOS Chairperson, UK Met Office, CBS/OPAG-IOS/ET-EGOS-4/Doc. 10.1 (11. VI. 2008), Commission for Basic Systems, Open Programmme Area Group on Integrated Observing Systems, Expert Team on Evolution of the Global Observing System, Fourth Session, World Meteorological Organisation, Geneva, Switzerland. 7 – 11 July

Fu L-L. 2007. Report of the 2007 OSTST Meeting. International 2007 Ocean Surface Topography Science Team (OSTST) Meeting. Hobart, Australia Wrest Point: 12-15 March

Gaston R, Rodriguez E. 2008. QuikSCAT Follow-on Concept Study. NASA Jet Propulsion Laboratory. Pasadena, California: JPL Publication 08-18, April

GCOS (Global Climate Observing System). 2005. Analysis of Data Exchange Problems in Global Atmospheric and Hydrological Networks. GCOS-96, February

GEO. 2005. 10-Year Implementation Plan Reference Document. Global Earth Observation System of System (GEOSS). ESA Publication Division

GEO. 2009. GEO 2009-2011 Work Plan Version 2. http://ec.europa.eu/research/environment/geo/pdf/geo_2009-2011_workplan_v2_sba_2b_tasks_en.pdf

IPCC. 2007a. Climate Change 2007: The Physical Science Basis. Summary for Policymakers. http://www.ipcc.ch

IPCC. 2007b. Climate Change 2007: Impacts, Adaptation and Mitigation of Climate Change. http://www.ipcc.ch

ISU (International Space University). 2004. STREAM: Space Technologies for the Research of Effective Water Management. Student Team Project Final Report, International Space University, SSP Programme

Jeannet P, Bower C, Calpini B. 2008. Global Criteria for Tracing the Improvements of Radiosondes over the Last Decades. Report No. 95. Geneva: World Meteorological Organization

Jelenak Z, Paul C. 2008. NOAA QuikSCAT Follow-On Mission: User Impact Study Report. Washington DC. NOAA. 19 February

Kallio K. et al. 2002. Lake water quality classification with airborne hyperspectral spectrometer and simulated MERIS data. Remote Sensing of Environment, 79: 51 ~ 59

Kramer, Herbert J. 2002. Observation of the Earth and Its Environment: Survey of Miss and Sensors. 4th edition. Berlin: Springer

NASA. 2009-05-12. Future Atmospheric Carbon Dioxide Observations. http://www.nasa.gov/pdf/401097main_2009-05-12-science_contributions_from_an_oco_reflight_20090916.pdf

NASA Goddard. 2008. Satellites Illuminate Pollution's Influence on Clouds. NASA Goddard Space Flight Press Release. 27 May

NASA JPL (NASA Jet Propulsion Laboratory). 1996. NSCAT First Image: First Wind Data from Scatterometer Captures Pacific Typhoons. NASA JPL Press Release. 3 October

National Academies' Committee on Strategic Advice on the U. S. Climate Change Science Program. 2009. Restructuring Federal Climate Research to Meet the Challenges of Climate Change. http://www.nap.edu/catalog/12595.html

NERC. 2009-03-05. UK harnesses space technology to tackle global environmental challenges http://

www. nerc. ac. uk/press/releases/2009/04-nceo. asp

NRC. 2007a. Earth Science and Applications from Space: National Imperatives for the Next Decade and Beyond. Washington DC : The National Academies Press

NRC. 2008. Earth Observations from Space-The First 50 Years of Scientific Achievements. Washington, D C: The National Academies Press

OECD . 2005. Space 2030: Tackling Society's Challenges. Paris: OECD

OECD. 2008. Space Technologies and Climate Change. OECD publication

OST . 2009. The draft 2010 RCUK Large Facilities Roadmap. http: //www. rcuk. ac. uk/cmsweb/downloads/rcuk/publications/draft2010lfroadmapforconsultation. pdf

US Climate Change Science Program and Subcommittee on Global Change Research. 2009. Our Changing Planet: The U. S. Climate Change Science Program for Fiscal Year. http: //www. usgcrp. gov/usgcrp/library/ocp2009/ocp2009. pdf

Wexler H. 1963. Observing the weather from a satellite vehicle. Journal of the British Interplanetary Society, 13: 269 ~ 276

WMO (World Meteorological Organization). 2002. Observational Data Requirements and Redesign of the Global Observing Systems, Commission for Basic Systems Extraordinary Session. Cairns, 4 – 12 December

9 深海技术国际发展态势分析

高 峰 王金平 汤天波 唐钦能

（中国科学院国家科学图书馆兰州分馆）

深海技术是几乎涉及当代所有科学技术领域的综合高技术系统，是一个国家勘探开发海洋资源、确保国家海洋经济可持续发展的重要手段，是海洋科学研究深入发展的关键因素。本章对国际综合海洋计划中的深海研究和技术进行了比较分析，对专门的深海研究计划进行了详细介绍和分析。

利用德文特分析家和专利分析工具等定量分析方法，对科学引文索引扩展版（SCIE）、工程索引（EI）和德文特专利数据（DII）2001 ~ 2009 年文献进行了定量分析，得到深海技术研究领先的主要国家和机构。深海生物技术、深海探测技术、深海环境监测技术、通信技术和深海数值模型研究是近年来研究的热点。气候变化对深海的影响研究以及海底二氧化碳封存技术近年来逐渐凸显出来。本章分析了主要的专利技术领域和国家、机构。

深海技术发展的几个趋势：深海技术发展日益上升到国家发展战略层面，国际深海科学研究计划已经进入密集发展时期，深海科学探测成为未来科学技术发展实现重大突破的关键，深海技术成为集成各种高新技术的综合技术领域，深海科学技术的国际合作日益紧密，深海技术发展成为未来海洋立体观测系统的重点。

分析给出了未来深海技术发展的主要领域和关键内容，最后提出了我国深海技术发展的几点建议。

9.1 引言

海洋占地球表面积的71%，蕴藏着巨大的能量和资源，与国家安全与领土权益维护、人类生存与可持续发展、全球气候变化、油气与金属矿产等战略性资源和能源保障等全局性、重大性和长久性问题休戚相关，因此，海洋在政治、军事和经济上具有举足轻重的战略意义。而深海分别占海洋和地球表面积的92.4%和65.4%（金翔龙，2006），深海海底蕴藏着人类社会未来发展所需的各种战略资源和能源；同时，深海也成为世界上各先进国家试验、应用和展示高新技术装备的广阔天地。面对未来社会发展对深海资源和空间的巨大期望和需求，深海将成为21世纪人类认识自然的重点区域，在深海科学和技术领域产生革命性进步的潜力巨大。

地球上油气资源总储量约 70% 蕴藏于海洋。据统计，全球海洋石油蕴藏量为 1000 多亿吨，已探明储量为 380 多亿吨。其中，80% 以上在水深 500 米以下的深海。海洋天然气储量约 140 万亿立方米，已探明储量约 40 万亿立方米。目前，全世界 60 000 千米洋脊只有大约 5% 得到了较详细的调查（曹惠芬，2005）。随着海洋调查、探测技术的不断创新发展，海底勘探将逐渐向深水区发展，深海区将被探明的石油、天然气的储量还会增加。

当前，新一轮的海洋竞争已经完全不同于以往任何一次的海洋竞争，它是以高科技为依托的军事竞争、经济竞争和政治竞争，海洋科技水平和创新能力在未来的海洋竞争中将占据主导地位。未来发展将会证明，谁掌握了深海海洋高新技术，谁就能从海洋中获得更多的资源和更大的经济利益。各发达国家和地区已经认识到开发深海的战略意义，部分国家将深海技术的发展提到国家战略的高度。美国在其海洋战略中强调了开发深海的战略地位，因此在海洋探测、水下声通信和深海矿产资源勘探、开发技术等深海技术方面继续保持领先地位；日本政府投入巨资支持国家水下技术中心（JMSTC）的发展，其“地球号”深海探测船处于世界领先水平，载人深潜器技术处于世界领先水平；西欧各国为保持经济实力，并为在高技术领域内增强与美、日等发达国家的竞争力，早早制定了“尤里卡”计划（EURECA），为加强企业界和科技界在开发海洋高新技术中的作用、提高欧洲海洋工业的生产能力和在世界市场上的竞争能力创造了条件（杨平，2000）。

随着对深海重视的增加，国际上掀起了新一轮的深海研究计划热。除了一些具有重大影响的国际计划外，如国际综合大洋钻探 10 年计划（IODP：2003 ~ 2013）、国际大洋中脊计划（InterRidge）外，在区域上也合作开展了众多的深海研究和观测计划，如美国“海王星”海底观测网络计划（NEPTUN）、欧洲海底观测网（ESONET）、日本新型实时海底监测网（ARENA）、美国 Hobo 海底热液观测站、美国 LEO-15（the Rutgers Long-Term Ecosystem Observatory）生态环境海底观测站、美国 NeMo（New Millennium Observatory）海底观测链、夏威夷-2 海底观测网络、美国新泽西大陆架观测网（NJSOS）、美国 ORION 计划等。这些深海科学研究和技术开发计划的实施对深海技术的发展以及深海科学研究的深入具有重要推动作用。

深海技术是为深海科学调查与深海资源开发提供手段和装备的海洋高技术，是几乎涉及当代所有科学技术领域的一项复杂的综合高技术系统，是各种通用技术和现代最新技术在深海大洋这个特殊环境中的应用和发展。深海技术所涉及的技术领域众多，一般地，深海技术从大的体系上主要可以分为深海采样技术、深海探测技术、深海资源开发技术、深海空间利用技术、深海环境保护技术以及深海装备技术等，各个分支技术之间的交叉融合趋势日益显著。

深海技术是一个国家勘探、开发海洋资源，确保国家海洋经济可持续发展的重要手段，是海洋科学研究深入发展的关键制约因素，是深入海底、走向大洋、实现海洋科技强国的必由之路（汪品先，2007）。中国至 2050 年海洋科技发展路线图研究专家组提出了“摸清家底、熟悉临海、探索两极、走向大洋、洞察四海”的海洋观测技术发展思路（中国科学院海洋领域战略研究组，2009）。当前，加快发展深海技术对于我国海

洋立体观测技术体系的持续发展以及构建我国未来空天海洋一体化技术体系具有重要战略意义。

从战略高度讲，在空天海洋技术发展中，与空天技术对整个技术领域的高效、全面引领不同，海洋技术特别是具有显著潜力的深海技术目前还没有形成与空天技术相似的局面，因此，将深海技术发展提升到国家战略主导层面上，实施“自上而下”的决策，加快发展我国深海技术和装备已迫在眉睫。

本章从介绍深海技术的国际重要计划和规划入手，结合 SCIE 和 EI 数据库和专利文献数据库的文献计量分析和专利分析结果，以定性和定量相结合的方法，深入分析深海技术领域国际发展的态势和趋势，剖析深海技术发展的前沿热点领域，提出加强我国深海研究和技术开发的对策建议。

9.2　国际深海技术领域重要研究计划

海洋是复杂地球系统科学的一个主要构成部分，与大气、陆地构成相互作用的一个系统，是影响天气和气候变化的重要因子。20 世纪 80 年代以来，随着世界气候研究计划（WCRP）和国际地圈生物圈计划（IGBP）的实施，以及专门的海洋科技计划的发展，海洋科学研究得到了空前发展，取得了前所未有的成就。

20 世纪 80 年代“热带海洋与全球大气实验计划”（TOGA，1985 ~ 1994）—“世界大洋环流试验”（WOCE，1990 ~ 2002）—“气候变异与可预测性研究计划”（CLIVAR，1995 ~ 2015）—“上层海洋 - 低层大气研究计划”（SOLAS，2000 年开始）对海洋环流以及海洋与大气的相互作用进行了系统的观测和研究，对理解海洋在天气和气候中的作用起到了关键作用。随着研究的深入，一些重大科研行动开始关注更广阔的领域，如海洋生态系统、海洋生物调查、海岸带中陆海相互作用中的人类活动影响、综合大洋钻探计划、大洋中脊计划、国际大洋边缘计划、全球海洋观测系统等。

上述综合性海洋计划大多涉及深海科学和技术发展的内容。近年来，世界许多国家和地区纷纷加强了对深海技术的研究，先后制定和实施了一系列深海、远洋探测和考察计划，这些计划的制定和实施不仅获取了大量宝贵的技术资料，而且对于整个国际深海技术的发展起到了至关重要的作用。

9.2.1　全球计划

9.2.1.1　综合大洋钻探计划

综合大洋钻探计划（IODP）是一项旨在通过研究海底沉积物和岩石来探索地球历史和结构的国际研究计划。其前身国际大洋钻探计划（ODP）和深海钻探计划（DSDP），是 20 世纪地球科学领域规模最大、历时最久的国际合作研究计划，所取得的科学成果证实了海底扩张，大陆漂移和板块构造理论，极大地推动了 20 世纪地球科学的革命。图 9-1 为

IODP 基本管理框架。

IODP 的研究范围涉及深部生物圈、地球壳幔结构、俯冲构造和地震活动、古环境记录及海底资源等地球科学的诸多领域。其总体科学目标是通过对海洋的研究认识地球生命起源，探索地质演化历史和过程，理解地球圈层之间的相互作用。IODP 拥有各种先进的钻探平台，包括日本提供的立管钻探船、美国的非立管钻探船以及欧洲的特定任务钻探平台。非立管钻探船能在所有水深范围内实施钻探；立管钻探船可以安全地钻取处于大陆边缘地区的巨厚沉积剖面，该船最大钻进深度可以到达甚至打穿莫霍面。此外，欧洲的特定任务平台可以在上述两艘大型钻探船无法涉足的一些海区（如极浅海区和冰盖海区）实施钻探。

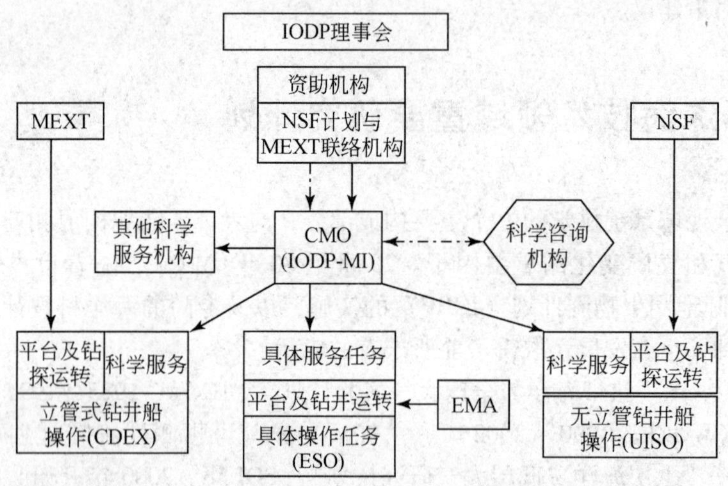

图 9-1　IODP 基本管理框架

资料来源：http：//www. iodp. org/app/2

IODP 国际管理机构（IODP-MI）已经开始计划 2013 年以后的大洋钻探计划，包括新技术、新研究领域的发展等。在此背景下，IODP 所有国际伙伴于 2009 年 9 月 23 ~ 25 日在德国不来梅召开了 INVEST（IODP New Ventures in Exploring Scientific Targets）会议，旨在探讨大洋钻探研究的未来发展方向及其相关问题（如与相关计划或工业界的合作机遇等）。

INVEST 的重点是确定新大洋钻探计划（于 2013 年底取代旧大洋钻探计划）的科学研究目标。INVEST 会议的结果将成为 2010 年科学计划草案的基础。INVEST 会议的科学主题包括：①生命和行星的协同演化；②地球内部、地壳和地表的相互作用；③气候变化——过去的记录，未来的教训；④地球系统动力学、库和通量；⑤科学实施。

与此相关的其他会议分别是 2009 年 4 月 19 ~ 24 日在澳大利亚维也纳召开的欧洲地球科学联盟（EGU）大会，以及 2009 年 4 月 24 ~ 25 日在维也纳举行的“Beyond 2013”研讨会。这两次会议的主题相同，它们是：①大洋钻探研究欧洲联合体（ECORD）的未来（科学、技术、管理）；②科学钻探方面新的研究行动和研究领域；③IODP 和其他计划间（ICDP 等）的关系；④学术界和工业界之间的协作；⑤新技术和特定任务平台实施方法。

上述两次会议均特别关注欧洲科学钻探研究的未来，其主要目标是增强欧洲在未来的综合大洋钻探计划中的利益，并为 INVEST 会议做准备。这两次会议将增加欧洲的建议在 IODP 计划更新过程（涉及科学、技术、管理等方面）中的影响力，将为与会者提供有关正在进行的、与计划结构有关的讨论和谈判的有关信息，以及所期望的战略框架（有效的钻探平台和预期的资助水平等），因此其具有非常重要的意义。

9.2.1.2 国际大洋中脊计划

国际大洋中脊计划（InterRidge）开始于 1992 年，它的宗旨是协调世界各国对大洋中脊的多学科的综合研究，主要成员国（Principal Members）为美国、英国、法国和日本。

InterRidge 近期的主要任务是：促进学科间交流，通过各个国家的合作促进大洋扩张中心的研究，共享技术、设备，尤其鼓励非成员国加入此项国际计划，研究和保护大洋扩张中心的地质与生态环境，以及推动各国科学家和政府之间知识成果的共享。

2004 年发布的《全球大洋中脊研究十年科学规划（2004 ~ 2013）》，确定了 2004 ~ 2013 年的主要研究方向：①超低速扩张脊；②洋中脊 - 地幔热点相互作用；③弧后扩张系统与弧后盆地；④洋中脊生态系统⑤连续海底监测和观察；⑥海底深部取样；⑦全球洋中脊考察。

9.2.1.3 Argo 计划

Argo 计划自实施以来，世界上 25 个国家和团体已经在全球海洋中布放了 5000 多个 Argo 浮标。截至 2008 年 5 月底，在海上正常工作的浮标已经超过 3111 个（朱伯康等，2008）。这些浮标每天可以收集从海洋表层到海洋 2000 米深处的 10 万个剖面的温度和盐度资料。

由国际 Argo 科学委员会、北太平洋海洋科学组织、中国国家海洋局第二海洋研究所卫星海洋环境动力学国家重点实验室等共同举办的“第三届国际 Argo 科学研讨会”2009 年 5 月在中国杭州举行，来自全球 13 个国家的 102 名代表出席会议。与会代表围绕“区域到全球尺度的海洋热盐平衡”、“浮标新技术”等 5 个专题进行了交流和讨论（孙玮，2009）。

美国下一步 Argo 浮标技术研究的重点将集中在技术改进上，即延长浮标的工作寿命，改进浮标的技术性能（朱伯康等，2008）。

9.2.2 北美地区计划

9.2.2.1 “海王星”计划

“海王星”计划（NEPTUN）是美国和加拿大投资 3 亿美元在东北太平洋建立的海底观测网，其中美国大约负担 70% 的经费，加拿大负担 30%。美国方面负责协调的是华盛顿大学和美国伍兹霍尔海洋地理学研究所，另有 12 所大学参与。加拿大方面则由维多利亚大学（Victoria University）负责，另有一些海洋相关的研究机构参与。“海王星”计划观测布局如图 9-2。

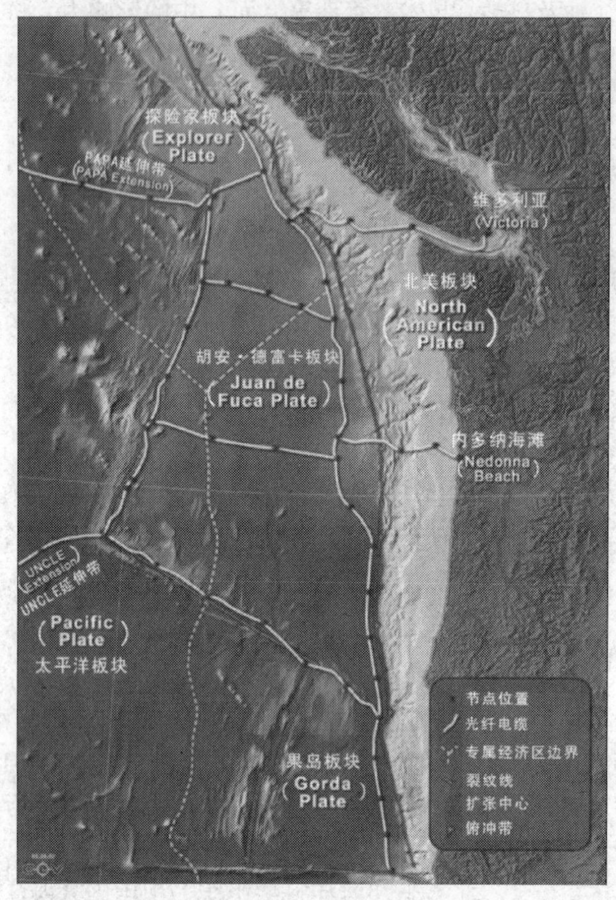

图 9-2　NEPTUN 海底观测系统布局

资料来源：Woods Hole Oceanographic Institution. http：//www. whoi. edu/oceanus/view Article. do？id = 2433. 2000-01-01

计划用 3000 千米光纤电缆，通过 30 个“节点”将上千个海底观测设备进行联网，每个节点维系一大批海底和钻孔中的仪器。建成后将进行水层、海底和地壳的长期连续实时观测约 25 年。

作为“海王星”计划的原型试验，美国和加拿大分别建立小型试验观测系统蒙特雷加速研究系统（monterey accelerated research system，MARS）和维多利亚海下实验网（victoria experimental network under the sea，VENUS）。MARS 2007 年已完成了电力和通信两用光缆的铺设、所有水下观测仪器设备及相关装置安装，二期工程将于 2013 年结束并投入业务化运行。

NEPTUN 涉及多方面的技术问题，主要有：①水下传感器网络是海王星系统实现的关键部分，涉及关键技术包括供电技术、通信技术、定时与定位技术、ROV/AUV 技术、传感器技术、深海仪器研制与安装维护技术、数据管理技术。②供电技术包括岸站电能供给、电缆电能传输、节点电能分配等技术。该技术的难点在于如何保证系统正常稳定运行，这要求采用合理的供电策略与供电方式为海底仪器设备供电。③通信技术，包括网络协议、通信带宽、节点连接方式等技术。在满足上述功能的同时还要考虑以下三个因素：一是尽可能利用COTS组件降低成本、提高可靠性；二是技术必须在需满足需求的同时避免额外特征的复杂性；三是满足某些特定需求，如适当大小的压缩包、适度的电能消耗、高可靠性与容错能力、简单而有效的管理、可升级能力等。④定时与定位技术，包括时间信号校准与传输技术、仪器设备的故障定位技术。⑤ROV/AUV技术，包括数据转驳、供电、控制、导航、定位等技术。⑥传感器技术，包括深海CTD剖面仪技术、大深度的声相关海流剖面测量技术、相控阵ADCP技术以及生物与化学传感器技术等。⑦深海仪器的研制、安装与维护技术，包括节点设备、灯光仪器、摄像仪器、运载设备以及电缆等。⑧数据管理技术，包括节点数据处理技术、岸站数据处理与存储技术、数据共享访问技术、及数据质量控制技术等（罗续业，2006）。

参与的科学家普遍认为，NEPTUNE所获得的海洋知识将带来一场革命，就像哈勃太空望远镜给天文学带来的革命一样，NEPTUNE将从根本上改变人类研究探索海洋与地球的方式。

9.2.2.2 美国海洋研究交互观测网络计划

美国国家科学基金会（NSF）在2004年开展的海洋研究交互观测网络（ORION）计划包括多个海底观测网络和计划，比如OOI（Ocean Observatory Initiative，海洋观测站计划）、NEPTUNE等。ORION计划的目标：获取包括海底火山喷发在内的更多的、高质量的观测数据和那些多年都有某种倾向或波动现象的观测数据（十几年或更长时间的气候波动数据）。这些观测数据可以通过国际通信卫星传送给世界各地的数据处理中心进行处理，也可以把这些数据发送到国际互联网（Internet）上供有关人员分析使用。

ORION计划的基础观测网由海底电缆的区域观测、海岸带观测和浮标全球观测三个主要部分组成。区域观测利用NEPTUNE计划实现；全球性观测利用15~20个浮标开展海气通量，海水的物理、生物、化学和大范围地震等的海底地球物理测量；海岸带观测主要是对沿岸的海洋环境，营养素、碳素收支等的物质平衡、生态系统、沿岸地形变化和海岸侵蚀等进行的观测。

9.2.2.3 美国新泽西大陆架观测系统

美国新泽西大陆架观测系统（NJSOS）是一个近岸的大陆架海洋观测系统。NJSOS是在纽约湾附近的海洋大陆架上的观测网络系统，它把已有的LEO-15生态环境观测站的观测范围从30千米扩展到300千米。NJSOS的主要内容包括：大陆架附近的生物和化学问题，如短期的藻类大量繁殖对环境的影响，中大西洋的碳生产、沉降和转移的作用机制，为相关科研人员和科研单位提供重要的海洋实时观测数据。NJSOS主要构成包括四大技术：国际海洋水色卫星群、海洋动态高解析度多元静态雷达、实时遥感勘测锚系及能持久工作的海底机器人AUV系统。新泽西大陆架观测网络使用的海底观测传感器如表9-1所示。

表 9-1 新泽西大陆架观测网络使用的海底观测传感器（陈鹰等，2006）

化学传感器	包括溶解氧、营养盐传感器
物理传感器	浊度、温度、盐度传感器
CTD	测量电导率、温度和深度
ADCP	测量海流

9.2.2.4 加拿大“海底资源填图计划”

加拿大三个政府部门即渔业海洋部、国防部和自然资源部合作制定“海底资源填图计划”（SeaMap）。SeaMap 由渔业海洋部、国防部和自然资源部共同领导，政府其他部门（如环境部、工业部）、工业企业（如石油、渔业、填图、旅游）和大学共同参加实施，预计延续约 25 年，耗资 100 亿美元。SeaMap 具备以下特点和前景：①覆盖加拿大整个海洋专署经济区；②综合填图，同时包括海底水文、地质和生物学的调查；③制定资料收集、分析、储存和提取的统一标准；④保证调查资料进入地学数据库并对所有参加者和公众开放；⑤把已有的资料放进填图框架之中；⑥研制新的仪器设备，开发新的技术，以保证 SeaMap 顺利实施。

SeaMap 的实施将巩固和加强加拿大在海洋调查活动中的世界领先地位。目前，该计划已经得到加拿大议会的批准。

9.2.2.5 Solwara 计划

Solwara 计划是全球矿业巨头加拿大 Nautilus 集团的太平洋洋底多金属块状硫化物矿床开发战略的关键组成，该计划源于其 20 世纪 80 年代在全球率先展开的洋底多金属硫化矿商业探矿行动。1997 年，Nautilus 集团成功获得巴布亚新几内亚的开采授权，其太平洋洋底多金属块状硫化物矿床开发战略计划进入实质性实施阶段。2006 年，Nautilus 正式将其在巴布亚新几内亚的开发计划命名为“Solwara”（当地克里奥尔语，意为“咸水”），2007 年，Solwara 计划全面启动。

Nautilus 做出洋底块状硫化物矿床大规模商业开采战略决策的基本理论依据是：根据陆上金属硫化矿基本成矿原理，以加拿大为代表的北美陆上多金属块状硫化物矿床成因的成熟研究以及加拿大多金属块状硫化物矿床开采经验，判断洋底块状硫化物矿床实际上是目前火山成因的陆上块状硫化物矿床的组成部分。

Solwara 计划的具体实施分为两个阶段。阶段 1：①进行试开采（Solwara1）；②离岸作业方案制定；③海上运输设施准备；④开采方案论证：⑤揭示未开采资源的潜在价值；⑥为下一阶段计划的实施寻求资金支持。阶段 2：①设计并建成世界首个海上浮动选矿厂；②基于研讨结果进一步优化方案设计；③开发潜在的地热资源。

按照探测和计划开采点的分布以及具体实施次序，整个计划被分解为一系列子项目，即整个计划包含 Solwara 1 ~ 10 个子项目，目前 Solwara1 即将完成。Solwara 1 ~ 10 子项目的具体分布如图 9-3 所示。

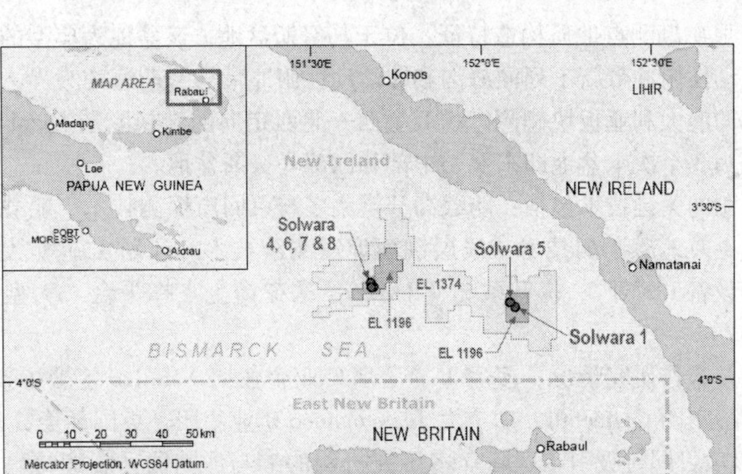

图 9-3 Solwara 计划项目具体地理分布

资料来源：Golder Associates Consulting Ltd. Mineral Resource Estimate Solwara 1 Project. http：//www. nautilusminerals. com/s/projects-solwara. asp. 2008-02-01

根据首批公布的评估结果，Solwara 计划项目实施目标地矿床成矿情况良好，矿化集中稳定，开发前景符合预期。主要成矿检测结果如表 9-2 所示。

表 9-2 Solwara 计划项目目标位置样品检测结果（主要金属矿物）

矿体	Cu/%	Zn/%	Au/(克/吨)	备注
Solwara 1	10.7	3.9	16.2	已确定平均指标：Gu 7%，Au 6 克/吨
Solwara 2	1.2	22.1	10.3	68 个样品（Solwara 2、3 合样）
Solwara 3	1.2	22.1	10.3	同上
Solwara 4	12.0	23.8	13.2	34 个样品
Solwara 5	6.7	7.8	17.4	13 个样品
Solwara 6	14.4	18.7	18.1	4 个样品
Solwara 7	5.9	24.1	17.1	7 个样品
Solwara 8	6.1	32.5	16.9	12 个样品
Solwara 9a	4.7	11.6	待定	8 个样品（现仅完成 X 射线荧光分析）
Solwara 9b	8.1	9.2	待定	9 个样品（同上）
Solwara 10	5.2	11.5	待定	13 个样品（同上）

资料来源：Nautilus Minerals. Company fact sheet. http：//www. nautilusminerals. com/i/pdf/factsheet. pdf. 2008-12-12

Solwara 1 成矿勘测点地层组成情况：①表层：为疏松沉积物层，厚度 0 ~ 2.7 米，由暗灰色黏土和粉砂组成；②沉积岩层：厚度 0 ~ 5.4 米，为呈层状或带状分布的白至暗灰色、细至中粒火山碎屑（主要为石英碎屑、岩屑及凝灰质碎屑）沉积物。矿化较弱，但自顶向下黄铜矿与闪锌矿化逐渐增强；③块状至半块状硫化矿层：厚度 0 ~ 18 米，其中块状硫化矿主要为黄铁矿和黄铜矿（上部），脉石矿物主要为石膏和重晶石（底部）；④变质火山岩层：主要为后期变质产生的黏土、石膏及少量黄铁矿。同上部的矿化层分界明显。

Solwara 1 成矿勘测点地质构造特征：位于马努斯盆地，该盆地为典型的弧后盆地，其南北分别以活动性俯冲带新不列颠海沟和非活动性俯冲带马努斯海沟为界，为北部的太平洋板块和南部的澳大利亚板块碰撞产物。呈西—北西走向的转换断层 Djaul 和 Weitin 将马努斯盆地划分为 3 个次生盆地即东部、中部和西部马努斯盆地。

开发所采用的关键技术包括：船载高分辨率多波束回声探测技术、船载深水牵引旁侧声呐技术、电磁及地磁勘测技术、浅层剖面地震测绘技术。计划实施所需的关键设施包括：海底采矿设备（SMT）、提升系统（RALS）、采矿海上支撑平台（大型海上采矿作业指挥船）（MSV）。

计划投资及合作研究情况：多家世界著名矿业企业同 Nautilus 签署了投资合作协议，包括俄罗斯矿冶集团 Gazmetall，加拿大 Teckcominco 矿业集团，英国英美资源集团（Anglo American）。该项目同时吸引了国际众多研究机构的参与：美国，威廉与玛丽学院、杜克大学、斯克里普斯海洋研究所、伍兹霍尔海洋地理学研究所；加拿大，多伦多大学；澳大利亚，澳大利亚联邦科学与工业研究组织、澳大利亚亚太应用科学联盟、澳大利亚国立大学、科廷理工大学、詹姆斯库克大学、查尔斯·达尔文大学、澳大利亚环境咨询公司 Hydrobiology、澳大利亚环境与社会影响评估咨询公司 Coffey Natural Systems；巴布亚新几内亚，巴布亚新几内亚大学。

在计划进展过程中 Nautilus 所取得重要标志性成果包括：

（1）成功开展了世界首次洋底块状金属硫化物矿床商业电磁探测；

（2）在全球率先采用遥控钻探技术对块状金属硫化矿进行钻探；

（3）完成了全球首个符合 NI43-101 标准的洋底金属块状硫化物矿床评估。

可以预见，Solwara 计划在揭开洋底多金属硫化矿床的神秘“面纱”的同时，也将把始于 20 世纪 60 年代的全球“蓝色圈地运动”推向高潮。

9.2.3 欧洲地区

9.2.3.1 欧洲海底观测网计划

根据欧洲“全球环境与安全监测”计划（global monitoring for environment and security，GMES）开展 4D 观测的需要，2004 年，英国、德国、法国等国发起了“欧洲海底观测网计划”（european sea floor observatory network，ESONET），针对从北冰洋到黑海不同海域的科学问题，在大西洋与地中海精选 10 个海区（北冰洋、挪威海、爱尔兰海、大西洋中央海岭、伊比利亚半岛海、利古利亚海、西西里海和科林恩海以及黑海等）设站建网，进行长期海底观测。

ESONET 的目标：探索在大西洋与地中海沿岸兴建海底网络系统的可行性。与“海王星”计划不同，ESONET 将开展一系列科学项目，诸如评估挪威海海冰的变化对水循环的影响以及监测北大西洋地区的生物多样性和地中海的地震活动等。

ESONET 从 2004 年开始直接从欧盟获得资金支持，2005～2008 年完成设备的研制和开展电缆式、浮标式的仪器试验工作，2009 年进入观测状态。ESONET 获得的数据资料将

参考德国国际海洋数据中心的 PANGEA 系统，并与 ORION 的标准仪器接口相协调。

ESONET 同时采用有缆和无缆两种观测站系统。多种先进的海洋要素传感器被集成到系统中，使用的海底观测传感器如表 9-3 所示。

表 9-3 ESONET 欧洲海底观测网使用的海底观测传感器

化学传感器	包括 DO、CO_2、甲烷、H_2S、pH、营养盐、碳氢化合物传感器
物理传感器	温度计、磁力计、重力计、倾斜计、水听器、地震检波器、浊度计、压力传感器、荧光计
CTD	测量电导率、温度和深度
ADCP	测量海流
光学传感器	视距测量仪、水中照相机、分光计

资料来源：http：//www. docin. com/p-35847486. html

9.2.3.2 欧洲 4-D 地形演变计划

欧洲科学基金会（ESF）发起的“欧洲 4-D 地形演变：抬升、下陷和海平面变化”（4-D topography evolution in europe：uplift，subsidence and sea level change），简称 TOPO-EUROPE 计划，得到 19 个国家的支持。

TOPO-EUROPE 计划重点关注地球深部和地球表面过程的耦合，以及它们对陆地和陆地边缘地形演变的影响。TOPO-EUROPE 旨在研究欧洲大陆及其边缘海域，包括邻近的北非、亚洲和中东部分地区。

9.2.3.3 欧洲深海研究计划

“深海的生态系统功能和生物多样性”计划（ecosystem functioning and biodiversity in the deep sea，EuroDEEP），得到了 9 个欧洲国家的资助，将进一步探测深海环境、描述深海生物种类和生物群落、了解这些生物群落栖息环境的物理和地球化学过程。最终目的是描述、解释、预测深海栖息地生物多样性的变化、深海生态系统机能的重要地位以及深海与全球生物圈的交互作用。

EuroDEEP 期限为 3 ~ 4 年，目前正处于资助计划框架制定阶段。EuroDEEP 项目鼓励泛欧洲的合作研究、网络行动与培训。

9.2.3.4 欧洲海洋岩芯研究计划（EuroMARC）

来自 11 个欧洲国家的 12 个资助机构一致同意 2007 年春/夏启动 EUROCORES 的“挑战海洋岩芯研究”（challenges of marine coring research），即 EuroMARC。

EuroMARC 关注的主要科学问题有：地球表面环境的变化、过程和影响；深部生物圈和洋壳下的海洋（sub-seafloor ocean）；固体地球周期和地球动力学。

EuroMARC 是推进欧洲领导海洋钻井取芯探测和执行欧洲提议的一个要素，因此必须确保研究时机的有效把握。EuroMARC 也对欧洲参与国际海洋过去全球变化研究（the international marine past global change study，IMAGES）和综合大洋钻探计划（IODP）、联合欧洲海洋钻探研究协会（the European Consortium for Ocean Research Drilling，ECORD）有着重要贡献。

9.2.4 日本

9.2.4.1 南海地震区域实验计划

日本于2007年9月启动了南海地震区域实验计划（NanTroSEIZE），由日本、美国、欧盟、中国以及韩国共同资助，并受到国际综合大洋钻探计划（IODP）的支持。

NanTroSEIZE利用“地球号”进行钻探，计划在海床下面（即地震断层带）安装一些传感器，希望能近距离监测地震的形成和发展。这些传感器和从岩芯收集的数据将促使人们重新认识断层区域的地震发生发展机制。

NanTroSEIZE将分阶段实施：第一阶段，2007年9月21日至11月16日，选定6个钻探地点进行钻探和采样，绘制该区的地质概况，从而为此后更深的钻探提供信息。

第二阶段，2007年11月17日至12月19日，钻探两个深孔中第一孔，使用“地球号”独特的钻探技术来定位海底以下约3500米的倾斜较大的断层带；集中在6000米深的地方和板块界面间进行钻探，以进入孕震区和俯冲洋壳区；在两个超深钻孔中安装建设长期观测系统。

第三阶段将于2010年开始执行，首个航次初步定于2010年6月1日执行，该航次的主要目标是对IODP 314航次钻探的C0002孔进行立管钻探，本次预计钻探的深度为海底以下1000米，该孔的最终钻探目标为海底以下7000米。将进行沉积学、岩芯物理性质、地球化学、微体古生物学、测井和构造地质学等方面的考察。

9.2.4.2 日本新型实时海底监测网络计划

日本海底电缆科学应用研究组于2003年1月提出了建立新型实时海底监测网络（advanced real-time earth monitoring network in the area，ARENA）的设想。该计划由东京大学主持，目标是沿日本海沟建造跨越板块边界的光缆连接观测站网络。ARENA主要应用于地震学和地球动力学研究、海洋环流研究、天然气水合物监测、水热通量研究、生物学与渔业研究、海洋哺乳动物研究、深海微生物研究等。

在ARENA中，海底观测网络干线采用技术比较成熟的海底通信光缆系统，在各观测站点可以对观测仪器的功能进行扩展。ARENA具备低成本、高效率、高抗故障能力。在系统的局部区域受到损坏时，这种整体高可靠性系统能保持连续工作并获得重要数据。ARENA使用的海底观测传感器如表9-4所示。

表9-4 ARENA使用的海底观测传感器

地球物理传感器	地震检波器、海啸传感器、倾斜计、磁力计
光学仪器	海底照相机
CTD	测量电导率、温度和深度
ADCP	测量海流
温度传感器	测量温度
化学传感器	测量pH、H_2S、溶解氧

资料来源：http：//www. docin. com/p-35847486. html

ARENA 的海底网络观测站点上，安装了海底地震仪、海啸测量仪、磁力仪、电位差仪、倾斜仪、流向流速仪、温度仪、地球测量用音响脉冲发生仪、摄像机、放射能传感器及各种化学传感装置等观测仪器。在 ARENA 的观测节点上，不仅有直接连接式的固定观测仪器设备，而且有 AUV、ROV 及浮标锚泊系统的连接方式。还可连接以考察地球深部为目的的“地球号”考察船钻的深孔内部的孔内窥镜，进行地球内部的观察。

9.2.4.3　密集海底电缆观测网系统

日本文部省（MEXT）资助的用于提高地震周期的模拟模型和降低灾害的地震和海啸密集海底网络系统（dense oceanfloor network system for earthquakes and tsunamis，DONET）。其中 20 个科学节点会在 2006 ~ 2009 年 4 年内被安装在地震区域，并于 2010 年被连接到海底电缆上，从而形成一个高密度的网络来进行一个更大范围、更高精度的连续观测。日本未来的科学电缆观测网络概念是：电缆长度为 16 000 千米，在整个电缆通道上有 320 个科学节点，每个节点间隔 20 ~ 50 千米（马伟锋等，2009）。

9.3　国际深海技术发展的文献计量和专利分析

为了进一步了解国际深海技术研发的总体情况，利用文献计量方法对国际深海研究的研究力量分布和热点及其变化趋势进行了分析。由于深海技术领域的研究不仅涉及科学研究、工程技术研究，而且涉及专利文献，因此除对综合性数据库科学引文索引扩展版（SCIE）、工程技术类综合数据库美国工程索引核心版（EI Compendex）两个数据库进行分析的同时，还利用德文特专利数据（Derwent Innovations Index，DII）对深海技术研究专利情况进行了分析。图 9-4 为 SCI-E、EI 及 DII 中深海科技研究文献的变化情况。

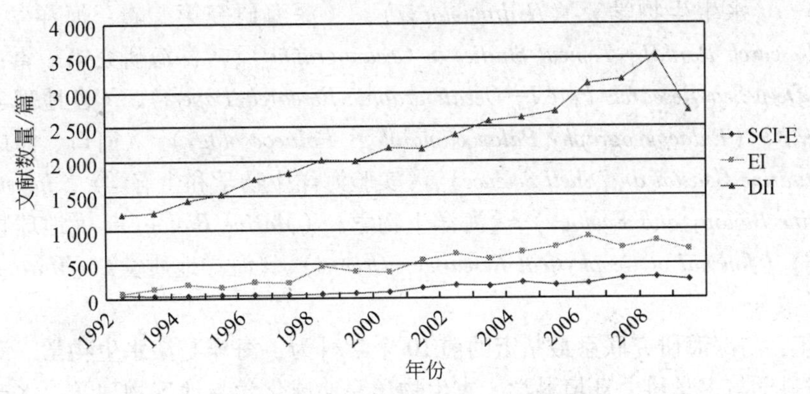

图 9-4　SCI-E、EI 及 DII 文献年度变化情况

9.3.1　SCIE 科技文献分析

9.3.1.1　概况

SCI-EXPANDED 数据库（SCIE）是美国科学信息研究所 ISI 的科技期刊文献检索系

统，SCIE 收录的期刊涵盖了世界范围内各学科领域优秀的科技期刊，利用其索引的科研论文进行深海技术领域发展态势分析评价具有一定的意义。

文献数据按主题检索，检索式为"abyssal" or "dipsey" or "dipsy" or "bathybic" or "benthic" or "bathypelagic" or "hypobenthos" or "abyssalpelagic" or "bathythermograph" or "abysmal sea" or "deep sea" or "deep-sea" or "deep ocean" or "blue water" or ((“deep-water” or "deep water") and (sea or ocean))，分析数据时段为 2000 ~ 2009，数据库更新日期为 2009 年 10 月 24 日，文献类型为 ARTICLE OR PROCEEDINGS PAPER OR REVIEW。共检索到深海领域研究文献 27 239 篇。

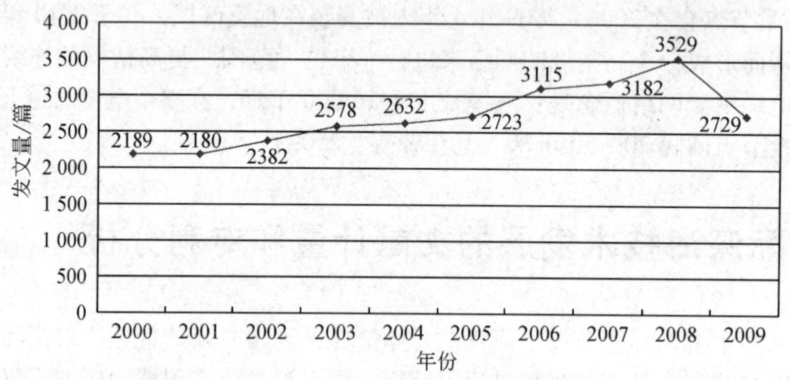

图 9-5　SCIE 深海研究发文量 10 年变化

由图 9-4、图 9-5 可以看出，SCIE 数据库中的深海研究相关论文的数量整体呈增长趋势。

发表深海研究相关论文较多的前 10 个期刊为：《海洋生态进展》(*Marine Ecology-Progress Series*)、《水生生物学》(*Hydrobiologia*)、《深海研究第二辑：海洋学专题研究》(*Deep-Sea Research Part II—Topical Studies in Oceanography*)、《深海研究第一辑：海洋学研究论文》(*Deep-Sea Research Part I—Oceanographic Research Papers*)、《古地理学、古气候学、古生态学》(*Palaeogeography Palaeoclimatology Palaeoecology*)、《河口、海岸与大陆架科学》(*Estuarine Coastal and Shelf Science*)、《实验海洋生物学和生态学》(*Journal of Experimental Marine Biology and Ecology*)、《海洋生物学》(*Marine Biology*)、《地球物理学研究杂志：海洋》(*Journal of Geophysical Research—Oceans*)、《海洋地质学》(*Marine Geology*)，(图 9-6)。

近 10 年，与深海研究联系最紧密的前 10 个学科为：海洋与淡水生物学、海洋学、生态学、地球科学与多学科、环境科学、古生物学、地球化学与地球物理学、水产学、湖沼学、自然地理学，见表 9-5。图 9-7 显示了过去 10 年全球和中国深海研究学科领域分布情况。

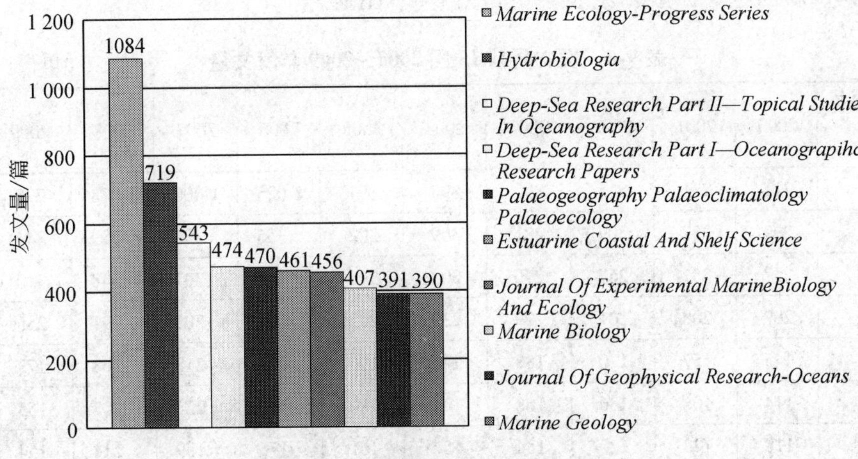

图 9-6 深海领域发文前 10 位期刊

表 9-5 SCIE 数据库深海研究论文主要涉及的研究领域

序号	学科领域	文章篇数	序号	学科领域	文章篇数
1	海洋与淡水生物学	8 369	6	古生物学	2 014
2	海洋学	6 891	7	地球化学与地球物理学	1 570
3	生态学	4 130	8	水产学	1 327
4	地球科学与多学科	3 994	9	湖沼学	1 176
5	环境科学	3 157	10	自然地理学	1 111

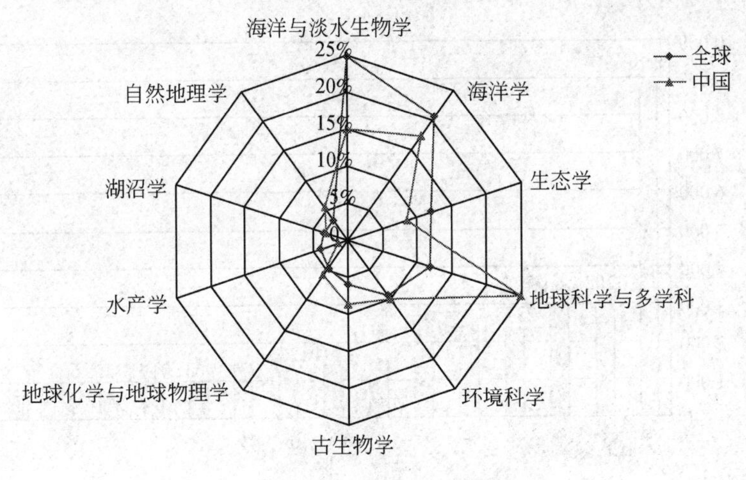

图 9-7 深海研究学科领域分布图

9.3.1.2 国家情况

在 SCIE 数据库中，2000 ~2009 年发表深海技术相关论文研究领域发文较多的国家有：美国、英国、德国、法国、加拿大、日本、澳大利亚、意大利、西班牙、俄罗斯、中国、荷兰、瑞典、新西兰、挪威，见表9-6和图9-8、图9-9。

表9-6 发文量前15国2000～2009年发文量 （单位：篇）

国家＼年份	2000	2001	2002	2003	2004	2005	2006	2007	2008	2009	总计
美国	711	731	815	890	893	891	1 025	1 000	1 078	795	8 829
英国	299	252	309	281	309	302	356	352	399	349	3 208
德国	257	251	267	270	303	298	342	307	348	310	2 953
法国	207	208	201	209	230	205	267	305	291	255	2 378
加拿大	145	157	170	188	143	196	217	218	268	173	1 875
日本	114	106	136	168	174	180	154	222	207	155	1 616
澳大利亚	118	122	120	134	154	161	175	189	214	154	1 541
意大利	92	73	109	113	123	143	171	188	200	182	1 394
西班牙	96	81	116	89	111	112	157	145	203	176	1 286
俄罗斯	71	81	86	107	105	98	104	104	133	82	971
中国	41	39	45	72	85	107	109	154	162	149	963
荷兰	73	71	90	70	81	81	124	109	117	101	917
瑞典	61	63	55	80	70	80	99	71	81	65	725
新西兰	48	60	52	64	81	60	89	82	88	56	680
挪威	36	57	56	53	68	70	83	59	87	69	638
总计	2 369	2 352	2 627	2 788	2 930	2 984	3 472	3 505	3 876	3 071	29 974

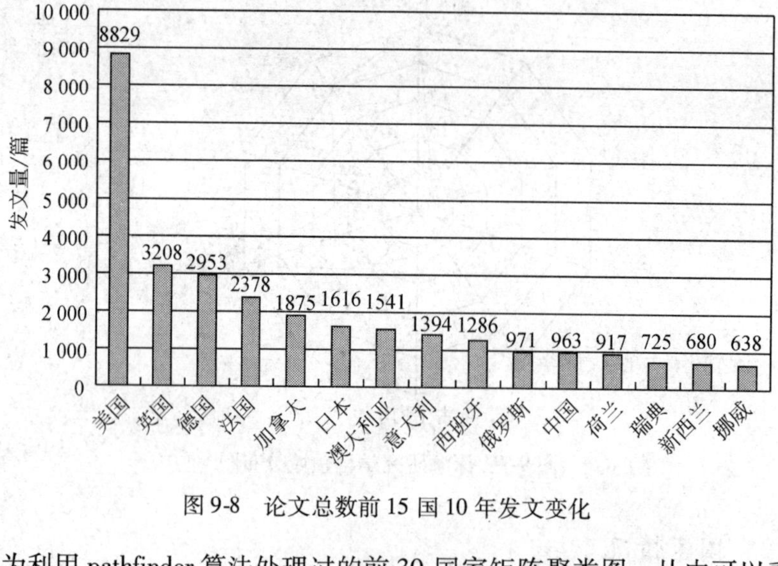

图9-8 论文总数前15国10年发文变化

图9-10为利用pathfinder算法处理过的前30国家矩阵聚类图。从中可以看出，美国、英国、德国在SCIE数据库中发文的国际合作中处于核心地位，中国的国际合作对象主要是美国，另外与德国、澳大利亚、英国的合作也较多。

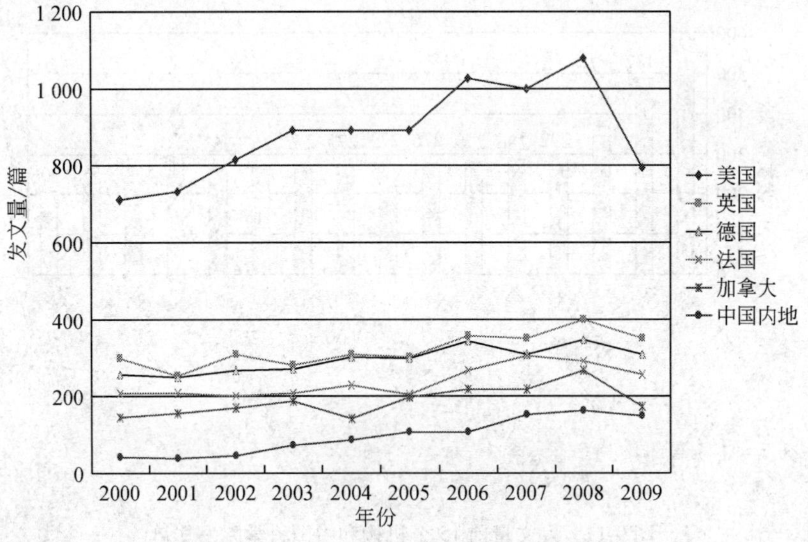

图 9-9 发文量前 5 国及中国大陆 10 年变化

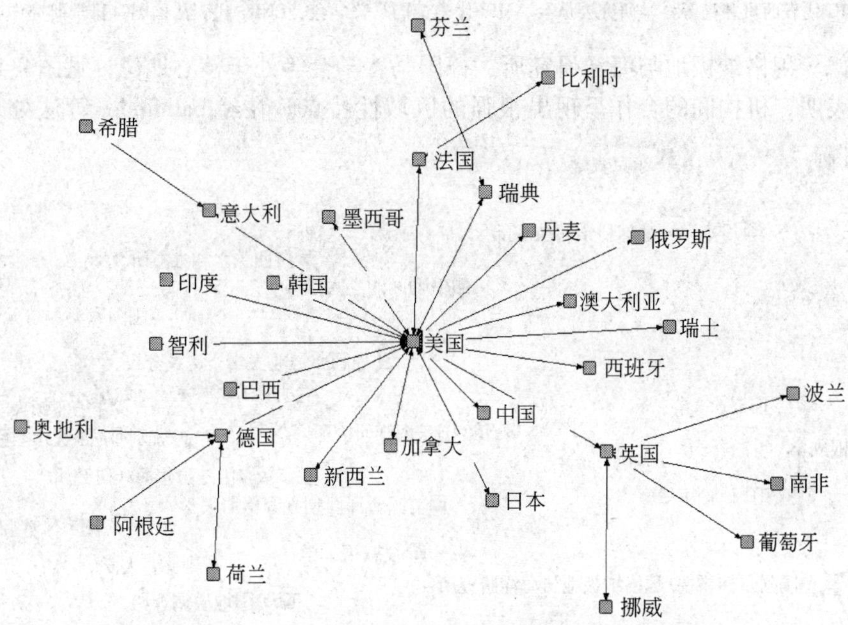

图 9-10 利用 pathfinder 算法处理后发文量前 30 国矩阵聚类

9.3.1.3 机构情况

2000~2009 年，在 SCIE 数据库中发文较多的机构有：俄罗斯科学院、美国伍兹霍尔海洋地理学研究所（WHOI）、德国阿尔弗雷德·魏格纳极地与海洋研究所（AWI）、法国海洋开发研究院（IFREMER）、美国地质调查局（USGS）、德国不来梅大学、西班牙高等科学研究委员会（CSIC）以及美国加利福尼亚大学圣迭戈分校等，如图 9-11。中国科学院发文量为 206 篇，排名第 19 位。

在机构间的合作方面，美国伍兹霍尔海洋研究所、美国国家大气与海洋管理局、德国

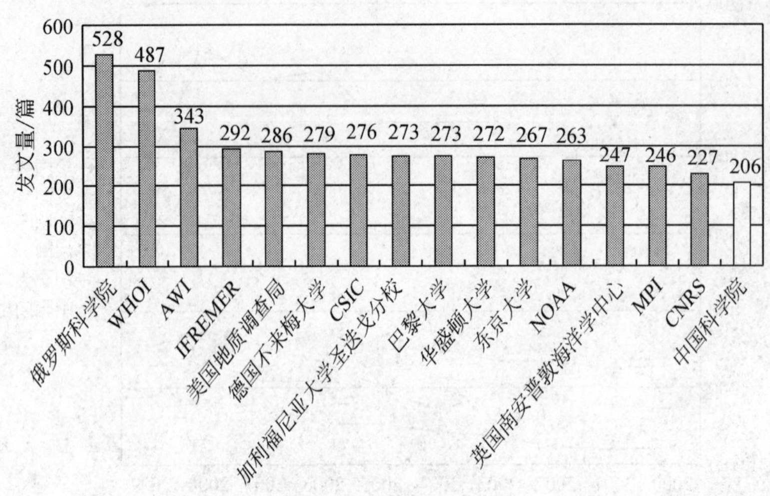

图 9-11　发文量前 15 个机构和中国科学院发文量

中国科学院排名第 19 位，AWI 代表德国阿尔弗雷德·魏格纳极地与海洋研究所，CSIC 代表西班牙高等科学研究委员会，MPI 代表德国马普学会，CNRS 代表法国国家科学研究中心

阿尔弗雷德·魏格纳极地与海洋研究所、德国马普学会等处于核心地位，见图 9-12。

分析表明，机构间的合作呈现出很强的区域性特点。在经 pathfinder 算法处理后的发

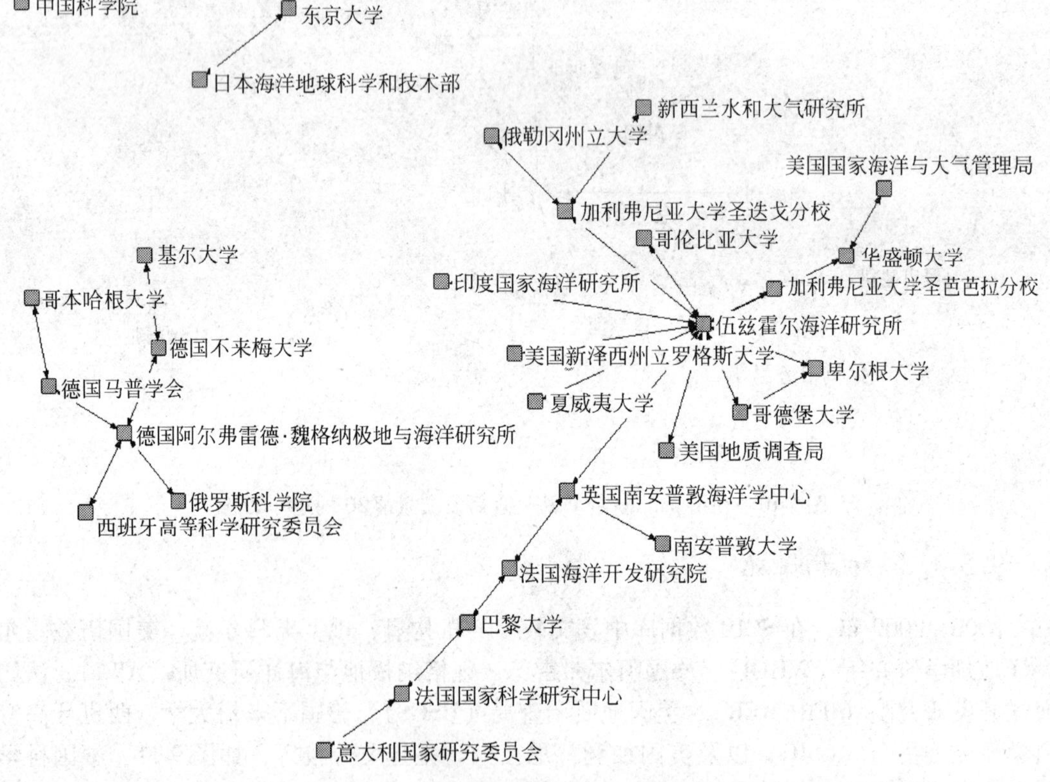

图 9-12　利用 pathfinder 算法处理后发文量前 30 机构的聚类

文前30机构聚类中，研究机构的分布明显地分为三个部分：以伍兹霍尔海洋地理学研究所为中心的美国研究机构群、以德国阿尔弗雷德·魏格纳极地与海洋研究所为中心的欧洲研究机构群、以日本的两个研究机构为核心的日本研究群。值得注意的是，中国科学院在机构合作发文方面处于相对独立的位置，与三个研究机构群均未形成比较强的关联。

9.3.1.4　研究热点分析

根据分析文献的关键词发现，出现频次最高的15个关键词为：沉积物、碳、生态、营养物质、环境、栖息地、地中海、稳定同位素、鱼类、硅藻、海底生物、有孔虫类、北极、珊瑚和生物群落，见图9-13。图9-14为总频次前8的关键词10年变化情况。

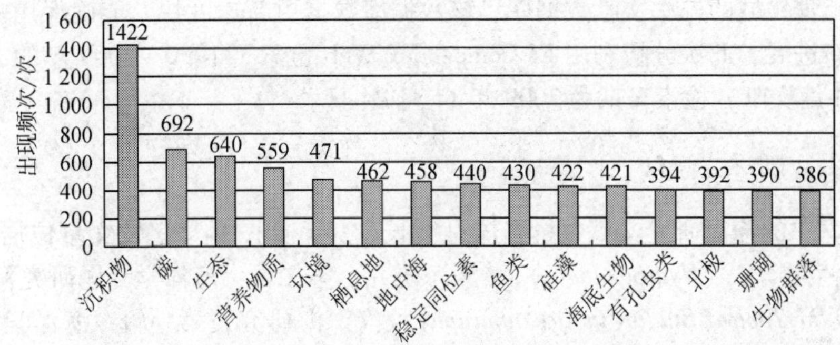

图9-13　出现频率最高的前15个关键词

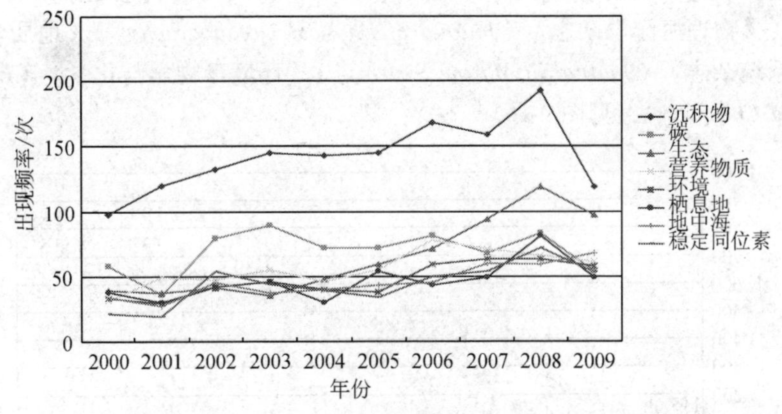

图9-14　出现频率最高的前8个关键词10年变化

从不同年代科研文献主题词图谱可以看出：2004～2006年深海研究主要研究热点为：深海沉积物（硅藻等）研究、深海重金属及对深海底生物的影响研究、深海初级生产力及食物网研究、大洋钻探研究、深海碳元素沉积研究和深海有机质研究、海洋生态环境研究、内波及其数值模型研究、有孔虫及稳定同位素的研究和深海细菌及深海甲烷研究，见彩图17。

2007～2009年深海研究的热点为：深海沉积物及对深海环境的影响研究、热液喷口及周围环境研究、深海生态环境研究、深海微生物及无脊椎动物研究、深海碳元素沉积研究和深海有机质研究、内波及其数值模型研究、深海食物网研究、气候变化对深海的影响研究、深海沉淀物中有毒物质及对周围环境的影响研究和稳定同位素研究，见彩图18。

从彩图17和彩图18可以看出：气候变化对深海的影响研究在2007～2009年的研究中逐渐凸显出来；深海碳元素沉积和深海有机质的研究热度在2007～2009年也有所加强；深海沉积物研究、稳定同位素研究、深海环境研究及内波研究是深海研究领域比较稳定的研究热点。

9.3.2 EI文献分析

EI Compendex Web是EI Village的核心数据库，它包括了著名的工程索引EI Compendex1970年至今的文摘数据及近10多年的EI Page One（1990年至今）题录数据，是目前全球最全面的工程领域的二次文献数据库。该数据库数据更新速度快，能确保用户了解其所在领域的最新进展。此次分析利用EI Compendex Web检索了1990～2009年的Journal article类型8824篇文献，检索日期为2009年11月24日。

9.3.2.1 概况

EI数据库中的深海研究文献数量整体呈增长趋势，如图9-15。发文量位居前10的期刊为：《水生生物学》（*Hydrobiologia*）、《深海研究，第二辑：海洋学专题研究》（*Deep-Sea Research Part II: Topical Studies in Oceanography*）、《深海研究，第一辑：海洋学研究论文》（*Deep-Sea Research, Part I: Oceanographic Research Papers*）《海洋地质学》（*Marine Geology*）、《地球物理研究快报》（*Geophysical Research Letters*）、《海洋污染通报》（*Marine Pollution Bulletin*）、《物理海洋学杂志》（*Journal of Physical Oceanography*）、《地质学》（*Geology*）、《海洋系统杂志》（*Journal of Marine Systems*）、《环境毒物学与化学》（*Environmental Toxicology and Chemistry*），见图9-16。

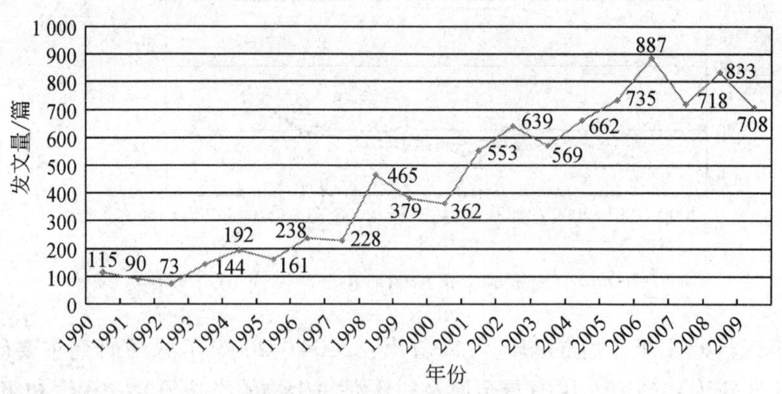

图9-15　EI数据库深海研究发文量20年变化

9.3.2.2 国家情况

在EI数据库中，发表深海技术相关研究领域论文较多的国家有美国、英国、德国、加拿大、法国、中国、日本、意大利、澳大利亚和西班牙（图9-17）。在国际间合作方面，美国、英国和德国具有比较明显的优势（图9-18）。

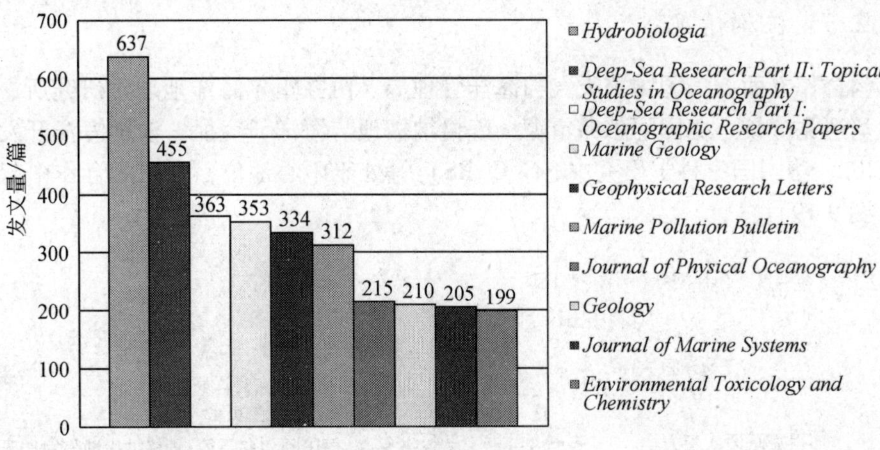

图 9-16 发文量位居前 10 位的 EI 期刊

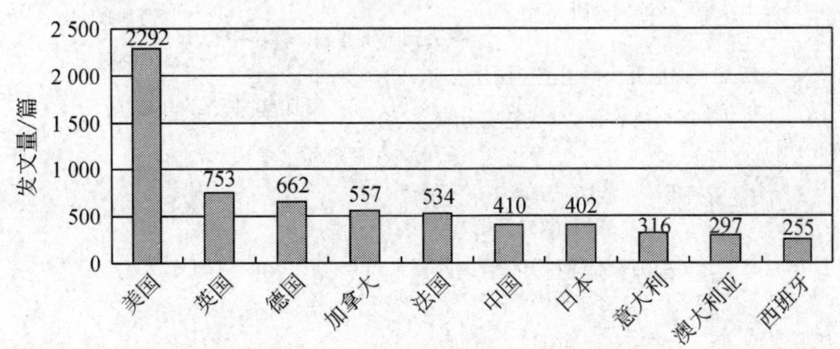

图 9-17 发文量前 10 位的国家

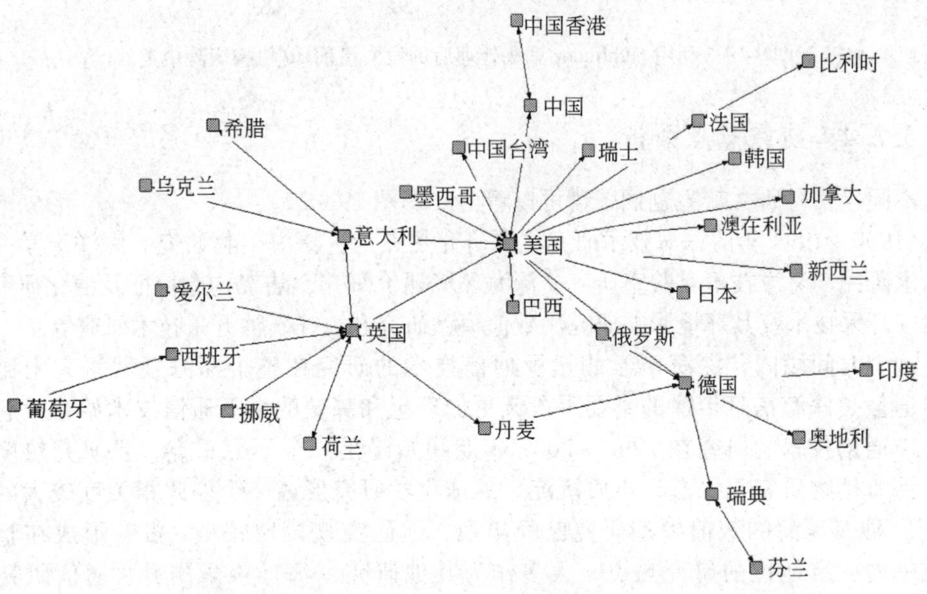

图 9-18 利用 pathfinder 算法处理后的发文量前 30 个国家和地区矩阵聚类

9.3.2.3 机构情况

在机构合作方面，美国国家大气与海洋管理局、伍兹霍尔海洋地理学研究所、加利福尼亚大学圣迭戈分校、德国阿尔弗雷德·魏格纳极地与海洋研究所、法国海洋开发研究院（IFREMER）、法国国家科学研究中心（CNRS）等处于中心地位，在国际合作中起着枢纽的作用（图 9-19）。

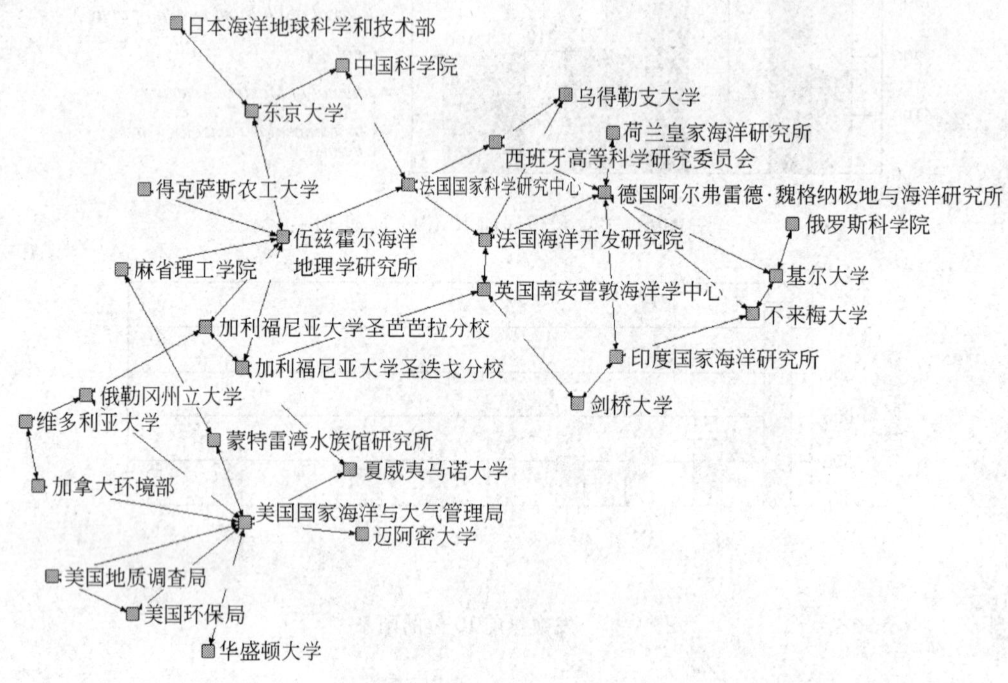

图 9-19 利用 pathfinder 算法处理后的发文量前 30 机构矩阵聚类

9.3.2.4 研究热点分析

从不同年代科研文献主题词图谱可以看出（彩图 19 ~ 22）：

1）1990 ~ 1994 年的深海技术研究主要研究热点为：深海生物研究、海洋声学探测和通信技术研究、海洋技术实验室研究、深海环境评价研究、陆架构造特征及演化研究、海洋天然气开采技术及其环境影响研究、数值模型研究和海洋石油开采技术研究等。

在这个时间段内，深海声学测量及通信技术的研究在整个深海领域研究中比较突出。声通信是深海信息传播的主要手段，更加理想和高效的水下通信技术始终没有形成规模，声通信技术的研究在 1990 ~ 2009 年期间始终是一个研究重点，且研究热度始终不减；深海生物研究与深海有机质沉淀、地球化学研究形成一个彼此相关度较大的研究“区域”；涉及深海的数值模型研究已经出现，但研究规模比较小，没有形成在整个深海研究中占一定地位的研究热点，大多作为其他研究（海洋声学测量、通信研究）的辅助；大陆架构造研究作为整个地球科学的一个重要的研究内容，在深海研究领域也占重要的地位，大陆架构造研究与海洋环境风险评估研究的关联度较大；海洋油气勘探开

发研究在这个阶段初见端倪，但没有形成规模，相当一部分是近海研究和勘探开发的理论研究。

2）1995～1999 年的深海技术研究主要研究热点为：古地质学研究、数值模型研究、水下自动探测技术研究、声学探测研究、海底沉淀物及对深海环境的影响研究和深海环境及保护研究等。

在这个时间段内，利用古海洋生物化石对古地质及海洋地质演化的研究较为突出，该研究与气候研究和海平面变化研究相关度较大；与深海相关的数值模型研究在这个时期已经初具规模，无论从研究规模和研究热度上都较 1990～1994 年有所增大和加强；深海声通信、探测技术的研究仍然是深海研究的一个重要的研究内容，与海洋数值模型研究的相关度仍然很强，与上个时间段不同的是：数值模型研究的研究热度超过了深海声通信、探测技术的研究，这个时期计算机技术的进步为海量数据的快速、精确的计算创造了条件，促使了数值模型研究的发展；水下自动探测技术的研究热度逐渐显现出来，但是总体看来，与深海具体研究要素的关联度不大，这期间的深海自动探测装置的研究热点主要集中在自身下潜能力等方面的研究，对其测量和科研功能的研究相对较少。

3）2000～2004 年的深海技术研究主要研究热点为：海底碳封存研究、深海重金属和有毒沉淀物及其对深海环境的影响、海底沉积物及对海底生态环境的影响研究、海洋颗粒物研究、有机沉积物研究、数值模型研究、深海遥控探测器研究、深海声通信技术研究、海洋石油开采技术、热液喷口及周围环境研究、气候变化与深海环境的关系研究、天然气水合物研究、深海沉淀物及对深海环境的影响、深海沉淀及地质构造研究等。

在这个时间段内的深海研究具有以下几个特点：①海底 CO_2 的封存技术的研究力度增强，在全球气候变化日益加剧的背景下，与温室气体有关的研究逐渐引起人们的重视，作为四种 CO_2 封存的技术方式（地质封存、海洋封存、碳酸盐矿石封存和工业利用）之一的海底 CO_2 封存技术也逐渐成为深海技术的一个研究焦点；②深海环境的研究在这个时期内比较活跃，深海重金属、有毒沉淀物及其他海底沉积物及对海底生态环境的影响研究都显示出海洋研究对于日益恶化深海环境的关注；③深海油气开采技术研究成为研究热点，研究热度较强，这与进入 21 世纪后国际石油能源处于供求失衡状态、石油消费量迅速增加、油价上涨的背景有关，在此时间区间内，位于墨西哥湾的 Nakika 油田和 Holstein 油田相继在 2003 年和 2004 年年底投产，与此同时，天然气水合物的勘探开采技术研究也逐渐兴起；④海底热液喷口及周围环境逐渐引起科学家们的研究兴趣；⑤随着全球气候变化的加剧和相关研究的不断深入，气候变化与深海环境的关系研究在这个阶段成为一个研究热点。

4）2005～2009 年的深海技术研究主要研究热点为：海洋声学技术研究、海底有机物质及 CO_2 封存研究、稳定同位素技术研究、气候变化对深海环境的影响研究、有毒及有害沉积物质对深海环境的影响研究、深海资源探测与开发研究、深海生态环境研究、深海沉淀及地质构造研究、海洋内波研究、数值模型研究、深海环流及数学模型研究、深海物种基因研究等。

在这个时间段内的深海研究具有以下几个特点：①数学模型、仿真模型研究的热度进一步加强，且与深海研究要素、深海探测技术之间的互相融合态势逐步加强；②深海非线性内波是深海研究的重要要素，深海探测技术的进步使精确地研究内波成为可能，深海探测器、水下作业平台的建造也促使深海内波研究成为一个重要的研究焦点；③深海生态环境的研究规模和热度较为突出，对于深海环境污染的研究也进一步增强；④深海作为一个巨大的基因库，在生物基因研究如日中天的背景下，深海基因研究成为一个重要的研究方向。

9.3.3 DII 专利文献分析

整体情况

1992～2009 年与深海技术相关的专利文献共 2496 篇，其年度变化如图 9-20 所示。筛选后的学科类别包括：Chemistry、Engineering、Instruments & Instrumentation、Food Science & Technology、Polymer Science、Agriculture、Pharmacology & Pharmacy、Energy & Fuels、Water Resources、Transportation。

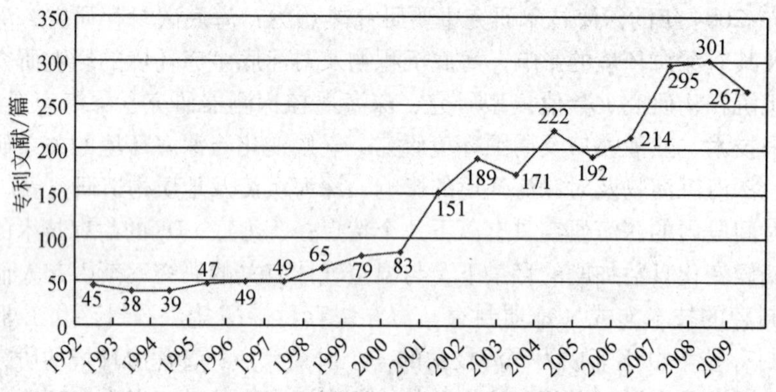

图 9-20 深海技术专利 18 年变化情况

2006～2009 年的专利文献中，可归为 Chemistry 类的占文献总数的 61%；可归为 Engineering 的文献占 52%；可归为 Instruments & Instrumentation 的文献占 48%；可归为 Energy and Fuels 的占 10%，可归为 Food Science & Technology 的文献占 23%；可归为 Polymer Science 的文献占 19%；可归为 Agriculture 的文献占 14%；可归为 Pharmacology & Pharmacy 的文献占 11%；可归为 Water Resources 的文献占 8%；可归为 Transportation 的文献占 7%，见图 9-21。

按照国际分类号（International Classifications）的分类，排在前 10 位的国际专利号及其内容见表 9-7。从表中可以看出，专利内容主要涉及海洋生物的培育技术、钻探及操作平台技术、渗透及反渗透技术等。图 9-22 展示了基于 2005～2009 年 DII 专利数据的深海技术专利研究关键词聚类情况，从中心性和被引频次两方面综合来看，深海钻探平台专利较为突出。

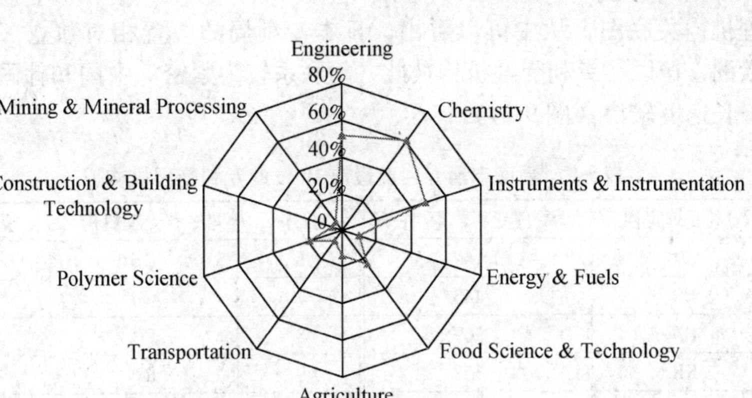

图 9-21 近年来深海技术专利学科分布情况

表 9-7 深海技术专利前 10 个技术项目

排序	国际分类号	记录数	内容
1	A01K-061/00	123	海洋鱼类、蚌、小龙虾、龙虾、海绵、珍珠等的培育技术
2	B63B-035/44	113	浮动建筑、存储及钻探平台或操作平台
3	E02B-017/00	84	人工岛屿建造及维护技术
4	A23L-002/38	79	非酒精饮料研制
5	E21B-007/12	63	水下钻探技术
6	A23L-001/30	61	食品添加剂研究
7	C02F-001/44	60	透析、渗透及反渗透技术
8	E21B-043/01	58	水下专用装置技术
9	A23L-002/52	56	食品原料研究
10	A23L-001/304	54	无机盐、矿物质、痕量元素研究

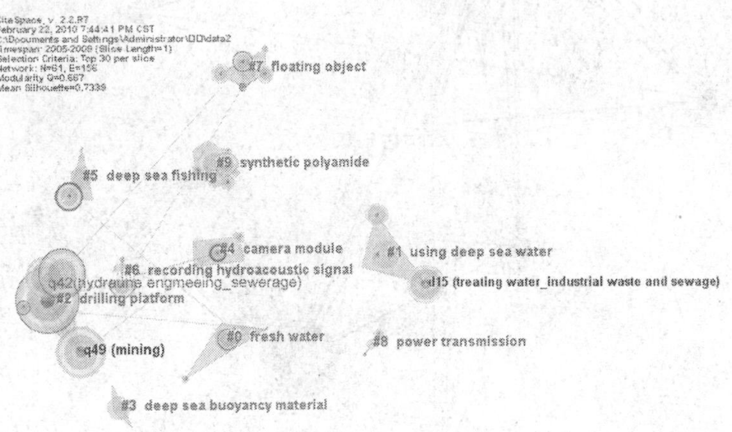

图 9-22 2005～2009 年深海专利关键词簇

从各专利受理机构所受理的深海专利数量来看，日本专利局占有绝对的优势，自 1992～2009 年共受理深海技术专利 1169 件，占总专利数量的 38%（表 9-8）。图 9-23 为各专利申请受理机构关联图，从中可以看出，日本专利局的位置相对独立，专利受理数量大；美国、欧洲、德国等专利受理机构彼此之间联系较为紧密。中国和韩国在近年来受理专利数量的增长速度较快（图 9-24）。

表 9-8　受理申请专利数量前 10 位的专利受理机构

排序	专利受理机构	受理专利数量/件	排序	专利受理机构	受理专利数量/件
1	JP	1 169	6	DE	141
2	US	445	7	GB	113
3	CN	369	8	FR	101
4	KR	358	9	RU	84
5	WO	304	10	EP	77

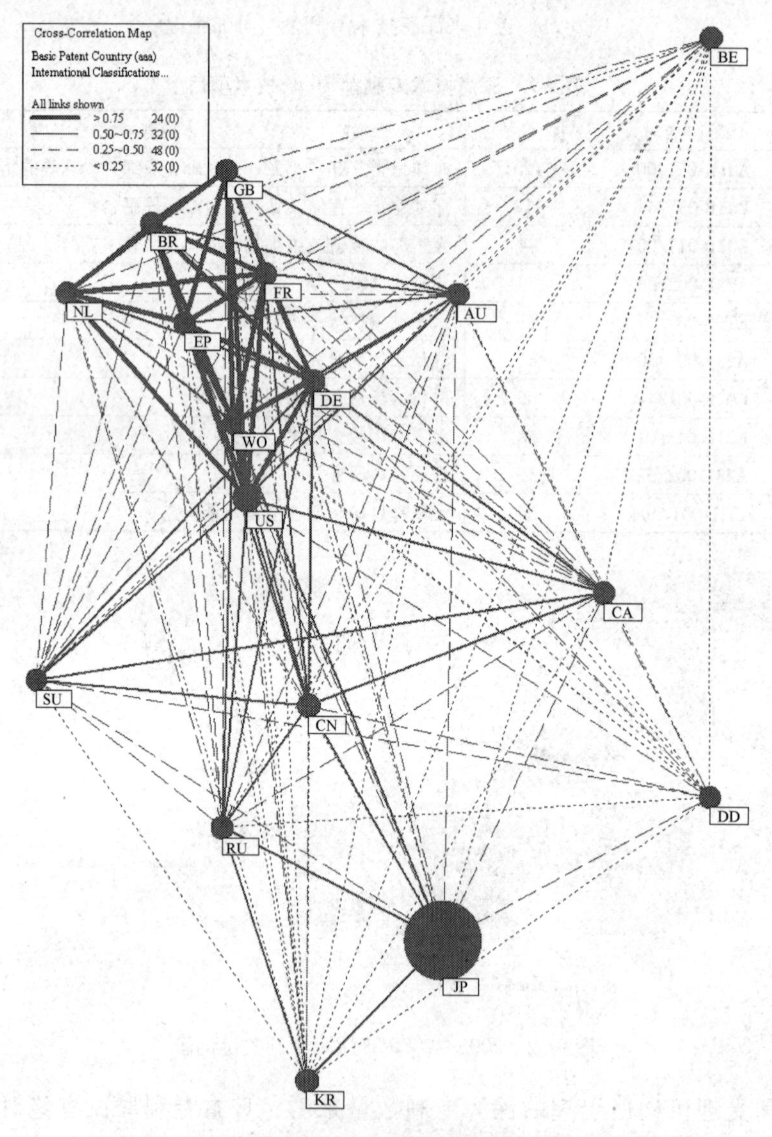

图 9-23　基于国际专利分类号的申请受理机构关联

在专利申请机构方面，浙江大学、美国海军部等机构的专利数量位居前列（表9-9），从表9-9中可以看出，日本申请深海技术专利的机构较多，在深海专利方面的整体优势比较明显。

表9-9　拥有（申请）专利数量前10位的机构

序号	名称	国家	专利数量/件
1	Univ Zhejiang	中国	39
2	US Sec of Navy	美国	39
3	Toshiba KK	日本	29
4	Mitsubishi Jukogyo KK	日本	27
5	Shimano Corp	日本	25
6	Korea Ocean Res & Dev Inst	韩国	25
7	Nippon Steel Corp	日本	23
8	Goshu Yakuhin KK	日本	22
9	Daiwa Seiko KK	日本	21
10	Kawasaki Steel Corp	日本	20

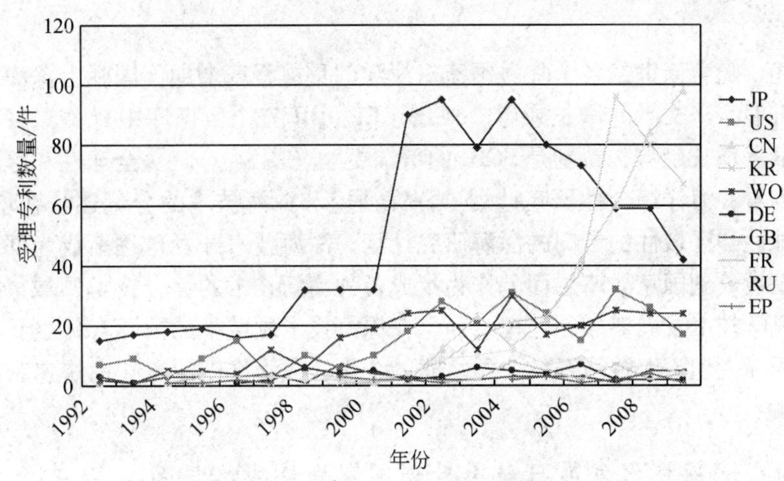

图9-24　各专利受理机构专利变化

9.3.4　小结

1）深海技术领域的文献数量呈整体增长趋势。美国和日本在研究力量上占主导地位，各自都拥有一批具有较强研究实力的机构群。

2）从整体来看，深海生物技术、深海探测技术、深海环境监测技术、通信技术和深海数值模型研究是近年来研究的热点。这些研究重点大都围绕着深海资源开发利用以及灾害预警预报展开。

3）SCIE 文献分析表明，气候变化对深海的影响研究在 2007 ~ 2009 年的研究中逐渐凸显出来；深海碳元素沉积和深海有机质的研究热度在 2007 ~ 2009 年也有所加强；深海沉积物研究、稳定同位素研究、深海环境研究及内波研究是深海研究领域比较稳定的研究热点。

4）EI 数据库分析表明，2005 ~ 2009 年的深海技术研究主要热点为：海洋声学技术研究、海底有机物质及 CO_2 封存技术、稳定同位素技术、气候变化对深海环境的影响研究、有毒及有害沉积物质对深海环境的影响研究、深海资源探测与开发技术研究、深海生态环境研究、深海沉淀及地质构造研究、海洋内波研究、数值模型研究、深海环流及数学模型研究、深海物种基因研究等。

5）专利文献分析表明，日本专利局的位置相对独立，专利受理数量大；美国、欧洲、德国等专利受理机构彼此之间联系较为紧密。专利内容主要涉及海洋生物的培育技术、钻探及操作平台技术、渗透及反渗透技术等。

9.4 国际深海技术的发展趋势与前沿热点技术

9.4.1 发展趋势

如前所述，随着新世纪各个临海国家对海洋的重视程度增加，国际上深海科学技术的研究也随之升温，从文献的增长来看，SCIE、EI、DII 三个数据库中有关深海科学和技术的文献均呈显著增长趋势，特别是 SCIE 的增幅更大（图 9-4）。从全球性和区域性的大型海洋研究计划看，海洋综合性研究计划中深海研究和深海技术的分量逐步在增加，同时，也涌现出全球性和区域性的专门的深海研究计划，深海技术开发也逐渐成为部分国家的重中之重，甚至被放到国家战略层面。作为集成各种高新技术的综合技术领域，深海技术必将成为未来科学技术发展突破的关键，而且在深海技术领域中的国际合作也日益频繁、紧密，特别是国际大型深海资源开发公司之间的合作，成为推动深海技术快速和跨越发展的重要途径。

9.4.1.1 深海技术发展日益上升到国家发展战略层面

21 世纪是海洋世纪，各个临海国家都把开发海洋放到了突出的战略位置，实施了海洋发展战略。随着海洋勘探和开发技术的快速发展以及从战略资源储备的高度出发，开发深海已经日益上升到国家战略层面。

深海中蕴藏着人类发展所需要的丰富的战略资源和能源，如石油和天然气（包括天然气水合物）、多金属结核、富钴结壳、海底热液硫化物等金属资源以及丰富的生物基因资源等。据美国地质调查局和国际能源机构估算，全球深海区最终潜在石油储量可能超过 1000 亿桶（《2005 年世界重点工业发展动态》）；而多金属结核是目前所知海底最大的金属矿产资源，主要由铁锰物质组成的多金属团块，含有 70 多种元素，其中 Ni、Co、Cu、Mn 的平均含量分别为 1.30%、1.22%、1.00% 和 25%，其总储量分别高出陆地相应储量

的几十倍到几千倍，具有很高的经济价值（方银霞等，2000）。

从科学研究角度看，由浅海向深海、由近海到大洋、由海面到海底的观测和探测是人类观测海洋、认知海洋、探索海洋的必由之路。人类当前面临的全球变暖问题很大程度上依赖于对地球系统中海洋变化机制的认识，对深海和大洋的探测是深入开展全球变化研究的重要途径。

加强深海资源的开发，加强对深海和大洋的控制，保障长远的战略资源供应，提升国家经济和军事实力，这是部分国家把深海开发作为国家战略的动力源泉。美国对深海的重视和偏爱是任何国家无法相比的，美国于1986年就率先制定了《全球海洋科学规划》，强调海洋是地球上最后开辟的疆域。2004年9月，美国海洋政策委员会向美国国会提交了《21世纪海洋蓝图》的海洋政策报告。2004年12月，美国总统布什发布行政命令，颁布了《美国海洋行动计划》，成为21世纪美国海洋科学技术发展的指南。在美国海洋发展战略中，明确提出了优先开发深海和公海资源的思路。2004年7月，美国参议院审议通过了《国家海洋勘探法案》，提出优先考虑深海勘探工作，特别是要集中调查具有重大科学与医学价值的深海区域，如深海热液喷口区和海山区（刘淮，2006）。在区域性的深海研究计划中，也以美国为主发起的最多。其他国家中，英国和日本也积极地将深海技术的发展作为重要突破技术之一，投入巨资发展深海勘探和资源开发技术，如日本的“地球号”勘探船处于当今国际领先水平。英国于2010年2月发布的《2010～2025海洋发展战略》（The Marine Science Co-ordination Committee，2010），将深海技术发展作为优先发展领域。

9.4.1.2 国际深海科学研究计划已经进入密集发展时期

随着国际上新一轮的深海研究热的升温以及技术的成熟度提高，深海科学研究计划进入到密集发展期。除了一些具有重大影响的国际计划外，如国际综合大洋钻探10年计划（IODP，2003～2013）、国际大洋中脊行动（InterRidge）、国际大陆边缘计划（InterMargin）、ARGO外，围绕海底观测网络建设呈现密集增长趋势，如美国“海王星”海底观测网络计划（NEPTUN）、欧洲海底观测网（ESONET）、日本新型实时海底监测网（ARENA）、美国Hobo海底热液观测站、美国LEO-15生态环境海底观测站、美国NeMo（New Millennium Observatory）海底观测链、夏威夷-2（Hawaii-2 Observatory）海底观测网络、美国新泽西大陆架观测网（New Jersey Shelf Observing System，NJSOS）、美国ORION（Ocean Research Interactive Observatory Network）计划等。

这些深海研究和观测计划的特点是：以在深海研究居于领先水平的美国、日本、欧洲部分国家为主发起；随着技术的发展，针对涉及多项技术集成的海底观测网络建设的计划逐渐增多，反映了深海技术的整体进步；针对深海研究热点领域如海底热液的专门观测站建设开始兴起。

9.4.1.3 深海科学探测成为未来科学技术发展实现重大突破的关键

人类对海洋的认识远不及对太空的认识，目前人类对海洋的探测只占海洋总面积的5%左右（科学技术部办公厅，2008）。“上天、入地、探极、下海”成为未来空天－海洋一体化系统中的技术发展重点。当前，在海洋科学研究中，观测技术的发展特别是深海观测技术成为推动重大科学研究突破的关键，如深海生态系统的发现、海底热液的发现正是基于深海探测技术的进步；同时，深海技术的发展也是阻碍海洋科学深入发展的制约因素。因此，在国际海洋研究计划中，把深海技术的发展作为一个重要构成部分，如国际综合大洋钻探计划的立管和非立管技术的发展、国际大洋中脊计划的海底连续观测和观察技术等。

从深海文献计量结果也可以看出，2007~2009 年深海研究的热点为：深海沉积物及对深海环境的影响研究、热液喷口及周围环境研究、深海生态环境研究、气候变化对深海的影响研究等。这些研究热点涉及的新兴领域，正是深海探测技术获得极大发展后才开展的。如通过海底热液喷口的观测发现了深海生态系统，促进了生命演化的研究突破。20 世纪最大的发现之一是深海生态系统的发现，在深海海底热液口发现奇异生命演化现象。1977 年，美国科学家首次在太平洋的加拉帕戈斯海岭（Galapagos Rift）发现了海底热液活动地点，在温度数十摄氏度至数百摄氏度的环境下发现了大量不知名的生物，有巨型双壳类、蠕虫、虾、蟹类、章鱼等。随后，生物学家专门组织航次考察，采集了大量的热液活动生物，由此揭开了地球上生命的另一面之谜——无光食物链（莫杰，2004；科学技术部办公厅，2008）。无光食物链的生物生活在无阳光的大洋深处，它们靠热液提供的化学物质合成能量，化学合成主要靠特殊的微生物承担。深海热液产地是深海“沙漠中的绿洲”，其生物密度高出周围 1 万到 10 万倍。

9.4.1.4 深海技术成为集成各种高新技术的综合技术领域

当前的深海技术是集成了几乎当代所有科学技术领域的一项复杂的综合高技术系统。从应用的角度可以分为深海探（观）测技术、深海采样技术、深海资源勘探开发技术、深海空间利用技术、深海环境保护技术以及深海装备技术。

以深海探（观）测技术和深海装备技术为例。探测观测技术又可分为：深海浮标技术（锚泊浮标技术、漂流浮标技术、潜标技术等）；水声探测技术（声呐技术、动态定位和井口重入技术、水声通信技术、海洋声层析术技术等）；深海观测仪器技术（包括测温仪器、测盐仪器、测波仪器、测流仪器、重力和磁力仪器、底质探测仪器、浮游生物与底栖生物仪器等）。深海装备技术又可分为：深潜器技术（载人深潜器技术、无人潜航器技术、深海救捞技术等）；深海油气钻采平台技术（座底式钻井平台技术、自升式钻井平台技术、半潜式钻井平台技术、钻井船技术、重力式采油平台技术、桩式平台技术、张力腿平台技术、牵索塔式平台技术等）；深海开发船技术（深海调查船技术、深海资源开发船、深海能源开发船技术、深海生物资源开发船技术、深海工作艇技术等）；海洋污染调查与监测技术（包括人工采样分析技术、现场水质分析技术、海洋污染的遥感技术等）；海洋污染防治技术（海上溢油控制和清除技术、重金属污染防治技术、有机氯农药和多氯联苯污染防治技术和有机污水防治技术等）。从以上涉及的技术看，涉及微电子技术、信息技术、遥感技术、水声技术、可视化技术和计算机网络技术以及材料、能源等众多学科和技术领域，可以说深海技术是当代各种通用技术和最新技术在深海大洋这个特殊环境中的应用和发展。

9.4.1.5 深海科学技术的国际合作日益紧密

由于深海探测中的许多重大技术的资金投入和知识密集程度越来越高，往往一个国家、一个机构难以独立完成，因此在深海技术领域的国际合作呈现日益频繁的趋势，而且这种合作还会更加紧密。国家之间、区域之间、科研机构与企业之间、企业与企业之间的合作成为未来国际合作的趋势。文献计量分析表明，目前在深海科学技术领域形成了以美国、日本和欧洲为核心的合作伙伴群。

美、英、法、德、日本等国通过政府支持、科学界与企业界联合、国际合作等方式加快深海技术的发展，总体上在深海技术领域处于领先地位。例如，美国的伍兹霍尔海洋地理学研究所、法国的法国海洋开发研究院等世界著名的海洋研究所都积极与国际知名的海洋仪器设备公司，如美国的 RDI 公司、Benthos 公司、SAIC 公司、海洋数据公司（Ocean Data）和法国的汤姆森公司（Thomson）、欧森诺公司（Oceano）等展开密切合作。

欧盟各国为了在海洋高科技领域与美、日等抗衡，克服国家小、国力有限、资金和资源不足的弱点，组成区域集团，进行优势互补、联合开发。通过实施尤里卡计划（EURECA），加强企业界和科技界在开发海洋仪器和技术中的合作，提高欧洲海洋技术水平和市场竞争能力。

9.4.1.6 深海技术发展成为未来海洋立体观测系统的重点

当前，海洋立体观测系统已经初步建立起来。在海洋立体观测系统中，包括从空中开展遥感观测的卫星、航空飞机和飞行器，表面观测的固定观测站、船载观测和浮标观测，水中及水底的声呐观测和海底机器人观测，再往下就是海底地下钻探技术的发展。

进一步发展、完善海洋立体观测系统是未来海洋科学技术发展的重点，其发展重心有逐渐转移到深海观测和海底观测网络建设的趋势，从当前密集发展的各个海底网络观测站和观测系统计划可以清楚地看出这一趋势。

围绕海底无人和载人深潜器的发展，一直是各海洋技术先进国家的竞争焦点。目前，处于领先水平的无人深潜器有：美国“海神号”，英国“Autosub6000”，法国的“阿利斯塔尔号”和“Victor 号”；载人深潜器方面，主要有美国的“阿尔文号”、日本的“深海 6500 号”、俄罗斯的“和平号”与“密斯特号”，还有法国的“鹦鹉螺号”（Nautile）。美国“海神号”于2009 年5 月31 日下潜到了世界大洋的最深处——约10 902 米的西太平洋马里亚纳海沟（Mariana Trench）的挑战者深渊（Challenger Deep）。随着这些深潜器的探索深度和良好观测性能的不断推进，人类认识深海的能力也不断提升，将不断推进人类对未知海洋的了解和认知。

9.4.2 前沿热点技术

9.4.2.1 资源开发技术

深海资源的勘探开发主要包括石油天然气的大规模开发和深海矿产资源的开发。目前，大约有100多个国家正在进行海上油气勘探，其中50多个国家在对深海进行勘探。未来的前沿技术主要集中在深海矿产资源勘探和开采的技术开发上，对深海矿产资源的调查、探测、钻探、开采是一项涉及众多技术领域的系统工程（刘淮，2006；邬长斌，2008；丁六怀等，2009），目前处于世界领先水平的主要是美国、俄罗斯、日本和欧洲一些国家。

主要优先研发技术如下。

1）采矿技术、集输技术

采矿技术是深海采矿中重要的专有技术之一，从海底向水面输送采集到的矿物集输技术，由于涉及水面系统和提升技术而比较复杂，技术难度较大。目前的水面系统主要采用采矿船、钻井船或打捞船改装而成，用于水下采矿设备的吊放回收则要专门设计。提升技术国外主要研究了水力提升技术、空气提升技术、轻介质提升技术、重介质提升技术、管道容器提升技术，以及将收集和运输结合在一起的穿梭艇技术等近10种技术方法。俄罗斯目前正在建造20 000~25 000吨级的采矿船，船上将分别配备采集洋底多金属结核及采集海山区富钴壳的遥控潜水器，具有很高的技术水平。

2）天然气水合物开发技术

许多国家如美国、日本、印度、韩国、俄罗斯、加拿大、德国、墨西哥等都先后制订了天然气水合物的研究和发展计划，并成立了相应的研究机构。目前，世界许多国家均已在各自海域发现了天然气水合物，并从海底钻探到样品。2006年，日本东京大学和海洋研究开发机构的研究小组，在日本新潟县附近海域发现东亚第一个露出海底天然气水合物区，日本政府已明确提出，2016年实现天然气水合物的商业开采，美国的时间表则是2015年。目前世界开发和使用天然气水合物资源的技术尚不成熟，但由于具有十分诱人的前景，因此许多国家正在积极研究天然气水合物资源的开发利用技术。

3）热液硫化物开采技术

热液硫化物开采技术有望进一步突破。热液矿床有块状和泥状两种。对于块状，由于分布集中、矿石硬度高、密度大，需采用自动控制的海底钻探，然后在钻孔内爆破，炸碎矿体，随后采用与采集锰结核类似的方法，用集矿机和扬矿机输送到水面进行加工。美国目前就在研制这种适合在海底热液采矿船上使用的自动钻探爆破采矿技术，用于开采3000米深海底的热液矿。系统由爆破装置、矿石破碎机、吸矿管以及采矿船、运输船、钻探供应船等组成，计划2020年可投入生产。对于泥状热液矿，需要在采矿船下拖一根数千米长的钢管柱，管柱末端安装一个抽吸装置，内设电控摆筛，使黏稠的软泥变稀，并使抽吸装置进一步穿透泥层，通过真空抽吸装置和吸矿管将软泥矿吸到采矿船上。这种方法已经进入商业性应用阶段。总之，随着世界各国对热液矿的开采，热液硫化物开采技术有望得到进一步突破。

9.4.2.2 探测、观测技术

在深海的探测和观测技术中，海面和海中观测以深海浮标观测为主；在海底观测中，主要是载人潜水器、无人潜水器的发展以及海底观测系统的发展（陈鹰等，2006；刘淮，

2006；赵吉浩等，2008）。

1）载人深潜器技术

载人潜水器可安装多种传感器，可潜入海底（浅海）进行作业和现场决策，常用于热液喷口、大洋海岭、深海生物学和生物发光、考古遗址、沉船勘探和海底输油管道检查等。通过新材料的应用突破，可实现轻型化，增加下潜深度。图9-25为关于载人深潜器研究的文献变化情况，整体呈上升趋势。

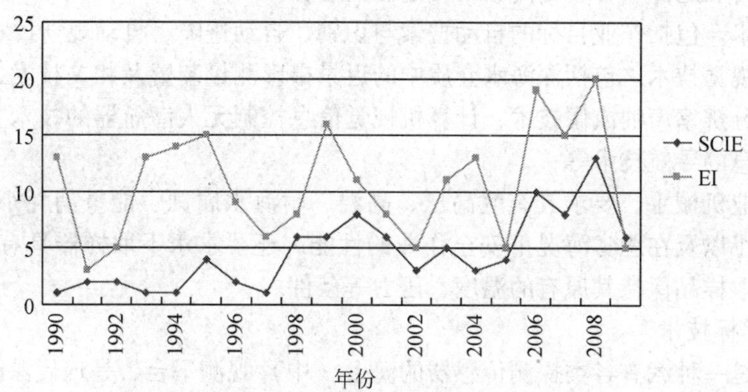

图9-25 SCIE和EI中载人深潜器相关文献的年度变化

目前，共有各类载人深潜器13艘，其中有11艘由日本、法国、俄罗斯和美国的不同机构使用。日本的载人深潜器技术居世界领先地位，研制出多型载人深潜器，如深海6500型、深海2000型等。

载人深潜器的关键技术：

• 大容量高性能能源研究，前沿技术是大容量高性能电池的研制等；

• 轻型高强度材料的研究，包括石墨复合材料和陶瓷材料，钛合金以及高强度、低比重的浮力材料等；

• 深水控制技术，包括高可靠性、高性能的操纵控制技术，高性能运动姿态测量和导引技术，智能控制技术等；

• 特种装置技术，如特种推进系统，深海液压系统，水下作业技术，深海应急自救生命支持系统等；

• 水下成像和水下图像信息传输技术等。

2）无人深潜器

遥控无人潜水器（ROV）可替代载人潜水器开展工作，在某些情况下具有载人潜水器无法比拟的优势。过去十几年，自治式无人潜水器（AUV）得到了快速发展，并逐步替代遥控潜水器开展更多的水下探测。

目前，各种深潜器（ROV、AUV）的下潜深度正在逐步突破，代表领先水平的有：美国伍兹霍尔海洋地理学研究所的“海神号”，英国的“Autosub6000”，法国的“阿利斯塔尔号”和“Victor号”。据报道（NSF网站，2009），由WHOI）研制成功的混合型水下机器人（HROV）Nereus（海神），是当前最先进的潜水器，是遥控潜水器和自治式无人潜水器的结合。2009 年 5 月 31 日，Nereus 下潜到了世界大洋的最深处——西太平洋马里亚纳海沟（Mariana Trench）的挑战者号海渊（Challenger Deep），约 10 902 米。在这里，Nereus 承受了高达地表面 1000 倍的压力，并进行了 10 小时的观测。

3）无人潜水器的关键技术：

• 定位技术。①水下定位技术：潜航器的平面位置和水下深度位置的确定，需要建立一个以母船为基准的坐标系，为潜航器准确定位；②动力定位技术：主要解决潜航器在走航和作业时的自动定深、自动定高和动力定位问题；

• 智能技术。包括作业目标的自动搜索与识别、自动避障、自动规划技术等；

• 导航与视觉技术。包括深海水介质中的近景摄影测量装置及相关技术，复杂地形和景物环境的高分辨率声呐成像技术，计算机视觉信息控制无人潜航器的技术方法，有效利用深海地形信息的导航技术等；

• 水下作业机械手。要求具有耐高压、高温、耐海水腐蚀、能量消耗小、易于操作、重量轻、体积小以及在恶劣海况下安全作业的性能，还要求水下取样器具有能满足恒温、恒压，以使所取样品保持其原有的温度、压力等条件。

4）深海浮标技术

深海浮标是一种载有各类探测传感器的海上（中）观测平台，是现代深海立体监测系统中的重要技术，按照用途分主要有水文气象遥测浮标、海洋污染监测浮标、地震测量浮标和多用途浮标等。

深海浮标的关键技术主要包括浮体技术、传感器技术、信息采集与处理技术、通信技术、电源技术以及锚泊技术。

未来深海浮标技术的发展方向：

• 浮标的智能化技术

• 浮标的能源技术。

5）海底观测系统

海底观测系统是人类研究探索海洋、开发和利用海底资源的重要工具和平台，是地球系统观测的第三个平台（第一个是地面/海面，第二个是遥测、遥感）（汪品先，2007；陈鹰等，2006）。海底观测系统主要包括：海底观测系统的构成方式、海底观测站、海底观测链、海底观测网络。

海底观测系统在技术上分为三类：海底观测站、海底观测链和海底观测网络。海底观测站一般由观测器件、通信单元、供电单元和数据采集单元等部分组成，有时还配置近距离信号无线通信装置，海底观测站的特点是区域针对性强，任务明确，但可承担的任务有限，可观测的要素较少，连续工作时间较短；在一个或数个观测站的基础上，增加一个信号无线发送功能，就构成了海底观测链，海底观测链适用于深海区域（如海底热液区）的长期连续观测，可实现现场数据的“准”实时传输；海底观测网络是目前技术含量最高的海底观测系统，可集成多种海底观测装置，功能齐全，观测时间长，但一般适用于近海。三种海底观测系统的比较见表 9-10。

表 9-10　三种海底观测系统比较（陈鹰，2006）

项目	海底观测站	海底观测链	海底观测网络
结构复杂度	简单	中等	复杂
通信方式	内部	声学和卫星	光缆直接连接
可实现的任务	单一，明确	适中	综合
工作时间	视电池容量与存储器的容量确定	视电池容量确定	长期
实时性	无实时性	准实时	实时
观测器数目	一般较少	中等	多
可回收性	可以	可以	一般不回收
功能	单一	适中	强大
造价	低	中等	高
使用区域	深海、远海	深海、远海	一般适用于近海

海底观测系统的关键技术包括：

• 传感器和观测器技术；

• 原位低功耗数据采集技术；

• 移动观测器的低功耗信号无线传输技术和观测器的集成技术（统一接口、信号整合与存储等技术）；

• 海底观测系统的布放与回收技术；

• 光纤网络在海底的中继、分叉技术以及网络维护技术；

• 接驳器的信号和电源的中继、分配等技术以及接驳器到观测器之间子网的接口技术；

• 电能的长距离供给技术。

9.4.2.3　深海采样技术

由于水下潜流、湍流的影响，将深海样品采集到海面之上进行研究，在技术实现上也是比较有难度的。目前的技术手段包括：箱式取样器、重力取样器和活塞取样器等（翟世奎等，2007；刘淮，2006）。

1）箱式取样器

箱式取样器是用箱状空盒撞击松软的海底，待箱体插入沉积物后会自动切闭下端，将样品完整地保存在箱体后再取上来。这种采样方式可以使沉积物几乎不受任何干扰，便于对大洋的演变历史做精细的研究。

2）重力取样器

主要用于海底沉积物的取样，其基本原理是取样器靠自身的重力作用贯人海底，取得近似于贯入深度的海底沉积物样品，贯入深度取决于海底的硬度和取样器的结构形状与配重，一般在几十厘米至几米，我国进行的科学考察中最大取样长度达 9 米。法国科学考察船“Marion Dufresne”配备了世界上最长的重力取样器，可取得 60 多米不间断的深海岩芯。其缺点是遇到坚硬的岩层套管就会发生弯曲。目前，重力取样器技术的取样点已遍布全球，提供了大量海洋演化历史的信息。

3）多管取样器

可以同时获取若干（8~12个）管长度超过0.5米的深海海底沉积和上覆近底层海水。

4）液压活塞取样

原理类似千斤顶，在取样时可以保持缓慢而稳定的施加高压，从而尽量减少对所取样品的干扰和影响作用。

5）沉积物捕集器

可用来研究水体中悬浮物质的成分及其下沉的速率。该装置可以在某一时段内让进入捕集器的沉积物质只能进入其中某一个取样管内。环状的多管装置可以自动定时、定向旋转，沉积物质在各个时段内依次进入各个管体内。这样，不仅能捕集到海水中的所有物质，而且还能了解不同季节、单位时间内它们在水柱中的沉积速率。

6）重返钻进装置

重返钻进装置对于在数千米深海找到上一次钻孔的位置非常有效。重返钻进装置是在钻井口安置重返装置，建立声呐信标，利用声呐回声反馈系统，可以迅速找到原先的钻孔位置；同时又在钻孔处安置了钻具重返漏斗，便于钻头迅速就位。

此外，代表当今国际采样钻探主要采用三种平台：立管钻探船、非立管钻探船和特定任务钻探平台。立管钻探船的代表是日本的“地球号”钻探船，“地球号”主要采用旋转钻进方式和立管钻进方式两种。非立管钻探船的代表是“乔迪斯·决心号”，可执行特定任务的钻探平台的代表是瑞典“Vidar Viking”号破冰船。

9.4.2.4 深海空间利用技术

随着深海技术的发展和不断进步，深海将成为人类开发利用新的海洋空间的主要战场。海洋空间利用的发展已从传统的沿海海洋工程向近海和深海工程发展；由传统的海上交通运输向海底设施建设发展。

传统的海底隧道和海底电缆仍然是海洋运输研究和技术开发重点，但深海空间站的建设将成为未来的一个前沿热点。深海空间站的设计是一个复杂的系统工程，涉及水动力、结构、动力与电力、控制、推进、生命支持等多个学科以及水下通信、搭载与收放等多项关键技术。

深海空间站的军事用途也非常突出，包括军用浮岛技术、海底军事基地技术在内的深海军事基地建造技术也是深海技术发展的一个重点，海底军事基地的建造包括海底导弹和卫星发射基地、反潜基地、作战指挥中心和水下武器试验场等。目前，世界上海底军事基地最多的是美国（李润培，2002）。美国从20世纪60年代就开始实施并完成了“海底威慑计划”、“深潜系统计划”、“海床计划”、“深海技术计划”等一系列建立海底军事基地的计划。

9.5 我国深海技术发展的几点建议

9.5.1 把握发展形势，推进和实施深海研究国家战略

我国改革开放以来在经济建设、科技进步以及社会发展等方面取得的巨大成就，为我

国海洋经济和海洋科技的发展提供了强大的支撑。反过来，我国海洋科技的发展推动了海洋经济的快速发展，也成为我国经济社会可持续发展的重要方面。面对21世纪海洋时代的到来，实施海洋强国战略，建设海洋强国已经成为共识。我国是海洋科技大国，但还不是海洋科技强国，如何由海洋科技大国迈向海洋科技强国，加强对海洋科技的领导和发展规划是关键。

当前海洋科技发展的趋势之一是以海洋生物技术和深海技术为核心的海洋技术得到快速发展（国家海洋局，2008）。深海勘探的重要性已经为国际上众多海洋国家所共识，纷纷掀起了新一轮的深海开发热，也促使了深海技术的快速和跨越发展。而同时我国在深海技术方面与美、日等海洋科技强国相比仍有较大的差距（李颖红等，2008），这就使得我国在开发深海和公海资源方面、在开展深海科学探测和研究方面处于极其不利的局面。

实施海洋强国战略，必须把开发深海和公海资源作为重中之重予以体现。鉴于深海技术的关键引领作用和快速发展，必须尽快推进深海国家战略，实施深海技术行动，部署精锐力量集中攻关，以期尽快迎头赶上，实现深海战略的目标，为我国政治经济和社会发展做出应有贡献。

9.5.2 加强国际合作，启动以我为主的重大国际深海科学计划

从 WCRP、IGBP 等国际性研究计划的组织开始，针对全球变化研究的国际合作计划的组织模式得到了国际上的广泛认可，今后仍将会得到进一步的发展和创新。近30年的海洋科学研究和技术发展，也是在一系列重大研究计划的实施中得到跨越发展。我国海洋科学界积极投身参加国际大型研究计划，在获取数据完成研究项目的同时，也不断地从国际同行吸取研究经验，提升我方研究人员的能力。但在深海国家计划中，我国的参与能力还很有限。例如，1968～2003年，深海钻探计划（DSDP）和海洋钻探计划（ODP）共实施了203个航次，其中由中国科学家提出并主持的航次仅有一次（第184航次）（左汝强等，2004），因此，很难在国际大洋钻探活动中发挥更大作用。在当前密集开展的海底观测网络建设中介入更少。

抓住国际大型研究计划的合作机遇，更加主动深入地参与，多机构、多人次地参与。只有深度地参与到国际大型研究计划中，才能有效跟进前沿热点技术研发，掌握最先进的深海技术。同时，在参与过程中，发挥华夏子孙的聪明才智，提出和发展以我为主的国际大型深海观测和研究计划。我国漫长的海岸线和辽阔海域，为我国开展深海研究提供了先天的优势。通过国际研究计划的组织，培养国际化领军人才，引智引力，快速提升我国在深海海洋科技的研究水平，发展建设国际化的技术研发队伍。

9.5.3 集成优势力量，研建跨学科和技术领域的深海科学技术机构

我国在深海科学技术领域形成了分布于国家海洋局、中国科学院、高等院校以及大型

开发公司如中海油、中石化等的研发队伍。总体来看，这些研发力量分散，并未形成具有国际水平的研发队伍，使得我国技术研发水平不高，不能满足我国深海资源勘探开发和深海科学研究之需求，更不用说具有国际竞争力了。因此，迫切需要针对深海科学技术研究领域，围绕国家重大需求，创新体制机制，打破部门行业壁垒，加强国内创新单元（国家海洋局、中国科学院、高等院校、企业以及军队科研机构）深海科技力量的整合和融合，为此，以国家海洋局牵头组建了“国家深海基地”，该方案于2007年得到国务院的批准。国家深海基地（深潜基地）是为“7000米载人潜水器”及其工作母船提供专门保障、服务的重要基地，未来将建成面向全国深海科学研究、海洋资源调查、深海装备研发和试验、海洋新兴产业服务的全面开放的国家公共平台。

围绕国家深海基地建设，各个行业部门可集中其优势力量，围绕深海科学和资源勘探规模开发等目标，组建多个、分布式的、跨学科和技术领域的具有国际竞争力的中国深海科学技术研发机构。

这些深海科学技术中心的定位和功能是，瞄准深海科学研究前沿热点问题，组织力量开展国际合作研究，逐步成为在世界深海科学研究领域的引领者；瞄准国家经济发展对深海资源勘探开发的紧迫和长远需求，组织力量对关键深海技术和装备进行研发，成为有效支撑深海资源勘探开发和深海科学研究的关键技术力量，逐步成为国际上有影响力的技术研发队伍。

9.5.4 瞄准关键技术，绘制深海科学技术发展路线图

针对国际上热点技术以及我国的薄弱环节，在探测观测技术、资源开采技术、深海空间利用技术、深海环境保护技术以及深海装备技术中，围绕深海科学问题和业务应用需求，选取关键核心技术，研究绘制我国深海技术中长期发展路线图。如针对当前的开发技术热点，“天然气水合物”、“锰结核”与“热液矿”，有必要研究绘制我国的开发技术路线图。目前世界开发和使用“天然气水合物”资源的技术尚不成熟，但由于其具有十分诱人的经济前景，因此许多国家正在积极研究天然气水合物的开发利用技术。美国、日本、印度、韩国、俄罗斯、加拿大、德国、墨西哥等都先后制定了“天然气水合物”的研究和发展计划。例如，日本政府已明确提出，2016年实现天然气水合物的商业开采，美国则提出到2015年实现商业开采。

在无人和载人深潜器发展方面，国际上出现了竞相发展的局面。在无人深潜器方面，代表当今最先进水平的美国“海神号”深潜器、英国的“Autosub 6000号”潜水艇，法国的“阿利斯塔尔”（Alistar）水下机器人等都有不俗的表现，也都在尝试更深的潜水作业。在载人深潜器方面，目前全世界共有13艘。其中，超过4000米水深的载人潜水器共有5台，分别是美国的“阿尔文号”、日本的“深海6500号”、俄罗斯的“和平号”与“密斯特号”、法国的“鹦鹉螺号”（Nautile）。正在研制的有3艘，其中包括中国正在研制的7000米载人潜水器。

加强深海技术发展路线图的绘制，可以掌控国际深海技术发展的脉络，把握我国深海技术的研发进程，时刻提醒我们存在的差距，促进我国深海技术的跨越发展。

9.5.5 创新体制机制，探索有效的产学研合作模式

国际上深海技术的研发实践表明，大型海洋资源能源开发公司承担着技术开发的重任，并与大学和研究机构开展了有效而紧密的合作，我国在深海技术的发展方面，显然存在诸多问题。管理体制的创新，是促进我国深海资源开发和技术研发的有效途径。以深海油气资源开发为例，我国在深海油气勘探开发方面在很长时间内主要由中海油独家具有开发权，而中国石油和中国石化则被限制在5米水深线以内，致使广阔的海域只有中海油单家组织勘探开发，造成大片的深海区块勘探工作量过少，甚至为零，在很大程度上限制了海洋油气、深海油气的发展步伐，也阻碍了深海技术的发展步伐。随着体制机制的创新，这种局面已有所改变，除了中海油外，其他公司也具有了开发海上油气的权限，这必将促进我国深海油气开发中竞争合作良好局面的形成。如何在开发油气资源中引入更好的合作机制，吸引具有研发实力的科研院所进来，探索一条适合我国深海技术发展的产学研合作模式，将是一个崭新的课题，必将促进我国深海技术的快速发展和跨越发展。

国际实践证明，在深海资源开发中，打破行业垄断，引入市场竞争机制显然是一个有效的途径。我国应该继续加大营造和鼓励这种竞争机制的形成，鼓励开发企业之间的技术研发合作，对拥有国产知识和技术产权并具有一定竞争优势的公司应予以更大的开发空间和权限。

鼓励具有先进知识和技术的科研机构和大学加入到深海资源开发的行列，以技术入股或特批开发权限或并入大公司等多种方式吸引国产技术在深海资源开发中的应用，吸引国内一流科研机构投入深海技术的开发队伍中。

致谢： 中国科学院南海海洋研究所王东晓研究员、中国海洋大学高会旺教授、中国科学院资源环境科学与技术局大气海洋科学处任小波处长、中国科学院国家科学图书馆张志强研究员等对本章初稿进行了审阅并提出宝贵修改建议，谨致谢忱！

参 考 文 献

操安喜，崔维成 . 2007. 基于多学科设计优化的深海空间站总体设计方法研究 . 舰船科学技术，29（2）：32 ~ 40

曹惠芬 . 2005. 世界深海油气钻采装备的发展趋势及我国现状 . 中国造船，46：78 ~ 81

陈鹰，杨灿军，陶春辉等 . 2006. 海底观测系统 . 北京：海洋出版社

崔维成，徐芑南，刘涛等 . 2008. “和谐” 号载人深潜器的研制 . 船舶科学技术，30（1）：17 ~ 25

戴瑜，刘少军，李流军等 . 2008. Nautilus 矿业公司 SMS 勘探中采用的取样技术与装备 . 海洋技术 . 27（2）：12 ~ 17

丁六怀，陈新明，高宇清 . 2009. 海底热液硫化物深海采矿前沿探索 . 海洋技术，28（1）：126 ~ 132

方银霞，包更生，金翔龙 . 2000. 21 世纪深海资源开发利用的展望 . 海洋通报，19（5）：73 ~ 77

郭永峰，周晓惠，白云程 . 2008. 世界深海油田的开发与展望 . 国外油田工程，24（12）：30，31

国家海洋局 . 2008. 全国科技兴海发展规划纲要（2008—2015）. 北京：海洋出版社

侯春梅，张志强 . 2008. 深海前沿研究面临的科学挑战 . 地球科学进展，24：16，17

金翔龙 . 2006. 二十一世纪海洋开发利用与海洋经济发展的展望 . 科学中国人，（11）：13 ~ 17

科学技术部办公厅，国务院发展研究中心国际技术经济研究所 . 2008. 世界前沿技术发展报告 2007. 北京：科学出版社

李良 . 2009. 油气开发：无限风光在深海 . http：//energy. people. com. cn/gb/9282992. html

李润培 . 2002. 海洋工程技术发展现状及趋势 . 船舶经济贸易 . 4：18 ~ 20

李颖红，王凡，王东晓 . 2008. 中国科学院近海海洋观测网络建设概况和展望 . 中国科学院院刊，23（3）：274 ~ 279

刘淮 . 2006. 国外深海技术发展研究 . 船艇，258：6 ~ 18

栾苏，韩成才，王维旭等 . 2008. 半潜式海洋钻井平台的发展 . 石油矿场机械，37（11）：90 ~ 93

罗续业，李彦 . 2006. 海王星海底长期观测系统的技术分析 . 海洋技术，25（3）：15 ~ 18

马伟锋，崔维成，刘涛等 . 2009. 海底电缆观测系统的研究现状与发展趋势 . 海岸工程，28（3）：76 ~ 84

毛志新，刘宝林，夏柏如 . 2006. 重力取样器取样技术研究 . 探矿工程，（33）2：52 ~ 62

美国联邦政府 . 2007-12-03. 美国 2008 财政年度海洋研究重点项目预算 . http：//library. coi. gov. cn/qbyj/hyzc/200712/p020071203551981463068. pdf

莫杰 . 海洋地学前缘 . 北京：海洋出版社，2004

阮俊 . 2009-02. 深海运载与作业装备 . http：//southfleet. blog. china. com/200902/4442184. html

阮锐 . 2009. 海底重力取样技术的探讨 . 海洋测绘，（29）1：66 ~ 69

盛景荃 . 2009. 中国第一套海底观测组网技术系统建成 . 华东科技，7：42

孙玮 . 2009-5-24. Argo 浮标技术发展迅速 . 科学时报，（A3 国际）

田丽艳，林间 . 2004. 全球大洋中脊研究十年科学规划（2004 ~ 2013）. 海洋地质动态，20（3）：10 ~ 15

汪品先 . 2007. 从海底观察地球——地球系统的第三个观测平台 . 自然杂志，29(3)：125 ~ 130

汪品先 . 2009. 南海——我国深海研究的突破口 . 热带海洋学报，（28）3：1 ~ 4

邬长斌，刘少军，戴瑜 . 2008. 海底多金属硫化物开发动态与前景分析 . 海洋通报，27（6）：101 ~ 109

杨平 . 2000. 尤里卡计划何去何从 . 全球科技经济瞭望 . 1

翟世奎，李怀明，于增惠等 . 2007. 现代海底热液活动调查研究技术进展 . 地球科学进展，22（8）：769 ~ 776

赵吉浩，高艳波，朱光文等 . 2008. 海洋观测技术进展 . 海洋技术，27（4）：1 ~ 4

中国科学院海洋领域战略研究组 . 2009. 中国至 2050 年海洋科技发展路线图 . 北京：科学出版社

朱博康，许建平 . 2008. 国际 Argo 计划执行现状剖析 . 海洋技术，27（4）：102 ~ 114

左汝强，李常茂，殷慕慈 . 2004. 对我国今后开展国际海洋科学钻探工作的建议 . http：//www. crcmlr. org. cn/results_ zw. asp？newsid = 1709171041466722

Andrew T. 2005. Fisher, Tetsuro Urabe, Adam Klaus. IODP Expedition 301 Installs Three Borehole Crustal Observatories, Prepares for Three-Dimensional, Cross-Hole Experiments in the Northeastern Pacific Ocean

Becker K, Davis E E, Fisher A T et al. 2006. ODP/IODP "CORK" Long-Term Subseafloor Hydrogeological Observatories. Offshore Technology Conference

Cole S T, Rudnick D L, Hodges B A et al. 2009. Observations of Tidal Internal Wave Beams at Kauai Channel, Hawaii. Journal of Physical Oceanography. 39（2）：421 ~ 436

Integrated Ocean Drilling Program. 2009. Annual Program Plan FY2009. http：//www. iodp. org/app/2

Nautilus Minerals Inc. 2009-05-29. Nautilus Minerals Inc's 2008 Annual Report . http：//www. nautilusminerals. com/i/pdf/2008-ar. pdf

SRK Consulting. 2007. Independent Technical Assessment of Sea Floor Massive Sulphide Exploration Tenements in Papua New Guinea, Fiji and Tonga. http：//www. nautilusminerals. com/i/pdf/srkconsulting. pdf

The Marine Science Co-ordination Committee. 2010-02-01. UK Marine Science . Strategy. http：//www. defra. gov. uk/en-

vironment/ marine/ documents/ science/ mscc/ mscc-strategy. pdf

University of Aberdeen. 2005. European Sea Floor Observatory Network. http：//www. oceanlab. abdn. ac. uk/esonet/ esonet_ fullrep. pdf

Virmani J I, Weisberg R H. 2009. Fish effects on ocean current observations in the Cariaco Basin. Journal of Geophysical Research-Part C-Oceans, 114 (C3): C03028 (12)

Watanabe Y, Ochi H, Shimura T et al. 2009. A tracking of AUV with integration of SSBL acoustic positioning and transmitted INS data. Oceans 2009-Europe (Oceans)

10 二氧化碳捕获与封存技术国际发展态势分析

曾静静 曲建升 王勤花 王雪梅 张 波

（中国科学院国家科学图书馆兰州分馆）

二氧化碳捕获与封存（CCS）是当前减少温室气体排放、减缓气候变暖的重要选择之一。

本章主要利用文献综述、文献计量、专利分析和专家咨询等方法分析了国际CCS技术的发展态势、前沿热点问题以及国外CCS领域的相关工作对我国的启示。文献计量和专利分析表明，CCS技术自20世纪90年代初期开始萌芽，到2000年快速兴起，是一项快速发展的前沿技术。CCS技术涉及能源与燃料、化学工程、环境科学和环境工程等多个学科的交叉领域，前沿技术方向主要包括CCS、煤炭、氢、二氧化碳分离、能源、化学循环燃烧系统、二氧化碳运输、甲烷、温室气体吸附等。作为一项前沿新兴技术领域，CCS技术的前沿热点较为宽泛。本章从科学、技术、管理和成本4个方面对国际CCS技术的前沿热点问题进行剖析，针对当前国际社会减缓气候变暖的要求、国外CCS技术发展现状和部署趋势、中国降低温室气体排放强度和实现经济低碳转型的需要，就中国CCS工作提出了6点建议：尽快开展CCS技术的风险评价和可行性研究工作，适时制定CCS国家战略和行业标准，加强重点区域 CO_2 封存潜力的评估工作，适度扩大CCS项目的示范工作，针对CCS的关键技术开展攻关研究，积极推动CCS领域的国际合作。

10.1 引言

为了尽可能减少以 CO_2 为主的温室气体排放，缓解全球气候变暖趋势，人类正在通过深入研究以及国家之间的合作，从技术、经济、政策和法律等各个层面探寻长期有效的解决途径（IPCC，2005a，2007a）。其中，碳捕获与封存（carbon capture and storage，CCS）是通过收集化石燃料燃烧产生的碳（主要为 CO_2），并将其安全地存储于地质结构层中，减少向大气中的 CO_2 排放量的一种碳固定技术。CCS技术是温室气体减缓方案中比较有效但也存在较大争议的技术选择，目前有关CCS技术的讨论和示范工作方兴未艾（曲建升，

2007，2008）。

从流程上来看，CCS 主要包括碳的捕获、运输与封存三个阶段（IPCC，2005a），CCS 相关的技术问题主要围绕这三个关键过程：

（1）捕获阶段：从电力生产、工业生产和燃料处理过程中分离、收集 CO_2，并净化和压缩；

（2）运输阶段：将收集到的 CO_2 通过管道和船只等运输到封存地。通过管道输送压缩的 CO_2 是当前的主要方法，自 1970 年以来就得到应用，美国已建有 2500 千米 CO_2 输送管线。液态 CO_2 也可以通过船舶输送，而且是一种经济上更可行的输送方案；

（3）封存阶段：可分为地质封存、海洋封存、化学封存三种方式。地质封存（图 10-1）是将 CO_2 注入地下稳定结构中，储存深度一般在 800 米以下，这样深度的温压条件可以保持 CO_2 为液态（Cook，1999），地质封存技术是一项成熟的技术，已被油气行业利用了数十年。海洋封存（图 10-2）是通过管道或船舶把 CO_2 释放到海洋水体中或 3000 米以下的海床上，海洋封存技术还存在技术上的不确定性，对海洋环境和海洋生物也有较大的风险。化学封存通过化学反应将 CO_2 转化成无机矿物性碳酸盐从而达到几乎永久性的储存，这方面的技术也仍处于研究阶段，其经济可行性和减排效率也存在较大的不确定性。

目前将 CCS 技术纳入气候变化减缓措施的呼声日益高涨，但也有一些学者基于对气候变化原因不确定性、CCS 项目额外的碳成本和资金成本、CO_2 的安全运输和长期安全储存等问题的考虑，反对立即大规模普及 CCS 项目。本章将通过全面分析当前 CCS 技术的国际发展态势、热点前沿问题，梳理当前 CCS 中的科学和技术主题脉络与趋势，为确定适合我国国情的 CCS 发展战略提供决策咨询。

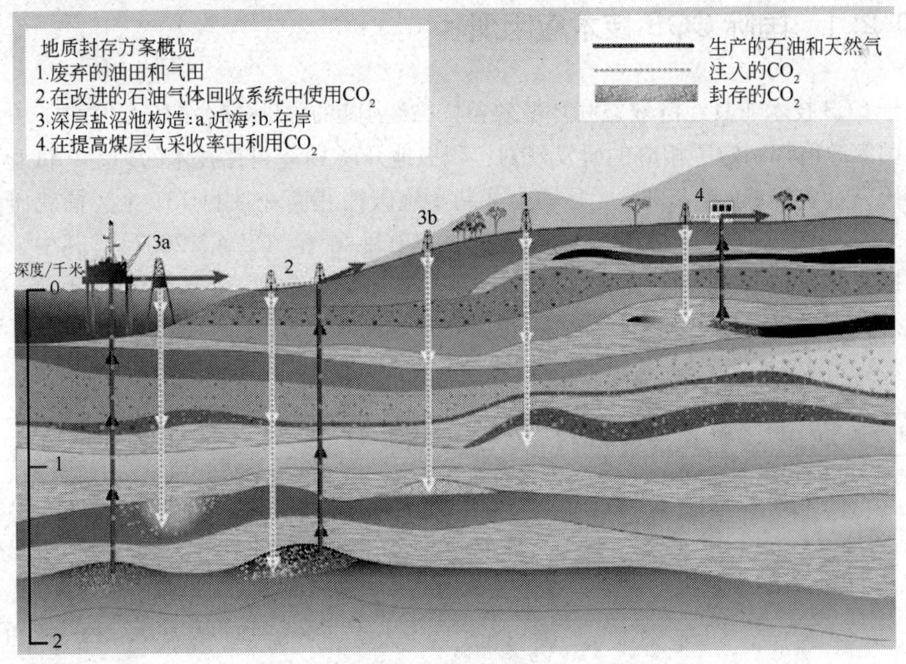

图 10-1　地质封存方案（IPCC，2005b）

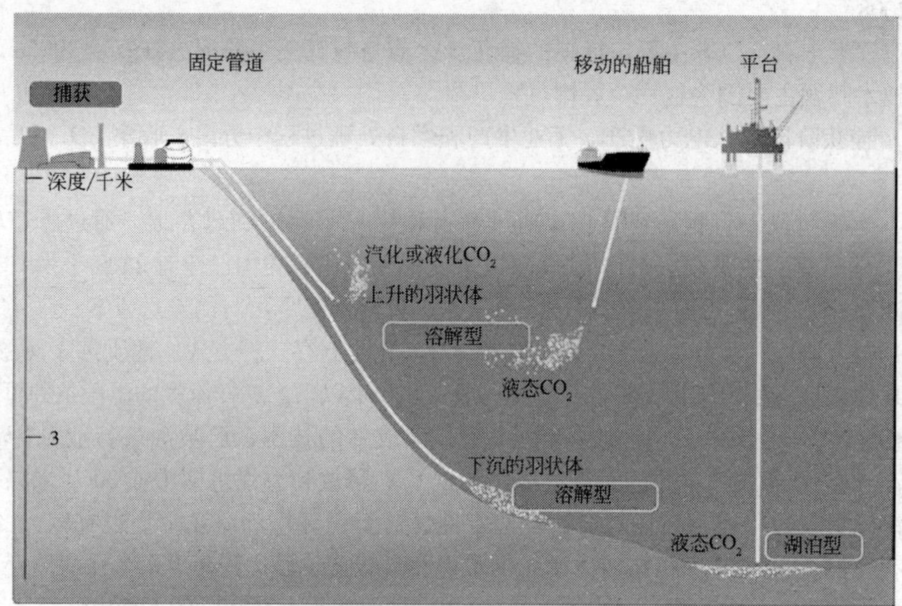

图 10-2　海洋封存方案（IPCC，2005b）

10.2　国际 CCS 技术发展态势

10.2.1　国际 CCS 技术应用现状

由于 CCS 技术兼具经济效益和环境效益，已经引起了国际社会的广泛关注，一些国际组织和国家政府都制定了相应的研发规划，积极地开展 CO_2 封存技术的理论、试验、示范及应用研究（曾静静等，2009）。目前全球共实施碳捕获商业项目 131 个、捕获研发项目 42 个、地质封存示范项目 20 个、地质封存研发项目 61 个（IEA，2007）。其中，比较知名的有挪威的 Sleipner 项目、加拿大的韦本项目和阿尔及利亚的 In Salah 项目等（表 10-1）。此外，在世界各地还有一些项目正在规划和建设中。

表 10-1　世界主要 CO_2 封存项目（IPCC，2005a；IEA，2007）

项目国家（地点）/项目名称	CO_2 来源	封存的地质体类型	CO_2 封存量
挪威，北海，Sleipner	天然气	盐沼池	自 1996 年来，年封存 100 万吨
阿尔及利亚，In Salah	天然气	气田/盐沼池	自 2004 年来，年封存 120 万吨
芬兰，K12b	天然气	强化采气	自 2004 年来，年封存超过 10 万吨
挪威，北海，Snøhvit	天然气	气田/盐沼池	于 2007 年启动，年封存 75 万吨
澳大利亚，近海，Gorgon	天然气	盐沼池	于 2008 ~ 2010 年启动，在运行期内将封存 1.29 亿吨
加拿大，韦本	煤（煤制气）	强化采油	自 2000 年来，年封存 100 万吨

续表

项目国家（地点）/项目名称	CO_2 来源	封存的地质体类型	CO_2 封存量
美国，Permian Basin	天然碳库和工业	强化采油	自 1972 年来，已经封存 5 亿吨
美国，Frio Brine		盐沼池	2005 ~ 2006 年，共注入了 3000 吨
日本，长冈		盐沼池	2004 ~ 2005 年，封存了 1.04 万吨
德国，凯钦		盐沼池	2006 年启动，已封存 6 万吨
德国，凯钦	天然气	枯竭气田	2007 年启动，每年封存 5 万吨
澳大利亚，卡利德	煤		将于 2010 年启动，预计年封存超过 3 万吨
澳大利亚，黑泽尔伍德	煤		2008 年启动，日封存 50 吨

目前正在实施的 CCS 项目运作方式各不相同，基于整合的大规模商业性 CCS 项目是其中比较成功的案例（IEA，2008a），这些成功的高度整合的项目包括挪威的 Sleipner 项目、阿尔及利亚的 In Salah 项目、挪威的 Snøhvit 项目和美国 – 加拿大的 Weyburn-Midale 项目。其中，Sleipner、In Salah 和 Snøhvit 这三个项目是利用生产设备在天然气供应市场之前对其进行脱 CO_2 处理并将 CO_2 注入地质层；Weyburn-Midale 项目是对大平原合成燃料电站（Great Plains Synfuels Plant）的 CO_2 进行捕获和处理。这 4 个项目的实施都为 CCS 技术的广泛应用提供了很重要的知识经验储备。

Sleipner 项目：作为世界上第一个商业性 CCS 项目，由挪威国家石油公司（Statoil，ASA）于 1996 年开始实施。该项目每年可将由 Sleipner 近海气田所产天然气分离而来的 100 多万吨 CO_2 注入北海海底约 1000 米以下毗邻天然气层的 Utsira 含盐地质层中，迄今尚未检测到任何泄漏。这是世界上首例 CCS 项目，受到很多国家的关注，先后已有欧盟、挪威、英国、丹麦、荷兰等 13 个国家或地区的公司或机构参与。Statoil 公司称，这项计划的成本约为 15 美元/吨 CO_2，比挪威政府征收的 55 美元/吨 CO_2 的排放税要低得多。

In Salah 项目：从 2004 年 8 月开始，阿尔及利亚国家石油天然气公司（Sonatrach）联合英国石油公司（BP）与挪威国家石油公司每年将大约 100 万吨 CO_2 注入撒哈拉沙漠中地下 1800 米靠近天然气田的 Krechba 地质层。

Snøhvit 项目：挪威国家石油公司从近海的 Snøhvit 气田中提取天然气和 CO_2，将混合气体用 160 千米长的管线输送至位于欧洲最北城市哈默弗斯特（Hammerfest）附近的液化天然气公司进行处理。Snøhvit 项目每年捕集到约 70 万吨 CO_2。从 2008 年开始，捕集的 CO_2 被回输至近海工作平台并注入海床以下 2600 米处且低于天然气藏存储层的 Tubåsen 砂岩层。

Weyburn-Midale 项目：位于美国北达科他州的大平原合成燃料厂（Great Plains Synfuels Plant）每年大约捕集 280 万吨 CO_2。这些 CO_2 用 320 千米的国际管线输送至加拿大萨斯喀彻温省后注入衰退期油田以提高采收率（EOR）。

10.2.2 主要国家的 CCS 发展规划和行动

10.2.2.1 欧盟及其成员国

欧盟委员会的能源战略政策主要包括促进化石燃料的可持续利用以及推动 CCS 技术的广泛应用，借此实现到 2020 年将碳排放水平在 1990 年基础上减少 20% 的目标。欧盟比较早开展了 CCS 的技术的研发和规划工作。在 2003 年 2 月，欧盟委员会启动了“CO_2 封存”研究项目，在丹麦、德国、挪威与英国开展了储存发电厂排放的 CO_2 储层性质的研究。针对欧洲范围内地质封存潜力的评估需求，欧盟设立了“地质埋存潜力项目”（EU GeoCapacity），并于 2009 年发布了《欧洲 CO_2 存储潜力评估》的总结报告（GeoCapacity, 2009）。欧盟还计划到 2015 年修建 10 ~ 12 个 CCS 示范项目来推动碳捕获与封存工作。2008 年 12 月，欧盟同意了有关气候变化和能源的一揽子建议，出台了包括地质封存 CO_2 的法令以及修改 2003/87/EC 法令以改善和扩大温室气体排放权交易机制的法令，即众所周知的欧盟排放量交易体系（EU ETS）的第三阶段。这一法令确认了封存二氧化碳的必要性，并明确了出台地质封存二氧化碳的相关法令、资助实施 CCS 示范项目、制定规范二氧化碳安全封存风险管理框架等目标。

2009 年 10 月，欧盟发布了战略能源技术计划（SET-Plan）的技术路线图及低碳技术开发的投资计划。该计划明确提出加强 CCS 技术的商业化培育，在 2020 年或者稍后的时间内，促使 CCS 技术成为燃煤发电厂和其他碳密集部门具有成本竞争力的部署（图 10-3）。

欧盟国家宣布实施一系列碳减排技术（CAT）项目，包括发展整体煤气化联合循环（IGCC）系统以及在德国建设世界上首个燃煤效率高于 50% 的电厂。建设于柏林郊外凯钦（Ketzin）市的 CO_2 封存研究工厂虽不能以足够深度将 CO_2 以密相（dense phase）封存，但已将 6 万吨 CO_2 注入地下进行封存。

在荷兰，众多 CAT 项目纷纷启动，包括一些 CO_2 地下封存示范项目，但该类项目往往与利用枯竭油田存储天然气的项目产生竞争。佩尔尼斯（Pernis）炼油厂现在可通过 85 千米的管线将 CO_2 输送至封存地。而在荷兰鹿特丹附近，一些利用近海管线输送 CO_2 的大型项目正在积极筹建中，该地区将有望成为欧盟的 CO_2 输送中心。

在挪威 Sleipner 地区正在实施世界上首个商业 CO_2 封存项目，该项目以及另外一个 CO_2 封存项目 Snøhvit 都是从天然气中分离 CO_2，Kårstø 的一项天然气联合循环发电（NGCC）项目将在经济利益允许的情况下应用 CCS 技术。

在法国，道达尔公司的欧洲首个碳捕集与封存（CCS）示范装置于 2010 年 1 月 11 日正式运行，该装置投资达 6000 万欧元，采用液化空气公司开发的氧气燃烧碳捕集技术，捕集的碳通过一条 27 千米管线输送至鲁塞存储点，在那里被注入 4500 米深的枯竭 Lacq 天然气田，未来两年该示范装置将捕集和封存约 12 万吨 CO_2（国际能源网，2010）。法国阿尔斯通（Alstom）公司在全球有 9 个试验工厂试运行 CCS 有关技术，目标是到 2015 年实现燃烧后捕捉技术的市场化，并在 2020 年左右实现富氧燃烧解决方案的市场化。

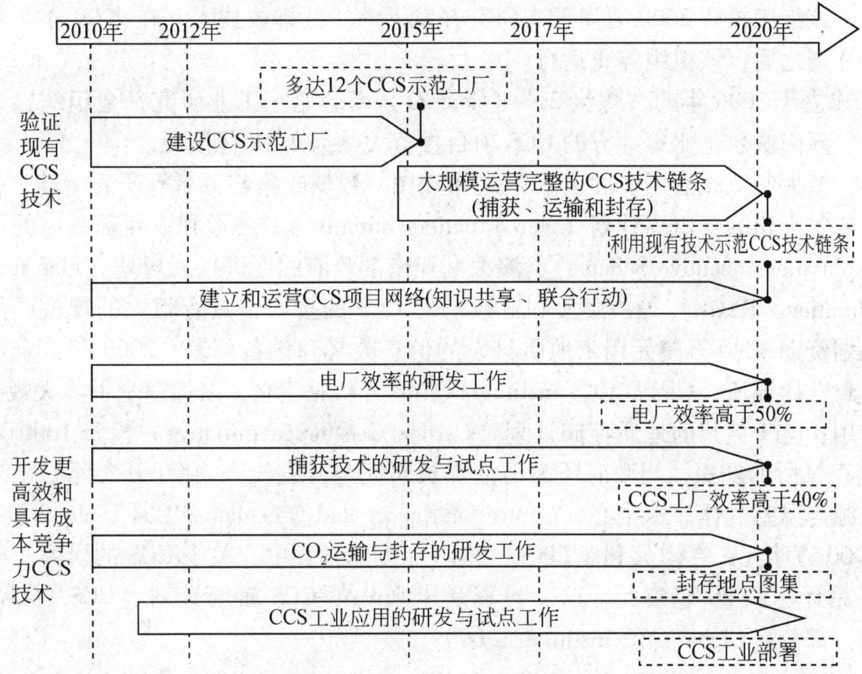

图 10-3 欧洲 CCS 技术路线图（European Commission，2009）

10.2.2.2 澳大利亚

澳大利亚联邦政府对于 CCS 支持力度日益增强。在对国内 CO_2 封存地进行测绘之后，一系列商用试验及商业性项目相继付诸实施，有关 CCS 的规范框架正在逐步成形。

这些项目包括 Gorgon 项目（这一项目每年将超过 200 万吨 CO_2 注入地下砂石含水层），奥特韦流域试验性注入项目（始于 2007 年）是一个 100 兆瓦量级的 IGCC 示范性项目（这一项目将捕集 CO_2 用于封存），同时也是一个利用现有燃煤发电厂进行富氧燃烧的示范性项目。在维多利亚州至少有两个煤制油（coal-to-liquids）项目正在积极筹划，而其中之一可捕集 CO_2 并进行封存。

澳大利亚司法机构推出了一系列政策与法律来支持 CCS 技术的部署，特别是在 2020 年前的 CCS 示范项目。澳大利亚的资源与能源部于 2009 年 3 月宣布了 10 个近海地区作为存储温室气体的场所。这 10 个地区的管理将在澳大利亚《近海石油与温室气体储存法案(2006)》（*Offshore Petroleum and Greenhouse Gas Storage Act* 2006）框架下进行。此外，政府与商业部门开展了大量的关于 CCS 的研究计划并配备了大量的研究设备。主要包括：

（1）2009 年 4 月，澳大利亚政府成立全球 CCS 研究所，该研究所支持商业规模的 CCS 项目，每年资助的经费达 1 亿澳元（0.812 亿美元）。

（2）成立由澳大利亚政府资助的温室气体技术合作研究中心（Cooperative Research Centre for Greenhouse Gas Technologies，CO2CRC），加强政府机构、研究团体、联邦、州以及国际机构协调与合作。

（3）低排放技术中心（Centre for Low Emission Technology，CLET）是昆士兰州政府、澳大利亚科学与工业组织（CSIRO）、澳大利亚煤炭研究计划、昆士兰大学等组成的伙伴关系组织。该组织投资2600万澳元来研究开发下一代低排放技术。在2009年7月成功完成其研究计划之后，该组织停止运行。

(4) 成立于2006年的“煤炭21”(Coal 21) 基金是一工业研究基金组织，该组织在昆士兰州、新南威尔士州等地方的CCS项目投资大约为4.18亿澳元。

另外，澳大利亚政府还资助了CCS地质填图、数据收集与分享等研究活动，主要工作包括新南威尔士州的新边界计划(New Frontiers Initiative)、澳大利亚西部政府的探索激励计划(Exploration Incentive Scheme)、澳大利亚南部政府的促进探索规划(Plan for Accelerating Exploration, PACE) 等。澳大利亚政府对CCS的投入也具有很大的规模。例如，促进探索规划资助3090万澳元用于地质科学的信息收集和设备部署；2009年，全球二氧化碳捕获与封存研究所(Global CCS Institute) 在澳大利亚建立，以加速全世界大规模的CCS商业化应用；昆士兰州的地质存储计划(Carbon Geostorage Initiative) 投资1000万澳元用于CO_2储存场所的勘探，州政府还为清洁煤炭研究与开发投入3000万澳元；维多利亚州政府对能源与温室气体技术中心(Centre for Energy and Greenhouse Gas Technologies) 的研发投资2900万澳元；在澳大利亚2009~2010年度的预算中，关于CCS的研究、开发与商业化投资总计达到20亿澳元，这一投资是未来9年CCS旗舰计划(CCS Flagships Program) 的一部分(Global CCS Institute, 2009)。

10.2.2.3 日本

日本并没有筹划大规模的CCS工程。2007年，日本环境省宣布了一项在海底砂石含水层封存CO_2的法令作为商业性CO_2封存工程的实施框架(ACCAT, 2009)。日本的地下CO_2封存能力估计在150吉吨左右。日本经济贸易产业省(METI) 已经宣布计划在本土和海外建立CCS工厂，此举旨在将本国工业排放废气量减少一半，约每年20亿吨。研究性项目则包括一个对CO_2注入海岸砂石含水层进行监控并对其提高煤层气资源采集效率进行测试的项目。当前日本工业上已经研制出新型溶剂用于二次燃烧后CO_2捕集；而在预燃烧及二次燃烧后进行CO_2捕集的试验性示范项目也正在实施当中。

日本的目标是降低成本，根据一份政府报告显示，日本拟在2015年把碳捕存成本降到每吨2000日元，2020年降至1000日元，使其能与其他类型的绿色能源相竞争。① 三菱重工在日本大阪西部、东京郊外的钢铁厂和长野县北部的一个燃煤电厂就液化天然气的CCS开展相关研究。三菱重工认为，清洁燃烧与CCS(碳捕获和封存) 是其具备核心竞争力的业务板块，与其IGCC(燃煤) 或者GTCC(燃气) 结合能获得更良好的减排效果；另外，其压水堆机型经过多年安全运行从未发生严重事故，这是最大的竞争优势(尹振茂, 2009)。日本可能将引领CCS技术，但其大部分研究将用于出口，因为日本是一个地震频繁的国家所以这些技术不可能在日本国内广泛使用。

10.2.2.4 美国

美国于2000年开始由能源部主持正式开展CO_2封存研究和发展项目，将地质封存和

① Kimiko de Freytas-Tamura. Japan Builds Technology to Bury Greenhouse Gas Emissions. http://www.telegraph.co.uk/expat/expatnews/6536784/japan-builds-technology-to-bury-greenhouse-gas-emissions.html. 2009-11-10

海洋封存列为主要研究方向，并制定了详细的技术路线图。2002 年 11 月开始，美国能源部在西弗吉尼亚新港口美国电力能源公司（AEP）的山顶电厂开展 CO_2 地质封存研究项目。2003 年美国国家能源部发布了碳封存研发计划路线图。2005 年美国已开展了 25 个 CO_2 地下构造注入、封存与监测的现场试验，并已进入验证阶段。2005 年 8 月，美国能源法案规定要在全国开展为期 19 年的 CO_2 捕获与封存研究计划，并在 2006、2007、2008 财政年度分别拨款 2500 万、3000 万和 3500 万美元。2009 年，奥巴马政府更是为 CCS 项目拨出了高达 24 亿美元的资金。

美国能源部（DOE）斥巨资加强碳减排技术（CAT）能力建设，特别是针对 CCS 技术。该投资战略依靠公私合作来进行研发工作，其研究内容涵盖了大量的新兴技术。2009 年 10 月，美国能源部宣布拨款 4400 万美元资助开发碳捕获技术，其中 172 万美元将拨给普莱克斯公司，该公司将利用这笔资金研究如何从氢生产过程中捕获 CO_2（薛亮，2009）。出台于 2008 年 10 月，旨在解决信贷紧缩的经济稳定紧急法案同样给予 CO_2 封存工作每吨 20 美元的税收抵免以及对 CO_2 注入油藏提高采收率（EOR）工作提供每吨 10 美元的税收抵免。

美国国家能源技术实验室（NETL）是美国能源部实验室系统中的一部分。该实验室的碳封存计划（Carbon Sequestration Program）包括三项要素（图 10-4）：

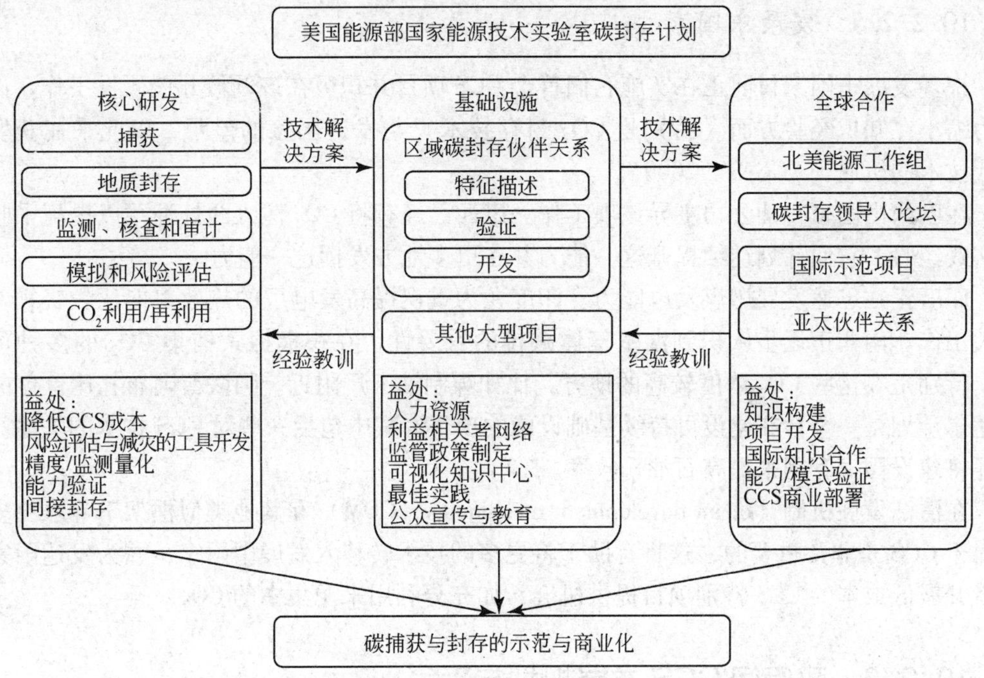

图 10-4　美国 NETL 碳封存计划的要素（NETL，2009）

（1）核心研发。核心的研发受工业技术需求的驱动与热点领域的需求分开，以此来更加有效地获得场地测试与部署的解决方案。

（2）基础设施。基础设施包括区域碳封存伙伴关系（Regional Carbon Sequestration Partnerships，RCSPs）及其他大容量实地试验，这些试验将确认各种 CCS 技术选择及测试确认其功效。从基础设施中获得的经验反过来也可以反馈给核心研发，指导未来的研究与技术开发①。

（3）全球合作。全球合作将从核心研发中的技术方案开发及基础设施中获得利益，并从国际示范项目与伙伴关系的基础设施与核心研发中获得经验。

未来电力项目（FutureGen，2003）是美国政府在 2003 年宣布开始的一项洁净煤技术发展计划，该项目的目标之一是建设一座近零排放的 IGCC（整体煤气化联合循环）示范煤电站，在生产氢和电力的同时捕获 CO_2，工程初期的预算大约是 18 亿美元。尽管美国能源部已经削减了对 FutureGen 项目的财政支持，但 FutureGen 联盟伙伴将以其他形式继续实施该项目。

其他一些 CCS 项目则包括在加利福尼亚建设以焦炭为燃料的 400 兆瓦级 IGCC 项目并附带 CO_2 捕集设备，该项目将为 EOR 项目提供 CO_2。而以冷冻氨捕集 CO_2 的技术已建有两处示范性工程。一种新型的天然气富氧燃烧工艺正在测试之中，它将为 EOR 项目提供大量的 CO_2。

在美国国会 2009 年 9 月发布的《清洁能源就业与电力法案 2009》（*Clean Energy Jobs and American Power Act of* 2009）中，从立法的角度就建立地质储存规范、监测和报告、示范与补贴等提出了明确要求。

10.2.2.5 发展中国家

许多发展中国家目前正在实施它们首个 CCS 项目并积极在该领域开展研发工作，试图努力缩小在知识经验方面（特别是 CO_2 封存技术）与发达国家的差距，以此来捕获发展二代技术的机遇（ACCAT，2009）。

在巴西由国家石油公司主导该项工作。巴西已经有将 CO_2 注入两处油藏以提高采收率的实践经验，它们计划继续提升这一能力并在更多地方发挥这一能力。

印度正在迅速发展燃煤发电能力。印度尤为重视提高发电厂的热效率但比较轻视 CCS 相关工作。南非正逐步认识到温室气体减排的重要性，在积极探索捕集 CO_2 的多种可能性，特别是在这些 CO_2 浓度较高的地方，比如煤制油工厂附近。阿联酋阿布扎比首创的马斯达尔计划是一个旨在建设可持续基础设施的项目，其中包括一些对 CCS 技术的关注。该国还将建设国家管网来提高石油采收率。

在清洁发展机制（clean development mechanism，CDM）和其他类似框架下寻求更多资助对于 CCS 是非常重要的，这将有助于将更多的技术转移入发展中国家，并为发达国家投资者开展低成本的 CCS 特别项目提供机会，如充分利用来源集中的 CO_2。

10.2.3 政府间 CCS 发展规划与平台

各国政府是推动 CCS 技术发展的主体和重要基础，国际组织和机构在推动各国参与、

① National Energy Technology Laboratory. Carbon Seauestration Program Oveivtew. http：//www. netl. doe. gov/technologies/carbon_ seq/overview/index. html. 2009-12-10

破除障碍、确定统一标准、进行科学规划等方面做了大量工作。在推动国际 CCS 发展的事业当中，活跃着一批重要的有影响力的组织和机构，为国际 CCS 技术发展和项目示范提供了重要平台。

10.2.3.1 碳收集领导人论坛

为加强国际合作，2003 年，美国发起成立了“碳收集领导人论坛”（CSLF），目前共有美国、加拿大、欧盟、英国、澳大利亚、日本、德国、挪威、巴西、意大利、印度、中国、哥伦比亚、墨西哥、俄罗斯、南非、法国等 22 个成员。CSLF 是一个部长级的国际气候变化计划，主要致力于先进的、具有成本效益的 CO_2 捕获与封存、运输及长期安全储存技术的开发。目前 CSLF 共确定了 10 个首批示范项目，包括：①ARC 强化煤层甲烷回收（加拿大、美国和英国）；②CANMET 能源技术中心氧基燃料燃烧捕获 CO_2 技术的研发（加拿大和美国）；③CASTOR 项目，从流程、经济、法律和公众接受等角度验证捕获和封存 CO_2（欧洲委员会和挪威）；④CO_2 捕获项目第二阶段，开发 CO_2 分离、捕获和地质封存的新技术（英国、挪威、意大利和美国）；⑤从加压气流中分离 CO_2（日本和美国）；⑥CO_2SINK 项目通过试验以及评估 CO_2 捕获和封存，研究地下封存 CO_2 的科学机制和过程（欧洲委员会和德国）；⑦CO_2STORE 项目重点监测跟踪 CO_2 的迁移与分解过程（挪威和欧洲委员会）；⑧Frio 项目，研究海岸地下盐质岩层内收集封存 CO_2，以验证其对健康、环境和安全等方面的影响（美国和澳大利亚）；⑨ITC 化学溶剂捕获 CO_2（加拿大和美国）；⑩Weybum Ⅱ CO_2 封存驱油技术（美国、加拿大和日本）。由于参与项目研究需要自筹经费，因此这些项目主要由加拿大、美国、欧盟、英国、挪威和日本等发达国家组织实施，没有发展中国家参加。

2009 年，CSFL 发布了《碳捕获领导人论坛技术路线图》（CSLF，2009）（表 10-2），路线图旨在提供面向商业化部署的、综合的 CO_2 捕获、运输、封存技术，路线特别集中在：①实现具有商业生存能力的综合 CO_2 捕获、运输与封存技术；②完成对全球储存潜力的了解，包括在 CO_2 源区匹配潜在的封存场所及基础设施的需求；③在 CO_2 封存的长期有效性上致力于危险因素的研究，提高封存安全信心；④通过示范项目的信息与经验共享，建立技术能力与信心。

表 10-2 CSLF 的碳封存技术路线图（CSLF，2009）

要素	需求	2009～2013 年	2014～2020 年	2020 年后
捕获	减少 CO_2 捕获成本与能效损耗	•研究与开发可升级的低成本捕获技术	•大规模示范先进、能够负担得起的捕获系统 •继续进行研发并开发新的概念	•商业化的捕获技术可以实现
运输	进行最优化的运输基础设施能力建设，以此接受不同来源的 CO_2，并降低运输基础设施的成本	•确定 CO_2 运输过程中 CO_2 的许可浓度 •建立 CO_2 来源与可能封存地点之间的运输网络优化模型	•建立 CO_2 跨界运输的技术标准 •为多种来源的 CO_2 运输建立区域示范网络	•为 CO_2 运输建立防御基础设施

续表

要素	需求	2009~2013 年	2014~2020 年	2020 年后
封存	CO_2 储存设备的充分示范；对安全、长期安全、环境影响与核查进行实证监测	•开发具 CO_2 储存能力的国家与全球地图 •为评估特定地点与全球范围的储存能力而确定方法论 •为预测注入 CO_2 的后果与影响以及风险评估而建立方法论 •开始注入 CO_2 的大规模实地实验以及评估、监测与实证 •为储存选择、CO_2 注入、储存、评估、监测与实证等设立工业的最佳实践指导方针	•成功完善全球 CO_2 储存能力地图 •完成大规模实地实验来验证 CO_2 的注入、不断更新工业标准的评估、监测与实证的最佳实践 •商业化的评估、监测与实证技术	•储存地点实施商业化运作
综合	到 2020 年，对完全综合、商业化规模的 CCS 项目进行示范	•开始大规模的示范项目 •建立 CCS 项目数据库	•建立从 CCS 项目中学习到的可以操作的经验与教训 •下一代综合技术的示范 •对基于经验教训的研发工作进行指导 •继续进行技术的扩散	•商业化目标准备就绪

10.2.3.2　碳捕获和封存监管活动支持项目

STRACO2（Support to Regulatory Activities for Carbon Capture and Storage）项目是碳捕获和封存监管活动支持项目的简称，其目的是为欧盟制定碳捕获和封存监管框架提供支持。通过为欧盟碳捕获和封存监管框架的制定提供支持，该项目将对建立全球范围内的最佳范例标准发挥至关重要的作用。

通过将中国 21 世纪议程管理中心纳入其中，该项目成为“中欧气候变化伙伴关系计划”的一个组成部分，并确保发达国家制定的解决方案能够运用到欧洲以外的快速发展的发展中国家，从而对应对 CO_2 排放和气候变化将起到至关重要的作用。该计划已于 2008 年 1 月正式启动，实施期为 18 个月。

10.2.3.3　中欧碳捕集与封存合作项目

中欧碳捕获与封存合作项目（Cooperation Action within CCS China-EU，COACH）是在中国与欧盟签订的 CCS 合作谅解备忘录的框架下开展的中欧合作项目，旨在针对中国快速增长的能源需求，加强中欧之间在全球气温控制领域的合作。

COACH 项目的主要目标是通过中欧开展密切长久的国际合作来应对中国日益增长的能源需求，为在中国建设大型的包括 CO_2 捕获与封存的多联产能源设施示范奠定基础。项目以欧洲技术为基础为实现大型的多联产发电技术以及包括制氢、液体燃料、供热等煤基

发电集成技术做好准备。CO_2 捕获与永久封存（包括提高油气采收率）将成为 COACH 项目实施的先决条件。为此 COACH 提出了 3 个议题：煤基多联产煤气化与 CO_2 捕集存储；中国 CO_2 地质存储可靠性调查；探讨相关社会体系，包括法律、法规、资金和经济领域等公共问题。COACH 项目分为 4 个工作组，由中国与欧盟共同领导通过双方的技术合作来实现上述目标。

10.2.3.4　中英煤炭利用近零排放合作项目

中英煤炭利用近零排放合作项目（NZEC）旨在应对中国日益增加的燃煤能源生产和 CO_2 排放。2005 年 9 月中欧峰会期间，中欧双方签署 NZEC 合作谅解备忘录，并以此作为中欧气候变化领域技术合作的一部分，当时英国为欧盟轮值主席国。其目标为到 2020 年，通过碳捕获与封存，在中国和欧盟示范近零排放的先进煤炭技术。中英 NZEC 项目是对中欧 NZEC 合作谅解备忘录的支撑。

英国计划通过三个阶段实现 NZEC 示范的目标。第一阶段，研究在中国示范和发展 CCS 技术的可行性方案；第二阶段，进一步开展 CCS 技术的开发工作；第三阶段，在 2014 年之前建成 CCS 技术示范电厂。

第一阶段由英国环境、食品和农村事务部（Defra）和商业、企业和管理改革部（BERR）提供最高为 350 万英镑的资金支持，联合中国科学技术部（MOST）共同推进。

NZEC 项目的第一阶段为期两年（2007 ~ 2009），主要是协助中国开展 CCS 技术的能力建设，加强中英专家之间的联系，并为中国的燃煤电厂研究一系列 CCS 前期示范方案。第一阶段的目标包括：实现中英间的知识交流（学术、产业以及其他）；建立考虑了 CCS 技术的中国未来能源需求模型；开展潜在 CO_2 捕集技术的案例研究；开展评估中国 CO_2 封存潜力的能力建设，并对适合 CO_2 地质封存的地点进行初步筛选；开发中国 CCS 发展的技术和政策路线图。

10.2.3.5　国际能源署碳捕获与封存路线图

2008 年 10 月 20 日，国际能源署（IEA）发布《CO_2 捕获与封存：一个关键的碳减排选择》（*Carbon Dioxide Capture and Storage: A Key Carbon Abatement Option*）（IEA，2008b）。报告对《2008 能源技术展望》（Energy Technology Perspectives）中制定的 17 种能源技术的路线图进行了更新，提出了更详细的里程碑事件（图 10-5）。它还提出了金融、法律和国际合作发展方面的建议，以成功地扩大 CCS 技术的实施。

2009 年 10 月，国际能源署发布了题为《碳捕获与封存技术路线图》（*Carbon Capture and Storage Technology Roadmap*）的专门报告（IEA，2009a），提出在 2050 年前，全球 CCS 项目要达到 3400 多项（表 10-3），其中电力方面的项目将占到 48%（图 10-6、图 10-7）。

发电	2010年	2015年	2020年	2025年	2030年	2035年	2040年	2045年	2050年
R&D目标									
USCSC效率	47%~48%		50%		55%				
IGCC效率	46%	优化电厂配置	48%		55%				
NGCC效率	60%		65%						
BIGCC效率	35%		40%		42%				
最小化能源利用	化学吸收 3 吉焦/吨 CO_2 O_2 0.71 吉焦/吨 材料>700~800℃ 膜开发(全氧燃烧) 化学循环燃烧(全氧燃烧)验证与扩大				C.A.< 2 吉焦/吨 CO_2				
	新的化学和物理方法		提高IGCC电厂的可靠性						

示范和部署目标	2010—2025年	2030年	2040年	2050年
	OECD所有新建燃煤电厂强制采用CCS技术			
化学吸收	3个USCSC化学吸收示范项目,每个300~500兆瓦	40~50吉瓦	100~120吉瓦	150~200吉瓦
全氧燃烧	3个物理吸收示范电厂,每个300~500兆瓦 3个化学循环示范项目	5~10吉瓦	50~100吉瓦	150~200吉瓦
IGCC	3个燃烧前捕获示范项目,每个300~500兆瓦	40~50吉瓦	100~120吉瓦	150~200吉瓦
NGCC(工业公司)	3个化学吸收示范项目,3个化学循环示范项目 每个300~500兆瓦	70~100吉瓦	150~200吉瓦	200~300吉瓦
BIGCC	3个小规模(每个50兆瓦) 的BIGCC示范项目	15吉瓦	25吉瓦	50吉瓦
改造	6个示范项目, 每个300~500兆瓦			

CCS投资成本目标(每千瓦)	2010年	2020年	2030年
化学吸收	2250~3200美元		1850~2500美元
全氧燃烧		2500~3100美元	2300~2600美元
IGCC	2300~2800美元		1800~2400美元
NGCC	1000~1 200美元 (化学吸收)	1400 美元(全氧燃烧)	800~1000美元 (化学吸收)
BIGCC		3000~3500美元	2600~3000美元

CO_2捕获目标(吉吨/年)	2020年	2030年	2040年	2050年
煤—OECD国家/非OECD国家		0.25/0.38	0.48/2.1	0.6/3.2
天然气—OECD国家/非OECD国家	0.045/0	0.1/0.1	0.3/0.4	0.4/1.0
生物质—OECD国家/非OECD国家		0.01/0	0.1/0.06	0.2/0.1

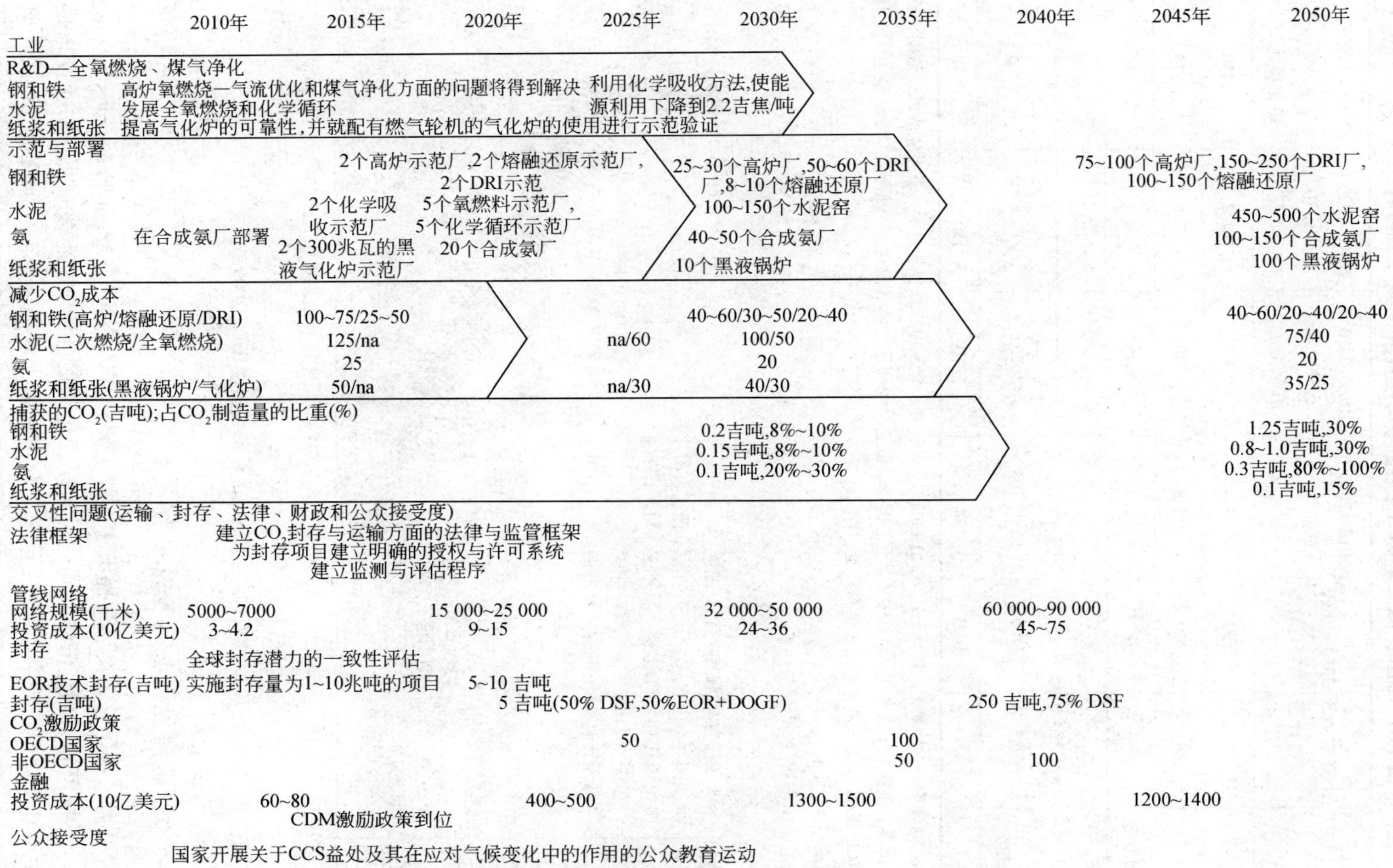

2010年 2015年 2020年 2025年 2030年 2035年 2040年 2045年 2050年

工业

R&D—全氧燃烧、煤气净化

钢和铁 高炉氧燃烧—气流优化和煤气净化方面的问题将得到解决 利用化学吸收方法,使能源利用下降到2.2吉焦/吨

水泥 发展全氧燃烧和化学循环

纸浆和纸张 提高气化炉的可靠性,并就配有燃气轮机的气化炉的使用进行示范验证

示范与部署

钢和铁 2个高炉示范厂,2个熔融还原示范厂,2个DRI示范 25~30个高炉厂,50~60个DRI厂,8~10个熔融还原厂 75~100个高炉厂,150~250个DRI厂,100~150个熔融还原厂

水泥 2个化学吸收示范厂 5个氧燃料示范厂,5个化学循环示范厂 100~150个水泥窑 450~500个水泥窑

氨 在合成氨厂部署 20个合成氨厂 40~50个合成氨厂 100~150个合成氨厂

纸浆和纸张 2个300兆瓦的黑液气化炉示范厂 10个黑液锅炉 100个黑液锅炉

减少CO_2成本

钢和铁(高炉/熔融还原/DRI) 100~75/25~50 40~60/30~50/20~40 40~60/20~40/20~40

水泥(二次燃烧/全氧燃烧) 125/na na/60 100/50 75/40

氨 25 20 20

纸浆和纸张(黑液锅炉/气化炉) 50/na na/30 40/30 35/25

捕获的CO_2(吉吨);占CO_2制造量的比重(%)

钢和铁 0.2吉吨,8%~10% 1.25吉吨,30%

水泥 0.15吉吨,8%~10% 0.8~1.0吉吨,30%

氨 0.1吉吨,20%~30% 0.3吉吨,80%~100%

纸浆和纸张 0.1吉吨,15%

交叉性问题(运输、封存、法律、财政和公众接受度)

法律框架 建立CO_2封存与运输方面的法律与监管框架

为封存项目建立明确的授权与许可系统

建立监测与评估程序

管线网络

网络规模(千米) 5000~7000 15 000~25 000 32 000~50 000 60 000~90 000

投资成本(10亿美元) 3~4.2 9~15 24~36 45~75

封存

全球封存潜力的一致性评估

EOR技术封存(吉吨) 实施封存量为1~10兆吨的项目 5~10 吉吨

封存(吉吨) 5 吉吨(50% DSF,50%EOR+DOGF) 250 吉吨,75% DSF

CO_2激励政策

OECD国家 50 100

非OECD国家 50 100

金融

投资成本(10亿美元) 60~80 400~500 1300~1500 1200~1400

CDM激励政策到位

公众接受度

国家开展关于CCS益处及其在应对气候变化中的作用的公众教育运动

图 10-5 国际能源署2008 年 CCS 技术路线图 (IEA,2008b)

UNCSC,超临界发电；IGCC,整体煤气化联合循环发电；NGCC,天然气联合循环发电；BIGCC,生物质整体气化联合循环发电；DSF,深咸水层；EOR,强化来油；DOGF,枯竭的油气田；na,不能提供：DRI, 直接还原铁。

表 10-3 2010～2050 年 CCS 项目数量与投资额（IEA，2009a）

	2020 年 CCS 项目数	2050 年 CCS 项目数	2010～2020 年额外投资/10 亿美元*	2010～2050 年额外投资/10 亿美元*	2010～2020 年总投资/10 亿美元**	2010～2050 年总投资/10 亿美元**
北美 OECD 国家	29	590	23.6	1635	61.7	1130
欧洲 OECD 国家	14	320	6.8	590	15.8	475
太平洋 OECD 国家	7	280	5.9	645	14.1	530
中国与印度	21	950	7.6	1315	19.0	1170
其他非 OECD 国家（不含中国与印度）	29	1260	9.7	1625	19.8	1765
全球	100	3400	54	5810	130	5070

注：OECD NA，美国、加拿大、墨西哥；OECD Europe，奥地利、比利时、捷克、丹麦、芬兰、法国、德国、希腊、匈牙利、冰岛、爱尔兰、意大利、卢森堡、荷兰、挪威、波兰、葡萄牙、斯洛伐克、西班牙、瑞典、瑞士、土耳其、英国；OECD Pacific = 澳大利亚、日本、新西兰、韩国

*包括运输与储存成本

**不包括运输与储存的投入

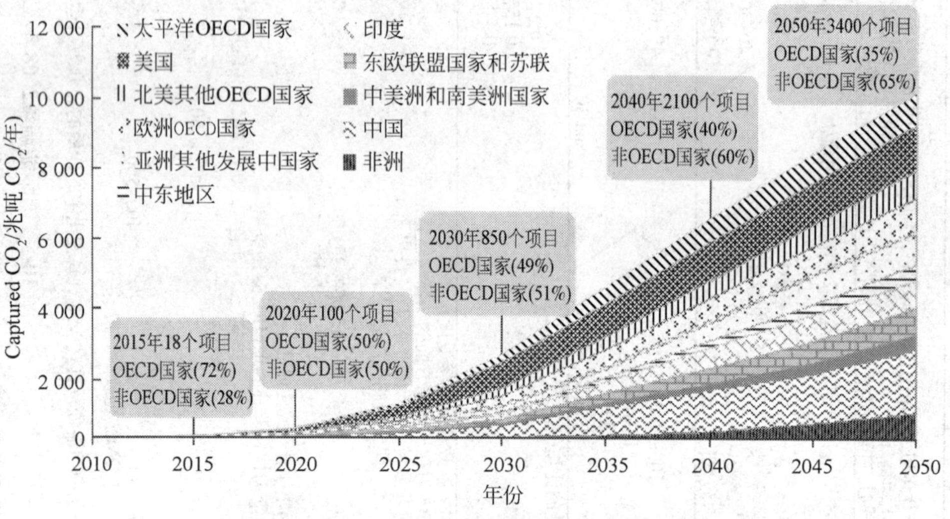

图 10-6 CCS 项目按区域部署路线图（IEA，2009a）

10.2.3.6 清洁能源技术全球伙伴关系

2009 年 3 月，美国总统奥巴马提出建立“主要经济体论坛”（Major Economies Forum，MEF），为发达国家和新兴经济体共同应对气候变化和促进清洁能源发展提供一个交流的新平台。主要经济体论坛现有 17 个成员国，分别是澳大利亚、巴西、加拿大、中国、欧盟、法国、德国、印度、印度尼西亚、意大利、日本、韩国、墨西哥、俄罗斯、南非、英国、美国。由于丹麦承办了《联合国气候变化框架公约》第 15 次缔约方会议，因此与联

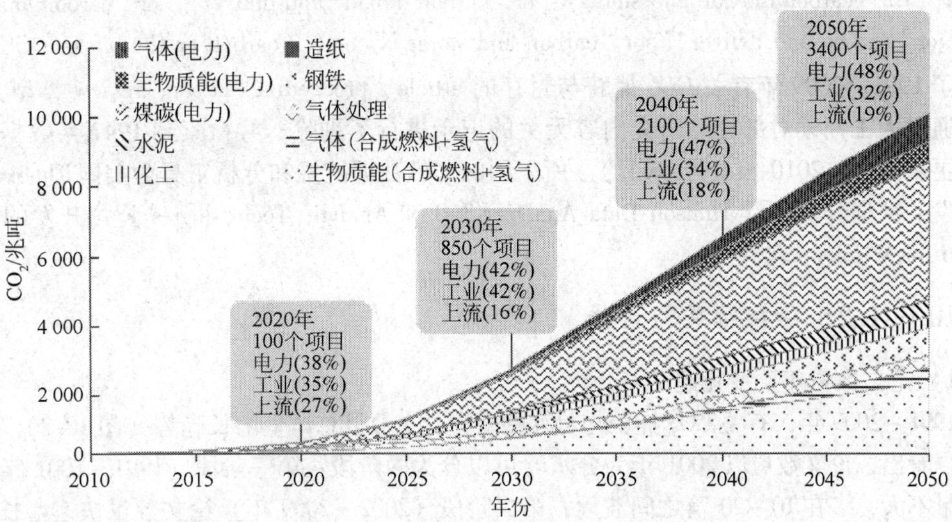

图 10-7　CCS 项目按部门的部署路线图（IEA，2009a）

合国一道被邀请加入。

在 2009 年 7 月的主要经济体论坛峰会上，主要经济体论坛的各国元首宣布建立一个新的“清洁能源技术全球伙伴关系”（Global Partnership on Clean Energy Technologies）。在此基础上，2009 年 12 月 14 日，主要经济体论坛各成员国公布了 10 个“技术行动计划”（Technology Action Plans）。

这些计划总结了高优先级技术的减排潜力、提出了最佳的实践政策，并为各国单独和集体加快发展和部署低碳解决方案的具体行动提供指导。这十大技术领域和牵头国家分别是：先进汽车（加拿大）；生物能源（巴西）；建筑节能（美国）；碳捕获、利用和封存（澳大利亚和英国）；高效率、低排放的煤炭（印度和日本）；工业能源效率（美国）；海洋能源（法国）；智能电网（意大利和韩国）；太阳能（德国和西班牙）；风能（德国、丹麦和西班牙）。

10.3　国际 CCS 技术文献计量与专利分析

10.3.1　科技论文分析

10.3.1.1　数据来源及分析工具

利用美国汤森路透公司（Thomson Reuters）ISI Web of Science（SCI-E）数据库，根据“主题 =（（carbon or CO_2）and captur* and（storag* or sequestration））or “carbon captur*” or “carbon deliver*” or “carbon storag*” or “CO_2 captur*” or “CO_2 deliver*” or “CO_2 storag*” or “carbon dioxide captur*” or “carbon dioxide storag*” or “carbon dioxide deliver*” or “CO_2 and captur*” or “CO_2 and deliver*” or “CO_2 and storag*” or “carbon dioxide and captur * " or "carbon dioxide and storag * " or "carbon dioxide and deliver * " or "carbon and captur * " or "carbon and deliver * " or "carbon and storag * " or ((carbon or CO_2) same CCS)"，检索了 1991 ~ 2009 年有关 CO^2 捕获与封存的 article、proceedings paper、review 类型文章，同时通过人工判读对部分与研究内容无关的记录进行了剔除，共检索到 1941 条数据（数据库更新时间：2010 年 1 月 16 日）。所采用的文献数据挖掘和分析工具为美国 Thomson 公司开发的数据分析工具 Thmson Data Analyzer 3.0 和 Analytic Technologies 公司开发的 UCINET 6 for Windows 软件。

10.3.1.2 分析结果与讨论

1）论文数量年度变化趋势

1991 ~ 2009 年，有关 CO_2 捕获与封存的研究论文数量总体呈增长趋势（图 10-8）。从图中可以看出，论文数量以 2001 年为分水岭可以分为两阶段：第一阶段（1991 ~ 2001 年）论文数量不大，多在 10 ~ 20 篇之间波动；第二阶段（2002 ~ 2009 年）论文数量快速增长，特别是在 2006 年后，年论文数增量都在百篇以上。这些数据从另一个侧面反映出国际上有关 CO_2 捕获与封存研究的发展变化趋势，即 CO_2 捕获与封存研究始于 20 世纪 90 年代初，至 2000 年以后才得以快速发展。

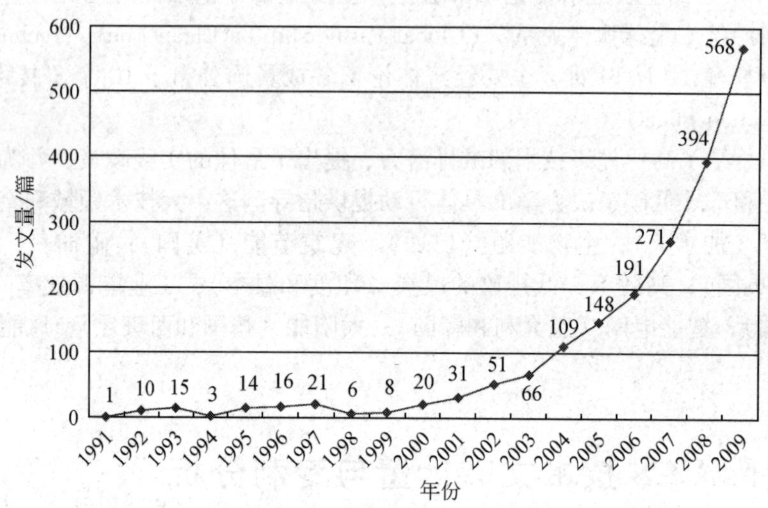

图 10-8 1991 ~ 2009 年二氧化碳捕获与封存发文量情况

2）学科分布

根据 WOS 对期刊的学科分布可知，1991 ~ 2009 年 CO_2 捕获与封存 SCI 收录论文主要分布在能源与燃料、化学工程、环境科学、环境工程、热力学、气象学与大气科学、物理化学、机械学、核物理、地球科学多学科等这 10 个学科（图 10-9）。CO_2 捕获与封存研究学科图谱反映出 CO_2 捕获与封存研究是涉及能源与燃料、化学工程、环境科学和环境工程等多学科领域的交叉研究。

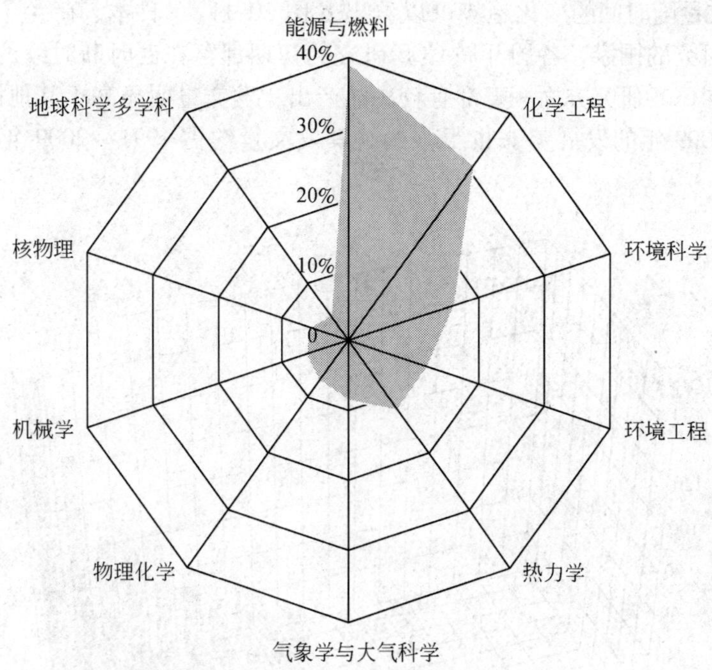

图 10-9　CO_2 捕获与封存研究的主要学科分布

3）主要国家分析

对不同国家的发文量进行统计分析（图 10-10），可以看出，发表有关二氧化碳捕获与封存研究论文最多的 10 个国家分别是美国、加拿大、英国、中国、挪威、澳大利亚、荷兰、法国、日本和德国。从各国发文量占发文总量的比例来看，美国遥遥领先于其他国家，其发文量约占发文总量的 27%，这反映出美国在 CCS 研究方面具有较强实力。

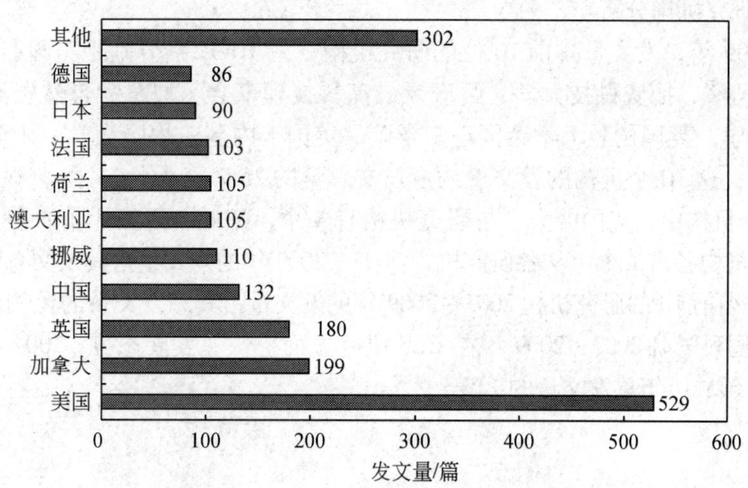

图 10-10　1991 ~ 2009 年主要国家的发文量

由各国发文量随时间的变化趋势可以看出（图10-11），日本、荷兰、美国是世界上较早开展CCS研究的国家，各国开展CCS研究的初期都存在着时断时续的现象。从发文量来看，美国在CCS研究方面一直都有较高的产出，发文量明显高于其他国家的发文量；而中国2007～2009年的发展势头也很强劲，其发文量约占1991～2009年中国发文总量的83%。

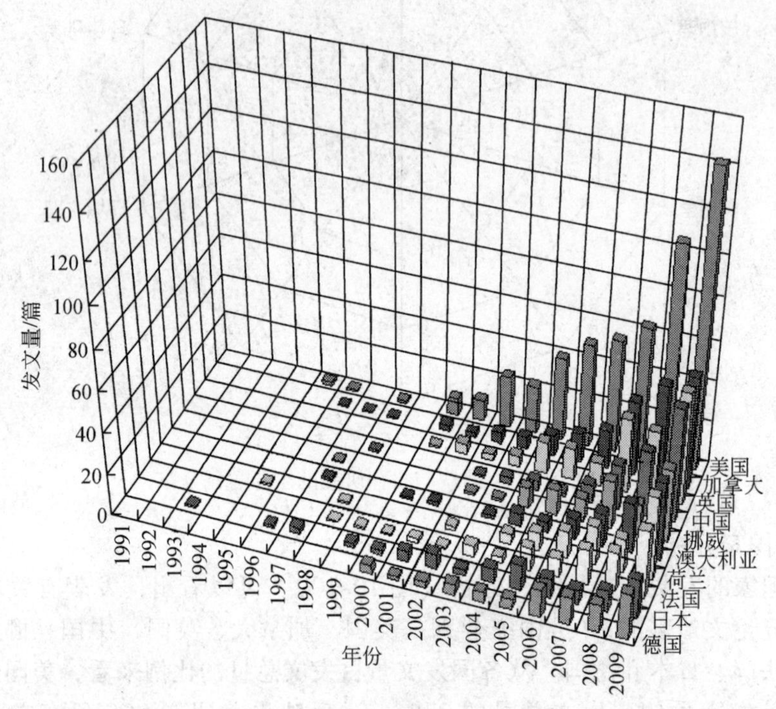

图10-11　1991～2009年主要国家发文量随时间的变化趋势

4）主要研究机构分析

1991～2009年，发文量排前10位的研究机构（图10-12）分别是美国能源部①、美国加利福尼亚大学②、挪威科技大学、西班牙最高科技理事会、加拿大自然资源部、瑞典查尔姆斯理工大学、英国伦敦大学帝国理工学院、美国卡内基－梅隆大学、中国科学院、美国斯坦福大学，这10个机构的发文量约占发文总量的25%。

在这10个机构中，美国的大学与研究机构有4个，挪威、西班牙、加拿大、瑞典、英国、中国6国机构各占1个。从各研究机构2007～2009年的发文量占其发文总量的比例来看（表10-4），排名前10的研究机构2007～2009年的发文量占其总发文量的比例都较高，都在50%以上；中国科学院2007～2009年在CCS研究方面呈快速发展态势，2007～2009年的发文量占其CCS领域历年总发文量的79%。

① 包括美国能源部下属实验室的发文量

② 包括戴维斯分校、伯克利分校、圣巴巴拉分校等的发文量

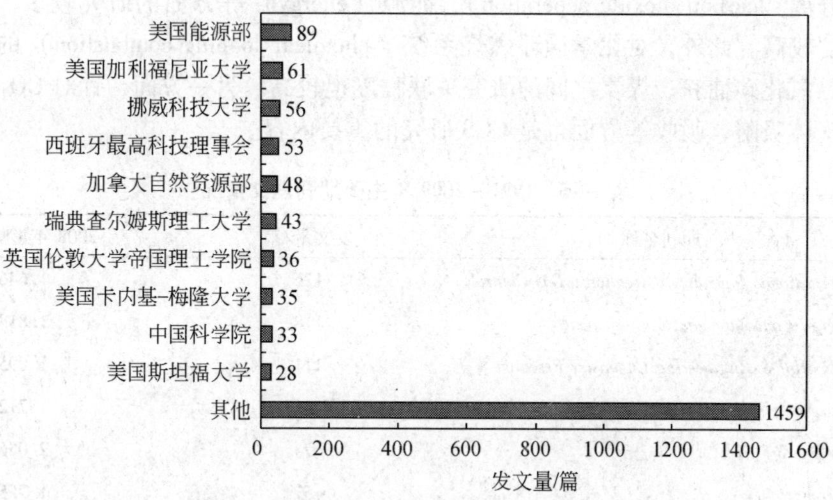

图 10-12　1991 ~ 2009 年主要研究机构的发文量

表 10-4　主要研究机构 2007 ~ 2009 年发文量占其总发文量的比例

排名	机构	发文时间	2007 ~ 2009 年发文量占其发文总量的比例
1	美国能源部	2000 ~ 2009	56%（发文总量 89 篇）
2	美国加利福尼亚大学	2000 ~ 2009	66%（发文总量 61 篇）
3	挪威科技大学	2003 ~ 2009	64%（发文总量 56 篇）
4	西班牙最高科技理事会	2002 ~ 2009	70%（发文总量 53 篇）
5	加拿大自然资源部	1998 ~ 2009	71%（发文总量 48 篇）
6	瑞典查尔姆斯理工大学	2001 ~ 2009	51%（发文总量 43 篇）
7	英国伦敦大学帝国理工学院	2001 ~ 2009	72%（发文总量 36 篇）
8	美国卡内基 - 梅隆大学	2001 ~ 2009	57%（发文总量 35 篇）
9	中国科学院	2004 ~ 2009	79%（发文总量 33 篇）
10	美国斯坦福大学	2002 ~ 2009	64%（发文总量 28 篇）

5）主要期刊排名

有关 CCS 的研究论文较多发表在 *International Journal of Greenhouse Gas Control*、*Energy Conversion and Management*、*Industrial & Engineering Chemistry Research* 等期刊上，发表在前 10 位期刊上（表 10-5）的论文数量占发文总量的 38.4%。

6）研究主题分析

利用 Analytic Technologies 公司开发的 UCINET 6 for Windows 软件，对论文的主题词进行统计分析，得到主题词之间的关联可视化图（图 10-13）。图中点的大小代表发文量的多少，点与点之间的连线及其距离代表了相互之间的关联程度，连线越粗，距离越短，表示相互之间的关联程度越高。

从研究内容看，有关二氧化碳捕获（CO_2 capture）、二氧化碳封存（CO_2 storage）、二氧化碳（carbon dioxide）、二氧化碳捕获与封存（CCS）、煤炭（Coal）、氢（hydrogen）、

二氧化碳分离（carbon dioxide seperation）、能源（energy）等方面的研究较多，且相互之间的关联度较高。此外，对化学循环燃烧系统（chemical-looping combustion）的研究也较多，且与二氧化碳捕获、煤炭之间的研究关联程度也较高。另一方面，针对 CO_2 运输，甲烷、温室气体吸附、吸收等方面也是 CCS 研究的重要内容。

表 10-5　1991～2009 年主要期刊发文情况

排名	期刊名称	发文量/篇	2008 年影响因子
1	*International Journal of Greenhouse Gas Control*	126	1.646
2	*Energy Conversion and Management*	118	1.813
3	*Industrial & Engineering Chemistry Research*	111	1.895
4	*Energy*	81	1.712
5	*Energy & Fuels*	74	2.056
6	*Energy Policy*	57	1.755
7	*Fuel*	52	2.536
8	*Environmental Science & Technology*	51	4.458
9	*International Journal of Hydrogen Energy*	39	3.452
10	*Chemical Engineering Science*	37	1.884

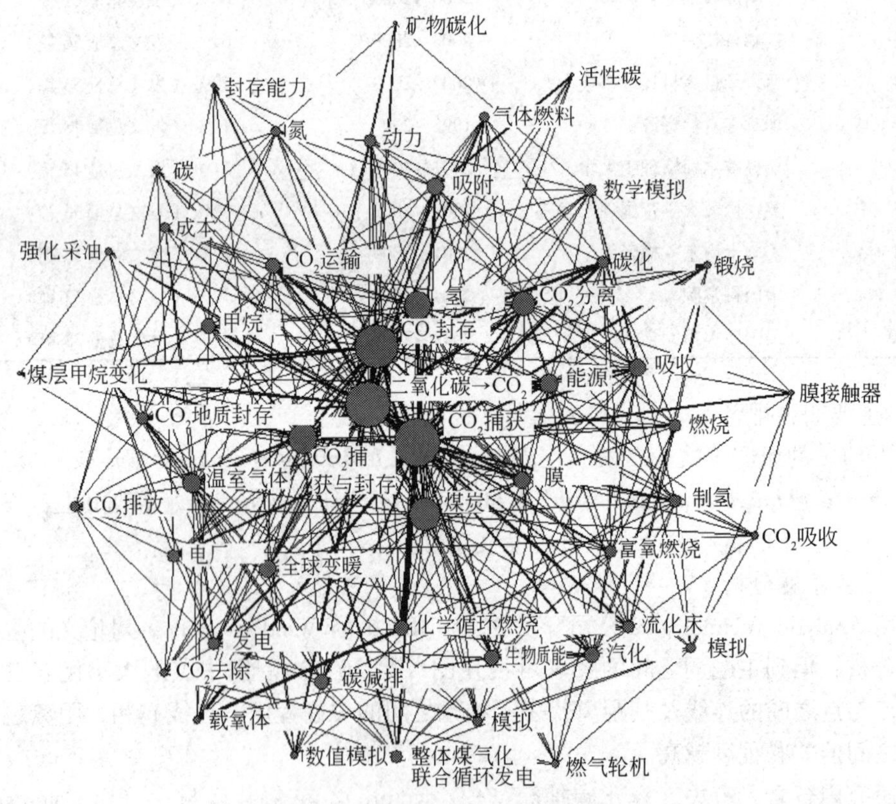

图 10-13　主题词之间的关联度可视化图

利用 TDA 分析工具 Technology Analysis 分析模块，列出了发文量居前 5 位国家在最受关注主题、特色主题和近期研究主题方面的情况（表 10-6）。可以看出，CO_2 封存、CO_2 捕获和 CO_2 成为 5 国最受关注的研究主题，此外，化学循环燃烧系统和吸附也是中国关注的研究主题。美国 CCS 研究的特色研究主题涉及蒙特卡罗模拟、多相流动、空心波导、胺吸附、北美、化学势、光生物反应器、火、生物反应器、CO_2 浓度、统计学、硅膜、重回流、低温、地面隔离、控制、核心温度、清单、红外光谱仪、可变饱和度、井漏、电池等；加拿大 CO_2 捕获与封存研究的特色研究主题包括吸附剂恢复、水化、双金属氧载体、聚丙烯、聚四氟乙烯、孔径分布、钙循环周期、热预处理、实验室实验等；英国 CO_2 捕获与封存研究的特色研究主题有 pH、北海、规划、汽轮机、流线型模拟、氧化钙循环等；法国 CO_2 捕获与封存研究的特色研究主题是校准；中国 CO_2 捕获与封存研究的特色研究主题为流体力学模拟、硫酸钙、阴极材料、化学回热、进气冷却、碳燃烧合成、锂离子电池、胶束等。

表 10-6　2001～2009 年主要国家二氧化碳捕获与封存研究的特色主题比较

排名	国家	特色主题词	近期主题词
1	美国	蒙特卡罗模拟、多相流动、空心波导、胺吸附、北美、化学势、光生物反应器、火、生物反应器、CO_2 浓度、统计学、硅膜、重回流、低温、地面隔离、控制、核心温度、清单、红外光谱仪、可变饱和度、井漏、电池	压力恢复、优化、多孔介质、含盐建造、空气捕获、含水层储存、盖层、化学势、二氧化碳泄漏、力学、水力压裂、离子液体、甲烷水合物、多相流动、燃烧后捕获、预燃烧、风险、盐碱含水层、盐沼、可变饱和度、井漏
2	加拿大	吸附剂恢复、水化、双金属氧载体、聚丙烯、聚四氟乙烯、孔径分布、钙循环周期、热预处理、实验室实验	烟气、水化、吸附剂恢复、吸收、吸附、空气捕获、钙循环周期、杂质、实验室试验、数学模型、水库模型、硫酸盐、热预处理
3	英国	pH、北海、规划、汽轮机、流线型模拟、氧化钙循环	采集准备、流化床、氢、燃气轮机联合循环、数值模拟、中国、CO_2 排放量、氢经济、大型动物、北海、燃烧后捕获、改进、汽轮机、流线型模拟、锌
4	中国	流体力学模拟、硫酸钙、阴极材料、化学回热、进气冷却、碳燃烧合成、锂离子电池、胶束	碳酸化、煅烧、流体力学模拟、胺、氧化钙吸附剂、碳燃烧合成、硫酸钙、阴极材料、烟气、水合物、锂离子电池、介孔材料、胶束、吸附剂
5	法国	校准	溶解、含水层、沼气、方解石、氧化钙碳酸化、动力学、菱镁矿、多孔介质、预燃烧

对发文量居前 10 位的研究机构的研究主题进行对比分析，得到基于研究主题的关联可视化图（图 10-14）。可以看出，中国科学院与加拿大自然资源部、挪威科技大学、西班牙基础机构研究所、美国卡内基－梅隆大学、瑞典查尔姆斯理工大学在研究主题上具有较强的关联度，主要集中在 CO_2 捕获、富氧燃料、化学循环燃烧系统等方面的研究。此外，美国能源部、英国伦敦大学帝国理工学院和美国斯坦福大学在 CO_2 地质封存方面有较

多研究，也呈现出较强的关联度。相对而言，美国加利福尼亚大学的研究主题与其他国家的关联度较低，主要集中在二氧化碳封存、系统模拟等方面。

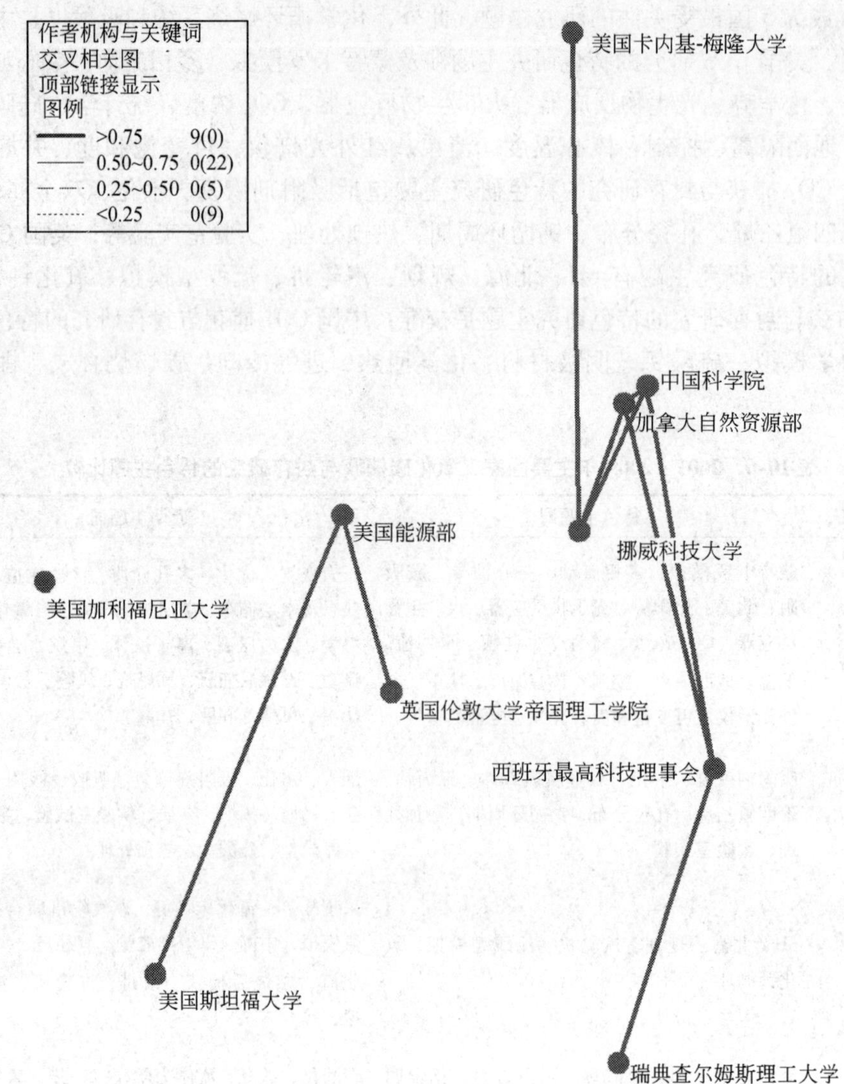

图 10-14 主要研究机构主题词之间的关联度可视化图

10. 3. 2 专利分析

10. 3. 2. 1 数据来源及分析工具

DII（Derwent Innovations Index）数据库将德温特世界专利索引（Derwent World Patents Index，WPI）与专利引文索引（Patents Citation Index）加以整合，以每周更新的速度，提供全球专利信息。DII 收录 1963 年以来全球 40 多个专利机构（涵盖 100 多个国家）的

1460多万条基本发明专利，3000多万条专利信息①。

结合主题词（（carbon-dioxide* or（carbon same dioxide*）or（carbon* same（gas or dioxide*））or CO_2*）and（storage* or captur* or recover* or deliver* or regenerat*））和国际专利分类IPC代码（B63B-035 or C01B-003 or C01B-031/20 or C01B-031/22 or C02F-001 or C07C-007/10 or F01N-003/10 or F25J-003/02 or B01J-020 or B01D-053 or B01D-011）在DII检索到关于二氧化碳捕存技术的专利数量共1171件（数据库更新时间2010-01-20）。用Thmson Data Analyzer 3.0进行数据分析。

10.3.2.2　数据分析结果

碳捕获与封存技术的专利申请主要涉及化学、工程、仪器、能源与燃料、高分子科学等学科领域。下面对二氧化碳捕存技术专利的优先年、优先权国、发明人、代理人、国际专利分类、德温特手工代码等情况进行分析。优先权是指一项由第一次申请专利、工业设计或商标触发的，有时间限制的权利，基本目的是在一定时间内保护专利申请人在努力为他的发明获取国际保护时的利益，从而减轻专利法律的地域性带来的负面结果。一篇专利文献在不同的国家因为专利审查员的理解不同可能会得到不同的国际专利IPC分类，德温特手工代码（Derwent Manual Code，MC）是Derwent的技术专家根据专利文献的文摘和全文对发明的应用和发明的重要特点进行标引（郑伟，2009）。碳捕存相关专利的内容重点体现在表10-7中的各研究子领域。其中，94.6%的专利与表中国际专利IPC分类的前10位类别有关，有83.4%的专利与德温特手工代码MC分类的前10位类别有关。

表10-7　碳捕获与封存技术主要专利分类及其含义

专利数量	IPC代码	释义	专利数量	MC代码	释义
786	C01B-031/20	二氧化碳	617	E31-N05C	二氧化碳
310	C01B-031/00	碳及其化合物	297	E11-Q01	分离、提取、回收、净化的过程与设备
226	B01D-053/14	吸收	187	E11-Q02	移走、废水处理的过程与设备
204	B01D-053/62	碳氧化物	119	E10-J02D	一般饱和脂碳氢化合物
178	F25J-003/02	精馏，比如在蒸汽和液体流间持续的热和物质交换	114	J01-E02B	用固体吸附剂处理废气
146	F01N-003/10	废气有毒成分的热或催化转化	103	E31-N05	一般化合碳
130	B01D-053/34	废气的化学或生物净化	102	J07-D02	通过过液化或固化分离气体
107	B01D-053/04	固体吸附剂	97	E31-H01	通过催化从废气等中脱除氮氧化物
98	B01D-053/94	催化过程	86	J01-E02D	处理废气的催化方法
84	C01B-003/00	氢；含氢的混合气体；从化合物中分离氢；氢的提纯	82	J01-E03C	用固体吸附剂分离气体

① Thomson Reuters. Dewent Innovation Index[SM] 使用手册. http://science.thomsonreuters.com.cn/media/di-iqrc.pdf. 2010-03-10

1）主要发展趋势

CCS技术相关专利数量的年度分布情况见图10-15。1980年以前的20年，累计专利100件，年均专利数5.0件；1980～1989年的10年，累计专利291件，年均专利数29.1件；1990～1999年，累计专利335件，年均专利数33.5件；2000～2009年，累计专利708件，年均专利数70.8件。分析可见，20世纪80年代以前，CCS技术尚处于起步阶段；20世纪80～90年代，相关技术呈波动增长；进入21世纪以来，随着全球气候变化问题的加剧，CCS技术受到广泛关注和重视，专利数量也随之迅速增加，2008年达到峰值（由于发明专利申请18个月后公开，所以2008年和2009年的申请有一部分尚未公开，图中2008年和2009年的数据还不能反映当年真实的专利申请量）。

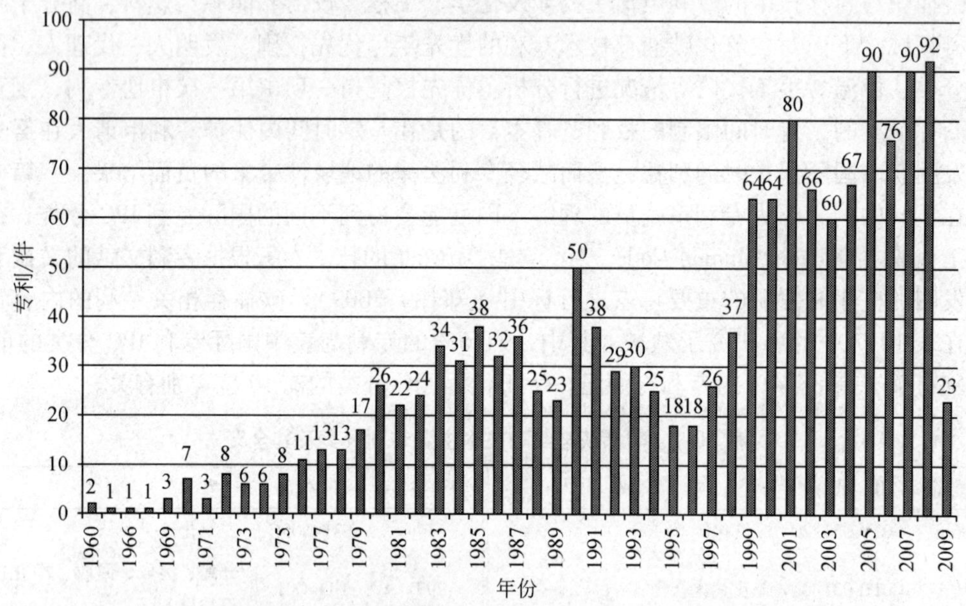

图10-15　碳捕获封存技术DII收录专利的年度分布图

从事碳捕存技术的研发人员数量也增长明显（图10-16），21世纪与20世纪相比，增

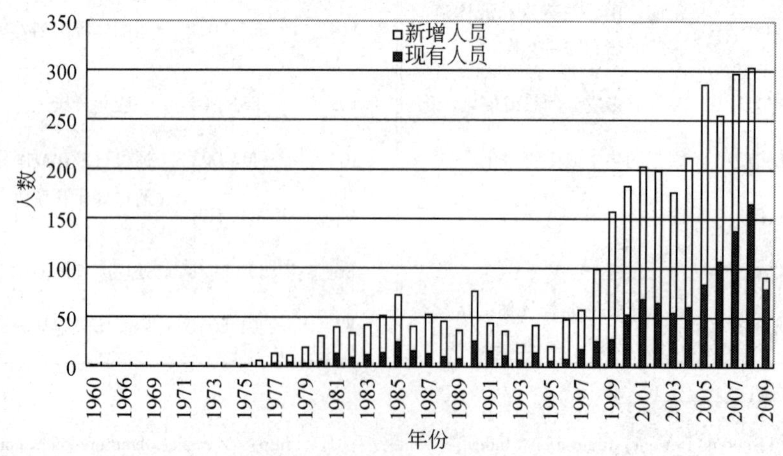

图10-16　碳捕获封存技术研发人员年增长情况（DII数据库）

长了约 3 倍。每年新增的研发人员数量都在一半以上（除 2009 年外）。

从 20 世纪碳捕获封存的专利技术图谱可见，这段时间的技术主要集中在吸附、分离、催化脱水、再生、压缩、存储等方面（彩图 23）。

与 20 世纪相比较，21 世纪碳捕获封存的专利技术图谱显示，液体胺吸收剂方面的专利数量显著增长，另外冷却、氢氧化物、催化剂等技术也受到更多关注（彩图 24）。

2）主要国家和研发机构

DII 收录的碳捕获封存技术专利主要来自日本（JP）、美国（US）、德国（DE）、中国（CN）、法国（FR）、欧洲专利局（EP）、英国（GB）、加拿大（CA）、韩国（KR）、荷兰（NL）等。其中，日本、美国、德国申请的专利数量最多。技术领域主要分布在二氧化碳，分离、提取、回收、净化的过程与设备，移走、废水处理的过程与设备等方面。各国关注的重点存在某些差别。例如，德国用催化剂从废气中脱除氮氧化物的比例比其他国家高，法国通过液化或固化分离气体的比例较高，荷兰一般化合碳方面所占比例高（图 10-17）。2007～2009 年，加拿大、中国、韩国申请专利的数量增长速度最快，表明这些国家近期在该技术领域创新比较活跃。

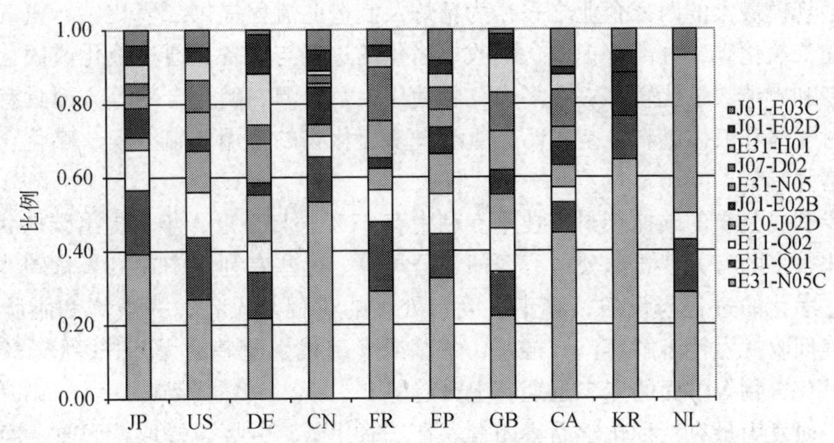

图 10-17　主要国家和地区碳捕获封存技术比例分布情况（DII 数据库）

日本：碳捕获封存技术的专利申请被 DII 数据库收录了 451 件。其中，最近 3 年的专利数量占 11%。其研发力量主要有三菱重工、东芝公司等。日本在二氧化碳，分离、提取、回收、净化的过程与设备，移走、废水处理的过程与设备等方面的专利申请数量比较多；在微生物实验、改性传热、空气燃烧率等方面有独特的技术优势；近期比较关注燃气涡轮、煤气炉等方面的技术；对氢化物脱硫、天然气油田的处理和加工等方面的研发有弱化趋势。

美国：碳捕获封存技术的专利申请被 DII 数据库收录了 361 件。其中，最近 3 年的专利数量占 14%。其研发力量主要有空气化工产品有限公司、普莱克斯技术有限公司等。美国在二氧化碳，分离、提取、回收、净化的过程与设备，移走、废水处理的过程与设备等方面的专利申请数量比较多；在生产原油和天然气的化学方法、其他非芳香胺的使用、半导体处理的其他设备、一般烯脂肪烃类等方面具有独特的技术优势；近期比较关注其他芳香胺的使用、汞化合物、燃气涡轮等方面的技术；二氧化碳等方面的研发有弱化趋势，对氢化物脱硫、天然气油田的处理和加工等方面的研发有强化趋势。

德国：碳捕获封存技术的专利申请被 DII 数据库收录了 108 件。其中，最近 3 年的专利数量占 11%。林德集团是工业气体和工程技术领域是公认的技术最先进的大公司。德国在二氧化碳，用催化剂从废气等中脱除氮氧化物，一般饱和脂肪烃类，分离、提取、回收、净化的过程与设备等方面的专利申请数量比较多；在中子流量紧急控制等方面具有独特的技术优势；二氧化碳等方面的研发有弱化趋势，对用催化剂从废气等中脱除氮氧化物、废物处理装置等方面的研发有强化趋势。

中国：被 DII 数据库收录的碳捕存专利技术中有 62% 来自最近 3 年。研发力量分布在高校和公司，比如清华大学、大连理工大学、武汉凯迪电力环保有限公司、广东中成化工股份有限公司等。中国在二氧化碳，分离、提取、回收、净化的过程与设备，化学方法提纯等方面的专利申请数量比较多；在焚烧炉、自由旋涡流动设备、热力发电等方面有一定的技术优势；近期比较关注废水处理、从气体/蒸气分离分散的粒子、催化剂等方面的技术；对二氧化碳、化学方法提纯、锌等方面的研发有增强趋势。

法国：主要研发机构有液化空气公司和法国石油研究院等。液化空气公司是全球工业气体行业中规模最大的两家企业之一，为精炼及制造业流程提供二氧化碳、氨气等关键给料。法国在二氧化碳，分离、提取、回收、净化的过程与设备，通过液化或固化分离气体等方面的专利申请数量比较多；在多卤化物使用，氟、溴、碘化合物等方面具有一定的技术优势；对气体和液体燃料 - 空气污染管理，多卤化物的使用，氟、溴、碘化合物等方面的研发有增强趋势。

欧洲专利局公布的碳捕获封存技术专利中有 27% 来自最近 3 年。提出碳捕获封存技术专利申请比较多的有壳牌石油公司、西门子公司等。这些专利集中在二氧化碳，分离、提取、回收、净化的过程与设备，移走、废水处理的过程与设备，一般饱和脂肪烃类等方面。从煤气回收挥发性溶解蒸汽，羟基、巯基或（硫代）醚基的无芳香多胺，（硫代）氧化碳，羰基化合物等方面的专利近期有上升趋势。

英国：研发力量有特种化学品集团等。在二氧化碳，分离、提取、回收、净化的过程与设备，移走、废水处理的过程与设备等方面的专利数量比较多；在无卤硫醚等方面具有独特的技术优势；近期比较关注煤气或蒸气处理等方面的技术；对石油加工中的气化、水蒸气重整，无卤硫醚，氢，金属氢化物等方面的研发有增长的趋势。

加拿大：被 DII 数据库收录的碳捕存专利技术中有 68% 来自最近 3 年。提出申请的有普莱克斯技术公司、巴斯夫集团等。加拿大在二氧化碳、其他废水处理方式、氨基醇等方面的专利数量比较多；氨基醇、其他废水处理方式、离子交换树脂以外的其他吸附等方面的专利申请数量有上升趋势。

韩国：被 DII 数据库收录的碳捕存专利技术中有 54% 来自最近 3 年。研发力量有韩国电力公司、韩国能源研究院等。韩国在二氧化碳、化学方法提纯等方面的专利申请数量较多；近期比较关注化学方法提纯、氨基醇、其他废水处理方式等方面的技术；在吗啉吸湿、其他单核杂环 - 异硫和氮、未取代氨基的 α 氨基酸等方面的专利数量有上升趋势。韩国政府计划在未来的 5 年将投资 1000 亿韩元研究和开发的碳捕获和封存技术。韩国电力公司和 5 个单位到 2020 年计划投资 1.3 万亿韩元（约合 11 亿美元）碳捕获和封存技术来减少温室气体排放（国家电力信息网，2009）。

荷兰：研发力量有斯塔米卡邦公司、壳牌石油公司等。在一般化合碳、二氧化碳、氨或铵化合物等方面的专利数量比较多；对化合碳、氨或铵化合、酰胺冷凝液等方面的研发有增长的趋势。荷兰政府计划斥资3000万欧元帮助壳牌公司在佩尔尼斯修建地下二氧化碳填埋场，用于收集和储存该炼油厂每年排放的部分二氧化碳。按照计划，这座填埋场建在地下1800米深处，储量为80万吨。壳牌公司计划几年后将它推广，在附近建一座储量达900万吨的填埋场（信息时报，2010）。

国际申请碳捕获封存技术发明专利最多的前5个机构依次是日本三菱重工（MITO）、美国空气化工产品有限公司（AIRP）、德国林德集团（LINM）、东芝公司（TOKE）、法国液化空气公司（AIRL），它们之间有较高的技术相似度（表10-8，值的范围为0～1，1表示完全相似）。日本三菱重工和东芝公司之间的技术相似度最高，技术相似度较低的林德集团和东芝公司之间相关系数也有0.481。但是这5个公司相互间进行的技术合作比较少。

表10-8 碳捕获封存技术前5位机构技术相似度（DII数据库）

公司代码	AIRL	TOKE	LINM	AIRP
MITO	0.629	0.856	0.515	0.560
AIRP	0.763	0.510	0.720	
LINM	0.631	0.481		
TOKE	0.593			

10.4 国际CCS技术的前沿热点问题

10.4.1 科学问题

10.4.1.1 确定潜在的CO_2排放源

适合捕获的CO_2排放源包括发电厂、冶炼厂、钢铁制造业、化肥厂、水泥生产业、合成燃料工厂以及基于化石燃料的制氢工厂等（表10-9）。目前全球关注的CO_2排放源仍然以使用化石燃料的发电厂为主，对其他类型的排放源应用CCS技术减少碳排放的工作尚未展开。

表10-9 全球潜在的排放源（IPCC，2005b）

过程	源的个数	排放量/（兆吨CO_2/年）
化石燃料		
能源（煤、燃气、石油和其他）	4 942	10 539
水泥工业	1 175	932
炼油厂	638	798

续表

过程	源的个数	排放量/（兆吨 CO_2/年）
钢铁工业	269	646
石化工业	470	379
石油和天然气加工	不详	50
其他源	90	33
生物质		
生物乙醇和生物能	303	91
总计	7 887	13 468

适合应用 CCS 技术的排放源应该具有以下特征（IPCC，2005b）：

（1）规模大。目前所使用的 CO_2 捕获系统适合于较小规模的设施，在今后几年乃至几十年的时间里需要对较大规模的设施作进一步示范。但是，设施规模越大，投资 CCS 技术所避免的每吨 CO_2 排放的成本也越低。尽管 CCS 的潜在排放源遍布世界各地，但主要分为 4 个较为集中的排放源区：美国东部与中西部地区、欧洲西北部地区、中国东部沿海地区和南亚地区。

（2）CO_2 浓度高。CO_2 排放气流越纯，经济效益就越高。然而，绝大多数潜在排放源所产生的 CO_2 气流浓度都在 15% 以下。CO_2 浓度高于 95% 的使用矿物燃料的工业排放源在所有这类排放源中所占比例不到 2%。高浓度排放源是早期实施 CCS 的潜在对象，因为在 CO_2 捕获阶段只需要干燥和压缩。

（3）靠近封存地点。排放源与封存地点之间的距离对是否能够利用 CCS 来显著减少 CO_2 排放具有至关重要的意义。从全球的角度出发，大型的排放源与可能的封存地点之间具有良好的相关性，许多排放源都处于某个潜在的封存地点之上，或相距不到 300 千米（图 10-18）。

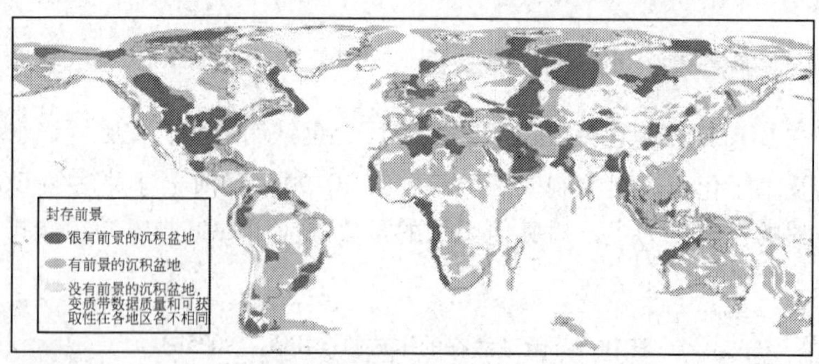

图 10-18　全球具有地质封存前景的沉积盆地分布情况（IPCC，2005b）

10.4.1.2　适宜的封存场地勘探

目前，全球碳封存场地的相关知识几乎完全依赖于石油和天然气的勘探数据（IEA，

2009a）。需要开展有针对性地勘查工作，确定适宜碳封存的含盐蓄水层或其他适宜场所。特别要在大型和集中的排放源区开展更为细致的评估工作，确定潜在封存地点的碳封存潜力，为下一步的碳封存工作提供基础性准备。早期的 CCS 项目可能主要局限于枯竭的油气田的存储容量。今后的 CO_2 封存勘探方案应侧重于查找、辨别以及开发大范围的、可以用于实施大规模 CCS 的封存场地。尽管目前已经有了全球适宜封存地点的初步评估（图 10-21），但适于相对精确的探测和评估方案尚未出炉，迫切需要区域和特定地点的数据，以支持 CCS 的发展。

10.4.1.3 场地风险评价、监控和报告

CO_2 封存对局地和全球环境的风险可以通过建立一套健全的、有关场地风险的评价、监控、验证与报告的指导方针（MRG）予以解决。CO_2 封存对当地的潜在风险包括：CO_2 渗流到大气或者近地表；向敏感的生态系统及地下含水层迁移；使人类直接暴露于高浓度的 CO_2 水平中。如果 CO_2 泄漏到大气中，不仅会降低国家或者全球温室气体减排体系的有效性，而且会对局地以及全球环境造成影响，并威胁到相关产业发展和已经达成的国际和地方契约框架。目前，国际和各国政府尚未建立全面的场地风险的监测体系和指导方针，但随着 CCS 技术逐步推广，完善封存风险的评价体系将成为首要工作。

1）场地选择。CCS 项目的成功在很大程度上将取决于成功的场地特征，包括示范建议场地必要的注入度、容量以及封存的完整性。CO_2 封存地选择面临的挑战是确认那些适宜长期封存 CO_2 的场地的地质构成。虽然已经出台了相关行业场地特征的管理框架，但是需要进一步完善详细的、灵活的 CCS 场地选择的指导方针。

2）监控与验证。CO_2 封存项目的监控涉及与封存执行相关的属性与变量的直接的、间接的或者推断的测量。监控是风险管理的基础，确保 CO_2 保存在预先确定的地质结构中，并且不会返回到地表或者进入地下，从而对其他资源产生危害。监控也为模型的有效性和优化提供了重要的机会。就温室气体管理的确定性和公众认可而言，监控提供了有关项目的完整性和预计的 CO_2 减排量的关键证据。

目前，在国际或者国家层面上，还没有制定有关 CO_2 封存地的执行标准。2006 年，IPCC 发布的《国家温室气体排放清单指南》（*Guidelines for National GHG Inventories*）提出了有关 CCS 项目的特定核算指导方针，这为确定今后 CCS 监控与验证框架奠定了基础。

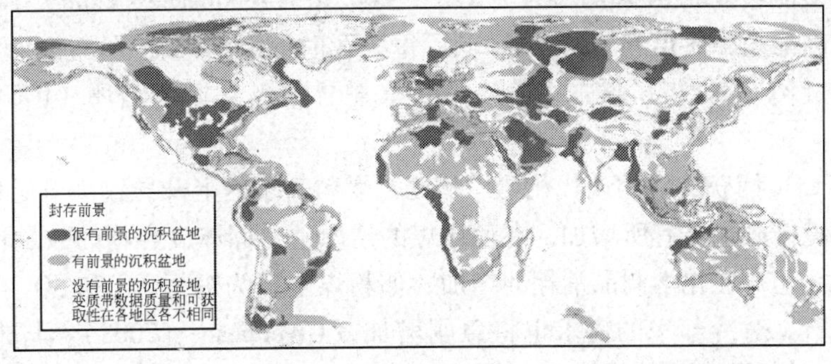

图 10-19 全球适宜 CO_2 封存地点分布（IPCC，2005b）

10.4.1.4 环境影响

CCS 技术在减少 CO_2 排放的同时，还可能会给环境带来其他的影响。与 CCS 有关的主要风险发生在 CO_2 封存地的注射过程中以及在场地封闭之后。CO_2 地质封存的主要环境风险源于以下情况（IEA，2008b）：①设计不当或者老化的加注井；②未经确认或者不当废弃的加注井；③不适当的盖层特征；④由自然裂缝或水流动产生的地震事件和气体的迁移。

CCS 技术最大的环境影响是 CO_2 在地质储层中可能发生泄漏。如果封存在地质构造中的部分 CO_2 泄漏到大气中，考虑到未来 CO_2 封存的规模可能在亿吨级，那么释放出的 CO_2 可能引发显著的气候变化。此外，如果 CO_2 从封存构造中泄漏到其他地质构造，还可能给人类生活、生态系统和地下水系统造成危害，例如 CO_2 注入海洋可对海洋生物造成危害。虽然这样改变海洋化学构成的长期环境影响尚不清楚，但 CO_2 大规模注入海洋可造成海洋局部酸化，损害海洋生物和生态系统。

捕获、运输和封存过程中的渗漏。捕获装置或管线的 CO_2 突然局部渗漏可对工人和周围的其他人构成潜在的危害，类似于石油和天然气工业以及天然气管道所面临的情况。暴露在 CO_2 浓度超过 7% ~10% 的环境下，可以迅速危及人的生命和健康。然而，发生这种事件的概率很低。

CO_2也可能从地质储层渗漏。缓慢渗漏除加剧气候变化外，还会危及动植物。然而，只要仔细选择封存地点并采用最佳技术，发生这种渗漏的概率就会很小。根据 IPCC 和 IEA 对目前 CO_2 封存地点、自然系统、工程系统和模式的观测和分析，经过适当选择和管理，历经百年或千年保留在储层中的 CO_2 有可能超过 99%。随着时间的推移，预计泄漏到大气中的风险会减小。

10.4.1.5 能源损耗

捕获与封存 CO_2 都需要消耗大量的能源，致使电厂的发电损耗在 10% ~40%，这取决于采用的技术类型（Greenpeace，2008）。与未采用 CCS 的电厂相比，使用 CCS 的电厂需要开采、运输和燃烧更多的煤炭才能生产出相同数量的电能。就捕获系统而言，利用目前最佳技术最多能够捕获 90% 的 CO_2（IPCC，2005b；Greenpeace，2008）。与未采用 CCS 的电厂相比，新的超临界值粉煤（PC）电厂每千瓦时的燃料消耗要增加 24% ~40%，天然气联合循环（NCGG）电厂增加 11% ~20%，整体煤气化联合循环（IGCC）电厂则增加 14% ~25%。

与未采用 CO_2 捕获的新的现代化电厂相比，燃料需求的上升导致每千瓦时电所产生的大多数其他环境排放也将有所增加，在使用煤的情况下，固体废弃物的数量也按比例有较大增长。此外，还存在化学制品消耗的增加，如粉煤电厂为进行 NO 和 SO_2 排放控制所使用的氨和石灰石。对冷却水的需求也将急剧增加（Greenpeace，2008）。与未使用捕获技术的电厂相比，使用捕获技术的电厂消耗的淡水量将增加 90% 以上。预计大规模运用 CCS 技术将会使近 50 年来电厂在能源效率上取得的进步化为乌有，并使资源消耗增加 1/3。

10.4.2　技术问题

CCS 是集成了 CO_2 捕获、运输和封存等 3 个关键阶段的技术系统，它们在技术上均具有可行性，并且已经具备多年的商业化运作（IEA，2009a）。不过，CCS 系统各组成部分的技术成熟程度也各有不同（IPCC，2005b），如 CO_2 的工业分离、管道运输、工业利用等技术已是成熟的市场技术，主要应用于石油和天然气工业，而其他一些技术则还处于研究、开发或示范阶段（表 10-10）。

表 10-10　CCS 系统各组成部分的技术发展现状（IPCC，2005b）

CCS 组成部分	CCS 技术	研究阶段[a]	示范阶段[b]	特定条件下经济上可行[c]	成熟的市场[d]
捕获	燃烧前			△	
	燃烧后			△	
	氧燃烧		△		
	工业分离（天然气加工、氨的生产）				△
运输	管道				△
	船舶			△	
地质封存	强化采油（EOR）				△[e]
	气田或油田			△	
	盐体构造			△	
	强压煤床甲烷回收（ECBM）[f]		△		
海洋封存	直接注入（分解型）	△			
	直接注入（湖泊型）	△			
矿石碳化	天然硅酸盐矿物	△			
	废弃物		△		
CO_2 工业利用					△

注：a. 研究阶段指已认识的基础科学，但技术目前尚未达到概念设计阶段，或仍处在实验室或小规模的试验阶段，尚未在试点厂中进行示范

b. 示范阶段指已经形成的、并在试点厂使用的技术，但在该技术用于设计和建设整套系统之前仍需进一步开发

c. “在特定条件下经济上可行”指一种技术，对它已有充分的了解，并在选定的商业应用中（如在一个奖励性税收体系中或在一个有商机的市场上）使用，或者该技术的加工能力已达到 0.1 兆吨 CO_2/年的量级，该技术的推广数量有限（少于 5 个）

d. 成熟市场指现已在全世界多处投入运行的技术

e. CO_2 的 EOR 注入是一项成熟的市场技术，但当用于 CO_2 的封存时，它才是“在特定条件下经济上可行”

f. ECBM 是通过煤对 CO_2 的偏好吸收，利用 CO_2 强化回收不可采的煤床中甲烷。不可采煤床永远不可能开采，因为煤层太深或太薄。如果日后开采，封存的 CO_2 则会释放

△相关技术目前发展阶段

10.4.2.1 捕获技术

CO_2 捕获技术是指从工业设施或者发电厂排放的烟气中分离出 CO_2 的过程。常用的捕获方法包括燃烧后系统、燃烧前系统、富氧燃烧和工业分离（IPCC，2005b；IEA，2009a）等4种方法（图10-20）。

（1）燃烧后系统：是指在燃烧设备（锅炉和燃机）后的烟气中捕集或者分离 CO_2 的过程。燃烧后系统通常使用液态溶剂从主要成分为氮的烟气中捕获少量的 CO_2 成分（一般占体积的3%～15%）。对于现代粉煤（PC）电厂或天然气复合循环（NGCC）电厂，目前的燃烧后捕获系统通常采用单乙醇胺（MEA）作为溶剂。

燃烧后系统是一项经济可行、并且已在全球数以百计的地点成熟使用的一项技术。典型的燃烧后系统捕获包括利用化学的胺溶剂来选择性地去除 CO_2。目前，一些使用胺溶剂从烟气中大规模地捕获 CO_2 的小型设施正在运行之中，但是，该项技术还未在商业规模的发电厂中全面示范。

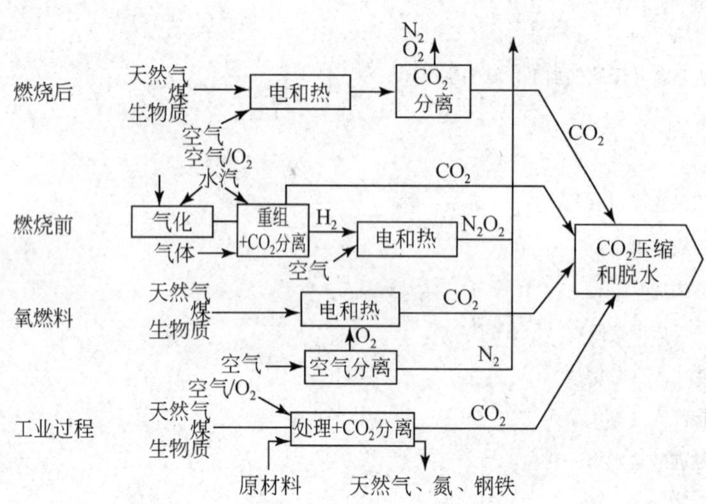

图10-20 主要的捕获系统流程示意图（IPCC，2005b）

CO_2 捕获替代方法的发展尚处于研发阶段。例如，膜分离、化学循环燃烧系统和固体吸附过程等，并且在将来极有可能提高捕获过程的整体效率。未来的研发工作还需要进一步确定需要较低热能的溶剂，降低溶剂的损失率和腐蚀风险，以及探索其他的替代分离技术。

（2）燃烧前系统：是在一个有蒸汽和空气或氧的反应器中处理一次燃料，产生主要成分为CO和 H_2 的混合气体（“合成”气体）；在第二个反应器内（“变换反应器”）通过CO与蒸汽的反应生成其余的 H_2 和 CO_2，最后从产生的混合气体中分离出 CO_2 气流和 H_2 流的过程。如果 CO_2 被封存，H_2 就成为无碳能源载体，可用来燃烧发电和供热。尽管最初的燃料转化步骤较为复杂，与燃烧后系统相比成本较高，但由变换反应器产生的高浓度 CO_2（在烘干条件下一般占体积的15%～60%），以及在这些应用中采用的高压则更有利于 CO_2 的分离。燃烧前系统可以在采用整体煤气化联合循环（IGCC）技术的电厂中使用。

(3) 富氧燃料：是指燃料在富含 O_2 的可循环废气中燃烧，产生以水汽和 CO_2 为主的烟道气体。这种方法产生的烟道气体具有很高的 CO_2 浓度（占体积的80%以上）。然后通过对气流进行冷却、压缩和脱水。富氧燃料需要对空气中的氧进行上游分离，目前多数设计中假定氧的纯度为95% ~99%。目前，在发电厂使用富氧燃料技术仍处于示范阶段。

(4) 工业分离：已经有80多年的历史，是指从工业设施中分离有限的 CO_2，但却不涉及燃料的燃烧，例如，天然气加工厂和制氨设备。在多数情况下，CO_2 都被排放到大气中。

各种不同的 CO_2 捕获系统已经在不同程度上得以验证和实施，但是断言哪种特定技术可以作为 CO_2 捕获的优先选择方案还为时过早。所有的捕获方法都面临着一系列的挑战，包括因配置 CO_2 捕获设备而导致的成本增加、增加发电能力以克服发电量的损失（即所谓的“能源损耗”）、辅助设备的整合运用，以及富氧燃烧系统中的空气分离等。

迄今为止，大多数的研发示范与应用项目都集中于电力部门的 CO_2 捕获，与此同时，必须对工业部门和使用生物质能的 CO_2 捕获技术示范项目给予更多的关注和支持。目前，有许多可行的捕获技术已经在诸如水泥窑及钢铁炉等工业设施中得到了运用。然而，捕获技术工业化应用还面临诸多挑战，例如在燃烧后系统中建立一个热源，以便再生溶剂，为富氧燃烧过程中的氧气生产和气体压缩提供电力。这可能会需要就地建立热电联产系统，从而增加运营成本。所有的 CO_2 捕获都会导致发电厂或工业运营效率的下降。因此，在发展和强化 CO_2 捕获技术的同时，必须开展大量的工作来改进发电厂或者工业设施的效率，尽可能地减少整体的能源损耗。

10.4.2.2 运输技术

CO_2 经捕获后，必须从捕获地点运输到封存地点。管道是最成熟、经济有效的 CO_2 运输方法，此外，船舶、油罐卡车和火车等交通工具也是切实可行的运输方法。在北美地区，CO_2 管道运输已经有30多年的历史（IEA，2009a）。在美国和加拿大，每年约有30吨 CO_2 通过长达6200千米的管道进行运输。高压管道网络在 CO_2 运输中占据着主导地位。

相对于捕获技术和封存技术而言，运输技术及其相关法规的发展相对较成熟；规模经济和集中管网的建立会使成本有所下降，但是主要成本的降低还是不大可能（WRI，2007）。

实现CCS的全面部署使 CO_2 从排放源到封存地点的运输成为必需的环节。未来40年的CCS需求规模意味着管道运输将成为 CO_2 运输的主要选择。然而，从长远来看，为使这一技术从示范走向商业应用，需要对管道网络和共同的运输系统开展大量工作。在全球许多地方，在管道网络建设形成概念之前，必须开展封存勘探工作。此外，还必须考虑管道健康与安全的相关规则，以获取公众对运输技术的信任。

根据国际能源署的分析（IEA，2009a），全球将需要大力发展 CO_2 管道运输，但是考虑到管道运输的各种不确定性，很难对 CO_2 管道发展的总体水平及其投资需求作出确切的估算。然而，在未来40年里，需要重点关注对那些运输需求大的区域，即美国、中国、经合组织（OECD）欧洲国家，到 2050 年，它们的 CO_2 封存量将占到全球封存总量的 50%。

为了解决未来 CO_2 管道扩展路径中的不确定性因素，需要采取一系列关键行动，包括：①聚集 CO_2 排放源与封存地点来降低运输成本；②规划和开发类似于天然气运输的管道网络；③引进新型轻便的管道材料和先进的 CO_2 压缩技术等。CO_2 运输面临的技术挑战涉及：①CO_2 运输流不同要素的管理；②泄漏补救技术；③CO_2 跨国界运输以及 CO_2 船舶运输等。

10.4.2.3　封存技术

1）地质封存

CO_2 封存涉及将 CO_2 注入地质岩层中以提高碳的回收率。开展 CO_2 地质封存的三大优先区域包括深咸水层、油气矿藏地层和不可采煤层深层（IEA，2008b）。其中，深咸水层地质存储 CO_2 的预期潜力最大，油气矿藏地层次之。已有的观测数据显示，注入到已枯竭的油气矿藏和咸水层的 CO_2 和预期效果一样，并无任何可检测到的渗漏现象（IPCC，2005a）。其他有关 CO_2 注入油田的项目也已在美国和加拿大地区广泛开展，这些项目大多利用 CO_2 来提高原油采收率（EOR）。CO_2 的注入实践是众所周知的，但还需要更多的实践来改进 CO_2 行为的预测。勘探项目也需要合适的定位，并对适宜 CO_2 封存的地点进行特征辨别，特别是深咸水层。

咸水层深处是 CO_2 长期封存最佳的场所（IPCC，2005a）。但是 CO_2 封存的精确性、规模、发展和投资需求方面的知识还不够充分。特别需要进一步研究深咸水层的存储能力与 CO_2 注入、油气回收项目中 CO_2 的摄入水平，以及不同地质构造岩层实现长期、安全封存的能力等。

根据国际能源署预测，2020 年和 2050 年全球的封存需求将分别超过 1.2 吉吨 CO_2 和 145 吉吨 CO_2。从理论上讲，全球封存能力的最新估算值在 8000～15 000 吉吨，满足上述封存需求是绰绰有余的（IEA，2008）。但是，对于封存能力的估算却存在极大的不确定性，尤其是深咸水层地层。因此，需要进一步从封存勘探方面获得相关知识，以评估 CCS 对安全、环境、人类健康等方面的影响。

封存成本和投资需求同样存在类似的不确定性。其中，封存成本包括现场评估、钻井、完井、设备费用（如压缩机、平台等），项目封闭与井口封闭等。经营成本的核心要素包括监测成本、保险或保险赔偿费用以及燃料成本。根据国际能源署的分析（IEA，2009a），就一个年封存量为 5 吨 CO_2 的封存点，其封存时间为 25 年，则每吨 CO_2 的封存成本在 0.6～4.5 美元之间。2020 年和 2050 年全球的投资需求将分别为 8～56 亿美元和 880～6500 亿美元（图 10-21）。这些数字具有很大的不确定性，需要在未来 10 年针对不同封存地点进行封存勘探和大型示范项目获得的数据加以修正。

为了确保大型 CO_2 封存项目的安全，还需要解决一系列的关键问题，如：开展专门和特定区域的封存勘探，以定位和描述合适的深咸水层地层；加强 CO_2 地震模拟与监测技术，以提高预测地下 CO_2 动向和确定其位置的能力；进一步加深对 CO_2 的泄漏认识；深入认识 CO_2 封存对地表的影响；CO_2 杂质对封存地层的影响的相关信息等。

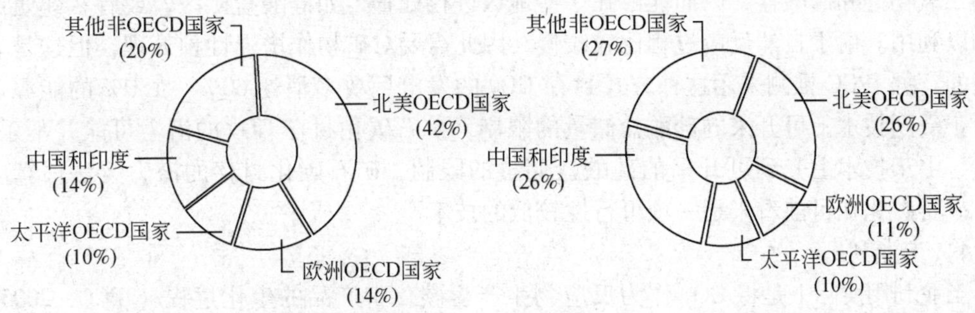

图 10-21 全球不同地区对 CO_2 封存的投资需求（据 IEA，2009a）

OECD NA，美国、加拿大、墨西哥；OECD Europe，奥地利、比利时、捷克、丹麦、芬兰、法国、德国、希腊、匈牙利、冰岛、爱尔兰、意大利、卢森堡、荷兰、挪威、波兰、葡萄牙、斯洛伐克、西班牙、瑞典、瑞士、土耳其、英国；OECD Pacific，澳大利亚、日本、新西兰、韩国；Other Non-OECD，其他非 OECD 国家；China & India，中国和印度

2）海洋封存

海洋占地表的70%以上，海洋的平均深度为3800米。由于 CO_2 可在水中溶解，所以大气与水体在海洋表面不断进行 CO_2 的自然交换，直到达到平衡为止。若 CO_2 的大气浓度增加，海洋则可以不断地吸收额外的 CO_2。分析显示（IPCC，2005b），在过去 200 年期间，人为排放到大气中的 CO_2 总共有 1300 吉吨，而海洋大约吸收了其中的 500 吉吨 CO_2。目前大多数 CO_2 都存留在海洋上层，由于水中 CO_2 呈酸性，因此导致海洋表面的 pH 下降了大约 0.1。然而迄今为止，深海中的 pH 基本没有变化。模式的预测结果表明：未来若干世纪，海洋将最终将吸收大部分释放到大气中的 CO_2，因为 CO_2 在海洋表面溶解并随后与深海的水混合。

对可封存在海洋中的人为排放的 CO_2 量没有实际的物理限制。然而，在千年时间尺度内，封存量将取决于海洋与大气的平衡状况。大气稳定在（350～1000）$\times 10^{-6}$的 CO_2 体积分数意味着：如果没有注入 CO_2 的意识，那么最终还将有 2000～12 000 吉吨 CO_2 停留在海洋中。因此，这将是海洋通过主动注入方式封存 CO_2 量的上限。

封存能力还将受环境因素的影响，如 pH 最大允许变化值。对海洋观测与模式的分析表明，被注入的 CO_2 将与大气隔绝至少几百年。注入越深，保留的部分就越久远（IPCC，2005a）。有关增加被封存部分的提案包括：在海底形成固态的 CO_2 水化物/液态的 CO_2 湖，并溶解碱性矿物质，如石灰石等，以中和酸性的 CO_2。溶解的碳酸盐矿物质可以将封存时间延长到大约 10 000 年，同时将海洋的 pH 和 CO_2 分压的变化降至最低。然而，该方法需要大量石灰石和材料处理所需的能源与被注入的每吨 CO_2 的量级大致相当。

3）矿石碳化封存

矿石碳化是利用 CO_2 与碱性和碱土氧化物发生反应生成稳定的碳酸盐从而将 CO_2 永久性地固化起来（IPCC，2005b）。这些物质一般存在于天然形成的硅酸盐岩中，地壳中硅酸岩的金属氧化物数量超过了固化所有可能的化石燃料储量燃烧产生的二氧化碳量。这些氧化物也少量存在于某些工业废物中，如不锈钢矿渣和矿灰。矿石碳化产生出化学性质稳定的二氧化硅和硅酸盐，因而能够在一些地区进行处置，如硅酸盐矿区，或者在建筑用途中加以利用。由于自然反应过程比较缓慢，因此需要对矿物作增强性预处理，但这是非常耗能的，据 IPCC 推测采用这种方式封存 CO_2 的发电厂要多消耗 60% ~180% 的能源。并且由于受到技术上可开采的硅酸盐储量的限制，矿石碳化封存 CO_2 的潜力可能并不乐观。同时，由于技术上受到可开采的硅酸盐储量的限制，矿石碳化封存的潜力无法估算。因此，矿石碳化在目前看来是一项可行性较低的技术。

4）工业利用

工业利用实际上是将 CO_2 作为反应物生产含碳化工产品的生化过程（IPCC，2005b）。这些含碳化工产品包括尿素、甲醇的生产，也可应用于园艺、冷藏冷冻、食品包装、焊接、饮料和灭火材料等方面。据统计，目前全球的 CO_2 利用量是每年约 120 兆吨，其中 2/3 是用于生产尿素。此外，相对于每年人为排放的 CO_2 量而言，CO_2 的工业利用量非常小。工业利用 CO_2 原则上能够通过将 CO_2 封存在“碳化学库”（即含碳制成品）中使其不接触大气。但是，从技术上看，工业利用并不是一种理想的封存方案，因为目前工业流程利用的大部分 CO_2 典型的封存时间期限只有几天到数月，然后会被再次降解为 CO_2，并排入大气。这对减缓气候变化的并没有实质上的贡献，而且在很多情况下反而会造成总体排放量的净增加。

10.4.3 管理问题

CCS 的扩展将会产生一些法律问题和管理问题。最重要的包括：制定 CO_2 运输的管理条例；在国际、国家、州/省和地方政府之间建立管辖权；确定存储空间资源的所有权，以及获得开发利用这些资源的法律授权；明晰 CO_2 封存的长期责任和经济责任等。

10.4.3.1 CO_2 运输的法律问题

安全、有效地运输 CO_2 需要对当地的环境与安全风险进行管理，以减缓 CO_2 泄漏对全球环境的潜在影响。将 CO_2 从捕获地运输到封存地的方案有很多种，包括管道、高压道路、海上油轮。考虑到可以输送大量的 CO_2，管道被认为是最具成本效益的运输手段。因此，许多政府重点关注近期的管道管理条例。如果采取其他、非管道运输机制，则需要合理的管理框架，以使安全与环境风险降至最低。最棘手的 CO_2 管道管理问题包括资金、管道选址、管理准入等。

1）管理环境与安全风险

近年来，国际上采用管道运输天然气的做法很少引起安全与环境事故，因此，预计运输 CO_2 也不会产生很多问题。早期在美国、加拿大和其他管辖区开展的气驱强化采油项目已经使用管道来运输 CO_2。从环境管理的角度来看，通过管道运输天然气和 CO_2 的主要差别在于：①当 CO_2 与水混合后，它会具有酸性和腐蚀性；②CO_2 的质量比空气大；③运输 CO_2 的压力几乎是运输天然气的 2 倍；④CO_2 是一种无味的气体；⑤CO_2 不具有可燃性。

考虑到天然气和 CO_2 之间的差异，许多天然气行业采用的安全措施和监控技术都可以稍作修改，以用于 CO_2 管道运输。一些政府和非政府组织已经开始制定指导方针和标准。

2）管道选择与准入

CO_2 管道准入与选址存在着一些管理和金融问题。目前，在加拿大就存在跨省的 CO_2 管道，并且按照现有的天然气管道管理条例进行管理。在美国，CO_2 管道安全是由交通部在联邦一级上进行管理；而管道选址、建设、费用管理由各州进行管理。在美国，如果 CO_2 管道跨越联邦土地的话，它们也可能受到土地管理局强加的准入条件与费用条件的影响。

由于 CCS 的扩展，预计会增加运输的 CO_2 量，这就需要新的 CO_2 管道，从而需要调整现有的管理框架。新的 CO_2 管道的选址涉及确定管道路线、获得通行权，以及评价建议路线的环境影响。通行权通常涉及获得部分现有的准入路线，或者通过地役权或者其他机制获得私有财产。管道所有者必须获得管道沿线土地的使用权。管道开发商既可以使用现有的通行权通道，也可以与沿线的各个土地所有者进行谈判，以创建一个新的通行权通道。在符合公众利益的情况下，管理者可能需要确保 CO_2 管道基础设施占用的土地。

10.4.3.2　CCS 项目的管辖权

CCS 的管理责任将涉及国际、国家、州/省和地方一级的管理机构，对其的管辖权限也涉及能源、环境、自然资源等多个部门。因此要通过法律来明确 CO_2 捕获与封存的司法管辖权，从而避免在 CO_2 封存项目的设计、实施、监测等多个环节出现管理空白或多头管理的情况，提高 CCS 的工作效率。

要确定 CO_2 封存工作的管辖权，首先要明确被封存的 CO_2 的性质。被封存的 CO_2 可以定义为工业产品，也可以定义为资源或者废弃产物和污染物。这种定义的差别对确定司法管辖权非常重要：CO_2 回填项目通常属于现有的油气相关法律的范畴，而废物和污染物的处理则属于环境法规管理的范围。在目前有关 CO_2 封存的有关实践中，更多的是把 CO_2 作为工业废物来看待的。

显然，CCS 的成功扩展还需要国家的承诺、相关的研究、示范，以及管理和开发项目，以及通过金融或者其他激励措施进行最终部署。例如，即使是在国际体制下，核查与交易 CO_2 配额也将需要国家的监督。与陆上项目相比，海洋 CO_2 封存项目将在更大程度上受到国际和国家管理条例的管制。然而，在国家或者地方一级层面上，环境与健康问题可能最好解决。因此，CCS 部署将需要在跨国家、国家、省/州和地方司法机构之间进行广泛的协调。

随着科学和技术经验的积累，CCS 管理条例将需要进行相应调整，使选址、监测和核查方面标准的国际准则合法化，以解决长期的责任问题并确保 CCS 基础设施投资（包括管道运输）整个链条审批过程的清晰度和透明度。

10.4.3.3　公众意识与支持

公众普遍尚未对 CCS 及其应对气候变化的作用形成坚定的意见。重要的是，政府和工业界正进一步地加大力度，以向公众宣传和普及有关 CCS 的相关知识。如果要实现 CCS 作为温室气体减排方案的潜力，公众的意识及其对 CCS 的支持是至关重要的。因此，这将需要不同种类的公众支持，包括：①对政府激励措施、研究资金、长期责任以及将 CCS 作为应对气候变化战略的组成部分的政治支持；②财产所有者进行合作，以便为 CO_2 管道的通行权与封存地获得必要的许可与批准；③当地居民对社区拟议的 CCS 项目拥有知情权和许可权。

尽管一些国家已经开始推广强大的 CCS 公众意识和教育计划，但是没有重视国际专家对相关经验教训的研讨。还需要做更多的工作来综合初步成果，以便提高未来 CCS 的公众认识和支持。政府和项目实施者必须施展有效的风险沟通技巧，以吸引和教育公众，并且寻求地方社区对 CCS 项目的支持。

10.4.3.4 技术标准与施工规范

CCS 项目的建设与运行涉及技术转化与应用、经济效益、环境影响、减排效益等多方面内容。在 CCS 产业化发展之前，需要建立系列 CCS 技术实施和监测标准，保证项目实施中和封闭后的技术可行性、安全性和有效性。

通过国家、部门或行业立法的形式把 CCS 相关的技术标准规范确定下来，是保证 CCS 项目更快和更安全推行的重要前提。公众对 CCS 的最终接受也依赖于技术标准规范的权威性和环境安全性。

CCS 作为一项涉及全球事务的工作，技术标准的制订应具有国际的广泛性，国际组织的参与非常重要。很多国家在油气开采领域已经建立有一套行之有效、包含广泛的法律体系，对资源开采、地下水保护、液体废物和酸性气体的深层地下处理、气体的管线输送、废气的回填性储存与地下加注等一系列 CO_2 封存相关技术与工作均有阐述的政策。这些政策可以成为制定 CCS 技术标准规范的很好的参考。事实上，具有战略眼光的各国政府已经在修订现有的油气领域的法律来保证 CO_2 封存示范项目的安全性和合法性。

10.4.3.5 长期责任

完备的法律体系可以明确 CO_2 封存项目投资者的权利与责任，如项目的所有权、项目启动前和关闭后的责任归属以及知识产权、保险和投资等，对所有权的规定可以明确投资者对资源利用的权利、义务和限制。与 CO_2 封存有关的所有权内容包括：CO_2 的所有权、储存地点的所有权、加注与监测业务所需厂房与设备的所有权、封存地点周边土地的使用权和通过权等，另外还需要其他的一些法律规定，如通过约定获得地下空间使用权、输送协议等。通过建立法律规范，政府可以明确 CO_2 封存中的权责问题并用于引导相关工作的开展。

鉴于 CO_2 封存项目长期运行和高额投入的特点，项目经营者在投资一个项目之前首先需要确定选址的可靠性，并明确长期利用的权利，这涉及多方面的问题，如对土地使用权的可能影响、贸易和物权法对所有权的现行规定、可能与已有法律条文产生冲突的取得权问题等。新的法律应避免产生 CO_2 封存地点被垄断控制的现象。

在场地封闭和永久废弃之后，任何有关 CO_2 封存地的管理和责任还需要确定企业和政府的作用与经济责任。与 CO_2 封存项目相关的风险水平将随着项目的进展在其生命周期内发生变化。在 CO_2 封存项目生命周期的每个阶段，一系列的经济责任机制可以用于风险管理。经济责任机制可以分为 3 个大类：①第三方手段，包括信托基金、信用证、保险和债

券；②自保险手段，包括基于开发商、所有者或运行者的经济实力预测的财务审核；③公私联营框架。

10.4.4 成本问题

10.4.4.1 成本分析

CCS当前和未来成本的估计有很大的不确定性。CCS技术成本包括捕获、输送与封存3部分，每部分都意味着额外的投入。捕获和压缩处理的成本一般是总成本中最大的一项。这种成本和另一些成本不仅将取决于所使用的具体CCS系统——包括封存类型和运输距离，而且也取决于另外一些变量，诸如工厂的设计、运营、经费、规模、地点、燃料类型和燃料成本。据估算，每封存1吨CO_2最高需要投入52美元。目前还没有CCS技术成本计算的案例，仅有IPCC在2005年对发电厂的CCS技术投资进行过估算（IPCC，2005b）。该估算结果表明，应用CCS技术使发电成本增加了0.01～0.05美元/（千瓦·时），具体成本将取决于燃料类型、特定技术、场所及国家环境。但如果项目中包括气驱强化采油技术（EOR），会使CCS造成的额外发电成本下降大约0.01～0.02美元/（千瓦·时）。

在当前的财政和管理环境下，商业火力发电厂和使用化石燃料的工厂都不可能捕获和封存其排放的CO_2，因为CCS会降低效率、增加成本、减少能源产出。即使在欧盟（EU），虽然已经很好地推行了碳限排措施，但CCS的成本仍远超减少碳排放量的收益。这些障碍可以部分由政府支持的形式加以克服，如课税扣除以及其他激励措施。尽管如此，技术变革的迟钝以及缺乏足够的商业措施来承担CCS的成本，意味着将需要政府和企业界的大量的财政支持以推进CCS。更广泛的CCS项目实施将需要在项目发展的各个阶段都获得这些支持，包括资助短期示范项目、碳限排或CCS指令，以及处理长期责任的明确原则。所有这些方面都可以被视为CCS资金链的一部分。但也要注意到，在实现同等减排量的情况下，生物固碳和节能增效等技术可能更具有成本优势和环境效益。以生物固碳为例，是指利用植物光合作用，通过土地利用变化、造林、再造林以及加强农业土壤吸收等措施，提高生态系统的碳吸收和储存能力，从而减少大气中CO_2浓度，减缓全球变暖趋势。目前全球森林、草地、农田这三大陆地生态系统都有很强的固碳潜力，因此在减缓气候变化、实现人类可持续发展等方面具有重要意义。

10.4.4.2 CCS示范项目资助

国际能源署最新的分析预测（IEA，2008b），为了实现八国集团（G8）确定的在未来几年内运转20个大规模的CCS项目的目标，需要投资300亿～500亿美元。在早期阶段，尤其需要政府援助。已经形成的公私合作伙伴关系可以处理这一缺口。不过，由于不能找到足够的资金来运作这些项目，许多项目已经被取消或者缩减。

早期的CCS项目的经验将指导今后的商业化部署，并促进有助于发电和工业部门运行CCS的相关知识。CCS的实施有许多很有希望的早期机会，包括扩大现有的天然气处理过

程中的 CO_2 捕获规模，发展气驱强化采油活动。CO_2 气驱强化采油（CO_2-EOR）为早期项目提供了一个很好的机会，可以由额外的回收油的商业价值进行支持。在美国、中东以及其他地区，大量的 CO_2 正在被捕获，并用于气驱强化采油。

多数 CCS 示范项目都需要在电力生产部门实施。目前，世界范围内对火力发电厂的碳捕获的经验十分有限，更没有在火力发电厂开展集成 CCS 项目的经验。有意义地示范相关技术所需的最小项目规模存在着很多争论。虽然示范电厂的平均发电能力在 400 ~ 500 兆瓦，不过任何远小于 100 ~ 200 兆瓦的发电厂都不会有力地证明这种规模 CCS 项目的可行性。

与气驱强化采油项目不同，发电项目不会提供额外的收入来源，并且将有更高的成本。因此，将需要大量的额外资源来刺激投资。此外，过去几年里，CCS 示范项目所需的基础设施的投资成本已经增加。各国政府正在采取各种方法，以解决电力部门 CCS 示范项目面临的资金缺口。

10.4.4.3 CO_2 运输资助

大规模利用 CCS 的另一个重要挑战是需要为从捕获地点到封存地点运输大量 CO_2 的基础设施提供资金。所需的 CO_2 管道网络的性质和范围将取决于许多因素，包括捕获地点与封存地点之间的距离、获取管道通行权及相关许可的成本、建设管道的成本、运营管道以及遵守操作与维护管理条例的成本。国际能源署预测在第一轮的 CCS 示范项目中，CO_2 运输与储存成本很可能超过 20 美元/吨 CO_2。

发展共享的 CO_2 运输网络将在系统层面上产生效益。但是，这种网络的成本和效益将远远超出某个 CCS 项目的收益和预算。因此，政府可能需要在促进 CO_2 运输管道的发展中发挥作用，例如通过拥有现有管道的所有权，并要求用户支付费用，或者对管道建设进行补贴。在欧盟，CO_2 运输管道的伙伴计划可以参照现有的跨欧洲能源网络（Trans-European Energy Networks）。根据这一方案，欧盟将对那些对欧盟有益的电力和气体传输基础设施的可行性研究提供经费支持。项目通常要跨越国界，并且会对一些成员国产生影响。需要更详细的分析，以确定资助全球 CO_2 运输网络的最佳途径。

10.5 中国 CCS 工作进展及加强中国 CCS 相关工作的建议

10.5.1 中国 CCS 相关政策框架与最新进展

10.5.1.1 政策框架

作为经济快速发展的发展中大国和温室气体排放大国，中国将会面临逐步增大的 CO_2 减排和低碳经济发展压力，CCS 技术可能会成为中国缓解以上压力的潜在选择。2006 年中国 CO_2 排放量达到 61.03 亿吨 CO_2（CDIAC，2009），位居全球第二，与 1990 年相比增长

了 152.76%。鉴于中国目前所处发展阶段和经济水平，在未来一段时期，中国的温室气体排放仍将保持持续增长态势。

中国是《联合国气候变化框架公约》和《京都议定书》的成员，但是按照《公约》要求，现阶段并未要求发展中国家包括中国实现强制性的减排目标。中国政府已在能源安全和经济发展方面制定了应对气候变化的措施。因此，政府将重点放在减少能源消耗方面，主要通过提高能源效率和增加可再生能源的利用度来实现。另外，在清洁发展机制（CDM）项目方面，中国拥有全球最大的市场。

中国将 CCS 视为未来减少 GHG 排放量的潜在选择，并且加强了能源领域 CCS 项目的示范工作。在 2005 年 12 月和 2006 年 2 月，科学技术部签署了 CCS 备忘录，标志着政府研究计划的正式启动。中国还将 CCS 作为领先技术纳入《国家高技术研究发展计划（863 计划）》的“十一五”规划和《国家中长期科学和技术发展规划（2006—2020）》中，鼓励 CCS 技术的研发、探索工作。

10.5.1.2　研发和示范行动

尽管 CCS 行动增多了，但是目前的发展趋势表明，正如中国煤炭科学研究院制定的路线图所表示的那样，这些技术要在 2030 年前实现大规模的应用是不太可能的（图 10-22）。

	2010—2020	2020—2030	2030—2040	2040—2050
CO_2捕获	低浓度CO_2捕获技术的传播和成本的减少			
	富氧燃烧技术的示范与传播及成本的减少			
脱碳制氢	煤制氢的示范	煤制氢的商业化		氢能的供给，包括管道和氢气站
CO_2运输	技术和经济可行性	CO_2封存和运输的实施		
CO_2封存	封存潜力的研究与地质调查	示范与核查	CO_2捕获—运输—封存监测计划	

图 10-22　中国 CCS 长期技术路线图（IEA，2009b）

中国目前正在进行的 CCS R&D 和示范项目包括：

（1）山西沁水开展的 CO_2 封存增强煤层气开采（ECBM）微型试点项目。初步结果表明，煤层气井的产量可以提高 4 倍。这也表明，在沁水盆地，将 CO_2 封存在高煤及无烟煤层中是可能的。

（2）2000 年启动的绿色煤电项目（GreenGen），其目的是提高发电效率，并且使 CO_2 排放量接近于零。主要涉及以下几个关键技术：大型高效煤气化技术、煤气净化技术、氢汽轮机发电技术、燃料电池发电技术、膜分离技术、CO_2封存技术、系统集成技术。项目分为 3 个阶段，将用 10 余年的时间完成。最终形成一座 250 兆瓦 IGCC 示范电站及一座 400 兆瓦的绿色煤电近零排放示范电站。目前第一阶段 250 兆瓦 IGCC 电站已经进入施工安装期，预计 2011 年底投入运行，同时建成实验室规模的 CO_2 捕集与封存模块。下阶段的 400 兆瓦级绿色煤电电站将引入规模化的 CO_2 捕集与封存系统。绿色煤电项目的股东包括中国最大的5家发电厂、最大的2家煤炭生产商和国家开发投资公司。其中，中国华能集团拥有51%的股份，其他伙伴公司各自拥有7%的股份（PetroChina，2007）。中国正在烟台筹建IGCC示范电站。计划到2010年，这个发电量为300～400兆瓦的示范电厂将燃烧高硫（2%～3%）烟煤，并且将在第一阶段的250兆瓦IGCC电站建造计划之后实施（Shisen，2006）。

在气驱强化采油（EOR）技术的应用方面，中国也有着广泛的经验。这为CO_2-EOR（CO_2气驱强化采油）技术及早实施创造了机会。在大庆油田（1990～1995）和苏北油田（1996）已经采用注入CO_2的方法，注入量为0.7兆吨。20世纪90年代，在辽河油田，人们试图采用天然气蒸汽锅炉烟道气（含有12%的CO_2）注入法。虽然这提高了CO_2的封存能力，但却存在腐蚀问题。CO_2-EOR项目还计划在胜利油田和中原油田实施。中国石油天然气集团公司和中国的7所高校设立了一个联合项目，以优化EOR的实施。在沿海更大的油田也可以利用CO_2-EOR技术，但必须对其成本进行评估。

2002年，IEA的温室气体R&D计划（Greenhouse Gas R&D Programme）为中国工业CO_2排放的大型企业及早地实施CCS创造了机遇。这些企业主要位于一个潜在的EOR或ECBM地点的50千米范围内。表10-11列出了这些可能的企业。

表10-11　中国CO_2早期封存机遇（IEA，2002）

CO_2来源	位置	排放量/（千吨CO_2/年）	封存地点
鞍山化肥厂	鞍山	763	唐山 ECBM
大化集团有限责任公司	大连	1 631	四川南部 ECBM
二连化肥	二连	1 038	巴彦呼硕 ECBM
湖南资江氮肥厂	冷水江	521	Lyanyaugn ECBM
内蒙古化肥厂	呼和浩特	1 145	河东－渭北 ECBM
中国石化吉林分公司	吉林	1 575	三江平原 ECBM
泸天化集团	合江	1 145	四川南部 ECBM
陕西化工集团	华县	677	太行山 ECBM
上海吴泾化工有限公司	吴泾	577	黄河北 ECBM
乌鲁木齐石化公司	乌鲁木齐	579	准格尔 ECBM
云天化集团	水富	1 152	四川南部 ECBM
沧州大化集团公司	沧州	1 152	第三纪湖泊 EOR
齐鲁石化集团	淄博	500	第三纪湖泊 EOR

10.5.1.3　国际合作

由于其规模和大量的煤炭资源，因此，中国在CCS技术研发和知识转移方面发挥着重要作用。中国积极参与IEA和碳收集领导人论坛（Carbon Sequestration Leadership Forum）

的活动以及一些多边和双边的努力行动。主要的计划如下：

（1）中美能源与环境技术中心已制定目标减少 CO_2 排放和评估 CO_2 封存方案。该计划包括2个研发中心：清华大学（与中国科学院合作）和美国杜兰大学（Tulane University）（与美国巴特尔研究所（Battelle Memorial Institute）和蒙大拿州立大学合作）。中国还参与了“未来发电”项目（FutureGen）及美国的其他项目。

（2）中国－欧盟项目中的“CCS 合作行动”（CCS Co-operation Action）（也被称为“煤发电近零排放”项目（Near-Zero Emissions Coal，NZEC））。该项目分3个阶段实施。第一阶段（2006～2008年）将探索中国的 CCS 方案；第二阶段（到2010年）将设计出一个示范电厂；第三阶段（到2020年）将建造和运行这个示范电厂。

（3）2008年5月，日本和中国宣布了一个合作计划，以捕获中国燃煤电厂产生的 CO_2，并将其注入中国的油田中，从而促进 EOR 技术的应用。该项目将于2009年启动，并且将包括日本企业（如丰田汽车公司和 JGC 公司）的产业投资。在中国方面，预计，中国石油天然气集团公司和其他公司将参与该项目。

（4）中国还正与澳大利亚联邦科学与工业研究组织（CSIRO）合作开展一项经费为400万美元的研究项目，以使二次燃烧捕获系统适用于华能北京试点电厂。该项目希望每年能捕获3000吨 CO_2。

10.5.1.4　发展潜力

我国的能源结构不尽合理。根据2009年6月发布的《BP 世界能源统计2009》（BP，2009），煤炭在我国一次能源消费结构中的比重占70.2%，远远高于世界29.2%的平均水平，而排入大气中的 CO_2 有85%来自煤炭。目前，我国年排放量在10万吨 CO_2 以上的 CO_2 排放点源有1623个（Dahowski et al.，2009），这些点源每年的 CO_2 排放总量预计将超过3.89亿吨 CO_2。其中，电力部门占到排放总量的73%，水泥生产占14%，其他依次为钢铁7%、氨3%、炼油厂2%、乙烯1%、环氧乙烷和氢都小于1%。这些 CO_2 排放点源主要集中在沿海地区，其中有58%的点源分布在东部和中南地区。

我国的深层地质构造拥有很多非常适合将 CO_2 泵入地下的岩层。理论上，我国陆地盆地的地下深层封存 CO_2 的能力超过2.3万亿吨 CO_2，近海的封存潜力达0.78万亿吨 CO_2（Dahowski；et al.，2009）。

综上所述，CCS 技术的应用不仅可能减少我国的碳排放，降低 CO_2 减排边际成本，减轻高减排率时对核电的高度依赖，还可能使我国更长时间地、清洁地利用煤炭资源。但综合气候变化事务的复杂性、CCS 技术的成本及其不确定性、国内外形势变化以及我国中长期发展需求来看，我国在示范和部署 CCS 技术时，需要以科学、严肃和谨慎的态度实施。

10.5.2　加强我国 CCS 相关工作的建议

针对当前国际社会减缓气候变化的要求、国外 CCS 技术发展现状和部署趋势以及中国降低温室气体排放强度和实现经济低碳转型的需要，我国应尽快重点开展以下几方面的工作：

（1）尽快开展 CCS 技术的风险评价和可行性研究工作。开展有关 CCS 项目的风险、成本和效益的评价分析工作，并基于 CCS 项目的潜在风险，加强对碳捕获、运输与封存等各个环节的管理和监测工作，探讨发展适合我国实际情况的相对完备的技术标准和监控体系，尽量降低现有示范项目的运行成本、运输风险和地质风险。

（2）适时制定 CCS 国家战略和行业标准。针对目前 CCS 领域的风险和不确定性，加强国家层面的管理和规划，及时确定 CCS 相关的行业标准和技术规范，科学引导相关行业和部门关注和介入 CCS 技术领域，尽量降低 CCS 技术发展过程中的潜在风险。

（3）加强重点区域 CO_2 封存潜力的评估工作。结合化石能源勘查和储量评估工作，开展我国 CO_2 地质埋存潜力与地理分布的全面评估工作，特别要在主要化石能源产地，加强周边地区地区地质封存潜力的详细勘查，研究最小成本的关于碳捕获和存储“源”与“汇”的匹配，提出未来适合于碳捕获和存储的大型煤电厂址选择等建议。

（4）适度扩大 CCS 项目的示范工作。在 CCS 项目碳封存稳定性尚难得到保证、投资成本相对较高的情况下，我国不宜全面推进 CCS 技术的普及工作。但可以进一步加大对能源开采企业出于增加生产量目标的 CCS 技术应用项目的鼓励力度，并结合现有基础，开展构建 CCS 项目全流程安全和低成本运行机制的示范工作。

（5）针对 CCS 的关键技术开展攻关研究。重点支持有关 CO_2 捕获和封存的技术研发工作，特别是有关 CO_2 的分离技术、化学封存技术，以及关键设备的研发工作；鼓励企业自主部署 CO_2 捕获和封存技术的开发、试验和示范工作，逐步建立符合我国国情的 CCS 技术和标准体系。

（6）积极推动 CCS 领域的国际合作工作。依托气候变化领域的现有国际合作框架，加强 CCS 相关标准、技术和法律的交流，鼓励碳密集部门借助国际先进技术，发展我国的碳捕获与封存技术与设施水平，降低 CO_2 排放强度，为国际气候变化事务中做出发展中大国的积极贡献。

致谢：在本章撰写和修改过程中咨询了多位 CCS 相关领域专家的意见，孙枢、张志强、巢清尘、彭斯震、许世森等专家对本章初稿进行了细致的审阅，并提出了宝贵的修改意见，谨致谢忱！

参考文献

国际能源网 . 2010-01-20. 道达尔首个 CCS 示范装置投运 . http：//www. china5e. com/show. php？ contentid =71007

国家电力信息网. 2009-10-16. 韩国电力投资 1.3 万亿韩元发展碳捕获和储存技术. http：//www. sp. com. cn/kjzl/jnyhb/200910/t20091020_ 139404. htm

曲建升，曾静静 . 2007. 二氧化碳捕获与封存：技术、实践与法律 . 世界科技研究与发展，（6）：78 ~ 83

曲建升，张志强，曾静静 . 2008. 气候变化科学研究的国际发展态势分析 . 科学观察，3（4）：24 ~ 31

王勤花，曲建升，张志强 . 2007. 气候变化减缓技术：国际现状与发展趋势 . 气候变化研究进展，3（6）：322 ~ 327

信息时报 . 2010-01-06. 二氧化碳埋地下壳牌公司新招引民愤 . http：//www. weather. com. cn/static/html/article/20100106/175507. shtml

薛亮 . 2009- 11- 06. 碳捕获可另选它途燃煤电厂并非重点 . 人民网 . http：//env. people. com. cn/BIG5/10332635. html

尹振茂 . 2009-12-07. 日本新能源产业技术侧重四大方面 . 证券时报 . http：//www. lrn. cn/technology/hqkj/200912/t20091207_ 441218. htm

曾静静，曲建升，张志强 . 2009. 国际温室气体减排情景方案比较分析 . 地球科学进展，24（4）：436 ~ 443

郑伟 . 2009. Derwent Innovations Index 数据库的主要特点及其检索方法 . 中国索引，1：56 ~ 60

Advisory Committee on Carbon Abatement Technologies（ACCAT）. 2009-02-28. Accelerating the Deployment of Carbon Abatement Technologies-with Special Focus on Carbon Capture and Storage. http：//www. decc. gov. uk/en/content/cms/what_ we_ do/uk_ supply/energy_ mix/emerging_ tech/carbon_ abate/carbon_ abate. aspx

BP. 2009-06-30. Statistical Review of World Energy 2009. http：//www. bp. com

CCTP. 2006-09-20. U. S. Climate Change Technology Program Strategic Plan. DOE/PI-0005

CDIAC. 2009-04-29. Global，Regional，and National Fossil Fuel CO_2 Emissions. http：//cdaic. ornl. gov/trends/emis/overview-2006. html

Cook P J. 1999. Sustainability and nonrenewable resources. Environmental Geosciences，6（4）：185 ~ 190

CSLF（Carbon Sequestration Leadership Forum）. 2009-08-18. Carbon Sequestration Leadership Forum Technology Roadmap. http：//www. cslforum. org/publications/index. html？ cid = nav_ publications

Dahowski RT，Li X，Davidson CL et al. 2009. A Preliminary Cost Curve Assessment of Carbon Dioxide Capture and Storage Potential in China. Energy Procedia，1（1）：2849 ~ 2856

European Commission. 2009-10-07. A Technology Roadmap for the Communication on Investing in the Development of Low Carbon Technologies（SET-Plan）. http：//ec. europa. eu/energy/technology/set_plan/set_plan_en. htm

FutureGen. 2003. About FutureGen. http：//www. futuregenalliance. org/about. stm

GeoCapacity. 2009-12-10. EU GeoCapacity：Assessing European Capacity for Geological Storage of Carbon Dioxide. http：//www. geology. cz/geocapacity/publications

Global CCS Institute. 2009-12-01. Strategic Analysis of the Global Status of Carbon Capture and Storage，Report 1：Status of Carbon Capture and Storage Projects Globally. http：//www. globalccsinstitute. com/general_ information/reports_ papers_ documents. html

Greenpeace. 2008-05-05. Why Carbon Capture and Storage won't Save the Climate. http：//www. greenpeace. org/international/press/reports/false-hope

IEA. 2002-09-30. Greenhouse Gas R&D Programme（IEA GHG）. Opportunities for Early Applications of CO_2 Sequestration Technology. Report Number PH4/10

IEA. 2004-12-20. Prospects for CO_2 Capture and Storage. Paris：IEA

IEA. 2005-07-03. Legal Aspects of Storing CO_2. OECD/IEA

IEA. 2007-06-26. World Energy Outlook 2007 – China and India Insights. http：//www. iea. org/textbase/nppdf/free/2007/weo_ 2007. pdf

IEA. 2008-10-20. Carbon Dioxide Capture and Storage：A Key Carbon Abatement Option. http：//www. iea. org/publications/free_ new_ desc. asp？ pubs_ id = 2052

IEA. 2008-12-10. Carbon Capture and Storage-Meeting the Challenge of Climate Change. http：//www. ieagreen. org. uk/glossies/ghgt9%20Reports%20cd. pdf

IEA. 2009-04-20. 中国洁净煤战略 . http：//www. iea. org/textbase/nppdf/free/2009/coal_ china_ book_ chinese. pdf

IEA. 2009-11-10. Carbon Capture and Storage Technology Roadmap. http：//www. iea. org/subjectqueries/cdcs. asp

IPCC. 2005-09-22. Carbon Dioxide Capture and Storage. New York：Cambridge University Press

IPCC. 2005-12-01. IPCC 特别报告：二氧化碳捕获和封存—决策者摘要和技术摘要 . http：//www. ipcc. ch/

pdf/special-reports/srccs/srccs_ spm_ ts_ cn. pdf

IPCC. 2007b. 气候变化2007：综合报告 . 政府间气候变化专门委员会第四次评估报告第一、第二和第三工作组的报告（核心撰写组，Pachauri R K，Reisinger A 编辑）. 瑞士日内瓦：IPCC 104

IPCC. 2007-09-15. Climate Change 2007：The Physical Science Basis. Cambridge University Press

National Energy Technology Laboratory. 2002. Carbon Sequestration Program. http：//www. netl. doe. gov/technologies/carbon_ seq/overview/index. html

National Energy Technology Laboratory. 2007. Carbon Sequestration Technology Roadmap and Program Plan 2007. http：//www. netl. doe. gov/technologies/carbon_ seq/refshelf/refshelf. html

PetroChina. 2007-09. CCS Activities and Developments in China，Presentation given to United Nations Meeting. www. un. org/esa/sustdev/sdissues/energy/op/ccs_ egm/presentations_ papers/li_ ccs_ china. pdf

The Global Energy Technology Strategy Program（GTSP）. 2007. Global Energy Technology Strategy：Addressing Climate Change. http：//www. pnl. gov/gtsp

WRI. 2007-10. Opportunities and Challenges for Carbon Capture and Sequestration. http：//www. wri. org/publication/opportunities-and-challenges-carbon-capture-sequestration

WWF. 2007-07-15. Climate Solutions：The WWF Vision for 2050. http：//www. wwf. fr

Xu Shisen. 2006-07-04. The Status and Development Trends of IGCC in China . http：//www. chinaesco. net/pdf_ ppt_ lt/pdf_ dir/xushisen. pdf

11 山地科学研究国际发展态势分析

熊永兰　张志强　王勤花　尚海洋　张树良

（中国科学院国家科学图书馆兰州分馆）

山地是全球气候变化的敏感指示器、濒危物种的保护区、日益稀缺资源（如水、能源和矿产）的储藏地以及古老文化的保留地，山地研究日益成为国际热点和科学前沿。

基于文献计量分析的结果，结合国际上重要的山地研究综合计划、专题计划、相关研究项目、研究报告，本章归纳出国际山地科学发展的5个重点领域，即山地生物多样性、山地灾害、山区与全球变化、山区发展、山区管理。考虑到山地灾害研究在我国山地研究中的重要性，本章专门进行了山地灾害防治技术专利计量分析。

整体而言，国际山地科学发展表现出以下5个趋势：山地研究的科学问题日益明确，多学科综合研究开创山地科学研究发展新阶段，理论研究与实践应用相结合，信息技术成为山地研究的重要手段，长期定位研究台站成为山地研究的重要平台。

本章提出加强我国山地科学研究的建议：高度认识山地的战略重要性；制定山地科学研究国家战略规划，组织实施山地研究系列项目；构建山地科学体系，推动山地科学研究发展；完善山地研究机构体系，鼓励国际交流与合作；加强山地研究基础设施建设，促进数字山地发展；研究促进山区发展的专门政策制度体系；加强公众对山地的认识，提高公众参与山地研究与决策的能力。

11.1 引言

山地是世界陆地的主要组成部分，其面积占世界整个陆地面积的24%（UNEP，2002）。然而，至今全世界对山地都无确切的定义。国际上，《千年生态系统评估》第24章《山地系统》（*Mountain Systems*）指出（MA，2006），山地可以从两个方面来定义：一是海拔高度（最低高度范围为300～1000米，依据纬度来界定）；二是坡度，坡度要在25千米内至少上升2°。根据联合国环境规划署世界保护监测中心（UNEP-WCMC）的界定，山地的最低高度范围为300米，但在赤道地区，山地的最低范围定在1000米，这一高度沿着纬度逐渐降低，到65°N、55°S时分别减低到300米左右。世界各国和区域根据各自的实际情况，对山地有不同的定义。例如，欧洲利用海拔、温度和地形要素对山区进行了定义（Nordregio，2004）。我国学者对山地也有不同的定义（陈国阶等，2004；钟祥浩等，2000）。但总体而言，对山地的定义基本以 UNEP-WCMC 为基础，再根据实际情况进行调整。本研究中所指的山地包含自然与经济双重意义，从自然特征上来讲，包括山地、高原与丘陵；从经济意义来讲，是指以山地、高原与丘陵等自然综合体为基础，与人类社会经济活动有内在联系的山地区域。

从世界各大洲的面积及海拔统计数据（图 11-1）来看，除南极洲以外，欧亚大陆拥有的山区面积最大。海拔 2500 米以上的居住面积也主要分布在欧亚大陆——青藏高原及邻近地区。世界上海拔 7000 米以上的所有山地都在亚洲，8000 米以上的山峰（共 14 个）全部位于沿青藏高原南缘延伸的喜马拉雅山脉。除南极洲以外，南美洲所拥有的高海拔山地面积仅次于欧亚大陆，它们主要由安第斯山脉中部地区的山地和盆地构成。世界上主要的山地国家也位于欧亚大陆的山脉地区（图 11-2）。欧洲小国安道尔共和国和列支敦士登两国的国土均为山区。

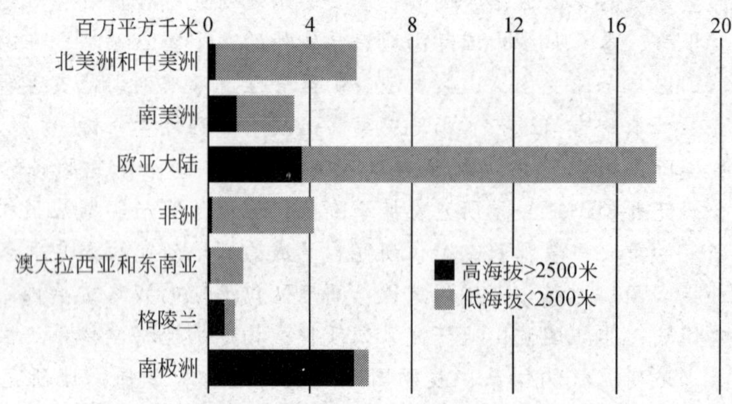

图 11-1　世界各大洲的山区分布情况（UNEP，2002）

自人类有历史记载以来就有关于山地研究的记载。但是，提出“山地学”（montology）一词，并将其作为一门独立的学科进行系统的综合研究，是在 20 世纪中叶以后（丁锡祉，1986）。近年来，山地作为全球气候变化的敏感指示器、濒危物种的保护区、日益稀缺资源（如水、能源和矿产）的储藏地以及古老文化的保留地，日益受到政治家和科学家的关注。对山地研究而言，1973 年是关键的一年。在这一年，联合国教科文组织（UNESCO）《人与生物圈计划》（MBA）将“人类活动对山地生态系统的影响”列为其重大课题之一。这是山地研究首次在国际层面的研究计划中得到关注。自此以后，国际社会开展了一系列与山地有关的活动，包括召开相关的研究会议，如 1974 年召开的慕尼黑会议（会议发表了《慕尼黑宣言》，强调要加强山地环境研究）；成立国际组织或机构，如 1980 年 9 月成立的国际山地学会（IMS）；制定国际研究计划，如全球山区生物多样性评估计划（GMBA）等。为了推动实施 1992 年在巴西召开的全球环境与发展大会倡导的《21 世纪议程》这一重要的长期战略，联合国于 2002 年开展了“国际山地年”活动，并从 2003 年起将每年的 12 月 11 日确定为“国际山区日”，每年一个活动主题（表 11-1）。

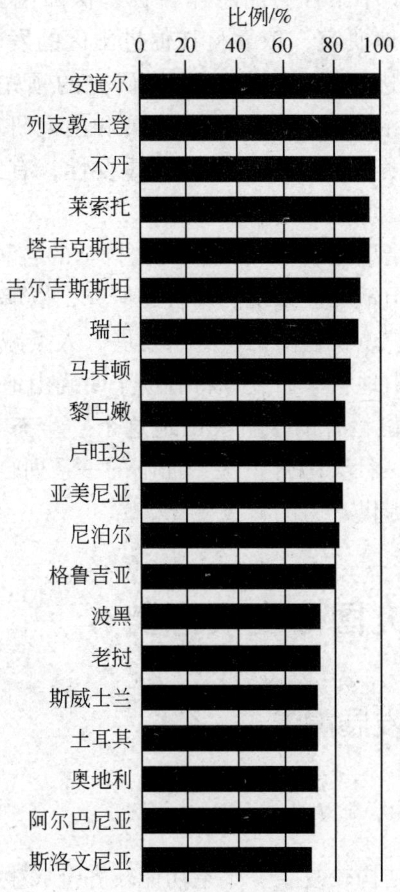

图 11-2　世界上山地面积比例最大的前 20 个国家（UNEP，2002）

这些活动不仅提高了国际社会对山地的认识，而且进一步推动了山地研究的发展，使世界山地研究进入一个国际合作的新阶段。

表 11-1　2003～2008 年“国际山区日”主题

年份	主题
2003	山区：水源地
2004	和平：山区可持续发展的关键
2005	旅游：减缓山区贫困
2006	为了更好的生活，经营管理山区生物多样性
2007	应对变化：山区气候变化
2008	山区粮食安全
2009	山区减灾管理

资料来源：http：//www. fao. org

我国是典型的山地国家，山地面积约占陆域国土面积的70%。但是，我国山区的发展总体上仍然比较落后和贫困，处于发展中国家与发达国家的过渡状态（陈国阶，

2009)。要实现我国全面建设小康社会的总体目标，保障国家的生态环境、资源、经济和社会安全，就必须加强山地研究，依靠科技促进山区的发展建设。近年来，我国在山地研究方面已经取得了重大进展，但与国际山地研究的领先国家相比还有一定的差距。因此，把握国际山地研究前沿，根据我国山区发展和山地研究的现状与特点，制定山地研究的国家战略，将有助于充分认识山地的战略重要性，有助于推动我国山区的建设和发展。

本章所谓的山地科学是指应用自然科学和人文科学的各种学科的理论、方法和手段，以山地区域为研究对象，对山地开展系统、综合的研究，以解决山地区域的资源开发、生态保护、文化保护、遗产保护、灾害防治、经济发展、人类减贫、社会进步等一系列问题的综合性科学体系。深入的山地科学研究，将有助于明确山地区域作为整个国家的不可分割的一部分的战略性功能定位，有助于解决山地这个“生态与社会综合系统”的演化问题，有助于解决“山地生态—社会综合系统”面临的一系列自然和社会问题，为国家的长治久安、国家宏观政策选择提供有力的科技支撑。

11.2 山地科学研究国际发展态势

11.2.1 山地研究发展需求

11.2.1.1 山地的战略意义

山地是地球表层系统中结构较复杂、生态功能较齐全、生态过程多样且影响强烈的区域。与低地和平原相比，山地具有以下显著特征（MA，2006）：

（1）半数人口依赖于山地。全世界 20% 的人口（12 亿）居住在山地或其周边地区，而且有半数人口以某种方式依赖于山地资源（主要是淡水）。

（2）山地具有高生物多样性的特点。山地生物多性占陆地生物多样性的 1/4 左右，而且世界生物多样性热点中有近一半集中在山地。地理位置上相互分离的山地还保持着较高的种族多样性。对许多社会而言，山地具有精神意义，而且山地的美景以及清新的空气也使其成为休闲旅游的目的地。32% 的保护区位于山地（9345 个山地保护区约占 170 万平方千米）。

（3）山地生态系统极其脆弱。山地易受自然和人类因素的影响。这些因素包括火山活动、地震、洪水以及由于不合理农业、林业活动和采掘业所造成的全球气候变化、植被和水土流失等。山地生态群落所能适应的温度（海拔）和降水的范围比较小。因为地势倾斜，土壤相对贫瘠，山地一旦受到破坏，其恢复过程将会很慢，有些甚至是不可能再恢复的。

（4）人类福祉依赖于山地资源。山地系统保存有丰富的生物多样性，为全世界提供了大部分的动植物产品。山地是一座座“水塔”，它为世界近半数人口提供水源，甚至包括为那些远离山地的区域提供水源。山地农业为近五亿人口提供口粮。山地居民已经发展出

高度的文化多样性，包括语言，而且传统农业知识也促进了可持续生产系统的发展。在许多山区，旅游是高地与低地之间交互的一种特殊形式，成为区域经济甚至国家经济的主要支柱。

(5) 山地的贫穷程度和民族多样性都比较高，与其他地区的人口相比，山区人口更容易受到威胁。全球90%的山地人口（约12亿）居住在发展中国家和转型国家。大约有9000万山地居民处于贫困状态，他们全部生活在海拔2500米以上，而且特别容易受到食品短缺的影响。工业用地、森林破坏、过度放牧以及不当的耕作方式都造成了不可恢复的土壤流失，致使其生态系统功能丧失，山地及其周边低地地区都面临不断增加的环境风险。

(6) 山地往往代表着政治边界，将交通限定到比较有限的走廊之上，通常也是少数民族和政治反对派的避难所。因为上述原因，山地成为武装冲突的焦点地区。外部利益介入的自然资源商业开发以及传统土地利用权利的模糊性，也会引起冲突。贫穷与偏远是许多山区医疗和教育系统落后的原因。

(7) 加强高地与低地的联系，促进上游与下游人口的可持续发展。在许多情况下，这种高地与低地之间交互的重点都是基于提供可持续的、清洁的、越来越有限的淡水资源。与其他区域相比，在陡峭地区，流域质量与生态系统完整性以及功能紧密地联系在一起。由于地上资源的管理会给山区居民以及与之直接联系的下游经济带来更大的可持续经济回报，因此，山区的环境保护和可持续性土地利用不仅是当地可持续性生存的必要条件，同时对于近半数生活在下游并依赖于山区资源的世界人口的福祉来说也尤其重要。

11.2.1.2 山区发展面临的问题

山地的上述特征具有两面性，它们既为山区的发展（如畜牧业、旅游业等）创造了有利条件，又在某种程度上限制了其他方面（如工业）的发展。总体而言，山区的综合发展面临以下问题：

(1) 社会系统问题。主要包括粮食短缺、贫穷、生计选择有限、当地社区承担开发工作的能力较差、山区人口减少、承受灾害风险的能力较弱等。

(2) 基础设施问题。主要体现在通信和其他现代设施难以到达、开展综合开发工作的基础设施条件较差、投入不足、发展旅游业和特色农业的相关设施落后等方面。

(3) 自然资源问题。主要包括生态系统脆弱、土壤侵蚀及肥力下降、水资源利用不当、特色农产品和林产品缺乏多元化利用等等。

(4) 生态系统问题。主要体现在高山植物生长季节短并且生长缓慢，而热带和亚热带低中山植物生长季节则比较长。有很多速生林，需要采取不同的种植方式来适应湿度、海拔、风和气候所决定的多元化生态系统。家畜和野生动物对牧草地展开竞争，生产以市场为导向的季节性蔬菜，其他农产品生产能力不足，探索山区生物效率的能力不足……

(5) 政策制度问题。山地区域有其不同于平原区域的特殊性，一般的发展政策事实上主要是针对平原区，在山区应用中存在着明显的局限性。山区发展的发展政策，主要是大多数发展中的山区国家缺少山区发展的专项规划和专门政策。

11.2.1.3 山区发展对山地研究的需求

据上所述，山区的发展问题涉及自然、社会和经济各个方面，而且随着社会经济的发展，这些问题也随之变化。要实现山区的可持续发展必须以山地综合研究为支撑，通过针对山区开展自然科学、社会科学及工程学等研究，促进山区的经济发展和生态环境及文化遗产的保护。

1）依靠山地研究，促进山区经济的发展

山区经济是完全不同于传统工业经济的经济发展范畴。山区经济开发中存在着经济增长与生态环境保护的两难选择。因此，在山地经济的发展中产业的选择与发展至关重要。在宏观层面上，这需要开展区域经济研究、山地政策研究、山地产业研究等社会科学方面的研究；在微观层面上，需要针对影响经济发展的各自然因子进行自然科学方面的研究，例如在农业方面，对土壤、作物的生长等开展研究。因此，开展山地综合研究，可以为促进山区经济提供科技支撑。

2）依靠山地研究，促进生态环境的保护和灾害的防御

随着人类对其产出需求（如淡水、纤维、土壤肥力）及吸收废物的需求的日益增长，山地生态系统将承受巨大的压力。因此，依靠山地综合研究，加强生态系统服务评估、生态补偿机制研究、生物多样性研究、山地灾害研究、水文研究等，有助于保护山地的生态环境，保存山地的生物多样性，提高山地居民防御灾害的能力，也有利于低地经济和山地经济的发展。

3）依靠山地研究，促进山区社会的进步

世界大多数山区都是比较落后的山区，基础设施条件较差、获取相关资源的能力不够、参与决策的能力不足、传统观念比较浓厚、武装冲突时有发生，山区的现代化和社会文明程度不高。而且人们很少意识到山地社区是传统知识、文化资源和精神资源的宝库。因此，通过开展针对山区的社会学研究，如管理体制研究、山区无形价值保护研究、水权评估、山区城市化研究等，可以为决策者提供科学依据，从而促进山区文明程度的提高和社会的进步。

11.2.2 山地研究发展现状

全球变化、自然灾害（如洪水、滑坡、泥石流、雪崩和地震）以及经济、文化和政治的全球化都在威胁着山区所支撑的复杂生命网络。此外，冰川的快速融化和集水区的退化正在降低水的可用性并增加因供给减少带来的冲突。在此背景下，全球山地研究也是围绕这些问题而展开的，主要关注点包括山地资源、全球变化、风险评估、区域可持续发展、环境与文化的衰退、保存与保护战略、贫穷、通达性、能力建设、管治以及冲突管理（Borsdorf，Braun，2009）。

为了解决上述问题，推动山地研究的发展，国际社会开展了一系列行动。一方面，成立国际性山地研究网络。例如，国际山地综合发展中心（ICIMOD）、国际山地学会

(IMS)、世界山地人口联合会（WMPA)、山地伙伴关系（Mountain Partnership)、极地和高山研究所（INSTAAR)、山地研究中心（CMS）等。另一方面，实施山地研究计划。例如，1997 年发起的“全球山地计划”（GMP)、1999 年发起的“高山环境全球观测研究计划”（GLORIA)、联合国大学 2000 年提出的“全球山地伙伴计划”（GMPP）等。另外，通过召开国际会议来促进全球的山地研究，如 2007 年在意大利举行的“山地森林的自然风险与自然扰动”国际会议、2008 年在德国举行的“山地与低地农业与自然资源管理国际研讨会”、2008 年在尼泊尔举行的“国际山地生物多样性会议”等。尽管全球的山地研究已通过研究网络的方式开展，但是这些研究成果并未得到政治家和经济学家的充分利用，而且在山地可持续发展战略的制定中，山地居民的参与能力不足，这是目前全球山地研究存在的主要问题（Borsdorf，Braun，2009)。

开展山地研究的主要驱动力是地缘政治、科学传统和经济福利，而不仅仅是山区的面积（Körner，2009)。尽管很多国家都在推动山区的发展，但从全球范围来看真正开展山地研究的国家与机构很少。欧洲因阿尔卑斯山而成为开展山地研究的重点地区，它也是最早推动跨国界山区保护与发展的区域。1952 年，欧洲成立了国际阿尔卑斯山保护委员会(CIPRA)。1999 年，成立了阿尔卑斯山国际科学研究委员会（ISCAR)，欧洲主要的国家级研究机构都签署了《ISCAR 公约》，以激励开展与阿尔卑斯山相关的科学研究（Veit，Scheurer，2006)。2000 年，欧盟制定了《阿尔卑斯山空间计划》(Alpine Space Programme)，其总目标是通过支持跨国项目，促进领土开发，培育凝聚力，增强阿尔卑斯山区的竞争力和吸引力。在 2000 ~ 2006 年，欧盟共资助了 57 个跨国项目。2001 年，瑞士国家科学基金会（SNSF）资助创立了“山地研究倡议”（MRI)，并得到了国际地圈生物圈计划（IGBP)、国际全球环境变化人文因素计划（IHDP)、全球土地科学计划（GLP)、全球陆地观测系统计划（GTOS）以及 UNESCO MAB 计划的认可。在过去的几十年中，欧盟还制定了一系列的科学议程，其中最重要的是“山区的全球变化研究战略”(GLOCHAMORE)、“ISCAR 研究议程”和“《阿尔卑斯公约》多年工作计划”。现今，阿尔卑斯地区所有国家都成立了国家级或跨区域级的机构（理事会、委员会、甚至是研究所）（表 11-2）来开展阿尔卑斯山研究或山地研究（Mountain Forum，2008)。从国家层面来看，瑞士是山地研究的主要领导者。瑞士在山地研究方面的突出地位在于其长期的研究传统。早在 1555 年，Conradus Gessner 就在苏黎世发表了第一篇描述山地植被随海拔变化情况的文章。大气科学（尤其是山地的大气科学）的建立可归功于 Horace Benedict de Saussure 于 1800 年左右在日内瓦的工作。第一本关于高山植物生态学的教科书由 Carl Schröter 于 1906 年在苏黎世出版。由于在 20 世纪瑞士未经历重大的政治危机，所以其山地科学得到了持续发展。目前，国际上一些重要的科学网络都位于瑞士，如世界冰川监测服务(World Glacier Monitoring Service)（苏黎世)、MRI（伯尔尼)、全球山地生物多样性评估(GMBA)（苏黎世）和定位于山区研究的发展和环境中心（Centre for Development and Environment)（伯尔尼)。

表 11-2 欧洲主要的山地研究机构（Mountain Forum，2008）

国家	机构名称	主体机构	地点
奥地利	联邦山地研究所（BABF）		维也纳
	山地风险工程研究所（IAN）	自然资源与应用生命科学大学	维也纳
	山地研究所：人类与环境（IGF）		因斯布鲁克
	Alps	自然风险管理中心	因斯布鲁克
	高山空间人类与环境研究平台（ASME）	因斯布鲁克大学	因斯布鲁克
	GLORIA	维也纳大学	维也纳
德国	高山研究所（AFI）		加米施－帕滕基兴
格鲁吉亚	V. Gulisashvili 山地森林研究所（IMF）	格鲁吉亚科学院	第比利斯
法国	法国国家农林水研究中心（CEMAGREF）		St-Martin-d'Heres
	中部高原与山地脆弱性应用研究中心（CERAMAC）	山地研究所	克莱蒙费朗
	地中海干旱山地学习与研究中心（CERMOSEM）	布莱斯大学中部高原研究与应用科学中心	米拉贝尔
	山地跨学科科学中心（CISM）	萨瓦大学山地跨学科研究中心	尚贝里
	高原生态系统研究中心（CREA）		沙莫尼
	高山地理研究所（IGA）	格勒诺布尔第一大学	格勒诺布尔
	山地医学培训与研究所（IFREMMONT）	沙莫尼医院	沙莫尼
	山地研究所（IM）		尚贝里
	北阿尔卑斯山 GIS 研究所		尚贝里
意大利	阿尔卑斯公约和国际山地议定协调组（EURAC-IMA）	EURAC	波森/博尔扎诺
	高山环境研究所（EURAC-IAE）	EURAC	波森/博尔扎诺
	阿尔卑斯山生态中心（CEA）	埃德蒙马赫基金会	特伦托
	意大利山地研究所（EIM）		罗马
	高山地区生态经济研究所（IRE-ALP）		Chiuro（SO）
	珠穆朗玛峰-K2 峰－国家研究委员会（Ev-K2-CNR）		贝加莫

续表

国家	机构名称	主体机构	地点
瑞士	高山环境研究中心（CREALP）		锡永
	联邦雪和雪崩研究所（SFL）	联邦森林、雪与景观研究所（WSL）	达沃斯
	全球山地生物多样性评估（GMBA）	巴塞尔大学	巴塞尔
	山地入侵研究网络（MIREN）	苏黎世联邦理工学院（ETH）	苏黎世
	山地研究倡议（MRI）	伯尔尼大学	伯尔尼
	国际阿尔卑斯研究科学委员会（ISCAR） 阿尔卑斯山研究委员会（ICAS）		伯尔尼
斯洛伐克	草场与山地农业研究所（GMA）	斯洛伐克农业研究中心	班斯卡－比斯特里察
西班牙	比利牛斯生态研究所（IPE）	西班牙科学研究理事会	萨拉戈萨
英国	山地研究中心（CMS）	珀斯大学	珀斯

11.2.3 山地研究重要计划与战略

为了进一步推动山区的发展，近年来国际社会推出了若干重要的山地研究计划。以下列举一些综合性的山地研究计划。

11.2.3.1 国际山地综合发展中心（ICIMOD）中期行动计划（2008～2012）

自1983年成立以来，ICIMOD一直致力于改善兴都库什—喜马拉雅（Hindu Kush-Himalayas，HKH）地区的环境状况和山区贫困人民的生计。ICIMOD的主要目标是促进山区生态系统的开发兼顾经济和环境两方面的利益。2008年1月，ICIMOD开始实施其新的战略框架和中期（2008～2012）行动计划（MTP Ⅱ）。该行动计划设定了5个战略目标，在其战略目标下确定了3个战略计划——水与灾害的综合管理、环境变化与生态系统服务、可持续生计与减贫（ICIMOD，2008a）。在每个战略计划之下，ICIMOD还制定了具体的行动和研究方向。

11.2.3.2 国际阿尔卑斯山研究委员会（ISCAR）研究议程

ISCAR成立于1999年，由瑞士科学院、奥地利科学院、意大利国家山地研究所（IMONT）等组成。2004年11月，阿尔卑斯大会通过了《阿尔卑斯公约多年工作计划（2005～2010）》（Multi-Annual Work Programme（MAP）2005～2010 of the Alpine Convention）。ISCAR作为《阿尔卑斯公约》的官方观察员，立即对MAP做出了响应，提出了与MAP相关的科学研究主题，即流动、可达性和交通运输；社会、文化和同一性；旅游、休闲和运动；土地利用、空间规划和保护；全球变化、自然风险和资源管理。

11.2.3.3 喀尔巴阡山科学战略（S4C 战略）

2007 年年初，喀尔巴阡山公约临时秘书处（ISCC）和欧洲科学院（EURAC）签署了一份备忘录，旨在促进喀尔巴阡山地区研究交流和研究计划的开展。在该备忘录的指导下，在 2008 年 5 月由波兰国立克拉科夫雅盖隆大学（Jagiellonian University）地理与空间管理研究所主办的首届国际研讨会上发起了“喀尔巴阡山科学”（Science for the Carpathians，S4C）倡议。

S4C 是一个旨在提高喀尔巴阡山地区全球变化研究的网络行动计划，其优先研究主题主要包括以下 7 个方面：①气候变化与气象数据；②可持续发展；③土地利用变化；④林业；⑤生物多样性和自然保护；⑥水；⑦旅游业的发展（MRI，2008）。

11.2.3.4 珠穆朗玛峰—K2 峰—国家研究委员会（Ev-K2-CNR）研究计划（2008～2010）

Ev-K2-CNR 是意大利一个有着 20 多年历史的高山科技研究机构，由意大利登山考察队队长 Ardito Desio 教授牵头成立，并创建了国际金字塔实验室－观测站（International Pyramid Laboratory-Observatory）。Ev-K2-CNR 开展的研究领域包括：医学和生理学、环境科学、地球科学、人类学和清洁技术。2008～2010 年间，Ev-K2-CNR 继续推动其主要的综合研究项目：高海拔站点环境研究（SHARE）、喀喇昆仑信托（Karakorum Trust，KT）实施的喀喇昆仑中央国家公园计划、兴都库什—喀喇昆仑—喜马拉雅（HKKH）伙伴关系项目、海湾环境监测与管理项目、针对高海拔地区垃圾处理问题的生态活动（EARTH）项目和在可再生能源中利用新的先进涡轮技术（Natur Energy）项目、医学和生理学、环境科学、地球科学以及人类学研究（Ev-K2-CNR，2008）。

11.2.3.5 北落基山科学信息中心（NOROCK）2007～2012 年战略计划

北落基山脉十年来经历了很大的变化。前所未有的人口增长、能源产业的再次兴起以及对水和自然资源需求的不断增加正在改变落基山的景观，也潜在地加速了气候变化。2009 年，北落基山科学信息中心公布了 2007～2012 年战略计划。在战略规划期，北落基山科学信息中心将通过四大主题来组织工作，包括：①野生生物的保护需求；②北落基山脉和世界景观的变化；③为管理者提供建模以及决策支撑工具；④技术开发与转移。在中心的能力建设方面，随着新的机遇的出现，中心将建立景观建模、气候建模和技术转移等新的能力（NOROCK，2009）。

11.3 山地研究的文献计量分析

本文利用文献计量学方法，通过国际研究论文的分析，揭示近期国际山地科学研究现状与态势、研究热点及其布局。

11.3.1　数据来源及方法

本文分析采用的数据库为 ISI Web of Science（SCI-E、SSCI）数据库，以“mountain” or“alpine” or“Alps” or“Himalayas” or“Andes” or“landslide” or“debris flow”为主题词，检索 2003～2009 年 11 月间的 article/proceeding/review 类型的文章。数据采集时间为 2009 年 11 月 26 日，共得到有效数据 33 167 条。

11.3.2　总体研究论文分布

11.3.2.1　论文总量年度变化趋势

2003～2009 年，山地研究领域论文总量总体呈平稳增长态势（2009 年数据因收录时滞等原因可能不全，仅供参考，下同），年均增长率达到 8.35%，其中 2008 年论文数量增长最快（图 11-3）。这些数据表明，自 2003 年以来，山地研究日益受到重视。

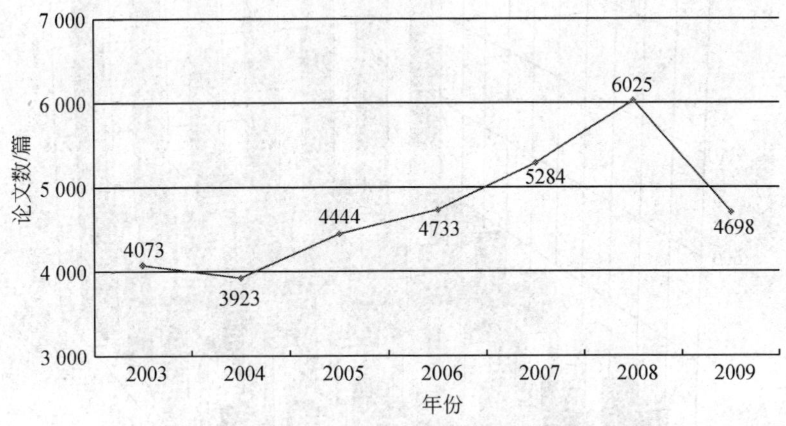

图 11-3　2003～2009 年山地研究论文变化趋势

11.3.2.2　重点国家（地区）发文量对比分析

从全部研究论文的国家和地区分布（图 11-4）来看，发文最多的国家（地区）主要来自山地国家（地区）发文最多的前 10 个国家的论文约占论文总量的 90%。美国发表论文数量最多，占总发文量的 27.4%；其次是德国（9.2%）和意大利（9.0%）。在这些国家中，欧洲国家有 7 个，可见，欧洲的山地研究在全球占有重要地位。

从这 10 个国家论文数量随时间的变化趋势来看（图 11-5），美国的论文数量一直保持领先地位，其他国家都呈缓慢增长的趋势。中国近两年的发展态势强劲，尤其是 2008 年，论文数量比 2007 年增长了 48%，呈现出超过瑞士、意大利和德国的趋势。

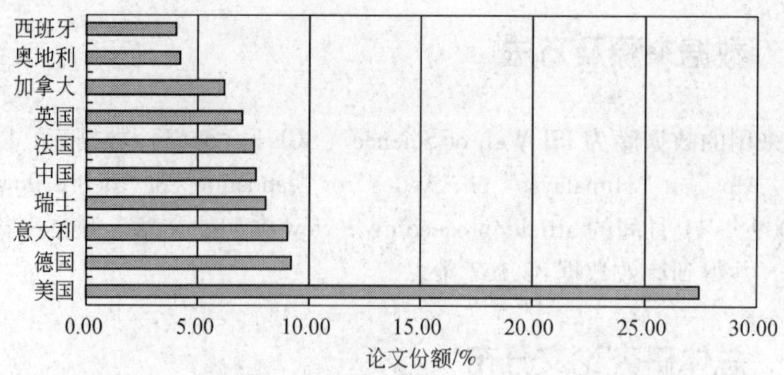

图 11-4　2003～2009 年山地研究主要国家的论文数量比例

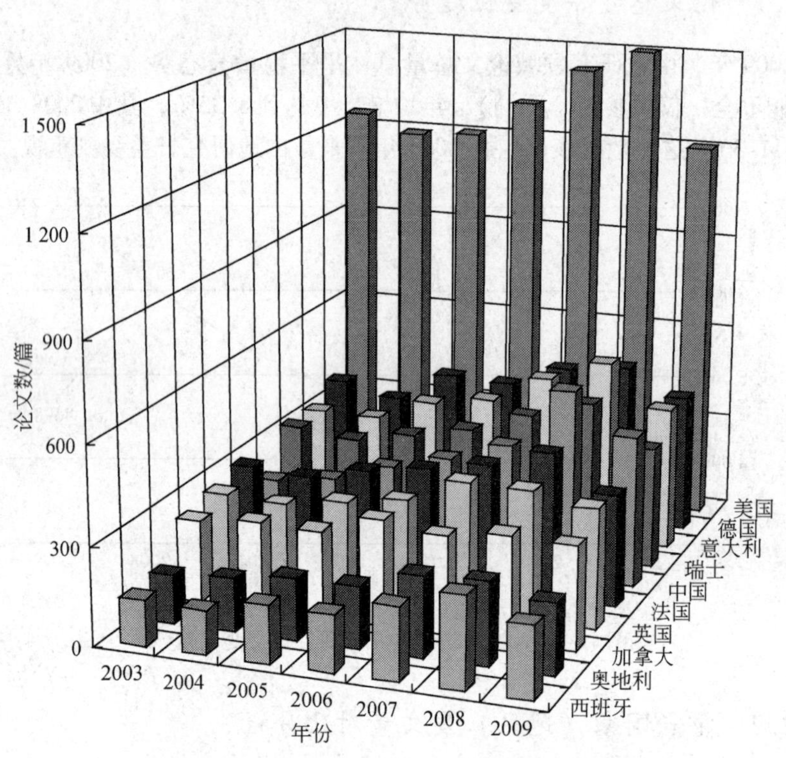

图 11-5　2003～2009 年主要国家论文数量随时间的变化趋势

11.3.2.3　机构发文量分布

在机构层面，中国科学院成为发表山地科学研究论文最多的研究机构，其次分别是美国地质调查局、瑞士苏黎世联邦高等工学院、意大利国家研究理事会、瑞士伯尔尼大学、美国科罗拉多大学、俄罗斯科学院、法国国家科学研究中心、加拿大不列颠哥伦比亚大学、奥地利因斯布鲁克大学。发表论文最多的前 10 个机构：一半是高校，一半是国家级研究机构。从这些机构所属的国家（地区）来看，美国的研究机构在山地研究领域占据引领优势，欧盟国家的研究机构最令人关注，占到上述机构的 50%（图 11-6）。

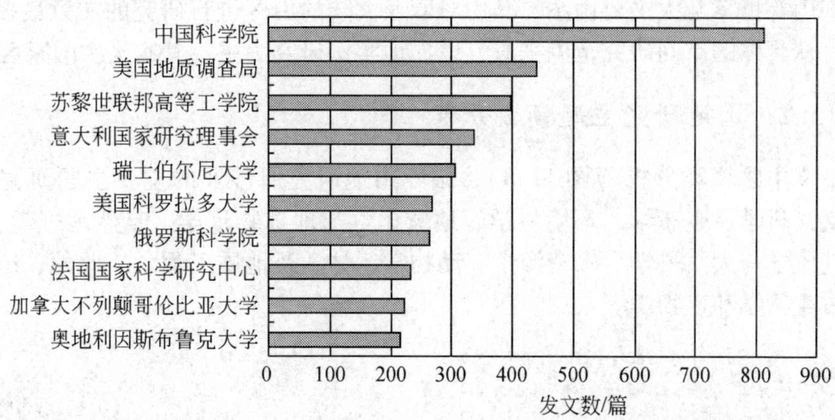

图 11-6 国际山地科学研究发文数最多的前 10 个主要机构

11.3.3 山地研究的主题分析

11.3.3.1 山地研究的空间范围

根据山地研究国际知名期刊《山地研究与发展》对 1991 ~ 2008 年在该刊上发表论文的统计（图 11-7），国际山地研究的空间范围主要集中在喜马拉雅山、安第斯山、阿尔卑

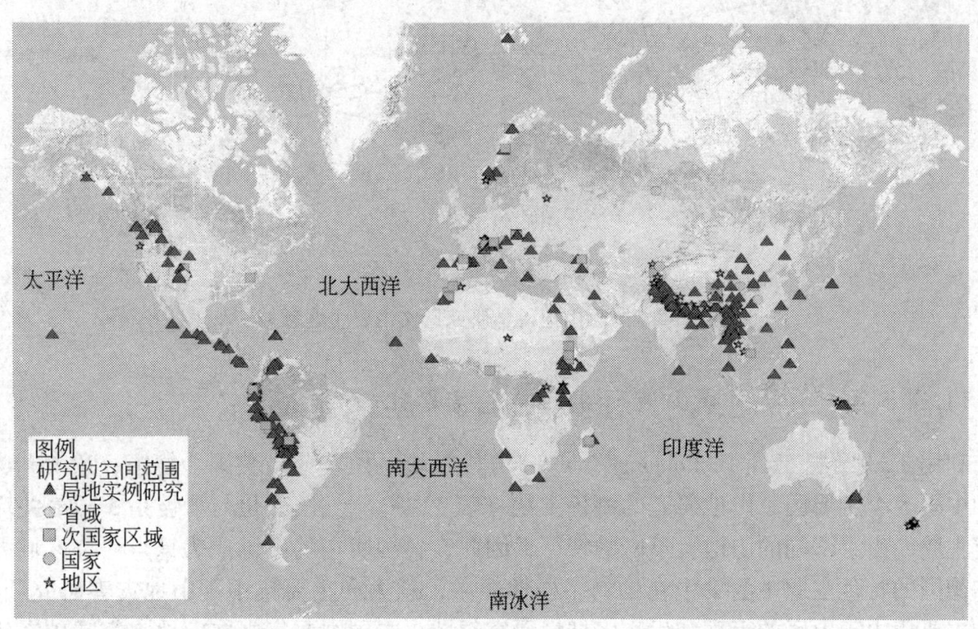

图 11-7 《山地研究与发展》期刊 1991 ~ 2008 年发表文章的研究范围

资料来源：Macntan Research and Development. 2009. Article Mapper. http：//www. mrd-journal. org/map

斯山、落基山等世界几大主要山系，其中对欧亚大陆的山区进行研究的文章最多，其次是美洲大陆。从具体的空间研究范围来看，以局地实例研究为主，其次是次国家区域。

11.3.3.2 山地研究主题领域分布

基于论文主题聚类分析（图 11-8），国际山地研究所涉及的主要主题研究领域依次为：地学交叉科学、生态学、环境科学、地球化学与地球物理学、自然地理学、地质学、植物学、气象学与大气科学、水资源学、动物学、林学及地质工程学。此外，还涉及进化生物学、古生物学和矿物学。

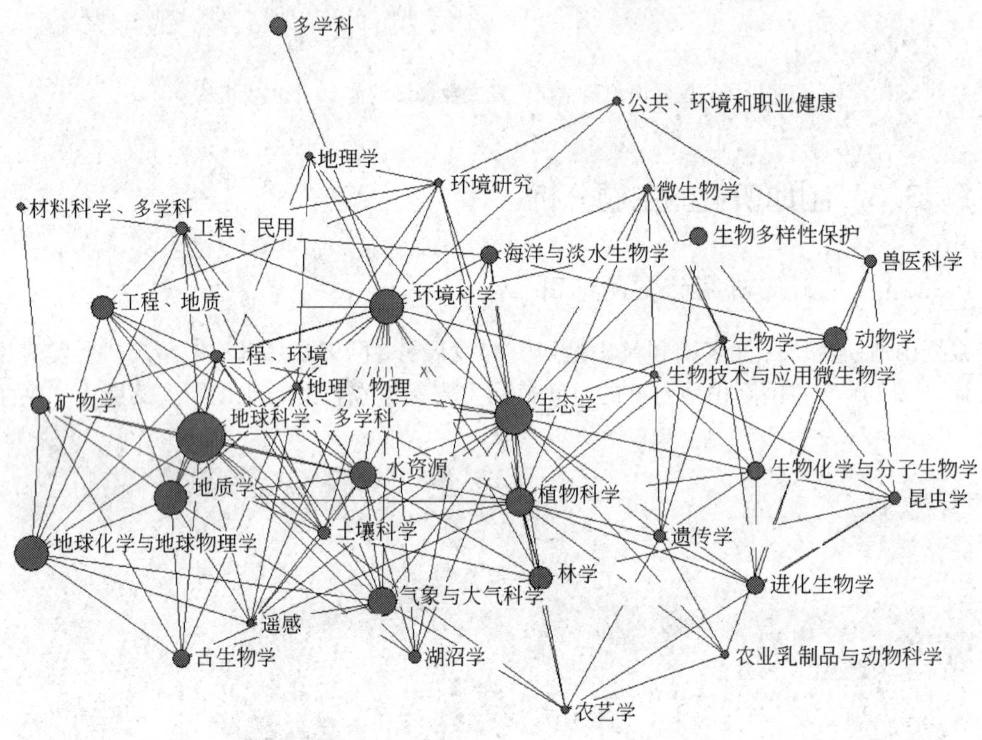

图 11-8 国际山地科学研究论文主要主题领域

11.3.3.3 主要国家山地研究的特色主题比较

利用 TDA 分析工具 Technology Analysis 分析模块，比较分析美国、德国、意大利、瑞士和中国 5 个主要国家山地研究的特色主题（表 11-3）。气候变化与滑坡是 5 国最关注的研究主题，由于不同的山地有不同的特征，因此，各国所在的山脉成为重点研究区域。美国和德国的特色主题主要集中在生物多样性领域；意大利主要集中于山地灾害研究领域；瑞士主要集中于山区的管理和生物多样性研究领域；中国主要集中在山地灾害与矿产研究领域。

表 11-3 2003～2007 年主要国家山地研究的特色主题比较

国家	最受关注主题词	特色主题词	近期主题词
美国	安第斯山、气候变化、滑坡	岩鸽、黄松、落基山斑疹热、山艾树、黄腿山蛙、科罗拉多高原、溶质运移、南加利福尼亚、黄石公园、科罗拉多弗兰特岭（Front Range）	幼虫、分化时间、蒸汽岩浆、鸣声、爆发、疱锈菌、计划、恐龙、判别分析、保肝药
德国	安第斯山、阿尔卑斯山、气候变化	草甸草原、浅色针叶林、山地草原、稀树草原、热点山地雨林、北莱姆斯通阿尔卑斯山脉（Northern Limestone Alps）、爵床科植物、原生动物、越南广平省、岩石物理	爱琴海、全球变化、放弃、独居石、孢粉分析、闪石、生物监测、角质层分析、检索表、近亲繁殖
意大利	阿尔卑斯、滑坡、意大利	科西嘉岛、卡拉布里亚弧、两相模型、翁布里亚区、埃特纳火山、草莓、甲状腺肿、无线电追踪、混合物的流变行为	土壤有机质、U-Pb 测年、喀尔巴阡山、分解、挥发油化学成分、流滑、裂隙岩体、指标性物种、喀斯特地貌、细胞核学
瑞士	阿尔卑斯、瑞士、气候变化	复杂地形、保护区、管理力度、推覆构造、附加值、杂阉牛、草原石鵰、黏膜病、瑞士南部、夏季牧场	喀尔巴阡山、阿尔卑斯地区、褐帘石、新生代、欧洲落叶松、植树造林、林木再生、放弃、中亚、黏土矿
中国	滑坡、中国、青藏高原	大别山、中国北方、高山麝香鹿、遥感、青藏高原、地质灾害、高寒草甸、金矿床、祁连山、天山	径流、青藏高原、珠穆朗玛峰、起源、种子大小、土壤呼吸作用、元素、岩石圈变形、微生物生物量、柴达木北缘

11.3.3.4 主要机构研究主题的对比分析

对论文数量位居前 10 位的国际重要研究机构的研究主题进行分析，得到基于研究主题的关联可视化图（图 11-9）。

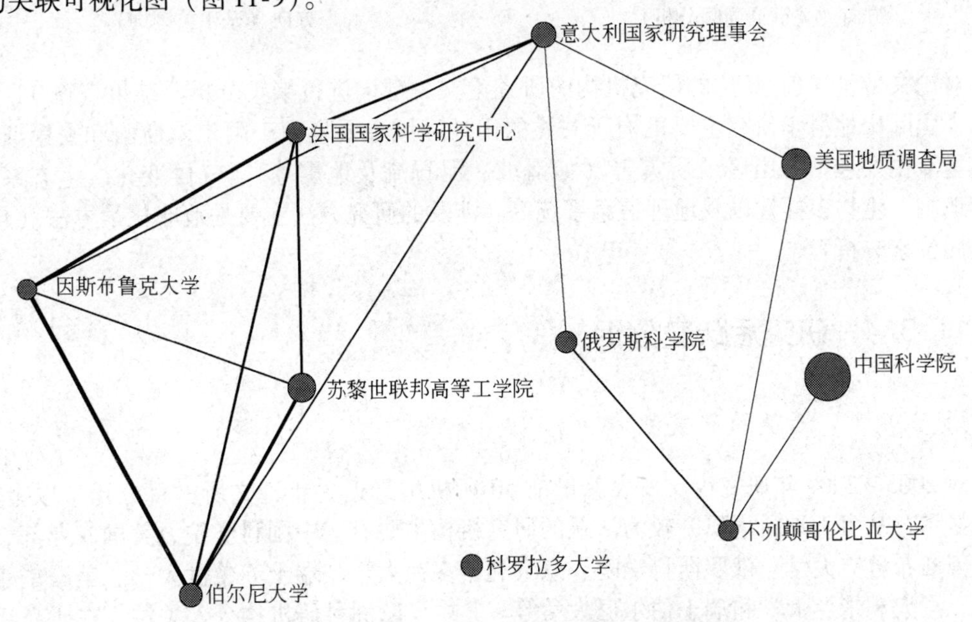

图 11-9 主要研究机构的研究主题关联可视化图

从图11-9中可以明显看出，基于主题的研究机构被分成了两个簇，左边一簇主要是以欧洲研究机构为主，右边一簇主要以美国、俄罗斯和中国为主。这表明，在山地研究方面，欧洲的研究机构的研究主题之间有很强的关联度（连线较粗），其中伯尔尼大学与其他机构间的主题关联性最强；中国科学院与其他机构间的关联强度较弱；美国科罗拉多大学与其他机构都无关联，表明该大学可能具有独特的研究主题。

11.3.3.5 研究热点方向

全部论文的高频关键词分析结果（图11-10）显示，国际山地科学研究主要聚焦于以下方向：建模与模拟分析；山区植被及生态系统；山区地质灾害（如滑坡、泥石流及地震等）；山区气候及气候变化以及山区气候变化效应等。研究目标区域集中在阿尔卑斯山和安第斯山。

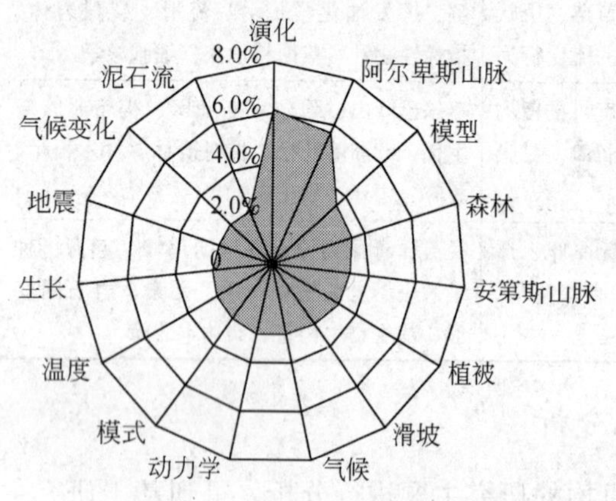

图11-10 国际山地科学研究主要方向（关键词词频分析）

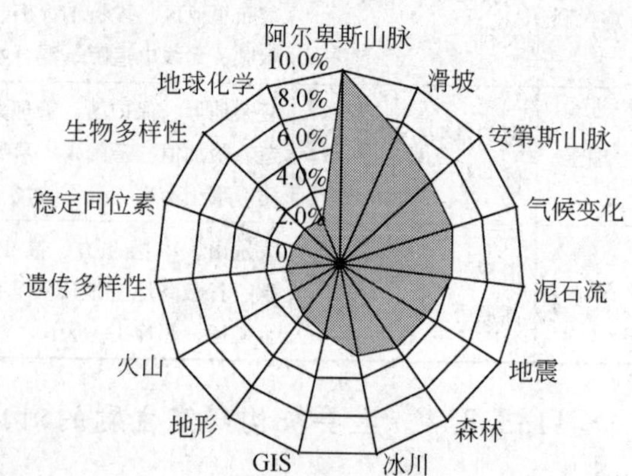

图11-11 第一著者机构研究热点研究方向（基于关键词）

对论文数量居前50位的研究机构的研究论文关键词进行聚类分析，结果（图11-11）显示，国际山地科学研究主要机构所关注的山地区域主要集中于阿尔卑斯山和安第斯山。研究重点主要包括：山区地质灾害（如滑坡、泥石流及地震等）、气候变化、生态系统、地形地貌、生物多样性以及地理信息系统等。涉及的研究方法主要是地球化学方法（包括稳定同位素分析）。

11.3.4 研究活跃度分析

11.3.4.1 活跃的研究机构

对2003～2009年研究论文发表总量前50所机构最近3年论文所占百分比予以考察，结果显示，从事山地科学研究较为活跃的研究机构主要有：中国科学院、美国农业部、奥地利因斯布鲁克大学、俄罗斯科学院、意大利帕多瓦大学、瑞士苏黎世大学、美国华盛顿大学、意大利米兰大学和瑞士伯尔尼大学等。其中，欧洲科研机构令人关注，在研究活跃度排名前10位机构中占50%（表11-4）。

表 11-4 2003～2009 年山地科学研究活跃研究机构

排名	研究机构	最近 3 年论文份额比例/%	总量排名
1	中国科学院	34	1
2	美国农业部	31	17
	奥地利因斯布鲁克大学	31	9
3	俄罗斯科学院	29	4
4	意大利帕多瓦大学	27	11
	瑞士苏黎世大学	27	14
5	美国华盛顿大学	25	13
	意大利米兰大学	25	15
6	瑞士伯尔尼大学	24	5
	法国国家科学研究中心	24	16
7	美国亚利桑那大学	23	21
8	美国科罗拉多州立大学	22	7
	德国慕尼黑大学	22	19
9	苏黎世联邦高等工学院	21	3
	美国科罗拉多大学	21	7
	美国加利福尼亚大学伯克利分校	21	12
	美国得克萨斯大学	21	18
10	加拿大不列颠哥伦比亚大学	20	6
	西班牙高等科学研究委员会	20	10

11.3.4.2 活跃的研究方向

对 2003～2009 年研究论文高频关键词进行进一步分析，考察前 50 个高频关键词在最近 3 年研究论文中的出现频次所占出现总频次的百分比，结果显示，土地利用、亲缘地理学、气候变化、分类法、冰川、生物地理学、生物及遗传多样性、生物多样性保护以及火山等成为山地研究近期最为活跃的研究方向（表 11-5）。

表 11-5 2003～2009 年山地科学研究活跃研究方向

排名	研究方向	最近 3 年百分比/%	总量排名
1	土地利用	62	18
2	生态系统	59	20
3	亲缘地理学	58	23
4	气候变化	57	4
5	分类法	56	15

续表

排名	研究方向	最近3年百分比/%	总量排名
6	冰川	53	7
7	遗传多样性	52	10
	生物地理学	52	24
8	生物多样性	51	16
9	火山	50	11
	生物多样性保护	50	17
10	泥石流	49	6
	地理信息系统	49	9

11.3.5 小结

基于 2003 ~ 2009 年国际山地科学研究论文分析，可将目前该领域研究的态势概括如下：

（1）国际山地研究主要集中于美国和欧洲国家（地区）（特别是地处阿尔卑斯山区的欧洲国家），研究的区域范围以世界各大山系为主，重点是阿尔卑斯山和安第斯山。

（2）在机构层面，国际山地研究集中于高校及国家级研究机构（如中国科学院、美国地质调查局等）。就机构而言，中国科学院具有论文数量优势；就整体而言，美国和欧洲的机构实力显著。

（3）国际山地科学研究主要关注的研究方向包括：山区地质（包括地质灾害）、山区气候及生态系统、山区气候变化及气候变化效应、山区生物多样性及生物多样性保持等，研究涉及地学交叉科学、生态学、环境科学、地球化学与地球物理学、自然地理学、地质学、植物学、气象学与大气科学、水资源学、动物学、林学及地质工程学、进化生物学、古生物学和矿物学等众多学科领域。

11.4 山地科学研究的前沿热点分析

由于山地系统是一个复杂的社会、经济、文化系统，因此，山地研究的内容也是多方面的。Mountain Forum 对欧洲 32 个主要山地研究机构进行的调查分析（表 11-6）证实了这一点（Mountain Forum，2008）。同时，从表 11-6 中也能看出欧洲地区目前山地研究的重点和前沿领域。结合此表，通过对山地研究的文献计量分析以及对国际上重要的山地研究综合计划、专题计划、正在开展的相关研究项目、研究报告等的分析，本文归纳出国际山地研究的主要领域和重点研究方向，主要包括山地生物多样性、山地灾害、山区与全球变化、山区发展、山区管理。以下予以重点阐述。

表 11-6 欧洲主要研究机构山地研究主题统计（Mountain Forum，2008）

主题	数量	主题	数量
生态/生物多样性/森林	18	农业	7
管理	13	全球化	6
可持续发展	11	旅游	5
气候变化	10	信息系统	4
多学科	10	社会发展	4
自然灾害	9	空间发展	3
水文/水资源	8	健康/运动	3
经济/创新	8	交通运输	2
政策	8	空气/污染	2
文化/遗产/景观	7		

11.4.1 山地生物多样性

全球山区覆盖了除极地以外的1/5的陆地面积，高山生命带（林线以上）仅占据了地球表面的3%，却容纳了至少10 000种维管植物，占所有维管植物的4%。山地生态区所拥有的物种数量相对于其他地区而言更高。这种不成比例的物种多样性对山区的斜坡稳定和关键的生态系统服务是很重要的。考虑到山地生物多样性保护价值的重要性，全球34个生物多样性热点地区有一半在山区。山地生物多样性的管理与研究已成为近几十年来全球的共同责任。2000年，国际地理联合会（IGU）专门成立了“山地系统多样性”学会，生物多样性是其关注的重点。2008年生物多样性公约缔约方大会（COP9）提出最迟于2010年在各个大陆确定6～10个重点区域以更好地研究山地的生物多样性（CBD，2008）。2010年国际生物多样性年和生物多样性缔约方大会（COP10）将特别关注山地的生物多样性问题（Mountain Forum，2009）。

11.4.1.1 山地生物多样性特点

与其他地区相比，山地的生物多样性具有以下特点，这些特点决定了山地生物多样性研究的特殊性与重要性。

（1）陡峭的地形、密集的气候带和景观碎片导致了山区较高的生物多样性。

（2）虽然绝对的物种丰富度随着海拔的升高而降低，但是土地面积随着海拔升高而降低却导致每个区域的物种丰富度保持像高山植物这样的一些生物类群的相对稳定。

（3）高海拔植物物种多样性也与单株植物的规模大小有关，这可允许多种生物类群（与其动物和真菌伙伴）在一个小的区域共存。

（4）尽管高山物种大都寿命长，在地理上相对隔离，但由于它们有高效的繁殖系统，而使得种群内的遗传多样性出奇的高。

11.4.1.2 主要研究计划

1）全球山地生物多样性评估（global moutain biodiversity assessment，GMBA）

GMBA是国际生物多样性计划（DIVERSITAS）下研究山地生物多样性的全球网络，旨在探究和解释山区生物多样性的丰度及其对全球变化的响应。GMBA有其特定的海拔关注点：高地的山区带、树线交错带、高山和积雪带以及对它们的人为改造。GMBA关注的重点领域是开发山区生物多样性评估的新工具——有地理参照的物种数据库，土壤和斜坡稳定性，土地利用变化和山区生物多样性（GMBA Office，2005）。

2）全球高山生态环境观测研究计划（GLORIA）

GLORIA由欧盟发起，它是针对气候变化对山地生态环境影响的监测评估问题而建立的一个国际性的研究网络。其主要研究问题是海拔梯度上山地生物区系的当前分布格局极其时间变化。

GLORIA采用多峰调查法，关注从树线交错带到高山带或永冻带的生物多样性对气候变化的响应，现已在135座山峰建立了36个观测点，记录了2617种植物、664种苔藓及283种地衣（Pauli et al.，2004）。近年来高山生物多样性的监测已取得了一些基础数据，但许多观测点刚建立不久，更多关于生物多样性对气候变化的响应还需在未来5～10年或更长的时间才能观测到（刘洋等，2009）。

3）全球环境基金（GEF）在山区的项目

作为《生物多样性公约》的重要资助机制，GEF援助发展中国家和经济转型国家减少其生物多样性的损失。GEF共有13项业务规划（OP），在生物多样性领域的业务规划有5项，按生态系统进行支持。山区是GEF生物多样性保护的优先生态系统之一。GEF对山区的生物多样性保护的投资很广泛，涉及100多个项目。资助的主题从偏远山地社区的可再生能源发电到就地保护和可持续森林管理。大部分集中在保护区及其周边环境（GEF，2006）。

4）山地入侵研究网络（mountain invasion research network，MIREN）

MIREN于2005年发起，目的是在全球层面上开展山地入侵植物物种的调查、监测、实验研究与管理。MIREN的合作伙伴有MRI、西部山地综合气候研究协会（CIRMOUNT）和GMBA。MIREN的核心研究计划包括6个山区：西北太平洋（美国）、瑞士阿尔卑斯山、智利安第斯山、夏威夷和加那利群岛（西班牙），覆盖了主要的气候带，并且包括了岛屿和陆地系统（Dietz et al.，2006）。

MIREN的三大主要研究领域是：生物入侵的机制研究、全球变化的模式及其影响、山地系统作为自然遗产区域所面临的威胁。

11.4.1.3 重点研究方向

1）山地生物多样性的监测与评估

对生物多样性进行长期、动态的网络监测研究，不仅有助于科研人员认知生物多样性变化的驱动因子并对其进行量化研究，而且还有助于认知山地生态系统长寿命物种的缓慢生态过程和动力学机制以及生物多样性的变化对生态系统功能和人类的影响。2004年《生物多样性公约》（Convention on Biological Diversity，CBD）通过的“山地生物多样性工

作计划”将山地生物多样性监测与评估方法的研究作为其到2010年的主要工作之一。全球性的山地生物多样性观测网络正在通过GLORIA计划实施。国际生物多样性研究计划（DIVERSITAS）和国际地球观测组织（GEO）于2008年4月宣布成立一个观测、收集、管理、共享和分析世界生物多样性现状和趋势的新机构——GEO·BON。建立在国家、区域、全球层面上的监测和观测网络系统已成为更长期、更持续和更大范围内进行生物多样性科学研究的主要支柱，但数据的多样性和数据本身的分散性及无组织性这一事实是继续推动山地生物多样性调查和监测活动的主要障碍。因此，对现有监测点进行持续的关注，并且共享、集成、分析从长期生态研究站点获得的数据是山地生物多样性监测的重点。

在生物多样性评估方面，一些国家已在基因层面（奥地利、瑞士）、物种层面（波兰在指标物种方面、阿尔及利亚在药用植物方面）和地貌层面（瑞士）开展了工作。欧洲生物多样性研究战略平台（EPBRS）将评估欧洲山地生物多样性作为实现2010年减少生物多样性丧失目标的优先研究点之一（EPBRS，2006）。为了推动进一步的评估，记录山区尤其是热带山区生物多样性的趋势，需要开展更多的同山区生物多样性损失和退化的社会经济标准和指标有关的工作。目前，许多组织和机构（如生物多样性公约、欧盟、英国等）已开发了多种评价生物多样性的指标体系。2007年，UNEP发起了“2010生物多样性指标伙伴关系”计划，其主要目标是制定一套综合的生物多样性指标，以便对各国生物多样性的状况及保护工作进行有效评估。但这些指标体系都是从大尺度的角度来评价生物多样性，缺乏专门针对山地生物多样性特殊性的指标体系。

2）物种入侵

生物多样性目前所面临的最严重威胁之一是侵入性外来物种所带来的威胁。2009年国际生物多样性日的主题正是“保护生物多样性，防止外来入侵物种”。山区拥有极高的物种密度（图11-12），而且大部分濒危动植物都生活在山区。因此，应对外来物种入侵成为保护山地生物多样性的重点之一。

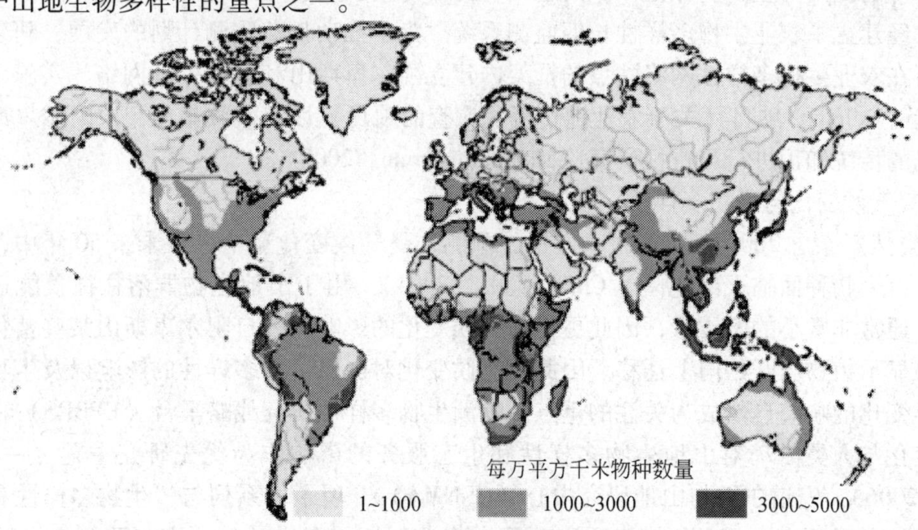

图11-12　世界物种数量分布图

资料来源：Jean-Marc Fleury. Mountain biodiversity at risk：threats to knowledge from high places. http：//www. idrc. ca/uploads/user-s/10443008390blo_ eng. pdf. 1999-09

一些国家（加拿大、波兰、南非）认为外来入侵物种是山区生态系统生物多样性退化和损失的主要原因之一。外来入侵物种问题在岛屿和有独立进化倾向的其他生态系统，如山顶和山中湖泊，可能会非常严重（CBD，2003）。据统计，入侵高海拔山地的外来植物物种至少包括 1000 种，山区的植物多样性面临严重威胁。而且在全球变化（如气候变化、人类压力的扩张等）的趋势下，外来物种入侵和本地物种灭绝的速率将加快，山区独特的动植物物种和生境将变得更加脆弱。美国 CIRMOUNT 协会计划加强对外来物种的研究，通过研究入侵物种的建立过程，例如研究与入侵物种的距离、景观结构、入侵物种的影响行动等，从而理解入侵物种在短期和长期范围内如何改变生态系统及其服务；并且该研究协会还重点关注气候变化对物种的影响（CIRMOUNT，2006）。在欧洲阿尔卑斯山，MIREN 与阿尔卑斯山保护区网络及欧盟阿尔卑斯山空间计划 ECONNECT 项目联合制定了一项应对入侵植物风险的综合战略。这一试点项目所取得的经验将在其他山区得到验证与应用（Mountain Forum，2009）。“阿巴拉契亚高地入侵物种项目”（The Appalachian Highlands Invasive Species Project）正在西弗吉尼亚州山区研究所下属的斯普鲁斯峰山地中心（Mountain Institute’s Spruce Knob Mountain Center）开发一个以社区为基础的研究、教育和示范基地，以为控制入侵植物和为恢复原产植物制定办法（EPA，2008）。

3）农业生物多样性

农业是山区经济的基础，它占据了山区大面积的土地，而且囊括了大量生物多样性。全球许多重要农作物的起源、多样性和驯化中心都位于山区。因此，农业景观内部的生物多样性保护与研究将在山地生物多样性保护战略中发挥重要作用。国际马铃薯中心（CIP）成立的目的是通过对马铃薯、白薯、其他根茎和块茎作物的科学研究以及对安第斯山和其他山区资源的管理，减少发展中国家的贫困，并且实现可持续的粮食安全。加拿大发展研究中心（IDRC）所支持的所有活动旨在保护山地的农业生物多样性，寻求协调贫困农民粮食产量的提高与生物多样性保护的途径将此作为其长期研究战略的一部分。阿尔卑斯山地区已经建立了农业生物多样性长期监测系统。为了推动长期监测计划的发展，阿尔卑斯地区将在农业生物多样性网络站点的框架内建立阿尔卑斯山利益相关者网络，实施下一轮德尔斐（Delphi）项目（关于农业遗传资源调查的项目）以及就收集与记录阿尔卑斯山地区农民的传统知识进行可行性研究（Mountain Forum，2009）。

4）气候变化与生物多样性

《自然》杂志 2004 年发表的一份报告预测，受气候变化影响，在未来 50 年中，全球将有百万个物种面临灭绝危险（Chris et al.，2004）。由于山地生物群落往往仅能适应特定的、通常非常小的海拔带，因此更易受气候变化的影响。来自阿尔卑斯山某些植物的详细记录显示植物已开始向上迁移。因此，气候变化对山区生物多样性的影响以及生物物种对气候变化的响应自然成为关注的重点。欧洲生物多样性研究战略平台（EPBRS）将评估气候变化与人类活动对山地生物多样性和生态服务的影响作为优先研究主题之一（EPBRS，2006）。安道尔雪与山地研究中心（CENMA）开展了一系列与“生物多样性和气候变化”相关的研究项目，如蝴蝶监测项目、菌类生长与多样性的研究与监测等。2008 年生物多样性公约缔约方大会（COP9）提出“利用样本发生数据，最迟于 2010 年查明气候变化对现有的山地保护区造成的风险”（CBD，2008）。

11.4.2 山地灾害

11.4.2.1 山地灾害的概念及研究的重要性

山区是自然灾害发生的集中区域和频发区域。对于山地灾害的定义及其所包含的灾害种类，学者们有不同的理解和认识（表11-7）。综合这些观点，我们认为，山地灾害是指在山区特殊的地质、地貌、地理、自然环境和水文气候等条件下，由自然和人为因素导致的、对人类生命财产或人类赖以生存的生态、资源、环境构成破坏的地质和水文气象类灾害事件。其灾害种类主要包括：地震与火山；滑坡、泥石流、崩塌；洪水；干旱；雪崩等等。

表11-7 关于山地灾害的概念与分类

序号	定义	主要灾种
1	山地灾害是山地环境在演化过程中伴生的，或人类不合理的经济活动激发的，对人类的生产和生活活动，甚至对人类自身的生存发展具有不利影响的各种自然现象和人为事件的总称（钟敦伦等，1997）	泥石流、山洪、滑坡、崩塌、雪崩、冰崩、水土流失
2	山地灾害系指在山区对人类生存和工程建筑可能构成危害的各种特有的自然环境灾害（吴积善等，1997）	块体运动类灾害：崩塌、滑坡、滚石、落石、雪崩。流体类灾害：山洪、泥石流、水土流失和碎屑流
3	山地自然灾害是在山区的特殊的自然环境演化中伴生或人类不合理活动所激发的，对人类生存发展具有不利影响的自然事件（姜彤等，1997）	滑坡、泥石流、突发山洪和地震等
4	当山地自然的变异达到一定强度，使山地自然环境与人类社会的平衡受到破坏，给人类的生产、生活甚至生命财产造成危害时，成为山地（自然）灾害（柴宗新，1997）	山地气象、水文灾害：干旱、洪涝、冰雪、低温、风沙。山地地质灾害：地震、火山、地裂。山地水土灾害：坡面土壤侵蚀、崩塌、滑坡、泥石流。山地生物灾害：病、虫、鼠、虫害。山地人为自然灾害：森林火灾、人为诱发次生灾害
5	山地灾害是发生于山区、以地质灾害为主的自然灾变现象（关晓岗，2008）	以重力作用为主导的山坡块体灾变过程及其所产生的崩塌、滑坡等，以水力作用为主导的山地坡面灾变过程及其所产生的恶性水土流失和地面“沙石化”等，重力作用和水作用兼而有之的山地沟谷灾变过程及其所产生的泥石流和溃决性洪流等

山地灾害不仅严重危害山区人民的生命财产安全，影响山区经济的持续发展，而且使得人类的生存环境进一步恶化（彩图25）。随着人口的快速增加，各国平原地区可供开发利用的土地面积将越来越少，居住在山区的人口将逐渐增多。在人类活动加剧和活动范围不断扩大、气候变化异常的情况下，山地灾害隐患将不断增加，山地灾害的生态环境和社会经济代价也将日益巨大。因此，加强山地灾害的研究，预防和减轻山地灾害，已经成为国际社会和科学界尤其是山地国家发展所关注的重点。

11.4.2.2 主要研究计划

在国际减灾战略（ISDR）的推动下，国际社会和各国制定了新一轮的山地灾害研究计划。

1）国际滑坡研究计划（IPL）（ICL，2004）

国际滑坡研究计划（IPL）是国际滑坡协会（ICL）于2002年发起的一项国际性行动计划。其IPL通过拟定各种项目实施方案，为国际减灾战略（ISDR）做出贡献。国际滑坡研究计划立案项目的主题范围如下：

（1）滑坡的基础性研究。例如：地质工程、岩土工程和地球物理学模型；遥感等监测系统；新技术、专家和智能系统；地震触发和降雨诱发滑坡；突发性和缓变运动现象。

（2）全球性滑坡数据库和滑坡灾害评价。例如：全球性滑坡数据库开发；气象、水文和全球气候变化对滑坡的影响；滑坡评估信息；GIS在滑坡方面的应用。

（3）滑坡风险减灾研究。滑坡风险评价包括：灾害性质评价，灾害制图和易发程度评价；早期预报预警系统研究；国土开发和土地利用计划；滑坡补救措施研究。

（4）项目的文化和社会应用性。文化遗产和自然遗址地区滑坡研究、高社会价值区滑坡研究、对灾难性滑坡灾害的联合调查、发展中国家典型滑坡案例研究。

2）国际滑坡协会《2006年东京行动计划》（ICL，2006）

国际滑坡协会（ICL）于2006年1月17~20日，在日本东京联合国大学召开了由成员国和有关国际组织代表参加的圆桌会议。会议主题是"在联合国国际减灾战略框架（以滑坡为主）下，加强地球系统风险分析和可持续灾害管理研究与交流"。会议最终形成了《2006年东京行动计划》（2006 Tokyo Action Plan）。该计划的主要目的是加强滑坡及相关地质灾害的研究，在全球范围内应对风险，并建立一个动态的、全球国际滑坡计划（IPL）网络。该计划将在技术开发、滑坡的机制与影响、能力建设以及减灾、备灾和灾后恢复4个领域开展全球合作。

3）2005~2015年兵库行动纲领：加强国家和社区的抗灾能力（UNISDR，2007）

2005年在日本兵库县神户市举行减少灾害问题世界会议，通过了《2005~2015年行动纲领：加强国家和社区的抗灾能力》。会议在战略上系统地研究减轻应对灾害的脆弱性和风险、突出了加强国家和社区抗灾能力的必要性，并为此确定了各种途径。会议通过了以下5个行动重点：①确保减少灾难风险成为国家和地方的优先事项并在落实方面具备牢固的体制基础；②确定、评估和监测灾难风险并加强预警；③通过知识、创新和教育，在各层面培养安全和抗灾意识；④减少潜在的风险因素；⑤在各层面加强备灾以对灾害做出有效反应。

4）灾害风险综合研究科学计划——应对自然与人为环境灾害的挑战（ICSU，2008）

2008年10月22日，ICSU发布了报告《灾害风险综合研究科学计划——应对自然与人为环境灾害的挑战》（A Science Plan for Integrated Research on Disaster Risk—Addressing the challenge of natural and human-induced environmental hazards）（IRDR计划）。

IRDR科学计划的研究重点是与地球物理、海洋、水文气象等相关的灾害，包括地震、火山、洪水、飓风、台风、热浪、干旱、火灾、海啸、海岸侵蚀、滑坡等，人类活动（包括土地利用行为）在引发灾害或增强灾害危害方面的内容也将会涉及。此外，灾害风险的

降低、风险模式的理解、风险的管理决策等相关问题将需要从区域尺度和全球尺度来进行综合性研究。

本章提出了应对灾害风险的三大研究方向：灾害、灾害脆弱性和风险性的特征，理解风险复杂化和不断变化背景下的决策，通过以知识为基础的行动降低风险、控制损失。

5）美国《减灾的巨大挑战行动计划》（NSTC，2008）

2008 年 1 月，美国国家科技委员会（National Science and Technology Council，NSTC）发布《减灾的巨大挑战（Grand Challenges for Disaster Reduction）行动计划》。行动计划重申了该委员会提出的减灾面临的六大挑战，即及时提供灾害信息、了解灾害发生的自然机制、制定减灾战略和开发减灾技术、认识和减轻重要基础设施的脆弱性、用标准方法评估灾害影响、促进风险意识和行为。

行动计划评估了美国 14 种灾害（海啸、火山、海岸淹没、干旱、地震、洪水、热浪、森林火灾、冬季暴风雪、人和生态系统危害、飓风、龙卷风、山崩、技术带来的危害）的风险、挑战、行动计划及其收益，明晰了科技在减灾中的作用。

6）美国国家地震减灾计划 2008～2012 年战略计划（NEHRP，2008）

美国联邦应急事务管理总署（FEMA）、美国国家标准技术局（NIST）、美国国家科学基金会（NSF）和美国地质调查局（USGS）4 个减灾机构，于 2008 年 4 月联合发布了《2008～2012 年国家地震减灾计划》（NEHRP）。该计划从需求和实际出发，提出了对 NEHRP 资源的最有效利用，以达到在未来地震中减少损失的目的。上述 5 年的地震减灾计划提供了一种简单、现实和可执行的战略指导，尤其是对整个计划期间 NEHRP 预期面临的制约因素的评估。

明确制定了以下 9 个跨领域的战略优先领域：①充分有效地维护和完善美国国家地震监测台网系统（ANSS）；②改善对现有建筑物进行评估和修复的技术；③进一步发展基于建筑物性能的抗震设计；④增加考虑与减灾行动有关的社会经济问题；⑤制定国家震后信息管理系统（PIMS）；⑥发展先进的地震风险减轻技术并在实践中进行应用；⑦建立抗震救灾生命线所需要的组成要素和系统；⑧构建并管理能有效减轻地震风险的地震情景；⑨提高在国家和地方层面上减轻地震灾害的工作。

7）美国地质调查局滑坡灾害 5 年（2006～2010）计划（USGS，2005）

自 20 世纪 70 年代中期，滑坡灾害计划（LHP）作为一个国会授权的项目就已开始实施，旨在减少破坏，避免不同类型的滑坡发生。LHP 的主要工作有：研究和监测活动滑坡、对滑坡灾害做出响应、编制科学报告和图件以及其他有着广泛用户需求的成果。

LHP 2006～2010 年计划的长期目标：①进行滑坡灾害评价；②监测和模拟活动滑坡；③提供滑坡灾前和灾后的评价；④提供滑坡灾害信息和滑坡减灾方案。

8）日本《预测地震与火山喷发的观测研究计划（2009～2013）》

2008 年 7 月，日本文部科学省（MEXT）提出了《预测地震与火山喷发的观测研究计划》（Observation and Research Program for Prediction of Earthquake and Volcanic Eruption（2009～2013））。该计划的实施内容主要包括预测地震发生和火山喷发的观测研究、能够解析地震与火山灾害现象的观测研究、新观测技术的开发（MEXT，2008）。

9）法国科研署《自然灾害的控制、减少和修复研究计划》(ANR，2008)

法国科研署（Agence National de la Recherche，ANR）新发布的《自然灾害的控制、减少和修复研究计划》是一项开放式的新计划，重点关注自然灾害的应对措施。该计划的研究大纲依据危机情况而定，从危机前、危机中、危机后考虑。

危机前（正常时期)：①对危险的认识；②敏感度与警觉度；③政策与法律。

危机中（危机期间)：①开发全程警戒运行系统模型；②实时预报模型或预警模型；③警戒传播运行系统模型的研发；④与快速警报相连接的实时观察工具的研发；⑤错误警报的经济、社会和法律损失研究；⑥危机管理：法律方面；⑦经验总结和记录保存；⑧危机方案制定战略的研究。

危机后（修复期)：①救灾措施的适当性和各种灾害现象评估；②损失评估；③信息系统的设计、数据提供与更新；④个人与单位对意外事件的重建模式和适应模式；⑤理赔程序与机制评估。

11.4.2.3 山地灾害防治技术专利分析

1）数据源

通过对 1999 ~2009 年山地灾害防治技术领域专利数据①分析，系统揭示近 10 年以来山地灾害防治技术的研发现状与态势、研发热点以及技术分布与格局。分析数据来源为 ISI WoK 的德温特创新索引数据库（DII)，分析工具采用 TDA。专利数据统计基于优先权专利。

2）山地灾害防治技术专利时序分布

1999 ~2007 年山地灾害防治技术专利申请总体呈稳定增长态势，该时间段的专利申请峰值年度为 2007 年，专利申请较之 1999 年增长 61%（为 1999 年专利申请量的 1.6 倍)。由于从专利申请到专利公开存在时滞，因此，2008 年和 2009 年数据仅供参考（图 11-13)。

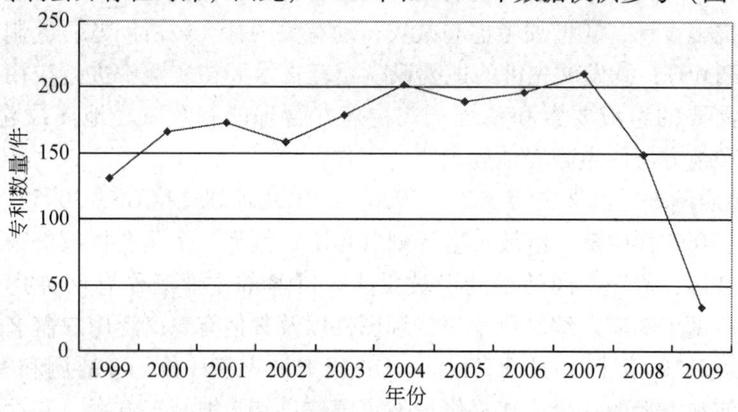

图 11-13　1999 ~2009 年山地灾害防治技术专利申请趋势

① 山地灾害防治技术专利检索策略：(DC = （T01-D* or T01-H* orT01-J* or Q41* or Q42* or Q43* or Q49* or S03* or S02* or Q25* or T06* or W06-A* or W06-B* or X27-U* or X27-V* or X27-X* or A93* or Q38* or W05*）or MC = （W05* or S02 or T01-C03 or T01-J* or T01-N* or S03* or W05-B08 or S02-K08A or S02-K09 or W05-B05 or W05-B08C or S03-D02A or T01-J05B4P or W05-C02)) andTS = （（landslide* or “debrisflow” or “wild fire” or avalanche* or volcan* or landslip）or（（mountain* or alpine*）and（hazard or disaster or flood)))。入库时间 = 所有年份，数据库 = CDerwent，EDerwent，MDerwent。检索时间：20100126。检索结果：3231 条，经 TDA 清理后，数据为 2669 条

3）山地灾害防治技术专利国家和地区分布

（1）专利数量国家和地区分布。

1999～2009 年山地灾害防治技术专利申请主要集中于日本专利局、美国专利与商标局，两个专利机构的专利申请总量占全部专利的 60%。除上述两国外，专利受理量前 10 位的国家和地区专利机构还包括中国国家知识产权局、韩国专利局、德国专利局、俄罗斯专利局、欧洲专利局、英国专利局、加拿大专利局和法国专利局（图 11-14）。其中，日本专利局专利占全部专利的 42%。

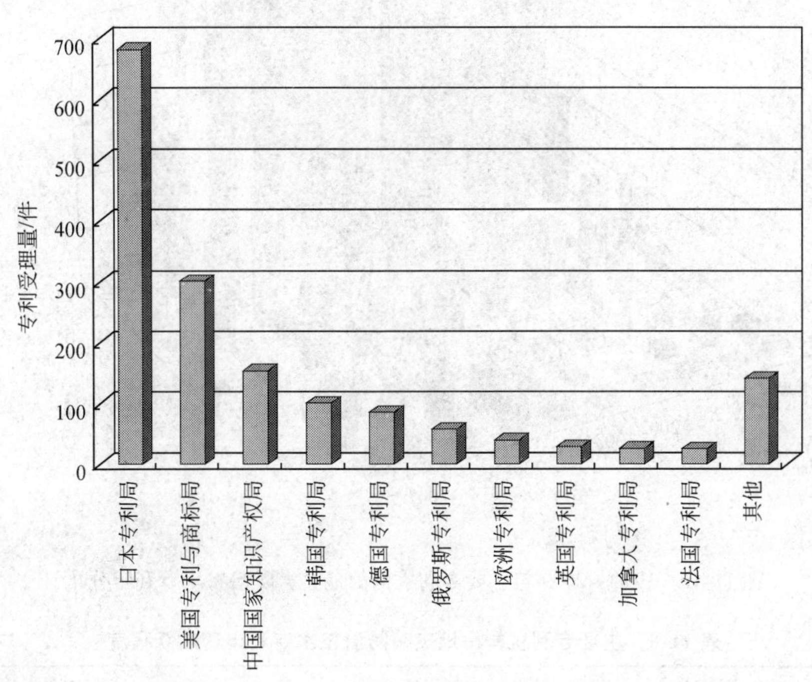

图 11-14　1999～2009 年山地灾害防治技术专利机构分布

（2）主要国家和地区专利申请趋势。

1999～2007 年，山地灾害防治技术专利申请最多的前 10 个国家和地区中，中国和韩国的专利申请总体保持稳定增长，日本和美国自 2006 年开始呈逐年下降趋势，德国和俄罗斯则相对稳定，其他国家波动性较大（图 11-15）。韩国和中国的专利申请增速显著，年均增长率分别为 48% 和 74%。中国专利的增长集中于 2006 年和 2007 年，其年均增幅达 121%。

（3）主要国家和地区专利申请活跃程度。

以各主要国家和地区在其专利申请活动年限最近 3 年（2007～2009）的专利申请情况为考察标准，结果显示（表 11-8），中国和韩国为山地灾害防治技术专利申请活动最活跃的国家，其最近 3 年的专利申请分别占到其专利活动年限专利总量的 73% 和 56%；其次是加拿大（50%）、美国（46%）和欧洲（33%）。而专利总量领先的日本近 3 年山地灾害防治技术专利申请活动明显减弱，其最近 3 年专利申请仅占其专利总量的 8%。

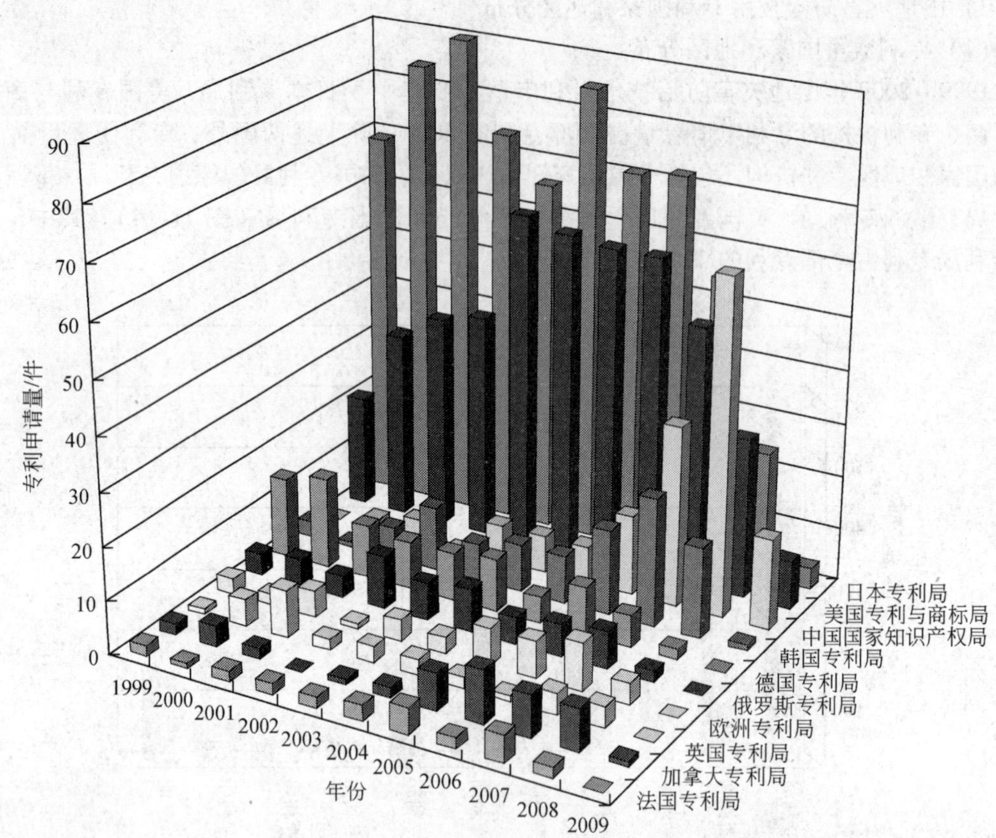

图 11-15　1999～2009 年主要专利机构山地灾害防治技术专利年分布

表 11-8　主要专利机构山地灾害防治技术专利申请活跃程度

排名	专利机构	近 3 年专利份额/%
1	中国国家知识产权局	73
2	韩国专利局	56
3	加拿大专利局	50
4	美国专利与商标局	46
5	欧洲专利局	33
6	英国专利局	29
7	法国专利局	28
8	日本专利局	22
9	俄罗斯专利局	16
10	德国专利局	8

（4）主要国家和地区研发布局分析。

基于国际专利分类宏观展示 1999～2009 年山地灾害防治相关技术在主要国家和地区的分布以揭示主要国家和地区山地灾害的防治技术研发取向及特点。

1999～2009 年各主要国家和地区在山地灾害防治技术研发布局方面的特点如图 11-17 所示。

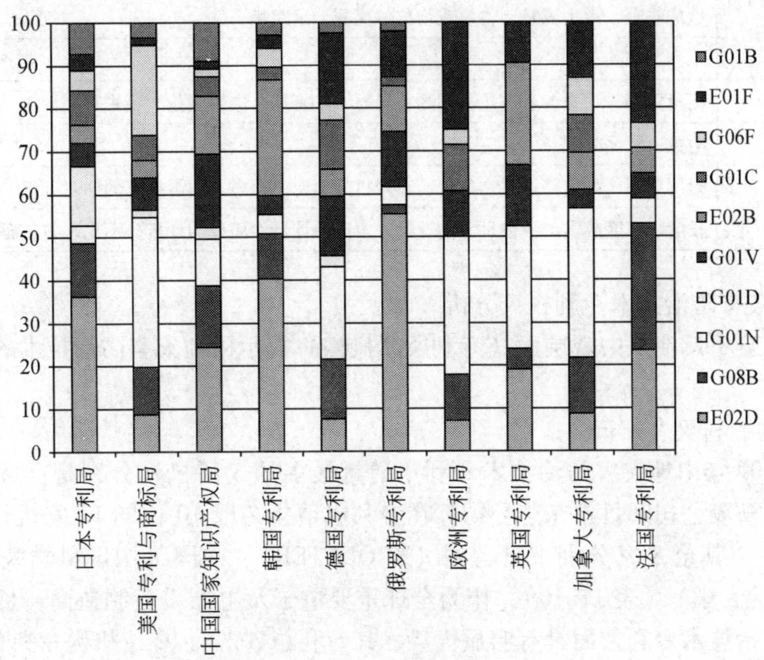

图 11-16　主要国家和地区山地灾害防治技术研发布局
（基于国际专利分类，具体说明详见表 11-9）

①面向灾害防治的基础设施建设技术为各主要国家和地区普遍关注，尤其是俄罗斯、韩国和日本，俄罗斯在此领域的研发比重超过 50%；

②其次，以美国、加拿大和欧洲国家为代表，用于灾害防治的测试及分析材料的研发成为各主要国家和地区关注的重点之一；

③灾害预警及信号设备和技术也受到各主要国家和地区的普遍关注；

④地球物理探测技术及水利工程技术也在各主要国家和地区的山地灾害防治技术研发布局中占有重要位置。

除上述以外，日本还重点关注测量技术的开发，美国还聚焦于电数字数据处理技术，欧洲各国及加拿大还特别关注用于灾害防治的附属工程设施（特别是防雪设施）建造技术的研发。

表 11-9　1999～2009 年主要国家和地区山地灾害防治技术专利主要技术类型

国际专利分类代码	代码中文释义
E02D	基础、挖方、填方、地下或水下结构物
G08B	信号装置或呼叫装置、指令发信装置、报警装置
G01N	基于测定材料的化学或物理性质来测试或分析材料
G01D	非专用于特定变量的测量、其他测量两个或多个变量的装置、计费设备、其他测量或测试

续表

国际专利分类代码	代码中文释义
G01V	地球物理、重力测量、物质或物体的探测、示踪物
E02B	水利工程
G01C	测量距离、水准或者方位，勘测，导航，陀螺仪，摄影测量学或视频测量学
G06F	电数字数据处理
E01F	附属工程，如道路设备和月台、直升机降落台、标志、防雪栅等的修建
G01B	长度、厚度或类似线性尺寸的计量，角度的计量，面积的计量，不规则的表面或轮廓的计量

4）山地灾害防治技术专利权人分析

专利权人分析旨在从中观层面（专利所属机构）揭示山地灾害防治技术的发展现状和竞争格局。

（1）机构专利权人分布。

1999～2009 年山地灾害防治技术专利申请量最多的 3 所机构分别是：日本久保田公司、日本积水塑胶公司和日本东芝公司。在专利申请排名前 10 位的 12 家机构中，日本 9 家，占到 75%，其余 3 家分别来自德国（XCOUNTER）、中国（中国科学院）和俄罗斯（库班国立农业大学）（表 11-10）。作为全球重要电子及电器设备制造商，日本各大公司在山地灾害防治技术专利方面具有明显优势，其专利总数占前 10 位机构专利总量的 75%。12 家机构中，除 2 所为公共科研机构外，其余全部为企业。

表 11-10　1999～2009 年山地灾害防治技术专利申请主要机构

排名	机构名称	所属国家	专利/件
1	Kubota Corp（久保田株式会社）	日本	27
2	Sekisui Plastics Co Ltd（积水化成品工业株式会社）	日本	20
3	Toshiba KK（东芝株式会社）	日本	18
4	Denki Kagaku Kogyo KK（日本电气化学工业株式会社）	日本	17
	Xcounter AB	瑞典	
5	CAS（中国科学院）	中国	16
6	Dokuritsu Gyosei Hojin Doboku Kenkyusho	日本	15
7	Univ Kuban Agric（库班国立农业大学）	俄罗斯	14
8	Nippon Steel Copp（新日本制铁株式会社）	日本	13
	ZH Teisudo Sogo Gijutsu Kenkyusho	日本	
9	Sekisui Chem Ind Co Ltd（积水化学工业株式会社）	日本	10
10	Hitachi Ltd（日立制作所株式会社）	日本	9

（2）重要机构技术研发布局分析。

1999～2009 年山地灾害防治技术专利排名前 5 位的机构的技术研发主要集中于灾害防治基础设施建设、测试与分析材料开发、信号及预警设备制造、测量与测试仪器制造技术（图 11-17）。

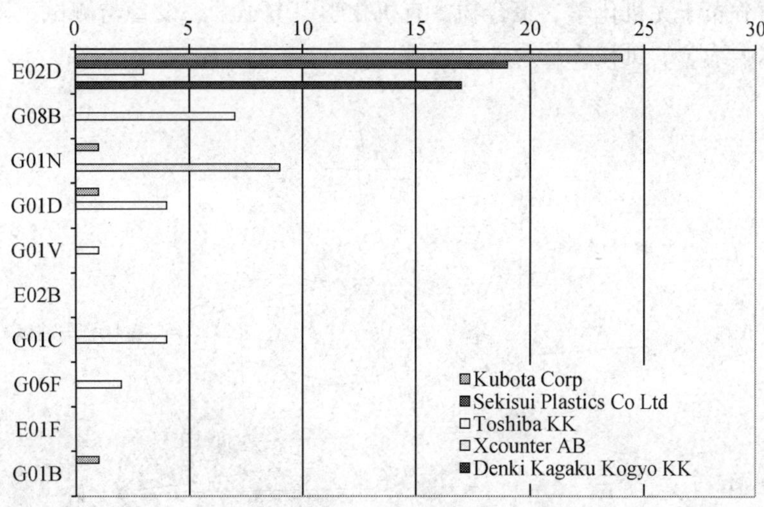

图 11-17 1999～2009 年山地灾害防治技术专利申请重要机构技术研发布局（国际专利分类）

在上述 5 所机构中，日本东芝公司的引领优势覆盖信号及预警设备开发、测量及数据处理技术等多个技术领域；日本久保田公司和瑞典 Xcounter AB 公司则分别在灾害防治基础设施建设和测试与分析材料开发方面实力显著。

(3) 重要机构技术保护策略分析。

对 1999～2009 年专利申请最多的前 5 家机构专利申请所涉及的国家和地区进行分析，揭示其专利保护策略与市场动向。

分析结果（表 11-11）显示，上述机构在对其山地灾害防治技术保护方面采取的策略主要是以申请本国专利保护为主国外保护为辅。5 家机构中最为重视山地灾害防治技术国外保护的机构是瑞典 XCOUNTER 公司，其申请专利保护地区包括北美和欧洲。而日本由于其本土机构的垄断优势而使其成为山地灾害防治专利技术首要保护目标国家。

表 11-11 1999～2009 年重要机构山地灾害防治技术专利申请国家和地区分布

机构	加拿大(CA)	英国(GB)	日本(JP)	瑞典(SE)	美国(US)
Kubota Corp（久保田）			28		
Sekisui Plastics Co Ltd（积水塑胶）			20		
Toshiba KK（东芝）		1	17		
Denki Kagaku Kogyo KK（日本电气化学工业株式会社）			17		
Xcounter AB	2			20	5

5) 山地灾害防治技术专利技术方向分析

更微观地对山地灾害防治技术研发现状、技术布局、技术热点及其发展方向进行深入分析。

(1) 专利技术领域分布。

根据专利技术主题领域聚类分析结果（图 11-18），1999～2009 年山地灾害防治专利技术研发主要分布于无机化学、聚合物、有机化学、电子学、设备与测试、陶瓷与玻璃制造、生物技术、冶金、机械工程及通信领域。

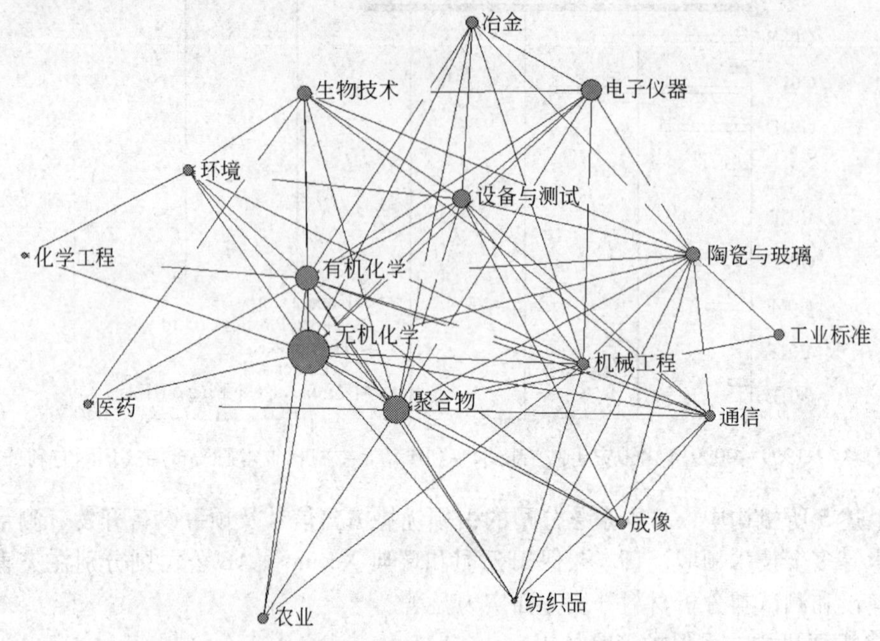

图 11-18　1999～2009 年山地灾害防治技术专利主题领域分布

（2）技术研发热点及布局。

①基于国际专利分类分析。

按照专利技术国际分类，1999～2009 年山地灾害防治技术专利所涉及的技术领域的具体分布如图 11-19 所示（主要技术类型的中文释义见表 11-9、11-12）。主要集中于以下 5 大类：

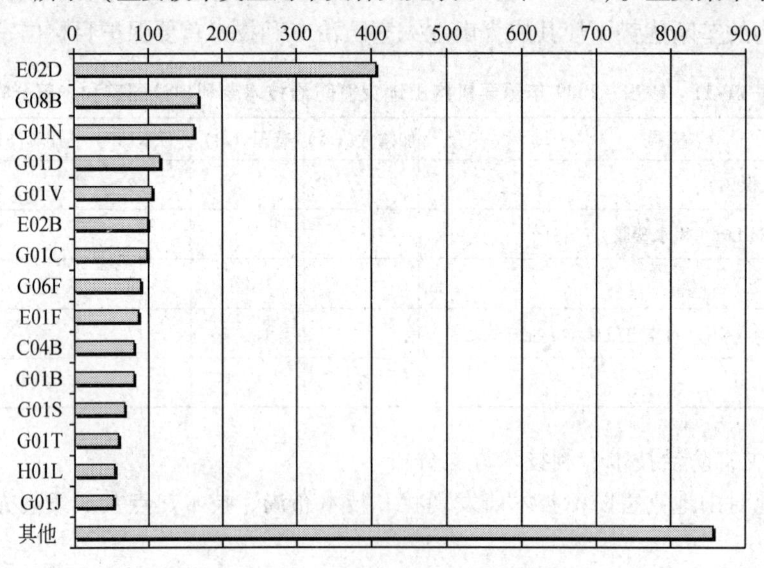

图 11-19　1999～2009 年山地灾害防治技术专利技术类型分布（国际专利分类）

a. 测绘、测量及探测技术，包括地理测量、光学测量、辐射测量、无线电测量以及地球物理和地球化学探测等；

b. 基础设施建设技术，包括基础设施建筑材料、设施结构、水利工程以及相关附属工程等；

c. 预警系统制造技术，包括装置本身的设计及信号发生器件及其材料（如半导体及电固体元件）等；

d. 材料分析测试技术；

e. 信号及数据处理技术。

表 11-12　1999～2009 年山地灾害防治技术专利申请重要机构主要技术类型（国际专利分类）

排序	国际专利分类代码	代码中文释义
1	E02D	基础、挖方、填方、地下或水下结构物
2	G08B	信号装置或呼叫装置、指令发信装置、报警装置
3	G01N	基于测定材料的化学或物理性质来测试或分析材料
4	G01D	非专用于特定变量的测量、测量两个或多个变量的装置、计费设备、其他测量或测试
5	G01V	地球物理、重力测量、物质或物体的探测、示踪物
6	E02B	水利工程
7	G01C	测量距离、水准或者方位，勘测，导航，陀螺仪，摄影测量学或视频测量学
8	G06F	电数字数据处理
9	E01F	附属工程，如道路设备和月台、直升机降落台、标志、防雪栅等的修建
10	C04B	石灰、氧化镁、矿渣、水泥及其组合物
11	G01B	长度、厚度或类似线性尺寸的计量，角度的计量，面积的计量，不规则的表面或轮廓的计量
12	G01S	无线电定向，无线电导航，采用无线电波测距或测速，采用无线电波反射或再辐射定位或存在检测，采用其他波的类似装置
13	G01T	核辐射或 X 射线辐射的测量
14	H01L	半导体器件、其他电固体器件
15	G01J	红外线光、可见光、紫外线光的强度、速度、光谱成分，偏振、相位或脉冲特性的测量，比色法，辐射高温测定法

②基于德温特分类分析。

基于德温特分类，从具体的技术方向考察，1999～2009 年山地灾害防治技术专利所关注的主要技术方向包括：天气灾害预警、自然灾害的地球物理学预报与探测、相关测试与探测、专用软件、建筑与土木工程、信号发生及其传输以及数据收集获取等（表 11-13）。

表 11-13　1999 ~ 2009 年山地灾害防治技术专利申请主要技术类型（德温特分类）

排序	德温特分类（手工代码）	代码中文释义
1	W05-B08C	恶劣天气灾害预警
2	S03-C05	地球物理自然灾害预报与探测
3	D05-H09	测试与探测（除细菌、真菌和病毒以外）
4	S02-K08A	遥测读数
5	T01-S03	专利软件产品
6	A12-R01A	建筑、土木工程
7	S03-E04D	光、电、机械或热激发
8	W05-B05	总控预警及预警信号传输
9	T01-J07A	数据收集或获取
10	B11-C07B3	荧光

③基于内容分析。

从基于关键词的专利文献（题名及摘要）的内容分析入手，揭示山地灾害防治技术研发态势。

从全部题目及摘要关键词分析结果（彩图 26）来看，1999 ~ 2009 年山地灾害防治技术研发主要集中面向以下 4 个方向：

a. 灾害防治基础设施工程：涉及建筑材料（如水泥）、不同灾害防治工程（如山区防洪设施、滑坡、泥石流及雪崩防治设施等）、工程基建（如桩基建设）、工程结构设计等；

b. 探测器与探测方法：包括材料及组分探测、电子探测、光学探测、雪崩电子探测和光学探测等；

c. 信号发生、测试、探测及接收装置：主要涉及探测器内部结构（如线圈及电路）及核心部件的设计开发，前者包括线圈及电路设计，后者则主要指传感器，如光学传感器、光纤传感器、传感器测试等；

d. 灾害信息与数据的传输、处理及相关信息与通信系统：涉及灾害数据计算、测试、数据与信息传输，包括数字数据信息和影像数据信息。

在上述 4 个方向中，灾害防治基础设施工程，信号发生、测试、探测及接收装置，灾害信息与数据的传输、处理及相关信息与通息系统相关技术关联较为密切；而探测器与探测方法相对独立。

2007 ~ 2009 年专利文献内容分析结果（彩图 27）显示，近期山地灾害防治技术研发趋向于以下 3 个方向：

a. 灾害防治基础设施建设：又明显分为两个方向即设施基础结构（包括地面桩基、加固基础等）设计建造和建筑材料（如混凝土及建筑表面涂层等）开发；

b. 相关探测装置：主要集中于探测装置信号处理、电子传感器、光纤传感器方面。就针对的灾害类型而言，主要是面向雪崩灾害；

c. 灾害信息处理及通信系统：通信系统主要集中于移动及无线通信。

6）小结

基于对1999～2009年山地灾害防治技术专利的分析，可以得出有关该技术领域发展状况的主要结论：

（1）山地灾害防治专利技术主要集中于以日本和美国为代表的技术优势国家和山地国家；

（2）日本是拥有山地灾害防治技术专利最多和首选专利保护目标国家，中国在山地灾害防治技术研发方面潜力巨大；

（3）企业是山地灾害防治技术技术研发的主导力量，日本企业在山地灾害防治技术专利技术开发方面优势明显；

（4）山地灾害防治技术研发主要面向灾害防治基础设施工程建设、相关的测量与探测、材料的分析测试、灾害预警设备以及灾害信息系统。

11.4.2.4 重点研究方向

目前，人们对山地灾害的理解还很欠缺，需要通过研究、实验、观察山地灾害发生前后的整个过程来了解灾害。山地灾害研究涉及自然科学、社会科学以及相关的交叉和应用科学，如工程学，其核心主题是灾害的脆弱性、减灾、备灾、应急和灾后恢复（图11-20）。重点研究方向是：风险评估与灾害区划、灾害的监测与预测预报、灾害发展机制研究、灾害损失评估以及减灾新技术新方法的开发。

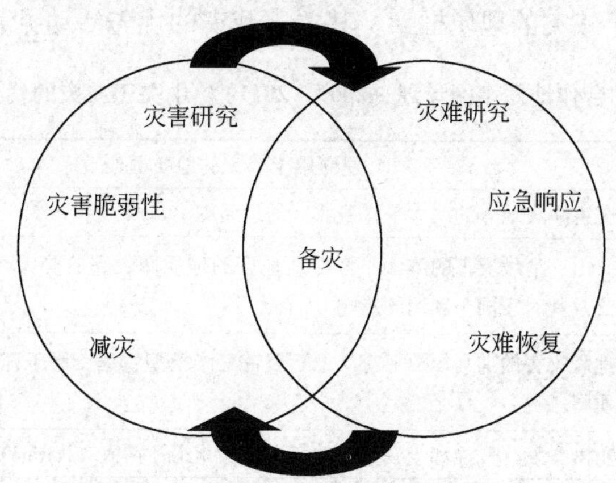

图11-20 灾害研究的核心主题（NRC，2006）

1）风险评估与灾害区划

灾害风险评估与区划/填图日益成为灾害研究的流行主题（Hervás，Bobrowsky，2009）。灾害风险评估与区划的研究重点是利用现代高新技术，分析灾害与孕灾环境和致灾因子之间的相互作用强度，不断完善和改进敏感性、易损性和危险性评估方法，建立科学、合理的评估体系。

风险评估包括对灾害风险信息（如降雨量、斜坡稳定性、高危水域等）、灾害危害信息（如受灾人数、危害程度和应对能力）以及暴露于灾害之中的价值损失信息进行收集。英国本费尔德灾害研究中心（Aon Benfield UCL Hazard Research Centre，ABUHRC）是欧洲多学科灾害重点研究中心之一。其研究任务之一就是推进地震、火山和滑坡等自然灾害的危险性评估方法的改进，并通过快速应用新的研究和实践结果，降低自然灾难的发生。对国际滑坡协会（ICL）期刊《滑坡》（*Landslides*）创刊以来发表的文章进行统计发现，关于“灾害填图、脆弱性和风险评估”的文章数量仅次于“滑坡案例研究”的论文数量（Sassa et al.，2009）。可见，灾害风险评估与灾害填图/区划是山地灾害研究的重点之一。

风险评估值得关注的特定领域是：①数据与方法。数据是确定灾害与脆弱性趋势的基础。在很多国家，相关的数据难以获得或不准确。因此，需要解决数据收集、分析、存储、维护和传播方面的标准化问题。在方法方面，已经开发出很多不同的概念模型来试图解决相同的事件。然而，主要问题之一是如何利用灾害评估、脆弱性评估和风险评估来减轻风险。因此，需要采用综合性的机制，使提交给决策者的最终结论和提出的补救措施不是支离破碎的。②提高透明度和优先性，以减少脆弱性、增强能力。总的挑战是风险评估如何有助于减少风险，以及决策过程如何利用风险评估进行评述和验证（UNISDR，2004）。

灾害区划是在风险评估的基础上，根据实际或潜在的灾害或易损性进行区域划分和灾害等级划分。灾害区划是人们认识灾害的重要方式。1995 年法国要求对受地质灾害影响的地区进行“滑坡风险预防规划”（PPR）。意大利自 1998 年起通过实施“水文地貌灾害填图计划”（HSP），识别滑坡灾害风险地带，据此编制滑坡灾害土地利用规划，限制滑坡风险地区的土地开发。USGS 将“灾害填图和风险评估”作为其滑坡灾害减灾战略的战略目标之一（USGS，2003）。美国新一期的《全国合作地质填图计划（2007～2011）》的工作重点之一就是建立用于减灾的地质框架，其关于减灾的优先活动见表 11-14。

表 11-14　美国《全国合作地质填图计划（2007～2011）》中关于减灾的优先活动（USGS，2007）

年度	建立用于减灾的地质框架
2007	提交用于地震灾害减灾地点的滨太平洋西北区的地质图
2008	完成用于推测火山、滑坡灾害的滨太平洋西北地区的地质图；完成美国西部野火易发区地表地质图，推测潜发泥石流及其对于国土利用的影响
2009	完成用于推测地震灾害的加利福尼亚海沃德断裂带三维模型，提交用于开展风险评估的肯塔基州滑坡易发区地表地质图
2010	提交用于评估山洪暴发、侵蚀和尘暴灾害的亚利桑那州纳瓦霍人（Navajo）居住区地质图
2011	提交圣安德列斯断裂系统随时间变形的三维复原再造

2）灾害的监测与预测预报

对灾害进行实时监测是了解灾害过程和诱发机制并对其做出预测所必不可少的。而对灾害的预测预报有利于及时采取有效措施防灾减灾，最大限度地降低灾害损失。

就地震而言，虽然科学家们在长期预测方面取得了进展，但也许永远不能预测出地震发生的准确时间和地点。精准的地震预测或相对准确的地震预报仍然是世界性的难题。深入了解断层破裂如何启动和停止，改善对大地震附近震动预测的模拟，增加对危险性地震开始的预警时间，是科学家们面临的持续挑战。火山活动研究已进入一个新的时代，但仍然存在着将实时测量数据与火山野外调查和火山物质的实验室研究资料相统一的挑战

（NRC，2008）。

各国在灾害监测与预报方面做了积极努力。由美国南加利福尼亚地震中心发起的“关于地震预测能力建设的国际合作研究计划”（CSEP）是一项关于地震预测能力建设的国际合作研究计划。其初步目标是，构建地震预报的物理基础，开展跨各断层系统的预报实验并进行比较。USGS 还与 NOAA 在加利福尼亚南部地区共同建立了泥石流灾害预警系统。2004 年 4 月，日本新的“地震与火山喷发预测国家研究计划”设立了一项主要工作目标——“建立地震预测系统”。欧盟第 5、6 框架计划都与滑坡灾害的预测、预报项目有关。在第 7 框架计划中更是将“更精确地预测自然灾害，尤其是地质灾害（如地面塌陷、泥石流、火山、地震与海啸）以及气候极端异常反应（森林大火、干旱、洪涝与暴雨），建立预警系统”作为优先研究方向。2007 年，欧洲地球科学联盟（EGU）提出了一个关于地震预警和反应的研究项目——“欧洲地震早期预警”（Seismic Early Warning for Europe，SAFER），以开发出地震发生后的几秒到几分钟的时间内来自地震网络的实时信号分析工具（EGU，2007）。意大利在北部 Dolomite 山区 Tessina 滑坡高危地带建立了滑坡预警系统（Smith，Petley，2009）。

3）灾害发展机制研究

许多自然灾害过程依赖于复杂的物质特性和了解甚少的动力学过程。例如，火山爆发、滑坡、雪崩和地震涉及复杂的多相混合物（气体、固体、液体），而人类对这些物质的特性的测量或认知还远远不够（ICSU，2008）。国际滑坡协会主席 Sassa 曾指出，滑坡的动力学机制研究是滑坡科学研究的核心之一（Sassa et al.，2007）。科研人员必须继续加强对山地灾害孕育、发生、发展、演变、时空分布等规律和致灾机制的研究，为预测和预防山地灾害提供理论依据。

由于自然物质运动变异形式是多样的，且是相互联系的，因此，各种地质灾害并不是孤立存在的，而是相互作用、相互联系和相互影响的自然灾害系统。因此，灾害的动力学机制及其过程研究不仅要继续开展对单一灾种的研究，还要深入研究各灾种之间的相互作用。在地质灾害尤其是滑坡和泥石流灾害的预测中还应与其他学科的预测模型相结合。例如，水文模型对于预测降雨诱发的滑坡非常有效。目前，基于短期天气预测在大区域滑坡稳定性分析中的实时应用的战略，一些研究计划正在开展。另外，先进的观测、监测和模拟技术将有助于灾害发展机制的研究。美国《减灾的巨大挑战行动计划》针对各种灾害提出了灾害过程研究中的重点内容（NSTC，2008）。

4）灾害损失评估

灾害损失数据的缺失将影响灾害应对措施的制定，也将难以估计决策的成本和减灾措施的效能。因此，灾害损失评估是跟踪减灾进展并确定未来趋势的关键。灾害损失的评估应包括灾害给公共财产、私人财产、基础设施、自然资源和文化资源造成的损失。创新灾害损失评估方法与模型是灾害研究的重点之一。

美国 FEMA 发起的“灾害美国”（Hazards US，HAZUS）计划利用 GIS 技术计算评估地震事件可能带来的破坏和损失。为了支持 FEMA 的减灾与应急工作，HAZUS 已被扩展到 HAZUS-MH，即利用含有新模块的多灾种评估方法，评估飓风和洪水灾害带来的潜在损失。美国洛斯阿拉莫斯国家实验室“城市安全计划”（Urban Security Initiative）采用计算机模拟和

GIS 技术，模拟城市各部分受损时的情形，并提出相应评估和对策（海肯等，2001）。

欧盟在欧洲资助了大量的减灾项目。名为“DAMOCLES”（Debrisfall Assessment in Mountain Catchment for Local End-Users）的项目是其中之一，该项目提高了泥石流和岩崩灾害的定量评估技术，从而将这些技术传播给最终用户。①

针对全球自然灾害信息缺乏的情况，世界银行灾害防御协会（ProVention Consortium）于2001 年专门建立了名为“全球自然灾害热点区识别”（Identification of Global Natural Disaster Hotspots）的协作项目——简称“热点项目”。该项目的目的是对6 种主要的自然灾害（旱灾、洪涝、风暴、地震、滑坡和火山爆发）对人类安全和经济损失造成的风险进行全球性评价。

5）减灾新技术新方法的开发

减灾是各类灾害研究计划的总目标。发达国家大都重视利用基础研究成果，积极发展与防灾减灾相关的信息技术、工程技术等。例如，改进防灾减灾工程设计，研究并改善生命线工程结构特性；利用先进的专业技术和现代信息技术，对可能发生的灾害进行及时、准确的预测，发布预警信息；研究用于监测、试验、通信、搜寻和抢险等的工程系统；加强基础信息数据库的建设；开发灾后环境系统恢复方法；研究用于自然灾害的精确经济分析方法，开发评价减灾措施成本及效益的技术工具、估计灾后重建费用方法和有效减灾的决策系统；大力改进灾害风险评估等。

日本已经建立了先进的灾害信息搜集和传输系统，并正在建立连通中央和地方政府各有关部门的防灾无线通信网络，以及能够迅速对灾害造成的损失规模进行评估的地理信息系统。2002 年，日本文部科学省制定出《新世纪重点研究创新计划减轻大城市大震灾特别计划》，其中的《急救机器人等高级防灾基础结构构筑的研究开发计划》（2002 ~2007）已经实施。该项目集中了日本全国250 多位机器人研究专家，以支持紧急应对大震灾（人命救助等）的人体搜索、信息搜集、信息发布等为目的，进行机器人、智能传感器、便携式终端等的研究开发（刘海波等，2005）。此外，日本在其《第三期科学技术基本计划（2006 ~2010）》中将减灾技术作为其研究内容（MEXT，2005）。

美国《减灾的巨大挑战行动计划》中提出，险区必须利用抗灾设计和材料以及智能结构等技术来应对不断变化的条件。在研究方面，应重点鼓励投资开发有利的减灾技术，并模拟和监测其效果。继续开发智能结构系统来探测和应对结构和基础设施状态的变化，并预测失效情况；继续开发新材料和具有成本效益的技术，用以翻修现有的建筑、桥梁及其他救生设施；为工程系统建立应对所有危情的综合方法（NSTC，2008）。

11.4.3 山区与全球变化

11.4.3.1 概述

山区由于其高度梯度的差异，往往对环境变化的反应最敏感，受环境变化的影响最强

① EU. the DAMOCLES European Project：Debris Fall Assessment in Mountain Catchments for Local End-users. http：//damocles. irpi. cnr. it/project/com-added-value. htm. 2009-11-05

烈，甚至常常还会加剧和改变气候变化对水循环及物种分布的影响。许多山区环境受到气候变化、城市扩张、基础设施建设（如道路、塔架、水力发电设施和旅游设施）、过境运输、空气污染、农业习惯的改变（如土地废弃和导致水体富营养化的活动）、不可持续的旅游、物种的引入、土地的使用权制度（例如共同权利、承租人的权利和享用权利）的影响。这些压力可能导致当地居民和山地利用者的社会经济条件、观念和行为的改变，并且引发山区利益相关者之间的冲突。因此，为了减少全球变化对山地系统的影响，需要全球相互协调开展一系列实验、观测、模拟研究，以监测和明确全球环境变化所引起的后果，并为从局地到全球范围内制定相应对策提供依据。

为了应对全球变化给山区带来的挑战，国际社会采取了积极行动。IGU 于 2008 年成立了“山地对全球变化的响应”委员会。MRI 在欧洲和非洲成立了山区全球变化研究网络。2005 年，英国珀斯大学山地研究中心和 MRI 联合举办了首届有关“全球变化与世界山地”国际会议，并产生了《珀斯宣言》，第二届会议将于2010 年举办。全球变化研究亚太网络（Asia Pacific Network for global change research，APN）资助开展了“喜马拉雅山地区全球变化影响评估”（Global Change Impact Assessment for Himalayan Mountain Regions）项目。

11.4.3.2 主要研究计划——全球变化与山区（GLOCHAMORE）研究战略

GLOCHAMORE 研究战略响应了理解山区气候变化的原因和影响的强烈需求。该战略的提出在于指导山地生物圈保护区（mountain biosphere reserves，MBR）的管理者以及提出并实施全球变化研究的科学家。从 2003 年 11 月开始，在经过 4 次专题讨论之后，GLOCHAMORE 研究战略于 2005 年 12 月，由 MRI、UNESCO-MAB 及国际水文计划（IHP）、欧盟第 6 框架计划共同发布，其研究内容涉及山地系统的各个方面，包括气候、土地利用变化、冰冻圈、水系统、生态系统功能与服务、生物多样性、灾害、山地经济、社会与全球变化等（MRI，2006）。

该战略已经成为各地区开展山地全球变化研究的指导框架。在 2009 年初，已有 10 个山区生物圈保护地（分别分布于中国、德国、印度、秘鲁、俄罗斯联邦、西班牙、瑞士和美国）开始实施这项研究战略，用来在它们各自的生物圈保护地中对全球性和气候性变化对环境的生物物理秉性和山区居民的社会经济条件影响开展评估工作（UNESCO，2009）。瑞士的“Val Müstair 生物圈保护区和瑞士国家公园（BVM-SNP）”研究计划（2008 ~ 2018）是在山地保护区应用全球变化研究的案例。

11.4.3.3 重点研究方向

全球变化，无论是气候变化引起的，还是由土地利用变化、生物入侵、全球经济力量或其他原因引起的，都将通过山区土地和经济系统中的关系网进行反馈。山地系统为开展全球变化科学研究提供了最佳的场所和对象。自 2004 年以来，由欧亚大陆北部地球科学计划（NEESPI）资助/联合资助的山区研究项目 30 余项。其中，正在开展的项目主要关注气候变化和全球变化对欧亚大陆北部极其敏感的山地生态系统、水资源、土地退化的潜在影响（NEESPI，2009）。结合 GLOCHAMORE 研究战略，2009 年 11 月 UNESCO 和 ICIMOD 主办“山地生物圈保护区全球变化研究战略”研讨会，确定GLOCHAMORE未来研究主题（生物多样性、土地利用变化、水的可获得性与山地经济）（MRI，2009a）、喀尔巴阡山地区的全球变化研究领域（主要研究方面是气候、水系统、土地利用和土地覆盖变化与森林、生物多样性与保护、旅游、生态系统服务）（Gurung et al.，2009）。2008年4月在奥地利因斯布鲁克市举行的“全球变化与山区可持续发展”战略研讨会提出关键主题研究需求——气候变化、人口的变化、旅游、水、交通运输、国际比较及科学与政策的互动。可以看出，全球变化在山地方面的主要研究方向是气候变化、土地利用变化和水系统。

1）山地的气候变化

山地本身在影响区域和全球气候方面发挥着重要作用。气候变化（包括极端事件发生的频率）将改变山地系统（包括冰冻圈、生态系统和山区经济）的一系列特征。山区的地形非常复杂，因此其气候在短距离内会有相当大的变化。遗憾的是仅有诸如阿尔卑斯山等少数地区保存着有关山区特别是高海拔地区气候的长期可靠记录。气候变化还意味着水文周期的变化，即降雪减少但降雨增多，而且发生火灾、洪涝、干旱和风暴等极端事件的频率增加。即便是相对的小幅升温都有可能促使发生上述变化，并会对以农业为基础的生计、基础设施和健康造成严重影响（FAO，2007）。因此，理解山区气候变化的可能轨迹是制定任何管理或适应战略的先决条件。

美国专门成立了研究山地气候的机构——美国西部山地综合气候研究协会（CIRMOUNT），该协会旨在推动山地气候及与气候相关的综合研究的发展。同时，美国还实施了《美国西部山地研究计划》（Western Mountain Initiative，WMI），以理解和预测美国西部山地生态系统对气候可变性和气候变化的响应。在欧洲，大欧洲气候变化研究协调网络（ERA-NET CIRCLE）也计划在山区开展气候变化影响与响应方面的研究（CIRCLE，2009）。东南欧山地研究网络（SEEmore）2009年发起了一项在高山地区开展古气候研究的合作研究计划（MRI，2009b）。不丹作为典型的山地国家成立了国家委员会来应对气候变化。

2）山地的土地利用变化

土地利用变化既是全球变化的原因，也是全球变化的结果，随着人口的增长、经济的发展和资源的消耗，土地利用变化研究成为全球变化研究的前沿和热点课题。2005年，IGBP/IHDP联合发起了土地利用与土地覆被计划（LUCC）的后续计划——全球土地计划（GLP）。GLP将着重研究人类与生物圈、水陆自然资源之间的相互作用（图11-21）。土地利用压力使世界许多地方的山地生态系统的完整性都面临着威胁。GLOCHAMORE研究战略的主题遵循图11-21所示的GLP因果关系链，因此，CLOCHAMORE研究战略包含了GLP中若干不同的问题，主要内容包括土地利用的量化与监测以及土地利用变化的原因与影响（MRI，2006）。

3）山地的水系统

山脉为山区及邻近的低地地区提供水资源，在全球水文循环方面发挥着核心作用。山脉对附近低地尤其是半干旱的低纬度地区在水供给方面发挥着重要作用（图11-22）。

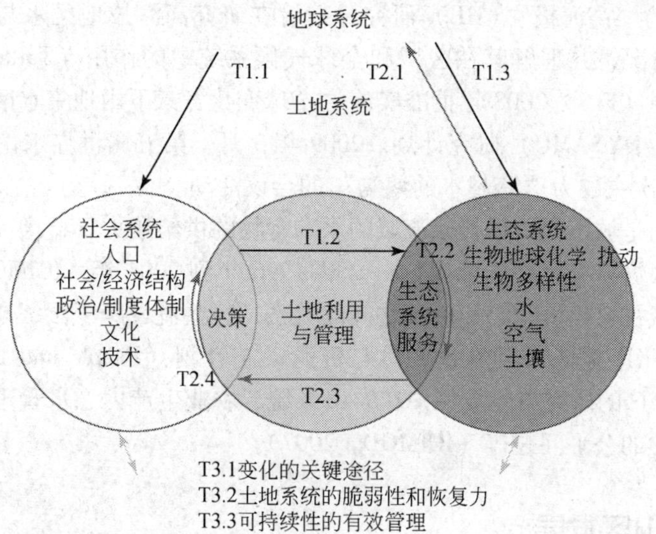

图 11-21 G4 科学规划与实施战略（MRI，2006）

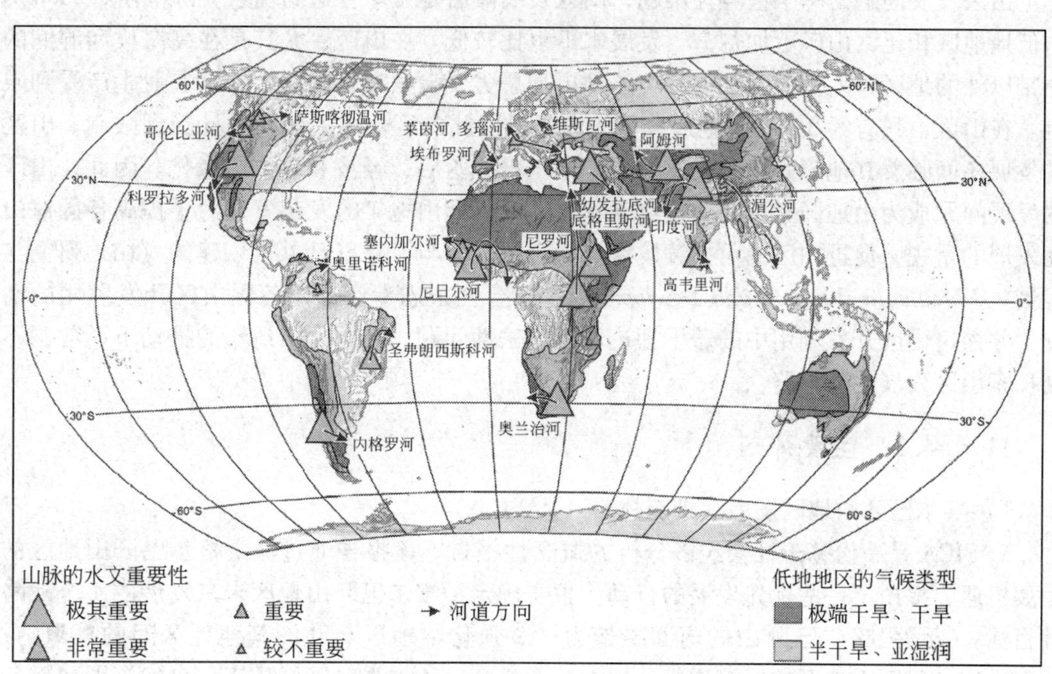

图 11-22 山脉的水文重要性（Viviroli，Weingartner，2002）

全球变化将对山区的水系统产生重要影响。它将影响冰川的面积、融雪的数量和时间、集水区的径流与水质等等。因此，研究山地的水系统变化具有重要意义。一些重要的研究计划与活动正在开展。2007 年全球环境基金资助了气候适应方面的两个项目，以帮助厄瓜多尔和秘鲁山区社区治理与安第斯山脉冰川消退有关的问题，改善厄瓜多尔的水管理。2008 年发起的“高海拔”（HE）研究计划旨在研究高海拔地区水与能量循环的多尺度可变性与变化情况，并理解其在区域和全球气候系统中的作用（Tartari et al.，2008）。欧盟第七框架计划（FP7）2008 年批准实施“全球变化背景下山地集水区动力学机制综合评估网络”（NET-DYNAMO）研究计划。2009 年 3 月，第五届世界水论坛（World Water Forum）举行了一次主题为“跨越水的鸿沟”的会议活动。

人口增长特别是城市人口增长使流域的水和食物的供给压力日益增大。流域环境的恶化已成为实现山区可持续发展的障碍之一。从 1996 年到 2006 年，ICIMOD 主持研究喜马拉雅中部五大流域社会经济与自然资源之间的关系，这些流域跨中国、印度、尼泊尔与巴基斯坦等国家。HKH 地区山区流域人口与资源动态计划（People and Resource Dynamics Project，PARDYP）的研究点主要集中在农田系统、农业生产力、水管理与获取、中部山区流域资源管理中的公平问题等（ICIMOD，2007）。

11.4.4 山区发展

11.4.4.1 概述

山区发展问题是一个世界性难题，山区发展滞后是全球普遍的现象（陈国阶，2006）。与低地地区相比，山区更加贫穷，发展水平也比较低。在山区，尤其是在高海拔和湿润的热带以外的地区，人们所面临的环境条件更加恶劣，自然灾害频发，并且农业生产受到限制。在山区，只有约 3% 的土地适合旱作农业，因此山区众多人民的生计受到限制。山区的发展还面临着其他障碍，如交通不便、通讯设施落后、经济和政治边缘化。因此，山区的发展问题成为山地国家关注的重点问题之一。国际山地年的发起就是为了提高各国对山区发展的重视，促进山区的可持续发展。联合国大学与 UNESCO 共同创建的《山地研究与发展》（*Mountain Research and Development*）综合性杂志专门介绍各国山区开发利用的情况，并探讨山区开发利用中的若干理论性和方法性问题。在国际山地年的推动下，各国不断探索山区发展的新思路。

11.4.4.2 主要计划

1）喀尔巴阡山地区发展远景与战略（VASICA）

VASICA 是一份基于社会经济分析的概念性报告。该报告通过探索喀尔巴阡山地区的发展机遇，提出了一些优先发展的行动。报告确定了喀尔巴阡山地区未来发展的 4 个战略性目标：①增强喀尔巴阡山的内部凝聚力；②强化本地区与欧洲其他地区间的凝聚力；③促进喀尔巴阡山地区的经济增长，增加就业机会；④加强对区域环境与自然资源禀赋的管理。在未来发展中，喀尔巴阡山地区需要重点关注的问题主要包括：人口、农业、工业、城市网络、文化遗产与自然禀赋、交通运输、环境、旅游业、区域合作等（Carpathian Convention，2008）。

2）国际阿尔卑斯大会 2005 ~ 2010 年工作计划

2004 年，第 7 届阿尔卑斯大会通过了 2005 ~ 2010 年工作计划，以此来保证《阿尔卑斯公约》工作的连续性（Alpine Convention，2005）。阿尔卑斯公约在 2005 ~ 2010 年将围绕 6 个优先解决的问题展开：公共关系、交流经验与合作、趋势监测和解释、有关四个关键问题的联合项目、完成一系列协议、同其他高山地区和公约的合作，并从众多问题中初步选择了以下几个关键问题：①迁移、可到达性、交通运输；②社会、文化、认同；③旅游、休闲、运动；④自然、农业和林地、文化景观。

3）阿尔卑斯山空间计划

"阿尔卑斯山空间计划（2007 ~ 2013）"（Alpine Space Program 2007 ~ 2013）是一项欧洲区域合作计划（欧盟 2007 ~ 2013 区域政策目标 3）。该计划的总体目标是以可持续方式增加区域的竞争性与吸引力。计划的三大优先领域是：①竞争力与吸引力；②通达性与连接性；③环境与风险预防（Alpine Space Programme，2007）。

4）欧洲空间规划监测网络（ESPON）计划（2007 ~ 2013）——山地主题

2008 年年初，ESPON 计划提出 2007 ~ 2013 年提供总额达 4700 万欧元的经费，资助山区方面的研究，涉及的主题如下（MRI Europe，2008）：①城市和城市凝聚力；②不同类型农村地区的发展机遇；③影响欧洲地区和城市的人口结构和人口流动；④气候变化和土地利用对区域和地方经济的影响；⑤能源价格的上涨对区域竞争力的影响；⑥政策的领土影响评估（TIA）。

11.4.4.3 重点研究方向

山地区域与平原区域是一个耦合系统，平原区域的发展离不开山地区域的资源供给和生态屏障，山区的发展也必须依靠平原地区的带动与辐射，促进山区产业的发展，减少山区贫困，推动山区人居环境建设，逐步实现山区的现代化。通过山区与平原地区的互动、联动发展，实现整个区域的协调、均衡发展。

1）产业的发展

山区必须以生态环境保护为前提，依靠自身的特色与优势，发展绿色经济，实现可持续发展。

（1）农业。

在全球各主要山区，农业的发展与研究是一个重要的方面，而且还为农业的发展与研究制定了相关的战略与计划。早在 1997 年 FAO 就开展了"可持续山地农业发展计划"（LESOTHO）。ICIMOD 为 HKH 地区提出了可持续农业发展的减贫政策议程（Rasul et al.，2007），并从可持续生计的角度开展药用与芳香植物计划（Medicinal and Aromatic Plants Programme）。粮农组织的山区产品计划（Mountain Products Programme of FAO）通过向山区人民提供组织技巧、市场联系、技术和必要的专门技能，致力于改进高质量地方产品的生产和销售（如在摩洛哥）。Rasul 等研究人员针对喜马拉雅山的实际情况，提出了农业可持续发展战略（图 11-23）（Rasul et al.，2007）。

（2）工业。

山区的工业发展相对落后。在山区发展工业，必须结合山区的资源特点来发展现代小型工业，资源友好、气候友好型工业。在阿尔卑斯山地区，一些新兴的工业产业发展起来，主要围绕食品加工工业（如奶酪、制盐、果酱）、冬季运动产品（山地装备、运动

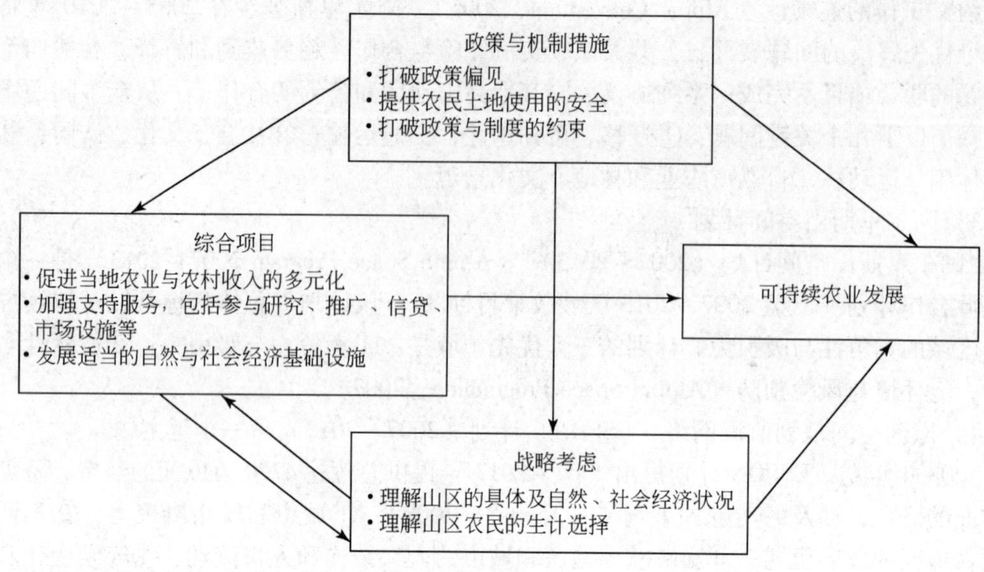

图 11-23　促进农业可持续发展的战略（Rasul et al.，2007）

服、鞋类、运送滑雪上山的上山缆索吊椅）以及其他一些创新活动（从阿尔卑斯山的原子研究到瑞典北部的汽车测试产业）展开。但是，很少有政策来支持这样的企业。通常是通过国家或区域层面的经济支撑系统来评估和支持山区制造业中的问题（NORDREGIO，2004）。在喀尔巴阡山地区，汽车工业的发展成为山区经济结构调整的成功案例。在德国，与山区工业发展相关的计划是“区域行动”（Regionen Aktiv）试点计划。该计划旨在通过加强区域标签、拓宽行动范围、扩大区域经济链条来增强当地的需求。捷克的“结构性缺陷地区”（Structurally Handicapped Regions）计划和保加利亚的“工业衰退区”（Regions of Industrial Decline）计划都旨在鼓励山区中小企业的发展。

（3）旅游业。

不加管理的旅游可能高度冲击脆弱的山区环境，从影响动植物到废物处理都包括在内。虽然不可持续的山区开发事例数不胜数，但世界上已有一些国家正在发展或开始注意将旅游业作为一种工具，促进可持续利用生物多样性和文化保护，改善农村人民的生活。大多数国际山区组织对生态旅游与可持续开展了相关研究，ICIMOD 从 20 世纪 90 年代初就开展山区旅游的相关研究，并将旅游业作为促进喜马拉雅山区发展的优先事项，并制定了旅游开发计划（Tourism Development Plan），开展相关培训，发布了指导喜马拉雅地区旅游业发展的资源报告与工具报告（Kruk et al.，2007a；2007b）。UNEP 倡导了一些旨在促进山区旅游业活动可持续性的举措，包括题为“旅游业和山区”的良好做法指南（UNEP，2007）和尼泊尔可持续旅游业营销协助（MAST－尼泊尔）（UNEP，2008）项目。在喀尔巴阡山地区，旅游业是地区中发展最快的经济支柱，在过去 10 年中仅旅馆的数量就增加了近 60%（Illés，2008）。

2）山区减贫

山区的贫困是一个相当复杂的发展现象，贫困的核心是能力、权利和福利的被剥夺。贫困不只是收入的贫困，而且是一个多维的现象。收入贫困只是最基础的贫困形式，贫困还包括人类贫困（如教育贫困、健康贫困等）（UNDP，1997）、知识贫困（如信息贫困等）以及生态贫困。事实上，人们特别是政府往往只关注减少收入贫困，而忽视了其他的贫困，特别是消除全球气候变化条件下的生态贫困和气候贫困人口。

ICIMOD 及其可持续生计与减贫（SLPR）计划致力于促进山区人民生计的改善与可持续的措施选择不会对山区及其毗邻低地构成环境威胁的方案（ICIMOD，2008）。在山区可持续发展与减贫这一更广泛的框架中，SLPR 战略计划的重点是通过创新农村创收战略和利益相关者的公平分配，支持可持续生计措施的制定，以提高山区人民应对全球变化的能力。

3）山区人居环境建设

山地是人类聚居空间系统中的一个重要组成部分，其文化遗产的多样性、地域环境的复杂性、交通条件的封闭性、建设活动的艰巨性和经济发展的滞后性，决定了山地人居环境建设的特殊性。山区人居环境的建设必须具备长远眼光，合理规划和利用有限的可以居住的山区土地资源，保持山区特有的文化传统与风格，充分保护自然资源、生态环境与文化资源。另外，防灾减灾、保障山区人民的安全也是山区人居环境建设必须考虑的关键问题。

4）山区的现代化

山区现代化既是地区现代化的一种形式，也是国家现代化的组成部分。山区现代化必须与国家现代化相协调（何传启，2009）。山区的现代化首先要解决的问题就是基础设施问题，尤其是交通基础设施。通达性差被认为是山区最大的障碍。瑞典和挪威在其北部和山区外围制定了基础设施政策。在阿尔卑斯山区，迁移、可到达性、交通运输是该区 2005～2010 年的关键问题。其次，通讯设施也很落后。因为山区人口稀少，无法吸引私营企业对山区的通讯设施进行投资。在欧洲，远程中心（tele centres）计划为当地社区移动电话网络设施提供增值税补偿金，并为偏远中小企业的卫星技术设备提供资金。山区的城镇化是山区现代化另一个重点问题。在喀尔巴阡山地区，通过建立新型的城乡关系、突出贸易城市在城市网络中的地位、强化喀尔巴阡山区城市与欧盟的关系并增加城市发展过程中的跨国合作等措施来进行城市网络建设。

11.4.5 山区管理

11.4.5.1 概述

山区是国家空间规划与经济发展中的一类特殊单元。山区如何充分发挥自身的资源禀赋，通过差异化发展战略，实现区域经济腾飞，是政府必须面对的极具挑战性的问题。问题的关键在于政府如何适时地采取有效的地区发展政策来促进山区的可持续发展。

一些山地国家已在环境、景观、建设等方面给予了特殊的关注。例如，阿根廷成立了山区可持续发展委员会，重点进行针对山区发展的体制建设和资源调动。秘鲁国家山区生态系统工作组正在执行题为“秘鲁山区议程：迈向 2020 年”（The Peruvian Mountain Agenda towards 2020）的国家战略计划，加强秘鲁山区发展的体制环境。2007 年，罗马尼亚政府通过了一项关于成立罗马尼亚国家山区署（Romanian National Agency for Mountain Areas）的法律，根据这项法律，罗马尼亚将在国内 28 个山区县的地方农业和农村发展部门设立专门负责山区问题的特别办事处。伊朗在其环境部下设了一个山区问题小组委员会（UNGA，2007，2009）。

国际组织也通过资助一些项目来促进山区的管理。FAO 的山区可持续管理跨学科行动优先领域（PAIA-MTNS）计划旨在通过协调和跨学科的方式促进、改善和加强 FAO 在山区发展方面的行动。PAIA-MTNS 还致力于山区的减贫与环境的可持续发展。欧盟共同农业政策（CAP）提供了行动框架和解决山区问题的最广泛的措施。在瑞士资助的帕米尔战略项目（2001～2003 年）的基础上，发展与环境中心及其合作伙伴在 2009 年开始了新的 4 年计划，以促进中亚帕米尔高原和帕米尔—阿莱山脉的可持续土地管理。

11.4.5.2 重点研究方向

山区管理的重点在于政策措施和法律法规的制定与完善这两个方面。

1）法律法规

自《21 世纪议程》第 13 章的内容实施以来，国际层面还没有针对山区的约束性协议；在区域层面，针对两个跨国山脉——阿尔卑斯山和喀尔巴阡山——颁布了具有法律约束力的公约；在国家层面，只有少数国家制定了关于山区的具体法律。据统计，到 2006 年为止，只有 15 个国家针对山区颁布了特定、全面或部分的法律，主要包括的国家有阿尔及利亚、古巴、法国、格鲁吉亚、希腊、吉尔吉斯斯坦、意大利、罗马尼亚、瑞士和乌克兰等(表 11-15)。这些法律在解决山区发展的类似问题中具有一些共同的特征（FAO，2006）：

（1）旨在促进山区社会经济发展的同时以可持续的方式保护山区环境；

（2）通过对山区进行定义来界定其范围，通常以海拔作为定义山区的主要标准；

（3）通常针对山区的发展建立具有特定职责的机构；

（4）通过专项资金、贷款、补贴、制定标识及其他激励措施来促进经济活动的开展；

（5）追求社会目标的实现，尤其是通过改善基础设施、教育、卫生和其他服务来实现。

（6）通过制定山区森林、土壤和水资源方面的保护条例来保护山区环境。

表 11-15 各国关于山区的立法（FAO，2006）

国家	关于山区的法律内容
阿尔及利亚	04-03 法案：2004 年 6 月 23 日，可持续发展框架下的山区保护 01-20 法案：2001 年 12 月 12 日，可持续土地利用规划与开发 部门间法令：1993 年 5 月 16 日，山区定义 86-228 和 86-229 法令：1986 年 9 月 2 日，建立吉杰勒省和欧雷斯省（Jijel and Aurès Wilayas）山区管理和开发办公室
保加利亚	关于山区发展的法案：1993
古巴	197 法令：1995 年 1 月 17 日，Turquino-Manati 计划委员会

续表

国家	关于山区的法律内容
法国	2005-157 法案：2005 年 2 月 23 日，农村土地开发 2004-52 法令：2004 年 1 月 12 日，山脉管理、开发和保护委员 2004-51 法令：2004 年 1 月 12 日，阿尔卑斯山、中央高原、汝拉山、比利牛斯山和孚日山脉委员会构成与运行 2004-69 法令：2004 年 1 月 16 日，界定山区 2000-1231 法令：2000 年 12 月 15 日，关于“山区”这一术语的使用 85-994 法令：1985 年 9 月 20 日，国家山区理事会成员构成与运行 85-995～85-1001 法令：1985 年 9 月 20 日，法国 7 条山脉（中央高原、北阿尔卑斯山、南阿尔卑斯山、科西嘉山、比利牛斯山、汝拉山、孚日山）管理委员会构成与运行 99-533 框架法：1999 年 6 月 25 日，可持续土地利用规划与开发，修订自 95－115 号法律 95-115 框架法：1995 年 2 月 4 日，土地利用规划与开发 85-30 法案：1985 年 1 月 9 日，山区开发与保护
格鲁吉亚	1999 年 6 月 8 日，颁布关于山区社会经济和文化发展的法案
希腊	1892/90 法案：鼓励山区经济与开发，2234/94 法案对其进行了修正
意大利	博尔扎诺省法案 97 号法案：1994 年 1 月 31 日，对以下山区制定新的规定：阿布鲁佐、巴西利卡塔、卡拉布里亚、弗留利、威尼斯、朱利亚、拉齐奥、利吉里亚、伦巴第、马凯、莫利塞、皮埃蒙特、托斯卡纳和翁布里亚区域法案 1102 号法案：1971 年 12 月 3 日，对山区制定新的规定（1990 年 6 月由 142 法案对其进行修订） 991 号法案：1952 年 7 月 25 日，树林、森林与山区
吉尔吉斯斯坦	2002 年 11 月 1 日，颁布关于山区的法案
罗马尼亚	2004 年，颁布部门间法令，界定山区，并批准山区城镇、首府和自治市成立 2004 年 7 月 14 日，颁布关于山区的法案 949/2002 决议：2002 年 9 月 5 日，通过界定山区的标准
俄罗斯	1998 年 12 月 30 日，颁布关于北奥塞梯－阿兰共和国山区发展的法案
瑞士	1998 年 12 月 7 日，颁布关于农业生产与分区等级的法令 联邦法案：1997 年 3 月 21 日，山区投资援助（2003 年 2 月 4 日进行更新）
乌克兰	1917-Ⅲ法案：2000 年 7 月 13 日，修正关于山区人口居住状况的 1995 年法案 56/95-VR 法案：1995 年 2 月 15 日，山区人口居住状况

但这样的法律与实现山区的可持续发展仍有差距，需要更全面地协调山区生态系统和居民之间的特殊利益。例如，它们应该让山区人民更多地参与到影响其发展的决策中，更好地协调相关法律并创新体制、机制，以使居民和生态系统得到均衡发展。

2）政策措施

尽管很多国家的制度与政策涉及山区资源开发，但至今很少有国家出台关于山区特殊条件和问题的专门性政策或法律。在国家层面上，需要通过制定专门的政策框架来确定地方财产权，对山区资源商品和服务合理开发，对脆弱的生态环境和稀缺地加强保护，对传统文化进行充分挖掘等。从当前国际上有关山区资源开发的综合性政策与制度来看，未来有关山区资源开发的专门政策与制度的重点，可能包括：提高山区资源价格，增加资源税、增值税，增加资源开发对山区影响的环境税；资源开发业主与山区互利政策，山区资源入股政策；依托资源开发，增加山区就业；进一步完善水电、矿产、城镇开发的移民政策；保障山区居民的生存权，发展权和致富权；鼓励资金、金融、企业进入山区开发的政策；资源开发的生态补偿机制和政策等。此外，还包括一些特殊政策，如山区发展的人才、科技、金融、社会保障、教育和文化等方面的优惠政策。

11.5 山地科学研究发展趋势

11.5.1 山地研究的科学问题日益明确

科学研究通过提供对山区经济问题和土地管理潜力等方面的理解，在山区发展中发挥着重要作用。预计，山地科学研究将在更高的组织和空间层面产生影响。2006 年，Mountain Partnership 组织对“山地研究的未来”开展了一项调查，其结果展示了未来山地研究主要领域的研究需求（图 11-24）（Mountain Partnership，2006）。

从图 11-24 可以看出，框架条件如政策、制度、基础设施和生物物理环境在今后将受到更多的关注。山区人口与其自然资源基础之间的联系以及人口对这一资源基础的依赖性是极其重要的。自然资源的利用是核心问题。一些主要问题如森林退化、经济服务水平低、经济系统脆弱/市场疲软、社会经济差距大、管理失效等都与自然资源的利用相关。

2009 年 4 月，东南欧山地研究网络（SEEmore）在保加利亚 Borovets 举办了关于“明确东南欧山区可持续发展的研究基础”的会议。会议通过与会人员投票和专家建议，确定了未来 SEEmore 的研究主题（表 11-16），并将其中 5 个主题——灾害、山地经济、土地利用变化、生物多样性和人口减少作为未来研究的重点（MRI，2009b）。

这些国际性科研机构研究方向的确定表明国际山地研究的科学问题日益明确，并将通过解决这些问题来促进山区的可持续发展。总体而言，对以下问题的研究将促进山区的发展：

（1）山地生物多样性和自然资源的潜力、区域和国际市场的选择、当地可持续旅游的设计；

（2）有利于当地人民参与山区发展以及当地知识运用到技术开发中的方式、方法和制度；

（3）确保山区发展活动中的地方利益并且建立合理的生态系统补偿机制。

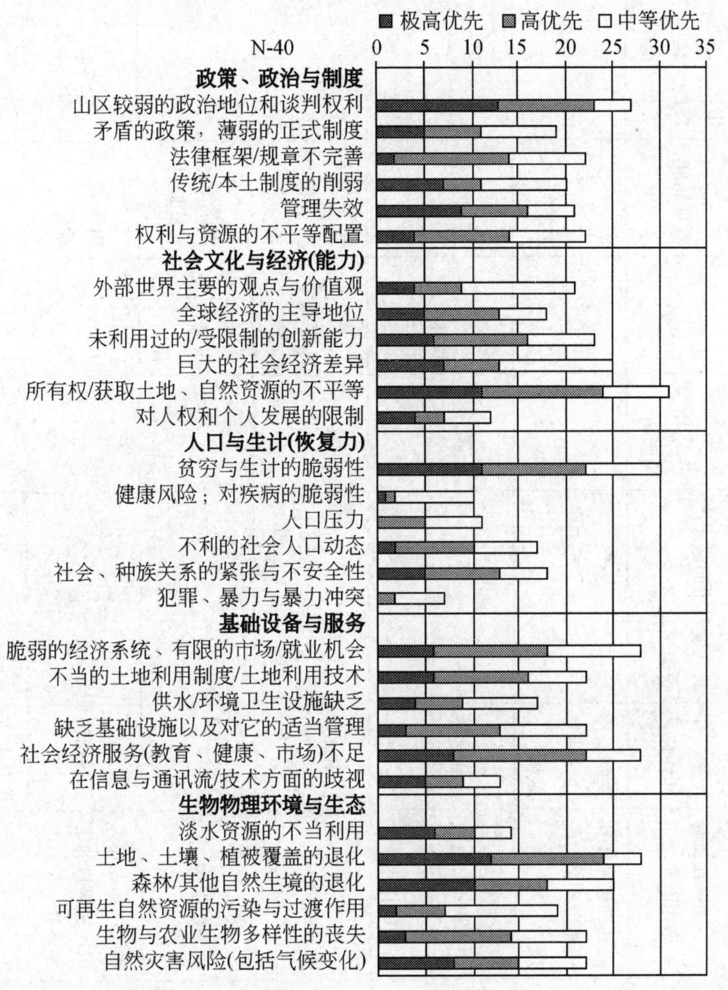

图 11-24　山地研究未来需要解决的核心问题（Mountain Partnership，2006）

11.5.2　多学科综合研究开创山地科学发展新阶段

由于山地是非常复杂的系统，山地研究与地貌学、水文学、生态学等多个学科都有交叉，因此，未来的山地研究必将是以跨学科的方式开展，而且将体现出自身的研究特色。从单一学科研究向跨学科、多学科综合研究发展，将开创山地科学研究发展的新阶段。

一些研究者和组织对未来山地的跨学科综合研究提出了建议。Gurung 认为，目前，喀尔巴阡山的研究大多数还只是单学科研究，并且是在一个单一尺度内研究社会生态系统，迫切需要开展以下跨学科和多学科研究（Gurung et al.，2009）：

（1）研究复杂的、嵌套式人类 - 环境系统，而不仅仅是这些系统中的一部分；

（2）通过大量地方案例的综合研究来评估整个喀尔巴阡山的生态区域；

表 11-16　东南欧山地研究网络未来研究主题(MRI,2009b)

研究主题	灾害	气候	土地利用变化	水系统	生态系统功能与服务	生物多样性	影响人类和牲畜健康的决定性因素与后果	环境质量	山地经济	社会与全球变化	山区人口的减少
子主题	雪崩	山区区域气候情景开发	土地利用的量化与监测	湿地水文与生物方面的清查	高山地区在氮与水循环中的作用	生物多样性管理	对气候敏感的健康决定因素	采矿和冶金对环境的影响	旅游与休闲经济	管理制度	山区民族人口的变化与人口结构
	物质运移	气候变化对生物多样性及其服务的影响	理解土地利用变化的原因与影响		森林在碳循环和资源生产中的作用	生物多样性评估与监测			就业与收入	水权与可获得性	
	洪水	生物多样性管理战略的制定与实施	土地利用与土地覆盖变化(LUCC)的模拟		牧草地在碳、氮和水循环、边坡稳定性和家庭经济中的作用	生物多样性功能			森林产品	冲突与和平	
	林火	威胁的驱动力	土地利用、土地覆盖及变化制图		土壤系统	高山群落的变化			山区牧业	传统知识与信仰体系	
	过度侵蚀与沉积				植物病虫害	关键动植物			山地生态系统服务评估	发展轨迹与脆弱性	
	风险管理、适应与减轻实践				确定河流及相关湿地所提供的生态服务	森林结构				山区的城市化	
						文化上所依赖的物种					
						入侵物种的影响					

（3）将跨越多个尺度的生态和经济系统方面的知识联系起来；

（4）同时解决多种生态系统服务、人类福祉和生物多样性保护方面的问题；

（5）针对未来不同的气候、土地利用及社会经济轨迹，提出相应的情景；

（6）为研究人员、决策者和利益相关者搭建桥梁。

Dax 认为欧洲研究区未来应考虑以下问题（Dax，2002）：

（1）实现自然科学与社会经济研究之间的平衡；

（2）将分散的研究计划整合到一起，并且将山地作为重点关注区域；

（3）通过交叉学科和跨学科的研究方法，解决山区发展的主要问题，如多样性、景观发展、环境融合、不同层面（尤其是地方和区域发展）间的相互关系以及政策评估与战略。

11.5.3　理论研究与应用实践相结合

加强山地研究是推动山区可持续发展的迫切需求。将山地理论研究与应用实践相结合，既有助于推动山区的发展，也有利于山地研究的进步。国外正在开展一系列山地理论研究与实践相结合的项目。MRI 通过多国合作，2009～2010 年开展项目“山地旅游：将研究转为实践”。欧盟第七框架计划（FP7）2009～2011 年开展题为“山地可持续性：将研究转为实践”（mountain. TRIP）的项目。美国山地研究所（The Mountain Institute）通过在世界各个地区开展山地项目，将山地研究成果应用于山区的发展中。

在山地研究中，地方社区的大力参与和推动发挥着重要作用。社区的广泛参与能够使研究成果得到高效应用，并有利于发现研究中的问题，推动研究的进一步改进。另外，当地社区特有的知识和传统也有助于相关研究的开展。因此，加强山地居民在科学研究与决策中的参与能力，有利于促进山区的发展。

11.5.4　信息技术成为山地研究的重要手段

当代信息技术的发展推动了数据的产生、收集、共享与分析，使山地研究从定性向定量方向发展（图 11-25）。例如，信息技术可为人类提供更清晰的灾害发生的动态过程，并帮助人们更迅速地制定最佳决策。此外，信息技术可以帮助人们更好地保存灾害管理工作中各个阶段所涉及的无数个细节过程的资料。

国际社会正在山地研究信息化建设方面做出积极努力。2009 年 9 月 14～18 日安第斯山国家山区可持续发展的空间技术综合应用研讨会在秘鲁利马举行。ICIMOD 于 20 世纪 90 年代启动的山地环境与自然资源信息系统（MENRIS）计划促进了地理信息科学、技术和应用程序在山地研究中的应用。MENRIS 正在通过能力建设、山地主题数据库的开发、山地专门应用程序和决策支持系统的提供来促进山区的发展。其山地主题数据库包括冰川与冰湖溃决洪水（GLOF）、农业系统、社会经济研究、土地利用与土地覆盖制图、城市应用软件、生物多样性保护与管理（Shrestha，2007）。欧洲建立了“阿尔卑斯山观测与信息系统”（System for the Observation and Information of the Alps，SOIA）科学网络。雅典国家理工大学（N. T. U. A.）Metsovion 跨学科研究中心（M. I. R. C.）已开始建立关于希腊山区的数据库，包括当地文化的保护与开发及其与山地环境之间的相互作用与相互依赖（Mountain Forum，2009）。瑞士苏黎世联邦理工学院（ETH）环境与可持续能力中心（CCES）的行动计划“瑞士实验”（SwissEx）将通过提供先进的无线传感器网络技术和灵活的数据库中间设备，开展实时监测工作（Dawes，et al.，2008）。

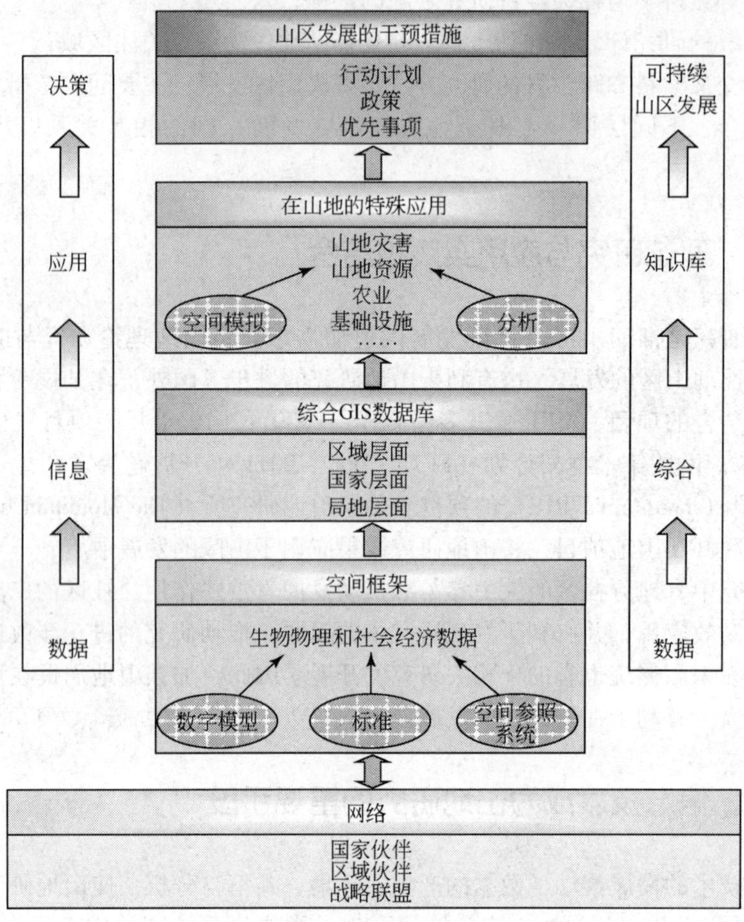

图 11-25　地理-空间信息技术在山区可持续发展中的应用（Shrestha，2007）

11.5.5　长期定位研究台站成为山地研究的重要平台

高山研究站点尤其是长期定位研究台站已成为山地研究的重要实验室。高山研究站点广泛分布在世界的各大山脉——阿尔卑斯山、高加索山、喀尔巴阡山、安第斯山、落基山和南极横贯山脉。早在现代科学之初（19 世纪初），欧洲就已经建立了高山研究站点，以为科学探险家开展不同领域的研究（从天文学到太阳物理学到生理学）提供特定的场所；美国建立了白山研究站（WMRS）、落基山森林与山地试验站等高山研究站点；中国建立了东北长白山森林生态站和西南贡嘎山高山生态站两个国家级山地研究野外台站；玻利维

亚建立了著名的Chacaltaya实验室；南极洲建立了dome concordia研究站。高山研究站点所开展的科学研究包括了自然科学的众多领域，如空间科学、大气科学、地球科学、气候学、医学与生物学等。

高山研究站点在以下方面具有重要的战略作用（Observatoire de Paris，2009）：

（1）众多科学领域的长期观测和数据收集；

（2）地球和空间观测系统；

（3）仪器校准；

（4）卫星实验数据的整合。

11.6　加强我国山地科学研究的建议

中国是山地大国，山地的开发与研究对我国具有重要的科学价值和特殊的战略意义。国际上的山地国家都非常重视山地研究，而我国在山地研究的整体性、系统性和深入性方面还远远不够，加强我国的山地研究、发展山地科学，意义深远。

11.6.1　高度认识山地的战略重要性

山地作为整个国家的一部分，与国家的其他部分密切相关，应从全国一盘棋的视角研究山地的功能定位，而迄今对这种相关性似乎缺乏深入的研究，尤其是全局而动态的研究。山地的战略重要性在国家经济社会发展的全局中也没有得到应有的重视和体现。

山地问题的核心是生态系统和社会系统的关系问题。山地特殊的地理环境造就了山地特殊的生态系统，山地社会系统寄生于山地生态系统之上，二者的耦合和相互作用必然带来一系列的问题。只有高度认识山地在我国自然、经济、社会发展中的战略重要性，高度认识山地问题的复杂性，才能有效地加强山地科学研究，促进山地区域的发展和可持续发展。

11.6.2　制定山地科学研究国家战略规划，组织实施山地研究系列项目

重要的山地国家（区域）都十分重视山地科学发展的战略研究，通过制定科学计划来促进山区的发展。在欧洲，由于主要的山脉都是跨国界的，因此，通过制定跨区域的科学计划（如喀尔巴阡山科学战略）来开展山地研究；印度尼西亚在20世纪80年代就制定了国家层面的山地研究计划（Kilmaskossu，Hope，1985）。我国还未在国家层面制定山地科学战略计划，国家在山地科学的中长期发展方面还缺乏前瞻性的战略部署。应当从国家角度出发，制定山地科学国家战略规划，强化科技创新投入，实施山地研究的系列项目，发展我国的山地科学，为我国山区的可持续发展提供科技支撑。

11.6.3 构建山地科学体系，推动山地科学研究发展

全球65%的高山分布在中国，加强山地研究，构建山地科学体系，对于系统发展有中国地理特色的地球系统科学具有重要的科学价值和特殊的战略意义，并有利于发挥我国在国际地球系统科学领域的科技影响和引领作用（邓伟等，2008）。山地问题的研究不能囿于地理、地质、生态学等视野，还必须涉及生态人类学、文化生态学和其他相关的人文、社会学领域的研究，形成自然科学与人文科学深度合作的研究局面。山地科学体系的构建必须以山区发展和国家战略的需求为基础，体现自然科学、社会科学、工程科学等各方面的内容以及学科的交叉、融合与综合。

11.6.4 完善山地研究机构体系，鼓励国际交流与合作

尽管在我国许多科研单位都建立了山区特殊地理研究单元，但开展山地研究的专门机构非常少，而在欧洲，山地研究专门机构非常多。我国需要进一步完善山地研究机构体系，增设专门的山地研究机构，同时增进不同学科间的合作、机构间的合作和国际合作与交流，吸引杰出科研人员参与山地科学研究，促进山地科学理论与实践的系统、深入研究。

11.6.5 加强山地研究基础设施建设，促进数字山地发展

我国在山地研究基础设施的建设方面已开展了很多工作，建立了若干研究与试验台站。但这些基础设施的覆盖面还很小，需要在全国的山区建立更多的开放观测/监测/试验站点，以为山地研究提供更多更好的平台。另外，需要建立大规模数据库，接收和存档山地研究项目产生的巨大数据流，促进山地科学研究数据信息的分析、建模与共享使用。

11.6.6 研究促进山区发展的专门政策制度体系

山区拥有丰富的自然、人文和旅游资源，同时山区是生态环境脆弱的地区，又是生态经济建设的重点区域，山区的发展不应当以牺牲山区环境为代价。山区开发是一个整体性、关联性、动态性、战略性很强的系统工程，应遵守山区发展基本规律，用可持续发展思想指导山区综合开发，追求区域社会发展全过程的资源、环境、社会的协调发展，开发与治理相结合，正确处理当前利益与长远利益的关系。促进山区的发展，需要建设专门的政策与法律制度体系，保障山区资源的合理开发，促进山区的可持续发展。因此，需要系统开展山区发展的专门政策制度的研究。

11.6.7　加强公众对山地的认识，提高公众参与山地研究与决策的能力

目前我国公众对山地的认识还不够，需要通过制定国家层面的山区发展战略来提高公众对山地的认识。另外，采取措施，鼓励山地居民积极参与山地的研究和发展决策中，以促进研究的传播和进步，推动山区的发展。

致谢：中国科学院－水利部成都山地灾害与环境研究所邓伟、程根伟、陈国阶和崔鹏研究员，中国科学院地理科学与资源研究所方创琳、董锁成研究员，中国科学院中国现代化研究中心主任何传启研究员，中国科学院科技政策与管理科学研究所杨多贵副研究员，科学时报社首席评论员王中宇先生等专家、学者审阅本章初稿并提出宝贵的修改意见，谨致谢忱！

参考文献

柴宗新 . 1999. 山地灾害概念之我见 . 山地学报，(1)：91 ~ 94

陈国阶 . 2009. 中国山区发展需要转变战略思维 . 中国科学院院刊，24（5）：461 ~ 467

陈国阶 . 2006. 中国山区发展研究的态势与主要研究任务 . 山地学报，24（5）：531 ~ 538

陈国阶等 . 2004. 中国山区发展报告 . 北京：商务印书馆，1

邓伟，程根伟，文安邦 . 2008. 中国山地科学发展构想 . 中国科学院院刊，23（2）：156 ~ 161

丁锡祉，郑远昌 . 1986. 初论山地学 . 山地研究，4（3）：179 ~ 185

关晓岗 . 2008. 山地灾害：中国山区安全的瓶颈——汶川、攀枝花地震的警示与贯彻科学发展观的思考 . 科学新闻，(18)：16，17

海肯，乔迎春，张春艳等 . 2001. 模拟城市——洛斯阿拉莫斯的城市安全计划 . 国际地震动态，(2)：31，32

何传启 . 2009. 中国山区现代化的三种模式 . 战略与决策研究，24（3）：256 ~ 264

姜彤，许朋柱，许刚 . 1997. 中国山地自然灾害易损性分析，山地资源开发与可持续发展 . 成都：成都科技大学出版社 . 238 ~ 242

刘海波，桂建军，武学民 . 2005. 日本减轻大城市大震灾——急救机器人研究计划概述 . 机器人技术与应用，(3)：36 ~ 41

刘洋，张健，杨万勤 . 2009. 高山生物多样性对气候变化响应的研究进展 . 生物多样性，17（1）：88 ~ 96

吴积善，王成华，程尊兰等 . 1997. 中国山地灾害防治工程 . 成都：四川科学技术出版社 . 1 ~ 41

余大富 . 1996. 发展山地学之我见 . 山地研究，14（4）：285 ~ 289

钟敦伦，谢洪，韦方强 . 1997. 山地灾害及防治与山区人地协调发展，山地资源开发与可持续发展 . 成都：成都科技大学出版社 . 230 ~ 237

钟祥浩等 . 2000. 山地学概论与中国山地研究 . 成都：四川科学技术出版社，37 ~ 44

Alpine Convention. 2005. The Multi- Annual Work Programme（MAP）of the Alpine Conference 2005-2010. http：//www. alpconv. org/themes/index_ en

Alpine Space Programme. 2007. Programme in short. http：//www. alpine- space. eu/about- the- programme/programme- in- short/anr. 2008. RiskNat：Maîtrise，Réduction et Réparation des risques naturels. http：//

www. agence- nationale- recherche. fr/documents/uploaded/2007/programmation- anr-2008. pdf

Borsdorf A，Braun V. 2009-11-22. The European and Global Dimension of Mountain Research. http：//rga. revues. org/index630. htm#tocto/n/

Borsdorf A，Scheurer T. 2007. A Research Agenda Proposed to the Alpine Convention：Perspectives of the International Scientific Committee on Research in the Alps（ISCAR）. Alpine Space - Man & Environment. vol. 3：The Water Balance of the Alps，Innsbruck University Press. http：//www. uibk. ac. at/alpinerraum/publications/vol3/borsdorf- scheurer. pdf. 1 ~ 7

Carpathian Convention. 2009-05-13. Visions and Strategies in the Carpathian Area：Protection and Sustainable Spatial Development of the Carpathians in A Transnational Framework. http：//www. carpathianconvention. org/nr/rdonlyres/2a5374bb- ab1f- 4acb- b97c- f7e3ee93336d/0/vasica_ finaldraftlowresolution. pdf

CBD. 2008. 生物多样性公约缔约方大会第九届会议通过的决定 . http：//www. cbd. int/doc/decisions/cop-09/cop-09- dec-22- zh. pdf

CIRCLE. 2009-12-28. Preannouncement：ERA- Net Circle Mountain Call. http：//www. circle- era. net/uploaus/media/preannouncement- circk- mountain- call-03. pdf

CIRMOUNT. 2006. Mapping New Terrain：Climate Change and America ' s West. http：//www. fs. fed. us/psw/cirmount/publications/pdf/new_ terrain. pdf

Dawes N，Aberer K，Lehning M et al. 2008. Mountain Research Initiative Newsletter，（1）：14 ~ 16

Dax T. 2002. Mountain development research listing of projects and project areas. http：//www. mtnforum. org/oldocs/233. pdf

Dietz H，Kueffer C，Parks G. 2006. MIREN：A New Research Network Concerned with Plant Invasion into Mountain Areas. Mountain Research and Development，26（1）：80，81

EGU. 2007. SAFER - Seismic early warning for Europe：an earthquake early warning and response research program. http：//www. saferproject. net/doc/publications_ safer/egu-2007- safer. pdf

EPA. 2008. Effects of Climate Change on Aquaatic Invasive Species and Implications for Management and Research. http：//digitalcommons. unl. edu/cgi/viewcontent. cgi? article = 1045&context = usepapapers

EPBRS. 2006. Recommendations of the meeting for the European Platform for Biodiversity Research Strategy- Europe ' s Mountain Biodiversity：Research，Mounitoring，Management. http：//www. epbrs. org/pdf/at- 2006-mountainbiodiversity- final. pdf

Ev- K2- CNR. 2008. Ev- K2- CNR Research Project 2008-2010. http：//www. evk2cnr. org/cms/files/evk2cnr. org/research% 20project% 202008-2010. pdf

FAO. 2006. Mountain and the Law：Emerging Trend. http：//www. mountainpartnership. org/common/files/pdf/ls75erev1. pdf

FAO. 2007. 2007 年国际山区日——面对变化：山区的气候变化 . ftp：//ftp. fao. org/paia/mnts/info/imd2007- Infonote- ch. pdf

GEF. 2006. GEF Biodiversity Strategy in Action. http：//www. gefweb. org/projects/focal_ areas/bio/documents/gef_ biodiv_ strategy. pdf

GMBA Office. 2005. Global Mountain Biodiversity Assessment. http：//gmba. unibas. ch/publications/pdf/gmba2005. pdf

Gurung A B，Bokwa A，Chelmicki W et al. 2009. Golbal Change Research in the Carpathian Mountain Region. Mountain Research and Development，29（3）：282 ~ 288

Hervás J，Bobrowsky P. 2009. Mapping：Inventories，Susceptibility，Hazard and Risk. In：Sassa K，Canuti P，（eds）. Landslides- Disaster Risk Reduction. Berlin：Springer，321 ~ 350

ICIMOD. 2007. Good Practices in Watershed Management Lessons Learned in the Mid Hills of Nepal. http：//books. icimod. org/demo/uploads/tmp/icimod-good_ practices_ in_ watershed_ management：_ lessons_ learned_ in_ the_ mid_ hills_ of_ nepal. pdf

ICIMOD. 2008a. ICIMOD's Road Map for the Next Five Years. http：//books. icimod. org/demo/uploads/tmp/icimod-the_ next_ five_ years. pdf

ICIMOD. 2008b. Pro-Poor Value Chains in Mountain Areas. http：//books. icimod. org/demo/uploads/tmp/icimod-pro-poor_ value_ chains_ in_ mountain_ areas. pdf

ICL. 2004. International Programme on Landslides. http：//www. iclhq. org/IPL-Leaflet-2004. pdf

ICL. 2006. The 2006 Tokyo Action Plan：Strengthening Research and Learning on Landslides and Related Earth System Disasters for Global Risk Preparedness. http：//iclhq. org/2006tokyo%20action%20plan-adopted-e. doc

ICSU. 2008. A Science Plan for Integrated Research on Disaster Risk—Addressing the challenge of natural and human-induced environmental hazards. http：// www. icsu. org/Gestion/img/icsu_ doc_ download/2121_ dd_ file_ Hazard_ report. pdf

Illés I. 2008. Visions and Strategies in the Carpathian Area. http：//www. dti. rkk. hu/kiadv/discussion/discussion-spec07. pdf

Jansky L，Ives J D，Furuyashiki K et al. 2002. Global mountian research for sustainable development. Global Environmental Change，（12）：231～239

Kilmaskossu M St E，Hope G S. 1985. A Mountain Research Programme for Indonesia. Mountain Research and Development，5（4）：339～348

Körner C. 2009. Global Statistics of "Mountain" and "Alpine" Research. Mountain Research and Development，29（1）：97～102

Kruk E，Hummel J，Banskota K. 2007a. Facilitating Sustainable Mountain Tourism. Volume I-Resource Book. http：//books. icimod. org/demo/uploads/ftp/main%20report_ vol_ 1_ final. pdf

Kruk E，Hummel J，Banskota K. 2007b. Facilitating Sustainable Mountain Tourism. Volume 2-Toolkit. http：//books. icimod. org/demo/uploads/ftp/tourism%20report_ vol_ 2_ final. pdf

MEXT. 2005. 科学技術基本計画（案）. http：//www8. cao. go. jp/cstp/siryo/haihu53/siryo1-1. pdf

MEXT. 2008. Observation and Research Program for Prediction of Earthquake and Volcanic Eruption（2009-2013）. http：//www. mext. go. jp/b_ menu/houdou/20/07/08071504/002. htm

MA. 2006. Mountain Systems，http：//www. millenniumassessment. org/documents/document. 293. aspx. pdf

Mountain Forum. 2008. Inventory and analysis of objectives and key research themes of mountain research institutes and centres in europe. http：//www. mtnforum. org/rs/ol/searchft. cfm？step = vd&docid = 5405

Mountain Forum. 2009-05-12. Mountain Forum Bulletin-Mountain Biodiversity：Lifeline for the Future. http：//www. mtnforum. org/rs/mtnbiodev. cfm

Mountain Partnership. 2006. What future for mountain research？http：//www. mountainpartnership. org/common/files/pdf/Survey_ en. pdf

MRI Europe. 2008-02. MRI Europe Newsflash，http：//klimawandel-wintersport. at/publications/documents/mri_ europe_ flash_ feb08. pdf

MRI. 2006. Global Change and Mountain Regions：Research strategy. http：//unesdoc. unesco. ory/images/0014/001471/14717oe. pdf

MRI. 2008. Science for the Carpathians. http：//mri. scnatweb. ch/index. php？option = com_ docman&task = doc_ download&gid = 192

MRI. 2009-01-11a. Research Strategy on Global Change in Mountain Biosphere Reserves：Follow-up of the

GLOCHAMORE project. http：//mri. scnatweb. ch/dmdocuments/mri_news_no3_glofollow-up. pdf

MRI. 2009b. First Newsflash June 2009. http：//mri. scnatweb. ch/dmdocuments/seemore_newsflash_June09. pdf

NEESPI. 2009-05-13. International Workshop on the Northern Eurasia Mountain Ecosystems and Regional（High Elevations）NEESPI Science Team Workshop. http：//neespi. org/news/bishkek_2009_first_circular. pdf

NEHRP. 2008. National Earthquake Hazards Reduction Program Fiscal Years 2008- 2012. http：//www. nehrp. gov/pdf/nehrp_strategicplan_draft. pdf

Nordregio. 2004. Mountain areas in Europe：analysis of mountain areas in EU member states，acceding and other European countries. http：//ec. europa. eu/regional _ policy/sources/docgener/studies/pdf/montagne/mount1. pdf

NOROCK. 2009-04-01. The Strategic Science Plan 2007-2015. http：//www. nrmsc. usgs. gov/files/norock/products/09centerstrategicplan. pdf

NRC. 2006. Facing Hazards and Disasters：Understanding Human Dimensions. http：//www. nap. edu/catolog/1167. html

NRC. 2008. Origin and Evolution of Earth：Research Questions for a Changing Planet. http：//www. nap. edu/catalog/12161. html

NSTC. 2008. Grand Challenges for Disaster Reduction. http：//www. nehrp. gov/pdf/grandchallenges. pdf

Observatoire de Paris. 2009. The High Mountian Research Stations：Windows on the Universe. http：//chalonge. obspm. fr/3th_ part. pdf

Pauli H，Gottfried M，Hohenwallner D et al. 2004. The GLORIA Field Manual：Multi-Summit Approach. http：//www. unesco. org/mab/doc/mountains/gloria_ ch. pdf

Rasul G，Karki M. 2007. A Pro-poor Policy Agenda for Sustainable Agricultural Development in the Hindu Kush-Himalayan Region. http：//www. institut- montagne. org/nuxeo/nxfile/default/7266e481- 0055- 482e- aaca-0017c6bf63f5/file：content/icimod-a_ pro-poor_ policy_ agenda_ for_ sustainable_ agricultural_ development_ in_ the_ hindu_ kush-himalayan_ region. pdf

Sassa K，Hiroshi F，Wang F W et al. 2007. Progress in Landslide Science. Berlin：Springer

Sassa K，Satoshi T，Keizo U et al. 2009. Landslides：a review of achievements in the first 5 years（2004-2009）. Landslides，6：275～286

Shrestha B. 2007. Mountain Knowledge Hub Initiative in the Hindu Kush-Himalayan Region. Grazer Schriften der Geographie und Raumforschung，(43)：227～234

Smith K，Petley D N. 2009. Environmental Hazards：Assessing risk and reducing disaster. 5th ed. New York：Routledge

Tartari G，Vuillermoz E，Manfredi E. 2008. Mountain Research Initiative Newsletter no.（1）：21～23

Thomas C D，Cameron A，Bakkenes M et al. 2004. Extinction risk from climate change. Nature，427：145～148

UNGA. 2007. UN General Assembly Report - Sustainable Mountain Development. http：//daccess-dds-ny. un. org/doc/undoc/gen/n07/488/36/pdf/n0748836. pdf? openelement

UNGA. 2009. UN General Assembly Report - Sustainable Mountain Development. http：//www. mountainpartnership. org/doc/n0943922. pdf

UNDP. 1997. Human Development Report

UNEP. 2008. Building Nepal's Private Sector Capacity for Sustainable Tourism Operations：A collection of Best Practices and Resulting Business Benefits，http：//www. uneptie. org/scp/archives. htm

UNEP. 2007. Tourism and Mountains：A practical guide to managing the social and environmental impacts of Mountain Tours. http：//www. uneptie. org/scp/archives. htm

UNEP. 2002. Mountain Watch. http：//www. ourplanet. com/wcmc/pdfs/mountains. pdf

UNESCO. 2009-12-28. General Conference；35th；2009：Report of the International Coordinating Council of the Man and the Biosphere (MAB) Programme on its activities 2008 – 2009. http：//unesdoc. unesco. org/images/0018/001836/183678c. pdf

UNISDR. 2004. Living with Risk：A global review of disaster reduction initiatives (2004 version). http：//www. unisdr. org/eng/about_ isdr/bd-lwr-2004 – eng. htm

UNISDR. 2007. Hyogo Framework for Action 2005 – 2015：Building the Resilience of Nations and Communities to Disasters. http：//www. unisdr. org/eng/hfa/docs/hfa-brochure-english. pdf

UNISDR. 2009-05-23. Global Assessment Report on Disaster Risk Reduction. http：//www. preventionweb. net/english/hyogo/gar/report/index. php? id = 9413

USGS. 2003. National Landslide Hazards Mitigation Strategy- A Framework for Loss Reduction. http：//pubs. usgs. gov/circ/c1244/c1244. pdf

USGS. 2005. The U. S. Geological Survey Landslide Hazards Program 5- Year Plan 2006 – 2010. http：//landslides. usgs. gov/nlic/lhp_ 2006_ plan. pdf

USGS. 2007. NCGMP Five-year plan draft document 2007 – 2011. http：//ncgmp. usgs. gov/ncgmpabout/progstrategicplan/2007 – 2011%20plan/document_ view

Veit H，Scheurer T. 2006. Mountain research across boundaries - portrait of the International Scientific Committee on research in the Alps. Mountain Research and Development，26 (4)：372，373

Viviroli D，Weingartner R. 2002. Mountains：Sources of the World' s Fresh Water. GAIA，11 (3)：182 ~ 186

12　云计算国际发展态势分析

唐　川　田倩飞　张　勐　房俊民

（中国科学院国家科学图书馆成都分馆情报研究部）

2008年“云计算”（cloud computing）刚刚在我国信息科技领域引起关注，然而不到两年的时间里已有十几家“云计算中心”已经或即将投入运行，包括中国电信集团上海市电信公司、广东电子工业研究院、阿里巴巴、世纪互联、无锡软件园、北京市公共云计算平台、成都云计算中心等。近年来，国际上云计算的发展同样迅猛。为了全面深入地认识云计算研发热浪，本章从多个方面介绍了云计算的国际发展态势，探讨了云计算的概念、功能特性，介绍了重要的云计算平台、技术进展及科研应用，并通过文献计量法分析了相关的学科研究趋势，总结了各界的发展战略，展望了发展前景。针对云计算发展的形式和我国的具体情况，本章提出建议：联合多方力量制定开放标准，提高我国云计算产业竞争力；警惕数据垄断，努力建设自主创新的云计算平台；抓住云计算与移动通信融合发展的契机，大力推进移动云计算；制定国家战略，支持云计算发展。

12.1　引言

“云计算”是近几年信息技术领域受关注较多的主题。实际上，云计算的理论和尝试已经有多年历史，从 .net 架构，到“按需计算”（on-demand computing）、“效能计算”（utility computing）、“软件即服务”（software as a service）、“平台即服务”（platform as a service）等新理念、新模式，其实都可看做企业对云计算的各自解读或云计算发展的不同阶段（张亚勤，2009）。近年来，Web2.0 的兴起使网络迎来了一个新的发展高峰期，Flickr、MySpace、YouTube 等网站的访问量已经远远超过传统门户网站，用户数量多、用户参与程度高是这些网站的特点。如何有效地为如此巨大的用户群体提供方便、快捷的服务，优化计算能力与存储能力，同时保证较高的资源利用率，是这些网站不得不解决的一个问题。

Amazon 也遇到过类似问题。作为一家超大型在线零售企业，Amazon 在设计和规划自身电子商务系统 IT 架构的时候，不得不为了应对销售峰值去购买更多的 IT 设备。但是，这些设备平时却处于空闲状态，这在零售企业看来相当不划算。Amazon 发现，假如可以运用自身在网站优化上的技术和经验优势，就可以将这些设备、技术和经验作为一种打包产品去为其他企业提供服务，那么闲置的 IT 设备就会创造价值。这就是 Amazon 推出云计算服务的初衷。为了解决这些租用服务中的可靠性、灵活性、安全性等问题，Amazon 不断优化其技术。从 2004 年开始，Amazon 陆续推出了简单队列服务、MechanicalTurk 服务等云计算服务的雏形。云计算服务迈向实际应用的标志是 Amazon 在 2006 年推出的简单存储服务（S3）和弹性计算云（EC2）。

随着 Amazon、Google、微软和 IBM 等重量级信息技术企业纷纷推出各自的云计算平台、服务和产品，云计算逐渐展示巨大的应用价值。它以开放的技术标准、分布式的计算理念，向世人展示了其强大的处理能力和随处皆可访问的便捷特性，产生了广泛的影响。

2008 年，云计算成为年度最热门的词汇之一，相关领域的研究人员越来越多地关注云计算，撰写了大量与云计算相关的学术论文，很多学术期刊也出版了云计算专刊，国内外云计算协会和组织纷纷成立，相关会议也不断涌现。据 Google Insights 的数据显示（统计时间：2004 年至 2009 年 12 月 30 日），全球网络用户对“cloud computing”的关注度在 2007 年 1 月 21 日至 1 月 27 日期间首次由 0 上升至 1，但很快又回归为 0，到 2007 年 10 月 7 ~ 13 日开始持续上升，到 2009 年 11 月 15 ~ 21 日达到目前的最高峰。由图 12-1 可见，全球网络用户对云计算的关注度在持续增长。

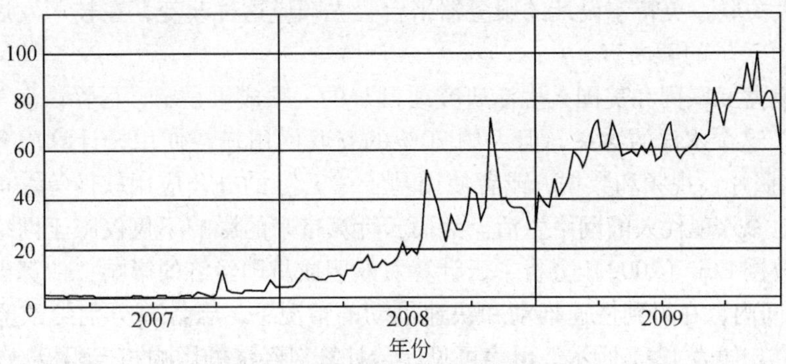

图 12-1　云计算受关注度的时间变化趋势

资料来源：Google Insights

而根据 Google Insights（http://www.google.com/insights/search）关于各行业对“cloud computing”的关注度的统计（图 12-2），云计算已在信息技术产业等多个领域产生了影响。

计世资讯（我国 ICT 研究咨询机构）认为云计算将对互联网应用、产品应用模式、IT 产品开发方向等产生深远影响。首先，云计算将赋予互联网更大的内涵，并在某种程度上改变互联网企业的运营模式，通过云计算，更多的应用能够以互联网服务的方式交付和运行。Google 甚至强调，未来几乎所有的软件应用都可以搬到互联网上，以服务取代软件。其次，云计算将扩大 IT 软硬件产品应用的外延，并改变软硬件产品的应用模式。目前，业界有一种很流行的说法，将云计算模式比喻为发电厂集中供电的模式。也就是说，通过云计算，用户可以不必去购买新的服务器，更不用去部署软件，就可以得到应用环境或者

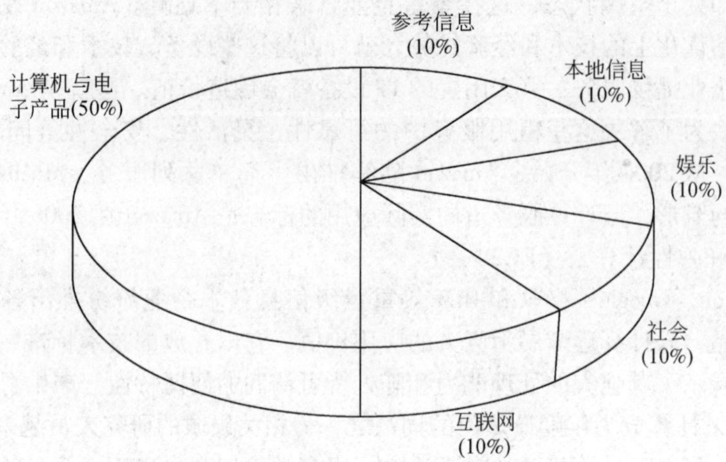

图 12-2 云计算受关注度的领域划分

资料来源：Google Insights

应用本身。对于用户来说，软硬件产品也就不再需要部署在用户身边，这些产品也不再是专属于用户自己的产品，而是变成了一种可利用的、虚拟的资源。再者，IT 产品的开发方向也将发生改变以适应上述两种变化。英特尔曾表示，未来的技术发展将会与“云”里的应用发生很大关联，英特尔设计的服务器平台会去顺应这种改变，在技术发展的目标中也将增加关于“云”的新内容。

美国“皮尤互联网和美国人生活研究项目”的一项成果显示，尽管许多美国人都不知道“云计算”这个术语的含义，但大约 70% 的互联网用户在使用云计算服务。例如，在“云”中存储照片、视频和数据，或者使用基于“云”的办公应用软件等。可见，云计算已实实在在地深入现代人的网络生活。然而云计算带来的影响不仅仅限于网络生活。意大利米兰大学教授 Etro（2009）分析了云计算对欧盟成员国经济的影响，估算出短期和中期（5 年后）时间内，在得到慢速推动和快速推动的情况下，云计算分别给欧盟各成员国创造的工作机会，如表 12-1 所示。由表可见，云计算对经济的影响相当积极。

表 12-1 云计算创造的工作机会（Etro，2009）

国家	短期创造的工作机会		中期创造的工作机会	
	慢速推动	快速推动	慢速推动	快速推动
比利时	7 062	35 557	4 156	20 874
保加利亚	8 923	44 928	5 251	26 375
捷克	15 662	78 860	9 216	46 295
丹麦	5 809	29 251	3 419	17 172
德国	80 483	405 256	47 361	237 904
爱沙尼亚	1 351	6 800	795	3 992
爱尔兰	5 044	25 400	2 969	14 911
希腊	10 511	52 928	6 186	31 071

续表

国家	短期创造的工作机会		中期创造的工作机会	
	慢速推动	快速推动	慢速推动	快速推动
西班牙	32 976	166 046	19 405	97 476
法国	52 197	262 825	30 716	154 291
意大利	35 855	180 538	21 099	105 984
拉脱维亚	1 548	7 793	911	4 575
立陶宛	6 118	30 806	3 600	18 085
匈牙利	5 627	28 334	3 311	16 633
荷兰	17 300	87 111	10 181	51 138
奥地利	6 545	32 954	3 851	19 345
波兰	41 436	208 640	24 383	122 481
葡萄牙	10 024	50 476	5 899	29 632
罗马尼亚	19 208	96 720	11 304	56 779
斯洛文尼亚	2 117	10 661	1 246	6 258
斯洛伐克	7 022	35 358	4 132	20 757
芬兰	6 530	32 879	3 842	19 301
瑞典	10 016	50 431	5 894	29 605
英国	119 519	601 816	70 333	353 293
挪威	5 017	25 261	2 952	14 829
总计	513 900	2 587 629	302 412	1 519 056

此外，云计算还能对缓解环境问题做出贡献。美国一家名为 Greenspace 的公司 2009 年 7 月完成的一项调查发现，某家云计算服务商每年可为其客户节省 6 100 万美元的电力开销，这相当于节省了 5.95 亿千瓦时的能耗，或减少了 42.3 万吨二氧化碳的排放。由此，云计算服务商则可以集中精力提高系统的性能和效率，能够比一般的公司更有效地利用资源，节约能耗。而一般的公司通过将应用程序、数据存储和其他计算任务外包给专业公司，可以促进节能减排。

云计算逐渐赢得广泛关注的同时，已在多方面显示出较大的影响力。为此，本章通过文献情报分析呈现云计算的国际发展态势，力图为相关科研工作者提供有益参考，在云计算开启的新变革中抓住发展机遇。

12.2 认识云计算

在 Google Insights 统计的与 “cloud computing” 相关的检索词中，最热门的和上升最快的相关检索词如表 12-2 所示。

表 12-2 “cloud computing”的相关检索词

序次	最热门的相关检索词	上升最快的相关检索词
1	google cloud	wiki cloud computing
2	cloud computing google	wiki cloud
3	cloud computing amazon	the cloud
4	amazon cloud	grid computing
5	the cloud	google cloud
6	wiki cloud computing	cloud computing software
7	wiki cloud	cloud computing services
8	cloud computing microsoft	cloud computing microsoft
9	cloud computing software	cloud computing google
10	cloud computing companies	cloud computing companies

资料来源：Google Insights

“wiki”（维基）+“cloud”的检索组合同时是最热门和上升最快的相关检索词，表明有很多网络用户想通过维基百科了解云计算的概念。这种情况暗示了云计算发展所面临的一个挑战，即各界还无法就云计算的概念取得统一的认识，致使很多人感到困扰。造成这种情况的原因包括（Wang Lizhe et al.，2008；Vaquero et al.，2009；张亚勤，2009）：

（1）从事云计算的研究人员具有不同背景（网格计算、软件工程、数据库等），他们从不同角度来看待云计算；

（2）支撑云计算的使能技术（enabling technology）是多种多样的，并且这些技术仍在不断发展变化；

（3）云计算的应用规模还不足以使其概念人人皆知；

（4）媒体对云计算铺天盖地的宣传进一步模糊了其本质；

（5）每家企业和机构对云计算及其前景的解析都或多或少地结合了企业自身的业务方向和现实利益。

如果这个问题长期得不到解决，那么很可能将影响云计算标准的制定，而当前妨碍云计算推广的一个重要因素是数据和应用在系统间的移植能力不够，不形成标准就很难解决这个问题。下文将从云计算的定义、部署模式与交付模式、功能特性这三大方面较全面地介绍云计算的概念。

12.2.1 云计算的定义

美国国家标准与技术研究院（2009）将云计算定义为一种资源利用模式，能以简便的途径和以按需的方式通过网络为用户提供可配置的计算资源（网络、服务器、存储、应用、服务等），这些资源可快速部署，并能以较小的代价实现资源发布。

在北京举行的“2008 IEEE Web 服务国际大会”（2008 IEEE International Conference on Web Services）上，与会专家认为对不同的对象云计算有着不同的定义：

（1）对于用户，云计算是“IT 即服务”（IT as a Service），即通过互联网从中央式数据中心向用户提供计算、存储和应用服务；

（2）对于互联网应用程序开发者，云计算是互联网级别的软件开发平台和运行时环境（runtime environment）；

（3）对于基础设施提供商和管理员，云计算是由 IP 网络连接起来的大规模、分布式数据中心基础设施。

12.2.2 部署模式与交付模式

12.2.2.1 部署模式

从云计算基础设施的构建方式来看，可以将云计算的部署模式（deployment model）分为四种。

1）私有云（private cloud）

云计算基础设施由单个组织经营，可由该组织或第三方管理。

2）团体云（community cloud）

云计算基础设施由数个组织共享，并为一个有共同关注点的团体提供支持，可由团体组织或第三方管理。

3）公共云（public cloud）

云计算基础设施由一家销售云计算服务的组织所拥有，该组织将云计算服务销售给公众或大型工业团体。

4）混合云（hybrid cloud）

云计算基础设施由两种或两种以上的云（私有、团体或公共）组成，每种模式的云都保持独立，但通过标准或专有技术被组合成一体，具有数据和应用程序的可移植性。

12.2.2.2 交付模式

从当前云计算的交付模式（delivery model）来看，可分为以下三种类型（Mell et al.，2009）。

1）软件即服务（SaaS）

提供商在云计算设施上运行程序，用户通过各种客户端设备的瘦客户界面（如网页浏览器、基于网页的电子邮件）使用这些应用程序。用户不需要管理或控制底层的网络、服务器、操作系统、存储系统、应用程序等，但可能需要完成一些与用户相关的应用程序参数设置。

2）平台即服务（PaaS）

用户采用提供商支持的编程语言和工具编写好应用程序，然后放到云计算平台上运行。用户不需管理或控制底层的网络、服务器、操作系统、存储系统等，但要控制应用程序，可能还需要设置应用程序的运行环境。

3）基础设施即服务（IaaS）

用户将部署处理器、存储系统、网络及其他基本的计算资源，并按自己的意志运行操作系统和应用程序等软件。用户不需管理或控制的底层云计算基础设施，但要控制操作系统、储存系统和应用程序，可能还需要选择网络组件（防火墙、负载均衡器等）。

Wang Lizhe 等（2008）认为，可以将云计算交付模式分为 4 种（图 12-3）：

（1）硬件即服务（HaaS）。

用户可通过“即付即用”的方式购买 IT 硬件。

（2）软件即服务（SaaS）。

软件和应用程序被作为服务通过互联网提供给用户使用，用户无需在本地计算机安装和运行应用程序，这样就减轻了用户购买和维护软件的成本负担。

（3）数据即服务（DaaS）。

用户可通过网络获取不同来源和不同格式的数据。

（4）平台即服务（PaaS）。

在 HaaS、SaaS 和 DaaS 的基础上，云计算为用户提供 PaaS，用户可根据需要订购计算平台，包括硬件配置、软件安装和数据。

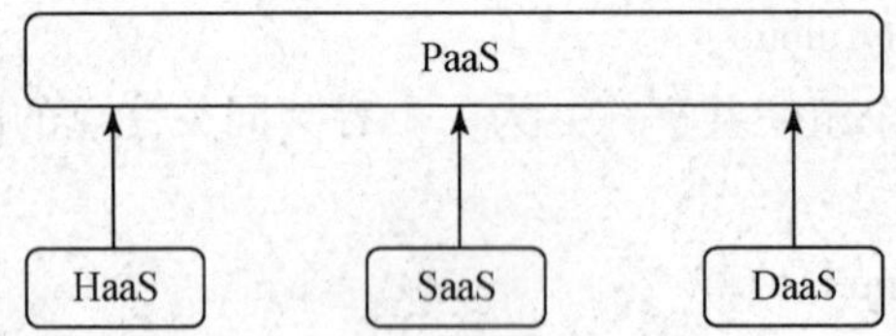

图 12-3　云计算的交付模式（Wang Lizhe et al.，2008）

12.2.3　功能特性

目前云计算已广受欢迎，这是因为它具有多方面优秀的功能特性：

（1）超大规模。

“云”具有相当的规模，Google 云计算已经拥有上百万台服务器，Amazon、IBM、微软、Yahoo 等公司的“云”均拥有几十万台服务器，企业私有云一般拥有数百上千台服务器。“云”能赋予用户前所未有的计算能力和存储能力。

（2）虚拟化。

云计算支持用户在任意位置、使用各种终端获取应用服务。所请求的资源来自“云”，而不是固定的有形的实体。应用在“云”中某处运行，但实际上用户无需了解、也不用知道应用运行的具体位置。

（3）高可靠性。

“云”使用了数据多副本容错、计算节点同构可互换等措施来保障服务的高可靠性。

（4）通用性。

云计算不限于特定的应用，在“云”的支撑下可以构造出千变万化的应用，同一个“云”可以同时支撑不同的应用运行。

（5）高可扩展性。

云计算供应商可快速灵活地部署云计算资源，快速地放大和缩小“云”的规模。对于用户，云计算资源通常显得是无限的，并可以在任何时间购买任何数量的资源。

（6）按需自助服务。

“云”是一个庞大的资源池，消费者可对资源（如服务器时间和网络存储）进行单边部署以自动化地满足需求，无须服务提供商的人工配合。

（7）极其廉价。

由于“云”的特殊容错措施可以采用极其廉价的节点来构成云，“云”的自动化集中式管理使大量企业无需负担日益高昂的数据中心管理成本，“云”的通用性使资源的利用率较之传统系统大幅提升，因此用户可以充分享受“云”的低成本优势，经常只要花费几百美元、几天时间就能完成以前需要数万美元、数月时间才能完成的任务。

（8）灵活计费。

通过对不同类型的服务进行计费，云计算系统能自动控制和优化资源利用情况。可以监测、控制资源利用情况，并形成报告，为云计算提供商和用户就所使用的服务提供透明性，就像使用自来水、电、煤气那样计费。

（9）泛在网络连接。

云计算资源可以通过网络获取和通过标准机制访问，这些访问机制能够促进用户通过异构的瘦客户平台（thin client）或胖客户平台（thick client）（手机、笔记本电脑、掌上电脑等）来使用云计算。

（10）以用户为中心。

云计算不需要用户改变他们的工作习惯和环境（编程语言、编译器、操作系统等）；需要在本地安装的云计算客户端是轻量级的，比如 Nimbus Cloudkit 客户端只有 15 兆字节。

12.3 主要平台剖析

平台是云计算服务的基础，也是领先机构争夺的重点，本节介绍目前主要的云计算平台及其优缺点。

12.3.1 Amazon EC2

Amazon 是美国最大的在线零售商，于 2002 年开放了电子商务平台 AWS（Amazon Web Services），迄今它包括 4 种主要的服务：一种简单的存储服务（Simple Storage Service，S3）、弹性可扩展的云计算服务器（Elastic Compute Cloud，EC2）、一种简单的消息队列（Simple Queuing Service）、简单的数据库管理（SimpleDB）。Amazon 现在通过互联网提供存储、计算处理、消息队列、数据库管理系统等“即插即用”型的服务。

Amazon 是最早提供远程云计算平台服务的公司，其云计算平台 EC2 是 Amazon 于 2006 年推出的新一代 Hosting 服务。EC2 平台使用模式如图 12-4 所示，其特性如下：

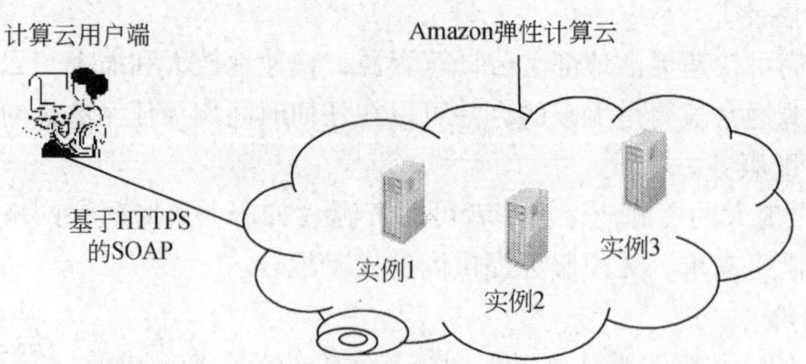

图 12-4 EC2 平台使用模式（陈康等，2008）

（1）开放的服务。

Amazon 将 EC2 建立在公司内部的大规模集群计算的平台上，用户可以通过 EC2 的网络界面去操作在云计算平台上运行的各个实例（instance）。用户使用实例的付费方式由用户的使用状况决定，即用户只需为自己所使用的计算平台实例付费，运行结束后计费也随之结束。这里所说的实例即是由用户控制的完整的虚拟机运行实例。通过这种方式，用户不必自己去建立云计算平台，节省了设备与维护费用。

（2）灵活的工作模式。

EC2 用户使用客户端通过 HTTPS 上的 SOAP 协议来实现与 Amazon EC2 内部的实例进行交互。使用 HTTPS 协议的原因是为了保证远端连接的安全性，避免用户数据在传输的过程中泄露。因此，从使用模式上来说，EC2 平台为用户或者开发人员提供了一个虚拟的集群环境，使得用户的应用具有充分的灵活性，同时也减轻了云计算平台拥有者的管理负担。

EC2 中的实例是一些真正在运行中的虚拟机服务器，每一个实例代表一个运行中的虚拟机。对于提供给某一个用户的虚拟机，该用户具有完整的访问权限，包括针对此虚拟机的管理员用户权限。虚拟服务器的收费也是根据虚拟机的能力进行计算的，因此，实际上用户租用的是虚拟的计算能力，简化了计费方式。在 EC2 中，提供了三种不同能力的虚拟机实例，具有不同的收费价格。例如，其中默认的最小的运行实例是 1.7GB 的内存，1 个 EC2 的计算单元，160GB 的虚拟机内部存储容量，是一个 32 位的计算平台，收费标准为每小时 10 美分。

由于用户在部署网络程序时，通常需要很多个实例共同工作。EC2 的内部架设了实例之间的内部网络，使得用户的应用程序在不同的实例之间可以通信。在 EC2 中的每一个计算实例都具有一个内部的 IP 地址，用户程序可以使用内部 IP 地址进行数据通信，以获得数据通信的最好性能。每一个实例也具有外部的地址，用户可以将分配给自己的弹性 IP 地址分配给自己的运行实例，使得建立在 EC2 上的服务系统能够为外部提供服务。当然，Amazon 公司也对网络上的服务流量计费，计费规则也按照内部传输以及外部传输进行区分。

总之，Amazon 通过提供 EC2，减少了小规模软件开发人员对于集群系统的维护，并且收费方式相对简单明了，用户使用多少资源，只需要为这一部分资源付费即可。在用户使用模式上，Amazon 的 EC2 要求用户要创建基于 Amazon 规格的服务器映像（Amazon

Machine Image，AMI）。EC2 的目标是服务器映像能够拥有用户想要的任何一种操作系统、应用程序、配置、登录和安全机制。通过创建自己的 AMI，或者使用 Amazon 预先为用户提供的 AMI，用户在完成这一步骤后将 AMI 上传到 EC2 平台，然后调用 Amazon 的 API，对 AMI 进行使用与管理。AMI 实际上就是虚拟机的映像，用户可以使用它们来完成任何工作，例如运行数据库服务器，构建快速网络下载的平台，提供外部搜索服务甚至可以出租自己具有特色的 AMI 而获得收益。用户所拥有的多个 AMI 可以通过通信而彼此合作，就像当前的集群计算服务平台一样。

12. 3. 2　Google App Engine

在 2008 年 4 月，Google 推出了 Google App Engine，它允许开发人员编写 Python 应用程序，然后把应用构建在 Google 的基础架构上，Google 能提供多达 500MB 的免费存储空间。对于最终用户来说，Google Apps 提供的东西包括基于 Web 的文档、电子数据表以及其他生产性应用服务。Google Apps 有免费的版本，也有每年每位用户费用为 50 美元的高级版本。

Google 的云计算技术实际上是针对 Google 特定的网络应用程序而定制的。针对内部网络数据规模超大的特点，Google 提出了一整套基于分布式并行集群方式的基础架构，利用软件的能力来处理集群中经常发生的节点失效问题。从 2003 年开始，Google 连续几年在计算机系统研究领域的顶级会议与杂志上发表论文，揭示其内部的分布式数据处理方法，向外界展示其使用的云计算核心技术。从其近几年发表的论文来看，Google 使用的云计算基础架构模式包括 4 个相互独立又紧密结合在一起的系统。包括 Google 建立在集群之上的文件系统 Google File System，针对 Google 应用程序的特点提出的 Map/Reduce 编程模式，分布式的锁机制 Chubby 以及 Google 开发的模型简化的大规模分布式数据库 BigTable。

（1）Google File System 文件系统。

为了满足 Google 迅速增长的数据处理需求，Google 设计并实现了 Google 文件系统（Google File System，GFS）。GFS 与过去的分布式文件系统拥有许多相同的目标，例如性能、可伸缩性、可靠性以及可用性。然而，它的设计还受到 Google 应用负载和技术环境的影响。主要体现在以下 4 个方面：

①集群中的节点失效是一种常态，而不是一种异常。由于参与运算与处理的节点数目非常庞大，通常会使用上千个节点进行共同计算，因此，每时每刻总会有节点处在失效状态。需要通过软件程序模块、监视系统的动态运行状况来侦测错误，并且将容错以及自动恢复系统集成在系统中。

②Google 系统中的文件大小与通常文件系统中的文件大小概念不一样，文件大小通常以 G 字节计。另外文件系统中的文件含义与通常文件不同，一个大文件可能包含大量数目的通常意义上的小文件。所以，对于设计预期和参数，如 I/O 操作和块尺寸，都要重新考虑。

③Google 文件系统中的文件读写模式和传统的文件系统不同。在 Google 应用（如搜索）中对大部分文件的修改，不是覆盖原有数据，而是在文件尾追加新数据。对文件的随

机写是几乎不存在的。对于这类巨大文件的访问模式，客户端对数据块缓存失去了意义，追加操作成为性能优化和原子性保证的焦点。

④文件系统的某些具体操作不再透明，而且需要应用程序的协助完成，应用程序和文件系统 API 的协同设计提高了整个系统的灵活性。例如，放松了对 GFS 一致性模型的要求，这样不用加重应用程序的负担，就大大简化了文件系统的设计。还引入了原子性的追加操作，这样多个客户端同时进行追加的时候，就不需要额外的同步操作了。

总之，GFS 是为 Google 应用程序本身而设计的。Google 已经部署了许多 GFS 集群。有的集群拥有超过 1000 个存储节点，超过 300T 的硬盘空间，被不同机器上的数百个客户端连续不断地频繁访问着。

一个 GFS 集群包含一个主服务器和多个块服务器，被多个客户端访问。文件被分割成固定尺寸的块。在每个块创建的时候，服务器分配给它一个不变的、全球唯一的 64 位块句柄对它进行标识。块服务器把块作为 Linux 文件保存在本地硬盘上，并根据指定的块句柄和字节范围来读写块数据。为了保证可靠性，每个块都会复制到多个块服务器上，缺省保存三个备份。主服务器管理文件系统所有的元数据，包括名字空间、访问控制信息和文件到块的映射信息，以及块当前所在的位置。GFS 客户端代码被嵌入到每个程序里，它实现了 Google 文件系统 API，帮助应用程序与主服务器和块服务器通信，对数据进行读写。客户端跟主服务器交互进行元数据操作，但是所有的数据操作的通信都是直接和块服务器进行的。客户端提供的访问接口类似于 POSIX 接口，但有一定的修改，并不完全兼容 POSIX 标准。通过服务器端和客户端的联合设计，Google File System 能够针对它本身的应用获得最大的性能以及可用性效果。

（2）Map/Reduce 分布式编程环境。

为了让内部非分布式系统方向背景的员工能够有机会将应用程序建立在大规模的集群基础之上，Google 还设计并实现了一套大规模数据处理的编程规范 Map/Reduce 系统。这样，非分布式专业的程序编写人员也能够为大规模的集群编写应用程序而不用去顾虑集群的可靠性、可扩展性等问题。应用程序编写人员只需要将精力放在应用程序本身，而关于集群的处理问题则交由平台来处理。

Map/Reduce 通过“Map”（映射）和“Reduce”（化简）这样两个简单的概念来参加运算，用户只需要提供自己的 Map 函数以及 Reduce 函数就可以在集群上进行大规模的分布式数据处理。

Google 的文本索引方法，即搜索引擎的核心部分，已经通过 Map/Reduce 的方法进行了改写，获得了更加清晰的程序架构。在 Google 内部，每天有上千个 Map/Reduce 的应用程序在运行。

（3）分布式大规模数据库管理系统 BigTable。

构建于上述两项基础之上的第三个云计算平台就是 Google 关于将数据库系统扩展到分布式平台上的 BigTable 系统。很多应用程序对于数据的组织还是非常有规则的。一般来说，数据库对于处理格式化的数据还是非常方便的，但是由于关系数据库很强的一致性要求，很难将其扩展到很大的规模。为了处理 Google 内部大量的格式化以及半格式化数据，Google 构建了弱一致性要求的大规模数据库系统 BigTable。现在有很多 Google 的应用程序

建立在 BigTable 之上，如 Search History、Maps、Orkut 和 RSS 阅读器等。

数据模型包括行列（ROWS，COLUMNS）以及相应的时间戳（*TIMESTAMPS*），所有的数据都存放在表格中的单元里，如图 12-5 所示。BigTable 的内容（*contents*）按照行来划分，将多个行组成一个小表（Tablet），保存到某一个服务器节点中。

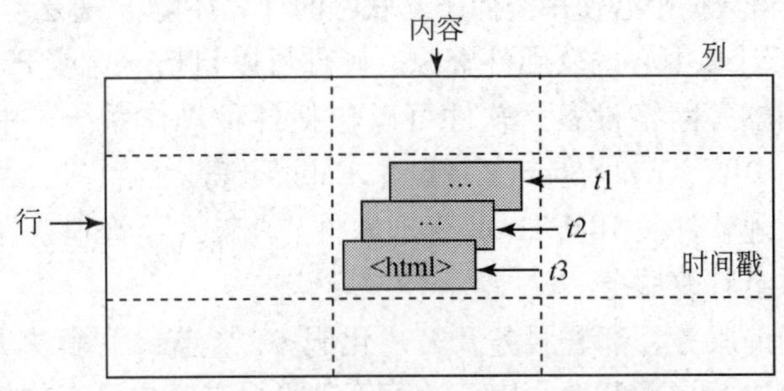

图 12-5　Google BigTable 的数据模型（陈康等，2008）

以上是 Google 内部云计算基础平台的 3 个主要部分。除了这 3 个部分之外，Google 还建立了分布式程序调度器，分布式的锁服务等一系列相关的云计算服务平台。

Google 在其云计算基础设施之上建立了一系列新型网络应用程序。由于借鉴了异步网络数据传输的 Web 2.0 技术，这些应用程序给予用户全新的界面感受以及更加强大的多用户交互能力。其中典型的 Google 云计算应用程序就是 Google 推出的与 Microsoft Office 软件进行竞争的 Docs 网络服务程序。Google Docs 是一项基于 Web 的工具，它有跟 Microsoft Office 相近的编辑界面，有一套简单易用的文档权限管理，而且它还记录下所有用户对文档所做的修改。Google Docs 的这些功能令它非常适用于网上共享与协作编辑文档。Google Docs 甚至可以用于监控责任清晰、目标明确的项目进度。当前，Google Docs 已经推出了文档编辑、电子表格、幻灯片演示、日程管理等多个功能的编辑模块，能够替代 Microsoft Office 相应的一部分功能。值得注意的是，通过这种云计算方式形成的应用程序适用于多个用户进行共享以及协同编辑，为一个小组的人员进行共同创作带来很大的方便性。

Google Docs 是云计算的一种重要应用，即可以通过浏览器的方式访问远端大规模的存储与计算服务。云计算能够为大规模的新一代网络应用打下良好的基础。

虽然 Google 可以说是云计算的最大实践者，但是，Google 的云计算平台是私有的环境，特别是 Google 的云计算基础设施还没有开放出来。除了开放有限的应用程序接口，例如 GWT（Google Web Toolkit）以及 Google Map API 等，Google 并没有将云计算的内部基础设施共享给外部的用户使用，上述的所有基础设施都是私有的。幸而 Google 公开了其内部集群计算环境的一部分技术，使得全球的技术开发人员能够根据这一部分文档构建开源的大规模数据处理云计算基础设施，其中最有名的项目即 Apache 旗下的 Hadoop 项目。

12.3.3 IBM Blue Cloud

IBM 的 Blue Cloud（蓝云）云计算平台是一套软、硬件平台，将互联网上使用的技术扩展到企业平台上，使得数据中心使用类似于互联网的计算环境。“蓝云”由以下部分构成：

（1）需要纳入云计算中心的软硬件资源。硬件可以包括 x86 或 Power 的机器、存储服务器、交换机和路由器等网络设备。软件可以包括各种操作系统、中间件、数据库及应用，如 AIX、Linux、DB2、WebSphere、Lotus、Rational 等。

（2）“蓝云”管理软件及 IBM Tivoli 管理软件。“蓝云”管理软件由 IBM 云计算中心开发，专门用于提供云计算服务。

（3）“蓝云”咨询服务、部署服务及客户化服务。“蓝云”解决方案可以按照客户的特定需求和应用场景进行二次开发，使云计算管理平台与客户已有软件硬件进行整合。

6+1 解决方案可以自动管理和动态分配、部署、配置、重新配置以及回收资源，也可以自动安装软件和应用。“蓝云”可以向用户提供虚拟基础架构。用户可以自己定义虚拟基础架构的构成，如服务器配置、数量，存储类型和大小，网络配置等等。用户通过自服务界面提交请求，每个请求的生命周期由平台维护。表 12-3 对比了 IBM 硬件 + “蓝云”解决方案相对于其他厂家硬件设备的优势。

表 12-3　IBM 硬件 + “蓝云”的相对优势

	使用多个厂家硬件设备		IBM 硬件 + “蓝云”	
资源利用率	低	服务器资源不能共享	高	服务器资源共享给不同的项目
管理	复杂	需要不同的工具来实现不同的管理功能	简单	所有的管理功能集成到一个 Web 界面即可完成
系统部署	慢	操作系统和软件安装复杂、易出错	快速	预先配置好操作系统映像和软件包，数分钟内即可安装到服务器
耗电	高	即便工作负荷下降，所有服务器依然运行	低	可将应用程序合并，减少硬件负荷，部分服务器可以关机
备份	复杂	需要备份操作系统映像、用户数据、DB 等	简单	备份功能集成到管理功能里

资料来源：IBM 云计算中心（2009）

12.3.4 微软 Azure

2008 年 10 月，微软正式推出其云计算平台——Windows Azure Platform，简称蓝天（Azure）。Azure 由四个层次构成：

（1）Azure 的底层是微软全球基础服务系统——Global Foundation Services（GFS），由遍布全球的第四代数据中心构成。几年前微软便开始筹建数据中心，目前正在部署的数据中心已“升级”到能效比更加优异的第四代。值得一提的是，所有的微软数据中心都采用了清洁能源，在工作效率、可靠性和能耗等多元指标上达到了微软制定的严苛标准。

（2）微软 GFS 之上是 Windows Azure 操作系统，主要从事虚拟化计算资源管理和智能化任务分配，当接到用户计算需求时，系统会确定最合理的资源处理、数据传输以及安全防护机制，并把运算任务分配给不同的 CPU，把存储任务分配给全球不同的微软数据中心——用户不需要知道子程序和数据在哪里，只要知道自己想做什么就足够了。

（3）Windows Azure 之上是一个应用服务平台，它发挥着构件的作用，为客户提供一系列的服务，如 Live 服务、. NET 服务、SQL 服务等，用以帮助客户建立“云计算”的应用，或将现有的业务拓展到云端。

（4）再往上是微软提供给开发者的 API、数据结构和程序库；最上层是微软为客户提供的服务，如 Windows Live、Office Live、Exchange Online 等等。

微软 Azure 的优势体现在如下 4 个方面：

（1）技术领先。

遍布全球的微软 GFS 大型数据中心可以在确保云服务基础平台规模的同时，强化数据模块组合的灵活性。

（2）平台开放。

微软支持并鼓励合作伙伴在 Azure 上用子件和第三方子件（甚至包括 Linux 在内）开发出自己的应用——甚至搭建出自己的云计算服务平台，并且会为他们提供各种必要的帮助。开发者不但能从现有知识体系、生态系统和社区资源中获得给养，还可在传统服务器和 Windows Azure 环境之间自由迁徙。例如，开发人员之前为 Windows Server 写的应用程序，只需进行简单的修改，即可用于 Windows Azure。

（3）体验兼容。

微软 Azure 尊重用户选择“云”还是“端”的自主权，并确保了由“地面”（PC 端的应用软件）向“云”间延伸的体验的一致性。用户完全可以从 Azure 上继续获取他们对 Windows、Office 的熟悉体验，而不需要花费时间和精力重新学习。

（4）投资较少。

对企业客户来说，微软的云服务平台与现有的信息技术架构并不冲突，所以客户不需要投入巨大的资金，便可逐步实现信息系统的无缝切换。不过，尽管当前“云计算”已取得了许多实质性的进展，但其真正为企业客户和个人用户所接受可能还需要 2 ~ 5 年的时间。毕竟，数据中心的建设、“云计算”技术的全球化分布、计算资源由“端”向“云”的流动都不是短时间内可以完成的。

12.3.5 平台比较

各个云计算平台具有不同的特点（表 12-4）。特别是在平台的使用上，透明计算平台为用户同时提供了用户实际接触的客户端节点以及无法接触的远程虚拟存储服务器，是一个半公开的环境。Google 的云计算平台环境是私有的环境，除了开放有限的应用程序接口如 GWT、Google App Engine 以及 Google Map API 等以外，Google 并没有将云计算的内部基础设施共享给外部的用户使用。IBM 的“蓝云”计算平台则是可供销售的软、硬件集合，用户基于这些软、硬件产品构建自己的云计算应用。Amazon 的弹性计算云则是托管式云计算平台，用户可以通过远端的操作界面直接操作使用，看不到实际的物理节点。表 12-4 从其他角度比较了各个云计算系统的不同之处。可以看出，虽然云计算系统在很多方面具有共性，但实际上各个系统之间还是有很大不同的。

表 12-4 代表性云计算平台之间的比较

云计算平台	描述	优点	缺点
Amazon	• 弹性云计算（EC2） • 简单存贮服务（S3） • 简单队列服务（SQS） • 简单数据库（DB）	随时可用，Amazon. com 提供的共享 Web 级别的基础服务，真正的到期即付的使用模式，标准的 Web 服务界面，智能型语言	• 不支持 IDE • 有限的服务水平协议
Google App Engine	紧密整合的开发与主机环境，用于 Web 上的应用：动态 runtime、持久存储、用户授权、电子邮件、服务监控、登陆分析等等	已有的、成熟的 Web 级别的基础服务；成套丰富的 Google 服务应用程序界面；入门门槛低（免费试用）	需要驱动、基于页面模式；不能直接访问 Google 的底层；没有服务水平协议
IBM Blue Cloud	用于构造私有云计算的硬件与软件集合：刀片机中心（配置基于 Linux 的服务器、网格计算引擎、Xen 和 PowerVM）、Hadoop 和 Tivoli 务层次协议追踪	• 在办公支持以及开发环境领域的强有力地位 • 开源组件 • 可自定义	供应商特定的硬件；复杂；高成本
Microsoft Windows Azure	软件 + 服务的混合模型，通过一套核心在线服务（比如存贮、身份认证、数据服务）达到相同的功能，为桌面客户端以及云计算提供相同的应用程序界面	投资规模大，视觉观感完整，大型开发者社区，现有可用的开发工具和技术，整合更容易，特别是与微软的其他应用程序的整合	进入市场时间有限，因可选商务模式多样而复杂
Sales force	主机开发平台，从 AppExchange 发展出新的工具，比如 Visualforce（为客户定制的用户界面）以及 ApexCode（与 Java 类似的编程语言，用于处理商务逻辑与数据）	核心 CRM 应用程序的现有用户群，多用户结构，相对较成熟	独有的语言（Apex Code），可扩展升级但非 Web 扩展的基础结构
VMware vCloud	虚拟的数据中心操作系统，包括一套有代表性的、基于状态传输的应用程序界面，用于管理云计算环境下的虚拟机，以及一整套服务（vServices），比如反向负载以及服务	在云计算数据中心内，支持现场虚拟基础服务与外部 VMware 之间的移动连接	目前只是与一系列服务伙伴合作的初步产物

资料来源：埃森哲技术实验室（2009）

由于技术出发点不同，这些云计算服务商提供的服务并不完全属于同一个范畴，可以将目前的云计算服务商分为 3 个阵营：云计算基础设施提供商、云计算平台提供商、云服务提供商，如表 12-5 所示。

表 12-5　云计算服务商阵营（张振伦，2009）

云计算类型	厂商名称	简介
云计算基础设施提供商	Dell	收购 Message One 等多家软件公司增强软件技术实力，试图从软硬件两方面向云计算发展
	惠普	帮助客户自建迷你云端数据中心，让建设这种数据中心的产品和服务更完整
	IBM	在 2007 年发布了“蓝云计算”产品，在全球率先建立了多个云计算中心，也在提供丰富的产品帮助企业建立自己的私有云
	Sun	从网格计算到云计算，Sun 公司号称业界只有自己和 IBM 有能力提供全面的云计算产品
云计算平台提供商	微软	在发布 Azure 蓝天框架之后，微软公司已经构筑了属于自己的云计算平台环境，试图以此打造基于互联网环境的“Windows”
	思杰	收购了 XenSource 之后，思杰公司在虚拟化领域的能力进一步提升，这也使得其云计算平台方面有了足够的技术储备
	红帽	红帽推出了“重要云计算提供商认证和合作伙伴计划”，主要云计算提供商合作伙伴将与 Red Hat 在技术支持、安全更新、硬件认证、销售与营销以及业务模式等方面展开合作，旨在简化和扩大企业客户对云计算的应用
	Parallels	Parallels 云计算与虚拟化有着深刻的联系，因此这家提供操作系统虚拟化、硬件虚拟化的公司，当然也有着自己的云计算战略
	Platform Computing	该公司在高性能计算领域有着很强大的技术力量，正将自身定位从网格计算过渡到云计算
	VMware	作为 x86 虚拟化领域的领导者，VMware 公司表示 VMware 公司已经成功转型为一家云计算公司
云服务提供商	Amazon	该公司所提供的弹性云计算环境 EC2 已经在全球范围内获得了相当高的知名度
	Google	毫无疑问，Google 公司提供的 Google Docs 等多种应用都是基于云计算环境，也是当之无愧的云服务提供商
	Enomalism	该公司发布了被称为“弹性计算”的平台，能够为企业解决相关的成本和复杂性问题，能够运行大型服务器基础设施
	ENKI	该公司也提供类似于 Amazon 的服务，为企业提供应用所需要的计算平台，即将计算资源作为一种可靠的资源来提供
	Cloudworks	该公司的目标是为中小企业提供计算机、软件和数据的外包服务，使得企业的所有这些 IT 基础设施完全基于 Web 进行
	Salesforce. com	该公司提供 SaaS 服务，具备一系列的用于云计算开发的工具包
	世纪互联	在世纪互联的云服务产品 CloudEx 介绍页面上，它所能够提供的产品包括云计算产品、云存储产品等

12.4 技术进展与科研应用

12.4.1 重要技术及进展

云计算建立在多种技术之上，重要的包括虚拟化、自动化、数据库等，下面介绍这些重要技术及进展。

12.4.1.1 虚拟化技术

云计算离不开虚拟化技术的支撑。在 Gartner 咨询公司提出的 2009 ~ 2011 年最值得关注的十大战略技术中，虚拟化技术名列榜首。在当前全球金融危机的大环境下，虚拟化技术为企业节能减排、降低 IT 成本都带来了不可估量的价值。2009 年的虚拟化技术发展趋势体现在以下几个方面（张振伦，2009）：

1）部署更加容易

VMware 公司推出并普及了 VMwareThinApp 虚拟化软件，使虚拟化应用更易于部署和实现。应用 VMwareThinApp 虚拟化软件，不需要再添加额外软件、升级新的服务器架构或管理工具，可以在物理或虚拟 PC 上工作，VMwareThinApp 虚拟化软件采用 .msi 或 .exe 这样的封装格式，既可以嵌入已有的软件中应用，也可以在众多虚拟机里使用。

2）彻底摆脱“桌面困境”

VMware 公司在 2008 年底发布了 VMware View 3，旨在解决“桌面困境”，即为用户提供胖客户机（thick clients）还是提供瘦客户机（thin clients）的问题。

胖客户机指装备齐全的个人电脑，为用户在桌面环境下提供了丰富的应用程序，同时也带来了管理难题，因为要把应用程序分发到成千上万台个人电脑上，而这些电脑必须逐一配置、更新、打补丁及保护安全。瘦客户机则比较便宜、安全，管理起来也比较简单和方便，但却不具备胖客户机的丰富性、灵活性和兼容性等性能。

3）轻松管理数据中心

目前，市场上的很多管理软件，如 BMC 软件、IBM Tivoli、惠普软件以及微软产品已经为众多虚拟化管理与操作提供了必要的技术支持与功能服务，包括虚拟化系统建立与配置管理、监控与性能管理、资源调配管理等，并结合了标准化、方便转移与操作的虚拟机容器（Container），帮助 VMware 客户实现了 IT 流程自动化，并且把数据中心的管理效率提高了两三倍。

4）更兼容、更开放的云计算

云计算是 IT 行业的愿景，虚拟化正是这个愿景所依托的基础架构。究其原因，主要体现在两个方面：一是企业本身，数据中心正开始变成高度自动化的云计算环境；二是通过互联网把计算功能外包给云计算服务提供商。

标准是云计算取得成功的关键，通过这些标准能够实现虚拟兼容性，让应用程序不必改动，就能够顺利地在公共云计算环境中应用。VMware 公司表示在 2009 年推出的虚拟化

数据中心操作系统（VDC-OS）能整合服务器、储存设备与网络，以形成一个大型的资源共享平台。VDC-OS 对虚拟架构进行了拓展，主要有三个方面：

首先，它提供了一组基础服务架构，可以将服务器、存储设备和网络无缝聚合为“按需使用”的云计算资源平台，并可将资源分配给最需要它们的应用程序。

其次，它提供了一组应用服务程序，可以充分确保所有应用程序的可用性、安全性和扩展性。

最后，VDC-OS 还提供了一组云计算服务。传统操作系统仅能针对单个服务器进行优化，并且只支持写入其接口的应用程序。与之不同的是，VDC-OS 可作为整个数据中心的操作系统，支持写入任何操作系统的任何种类的应用程序，无论是以前的 Windows 应用程序，还是现今运行于混合操作系统环境中的分布式应用程序。

12.4.1.2 数据中心自动化

有业界专家指出，自动化技术是任何云计算基础设施的基础。数据中心自动化提供商 Stratavia 公司的首席执行官 Venkat Devraj 认为，任何云计算产品就好像是一个只有三条腿的凳子，这三条腿分别是虚拟化、SOA 和自动化。数据中心自动化带来了实时的或者随需应变的基础设施管理能力，这是通过在后台有效地管理资源实现的。

数据库自动化提供商 GridApp Systems 的首席执行官 Robert Gardos 赞成“自动化是任何云计算基础设施中不可分割的一部分”观点。无论是在用户方面或者提供商方面，自动化是任何自助服务基础设施的构件，没有自助服务云计算是不可能的。

Tideway Systems 公司首席执行官 Richard Muirhead 认为，自动化能够实现云计算或者大规模的基础设施，让企业理解影响应用程序或者服务性能的复杂性和依赖性，特别是在大型的数据中心中。Muirhead 表示，如果你准备把你的应用程序拿到防火墙外面，放在其他人的环境中并且以某种方式为这个使用权限付费，理解你的环境对于让这种云计算发挥作用是非常重要的，特别是在你有严格的服务级协议的时候。这只有通过整个流程的一致设置、自动化和工业化才能实现。

Devraj 也认为自动化在通过控制日益增长的复杂性优化云计算环境方面发了重要作用。例如，以前发布一个新的应用程序是很容易的，这个应用程序将包含在某个环境中。但是，现在由于这个堆栈中有许多相互依赖的关系，甚至管理任务的一个简单变化就能打破整个堆栈。

美国企业管理协会的研究经理 Andi Mann 强调虚拟化、云计算和数据中心自动化之间的相互关系，认为企业必须认识到这三个方面必须要一起管理。自动化是任何高级计算技术的基础。如果在没有任何自动化的情况下采用云计算，那就意味着没有任何可重复的和再利用的流程。

12.4.1.3 云计算数据库

Magnusson（2008）认为，关系数据库不适合用于云计算环境。许多被专门开发用于云计算环境的新型数据库（包括 Google 公司的 Bigtable、Amazon 公司的 SimpleDB、10Gen 公司的 Mong、AppJet 公司的 AppJet、甲骨文公司的 BerkelyDB）都不是关系型的。这些数据库具有一些共同特征，正是这些特征使它们特别适用于服务云计算式的应用。它们中的大多数可以在分布式环境中运行——这意味着它们可以分布在多个地点的多台服务器上。它们本质上都不是事务性的，并且都牺牲了一些高级查询能力以换取更好的性能。在很多情况下，这些数据库可以通过对象调用来检索，而不用 SQL，对程序员来说，这更自然些。

尽管关系数据库已经被部署在很多数据中心，但云计算需要一种不同的设置来充分发挥其潜力。数据库组成部分在不同位置的分散对云计算很必要，在辽阔的地理距离之间执行复杂查询可以减少响应时间，此外，设计和维护支持不同位置的相关数据备份并在一个点瘫痪时能保证该数据同步的体系并非易事。云体系结构里的衡量具有不同于现在使用的关系型结构的属性，在云体系结构里，关系不复存在，人们以群集形式看待数据。

2008 年 9 月，Oracle 公司宣布其数据库等产品可以由客户授权在云计算环境中执行，率先支持的平台为 Amazon EC2，既有客户无需额外付费即可在 EC2 上运行 Oracle Database 11g、Oracle Fusion Middleware 及 Oracle Enterprise Manager 等软件，另外用户还可以使用 Amazon 面向云的存储服务 S3 进行加密备份。IBM 也计划在 EC2 平台上提供包括 DB2、Informix Dynamic Server、WebSphere Portal 等 IBM 产品。IBM 还计划在 EC2 上提供 Tivoli 管理服务以便用户实现对云的管理与自动化配置。

除了大型软件公司外，许多新兴厂商也涌入了云数据库市场。Aster Data Systems 和 Vertica Systems 在 2008 年发布了云计算版本的数据库。Blist 和 LongJump 也相继推出了在线或基于 SaaS 模式的数据服务。2009 年 2 月，FathomDB 发布了自己的 DaaS（数据库即服务）平台，并宣称其产品是业内唯一的面向云的标准关系型数据库。

针对软件公司争相发布云数据库版本的情况，有分析人士指出，到目前为止，还没有理由认为企业会放弃传统的关系型数据库，不过数据库厂商正在将更多的数据处理功能添加到云中。软件厂商之间将围绕云数据库展开合作和工具部署，而传统数据库厂商的关注重点将是云平台的管理及产品配置。

12.4.1.4 云操作系统

云操作系统即采用云计算、云存储方式的操作系统，目前 VMware、Google 和微软分别推出了自称是云操作系统的产品。

VMware 在 2009 年 4 月份发布了 vSphere，并称 vSphere 是第一个云操作系统。VMware 采用一种全新的方法来进行虚拟化，深入地诠释了云计算的概念，将 vSphere 研发成为一朵内部的“私有云”，同时也能够与第三方生产商提供的“外部云”进行协同工作。vSphere 在云计算技术的另一个创新是创造了一个新的概念，叫 vApp，它类似于一个“逻辑包”，包含一个应用程序以及该程序运作所需要的全部虚拟机、外部和内部的资源。由于在正常情况下，应用程序的正常运作需要的虚拟机通常不只一台，因此，vApp 专门为此提供了一种管理应用程序的新方法，大大降低了操作的复杂性。

2009 年 7 月，Google 宣布计划推出 Chrome OS 操作系统，在同一周，微软也宣布了 Windows Azure 云服务的定价和可用性等细节。Chrome OS 和 Azure 代表着更新的和更好的从各种不同的计算终端来建设、运行以及存取应用的办法。Chrome OS 操作系统将是一个针对上网本和个人电脑的云操作系统，而 Windows Azure 是为数据中心开发的云操作系统。

12.4.1.5 云安全

IBM公司的一位研究人员2009年6月解决了公共密钥加密技术诞生以来就存在的一个棘手问题，这项被称为“隐私同态”（privacy homomorphism）的突破可以实现对加密信息进行深入和不受限制的分析，同时不会降低信息机密性。

IBM公司的研究人员Craig Gentry利用被称作“理想格”（ideal lattice）的数学对象使得人们能够以前所未有的方式操纵加密数据。有了这项突破，数据存储服务商将能够在不和用户保持密切互动以及不查看敏感数据的条件下帮助用户全面分析数据。利用Gentry的技术，可以分析加密信息并得到详尽的结果，就如原始数据对各方都完全公开一般。

此项技术有助于加强云计算的商业模式，云计算提供商可按照用户需求处理用户的数据，但无需暴露用户的原始数据。

12.4.2 科研应用

科研界曾对云计算应用有所保留，但随着云计算的不断进步与完善，已经有许多科研机构在积极尝试利用云计算从事科研工作，并且已诞生不少成功案例，有人将这类云计算称为“科学云”（Science Cloud）。下文以部分案例展示了云计算的科研应用情况。

12.4.2.1 生命科学

1）云计算极大降低蛋白质组学研究成本

蛋白质组学是生命科学领域一大热点，开展蛋白质组学研究所面临的一大难题就是成本太高。蛋白质组学研究需要采购和维护非常昂贵的计算设备与资源，用于分析通过质谱仪获取的大量的蛋白质组学数据流，以鉴定分子的基本组成与化学结构。

美国威斯康星医学院生物技术与生物工程中心开发出一套名为ViPDAC（虚拟蛋白质组学数据分析集群）的免费软件，这套软件与Amazon公司的云计算服务搭配使用，可极大降低蛋白质研究成本。该生物技术与生物工程中心表示，他们开发的工具能够让世界上任何地方的科学家通过云计算分析蛋白质组学数据，并通过大量的计算资源提高数据分析速度。对于那些目前没有获取大量计算资源使用权的研究人员，这些工具为他们分析数据提供了更多选择，他们可以进行更加复杂的分析或尝试不同的研究方法。在这之前，用于蛋白质组数据分析的标准软件几乎全是商业的专有软件，并且很昂贵，购买这些软件的费用常常不低于甚至高于运行这些软件的硬件。

2）哈佛医学院建设云计算平台

哈佛大学医学院在波士顿有多处研究设施，包括6个基础科学部和50个临床部。由于人员和资源极度分散，需要能够动态满足各部门计算需求的平台，同时保证尽可能低的成本。因此，哈佛医学院在美国Platform公司的帮助下建立了内部云计算平台，满足了以上需求，并且还打算在未来使得用户能够通过内部云使用到Amazon EC2等外部云计算平台的资源。

12.4.2.2 海洋学和天文学

2009 年 4 月，美国华盛顿大学宣布与其他几家公司联手开展两项研究项目，为海洋学和天文学研究建立云计算网络平台，处理容量巨大的数据集，进行海洋气候模拟和天文图片分析。这两项项目的基础是 2007 年建立的云数据中心，这一数据中心最初用于教学，是由 Google、IBM 公司以及包括华盛顿大学在内的 6 家学术机构共同开发的。

华盛顿大学 e-Science 研究所的 Bill Howe 研究员进行了一项海洋气候模拟项目，他介绍，通过应用云计算技术，研究人员不再仅仅能对某一项假设进行模拟验证，而且能够进行长期的模拟，并筛选处理海量数据，从中发现变化趋势。该校的天文学副教授 Andrew Connolly 的研究则是进行天文学图像的分析，他称云计算技术使得研究人员更容易存储和处理云层的信息，并将相关信息展示在互联网上。

12.4.2.3 信息科技

1）基于云计算的新型防毒系统

2008 年 8 月，美国密歇根大学的研究人员通过云计算技术开发出一种新型防毒系统。由于个人电脑性能的局限和各种防毒软件的不兼容性，通常一台电脑只能使用一种防毒软件。研究人员利用 7220 种恶意软件对 12 种传统的防毒软件（包括 Symantec、Trend Micro 等）进行测试，发现传统的防毒软件对最新的恶意软件的识别率仅为 35%，且防毒软件自身也存在严重漏洞。

研究人员开发的 CloudAV 防毒系统将个人电脑上的防毒任务转移到“网络云”中，通过同时运行多种防毒程序来分析可疑文件。CloudAV 支持大量防毒软件对同一文件展开并行式分析，每种防毒软件都运行在自己的虚拟机内，因而不存在兼容性和安全问题。

计算机和移动设备通过运行客户端来使用 CloudAV，客户端会将对象发送给“防毒云”（antivirus cloud）进行分析。研究人员还认为，对于手机等难以运行、对计算资源要求较高的防毒软件的移动设备，CloudAV 将有较广的应用前景。

2）云计算系统使数据传输速度提高 6 倍

美国伊利诺伊大学所属的国家数据挖掘中心（NCDM）研制成功一套云计算系统，可以通过高性能网络将散布在各地数据中心的数据快速汇聚到一起。NCDM 表示他们的系统比同类系统的速度快 6 倍。由于长距离传输大量数据比较困难，且成本较高，因而通常需要避免在分布于不同地区的数据中心之间开展数据密集型计算。伊利诺伊大学这套云计算系统利用了名为 UDT 的网络协议，可以快速而平稳地传输数据。

12.4.2.4 航天

美国国家航空航天局于 2009 年 5 月启动了一项名为 Nebula 的云计算计划，该云计算系统的站点是 Nebula. nasa. gov。美国国家航空航天局称 Nebula 是将开源部件集成到无缝、自服务平台的云计算环境，提供大容量的计算、存储和网络连接，并利用可扩展的虚拟方法降低成本和提高能效。Nebula 与 Amazon 公司的 Web 服务兼容，其虚拟服务器可以在 Amazon EC2 上运行。美国国家航空航天局的一位 CTO 表示也许可以将美国国家航空航天

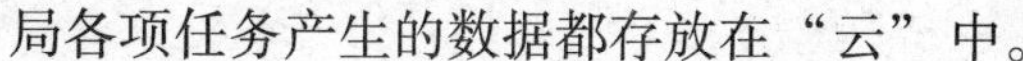

局各项任务产生的数据都存放在“云”中。

12.4.2.5 高能物理

2009年3月，美国阿尔贡国家实验室完成一种新型动态分布式科学计算云资源集成系统，能将阿尔贡国家实验室与芝加哥大学联合开发的Nimbus语境代理和CERN开发的便携式软件环境集成起来，帮助物理学家动态地获取云计算资源，以开展重离子仿真工作。同时，美国布鲁克黑文国家实验室也在借助Nimbus和Amazon EC2的云计算平台开展核物理研究。

12.5 学科研究趋势

为了解云计算的学科研究趋势、热点方向等情况，本部分利用ISI Web of Knowledge平台的INSPEC数据库，对2005~2009年发表的相关论文进行了检索分析。本次数据的采集时间为2009年12月7日，经过甄别和筛选后，共选取论文419篇进行了文献计量分析。

通过分析发现，近两年云计算研究论文的数量呈大幅增长趋势，2008年较2007年增长了89篇，2009年较2008年增长了167篇，环比均呈现倍数增长。

美国、中国、英国、德国、意大利、澳大利亚、加拿大、日本、法国、奥地利的发文量位居前10位。其中，除澳大利亚外，各国论文数量总体均表现出增长趋势，同时各国2009年发表的论文数量均超过其论文5年总量的50%。

云计算研究论文主要的技术主题包括分布式系统软件、信息网络、数据安全、软件工程技术、计算机通信、计算机工程、商业及管理、计算机网络和技术、操作系统等。各国发文最多的技术主题是分布式系统软件，表明这是云计算技术研究中很受关注的热点。

从对主要论文发表机构的分析可以看出，大学的数量最多，在近年的云计算研究产出中占据了重要地位；各家机构论文的绝对数量仍然较少，进行相关技术研究的机构还较为分散，这也说明有大量机构都在关注这一领域的发展。

从各年度新增作者数量和比例来看，近年关注该技术领域的作者增长十分迅猛，说明越来越多的研究人员加入该领域的研究，也暗示着在不远的未来该领域有望取得更多的研究成果。

下面对文献计量取得的数据结果逐一进行分析。

12.5.1 论文数量增长趋势

从图12-6论文数量的年度分布情况看：2005~2007年云计算领域的论文数量较少，2008年和2009年论文数量出现大幅增长，表现出强烈的增长趋势。这也反映出近两年各国政府、科研机构和企业大力推动云计算研究和应用，形成云计算研发热潮，同时涌现出大量相关研究论文的情况。

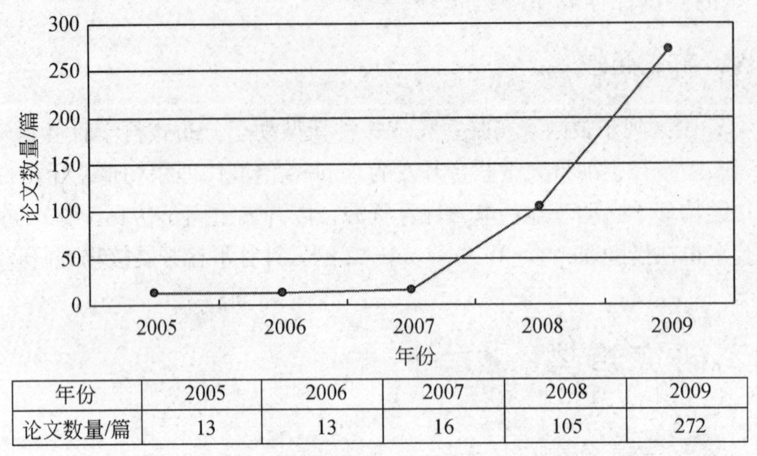

年份	2005	2006	2007	2008	2009
论文数量/篇	13	13	16	105	272

图 12-6　2005～2009 年云计算论文数量年分布情况

12.5.2　论文国别分布

由图 12-7 和图 12-8 可知，美国在云计算领域的论文数量排名第一，为 108 篇，占总数的 34%；中国位居第二，共发表论文 62 篇，占总数的 20%；其余各国的论文量均不到论文总数的 10%。

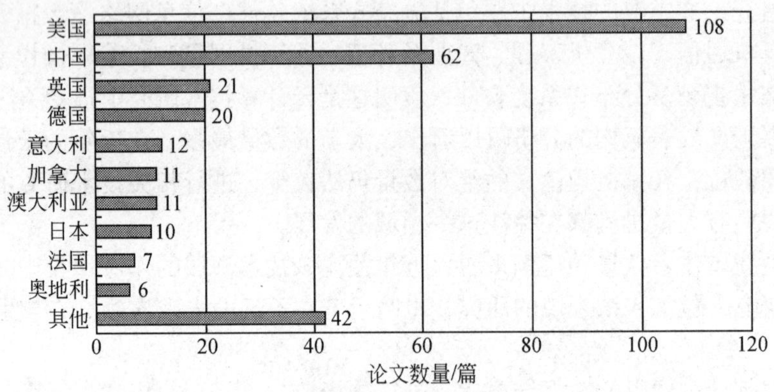

图 12-7　2005～2009 年云计算论文国别分布情况

12.5.3　主要产出国论文增长走势

图 12-9 是论文数量前 10 位的国家 2005～2009 年间论文数量的分布情况，从中可以看出，美国和中国每年均有论文发表；澳大利亚、日本和奥地利 3 国的论文发表全部集中在 2008 和 2009 年；除澳大利亚外，各国论文数量总体均呈现出增长趋势，并且各国 2009 年发表的论文数量均超过其论文 5 年总量的 50%，形成暴发增长趋势。

从表 12-6 可以看到，除法国（71%）和意大利（83%）外，论文数量前 10 位国家近

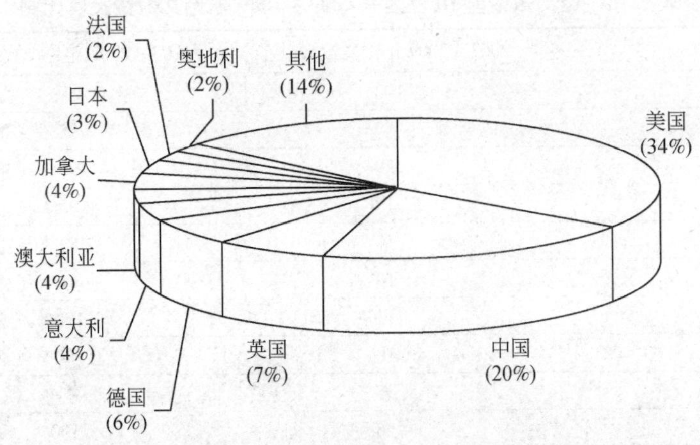

图 12-8 2005 ~ 2009 年各国论文数量所占份额

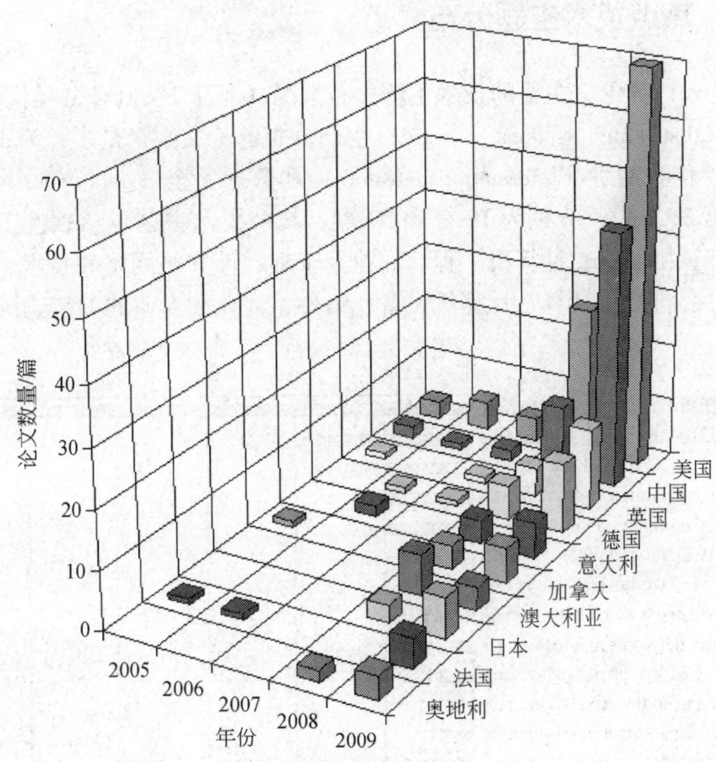

图 12-9 论文数量前 10 位国家论文年分布情况

3 年的论文数量占论文总数的比例均超过 90%，反映出云计算研究在近年来得到了广泛重视，形成了大量的科研产出。

表 12-6　论文数量前 10 位国家 2007 ~ 2009 年论文数量及其比例

国家	2007 ~ 2009 年论文数量/篇	2007 ~ 2009 年论文数量占论文总数的比例
美国	100	93%（总数 108）
中国	59	95%（总数 62）
英国	20	95%（总数 21）
德国	19	95%（总数 20）
意大利	10	83%（总数 12）
加拿大	10	91%（总数 11）
澳大利亚	11	100%（总数 11）
日本	10	100%（总数 10）
法国	5	71%（总数 7）
奥地利	6	100%（总数 6）

12. 5. 4　热点技术主题分布

图 12-10 是云计算论文主要的技术主题分布情况（基于 INSPEC 分类代码）。其中在分布式系统软件（distributed systems software）主题分布的论文数量最多，为 300 篇，占论文总数的 71. 6%；信息网络（information networks）和数据安全（data security）主题分布的论文数量位居第 2、3 位，分别为 79 篇和 59 篇。其余技术主题包括软件工程技术、计算机通信、其他计算机网络、计算机工程、商业及管理、计算机网络和技术、操作系统、知识工程技术、办公自动化计算、计算机设备、组件、商业和专业的 IT 应用等。

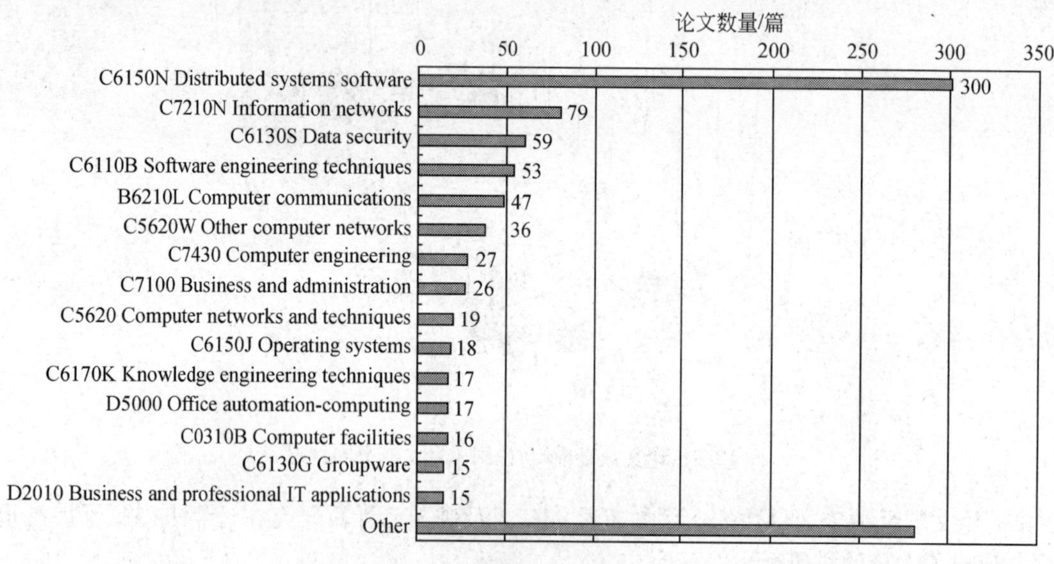

图 12-10　云计算论文主要的技术主题分布情况（基于 INSPEC 分类代码）

图 12-11 为云计算研究主要技术主题论文数量 2005 ~ 2009 年分布情况，可以发现，2008 和 2009 这两年，各个技术主题的论文数量增长趋势均非常明显。其中，计算机工程（computer engineering）、商业和管理（business and administration）、操作系统（operating systems）为近两年新出现的技术主题。

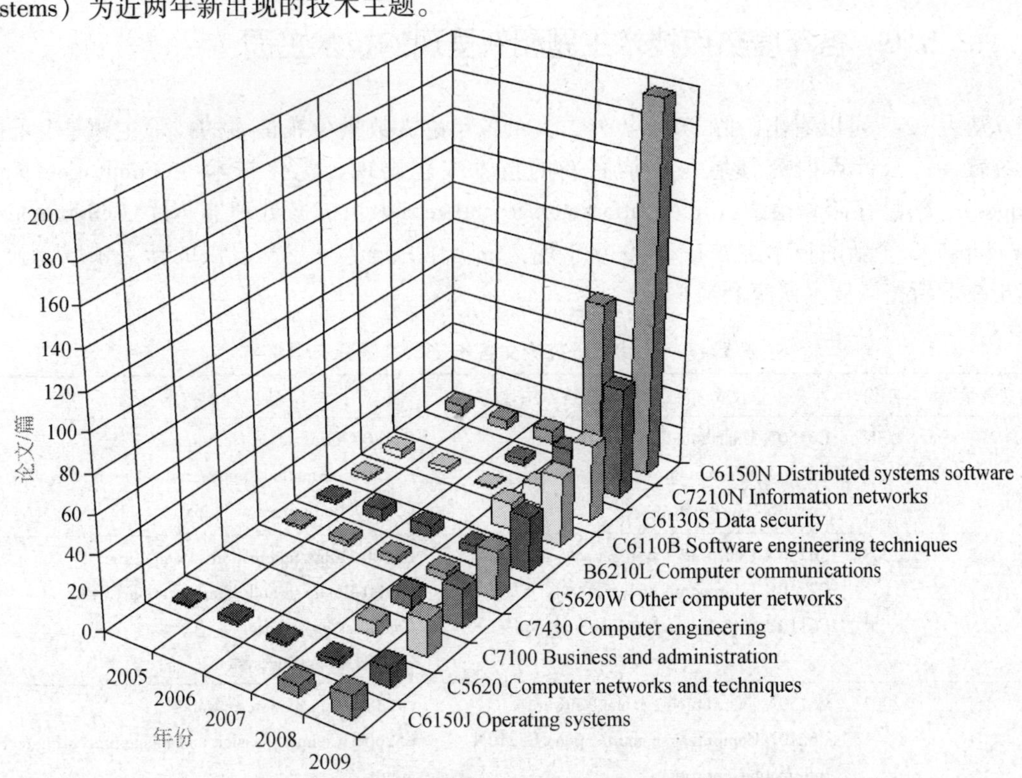

图 12-11 主要技术主题论文数量的年分布情况（基于 INSPEC 分类代码）

12.5.5 主要产出国热点技术主题分布

由图 12-12 可知，除加拿大外，各国在分布式系统软件技术主题中分布的论文数量占总数的比例均超过 40%，说明各国的研究人员对该技术领域的研究都非常关注；美国和中国在各个主要技术主题中都有论文分布；其他各国的技术主题分布范围则较小，其中法国和奥地利的相关论文只分布在了 4 个技术主题当中。

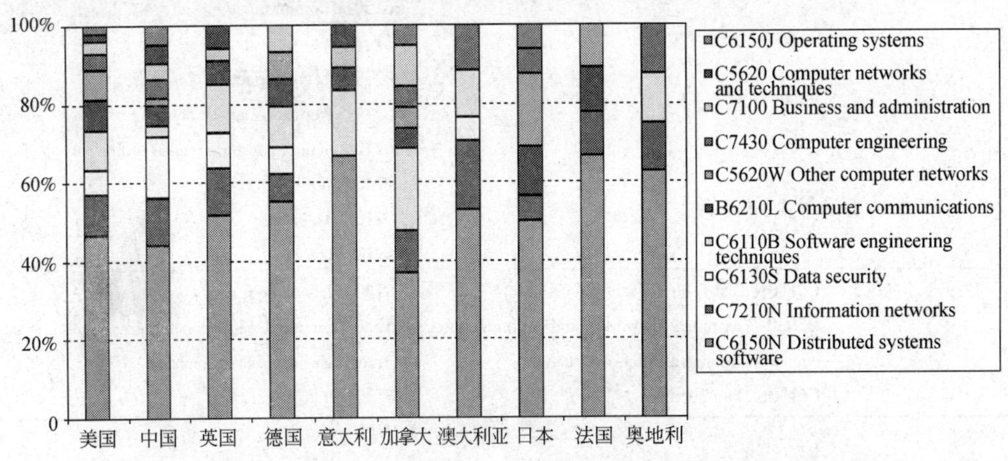

图 12-12 论文数量前 10 位国家论文的技术主题分布情况（基于 INSPEC 分类代码）

12.5.6 各年度热点技术主题和新呈现的技术主题

从表 12-7 可以看出，除 2006 年外，其余各年论文数量分布最多的技术主题是分布式系统软件；云计算研究领域每年均有新的技术主题出现，优化技术（optimisation techniques）、信息存储和检索（information storage and retrieval）、微处理器芯片（microprocessor chips）3 个新的技术主题在 2009 年出现，说明作为近年来迅猛发展的新兴领域，云计算正在不断拓展技术研究和应用范围。

表 12-7 云计算研究论文各年技术主题分布情况

论文数量/篇	年份	论文分布数量最多的技术主题	新出现的技术主题
272	2009	C6150N Distributed systems software C7210N Information networks C6130S Data security	C1180 Optimisation techniques C7250 Information storage and retrieval C5130 Microprocessor chips
105	2008	C6150N Distributed systems software C7210N Information networks C6110B Software engineering techniques	D5000 Office automation - computing C7100 Business and administration C7430 Computer engineering C6150J Operating systems
16	2007	C6150N Distributed systems software B6210L Computer communications C7210N Information networks C5620W Other computer networks	C7210N Information networks C5260B Computer vision and image processing techniques B6135 Optical, image and video signal processing
13	2006	B6210L Computer communications C6150N Distributed systems software C5620 Computer networks and techniques C5620W Other computer networks C5640 Protocols B6150M Protocols C6130S Data security	C5640 Protocols B6150M Protocols C1160 Combinatorial mathematics B6250F Mobile radio systems E0410 Information technology applications E0420 Information management C6130G Groupware B6150P Communication network design, planning and routing C0230B Legal aspects of computing B6210C Network management C6170 Expert systems and other AI software and techniques B6210D Telephony C1110 Algebra
13	2005	C6150N Distributed systems software D5020 Computer networks and intercomputer communications in office automation C6130S Data security	C6150N Distributed systems software D5020 Computer networks and intercomputer communications in office automation C6130S Data security

12. 5. 7 主要论文发表机构

表 12-8 列出了发表论文数量在 2 篇以上的机构。可以看到，在这 19 家机构当中，美国和中国各占据 7 席，英国有 3 所大学，澳大利亚和德国各有 1 所大学；除美国的 MITRE 公司、中国的中国科学院计算技术研究所和 IBM 中国研究实验室外，其余论文发表机构均为大学，这反映出大学在近年的云计算研究产出中占据重要地位，取得不少研究成果；各家机构论文的绝对数量仍然较少，排名第一的墨尔本大学的论文数量为 5 篇，有 14 家机构的论文数量为 2 篇，这也说明在目前的云计算研究领域中，进行相关技术研究的机构还较为分散，同时也说明有大量机构都在关注这一领域的发展，并暗示该领域的科研竞争处于较为初期的阶段；此外，有 17 家机构的全部论文均为近 3 年内发表，反映出了云计算近年来的快速发展态势。

表 12-8 主要论文发表机构

论文数量/篇	机构名称	国家	2007～2009 年论文数量占论文总数的比例
5	墨尔本大学	澳大利亚	100%（总数 5）
4	北京航空航天大学	中国	50%（总数 4）
3	北卡罗来纳州立大学	美国	100%（总数 3）
3	中国科学院计算技术研究所	中国	100%（总数 3）
3	武汉大学	中国	100%（总数 3）
2	香港大学	中国	100%（总数 2）
2	伊利诺伊大学芝加哥分校	美国	100%（总数 2）
2	南加利福尼亚大学	美国	100%（总数 2）
2	伦敦大学学院	英国	100%（总数 2）
2	斯图加特大学	德国	100%（总数 2）
2	路易斯安那州立大学	美国	100%（总数 2）
2	MITRE 公司	美国	100%（总数 2）
2	IBM 中国研究实验室	中国	100%（总数 2）
2	密歇根州立大学	美国	50%（总数 2）
2	利物浦约翰·摩尔斯大学	英国	100%（总数 2）
2	纽卡斯尔大学	英国	100%（总数 2）
2	圣母大学	美国	100%（总数 2）
2	中南大学	中国	100%（总数 2）
2	清华大学	中国	100%（总数 2）

12. 5. 8 论文产出作者排名情况

表 12-9 是发表论文数量在 3 篇以上的作者情况。可以看到，共有 16 名科学家发表了

3 篇以上相关论文。其中，墨尔本大学的 Buyya，R 共发表 9 篇论文；除佐治亚理工学院的 Ling Liu 外，其他科学家的论文均在近 3 年内发表；这 16 位科学家关注最多的技术主题是分布式系统软件（Distributed systems software）。

表 12-9　论文产出作者排名情况

论文数量/篇	作者	论文署名机构	2007～2009 年论文数量占论文总数的比例	论文分布数量最多的技术主题
9	R. Buyya	墨尔本大学	100%（总数 9）	C6150N Distributed systems software C6110B Software engineering techniques
3	I. M. Llorente	马德里康普顿斯大学	100%（总数 3）	C6150N Distributed systems software
3	Li Bo	北京航空航天大学 香港科技大学	100%（总数 3）	C6120 File organisation C6150N Distributed systems software
3	R. L. Grossman	伊利诺伊大学芝加哥分校	100%（总数 3）	C6150N Distributed systems software
3	A. Merzky	路易斯安那州立大学	100%（总数 3）	C6150N Distributed systems software
3	R. S. Montero	马德里康普顿斯大学	100%（总数 3）	C6150N Distributed systems software
3	I. Brandic	维也纳理工大学	100%（总数 3）	C6150N Distributed systems software
3	E. Deelman	南加利福尼亚大学	100%（总数 3）	C6150N Distributed systems software
3	S. Jha	路易斯安那州立大学	100%（总数 3）	C6150N Distributed systems software
3	E. Elmroth	瑞典于默奥大学	100%（总数 3）	C7430 Computer engineering C6150N Distributed systems software
3	D. Bernstein	思科系统公司	100%（总数 3）	C6150N Distributed systems software
3	S. Venugopal	墨尔本大学	100%（总数 3）	C7170 Marketing computing C6150N Distributed systems software
3	M. A. Vouk	北卡罗来纳州立大学	100%（总数 3）	C6150N Distributed systems software C6110B Software engineering techniques
3	I. Foster	芝加哥大学	100%（总数 3）	C6150N Distributed systems software
3	Gu Yunhong	伊利诺伊大学芝加哥分校	100%（总数 3）	C6150N Distributed systems software
3	Liu Ling	佐治亚理工学院	33%（总数 3）	C6150N Distributed systems software C6120 File organisation

12. 5. 9　论文作者数量发展趋势

图 12-13 为云计算论文作者数量的年分布情况。可以看出，新出现的作者数量一直保

持显著增长态势，2008 年和 2009 年更是出现了跳跃式增长，说明有大量新的研究人员投入云计算领域的研究工作。

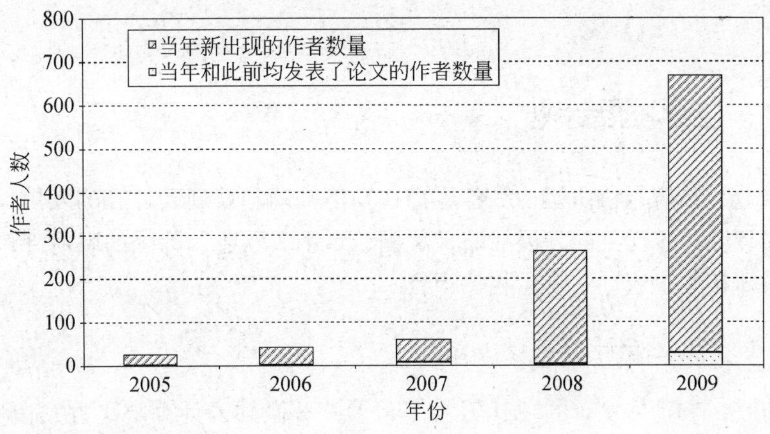

图 12-13　作者人数年分布情况

12. 5. 10　主要论文来源出版物

表 12-10 列举了收录本领域论文发文量 6 篇以上的来源出版物，其中 7 种出版物为会议文集，45 种为期刊，同时会议文集收录论文的数量也较多，可见当前云计算研究论文多在相关会议录上发表。目前收录数量最多的出版物是《2009 年 IEEE 国际云计算会议文集》，共收录论文 17 篇。

表 12-10　来源出版物排名

论文数量/篇	来源出版物
17	2009 IEEE International Conference on Cloud Computing（Cloul）
14	2009 9th IEEE/ACM International Symposium on Cluster Computing and the Grid（CCGrid 2009）
13	InformationWEEK
13	2008 IEEE Fourth International Conference on eScience
9	2009 18th IEEE International Workshops on Enabling Technologies：Infrastructures for Collaborative Enterprises（WETICE）
8	Computer
7	2009 ICSE Workshop on Software Engineering Challenges of Cloud Computing（CLOUD 2009）
7	IEEE Internet Computing
6	Communications of the ACM
6	2009 Eighth International Conference on Grid and Cooperative Computing（GCC）
6	2009 IEEE International Conference on Web Services（ICWS）
6	IT Professional

12.6 发展计划与前景

12.6.1 各界发展计划

目前，企业、政府、科研机构等各界都在积极推动和规划云计算的发展，主要的云计算提供商中微软公布了详细的发展战略，美国、日本、欧盟、韩国的政府部门纷纷制定了发展规划，科研机构也启动了不少相关项目。

12.6.1.1 微软云计算战略

据微软 2009 年 12 月发布的《让云触手可及——微软云计算解决方案白皮书》介绍，微软的云计算战略包括三大部分，目的是为自己的客户和合作伙伴提供三种不同的云计算运营模式。

1）微软运营

微软自己构建和运营公共云的应用和服务，同时向个人消费者和企业客户提供云服务。例如，微软向最终使用者提供的 Online Services 和 Windows Live 等服务。

2）伙伴运营

ISV/SI 等各种合作伙伴可基于 Windows Azure Platform 开发 ERP、CRM 等各种云计算应用，并在 Windows Azure Platform 上为最终使用者提供服务。另外一个选择是，微软运营在自己的云计算平台中的 Business Productivity Online Suite（BPOS）产品也可交由合作伙伴进行托管运营。BPOS 主要包括 Exchange Online，SharePoint Online，Office Communications Online 和 Live Meeting Online 等服务。

3）客户自建

客户可以选择微软的云计算解决方案构建自己的云计算平台。微软可以为用户提供包括产品、技术、平台和运维管理在内的全面支持。

和其他公司的云计算战略不同，微软的云计算战略有三个典型特点，即软件 + 服务、平台战略和自由选择。

（1）软件 + 服务。

在云计算时代，一个企业是否就不需要自己部署任何的 IT 系统，一切都从云中计算平台获取？或者反过来，企业还是像以前一样，全部的 IT 系统都自己部署，不从云中获取任何的服务？

很多企业认为有些 IT 服务适合从云中获取，如 CRM、网络会议、电子邮件等；但有些系统不适合部署在云中，如自己的核心业务系统、财务系统等。因此，微软认为理想的模式将是“软件 + 服务”，即企业既会从云中获取必需的服务，也会自己部署相关的 IT 系统。

“软件 + 服务”可以简单描述为两种模式：

①软件本身架构模式是软件加服务。例如，杀毒软件本身部署在企业内部，但是杀毒软件的病毒库更新服务是通过互联网进行的，即从云中获取。

②企业的一些 IT 系统由自己构建，另一部分向第三方租赁、从云中获取服务。例如，企业可以直接购买软硬件产品，在企业内部自己部署 ERP 系统，而同时通过第三方云计算平台获取 CRM、电子邮件等服务，而不是自己建设相应的 CRM 和电子邮件系统。

"软件+服务"的好处在于，既充分继承了传统软件部署方式的优越性，又大量利用了云计算的新特性。

（2）平台战略。

在云计算时代，有三个平台非常重要，即开发平台、部署平台和运营平台。Windows Azure Platform 是微软的云计算平台，其在微软的整体云计算解决方案中发挥关键作用。它既是运营平台，又是开发、部署平台；上面既可运行微软的自有应用，也可以开发部署用户或 ISV 的个性化服务；平台既可以作为 SaaS 等云服务的应用模式的基础，又可以与微软线下的系列软件产品相互整合和支撑。事实上，微软基于 Windows Azure Platform，在云计算服务和线下客户自有软件应用方面都拥有了更多样化的应用交付模式、更丰富的应用解决方案、更灵活的产品服务部署方式和商业运营模式。

（3）自由选择。

为用户提供自由选择的机会是微软云计算战略的第三大典型特点。这种自由选择表现在以下三个方面：

①用户可以自由选择传统软件或云服务两种方式。

自己部署 IT 软件、采用云服务、或者两者都用，无论是用户选择哪种方式，微软的云计算都能支持。

②用户可以选择微软不同的云服务。

无论用户需要的是 SaaS、PaaS 还是 IaaS，微软都有丰富的服务供其选择。微软拥有全面的 SaaS 服务，包括针对消费者的 Live 服务和针对企业的 Online 服务；也提供基于 Windows Azure Platform 的 PaaS 服务；还提供数据存储、计算等 IaaS 服务和数据中心优化服务。用户可以基于任何一种服务模型选择使用云计算的相关技术、产品和服务。

③用户和合作伙伴可以选择不同的云计算运营模式。

微软提供多种云计算运营模式。用户和合作伙伴可直接应用微软运营的云计算服务；用户也可以采用微软的云计算解决方案和技术工具自建云计算应用；合作伙伴还可以选择运营微软的云计算服务或自己在微软云平台上开发云计算应用。

2010 年发展计划：在整体战略之下，微软还制订了 2010 年的具体计划。2009 年 12 月，微软（台湾）在云计算研讨会上透露，将在 2010 上半年推出私有云平台工具企业版 DDCT-E，可以让企业用来打造内部私有云平台。微软表示，针对 IaaS、PaaS、SaaS 等不同类型的云应用，微软会推出不同的云计算产品，参见图 12-14。

在 IaaS 方面，微软已经发布了 Windows Server 2008 和 Hyper-V 虚拟化技术，PaaS 则有 Azure 云服务平台，可供企业开发云应用程序，SaaS 则包括如 Exchange Services 和 SQL Services 等，2010 年微软将推出多款云计算产品。例如，美国微软总部 2010 年初将开始推出付费的 Azure 平台企业版，包括 SLA 服务质量保证。微软在 19 个国家推出的在线服务

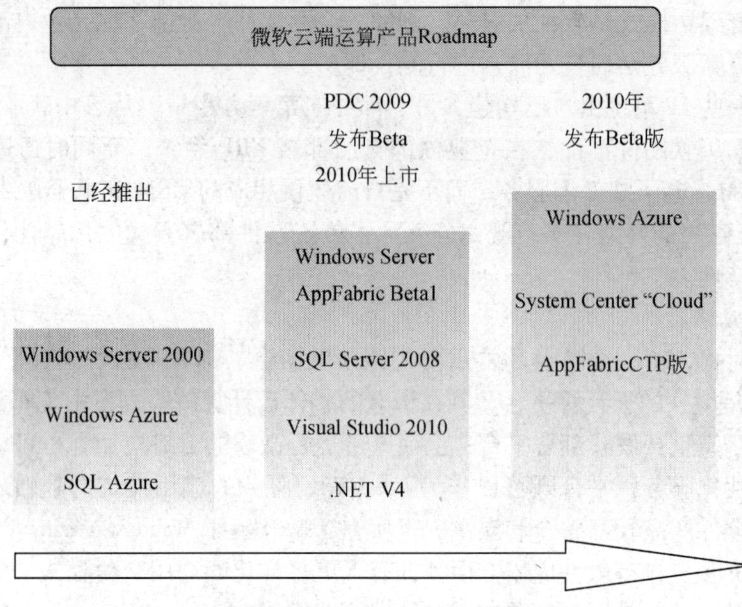

图 12-14　微软云计算产品路线图

Microsoft Online Services 也会陆续在中国推出。Azure 平台不只支持 .NET 应用程序，也可以支持其他网页动态语言如 PHP 和 JSP。

在企业私有云平台上，微软在 2010 年也会推出两项新功能，包括 DDCT-E（Dynamic Data Center Toolkit for the Enterprise）和 Private Cloud Federation。前者可以让企业打造内部私有的云服务平台，后者则是可以让企业将内部使用的虚拟机器转移到微软 Azure 平台上执行。微软云端运算产品的布局见图 12-15。

微软云端运算产品的布局

私有云		公开云
SharePoint Server Exchange Microsoft Dynamics	SaaS	Microsoft Online Services SharePoint Server Office Live
SQL Server Visual Studio .NET	PaaS	Windows Azure SQL Services & Live Services .NET Services
System Center Windows Server Microsoft Dynamic Data Center Toolkit for Hosters	IaaS	System Center Windows Server Microsoft Dynamic Data Center Toolkit for Hosters

图 12-15　微软云计算产品布局

2009年3月，微软就已推出了托管平台业者的版本DDCT-H（Dynamic Data Center Toolkit for the Hosters），可以让主机托管业者自行打造云服务平台，提供类似Amazon EC2的虚拟机器租用服务。和DDCT-H的功能类似，针对企业内部使用的私有云平台免费工具DDCT-E则是可以让企业弹性配置各项虚拟机器的资源。不过，这项工具只能配合微软虚拟化技术Hyper-V和System Center使用。

除了宣布未来云平台新产品的路线图外，微软还计划进一步和其他厂商组成“云计算联盟”，包括HP、Citrix等。这个联盟打算提供整合式的云服务解决方案，以微软Hyper-V虚拟化技术和System Center管理平台为基础，搭配HP的整合式服务器、储存设备以及Citrix的XenDesktop桌面端虚拟技术。

12.6.1.2 各国政府发展规划

1）美国政府大力推广云计算

目前美国政府机构正在大力推行各项计划以采用云服务或自行构建云服务，犹如当年促进互联网发展那样。他们的技术决策者似乎普遍持有这种观点：云计算的优点远大于风险；如果精心规划、认真实施，风险是可以缓解的。

美国联邦政府首任CIO昆德拉曾使用过Google App Engine云计算服务，并给予了很高的评价。在他的推动下，美国国防信息系统局（DISA）在其数据中心内部搭建了云环境。昆德拉表示，美国政府将建设一个内部公共平台，向所有机构提供服务，避免各个机构重复建设。建设云计算平台的关键之处在于易用性和安全性，并且要确保平台的可扩展性和可伸缩性，同时需要确保平台架构是开放的，这是实现信息共享与合作的关键。

2009年5月在华盛顿举行的“联邦IT成本节约论坛”（Federal IT On A Budget Forum）上，来自美国军方、国防信息系统局、总务管理局、宇航局、国家标准与技术研究院以及国防部、能源部和内政部的人士充分讨论了各自所在部门采用或考虑采用云平台和云服务时所面临的安全、法规、互操作性和IT技能发展等问题。

美国白宫2010财年预算要求政府机构开展云计算探索项目，将各个机构信息化的纵向建设转变为横向建设，以此提高效率。政府预算为云计算建设提供了3300万美元的经费，这反映了美国政府节减开支、促进创新的意愿。

据介绍，美国政府最终可能希望把政府内部云连接到由共享数据、应用程序和IT资源组成的超级云。DISA提出了美国政府的云基础架构：各个政府机构在其中拥有各自的云实例或节点，这样就能开发出跨云节点运行的应用程序、创建更安全的环境、防御安全漏洞和攻击，并且可使用专门为政府云设计的工具来集中管理云资源。不过，这一切工作也将依赖于云计算标准方面的进展。由于目前云计算的定义繁多、安全隐患等问题广惹争议，美国国家标准与技术研究院已草拟了《云计算工作定义》，以免在政府内实施云部署的人员偏离方向。而美国总务管理局（GSA）已经向云服务和云平台提供商们发布了关于当前云计算规模的信息咨询请求，以调查清楚需求情况。

2）日本政府欲建大规模云计算基础设施

日本内务部和通信监管机构计划建立一个大规模的云计算基础设施，以支持所有政府运作所需的资讯科技系统，这一系统被命名为Kasumigaseki Cloud。新的基础设施将在

2015 年完工，目标是集成政府的所有 IT 系统到一个单一的云基础设施，以提高运营效率和降低成本。Kasumigaseki Cloud 将让各个政府机构协作完成共同的职能，大大减少电子政务的发展和运营成本，同时增加处理速度和功能整合共享，提供安全、先进的政府服务。

3）云计算被欧盟列入电信改革四大优先项目

欧盟电信和科技事务的主管维维安·雷丁在 2009 年 7 月对外公布了未来 5 年欧盟电信的改革目标，划定了电信改革的四大优先项目，包括加快数字内容立法、创建移动支付安全系统、创建云计算系统和鼓励企业利用技术减排。

欧盟的云计算系统旨在鼓励小企业步入数字化阶段。据雷丁介绍，欧盟现在超过 100 名雇员的中小企业约有 2300 万家，但其中使用电子发货单的企业只占 9%，使用人力资源管理技术系统的仅占 11%。通过计划中的云计算系统，小企业能以很少的费用下载商业软件，这样要比直接购买软件继而升级维护成本更低。

4）韩国政府投资 6146 亿韩元发展云计算

2009 年底，韩国政府决定在 2014 年之前向云计算领域投资 6146 亿韩元（36 亿人民币），争取使韩国云计算市场的规模扩大为目前的四倍，达到 2.5 万亿韩元。同时还树立了将韩国相关企业的全球市场占有率提高至 10% 的目标。韩国广播通信委员会、知识经济部、行政安全部公布了《搞活云计算综合计划》。根据该计划，政府将从 2010 年开始在政府综合计算机中心内紧急引入供多个部门同时使用的云计算系统等。另外，将成立大型云计算检测中心，培养很难进行大规模投资的小规模云计算相关企业，对这些企业开发的软件的商用化可行性进行检测。

12.6.1.3 科研机构云计算项目

1）美国能源部 Magellan 云计算研究项目

美国能源部于 2009 年 10 月启动了一项经费为 3200 万美元的项目，研究如何在科学研究中利用云计算技术。美国能源部阿尔贡国家实验室的计算中心和劳伦斯伯克利国家实验室的计算中心将共同承担这项名为 Magellan 的研究，并平均分享经费。

作为该项目的一个主要目标，美国能源部将研究不同的云计算架构在科学任务中的表现，并研究如何优化这些架构以便能胜任高性能计算应用。目前大部分公共云计算系统的网络性能、计算能力、内存容量等还不足以处理大量的高性能计算节点，公共云计算系统的软件环境也不太适合高性能计算。面向特定目标的高性能计算云系统可能有助于解决以上问题，因此 Magellan 将重点建设私有“科学云”。

对于此项目，更重要的是研究云计算模式在总体上是否适用于美国能源部开展的各种高性能计算应用，并带来成本效益。对于高性能计算用户来说，最具吸引力的是利用云计算在封装完整的软件环境方面的优势，以便快速部署应用。

美国能源部在能源、气候、生物、物理等领域开展高性能计算应用，Magellan 将研究云计算在所有这些领域的应用前景，不过将把在高性能集群上运行的软件作为重点，而在 Cray XT 和 IBM 蓝色基因超级计算机上运行的程序则被认为不太适合云计算环境。

Magellan 将分别在阿尔贡国家实验室的计算中心和劳伦斯伯克利国家实验室打造百万

亿次级别的云计算集群，另外还将建设存储容量超过1PB的存储云，闪存技术也会被用于改善数据密集型应用性能。

目前建设私有云计算系统的一项挑战是缺乏软件标准，Magellan将采用一些云计算团体提出的流行框架。例如，阿尔贡国家实验室将使用Eucalyptus工具开发私有云计算系统。

Magellan计划评估Hadoop和MapReduce这两种处理大规模分布式数据集的软件框架，因为处理大规模分布式数据集既是许多数据密集型科学软件的功能，又是云计算的本质特点之一。

此外Magellan将探索利用Amazon等商业云计算系统开展科研工作，因为它们具有更强的性能和弹性。其实美国能源部的一些研究人员已经在利用公共云计算系统开展工作，例如利用Amazon EC2平台开展元基因组学研究。

2）NSF着力推动“云”中科学

2008年2月，美国国家科学基金会（NSF）与Google、IBM共同启动了“集群探索计划”（CluE），旨在提高云计算的易用性和可靠性，这是NSF首个关于云计算的项目。CluE计划将探索科学研究中使用云计算的新方法和解决其他计算架构不能有效解决的新问题。已有卡内基梅隆大学、佛罗里达国际大学、马里兰大学获得了CluE计划的资助，NSF还将通过CluE计划为10个对象分别提供50万美元的资助。NSF在2008年7月又宣布与两所大学和多家IT公司开展“云计算试验台”（CCT）计划，CCT将重点开发能处理海量数据（数百TB级）的系统软件。

3）IBM与欧洲开展云计算计划

2008年2月，IBM宣布与欧洲13国联合开展一项名为RESERVOIR的云计算计划，经费为1700万欧元，由欧盟投资。该项目旨在开发相关技术，以支持基于服务的在线经济，对资源与服务进行透明式配置与管理。IBM表示，RESERVOIR项目计划开发的技术将使得人们能通过一种有效且经济的方式享受到云计算服务。由于难以预测对IT资源的需求，服务提供商们为了能满足峰值需求往往会为某一系统过度配置资源，从而导致其他系统性能低下。RESERVOIR将开发基于云计算的技术，根据实际需求配置资源和提供服务，从而控制成本效益。例如，通过Web提供电视、电影与其他视频服务正变得越来越普遍，RESERVOIR项目可以实现一个由提供不同媒体服务的站点组成的网络。当某一站点需要更多资源时，它可以迅速获取网络中其他站点没有使用的资源。RESERVOIR将研究当前无法实现的商业服务对系统性能的需求，通过开发新的虚拟化与网格技术可以满足这些需求。RESERVOIR还将在公开标准上建立一个具有可扩展性、灵活性、可靠性的框架，以提供云计算服务。位于以色列的IBM海法研究所将领导RESERVOIR项目的开展，参与者还包括学术界和产业界的一些机构。

4）Open Cirrus云计算测试台

2008年7月，惠普、英特尔、雅虎宣布合作创立一个全球性、开源云计算测试台——Open Cirrus，旨在通过消除资金和后勤方面的障碍，促进行业、科研机构和政府部门间的开放协作。Open Cirrus将提供一个全球分布的测试环境，以推动与云计算相关的软件、数据中心管理和硬件的研究，另外该平台还支持云计算应用和服务的研究。

Open Cirrus 最初包括6个数据中心，除3家公司各自的数据中心外，还有新加坡信息通信发展局、伊利诺伊大学厄巴纳－尚佩恩分校以及德国卡尔斯鲁厄理工学院等机构的数据中心。每个中心将使用1000～4000个处理器内核，可支持与云计算相关的数据密集型研究。

2009年6月又有3家研究机构加入 Open Cirrus，分别是俄罗斯科学院、韩国电子及通信研究所和马来西亚科学技术与创新部下属的战略研究和发展机构 MIMOS，使得 Open Cirrus 的全球站点增加至9个，这也是全球地区分布最广的云计算测试台项目。

俄罗斯科学院有3个下属机构加入了 Open Cirrus：系统规划研究所计划利用云计算开展基础科学研究和系统规划；联合超级计算机中心计划参与大型生物数据阵列、纳米技术、3D 建模和其他应用的处理，并将这些应用接入云计算基础设施；俄罗斯研究中心 Kurchatov 研究所计划探索云计算与其他技术的区别，并应用到大规模数据处理当中。韩国电子及通信研究所计划进行管理架构和海量数据集内容检索方面的研究与开发。马来西亚 MIMOS 将开发一个国家级云计算平台，使云计算服务能覆盖整个马来西亚。发展重点是通过软件、安全框架和移动交互来实现相关服务，并测试新的云计算工具和方法。

5）芝加哥大学 Nimbus 科学云

Nimbus 是美国芝加哥大学开展的一项“科学云”计划，它有两个目标：使得科学研究与教育工作能轻松使用云计算；更好地认识云计算给科研界和教育界带来的机遇和挑战，以及应该采取的行动。

2008年3月芝加哥大学正式发布 Nimbus 科学云，在其后5个月里（2008年3～8月）用户数量及使用时间都有大幅增长。经统计，Nimbus 在高能物理、计算机科学、生物信息学、经济学等领域很受欢迎，在教育领域也颇受重视，呈现出应用领域的多样性。

该项目还发现，阻碍科研团队使用 Nimbus 的一个重要原因是资源不足，因为 Nimbus 只有16个计算节点，而通常的科学计算需要上百个计算节点。为此 Nimbus 开发了一个 IaaS 网关，使得 Nimbus 平台可以利用 Amazon EC2 的大量资源共同完成科研任务。

12.6.2 前景展望

12.6.2.1 短期前景与2010年七大趋势

对于云计算今后几年的前景，IDC（国际数据公司）预计“IT 云服务”的市场将从2008年的160亿美元倍增至2012的420亿（图12-16）。IDC 还预测到2012年，云计算的市场将会占 IT 年度花费增长的25%，而到2013年会占1/3。

IDC 于2009年底发布的《IDC 2010年十大预测：复苏与转变》报告预测了云计算2010年的七大发展趋势。

1）云计算平台争夺战升级

公共云计算解决方案平台（如微软的 Azure、Google 的 App Engine）将成为未来20多年“云”中最具战略意义的资产。那些推出最成功云计算平台的公司，将有机会在云计算领域占有类似于微软 Windows 的巨大市场。随着 IBM、Oracle 等发布更多的平台，2010年

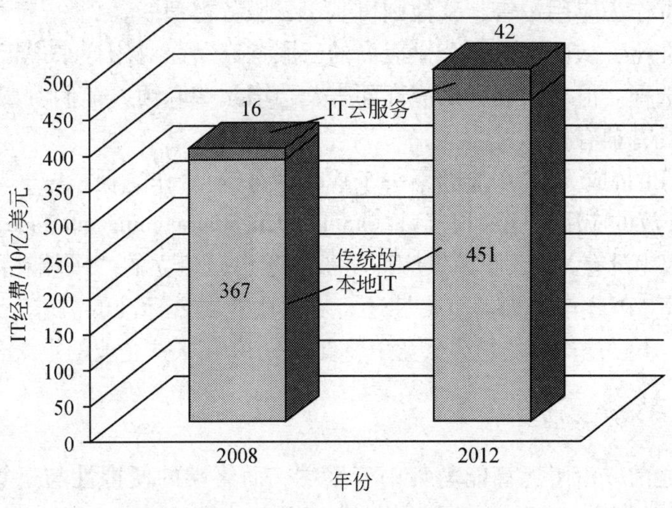

图 12-16　IDC 全球 IT 经费预测

云计算解决方案平台的争夺将更加激烈。Google 很可能通过并购的方式使其平台更适用于企业级解决方案。作为云计算基础设施的领袖，Amazon 也很可能会开发应用平台。

2）公共云计算服务将掀起下一波热浪

目前，对公共云计算服务的商业利用以 Web 托管服务与协作服务为主，包括：Web 会议、博客、wiki 和社会网络等。2010 年，企业云计算服务热浪将围绕数据/内容（存储、分布、分析）、商务应用（SaaS 版本的企业级应用被广泛采用）和个人生产力应用等展开。

3）2010 年——私有云之年

由于企业对于云计算安全、可获得性和性能的顾虑仍将存在，主要的 IT 供应商将在 2010 年推出许多私有云计算产品。相较于公共云，企业可能会更偏向私有云，供应商也将做出相应反应。

4）云应用

2010 年，几乎所有的重要系统和应用软件供应商将引进“云应用”，将之作为私有云产品的简易包装方法。系统供应商，如戴尔、IBM、惠普、Sun、Fujitsu、日立、Intel 和 AMD 等将与软件供应商合作，提供传统本地软件的“云应用”版本。

5）混合云管理工具将成为热门

随着越来越多的企业系统跨越公共云与私有云，对 IT 产品和服务供应商来说，一个新机遇正在出现，即帮助用户更综合动态地管理分布于传统系统、私有云和公共云之间的 IT 资产。

6）云服务将带来云附件（cloud accessory）市场

如同 iPod 的销售增长带动了其附件（外壳、电台适配器、音箱等）的销售量，成熟的云服务市场也将刺激其互补产品和服务的发展，这些产品和服务能使已有的公有和私有云服务更快、更安全、更可靠或更有用。2010 年，大多数云附件将集中解决主要的云服务应用障碍（可预测的服务和安全的网络质量）和其他一些功能，如未来的数据索引、云资产管理等。一些可作为应用销售，其他则可基于云服务模型。

将云附件标准化，从而增强多个供应商的云服务产品，对用户来说极具吸引力，因为它能提供更多的选择。但对云服务供应商而言，会增添些麻烦。他们希望具备这些新兴能力，但却更希望具有独有权。

7）云计算 API 将成为 IT 产业的下一个战略性分销/合作途径

IDC 一直将开放的应用程序编程接口（application programming interface，API）视作云服务的核心元素，因为没有 API，服务供应商将被困于自己建立的“围墙花园”，阻碍自身的未来发展。云计算 API 逐渐增加的重要性还将增强用户对云标准的需求，但 2010 年可能无法实现重大突破。不过能肯定的是，云竞争将促成 2010 年某些企业的重大合并或收购。

12.6.2.2 移动云计算

云计算诞生之前，由于运算能力集中于终端，而终端的便携性与运算能力无法兼顾，致使移动计算难以取得巨大突破。而在云计算时代，由于运算能力通过网络更多地集中于“云”中，移动终端本身的处理能力不再重要，加上 3G 通信在迅速发展，手机上网将会成为主流，这些都为移动云计算带来了契机。

2009 年 7 月 ABI Research 咨询公司发布的一项研究成果认为，由于处理器能力、电池寿命以及数据存储量的限制，移动应用在大众市场的成长将会受到限制，即便用户使用最著名的 iPhone。不过，研究指出，如果将应用连接到“云”上而不单单在手机上运行，状况就有望发生改变。ABI Research 预计，在未来 5 年，与手机云计算相关的收入将达 200 亿美元。ABI Research 的高级分析师 Mark Beccue 认为，在云上运行手机应用将会大大减少处理器的工作量，同时应用开发者每个应用仅需开发一个版本即可。Google 的 CEO Eric Schmidt 表示，在云计算服务得到普及后，今后普通消费者的手机功能将日益复杂化，并逐步演变成可便携的“超级计算机”。开源的手机云同步公司 Funambol 的 CEO Fabrizio Capobiano 指出手机云同步在手机无线领域的地位将日益重要，且苹果、Google、诺基亚、微软、Palm 等公司都在尝试手机云同步服务，而运营商和 ISP 也在跟进。

微软于 2008 年 6 月收购了一家名为 MobiComp 的移动云计算服务提供商。MobiComp 的服务基于云计算，主要针对社交网络应用，可以为手机用户提供数据备份、恢复和数据推送服务。微软认为，未来的互联网世界将会是“云 + 端”的组合，在这个以“云”为中心的世界里，用户可以便捷地使用各种终端设备访问云中的数据和应用，这些设备可以是电脑和手机，甚至是电视等大家熟悉的各种电子产品，同时用户在使用各种设备访问云中的服务时，得到的是完全相同的无缝体验。

借助于移动云计算，Google 的手机导航系统、手机语音搜索系统以及 Android 平台上的各种服务都已经给出了优异的表现。Motorola 于 2009 年 10 月推出 MotoBlur 服务，这也是移动云计算的典范。MotoBlur 将传统的 SMS 与 gmail、twitter、myspace、facebook 融为一体，在一小小的屏幕上，用户可以通过 MotoBlur 时刻与外界轻松联系起来。

在国内，移动云计算的典范是 UCWEB 与和信。使用 UCWEB 的用户都能感受到上网速度快，流量消耗小，这是因为 UCWEB 采用了一流的网页转换技术，将一普通网页进行处理后才下发到手机的，而网页转换的速度以及数据压缩的比例完全归功于 UCWEB 的云

计算平台。和信是一款基于无线互联网的提供实时消息服务的软件，利用移动云计算技术，在将电池与带宽的消耗降到最低的情况下，和信还能保证消息推送的实时性。例如，利用和信抓客服务，选中网页上任何文字或图片，点右键即刻下载到手机或发送给朋友。和信是一个相对较小的客户端软件，提供了推客、快邮、魔信、管家、抓客等众多的功能，将手机与互联网融合起来，这一切归功于和信从设计之日起，就采用了移动云计算模式。

12.6.2.3 云计算的未来

Amazon 公司的 CTO 沃纳·福格尔斯（Werner Vogels）表示云计算是颠覆传统数据中心模式的破坏性力量，但云计算不会完全取代数据中心，使用云计算不代表需要把所有任务都交给云计算。据福格尔斯介绍，Amazon 仔细分析了该公司的研发工作量，发现研发人员有 70% 的时间在处理 IT 系统的配置和调试。于是，Amazon 决定将它的整个 IT 后台系统全部虚拟化，这也是 Amazon EC2 平台的雏形。另外 Amazon 为自己的云计算平台开发了所有软件，因为他们认为对源代码的控制很重要，只有掌握了源代码才能保证服务的性能、可靠性和费用。

Sun 公司的 CTO 格雷格·帕帕多普洛斯（Greg Papadopolous）称虽然网络计算和网格计算早于云计算出现，但随着公共云计算平台不断出现，云计算将很快超过它们。帕帕多普洛斯同时认为，不应该为了云计算而完全放弃已有的计算平台，这将付出巨大的成本代价，并且将十分困难，更好的策略是把一些合适的新任务交给云计算平台。惠普公司的鲁斯·丹尼尔斯（Russ Daniels）称，惠普公司认为云计算是因特网的下一发展阶段。

Google 公司的李开复（现已离职）认为，云计算的潜力还远未发挥出来，在机器翻译、音频和视频等多媒体内容的智能检索、全三维世界建模和语音输入等方面，还会带来更多的惊喜。李开复相信，云计算将成为一种新的主流计算模型，更多的科研机构、IT 企业将会拥抱云计算，推动云计算，利用云计算完成技术创新和产业模式的升级，并最终为云计算构建出完整的产业发展链。更多与云计算相关的开放平台、公共协议和业界标准将会应运而生，云计算技术本身也将向着标准化、安全可信赖以及便捷访问等几个方向深入发展。

微软公司的张亚勤则表示，目前数据、软件、平台、基础设施都已成为云计算的战略资源，而今后云计算的发展则取决于上述战略资源同“集中计算、按需应用”模式的整合与关联的程度——用一个简单的公式来表达就是：云计算 =（数据 + 软件 + 平台 + 基础设施）× 服务。

中国科学院计算技术研究所普适计算研究中心副主任陈益强表示，云计算的前端应用值得关注，他认为云计算带来的计算资源、存储资源、各种应用程序、软件及服务等是一种信息空间的共享，但是用户更期望实现信息空间与人所生活的物理空间之间的连通。目前手机有很高的普及率，所以他希望未来的手机能够成为用户和云计算或者用户和后台进行计算的一种手段。

12.6.2.4 面临的挑战

云计算的前景普遍被看好，但目前仍面临许多挑战，包括：

1）安全和隐私

安全和隐私是目前云计算面临的最大挑战。IDC公司对企业CIO及IT主管们做的一次调研表明，他们将安全作为对云计算的主要顾虑。大约有75%的受访者担心安全问题。当客户的商业信息和关键的IT资源暴露在防火墙外面时，客户很担心他们的弱点会受到攻击。这可能会限制云计算的需求度。用户希望能确保他们的云计算服务商遵循标准的安全规范，这些安全规范应当公开并受到检查。例如，用户未必希望服务商让多个客户共享相同的虚拟设备和网络资源。存储在云计算中的数据可能被用于世界上任何地方，因此可能成为地区或者国家关于隐私和记录保存等数据存储法律的管辖对象。如欧盟国家，有一些隐私管理制度禁止将某些类型的个人数据传播到欧盟以外的地区。这使Amazon和其他公司只好提供使用位于欧盟内存储设备的服务。

本质上讲，云计算提供商在用户数据安全性保护方面要解决两个核心问题（金海，2009）：云计算提供商是否采用必要的安全技术来确保用户数据的安全？即使提供商自己也不能在没有用户授权的情况下访问用户的数据；如果云计算提供商采用了必要的安全技术，如何向用户证明这些技术手段是安全的？

2）控制权

机构的IT部门对云计算持谨慎态度是因为这个平台是由一个外部的服务商而不是机构内部的员工设计和控制的。服务商一般不会特意设计平台去支持特定公司的IT和业务活动。而且，用户无法在自己需要的时候改变平台技术。然而，服务商却可以按照他们认为合适的时间和方式来改变它，而无需得到客户的许可。

3）可靠性

云计算还无法提供每天24小时的可靠性。近两年来云服务提供商频频出现各种不安全的状况，2008年2月15日，Amazon公司出现了网络服务中断事件，使得几千个依赖Amazon的EC2云计算和S3云存储的网站受到影响，其中包括Twitter、SmugMug、37Signals和AdaptiveBlue等。2009年2月24日，Google Gmail邮箱爆发全球性故障，服务中断时间长达4小时。此次故障是由于位于欧洲的数据中心例行性维护，导致欧洲另一个数据中心过载，连锁效应扩及其他数据中心，最终致使全球性断线。2009年3月15日，微软的云计算平台Azure停止运行约22小时。

4）相关的带宽成本

通过云计算，企业可以在设备和软件方面节约资金，但是他们得向服务提供商支付更高的网络带宽费用。对于较小的、非数据密集型的互联网应用而言，带宽的开销可能较小，但有些情况下，例如要是一个公司通过云计算建立一个若干万亿字节的数据库，这种开销就会很高。

5）缺乏标准化和可移植性

对于如API、用于灾难恢复的服务器镜像存储以及数据的导入和导出等一些对象和过程，现在还没有相应的云计算标准。数据和应用在系统间的移植能力的限制是当前妨碍云计算推广的因素。随着更多云计算服务商的出现，可移植性将越发重要。在可移植性受限的情形下，如果一个企业对某个云计算服务不满意或服务商停业，企业未必能以便捷、经济的方式转向其他服务商或将业务重新收回企业内部。结果公司不得不重新设定其数据和

应用软件的格式，再将其转移到一个新的服务商，这是一个复杂的过程。如果一个公司把业务收回内部，那还得雇佣掌握该技术的员工。

6）透明性

如果云计算服务公司无法证实谁有权访问他们的数据，如何防止未授权人员检索信息，就无法通过其预期客户对他们能力的审计。云计算服务商针对这种忧虑，提出了事先由第三方审计他们的系统，以及通过程序设计文档来陈述和证明对客户数据安全需要的考虑。

7）性能、延迟

出于对性能的担心，一些公司可能不会将云计算技术用于面向事务和其他数据密集型的应用。一些服务商在面临大量需求时会由于提供了过多的虚拟机或是互联网流量饱和造成暂时性的资源短缺。这会影响他们系统的性能，除非他们能设法补救。距离云计算服务商较远的客户可能会感受到延迟，特别是在网络拥堵而他们的代码又没有为高效传输进行优化的时候。

12.7 总结与建议

云计算的兴起无疑是近年来信息科技领域最具影响力的变革之一，在各个行业都广受关注，企业界、科研界、政府部门纷纷投入云计算建设与应用的浪潮。云计算在降低成本、促进创新、刺激经济、改变信息产业格局、帮助温室气体减排、丰富人们的网络生活等方面的作用已日益显现。全球顶尖 IT 企业视云计算为战略制高点，纷纷推出各自的云计算平台与服务，并在虚拟化技术、数据中心自动化技术、数据库、操作系统、云安全等方面取得了不少进展，这些重要技术的发展使得云计算更为成熟。近两年关于云计算的研究论文呈大幅增长的趋势，云计算学科研究最活跃的三个国家分别是美国、中国和英国，而云计算学科研究体现的热点技术主题包括分布式系统软件、信息网络、数据安全、软件工程技术、计算机通信、计算机工程、商业及管理、计算机网络和技术、操作系统等，其中最热门的是分布式系统软件。每年都有大量科研人员进入云计算领域从事相关研究。在已公开的相关专利中，美国占据了绝大部分。许多企业、政府、科研机构纷纷制定了云计算发展计划，这将加速推动云计算建设与应用，可以预期未来几年内云计算将迎来更多发展机遇，其中移动云计算蕴含着巨大的能量。当然，云计算还有一系列挑战需要克服，特别是要保护好客户的信息安全与隐私。

回顾信息科技的发展历程，我国曾多次错失发展良机，导致在许多关键领域受制于人。现在云计算开启了新变革，为我们带来了新机遇。微软全球副总裁张亚勤呼吁中国及早投入云计算的大潮，在全球计算和通信产业的新一轮风暴中抢占到有利于未来发展的制高点。

中国科学院院长路甬祥指出，云计算符合绿色环保、节能减排的发展趋势，发展云技术方向、云服务产业具有战略性意义。他强调，在云计算的发展过程中，要注重技术发展战略与商业模式的结合，不仅要关注技术研发，更要聚焦到为企业服务、为经济社会发展服务，要把绿色、智能、大服务的概念吸收进去，形成“云研究、云资源、云计算、云服务”体系，推动“云产业”的发展。

虽然与美国相比稍有落后，但云计算在我国的发展已经如火如荼。从2008年5月起，江苏无锡、北京、广东东莞、四川成都等多个地区已建成或正在建设云计算中心，为当地企业和政府提供服务。中国科学院、阿里巴巴、中国中化、中国移动等机构与企业也在积极部署和应用云计算。2008年11月中国电子学会专门成立了云计算专家委员会，2009年5月首届中国云计算大会召开。我国工业和信息化部科技司副司长丁文武曾表示，如果业界讨论认为云计算是必须要跟进、必须要研究的前沿技术，可以在重大专项里安排前沿技术的研究。可见，我国已具备了发展云计算的天时、地利与人和。

展望未来，本文针对挑战和机遇提出4项建议：

(1) 制定开放标准。

目前主要的云计算服务商都从自身利益出发开发技术和产品，没有形成统一的、开放的标准，缺乏可移植性，致使用户有被“锁定”的风险，这显然不利于行业发展。建议以专门的委员会、联盟或其他形式将企业、政府部门、科研机构聚到一起，共同制定一套开放的标准。我国云计算服务商与国际巨头之间存在很大的实力差距，如果能通过统一的、开放的标准将这些分散的力量团结起来，则有可能在与国际巨头的竞争中摆脱被动局面。

(2) 警惕数据垄断。

云计算平台代表着巨大的数据中心，当用户的海量数据聚集到服务商的数据中心后，一种数据垄断就形成了。云计算带来的潜在的数据垄断不仅可能会泄露企业的商业机密，甚至可能会影响国家安全。在2009年全国首届科研信息化论坛上，有专家提醒要重视云计算带来的数据垄断。从技术本身来说，云计算与地域无关，但必须警惕数据垄断，努力建设我们自己的云计算平台，把数据存放在可以控制的数据中心，方能避免数据垄断所带来的潜在危害。

(3) 大力推进移动云计算。

种种迹象表明，移动通信（特别是3G）和云计算的融合将催生巨大产业。移动云计算能解决移动终端计算能力不足的瓶颈问题，极大扩展移动计算应用，我国有着全球最大的移动通信市场，并且正在扩大和深化3G应用，因此应当抓住机遇大力推进移动云计算。

(4) 制定国家战略支持云计算发展。

我国企业要在云计算时代跻身全球前列，单靠企业自身的实力还是有困难的，必须依赖政府和企业共同努力，政府提供长周期的战略协调管理、资金等政策支持，企业在技术、标准领域实现突破，共同推动产业发展。否则，一旦失去在云计算时代的控制力，不但不能实现产业发展的目标，国家的经济、政治安全也将受到巨大冲击。

致谢：中国科学院计算技术研究所石晶林研究员对本章提出了宝贵的意见和建议，在此表示感谢。

参考文献

埃森哲技术实验室. 2009-11-13. 云计算：企业必须了解的奥秘. http：//www. accenture. com/nr/rdonlyres/c71633bf-cda2-4ef4-8ffd-6e2fba7cb6fe/0/accenture_what_the_enterprise_need_to_know_about_cloud_

computing_cn. pdf

百度百科云计算 . 2009-12-20. http：//baike. baidu. com/view/1140366. htm

陈康，郑纬民 . 2008. 深度剖析云计算背后采用的具体技术 . 计算机世界报，5（17）：38 ~ 40

金海 . 2009. 漫谈云计算 . 中国计算机学会通讯，5（6）：22 ~ 25

李开复 . 2009. 2009——云计算普及年 . 中国计算机学会通讯，5（6）：5 ~ 11

罗清启 . 2009-12-31. 云计算发展亟须国家战略支持 . http：//cio. ccidnet. com/art/18437/20091231/1971153_ 1. html

搜狐 IT. 2009-12-31. 韩国政府投资 36 亿元发展云计算 . http：//it. sohu. com/20091231/n269331604. shtml

陶建辉. 2009-12-28. 移动云计算将成为移动互联网主流模式 . http：//it. sohu. com/20091228/n269266509. shtml

微软公司. 2009-12-12. 让云触手可及——微软云计算解决方案白皮书 . http：//wenku. baidu. com/view/b7c6f011f18583d0496459f4. html

新浪科技 . 2009-12-22. 奥巴马牵头 云计算虚拟化等受政府热捧 . http：//tech. sina. com. cn/b/2009-12-22/09143698584. shtml

新浪网 . 2008-10-30. 会商云计算 八大厂商云策略解读 . http：//tech. sina. com. cn/it/2008-10-30/19062546525. shtml

张亚勤 . 2009. 与“云”共舞——再谈云计算 . 中国计算机学会通迅，5（6）：26 ~ 33

张亚勤 . 2009-07-13. 中国应及早涉足云计算 . 抢占制高点 . http：//www. cnetnews. com. cn/2009/0713/1405074. shtml

中国科学院计算技术研究所 . 2009-12-21. 路甬祥考察广东电子工业研究院 . http：//www. cas. cn/xw/zyxw/yw/200912/t20091221_ 2712426. shtml

中国信息产业网 . 2009-07-22. 欧盟划定电信改革四大优先项目 . http：//www. cnii. com. cn/20080623/ca568958. htm

中国云计算网 . 2008. 技术分析：关系数据库不适合云计算 . http：//www. china- cloud. com/cloudcomputing/259. jsp

中国云计算网 . 2008-11-17. 建立云计算的关键：数据中心自动化 . http：//www. china- cloud. com/cloudcomputing/306. jsp

中国云计算网 . 2009-02-22. 虚拟化是云计算的基石 . http：//www. china-cloud. com/cloudcomputing/403. jsp

中国云计算网 . 2009-08-11. IT 业第一个云操作系统：vSphere 概略 . http：//www. china- cloud. com/cloudcomputing/712. jsp

中国云计算网 . 2009-10-11. 2009 云计算：设备、平台、服务三派积极备战 . http：//www. chinacloud. cn/show. aspx? id = 1892&cid = 14

中国云计算网. 2009-10-17. 北京市公共云计算平台月底上线 对部分企业免费. http：//www. cloudcomputing-china. cn/article/cloudcomputingchina/200910/314. html

Argonne National Lab. 2009-04-23. Nimbus and cloud computing meet STAR production demands. http：//www. anl. gov/media_ center/news/2009/news090402. html

Armbrust M et al. 2009-02-20. Above the Clouds：A Berkeley View of Cloud Computing. http：//www. eecs. berkeley. edu/pubs/techrpts/2009/eecs-2009-28. pdf

Charles Babcock. 2009-06-26. Cloud Computing Advocates Detail Its Future. http：//www. informationweek. com/news/software/hosted/showarticle. jhtml? articleid = 218101462&pgno = 1&querytext = &isprev

Chris O'Neal. 2009-04-10. Cloud computing brings cost of protein research down to earth. http：//supercomputingonline. com/index. php/2009041016347/latest/cloud- computing- brings- cost- of- protein- research- down- to-earth. html

Claburn T. 2009-08-28. Google CEO Imagines Era Of Mobile Supercomputers. http：//www. informationweek. com/

news/windows/showarticle. jhtml? articleid = 220900806

Computer Communication Review, 39 (1)

Etro F. 2009-12-30. The Economic Impact of Cloud Computing on Business Creation, Employment and Output in Europe. http://www. intertic. org/policy%20Papers/cc. pdf

Geelan J. 2009-01-24. Twenty- One Experts Define Cloud Computing. http://virtualization. sys- con. com/node/612375? page = 0, 0

Greg Boss et al. 2007. IBM Cloud Computing White Paper. http://www. enet. com. cn/server/whitepaper/19479. pdf

IBM 云计算中心 . 2009-10-11. 智慧的地球——IBM 云计算 2. 0. ftp://ftp. software. ibm. com/software/cn/tivoli/solution/ibm_ cloud_ labs. pdf

IDC company. 2009-12-30. Top 10 Predictions. IDC Predictions 2010: Recovery and Transformation. http://cdn. idc. com/research/predictions10/downloads/top10predictions. pdf

Jon Oberheide. 2008. CloudAV Project Summary. http://www. eecs. umich. edu/fjgroup/cloudav

J. Nicholas Hoover. 2009-06-18. Cloud Computing: 10 Questions For Federal CIO Vivek Kundra. http://www. informationweek. com/news/government/cloud- saas/showArticle. jhtml? articleID = 217900204

Keahey K et al. 2008. Science Clouds: Early Experiences in Cloud Computing for Scientific Applications. Chicago: 2008 Cloud Computing Application Conference (CCA-08)

Magnusson G. 2008-09-22. Cloud Computing Leaving Relational Databases Behind. http://adtmag. com/articles/2008/09/22/cloud- computing- leaving- relational- databases- behind. aspx

Mell P et al. 2009-10-07. http://csrc. nist. gov/groups/sns/cloud- computing/cloud- def- v15. doc

NSF Website. 2009-02-25. Data Travels Six Times Faster in the Clouds. http://www. nsf. gov/news/news _summ. jsp? cntn_ id = 114229&org = olpa&from = news

Pam Frost Gorder. 2008. Coming Soon: Research in a Cloud. Computing in Science and Engineering, 10 (6): 6 ~ 10

Richard MacManus. 2009-04-15. Web as Platform For Research on Oceans, Galaxies. http://www. readwriteweb. com/archives/web_ as_ platform_ for_ research_ on_ oceans_ galaxies. php

Sullivan T. 2008. Will the Downturn Accelerate Cloud Computing? http://www. pcworld. com/businesscenter/article/151757/will_ the_ downturn_ accelerate_ cloud_ computing. html

Sun 公司 . 2009-08-13. 《云计算架构介绍》白皮书 . http://cn. sun. com/offers/docs/sun _353cloudcomputing_ chinese. pdf

Vaquero L M et al. 2009. A Break in the Clouds: Towards A Cloud Definition. ACM SIGCOMM Computer Communication Review, 39 (1)

Wang Lizhe et al. 2008. Scientific Cloud Computing: Early Definition and Experience. The 10th IEEE International Conference on High Performance Computing and Communications

13　智能电网技术国际发展态势分析

张　军　陈　伟　李桂菊　金　波

（中国科学院武汉文献情报中心情报研究部）

智能电网是以包括各种发电设备、输配电网络、用电设备和储能设备的物理电网为基础，将现代先进的传感测量技术、网络技术、通信技术、计算技术、自动化与智能控制技术等与物理电网高度集成而形成的新型电网。

智能电网本质上并不是一个全新的概念，从诞生之日起，电网一直在根据发电侧、供电侧和需求侧的变化和需要而在不断进步。20 世纪 80 年代以来，电子控制、数字计量和监控等新兴技术逐渐被引入电网，加快了电网的智能化趋势。

2008 年以来，在全球性经济危机背景下，为刺激经济复苏并适应未来清洁能源发展要求，美国、欧盟等将能源基础设施建设放到优先地位。智能电网因此得到了大力提倡和积极发展，使得 2009 年成为“智能电网年”。

中国的智能电网建设不应简单沿袭国外的模式，更不宜热炒概念，而是应当根据国情加强前瞻性理论探索和规划研究，提升大电网规划的统一优化能力，加强特高压骨干电网建设和地区配电网的结构优化及升级，使其能够适应未来大规模可再生电力并网、分布式电源、微网的柔性连接，实现电源电网协调，以实现资源的优化配置和效益最大化。

13.1　智能电网概述

智能电网本质上并不是一个全新的概念。自 19 世纪末以来，电网一直在根据发电侧、供电侧和需求侧的变化和需要而不断取得技术进步。20 世纪 80 年代以来，电子控制、数字化计量和实时监控等开始得到应用，电网已在逐渐走向智能化。随着对电网安全性、可靠性的要求越来越高以及可再生能源、分布式供能、电气化交通的兴起，电网必须利用先进的数字化、自动化技术以适应新的电源格局。20 世纪 90 年代中后期，适应未来需要的现代化电网作为一个整体开始得到全面系统的研究，这个过程中出现了如“intelligrid”、“interactive grid”、“modern grid”、“smart grid”等众多概念，对其定义、特征、功能、构成和相关技术方面的讨论也走向深入。

13.1.1 智能电网的定义

智能电网的发展在全世界还处于起步阶段，还没有一个共同的精确定义。但发展智能电网已经逐渐成为世界电力行业的共识。以下列举的是国内外一些权威机构和学者给出的定义。

美国能源部：一个完全自动化的电力传输网络，能够监视和控制每个用户和电网节点，保证从电厂到终端用户整个输配电过程中所有节点之间的信息和电能的双向流动（DOE，2009）。

美国电力科学研究院：一个由众多自动化输电和配电系统构成的电力系统，以协调、有效和可靠的方式实现所有的电网运作。具有自愈功能；快速响应电力市场和企业业务需求；具有智能化的通信架构，实现实时、安全和灵活的信息流，为用户提供可靠、经济的电力服务（EPRI，2009）。

美国 IBM 公司：利用传感器对发电、输电、配电、供电等关键设备的运行状况进行实时监控；然后把获得的数据通过网络系统进行收集、整合；最后通过对数据的分析、挖掘，达到对整个电力系统运行的优化管理（IBM，2008）。

美国埃森哲公司：利用传感、嵌入式处理、数字化通信和 IT 技术，将电网信息集成到电力公司的流程和系统，使电网可观测（能够监测电网所有元件的状态）、可控制（能够控制电网所有元件的状态）和自动化（可自适应并实现自愈），从而打造更加清洁、高效、安全、可靠的电力系统（Accenture，2009）。

欧洲智能电网技术平台：一个可整合所有连接到电网用户所有行为的电力传输网络，以有效提供持续、经济和安全的电力（SmartGrids European Technology Platform，2006）。

中国科学院电工研究所：智能电网是以包括各种发电设备、输配电网络、用电设备和储能设备的物理电网为基础，将现代先进的传感测量技术、网络技术、通信技术、计算技术、自动化与智能控制技术等与物理电网高度集成而形成的新型电网，它能够实现可观测（能够监测电网所有设备的状态）、可控制（能够控制电网所有设备的状态）、完全自动化（可自适应并实现自愈）和系统综合优化平衡（发电、输配电和用电之间的优化平衡），从而使电力系统更加清洁、高效、安全、可靠。

国家电网中国电力科学研究院：以物理电网为基础，将现代先进的传感测量技术、通信技术、信息技术、计算机技术和控制技术与物理电网高度集成而形成的新型电网。它以充分满足用户对电力的需求和优化资源配置、确保电力供应的安全性、可靠性和经济性、满足环保约束、保证电能质量、适应电力市场化发展等为目的，实现对用户可靠、经济、清洁、互动的电力供应和增值服务（胡学浩，2009）。

天津大学余贻鑫院士：智能电网是一个完全自动化的供电网络，其中的每一个用户和节点都得到实时监控，并保证从发电厂到用户端电器之间的每一点上的电流和信息的双向流动。智能电网通过广泛应用的分布式智能和宽带通信以及自动控制系统的集成，能保证市场交易的实时进行和电网上各成员之间的无缝连接及实时互动（余贻鑫，2009）。

13.1.2 智能电网的特征

智能电网的特征可以归纳为以下7个方面。

(1) 自愈。对电网的运行状态进行连续的在线自我评估，并采取预防性的控制手段，及时发现、快速诊断和消除故障隐患，故障发生时，在没有或少量人工干预下，能够快速隔离故障、自我恢复，避免大面积停电的发生，减少经济损失。

(2) 用户交互。智能电网系统运行与批发、零售电力市场实现无缝衔接，支持电力交易的有效开展，实现资源的优化配置；同时通过市场交易更好地激励电力市场主体参与电网安全管理，从而提升电力系统的安全运行水平。在现代化电网中，商业、工业和居民等能源消费者可以看到电费价格，有能力选择最合适自己的供电方案和电价。

(3) 抗攻击。有效抵御人为或自然因素对电网的侵害，实时隔离受损区域并重新调度电力。

(4) 高品质电能。提供适应21世纪需求的电能质量：现代化的电网不会有电压跌落、电压尖刺、扰动和中断等电能质量问题，适应数据中心、计算机、电子和自动化生产线的需求。

(5) 多元电源。智能电网能够同时适应集中发电与分布式发电模式，允许即插即用地连接任何电源，实现与负荷侧的交互，支持风电等可再生能源的接入，扩大系统运行调节的可选资源范围，满足电网与自然环境的和谐发展。

(6) 市场协调。与上、下游电力市场实现无缝衔接。有效的市场设计可以提高电力系统的规划、运行和可靠性管理水平：电力系统管理能力的提升促进电力市场竞争效率的提高。

(7) 资产优化。通过引入先进IT和监控技术优化电力设备和资源的使用效益，使运行和维护成本最小化，提高资产利用效率，从整体上实现网络运行和扩容的优化，降低运行维护成本和投资。

13.1.3 智能电网的效益

建设智能电网为调整优化电力和能源结构、提高电网运行效率及可靠性、降低成本提供了有利条件和机遇。

对电网企业而言，综合采用智能电表与分时电价等方式，可抑制电力高峰负荷需求增长，减少和延缓电网固定资产投资。美国能源部西北太平洋国家实验室的研究结果表明，仅使用数字工具设定家庭温度及融入价格信息，能源消耗每年可缩减15%。若推广使用需求侧监控系统，则在建设、维护、运营电厂、变电站和电网方面将节省700亿美元，这其中40%的节省费用来自于发电端，相当于少建30个大型燃煤电厂。此外，通过设备状态、用户负荷的自动化监测，可实现对设备更好的管理和维护，延长设备寿命，延缓设备投资，可提高电网投资和改造的针对性、合理性。自动计量管理则有助于电网企业缩短电费回收时间，减少窃电损失。通过网络实时重构，可以减少停电发生的几率，并且在故障发生时快速检测、定位和隔离故障，进而指导作业人员快速确定停电原因，恢复供电，缩短停电时间，提高了供电可靠性。通过精确规划实施智能电网，可以梳理和完善业务流程，加强需求侧管理，提高资产运行维护和管理水平。

对终端用户而言，智能电网除了能够更灵活有效地调配电力供需，还能够通过利用智能电表所提供的实时用电信息来改变用户的用电行为模式，引导用户节约用电。通过智能电网，消费者可以根据自身用电需求，有效平衡用电成本。从长远来看，通过充分整合电力系统与配电技术，可以降低居民用电高峰需求和用电量，优化配电损失，提高养护水平，从而达到减少潜在的碳排放；并且通过远程自动化切断连接和重新连接实现潜在效用成本节省，通过家庭自动化消除不必要的和高收费的用电成本。

对产业而言，智能电网建设对相关产业的拉动作用是巨大的。据爱迪生电力研究所估计，为了改造智能电网，对基础设施的改造将花费数千亿美元，包括计算机、传感器和网络系统，这对 IT 和网络公司来说是个巨大的新市场。根据研究报告《智能电网技术》(Pike，2009）的估算，2015 年全球政府和公用事业机构对智能电网的投资额将达到 2000 亿美元。其中电网自动化相关技术将占 84%，高级量测体系将占 14%，电动汽车管理系统将占剩余的 2%。智能电表目前虽然是智能电网最抢眼的部分，但还只是冰山一角。分析显示，公用事业机构为获得最大投资回报，将会把资金主要投放在电网基础设施项目上，如输电网升级、变电站自动化和配电自动化。未来电网投资的关键目标有 4 个：提高可靠性和安全性；提高运行效率和降低成本；平衡电力供需；减少电力系统对气候变化的总体影响。

13.2 智能电网的构成与关键技术

13.2.1 智能电网的构成

美国能源部国家能源技术实验室（NETL）提出了现代智能电网的 5 个重要组成部分(NETL，2006)。

（1）参数量测。各种先进的传感器、表计与监视系统，用以监视设备健康状态与网络状态、支持继电保护、计量电能。

（2）集成通信。能实现即插即用的开放式架构，全面集成的高速双向通信技术。

（3）电力设备。基于最新的材料、超导、储能、电力电子与微电子学科研究成果而制造出的各种新型电力系统设施。

（4）先进应用。基于各种先进理论和算法的电力系统分布式智能、高级应用软件，用以监视关键设备、支持各类事件的快速诊断与及时响应，促进资产管理、系统与市场运行效率的提高。

（5）决策支持。先进的可视化展示、电力系统仿真与培训工具，增强各级运行人员的决策能力。

IBM 公司则更多地从信息技术视角将智能电网划分为数据采集、数据传输、信息集

成、分析优化和信息展现5个方面。

(1) 数据采集。智能电网的实时数据主要包括3类：电网运行数据、设备状态数据和客户计量数据。智能电网大大扩展了监视控制与数据采集系统（supervisory control and data acquisition，SCADA）的数据采集范围和数量，提高了电网的“可视化”程度，为企业提供了更多有价值的信息和更有力的决策支持。

(2) 数据传输。设备状态数据和客户计量数据的特点是数据量大、采集点多且分散；对实时性的要求比电网实时运行数据低；数据需要被多个系统和业务部门使用。智能电网中对这些数据的采集采用基于开放标准的数字通信网络，以实现实时数据的共享。

(3) 信息集成。智能电网中需要集成的信息包括自动化系统的实时数据、电网公司内部管理应用系统产生的管理数据、外部应用系统数据。为了实现企业级的信息集成，需要建立企业信息集成总线，实现应用系统之间的数据流动，各应用系统的数据集成到统一的分析数据仓库。企业信息集成总线中信息交换以及数据中心数据模型参照/遵循公共信息模型（common information model，CIM）标准。

(4) 分析优化。分析优化是智能电网的核心内容，是电网智能化的根本体现，有利于支持电网企业的业务改进与创新。分析优化可分为4个层次：①实时事件、阈值、通知、屏幕显示、邮件、传呼；②指标计算、趋势分析；③数据分析、事件的实时或事后诊断处理、数据挖掘；④高级优化、业务建模和规划、决策支持。智能电网解决方案中，针对电网企业不同的业务主题，建立了完整的分析结构层次，指导对数据的深度利用。

(5) 信息展现。通过门户系统，能够从多个数据源获取数据，将经过分析优化处理后的信息，以用户定制方式呈现给用户。门户系统为用户提供一站式信息访问，不同层次的用户获得自己关注的信息，用户能够配置需要显示的信息和表现方式，还能够实现对分析结果的企业级分发。

总体来看，智能电网是以先进电力电子设备和器件为基础，引入传感、通信、自动控制等现代信息技术，实现对整个电力网络的升级改造，最终达到电力网络运行更加可靠、经济、环保的目标。

13.2.2 智能电网的关键技术

智能电网可以分为以下四大类技术领域：高级量测体系（advanced metering infrastructure，AMI）、高级配电运行（advanced distribution operation，ADO）、高级输电运行（advanced transmission operation，ATO）和高级资产管理（advanced asset management，AAM），如图13-1所示。

13.2.2.1 高级量测体系

高级量测体系是智能电网的基石，主要作用是授权给用户，使系统同负荷建立起联系，使用户能够支持电网的运行。智能电网需要具有实时监视和分析系统目前状态的能力，既包括识别故障早期征兆的预测能力，也包括对已经发生的扰动做出响应的能力。智能电网也需要不断整合和集成企业资产管理和电网生产运行管理平台，从而为电网规划、

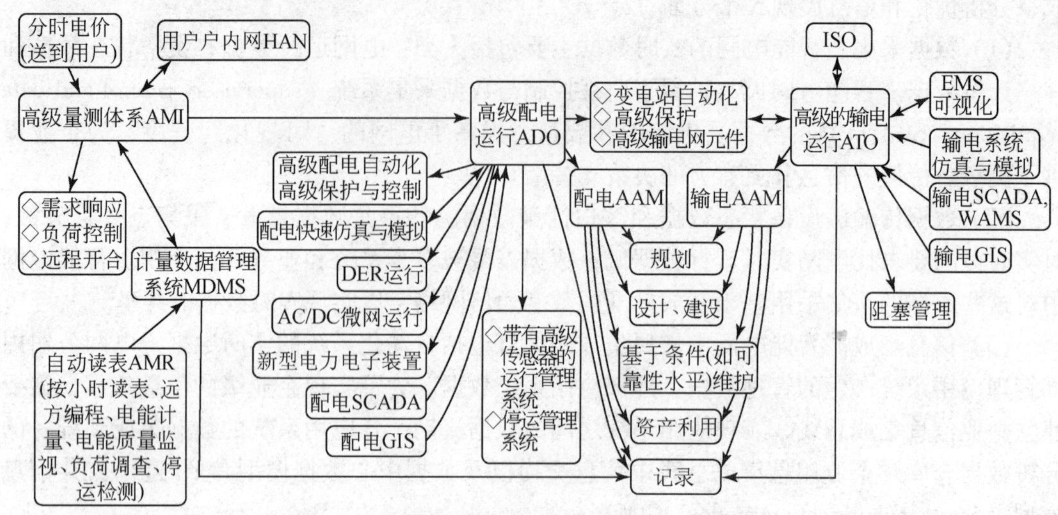

图 13-1 智能电网的技术组成（余贻鑫，2009）

建设、运行管理提供全方位的信息服务（图 13-2）。因此，宽带通信网（包括电缆、光纤、电力线载波和无线通信）将在智能电网中扮演重要角色。

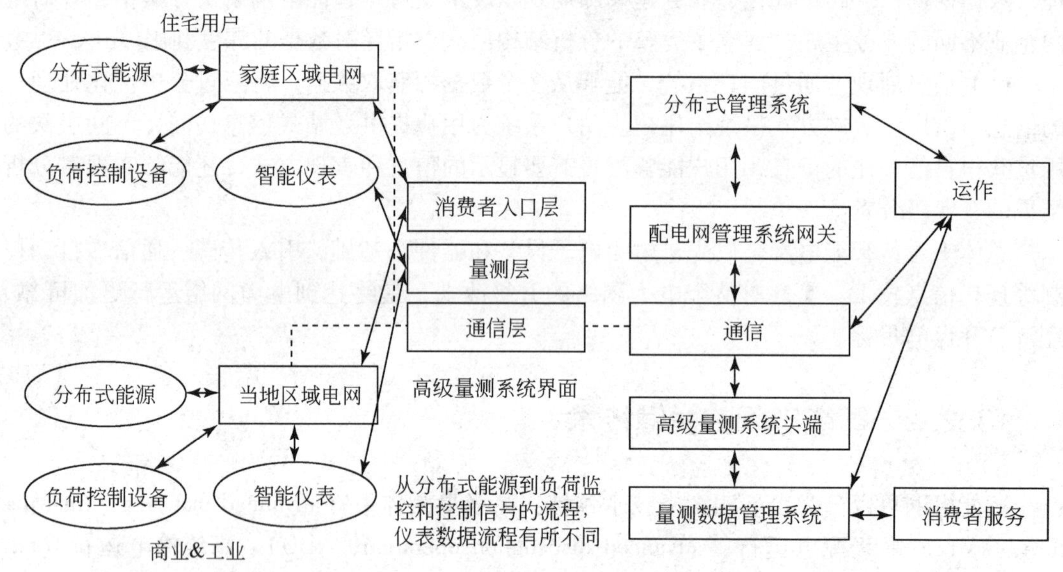

图 13-2 高级量测体系的系统结构（NETL，2009）

高级量测体系的监控和测量功能包括：①设备的运行参数：电压、电流、相位、功率、频率等。②设备的状态参数：温度、应力、压力、绝缘和污闪、工质和介质性能参数及老化程度、线路覆冰状况和弧垂度等。③环境参数：温度、湿度、气压、植被生长情况、污染指数等。④故障定位测量：主要是指线路故障精确定位。⑤智能电表：双向潮流计量、显示实时电价与电网状态信息、显示各种电气设备功率和用电情况、电能质量分析、防偷电检测、自备电源检测、作为家用电器和自备电源的控制中心并实现与外界双向

信息交换等。⑥发电厂测量：设备工作状态、出力、煤耗、能效和排放。⑦电网测量：同步相位测量、广域测量（WAMS）、系统安全稳定监测、动态设备（如柔性交流输电系统（FACTS）、电力系统稳定器（PSS）、继电保护等）监测。随着技术的发展，智能电表还可能作为 Internet 路由器，推动电力部门以其终端用户为基础，整合通信、宽带数据业务或电视传输信号。

高级量测体系的实现需要多种技术和应用集成的解决方案，主要包括：

（1）智能电表。电网的智能化需要电力供应机构精确得知用户的用电规律，从而更好地平衡需求和供应。传统的感应式机械电表只是单向读取，不是双方互动的交流。由智能电表以及连接它们的通信系统组成的先进计量系统能够实现对诸如远程监测、分时电价和用户侧管理等的更快、更准确的系统响应。智能电表主要由电子元器件构成，其工作原理是对用户供电电压和电流进行实时采样，采样结果由专门设计的集成电路芯片进行处理，并转换成与电能成正比的脉冲输出，最后通过单片机进行处理、控制，把脉冲显示为用电量并输出。智能电表可以定时或即时取得用户带有时标的分时段或实时（或准实时）的多种计量值，如用电量、用电功率、电压、电流和其他信息，是电网的传感器体系的基础。

智能电表在很宽的电流动态范围内具有更高精度和更低功耗，在高可靠性和稳定性方面，可以经受十年、甚至几十年的考验，同时也可耐受 -40 ~ 80℃范围的温度，无需机械电表的加工精度，可以实现多费率计费、防窃电和预付费等功能，也可以通过电话、RF 射频、GPRS、电力线载波进行联网，通过软件实现对硬件的控制管理，实现电表设计和使用智能化，电子公司也可以由此实现自动抄表系统，对电力网进行更有效的控制。因此智能电表能够实现远传控制（远程抄表、远程断送电）、复费率、识别恶性负载、反窃电、预付费用电等功能，而且可以通过对控制软件中不同参数的修改，来满足对控制功能的不同要求，这些功能对于传统的感应式电表来说都是很难或不可能实现的。

（2）通信网络。智能电网中的通信网络是局域网（LAN）与广域网（WAN）的有机结合。局域网连接智能电表和数据集中器，能把表计信息（包括故障报警和装置干扰报警）接近于实时地从电表传到数据中心，是全部高级应用的基础。数据集中器则通过广域网和数据中心相连。数据集中器通常在杆塔上、变电站里或其他的一些设施上，它们是局域网和广域网的交汇点。在局域网中，数据集中器即时或按照预先设定的时间收集或接收附近电表的计量值或信息，再利用广域网把数据传到数据中心。数据集中器可以中继数据中心发给下游电表和用户的命令和信息。

广域网是一个高速的、全面集成的高速双向通信技术架构，使电网变成一个动态的、交互的，用于实时信息和功率交换的网络。广域网采用开放式架构，可以对网络传感器和控制装置、控制中心、保护系统和用户建立一个安全的“即插即用”的应用环境；可以在广泛的范围实现信息和应用系统的连接和集成，使数据在整个电力系统的不同主体及不同的应用系统之间传递，以满足电网对通信的要求。广域网可以采用不同的媒介来向数据中心实施广域通信，如电力线载波（PLC）、Internet（IPv4 和 IPv6）、光纤以太网、电力线宽带（BPL）、第四代（4G）WiMax、第三代（3G）无线语音和数据通信、Zigbee/WiMedia/WiFi 无线通信等。

(3) 计量数据管理系统（MDMS）。这是一个带有分析工具的数据库，通过与高级量测体系自动数据收集系统的配合使用，处理和储存电表的计量值。一个典型的计量数据管理系统由数据库服务器、通信前置机、工作站和网络服务器组成。用户可以通过不同的数据采集装置和连接方法，将电能表数据通过各种通信信道传给系统主站，实现电能数据的查询、维护、统计分析和各种考核等功能。

(4) 用户室内网（HAN）。通过网关或用户入口把智能电表和用户户内可控的电器或装置（如可编程的温控器）连接起来，使得用户能根据电力公司的需要，积极参与需求侧响应或电力市场。用户室内网还可以通过智能电表将家电的启停授权给电力公司，通过启停或调整某些家电设备使用户参与电网的调频。

高级量测体系能够提供多种用户服务（如分时或实时电价等）和远程接通或断开等功能，对高级量测体系的要求体现在低能耗、高精度、数据处理速度快、可以与通信系统整合（含有通信接口与通信协议）、传感器或传感器网络应具备依靠就地环境获取能源的能力（杂散能发电等，不需要外部供电）。

13.2.2.2 高级配电运行

高级配电运行即调度的智能化，是对现有调度控制中心功能的重大扩展，是未来电网发展的必然趋势。调度智能化的最终目标是建立一个基于广域同步信息的网络保护和紧急控制一体化的新理论与新技术，协调电力系统元件保护和控制、区域稳定控制系统、紧急控制系统、解列控制系统和恢复控制系统等具有多道安全防线的综合防御体系。智能化调度的核心是在线实时决策指挥，目标是灾变防治，实现大面积连锁故障的预防。高级配电运行的系统构成如图 13-3 所示。

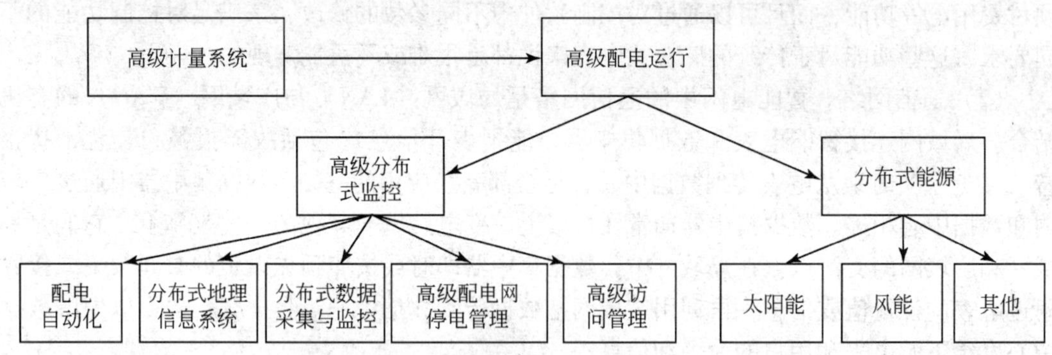

图 13-3　高级配电运行的系统构成（DOE，2009）

高级配电运行的关键技术包括：快速仿真与模拟；高级配电自动化、智能预警技术；优化调度技术；预防控制技术；事故处理和事故恢复技术（如电网故障智能化辨识及其恢复）；智能数据挖掘技术；调度决策可视化技术、AC/DC 微网运行和运行管理系统（带有高级传感器）、新型电力电子装置、可再生能源资源运营等。

高级配电运行的主要功能是使系统可自愈。为了实现自愈，电网应具有灵活的可重构的配电网络拓扑和实时监视、分析系统目前状态的能力。实时监视既包括识别故障早期征兆的预测能力，也包括对已经发生的扰动做出响应的能力。在系统中安放大量的监视传感器并把它们连接到一个安全的通信网上，是做出快速预测和响应的关键。

快速仿真与模拟（FSM）是高级配电运行的核心，其中包括风险评估、自愈控制与优化等高级软件系统，为智能电网提供数学支持和预测能力，以期达到改善电网的稳定性、安全性、可靠性和运行效率的目的。配电快速仿真与模拟（DFSM）通过高性能传感、测量、通信系统得到拓扑结构、潮流分布、频率、电流、电压等运行参数和设备的状态参数及实时动态模型等，然后据此进行在线实时状态评估和建模分析，最后确定当前系统的安全稳定性及最优运行方式的解，主要涉及：快速安全计算方法、判据和控制策略；高性能计算方法和设备，包括分布式计算、云计算、网络计算、海量存储、系统容错；快速仿真建模和超短期潮流分析；人工智能技术，如分布式智能代理（agent）、自组织网络技术、虚拟现实技术；人机交互界面及其内核，融合多媒体、计算机图形学、数据库设计等。

快速仿真与模拟需要支持4个主要的自愈功能：网络重构；电压与无功控制；故障定位、隔离和恢复供电；当系统拓扑结构发生变化再整定。这些主要功能相互联系，致使配电快速仿真与模拟变得很复杂。

高级配电运行中的高级配电自动化（ADA）是智能电网实现自愈的基础。与传统配电自动化相比，高级配电自动化是革命性的。因为它是用于电力交换系统的（由于分布式电源上网运行，而使配电网支路上的潮流可能是双向的），其中将使用电力电子、信息、分布式计算与仿真方面的新技术；同时，高级配电自动化可为用户提供新的服务。

13.2.2.3 高级输电运行

高级输电运行强调阻塞管理和降低大规模停运的风险，高级输电运行同高级量测体系、高级配电运行和高级资产管理的密切配合实现输电系统的运行和资产管理优化。

输电网是电网的骨干，其技术组成和功能如下：①变电站自动化。②输电的地理信息系统。③广域量测系统。④高速信息处理。⑤高级保护与控制。⑥模拟、仿真和可视化工具。⑦高级的输电网络元件，如电力电子（灵活交流输电，固态开关等）、先进的导体和超导装置。⑧先进的区域电网运行，如提高系统安全性、适应市场化和改善电力规划和设计的规范与标准（特别注意电网模型的改进，如集中式的发电模型以及受配电网络和有源电力用户影响的负荷模型）。

13.2.2.4 高级资产管理

高级资产管理是在系统中安装大量可以提供系统参数和设备（资产）“健康”状况的高级传感器，并把所收集到的实时信息同资产优化运行，输、配电网规划，工程设计建造与维护，客户服务，工作与资源管理，模拟与仿真等过程集成。高级资产管理与高级量测体系、高级配电运行和高级输电运行的集成将大大改进电网的运行和效率。

远程资产监视和控制系统通过传感装置，监测电力设备状态数据，掌握电力设施是否在最佳工况运行、是否超出了额定运行范围以及电力网络的潮流是否最优；根据监测数据，对设备状态进行评估，判断可能出现的故障（如通过对变压器油温、油色谱监测，判断是否出现绝缘裂化）；根据传感装置采集的数据，控制中心调整网络结构和运行方式，减少问题设备的负荷，并提示运行维护人员设备可能存在的不安全因素；依据设备状态，帮助运维人员优化设备检修和设备更换时机，减少维修成本和停电时间。

此外，在输电线路上安装传感器，监视线路走廊附近的树木和植被与电力线路的距离，这些数据有助于预测可能发生的故障和调度作业人员到可能发生事故的地点。同样的，在终端用户处安装智能表计，能够帮助故障快速定位，缩短停电时间，提高供电服务水平。远程资产监控与资产管理系统之间进行信息集成，能够实现设备监视、分析、维修等全过程管理。

13.3 国外智能电网研究与发展

智能电网是利用新技术对传统电网的升级改造乃至重构。早在20世纪80年代，属于智能电网技术范畴的一些技术已经逐渐被引入实践之中，电子控制、计量和监控已经开始得到应用，如针对大型用电客户的自动化读表到90年代逐渐发展成为高级量测体系。此后，不断有更新的技术被引入到电网建设中来。因此，智能电网作为一个概念虽然最近一年多来才受到极大的关注，但与之相关的众多技术则早已得到发展并在不同的层面上陆续得到应用。21世纪以来，一些发达国家开始注意到传统电网存在的问题，将以智能化为特征的电网建设纳入国家能源发展规划。而随着2008年全球经济危机的爆发，为刺激经济，提高就业率，同时以此为契机加快能源基础设施更新改造，美、欧、韩、日等纷纷加大了智能电网建设的力度，并投入大量公共资金予以扶持，使得智能电网研发与产业呈现出繁荣景象。

13.3.1 智能电网理论与规划

电网的智能化是一个多种新技术、新方案、新规划不断融合演进的过程，在这个过程中，国家的社会经济结构、能源供应与消费结构以及现有电力网络都对智能电网的建设提出了不同的要求。例如，美国和欧洲的电网就存在着本质上的不同。这就需要在前期做好理论上的系统探索和规划，为未来电网的建设提出最佳的实现路径。

13.3.1.1 美国：技术先导下的国家大电网

美国是智能电网准备最为充分、计划最为系统、推动最为有力的国家，从理论研究到实践探索都积累了丰富的经验。

1）美国电力科学研究院的“intelligrid”概念

美国电力科学研究院（ERPI）是智能电网研究的先行者之一，早在1998~2002年，EPRI即启动了“复杂交互式网络/系统”（CN/SI）研究，试图为电网开发一个中央神经系统，提高调度员对电网事故的预判能力。2001年，EPRI系统地开始了对智能电网的研究，并将其称为“intelligrid”（智慧电网）。这个项目的目的是创建一个将电力与通信、计算机控制系统集成起来的架构的技术基础，2004年EPRI公布了《Intelligrid用户指南与建议》、《Intelligrid功能需求》、《Intelligrid模型》以及《Intelligrid技术分析》等一系列文档，并提出了公开的智慧电网架构（intelligrid architecture），为公用事业机构提供了参照实施的方法、工具及与标准、技术相关的建议（图 13-4）。此外，EPRI 也开展了对快速仿真与模拟、分布能源资源通信协议、消费者门户相关的研究。

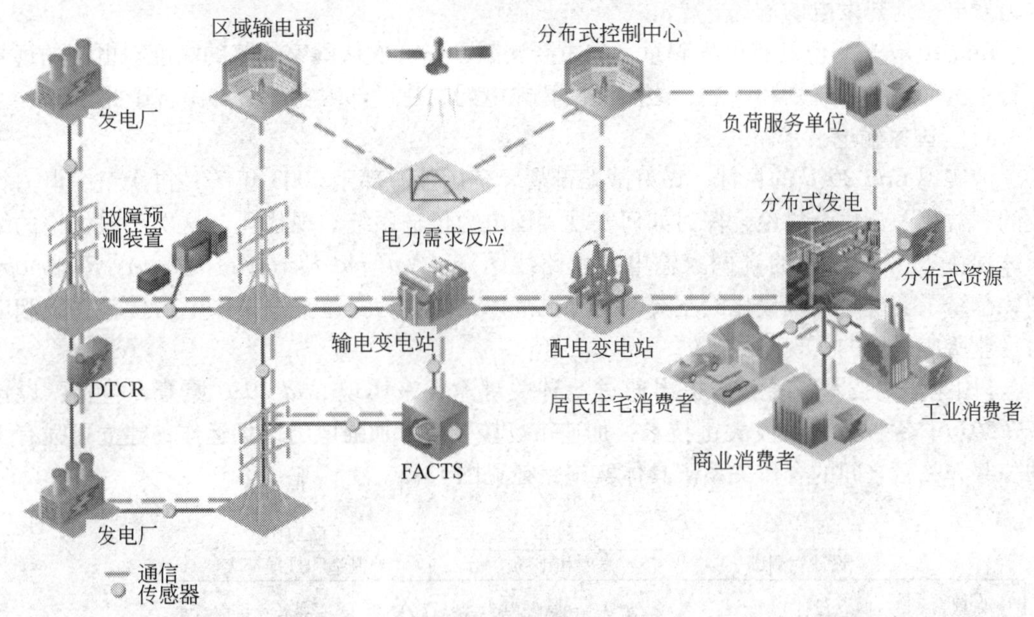

图 13-4　EPRI 的智慧电网架构（EPRI，2009）

2）*Grid 2030*

2003 年初，美国政府根据前两年对能源和电力问题研究的一系列成果，包括《国家能源政策发展组报告》（2001 年 5 月）、《国家传输电网研究》（2002 年 5 月）和《电力咨询委员会部长报告》（2002 年 9 月），感到有必要对国家电力传输系统进行现代化改造，以保障国家经济安全和国家整体安全。2003 年 4 月，能源部召集了来自电力企业、设备制造商、信息技术厂商、联邦政府有关部门、大学和国家实验室的 65 名资深人士，共同探讨美国电网的未来，并归纳形成了题为 *Grid 2030* 的报告，其副标题是“电力第二个百年的国家愿景”。报告指出，要建设现代化电力系统，以确保经济安全，同时促进电力系统自身的安全运行。其要点包括：为所有用户提供高度安全、可靠、数字化的供电服务；在全国实现成本合理、生产过程无污染、低碳排放的供电；经济实用的储能设备；建成基于超导材料的骨干网架。

Grid 2030 中提出要将美国电网建设成为由全国性骨干网、区域电网、地方配电网和分布式微型电网构成的综合性电网。骨干电网由许多新技术构成，它包括运行于交流同步电网可控的、特低阻抗的超导电缆及变压器，形成区域间互联的高压直流输电设备，支持实时运行的国家电力信息网。

新型电网确保对每个用户及每一网络节点的监视和控制，形成从电厂到用电器之间双向的电力潮流及信息流。通过分布智能、宽带通信、监视和控制以及自动响应，使楼宇、工业过程与电力网络之间实现无缝连接，可进行实时的市场交易。传感器和控制系统将大楼或工厂内的电气设备与配电系统连在一起。

现代化的国家电网将信息技术与电力技术的高度整合，将使信息安全保护得到加强。对电气设备跳闸的快速检测、自动响应和快速的系统恢复，将改善电网的安全性，使电网具有抵御恐怖活动物理攻击的能力。同时还将推动可再生能源技术的应用，如风力发电、水力发电、地热发电的输送。

Grid 2030 是一份具有里程碑意义的重要文献，它首次从国家战略的高度对电网的远景进行了全面系统的规划和阐述，之后美国智能电网的建设部署实际上都源自于此。

3）《国家输电技术路线图》

为实现 *Grid 2030* 的目标，做好战略部署，美国能源部于 2003 年 7 月再次组织电力行业的利益相关方集会讨论，探讨如何实现美国电力传输系统的现代化。这次会议讨论的结果体现在 2004 年发布的《国家输电技术路线图》（*National Electricity Delievery Roadmap*）中，总结了实现电网现代化的主要问题和挑战以及政府为打造美国未来电力传输系统和电力行业所应采取的实现路径。

《国家输电技术路线图》提出通过 5 种关键途径来实现 *Grid 2030* 愿景，包括：设计 *Grid 2030* 体系结构；开发关键技术；加速市场接受度；加强电力市场运作；建立更强有力的公共和私营之间的合作关系。具体实施路径见图 13-5。

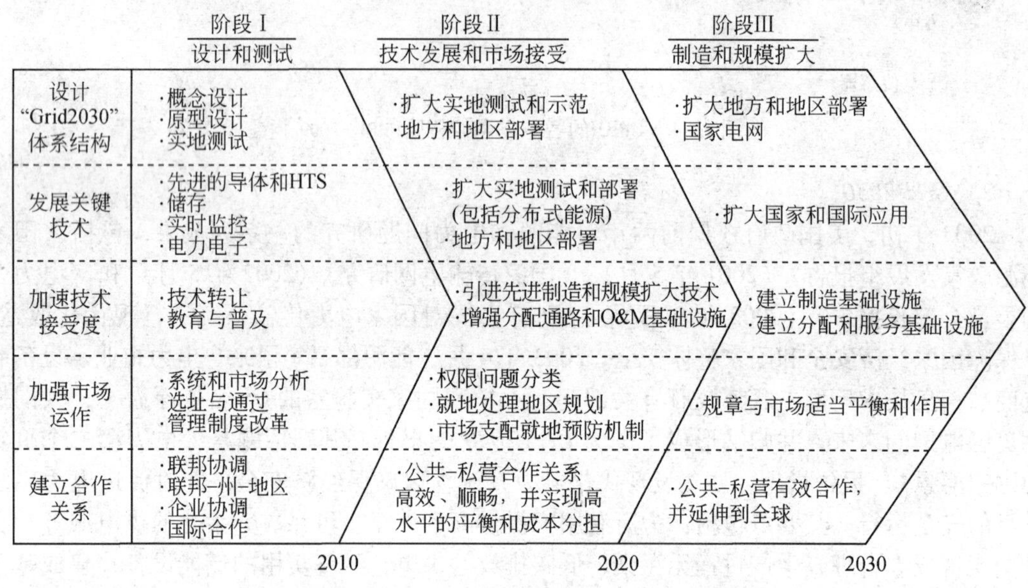

图 13-5　美国国家输电技术路线图实施途径

（Office of Electric Transmission and Distribution，U. S. Department of Energy，2004）

《国家输电技术路线图》中详细介绍了实现国家电网现代化需要开展的一系列活动，但还有一些问题没有涉及，如保障这些活动能顺利完成的具体细节、截止日期以及所需要的资源等。

4）《智能电网系统报告》

随着 2009 年美国政府对大规模开展智能电网研发和建设，能源部于当年 7 月公布《智能电网系统报告》（*Smart Grid System Report*），全面调查了全国智能电网部署状况以及

部署过程中存在的监管或政府方面的阻碍。报告指出，许多智能电网的功能还只是刚刚呈现，各种技术如智能量测、自动化变电控制和分布式发电增长迅速。报告还指出，智能电网是一种社会化转型，如同 Internet 或移动通信，具有极大改变当前电力现状的潜力。但物质和信息安全及信息隐私需要消费者、制造商和公用事业机构紧紧跟随电网的变化来实现。

13.3.1.2　欧洲：分散化的区域大电网

欧盟国家一贯重视环境保护和绿色可再生能源，其能源政策对电网发展方向具有重大影响。欧盟理事会在 2006 年的绿皮书《欧洲可持续、富竞争力和安全的能源战略》（*A European Strategy for Sustainable, Competitive and Secure Energy*）中指出，欧洲已经进入一个新能源时代。欧洲能源政策最重要的目标之一是保障供电的可持续性、竞争性和安全性，并需要通过制定一系列政策来实现。欧洲电力市场和电网必须面对这些新的挑战，未来整个欧洲电网必须向所有用户提供高度可靠、经济有效的电能，充分开发利用大型集中发电机和小型分布电源。智能电网技术是保证欧盟电网电能质量的一个关键技术和发展方向。

由于欧盟的能源政策重视发展风能、水电、太阳能和生物质能等可再生能源。在其引导下，欧洲的电力发展模式是向分布式发电、交互式供电的智能电网过渡。这种结构的电网管理必须建立在电网信息化系统之上，特别是低压供电电网的信息化控制、流量平衡控制、网内分布式能源智能管理与控制系统、智能保护系统等，因此其电网的发展目标是可靠、高效和灵活。

1）智能电网技术平台

为促进智能电网的规划与发展，欧盟 2005 年成立了智能电网技术平台（SmartGrids: European Technology Platform），先后发布了《欧洲未来电网愿景与战略》（2006）、《欧洲未来电网战略研究议程》（2007）、《欧洲未来电网战略部署方案》（2008）3 份重要文件。从中可以看出，欧洲智能电网研究主要体现在网络资产、电网运行、需求侧和计量、发电和电能存储 4 个方面，主要涉及智能配电结构、智能运行、电能和用户适应性、智能电网管理、欧洲智能电网的互用性、智能电网的断面潮流等问题。

欧洲的智能电网具有以下特性：

一是柔性（flexible），满足用户需要；二是易接入（accessible），保证所有用户的连接通畅，尤其对于可再生能源和高效、零碳或低碳排放的本地发电；三是可靠（reliable），保障和提高供电的安全性和质量；四是经济（economic），通过改革及竞争调节实现最有效的能源管理。

欧洲未来电网的发展依托自然、分散的电源，电厂自主发电或进行高度集中的网络管理。在欧洲未来电网中，有大的发电厂，同时还有大量分散的、太阳能的或家庭用的冷热电联产（CHP）装置。在这种电网结构下，储能和电能质量控制技术的发展显得非常重要。

欧洲未来智能电网结构如图 13-6 所示。

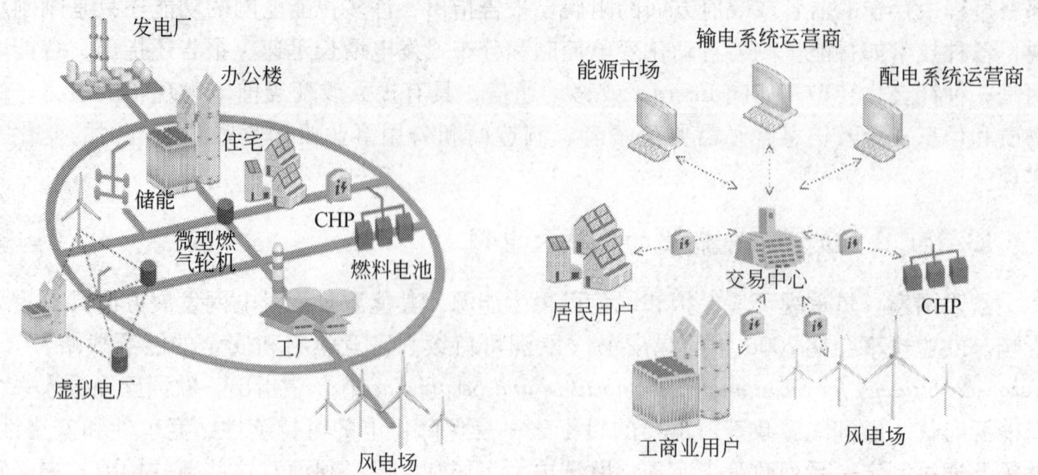

图 13-6　欧洲智能电网示意图（SmartGrids European Technology Platform，2006）

2）欧洲智能电网技术路线图

2009 年 10 月，欧盟公布了战略能源技术计划（SET-Plan）的技术路线图（图 13-7），以加速低碳技术的发展和大规模应用，其中将智能电网作为第一批启动的 6 个重点研发投资方向之一，并以 HVDC 为中心，从电网的技术、规划架构、需求侧参与和市场设计四个方面提出了 2010～2020 年技术发展路线。其战略目标是：到 2020 年实现 35% 的电力输配来自于分散的和集中的可再生电力，到 2050 年实现完全的除碳化；将国家电网纳入一个基于市场的泛欧大电网中；保障为所有消费者提供高质量电力并使其主动参与提高能源效率；发展电气化交通等新领域。为此，公共和私营部门应投入经费 20 亿欧元。

3）欧洲“超级智能电网”

2009 年 7 月，欧盟联合研究中心（JRC）提出了发展欧洲“超级智能电网”（Super-Smart Grid）的设想，目标是支撑远距离输电和供电的去中央化，到 2050 年最终实现全面的可再生能源系统。这个电网分为两个部分：建设可使可再生能源电力远距离传输的大规模电网，即“超级电网”（Super Grid）；建设整合从分布式和小型装置产生的去中央化的可再生电力的“智能电网”（Smart Grid）。这两者相结合即产生了“超级智能电网”。这种电网具有在广阔区域输送电力并与小型、分布式发电装置连接的能力，能够抵消大范围内的任何电网波动。

研究人员认为，欧洲要实现到 2050 年削减 60%～80% 温室气体排放的目标，就需要建成完全由可再生能源构成的电力系统。在北非沙漠地区建设太阳能热发电站并将电能输送到欧洲大陆是一种可行的方法，除该地区的条件对太阳能热发电来说具有更好的成本效益之外，还可以使能源进口更加多元化，增强能源安全。

由于交流线路需要增加绝缘且难以控制，超级电网的主干将采取高压直流技术（HVDC），可以最小的损耗进行远距离输电。

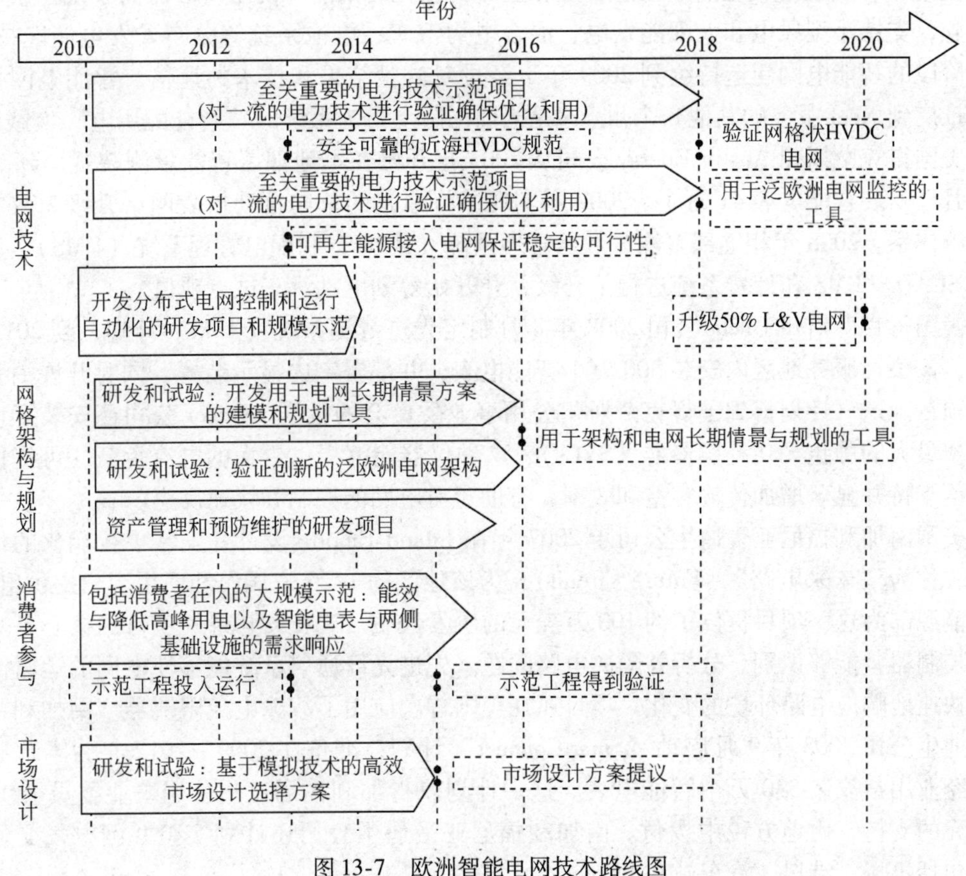

图 13-7　欧洲智能电网技术路线图

（Strategic Energy Technology Plan，2009）

13.3.2　智能电网的早期实践

目前，系统、完整地将智能电网技术用于实践的范例尚不多见，且大多应用于中小城市，验证示范的性质较为明显。

意大利 Enel 电力公司实施的 Telegestore 项目是世界上最早也是至今规模最大的智能电网，自动抄表管理系统从 2001 年开始实施，至 2008 年累计安装了 3180 万块智能电表，覆盖面已达 95%，其余部分 2011 年前可完成。该系统 2008 年进行了 2.6 亿次远程抄表、1200 万次远程管理操作。每块智能电表费用 70 欧元（包含相关后台系统和安装调试费用）。该项目投入 21 亿欧元。安装该系统后，每年可实现节约管理成本 5 亿欧元，实际管理线损由 3% 降低到 1%，客户服务成本降低了 40% 以上。

美国 Xcel Energy 公司从 2008 年起在科罗拉多州的一个 9 万人的小镇 Boulder 建设全美第一个“智能电网”城市，先进的智能电网将通过一个应用更广的自动化系统提供更多技术服务，在操作、环保和财务等方面给消费者更多便利。其主要技术路线是：构建配电网实时高速双向通信网络；建设能够远程监控、准实时数据采集和通信以及优化性能的“智能”变电站；安装可编程居家控制装置和全面自动化居家能源使用所必需的系统；整合基础设施，支持小型风电和太阳能发电、混合电力汽车、电池系统等分布式发电储能技术。第一阶段的智能电网建造持续到 2009 年。经过对试验结果和技术的评估，智能电网技术将被推广到 Xcel 服务的其他 8 个州。这是当前国际上最为系统的“智能配用电”实践。

美国得克萨斯州 Austin Energy 公司从 2003 年开始在本地部署智能量测装置，到 2009 年 8 月已安装智能电表 41 万个。2007 年实现了将原来的单向自动抄表网络升级为双向高级量测体系。2008 年相继部署测量数据管理系统（MDM）和配电管理系统（DMS），2009 年对 SCADA/EMS 和计费系统进行了升级，并开始筹划电动汽车试点项目。

美国得克萨斯州 Oncor 公司 2008 年 8 月制定先进量测系统（AMS）计划，到 2012 年之前，该公司服务地区内安装 300 万个智能电表，并部署室内显示装置，同时开展消费者教育项目。这一计划得到了得克萨斯州公用事业委员会的批准。Oncor 公司还安装了世界上规模最大的静止无功补偿器群（SVCs），这种仪器能够提供更大的电流负载，可提供高速电压支持并显著增加传输容量和效率，有助于对电网的控制和快速反应。

美国南加利福尼亚爱迪生公司于 2007 年在 Inland Empire 设计并安装了智能化的地区电路，称为“未来电路”（Future Circuit），为该地区的 1420 户居民和商用客户提供电力。美国能源部为这一项目提供了约 100 万美元的研发经费。“未来电路”项目的核心是数字系统控制器，能够识别、分析并隔离电路问题。先进光纤通信系统能够使电网的运营商能够更快速地响应电路环境的变化。项目还在美国首次应用了故障电流限流器。南加利福尼亚爱迪生公司 2008 年 9 月启动“SmartConnect”计划，准备在 2009 ~ 2012 年为本地居民和小企业用户安装 530 万个智能电表。这一计划获得加利福尼亚州公用事业委员会 16.3 亿美元的支持，由地方税中拨付。南加利福尼亚爱迪生公司还计划实验并网电气交通技术，包括机场、港口、汽车站和 Plug-in 电动汽车。

13.3.3 智能电网研发计划与项目

尽管 2003 年以来对智能电网系统理论的探讨在逐步深入，实践活动也逐渐展开，但 2009 年以前，智能电网的发展仍处于相对平缓的阶段。美国和欧盟分别部署了一批相关的研发性工作，但投资额度并不大，对其未来发展的推动作用也并不明显。但 2008 年下半年以来，美国次贷危机引发的全球性经济危机迅速发展，导致全球经济衰退。作为实体经济组成部分的能源行业也深受影响，主要体现在全球能源需求减少、油价大幅下跌、可持续能源投资锐减等。为刺激经济复苏，美国、欧盟、日本和中国等世界主要经济体都希望通过绿色产业革命来带动经济恢复，使全球经济走上低碳可持续发展的轨道。许多国家不约而同地都在经济刺激方案中将清洁能源放在重要地位，希望借此主导未来社会发展模式。对此，能源基础设施的建设被放到优先地位，智能电网得到了大力提倡和积极发展，一些国家将其提升到国家能源、环境与经济可持续发展战略的高度来全力推行。美国更是在政府主导下，率先投入巨资支持相关技术的研发、示范和部署。因此，2009 年可称为“智能电网年”。

13.3.3.1 美国

1）电力基础设施战略防护系统

为了使美国电网达到现代化，保证经济安全和国家安全，从1999年起，由美国国防部牵头，组织了EPRI和华盛顿大学等机构参与，投资3000万美元开发电力基础设施战略防护系统（strategic power infrastructure defense system，SPID）。该系统采用AO技术的3层Multi-Agent结构：底层为反应层（包括发电、保护）；中层为协作层（包括事件/警报过滤、模型更新、故障隔离、频率稳定、命令翻译）；高层为认知层（事件预测、脆弱性评估、隐藏故障监视、网络重构、恢复、规划、通信）。主要功能有：脆弱性评估（电力和通信系统的快速在线评估）；故障分析（隐藏故障监视）；自愈战略（自适应卸负荷、发电、解列和保护）；信息和传感（卫星、Internet、通信系统监视和控制）；等等。用以防护来自自然灾害、人为错误、电力市场竞争、信息和通信系统故障、蓄意破坏等对电力设施的威胁。项目前期工作历时5年，整个项目将于2025年完成，最终达到具有承受、应对各种意外及快速恢复的自愈能力。

2）GridWise和GridWorks

在*Grid 2030*和《国家输电技术路线图》的指导下，自2003年起，由能源部牵头组织开展了一系列工作，主要包括：

（1）创立美国智能电网联盟（GridWise Alliance），推动并优化政府与企业之间就电网系统发展进行互动。美国智能电网联盟最初由7家电力公司组成，目前已经发展成为拥有100多家会员，涵盖整个能源供应链的行业组织，这使得该组织在智能电网领域有了举足轻重的发言权，从而成为现今北美地区最具影响力的智能电网行业联盟。联盟成员类别包括监管部门、公用事业单位、电网运营商、发电集团、电力设备供应商、智能控制供应商、通信设备供应商、软件咨询企业、大学院校、研究机构以及投资基金等。其中，大型科技公司如思科、谷歌、通用电气等占24%，小型科技公司与软件公司分别占会员比例的21%与11%，而传统的电力公司只占19%。会员的分布和组成充分概括了目前智能电网发展的行业趋势，科技公司以及软件企业是智能电网发展的最大、最积极的幕后推手，也将是最大的受益者之一，因为它们出售的不仅仅只是输电设备或者智能电表，而是系统的解决方案。联盟日常工作主要有两个方面：一是与联邦、州政府的决策层以及行业监管机构沟通、互动，为智能电网政策层面的发展提供建议和反馈意见；二是教育宣传，提高公众对智能电网的认知，使其了解并接受智能电网可带来的多重益处。

（2）启动GridWise和GridWorks研发项目。2004年，能源部和智能电网联盟签订《GridWise行动计划》（*GridWise™ Action Plan*），并在2005财年预算中对GridWise和GridWorks研发项目予以拨款支持。

GridWise项目由美国能源部和电网智能化联盟（GridWise Alliance）主导，通过向现有的电力基础设施中安装远程通信设备、传感器和计算机装置来改进国家电网的工程，以减少电费开支，减轻电网负荷。该项目包括两个部分：一个是让消费者自主设定电器设备的使用功率和时间，从而节省电费；另一个是监控一个地区电网的使用情况，实现用电自动化。

GridWorks项目则主要关注使实验室原型技术开发能够顺利地向电力工业应用转移，从整个电力系统的全局来实现技术的商用化。GridWorks项目着重于发展以下技术：①先进的导体和线缆，包括直流-直流（DC-DC）技术；②低成本、可靠的传感器，以监测整个电力系统的电流、电压和相角；③更为小巧、轻便、高效率的变压器；④通过先进的电力电子和储能技术为电网提供更快速的保护。

简单来说，GridWise主要针对“软件”，指的是信息系统集成技术和数字技术等在电力系统中的应用；GridWorks项目主要针对“硬件”，包括电缆导线、变电站、保护系统和电力电子等领域。自2007财年开始，这两个项目经费列入“可视化和控制”（Visualization and Controls）项目经费中，不单独拨款。可视化和控制研发项目旨在开发通信和控制系统，支持自适应、智能化、集成分布式能源设备的电网运行。这些技术进步将提高电力输送系统的可靠性和效率，并增强输配电设施的利用率。

（3）建立美国电网智能化架构委员会（GridWise Architecture Council，GWAC），致力于促进和提升全美电力系统相关实体间的协同工作能力。

美国电网智能化架构委员会是一个独立机构，其研究范围涉及一系列相关的工作，包括能源部的电网智能化项目和EPRI推动的“智慧电网”项目，由能源部向GWAC提供有限的资助。GWAC虽然不是能源部正式的咨询部门，但在它之下集合了一系列的专家，为未来电网架构各利益相关方协同工作提出指导原则。

3）现代电网计划

2005年由美国能源部国家能源技术实验室发起了“现代电网计划”（Modern Grid Initiative，MGI），任务是对电网现代化愿景进行细化，并力争在全国范围内达成共识。

“现代电网计划”旨在分析性能和技术差距，提出现代电网的国家定义，鼓励电力行业达成共识和调整地区技术集成项目；通过电力行业与能源部之间达成共识，加速美国向现代化电网发展。

“现代电网计划”的特点主要体现在：开展项目示范先进技术，形成一套完整的技术和工艺来加速电网的现代化发展；项目参与者设计范围很广，包括国家和地区相关利益方和多个资助单位；每个项目产出的成果和经验将在地区合作者之间共享；计划在2006～2012年开展10～15个项目，并最终产出一套国家现代化电网设计规范。

项目的规划流程包括：制定现代电网的定义和愿景；分析技术和研究差距；确定技术和工艺需要；引导先进的技术项目；评估项目结果；激励与部署。

“现代电网计划”的发展路线如图13-8。

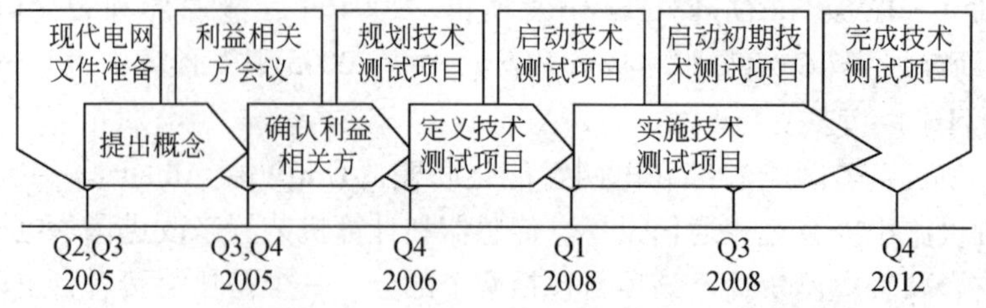

图13-8　“现代电网计划”发展路线（NETL，2006）

4)《能源自主与安全法案 2007》

为有效促进智能电网建设，美国国会于 2007 年 12 月通过了《能源自主与安全法案 2007》(*Energy Independency and Security Act 2007*，以下简称《法案》)，其中专设第 13 章《智能电网》，首次从法律上确立了国家的电网现代化政策并提出了多项措施，法案要求美国能源部在全国范围内加快智能电网技术、服务与实践的开发、示范与部署并起到核心作用。

《法案》试图解决阻碍智能电网发展和全国范围内部署的根本问题。首先是分析影响智能电网发展的法规或者政策方面的壁垒，其次是通过建立全国行业标准促进智能电网在全国范围内的互操作性，最后是提供资金支持智能电网的部署。

《法案》认为各州政府和联邦政府的法规框架在智能电网部署方面存在着很多潜在的障碍。为了解决这些阻碍，国会要求能源部长必须在该法案颁布一年后向国会汇报智能电网在全国的部署情况，并以后每两年汇报一次（即上面提到的《智能电网系统报告》），以消除法规及政府方面在智能电网发展中存在的障碍。为了协助能源部长，国会还专门设立了一个智能电网咨询委员会和一个智能电网工作组（task force）。

《法案》要求政府考虑允许在收回智能电网的投资成本的同时回收淘汰的原有设备。此外，根据 1307 节的要求，责成各州考虑要求电力部门在计划智能电网投资时首先考虑智能电网解决方案和潜在的“社会效益”，并鼓励各州允许电力部门收回智能电网的投资成本。

《法案》中要求美国国家标准与技术研究院（NIST）研究建立一个草案和标准，保证智能电网各个组成部分的互操作性，并指出美国国会有权在州之间电力传输时使用这些标准。

《法案》中提出建立智能电网区域示范项目，以促进智能电网示范项目进行，特别是在电网测量、通信、分析和电量流量控制等先进技术的应用。联邦政府将为执行智能电网投资建设的公用事业机构提供最多 50% 的资金支持。

《法案》中还提出设立智能电网匹配拨款计划，规定对于合格的智能电网投资项目将补贴 20% 。

总体来看，《能源自主与安全法案 2007》对于美国智能电网建设从探索到实施过程中具有重要的承上启下的意义，在加快智能电网技术的推广应用和电网现代化中体现了政府强有力的引领作用；首次解决了全国范围内推广智能电网的法规壁垒和互操作性标准的问题，并且提供了资金支持。2009 年美国的智能电网研发和建设热潮在相当程度是建立在这一法案的基础上。

5）经济刺激计划中的智能电网研发计划

美国总统奥巴马就职后，其新政目标中的一个重要组成部分就是发展智能电网产业。在总额高达 7870 亿美元的经济刺激计划中，能源被列为优先投资的第一个领域，总额为 405. 5 亿美元，其中投入 110 亿美元用于“智能电网投资计划”的研究与发展以及前沿项目，计划升级电网以发挥国内可再生资源（如中西部地区的风能和西南部的太阳能）的优势，最终从降低用电成本、减少石油依赖并创造就业机会中获得最大回报。

2009 年 4 月 16 日，美国公布了能源部发展智能电网的详细规划。能源部将设立两个专项计划，分别为“智能电网投资拨款项目”（Smart Grid Investment Grant Program）和“智能电网示范项目”（Smart Grid Demonstration Projects），投资额分别为 33.75 亿美元和 6.15 亿美元。

“智能电网投资拨款项目”是为智能电网技术开发项目提供 50 万~2000 万美元资助，并为智能监控仪器开发提供 10 万~500 万美元资助。该项目为电力公用事业和其他机构实施智能电网技术的投资计划提供最高 50% 的资金匹配。项目评审在竞争性和择优基础上进行。合格的申请人包括但不限于：电力公用事业机构，输配电企业，协调或控制电网运行的机构，电器设备制造商，计划应用智能电网技术的公司。

“智能电网示范项目”主要资助以下 3 个领域的示范性项目：①智能电网地区示范。对智能电网成本和收益进行量化，验证技术可行性和新的商业模式。②公用事业规模储能示范。包括与先进蓄电池系统、超级电容器、飞轮和压缩空气储能系统相关的技术，风电和光伏发电集成和电网阻塞疏导的应用。③电网监控示范。支持高分辨率同步相量测量单元（PMU）的安装和联网。

每个示范项目必须与拥有电网设施的电力公用事业机构合作开展，鼓励由产品和服务供应者、终端用户、州和市级政府组成联合团队，同时项目承担方须分担至少 50% 非联邦资金。

2009 年 5 月 18 日，朱棣文宣布加强对智能电网研发项目的支持力度，单个智能电网投资项目资助最高额可达 2 亿美元，是原来的 10 倍，旨在让承担智能电网项目的公司和政府能够在比较高的起点进行；智能电网示范项目资助最高额从 4000 万美元提高到 1 亿美元。能源部的资助计划将确保多元性，包括小型项目以及端到端的大型项目。

2009 年 10 月 27 日，美国总统奥巴马宣布从经济刺激计划资金中拨出 34 亿美元用于“智能电网投资拨款项目”，获得拨款的包括私营企业、公用事业机构、城市和制造商等。加上项目承担方的匹配资金，投资额将达到 80 亿美元，主要用于：①用户端基础设施建设，扩大智能电表的安装及相关系统（10 亿美元）。消费者可根据动态电价信息灵活管理智能家电和设施，一方面可降低电费，另一方面可抑制电力峰值，降低对昂贵的备用电站的需求。②优化输配电网，资助数个电网现代化改造项目（4 亿美元）。通过安装数字监控设备，增强自动化水平，提高电网的效率、可靠性和安全性，加强可再生电力的并网能力。③智能电网组成部分的系统集成（20 亿美元），包括智能电表、智能变压器、智能调温器和电器、同步移相器、自动化变电站、电动汽车、可再生能源等。④智能电网制造工业，扩大智能电网相关设备制造业基础（2500 万美元）。

预计此次投资产生的效益包括：①创造数万个就业机会，包括智能电表制造工人、工程技术人员、电工和设备安装工、IT 系统设计师、信息安全专家、数据采集员、数据库管理员、事务和电力系统分析员等。②安装可覆盖全美电网的 850 个同步相量传感装置，增强电网监控和调节能力以及间歇性可再生电力并网能力。安装 20 万个智能变压器和 700 个自动化变电站（占变电站总数的 5%）。③安装 4000 万个智能电表、100 万个用显示装置、170 万个智能调温器、17.5 万个负荷控制仪器，并可带动智能家电市场的增长。④降低峰值电力需求 1400 兆瓦以上，节省备用电站建设资金 15 亿美元。⑤带动 47 亿美元私营部门匹配投资，并有助于实现可再生能源占能源供应 20% 的目标。

2009年11月24日，美国能源部长朱棣文宣布投资6.2亿美元资助先进智能电网技术示范项目和综合系统，共资助32个示范项目，包括大规模的储能、智能电表、输配电系统监控设备及一系列其他智能化技术，这些将会成为在更广的范围部署综合智能电网的范例。资金来自《美国经济恢复和再投资法案》，私营部门将匹配10亿美元，总计超过16亿美元，资助方向分为两个领域：

第一个领域共资助16个项目，投资4.35亿美元，主要支持21个州的全集成、区域性智能电网。参与方包括50余家公用事业公司和电力企业。项目包括：可以允许电网的不同部分实现实时“对话”的现代通信技术；帮助电网管理人员监控的传感器和控制设备；智能电表和室内系统；多种形式的储能技术；可再生能源并网；等等。

第二个领域共资助16个项目，投资1.85亿美元，主要资助实用规模的储能项目，以加强电网的可靠性和效率，同时减少对新建电厂的需求。这些储能技术有助于扩大可再生能源的整合规模，包括先进电池系统（包括液流电池）、飞轮储能、压缩空气储能系统等。

此外，美国2010财年预算案中规定投资智能、高能效、可靠的配电基础设施，支持能源部电力传输与能源可靠局来实现国家电网的现代化，包括：能量储存；网络安全和智能电网技术的研发与示范，以加速国家能源传输和分配系统的转型；增强能源基础设施的安全和可靠性；提高电力供应中断的恢复能力。

13.3.3.2 欧洲

1）欧盟

欧盟在第5、第6和第7框架计划中支持了一系列与电力电网技术有关的研究项目（表13-1）。第5框架计划（FP5）（1998~2002年）中的“欧洲电网中的可再生能源和分布式发电整合”专题下包含了50多个项目，分为分布式发电、输电、储能、高温超导体和其他整合项目五大类，主要项目有Dispower、CRISP和Microgrids。第6框架计划（2002~2006年）中有100多家机构（包括电力公司，设备制造商，高校和研究机构等）参与了这些项目，其间总预算达3400万欧元。这些研究项目之间既各有侧重又相互联系，内容涵盖了从理论研究、技术应用到市场开发的各个层面，构成了一个相对完整的体系结构。第7框架计划下的部分项目已经在智能电网的框架下开展了一些初步的研究工作，包括主动的配电系统、微网、虚拟的能源市场等（王成山等，2008）。

表13-1 欧盟框架计划中与可再生能源和分布式发电相关的主要研究项目

项目名称	起止时间	项目状态	经费预算/万欧元	所属框架计划
SUSTELNET	2002~2003年	完成	170	第5框架计划
DISPOWER	2001~2005年	完成	1 680	第5框架计划
MICROGRIDS	2003~2005年	完成	440	第5框架计划
MORE MICROGRIDS	2006~2009年	在研	780	第6框架计划
CRISP	2002~2006年	完成	300	第5框架计划
DG FACTS	2003~2005年	完成	360	第5框架计划
ENIRDGnet	2001~2004年	完成	240	第5框架计划

续表

项目名称	起止时间	项目状态	经费预算/万欧元	所属框架计划
INVESTIRE	2001～2003 年	完成	80	第 5 框架计划
EU-DEEP	2004～2009 年	在研	1 500	第 6 框架计划
SOLID-DER	2005～2008 年	在研	150	第 6 框架计划
FENIX	2005～2009 年	在研	780	第 6 框架计划
DER Lab	2005～2011 年	在研	410	第 6 框架计划

资料来源：王成山等（2008）

这些项目分别从不同角度和不同层面对可再生能源利用和分布式发电技术进行了研究。从技术上讲，这些项目主要涉及以下方面的工作：①分布式发电系统本身的各种技术问题；②分布式电源并网的相关技术，包括接入标准和规范的制定，分布式发电系统对大电网的相互影响；③分布式电源及其所属网络的控制与保护策略；④分布式发电系统的能量管理与优化运行。虽然其各自的研究内容有所区分，但这些项目具有同一个目标：将可再生能源和分布式电源接入未来的欧洲电网。

2）丹麦

丹麦是世界上可再生能源发展最快的国家之一，可再生能源占全国能源消耗总量的比例已经从 1980 年 3% 的比例跃升到如今的 70%，其中风力发电占全国总发电量的近 20%。根据丹麦政府制定的新“丹麦能源战略”，到 2025 年风电将在全国电力系统中占 50% 的份额，并相应地将电网打造成为世界最先进的、能够适应大规模可再生能源的电网。为此，丹麦通过国内和国际合作积极开展研发活动，并设立了 EcoGrid. dk 项目进行协调。

丹麦电力公司 SEAS-NVE 公司从 2009 年 5 月开始为洛兰岛的家庭安装智能电表，并计划到 2011 年为该岛所有家庭（约 35 万户）安装智能电表。2009 年 12 月，SEAS-NVE 与松下、松下电工共同启动了旨在实现智能电网的实证实验。计划使用 SEAS－NVE 的智能电表，可实现用电量“可视化”及住宅内照明设备远距离控制等的 HEMS（家庭能源管理系统）。实验时，将采用松下集团的住宅网络系统“Lifinity”。实验分两个阶段进行。计划在第一阶段实现用电量的“可视化”及照明器具的远距离控制。在第二阶段对暖气设备进行控制，并使用燃料电池及蓄电池等。

考虑到未来几年丹麦电动或混合动力汽车比例将超过 10%，电动汽车需要智能技术以控制充电与计费，并保障整个能源系统的稳定。为此 DONG 能源公司（丹麦最大的能源公司）、地区能源公司 Oestkraft、丹麦技术大学、西门子、Eurisco 和丹麦能源协会共同发起成立了 EDISON 研究集团，以发展大规模电动汽车智能基础设施，其部分经费由丹麦政府资助。

EDISON 集团计划第一步研发智能技术并在丹麦博恩霍尔姆岛（Bornholm）运行。该岛上有 4 万居民，能源结构的特点是风能占很大比例。通过试点将研究当电动车辆数量增加时能源系统如何发挥作用。该研究以模拟为基础，不会影响岛上的电能供应安全。

IBM 丹麦公司和 IBM 苏黎世研究实验室的研究人员将研发智能技术，以实现电动车辆在可用的风能电网内同步充电。IBM 还将为丹麦技术大学提供一个硬件平台用于能源系统

和电动车大规模实时模拟。

此外，丹麦很多公司已提出了相关的计划，这将有助于电动汽车系统的全面采用，Edison 集团将为系统的运行解决整个端到端的过程，包括保证整个电网的稳定和支持增加可再生能源利用。Edison 集团研发的智能技术也可应用于电网中其他种类的分布电源。

3）英国

2009 年 12 月初，英国能源与气候变化部（DECC）宣布为了构筑低碳未来，政府决定将开始智能能源系统的部署，首次提出要大力推进智能电网的建设，同期发布报告《智能电网：机遇》。2010 年初还将出台详细的智能电网建设计划。这也是英国政府旨在落实 2009 年中出台的《英国低碳转型计划》国家战略的举措之一。在报告中，英国政府指出了未来需要重点投资的领域，包括：①兼顾地理范围和实用深度的大规模示范项目，并在不同地区开展示范；②优化新发电装置与输配电网络之间的连接；③了解地区需求和现有基础设施受到的影响；④收集信息以建立对不同技术和方法、成本和利益的详尽分析。

英国政府计划首先从智能电表入手。据英国能源和气候变化部透露，2020 年前，英国家庭正在使用的 4700 万个普通电表将被智能电表全面替代，这一升级工程预计耗资 86 亿英镑，在未来 20 年或可因此受益 146 亿英镑。

智能电表能够为消费者提供实时的用电和用气信息，使用者可随时了解能源的消耗量，从而主动节约能源，电力公司也可免去入户抄表的成本。而这些信息也将为智能电网提供不可或缺的数据支持，电力运营商可根据这些数据全面掌控英国的能源供需情况，及时做出调整，避免不必要的电力浪费。

英国还组建了智能电网示范基金，将在 2009 ~ 2010 年度和 2010 ~ 2011 年度为智能电表技术投入 600 万英镑科研资金，资助比例最高可达项目总成本的 25%，目前正在进行首轮项目招标。在此期间，英国煤气电力市场办公室（Ofgem）还将提供 5 亿英镑协助相关机构开展智能电网试点工作。智能电网将由政府全权负责，智能电表则按市场化经营，但所有供应商必须取得政府颁发的营业执照。

由能源与气候变化部和煤气电力市场办公室共同领导、包括各利益相关方代表在内的政策咨询机构——电网战略小组（ENSG）同期发布了《智能电网愿景报告》，揭示了智能电网如何能直接或间接地维持或增强电力供应的质量和可靠性；促进新的从工业规模到家用规模的低碳或零碳发电厂联网；使得创新的需求侧技术与战略成为可能；推动新的系列能源产品和关税制度实现以降低消费者的能源消耗和碳排放；形成整体通信系统以使整个电力系统协调运行等。报告还给出了英国至 2050 年智能电网发展的初步路线图（图 13-9）。

4）德国

2008 年德国经济与技术部会同德国环境部制定了“E-Energy”计划，提出利用信息与通信技术打造一个新型能源网络，在整个能源供应体系中实现综合数字化互联以及行计算机控制和监测，并在全国 6 个地区进行示范，总投资 1.4 亿欧元。这个计划涵盖了智能发电、智能电网、智能消费和智能储能 4 个方面。2009 ~ 2012 年进行智能电网实证实验。同时还进行风力发电和电动汽车实证实验，并对 Internet 管理电力消费进行检测。

2009 年 4 月德国环境部公布了《新思维、新能源——2020 年能源政策路线图》，阐述

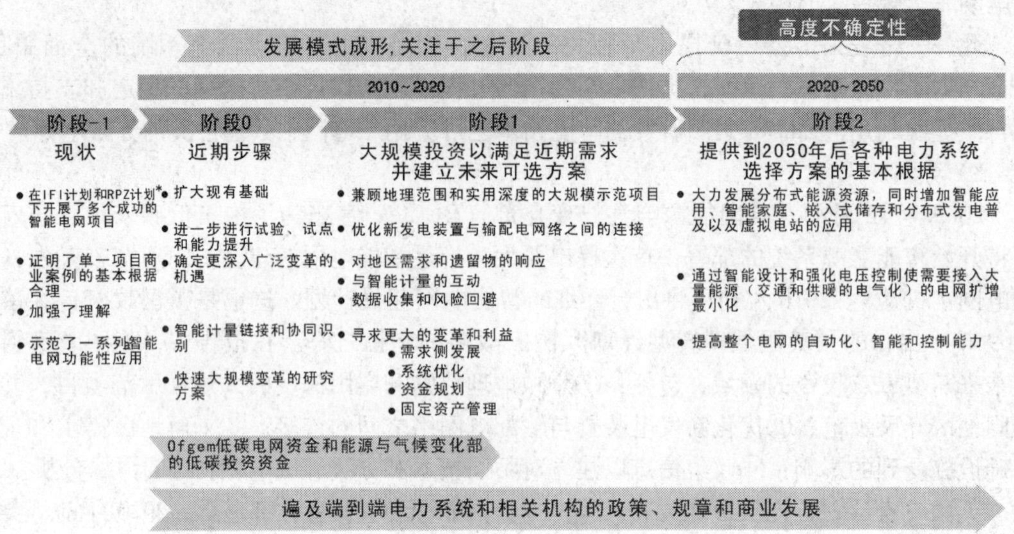

图 13-9　英国至 2050 年智能电网发展的初步路线图（ENSG，2009）

∗IFI（Innovation Funding Incentive）计划指创新资金激励计划，

RPZ（Registered Power Zones）计划指注册电力区域计划

了到 2020 年德国应实现的可持续能源结构以及需采取的政策措施。其提出的整体方案的核心是进一步提高能源效率、稳步扩大可再生能源利用以及加大下一代清洁能源技术研发。路线图计划到 2015 年投资 60 亿欧元对 60 000 千米的国家电网进行智能化升级改造，并新建 850 千米输电线路，采用高压直流方式（HVDC），到 2030 年与欧洲电网实现互联。

德国联邦政府于 8 月 19 日正式通过了“国家电动汽车发展计划”（National Electromobility Development Plan），将投资 5 亿欧元（约合 7.051 亿美元）建设充电站网络并大力发展电池技术，争取到 2020 年电动汽车保有量达到 100 万辆，使德国在日趋激烈的国际竞争中处于电动汽车产业创新的前沿。这项计划是由德国交通部（BMVBS）、经济与技术部（BMWi）、环境部（BMU）、教育与研究部（BMBF）共同制定的。

这项计划中提出了未来 10 年有关电池技术、电网集成、市场准备以及市场启动的诸项措施。同时还提出了加强研发工作、增强相关工程培训能力以及在电网中将汽车电池作为移动储能单元加以集成的潜力。

5）法国

法国在智能电网方面的工作刚刚起步。法国计划将风电装机容量由目前的 2.5 吉瓦提升到 2010 年的 5 吉瓦，提高 100%；到 2020 年达到 20 吉瓦，比目前提高 300%。法国电力公司（RTE）选择和阿海珐（AREVA）旗下的输配电公司 T&D 合作发展智能型风力发电网络。根据法国能源监管条例要求，用户可每周或每月向法国电力公司了解用电数量，也可通过远程访问的方式直接读取计量数据。为此，法国电力公司开展了广泛的表计及相关业务处理工作，开发了 T2000 系统，设立了 7 个远程读表中心，主要包括表计、结算及出单（发票）等功能。远程读表中心将数据汇总到总部，表计及结算系统进行相关结算以及出单处理。随着 T2000 的应用，表计和结算的错误率逐年下降，实时出单的比例逐年上

升，提高了效率，减少了纠纷。2008 年 RTE 公司实时出单率已经达到 99.0%。

法国配电公司（ERDF）在智能电网方面的工作主要集中在自动抄表管理系统。2008～2017 年，法国配电公司将逐步把居民目前使用的普通电表全部更换成智能电表，这种节能型的智能电表能使用户跟踪自己的用电情况，并能远程控制电能消耗量。更换工程的总投资为 40 亿欧元。

法国电力公司在美国诺福克试验一种特动态能源储存系统，使电网能够容纳北海的间歇性风电，应用 ABB 公司 SVCLight 的智能电网技术，该系统使用先进锂离子电池和超导体电力晶体管均衡连接风电场的配电网络负荷，可储存风电多余电力以供在高峰时期使用。该项目是个协作研究、发展和示范项目，于 2009 年末投入使用。

6）西班牙

西班牙政府于 2007 年 8 月出台相关法律，要求到 2014 年所有配电网运营商都必须安装自动抄表管理系统；到 2018 年所有机电式电表都要更换为智能电表。

西班牙电力公司（ENDESA）在西班牙南部城市 Puerto Real 开展了智能城市项目试点，主要包含智能发电（分布式发电）、智能化电力交易、智能化电网、智能化计量、智能化家庭，共投资 3150 万欧元，由当地政府出资 25%，于 2009 年 4 月启动，计划用 4 年的时间完成智能城市建设。该项目涉及 9000 个用户、1 个变电站以及 5 条中压线路、65 个传输线中心。

13.3.3.3 日本

与欧美等经济体不同，日本的电网基础设施相对完善，从发电到输配电网已建起了现代化的传感器网络与通信网络。因此日本更多的是将注意力放在以太阳能、风能、核能发电为主的大规模新能源并网系统以及与之相适应的输电网和储能系统（图 13-10）。日本经济产业部副部长望月晴文指出，日本将根据自身国情，主要围绕大规模开发太阳能等新能源，确保电网系统稳定，构建智能电网。

根据 2009 年 7 月日本电气事业联合会发布的“日本版智能电网开发计划”，日本将重点研究太阳能发电预测系统、高性能蓄电池系统、火力发电与蓄电池相组合的供需控制系统。日本电力中央研究所设立了“智能电网研究会”，主要研究太阳能发电接入电力系统的影响及对策问题以及“日本版智能电网”的整体状况。

日本经济产业省在 2010 年度预算申请中列入 55 亿日元（约合 4 亿元人民币）作为新一代电网系统的开发援助费用，以支持研发智能电表和蓄电池技术，并进行新一代电网系统的实证试验。此外还设立了“智能电网国际标准学习会”，探讨相关的标准问题。

在经济产业省的支持下，九州电力与冲绳电力两家企业将在九州及冲绳的岛屿地区开展“岛屿微电网”试验项目。该项目将利用资源能源厅的“岛屿独立型系统新能源导入验证事业费补助金”，安装太阳能发电装置以及锂离子电池蓄电设备，对电力系统与可再生能源的联动进行验证，调查分析光伏发电并网后对输电系统负荷的影响，并计划在东京近郊开展类似的试验。

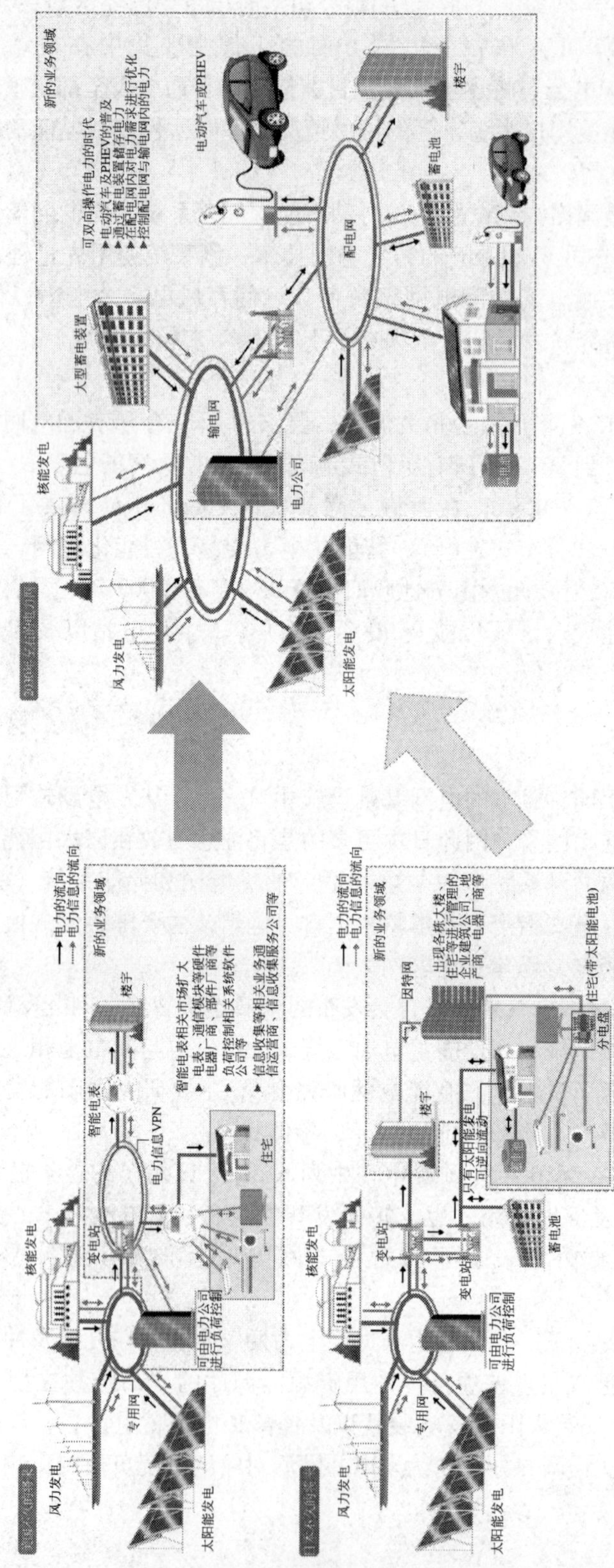

图13-10　日本特色的电力基础设施发展计划(蓬田宏树，2009)

13.3.3.4 韩国

韩国政府计划在未来20年内将绿色能源的比例由2.4%提高到11%，智能电网将是这项工作的一部分。韩国知识经济部决定2009~2012年将投入2547亿韩元开发商用化技术，在发电站、输电设备和家电产品上安装传感器，称为“绿色电力IT”。其主要技术包括智能型能源管理系统、基于IT的大容量电力输送控制系统、智能型输电网络监视及运营系统、能动型远程信息处理和电力设备状态监视系统、电缆通信技术等。2009年3月韩国宣布计划到2011年完成一个智能电网综合性试点项目，并与韩电KDN公司签署了绿色电力信息商用化技术开发协议。

2010年1月，韩国知识经济部宣布了一项27.5万亿韩元的智能电网最终计划，在主要城市中推广低碳基础设施建设，建立智能、可靠、绿色的能源网络。政府在研发、市场开拓和公共基础设施建设方面初期将投入2.7万亿韩元，其余24.8万亿由公用事业机构和私营部门提供。作为试验工程，韩国政府还计划到2011年建设200个Plug-in电动汽车充电站。

13.3.3.5 澳大利亚

澳大利亚由国家电力委员会从2007年开始在全国范围内推行高级量测体系项目，引入分时电价（基于时间间隔计量）。澳大利亚政府推行电力市场的改革不仅仅是为了提高供电效率，而是为了通过改善电价制度提高对能耗的控制以及减少温室气体排放。此项目正在进行中。

澳大利亚政府在2009年预算案中划拨1亿澳元（约合7600万美元）用于智能电网建设。这项针对“国家能源效率提案”的拨款将提供给由联邦政府、各州当地政府、公立或私营的能源公司以及私人投资团体共同组建的联合机构，旨在将宽带技术与智能电网网络及居民家中的智能表计结合起来，在澳大利亚全国范围内发展创新型的、以智能电网为基础的能源网络。

13.3.4 智能电网标准的制定

开放、统一、互操作标准是智能电网发展的关键因素。智能电网将对能源利用带来革命性变化，但需要制定统一的标准保证新技术在信息空间安全层次上的兼容性和可操作性。互操作标准是使不同开发商的软硬件无缝共同工作所必需的；信息安全标准则是为了保护多样化的系统网络免受自然或人类活动引起的破坏。目前，以国际电气和电子工程师协会（IEEE）、国际电工委员会（IEC）和美国国家标准与技术研究院（NIST）等组织机构都在加紧制定与智能电网相关的国际标准。

IEC已制定了IEC 60870-6、IEC 61850、EC 61968、IEC 61970和IEC 62351 part1-8等与信息安全和电力系统控制相关的标准，根据智能电网发展的需要，IEC启动了“智能电网框架计划”，并成立了国际智能电网标准战略工作组（IEC SMB SG3），于2009年5月发布了初步的智能电网标准清单（框架1），目前正在讨论分析阶段。2009年5月IEC在巴黎召开由包括中国在内的 13 个国家专家参加的会议，讨论了 IEC 在智能电网标准中应起的作用，并正在开发一个门户网站，拟建立包括 IEC 制定的所有智能电网相关标准在内的数据库，方便用户使用。

IEEE 同样在致力于为智能电网制定一套完备的标准。IEEE 已制定的智能电网相关标准有 66 项，正在制定中的有 35 项。2009 年 5 月 4 日，IEEE 宣布了名为《IEEE P2030 指南：能源技术及信息技术与电力系统（EPS）、最终应用及负载的智能电网互操作性》的项目。通过开放标准进程，IEEE P2030 指南将为理解和定义智能电网互操作性提供一个知识基础，帮助电力系统与最终应用及设备协同工作，为未来与智能电网相关的标准制定建立基础。

根据《能源自主与安全法案 2007》，NIST 负责牵头标准的制定工作，并成立了 6 个工作组，能源部给予了 1000 万美元资助。该机构将智能电网关键标准的制定分为 3 个阶段：

第一阶段是促使公用事业机构、设备供应商、消费者、标准开发者和其他相关各方就智能电网标准达成一致。2009 年 5 月 19 ~ 20 日在华盛顿召开了“第二次智能电网互操作性标准中期路线图公共研讨会”。计划到 2010 年秋初完成：智能电网架构、互操作和信息安全标准（优先完成）、一套支持实施的初步标准、其他标准需求的规划。

第二阶段是发起成立一个正式伙伴关系组织，协调其他标准的开发，解决遗留问题和新技术的集成。

第三阶段是到 2009 年底前制定测试和检验计划，保证智能电网设备和系统符合安全和互操作相关标准。

2009 年 5 月美国能源部和商务部联合召开由相关组织机构和工业部门参加的智能电网会议，讨论智能电网行业标准问题。同月，美国商务部部长骆家辉和能源部部长朱棣文联合宣布了第一批 16 个智能电网协同性与安全性的行业标准（表 13-2）。

表 13-2　美国首批 16 个智能电网行业标准（DOE，2009）

标准	应用
AMI-SEC 系统安全性需求	高级量测体系和智能电网端到端安全性
ANSI C12. 19/MC1219	收益量测信息模型
BACnet ANSI ASHRAE 135-2008/ISO 16484-5	建筑自动化
DNP3	变电和馈电设备自动化
IEC 60870-6 / TASE. 2	内部控制中心通信
IEC 61850	变电自动化与保护
IEC 61968/61970	应用层面能源管理系统界面
IEC 62351 Parts 1-8	电力系统控制操作的信息安全
IEEE C37. 118	相量测量（PMU）通信
IEEE 1547	电力公司与分布式发电（DG）之间的物理与电气互联
IEEE 1686-2007	智能电子设备（IEDs）的安全
NERC CIP 002-009	大型电力系统的网络安全标准
NIST Special Publication（SP）800-53，NIST SP 800-82	联邦信息系统的网络安全标准与指南，包括大型电力系统
开放自动需求响应（Open ADR）	价格反应灵敏和直接负载控制

续表

标准	应用
OpenHAN	家庭区域网（HAN）设备通信、测量和控制
ZigBee/HomePlug Smart Energy Profile	家庭区域网设备通信和信息模型

NIST 并与 EPRI 达成协议，共同制定一份智能电网架构标准路线图。2009 年 6 月，EPRI 向 NIST 提交了《关于智能电网互操作标准路线图的报告》，报告指出，就下一代电网的可靠、可互操作的架构达成一致并非一个简单的过程，对现有技术标准和国家智能电网相关问题的理解还是不完整的、狭隘的。报告主要针对可构成智能电网的关键部分确定了大约 80 项已有的或正在制定中的标准，包括 4 个优先领域，即广域状态告警、需求响应、电力储存与电力传输。美国国家标准与技术研究院将利用此路线图起草其《智能电网互操作框架》，描述智能电网互操作的高层架构并确定首批已有的关键标准予以支持，并将制定有关新标准或修订标准的策略。

智能电网发展中的一个问题是在实施这些标准时如何保持对知识产权的保护。根据标准制定的详细条款，可能会出现两种类型的标准：开放的、非专有的行业标准和半开放式的行业标准。与开放标准不需缴纳使用费不同，半开放的标准要求对知识产权提供合理、平等的保护，其中包括缴纳合理费用。通过在智能电网各个组成部分采用开放或半开放式的行业标准，可以促进供应商之间的竞争和互操作，降低供应商垄断的风险。电力部门和最终用户将受益于这种较易接受的行业标准。与开放标准的个人电脑行业类似，智能电网涉及的公用事业机构、企业和消费者都希望有统一的标准而不必担心兼容问题。根据这些标准，智能电网的子组件（如智能家电、智能仪表和分布式能源）可以来自不同的供应商并且可以实现互操作，使供应商之间的竞争促进智能电网技术的创新。

13.4 我国智能电网的发展现状

13.4.1 发展基础

我国关于智能电网技术和规划方面的研究已有了一定的基础。国家电网和南方电网这两大骨干电网企业在运营管理和技术研发上已积累了丰富的经验。20 世纪 80 年代以来，我国电网的自动化、信息化发展很快，电网调度自动化、发电厂生产自动化控制系统、电力负荷预测与控制、计算机辅助设计、计算机仿真系统等在电力工程领域得到了广泛应用，在线路保护、继电保护、主设备保护等电网安全领域已达到国际先进水平。在智能电网基础数据采集、传输、执行机构研制上与国外处于同一起跑线。通信网络上已实现以光纤和数字微波为主，卫星、电力载波、电缆、无线等多种通信方式并存且基本覆盖全国，电力专用通信网已粗具规模。电力信息化系统建设发展迅速，如数据采集与监控系统、分散控制系统（DCS）、配电管理系统、能量管理系统（EMS）、相量测量单元/广域测量系统（PMU/ WAMS）等不断升级。“十一五”期间，国家电网公司开始实施“SG186”信息化工程，许多示范工程成果已经纷纷上线，如华东电网企业级信息系统项目、华北电网企业级信息技术集成平台项目、西北电网 ERP 项目、上海电力“SG186”示范工程等。但对智能电网的系统理论研究和实践还只是刚刚起步。

2007 年 10 月，华东电网正式启动了智慧电网可行性研究项目，并设计了 2008 ~ 2030 年“三步走”的行动计划，在 2008 年全面启动了以高级调度中心项目群为突破的第一阶段工作，以整合提升调度系统、建设数字化变电站、完善电网规划体系、建设企业统一信息平台为四条主线，力争到 2010 年全面建成华东电网高级调度中心，使电网安全控制水平、经营管理水平得到全面提升。

2009 年 2 月，作为华北公司智能化电网建设的一部分，“华北电网稳态、动态、暂态三位一体安全防御及全过程发电控制系统”通过专家组验收。这套系统首次将以往分散的能量管理系统、电网广域动态监测系统、在线稳定分析预警系统高度集成，调度人员无需在不同系统和平台间频繁切换，便可实现对电网综合运行情况的全景监视并获取辅助决策支持。

由中国电力科学研究院等单位承担、周孝信院士担任首席科学家的国家“973”计划项目“提高大型互联电网运行可靠性的基础研究”研究人员开展了基于智能和专家系统的电力系统故障诊断和恢复控制技术研究，为智能型的电力系统动态调度与控制提供了基本的分析工具，开发成功电网在线运行可靠性评估、预警和决策支持系统平台，为新的智能化电网运行控制开发提供了系统的研发平台。

13.4.2 国家电网公司智能电网规划

国家电网公司早在 2007 年即制定了“数字化电网关键技术研究框架”，提出了“构建数字化电网，打造信息化企业”的战略目标。该框架对数字化电网的内涵进行了描述：数字化电网面向输电网和配电网，综合运用各种先进科技和数字化手段，为电网生产全过程提供完整、统一、准确的信息，实现对电网直观、实时的监控和智能分析，并为规划、计划、设计、建设、运行、调度、营销等各个环节的科学决策提供技术支持，保证电网安全稳定、经济优质运行，提高电网公司生产效率，为建设信息化企业奠定基础。

2009 年 5 月，国家电网公司公布了智能电网的发展计划，并将智能电网内涵定义为“统一、坚强的智能电网”，是以坚强网架为基础，以通信信息平台为支撑，以智能控制为手段，包含发电、输电、变电、配电、用电和调度六大环节，覆盖所有电压等级，实现“电力流、信息流、业务流”的高度一体化融合，是坚强可靠、经济高效、清洁环保、透明开放、友好互动的现代电网。

国家电网公司初步确定了智能电网的发展规划，将分为 3 个阶段逐步推进：

(1) 2009 ~ 2010 年进行规划试点阶段，主要是制订发展规划、技术和管理标准，进行技术和设备研发，及各环节试点工作。

主要目标：特高压两纵两横加快建设，向家坝—上海 ± 800 千伏直流、宁东—山东 ± 660千伏直流建成，西北 750 千伏电网“十一五”规划完成；高级调度系统在各网省局试点，调度系统市场增长 30% 以上；全数字化变电站大面积试点，数字化开关和数字化互感器得到试用；750 千伏柔性输电建成示范工程，百兆级 SVG 和 500 千伏短路电流限制器研制并建设示范工程；用电管理采集系统在公用变电站、商业用户和大客户全面建设；分布式电源接入方案，实用性配电自动化系统和配电管理系统研发试点。

(2) 2011 ~2015 年开始全面建设阶段，加快特高压电网和城乡配电网建设，初步形成智能电网运行控制和互动服务体系，关键技术和装备实现重大突破和广泛应用。

主要目标：高级调度系统全面推广，原有调度系统更新、升级；全数字化变电站全面建设；500 千伏短路电流限制器大规模采用，静止同步串联补偿器、统一潮流控制器示范应用；智能电表和用电信息采集系统大规模深入到居民小区，双向互动在大城市得到推广；配电管理和配电自动化全面推广应用，分布式电源接入。

(3) 2016 ~2020 年为引领提升阶段，全面建成统一的"坚强智能电网"，技术和装备全面达到国际先进水平。

主要目标：高级调度系统、全数字化变电站成为标准配置；柔性输电技术全面应用；智能电表全面覆盖，双向互动，智能家电走入家庭；自愈、灵活、可调度智能配电网建成；分布式能源、实用型储能装置、电动汽车充电站在主要城市广泛应用。

2009 年 7 月 11 日召开的国家电网年中工作会议，以"智能电网"为主要议题，并确定了智能电网发展规划和总体投资计划。与发展规划相应，会上也确定投资计划，即到 2020 年智能电网总投资规模接近 4 万亿元。具体到 2011 年的投资约 5500 亿元，其中特高压电网投资 830 亿元；全面建设阶段投资约 2 万亿元，其中特高压电网投资 3000 亿元；基本建成阶段投资 1.7 万亿元，其中特高压投资 2500 亿元。仅特高压总投资达到 6330 亿元。从实施阶段来看，初期智能电网的建设主要体现在特高压建设的推进，用电端采集系统的铺开，智能化、新能源并网技术的应用，数字化变电站试点的建设方面。

国家电网针对智能电网建设已经专门成立了智能电网工作部，由这一部门专门负责智能电网建设相关重大问题的组织领导和输电、配电、用电、生产、调度等多个部门的统一协调工作。

13.4.3 南方电网公司"数字南方电网"

作为我国电网骨干企业之一，南方电网公司提出了"数字南方电网"的构想，打造数字化和智能化的南方电网。其中，数字化阶段的目标是实现管理、安全、运行等信息的获取、传递和使用的数字化，而智能化阶段的目标则是在数字化的基础上，综合考虑学科前沿技术和未来发展的方向、趋势，提高管理和生产方面的智能程度，逐步完成智能系统对人工的替代，使得系统具备自动恢复到安全稳定状态的能力，实现电网的自愈功能。

2009 年 11 月南方电网与中国移动签约，在电能计量自动化系统、电力行业终端通信保障平台和服务热线平台三大领域进行全方位合作，打造一个全面感知、可靠传递、智能处理的和谐数字化生态系统，合力建设智能电网。

预计到 2020 年我国在智能电网领域的总投资规模或达到上万亿元，甚至有望达到 4 万亿 ~5 万亿元，新增年均投资至少为 800 亿 ~1000 亿元。

13.4.4 标准制定

在国家电网公司、科技部等部门的共同组织下，由中国电力科学研究院着手牵头成立了智能电网标准体系工作组，任务是结合国际标准体系研究进展，对国家电网公司现有的相关标准进行梳理、分析，提出适应公司发展的智能电网标准体系，以满足工程和产品开发需要，并为后续智能电网标准的完善和系统化提供指导。但需要指出的是，国家电网公司的标准还不属于行业标准或国家标准。

13.5 我国智能电网研发方向

13.5.1 我国智能电网研发需求

首先，我国能源资源分布和经济发展与生产力布局存在很大的不平衡性，如何及时、按需、合理、安全地实现全国能源再分配，是中国经济发展所面临的重要问题。从长远看，要满足经济社会发展对电力的需求，必须走远距离、大规模输电和大范围资源优化配置的道路。尽管存在争议，特高压输电能够提高输送容量，减少输电损耗，增加经济输电距离，在节约线路走廊占地、节省工程投资、保护生态环境等方面也具有明显优势。因此，发展特高压电网，构建电力“高速公路”，就成为必然的选择。

实体电网作为智能电网的物理载体，是实现智能电网的基础。如何进一步优化特高压和各级电网规划，做好特高压交流系统与直流系统的衔接、特高压电网与各级电网的衔接，促进各电压等级电网协调发展、送端电网和受端电网协调发展、城市电网与农村电网协调发展、一次系统和二次系统协调发展，成为需要解决的关键问题。

其次，随着电网规模的扩大，互联大电网的形成，电网的安全稳定性与脆弱性问题越来越突出，对主网架结构的规划设计要求相应提高。只有灵活的电网结构才能应对冰（雪）灾、战争等突发灾害性事件对电网安全的影响。

再次，必须考虑我国新能源与可再生能源未来发展的需求。按我国提出的发展战略，到 2020 年，风电装机容量将达到 1.5 亿千瓦、光伏发电容量将达到 2000 万千瓦，占总发电功率的 10% 左右。且未来的总发电量及其所占能源总量的比重都将继续大大提高，如何容纳和优化利用这类规模大、间歇性强、电能质量劣于传统电源的发电能力，都将对电网将产生重要的影响。

新能源特别是可再生能源的资源特点、发电方式和机组特性均与现有发电单元具有根本性的差异，如何解决未来电网的安全性、稳定性、可靠性等多方面的问题，并实现电网的优化运行，将成为未来智能电网的关键性挑战。

我国偏远地区和经济不发达地区面积广阔，在国家骨干电网的支撑下，未来智能电网既要适应大型电源基地的接入，还要适应各类分布式电源的接入；除了考虑分层分区的电源接入，还要考虑分散式接入。分布式发电作为新能源的一种有效的利用方式，将在电网中占有相当大的比重，应予以充分考虑。

最后，从长远来看，以电动汽车为代表的未来电气化交通工具，其充电负荷将成为电网中的主要负荷之一，应统筹考虑电动汽车充电站的建设对新能源不稳定性和间歇性的补偿和调节作用。

13.5.2 我国智能电网研发重点

从上述需求来看，我国在智能电网建设中应当加强前瞻性的理论探索和规划研究，提升大电网规划的统一优化能力，尤其是以特高压电网为核心，适应电力市场以及电网发展的坚强电网。加大特高压骨干电网的建设，提高实时分析、智能决策和市场适应能力，以构成坚强的国家电网构架。同时加强地区配电网的结构优化及升级，构建灵活、可靠、坚固的配电网络。加大对适应未来大规模可再生电力并网、分布式电源、微网的柔性连接，实现电源电网协调，以实现资源的优化配置和效益最大化。

因此，我国智能电网的研发重点领域是：

1）智能化电力电子设备

电力电子技术在发电、输电、配电和用电的全过程均发挥着重要作用。现代电力系统应用的电力电子装置几乎全部使用了全控型大功率电力电子器件、各种新型的高性能多电平大功率变流器拓扑和 DSP 全数字控制技术。随着智能电网对信息获取和处理能力要求的提高，各种智能设备和智能系统在电网中将呈现日益整合、相互交融、灵活组态的发展趋势。因此，在今后电网建设和改造中，应该鼓励和优先采用适用于未来智能电网建设所需和可用的智能电网设备。其中应以建设数字化变电站为重点，全面提高电网装备技术水平，为智能电网打好物质基础；同时开展一系列新型、先进的输变电应用技术研究，以新技术、新设备应用带动电网输送能力的不断提高。包括统一潮流控制器、静止无功补偿器、交直流变换器、高温超导电缆与超导线路以及铝导体复合电缆、电线等。

2）智能化传感技术

现代电网中，应用传感器能输出电压、电流、频率等多种形式的信号，满足信息传输、处理、记录、显示、控制等功能要求，具有结构紧凑、体积小、线性度好、灵敏度高等优点。随着微机保护、光纤通信及信息网络技术的发展，特别是数字式智能测控保护综合装置的成功研制，智能传感器技术在电力系统中的应用越来越多。当前，基于光学传感技术的光学电流互感器（OCT）与电子式电流互感器（ECT）是替代传统电磁式电流互感器的理想产品。其中全光纤式电流互感器（FOCT）以其测量精度高和长期稳定性好而成为主流方向。

我国自 1998 年以来便开始在大型电厂、电力系统等变电站建设中应用电压/电流传感器，但多采用国外 ABB、西门子等公司的产品。近几年来，国电南瑞科技股份有限公司、华中科技大学、清华大学、北京航空航天大学等已在研制全光纤式电流互感器。

3）可再生能源并网

风能、太阳能等可再生能源在地理位置上分布不均匀，都具有波动性和间歇性的特点，发电可调节能力比较弱，对可靠供电造成冲击，需要有一个网架坚强、备用充足的电网支撑其稳定运行。因此需要重点研究与发展风电并网技术（主要是大型风电机组的低电压穿越技术、大型风电机组的电网适应性和无功补偿技术、大型风电场的功率调节技术、大型风电场的整体协调控制技术、风电系统中的实时监测技术等）和光伏发电并网技术（包括电站的拓扑结构与整体控制、大型并网逆变器技术、低电压穿越技术、功率调度技术、光伏跟踪阵列统一协调控制、与储能系统的协调控制等）。

4）储能技术

储能系统是智能电网的组成部分之一，将在智能电网中发挥重要作用，充当发电与输配电之间、输配电与用电之间的“耦合器”、“平衡器”和“缓冲器”。电力储能技术为实现电网可持续发展目标、解决电量供需不平衡矛盾和提高供电可靠性问题提供了一揽子解决方案。大容量储能系统可广泛应用于城市电网、发电厂、居住小区、医院、大型企业、可再生能源优化等。采用大规模储能装置，可以减少和延缓用于发、输、变、配电设备的投资，提高现有电力设备的利用率和供电可靠性，降低发电煤耗、供电线损。目前比较先进的大容量储能技术包括压缩空气、液流电池、金属-空气电池、钠硫电池、超级电容器。

对我国而言，大规模高效储能技术是电力系统亟待解决的“瓶颈”技术。从储能系统成套生产和产业化水平来看，我国尚处于起步状态，与国外先进水平相比存在不小的差距。因此，应调动和整合全国的科研、制造优势资源，开展攻关，提高装备水平和制造能力。如果能实现电力储能系统国产化，使其成本达到或接近应用水平，随着峰谷电价差的逐步加大和对电能质量要求的日益提高，被压抑的电网对电力储能系统的需求将迅速得到强劲释放。

5）分布式能源技术

对大型电网而言，局部事故极易扩散，而且电网越大，联网和维护的费用也越高，利用率也越低。分布式能源系统是应对这一问题的重要解决方案之一。将中小型发电装置靠近用户侧安装，既独立于公共电网直接为少量用户提供电能，也可将其并入电力系统低压配电网，与公共电网一起共同为用户提供电能。分布式能源供电可作为备用电源为要求不间断供电的用户提供电能，在峰谷电价的情况下可以保障电力的可靠性，同时减少电费的支出。由于分布式发电装置与大电网的并网具有相对自主性，当大电网发生故障时，可以自动通过保护装置断开与大电网的联系独立为用户供电，起到了稳定电网的作用。

分布式能源包括分布式发电和分布式储能，在许多国家都得到了迅速发展。分布式发电技术包括微型燃气轮机技术、燃料电池技术、太阳能光伏发电技术、风力发电技术、生物质能发电技术、海洋能发电技术、地热发电技术等。分布式储能装置包括蓄电池储能、超导储能和飞轮储能等。

参考文献

胡学浩. 2009. 智能电网——未来电网的发展态势. 电网技术，33（14）：125

蓬田宏树. 2009-11-27. “日本版智能电网”在行动. http：//china. nikkeibp. com. cn/news/ec. on/46908-20090708. html

清水直茂. 2009-11-27. 松下与丹麦电力公司共同启动智能电网实证实验. http：//china. nikkeibp. com. cn/

news/econ/49008 - 20091126. html
邵汉桥 . 2009. 欧洲的能源政策与电网发展趋势——赴英国、瑞士考察报告 . 华中电力，22（1）：74 ~ 79
宋永华，孙静 . 2008. 未来欧洲的电网发展与电网技术 . 电力技术经济，20（5）：1 ~ 5，20
王成山，高菲，李鹏等 . 2008. 可再生能源与分布式发电接入技术欧盟研究项目述评 . 南方电网技术，2（6）：1 ~ 6
肖世杰 . 2009. 构建中国智能电网技术思考 . 电力系统自动化，33（9）：1 ~ 4
余贻鑫 . 2009. 智能电网的技术组成和实现顺序 . 南方电网技术，3（2）：1 ~ 5
张弥 . 2007. "数字南方电网" 构想 . 电力系统自动化，31（23）：21 ~ 23
张文亮，刘壮志，王明俊等 . 2009. 智能电网的研究进展及发展趋势 . 电网技术，33（13）：1 ~ 11
张宇 . 2008. 电力储能技术应用前景分析 . 华东电力，36（4）：91 ~ 93
Accenture. 2010-11-24. Accelerating smart grids investment. http：//www. accenture. com/nr/rdonlvres/915e892e-f915-40f5-aea6-ced05490C8bb/0/accenture_utilities_smartgrid_white_paper. pdf
Baer W S，Brent Fulton，Sergej Mahnovski. 2009-12-23. Estimating the benefits of the gridwise initiative：phase I report. http：//www. rand. org/pubs/technical_reports/2005/rand_tr160. pdf
Battaglini A，Lilliestam J，Bals C et al. 2009-12-07. The supersmart grid. http：//www. supersmartgrid. net/wp - content/uploads/2008/06/battaglini-lilliestam-2008-supersmart-grid-tallberg1. pdf
Commission of the European Communities. 2009-12-28. Green parer on an European strategy for sustainable，competitive and secure energy. http：//eur-lex. europa. eu/lexuriserv/lexuriserv. do？ uri = com：2006：0105：fin：en：pdf
Department of Energy and Climate Change. 2009-12-28. Smarter grids：the opportunity. http：//www. decc. gov. uk/media/viewfile. ashx？ filepath = what we do/uk energy supply/futureelectricitynetworks/1_20091203163757_e_@@_smartergridsopportunity. pdf&filetype = 4
DOE（U. S. Department of Energy）. 2009-12-15. Smart grid system report. http：//www. oe. energy. gov/documentsandmedia/sgsrmain_090707_lowres. pdf
DOE（U. S. Department of Energy）. 2009-12-17. Five-year program plan for fiscal years 2008 to 2012 for electric transmission and distribution programs. http：//www. oe. energy. gov/documentsandmedia/section_925_final. pdf
DOE（U. S. Department of Energy）. 2009-12-19. FY 2007 Congressional budget request highlight. http：//www. mbe. doe. gov/budget/07budget/content/highlights/highlights. pdf
DOE（U. S. Department of Energy）. 2009-12-13. Grid 2030. http：//www. oe. energy. gov/documents and media/electric_vision_document. pdf
Electricity Advisory Committee. 2009-12-17. Smart grid：enabler of the new energy economy. http：//www. oe. energy. gov/documentsandmedia/final-smart-grid-report. pdf
Electricity Networks Strategy Group. 2009-12-28. A smart grid vision. http：//www. ensg. gov. uk/assets/ensg_smart_grid_wg_smart_grid_vision_final_issue_1. pdf
EPRI（Electric Power Research Institute）. 2009-11-29. IntelliGrid：smart power for the 21st century. http：//my. epri. com/portal/server. pt？ product_id = 000000000001012094
European Commission. 2009-11-22. Towards smart power networks lessons learned from European research FP5 projects. http：//ec. europa. eu/research/energy/pdf/towards_smartpower_en. pdf
Federal Ministry of Economics and Technology. 2009-11-25. E-energy：ICT-based energy system of the future. http：//www. e - energy. de/en/
GridWise™ Action Plan. 2009-12-10. http：//www. smartgridnews. com/pdf/gridwiseaction. pdf
GridWise® Alliance. 2009-12-20. GridWise® alliance：joining forces to realize a smart grid. http：//

www. gridwise. org/gridwisealli_about. asp

GridWise® Architecture Council. 2009-12-30. Mission & structure. http：//www. gridwiseac. org/about/mission. aspx

IBM. 2008. Smart grid. http：//www. ibm. com/ibm/ideasfromibm/us/smartplanet/topics/utilities/20081124/index. shtml

Litos Strategic Communication. 2009-12-27. The smart grid：an introduction. http：//www. oe. energy. gov/documentsandmedia/doe_sg_book_single_pages （1）. pdf

Miller J. 2009-12-10. Principal characteristics of the modern grid. http：//www. sandiego. edu/epic/news/documents/miller. pdf

National Energy Technology Laboratory. 2009-12-28. Modern grid benefits. http：//www. netl. doe. gov/smartgrid/referenceshelf/whitepapers/modern%20grid%20benefits_final_v1_0. pdf

NETL（National Energy Technology Laboratory）. 2009-12-02. Smart grid implementation strategy. http：//www. netl. doe. gov/smartgrid/

NETL（National Energy Technology Laboratory）. 2009-12-21. A vision for the modern grid. http：//www. netl. doe. gov/smartgrid/referenceshelf/whitepapers/a%20vision%20for%20the%20modern%20grid_final_v1_0. pdf

NETL（National Energy Technology Laboratory）. 2006. Modern grid v1. 0：a systems view of the modern grid appendix A5：accommodates a wide variety of generation options. http：//www. masstech. org/dg/benefits/2006_der_moderngrid_a5_v1. pdf

NETL（National Energy Technology Laboratory）. 2009-12-15. Advanced metering infrastructure. http：//www. netl. doe. gov/smartgrid/referenceshelf/whitepapers/ami%20white%20paper%20final%2002110 8%20%282%29%20approved_2008_02_12. pdf

Office of Electric Transmission and Distribution，U. S. Department of Energy. 2004. National electric delivery technologies roadmap. http：//www. oe. energy. gov/documentsandmedia/er_2-9-4. pdf

Ontario Smart Grid Forum. 2009-11-20. Enabling tomorrow's electricity system. http：//www. ieso. ca/imoweb/pubs/smart_grid/smart_grid_forum-report. pdf

Pike Research. 2009-12-30. Smart grid investment to total $ 200 billion worldwide by 2015. http：//www. pikeresearch. com/newsroom/smart-grid-investment-to-total-200-billion-worldwide-by-2015

SmartGridNews. 2009-12-29. Beyond the buzz：the potential of grid efficiency. http：//www. smartgridnews. com/artman/publish/article_180. html

SmartGrids European Technology Platform. 2006. Vision and strategy for Europe's electricity networks of the future. http：//www. ieso. ca/imoweb/pubs/smart_grid/eu_smartgrids_visison_and_strategy. pdf

SmartGrids European Technology Platform. 2009-12-26. Strategic deployment document for Europe's electricity networks of the future. http：//www. smartgrids. eu/documents/3rdga/smartgrids_sdd_draft_25_sept_2008. zip

SmartGrids European Technology Platform. 2009-12-26. Strategic research agenda for Europe's electricity networks of the future. http：//www. smartgrids. eu/documents/sra/sra_finalversion. pdf

The Brattle Group. 2009-12-14. Transforming America's power industry：the investment challenge 2010 ~ 2030. http：//www. eei. org/ourissues/finance/documents/transforming_americas_power_industry. pdf

Xu Zhao，Gordon Mark，Lind Morten et al. 2009. Towards a danish power system with 50% wind—smart grids activities in Denmark. Power & Energy Society General Meeting IEEE. 1 ~ 8

14　微藻能源国际发展态势分析

房金刚　苏郁洁　程　静

（中国科学院青岛生物能源与过程研究所）

微藻具有光合作用效率高、单位面积产量大、碳减排效果好、油脂含量高、资源依赖性低、产品系列丰富等优点，有助于解决生物液体燃料发展所面临的资源问题，因此得到广泛关注。美国发展微藻能源最积极，将微藻能源纳入先进能源政策及税收管理体系，制定了微藻能源发展技术路线图，投入了大量资金，支持相关技术的研发与示范。欧盟诸国、澳大利亚、巴西等纷纷展开相关的研发计划。大量微藻专业公司在国家资助、风险投资机构投资、跨国企业参与下开展生产示范。中国一些企业在政府的支持下也开始着手微藻能源示范工作。但微藻能源产业存在较高风险，开展示范工程最早的Greenfuel 2009年因资金链断裂而宣布倒闭。尽管微藻能源研究取得了重要进展，但关键技术领域均存在商业化障碍，需要从基础理论、关键技术与经济成本方面展开深入的研究。通过对国内外微藻能源发展动态、关键技术领域进展、发展前景的分析，我们认为，微藻能源整体上仍处于初期研发阶段，目前应重点关注基础理论研究、关键技术研究、发展战略研究，并建立国家级微藻能源研究平台，推动微藻能源研究积极稳妥发展。

14.1　微藻能源概况

14.1.1　微藻能源的概念与内涵

藻类是最原始的生物之一，通常呈单细胞、丝状体或片状体，结构简单，整个生物体都能进行光合作用，所以光合作用效率高、生长周期短、繁殖速度快（郑洪立等，2009；Chisti，2007）。藻类包括大型藻类和微藻。大型藻类一般被称为海草，可在海水和淡水中快速生长，长度可达50米（Sheehan et al.，1998）。微藻是单细胞原核或真核光合微生物，适应性强，可以在淡水、海水、高浓度盐水、土壤、雪地甚至热泉等环境中生长和繁殖，微藻还可以在生物膜中生长或者与其他生命体共生（DOE，2009）。由于生长速度快，大藻和微藻都有作为能源作物的潜力，但只有微藻具有高产油的特性。微藻种类繁多，根据微藻的细胞颜色、生命周期特征和基本细胞结构分类，微藻大致可分为硅藻、绿藻、蓝绿藻、金藻、黄绿藻、褐藻、红藻、浮游生物等种类，每个类别都有高产油的品种，如 *Ochromonas danica*、*Phaeodactylum tricornutum*、*Nitzschia palea*、*Monallantus salina*、*Nannochloropsis* sp.、*Isochrysis* sp. 等（Casper-Lindley，Bjorkman，1998）。其中，硅藻、绿藻、蓝绿藻、金藻是最重要的 4 个微藻种类（Sheehan，et al.，1998）。

硅藻（Bacillariophyceae）已知约有 10 万种，海洋浮游生物主要属于硅藻。硅藻细胞壁中含有多聚硅，所有细胞都储存有各种形态的碳，硅藻可以以天然油脂类的形式或者多聚糖的形式储存碳。硅藻和绿藻是产油微藻研究的重点。

绿藻（Chlorophyceae）的种类也很多，尤其是在淡水中。绿藻是高等植物的祖先。绿藻存储的主要成分是淀粉，有些品种也会在特定情况下产生油脂。

蓝绿藻（Cyanophyceae）已知约有 2000 种，在自然界固定大气中的氮元素中发挥着重要作用。蓝藻在结构和组织形态上更接近于细菌。蓝绿藻一般不产生油脂，但蓝绿藻在合成长链醇、长链脂肪酸以及碳氢化合物方面显示出巨大潜力，其更为简单的结构为研究微藻产油和其他产品的基础代谢过程提供了生物模型。

金藻（Chrysophyceae）类似于硅藻，有较为复杂的颜色系统，能显示黄、棕或者橘黄色，目前已知约有 1000 种，主要存在于淡水中，其在颜色系统和生化构成中类似于硅藻，金藻可以产生天然油脂类和糖作为储存成分。

微藻能源技术是指微藻通过光合作用将太阳能、二氧化碳和水生物合成为油脂或其他高能生物质，并进一步通过生物或化学转化技术生产生物柴油、乙醇、航空燃料、汽油等燃料或者利用微藻直接生产烃类、醇类或气体燃料的过程。如图 14-1 所示。微藻制氢最早被关注并且是到目前为止研究得最多的微藻能源研究方向，但随着氢能因生产与利用在技术和经济上的障碍而发展前景逐渐黯淡以及交通运输对于液体燃料的需求持续增长，产油微藻逐渐成为微藻能源研究的主要内容。亚利桑那大学的 Mark Edwards 在 2009 年完成的微藻产业问卷调查表明，在生物柴油、汽油、喷气燃料、甲醇、氢、乙醇中，多数人认为生物柴油、汽油、喷气燃料将是微藻能源的主要目标燃料，也有些人支持甲醇或氢，而乙醇最不被看好（Edwards，2009）。广义的微藻能源技术还包括微藻通过异养培养利用糖的代谢实现燃料生产，在培养密度上有较大优势，从而在一定程度上减少投资与生产成本。但异养过程不能直接利用光能，且不能固定二氧化碳，体现不出微藻高产和二氧化碳固定的优势，只是生物能源之间的相互转化，且其能源转化效率还不及传统的微生物转化，因此，其战略意义远远小于自养型微藻。

微藻能源技术是太阳能的高效生物转化方式，但太阳能利用并不是唯一的目的。微藻培养需要碳源、氮、磷等营养物质，生产过程中需要各种形式的能源和资源，当这些能源和资源大多为其他过程的废弃物且难以被传统技术利用的时候，微藻能源技术的意义更为重要。实质上，发展微藻能源是为了实现包括化石能源资源、土地资源、水资源、矿产资源等在内的各种资源合理有效的利用，以便保持国家战略资源的安全，减少人类活动对环境的破坏和对气候的影响，保证人类社会生活水平的持续提高。无论微藻最终是转化为脂肪酸甲酯、醇、氢或是烃类等能源形态，其第一步固定太阳能的能力是最重要的，这是微

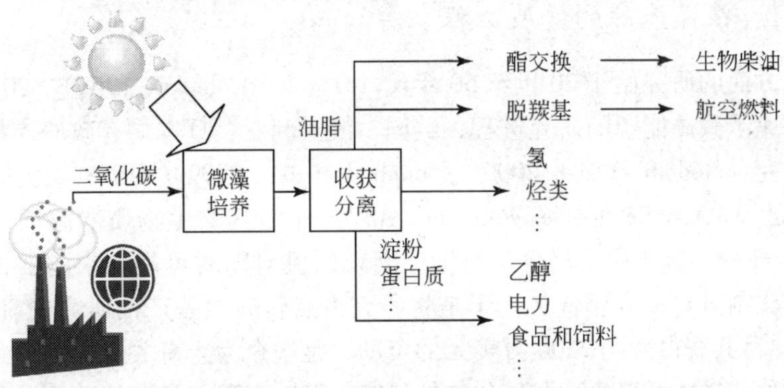

图 14-1　微藻生产能源示意图

藻作为能源生物的基础，而能够将能量转化为油脂则成为其替代以石油为主要原料的液体燃料的便利条件。作为战略性的能源技术，微藻能源技术需要在第一步太阳能转化过程取得绝对的优势，并进一步在后续加工利用中降低对能源、资源的消耗以保证在各种可再生能源发展中的竞争优势，因此，微藻能源既具有巨大的发展潜力，同时又面临严峻的挑战。

14.1.2　微藻能源发展背景

能源安全、石油价格、温室效应是促进替代能源发展的三大动力。2005 年以来，石油价格持续在高位波动，2008 年最高时超过了 147 美元/桶，世界对于石油持续稳定供应的担心日趋增加。同时，气候变化的预期使得低碳技术与二氧化碳减排成为全球共识，美国、欧盟诸国等发达国家以及中国、印度等发展中国家都提出了具有挑战性的减排目标。替代能源是解决这些问题的必由之路，其发展将带来能源供应体系及相关技术产业的重大变革，世界各国都在推动替代能源的研发与应用，力图在新能源领域占得先机。而全球能源市场的巨大潜力也吸引各方资金积极介入，以发现新的经济增长点，缓解金融危机的影响。

石油是替代能源的核心，而液体石油燃料首先成为替代重点。在替代液体燃料方面，生物能源作为唯一同时具有能量形态和物质形态的可再生能源，成为最早进入产业化的新型可再生能源。燃料乙醇、生物柴油作为汽柴油的替代品已经广泛应用于世界各地。但生物能源发展也带来诸多争议，如粮食问题、生态问题、排放问题、经济性问题等（Searchinger et al., 2009；Fargione et al., 2008；Alston et al., 2009）。归根结蒂，生物能源发展的问题实质上是资源和技术问题，其中资源问题是制约当前生物质能源大规模产业化的最大瓶颈。如何建立可持续、稳定、大规模化优质生物质资源供给体系已成为政府、科技界与产业界高度关注的重大研究课题。与陆生能源植物/作物相比，微藻因具有单位面积产量大、油脂含量高、不占用耕地、水资源消耗少、固碳能力强等诸多优势，而成为解决生物质能源资源问题的重要备选方案，并被认为是唯一能够大规模替代石油的生物能源（Chisti, 2007；Mata et al., 2010）。

14.1.2.1 微藻能源的发展历程

微藻能源方面的研究始于20世纪50年代（Oswald，Golueke，1960）。20世纪70年代的石油危机加速了微藻能源的研究进程，美国、澳大利亚、日本均有政府支持的微藻生产液体燃料的研究（Rodolfi et al.，2009；Campbell et al.，2009）。1978年美国能源部启动"水生物种计划"（Aquatic Species Program，ASP）作为其"生物质能源项目"（Biomass Program）的一部分，旨在通过培育藻类生产燃料以应对随时可能到来的石油危机。研究发现微藻产油比制氢更具应用优势，于是将研究重点转向微藻产油研究（Sheehan et al.，1998）。ASP项目共获得大约2500万美元的资助，是迄今为止有关微藻培养最全面、系统的研究，在藻种选择、微藻生理和生化特性研究、基因工程、微藻培养工艺技术开发、微藻养殖示范等方面取得了重要进展（Hirayama et al.，1998；Sheehan et al.，1998）。ASP项目肯定了微藻在生产生物液体燃料方面的巨大潜力，同时认为成本问题是微藻能源商业化的最大障碍。由于当时油价长期处于低位，微藻能源经济性无法同石油燃料竞争，1996年美国能源部中止了该计划。1996～2006年，除了其间氢经济热潮中相关微藻制氢的项目外，国际上没有重大的微藻能源研究项目。2005年之后油价长期保持高位运行，替代液体燃料的需求与日俱增，微藻能源因而重新受到重视，许多微藻专业公司在此期间成立。2007年，美国开始重新部署微藻能源研发计划，并重点支持微藻示范项目和商业化尝试。Greenfuel 2005年首先开始利用电厂烟道气培养微藻的工业示范，其他微藻专业公司纷纷制定了微藻能源示范和商业化生产计划，国家、大型企业、风险投资机构投入大量资金支持，大部分项目将于近期（2009～2012年）建成。

14.1.2.2 微藻作为能源资源的优势

1）光合作用效率高

微藻光合作用机制同高等植物类似，但由于微藻结构简单，不需要根、茎等功能附属物，水分和营养物质供应便利，因此微藻的光合作用效率比陆生植物高得多。微藻可以把15%的有效辐射能或者6%的总辐射能转变为生物质的化学能（Benemann et al.，1978），理论光合作用效率最高可达10%（Bolton，1996）。相比而言，陆生作物一般仅能将0.1%～0.7%（C3作物）或1.5%～2.5%（C4作物）的太阳能转化为生物质（Janssens，et al.，2009）。即使光合作用效率比较高的甘蔗，其光合作用效率也不会超过3.5%～4%。

2）生物质产量大

相比常规能源作物，微藻作为生物能源原料具有明显优势。目前研究报道的微藻生长速率大致在10～30克/（米^2·天）（Pienkos，et al.，2009），峰值超过50克/（米^2·天）；理论产量可达100～200克/(米^2·天)（相当于365天产量25～50吨/亩）以上（Pienkos，et al.，2009；DOE，2009），是陆生作物的几十倍。据推算，美国仅需要相当于其1.1%～2.5%的现有耕地面积的土地用于生产微藻燃料就可以满足全美交通燃料一半的需求（Chisti，2007）。

3）固碳效果显著

高产量不仅意味着能量的积累能力，还可以实现显著的二氧化碳固定效果。地球上的生物每年通过光合作用可固定 8×10^{10} 吨碳，生产 1.46×10^{11} 吨生物质，其中由微藻光合作用固定的碳占全球碳固定量的40%以上，早期地球上没有高等植物，地球形成以来微藻光合作用生产有机碳的总量是地球上全部植物的7倍左右。理论上每生产1千克微藻藻粉可吸收1.8千克二氧化碳。以25克/(米^2·天)的生长速率计，每亩微藻每年可固定二氧化碳12吨，中国仅需不到现有耕地面积1/3的土地种植微藻就可以吸收全国化石能源燃烧排放的二氧化碳。

4）油脂含量高

高油脂产量是微藻更为吸引人的特点。在生产液体燃料的生物质原料中，油脂类（脂肪酸甘油酯）是目前生物质所能直接大量提供的品质最高的原料：生物柴油是目前生物能源产品中热值与性能与石油柴油最为接近的。在转化为发动机燃料的过程中，无论是酯交换或是加氢、脱羰基等单元操作都要比糖类制乙醇、生物质制合成燃料效率高得多，流程也更简单；同乙醇燃料相比，其产品（长链脂肪酸酯或长链烷烃）与石油产品性质更为接近，可以充分利用现行能源供应设施。目前，油脂通过酯交换过程生产的生物柴油已经在世界各地广泛应用。微藻生产油脂的效率远高于传统油料作物，在特定的培养条件下具有超强的油脂积累能力。微藻和常见的油料作物产油能力比较如表14-1所示（Chisti，2007；DOE，2009）。

表14-1　几种常见油料作物产油能力比较

作物品种	产油能力/(升/(公顷·年))	作物品种	产油能力/(升/(公顷·年))
玉米	172	椰子	2 689
大豆	446	油棕	5 950
油菜	1 190	微藻*	58 700 ~ 136 900
麻疯树	1 892	微藻**	9 370 ~ 37 480

* Chisti 估计值

** 美国藻类燃料技术路线图估计值

传统陆生作物的油脂仅在特定部位（如种子）积累，而微藻是单细胞生物，整个细胞都可以产油，因此专门产油的微藻油脂生产能力远高于陆生作物，其积累的油脂可占整个细胞干重的50%以上（Hu et al.，2008），最高可超过80%（Chisti，2007）。几种产油微藻的含油率详见表14-5。

5）生长周期短

传统作物通常一年可收获1~3次，其生长周期长而收获时间很短，对生物质利用设施的处理能力与储存能力提出了较高的要求。相比而言，微藻生长周期短，一个收获期仅需1~10天，便于大规模连续生产（Schenk et al.，2008）。同时，微藻生物体结构简单，繁殖速率快，因此育种过程周期短，并易于运用基因改进、遗传工程等先进生物技术手段进行改造，可以更有效地培育优良品种。

6）不与其他作物竞争资源

微藻能源是受资源限制最低的生物质能源（Sheehan et al.，1998），资源问题不会成为微藻能源发展的障碍。微藻生长不需要肥沃的土地，可利用滩涂、盐碱地、荒漠等不宜耕种的土地生产，不会同耕地以及草地、林地等生态系统竞争土地资源。尽管微藻属水生物种，生长过程需要大量的水作培养介质，但微藻适应性强，可利用废水、海水等品质较差的水资源作为培养介质，且培养用水可以循环利用，不会对工农业生产和生活用水产生影响，并可以吸收富营养水体中的氮、磷从而改善水质，大量种植则有助于遏制全球水体富营养化的趋势。有些培养微藻的工艺过程还具有污水净化和海水淡化的效果，如 Aquaflow Bionomic 宣称其微藻能源技术可以用于污水处理，Algenol Biofuels 利用海水培养微藻生产乙醇同时副产淡水，宣称每生产 1 吨乙醇同时可得到 1 吨淡水。

7）产品系列丰富，副产品附加值高

除了生产油脂，微藻还可以根据需要生产醇类、烃类、热解油、合成油、氢、沼气等燃料，提取油脂后的剩余物还可以继续生产燃料或根据藻种特性用于生产食品、微藻蛋白、DHA、饲料、食用色素、颜料、肥料、土壤调节剂、抗氧剂、食品添加剂等副产品，从而降低能源生产成本，提升产业链价值。

14.1.2.3 微藻能源产业化的障碍

微藻燃料以其诸多优点而常常被称为“第三代”生物燃料，但目前发展水平与工业生产仍有相当距离，在相关理论、技术、工程实践方面均存在较多难题需要解决，其发展前景充满了未定之数。如 IEA 的藻类燃料白皮书认为，微藻燃料替代石油燃料是一个渐进的过程而不是一个革命性的转变（Ralph，2008）。多种因素决定了微藻燃料的研究必然是高技术、高投入、高风险，因此，尽管微藻能源相关研究开展较早，但 2007 年以前各国很少在微藻能源研究领域部署重大研究项目。2007 年以来，石油价格进一步飙升，达到当初 ASP 项目预期微藻能源能够盈利的石油价格水平，微藻能源因此得到越来越多关注，但商业化仍然存在较大障碍。

1）基础理论问题

目前，对于微藻的光合作用机制、细胞内代谢机制、油脂产生原理等基本理论问题尚未完全搞清楚，微藻优良品种培育和微藻培养缺乏有效的理论指导，相关研究进展缓慢。如微藻培养过程中控制微藻产油的“脂类开关”，通常认为胁迫性条件（如营养缺陷或光胁迫等）可以启动这些开关，但多数实验表明，伴随着脂类转化率的提升，微藻生物量产量急剧降低，微藻中油脂含量的增加往往并不能使微藻整体油脂产量的提高；如何协调细胞生物量与油脂含量以提高油脂产率，需要从理论上对生物量的合成与脂类代谢的关系及其调节机制进行进一步的研究。

2）技术问题

相对于生物能源，如纤维素乙醇技术，主要是加工过程技术，其生物量资源（秸秆等纤维质原料）的问题不需要该技术本身去解决。微藻能源的最大不同是需要花大力气解决生物量资源（微藻培养）问题。其生物量获得（微藻培养）是前提，技术与系统复杂程度比纤维素乙醇高得多。目前，微藻能源所涉及的绝大多数技术在其他相关领域甚至很成熟，培养微藻生产营养品和其他高价值产品已经是商业化的技术，因此，利用这些现有的相关技术建立微藻能源生产流程和进行工艺可行性验证并不困难，这也是近年来微藻能源示范项目快速推进的原因。但是，能源产品的特征是大规模、低价值，这就要求微藻能源的生产工艺必须最大限度地降低成本。同时，能量平衡也是一个相当重要的指标——能源项目必须保证能量的净产出。微藻能源生产过程能耗较高，如培养过程能耗约为产品能量的22% ~60%，采收过程能耗约为产品能量的3% ~9%，后续加工过程能耗约为产品能量的15% ~30%（van Beilen, 2010）。此外，许多很成熟的技术由于能耗过高而并不适合在微藻能源领域应用。例如，传统的离心分离和干燥，其单元过程的能耗已经超出了所处理微藻的能量产出，这样的技术应尽量避免用于微藻能源的生产。能耗直接关系到生命周期的温室气体排放，有的研究甚至认为，微藻能源在排放方面甚至不如传统的陆生作物（Clarens et al., 2010）。这就决定了微藻生物能源的技术不能照搬采用化工单元技术，而必须结合微藻资源特点和能源产出特点，通过创新设计与技术集成，最大限度地减少能耗和降低成本。

3）经济性问题

微藻生物能源产业化的所有的问题其实都可以归结为经济性问题。例如，开放池培养微藻，每吨藻粉（如螺旋藻、小球藻等）成本2万~5万元/吨（李元广等, 2009），这些技术在微藻营养品生产领域已经商业化，但因生产成本远高于石油燃料而导致这种技术在能源生产领域是“不成熟的”。1996年美国能源部中止ASP项目的根本原因在于当时微藻能源的生产成本过高。到目前为止，微藻能源的经济性依然无法同石油燃料竞争。图14-2是美国藻类能源技术路线图总结的一些微藻能源成本估算，可以看出，绝大多数估算成本在10美元/加仑（420美元/桶）以上，远远高出了石油燃料的成本。目前尽管一些微藻专业公司给出了80美元/桶甚至50美元/桶的估算价格，但由于具体的计算细节不清楚，这些估价的可信度尚需商榷。通过二氧化碳减排、废弃资源处理（如废水中的碳、氮、磷等利用）、高价值副产品等是有效降低或抵消微藻能源生产成本的手段。但二氧化碳减排的量同技术水平密切相关，产品中的碳与所吸收二氧化碳中的碳并不简单是1∶1的关系；当高附加值产品产量与能源产品产量成一定比例关系时，其“高附加值”将不复存在。因此这些解决方案都是权宜之计，需要从根本上提高微藻能源经济性，提出整体、系统的解决方案。

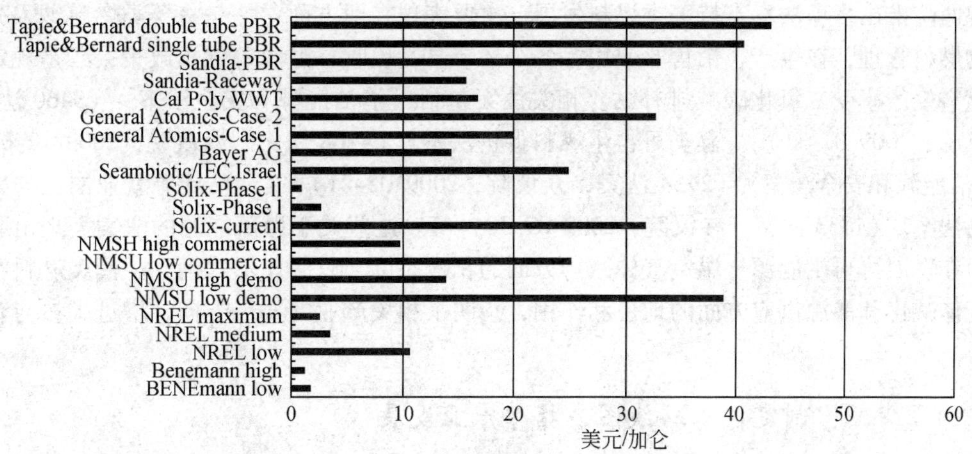

图14-2　一些机构对微藻生产油脂（脂肪酸甘油酯）的成本估算（DOE, 2009）

14.2 各国微藻能源发展动态

14.2.1 美国

美国是微藻能源发展最为积极的国家。近年来随着石油供应及温室气体减排压力日趋严重，美国的《能源独立和安全法案（2007）》（*EISA 2007*）提出了更具挑战性的可再生能源发展目标，要求到2022年可再生燃料产量要达到360亿加仑，其中至少210亿加仑必须为先进生物燃料。分析认为，微藻液体燃料将是除纤维素乙醇之外的实现EISA提出的210亿加仑的先进生物燃料目标最重要的燃料，因此微藻能源重新纳入能源部生物质能项目。美国微藻能源产业加速发展的另一个因素是金融危机。美国政府为应对金融危机制定了庞大的投资计划，微藻能源产业因而获得大量资助。例如，2009年5月美国总统奥巴马和能源部部长朱棣文宣布在《美国复苏和再投资法案》（*ARRA*）框架下投资8亿美元支持生物燃料的研发，2009年12月美国能源部和农业部决定以《美国复苏和再投资法案》名义联合资助19个整合生物质精炼项目等，这些投资中，用于推动微藻燃料的研发和商业化应用的资金占据了相当重要的份额。微藻生物能源（燃油）技术已成为全球可再生能源研究的前沿和热点领域，尤其成为西方发达国家以新能源拉动经济发展的重点投资方向。

14.2.1.1 立法将微藻能源纳入新能源管理体系

2008年以来，美国面临越来越严峻的能源供应和温室气体减排压力，涌现出众多微藻能源项目，原有能源相关法律体系中有关微藻的内容不够完善和系统，有迫切的立法需求。结合清洁能源、能源安全、温室气体减排等领域的发展需求，2009年美国参议院和众议院两院推出多项法案支持藻类燃料发展，主要表现在两方面：一是将藻类燃料纳入先进生物燃料管理，在生产、销售、使用等各个环节享受税收、财政等优惠政策；二是规定藻类燃料生产享受二氧化碳减排补贴。相关法案包括《清洁能源和安全法案》（3460法案，众议院，2009-07-31）、《藻类可再生燃料促进法案》（4168法案，众议院，2009-12-01）、《清洁能源和安全法案》（2454法案，众议院，2009-05-21）、《清洁能源就业岗位与美国电力法案》（1733法案，参议院，2009-09-30）等。这些关于微藻能源的法案表现出联邦政府在发展可再生能源、温室气体减排方面的积极态度，以法律形式确立了藻类燃料在温室气体减排和能源供应方面的地位和作用，指明了相关产业的发展方向，增进了参与者的信心。

14.2.1.2 制定技术路线图，指导产业发展

美国能源部下属能效与可再生能源办公室的生物能源项目办公室于2008年12月9～10日组织各行各业专家召开国家藻类生物燃料技术路线图研讨会，目的是发现和探讨目前阻碍微藻燃料工业化生产的关键问题，明确发展微藻燃料的重点领域和技术障碍。研讨

会认为，应当提出一个全面的发展路线图，以总结藻类生产燃料技术发展现状，确定微藻燃料商业化所面临的技术经济挑战，并试图解释微藻燃料作为交通燃料的应用所造成的经济和环境影响。

2009 年 7 月 3 日，美国能源部发布了《国家藻类生物燃料技术发展路线图（草案）》(DOE, 2009)，路线图中提出了微藻能源技术发展优先次序和目标，阐明了微藻基础生物学研究和微藻的培养、收获、干燥、提取、加工、转化技术等各个环节研究现状、存在问题、技术障碍和发展方向，提出了微藻能源发展工艺技术、标准、法规和政策等方面的需求及发展目标。路线图的推出彰显美国政府在美国微藻能源发展上的决心，对相关产业发展起指导作用。

路线图同时认为，微藻燃料的技术方面的障碍涉及多个学科和工程领域，是微藻能源发展的重大挑战。针对这些障碍，路线图同时提出相关领域的研究重点建议和政府资助方向建议。微藻燃料能够持续、稳定生产并在经济上能够和石油燃料竞争还需要许多年的基础和应用研发工作，以克服目前所面临的技术问题。实现微藻燃料商业化，技术和工程方面的进展都很关键，各个方面的研究必须加速进行才能在较短时期内取得预期成果。实现这个目的需要政府相关部门、国家实验室、私营企业、研究单位以及所有利益相关者的积极参与和分工合作，需要大量的投资。

14.2.1.3 研发计划与项目

1）美国能源部资助的微藻能源项目

2008 年 9 月，美国能源部向美国高校的 6 个生物燃料项目提供了 440 万美元的资助，其中 3 个项目与微藻能源相关（表 14-2）。

表 14-2 美国能源部三个有关微藻能源的项目

承担单位	研究内容	项目目标
蒙大拿州立大学 犹他州立大学	项目将在现有开放池塘中测试产油微藻的生长特征和油脂产量，确定最佳藻种和最有效的生物精炼设计	提高微藻的油脂含量，鉴定高油产率的野生种群
佐治亚州立大学	利用家禽养殖业垃圾作为低成本培养物的来源，开发供微藻持续性生长的培养基传输系统。另外，该项目重点开发开放池塘中的微藻采收和加工工艺，以及生物燃料和其他微藻副产品的后续处理工艺	开发为产油微藻系统提供培养基的新方法，及微藻生物燃料生产系统
缅因大学	利用本地可获得的原料，如纸浆提取物和海藻泥，转化发酵成为中间产品和燃料乙醇	测定在中高温条件下，高潜能微生物的最佳产量和产率

2009 年，在《美国复苏与再投资法案》框架下，美国能源部于 7 月 16 日宣布资助 8500 万美元发展微藻生物燃料以及适用于现行基础设施的先进生物燃料。其中在微藻生物燃料领域，美国能源部将部署 1 ~ 2 个 2500 万 ~ 5000 万美元的项目，重点研究三方面的技术：不同种类微藻的培养；从微藻收获和萃取脂类和碳水化合物；微藻转化生产生物燃料的技术。

2009 年 12 月，美国能源部和农业部决定以《美国复苏与再投资法案》的名义联合资助 19 个整合生物质精炼项目，其中，Sapphire Energy 得到能源部 5000 万美元资助和农业部 5450 万美元担保贷款，用于在新墨西哥州南部建设商业规模微藻燃料示范工厂，使用微藻池培养微藻并将其精炼为不同用途的生物燃料。Algenol Biofuels 获得能源部 2500 万美元资助用于在得克萨斯建设海水培养微藻直接生产乙醇的年产 10 万加仑的示范工厂。Solazyme 获得能源部 21 765 738 美元的资助用于在宾夕法尼亚建设微藻示范工厂已验证商业化的经济性。Honeywell's UOP 所获资助的项目也与微藻相关。19 个项目中与微藻有关的项目所获资助情况如表 14-3 所示。

表 14-3 微藻燃料获资助的项目

资助对象	资助金额/美元		示范内容	项目位置
	DOE	其他		
Sapphire Energy	50 000 000	85 064 206	培养微藻并生产航空燃料等各种液体燃料	Columbus, NM
Algenol Biofuels	25 000 000	33 915 478	海水培养微藻直接乙醇	Freeport, TX
Solazyme	21 765 738	3 857 111	验证微藻燃料经济性	Riverside, PA
Honeywell's UOP	25 000 000	6 685 340	利用农业剩余物、木质生物质、能源作物、微藻等原料生产汽柴油、航空燃料的绿色燃料	Kapolei, HI

资料来源：Biofuels Digest (2009)

2010 年 1 月中旬，美国能源部部长朱棣文宣布将《美国复苏与再投资法案》中的 8000 万美元用于生物燃料研究和清洁可持续运输部门的燃料基础设施建设。其中国家高级生物燃料和生物基产品联盟（NAABB）得到资助金额 4400 万美元，由 Donald Danforth 植物研究中心牵头，NAABB 将会建立一个微藻生物燃料和生物基产品商业化可持续发展的系统，将公司、大学和国家实验室的资源整合后，共同解决微藻生物燃料成本、资源使用效率、温室气体排放和商业化可行性等方面的障碍，发展可增加微藻生物量和油脂产量、收获效率、提取工艺及高附加值副产物的科学和技术。

2）美国国防部推动的微藻航空燃料项目

美国国防部于 2008 年年底宣布投入 2000 万美元进行微藻生物柴油研究工作，主要目的在于在 2010 年前使基于海藻的生物质燃料实现商业化并成为 JP-8 喷气燃料的替代品，该项目参与机构遍布美国，包括加利福尼亚理工学院圣迭戈分校斯克里普斯海洋研究所、夏威夷生物能源研究所以及北达科他大学能源环境研究中心等。

3）美国生物质能项目计划部署的基础研发和示范项目

美国生物质能项目计划利用 1.1 亿美元支持重点项目的基础研究，具体依据以下方式进行分配：2500 万美元用于通过科学生物能源研究中心办公室扩大可利用的资源库，支持后续研究，并建立面向用户的工厂/小规模的综合中试厂；3500 万美元用于组建一个高级研究团队，开发新技术，并通过竞争性招标方式促进与基础设施兼容的生物燃料示范进程；5000 万美元用于创建微藻生物燃料联营企业，通过竞争性招标加快微藻生物燃料示范点建设。这项资助将有助于开发最前沿的转化技术，包括产生所需的催化剂、燃料生产型微生物和原料。

4）大型可再生能源项目将微藻能源作为重点支持的内容

此外，一些大型可再生能源项目也将微藻能源作为重点支持的内容，例如，2009 年 5 月美国能源部投资 4.8 亿美元用于中试和大规模综合生物精炼的项目，2009 年 10 月美国能源部下属的美国研究计划局能源部项目投资 15 100 万美元用于突破能源领域技术瓶颈的项目等，都有涉及微藻能源研究的内容。

14.2.2 其他国家和地区发展动态

由于发展的不确定性因素较多且没有较深入的前期研究，其他国家和地区对微藻能源的重视程度远不及美国，但一些国家和地区最近也开始关注微藻能源产业的发展，提出相关政策支持，部署重点研究项目。

14.2.2.1 欧盟国家

1）欧盟指令将藻类纳入支持发展的生物质原料

在发展新能源替代化石能源、削减二氧化碳的问题上，欧盟态度更为积极，提出了具有挑战性的减排战略目标——到 2020 年将温室气体排放量在 1990 年的基础上至少减少 20%，在 2050 年减少 60%~80%。为了实现这个目标，欧盟强调发展可再生能源，尤其重视生物液体燃料对交通燃料的替代，提出了 2020 年生物燃料在交通能源消耗中所占比例提高到 10% 的目标。欧盟生物柴油应用广泛，目前是全球生物柴油生产量和使用量最大的地区。欧盟将藻类列入重点支持的生物质原料，如 2009/28/EC 欧盟指令（推动可再生资源生产能源的指令，2009 年 4 月发布）第 89 条指出，欧盟成员国应当鼓励发展生物燃料，包括利用废弃物、残渣、非粮纤维素原料、木质纤维原料和藻类等各种原料，并鼓励投资研究和发展相关的可再生能源技术。

2）英国碳信托公司的微藻生物燃料激励计划

2008 年 10 月，英国碳信托（Carbon Trust）公司启动了微藻生物燃料公共资助项目"微藻生物燃料激励计划"（Algae Biofuels Challenge）。该项目计划将耗资 2000 万 ~ 3000 万英镑，目标是通过技术研发降低微藻生物燃料成本，于 2020 年前实现商业化利用微藻生产运输燃料。项目分两个阶段，第一个阶段重点是基础研究，第二个阶段是中试规模示范。该公司认为微藻燃料替代潜力巨大，到 2030 年微藻生物燃料将有可能取代每年约 700 亿升用于道路交通和航运的化石燃料，相当于全球每年喷气飞机燃料消耗量的 12% 或者道路交通燃料的 6%。

3）BioMara 项目支持藻类能源研发

2009 年 4 月，英格兰 - 爱尔兰联合研究项目 BioMara 项目启动。项目由欧盟资助 600 万欧元，目的是筛选鉴定出最适合生物燃料生产的藻种。项目由苏格兰海洋科学协会主持，参加单位包括斯特拉斯克莱德大学、阿尔斯特大学、昆斯大学、邓多克技术研究所和斯莱戈技术研究所等。BioMara 项目工作主要分为以下四部分：

- 经济和社会影响。子项目分别是成本 - 收益微观经济分析、苏格兰和北爱尔兰发展海洋生物燃料工业的宏观经济影响、系统的经济技术评估与选择。

- 微藻藻种及培养收获。子项目有微藻培养物的筛选、通过流式细胞仪技术选育产油微藻和超级产油菌株、微藻油脂成分分析、微藻培养条件的优化。
- 海洋生物质（如海草）燃料。包括海草（巨型藻类）的培养、厌氧培养、生物乙醇生产研究。
- 燃料下游加工过程。

14.2.2.2 巴西

受益于优越的气候条件和丰富的土地资源，巴西是目前世界上唯一能够使燃料乙醇获得经济利益的国家，生物燃料在全国能源消费结构中所占比例已经超过了40%。巴西同时鼓励生物柴油的推广，制定了普通柴油中强制性添加至少2%的生物柴油的法令。巴西的生物柴油产业近年来快速发展，2008年生物柴油产量超过100万吨，居世界第四位。

为了解决生物柴油的资源问题，2008年，巴西政府分派280万美元免税额度用于开发使用水产养殖产品或是微藻产品生产生物柴油。巴西政府意图资助的研究领域包括：开发低成本微藻养殖技术，以作为生产生物柴油的原料；研究评估不同微藻种类的潜力；研究养殖微藻加工生物柴油的经济可行性；研究低成本、高效率的微藻采收和藻油萃取加工过程。

14.2.2.3 澳大利亚

澳大利亚是开展微藻能源研究较早的国家之一。早在20世纪70年代，澳大利亚联邦科学与工业研究组织（CSIRO）就开始了微藻能源相关研究工作（Regan，1983），近年来随着油价升高及温室气体排放压力增大，微藻能源在澳大利亚重新受到重视（Campbell et al.，2009）。

1）澳大利亚生物能源路线图鼓励微藻替代燃料

2008年底，澳大利亚提出了生物能源路线图，认为包括微藻在内的生物固定二氧化碳具有巨大的减排潜力，政府应当大力推行生物固碳，将其作为和地质固碳同等重要的可选方案，并呼吁政府支持生物固碳计划。此外，微藻还可通过生产具有市场潜力的下游产品，如生物柴油、生物乙醇和动物饲料等，提高项目的经济性。

2）澳大利亚第二代生物燃料科研与发展项目

2009年8月，澳大利亚政府宣布投资1210万澳元支持7个第二代生物燃料科研与发展项目，其中有两个与微藻生物燃料相关的项目：①南澳大利亚科研与发展研究所、Flinders大学和CSIRO获得227万澳元的资助，目标是建立一个微藻生物燃料精炼中试工厂。②墨尔本大学获得100万澳元的资助，研究如何充分利用电厂排放的二氧化碳为原料生产微藻生物燃料。

14.2.3 中国微藻能源发展动态

我国在微藻能源领域的研究起步相对较晚，但发展迅速。近年来，以中国科学院各研究所为代表的相关研究机构已在微藻能源方面开展了大量研究工作，科技部、国家海洋

局、上海市科学技术委员会等政府机构对微藻能源研发项目予以资助，国内一些企业也开始参与微藻的研发计划。

1）中国科学院启动“太阳能行动计划”

2009 年 1 月，中国科学院在 2009 年度工作会议上正式批准启动“太阳能行动计划”（柯文，2009），微藻能源是其中的重要组成部分（太阳能行动计划执行专家组，2009）。该计划意图探索利用高光效微藻生产生物柴油的一系列关键技术，研究包括产油微藻菌株的选育、光合作用、油脂积累、基因改造、大规模培养、油脂提取和精炼等。

2）中国科学院与中石化合作开展微藻生物柴油成套技术研究

2008 年 1 月，中石化（中国石油化工集团公司）与中国科学院签订《全面战略合作协议书》，在此框架下，2009 年 2 月双方经过协商决定合作研发“微藻生物柴油成套技术”，规划近期要完成小试研究；2015 年前后实现户外中试装置研发；远期将建设万吨级工业示范装置。

3）微藻概念企业开始运作

目前开展微藻能源示范的企业有新奥科技发展有限公司（河北）、中石化、海南洋浦绿地能源科技有限公司（外资企业）（海南）、金骄集团有限公司（内蒙古）、兆凯生物工程研发中心（深圳）有限公司以及大祺生物能源有限公司（嘉兴）等（李元广等，2009），其中，新奥科技发展有限公司承担的“二氧化碳－油藻－生物柴油关键技术研究”项目，获科技部“863”计划 1920 万元资金支持（徐洁惠，何云霞，2009），是目前国内微藻研究国家资助力度最大的项目。一些企业已经开始建设示范装置，如表 14-4 所示。

表 14-4　国内开展微藻生物柴油技术示范的企业

主要机构及主要工作单位名称	主要工作
新奥科技发展有限公司（河北）	利用管道式及平板式光生物反应器从事能源微藻培养的中试、能源微藻分子生物学改造研究等
兆凯生物工程研发中心（深圳）有限公司	深圳市政府引进美国工程院院士、夏威夷大学王兆凯，在深圳市龙岗区海洋生物产业园培养硅藻
金骄集团有限公司（内蒙古）	在内蒙古科技厅支持下，于 2008 年下半年开始设计光生物反应器，并在包头市进行能源微藻的大规模培养
洋浦绿地能源科技有限公司（海南）	启动微藻生物柴油产业化项目，该项目投资总额 2980 万美元，2008 年初已进入项目建设期，整个项目建成投产后将形成年产生物柴油 30 万吨、副产品植物性蛋白 70 万吨及甘油 3 万吨的生产能力
大祺生物能源有限公司（嘉兴）	拟利用沼液中的氮、磷和二氧化碳废气在新型封闭式大池中培养能源微藻

资料来源：李元广等（2009）

14.3 微藻能源重点技术领域及其进展

14.3.1 藻种选育

能源微藻藻种选育至少需要考虑其生长生理、代谢产物和藻株稳定性 3 个基本方面。根据培养方式、目标产物的不同，微藻藻种选育原则也有所差异。一般而言，优良的藻种应具有较高的产量、较强的适应能力和较易的燃料转化能力等 3 个基本特征，如以产油为目标，则还需要微藻具有较高的油脂含量。开放式培养对微藻选育的要求更为高一些，要考虑到微藻在自然条件下的生长能力，同时还要比封闭式培养的微藻有更强的生存竞争能力以及抗病害能力。大规模的取样与育种研究中，要选育适应不同环境的藻种，以适应生产中对不同培养环境、代谢途径和代谢产物的需要。同时还要考虑微藻随季节分布变化情况以及在同一水域中不同位置对微藻种类分布的影响。传统的微藻筛选使用富集培养法，藻种分离时间长，效率低下，并且经常重复筛选出已有的藻种。微藻能源所需藻种比其他用途限制条件更多，需要大规模、高效率进行藻种筛选，传统微藻筛选方法已经不能满足微藻能源产业发展要求，需要发展高通量自动筛选技术，如荧光活化细胞分拣法（FACS）（Surek et al.，2004）等先进方法。

世界上多个实验室已经筛选到大量各种类型的藻株，并建立了藻种库。例如，美国的得克萨斯大学保存有约 3000 种、国家海洋浮游植物保藏中心（CCMP）保存藻种 2500 多种，日本的国家环境研究所（NIES）保存约 2150 种，澳大利亚联邦科学与工业研究组织（CSIRO）保存约 800 种，葡萄牙的科英布拉大学保存约 4000 种，德国 Goettingen 大学（SAG）保存 2213 种（Mata et al.，2010；DOE，2009），中国淡水藻种库保存了 800 多种（中国科学院水生生物研究所）。

相关研究工作发现了大量可产生油脂的藻种。例如，美国的 ASP 项目从 3000 多种微藻中筛选出约 300 株的产油藻种（大部分属于绿藻和硅藻），在夏威夷大学建立了世界上第一个产油藻种库。中国产油微藻选育研究起步较晚，但发展迅速，目前已经筛选出富油富烃微藻 66 株（范晓蕾等，2009）。表 14-5 为研究较多的一些产油微藻藻种（Mata et al.，2010）。

表 14-5 不同种类微藻的产量与含油率

微藻品种	干基含油率（质量分数）/%	油脂产量 /（毫克/（升·天））	生物质产量	
			单位体积产量 /（克/（升·天））	单位面积产量 /（克/（米^2·天））
Ankistrodesmus sp.	24.0～31.0			11.5～17.4
Botryococcus braunii	25.0～75.0		0.02	3
Chaetoceros muelleri	33.6	21.8	0.07	
Chaetoceros calcitrans	14.6～16.4/39.8	17.6	0.04	

续表

微藻品种	干基含油率（质量分数）/%	油脂产量/（毫克/（升·天））	生物质产量	
			单位体积产量/（克/（升·天））	单位面积产量/（克/（米^2·天））
Chlorella emersonii	25.0 ~ 63.0	10.3 ~ 50.0	0.036 ~ 0.041	0.91 ~ 0.97
Chlorella protothecoides	14.6 ~ 57.8	1214	2.00 ~ 7.70	
Chlorella sorokiniana	19.0 ~ 22.0	44.7	0.23 ~ 1.47	
Chlorella vulgaris	5.0 ~ 58.0	11.2 ~ 40.0	0.02 ~ 0.20	0.57 ~ 0.95
Chlorella sp.	10.0 ~ 48.0	42.1	0.02 ~ 2.5	1.61 ~ 16.47/25
Chlorella pyrenoidosa	2		2.90 ~ 3.64	72.5/130
Chlorella	18.0 ~ 57.0	18.7		3.50 ~ 13.90
Chlorococcum sp.	19.3	53.7	0.28	
Crypthecodinium cohnii	20.0 ~ 51.1		10	
Dunaliella salina	6.0 ~ 25.0	116	0.22 ~ 0.34	1.6 ~ 3.5/20 ~ 38
Dunaliella primolecta	23.1		0.09	14
Dunaliella tertiolecta	16.7 ~ 71.0		0.12	
Dunaliella sp.	17.5 ~ 67.0	33.5		
Ellipsoidion sp.	27.4	47.3	0.17	
Euglena gracilis	14.0 ~ 20.0		7.7	
Haematococcus pluvialis	25		0.05 ~ 0.06	10.2 ~ 36.4
Isochrysis galbana	7.0 ~ 40.0		0.32 ~ 1.60	
Isochrysis sp.	7.1 ~ 33	37.8	0.08 ~ 0.17	
Monodus subterraneus	16	30.4	0.19	
Monallanthus salina	20.0 ~ 22.0		0.08	12
Nannochloris sp.	20.0 ~ 56.0	60.9 ~ 76.5	0.17 ~ 0.51	
Nannochloropsis oculata	22.7 ~ 29.7	84.0 ~ 142.0	0.37 ~ 0.48	
Nannochloropsis sp.	12.0 ~ 53.0	37.6 ~ 90.0	0.17 ~ 1.43	1.9 ~ 5.3
Neochloris oleoabundans	29.0 ~ 65.0	90.0 ~ 134.0		
Nitzschia sp.	16.0 ~ 47.0	8.8 ~ 21.6		
Oocystis pusilla	10.5			40.6 ~ 45.8
Pavlova salina	30.9	49.4	0.16	
Pavlova lutheri	35.5	40.2	0.14	
Phaeodactylum tricornutum	18.0 ~ 57.0	44.8	0.003 ~ 1.9	2.4 ~ 21
Porphyridium cruentum	9.0 ~ 18.8/60.7	34.8	0.36 ~ 1.50	25
Scenedesmus obliquus	11.0 ~ 55.0		0.004 ~ 0.74	
Scenedesmus quadricauda	1.9 ~ 18.4	35.1	0.19	
Scenedesmus sp	19.6 ~ 21.1	40.8 ~ 53.9	0.03 ~ 0.26	2.43 ~ 13.52

续表

微藻品种	干基含油率（质量分数）/%	油脂产量/（毫克/（升·天））	生物质产量	
			单位体积产量/（克/（升·天））	单位面积产量/（克/（米^2·天））
Skeletonema sp.	13.3 ~ 31.8	27.3	0.09	
Skeletonema costatum	13.5 ~ 51.3	17.4	0.08	
Spirulina platensis	4.0 ~ 16.6		0.06 ~ 4.3	1.5 ~ 14.5/24 ~ 51
Spirulina maxima	4.0 ~ 9.0		0.21 ~ 0.25	25
Thalassiosira pseudonana	20.6	17.4	0.08	
Tetraselmis suecica	8.5 ~ 23.0	27.0 ~ 36.4	0.12 ~ 0.32	19
Tetraselmis sp.	12.6 ~ 14.7	43.4	0.3	

在水生物种计划中，研究人员发现了一些有价值的产油藻种，但是没有一株具有工程化所需的所有特点，如微藻生长速率，尽管微藻培养过程中瞬时生长速率曾达到 50 克/（米^2·天），但全年平均速率仅为 10 克/（米^2·天）左右，远不能达到工业化要求；更严重的是，研究中发现有些有益特征是互斥的，如高产量与高含油率，如果一种藻种具有高产的特点，那么很难再有高含油的特点（Sheehan et al.，1998）。目前已经发现大量的产油藻种，但天然藻种在光合作用效率、生长速度、抗逆性和能量产出等方面仍无法满足大规模经济生产的需要（范晓蕾等，2009），需要进一步进行良种培育。

微藻育种技术包括选择育种、诱变育种、细胞融合育种、基因工程育种（梁英等，2008）。随着微藻生物学相关研究的不断深入，利用现代分子遗传技术对藻株进行遗传改造成为可能，可以有针对性地对藻株的特定性状进行改进，从而将育种周期大大缩短，并且极大降低了风险性，因而近年来人们越来越倾向于利用该技术对微藻进行光合效率、生长速度、抗逆性以及能源产品产量等相关性状的改良研究。20 世纪 90 年代首次发现了影响微藻光合作用的第一个乙酰辅酶 A 羧化酶基因样本（Roessler et al.，1993），并首次利用转基因技术培育了 *C. cryptica* 和 *Navicula saprophila* 两株具有产油潜力的转基因微藻（Dunahay et al.，1995）。迄今为止，虽然转基因微藻的商业应用还未见报道，但一些通过基因工程改造的微藻已经显现出商业化的潜力（范晓蕾等，2009）。转基因微藻面临的最大问题是富油真核微藻的遗传操作体系不成熟。目前遗传操作体系比较成熟的是莱茵衣藻，但不含油。因此，通过系统生物学技术认识富油微藻的生理生化机制，建立富油真核微藻的遗传操作体系，对于获得适于工业化应用的工程优质藻种具有重要意义。

14.3.2 微藻的培养

14.3.2.1 培养方式的选择

目前世界上没有商业化的以燃料为目的的微藻培养项目，只有一些生产高附加值微藻食品的为主的微藻养殖企业，年产量折合干藻粉约 2 万吨（李元广等，2009）。

微藻的培养方式主要有两种，一是选育高产藻种，构建单一培养体系。这种方法可以实现高产并得到最大数量的目标产物（如油脂等），缺点是不够稳定，藻种容易被污染，需要额外的投资除掉影响微藻正常生长的杂菌和病原体、以微藻为食的其他生物等。二是构建一个混合藻群形成稳定的生态群落，或者直接利用自然界中现存的混合藻群，并创造条件使生物量产量达到峰值。这种方式可以避免前一种方式的缺点，但产物复杂，要求配套的下游工艺能够充分利用产物中的油脂、蛋白质、糖类以及其他成分；同时，这种培养方式对藻种的要求很高，需要选育出适合不同温度、不同水深等条件的藻种。

一些公司和研究者开发了新的培养/采收方式。Livefuel 公司在营养丰富的开放的水体中（如河流入海口）养殖微藻，同时放养滤食性鱼类，然后将鱼类打捞、压榨出油脂用于生产燃料并得到其他副产品。奥本大学的 Ron Putt 提出两种培养方式（Putt, 2007），一种是微藻和鲶鱼的共生系统：鲶鱼的粪便可以为微藻提供养料和碳源，微藻可为鲶鱼提供食物以及清洁的富氧水并除去有害杂质，从而改善整个系统的经济性；另外一种将微藻养殖与畜牧业结合：微藻副产品给畜牧业提供饲料，用禽畜粪便发酵制沼气为微藻培养提供动力和碳源，沼液为微藻培养提供养料，实现废弃物资源综合利用。堪萨斯州立大学的 Zhijian Pei、Wenqiao Yuan 提出一种新的微藻培养方案（ScienceDaily, 2009），利用广阔的海洋培养微藻；他们计划开发一种具有适于微藻生长的表面、可以在水面上漂浮的固体载体用于培养微藻，整套方案还包括在海中收获微藻的设备和油脂提取设备等。Johnson 等（2010）开发了用于培养微藻的载体，并在污水中培养微藻，得到了 2.57 克/(米^2·天)的干生物质产量和 0.23 克/(米^2·天）的油脂产量。结合污水处理培养微藻以改善微藻培养的经济性受到广泛关注，但污水成分复杂，对藻种筛选、培养的稳定性以及成熟微藻采集提出了更高的要求。

14.3.2.2 反应器的选择

微藻培养的反应器主要有两类，一种是开放池（open pond），即模拟微藻天然的生长环境构建敞开式培养设施，或者直接利用天然池塘。目前生产中主要采用跑道式开放池。开放池培养成本相对较低，但是微藻生长所达到的细胞密度较低，某些情况下容易被当地其他微藻侵染，且水蒸发量大（Ugwu et al., 2008）；适合开放池培养的微藻应具有较高的生长竞争优势，但目前适合开放池培养的藻种油脂含量普遍较低。另外一种是封闭式光生物反应器（photobioreactor，PBR），主要应用的有平板式和管道式两种。密闭培养可达到较高的藻细胞密度，不易被杂藻侵染，培养条件易于控制，介质蒸发量小，但反应器造价和运转成本较高，微藻易在反应器壁附着而影响透光性。两类反应器的优缺点如表 14-6 所示。总体上开放池和光反应器目前都不是成熟的技术（Pienkos et al, 2009），需要在规模化生产中做进一步的验证。

表 14-6 开放池与光生物反应器的优缺点比较

项目	PBR	开放池
污染物控制能力	容易	困难
污染风险	低	高

续表

项目	PBR	开放池
无菌状态	可实现	不能实现
过程控制	容易	困难
物种控制	容易	困难
混合程度	完全	很低
操作方式	间歇或半连续	间歇或半连续
空间需求	与生产能力有关	与PBR差不多
比表面	高	低
细胞浓度	高	低
投资	高	低
操作费用	高	低
单位操作费用	比Ponds高3~10倍	较低
光利用效率	高	低
温度控制	容易	难
生产能力	比Ponds高3~5倍	较低
水损失量	与冷却系统设计有关	较高*
微藻承受水压	由高到低分布	很低
培养介质挥发量	低	高
气体传质控制能力	高	低
二氧化碳损失	与介质pH相关	与PBR差不多
碳抑制	存在很大问题	比PBR强
生物质浓度	是Ponds的3~5倍	较低
放大	困难	较易**

*原文为“PBRs ~ Ponds”

**原文为“Difficult”

资料来源：Mata等（2010）

14.3.2.3 微藻培养规模化的技术障碍

微藻规模化培养还处于研究阶段，在培养物稳定性、培养可持续性、培养系统产率的计量标准、水资源的保护及循环使用等方面存在许多问题。

1）碳供应问题

微藻快速生长需要大量的二氧化碳，如果微藻生物量积累速率为20克/(米^2·天)，那么相应的二氧化碳吸收速率约为40克/(米^2·天)，依靠水面自然吸收大气中的二氧化碳仅能达到0.35克/(米^2·天）的传质速率，远远不能满足微藻的生长需要（Putt，2007)。仅靠搅拌或鼓泡的方式强化传质以达到满足微藻高速生长需求的二氧化碳传质速率，其能耗就已经超出了微藻培养的能源产出，因此，必须直接提供浓度较高的二氧化碳

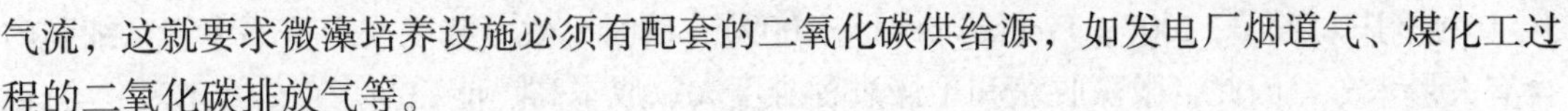

气流，这就要求微藻培养设施必须有配套的二氧化碳供给源，如发电厂烟道气、煤化工过程的二氧化碳排放气等。

2）大规模培养的稳定性

保持微藻培养系统的稳定性首先要保证培养液组成的稳定性。开放式大规模培养微藻将利用如城市生活污水、工业废水等低质的水源以体现微藻能源低水耗的优点，这些水源成分复杂多变，对持续稳定地培养微藻提出了挑战，水中潜在微藻病原体、浮游生物、各种杂质等将对培养系统的稳定性将产生不可预料的影响。

3）培养系统生产能力

高产是微藻能源发展的基础。目前培养系统中微藻远不能达到理论产量，尤其是高产与高含油不能兼得，在适合高产的条件下微藻不能高效地将能量转化为油脂。即使在实验室最优条件下，一般估算所采用的微藻产量的25 克/(米^2·天) 以及50%的含油率也很难实现兼得（DOE, 2009）。提高培养系统产率，需要在微藻生物学基础研究、培养方法和工程学三方面下工夫，能够稳定、廉价、高效率地培养微藻还需相关技术实现突破。

4）培养基营养成分的影响

培养液一般含氮、亚磷酸盐、铁和硅的配比。由于生长速率快，微藻对无机营养需求量很大，从而提高了培养液的成本。同时，如果培养水循环利用，如何控制培养液中成分的稳定性也是一个难题。

对培养基中的营养成分控制至关重要。关键营养短缺会对生物量产生严重影响，但是培养过程中还需要限制某些营养成分的供给，提高微藻的产油率，如利用氮胁迫或硅胁迫的方法提高微藻中油脂含量。

5）水资源的管理、保持和可持续利用

微藻能源的优势之一是可以利用农业不能使用的水资源，如废水、海水。但是水资源的管理使用也是微藻生物燃料生产最大问题之一，如果处理不当会使其成为阻碍微藻燃料发展的因素。

水的蒸发问题。在大型开放式微藻培养系统中，水需求量巨大，且有大量水蒸发散失，导致水质越来越差。封闭式培养设备可以避免水分蒸发，但可能需要额外的能量调节培养液的温度。

水的循环使用问题。微藻培养过程中，生物量会在一天中增加一倍，也就意味着每天需要处理一半的培养液。出于经济性考虑，大部分的废水都要回收，但是盐分和其他化学物质、生物抑制剂等在回收的水中积累，从而影响微藻的生长。

进水和排水的处理问题。进水（地表水、地下水、废水、海水等）可能如果不适合微藻的生长则需要经过净化、消毒等处理过程。另外排水中可能含有盐分、残余的氮磷肥料、毒素、重金属、残留的微藻细胞等，如果将其直接排到当地水体，会影响临近生态系统及生物多样性，而将排水净化则增加了成本和能耗。

14.3.3 微藻收获和干燥

微藻培养液中微藻浓度低，一般开放池的浓度约为0.5~1 克/升，封闭培养的约为

5～10 克/升（Chisti, 2007；Pienkos et al., 2009），同时，微藻密度与水差不多，且细胞内含有大量水分，因此，微藻收获和干燥过程难度大、成本高、能耗高。

目前微藻采收方法主要包括絮凝、过滤、离心、气浮等。这些分离方法原理简单，技术成熟，但成本和能耗相当高，尤其是能耗，一些分离方法（如离心分离）仅分离过程能耗就已经超出了微藻所能提供的能量，就能源生产来说，能耗过大的分离方法没有实际应用价值。

其他采收技术还包括在可移动的介质上固化培养微藻，利用声波（Surek，Melkonian，2004；Guclu-Ustundag et al.，2007）或电场等使微藻在培养液中聚集等，这些方法尚处于研究阶段。用于传统化工固液分离的技术如电渗析、膜分离等技术等曾作为备选方案。

分析表明，由于干燥过程消耗能量过大，目前任何包含微藻干燥过程的采收/提取方案，在能量平衡方面都是不可取的，需要至少微藻所含全部能量的 60%（如图 14-3 所示）。如 Aquatic Biofuels 的年产微藻燃料示范厂，用于干燥微藻而燃烧的天然气可提供微藻培养所需全部二氧化碳的 30%（Tony，2010）。当然可以利用日晒、风干等自然干燥办法，但这将给生产厂选址带来新的问题。降低收获和干燥方面的能耗可从两方面着手解决：一是提高培养液中微藻的浓度和粒度，或者直接在水中将微藻转化为易于分离的物质（如采用在生长中可分泌出油脂到水中、以微藻为食的异养细菌或微藻）；二是开发更有效的分离方法，可以不经过干燥的过程。

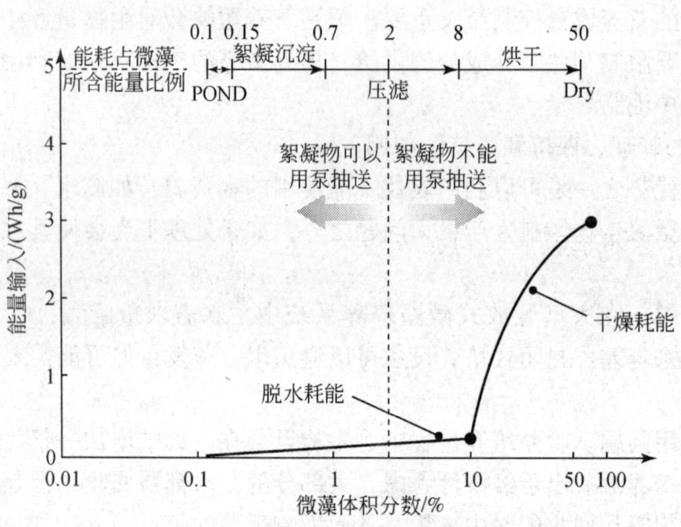

图 14-3　微藻采收、脱水和干燥过程的能耗示意图

资料来源：DOE（2009）

14.3.4　藻油的提取

微藻可以生产高品质的油脂、碳水化合物和蛋白质，这是微藻生产的特点，可以借此生产高附加值产品以降低微藻生产成本，但同时也增加了下游提取工艺的复杂性。微藻提取油脂一般借鉴传统植物油提取技术，但微藻理化特性不同于传统油料作物，从微藻中提

取油脂的工艺和传统的榨油工艺有明显区别。

微藻油脂提取工艺主要有机溶剂混合物油脂萃取工艺、机械破碎工艺、亚临界水提取法、快速溶剂萃取工艺、超临界甲醇/二氧化碳工艺等。因为干燥过程能耗过大，因此作为能源生产的油脂提取更倾向于选择水相萃取过程（Grima et al., 2003）。目前在水相中提取微藻油脂工艺尚达不到工业化要求，但水相萃取工艺已经成为工业萃取和连续萃取工艺研究的新领域。

14.3.4.1 溶剂萃取

溶剂萃取的方法已经广泛应用于实验室中微藻油脂的提取。萃取剂一般采用正己烷、乙醇、丁醇、乙醚、氯仿等，研究发现甲醇/氯仿（体积分数1：2）混合溶剂系统提取效率较高，但是如果有水存在，水会在脂质的表面形成一层保护层，使其难溶于氯仿等弱极性溶剂而致使提取效果变差，因此要求微藻必须干燥，从而增加了成本；此外混合溶剂系统需要高温高压环境以提高萃取效率，但同时也会提高工艺成本。美国ASP计划中曾有人就微藻和大豆提取油脂进行经济性评价，结果表明前者的成本要高3倍以上，主要差距在于微藻脱水和干燥所需的能耗成本高。

提取油脂时，溶剂必须能够透过包围脂质的细胞器与脂质接触，然后将脂质溶解。植物器官的结构会阻止溶液进入细胞器，因此需要在加入萃取剂前，物理破碎细胞。常用的方法有冷冻干燥后研磨、液氮中冷冻后研磨细胞、超声波法、微波法、蛋白珠法等方法。物理破碎工艺可以省去萃取工艺中的高温高压过程。

14.3.4.2 亚临界水萃取法

这一工艺将水加热至临界温度附近，在水的亚临界状态萃取油脂（Ayala et al., 2001）。亚临界状态下，水的极性减弱，可以溶解有机物，同时，水在高温高压状态下更容易进入细胞内部。当水冷却至室温时，油脂和其他有机物溶解度降低，很容易分离出来。亚临界水萃取法具有时间短、提取物质量高、成本低、环境友好等特点，应用于微藻最吸引人的地方是不需要将微藻脱水、干燥。目前，已经有该方法应用于植物组织中提取香精油（Eikani et al., 2007）、微藻中提取功能成分（Herrero et al., 2006）、油籽中提取皂角素（Guclu-Ustundag et al., 2007）等的研究报道。大规模连续生产装置的设计是该方法目前面临的主要问题，需要庞大的加热/冷却系统，过程的能量的回收利用也必须考虑。

14.3.4.3 超临界甲醇/二氧化碳萃取工艺

超临界液体提取工艺将气态物质易传递的特性和液态物质的溶解性相结合，提取效率要大大高于通常的液体溶剂（de Castro et al., 1999）。二氧化碳由于其合适的临界性质（压力72.9标准大气压，温度31.1℃）、低毒、化学惰性等优势，使用广泛。其他液体包括甲醇、乙醇、水、二氧化氮、六氟化硫等都可以考虑作为溶剂（Herrero et al., 2006）。这一方法的最大优点是：在提取过程技术后，提取物质溶解在超临界液态溶剂中，在下游工艺中只要将温度和压力恢复到气态条件，提取物质自然就会与溶剂分离。目前，关于超临界萃取的研究很多，也有用于商业生产的报道，但对于以大规模生产能源为目的的微藻油脂提取过程来说，超临界萃取工艺的能耗和大型化装置是其商业化的最大障碍。

14.3.4.4 快速溶剂萃取技术

快速溶剂萃取（accelerated solvent extraction，ASE）（Richter et al.，1996）利用溶剂在高于其沸点的温度和高压下进行萃取。除了可以提高收率，大大缩短提取时间外，在提取的各个步骤中可以分步除去、提取到产品中所含杂质，从富含油脂的材料中将各种有用的产品分离出来，将油脂从生物样品中分离出来，并且可以直接加入吸附剂提高最终产品的纯度（Peterson et al.，2007）。ASE 技术面临同亚临界水萃取、超临界萃取技术类似的工业化障碍，即装置放大问题和能耗问题。

14.3.4.5 “挤奶式”提取

研究人员使用十碳烷和十二烷等溶剂提取活体细胞中的甘油三酯，不损害细胞的生存能力，提取细胞壁上结合的游离脂肪酸（Hejazi et al.，2002）。理论上，提取油脂后这些细胞可以在生物反应器中继续生长并产生甘油三酯，这就是所谓的“cell milking”技术，这一技术已经获得专利，并在一些生产中小规模应用。该技术的细胞存活率等问题还需要进一步验证，如果可行，这将是一条降低微藻生物燃料生产成本的途径。

14.3.5 微藻生物燃料转化技术

微藻可以转化为氢气、甲烷等气体燃料，也可以转化为液态碳氢化合物和含氧化合物、热解油和焦炭，其中，汽油、柴油和航空燃料等液态交通燃料是主要发展方向。微藻转化为燃料的技术大致分为以下三类：

（1）不通过提取工艺，直接将微藻转化为可再生燃料。

（2）加工处理全部微藻生物质转化为燃料。

（3）加工微藻提取物（如脂质、碳水化合物）生产燃料。

微藻直接生成生物燃料产品的工艺因为减少了加工过程中的操作步骤，而降低了成本（尤其是降低了微藻从水中分离出来的难度），生产工艺也与提取微藻油脂生产生物燃料、特别是生物柴油有很大的不同。主要产品是乙醇、烷烃类和氢气。

14.3.5.1 乙醇

Chlorella volgaris 和 *Chlamydomonas perigranulata* 等微藻可以通过厌氧发酵淀粉类生物质生成乙醇或者其他醇类（Hon-Nami，2006；Hirayama et al.，1998）。微藻可在光合作用过程中生产、贮藏淀粉，也可以直接在培养基中添加糖，在黑暗条件下，通过厌氧发酵，将这些贮藏的碳源转化为醇类。如果微藻产生的醇类可以分泌到细胞外，则可以直接从培养基中提取，省去微藻采收过程浓缩的步骤，可以节省大量成本和能量消耗。

实现这一技术的商业化应用还需要对过程工艺和系统工艺进行大规模改进，提高能效，并通过代谢途径的基因工程改造、代谢流分析、基因组学工具等构建可商业化应用的藻种。

除了乙醇外，还可以生产甲醇、丁醇等，生产工艺类似。

14.3.5.2　烷烃

烷烃也可以通过微藻厌氧发酵途径产生。产生的烷烃理论上可以直接分泌到细胞外进行回收，但实际上还是需要经过微藻的脱水和提取才能回收需要的烷烃。工艺通常采用密闭的塑料管道培养器，不需要阳光，异养培养。

异养培养与典型的光合自养培养技术相比有许多优点。首先，微藻在黑暗中比在阳光下会产生更多的烷烃，因为光合作用途径被抑制，而将糖分转化为烷烃的代谢途径活性增大。其次，微藻生长速率增加。因为不需要顾及太阳光透射率，培养液中微藻密度可以大大提高，也使得脱水工艺更为高效。但异养的最大问题是本身不固定能量，只是一个化学能相互转化的过程。

异养微藻实际的竞争对手是微生物发酵。与微生物发酵纤维素材料生产生物燃料相比，微藻转化纤维素材料生产生物燃料有独特的优点。在木质纤维素生物质预处理、酶解后，会产生一些有毒物质如醋酸盐、呋喃和木质素单体。采用其他工艺时，要在转化步骤之前除去这些有毒物质，但是异养微藻可以耐受这些化合物的存在，因此可省去这一步骤，降低成本。

14.3.5.3　氢气

微藻产氢工艺最早受到关注。根据产氢途径的不同，这一技术可分为直接生物光解产氢、间接生物光解产氢、光发酵和暗发酵四种。

目前面临的问题有质子梯度累积对光合作用合成氢气的限制、二氧化碳对光合氢气的竞争性抑制等。

微藻产氢工艺的发展不仅依赖于技术的发展，如通过基因工程的方法提高微藻光合作用效率和光合生物反应器的提高，还需要考虑经济发展、社会接受程度和全国氢气基础设施的建设发展。

14.3.5.4　使用全部微藻生产生物燃料

对于糖类较多、脂类含量较少的微藻，采收后不经过油脂提取而生产生物柴油也是一个可选择的工艺。这类转化方法包括热解、气化转化生产 FT 合成油和醇醚燃料，发酵生产沼气等，与普通的生物质生产燃料方法类似。由于微藻木质素含量低，同时本身比较细小，与纤维素类生物质相比少了预处理过程中的破碎步骤，具有一定优势。

14.3.5.5　微藻油脂的转化

油脂转化为液体燃料的过程可以说是整个微藻能源技术中难度最低的技术，是目前唯一不存在商业化障碍的环节。微藻油脂与一般的植物油性质差别不大，而植物油生产脂肪酸甲酯已经是成熟的技术，广泛应用于生物柴油的生产。化学催化法是传统的工艺，是目前大多数生物柴油的生产方法，酶催化法、超临界法是新开发的技术，在实际生产中也有应用。

此外，油脂还可以通过加氢、脱羰基的方法除去分子中的氧转化为高十六烷值的直链柴油，目前芬兰的 Neste Oil Corp. 已经有工厂在运作。

14.4 代表性研究机构与企业及相关研发动态

14.4.1 代表性研究机构——美国能源部国家可再生能源实验室（NREL）

2005 年以前，以微藻生产液体燃料为主要目的的研究单位并不多，较早的有美国的 NREL、澳大利亚的 CSIRO、日本的理化学研究所等。随着微藻能源研究热潮兴起，参与微藻研究的研究机构越来越多，如美国桑迪亚国家实验室、国家航空航天局、亚利桑那州立大学、科罗拉多矿业学院、加利福尼亚大学伯克利分校，日本的先进工业科技研究院（AIST）、日本东北大学，澳大利亚的 Western Sydney 大学，中国的清华大学、海洋大学、中国科学院海洋研究所、青岛生物能源与过程研究所等。由于微藻培养、收获、分离等相关技术门槛并不高，微藻生物液体燃料相关研究很容易从微生物培养、生物燃料生产、微藻营养品、微藻制氢等领域转入，但同时也导致相关研究缺乏系统性，技术水平参差不齐。美国的 NREL 最早系统展开微藻生物液体燃料研究，承担了大量研究项目，奠定了微藻生物液体燃料研发基础，并且目前仍有全面的研究方向和整体性的规划。因此，本节重点介绍 NREL 的情况。

14.4.1.1 NREL 简介

美国国家可再生能源实验室隶属于美国能源部，其前身是成立于 1977 年的太阳能研究所，1991 年被认定为国家实验室并改名为国家可再生能源实验室。NREL 是目前国际上微藻研究方面最权威的机构，著名的“水生物种计划”就是以 NREL 为主要承担者展开的。NREL 主要关注可再生能源与能效相关技术研发，涉及先进汽车和燃料、生物质、基础科学、建筑类技术、计算科学、电力基础设施系统、可再生燃料地图和数据、能量分析、地热技术、氢与燃料电池、聚光太阳能发电、光伏技术、风能技术共 13 个研究领域，其中可再生能源发电、可再生燃料、综合能源系统的工程设计与测试、能源战略是重点研究领域。

在生物质能的研究领域，NREL 重点研究把生物质原料如树木、草类、农业残留物、微藻等其他生物质原料转化为燃料，关注生物质特性、生化转化、热化学转化、化学及催化科学、综合生物炼制过程、微藻生物燃料、生物过程和可持续性分析等方面的内容。

14.4.1.2 微藻生物燃料方面研究项目

利用微藻生产交通燃料。NREL 与雪佛龙公司（Chevron Corp.）合作进行藻种筛选和开发工作，用以经济、规模地生产微藻并转化为交通燃料（如喷气燃料等）。合作伙伴：雪佛龙公司。

开发低成本微藻生物燃料。主要内容包括：①开发从微藻中提取生物燃油的低成本方

法，研究热化学转化技术（如利用气化和热解将微藻提取油脂后的残留物转化为燃料以及相关的中间产物）的可行性；②利用微藻大规模生产生物燃料的经济可行性行分析；③开发利用开放池塘生产和采收微藻的低成本方法。合作伙伴：桑迪亚国家实验室，以色列和美国的工业合作伙伴。

建立一个以微藻能源快速、高通量收集为重点的系统。科罗拉多州的生物精炼与生物燃料中心发现了新型微藻菌株，可用来生产生物燃料和生物副产品。合作伙伴：科罗拉多矿业学院（Colorado School of Mines）。

开发基于微藻的喷气燃料。NREL 与美国空军科学研究办公室（AFPSR）合作进行产油绿藻蛋白质组学分析基础研究。这项基础研究将解释微藻产油的基本生物学原理，进而开发廉价生产微藻喷气燃料的技术。合作伙伴：美国空军科学研究办公室。

开发绿藻高频转化方法。NREL 开发通过外源 DNA 高效转化绿藻品种的方法。合作伙伴：新加坡科学技术研究机构。

微藻生物燃料的技术经济评估。该项目研究了微藻作为生物燃料的原料可行性、可用性和技术经济障碍与发展机会等。合作伙伴：美国能源部，桑迪亚国家实验室，Solix 生物燃料公司（Solix Biofuels），新墨西哥州立大学。

开发组合系统生物学系统高性能计算模型。NREL 正在构建化学代谢模型，编制并行软件，对在酶浓度、动力学稳定性等模型参数中微藻代谢过程调控网络进行取样、模拟和优化。该模型重点关注莱茵衣藻生产生物燃料的过程。合作伙伴：科罗拉多矿业学院，卡内基研究所（斯坦福大学）学院，并获得了美国能源部高级科学计算研究办公室、生物和环境研究办公室的支持。

分离、表征光合微藻，并初步评估在美国和加拿大规模化生产生物燃料的潜力。该项目使用 NREL 的高通量荧光激活细胞分选功能，从北部海域和淡水环境中抽取水样以隔离藻株。合作伙伴：美国桑迪亚国家实验室和加拿大国家研究理事会。

确定微藻研发的需求，加速微藻生物燃料的商业化进程。NREL 与桑迪亚国家实验室、美国能源部一起商讨微藻生物燃料技术研发需求和重点，以推动藻类生物燃料的商业化。2008 年 12 月，实验室与美国能源部主办了藻类生物燃料研讨会，邀请生物学、系统和过程工程、藻类培养、藻油提取、燃料生产、基于藻类的副产品、水和土地利用、政策和管理等方面的专家讨论相关事宜。与会者起草了路线图并确定了商业化规模生产藻类生物燃料的技术、政策等方面的需求。

开发全面、高通量的微藻油脂生产评估技术。结合两种先进的化学表征技术——热解分子束质谱（py-BMS）以及近红外光谱，构建高通量自动化分析平台对微藻油脂生产进行分析表征，为微藻多元化分析提供光谱数据。

开发蓝藻生产生物柴油的遗传模型。在生产脂类方面，蓝藻不是理想的备选物种，因为蓝藻主要产生碳氢化合物而不是脂类。该研究的目的是将光合作用中产生的固定碳向脂类转化，阻碍糖原合成以及其他碳的利用途径，使代谢重点向甘油三酯的合成转移。

数字基因表达的应用：对先进燃料技术相关的微生物进行高通量转录物组学基因表达标签测序。评估运用 Illumina Genome Analyzer（基因组分析仪）基因测序方法对先进燃料生产相关的微生物高通量转录物组学分析的效用。应用转录物组学研究基因表达模式因外界环境不同而发生的变化，这项技术可用于生物燃料相关的基因鉴定和代谢途径确定。

评估运用酶调控技术破坏微藻细胞壁来进行油脂萃取技术的可行性。将油脂从微藻生物质中提取出来是目前降低微藻燃料成本的主要障碍之一。细胞壁分解酶可以将微藻细胞壁破坏，使所含油脂充分游离出来以便收集，其工艺简单，成本低，NREL 将分析这项技术的可行性。

开发新型蓝藻燃料。该计划旨在研究单细胞光合作用微生物代谢途径，确立并推动下一代可再生生物燃料的合成策略。这项计划将对光合作用微生物体内碳代谢途径和调控做全面的了解。

14.4.2 代表性微藻能源企业

石油价格暴涨以及新能源发展热潮引发了投资者对微藻能源的兴趣，近两年世界各地成立的微藻能源专业公司超过了 150 家（Pienkos et al.，2009），表 14-7 列出了一些主要的微藻能源公司。尽管目前微藻能源距产业化尚有一段距离，微藻项目都不能赢利，但是，石油价格暴涨以及低碳概念催生了微藻研发热潮，微藻专业公司因此能够从国家、社会、企业得到大量资金支持。

表 14-7　主要微藻燃料公司

公司名称	成立时间/年	地点	技术特色
Algenol Biofuels	2006	美国（佛罗里达）	直接利用微藻生产燃料乙醇，乙醇直接排到培养液中，可以不经过微藻采收过程直接分离得到目标产物。利用海水作为培养介质，并能通过该技术实现海水淡化
Sapphire Energy	2007	美国（洛杉矶）	用微藻生产和石油产品一样的燃料
LiveFuels	2006	美国（加利福尼亚门洛帕克）	在营养物质丰富的河口环境中养殖微藻，利用天然的食藻类动物，如滤食性鱼类，替代了昂贵的能源密集型机械设备，然后将这些鱼类加工成食物和燃料
Solix Biofuels	2006	美国（科罗拉多）	拥有独特的 AGS™ 反应器技术
Aquaflow Bionomic Corporation	2005	新西兰（纳尔逊）	直接在污水管理系统和其他富营养水体中种植微藻，该技术还可用于水质净化
HR Biopetroleum Inc	2004	美国（夏威夷）	独特的微藻光反应器系统，开放池与封闭式光反应器耦合，单一培养微藻，与 Shell 合资成立 Cellena 公司，在夏威夷建设示范生产装置
GreenFuel Technologies Corporation	2001	美国（马萨诸塞）	采用 Emissions-to-Biofuels™ 技术，利用化石燃料燃烧的废气在光合生物反应器中生产微藻

续表

公司名称	成立时间/年	地点	技术特色
Sappire Energy	2007	美国（洛杉矶）	直接利用光合作用微藻合成汽油
Algae Floating Systems	2007	美国（旧金山）	具有专门的光合生物反应器和微藻生物油萃取系统
Solazyme	2003	美国（加利福尼亚）	利用异养微藻将各种生物质发酵并进一步转化成各种燃料和其他产品
Aquatic Energy	2006	美国（路易斯安那）	在路易斯安那建立示范项目，利用开放式池塘单一培养微藻，拥有微藻养殖、收获和转化的专利技术
Aurora BioFuels	2005	美国（加利福尼亚）	宣称拥有最先进的微藻培养技术，预计在2010年完成20英亩* 的示范工厂，并在2012年全面实现商业化生产
Phycal	2006	美国（俄亥俄）	特色在于藻油提取工艺，宣称可以显著降低提取成本。应用开放池技术生产微藻，拟在夏威夷建立示范厂并于2010年运行，为商业化做准备
AlgaeLink	2007	荷兰	微藻培养设备供应商，可生产光生物反应器、太阳能干燥器，开发了利用PBR进行微藻培养的整体方案，与Air France/KLM签署了合作开发下一代喷气燃料的协议
Algae Fuel System	2008	加拿大	微藻生产设备供应商，包括光合生物反应器、微藻离心机、微藻榨油机等
International Energy Inc	1997	加拿大	在保持微藻活性条件下萃取藻油，微藻在萃取油脂后可以返回反应器继续生长
Global Green Solutions	2006	加拿大（温哥华）	和Valcent Products联合开发了高密度垂直生物反应器（HDVB），将管式生物反应器垂直排列，形成封闭环流。采收技术可以根据微藻生长速度调节收获的频率
Seambiotic	2003	以色列	建有5公顷的微藻养殖场，产品包括食品添加剂、饲料和生物燃料。目前其美国的公司与美国国家航空航天局合作开展微藻燃料研究

*1英亩=0.404 685 6公顷

14.4.2.1 企业研发资金来源

1）国家投入

国家投入目前仍然是微藻研发资金来源主体。起初国家投入主要支持微藻能源的基础研究，近年来逐渐开始向产业领域转移，如美国农业部和能源部共同资助Sapphire Energy 1.045亿美元，用于在新墨西哥州南部建设商业规模微藻燃料示范工厂；2009年底，Solazyme获得美国能源部拨款的2180万美元资助，在美国宾夕法尼亚州建设其第一套一体化海藻燃料炼油厂；美国能源部资助Algenol公司2500万美元用于在得克萨斯建微藻能源一体化炼制示范装置等。值得注意的是，获得美国能源部资助的以上三家微藻专业公司都不是采用通常意义上的微藻光合作用生产油脂、酯交换生产生物柴油的技术工艺流程，其中 Sapphire Energy 利用微藻生产和石油产品一样的燃料，Solazyme 利用异养微藻生产生物燃料，Algenol 利用光合作用微藻直接生产乙醇。而在基础研究领域，微藻制生物柴油则是获得支持的方向之一。这或许能反映出美国能源部对微藻生物柴油技术成熟度的担心。

2）风险投资机构投资

越来越多的风险投资机构把资金投入了微藻能源专业公司，目前绝大多数在运行的微藻能源专业公司都获得了风险投资的支持。如 Aurora 公司得到了 Oak Investment Partners、Noventi Ventures、Gabriel Venture Partners 等风险投资公司的资金支持，Live Fuels 公司获得 Quercus Trust 等风险投资公司的投资，Solazyme 公司在 2009 年经过三轮融资共获得 Braemar Energy Ventures、Lightspeed Venture Partners、VantagePoint Venture Partners 等风险投资机构 7600 万美元的投资。据 Pienkos 等（2009）估计，仅 2008 年，微藻专业公司通过各种渠道融资超过了 10 亿美元。

3）跨国企业积极参与

在微藻能源领域投资的大企业主要是能源企业如壳牌、雪佛龙、埃克森美孚（Exxon Mobil）等，以及交通工具生产及利用企业如汽车及飞机制造公司、航空公司等。支持新能源研发是这些企业的发展策略。一方面，它们看好微藻前景，希望在微藻能源领域占据一席之位，使微藻能源能够成为在石油资源不足以支撑其发展后成为维系企业可持续发展的解决方案；另一方面，它们希望通过在新能源领域的投资表现其社会责任感，增加社会影响力，树立企业公共形象。这些大企业一般并不直接研发，多采取同科研院所、微藻专业公司合作或合资的方式，投入资金支持微藻的研发和示范。例如，美国第二大石油公司雪佛龙与 NREL、Solazyme 签署协议，共同进行微藻燃料的研究；壳牌宣布将与位于美国夏威夷从事微藻生物燃料业务的 Biopetroleum 组建 Cellena 合资公司，开展微藻生物柴油技术的研究，并在夏威夷建立了 2.5 公顷的实验基地；埃克森美孚与生物技术企业 Synthetic Genomics Inc.（SGI）建立联盟，研究利用光合作用微藻研发下一代生物燃料等；DOW 与 Algenol Biofuels 合作建立微藻能源一体化生物炼制示范厂。霍尼韦尔（Honeywell）、波音（Boeing）和雷神（Raytheon）等世界 500 强公司都积极参与微藻的研发与示范。

14.4.2.2 代表性企业介绍

1）Algenol Biofuels

Algenol Biofuels（http：//www.algenolbiofuels.com）位于美国佛罗里达州那不勒斯。该公司的技术特色是直接利用微藻生产燃料乙醇（Direct to Ethanol™），其中光合作用生产糖以及把糖转化为乙醇都在微藻细胞内部进行，乙醇直接排到培养液中，可以不经过微藻采收过程直接分离得到目标产物。Algenol 宣称其微藻乙醇产量可以达到 6000 加仑/(英亩·年)，是玉米产量的 15 倍，能量产出/投入比达 5.5∶1，利用海水作为培养介质，并能通过该技术实现海水淡化，每生产 1 吨乙醇可以得到 1 吨淡水。

该公司和 DOW 化学、NREL、佐治亚理工学院、美国膜技术研究公司（MTR）等合作，利用 DOW 在得克萨斯的弗里波特建设了 24 英亩微藻能源一体化生物炼制装置，据称每年乙醇产量可达 10 万加仑。

2008 年 Algenol 宣布墨西哥 Biofield 公司将投资 8.5 亿美元（其中包括 Biofield 给 Algenol 的 1 亿美元专利费），利用 Algenol 的技术在墨西哥 Sonoran Desert 建设年产 1 亿加仑的微藻燃料乙醇厂，计划 2009 年底开始建设（后来推迟至 2010 年）。该计划是所有示范项目中投资力度最大的一个。

2）LiveFuels

LiveFuels 公司成立于 2006 年，位于加利福尼亚州的 Menlo Park。该公司开发了微藻养殖、采收并加工为燃料及其他高附加值产品的一体化方法。2007 年，该公司与 NREL、Sandia 国家实验室等著名研究机构合作启动了微型曼哈顿计划。迄今为止，该公司已经在美国实施多个微藻中试项目，申请了大量相关专利。

LiveFuels 公司的技术特征是在营养物质丰富的河口环境中养殖微藻，利用天然的食微藻动物，如滤食性鱼类，替代了昂贵的能源密集型机械设备，然后将这些鱼类加工成食物和燃料。目前其正与 Sandia 国家实验室、NREL 合作，开发可以阻止外来物种生长的微藻生态系统，确保养殖环境中的营养主要被所养殖的微藻利用。

3）Solix Biofuels

Solix Biofuels 于 2006 年由美国科罗拉多州立大学的发动机与能量转换实验室（EECL）与投资伙伴共同创建，公司总部位于科罗拉多州的凯奥特峡谷。Solix Biofuels 拥有独特的 AGS™技术。该技术宣称，开发了一种用于单一培养微藻模式的封闭式光反应器，可以适应在各种气候条件下培养任何藻种。相比开放池培养，AGS™反应器提供了 5 倍的光照面积，利用 AGS 自动化系统来管理、控制培育过程，可以最大限度地延长微藻在光合作用活性区域的停留时间，从而加速微藻生长，产量可达到一般开放式培养的 7 倍。

Solix Biofuels 获得以上海联合投资公司为主的多家公司的 1680 万美元资助，于 2009 年在科罗拉多州西南部的 Coyote Gulch 建立了微藻生物燃料示范基地，藻油的年生产能力约为 3000 加仑。

4）Sapphire Energy

Sapphire Energy 于 2007 年成立，总部在美国的洛杉矶。Sapphire 的技术特色是用微藻生产和石油产品一样的燃料，强调其微藻燃料可以用于汽车甚至飞机。

Sapphire Energy 获得了较多的资金资助，其中包括美国能源部和农业部共同资助的 1.045 亿美元（包括 5450 万美元的担保贷款）、微软前主席比尔·盖茨的投资公司 Cascade Investment 的 1 亿美元以及 ARCH Venture Partners 等投资公司的投资。Sapphire Energy 在新墨西哥南部的 Las Cruces 建有 300 英亩的一体化微藻燃料炼厂，用以生产柴油和航空燃料，并计划到 2011 年年产量达 100 万加仑，2018 年达到 1 亿加仑，2025 年达到 10 亿加仑。

5）Aquaflow Bionomic Corporation

Aquaflow Bionomic Corporation（ABC）位于新西兰纳尔逊，是一家从事在户外环境中培养、采收野生微藻并将其作为原料生产生物燃料的公司。ABC 公司直接在污水管理系统和其他富营养水体中种植微藻，采用多种野生藻种混合培养，使在不同营养环境和温度条件下都有至少一种微藻可以达到较高的生长速率，以适应季节的变化，充分利用池塘中的养分，优化系统的总生产能力。ABC 采用专有的 Aquaflow 连续采收系统以收获成熟微藻，采用溶气气浮系统（DAF）加上絮凝剂使微藻上升到表面以便于收集，并使用带式压滤机来滤出微藻，提取物中微藻含量为8%～10%，据称该技术微藻采收率可达70%～90%。采收后的微藻通过Aquaflow转化技术转化为微藻原油（crude raw material），并进一步加工成煤油、柴油、汽油等液体燃料。

该过程对于水质净化也很有帮助，可以用于乳制品、肉类加工和造纸业等行业处理高COD（chemical oxygen demand，化学需氧量）废水，同时生产燃料。

该公司在莫尔伯勒建设的氧化池已经完成了野生微藻连续采收。目前已完成安装的设备每天可收获300～400千克的可加工原料，其中微藻含量可以达到8%～10%。

6）GreenFuel Technologies Corporation

GreenFuel Technologies Corporation（GFT）是最早的微藻生物燃料专业公司之一，成立于2001年，总部设在马萨诸塞州。由于资金链断裂，已于2009年5月宣布关闭。

GFT采用了排放—燃料（Emissions-to-Biofuels™）技术，利用化石燃料燃烧的废气在光生物反应器中生产微藻。二氧化碳及其他污染物可以通过电厂的排气系统进入到微藻生物反应器中，将被微藻生长所吸收和利用。微藻经过加工变为各种固体产品（如蛋白质和生物塑料）、气体燃料（如甲烷）以及液体生物燃料（如乙醇和生物柴油）等。

GFT是开展微藻示范项目最早、最多的微藻能源专业公司。2004年，GFT利用麻省理工学院的热电联产设备的尾气进行微藻培养试验，并在2005年将该装置放大，在亚利桑那州与亚利桑那公众服务公司（APS）合作建立了利用电厂烟道气培养微藻的商业化示范装置，以生产生物燃料，完成了GreenFuel 3D Matrix系统的中试，在马萨诸塞州和纽约州的电厂也进行了较大规模的商业化示范项目。在欧洲，GFT与西班牙可再生能源公司Aurantia合作在西班牙Jerez地区的水泥厂附近建立了大型微藻养殖场。但在2007年，公司暂时关闭了其在亚利桑那州的示范项目，因为配套的处理系统成为生产瓶颈，不能及时采收成熟微藻，进一步导致微藻大量死亡而影响系统运行，同时发现微藻采收系统的成本是预算的两倍，经济性不可接受。尽管之后GFT转变了发展策略，将重点由示范转移到新技术研发及资本运作方面，但最终仍没摆脱关闭的命运。

7）Solazyme

Solazyme主要生产用于道路交通和航空的微藻燃料。该公司2003年成立，总部设在南加利福尼亚州旧金山。其技术特色在于利用异养微藻将各种生物质发酵制取藻油，进一步转化成各种燃料和产品。Solazyme宣称，这种技术可以利用任何生物质，并可以生产生物柴油、喷气燃料等多种燃料和其他产品如食用油、油脂化学品等。

Solazyme被*Biofuels Digest*杂志评为2009～2010年度50个最活跃的生物能源公司的第一位。Solazyme在2009年经过三轮融资共获得Braemar Energy Ventures、Lightspeed Venture Partners、VantagePoint Venture Partners等风险投资机构7600万美元的投资。2009年底，Solazyme获得美国能源部2180万美元的资助，在美国宾夕法尼亚州建设其第一套一体化海藻燃料炼油厂。同时Solazyme被国防部选中来研发和商业化示范利用微藻生产F-76号航海油，以证明微藻燃料可以达到军方所需的功能和要求。

14.4.2.3 微藻能源企业发展面临的问题

企业的目的是盈利，商业化示范项目的推出是为下一步规模生产做准备。但需要明确

的是，微藻生产液体燃料的整个过程工艺并不复杂，对于不怎么重视投入/产出的示范项目来说门槛并不高；藻种选育、微藻培养和采收、藻油提取等技术是微藻能源产业化的关键，从技术的可实现性来说这些过程的实现并不困难，有些甚至已是其他领域成熟的技术，但应用于专门的能源生产则经济性明显不合理，对于不成熟的技术可以通过国家的扶持在经济、环境的负效益中逐渐发展从而走向成熟，而成熟的技术在示范中很难有突破性的进展。

同时，微藻项目不能赢利对微藻专业公司的可持续发展提出了挑战。目前绝大多数公司依赖于战略投资者的支持。可以这样说，这些公司的生存能力决定于其资本运作能力而非其技术实力。即使这样，如果不能在短期内改变微藻产业不能赢利的状况，这些公司也难逃关闭的命运。2009 年 5 月，成立于 2001 年的 GreenFuel、世界上最早的微藻专业公司之一、曾通过各种途径融资达 7000 万美元、经过 9 年的运行之后，因资金链断裂而宣布关闭。GreenFuel 的关闭对微藻产业的盲目发展敲响了警钟，同时也会影响到投资者的热情，甚至会对整个生物质能源产业发展产生不利影响。今后三年将见证微藻商业化示范项目的大面积展开，其效果如何，我们拭目以待。

14.5 微藻能源发展的文献计量与专利分析

14.5.1 文献计量分析

2005 年至 2010 年 2 月，在 SCI-E 数据库中，以（algae or alga or microalgae or microalga）和（fuel* or energy*）为检索式，检索到微藻能源研究领域的研究论文 1142 篇（检索日期为 2010 年 3 月 1 日）。

14.5.1.1 年度分布

2005 ~ 2009 年，微藻能源研究领域的论文量总体呈现上升趋势，从 2005 年的 149 篇增加到 2009 年的 274 篇，2010 年以来已经发表论文 40 篇（图 14-4）。

14.5.1.2 国家（地区）分布

2005 年至 2010 年 2 月，有 50 多个国家（地区）发表了关于微藻能源的研究论文。论文发表量大于 10 篇的国家有 31 个，居前 10 位的国家依次是美国、德国、中国、澳大利亚、法国、日本、英国、加拿大、西班牙、意大利（表 14-8）。中国的论文数量排名第 3。

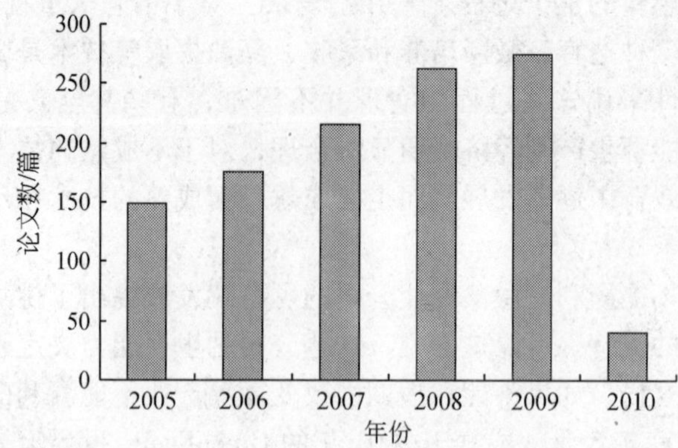

图 14-4　2005 年至 2010 年 2 月微藻能源研究领域论文数变化趋势

表 14-8　2005 年至 2010 年 2 月微藻能源研究领域论文发表量居前 10 位的国家

排名	国家（地区）	发文量/篇	占世界微藻能源研究领域论文总量的比例/%	总被引频次	平均被引频次
1	美国	282	24.693 5	2 737	9.71
2	德国	131	11.471 1	1 700	12.98
3	中国	90	7.880 9	372	4.13
4	澳大利亚	76	6.655 0	726	9.55
5	法国	72	6.304 7	623	8.65
6	日本	65	5.691 8	294	4.52
7	英国	64	5.604 2	602	9.41
8	加拿大	63	5.516 6	536	8.51
9	西班牙	56	4.903 7	252	4.50
10	意大利	54	4.728 5	453	8.39

微藻能源研究领域论文总被引次数居前 10 位的国家与发文量前 10 位的国家略有出入，瑞典、印度取代西班牙、日本进入前 10 位（表 14-9）。中国虽然论文数量排名第三，但在总被引次数方面排名第九位。

表 14-9　2005 年至 2010 年 2 月微藻能源研究领域论文总被引次数居前 10 位的国家

排名	国家（地区）	发文量/篇	占世界微藻能源研究领域论文总量的比例/%	总被引频次	平均被引频次
1	美国	282	24.693 5	2 737	9.70
2	德国	131	11.471 1	1 700	12.97
3	澳大利亚	76	6.655 0	726	9.55
4	法国	72	6.304 7	623	8.65
5	英国	64	5.604 2	602	9.41

续表

排名	国家（地区）	发文量/篇	占世界微藻能源研究领域论文总量的比例/%	总被引频次	平均被引频次
6	加拿大	63	5.516 6	536	8.51
7	意大利	54	4.728 5	453	8.39
8	瑞典	37	3.217 2	396	10.70
9	中国	90	7.880 9	372	8.26
10	印度	48	4.203 2	312	6.50

14.5.1.3 研究机构

对研究机构发表的论文量进行分析，中国科学院发表微藻能源方面的文章41篇，排名第一。论文产出量大于12篇的研究机构有11个，这些机构主要集中在美国（2个）、俄罗斯（2个）、澳大利亚（2个）和法国（2个）。

在论文发表量前10位的机构（表14-10）中，从总被引频次看，昆士兰大学虽然发文量仅在第六位，但其论文的总被引频次达到230次，位列第一，其次是伯明翰大学和莫纳什大学。平均被引频次大于10的研究机构是伯明翰大学、昆士兰大学、莫纳什大学，其中两个位于澳大利亚，可见澳大利亚的大学在微藻能源研究领域实力雄厚。

中国科学院共被引157次，在其中位列第四，平均被引频次仅3.83，说明中国科学院在微藻能源研究领域虽然有一定的科研实力，但与国际顶尖研究机构还有一定的差距。

表14-10 2005年至2010年2月微藻能源研究领域论文居前10位的机构

排名	研究机构	国家（地区）	发文量/篇	总被引频次	平均被引频次
1	中国科学院	中国	41	157	3.83
2	俄罗斯科学院	俄罗斯	22	94	4.27
3	加利福尼亚大学伯克利分校	美国	21	154	7.33
4	巴黎大学	法国	17	83	4.88
5	莫斯科大学	俄罗斯	15	86	5.73
6	昆士兰大学	澳大利亚	14	230	16.43
7	伯明翰大学	英国	13	226	17.38
8	法国国家科学研究院	法国	15	26	1.73
9	莫纳什大学	澳大利亚	15	174	11.60
10	北海道大学	日本	12	95	7.92

14.5.1.4 相关研究主题分布情况

2005年至2010年2月SCI-E中收录的微藻能源研究领域的论文涉及多个研究主题，

论文量位于前 10 位的研究主题如表 14-11。从表中，微藻能源论文主要涉及海洋和淡水生物学（Marine & Freshwater Biology），环境科学（Environmentai Sciences），生物技术和应用微生物科学（Biotechnology & Applied Microbiology），植物科学（Plant Sciences），生物化学和分子生物学（Biochemistry & Molecular Blology），能源和燃料（Energy & Fuels）等领域。

表 14-11　2005 年至 2010 年 2 月 SCI-E 中微藻能源论文量位于前 10 位的主题情况

主题分类	论文数/篇	占全部微藻能源论文的比例/%
Marine & Freshwater Biology	226	19.789 8
Environmental Sciences	149	13.047 3
Biotechnology & Applied Microbiology	146	12.784 6
Plant Sciences	142	12.434 3
Biochemistry & Molecular Biology	124	10.858 1
Ecology	100	8.756 6
Energy & Fuels	94	8.231 2
Oceanography	74	6.479 9
Chemistry，Physical	68	5.954 5
Biophysics	65	5.691 8
Chemistry，Physical	65	5.691 8

通过 SCI-E 的文献计量分析发现，微藻能源的论文量逐年上升，说明国际相关研究的热度逐步加强。美国在微藻能源领域的研究处于优势地位。国内相关研究主要集中在中国科学院，从发文量看相对居前，但世界影响力较弱。

14.5.2　专利分析

以 Derwnet Innovations Index[SM]数据库（DII）收录的有关微藻能源的相关发明专利申请为数据基础，分析国际微藻能源领域 2005 年至 2010 年 2 月的研发态势。

14.5.2.1　概况

2005 年至 2010 年 2 月，微藻能源主题已公开的全球发明专利申请为 531 件。图 14-5 反映了微藻能源主题 2005 ~ 2010 年全球发明专利申请的数量变化趋势。总体来看，2005 ~ 2009 年，微藻能源的发明专利呈现出逐年大幅增多的趋势。从 2005 年的 35 篇上升到 2009 年的 248 篇。2010 年以来，已经申请专利 31 篇。

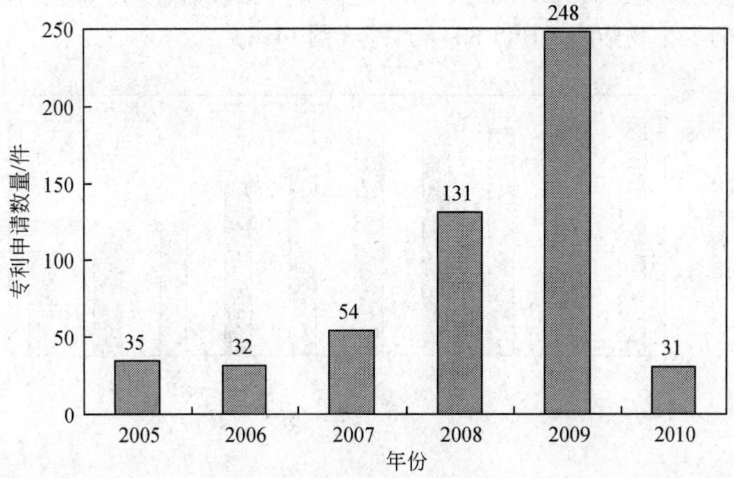

图 14-5 2005 年至 2010 年 2 月微藻能源领域发明专利申请量逐年变化趋势

14.5.2.2 微藻能源领域专利权人分布

分析发现 2005 年至 2010 年 2 月，微藻能源主题发明专利权人共有 652 人，表 14-12 列举了在此期间内发明专利申请量最多的前 12 位非自然人专利权人（Top 12 专利权人）。统计发现，Top 12 专利权人中，美国占据 7 个，中国 2 个，法国、荷兰、日本各 1 个。

表 14-12 微藻能源发明专利 Top 12 专利权人

排序	专利权人	国家	申请量
1	Chevron USA Inc.	美国	8
2	Martek Biosciences Corp.	美国	5
3	Xyleco Inc.	美国	4
4	Akzo Nobel NV.	荷兰	3
4	Bionavitas Inc.	美国	3
4	EERC（Energy & Environmental Research Center）	美国	3
4	Fuji Electric Co. , Ltd.	日本	3
4	Greenfuel Technol ogies Corp.	美国	3
4	IFP（Innovation, Energy, Environment）	法国	3
4	Solazyme Inc.	美国	3
4	Zhejiang University	中国	3
4	XinAo Science & Technology Development Co., Ltd.	中国	3

14.5.2.3 德温特手工代码分析微藻能源领域主要类别

根据德温特手工代码对 2005 年至 2010 年 2 月的微藻能源专利申请进行进一步分析发现，专利量排名前 10 的德温特手工代码的领域主要集中在化学品发酵（D05-C）、城市生活垃圾和农业废弃物处理（H09-F03）、发酵进程和发酵仪器（E11-M）、存储设备及运输器械（B11-C06）、生物柴油（H06-B04A）等（图 14-6）。

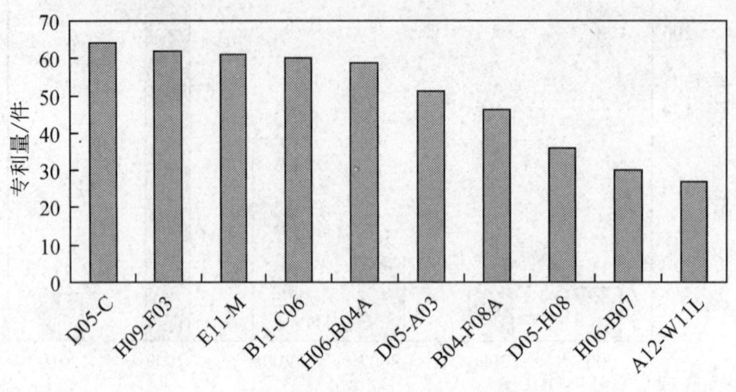

图 14-6 德温特手工代码

14.5.2.4 被引 Top 10 专利申请

表 14-13 中统计了 2005 年以来被引用次数最多的 10 件发明专利申请（被引 Top10 专利申请）。其中，美国 9 件，新西兰 1 件。

表 14-13 微藻能源被引 Top 10 专利申请表

排序	基本发明专利申请号	优先权年	专利权人	被引
1	WO2007025145-A2 等	2005	SunSource Industries Inc. Solix Biofuels Inc.（美国）	12
2	WO2007070452-A1 等	2005	Bionavitas Inc.（美国）	10
3	US2005239182-A1	2002	I. Berzin（美国）	10
4	WO2005034070-A2 等	2003	University of Texas System（美国）	10
5	US2007178569-A1 等	2006	S. Leschine（美国）	7
6	WO2006119052-A2 等	2005	M. E. Cox（美国）	7
7	US2006088574-A1	2004	P. B. Manning（美国），R. J. Maggio（美国）	6
8	WO2006012752-A1 等	2004	J. Kennedy（新西兰）	6
9	US2005064577-A1	2002	I. Berzin（美国）	6
10	US2007113467-A1 等	2005	Novus International Inc.（美国）	5

微藻能源的发明专利申请量逐年上升，特别是在 2007～2009 年，说明国际上相关研究的热度逐步加强，微藻能源逐渐开始向产业化迈进。从专利权人和被引 Top 10 位专利的分布情况看，我国在微藻专利申请方面尚处于相对落后的局面。

14.6 发展建议

14.6.1 微藻能源发展定位

微藻能源巨大的初级生产力带来了解决生物质能源资源问题的希望。尽管国际上微藻能源相关商业示范项目已经广泛开始展开，但是，从技术成熟度、经济性上看，微藻能源技术尚没有达到商业化的水平。NREL在“水生物种计划”曾预测，当石油价格达到100美元时微藻能源将具有成本方面的竞争力，目前看来，这个预测仍然过于乐观，最近NREL的成本估算比当时至少翻了一番（图14-2），这是因为微藻成本中很大一部分是能源成本，而能源成本直接与石油价格挂钩，其他资源的价格也和石油价格正相关。微藻能源产业化面临的障碍从根本上说是技术问题。目前微藻生产各个环节所涉及的技术大多数在其他领域应用广泛，如微藻培养中为强化传质采用的鼓泡技术、微藻收获的絮凝技术、除去水分的干燥技术、提取油脂的萃取技术等，都属于较为成熟的技术，打通示范生产流程并不困难；但这些技术应用于微藻能源生产的研究工作还不够深入，还缺乏系统的技术经济评估分析。

因此，微藻具有将来替代石油的潜力，但仍需要关键技术方面决定性的突破。对于我国来说，不应一味追随美国微藻能源发展势头盲目向产业化推进，目前应当定位于基础研发阶段，包括技术的研究和基础生物学方面的研究。示范性的项目更多应定位于技术经济的验证及评价，从而为进一步降低成本提供技术发展重点与方向，而不应是产业化或商业运营，因为目前所采用的大部分技术即便已很成熟也很难在规模化生产中应用，而关键技术尚未有突破性的进展。

14.6.2 建立国家级微藻能源研究平台

微藻能源涉及基础生物学、生态学、基因工程、过程工程、系统工程等多个学科，是高投入、高风险的领域，需要国家的资金支持以及研究方向的指引。例如，美国从1978年开始实施ASP计划，同年成立了NREL的前身太阳能研究所，20年来一直重点支持以NREL微藻能源研究为主的、整合全美相关研究机构的研究体系。经过30年的发展，NREL已经形成从微藻藻种选育、种植到燃料转化，包括相关基础研究、技术研究、工程研究在内的综合微藻研究体系，成为微藻能源研究领域的权威研究机构。日前，美国为发展微藻等生物能源又成立了由Donald Danforth植物科学研究中心牵头的国家高级生物燃料和生物基产品联盟以及由NREL牵头的国家先进生物燃料联盟（NABC）并予以专项基金支持。

我国微藻能源研发刚起步，缺乏系统化和专业化研究机构，相关研究大多为在参考国外研究的基础上依据自身专业确立的研发方向，有一定的随意性和盲目性。因此需要整合国内研发力量和资金投入，依托具有实力的研发单位建立国家级微藻能源研发平台，以关键技术为重点，以整体性的解决方案为出发点，以战略研究为指导，官、产、学、研相结合，突破固有研究套路的限制，确定关键技术研发和战略发展方向。

此外，尽管我国微藻能源研究起步较晚，但目前世界微藻能源发展总体上仍处于起步阶段，各国的技术只有量的差距而无质的区分。因此微藻生物能源技术对于我国而言，存在重要的发展机遇，只要抓住机遇，整合优势资源，确定切实可行的目标和研究方案，开发具有我国自主知识产权的微藻能源成套技术，应该能够在新一轮的技术竞争中占据一席之地。

14. 6. 3　加强基础理论研究

藻种优良特性难以共存、高产以及高油脂不能兼得、代谢途径难以调控等问题折射出相关理论知识的匮乏。目前，由于有关微藻的光合作用机制以及细胞内各种产物的代谢机制尚不清楚，藻种选育、微藻培养等关键技术的研究总体处于摸索阶段，工作量大且效率低。

微藻的基础理论研究涉及分子生物学、基因组学、代谢物组学等生物学技术方面的知识。搞清微藻光合作用机制及转化为脂肪、氢、碳氢化合物等目标物质的代谢机制，对重点微藻通过功能基因挖掘、确定优良藻种选育与及改造方向，解决微藻规模培养中的传光、传质等关键问题，引导出大规模低成本、高效率的光生物反应器创新设计理论，结合微藻的生物学特征创立新的加工理论与方法有重要意义。这些基础与应用基因基础研究工作成果不单对微藻生物能源技术本身在其产业化关键技术上起指导作用，也对相关学科的发展起重要推动作用。

14. 6. 4　加速关键技术研究

微藻单位面积产量高，微藻产品向燃料转化方便，这是微藻能源最为吸引人之处。但相对于其他先进生物能源［如纤维素乙醇技术，其生物量资源（秸秆等纤维质原料）为其他过程的产物，不需要该技术本身去解决原料问题］，微藻能源的最大不同是需要花大力气解决生物量获得（微藻培养）问题。因此如纤维素乙醇技术主要是加工过程技术，而微藻生物能源降低了燃料转化过程的难度，但生物量获得（微藻培养）是前提，其技术与系统复杂程度远较纤维素乙醇高。另一方面，微藻培养、采收等单元过程尽管均可实现，但能耗高、成本高、效率低下，在目前的技术水平下，微藻生产燃料的过程实质上是其他形式的终端能源、资源转化为微藻的产量，微藻燃料“易于转化”的实质是将下游燃料加工的难度转移到了上游原料生产，在 14.1.1 节中我们提到，发展微藻能源实质是为了“实现包括化石能源资源、土地资源、水资源、矿产资源等在内的各种资源合理有效的利用”，而高消耗的微藻能源生产从根本上脱离了发展微藻能源的初衷。要解决这个问题，需要在相关关键技术上有突破性进展，包括藻种选育、微藻培养、微藻分离和有效成分提取等各个环节。

微藻技术都是相关联的，迄今为止在每个技术环节上都没有获得根本性突破，因此很难确定哪一个是最关键的环节。而且所谓的关键环节，也会因为另外环节的解决或未解决而变得更关键或不那么关键。因此说微藻生物能源需要一个整体性解决方案，需要从整个过程的技术经济评价来优化与集成，从而实现全局最优。

生物柴油不一定是必然的目标产物。把油脂加工成液体燃料具有很大的优势，但将油脂从悬浮于培养液中的微藻提取出来的难度甚至超过了把纤维素转变为乙醇的难度；同时，由于微藻内部代谢机制及外部培养条件影响，微藻的高产量与高含油率在大多数情况下不能共存。目前美国能源部重点资助的示范项目很少以微藻生物柴油为目标产物，这也说明了相关技术发展的成熟度。因此就微藻燃料生产来说，生物柴油并不是必选项，如果经济、技术条件许可，甚至气体燃料（如沼气）都可以成为微藻能源的目标产物。

能源用途也不一定是必然的选项。微藻的优势在于高产量进而实现了能量的固定和二氧化碳的减排，如果有大量、合理的其他方面的用途，如食物、饲料、肥料等，微藻同样也可以通过替代传统作物以实现包括碳减排在内的多种社会和经济效益。

14.6.5 制定微藻能源发展战略

替代石油和减排温室气体的巨大潜力赋予微藻能源战略性的意义。微藻能源是系统的、战略性的能源技术，是涉及能源生产、固碳减排与农业发展三位一体的战略性新兴产业。目前，微藻能源距产业化尚有一段距离，有广阔的发展前景但同时充满了不确定因素，因此需要制定微藻能源发展战略，指明其技术、产业发展方向并最大程度降低风险。

首先是发展问题。目前，高油价和温室效应催生了微藻能源概念，微藻能源热潮正在以美国为中心快速向全球扩散，对于我国来说，这是个机遇同时也是挑战，微藻能源该不该发展、该怎样发展是亟须解决的问题。

其次是竞争关系。从资源可供应性的角度，传统生物质能源不会与微藻能源发展产生竞争关系，但新型能源物种的开发以及农业种植方式的转变有可能使微藻失去生产力方面的优势。太阳能发电是微藻能源现实的竞争对手，两者有很多共同点：利用太阳能、光能转化效率高；成本高。尽管燃料形态不同，但电力和液体燃料可以互相转化。事实上，作为能源供应网络的一环，燃料形态将不再重要，甚至不用直接转化就可以实现竞争性的替代。例如，利用太阳能发电替代燃煤发电，替代的煤就可以用于生产液体燃料，从而实现与微藻能源在替代石油燃料方面的竞争。因此必须综合考虑各种因素，结合我国自然条件和社会条件、经济环境，制定适合我国国情的微藻能源发展战略，抓住微藻能源发展机遇并避免盲目发展。

14.6.6 重视微藻能源的生命周期能耗和排放研究

新能源技术必须从生命周期角度研究其能源净产出和排放，其结果体现了该技术的实质能源和环境效益。可再生能源生产、应用相关政策的制定将越来越重视生命周期评估的结果，例如，美国《能源独立和安全法案 2007》规定，先进的生物燃料温室气体排放必须用生命周期方法计算，要比石油基燃料低 50% 以上。微藻能源发展必须至少从能源生产和固碳减排两大战略性目标出发，必将置身于宏观能源供应、全球气候变化控制的大环境中，因而生命周期评价将发挥重要的作用。生命周期研究在微藻能源研究领域得到了广泛关注，一些著名的研究机构（如 NREL、CSIRO 等）都把微藻能源生命周期研究当做重要的研究方向。微藻能源生产的各个环节具有相当高的关联度，抛开整体的单元技术评价不足以证明其可行性，生命周期研究将成为评价和选择微藻培养、收获、转化等关键技术的重要依据，奠定微藻能源技术评价体系的基础，并为制定微藻能源发展战略以及相关的标准、法规提供关键数据。

14. 6. 7 注重生态问题

尽管世界各地已经把控制水体中蓝绿藻爆发当做最迫切的生态保护行动，微藻燃料的研究者很少关注其研究对象潜在的生态危险。提高微藻油脂生产能力和生存能力是微藻优良品种选育、改造的目标，也是微藻燃料产业化的必要条件。但某些藻种的高生产能力与顽强的适应性可能对生态系统造成不良影响，尤其是能源微藻作为外来物种或新创造的物种时。事实上，富营养化的水体中蓝绿藻的爆发已经给当地生态系统造成灾难性的影响，成为全球性的生态难题。开放式水体养殖将高产微藻直接置于自然环境中，对生态的影响也是直接的；即使是封闭式养殖也难以避免藻种向环境中泄露。目前，用于生物燃料生产的藻种多为天然藻种，其流失到天然水体的生产能力还不足以挤占其他水生物种的生存空间，但如果大规模生产所采用的是引进的或经过改造的高产藻种，则有可能产生较为严重的影响。微藻生长周期短、基因性状易于发生变异，其潜在的生态影响难以预料。因此，对微藻能源的生态问题应给予足够的重视，研究其可能造成的环境、生态影响并提出切实可行的解决方案，以使其大规模发展的生态风险处于可控范围之内。

致谢：中国科学院青岛生物能源与过程研究所所长助理吕雪峰、研究员刘天中审阅了本章，并提出宝贵的修改意见，特致谢忱！

参 考 文 献

范晓蕾，郭荣波，魏东芝 . 2009. 能源微藻与生物炼制 . 中国基础科学，（5）：59 ~ 63

柯文 . 2009-01-13. 中国科学院启动太阳能行动计划 . 科学时报，（A_1 要闻版）

李元广，谭天伟，黄英明 . 2009. 微藻生物柴油产业化技术中的若干科学问题及其分析 . 中国基础科学，（5）：64 ~ 70

梁英，陈书秀 . 2008. 微藻育种的研究现状及前景 . 海洋通报，（27）：88 ~ 94

太阳能行动计划执行专家组 . 2009.《中国科学院太阳能行动计划》指南 . 北京：中国科学院 . 13

徐洁惠，何云霞 . 2009-11-17. 我市一重大项目列入国家 863 计划 . 廊坊日报（重要新闻版）

郑洪立，张齐，马小琛等 . 2009. 产生物柴油微藻培养研究进展 . 中国生物工程杂志，29（3）：110 ~ 116

中国科学院水生生物研究所 . 2010-01-13. 中国科学院典型培养物保藏委员会淡水藻种库 . http：//algae. ihb. ac. cn/his. asp

Alston J. M, Beddow J. M, Pardey P. G. 2009. Agricultural research, productivity, and food prices in the long run. Science, 325: 1209, 1210

Ayala R. S, de Castro, M D L. 2001. Continuous subcritical water extraction as a useful tool for isolation of edible

essential oils. Food Chemistry, 75: 109 ~ 113

Benemann J R, Weissman J C, Eisenberg D M, et al. 1978. Integrated system for the conversion of solar energy with sewage grown microalgae. U. S. Dept of Energy

Benemann J. R. , Oswald W. J. 1996. Systems and economic analysis of microalgae ponds for conversion of CO_2 to biomass

BiofuelsDigest. 2009-12-07. 19 Integrated biorefinery projects to receive up to $ 564 million for pilot, demonstration, and commercial scale facilities. http: //www. biofuelsdigest. com/blog2/2009/12/07/19-integrated-biorefinery-projects-to-receive-up-to-564-million-for-pilot-demonstration-and-commercial-scale-facilities

Bolton J R. 1996. Solar photoproduction of hydrogen: a review. Solar Energy, 57, 37 ~ 50

Campbell P K. , Beer T. , Batten D. 2009. Greenhouse gas sequestration by algae -energy and greenhouse gas life cycle studies. http: //www. csiro. au/files/files/poit. pdf

Casper-Lindley C, Bjorkman O. 1998. Fluorensicence quenthing in four unicellular algae with different light-harvesting and xanthophy-cy cle pigments. photosynthesis research, 56 (3): 277 ~ 289

Chisti Y. 2007. Biodiesel from microalgae. Biotechnology Advances, 25, 294 ~ 306

Clarens A F, Resurreccion E P, White, M A et al. 2010 Environmental life cycle comparison of algae to other bioenergy feedstocks. Environmental Science & Technology, 44, 1813 ~ 1819

de Castro M D L, Jimenez-Carmona M M, Fernandez-Perez V. (1999) . Towards more rational techniques for the isolation of valuable essential oils from plants. Trac-Trends in Analytical Chemistry, 18, 708 ~ 716

DOE. 2009-12-09. National algal biofuels technology roadmap. https: //e-center. doe. gov/iips/faopor. nsf/unid/79e3abcacc9ac14a852575ca00799d99/ $ file/algalbiofuels_ roadmap_ 7. pdf

Dunahay T G, Jarvis E E, Roessler P G. 1995. Genetic transformation of the diatoms cyclotella cryptica and navicula saprophila. Journal of Phycology, 31, 1004 ~ 1012

Edwards M. 2009. The algal industry survey. www. futureenergyevents. com/algae

Eika Ni M H, Golmohammad F, Rowshanzamir S. 2007. Subcritical water extraction of essential oils from coriander seeds (coriandrum sativum L. Journal of Food Engineering, 80, 735 ~ 740

Fargione J, Hill J, Tilman D et al. 2008. Land clearing and the biofuel carbon debt. science, 319, 1235 ~ 1238.

Grima, E M, Belarbi E H, Fernandez F G A et al. 2003. Recovery of microalgal biomass and Metabolites: process options and economics. Biotechnology Advances, 20, 491 ~ 515

Guclu-Ustundag O, Balsevich J, Mazza G. 2007. Pressurized low polarity water extraction of saponins from cow cockle seed. Journal of Food Engineering, 80, 619 ~ 630

Hejazi M A, de Lamarliere C, Rocha J M S et al. 2002. Selective extraction of carotenoids from the microalga dunaliella salina with retention of viability. Biotechnology and Bioengineering, 79, 29 ~ 36

Herrero M, Cifuentes A, Ibanez E. 2006. Sub-and supercritical fluid extraction of functional ingredients from different natural sources: plants, food-by-products, algae and microalgae - a review. Food Chemistry, 98, 136 ~ 148

Hirayama S, Ueda R, Ogushi Y et al. 1998. ethanol production from carbon dioxide by fermentative microalgae. *In* Inui T, Anpo M, Izui K, et al., Advances in Chemical Conversions for Mitigating Carbon Dioxide, eds. Kyoto Japan: Elsevier science publ, 657 ~ 660

Hon-Nami K. 2006. A unique feature of hydrogen recovery in endogenous starch-to-alcohol fermentation of the marine microalga, chlamydomonas perigranulata. Applied Biochemistry and Biotechnology, 131, 808 ~ 828

Hu Q, Sommerfeld M, Jarvis E et al. 2008. Microalgal triacylglycerols as feedstocks for biofuel production: perspectives and advances. Plant Journal, 54, 621 ~ 639

Janssens M J J, Keutgen N, Pohlan J. 2009. The role of bio-productivity on bio-energy yields. Journal of Agriculture and Rural Development in the Tropics and Subtropics, 110, 39 ~ 47

Johnson M B, Wen Z Y. 2010. Development of an attached microalgal growth system for biofuel production. Applied Microbiology and Biotechnology, 85, 525 ~ 534

Mata T M, Martins A A, Caetano N S. 2010. Microalgae for biodiesel production and other applications: a review. Renewable & Sustainable Energy Reviews, 14, 217 ~ 232

Oswald W J, Golueke C G. 1960. Bioremediation of cyanotoxins. *In*: Umbreit WW. Advances in Applied Mircobiology, 223 ~ 262

Peterson J, Richter B. 2007. Accelerated solvent extraction techniques for in-Line selective removal of various interferences. Lc Gc North America, 49

Pienkos P T, Darzins A 2009. The promise and challenges of microalgal-derived biofuels. Biofuels Bioproducts & Biorefining 3 431 ~ 440

Putt R. 2007. Algae as a biodiesel feedstock: a feasibility assessment. http: //www. bioenergy. msu. edu/feedstocks/ algae_feasibility_alabama. pdf

Ralph M. 2008. Algae as a feedstock for transportation fuels - the future of biofuels? www. iea-amf. vtt. fi/pdf/annex34b_ algae_ white_ paper. pdf

Regan D L, Gartside G. 1983. Liquid fuels from micro-algae in australia. *In*: Regan D L and Gartside G. Melbourne: CSIRO

Richter B E, Jones B A, Ezzell J L et al. 1996. Accelerated solvent extraction: a technique for sample preparation. analytical chemistry, 68, 1033 ~ 1039

Rodolfi L, Zittelli G C, Bassi N et al. 2009. Microalgae for oil: strain selection, induction of lipid synthesis and outdoor mass cultivation in a low-cost photobioreactor. Biotechnology and Bioengineering, 102, 100 ~ 112

Roessler P G, Ohlrogge J B. 1993. Cloning and characterization of the gene that encodes acetyl-coenzyme-a carboxylase in the alga cyclotella-cryptica. Journal of Biological Chemistry, 268, 19254 ~ 19259.

Schenk P M, Thomas-Hall S R, Stephens E et al. 2008. Second generation biofuels: high-efficiency microalgae for biodiesel production. BioEnergy Research, 1, 23

Science Daily. 2009-11-04. Engineers Strive to Make Algae Oil Production More Feasible. http: //www. sciencedaiy. com/ relases/2009/11/09/10344822. htm

Searchinger T D, Hamburg S P, Melillo J et al. 2009. Fixing a critical climate accounting error. Science, 326 527, 528

Sheehan J, Dunahay T, Benemann J. 1998. A look back at the aquatic species program. www. nrel. gov/docs/ legosti/fy98/24190. pdf

Surek B, Melkonian M. 2004. CCAC—culture collection of algae at the University of Cologne: a new collection of axenic algae with emphasis on flagellates. Nova Hedwigia, 79: 77 ~ 92

Tapie P, Bernard A. 1988. Microalgae production: technical and economic evaluations. Biotechnology and Bioengineering, 32, 873 ~ 885

Tony P. 2010-01-18. Demo plant in lousiana: "aquatic energy" to yield 9500 lts of algae oil in 4000m^2 Ponds http: //aquaticbiofuel. com/2010/01/18/demo-plant-in-lousianas-aquatic-energy-to-yield-9500-lts-of-algae-oil-in-4000m2-ponds

Ugwu C U, Aoyagi H, Uchiyama H. 2008. Photobioreactors for mass cultivation of algae. Bioresource Technology, 99, 4021 ~ 4028

van Beilen, J B. 2010. Why microalgal biofuels won't save the internal combustion machine. Biofuels Bioproducts & Biorefining, 4: 41 ~ 52

15 纳米光电子器件国际发展态势分析

谭宗颖　阳宁晖　张超星　刘　栋　彭继东

（中国科学院国家科学图书馆总馆情报研究部）

纳米光电子器件不仅是微电子技术进一步发展所依赖的基础，而且是国家安全和未来战略经济部门依赖的关键技术，它对保护环境、控制污染、生产食品、提升人类的能力、促进健康尤其是提升国家安全与军事能力都将产生极大的影响。纳米光电子器件是世界主要国家和地区关注的重点研发对象和关键技术必争领域。

本章基于系统化设计与分析理念，通过环境扫描、数据挖掘、科学计量分析、专利分析、文献内容分析和政策分析等方法与技术，从如下方面分析了纳米光电子器件国际发展态势：①提出本章将研究的问题，概述纳米光电子器件及其相关研究基础的内涵、本章的研究思路、方法和技术；②归纳提炼国际上与纳米光电子器件相关的发展战略、计划和获资助的项目等涉及的战略投资重点领域方向；③对纳米光电子器件SCI-E论文进行科学计量分析，挖掘相关的研究主题；④分析世界纳米光电子器件发明专利，挖掘相关的技术主题，分析重要的研究机构；⑤根据国际会议信息、最近一年来纳米科技领域专业期刊、网站的热点文章和前10位文章以及上述4个方面的研究内容，综合分析纳米光电子器件领域的研发特点与国际发展态势；⑥提出几点政策建议。

15.1 引言

纳米光电子器件涉及广泛的学科领域，它不仅是微电子技术进一步发展所依赖的基础，而且是国家安全和未来战略经济部门（如电信、能源、光存储、生物医学应用等）依赖的关键技术，它对保护环境、控制污染、生产食品、降低能耗、提升人类的能力和健康，尤其是对国家安全与军事能力都将产生极大的影响。纳米光电子器件是世界主要国家和地区关注的重点研发对象和关键技术必争领域。

随着微电子技术的不断发展，要求基于互补金属氧化物半导体（COMS）芯片技术的单个芯片的集成度越来越高，在科学技术及市场等多方因素的驱动下，微电子技术在不断向微型化和高性能方向发展的同时受更低成本和更低功耗的需求推动。以COMS工艺为主的集成电路的集成度在经历几十年的发展后受到物理极限的制约（图 15-1），其进一步发展迫切需要更微小尺度的技术——纳米技术（1 ~ 100 纳米）。利用纳米技术的量子尺寸效应的全新理论和方法可以构建新的器件——纳米器件。纳米器件因比微电子器件的存储密度更高、能耗更小、计算速度更快而引起世界各国政府乃至企业的广泛关注，于是一些纳米器件如纳米管和纳米线器件、量子点和量子线器件等进入了人们的视线。按“国际半导体技术路线图”（ITRS）2008 年的预测，到 2022 年 COMS 单个芯片特征尺度的物理极限是 22 纳米，2020 年左右摩尔定律不再有效。ITRS 为集成电路今后的发展指出了三个方向：继续缩小 COMS 工艺的特征尺度，扩展摩尔定律，“超越 COMS”（beyond COMS）。因此，2022 年以前的半导体工艺发展不仅仅是线宽的缩小，而需要扩展摩尔定律（图 15-2），更迫切需要变革性技术“超越 COMS”，即探索非 COMS（non-COMS）的新原理和新器件，其关键问题是研究应用于信息处理与存储的替代技术。光子具有比电子轻（因无静止质量）、传播速度快等特点，因而将光子与纳电子技术相结合的纳米光电子技术已成为“超越 COMS”的关键技术之一。21 世纪将是微电子技术走向纳电子和纳米光电子技术的时代，纳米光电子技术有很多值得探索和发现的空间。纳米光电子器件正是纳米光电子技术的重要组成部分。世界主要国家和地区在纳米技术发展战略、计划和项目中，将纳米器件与系统（纳米光电子器件包含其中）作为研发和投资的重点。纳米光电子器件是世界主要国家和地区关注的重点研发和关键技术竞争领域，它在世界各国经济实力与国防实力的较量中具有重要的战略地位，选择纳米光电子器件进行研究对我国和我院都具有重要的战略意义。

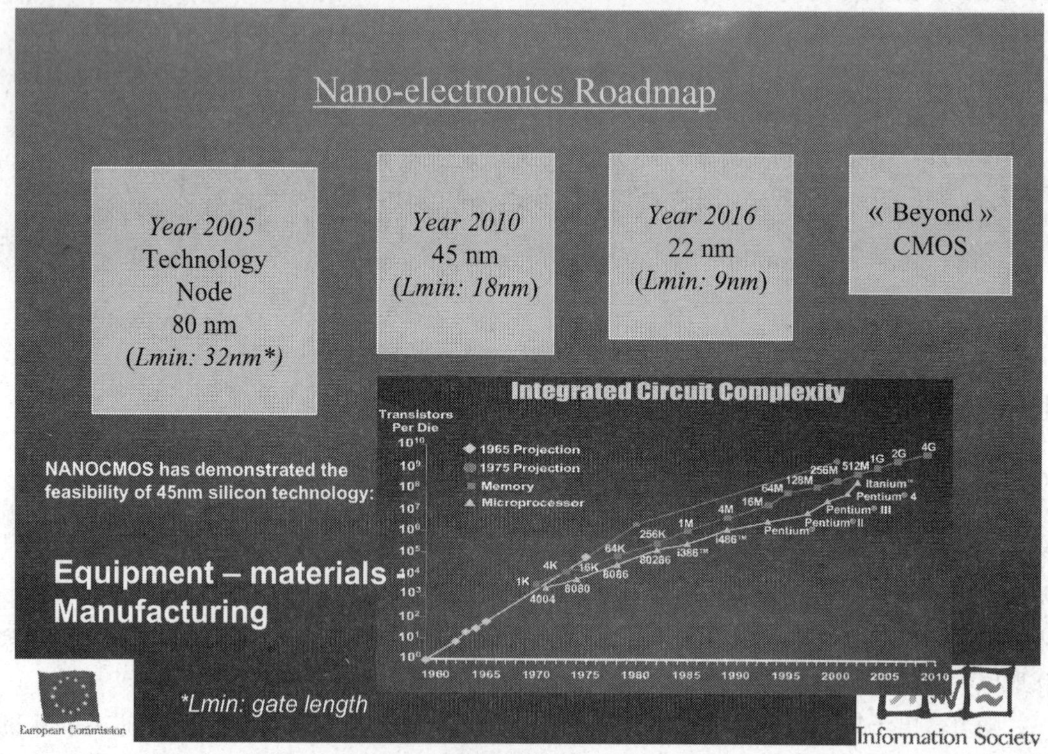

图 15-1　纳电子学发展技术路线图

资料来源：Beernaert（2006）

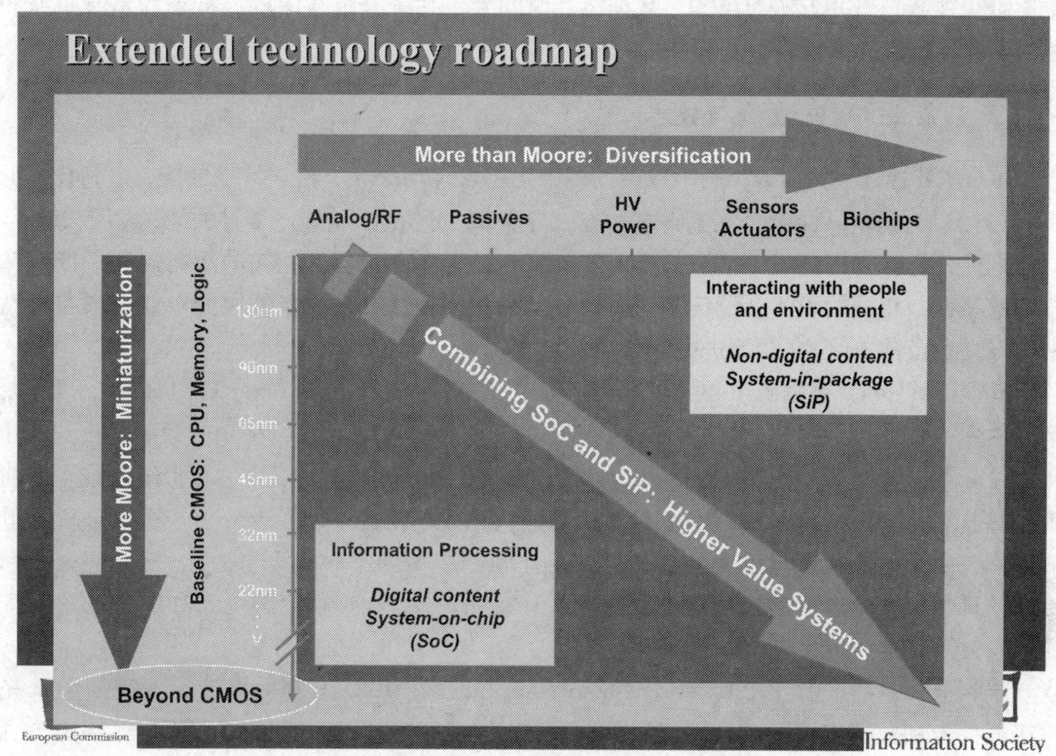

图 15-2 扩展摩尔定律纳电子学技术路线图

资料来源：Beernaert（2006）

15.1.1 问题提出

本章主要围绕下述问题展开对纳米光电子器件的研究，旨在为我国的各级战略决策部门提供研究基础和重要依据，为纳米光电子器件及其相关领域的科研人员提供该领域的发展特点与发展趋势的基本判断。

（1）国际上该领域的研发现状与发展趋势如何？

（2）哪些国家和科研机构（大学、企业）在该领域比较活跃？

（3）该领域的科学问题和面临的挑战与发展机会是什么？

（4）该领域在哪些方面有重要应用？

（5）中国在该领域位于世界何处？中国/中国科学院该如何战略布局或调整？

15.1.2 研究思路与研究方法和技术

15.1.2.1 研究思路

本章基于系统化设计与分析理念对纳米光电子器件国际发展态势进行分析，即研究对象、研究领域、研究方法与技术、数据链、时间维、系统分析与深度分析等均是所研究问题的函数。本文的系统性分析框架见图 15-3。

15.1.2.2　研究方法与技术

本章主要通过环境扫描，利用数据挖掘中主题发现与关联、科学计量分析、专利技术分析、文献内容分析、科技政策分析等多种方法与技术，分析纳米光电子器件的国际发展态势。

定性分析：采用环境扫描法扫描主要国家与纳米光电子器件相关的战略规划、计划和投资的项目，相关的国际会议信息、最近一年来有代表性纳米科技领域的专业期刊和网站的热点文章及前 10 位文章等进行综合比较分析。

科学计量分析：数据源于 ISI Web of Science——Science Citation Index Expanden（SCI-E），下载的纳米光电子器件数据集（关键词群组）的时间跨度为 1974～2009 年（数据截止到 2010 年 1 月），共 18 387 篇。采用自主开发的“科学文献数据分析系统”以及“21 世纪科技发展前沿走势监测与分析平台”进行文献计量统计分析和数据挖掘主题发现分析。重点分析了世界整体、中国内地和台湾、美国、日本、英国、法国、德国、韩国、印度、巴西等国家和地区的科学论文产出，纳米光电子器件论文和被引频次居前 10 位的国家和地区；挖掘了研究论文涉及的研究主题。

专利分析：数据源于 ISI Derwent Innovation Index（DII）专利数据库。下载的纳米光电子器件专利数据集（关键词群组）的时间跨度为 1977～2009 年（数据截止到 2010 年 1 月），共 3020 件。运用汤森数据分析器（TDA）和 Aureka 进行分析。重点分析的国家和地区与上述科学计量分析的相同，还分析了该领域的重要科研机构，挖掘了专利涉及的技术领域的主题。

为了数据分析的完整性，科学论文和专利的变化趋势均分析到 2008 年，研究和技术主题分析到 2009 年（见 15.3、15.4 节）。

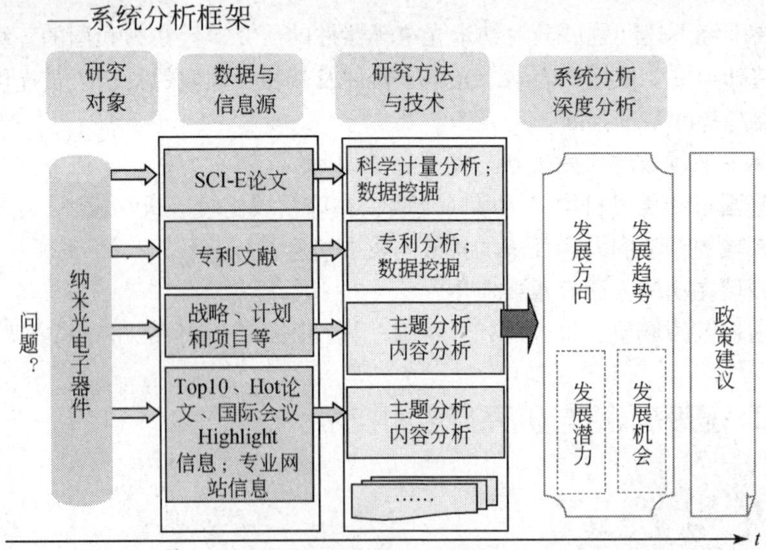

图 15-3　本章研究思路

15.1.3 相关概念

纳米光电子器件及其相关领域是新兴的研究领域，国际上尚未有统一的定义，本章主要根据所调研的文献进行梳理与归纳，以了解这些概念的内涵。本节主要阐述与纳米光电子器件密切相关的几个概念，即纳米结构、纳米电子器件、纳米光子学/技术、纳米光电子学和纳米光电子器件。

15.1.3.1 纳米结构

纳米结构是指纳米尺度的基本单元按照一定的规律构建或组装成的零维（如纳米粒子、粉体材料）、一维（如纳米线、管）、二维（如纳米薄膜、量子阱）或三维（如多孔硅）体系。由于纳米构造单元间具有一定的相互作用，纳米结构不仅具有构造单元的特殊性，如量子尺寸效应、表面效应及小尺寸效应等，而且还具有由于构造单元间量子耦合或协同增强所产生的新效应（如纳米结构具有可控和可调节的光学性质）。纳米结构是构建纳米光电子器件的基本结构单元。

15.1.3.2 纳米电子器件

纳米电子器件是微电子器件发展的下一代产物，但它有不同于微电子器件的材料、加工组装技术和运行机制。研究纳米电子器件有两条途径：一是微电子器件尺寸逐渐减小的“自上而下”的路线；二是利用有机或无机分子组装功能器件的“自下而上”的路线，这条技术路线可减少对原材料的需求，降低环境污染。

15.1.3.3 纳米光子学/技术

纳米光子学是将纳米技术与光子技术相结合的新兴交叉学科，它不仅涉及物理学、化学，还与材料、生物等多学科紧密联系，在此基础上又派生出生物光子学、微波光子学等学科领域。纳米光子学有如下定义：

美国国家科学院在 2008 年的一份报告中定义纳米光子学（nanophotonics）是“发生在光波长及亚光波长范围中的光－物质相互作用的纳米科学与工程，这种相互作用由天然或合成的纳米结构物质的物理、化学或结构特性决定”。报告认为，与纳米光子学最相关的领域有如下 4 个：

（1）光子晶体（photonic crystals）：是两种不同介电常数的介质材料在空间按一定的周期排列所形成的一种人造“晶体”结构，具有对光传播可控的特性。

（2）超材料（metamaterials）：以负折射率介质为代表的新型人工电磁介质，其结构元素比光波长小得多，允许有效介质接近光的性质。

（3）纳米等离子体激元光子（plasmonics）：基于金属自由电子响应（负渗透性）引起的表面等离激元的性质，可在纳米范围内操纵光路。

（4）限域半导体结构（confined semiconductor structures）：其物理性质受减少维度和量子限域的影响。

欧洲有研究人员认为纳米光子学涉及光与物质的相互作用，是纳米技术与光子技术的会聚，即“利用纳米技术中的光子学与利用在光子学中的纳米技术”（the use of photonics in nanotechnology and/or the use of nanotechnology in photonics），其研究包含纳米尺度的光特性，以及创造应用于工程领域并具有显著功效的器件。纳米光子学技术包括：纳米光子光显微镜，纳米光子存储，纳米光子传感器，纳米光子太阳能电池和光源（激光、发光二极管等），纳米光子数字通信，光子晶体、超材料，纳米等离子体激元光子。纳米技术跨学科的本质在纳米光子学领域（图 15-4 中的阴影部分）表现尤其明显。

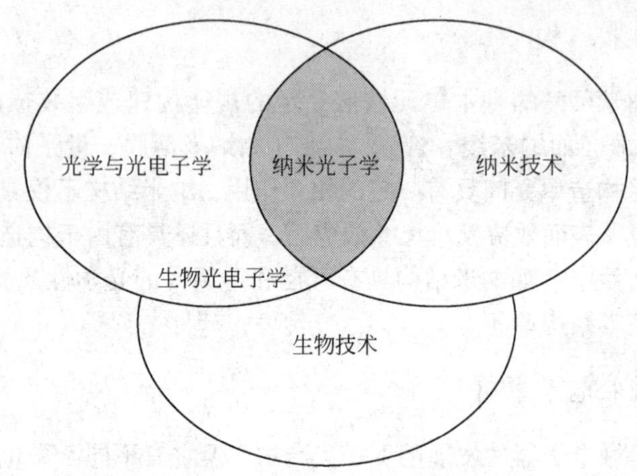

图 15-4　纳米光子学定义示意图

资料来源：Strategies Unlimited. The Emerging Field of Nanophotonics. http：//www. phoremost. esus. ie/userfiles/file/nanophotonicsch02. pdf. 2005

日本东京大学的研究人员 Bunkyo- ku Yayoi 认为，纳米光子学包含纳米光子器件（nanophotonic devices）、纳米光子制造（nanophotonic fabrications）和纳米光子系统（nanophotonic systems）。这三者间存在如下关系：纳米光子学是实现纳米光子器件、制造和系统技术的领域。具有新功能的纳米光子器件可以通过在纳米粒子之间传输近场光能。纳米光子器件通过近场光传输信号并携带信息，这样，通过利用这些新的纳米光子器件从而使新的纳米光子系统成为可能。进而，如果传输的近场光能足够强，那么纳米粒子的结构可以被操控，从而使新的纳米光子制造成为可能。他们认为，关键的纳米光子器件有纳米光子开关、纳米光子逻辑栅（nanophotonic logic gates）等。纳米光子器件是能满足未来光技术需求的关键技术。光子器件要实现不同于激光器、调节器和光波导等传统光子器件的新功能，必须进行光子器件的性能创新，减小光子器件的尺寸和能耗，这就要依赖纳米光子器件来实现。

15.1.3.4　纳米光电子学

纳米光电子学是研究纳米结构中电子与光子的相互作用及其器件的高技术学科，是在纳米半导体的基础上发展起来的，是纳米光电子器件的基础，且将成为纳米光通信技术发展的重要支柱。纳米光电子学的发展路径为：光学→光电子学→纳米光学 + 纳米电子学→纳米光电子学→纳米光电子技术→纳米光电子工程→纳米光电子产业。

15.1.3.5　纳米光电子器件

纳米光电子器件的理论基础主要是纳米光电子学和纳米光子学，它并非指器件大小只有纳米尺度，而是指器件的最小基元或主要采用的工艺是纳米尺度的，如现在广泛研究的硅纳米线技术、表面等离子波导、光子晶体（其单个周期元是纳米尺度的）。半导体激光器中常用的量子点、量子阱、量子线等都采用纳米尺度加工工艺。

15.1.4　本章的结构

本章按如下五方面组织内容：

第一，从纳米光电子器件的战略重要性入手，提出本章将研究的问题，简要阐明纳米光电子器件及其相关研究基础的内涵、本章的研究思路、方法和技术。

第二，阐述并归纳国际上与纳米光电子器件相关的发展战略、计划和获资助的项目等几个层面涉及的战略投资重点领域方向。

第三，对纳米光电子器件 SCI-E 论文进行科学计量分析、挖掘研究主题。分析世界纳米光电子器件的发展趋势，论文与被引频次居前 10 位的国家在不同时间、区间的变化；利用数据挖掘方法挖掘论文所涉及的研究主题。

第四，分析纳米光电子器件的发明专利并挖掘相关的技术主题。分析世界纳米光电子器件专利的发展趋势、重要的研究机构，利用专利分析工具挖掘专利所涉及的技术主题。

第五，根据国际会议信息内容、最近一年来有代表性纳米科技领域的专业期刊、网站的热点文章和前 10 位文章的内容以及前四方面的研究内容，综合分析纳米光电子器件领域的特点与国际发展态势。

第六，提出几点政策建议。

15.2　主要国家和地区的战略投资重点

15.2.1　世界纳米科技与纳米光电子器件发展概况

纳米技术的进步对各个领域产生的影响日益增大，世界上有 60 多个国家/地区相继出台了各自的纳米技术发展战略和计划，将纳米科技列为战略投资的重点领域，并加大对其的投资力度（图 15-5）。纳米光电子器件主要包含在各国/地区的科技发展战略与计划设置的下述重点领域中：

（1）纳米器件和系统；

（2）纳米材料（结构材料）；

（3）纳电子学；

（4）纳米光子学；

（5）纳米生物与医学；

（6）纳米环境、能源和国家安全；
（7）与信息通信技术等的交叉领域。

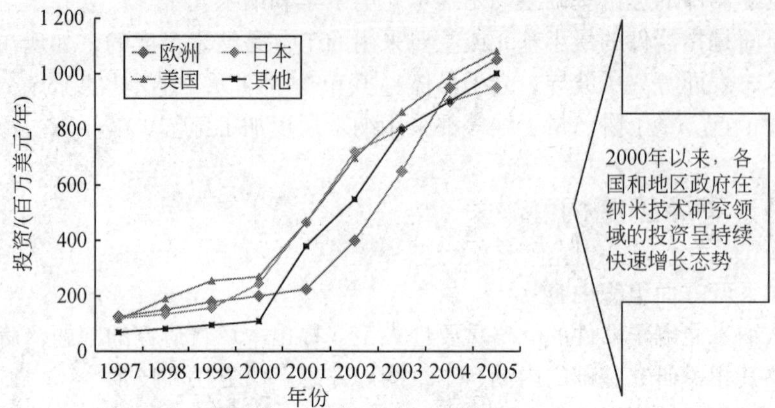

图 15-5　世界主要国家和地区的政府在纳米技术研究领域的投资趋势

15.2.2　主要国家和地区的战略投资重点领域

本节重点阐明并归纳美国、欧盟、日本和韩国与纳米光电子器件相关的重点投资领域，对欧盟从大计划、获资助的项目等层面揭示其投资的重点领域。

这些国家和地区的战略投资重点领域主要围绕如下方面：CMOS 的尺寸控制和性能提升、“超越 CMOS”方面的新理念、新器件设计，探索创新性的基础研究，注重纳米光电子器件在医学、能源（尤其是太阳能电池和燃料电池）和国家安全等方面的应用。

欧盟投资的“石墨烯基纳电子器件”项目（2008～2011）值得高度关注，因为已有数据表明，石墨烯是应用于“超越 COMS”开关和互联器的最有前景的材料，该项目旨在查证石墨烯是否能将传统的半导体引向“超越 COMS”的时代。“等离子增强光子学”（PLEAS）和“拓展纳米 COMS 电子学的极限”项目都体现了其创新性和重要性。

纳米光子学与纳米电子学的融合研究是美国和欧盟在纳米光电子器件领域的研究新动向。

15.2.2.1　美国的战略投资重点领域

美国自 2000 年发布国家纳米技术计划（NNI）以来，根据战略计划的实施情况和国家的战略需求，调整其战略目标，凝练研究方向。

2001～2005 财年，NNI 投资的与纳米光电子器件相关的重点领域包括如下方面：①纳米科学与工程的长期基础研究。②9 个重大挑战领域中涉及与纳米光电子器件相关的主题包括纳米电子学、纳米光电子学和纳米磁学、生物纳米器件（生化探测器）等。③建立卓越研究中心和网络。④建立研究基础设施。

在每三年对 NNI 进行评价的基础上，美国对纳米科技发展的战略目标进行调整，并凝练战略投资方向。美国在 2004 年 12 月发布的第一个 NNI 战略规划以及在 2007 年发布的

第二个NNI战略规划中，均对纳米科技发展的战略研究目标与方向进行了不同程度的调整。

第一个NNI战略规划确定了5~10年的四大战略目标：①将9个重大挑战领域凝练为更清晰的7个研发投资重点领域（PAC），见表15-1中的前7个领域，明确列出“纳米器件与系统”为其中的重点投资方向。②确定了“纳米器件与系统”的长期挑战：应用纳米科学与工程的原理创造新型器件或提升现有器件和系统的功能；了解复杂系统下纳米尺度器件的相互作用；重点研究硅纳米技术和COMS。③探索半导体特征尺度的极限并应用于传感、存储、通信、计算等器件的物理原理。④确定了与国家战略需求以及经济社会发展更紧密相关的应用前沿方向。NNI在信息技术应用领域重点资助的与纳米光电子器件相关的研发方向为：纳米通信器件；纳机电系统，芯片实验室；降低功耗的纳米器件；分子电子学，先进的通信系统；应用于飞行器的高效、微型化、低功耗器件；新现象、工艺、器件和体系结构。

2007年，第二个NNI战略规划在2004年第一个NNI战略规划确定的7个研发投资重点领域基础上，新增了“环境、健康与安全”重点投资领域，其中涉及纳米光电子器件研究方向，如纳米生物传感器等。

自2006财年开始，“纳米器件与系统”每年占NNI重点投资领域经费的22%左右（表15-1）。

表15-1　2006~2009财年NNI在8个重点资助领域的投资

序号	领域	2006财年		2007财年		2008财年		2009财年	
		投资额/亿美元	比重/%	投资额/亿美元	比重/%	投资额/亿美元	比重/%	投资额/亿美元	比重/%
1	纳米尺度基本现象和过程研究	2.34	22	4.01	31	4.92	34.07	5.51	36.08
2	纳米材料	2.28	22	2.5	20	2.91	20.15	2.27	14.87
3	纳米器件和系统	2.44	23	2.63	21	2.77	19.18	3.27	21.41
4	纳米技术的仪器研究、计量和标准	0.71	7	0.77	6	0.84	5.82	0.82	5.37
5	纳米制造	0.47	4	0.41	3	0.44	3.05	0.62	4.06
6	大型研究设备和仪器	1.48	14	1.64	13	1.60	11.08	1.61	10.54
7	教育与社会制度	0.82	8	0.82	6	0.96	6.65	0.41	2.69
8	环境、健康与安全							0.76	4.98
	合计	10.54	100	12.78	100	14.44	100	15.27	100

资料来源：Nanos scale Science and Technology Council（2005，2006）

美国纳米科学与工程分委员会2010年2月发布了纳米电子学2020年及展望计划（Nanoelectronics for 2020 and Beyond），该计划由国家科学基金会（NSF）、国防部（DOD）、国家标准与科学技术研究院（NIST）、能源部（DOE）和情报中心（IC）共同承担。计划的目的是发现并利用纳米尺度制备工艺，创新概念生产革命性的材料、器件、系统和体系结构，促进纳米电子学领域的进步。该计划包含5个可信赖的领域（trust area）（表15-2），其中“纳米光子学与纳米电子学的融合”与纳米光电子器件密切相关。光子在新一代光通信和光计算方面有广泛的应用，尤其是硅光子或硅基光电子与 COMS 平台相结合，因它具有提升传统的、价格不菲的基于 III-V 族半导体材料的元器件的功能而进入新一代低成本光子集成电路的潜力，已开始成为国际上关注的技术焦点。国际上对硅光子学和光电子学研发的最基本驱动力是微电子产业对光互联技术的成本-效益的需求推动。

表 15-2　美国联邦部门/机构对可信赖的领域的贡献

可信赖的领域	NSF	DOD	NIST	DOE	IC
1. 探索应用于计算的新“态变量”（state variables）	√	√	√	√	√
2. 纳米光子学与纳米电子学的融合	√	√	√	√	√
3. 探索碳基纳米电子学	√		√		√
4. 探索应用于量子信息科学的纳米尺度工艺和现象	√	√	√		√
5. 构建国家纳米电子学研究与制造基础设施网络（基于大学的基础设施）	√	√	√		

资料来源：NSF 等（2010）

等离子体激元光子学——硅光电子领域的子领域——以现有科技新领域的面貌出现，它具有在纳米尺度下操纵光并使金属纳米结构改变光路的特性。等离子体激元光子学的应用已有大量报道，它正在开始成为新的基础科学和新器件技术。

在器件小型化技术的角逐中，等离子体激元光子学能够使光学追赶上电子学，在光学与电子学等技术的交界处显现新的发展机会。等离子体光子学包含纳米尺度金属元件和半导体元件的纳米光子杂化器件（hybrid nanophotonic devices），它具有组成该器件的两种技术本身所不具有的新功能。因为金属具有将非并行光集中的功能，而半导体具有先进的电子功能，如光发射、探测和广泛的非线性光特性的功能。通过利用两种技术的优点，新器件可以同时实现电子和光的功能。这样的器件包括新的光源、探测器、传感器、变频器、调节器、量子光元器件和超快光元器件。在纳米光电子与纳米电子学融合的领域中可信赖的领域包括（但不限于）：

（1）应用于实现混合半导体/金属材料和纳米结构的新材料的加工与制备技术；

（2）研发并提出与 COMS 兼容的杂化纳米光子器件的制造路线；

（3）纳米尺度的等离子光子光源和探测器；

（4）用于光放大或发射激光并与半导体增益材料掺杂的等离子光子微腔；

（5）应用于光调节器或变频器的与非线性材料结合的等离子光子结构；

（6）应用于定向智能光源的纳米尺度掺杂的光天线；

（7）应用于纳米光子杂化器件的新的计算和分析设计方法。

15.2.2.2　欧盟的战略投资重点领域

为提升欧洲整体的研究实力和其在全球的竞争力，欧洲通过多个战略计划促进纳米技术（含纳米光电子器件）的研发。

欧盟在“新兴的纳米电子学计划”（2004）中重点关注 4 个长期的研究方向：①杂化分子电子学；②开发用于器件、功能和互连器等的一维纳米结构材料；③开发用于可再生功能和组合电路的单分子（了解单分子的电特性，尤其是有机分子的自组装潜力）；④研

发非互补金属氧化物半导体（non-CMOS）。

欧洲纳米电子计划咨询委员会（ENIAC）发布的“纳米电子学2020年展望”中涉及与纳米电子器件相关的研究方向有：①纳米医学诊断和治疗器件；②智能存储器；③创造应用于汽车与其他交通工具并具有人机交互功能的低成本、无污染的纳米器件；④研发用于反恐和国家安全的纳米器件。ENIAC支持“利用科学制备方法以提高设备的生产能力和制备性能”项目（IMPROVE）（2008），该项目为期3年，旨在研发制备高容积、降低芯片成本、减小芯片体积的CMOS器件的工艺；支持“应用于高效能源电动车的纳米电子项目”（ENIAC E3Car Project）（2009），该项目为期3年，旨在研发用于电动车的纳米电子技术、器件、电路和元件，并将之应用于电动车体系的示范，重点是元件设计、创新电路体系概念和开发半导体技术。

欧洲科学基金会（ESF）在“纳米科学与信息技术的长期发展”报告中提出，今后10年与纳米光电子器件密切相关的基础研究主题有：①分子电子学（用分子尺度元件控制信息）；②量子信息（传输、存储与计算的量子纠缠）；③自旋电子学；④光子学（利用光量子开拓计算、数据传输和存储的基础过程）；⑤微机电/纳机电系统；⑥缩小晶体管尺度的CMOS的基础研究问题。

欧盟委员会2007年发布了未来10~15年（2017~2022）“光学与纳米电子学的融合”（MONA）计划，旨在建立纳米光子学新学科。MONA项目组2007年发布了欧洲“光子学与纳米技术线路图：光学与纳米技术的融合”（2008年修订），确定了对纳米光子学有深远意义的几种关键纳米材料：硅、Ⅲ-Ⅴ族和Ⅱ-Ⅵ族半导体中的量子点和量子线；等离子体纳米结构；高折射率硅和Ⅲ-Ⅴ族半导体纳米结构；碳纳米管；电子与光子的集成技术；玻璃或聚合物中的纳米微粒。还确定了主要的纳米光电子器件，即显示器、光伏器件、成像系统、照明系统、数据通信/通信、传感器和光互连。

欧盟第六框架计划支持的与纳米光电子器件相关的重点研究方向为新型生产工艺和器件：开发新工艺和器件、灵活的智能化制造系统。在信息技术领域部署的纳米光电子器件研发重点方向有：微米、纳米与光电子学、微系统和显示器、纳米-电子学和光子学等。

欧盟第六框架计划下获资助的纳米光子学项目（包含与超越CMOS的局限性相关的项目）：①欧洲光子集成组件与卓越电路网络项目，有34个机构参加，投资600万欧元。②应用于大型光网络的光子晶体（FUNFOX）项目。③PHOREMOST卓越网络项目，关注分子纳米光子学、纳米制模和多种应用的光子晶体。该网络是由来自大学、科研机构和产业界的纳米光子学和分子光子学领域的一流研究人员组成的联盟。目的是：在纳米与微米技术之间架起桥梁；研究分子光子结构、纳米尺度新功能器件、纳米光子器件（Nanophotonic devices）。项目资助经费为470万欧元，35个合作伙伴。④PHAT项目旨在将硅基二维、三维设计用于路由和光发射的集成（PHAT aims at combining 2-D and 3-D designs in silicon for integration of routing and emission）。⑤PICMOS项目研究在硅COMS芯片上的光子互联。

欧盟第七框架计划在“信息与通信技术”（ICT）领域重点资助了“纳米电子学，纳米光电子学和微纳米集成系统”计划，包含如下研究方向：挑战器件的小型化、集成度、多样性和密度的局限性；提高器件或系统的性能并降低器件的制造成本，促进ICT在更大范围的应用；人机界面；探索新概念所需的基础研究；纳米信息通信技术器件和系统重点研发开关或存储元器件、互联器、纳机电系统和纳机电系统阵列。

从欧盟框架计划获资助的与纳米光电子器件相关的项目看，主要集中在 CMOS 的尺寸控制和性能提升、超越 CMOS、具有节能功能的纳米光电子器件、医用传感器件的性能研究以及探索创新性的基础研究。表 15-3 ~ 表 15-5 列出了获框架计划资助的部分项目。

表 15-3　欧盟第五框架计划资助的与纳米光电子器件相关的项目（部分）

开始年	项目名称	年限/年	金额/(万欧元)	主要研究内容
2000	纳米尺度分子电子器件的制备和建模（NANO-MOL）	3	197	研究基于单分子和分子团簇制备的晶体管器件。研究分子自组装体系，为纳米分子电子器件建立制备技术和理论模型。目标是制备在室温下可操作的临界尺寸小于 10 纳米的分子电子器件
2003	将生物分子与硅连接的生物分子磁开关（MOL SWITCH）	3	X	构建单分子 DNA 序列器件，在生物分子马达和可移动磁头的基础上构建纳米开关。构建的器件可将生物分子与硅基微电子联系起来

表 15-4　欧盟第六框架计划资助的与纳米光电子器件相关的项目（部分）

开始年	项目名称	年限/年	金额/万欧元	主要研究内容
2004	用于生物细胞治疗的纳米器件设计（cellPROM）	4	2 600	探索在组织工程方面具有治疗作用的纳米生物器件。希望这些纳米器件工具有助于实现再生医药，尤其在自体同源细胞治疗、癌症治疗和医学移植方面的技术突破
2004	应用于 2010 年 e 欧洲“纳米 CMOS”框架：从 45 纳米节点减小到 CMOS 尺寸极限（nano-CMOS）	2	2 400	研发 45 纳米、32 纳米及更小尺寸的 CMOS 技术：展示 45 纳米节点 CMOS 逻辑栅技术的前端和后端加工单元的可行性；探索研究制备 CMOS 技术允许范围内的 32 纳米/22 纳米节点的相关材料、器件、连接和相关表征及建模；在 2007 年之前实现在 300 纳米的晶片上集成 45 纳米全逻辑 CMOS 的制备工艺
2004	高性能纳米结构固态气体传感器（NANOS4）	3	298	寻求先进的微纳技术突破，用于研发基于介观传感器的新颖的金属氧化物气体传感系统
2004	基于纳米结构器件的超宽带宽光源（NANO UB-SOURCES）	3	220	在光子器件基础上建立新一代超宽带宽光源，促进癌症早期诊断和检测视网膜疾病等方面的压缩、价格低廉且用户界面友好的激光器的发展
2004	用于可调节的听觉共振器和器件的纳米结构铁电薄膜（NANOSTAR）	3	280	利用复杂金属氧化物介电材料（如钛酸钡及钛酸锶等）开发具有与电场强度无关的极高磁介电常数的铁电材料，以应用于单芯片手机。Nanostar 计划旨在证明铁电薄膜具有更低的成本、功耗及全新的性能

续表

开始年	项目名称	年限/年	金额/万欧元	主要研究内容
2005	自动操控纳米物体的微纳米系统（NanoHand）	3	493	致力于集成自动处理像碳纳米管尺寸的物体的微纳米子系统，研究者和企业将合作创建世界上第一个内置扫描电子显微镜的纳米机器人制备系统，碳纳米管在其中作为元件可以随意被放置在电路里，以取代常规组件或者产生采用常规方法不可能制备出的新颖器件
2005	等离子增强光子学（PLEAS）	3	280	探索等离子增强光子器件研究的概念和现象，研究用于发射器和探测器的特定等离子增强结构及实现它们的技术；研究无机发光二极管：增强从电到光的转化效率；研究硅光探测器：提高信躁比和速度 该项研究将会对以下方面产生深远影响：应用于便携电话的安全性更便宜、功能更强大的照相机的光子探测器，还可应用于发射系统、LCD 显示器背光的普通和机动发光器件，可提高光电二极管转换效率，从而降低温室气体的排放
2006	拓展纳米 COMS 电子学的极限（PULLNANO）	2.5	2 500	致力于研发 32 纳米和 22 纳米 CMOS 的技术节点：通过 SARM 芯片和一个多水平金属堆积结构展示 32 纳米节点前端和后端加工单元的可行性；实现制备与将来的 22 纳米节点相关的材料、器件、构造和连接模型及表征；建立技术和设计者之间评价技术性能和能耗的行动计划；通过欧洲设备供应者论坛确定未来高级加工、表征和计量设备方面的详细计划
2006	为持续护理和监测糖尿病患者开发可植入式生物传感器（P-Cezanne）	4	850	研发能持续监测血葡萄糖水平的新颖的、可植入的长寿命纳米传感器

表 15-5　欧盟第七框架计划资助的与纳米光电子器件相关的项目（部分）

开始年	项目名称	年限/年	金额/万欧元	主要研究内容
2008	纳米尺度的 ICT 器件和系统协调行动（NANOICT）	3	95	加强和支持整个欧洲研究团体在以下研究领域的 ICT 纳米器件，这些领域有望提供能突破 CMOS 技术预期瓶颈的非传统的方法，即转换或存储信息新概念的展示；用于本地和芯片连接的对现有技术有实质改善的新概念、技术和构造的展示；通过结合嵌段的方式从纳米级别降低到原子级别的高附加值体系的全新功能的展示；确定评估 ICT 纳米器件研究的测评方法和驱动力等

续表

开始年	项目名称	年限/年	金额/万欧元	主要研究内容
2008	石墨烯基纳米电子器件	3	2390	已有数据表明，石墨烯是应用于“超越 COMS”开关和互联器的最有前景的候选者。该项目旨在查证石墨烯是否能将传统的半导体引向“超越 COMS”的时代
2008	用于传感和能量管理的杂化纳机电/集成电路系统（NEMSIC）	3	390	研发新一代用于气体和生物物质的智能传感器和执行器，尤其是适合关键环境的监测和遗传、医药和药物发现的器件。致力于把固体半导体微纳器件和微纳机电器件集成到一个芯片上，从而达到实现新功能和增强性能的目的
2009	纳米器件（NanoDevice）	4	949	旨在开发测量和表征具有新颖便携器件工厂空气中的纳米粒子的新概念和新方法。其目标有：确认空气中工程化的纳米粒子相关的物理化学性质，为工程纳米粒子喷雾剂研发提供参考依据；调研工程化纳米粒子物理和化学性质间的关系及它们的潜在毒性或活性；分析在制备和操作等工业化过程中，工程化纳米粒子的释放及评估工厂中工程化纳米粒子的水平以确定其性能要求；开发可用新概念的技术及监测工程化纳米粒子的特殊监测器；开发校准和测试模拟和实时暴露装置的新概念和器件的方法；通过引导和标准化的发展，有效传播研究结果，促进工程化纳米粒子的安全性等
2008	具有人机互动的纳米计算构建单元（NABAB）	3	214	探索通过连接基于新纳米有机场效应晶体管，功能化纳米管场效应晶体管或 ZnO 场效应晶体管的分子电子纳米器件构建的功能化纳米计算构建单元的可行性
2008	应用于医学的纳米执行器和纳米传感器（NANOMA）	3	246	旨在研发药物输送微机器人系统（包含纳米激励器和纳米传感器），通过引入临床核磁共振产生的磁梯度使其在心血管系统中推进和导航铁磁微胶囊。还包括纳米机器人微胶囊及功能化靶向生物载子等的设计和建模
2008	用于光照工程中节能解决方案的智能纳米结构半导体（SMASH）	3	1150	研发纳米结构模板上有机发光二极管（OLED）结构的生成及基于纳米线发射器的有机发光二极管。旨在为发光市场提供在制备低成本、高能效的白 LED 光源中用到的新材料和加工技术
2009	玻璃基上全无机纳米棒（硅纳米棒）基薄膜太阳能电池的研究（ROD-SOL）	3	270	利用硅纳米棒开发低成本、高转换效率的太阳能电池。旨在合成直径足够大、长度足够长的低成本高效的硅纳米棒

资料来源：本章作者根据 http：//cordis. europa. eu/fp7/projects_ en. html 网站信息整理

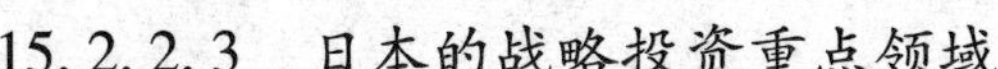

15.2.2.3 日本的战略投资重点领域

日本在科技基本计划、纳米技术专项计划中都涉及纳米光电子器件的研发方向。

日本第二期科技基本计划（2001～2005）和第三期科技基本计划（2006～2010）将“纳米技术和材料”、生命科学、信息通信、环境保护等作为国家科技发展战略四个重中之重的研发领域。

第二期科技基本计划在“纳米技术和材料”中重点投资如下研究方向：应用于下一代通信系统的纳米器件与材料；环境与能源存储材料；新型医疗保健技术与生物材料；具有创新功能的新型材料。

第三期科技基本计划继续重点支持“纳米技术和材料”领域，提出了3个战略理念和10个战略重点研发方向。

日本科技政策委员会在“纳米技术和材料”领域中计划长期资助的与纳米光电子器件相关的研发重点为：①量子信息技术：量子信息通信；分子/生物/自旋电子学。②纳米电子学：硅基超越传统半导体功能的下一代纳米电子技术；电子/光子控制的纳米电子学；应用于电子学的纳米制造技术；降低电子元件或组件成本的技术；节能且环境友好的纳米电子学；应用于国家安全的纳米电子学。

15.2.2.4 韩国的战略投资重点领域

韩国“太比特纳米器件计划”（TND）（2001～2010）投资的重点领域为：①太比特纳米电子学（包含太比特硅基单电子存储器，纳米 COMS 和单芯片系统制造）；单电子晶体管（SET）逻辑器件和 RF 单电子晶体管（目标是10纳米单电子晶体管逻辑器件，单电子晶体管。应用于太比特纳米 CMOS 存储器、移动通信和多媒体）；太赫兹数字集成电路。②自旋电子学（包含太比特单芯片、自旋晶体管和逻辑器件、自旋电子探测、自旋器件的制造与表征、设计新概念）。③分子电子学（太比特超高密度碳纳米管晶体管和存储器、太比特有机芯片、用于太比特存储器的分子开关、超越0.1太比特/兆比特的芯片。分子器件的制造与表征、互连器、新计算机的运算法则和结构）。④核心技术。

15.3 纳米光电子器件论文的科学计量分析与主题挖掘

15.3.1 科学计量分析

15.3.1.1 世界纳米光电子器件论文数处在S生长曲线快速上升发展阶段

Logistic 曲线常用于描绘文献量或词汇的增长，以解释相关主题和概念的发展趋势。1974～1982年，世界纳米光电子器件论文数量变化平直，各年论文数量不足10篇，年均增长率为14.0%。1983～2009年，世界纳米光电子器件论文数呈现快速增长趋势，论文数的年均增长率为18.7%，其变化趋势类似逻辑斯谛S形生长曲线（图15-6）处于萌芽和快速发展的第一阶段（图15-6）。

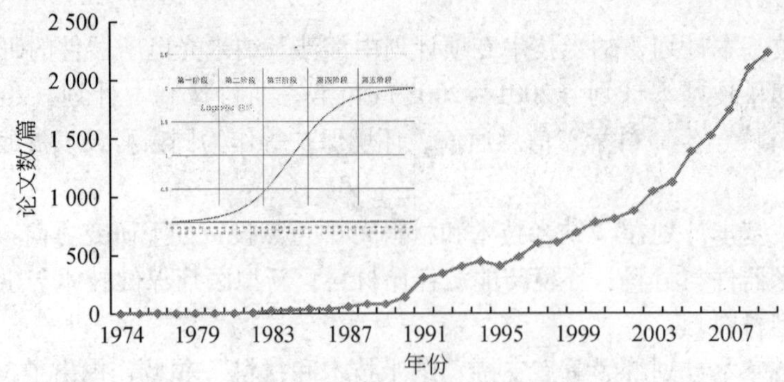

图15-6　1974～2009年世界纳米光电子器件论文数的变化趋势

15.3.1.2　SCI-E论文数和论文被引频次居前10位的国家和地区的变化

在按纳米光电子器件论文数排名前10位的国家和地区中（表15-6），美国在4个时间区间均稳居世界首位，其论文占世界该领域论文总数的30%左右，1991～1995年高达43%。日本从前3个时间区间位居第二位（13%～19%）到2006～2009年让位给中国而居第三位（9%）。英国和德国在同期交替位居第三位和第四位，占世界论文总数的6%～10%。

表15-6　在4个时间区间纳米光电子器件领域SCI-E论文数居前10位的国家和地区的变化

世界排名		第一	第二	第三	第四	第五	第六	第七	第八	第九	第十
1991～1995年	国家和地区	美国	日本	英国	德国	加拿大	法国	俄罗斯	瑞士	中国台湾	荷兰
	论文数/篇	824	381	147	111	65	64	40	39	28	26
	份额/%	43.12	19.94	7.69	5.81	3.40	3.35	2.09	2.04	1.47	1.36
1996～2000年	国家和地区	美国	日本	德国	英国	俄罗斯	加拿大	中国	韩国	法国	意大利
	论文数/篇	996	643	363	304	158	142	114	113	112	74
	份额/%	31.50	20.34	11.48	9.61	5.00	4.49	3.61	3.57	3.54	2.34
2001～2005年	国家和地区	美国	日本	德国	英国	中国	韩国	法国	俄罗斯	中国台湾	加拿大
	论文数/篇	1628	697	611	547	389	310	292	215	195	170
	份额/%	31.16	13.34	11.70	10.47	7.45	5.93	5.59	4.12	3.73	3.25
2006～2009年	国家和地区	美国	中国	英国	日本	德国	韩国	法国	中国台湾	加拿大	意大利
	论文数/篇	2151	1198	708	691	641	516	470	380	297	251
	份额/%	28.39	15.81	9.34	9.12	8.46	6.81	6.20	5.02	3.92	3.31

总体而言，在4个时间区间，美国、日本、德国、法国、英国、加拿大始终位居世界前10位，俄罗斯的位置波动变化，到2006～2009年已淡出前10位之列。中国的进步明显，从1991～1995年排名世界第20位（占1.05%）到之后的每个时间段都进入世界前10名，2006～2009年已位居世界第二位（占15.81%）。韩国从1991～1995年排名世界第

22 位上升到 2006 ~ 2009 年排名世界第 6 位。

在按论文被引频次排名前 10 位的国家和地区中（表 15-7），美国、日本、英国、德国、法国和加拿大始终在 4 个时间区间居世界前 10 位，美国以论文被引频次占世界份额 41% ~ 56% 的绝对多数稳居世界第一位。中国在 2001 ~ 2005 年进入世界第六位，在 2006 ~ 2009 年进入世界第二位。瑞士、荷兰、丹麦和以色列均在不同时间段进入世界前 10 位之列。

表 15-7　在 4 个时间区间纳米光电子器件领域 SCI-E 论文被引频次居前 10 位的国家和地区的变化

指标		第一	第二	第三	第四	第五	第六	第七	第八	第九	第十
1991 ~ 1995 年	国家和地区	美国	日本	英国	德国	法国	加拿大	瑞士	荷兰	瑞典	以色列
	被引频次	22 472	5437	3479	1793	1474	1292	1086	818	662	463
	份额/%	55.84	13.51	8.64	4.46	3.66	3.21	2.70	2.03	1.72	1.64
1996 ~ 2000 年	国家和地区	美国	日本	德国	英国	法国	加拿大	俄罗斯	以色列	西班牙	荷兰
	被引频次	40 104	13 464	9966	7098	4675	3933	3435	2829	2346	2258
	份额/%	49.64	16.67	12.34	8.79	5.79	4.87	4.25	3.50	2.90	2.79
2001 ~ 2005 年	国家和地区	美国	英国	日本	德国	法国	中国	韩国	意大利	俄罗斯	瑞士
	被引频次	63 057	13 724	12 306	12163	9378	6057	5585	4594	4571	4502
	份额/%	48.48	10.55	9.46	9.35	7.21	4.66	4.29	3.53	3.51	3.46
2006 ~ 2009 年	国家和地区	美国	中国	德国	日本	英国	法国	韩国	加拿大	瑞士	丹麦
	被引频次	19117	4914	4171	3934	3848	3742	2306	1976	1692	1547
	份额/%	41.03	10.55	8.95	8.44	8.26	8.03	4.95	4.24	3.63	3.32

注：因论文按全部作者统计，一篇论文可能同属于多个国家，所以各国论文数（被引频次）占世界同期论文数（被引频次）的份额累计大于 100%

15.3.1.3　代表性国家纳米光电子器件论文数量均呈上升增长态势，中国增长明显

美国纳米光电子器件论文数遥遥领先于其他国家和地区，日本和德国紧随其后(图 15-7)。

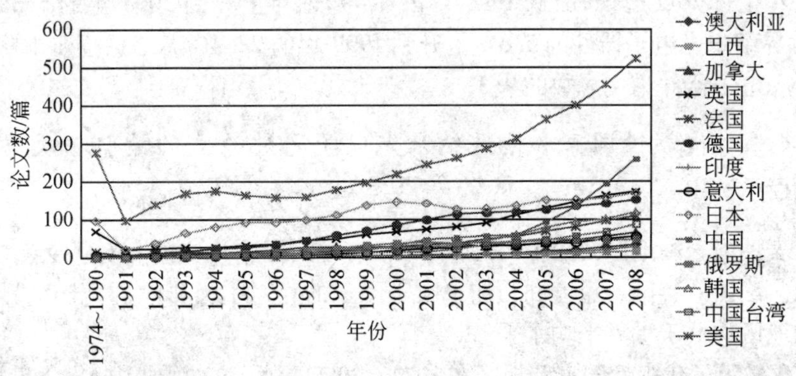

图 15-7　代表性国家和地区纳米光电子器件论文数的年度变化趋势（三年移动平均）

中国纳米光电子器件论文从 1991 年前的 1 篇上升到 2008 年的 340 篇（2009 年为 422 篇），美国从 1991 年前的 286 篇上升到 2008 年的 620 篇（2009 年为 582 篇）。日本纳米光电子器件论文从 1991 年前的 97 篇上升到 2008 年的 203 篇。韩国从 1991 年前的 1 篇上升到 2008 年的 152 篇。印度从 1991 年前的 2 篇上升到 2008 年的 39 篇（2009 年为 48 篇）。1999 年开始，中国的纳米光电子器件论文在波动中增长，2000 ~ 2008 年，中国的纳米光电子器件论文呈快速增长态势，自 2006 年已超过日本、德国和英国，仅落后于美国而居第二位。

15.3.1.4 代表性国家和地区纳米光电子器件论文产出对世界的贡献

总体来看，美国、英国、法国、中国和韩国的纳米光电子器件论文数占世界同期纳米光电子器件论文数的比例均呈增长态势，中国增幅最大。日本和德国的纳米光电子器件论文占世界同期纳米光电子器件论文数的份额呈波动变化，日本（自 2000 年）、德国（自 2002 年）所占份额有减少的迹象（图 15-8）。

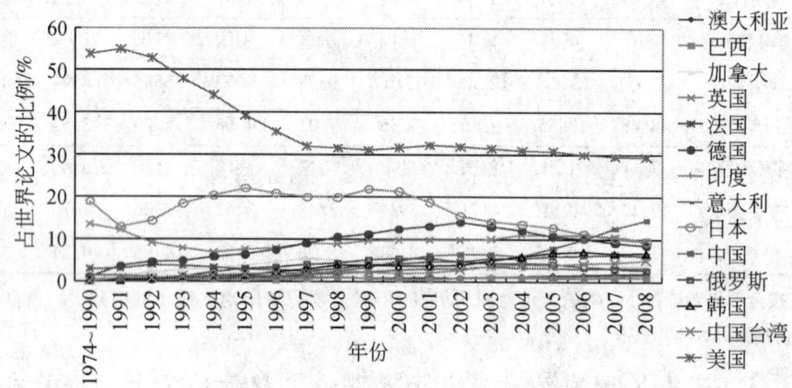

图 15-8 主要国家和地区纳米光电子器件论文数及其占世界份额的变化趋势

美国自 1998 年来纳米光电子器件论文占世界纳米光电子器件论文的比例基本稳定在 30%，中国从 1996 年占世界纳米光电子器件论文总量的 2.4% 上升到 2008 年的 13.8%（增长了 11.4 个百分点），韩国从 1996 年占 2.4% 逐年上升到 2008 年的 6.6%。日本从 1996 年占世界纳米光电子器件的 5.6% 上升到 1999 年的 22.4%，之后逐步下降到 2008 年占世界纳米光电子器件论文总数的 9.3%。

15.3.1.5 代表性国家和地区纳米光电子器件论文的被引频次与相对引文影响的变化

比较代表性国家和地区在图 15-9 所示的三个时间段中论文的相对引文影响值，可见美国、德国、法国、英国、意大利和加拿大等国家的相对引文影响均高于世界平均水平，其余国家和地区均低于世界平均水平。

图 15-10 显示了代表性国家和地区在 1974 ~ 2008 年的论文总被引频次占世界份额的变化趋势，美国和日本均略呈下降趋势，中国和韩国均呈上升增长态势。

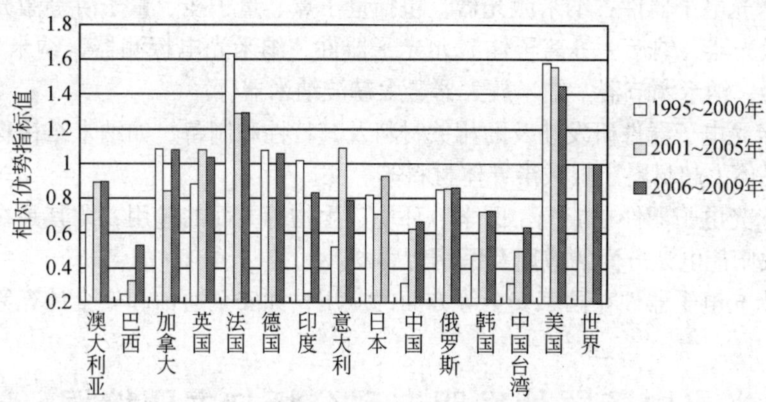

图 15-9 代表性国家/地区纳米光电子器件篇均被引次数相对于世界平均影响的位置

相对优势指标（PI）：也称相对比较优势或活跃指数，该指示是对某领域相对于世界在同一领域产出分布的测度，反映某国对全球知识生产系统的贡献。PI 的值大于 1、小于 1 和等于 1，分别表示某国/地区在具体领域的产出高于、低于和等于世界平均水平。可利用论文数也可用引文数来计算相对比较优势或活跃指数。具体计算公式如下：

PI =（n_{ij}/n_{io}）/（n_{oj}/n_{oo}）其中，n_{ij}表示 i 国在 j 分支领域的产出；n_{io}表示 i 国在主领域的所有分支领域的产出；n_{oj}表示在分支领域 j 的世界产出；n_{oo}表示在主领域的所有分支领域的世界产出

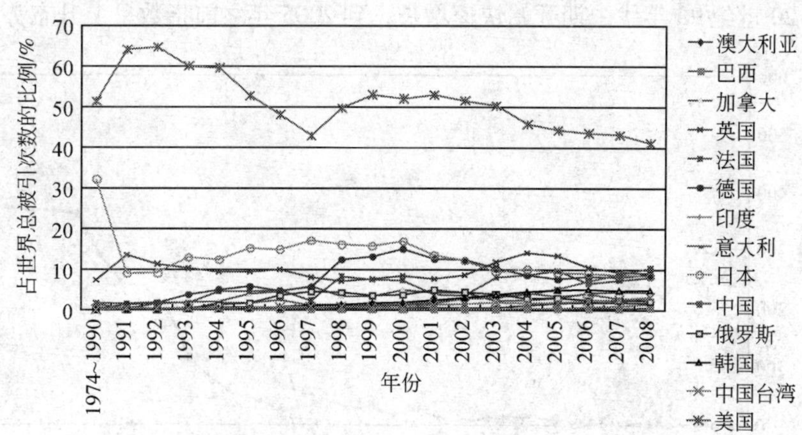

图 15-10 代表性国家和地区纳米光电子器件论文总被引频次占世界相应比例的变化趋势

15.3.2 纳米光电子器件研究主题挖掘

纳米光电子器件涉及的领域较为广泛，本节利用自主开发的“21 世纪科技发展前沿走势监测与分析平台”对纳米光电子器件涉及的文献进行文本挖掘与聚类分析，得到世界纳米光电子器件主要涉及的重要研究主题为：

（1）纳米光子学，纳米光电子学。

（2）纳米棒（纳米线、纳米管）阵列，如 ZnO 纳米棒阵列。

（3）纳米光电子器件：纳米激光器，包括量子点、量子线、量子阱等激光器、纳米线和纳米管等激光器、纳米－等离子体激元光子器件、纳米光电探测器、纳米生物传感器、纳米光发射器、纳米调节器、纳米放大器、太赫波纳米器件。

（4）纳米光电子器件研发涉及的相关材料及其特性和制备，如纳米结构材料、半导体材料、光子晶体、超材料、限域半导体材料等。

（5）纳米光电子器件在能源、医学、环境、生物等方面的应用，尤其是在低成本、高转换效率的太阳能电池方面的应用及医用传感器。

（6）纳米光电子器件在国家安全等方面的应用，如安全通信和安全计算等。

15.4 纳米光电子器件发明专利分析与主题挖掘

15.4.1 世界纳米光电子器件发明专利分析

15.4.1.1 世界纳米光电子器件发明专利申请和发布数量的变化趋势

各年申请优先权[①]的专利数量和各年发布的专利数量见图 15-11。纳米光电子器件的专利数量从 20 世纪 90 年代中期开始快速增长，到 2005 年之前指数呈上升态势。

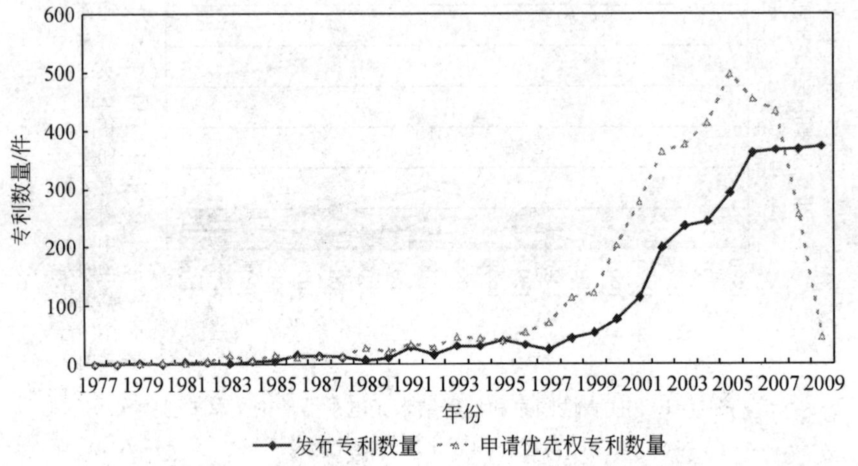

图 15-11 申请优先权的专利和发布专利的数量

因专利从申请到发布需要一定时间，近年优先权申请数量不完整，故出现数量下降，并不能反映真实情况。图 15-13、图 15-15 同此

根据表 15-8，1990～2005 年，专利优先权申请量的 5 年年均增长率明显提高，2001～

① 专利优先权：《保护工业产权巴黎公约》规定，当申请人在缔约国提出专利申请时，有权要求将第一次提出申请的日期作为后来再就同一主题申请专利的日期。第一次提出申请的日期称为优先权日。其意义在于为判断专利的新颖性和创造性提供了时间标准

2005 年的数量达到 2000 年以前全部专利优先权申请量的两倍，研发活动进入活跃阶段。用近 3 年专利数量在专利总体中的比例代表研发活跃程度，纳米光学器件总体研发活跃程度为 22.1%，近 3 年的专利优先权申请数量与 20 世纪 90 年代整个 10 年的总和相当，但 2005 年以来，专利发布数量的变化相对平稳，没有继续之前的明显增长态势。

表 15-8 各阶段专利优先权申请量年均增长率和近期活跃程度

年份	年均增长率/%	近期活跃程度/%
1991～1995	19.4	
1996～2000	39.2	
2001～2005	20.1	
2006～2009	-33.9	22.1

15.4.1.2 国家和地区专利机构受理专利优先权申请数量所占比例的变化

本节统计了受理专利优先权申请数量最多的前 10 个国家和地区专利机构：美国(US)、日本（JP）、韩国（KR）、英国（GB）、德国（DE）、中国（CN）、欧洲专利局(EP)、中国台湾（TW）、法国（FR）和世界专利组织（WO）。这些国家和地区和组织受理的优先权专利申请数量占全部专利的 96.0% 以上（图 15-12），发布的专利数量超过总体的 98.0%。其中，美国和日本受理的专利数量占前两位，美国专利局的受理数量比例最大，超过了 50.0%，日本接近总体的 1/4。美国、日本、韩国等是纳米光电子器件的重要研发竞争区域。

根据图 15-13 和图 15-14，到 2005 年，美国和日本专利局受理专利优先权申请数量增长最快；2000 年以来，韩国和中国受理专利的增长速度分别为第三和第五，增长趋势分别持续到 2007 年和 2008 年。

图 15-15 反映了这 10 个国家和地区自 1996 年以来专利受理数量的 5 年年均增长率和近年来的活跃程度，以及与总体情况的比较。其中，日本、韩国、中国和欧洲专利局的 5 年年均增长率都在总体水平之上；美国与总体水平接近；英国和中国台湾在 2000～2005 年期间，年均增长率高于整体水平。近 3 年来，美国、韩国、中国、欧洲专利局的活跃程度高于总体水平，表现出积极的地区竞争趋势。

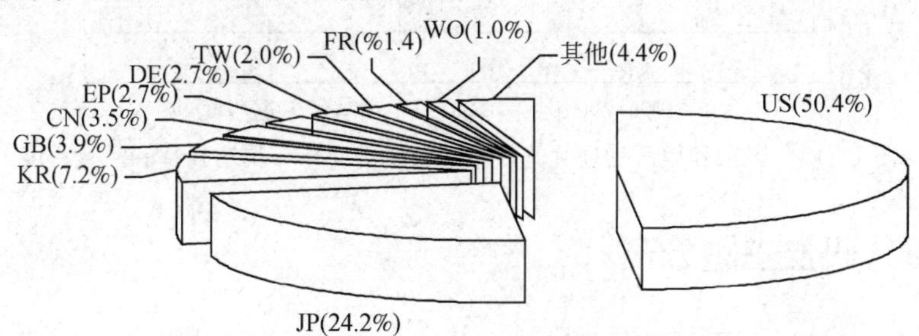

图 15-12 国家和地区受理优先权申请的比例

向多个国家和地区提出申请的专利按受理国家和地区分别统计，

因此国家和地区比例之和大于 100%

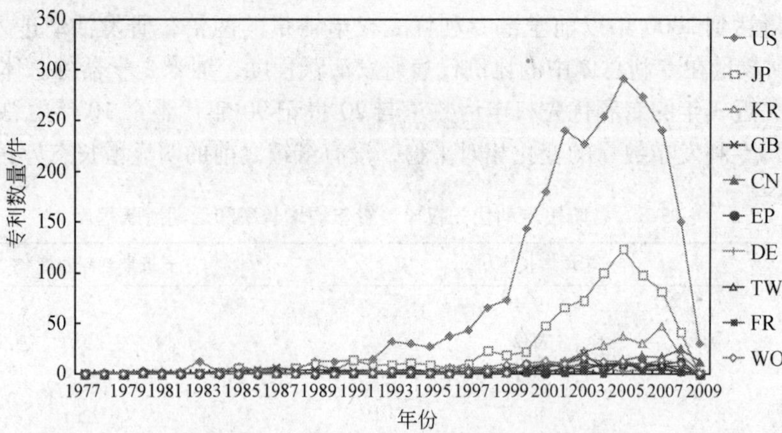

图 15-13　国家和地区受理专利优先权申请数量

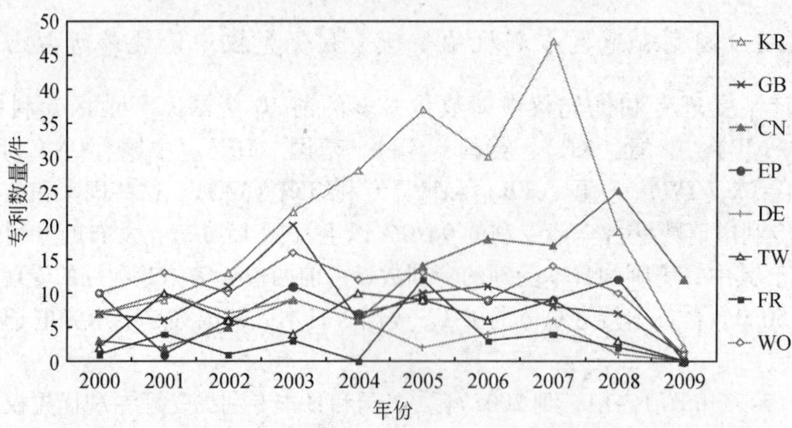

图 15-14　美国、日本以外其他国家和地区受理专利优先权申请数量

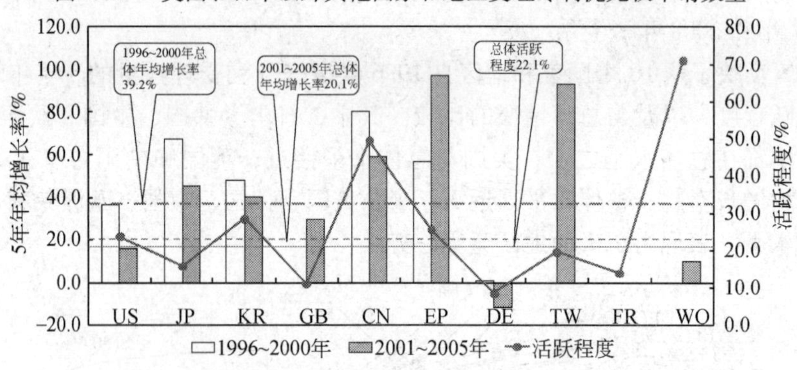

图 15-15　国家和地区受理优先权申请数量的 5 年年均增长率和活跃程度

15.4.2　研发主题分布

15.4.2.1　专利总体研发主题分布及其变化

1）世界专利总体的研发主题

根据 AUREKA 专利统计软件分析的结果，纳米光电子器件专利总体主要分布在以下

方向：半导体量子器件（量子点、量子阱等）、激光器、半导体器件衬底（碳纳米管、分子、硅、氮化物衬底外延生长）、纳米颗粒方法、薄膜光学材料、光纤、光子检测、光学传感器、表面等离子体响应检测、光反射测量、量子点红外光子探测器、光波导、单电子晶体管、生物检测样本分析、表面等离子体共振技术等（彩图28）。

2）研发主题的变化

彩图29展现了2000年之前的主题。本报告主要考察2001～2009年纳米光电子器件研发主题的变化情况（彩图30～38）。显然，20世纪90年代，纳米光电子器件的研究主要集中在量子阱激光器、表面等离子体共振技术、红外光子探测器、半导体主动层结构、光电聚合物制备、检测分析、碳纳米管场发射器件、光子模型、单电子通道、光子晶体衬底、硅衬底和有机材料等方面。

进入21世纪以来，除了继续以上的一些研究外，开始了多项新的研发，根据彩图30～38，归纳出表15-9。

表15-9　2001年以来纳米光电子器件专利显现的研发方向

年份	显现的研发方向
2001	量子层、量子点、传感器元件、光子探测、光纤、发射、样本检测、接触主动层、波传播、硅颗粒等
2002	光学波导、光子晶体元件、量子红外光子探测器、光子探测器阵列、蛋白质描述、共振检测、聚合物黏合、单电子晶体管绝缘层、碳纳米管、纳米管场发射器件等
2003	薄膜极化、反射膜测量、流动细胞分析、单电子晶体管、表面等离子体共振、层结构晶体、检测探针、碳纳米管、聚合物、生物传感器、生物检测、光电子封装等
2004	光接收、光纤封装、氮化物外延衬底、碳纳米管结构制造、量子阱、光学元件、全反射绝缘体界面、漏源门晶体管、蛋白质和细胞反应阵列、薄膜源、金属传感器等
2005	全反射绝缘体界面、表面等离子体共振（细胞检测）、量子阱红外光探测器、量子级联激光器、封装光纤、样本检测方法、半导体激光探测器、量子点半导体、碳纳米管气体探测、导电通路控制、氮化镓等
2006	氧化物结构材料、量子点半导体、碳纳米管与电子束、生物传感器与固化、显示介质、金属与等离子体共振、纳米聚合物颗粒、光学波导、阵列方法、纳米管与逻辑开关等
2007	纳米管、电荷检测、量子级联激光器、电极材料、反射薄膜测量、等离子体共振检测、入射等离子体、生物传感器、氮化物晶体衬底等
2008	量子点激光器、纳米管开关、晶体管源漏电极、血清固化等离子体共振检测、光散射颗粒测量、电磁波长、纳米颗粒设备、层衬底模式、材料衬底沉积、光强信息、光学波导等
2009	光发射、纳米结构电子光子、量子级联激光器、量子点半导体制造、表面等离子与探针、光学信号、表面等离子体共振测量、N型半导体结构、聚合物生产方法、功能氧化物纳米管等

15.4.2.2　专利优先权受理国家和地区研发领域的相关性

根据国际专利分类表（IPC），统计了受理专利优先权申请的国家和地区所受理的专利研发领域的相关性。按照IPC的4位分类代码，受理国家和地区间的相关性较明显，特别是受理量在前10位的国家和地区，相关度达到0.75以上（图15-16），它们在以下领域中至少有 3 个领域一致：半导体器件（H01L①），利用受激发射的器件（H01S），光学元件、系统或仪器（G02B），借助测定材料的化学或物理性质来测试或分析材料（G01N）等。

按照 IPC 全部代码进行比较，在研发的具体方向上，这些国家/地区的相关性下降，最高不到 0.70（图 15-17）。反映了具体研发方向上的侧重有所不同：

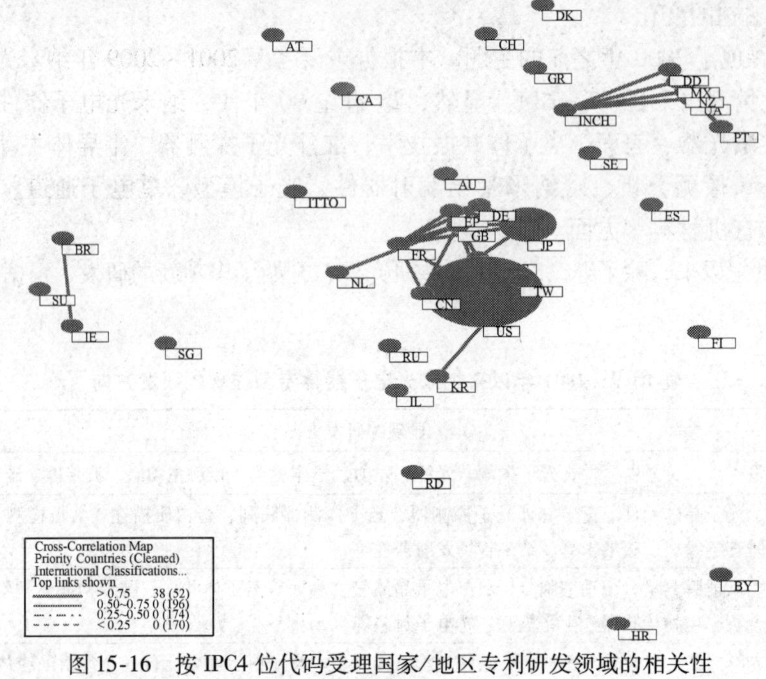

图 15-16　按 IPC4 位代码受理国家/地区专利研发领域的相关性

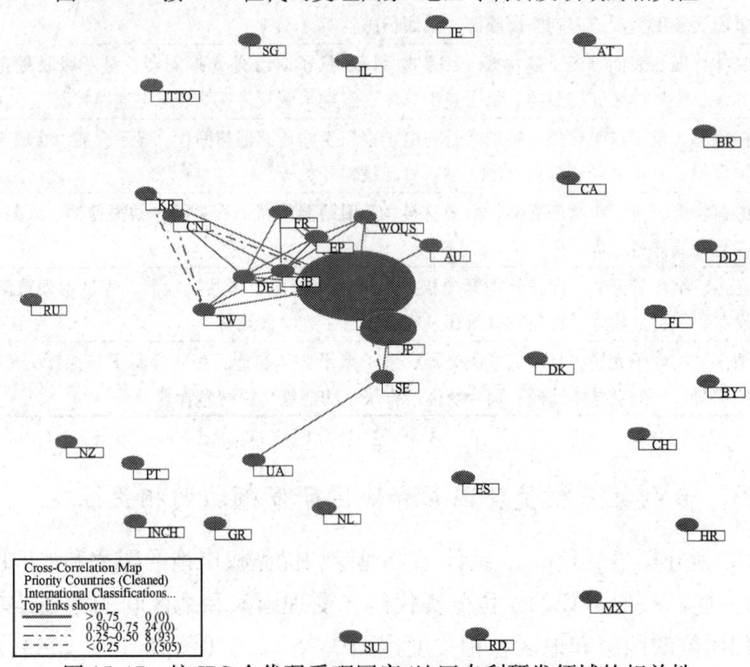

图 15-17　按 IPC 全代码受理国家/地区专利研发领域的相关性

① IPC 分类号，下同

美国受理的专利侧重于：专门适用于制造或处理半导体或固体器件或其部件的方法和设备（H01L 21/00）；利用特殊方法研究和分析材料（G01N 33/00）；酶或微生物的测定或检验方法（C12Q 1/00）；利用光学手段（红外光、可见光或紫外光）测试或分析材料（G01N 21/00）；等等。

日本受理的专利侧重于：G01N 21/00 和 G01N 33/00 方面，与美国相似；还侧重于专门适用于整流、放大、振荡或切换，并具有至少一个电位跃变势垒或表面势垒的半导体器件，半导体本体或其电极的零部件（H01L 29/00）等。

韩国受理的专利在 H01L 21/00 和 H01L 33/00 方面与美国和日本相似，其他方面还有：电极的、磁控装置的、屏的零部件及其设置或间隔，通用于两种以上基本类型的放电管或灯的零部件（H01J 1/00）；超微结构的制造或处理（B82B 3/00）；等等。

中国受理的专利主要涉及：半导体激光器（H01S 05/00）、专门适用于制造或处理半导体、固体器件或其部件的方法或设备（H01L 21/00）、超微结构的制造或处理（B82B 03/00）等。

15.4.3　纳米光电子器件研发机构分析

15.4.3.1　研发机构类型分布

根据数据统计结果，纳米光电子器件专利的专利权属者包括 940 个机构和部分个人。机构拥有知识产权的专利数量共计 2712 件，占专利总数的 89.8%。机构主要为企业、大学和科研单位，各类机构拥有的专利数量分布见表 15-10。

表 15-10　各类机构的申请专利优先权的数量分布和活跃程度

机构类型	机构数量/个	专利数量/件	优先权专利占总体的比例/%	活跃程度/%
企业	613	1 902	63.0	16.8
大学	230	609	20.2	32.7
科研单位	96	325	10.8	19.7

显然，企业作为研发主体，在专利数量上具有绝对优势，但所占比例出现下降，而大学申请专利的比例有明显的增长态势（图 15-18）。大学研发的活跃程度远高于总体水平。从专利权人信息反映出的迹象表明，美国、日本和韩国的不少大学都成立了支持技术研发、技术转移和与企业合作的基金机构，如佐治亚州立大学研究基金（Georgia State Univ Res Found，Inc）等。大学对所支持的技术专利拥有相应的知识产权，基金机构在促进技术研发的过程中具有明显的作用。整体而言，科研单位在专利数量上与企业和大学有较大距离，但在活跃程度上有一定的竞争优势。

15.4.3.2　主要研发机构

主要研发机构指申请专利最多的前 20 个研发机构（表 15-11），其申请的专利数量在 20 件以上，在技术储备上具有相对优势。其中，企业 14 家，科研机构 4 家，大学 2 家。而美国有 8 家，日本有 7 家；美、日两国的企业在纳米光电子器件研发中有领先优势。在

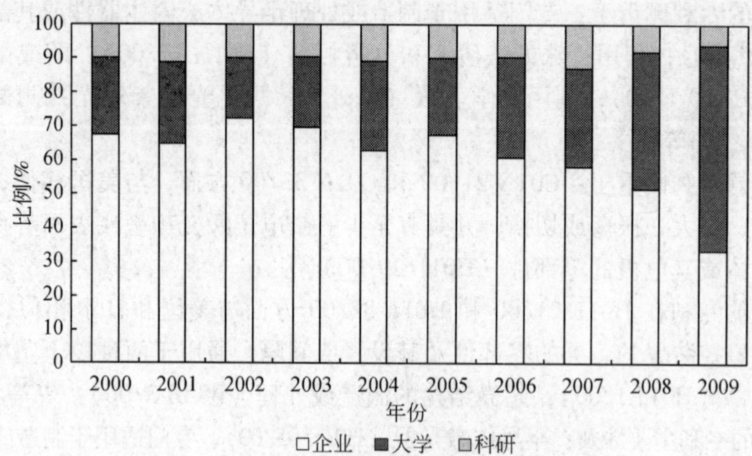

图 15-18 各类研发机构申请专利优先权的比例分布

这些机构中，Nantero 公司、中国科学院、加利福尼亚大学、加利福尼亚理工学院、佳能公司、韩国电子电信研究所的研发活跃程度超过总体水平（22.1%），GE 公司、三星公司与总体水平相当。作为科研单位的个体，中国科学院和韩国电子电信研究所具有一定的竞争优势和明显的潜在优势。

表 15-11 申请专利最多的前 20 个研发机构

序号	机构名称	申请优先权专利数量/件	所属国家和地区	机构属性	活跃程度/%
1	富士胶片公司	166	日本	企业	9.6
2	三星公司	68	韩国	企业	20.6
3	佳能公司	50	日本	企业	24.0
4	日本电报电话公司	47	日本	企业	19.1
5	Silicon Genesis Corp	41	美国	企业	19.5
6	富士通公司	41	日本	企业	17.1
7	NEC 集团	39	日本	企业	7.7
8	Nantero 公司	37	美国	企业	48.6
9	中国科学院	37	中国	科研	32.4
10	加利福尼亚大学	37	美国	大学	27
11	摩托罗拉公司	37	美国	企业	2.7
12	Alcatel-Lucent 公司	36	美国	企业	16.7
13	韩国电子电信研究所	34	韩国	科研	23.5
14	台湾工业研究院	34	中国台湾	科研	8.8
15	加利福尼亚理工学院	32	美国	大学	25.0
16	日本科学技术振兴机构	29	日本	科研	17.2
17	GE 公司	24	美国	企业	20.8
18	NGK Insulators Ltd	24	日本	企业	8.3
19	Intel	24	美国	企业	0.0
20	Corning Inc	23	美国	企业	17.4

注：以上机构经过清理合并

根据对专利家族的统计，这些机构申请专利数量最多的前 5 个国家和地区如表 15-12 所示。除本国外，主要集中在美国、日本、欧洲专利局和世界专利组织中，中国和澳大利亚也受到了一些机构的重视，成为专利技术竞争的区域。我国的机构目前申请国外专利过少，不利于技术保护和对潜在市场的把握，相应机构当重视调整其知识产权战略。

表 15-12 申请专利最多的前 20 个研发机构的专利家族分布

机构名称	US	JP	EP	WO	CN	KR	DE	FR	AU	TW	CA
富士胶片公司	51	164	31	4	5						
三星公司	45	25	7		18	61					
佳能公司	28	45	11	12	6						
日本电报电话公司	1	43	3	3			2				
Silicon Genesis Corp	40	8	10	18		6					
富士通公司	10	37	1	1				1			
NEC 集团	14	35	9	4	4						
Nantero	34	2	9	18	2						
中国科学院					37						
加利福尼亚大学	28	6	6	25					4		
摩托罗拉公司	36	13	5	7			4		4	4	
Alcatel-Luceni 公司	35	17	18				10				7
韩国电子电信研究所	18	4	3	6		31					
台湾工业研究院	24	4			1	2				17	
加利福尼亚理工学院	32	6	9	16					9		
日本科学技术振兴机构	12	21	6	14	4	4					
GE	23	5	6	8	5						
NGK Insulators Ltd	8	23	4		1	1					
Intel	24	4	3	5					3	4	
Corning Inc	16	8	10	19					8		

综合以上内容，纳米光电子器件专利经过大致 10 年的快速增长后，近年来增长速度减缓。

全球研发方向集中在量子点和量子级联激光器、表面等离子体共振技术、红外光子探测器、光电聚合物制备、生物检测分析、碳纳米管场发射、光子模型、单电子隧道、光子晶体衬底等方面。主要国家在大的领域研究方向有一定的关联，在具体内容上各有特点。

美国、日本、韩国是纳米光电子器件技术竞争激烈的区域，主要研发机构也集中在这 3 个国家中，中国已经成为其他国家争夺未来利益的潜在市场。从国际研发趋势看，企业是纳米光电子器件技术的研发主体。

15.5 纳米光电子器件的研究特点与发展趋势分析

本章对上述主要国家战略投资重点领域、科学计量分析与研究主题挖掘、发明专利分析与技术领域挖掘进行分析，并根据对被调研的专业期刊和网站的重点文章等的综合分析，发现纳米光电子器件领域的发展呈现出下述特点和发展趋势。

（1）主要国家均将纳米器件与系统（含纳米光电子器件）纳入国家的战略规划和计划作为战略重点投资方向，通过对涉及纳米光电子器件相关的立项给予研发投资支持。

（2）主要国家重点资助的战略研发领域向目标更明确研究方向更具体的方向凝练，且与各国的战略目标、科技基础、产业技术优势和科技竞争力紧密相关。

（3）涉及纳米光电子器件与系统的研发资助高度跨领域，在信息通信技术、健康、环境、能源和国家安全等重要领域均涉及对纳米光电子器件及其相关研究方向的支持。

（4）纳米光电子器件研究领域体现出高度的跨学科交叉性与集成性，纳米光电子器件及其相关领域的发展需要各学科相互融合，需要科学、技术与工程的相互融合。

（5）纳米光电子器件基础研究表现活跃，涉及的研究主题图谱范围为：基础研究、关键材料制备、各种创新纳米光电子器件、器件性能提升以及应用。

用“SCI-E 论文”聚类分析所涉及的研究主题来代替基础研究涉及的主题，发现纳米光电子器件基础研究主要集中在下述方面：

①纳米光子学，纳米光电子学。

②纳米棒（纳米线、纳米管）阵列，如 ZnO 纳米棒阵列。

③纳米光电子器件：纳米激光器，包括量子点、量子线、量子阱等激光器；纳米线和纳米管等激光器；纳米-等离子体激元光子器件、纳米光电探测器、纳米生物传感器、纳米光发射器、纳米调节器、纳米放大器、太赫波纳米器件。

④纳米光电子器件研发涉及的相关材料及其特性和制备，如纳米结构材料、半导体材料、光子晶体、超材料、限域半导体材料等。

⑤纳米光电子器件在能源、医学、环境、生物等方面的应用，尤其是在低成本、高转换效率的太阳能电池及医用传感器方面的应用。

⑥纳米光电子器件在国家安全等方面的应用，如安全通信、安全计算等。

（6）纳米光电子器件技术及其应用研究主要涉及的技术领域方向。

本章用发明专利反映技术及其应用领域，分析发现纳米光电子器件的技术领域方向主要集中在如下方面：

①量子点和量子级联激光器、纳米激光器。

②纳米管发射器、碳纳米管场发射、红外光子探测器。

③表面等离子体响应、表面等离子体共振技术。

④光子模型、单电子隧道。

⑤相关材料制备等有关应用领域有光子晶体基底、光电聚合物制备（包括物理化学测量、生物探测、水处理等方面）。

（7）论文数与专利数之比反映产出是侧重论文还是专利的倾向，或反映是侧重基础研究还是应用研究。纳米光电子器件论文数与专利数为 6∶1（18387/3020），表明论文产出倾向鲜明，世界纳米光电子器件处于基础研究阶段。

（8）纳米光电子器件的发展依赖关键材料的发展和制备，纳米光电子器件与下述关键材料互为影响。

①硅、Ⅲ-Ⅴ族和Ⅱ-Ⅵ族半导体中的量子点与量子线。

②等离子体激元光子纳米结构。

③超材料。

④限域半导体结构。

⑤光子晶体。

⑥高指数对比度（high-index-contrast）硅和Ⅲ-Ⅴ族半导体纳米结构。

⑦碳纳米管。

⑧电子与光电子集成的材料（integration of electronics with photonics）。

⑨玻璃或聚合物中的纳米粒子。

⑩量子限域材料（quantum-confined materials）。

⑪石墨烯。

⑫纳米结构材料。

（9）与纳米光电子器件密切相关的技术与光子器件将支撑纳米光电子器件的发展，它们是：

①自上而下的技术：平版印刷技术，纳米压印、软平版印刷技术与软蚀刻。

②自下而上的技术：薄膜生长，自组织，外延生长，纳米压印（printing）。

③新的纳米光子技术方式/途径：近场光学，量子限域材料，等离子体激元光子，高指数对比度结构（high index contrast structures）。

④应用于光子器件的纳米技术：激光二极管，发光二极管（LEDs），传感器，显示器，光伏电池。

（10）纳米光电子器件向着与 CMOS 兼容的纳米光电子学和技术的方向发展。与 CMOS 兼容的纳米光子研发是纳米光电子学的重点发展方向，也是“超越 COMS”的重点发展方向。该方面的研发活动已经引起各国政府、科技界与产业界的特别注意，纳米光子技术平台与 CMOS 工艺和材料进行融合是纳米光电子学的重要研究方向。

（11）有望在 2017 ~2022 年实现的纳米光子学/技术如下：

①纳米光子学将为军事相关能力提供越来越多的基本构建模块。

②纳米光子器件技术的发展将在商业和军事方面产生新的应用和系统。

③纳米光子学发展一旦成熟，会在很大程度上受商业市场的驱动。

④纳米光子学的发展有望提高国家关键军事能力。

纳米光子学与国家战略高技术领域、关键军事技术密切相关，等离子体光子、光子晶体、超材料和限域半导体结构等纳米光子学的四个领域对国家的关键军事能力有较大的影响。等离子体光子和超材料在国家“隐身”技术能力方面起着重要作用，尤其是在紫外线、可见光、近红外和远红外等较短电磁波长范围内。负折射率材料、等离子体激元光子和超材料物理学很有可能会对纳米范围不起重要作用的较长波长电磁光谱区域（如太赫兹、毫米波和微波）的隐身技术起到重要作用。

（12）有望取得技术进步的纳米光子学/技术如下：

①随着纳米光子技术的进步，可以克服电子器件中光波长的限制，从而使量子计算、传感技术和成像系统的突破成为可能。

②纳米尺度的光子元器件有望在计算、传感和安全通信方面取得重大进展。

③随着纳米光子构建单元的功能提升、赋能技术（enabling technology）的发展，有望进一步提高对涉及如下方面的新现象的认识，如控制单光子、提高光子器件的效率、光子和物质的相互作用等。

④以“自上而下”的方式将可能改变任何物质的光学性质，从而将会极大地改变信号、转换、探测和隐身的能力。

（13）纳米光电子器件在能源、环境、生物技术与医学、国家安全等方面有广泛的应用前景。

①在生物技术与医学方面的应用。

第一，纳米等离激元光子主要应用于生物技术和医学的如下方面：化学和生物传感器，纳米粒子等离子体光子加热，利用纳米粒子进行光学成像。

在化学与生物传感器的应用主要包括局域表面等离子体共振（LSPR）传感器和疾病生物标记表面增强拉曼光谱。尤其是利用 LSPR 探测阿尔茨海默病（Alzheimer）的光学生物传感器，用于体内血糖监测的表面增强拉曼散射（SERS）传感器。用于生物反恐（如探测炭疽病和半芥子气等）的其他 SERS 传感器。研究 SERS 和表面增强拉曼光性质 SEROA。用 LSPR 探测血液中抗体的纳摩尔量。利用纳米粒子等离子体光子加热来增强激光组织缝合和光热法癌消融治疗。这些技术已成功地应用于实验鼠体内。

第二，等离子体光子纳米粒子作为光学对比试剂广泛用于生物组织成像（Stone et al.，2007）。许多研究小组把各种纳米粒子（如固体金纳米球、纳米棒和抗体靶向的纳米壳）用于生物组织成像，例如，用数字图像分析跟踪光图像的运动和变形；计算局部材料变形；用同步荧光成像来确定细胞的位置。

第三，基于荧光分子、等离子体光子和量子点的生物传感系统可用于医学体内诊断、生物试剂检测和生物修复。

②在军事和商业方面具有广泛的应用前景。

第一，纳米光子系统在所有军事系统上涉及更高速和更高功能的动力、重量和体积方面的应用，包括：非制冷红外传感器和夜视镜，超级安全通信和量子信息处理，光伏能源。

第二，几年内将实现在纳米光子硅芯片之间外部光子通信的广泛应用。

第三，热致磁记录和利用等离子体光子聚焦在硬盘驱动器产业界的应用。

第四，芯片内部光子通信（如计算系统内节能、图像识别和多核处理器互联）使实现重要军事功能成为可能。

第五，纳米光子技术在光互联器和数字通信中的应用。

产生和分布具有高亮度和效率的光、激光源、波导、开关、光纤、无线电收发器和探测器。受纳米光子学影响的器件主要有 LED、碳纳米管场发射显示器件（carbon nanotube field emission display，CNT-FED）和有机发光二极管（OLED）。OLED 因为具备轻薄、省电等特性，自 2003 年开始已在 MP3 播放器上得到了广泛应用。纳米光子技术将使数字通信/电信的速度提高至超过每秒 40 Gb，它必将成为小尺度世界中的光互联器。

韩国科学家用薄的、无需支撑物的 ZnO 纳米线片的简单方法制备了 ZnO/有机杂化光电二极管，为制备在紫外或可见光波长都可以低成本操作的柔韧 LED 提供了可能。

第六，可能制备窄带宽纳米管发光二极管和应用于量子点的单光子源。IBM 成功实现了高精度控制碳纳米管中载流子的注入和光线产生碳纳米管光电器件，可以从纳米管二极管中有效产生 1000 次光线，带宽只有原来的 10%。从而提升了碳纳米管光电器件的辐射率，该器件具有更低的电流阈值和更少电能消耗而很难产生热耗的特点。这意味着将有可能制备窄带宽纳米管发光二极管和应用于量子点的单光子源。

第七，发光纳米材料将来有一天会成为光子器件和光学器件的主要组成部分的前提是在低电压下能有效产生光子且无较多的磁滞现象。美国阿尔贡国家实验室的研究朝该目标迈进了一步。研究人员用连接液体电解质和成直线排列的碳纳米管阵列的方法研制出了在低电压（-3V～-0.4V）下可以有效产生光子，而且无较多磁滞现象的新的晶体管，但是还并不能特别有效地将电流转化为光线。

③在能源方面的应用。

纳米光电子器件在能源方面的应用主要侧重于提高燃料电池和太阳能电池的光电转换效率，提高器件性能，提高器件的稳定性。

第一，研究者利用钛箔通过电化学阳极电镀的方法制备了 TiO_2 纳米管阵列，用于燃料电池中得到了 3.6% 的光电转换效率。

第二，美国研究者发现在量子点结构中，一个光子可以激发一个以上的电子（具体电子数与太阳光的颜色有关），量子点太阳能电池的光电转换效率是固体块状材料效率的 3 倍。

第三，哈佛大学的研究者通过制备同轴分层纳米线的方法把传统的光电二极管缩小到纳米范围，这种纳米线光电二极管性能稳定，在强光下性能更稳定。它能够非常准确地嵌入更加复杂的自动电路，为纳米电子装置提供动力，如纳米线 pH 传感器。

第四，太阳光有一半的能量在红外区域，其最佳带隙在 850 纳米以外。现在大多太阳能电池都是以有机或者聚合物材料制备的，它们只能吸收可见光。研究人员在溶液中利用 PbSe 凝胶量子点制备了红外光电器件，在红外区域可以实现 3.6% 的能量转化率，这种材料可以稳定存在数周。

第五，俄勒冈州立大学的研究者利用活的硅藻类生物（其外壳具有纳米结构）制备了染料敏化太阳能电池，在这种电池中，光子如弹球游戏机中的弹球一样在硅藻类生物的纳米外壳孔洞里弹跳，击打着这些染料分子而产生电流。这种技术的成本可能高于其他电池的成本，但其电流输出效率是其他电池的 3 倍。

④在环境方面的应用。

TiO_2 染料增强的太阳能电池使用钌染料可以实现 11% 的光电转化效率，这些染料贵而少并会影响环境。研究者合成了 6 种更便宜、更安全的新颖绿色有机染料 - 卟啉感光剂，这些感光剂使太阳能电池的转化效率提高 5%～7.1%。

15.6 政策建议

通过上述研究，本章提出如下几点政策建议。

1）在与COMS兼容的纳米光子学与纳电子学的重要发展方向上加强研究力量布局

从纳米光电子器件研究论文的增长、发明专利的增加、各国支持的相关研究计划和项目的增加，表明世界纳米光电子器件的研发开始快速发展，涉足该领域的国家日益增加。我国纳米光电子器件论文量和被引频次2006～2009年均位居世界第2位，表明我国在纳米光电器件研究方面具有相当的优势，可对世界有所贡献。世界主要国家都认识到了纳米光电子器件的战略重要性。21世纪将是微电子技术走向纳电子和纳米光电子技术的时代，纳米光电子技术有很大的探索和发现空间与机会。我国要继续把握在该领域的发展机会，在与COMS兼容的纳米光子学与纳电子学等纳米光电子器件的重要发展方向上加强研究力量布局。

2）建立针对与纳米光子技术、纳米电子技术及其密切相关领域的监测体系，维护我国国家安全和军事安全

纳米光电子器件领域是关键的战略高技术领域，它涉及通信安全、计算安全、军事系统设施安全，总而言之，它关乎国家安全和军事安全，甚至可以左右战场控制能力，关乎战略产业部门的未来发展。它尤其是“超越COMS”极限技术的重要基础，我国要高度重视国际上该领域的发展，建议建立国家级监测与纳米光子技术、纳米电子技术及其交叉领域密切相关的高技术体系，使相关的政府部门、产业界、学术和技术团体密切联系，共同促进对纳米光电子器件及其相关技术趋势的了解和掌握，以维护我国国家安全和军事安全。

3）建立协同合作的资助机制，对纳米光电子器件及其交叉领域给予从科学研究价值链的各个阶段持续稳定的经费支持，提升我国的关键战略高技术能力

建议我国政府资助机构建立协同合作的机制，对纳米光电子器件及其交叉领域从基础研究、面向应用的基础研究到应用开发的各个阶段继续予以持续稳定的经费支持，以提升我国的关键战略高技术能力，为保护国家安全和军事安全储备战略高技术。

4）创建/组建纳米光子技术与纳米电子技术融合的基础设施中心

纳米光电子器件领域是多学科高度交叉的领域，涉及材料科学、化学、应用物理、光学、电子工程、系统工程、模拟和建模以及其他学科的专业知识。制造纳米光电子器件所需材料的设备非常昂贵，我国的研究机构/大学难以维持。为了我国能够在纳米光电子器件及其交叉领域掌控关键技术，力争在该领域的世界领先地位，建立集中资助并有效管理的世界一流研究基础设施很有必要，也是长远的战略考虑。建议创建由政府支持并协调管理，以中国科学院为依托，由相关大学、产业界共同组成的纳米光子技术与纳米电子技术融合的基础设施中心，配备世界一流的科研基础设施，保证现有的纳米技术大型设施与小型新设施之间的平衡发展，为各界科研人员共享这些仪器设施提供合作研究与交流的平台，使科技人员个人、团体和企业都能用其设计原型产品及潜在的产品，并促进各学科的研究人员、工程技术人员与企业界人员的交流和合作；同时，在这种多学科交叉融合的环境中培养掌握纳米光电子器件及其相关领域知识和技能的人才，提升我国在纳米光子技术和纳米电子技术及其融合技术的能力，提升制造、设计和系统集成能力，提升原始创新能力。

致谢：中国科学院解思深院士、国家纳米科学中心王琛研究员、中国科学院苏州纳米

技术与纳米仿生研究所崔铮研究员等专家对本项研究提出了宝贵的指导意见。在参加中国科学院基础科学局、苏州纳米技术与纳米仿生研究所共同组织的“纳米光电子器件战略研讨会”时，笔者从许多与会专家的研讨中受到启发。笔者还从参加国家自然科学基金委员会和中国科学院组织的“十二五”学科发展战略研讨会的相关讨论中获益。本章成稿后，解思深院士和国家纳米科学中心刘前研究员审阅了本章并提出了宝贵的修改意见，谨致谢忱！

参考文献

鲍森 . 2009-12-05. 纳米技术与光子学的联姻——纳米光子学 . http：//hepnp. ihep. ac. cn/mp/qikan/manage/wenzhang/2009% ef% bc% 8d0127. pdf

谢凯，韩喻. 2007. 复式周期结构光子晶体研究进展. 量子电子学报，24（6）：657 ~ 662

Beernaert D. 2006. Future challenges in micro and nano-electronics design. ftp：//ftp. cordis. europa. eu/pub/ist/docs/nano/beernaert-workshop15-6-06_ en. pdf

Committee on Nanophotonics Accessibility and Applicability，National Research Council. 2008. Nanophotonics：accessibility and applicability. The National Academies Press. http：//books. nap. edu/catalog. php？ record_ id = 11907

Dumé B. 2009-12-20. 3D nanopillars make good photovoltaics. http：//nanotechweb. org/cws/article/tech/39848

Dumé B. 2009-12-20. CNTs make good transistor sensors. http：//nanotechweb. org/cws/article/tech/40761

Dumé B. 2009-12-20. Graphene works as a highly sensitive mass sensor. http：//nanotechweb. org/cws/article/tech/40469

Dumé B. 2009-12-20. Nanoelectronics made easy. http：//nanotechweb. org/cws/article/tech/37870

Dumé B. 2009-12-20. Nanomagnets switch for less. http：//nanotechweb. org/cws/article/tech/37577

Dumé B. 2009-12-20. Nanotube LEDs make progress. http：//nanotechweb. org/cws/article/tech/40970

Dumé B. 2009-12-20. NEMS measure mass. http：//nanotechweb. org/cws/article/tech/39792

Dumé B. 2009-12-20. Polymer battery breaks new records. http：//nanotechweb. org/cws/article/tech/40409

EPSRC. 2007. Grand challenges in silicon technology. http：//www. epsrc. ac. uk/cmsweb/downloads/other/grandchallengessilicontechnology. doc

European Commission. 2006. Decision of the European Parliament and the Council，concerning the 7th framework programme of the European Community for research，technological development and demonstration activities（2007 ~ 2013）. ftp：//ftp. cordis. europa. eu/pub/fp7/docs/ec_ fp7_ amended_ en. pdf

European Commission. 2006. FP7 tomorrow’s answers start today. http：//ec. europa. eu/research/fp7/pdf/fp 7-factsheets_ en. pdf

European Commission. 2008. Graphene-based Nanoelectronic Devices（GRAND） http：//www. ist-world. org/project details. aspx？ projectid = aa355e1a90e541c69efa07ca34dce96a

European Commission. 2008-09-18. Nanophotonics road map 2008. ftp：//ftp. cordis. europa. eu/…/20080918-presentation-concertation-nanophotonics-roadmap-cs_ en. pdf

European Commission. Seventh framework programme. http：//cordis. europa. eu/fp7/projects_ en. html

EU. 2009-12-20. Observatory NANO project：technology analysis of nanotechnology for Photonics. http：//www. observatorynano. eu/project/filesystem/files/technology_ ict_ photonics_ final. pdf

Extance A. 2009-12-30. Nanotubes set to shine for solar energy. http：//nanotechweb. org/cws/article/tech/40358

Ghada I. 2008. Efficient，stable infrared photovoltaics based on solution- cast colloidal quantum dots. http：//

pubs. acs. org/action/showmostcitedarticles? toparticlestype = sinceinception&journalcode = ancac3

Greene L E et al. 2007. Zno-TiO_2 Core-Shell Nanorod/P3HT Solar Cells. http: //pubs. acs. org/doi/full/10. 1021/jp0775931

Ho C H. 2009-12-30. Bimetallic strip inspires nanoscale thermometer. http: //nanotechweb. org/cws/article/tech/37596

HRL Laboratories. 2009-12-30. Graphene-on-SiC FETs near DARPA targets. http: //nanotechweb. org/cws/article/tech/39365

Koen B et al. 2003. Enzyme-coated carbon nanotubes as single-molecule biosensors. http: //pubs. acs. org/doi/full/10. 1021/nl034139u

Kuang Daibin et al. 2008. Application of highly ordered TiO2 nanotube arrays in flexible dye-sensitized solar cells. http: //pubs. acs. org/doi/full/10. 1021/nn800174y? cookie set = 1

Lee Jungil. 2007. Nanophotonics program development in Korea. http: //www. opera2015. org/mona/san_ jose/4_ presentations/4_ nanophotonics_ in_ korea_ lee. pdf

Liu Jinzhang. 2009-12-30. Nanowire sheet has flexible LED applications covered. http: //nanotechweb. org/cws/article/tech/40950

María Q et al. 2006. Comparison of dye-sensitized ZnO and TiO2 solar cells: studies of charge transport and carrier lifetime. http: //pubs. acs. org/action/showmostcitedarticles? toparticlestype = sinceinception&journalcode = ancac3

Mitch J. 2009-12-20. Nanocube-nanotube biosensors. http: //pubs. acs. org/cen/science/87/8705scic1. html

MONA. 2008. A european roadmap for photonics and nanotechnologies. http: //www. foresight-network. eu/index. php? option = com_docman&task = doc_view&gid = 379

Nanoengineering Research Group at the University of Illinois at Chicago et al. 2009-12-30. Annealing refreshes nanowire sensors. http: //nanotechweb. org/cws/article/tech/38104

Nanoscale Science and Technology Council. 2005. The national nanotechnology initiative, research and development leading to a revolution in technology and industry, supplement to the President's FY 2006 Budget. http: //www. nano. gov/nni_06budget. pdf

Nanoscale Science and Technology Council. 2006. The national nanotechnology initiative, research and development leading to a revolution in technology and industry, supplement to the President's FY 2007 Budget. http: //www. nano. gov/nni_07budget. pdf

NSF et al. 2010-02-20. National nanotechnology initiative signature initiative: nanoelectronics for 2020 and beyond. http: //www. nano. gov/nni_ siginit_ nanoelectronics_ feb_ 2010. pdf

Ohtsu M. 2009-12-30. Concepts of nanophotonic devices and fabrications. http: //ieeexplore. ieee. org/stamp/stamp. jsp? arnumber = 04373809

Oregon State University. 2009-12-30. Ancient life form leads to one of newest technologies for solar energy. http: //www. nanowerk. com/news/newsid = 10014. php

Rowe A. 2009-12-30. Emitting light with nanotubes. http: //pubs. acs. org/cen/science/87/8732scic5. html

SLAC National Accelerator Laboratory. 2009-12-20. Quantum dots could boost solar cell efficiency. http: //www. nanowerk. com/news/newsid = 9607. php

Stone J W, Siso P N, Coldsmith E C et al. 2007. Using gold nanorcds to probe cell-induced collagen deformation. Nano Letters, 7 (1): 116 ~ 119

Strategies Unlimited. 2005. Nanophotonics: assessment of technology and market opportunities. http: //phoremost. esus. ie/user files/file/nanophotonicsch02. pdf

Technology Strategy Board. 2009-09-10. Electronics, photonics and electrical systems key technology area 2008 ~ 2011. http://www.innovateuk.org/_assets/pdf/corporate-publications/epes%20exec%20summary.pdf

Thomson Scientific. 2009-12-10. ISI Derwent Innovations Index. http://isiknowledge.com/? dest app = diidw

Thomson Scientific. 2009-12-10. ISI Web of Science-SCIE. http://isiknowledge.com/wos

Tian Bozhi et al. 2007. Coaxial silicon nanowires as solar cells and nanoelectronic power sources. http://www.nature.com/nature/journal/v449/n7164/index.html

Wayne M. 2007. Officer, highly efficient porphyrin sensitizers for dye-sensitized solar cells. http://pubs.acs.org/action/showmostcitedarticles? toparticlestype = sinceInception&journalcode = ancac3

Welser J et al. 2008. NIST & SRC nanoelectronics research initiative: partnership for innovation. http://www.nist.gov/director/vcat/oct08/nist_src_nri.pdf

Zhu K et al. 2008. Enhanced charge-collection efficiencies and light scattering in dye-sensitized solar cells using oriented TiO_2 nanotubes arrays. http://pubs.acs.org/cgi-bin/abstract.cgi/nalefd/2007/7/i01/abs/nl062000o.html

彩　　图

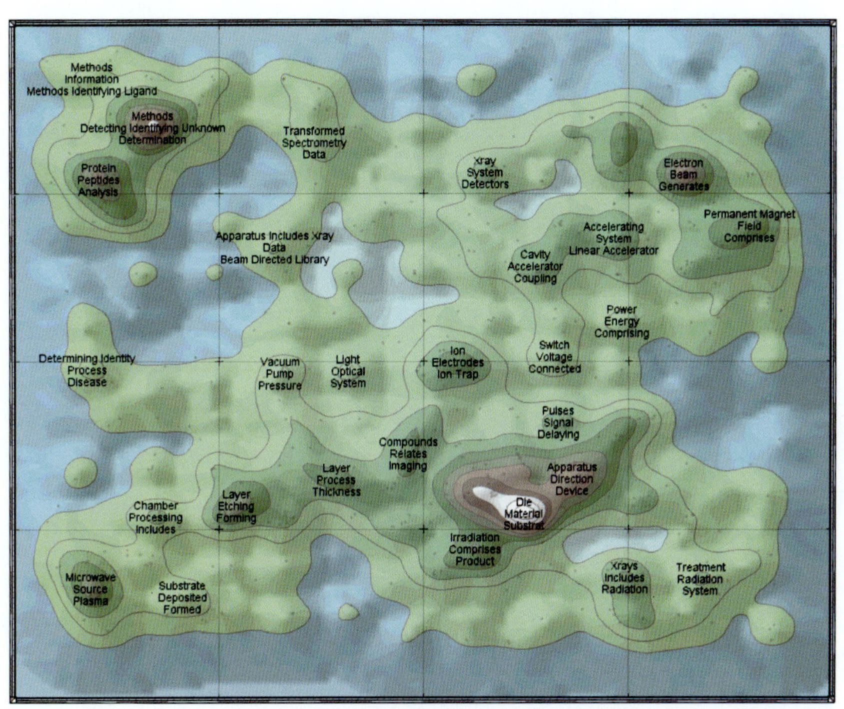

彩图 1　粒子物理学总体的研究布局图

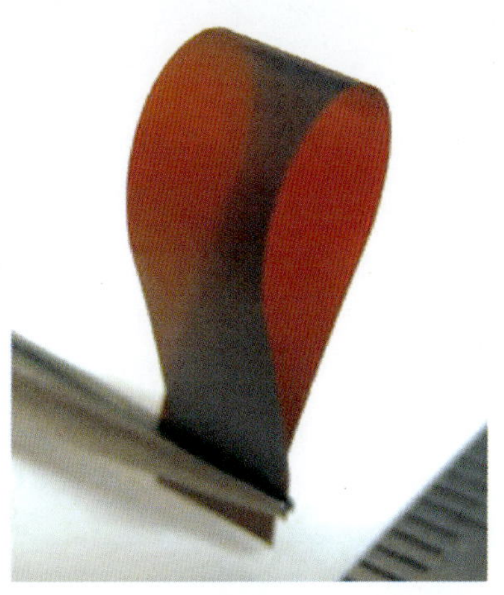

彩图 2　“氧化石墨烯”纸

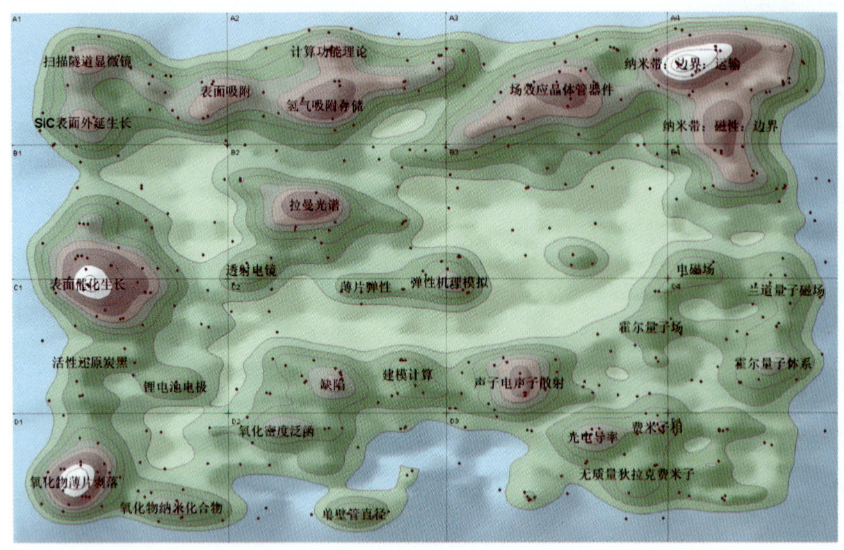

彩图3　石墨烯研究的总体布局图

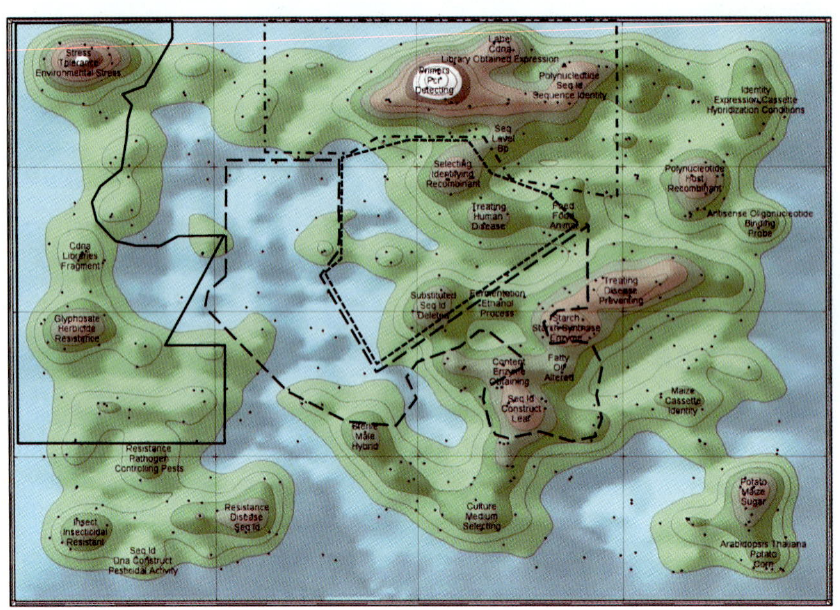

彩图4　转基因水稻相关专利总体景观图

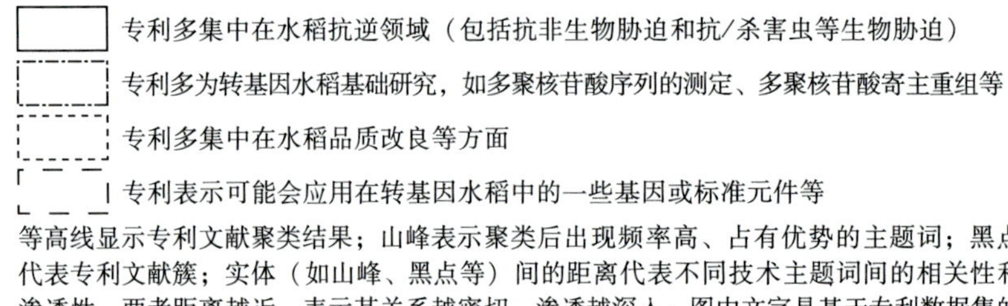

等高线显示专利文献聚类结果；山峰表示聚类后出现频率高、占有优势的主题词；黑点代表专利文献簇；实体（如山峰、黑点等）间的距离代表不同技术主题词间的相关性和渗透性，两者距离越近，表示其关系越密切，渗透越深入；图中文字是基于专利数据集的题名和摘要进行聚类的结果

彩图 5　美国受理转基因水稻相关专利景观图

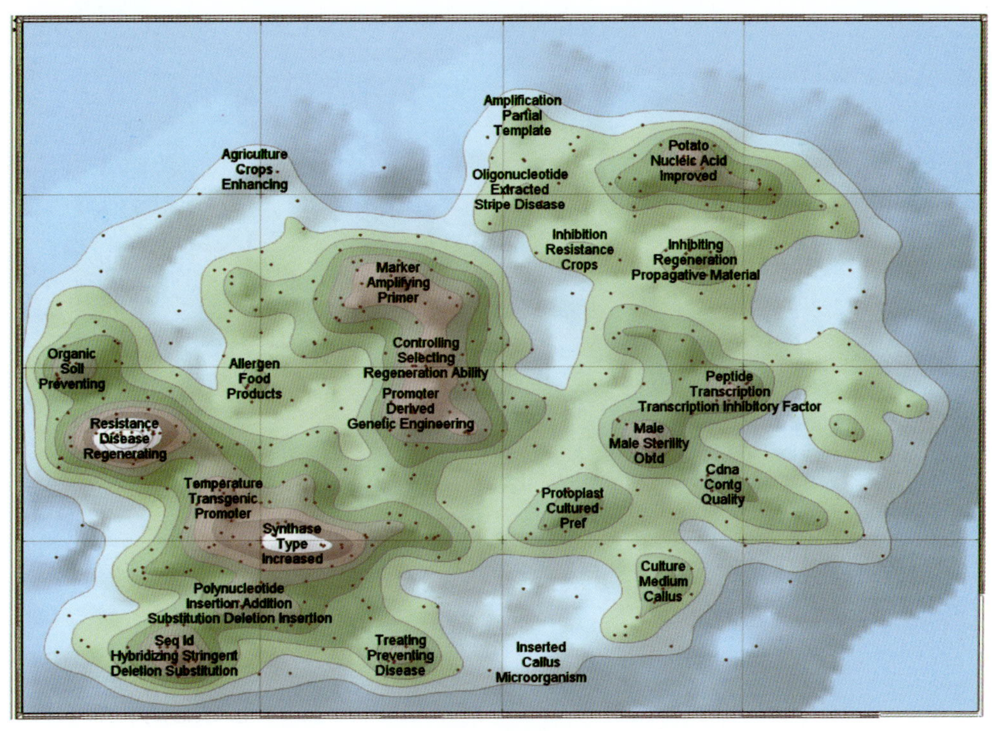

彩图 6　日本受理转基因水稻相关专利景观图

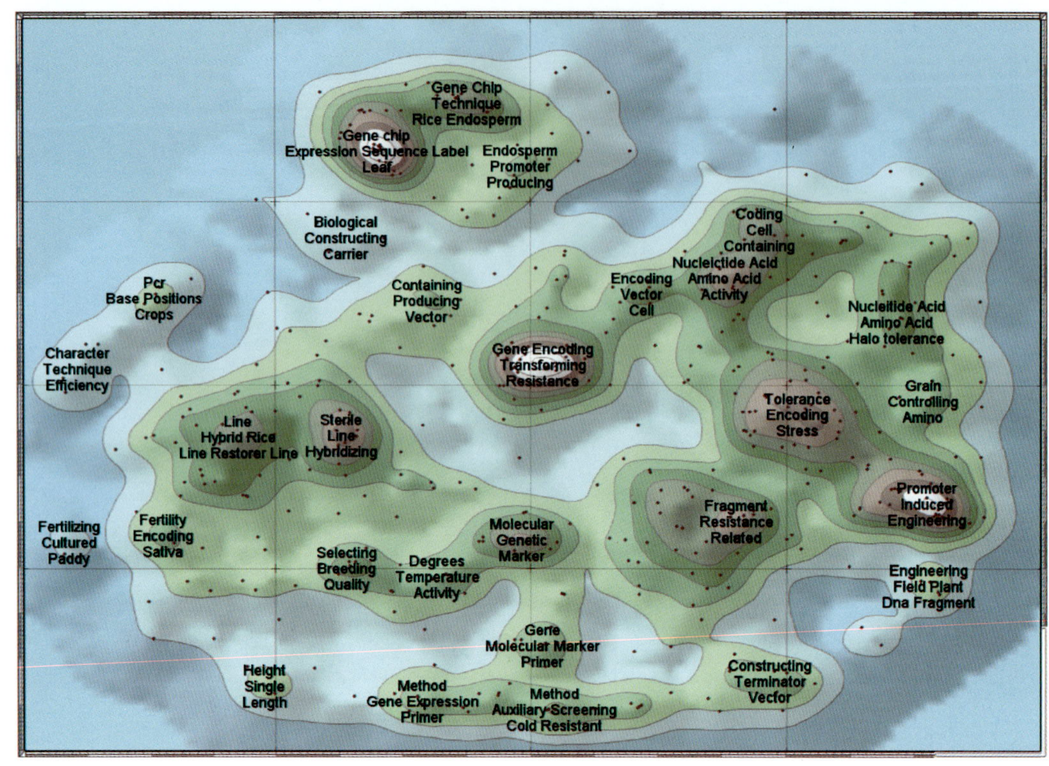

彩图 7　中国受理转基因水稻相关专利景观图

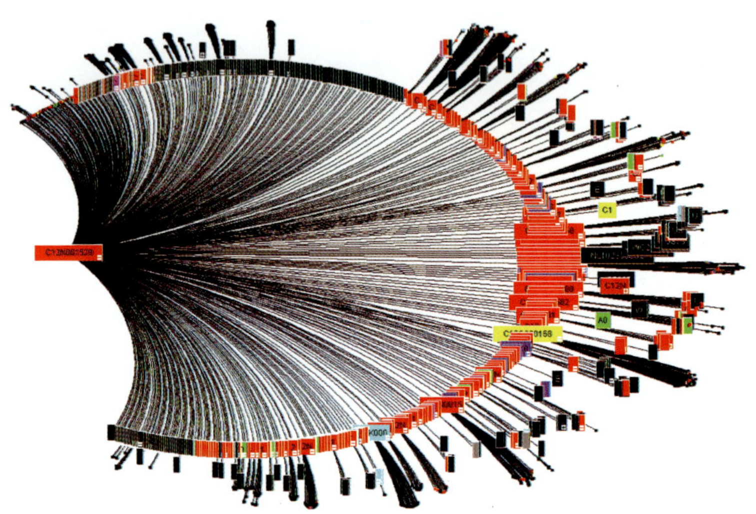

彩图 8　专利 EP1033405A2 的引用分析（基于 Bwd）

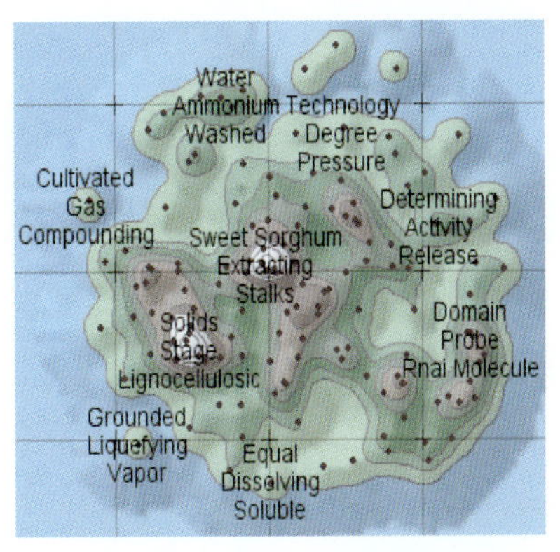

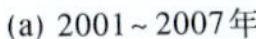
(a) 2001~2007年

(b) 2008~2009年

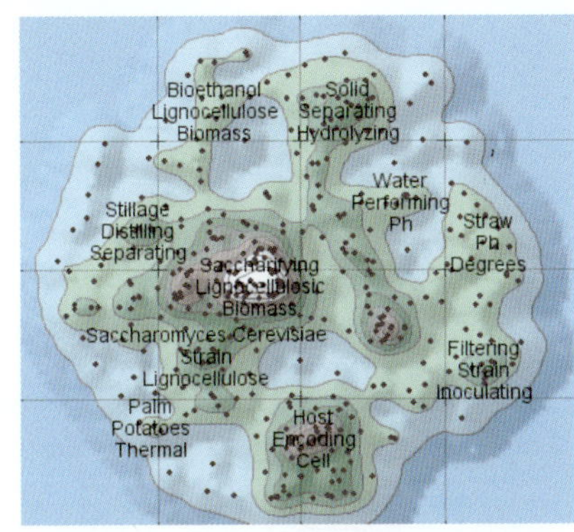

(c) 2001~2009年

彩图9　水解生产纤维素乙醇专利主题图

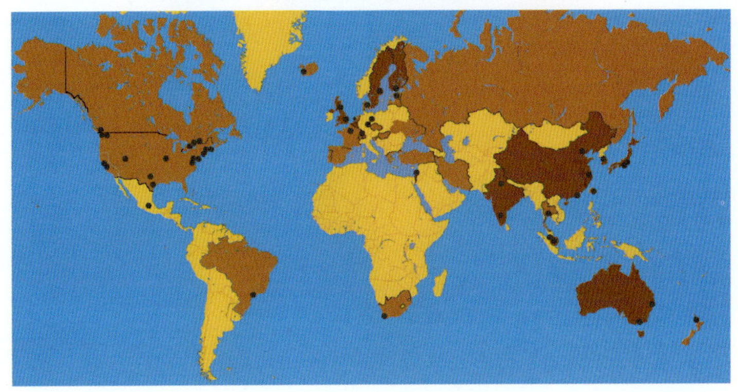

彩图10　世界各国干细胞政策

■表示具有宽松政策的国家：允许利用胚胎干细胞的各种诱导技术开展研究，包括体细胞核移植（研究或治疗性克隆）。该类别的国家包括澳大利亚、比利时、中国、印度、以色列、日本、新加坡、韩国、瑞典、英国等

■表示具有灵活政策的国家：仅允许利用生育诊所捐献的胚胎进行研究，不包括成体干细胞核转移，而且常常受到严格的限制。该类别的国家包括巴西、加拿大、法国、伊朗、南非、西班牙和荷兰等

■表示具有严格的政策或没有制定政策的国家：对于人类胚胎相关研究和对于进口胚胎干细胞研究的允许都具有严格的限制，仅允许对此前已有的有限干细胞系进行研究。该类别国家包括奥地利、德国、爱尔兰、意大利、挪威和波兰等

资料来源：MBBNet（美国明尼苏达州大学医学院生物医学和生物科学社团网站）

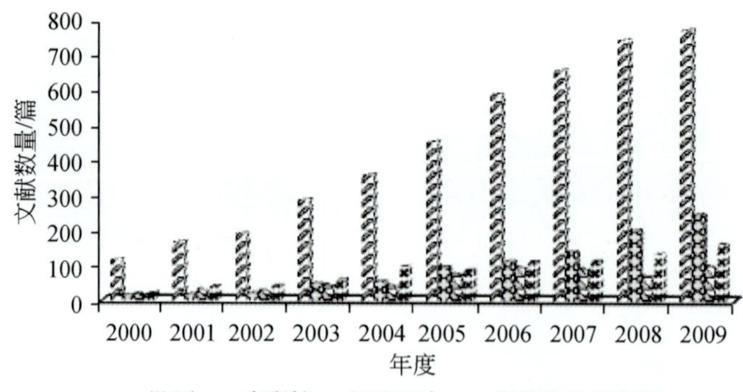

彩图 11　2000～2009 年组织工程天然材料文献的年度分布图（一）

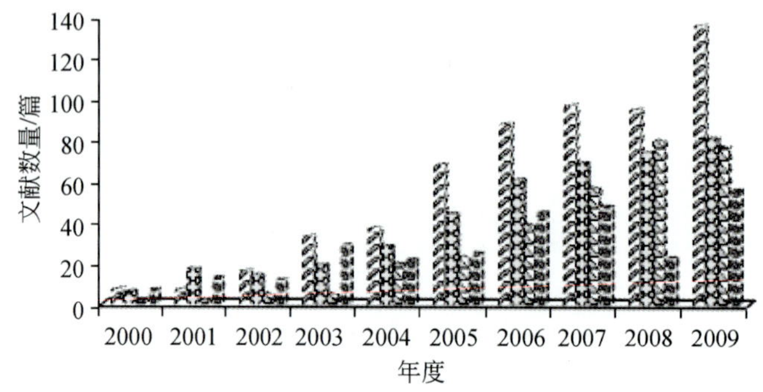

彩图 12　2000～2009 年组织工程天然材料文献的年度分布图（二）

彩图 13　PHA 研究领域专利（族）主题领域分布图

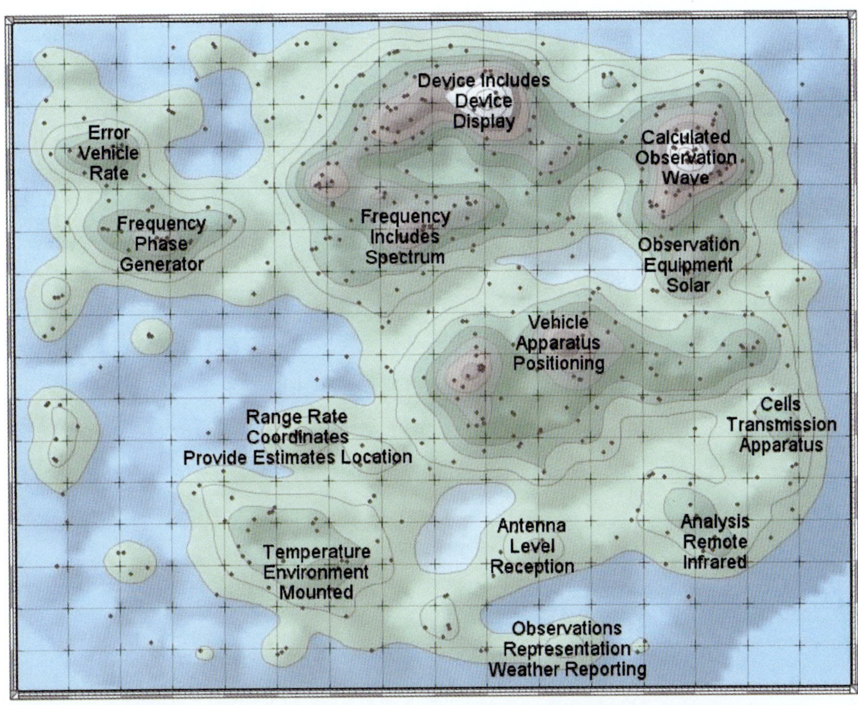

彩图 14　1990 ~ 2000 年与全球变化相关的遥感技术专利分布图

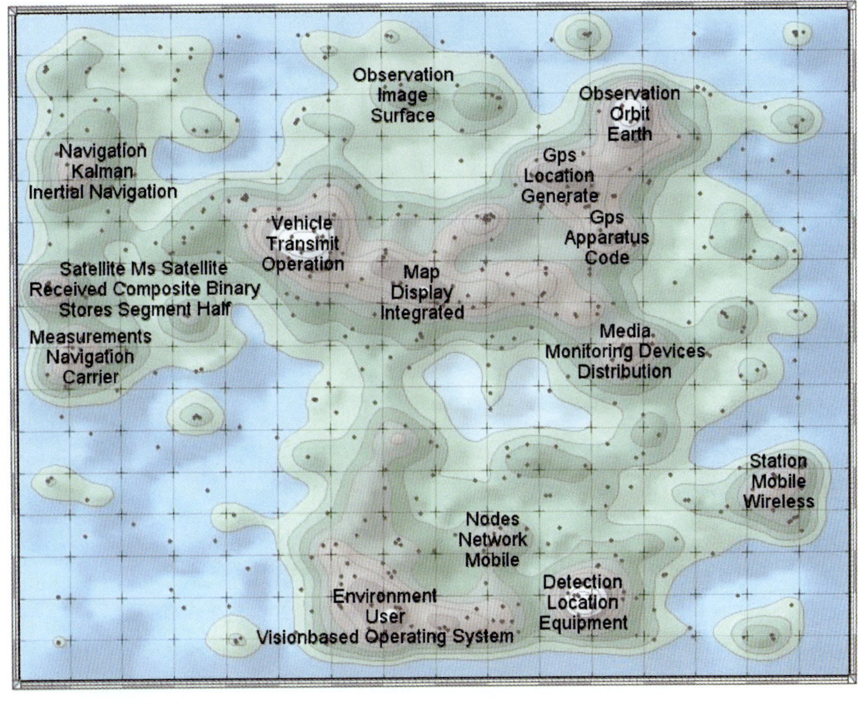

彩图 15　2001 ~ 2005 年与全球变化相关的遥感技术专利分布图

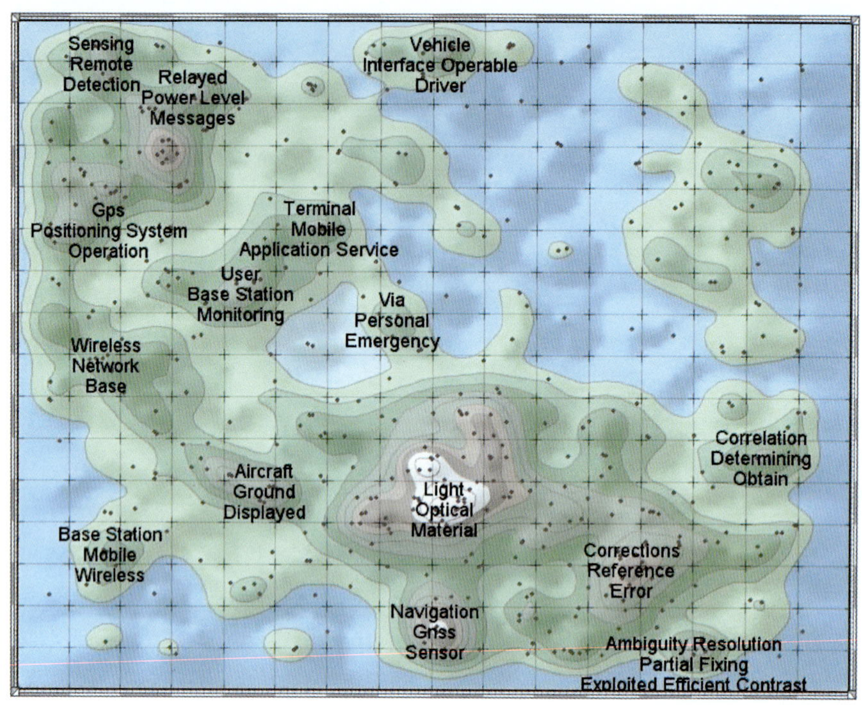

彩图 16　2006～2009 年与全球变化相关的遥感技术专利分布图

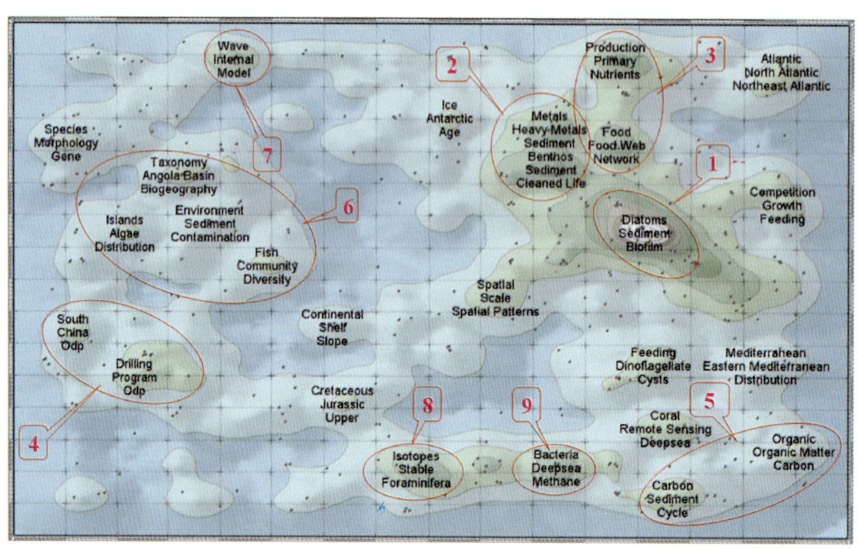

彩图 17　深海研究（SCI-E）主题图谱（2004～2006）

1. 深海沉积物（硅藻等）的研究；2. 深海重金属及对深海底生物的影响研究；3. 深海初级生产力及食物网研究；4. 大洋钻探研究；5. 深海碳元素沉积研究和深海有机质研究；6. 海洋生态环境研究；7. 内波及其数值模型研究；8. 有孔虫及稳定同位素的研究；9. 深海细菌及深海甲烷研究

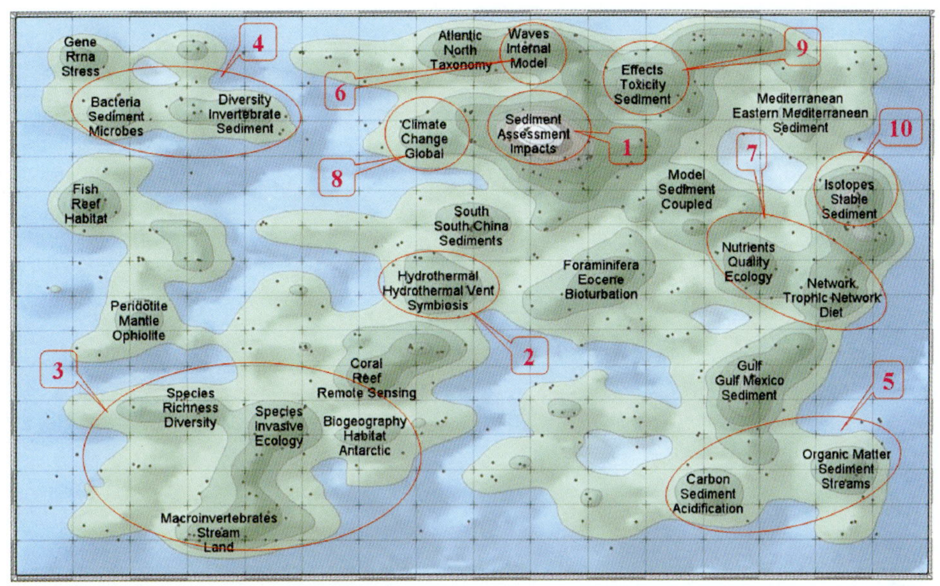

彩图 18　深海研究（SCI-E）主题图谱（2007 ~ 2009）

1. 深海沉积物及对深海环境的影响研究；2. 热液喷口及周围环境研究；3. 深海生态环境研究；4. 深海微生物、无脊椎动物研究；5. 深海碳元素沉积研究和深海有机质研究；6. 内波及其数值模型研究；7. 深海食物网研究；8. 气候变化对深海的影响研究；9. 深海沉淀物中有毒物质及对周围环境的影响研究；10. 稳定同位素研究

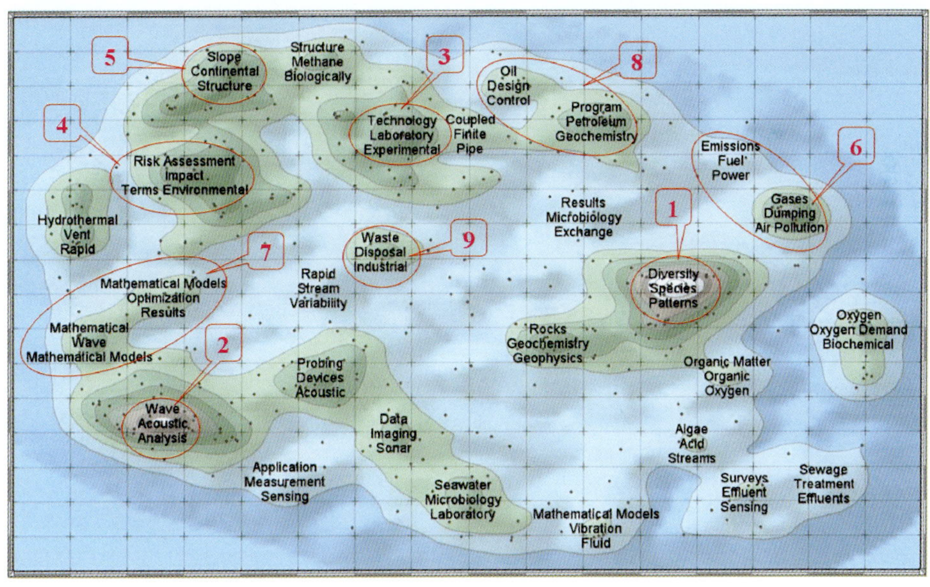

彩图 19　国际深海技术研究主题图谱（1990 ~ 1994）

1. 深海生物研究；2. 声学通信、探测技术研究；3. 海洋技术实验室研究；4. 深海环境评价研究；5. 陆架构造特征及演化研究；6. 海洋天然气开采技术及其环境影响研究；7. 数值模型研究；8. 海洋石油开采技术研究；9. 工业废弃物污染研究

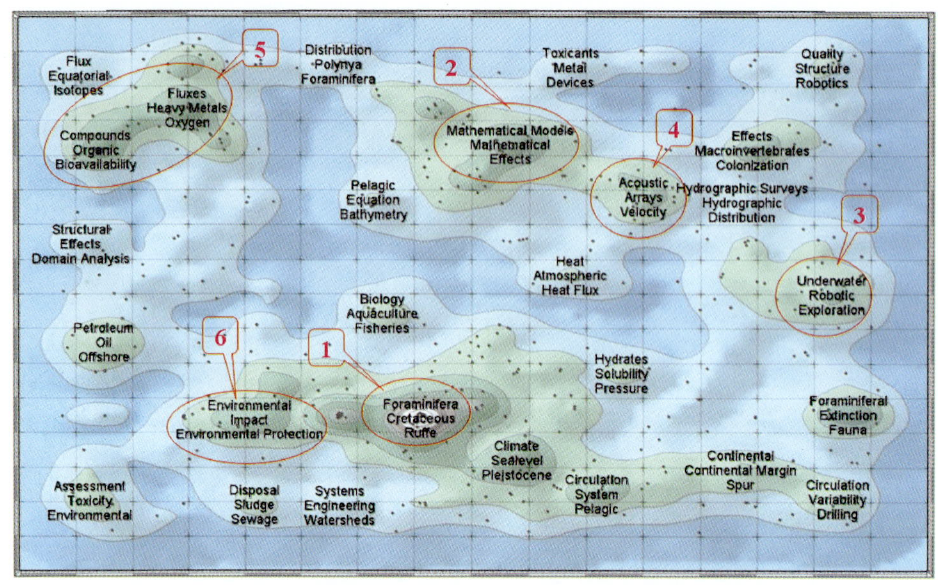

彩图 20　国际深海技术研究主题图谱（1995～1999）

1. 古地质学研究；2. 数值模型研究；3. 水下自动探测技术研究；4. 声学探测研究；
5. 海底沉淀物及对深海环境的影响研究；6. 深海环境及保护研究

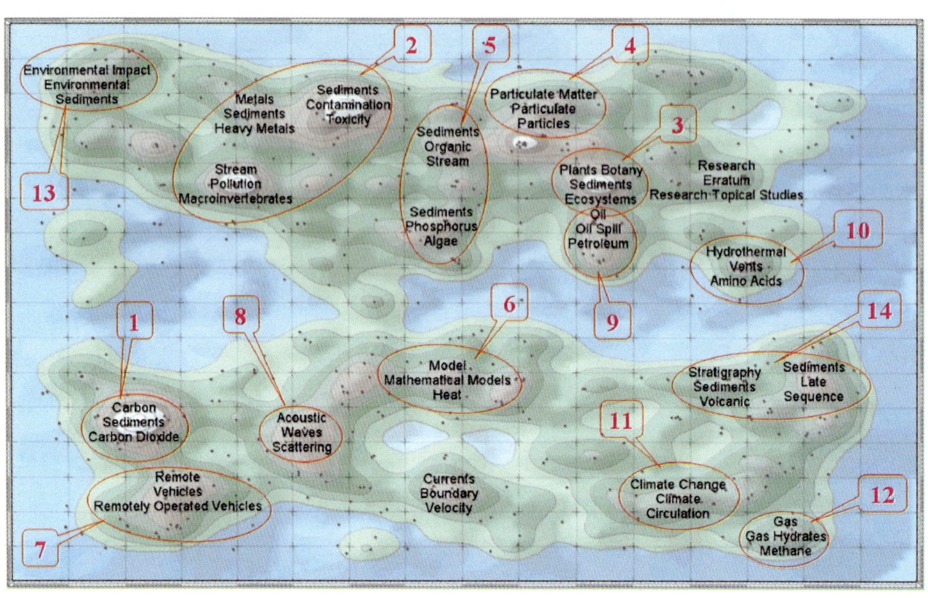

彩图 21　国际深海技术研究主题图谱（2000～2004）

1. 海底碳封存研究；2. 深海重金属、有毒沉淀物及其对深海环境的影响；3. 海底沉积物及对海底生态环境的影响研究；
4. 海洋颗粒物研究；5. 有机沉积物研究；6. 数值模型研究；7. 深海遥控探测器研究；8. 深海声通信技术研究；
9. 海洋石油开采技术；10. 热液喷口及周围环境研究；11. 气候变化与深海环境的关系研究；
12. 天然气水合物研究；13. 深海沉淀物及对深海环境的影响；14. 深海沉淀及地质构造研究

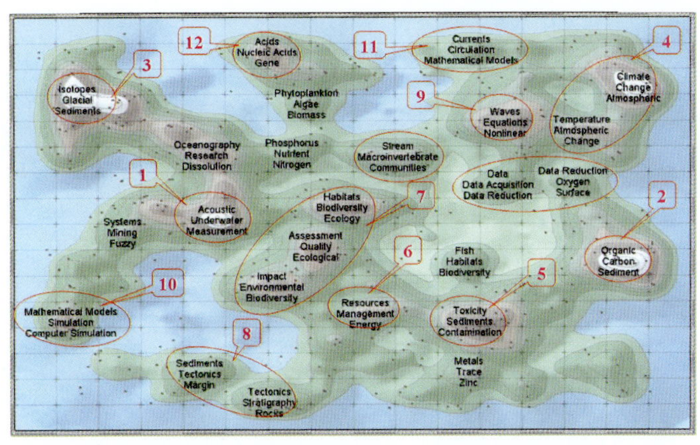

彩图 22　国际深海技术研究主题图谱（2005～2009）

1. 海洋声学技术研究；2. 海底有机物质及二氧化碳封存研究；3. 稳定同位素技术研究；4. 气候变化对深海环境的影响研究；5. 有毒及有害沉积物质对深海环境的影响研究；6. 深海资源探测与开发研究；7. 深海生态环境研究；8. 深海沉淀及地质构造研究；9. 海洋内波研究；10. 数值模型研究；11. 深海环流及数学模型研究；12. 深海物种基因研究

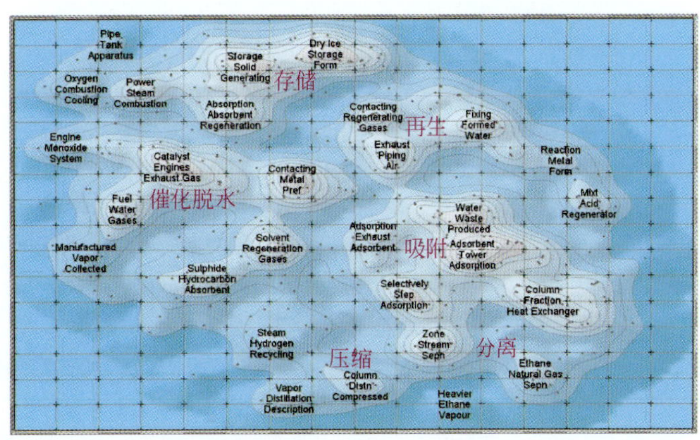

彩图 23　20 世纪碳捕获封存技术专利图谱（DII 数据库）

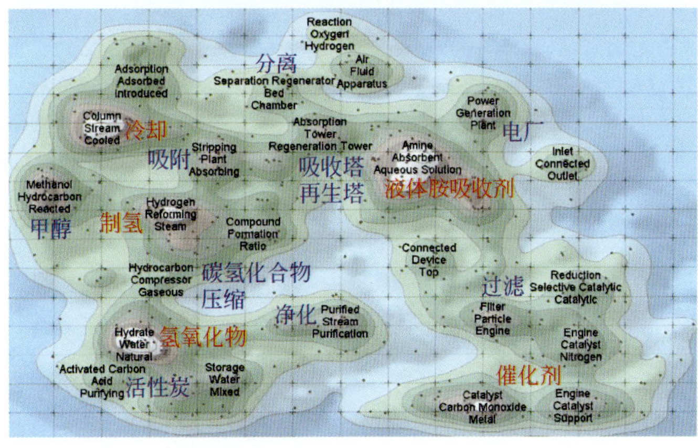

彩图 24　21 世纪碳捕获封存技术专利图谱（DII 数据库）

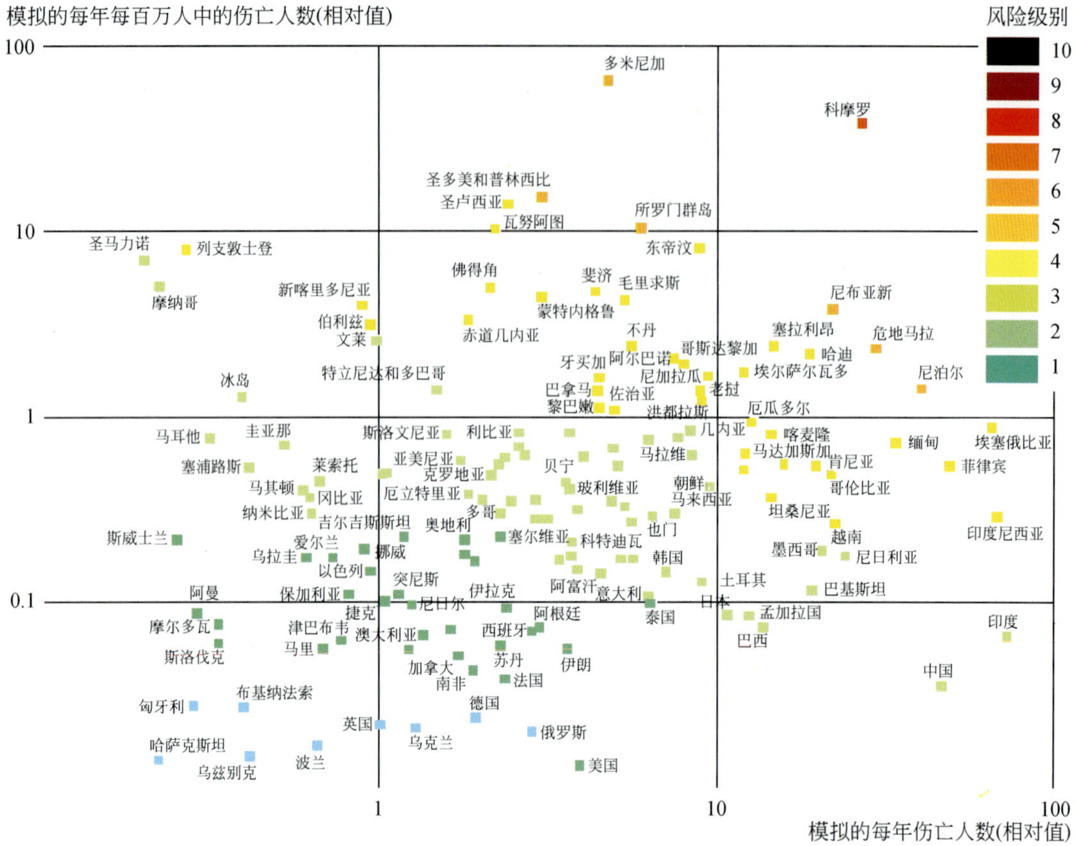

模拟的每年每百万人中的伤亡人数(相对值)

风险级别

10
9
8
7
6
5
4
3
2
1

100
10
1
0.1

多米尼加
科摩罗
圣多美和普林西比
圣卢西亚
瓦努阿图
所罗门群岛
圣马力诺
列支敦士登
东帝汶
佛得角
斐济
毛里求斯
摩纳哥
新喀里多尼亚
尼布亚新
蒙特内格鲁
伯利兹
赤道几内亚
不丹
塞拉利昂
危地马拉
文莱
哥斯达黎加
哈迪
牙买加
阿尔巴诺
埃尔萨尔瓦多
冰岛
特立尼达和多巴哥
尼加拉瓜
尼泊尔
巴拿马
老挝
佐治亚
黎巴嫩
洪都拉斯
厄瓜多尔
马耳他
圭亚那
斯洛文尼亚
利比亚
几内亚
喀麦隆
缅甸
埃塞俄比亚
塞浦路斯
莱索托
亚美尼亚
马拉维
马达加斯加
肯尼亚
菲律宾
克罗地亚
贝宁
马其顿
冈比亚
厄立特里亚
玻利维亚
朝鲜
哥伦比亚
纳米比亚
多哥
马来西亚
坦桑尼亚
吉尔吉斯斯坦
奥地利
也门
越南
斯威士兰
爱尔兰
塞尔维亚
科特迪瓦
印度尼西亚
乌拉圭
挪威
韩国
墨西哥
尼日利亚
以色列
突尼斯
阿曼
保加利亚
伊拉克
阿富汗
意大利
土耳其
巴基斯坦
捷克
尼日尔
日本
摩尔多瓦
阿根廷
泰国
孟加拉国
津巴布韦
西班牙
印度
澳大利亚
巴西
马里
斯洛伐克
苏丹
加拿大
伊朗
中国
南非
法国
布基纳法索
匈牙利
德国
英国
俄罗斯
哈萨克斯坦
乌克兰
波兰
美国
乌兹别克

1
10
100

模拟的每年伤亡人数(相对值)

彩图 25 降雨引发的山体滑坡导致的绝对与相对死亡风险（UNISDR，2009）

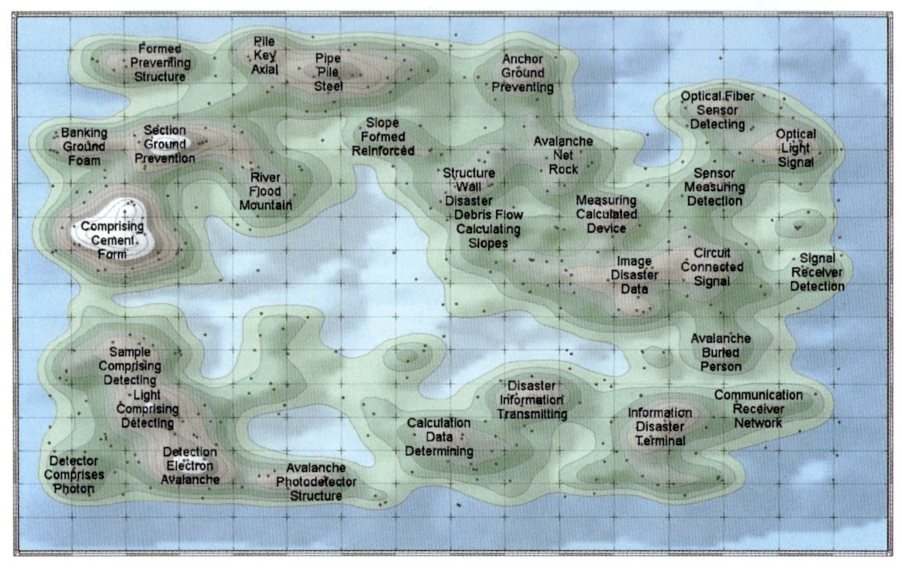

彩图 26 1999～2009 年山地灾害防治专利分布图

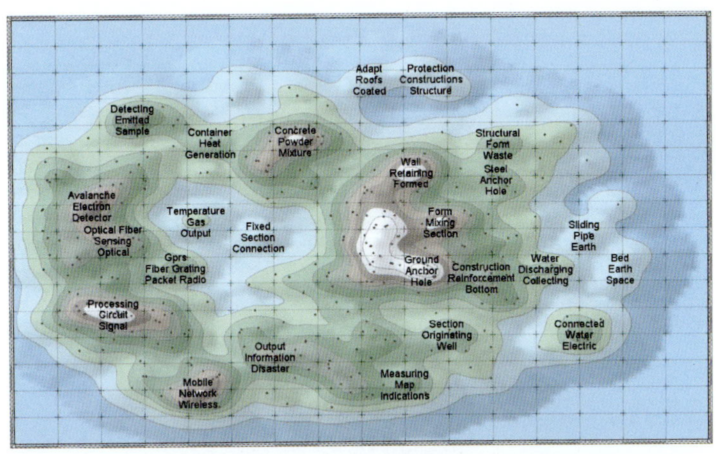

彩图 27　2007～2009 年山地灾害防治专利分布图

彩图 28　世界纳米光电子器件专利总体主题分布图

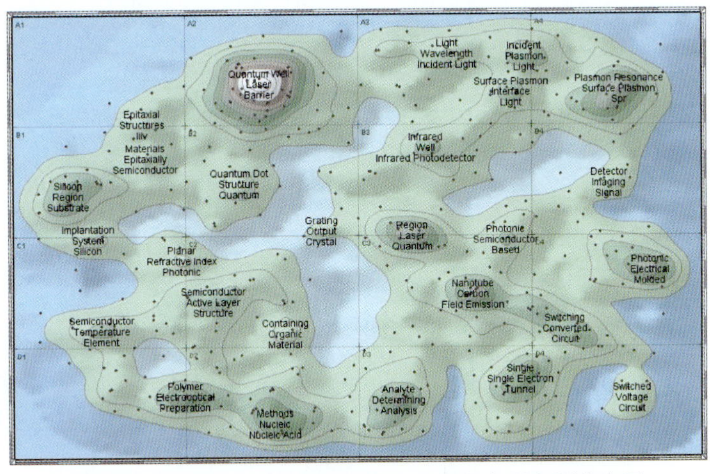

彩图 29　2000 年及之前纳米光电子器件专利主题分布图

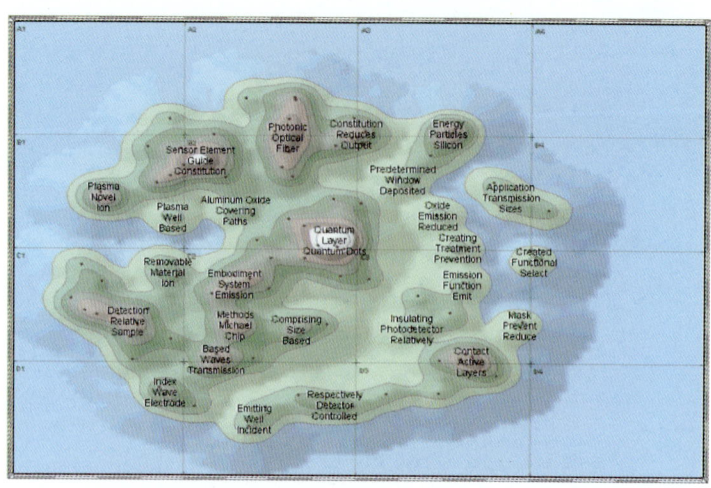

彩图 30　2001 年纳米光电子器件专利主题分布图

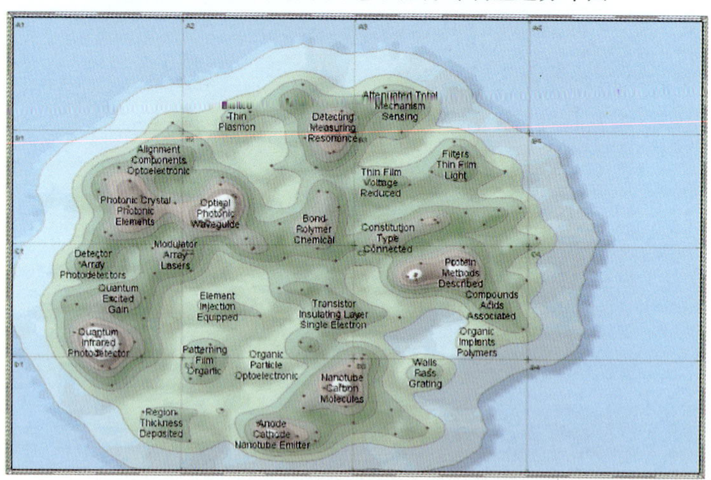

彩图 31　2002 年纳米光电子器件专利主题分布图

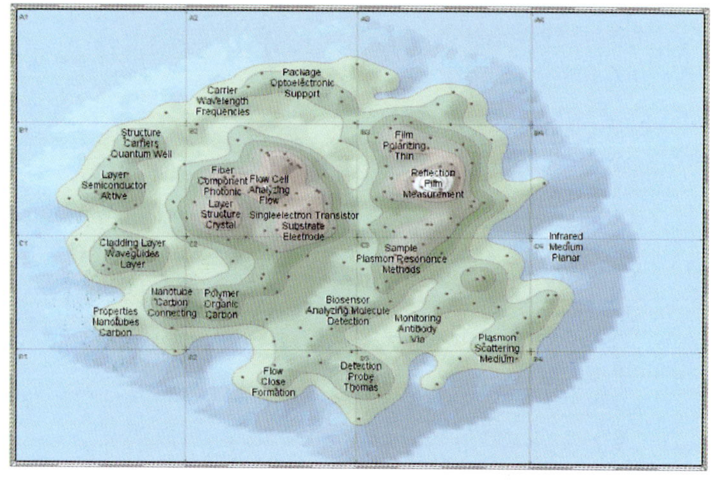

彩图 32　2003 年纳米光电子器件专利主题分布图

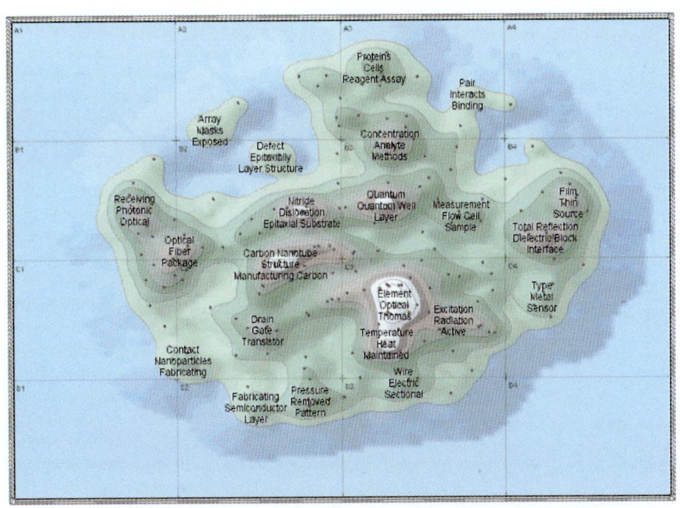

彩图 33　2004 年纳米光电子器件专利主题分布图

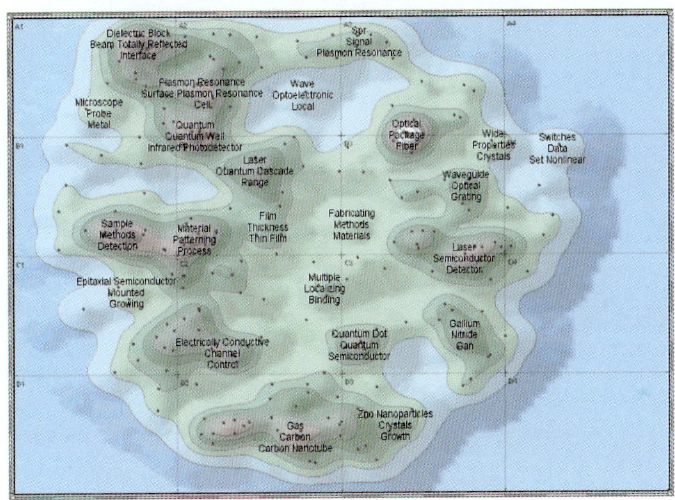

彩图 34　2005 年纳米光电子器件专利主题分布图

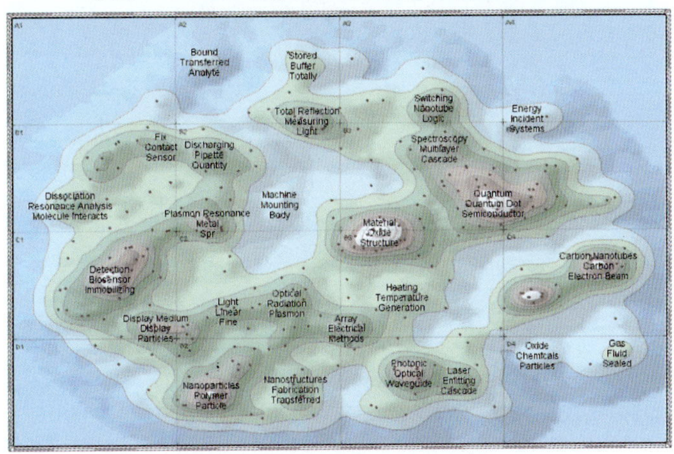

彩图 35　2006 年纳米光电子器件专利主题分布图

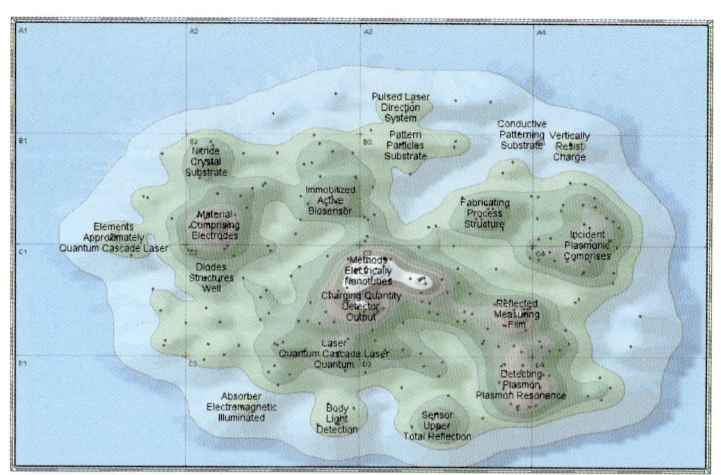

彩图 36　2007 年纳米光电子器件专利主题分布图

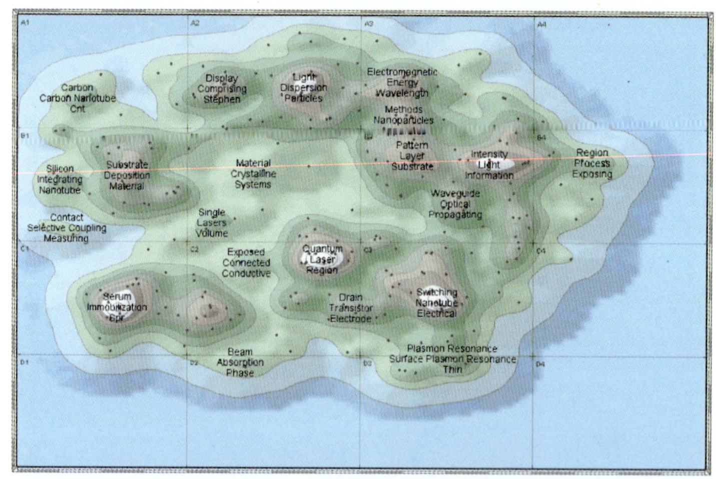

彩图 37　2008 年纳米光电子器件专利主题分布图

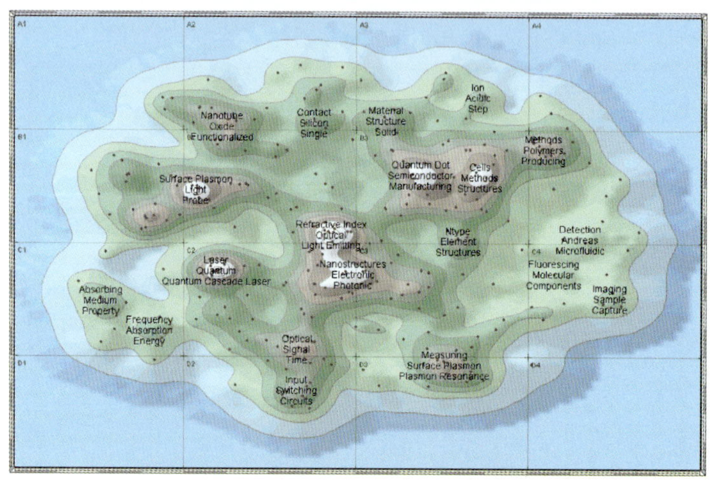

彩图 38　2009 年纳米光电子器件专利主题分布图